高等医药院校药学专业教材(供本科用)

有 机 化 学

（第 2 版）

主编　唐伟方　芦金荣

东南大学出版社
SOUTHEAST UNIVERSITY PRESS
·南京·

内容简介

本教材是根据21世纪高等医药人才的培养目标及医药类院校各专业的教学要求，在作者多年教学实践的基础上编写的。全书共分24章，由有机化学各论及有机化学学习指导两部分组成。

有机化学各论部分采用脂肪族、芳香族化合物混合编排的方式，以官能团为主线，较系统地阐明有机化学的基本知识、基本理论、基本反应，强化了有机化合物结构和性质间的关系，并注意联系医药、化工等实际。从培养医药学专业应用性人才的目标出发，教材内容以“必需”“够用”为原则，力求少而精；文字叙述力求通俗易懂，注意启发性。

为适应自主化和个别化学习的需要，提高读者分析问题和解决问题的能力，本教材在有机化学“学习指导”部分分5个专题对相关内容进行了归纳和小结，并通过典型例题的解析引出解题的思路，在此基础上配有大量习题供读者练习。教材后附出了各章习题的参考答案以及阶段复习题和总复习自测题，供读者复习、训练。

本教材根据《有机化合物命名原则(2017)》对有机化合物的命名做了相应修订。教材可作为高等医药、化工院校相关专业，高等职业技术院校和成人继续教育的本科及“专升本”教材，还可作为有关科研人员的参考书，也适合于自学者阅读。

图书在版编目(CIP)数据

有机化学 / 唐伟方，芦金荣主编. —2版. —南京：东南大学出版社，2023.9

高等医药院校药学专业教材 ：供本科用

ISBN 978-7-5766-0881-6

Ⅰ.①有… Ⅱ.①唐… ②芦… Ⅲ.①有机化学—医学院校—教材 Ⅳ.①O62

中国国家版本馆CIP数据核字(2023)第185467号

责任编辑：陈 跃　**责任校对**：韩小亮　**封面设计**：毕 真　**责任印制**：周荣虎

有机化学(第2版)　Youji Huaxue (Di-er Ban)

主　编	唐伟方　芦金荣
出版发行	东南大学出版社
社　址	南京市四牌楼2号(邮编:210096　电话:025-83793330)
出 版 人	白云飞
经　销	江苏省新华书店
印　刷	常州市武进第三印刷有限公司
开　本	787 mm×1092 mm　1/16
印　张	33
字　数	797千字
版　次	2023年9月第2版
印　次	2023年9月第1次印刷
书　号	ISBN 978-7-5766-0881-6
定　价	80.00元

本社图书若有印装质量问题，请直接与营销部联系，电话：025-83791830。

第 2 版前言

本教材是根据 21 世纪高等医药人才的培养目标及医药类院校各专业的教学要求，在作者多年教学实践的基础上编写的。

全书共分 24 章，由有机化学各论及有机化学学习指导两部分组成。

有机化学各论部分采用脂肪族、芳香族化合物混合编排的方式，以官能团为纲，以结构和反应为主线，重点阐明有机化学的基本知识、基本理论、基本反应，强化了有机化合物结构和性质间的关系，并注意联系医药、化工等实际。在内容安排上，注意重点突出、难点分散和循序渐进。从培养医药学专业应用性人才的目标出发，在编写过程中贯彻教材内容以“必需”“够用”为原则，力求少而精；文字叙述力求通俗易懂，注意启发性。

本教材根据《有机化合物命名原则(2017)》(科学出版社，2018 年 1 月)对有机化合物的命名做了相应修订。为配合双语教学，教材中各类化合物的命名、常见人名反应及名词术语等均采用中、英文表示。

为适应自主化和个别化学习的需要，提高读者分析问题和解决问题的能力，本教材在有机化学“学习指导”部分分 5 个专题对相关内容进行了归纳和小结，并通过典型例题的解析，指出解题思路，在此基础上配有大量习题，供读者训练。教材后列选出了各章经典习题的参考答案以及阶段复习题和总复习自测题，供读者复习、训练。

波谱知识在有机化合物的结构推导中起着非常重要的作用，本书在第 7 章进行了讨论，以便在后续章节中不断应用，教师可根据专业教学要求选择讲授。

本教材可作为高等医药、化工院校相关专业，高等职业技术院校和成人继续教育的本科及专科升本科教材，还可作为有关科研人员的参考书，也适合于自学者阅读。

参加本书编写工作的有中国药科大学唐伟方(编写第 2、9、10、11、12、18 及 24 章)、芦金荣(编写第 1、3、4、5、7、8 及 22 章)、王德传(编写第 6、14 及 21 章)、周萍(编写第 15、17、19 及 23 章)、陈明(编写第 13、16、20 章及复习与测试部分)等 5 位同志。

由于编者水平所限，成稿时间仓促，错误和不妥之处在所难免，敬请广大读者及同行专家提出宝贵意见。

编　者

2023 年 5 月

目　　录

第一部分　各　论

第二部分 学习指导

第一部分　各　论

第1章 绪 论

1.1 有机化合物和有机化学

1.1.1 有机化学的产生和发展

和对其他事物的认识一样，对有机化合物的认识也经历了由浅入深、由表及里的过程，并在此基础上逐渐发展成了一门学科。

自然界的物质一般被分为**无机化合物**（inorganic compound）和**有机化合物**（organic compound）两大类。历史上人们将那些从动植物体（有机体）内所获得的物质称为有机化合物，如从粮食发酵而获得的酒、醋，从植物中提取得到的染料、香料和药物等。总之，有机物与人们的衣、食、住、行密切相关，所以，人们必然会对它产生一定的认识。但是，由于生产力水平的限制，在 18 世纪末和 19 世纪初，"生命力"学说曾经流行。这种学说认为，动植物的有机体具有"生命力"，有机物质正是靠这种"生命力"形成的，而从无生命的矿物中得到的化合物则为无机化合物。这种"生命力"学说曾一度阻碍了有机化学的发展。

1828 年，德国化学家维勒（F. Wöhler，1800—1882）在实验室首次用无机物氰酸铵合成了有机物尿素，这一发现突破了无机化合物与有机化合物之间的界限，冲破了"生命力"学说对有机化学发展的束缚，开辟了人工合成有机化合物的新时期。

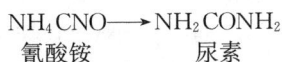

$$\underset{\text{氰酸铵}}{NH_4CNO} \longrightarrow \underset{\text{尿素}}{NH_2CONH_2}$$

后来，人们又陆续合成了成千上万种与日常生活密切相关的染料、药品、香料、炸药等有机物。现代有机化学是从 19 世纪才开始形成的。

随着碳的四面体模型学说的提出以及有机结构理论的发展，特别是一些现代物理仪器和技术的应用（如红外、质谱、核磁、X-结晶衍射、电子计算机等），为人类认识有机化合物的结构及研究有机反应的规律开辟了极为广阔的途径，也开辟了人工合成有机化合物的新时期。

1.1.2 有机化学的研究范畴

随着测定物质组成的方法的建立和发展，人们发现，有机化合物主要含碳、氢两种元素，除此之外，还常含有氧、氮、卤素、硫和磷等元素。按照现代的观点，有机化合物是指碳氢化合物及其**衍生物**（derivatives）。衍生物是指化合物分子中的原子或原子团直接或间接地被其他原子或原子团所取代（置换）而衍生出来的产物。

因此，有机化学就是研究碳氢化合物及其衍生物的科学。具体地讲，就是研究有机化合物的组成、结构、性质、合成、分离提纯、反应机理以及变化规律的科学。

1.2 有机化合物的特性

与无机化合物相比,有机化合物大致有以下几个特点:

① 遇热不稳定,容易燃烧

一般有机化合物的热稳定性较差,许多有机化合物在200～300℃时即逐渐分解,因此,可利用这一特点来区分有机化合物和无机化合物。

大多数有机化合物都可以燃烧,而大多数无机化合物不易燃。人们也常利用这一性质来将两者加以区别。

② 熔点较低

固体有机物的**熔点**(melting point,简写作mp)一般在400℃以下,而大多数无机物通常难以熔化。

③ 易溶于有机溶剂,难溶于水

有机化合物分子的极性较小或没有极性,根据"**相似相溶**"(like dissolves like)的原理,有机物易溶于极性较小的有机溶剂而难溶于极性较大的水。

④ 反应速度较慢,反应较复杂

无机物的反应一般非常迅速,而有机物间的反应速度主要取决于分子间的不规则碰撞,故反应速度较慢。某些有机反应需要几十小时甚至几十天才能完成,因此常需采用加热、搅拌甚至加入催化剂等措施来加速反应。此外,由于大多数有机分子较复杂,在发生化学反应时,常常不是局限在某一特定部位,往往在主要反应的同时还伴随着一些副反应,从而导致副产物较多,收率较低。所以有机反应后常需用蒸馏、重结晶等操作进行分离提纯。

⑤ 同分异构现象普遍

乙醇和二甲醚的分子式都是C_2H_6O(其结构见1.3.1),在通常条件下乙醇是液体,其**沸点**(boiling point,简写作bp)为78.6℃,而二甲醚是气体(bp为−23℃),显然,它们是两个不同的化合物。因此,我们把像乙醇和二甲醚这种具有相同组成而结构不同的化合物称作**同分异构体**(isomers),这种现象称**同分异构现象**。

同分异构现象在有机化合物中非常普遍。碳化合物含有的碳原子数和原子种类愈多,分子中原子间的可能排列方式也愈多,其同分异构体也愈多。例如,分子式为$C_{10}H_{22}$的化合物同分异构体数可达75个。

同分异构现象是导致有机化合物数目众多的主要原因之一。

1.3 有机结构理论

有机化合物的结构和性质的关系是有机化学的精髓,对有机化合物结构的研究是有机化学学科的重要内容之一。按照现代的观点,有机化合物的结构是指分子的组成、分子中原子相互结合的顺序和方式、价键的电子结构和立体结构、分子的整体结构、分子中的原子或原子团间的相互影响等。这些认识是在长期研究有机化合物的结构和性质的过程中逐渐形成和发展起来的。

1.3.1 凯库勒结构理论

19 世纪中叶，俄国化学家布特列洛夫(A. M. Butlerov，1828—1886)、德国化学家凯库勒(A. Kekulé，1829—1896)等先后将"化学结构"的概念引用到有机化学中，认为分子中的原子不是简单的堆积而是通过复杂的结合力按一定的顺序连接起来的整体，这就是分子的化学结构。化学结构中包含了分子中原子的排列顺序和相互间复杂的化学关系，化合物的结构决定了其理化性质，反之，通过化学性质的研究，也可以推测其化学结构。

19 世纪后期，凯库勒在有关结构学说的基础上提出了化合物分子中原子间相互结合的两个基本原则：在有机化合物中，碳的化合价为四价；碳原子除能与其他元素结合外，还可以自身以单键、双键和叁键的形式相互结合，形成碳链或碳环。例如，甲烷、乙烷、乙烯及环戊烷等。

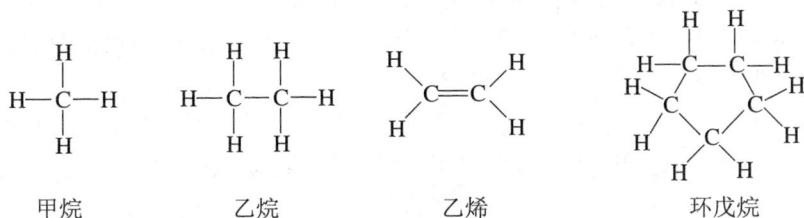

```
    H           H  H         H       H            H   H
    |           |  |          \     /             |   |
 H—C—H       H—C—C—H          C═C            H—C——C—H
    |           |  |          /     \        H\  /     \ /H
    H           H  H         H       H          C       C
                                              H/  \     / \H
                                                     C
                                                   H/ \H
  甲烷          乙烷           乙烯             环戊烷
```

这些化学式代表了分子中原子的种类、数目和彼此结合的顺序和方式，称为凯库勒结构式。

古柏尔(A. Couper)也独立地提出了类似的论点，这些论点解决了分子中原子相互结合的顺序和方式的问题，并从理论上阐明了产生同分异构的原因。例如，乙醇和甲醚的差别在于分子中原子彼此结合的顺序不同。凯库勒结构理论在有机化学发展史上起了很大的推动作用。

```
    H  H              H     H
    |  |              |     |
 H—C—C—O—H        H—C—O—C—H
    |  |              |     |
    H  H              H     H
    乙醇              二甲醚
```

进入 20 世纪后，人们对有机化合物的立体结构有了初步认识。荷兰化学家范德霍夫(J. H. Van't Hoff，1852—1911)和法国化学家勒贝尔(J. A. Le Bel，1847—1930)分别独立提出了碳原子的立体概念，认为碳原子具有四面体结构，碳原子位于四面体中心，4 个相等的价键伸向四面体的 4 个顶点，各个键之间的夹角为 109°28′(见图 1－1)。图 1－2 为甲烷的四面体结构模型，4 个氢原子在四面体的 4 个顶点上。

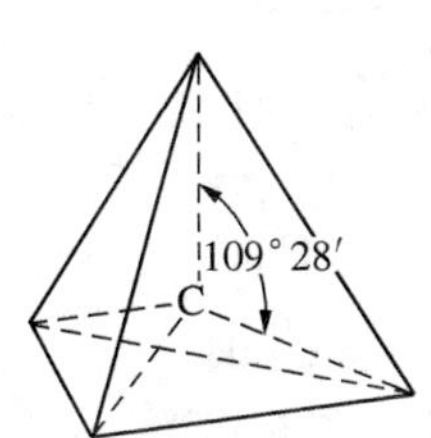

图 1－1 碳原子的四面体结构

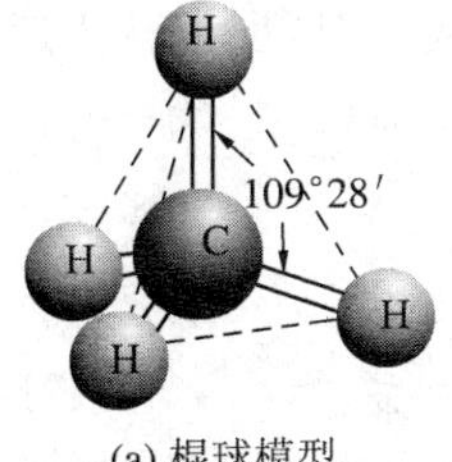

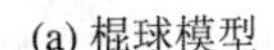
(a) 棍球模型

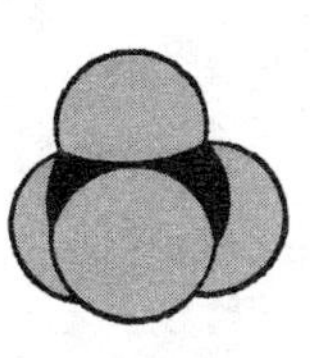

(b) 斯陶特模型

图 1－2 甲烷的四面体结构模型

碳的四面体学说的提出,写下了有机结构理论新的光辉的一页。

现在用 X-射线衍射法已准确地测定了碳原子的立体结构,完全证实了当初这种模型的正确性。碳原子的四面体结构不仅反映了碳原子的真实形象,而且为研究有机分子的立体形象奠定了基础。

1.3.2 路易斯结构式

对于碳原子为什么是四价的,两个原子之间是靠什么力量相结合的问题,直至原子结构学说诞生后才得以说明。美国物理化学家路易斯(G. N. Lewis,1875—1946)等在原子结构学说的基础上提出了著名的"八隅学说",认为通常化学键的生成只与成键原子的最外层价电子有关。由于惰性元素原子中电子的构型是最稳定的,其他元素的原子都有达到这种构型的倾向,因此它们可以相互结合形成化学键。惰性元素最外层电子数为 8 或 2,故在原子相互结合生成化学键时,其外层电子数应达到 8 或 2。为了达到这种稳定的电子层结构,它们采取失去、获得或共用电子的方式成键。

原子间通过电子转移产生正、负离子,两者相互吸引可形成**离子键**(ionic bond)。例如,下式中两个离子的最外电子层都有 8 个电子,都达到了最稳定的构型:

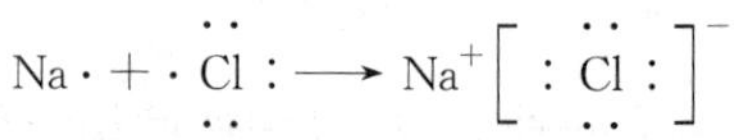

$$Na\cdot + \cdot\underset{\cdot\cdot}{\overset{\cdot\cdot}{Cl}}: \longrightarrow Na^{+}\left[:\underset{\cdot\cdot}{\overset{\cdot\cdot}{Cl}}:\right]^{-}$$

有机化合物中绝大多数的化学键是**共价键**(covalent bond)。

有机化合物中的主要元素是碳,其外层有 4 个电子,它要同时失去或获得 4 个电子都不容易,因此,它采用折中的办法,即和其他原子通过共用电子的方式成键。例如,在甲烷和乙烷分子中,碳原子和氢原子最外层分别有 8 个和 2 个电子,都达到了最稳定的结构:

		路易斯结构式	凯库勒结构式	结构简式	分子式
甲烷 methane	$\cdot\dot{\underset{\cdot}{C}}\cdot + 4H\times \longrightarrow$	$H\overset{\times}{\cdot}\underset{\times\cdot}{\overset{H}{\overset{\cdot\times}{C}}}\overset{\times}{\cdot}H$ (下 H)	H—C(H)(H)—H	CH_4	CH_4
乙烷 ethane	$2\cdot\dot{\underset{\cdot}{C}}\cdot + 6H\times \longrightarrow$	$H\overset{\times}{\cdot}\underset{\cdot\times}{\overset{\times\cdot}{C}}\overset{H}{:}\underset{\cdot\times}{\overset{\cdot\times}{C}}\overset{\times}{\cdot}H$ (上下各 H)	H—C(H)(H)—C(H)(H)—H	CH_3CH_3	C_2H_6

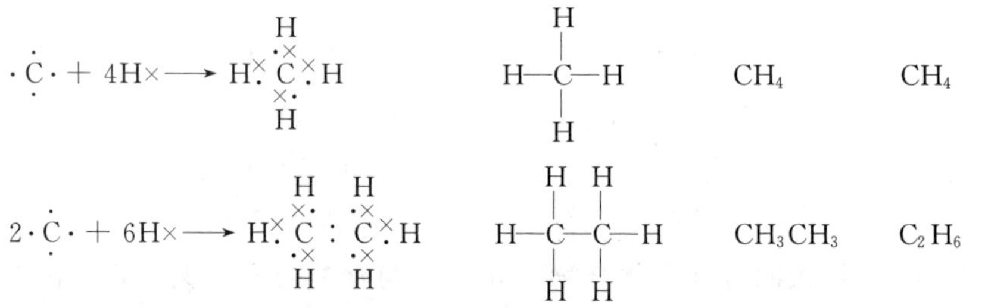

这种原子间通过共用一对电子而形成的化学键就是共价键。

通常用**路易斯结构式**、**凯库勒结构式**和**结构简式**来表示化合物结构,路易斯式中的一对电子等同于凯库勒式中的短横线。

2 个原子间共用 2 对或 3 对电子,就生成双键或叁键。例如:

	路易斯结构式	凯库勒结构式
乙烯	$\underset{H}{\overset{H}{\underset{\cdot\cdot}{\overset{\cdot\cdot}{C}}}}::\underset{H}{\overset{H}{\underset{\cdot\cdot}{\overset{\cdot\cdot}{C}}}}$	$H_2C{=}CH_2$ (H、H 分别连于两个 C 上)
乙炔	$H:C\vdots\vdots C:H$	$H—C{\equiv}C—H$

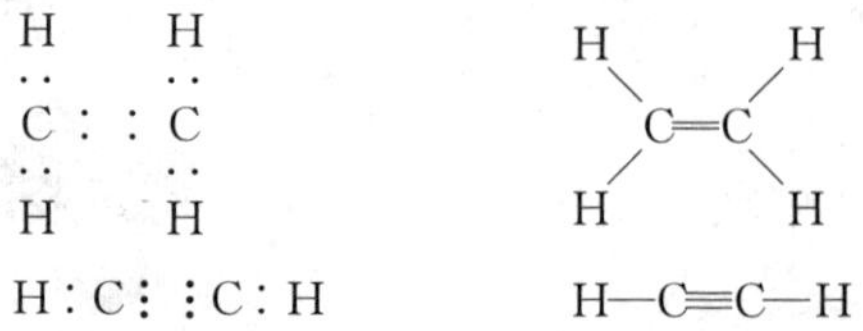

书写路易斯结构式时,要将所有的价电子都表示出来。将凯库勒式改写成路易斯式

时，未共用的电子对应标出。例如：

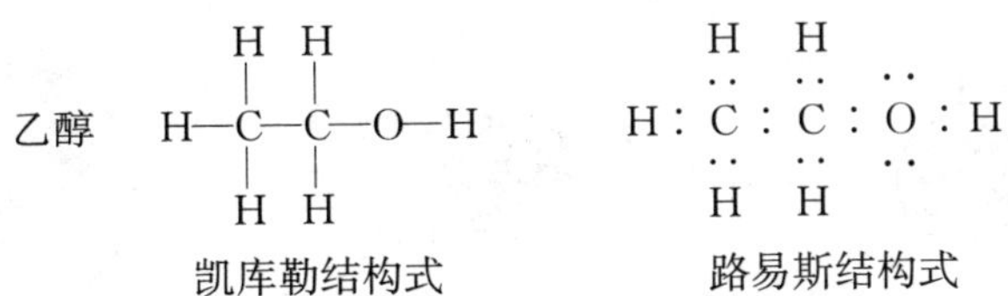

凯库勒结构式　　路易斯结构式

如果形成共价键的1对电子是由1个原子提供的，这种键称**配位键**(coordinate bond)，例如，氨分子与质子结合生成铵离子时，由氨分子中的氮原子提供1对电子形成 N—H 键。

$$\mathrm{H}:\overset{\mathrm{H}}{\underset{\mathrm{H}}{\ddot{\mathrm{N}}}}:+\mathrm{H}^+\longrightarrow[\mathrm{H}:\overset{\mathrm{H}}{\underset{\mathrm{H}}{\ddot{\mathrm{N}}}}:\mathrm{H}]^+$$

路易斯价键理论虽然有助于人们理解有机化合物的结构与性质的关系，但是仍为一种静态的理论，并未能说明化学键形成的本质，即未能从电子的运动来阐明问题。对分子如何形成的概念和共价键本质的更深入理解，还是在量子力学(现代共价键理论)建立以后的事。

1.3.3 现代共价键理论

量子力学创始于20世纪20年代，是现今用来描述电子或其他微观粒子运动的基本理论。化学家们用量子力学的观点来描述核外电子在空间的运动状态和处理化学键问题，建立了现代共价键理论。

现代共价键理论包括**价键理论**(valence bond theory)和**分子轨道理论**(molecular orbital theory)，在此对它们做简单介绍。

1. 原子轨道

20世纪20年代，人们用电子衍射实验证明，凡是微观粒子如光子、电子等，都具有波粒二象性，其运动是服从微观运动规律的，可用量子力学的波动方程——薛定谔方程来描述。

$$H\Phi = E\Phi$$

求解波动方程所得的每一个 Φ 值，则表示粒子的一个运动状态。与每一个 Φ 相应的 E 就是粒子在该状态下的能量。因此，对于原子来说，波函数 Φ 就是描述其核外电子运动的状态函数，称**原子轨道**(atomic orbital，简称 AO)。轨道有不同的形状和大小，不同能量的电子分占不同类型的轨道。

由于电子围绕原子核作高速运动，因此，无法在确定时间内找出电子的准确位置，但是却可以知道电子在某一时间某一空间范围内出现的概率。如果将电子出现的概率看作带负电荷的云，波函数的平方(Φ^2)则代表原子核周围小区域内电子云出现的概率。Φ^2 与概率密度成正比，电子出现的概率越大，则"云层"越厚，电子出现的概率越小，则"云层"越薄。见图1-3。

轨道的形状和"云"的形状大致相似。s轨道为球形核对称，沿轨道对称轴转任何角度，轨道的位相不变，即轨道没有方向性。s轨道的大小为 1s＜2s＜3s。

p轨道为哑铃形，以通过原子核的直线为轴对称分布。p轨道有方向性，沿 x、y、z 3个方向伸展，分别为 p_x、p_y、p_z 3个轨道，它们的对称轴互相垂直，但能量相等。p轨道的大小

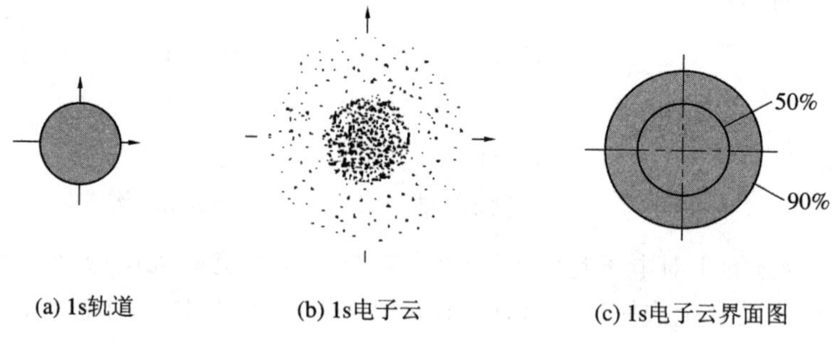

图 1-3　1s 轨道示意图

为 2p<3p<4p。轨道图中的"+"和"−"表示波位相,如图 1-4 所示。

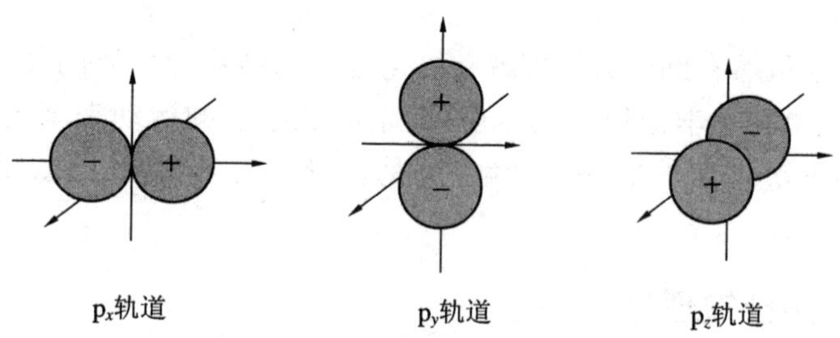

图 1-4　2p 轨道及 2p 轨道的位相

电子填充原子轨道时遵循**泡利**(W. Pauli)**不相容原理**、**能量最低原理**和**洪特**(E. Hund)**规则**。任何一个原子轨道只能被两个自旋相反的电子所占据(通常用向上和向下的箭头来表示);电子首先占据能量最低的轨道,当此种轨道填满后,才依次占据能量较高的轨道;当有几个能量相同的轨道时,电子尽可能分占不同的轨道。

2. 共价键的本质

2 个氢原子通过共用 1 对电子形成氢分子,并且在通常条件下,氢分子不会自动分解成氢原子,这说明 2 个氢原子共用 1 对电子比各自带 1 个电子要稳定得多。对于这一事实,1927 年德国化学家海特尔(W. Heiter)和伦敦(F. London)首次成功地解决了这一问题。他们利用量子力学的近似方法处理化学键问题,计算氢分子中共价键形成时体系的能量变化。结果发现,当各自带有一个单电子且自旋相反的 2 个氢原子相互接近到一定程度(核间距 $r=0.074$ nm)时,2 个原子轨道重叠,核间产生电子云密度较大的区域,吸引着 2 个原子核,此时体系能量降低(比 2 个孤立的氢原子的能量低),形成了稳定的氢分子,如图 1-5 所示,降低的能量就是氢分子的结合能,这就是共价键的本质。

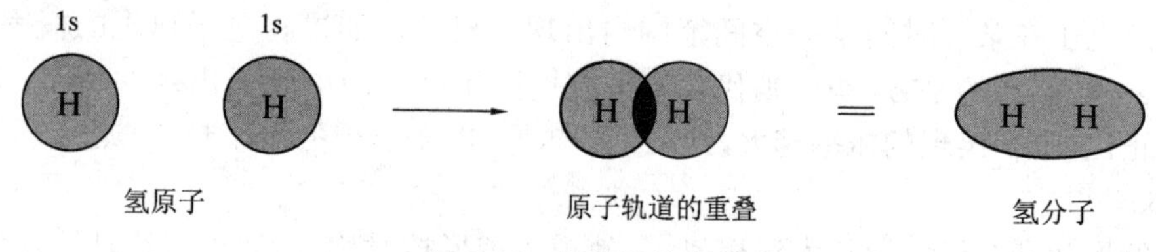

图 1-5　氢分子的生成

后来美国化学家鲍林(L. C. Pauling,1901—1994)等把处理氢分子的共价键的方法定性地推广到双原子和多原子分子,并发展成为价键理论。

3. 价键理论

价键理论(价键法)把键的形成看作是原子轨道的重叠或电子配对的结果。原子在未化合前所含的未成对电子如果自旋相反,则可两两偶合构成电子对,每一对电子的偶合就生成一个共价键,所以价键法又称电子配对法。价键理论的主要内容为:

(1) 形成共价键的 2 个电子必须自旋方向相反。

(2) 共价键有饱和性。元素原子的共价键数等于该原子的未成对电子数。如果 1 个原子的未成对电子已经配对,它就不能再与其他原子的未成对电子配对。例如,氢原子的 1s 电子与 1 个氯原子的 3p 电子配对形成 HCl 分子后,就不能再与第 2 个氯原子结合成 HCl_2。

(3) 共价键有方向性。原子轨道重叠成键时,轨道重叠越多,形成的键越牢固。因此,成键的 2 个原子轨道必须按一定方向重叠,以满足 2 个轨道最大程度的重叠,形成稳定的共价键。例如,在形成 H—Cl 时,只有氢原子的 1s 轨道沿着氯原子的 3p 轨道对称轴的方向重叠,才能达到最大重叠而形成稳定的键(如图 1-6 所示),这就是共价键的方向性。

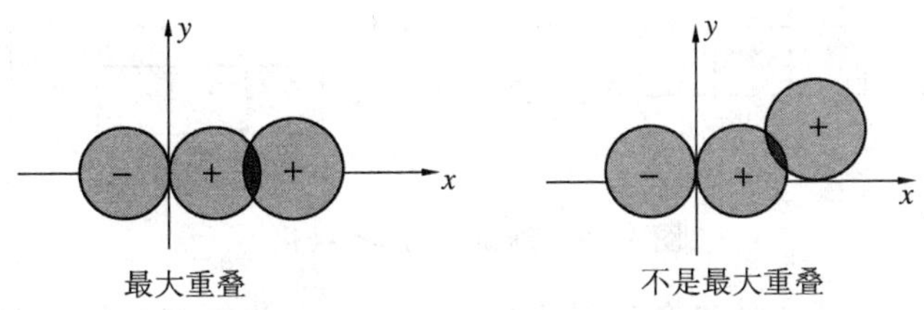

图 1-6 s 轨道和 p 轨道的重叠

(4) 能量相近的原子轨道可以进行"**杂化**"(hybridization)而组成能量相等的"杂化轨道"。**杂化轨道理论**(orbital hybridization theory)是鲍林等人于 1931 年提出来的。杂化轨道理论认为,元素的原子在成键时,不但可以变成激发态,而且能量近似的原子轨道可以重新组合成新的原子轨道——杂化轨道。杂化轨道的数目等于参与杂化的原子轨道的数目,并包含原子轨道的成分。杂化轨道的方向性更强,成键的能力增大。

下面就碳原子的 3 种杂化方式作一简单介绍。杂化轨道参与成键的过程见相关章节。

① sp^3 杂化

基态时,碳原子的电子构型为 $1s^2 2s^2 2p_x^1 2p_y^1$。杂化轨道理论认为,碳原子在成键前先完成了轨道的重新组合——杂化。碳原子的 1 个 2s 电子被激发到 2p 轨道,随后 1 个 2s 轨道和 3 个 2p 轨道线性组合成 4 个能量相等的轨道。由于每个杂化轨道中含有 1/4 s 成分及 3/4 p 成分,故将这些杂化轨道称为 **sp^3 杂化轨道**,进行这种杂化的碳原子称 sp^3 杂化碳原子,如图 1-7 所示。

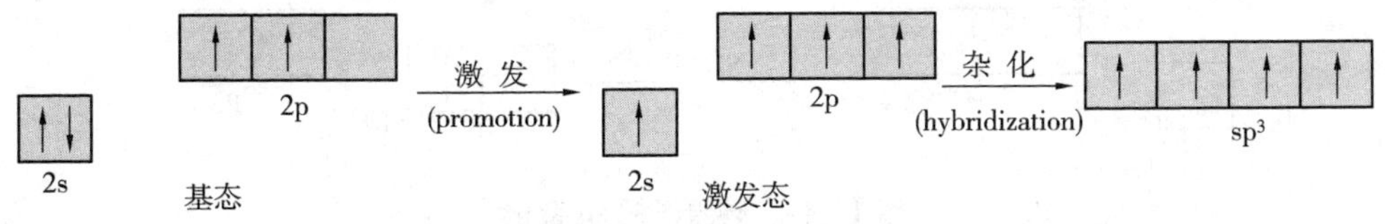

图 1-7 碳原子的 sp^3 杂化

sp^3 杂化轨道的形状是一头大一头小,见图 1-8(a),4 个 sp^3 杂化轨道在碳原子周围是对称分布的,轨道的对称轴间夹角为 109°28′,即呈四面体形排布,如图 1-8(b)所示。

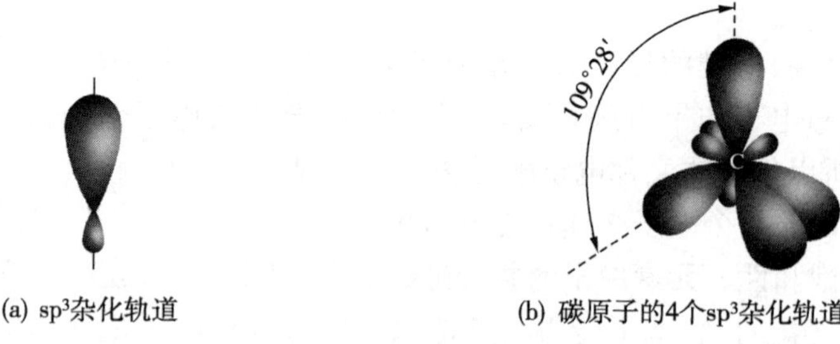

(a) sp^3杂化轨道　(b) 碳原子的4个sp^3杂化轨道

图 1-8　碳原子的 sp^3 杂化轨道

有机化合物中的饱和碳原子都是 sp^3 杂化的。

② sp^2 杂化

杂化轨道理论认为，碳原子在成键前，也可将激发态中的 1 个 2s 轨道和 2 个 2p 轨道进行 **sp^2 杂化**(**sp^2 hybridization**)，组合成 3 个能量相等的 sp^2 杂化轨道，另外 1 个 2p 轨道未参与杂化。3 个 sp^2 杂化轨道及 1 个 2p 轨道中各填充 1 个电子(见图 1-9)。

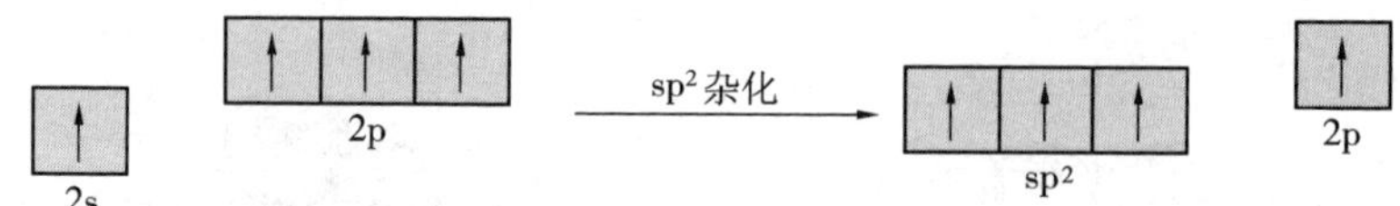

图 1-9　碳原子的 sp^2 杂化

sp^2 杂化轨道的形状与 sp^3 杂化轨道类似，3 个 sp^2 杂化轨道对称分布在碳原子周围，处于同一平面上，轨道对称轴之间的夹角为 120°。未参与杂化的 p 轨道的对称轴垂直于 3 个 sp^2 杂化轨道对称轴所在的平面(如图 1-10 所示)。

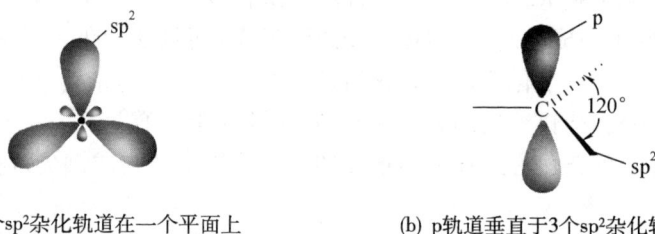

(a) 3个sp^2杂化轨道在一个平面上　(b) p轨道垂直于3个sp^2杂化轨道的平面

图 1-10　碳原子的 sp^2 杂化轨道

③ sp 杂化

杂化轨道理论认为，碳原子在成键前可以由 1 个 2s 轨道和 1 个 2p 轨道进行 **sp 杂化**(**sp hybridization**)，重新组合成 2 个等同的 sp 杂化轨道，如图 1-11 所示。

图 1-11　碳原子的 sp 杂化

sp 杂化轨道的形状也是一头大一头小，这 2 个 sp 杂化轨道的对称轴处于一条直线上，在空间呈线形分布，如图 1-12(a)所示。2 个未参与杂化的 p 轨道的对称轴互相垂直，并都垂直于 sp 杂化轨道对称轴所在的直线，如图 1-12(b)所示。

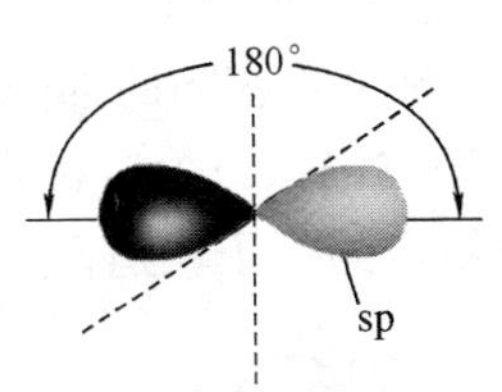

(a) 2个sp杂化轨道的分布

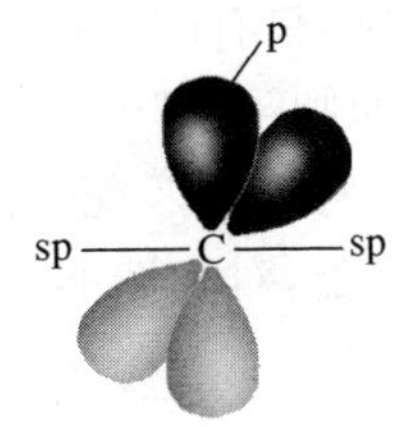

(b) sp 杂化碳原子

图 1 - 12　碳原子的 sp 杂化轨道

价键法是以自旋相反的电子对成键为基础的，它认为“形成共价键的电子只处于成键的两原子之间运动”，即定域于成键原子之间，是**定域**(location)的观点。价键法并未从分子的整体考虑问题，因此有不完善之处。与价键法同时发展起来的分子轨道法则是从分子整体出发考虑问题的。

4. 分子轨道理论

分子轨道理论中目前应用最广泛的是**原子轨道线性组合法**(linear combination of atomic orbital)，简称 LCAO 法。该法认为，共价键的形成是成键原子的原子轨道相互接近、相互作用而重新组合成整体的**分子轨道**(molecular orbital，简称 MO)的结果。分子轨道是电子在整个分子中运动的状态函数。它认为“形成共价键的电子分布在整个分子之中”，这是一种“**离域**”(delocation)的观点。其主要内容可归纳为：

(1) 分子轨道由原子轨道线性组合而成，几个原子轨道组合成几个分子轨道。例如，A、B 2 个原子的原子轨道 Φ_A 和 Φ_B 可以线性组合成 2 个分子轨道 ψ_1 和 ψ_2。

$$\Phi_A + \Phi_B = \psi_1$$
$$\Phi_A - \Phi_B = \psi_2$$

原子轨道组合成分子轨道时，虽然轨道数不变，但必然伴随着轨道能量的变化，能量低于 2 个原子轨道的分子轨道称**成键分子轨道**(bonding molecular orbital)，如上式中的 ψ_1，能量高于 2 个原子轨道的分子轨道称**反键分子轨道**(antibonding molecular orbital)，如上式中的 ψ_2。图 1 - 13 是氢分子的分子轨道形成示意图。

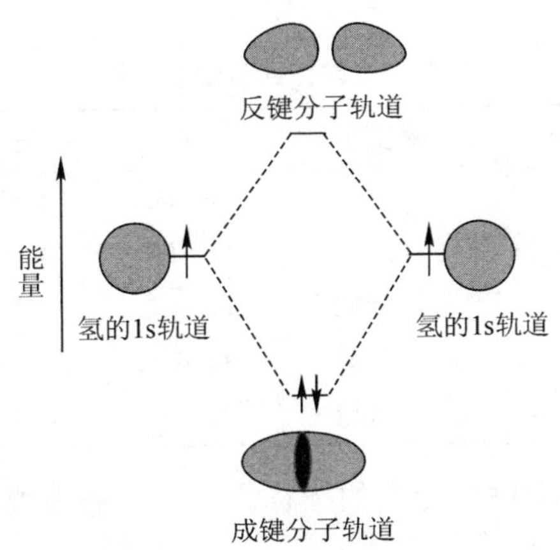

图 1 - 13　氢分子轨道的形成

(2) 能量相近原则:只有能量相近的原子轨道才能线性组合形成分子轨道。

(3) 对称性匹配原则:成键的2个原子轨道,必须是位相相同的部分相互重叠才能形成稳定的分子轨道,称为对称性匹配。图1-14中的(c)、(e)、(f)为对称性匹配,而(a)、(b)、(d)、(g)为对称性不匹配,对称性不匹配则不能形成稳定的分子轨道。

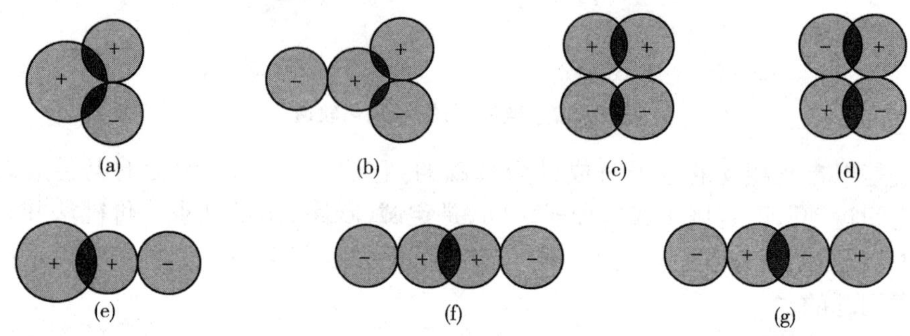

图1-14 对称性匹配原则

(4) 最大重叠原则:原子轨道相互重叠形成分子轨道时,轨道重叠越多,形成的键越稳定。这一点与价键法类似。

(5) 电子在分子轨道中的排布与原子中电子在核外的排布类似,即遵守能量最低原理、泡利不相容原理和洪特规则。

1.4 共价键的几个重要参数

有机化合物中最常见的是共价键,本节就共价键的一些基本特性(如键长、键角、键能等)做简单的介绍。这些特性对进一步了解有机化合物的结构和各种性质是很有益的。

1.4.1 键长

以共价键相结合的2个原子核间的距离称为**键长**(bond length)。常见共价键的键长见表1-1。

表1-1 常见共价键的键长

键	键长/nm	键	键长/nm	键	键长/nm	键	键长/nm
H—H	0.074	C—Cl	0.177	N—H	0.104	C═N	0.128
N—N	0.145	C—Br	0.191	O—H	0.096	C═O	0.120
C—C	0.154	C—I	0.212	H—Cl	0.126	C≡C	0.121
C—H	0.109	C—N	0.147	C═C	0.133	C≡N	0.116
C—F	0.140	C—O	0.143	N═N	0.123	N≡N	0.110

化学键的键长是考查化学键稳定性的指标之一。一般来说,键长越长,越容易受到外界的影响而发生极化。

相同的共价键在不同的分子中其键长会稍有不同,因为成键的2个原子在分子中不是孤立的,它们要受到分子中其他原子的影响。

1.4.2 键角

当1个两价或两价以上的原子与其他原子形成共价键时，2个共价键之间的夹角称为**键角**(bond angle)。例如，甲烷分子中，每2个C—H键之间的夹角为109°28′。乙烯分子中，2个C—H键之间的夹角约为120°。显然，键角的大小与成键的中心原子的杂化状态有关(详见第2、4、5章)。此外，键角的大小还与中心碳原子上所连的基团有关。当中心碳原子相同而与之相连的基团不同时，键角也将有不同程度的改变。例如，丙烷分子中与中间C相连的2个C—H键的夹角为106°，较甲烷分子2个C—H键之间的夹角缩小了。

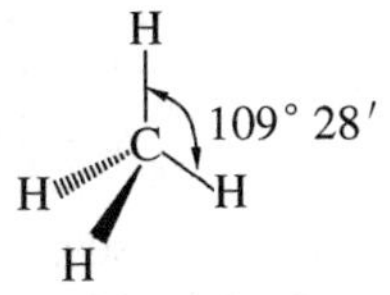

甲烷 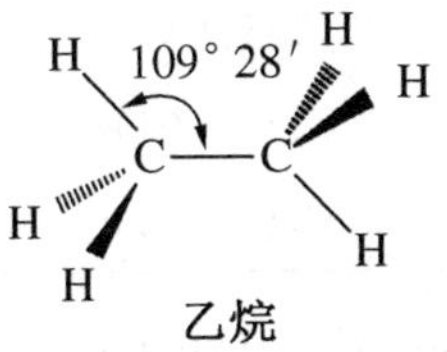　乙烷 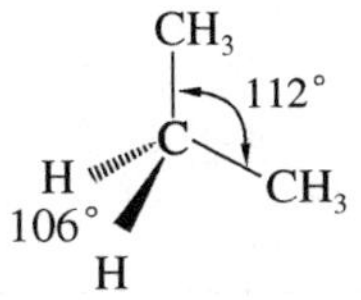　丙烷 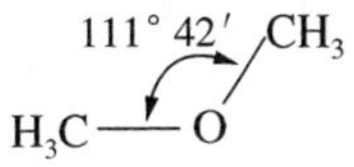　甲醚

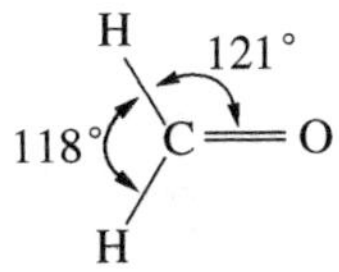

甲醛 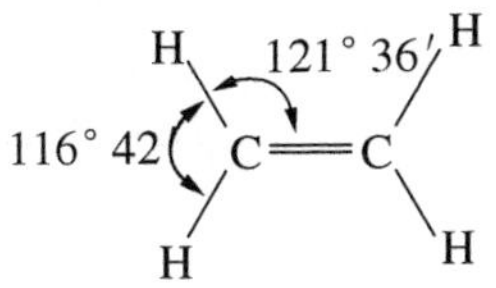　乙烯 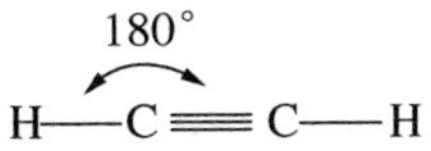　乙炔 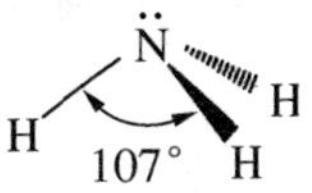　氨

因此，键角与有机分子的立体形象有关。为了在纸平面上较形象地表示分子的立体形象，常采用立体结构式描述分子中原子或原子团在空间的相互关系。以上表示甲烷等立体形象的式子称**楔形式**(wedge-and-dash model)，式中的楔形实线表示该价键朝向纸平面的前方，细实线表示位于纸平面，楔形虚线表示该价键朝向纸平面后方。为方便起见，楔形虚线也可用一般虚线表示。

1.4.3 键能和键的离解能

共价键断裂时需要从外界吸收能量，反之则要放出能量。断裂某一共价键所需要吸收的能量称为该共价键的**离解能**或**解离能**(dissociation energy，用 E_d 或 DH 表示)。例如：

	DH/(kJ/mol)
$H—H \longrightarrow 2H\cdot$	435.3
$H_3C—CH_3 \longrightarrow 2\dot{C}H_3$	368.4

表1-2列出了分子中常见共价键的离解能。

表1-2 分子中常见共价键的离解能

键	离解能/(kJ/mol)	键	离解能/(kJ/mol)
F—F	153.2	CH_3—Cl	351.6
H—F	565.1	Br—Br	192.6

续 表

键	离解能/(kJ/mol)	键	离解能/(kJ/mol)
CH_3—H	435.4	H—Br	364.2
C_2H_5—H	410.3	CH_3—Br	293.0
$(CH_3)_2CH$—H	397.4	I—I	150.6
$(CH_3)_3C$—H	380.9	H—I	297.2
C_6H_5—H	468.8	CH_3—CH_3	368.4
$C_6H_5CH_2$—H	355.8	$(CH_3)_2CH$—CH_3	351.6
CH_2═CH—H	452.1	$(CH_3)_3C$—CH_3	339.1
Cl—Cl	242.8	CH_2═CH—CH_3	406.0
H—Cl	431.2	CH_2═$CHCH_2$—CH_3	309.0

在多原子分子中,即使是相同的键,其离解能也不相同。例如,甲烷分子中的 4 个 C—H键的离解能为:

	DH/(kJ/mol)
$H_3C—H \longrightarrow \cdot CH_3 + H\cdot$	435.4
$H_2\dot{C}—H \longrightarrow \cdot \dot{C}H_2 + H\cdot$	443.8
$\cdot\dot{C}H—H \longrightarrow \cdot\dot{C}H + H\cdot$（CH 下方另有一点）	443.8
$\cdot\dot{C}—H \longrightarrow \cdot\dot{C}\cdot + H\cdot$（C 下方另有一点）	339.1

若将断裂这 4 个 C—H 键总共需要的能量(1 662.1 kJ/mol)除以 4,即为断裂甲烷分子中每个 C—H 键平均需要的能量。人们将多原子分子中几个同种共价键离解能的平均值称为该种键的平均键能,可见平均键能与键的离解能的含义是不同的。表 1-3 列出了多原子分子中常见共价键的平均键能。

表 1-3 多原子分子中常见共价键的平均键能

键	键能/(kJ/mol)	键	键能/(kJ/mol)	键	键能/(kJ/mol)	键	键能/(kJ/mol)
O—H	464.7	C—C	347.4	C—Cl	339.1	C═N	615.3
N—H	389.3	C—O	360	C—Br	284.6	C≡N	891.6
S—H	347.4	C—N	305.6	C—I	217.8	C═O	736.7(醛)
C—H	414.4	C—S	272.1	C═C	611.2		749.3(酮)
H—H	435.3	C—F	485.6	C≡C	837.2		

通常将平均键能简称为**键能**(bond energy)。对于双原子分子来说,键能就是离解能。键能是衡量共价键牢固度的一个重要参数。共价键的键能越大,说明键越牢固。

实际上,这里牵涉共价键的断裂方式问题。一般来说,共价键有 2 种断裂方式。一种是断裂后成键的 1 对电子平均分给 2 个原子或基团,这种断裂方式称为**均裂**(homolytic bond cleavage,homolysis)。共价键均裂后生成的带单电子的原子或基团称**游离基**或**自由基**

(free radicals)。箭头"⌒"和"⌒"表示单电子转移的方向。

$$A:B \longrightarrow A\cdot + B\cdot$$ 均裂

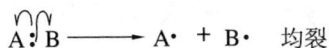

另一种断裂方式是共价键断裂后产生离子,成键的 1 对电子为某一个原子或基团所占有,这种断裂方式称**异裂**(heterolytic bond cleavage, heterolysis)。箭头"⌒"表示电子对转移的方向。

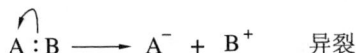

$$A:B \longrightarrow A^- + B^+$$ 异裂

通过均裂,即通过自由基中间体而进行的化学反应称**自由基反应**(radical reaction)。通过异裂所进行的化学反应称**离子型反应**(ionic reaction)。

1.4.4 键的极性

1. 共价键的极性

原子通过纯粹的共价键或离子键结合,这仅是成键的 2 种极端形式,实际上,大多数化学键的性质介于这两者之间。

由 2 个相同的原子形成的共价键,由于它们对成键电子的吸引力相同,其电子云在 2 个原子之间对称分布,这种共价键是没有极性的,称**非极性共价键**(nonpolar covalent bond),例如 H—H 键和 Cl—Cl 键等。

由不相同的原子形成的共价键,由于两个原子的电负性不同,它们对共享电子对的吸引力不同,共享电子对就偏向于电负性较大的原子,结果电子云在 2 个原子之间的分布就不对称,这种共价键具有极性,称**极性共价键**(polar covalent bond)。例如,C—Cl 中由于 Cl 的电负性大于 C,故成键的 1 对电子偏向于 Cl,使 Cl 附近的电子云密度大一些,C 附近的电子云密度小一些,这样,C—Cl 键就产生了偶极,Cl 上带部分负电荷,用 δ^- 表示,C 上带部分正电荷,用 δ^+ 表示,即 $\overset{\delta^+}{C}\longrightarrow\overset{\delta^-}{Cl}$。

共价键极性的大小,主要取决于成键两原子的电负性之差。两种原子的电负性差越大,形成的共价键的极性越大。表 1-4 列出了常见元素的电负性值。

表 1-4 常见元素的电负性值

元素符号	电负性	元素符号	电负性	元素符号	电负性	元素符号	电负性	元素符号	电负性	元素符号	电负性	元素符号	电负性
H	2.15												
Li	0.95	Be	1.5	B	2.0	C	2.6	N	3.0	O	3.5	F	3.9
Na	0.9	Mg	1.2	Al	1.5	Si	1.9	P	2.1	S	2.6	Cl	3.1
K	0.8	Ca	1.0									Br	2.9
												I	2.6

共价键极性的大小可以用**电偶极矩**(**dipole moment**, $\boldsymbol{\mu}$)来度量。电偶极矩是指正负电荷中心间的距离 d 和正电荷或负电荷中心的电荷值 q 的乘积,电偶极矩的单位为库·米(C·m)。

$$\mu = q \times d$$

电偶极矩是一个向量,用符号“+——→”表示,箭头指向带负电荷的一端。例如:

$$\overset{\delta^+}{H} \text{———} \overset{\delta^-}{Cl} \qquad \overset{\delta^+}{C} \text{———} \overset{\delta^-}{X}$$

多原子分子的电偶极矩是各极性共价键电偶极矩的向量和,见图 1-15。

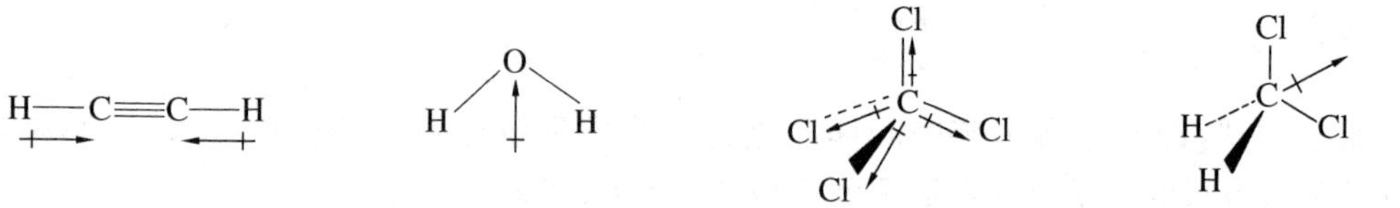

$\mu=0$　　$\mu=1.85\times10^{-30}$ C·m　　$\mu=0$　　$\mu=5.23\times10^{-30}$ C·m

图 1-15　几种化合物的电偶极矩及偶极方向

其中 H_2O、CH_2Cl_2 为极性分子,而四氯化碳分子虽然 C—Cl 键的电偶极矩为 $\mu=2.3\times10^{-30}$ C·m,但由于 4 个 C—Cl 键在碳原子周围是对称分布的,其电偶极矩的向量和为零,因此,四氯化碳是非极性分子。

2. 诱导效应

由上述可知,一个极性共价键,例如 C—X 键中,由于卤原子的电负性大,可使 C—X 键的电子偏向卤素,产生偶极。卤素不仅对直接相连的碳原子有影响,而且这种影响还会沿着碳链传递。

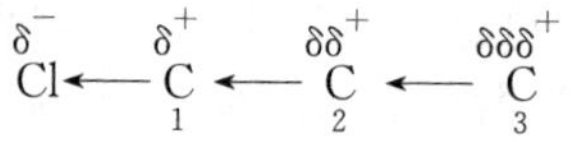

$$\overset{\delta^-}{Cl} \leftarrow \overset{\delta^+}{\underset{1}{C}} \leftarrow \overset{\delta\delta^+}{\underset{2}{C}} \leftarrow \overset{\delta\delta\delta^+}{\underset{3}{C}}$$

由于 C_1 上带部分正电荷,因此,C_1 又使 C_1—C_2 键的共用电子对产生偏移,但这种偏移的程度要小一些,结果会产生小的偶极,用 $\delta\delta^+$ 表示。这样依次影响下去,距离越远,影响就越小。像这种因某一原子或原子团的静电诱导作用而引起的电子沿着碳链移动的效应称为**诱导效应**(inductive effect),用 I 表示。诱导效应沿碳链传递时,随距离增加而迅速减弱,一般到 3 个碳以后可以忽略不计。

诱导效应一般以氢作为比较标准。如果电子对偏向取代基,该取代基称为**吸电子基**(electron-withdrawing group),具有吸电子的诱导效应,用 $-I$ 表示;如果电子对偏离取代基,该取代基称为**斥电子基**(electron-releasing group,**给电子基**、**供电子基**),具有给电子诱导效应。用 $+I$ 表示。

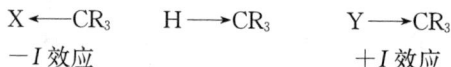

$$\underset{-I\text{效应}}{X \leftarrow CR_3} \qquad H \rightarrow CR_3 \qquad \underset{+I\text{效应}}{Y \rightarrow CR_3}$$

诱导效应的强弱可通过实验测得,例如,以乙酸作为母体化合物,将取代乙酸的离解常数按次序排列,即得到各取代基的诱导效应的顺序为:

吸电子基:$NO_2 > CN > F > Cl > Br > I > C{\equiv}C > OCH_3 > OH > C_6H_5 > C{=}C > H$

给电子基:$(CH_3)_3C > (CH_3)_2CH > CH_3CH_2 > CH_3 > H$

有时因测定方法的不同、所连母体化合物的不同以及原子间可能存在的相互影响,导致上述诱导效应顺序发生变化。

3. 键的可极化性

共价键的极性是键的内在性质，它是共价键的一种永久极性（或称永久偶极）。在外界电场的影响下，共价键的电子云分布也会发生改变，即分子的极化状态会发生改变。但当外界电场消失后，共价键以及分子的极化状态又恢复原状。共价键对外界电场的这种敏感性称为共价键的**可极化性**（**或极化度**）。

各种共价键的极化度是不同的。共价键的极化度与其键内电子的流动性有关，电子的流动性越大，键的极化度越大。例如 C—X 键的极化度大小顺序为：

$$\mathrm{C{-}Cl} < \mathrm{C{-}Br} < \mathrm{C{-}I}$$

共价键的可极化性与极性是共价键的很重要的性质，它们和化学键的反应性能间有着密切的关系。因为有机反应无非是旧键的断裂和新键的形成过程，而极性共价键就已孕育了断裂的因素。

1.5 有机化合物的分类

有机化合物的特点之一是数目繁多，为了对其进行系统的研究，将有机化合物进行科学分类是非常必要的。

有机化合物的分类通常采用两种方法：一种是按碳架分类，另一种是按官能团分类。

1.5.1 按碳架分类

有机化合物是以碳为骨架的，根据碳原子结合而成的基本骨架的不同，可将有机化合物分成三大类：

(1) 链状化合物

化合物分子中的碳原子连接成链状，因油脂分子中主要是这种链状结构，因此又将这类化合物称为**脂肪族化合物**(aliphatic compound)。例如：

$CH_3CH_2CH_3$	$CH_3CH_2CH_2CH_2OH$	CH_3CH_2COOH
丙烷	正丁醇	丙酸

(2) 碳环化合物

该类化合物分子中含有由碳原子组成的环状结构骨架。根据碳环的不同又可将其分成**脂环族化合物**(alicyclic compound)和**芳香族化合物**(aromatic compound)。

① 脂环族化合物　这类化合物的性质与前面提到的脂肪族化合物相似，只是碳链成环状。例如：

OH　Cl

环戊烷　环己醇　氯代环己烷

② 芳香族化合物　化合物分子中含有苯环或稠合苯环，它们在性质上与脂环族化合物不同，具有一些特性。该类化合物如：

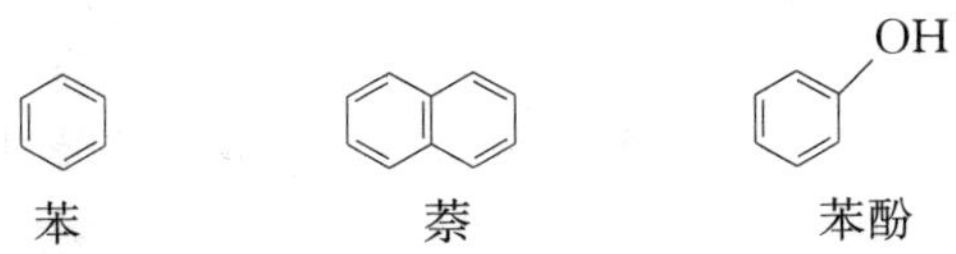

苯　萘　苯酚

(3) 杂环化合物

杂环化合物(heterocyclic compound)分子中都含有由碳原子和其他杂原子组成的环，这些杂原子如氧、硫、氮等。例如：

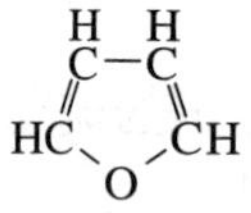

呋喃 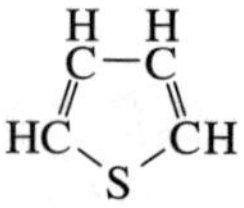　　噻吩 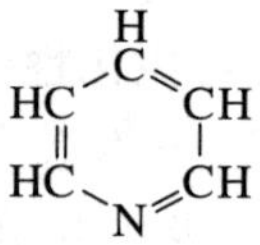　　吡啶

1.5.2 按官能团分类

官能团(functional group)是指能决定有机化合物主要性质和反应的原子或原子团(原子团也称基团)。官能团是有机化合物分子中比较活泼的部位，一旦条件具备，它们就能发生化学反应。含有相同官能团的有机化合物通常具有类似的化学性质，因此，将有机化合物按官能团进行分类，便于对有机化合物的共性进行研究。表 1 - 5 列出了有机化合物中常见的官能团及有关化合物。

表 1 - 5　常见官能团及有关化合物类别

官能团		有机化合物类别	化合物举例
基团结构	名称		
$>C{=}C<$	双键	烯烃	$CH_2{=}CH_2$　乙烯
$-C{\equiv}C-$	叁键	炔烃	$H-C{\equiv}C-H$　乙炔
$-OH$	羟基	醇、酚	CH_3-OH　甲醇，C_6H_5-OH　苯酚 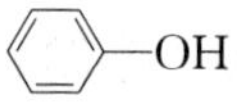
$>C{=}O$	羰基	醛、酮	CH_3-CO-H　乙醛，$CH_3-CO-CH_3$　丙酮
$-CO-OH$	羧基	羧酸	$CH_3-CO-OH$　乙酸
$-NH_2$	氨基	胺	CH_3-NH_2　甲胺
$-NO_2$	硝基	硝基化合物	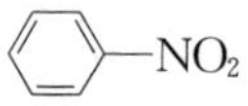 $C_6H_5-NO_2$　硝基苯
$-X$	卤素	卤代烃	CH_3Cl　氯甲烷，CH_3CH_2Br　溴乙烷
$-SH$	巯基	硫醇	C_2H_5SH　乙硫醇

续 表

官能团 基团结构	官能团 名称	有机化合物类别	化合物举例
$-SO_3H$	磺酸基	磺酸	⌬$-SO_3H$ 苯磺酸
$-C\equiv N$	氰基	腈	$CH_3C\equiv N$ 乙腈
$-\overset{\vert}{\underset{\vert}{C}}-O-\overset{\vert}{\underset{\vert}{C}}-$	醚键	醚	$CH_3CH_2-O-CH_2CH_3$ 乙醚

习 题

1. 根据原子的电负性，指出下列共价键电偶极矩的方向。

(1) C—Br (2) C—O (3) C—S (4) C—B (5) C—N

(6) N—Cl (7) N—O (8) N—S (9) N—B (10) B—Cl

2. 比较下列各组化学键极性的大小。

(1) CH_3-Br, CH_3-H (2) CH_3-I, CH_3-Cl (3) $CH_3CH_2-NH_2$, CH_3CH_2-OH

3. 下列分子是否有极性？若有极性，请预测分子电偶极矩的方向。

(1) CO_2 (2) CH_3Cl (3) CF_4 (4) CH_3OCH_3

(5) H_2O (6) CH_2Br_2 (7) CH_3OH (8) NH_3

4. 写出下列化合物的结构简式和分子式。

(1) $Cl-\overset{Cl}{\underset{H}{C}}-\overset{H}{\underset{H}{C}}-H$

(2) $H-\overset{H}{\underset{H}{C}}-\overset{H}{\underset{H}{C}}-O-\overset{H}{\underset{H}{C}}-\overset{H}{\underset{H}{C}}-H$

(3) $\begin{matrix}H & & H\\ & C=C & \\ H & & H\end{matrix}$

(4) $H-\overset{H}{\underset{H}{C}}-C\equiv C-H$

(5) $H-\overset{H}{\underset{H}{C}}-\overset{OH}{\underset{H}{C}}-\overset{H}{\underset{H}{C}}-H$

(6) $Br-\overset{H}{\underset{H}{C}}-\overset{O}{\overset{\|}{C}}-\overset{H}{\underset{H}{C}}-Br$

5. 按官能团分类法，下列化合物各属哪一类化合物？并指出所含官能团的名称。

(1) $CH_3\overset{O}{\overset{\|}{C}}-CH_3$ (2) $CH_3OCH_2CH_3$ (3) ⌬$-NO_2$

(4) 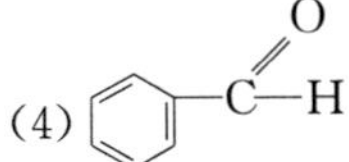

(5) ⬠=O (6) $CH_3C\equiv CCH_3$

(7) $CH_3CH_2NH_2$ (8) ⬡—OH (9) $CHCl_3$

(10) CH_3—⬡—SO_3H　　(11) OH（萘环）　　(12) CH_3CH_2CN

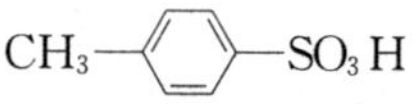

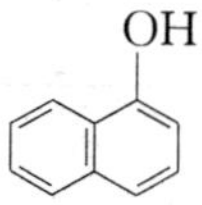

6. 下列化合物哪些具有相似的性质?

(1) $CH_3CH_2OCH_2CH_3$　　(2) $CH_3CH=CHCH_2CH_3$　　(3) 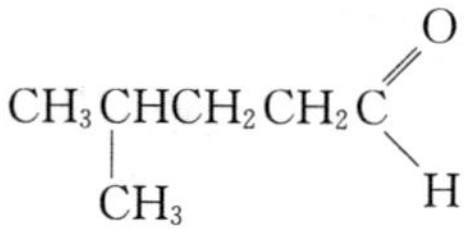 $CH_3CH(CH_3)CH_2CH_2C(=O)H$

(4) $CH_3CH_2CH_2CH(OH)CH_3$　　(5) O（五元环）　　(6) ⬠—OH

(7) ⬡=O　　(8) ⬡（环己烯）

7. 下列化合物哪些互为同分异构体?

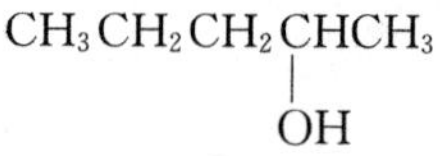

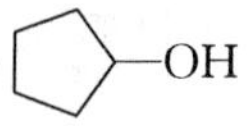

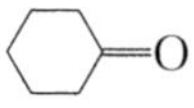

(1) $CH_3CH_2OCH_2CH_2CH_3$　　(2) $CH_3CH=CHCH_2CH_3$　　(3) 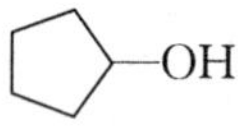 ⬠—OH

(4) ⬠—CHO　　(5) ⬠　　(6) $CH_2=CHCH_2CH(OH)CH_3$

(7) ⬡=O　　(8) $CH_3CH(CH_3)CH_2CH_2OH$

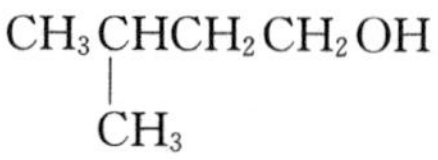

8. 将下列化合物的缩写式改写成键线式。

(1) $(CH_3)_2CH=CH(CH_3)_2$　　(2) $(CH_3)_2CHCH_2CH_2CH_3$

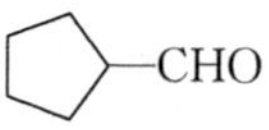

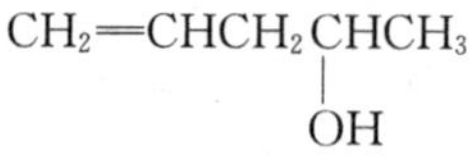

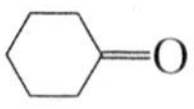

(3) 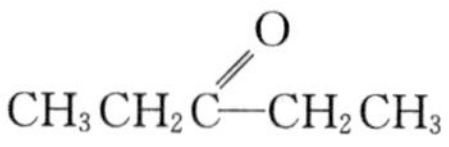 $CH_3CH_2C(=O)—CH_2CH_3$

(4) 环状：$CH_2—CH_2$，CH_2，CH—Cl，$CH_2—CH_2$

(5) 环状：CH—CH，CH=CH（二处），O

(6) 环状：CH=CH，CH，C—COOH，CH—CH

(7) 环状：CH，CH，CH，CH，C—NH_2，N

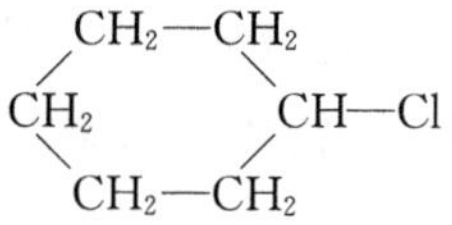

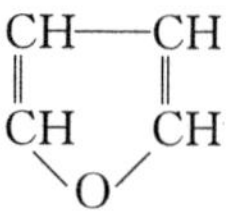

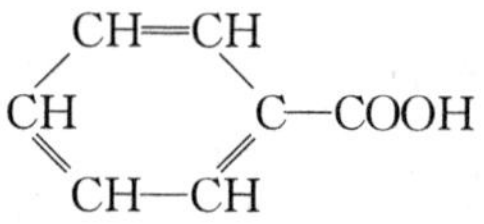

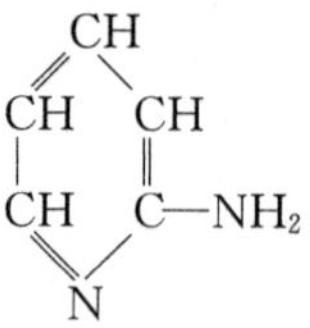

(8) $(CH_3)_2CHCH_2CH(CH_3)_2$

9. 将下列凯库勒式改写成路易斯式。

(1) 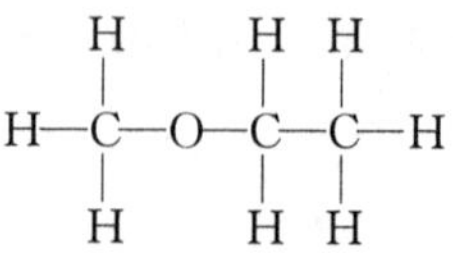 $H—C(H)(H)—O—C(H)(H)—C(H)(H)—H$

(2) $H—C(H)(H)—C(=O)—O—H$

(3) $H—C(H)(H)—C(H)=C(H)—H$

(4) $H—C(H)(H)—N(=O)\rightarrow O$

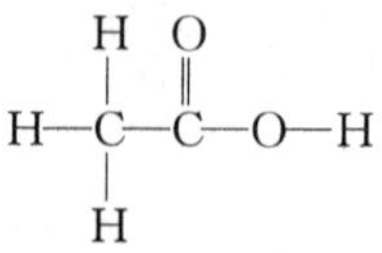

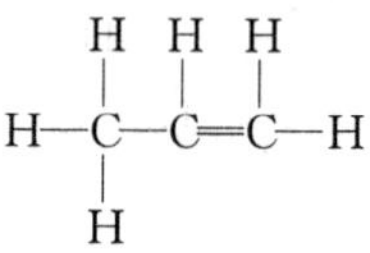

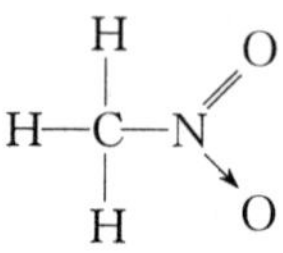

第2章 烷 烃

仅由碳和氢两种元素组成的有机化合物称为**碳氢化合物**(hydrocarbons),简称**烃**。烃分子中的氢原子被其他原子或原子团取代后,可转变成其他各类有机化合物,因此,烃是各类有机化合物的母体。

烃分子中,四价的碳原子自身相互结合,可形成链状或环状骨架,其余的价键均与氢原子结合。具有链状骨架的烃称为**链烃**(又常称为脂肪烃),具有环状骨架的烃称为**环烃**。

如果烃分子中的碳和碳都以单键相连接,其余的价键都被氢原子饱和,则称为**饱和烃**(**saturated hydrocarbon**)。开链的饱和烃称为**烷烃**(**alkane**),最简单的烷烃是由1个碳原子和4个氢原子结合而成的甲烷,分子式为 CH_4。

2.1 烷烃的通式、同系列

烷烃中碳原子和氢原子的数目存在一定的关系,下面列出含有1～3个和 n 个碳原子的烷烃的结构式和分子式。

```
    H            H  H              H  H  H            ┌  H  ┐
    |            |  |              |  |  |            |  |  |
 H—C—H       H—C—C—H        H—C—C—C—H        H—|—C—|—H
    |            |  |              |  |  |            |  |  |
    H            H  H              H  H  H            └  H  ┘n
```

甲烷(CH_4)　　乙烷(C_2H_6)　　丙烷(C_3H_8)　　含 n 个碳的直链烷烃(C_nH_{2n+2})

可以看出,当碳原子数为 n 时,则氢原子数一定为 $2n+2$,因此,可用通式 C_nH_{2n+2} 来表示烷烃的分子组成(带支链的烷烃也符合此通式)。

具有同一分子通式,在组成上相差 CH_2 及其倍数的一系列化合物称**同系列**(homologous series)。同系列中的各个化合物称**同系物**(homologs);—CH_2—称**同系差**。

同系物的结构相似,化学性质也相似,表现出一些规律,因此,只要掌握和了解同系列中少数几个化合物的性质,便能基本上了解这一系列化合物的性质。这将给学习和研究有机化合物带来很大的方便。

2.2 烷烃的构造异构

从绪论已知,同分异构现象是有机化合物中普遍存在的现象(详见1.2)。含有5个碳的烷烃的分子式为 C_5H_{12},它的碳架可有以下3种不同的排列方式:

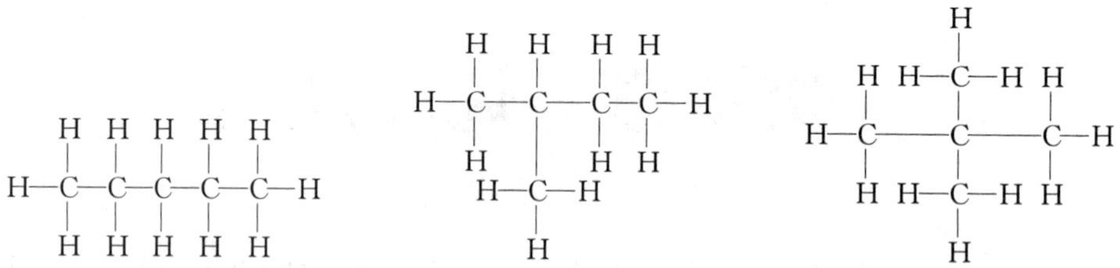

正戊烷　　异戊烷　　新戊烷

正戊烷、异戊烷、新戊烷的沸点分别为36.1℃、28℃和9℃，显然它们是不同的化合物，彼此互为同分异构体。这种异构是由于原子在分子中的排列方式或顺序不同而引起的。人们将原子在分子中的排列方式和顺序称为**构造**(constitution)。因此，由构造不同而产生的同分异构称**构造异构**(constitutional isomerism)。构造异构是同分异构的一种(以后还将介绍其他类型的同分异构)。

随着碳原子数目的增加，烷烃**构造异构体**(constitutional isomer)的数目会迅速增多。例如，含6个碳原子的烷烃(C_6H_{14})有5个构造异构体，含7个碳的烷烃(C_7H_{16})有9个异构体，含10个碳的烷烃($C_{10}H_{22}$)有75个异构体，含20个碳的烷烃($C_{20}H_{42}$)有366 319个异构体。同分异构现象是造成有机化合物数量众多的原因之一。

2.3　4种碳原子和3种氢原子

从以上所列举的几种烷烃的例子中可看出，烷烃分子中有的碳原子只与1个碳相连，例如，乙烷中的2个碳原子，有的碳原子与2个碳相连，如丙烷中间的那个碳原子。因此，人们将碳原子分成4类：只与一个碳相连的碳原子称为**伯碳原子**(primary carbon)，也称**一级碳原子**，常以1°表示；与两个碳相连的碳原子称为**仲碳原子**(secondary carbon)，也称**二级碳原子**，常以2°表示；与三个碳相连的碳原子称为**叔碳原子**(tertiary carbon)，也称为**三级碳原子**，以3°表示；与四个碳相连的碳原子称为**季碳原子**(quaternary carbon)，也称**四级碳原子**，以4°表示。

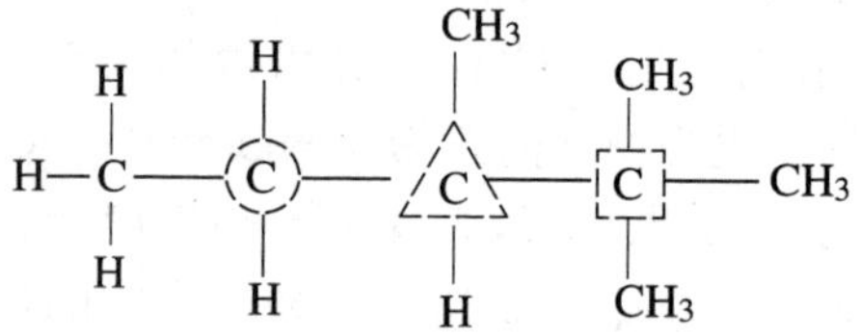

伯(1°)　仲(2°)　叔(3°)　季(4°)

与伯、仲、叔碳原子相连的氢分别称为**伯**(1°)、**仲**(2°)、**叔**(3°)**氢原子**。

2.4　烷烃的结构

2.4.1　碳原子的sp^3杂化

杂化轨道理论认为，烷烃分子中碳原子是sp^3杂化的。从绪论中已知，在成键前，碳原子的1个s轨道与3个p轨道重新组合形成4个sp^3杂化轨道，这4个sp^3杂化轨道在空间呈正四面体排布，轨道间的夹角为109°28′（见1.3.3）。

2.4.2 σ键的形成与特点

甲烷分子中4个sp^3杂化轨道分别与氢原子的1s轨道沿键轴方向重叠，并形成4个C—H键。甲烷分子为正四面体结构，4个C—H键间的键角为109°28′，C—H键键长为0.110 nm。这种沿键轴方向重叠形成的键，轨道交盖程度大，键比较牢固，且电子云密集于两原子之间，该键称作**σ键**。C—H σ键及甲烷分子的原子轨道重叠情况如图2-1、图2-2所示。

由于σ键的电子云是沿着键轴呈对称分布，因此，成键的两原子围绕键轴旋转时，不会影响它们原子轨道的重叠程度。因此σ键具有两个特点：其一是键较牢固，其二是可以绕键轴自由旋转。

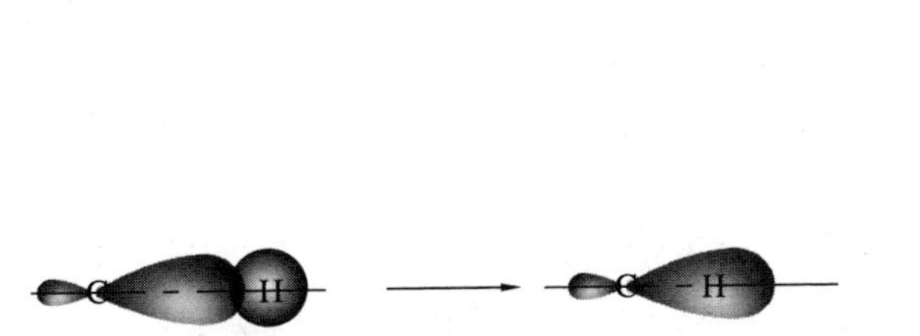

图2-1 C—H σ键的形成

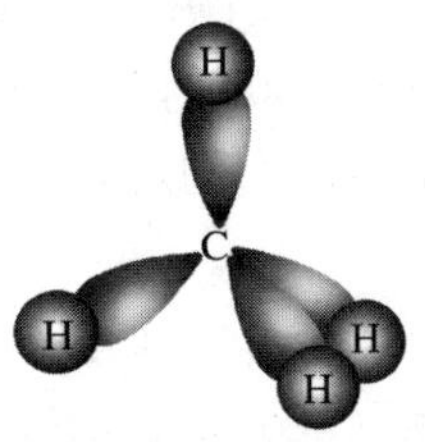

图2-2 甲烷分子中原子轨道重叠示意图

含2个碳的烷烃——乙烷，其分子式为C_2H_6。它的2个碳原子各用1个sp^3杂化轨道重叠形成C—C σ键（见图2-3）；每个碳上余下的3个sp^3杂化轨道则分别与3个氢的1s轨道重叠形成3个C—H σ键，如图2-4、图2-5所示。

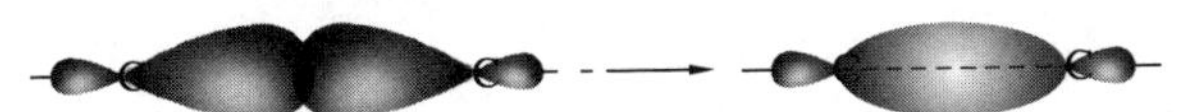

图2-3 C—C σ键的形成

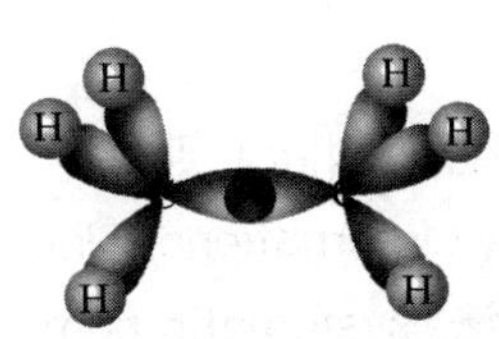

图2-4 乙烷分子中原子轨道重叠示意图

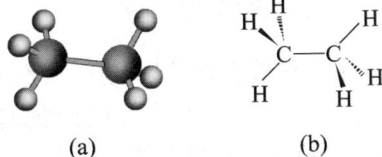

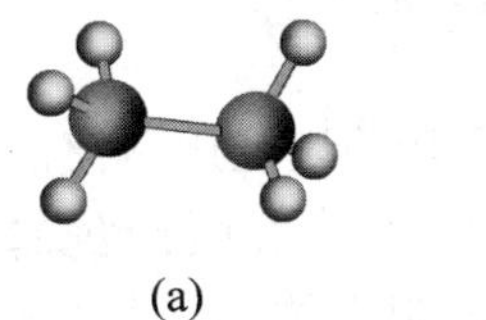

图2-5 乙烷的棒球模型及伞形式

乙烷分子中，C—H键和C—C键间的夹角以及C—H与C—H键间的夹角均为109°28′，C—H键和C—C键的键长分别为0.110 nm和0.153 nm。研究表明，不同烷烃中的键角、键长仅有微小差别。故这些键角和键长是烷烃的特征性数据。

其他的烷烃分子和乙烷一样，所有碳原子都采取sp^3杂化。分子中只有C—C σ键和C—H σ键。由于碳的价键分布是正四面体构型，键角为109°28′，而且C—C σ键可以围绕键轴自由旋转，因此烷烃分子中的碳链是锯齿形的。

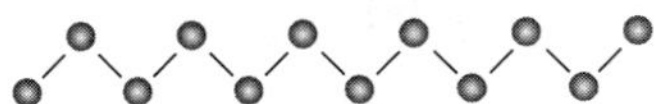

2.5 烷烃的命名

有机化合物的数目众多,结构复杂。正确的名称不仅应表示分子的组成,而且要反映分子的结构。因此,各类化合物的命名法是有机化学中基本而又重要的内容。

2.5.1 普通命名法

比较简单的烷烃常采用**普通命名法**(common nomenclature)来命名。根据分子中所含碳原子的总数而称为某烷。对于含 1～10 个碳原子的烷烃,以天干名称甲、乙、丙、丁、戊、己、庚、辛、壬、癸作词头。例如,5 个碳的烷烃称戊烷(pentane),8 个碳的烷烃称辛烷(octane)等。对含 10 个碳以上的烷烃,则用数字十一、十二、十三等表示。例如,11 个碳的烷烃称十一烷(undecane),12 个碳的烷烃称十二烷(dodecane)等。

包含 4 个碳以上的烷烃就有异构体,为了区别异构体,通常采用"正""异""新"等俗名词头以示区别。

"正"(normal 或 *n* -)表示直链烷烃,"异"(iso)表示在碳链的一端具有$(CH_3)_2CH$—结构的烷烃,"新"(neo)则表示碳链的一端具有$(CH_3)_3CCH_2$—结构的烷烃。例如:

$CH_3CH_2CH_2CH_3$
正丁烷
n - butane

$CH_3CH_2CH_2CH_2CH_3$
正戊烷
n - pentane

$$\begin{array}{c} CH_3CHCH_3 \\ | \\ CH_3 \end{array}$$
异丁烷
isobutane

$$\begin{array}{c} CH_3CHCH_2CH_3 \\ | \\ CH_3 \end{array}$$
异戊烷
isopentane

$$\begin{array}{c} CH_3 \\ | \\ CH_3C{-}CH_3 \\ | \\ CH_3 \end{array}$$
新戊烷
neopentane

2.5.2 系统命名法

对于结构较复杂的烷烃用习惯命名法很难准确地命名,而国际上则采用通用的 IUPAC 命名法来命名。该法是由**国际纯粹和应用化学联合会**(International Union of Pure and Applied Chemistry)制定的,并经过多次修改。**系统命名法**(systematic nomenclature)是以 IUPAC 命名法为基础,再结合我国的文字特点制定的。2018 年中国化学会发布《有机化合物命名原则(2017)》(以下简称 2017 版命名原则),对中文系统命名进行修订,与当前 IUPAC 命名规则保持一致。本书将依据 2017 版命名原则进行有机化合物的系统命名。

直链烷烃的系统命名法与习惯命名法基本一致,根据碳原子数目称某烷。

1. 烷基

烷烃分子中去掉 1 个氢原子后所余下的原子团称**烷基**(alkyl substituent),其通式为 C_nH_{2n+1},通常用 R—来表示。表 2 - 1 列出了一些常见烷基的中英文名称及常用符号。

表 2-1　常见烷基的中、英文名称及常用符号

烷　基	名　称	常用符号
$CH_3—$	甲基(methyl)	Me-
$CH_3CH_2—$ 或 $C_2H_5—$	乙基(ethyl)	Et-
$CH_3CH_2CH_2—$	正丙基(*n*-propyl)	*n*-Pr-
$CH_3CH(CH_3)—$ 或 $(CH_3)_2CH—$	异丙基(isopropyl)	iPr-
$CH_3CH_2CH_2CH_2—$	正丁基(*n*-butyl)	*n*-Bu-
$CH_3CH(CH_3)CH_2—$ 或 $(CH_3)_2CHCH_2—$	异丁基(isobutyl)	iBu-
$CH_3CH_2CH(CH_3)—$	仲丁基(*s*-butyl)	*s*-Bu-
$CH_3C(CH_3)_2—$ 或 $(CH_3)_3C—$	叔丁基(*t*-butyl)	*t*-Bu-
$CH_3C(CH_3)_2—CH_2—$ 或 $(CH_3)_3CCH_2—$	新戊基(neopentyl)	

2. 系统命名法

系统命名法的基本原则为：

① 选择最长的碳链作为主链，看作母体；根据主链所含的碳原子数称“某”烷，支链作为取代基。以下两例中，最长碳链含 6 个碳原子，故其母体为己烷。

例如：

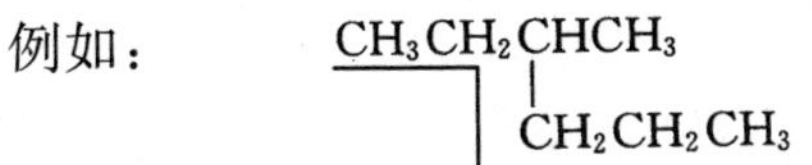

注意：若有 n 条相等的最长碳键可供选择时，应选择连有取代基最多的最长碳链作为主链。下例中，含有 5 个碳的最长碳链不止 1 条。左边的选择是正确的。

例如：

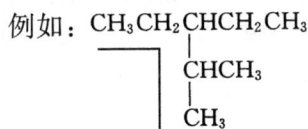

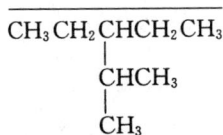

② 从靠近支链的一端开始，以阿拉伯数字对主链上的碳原子进行编号，使取代基编号最小。以下两例中，左边的编号是正确的。

例如：

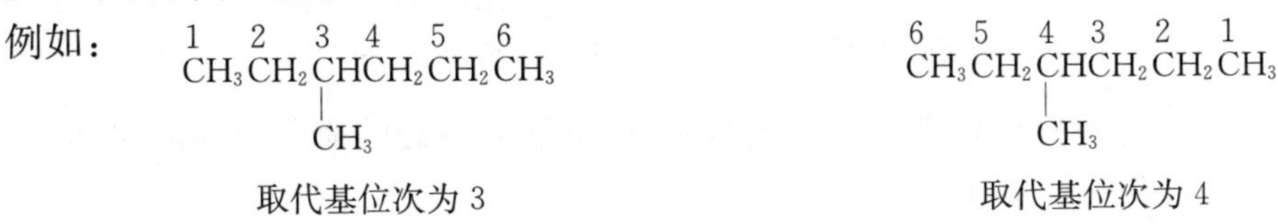

```
6  5  4   3
CH3CHCH2CHCH3
   |     |
   CH3   2CHCH3
         |
         1CH3
```

取代基位次为:2、3、5

```
1  2  3   4
CH3CHCH2CHCH3
   |     |
   CH3   5CHCH3
         |
         6CH3
```

取代基位次为:2、4、5

③ 将取代基的名称及位次写在母体名称之前即得该化合物的名称。上例的中、英文名称如下:

```
CH3CHCH2CHCH3
   |     |
   CH3   CHCH3
         |
         CH3
```

2,3,5-三甲基己烷

2,3,5-trimethylhexane

注意:

a. 取代基位次用阿拉伯数字表示,写在取代基名称前面,表示取代基位次的数字与名称之间要加一短横线。

b. 相同的取代基应合并在一起,并在其名称前用二(di)、三(tri)等数字,表示取代基的数目(如上例)。

c. 主链上有几种不同取代基时,取代基的名称按其英文首字母顺序依次列出,若首字母相同,则依次往后进行比较。必须注意,描述相同简单取代基数目的 di、tri、tetra 等不参与排序。*sec*-、*tert*-、*s*-、*t*-、*n*-等也不参与排序,而异丙基(isopropyl)是常见的习惯名称烷基,iso-参与排序。例如:

```
               CH3
               |
CH3CH2CH2—C—CH2CH3
               |
               CH2CH3
```

3-乙基-3-甲基己烷

3-ethyl-3-methylhexane

④ 复杂取代基的命名

没有俗名的取代基称复杂取代基,在下例中,5 位上的取代基就是复杂取代基。复杂取代基的命名方法是:找出取代基主链(包含连接点碳原子的最长碳链);按取代基的主链进行编号,使连接点的位次尽可能低,并写出取代基主链上支链的位次、名称;将复杂支链的名称作为一个整体放在括号内,括号外冠以其在主链的位次。例如:

```
    CH3                      CH3
1  2|  3    4    5   6    7    8   | 9 10
CH3CHCH2CH2CHCH2CH2CH2CHCH3
                 |
        CH3—CCH2CH3
           1'| 2'  3'
             CH3
```

2,9-二甲基-5-(2-甲基丁-2-基)癸烷

2,9-dimethyl-5-(2-methylbutan-2-yl)decane

烷烃的命名是各类有机化合物命名的基础,应掌握好烷烃的命名原则,为今后学习各类化合物命名打下良好的基础。

2.6 烷烃的物理性质

各类有机化合物往往具有某些共同的**物理性质**(physical properties)。物理性质通常指化合物的**熔点**、**沸点**、**溶解度**(solubility)、**相对密度**(density)以及**物态**和**波谱性质**等。通过各类化合物的物理性质及其变化规律,可以了解化合物的结构信息;反之,知道了化合物的结构,又可以预测它的某些物理性质。这对化合物的分离、纯化以及贮存等都具有一定的指导意义。

2.6.1 沸点

在常温常压下,含1～4个碳的烷烃是气体,含5～16个碳的直链烷烃为液体,含17个碳及以上的烷烃为固体(参见表2-2)。

直链烷烃的沸点随碳原子数的增加而升高,同分异构体中,含支链的异构体比直链异构体沸点略低,支链越多,沸点越低(参见表2-3)。

表2-2 1～20个碳的正烷烃的物理常数

碳原子数 number of carbons	分子式 molecular formula	名称 name	熔点/℃ melting point	沸点/℃ boiling point	相对密度/(10^3 kg/m^3)(20℃时) density
1	CH_4	甲烷 methane	−182.5	−67.7	
2	C_2H_6	乙烷 ethane	−183.3	−88.6	
3	C_3H_8	丙烷 propane	−187.7	−42.1	
4	C_4H_{10}	丁烷 butane	−138.3	−0.5	
5	C_5H_{12}	戊烷 pentane	−120.8	36.1	0.626
6	C_6H_{14}	己烷 hexane	−95.3	68.9	0.695
7	C_7H_{16}	庚烷 heptane	−90.6	98.4	0.684
8	C_8H_{18}	辛烷 octane	−58.8	127.7	0.703
9	C_9H_{20}	壬烷 nonane	−53.5	150.8	0.718
10	$C_{10}H_{22}$	癸烷 decane	−39.7	174	0.730
11	$C_{11}H_{24}$	十一烷 undecane	−25.6	195.8	0.740
12	$C_{12}H_{26}$	十二烷 dodecane	−9.6	216.3	0.749
13	$C_{13}H_{28}$	十三烷 tridecane	−6	235.4	0.757
14	$C_{14}H_{30}$	十四烷 tetradecane	5.5	252	0.764
15	$C_{15}H_{32}$	十五烷 pentadecane	10	266	0.769
20	$C_{20}H_{42}$	二十烷 icosane	36	343	0.789

对上述的变化规律可从分子间的作用力来理解。分子间的作用力(intermolecular

force)有**偶极-偶极**(dipole-dipole)之间的作用力、**范德华**(Van Der Waals)引力(又称色散力)以及通过**氢键**(hydrogen bond)产生的吸引力。

氢键及其对化合物性质的影响将在以后有关章节中介绍。偶极-偶极之间的作用力是在极性分子间产生的。而烷烃是非极性分子,分子间只有微弱的色散力相互吸引。

色散力是由于分子中电子运动产生瞬间相对位移,引起正、负电荷中心暂时不重合,从而产生瞬间偶极,见图 2-6(a)。瞬间偶极影响邻近分子的电子分布,诱导出一个相反的偶极,相反偶极之间的微小作用力称为色散力[如图 2-6(b)]。色散力有加和性,随分子中原子数目的增多而增大。此外,色散力的大小还和分子间的距离有关,它只能在近距离内有效地作用,随着分子间距离增加,色散力很快减弱。

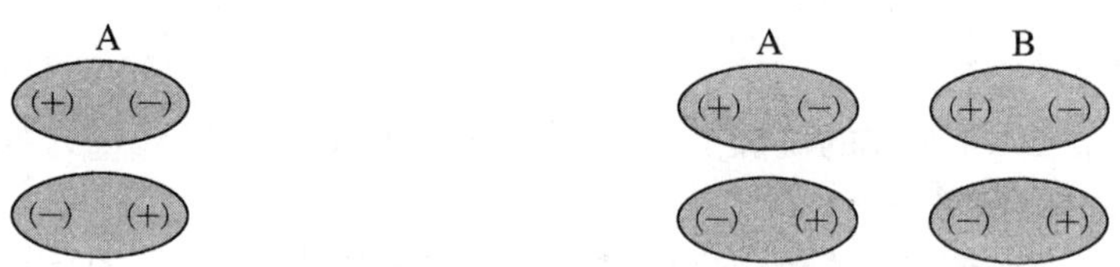

(a) 分子 A 中的暂时偶极　　(b) 在 A 的暂时偶极诱导下分子 B 产生暂时偶极

图 2-6　色散力

含有 1～4 个碳原子的烷烃,分子间的吸引力还不足以将它们凝集成液态,因此呈气态。因色散力有加和性,故随碳原子数和氢原子数的增加,色散力也加大。因此,直链烷烃的沸点随相对分子质量增加而有规律地增加。

在低级烷烃中,每增加 1 个 CH_2,对 2 个烷烃相对分子质量的比例影响较大,如乙烷和甲烷的相对分子质量之比约为 2∶1,因此二者沸点相差较明显。在高级烷烃中,这种影响显得不是很重要了,如癸烷和壬烷的相对分子质量之比约为 1.06∶1,因此二者沸点相差就很小。在同分异构体中,含支链的烷烃由于受支链的影响,分子不能紧密地靠在一起,接触面积较小,色散力比相应的直链烷烃小,沸点就降低。所以说支链越多,沸点越低。

表 2-3 列出了含 6 个碳的烷烃的 5 个异构体的沸点。

表 2-3　5 个己烷异构体的沸点

名　称	构 造 式	沸点/℃
正己烷	$CH_3CH_2CH_2CH_2CH_2CH_3$	68.75
3-甲基戊烷	$CH_3CH_2CH(CH_3)CH_2CH_3$	63.30
2-甲基戊烷(异己烷)	$CH_3CH(CH_3)CH_2CH_2CH_3$	60.30
2,3-二甲基丁烷	$CH_3CH(CH_3)—CH(CH_3)CH_3$	58.50
2,2-二甲基丁烷	$CH_3—C(CH_3)_2—CH_2CH_3$	49.70

2.6.2 熔点

烷烃熔点的变化规律与沸点相似，也是随相对分子质量的增加而升高。但含偶数碳原子烷烃的熔点通常比含奇数碳原子的烷烃升高的幅度要大一些，构成两条熔点曲线，如图 2-7 所示。

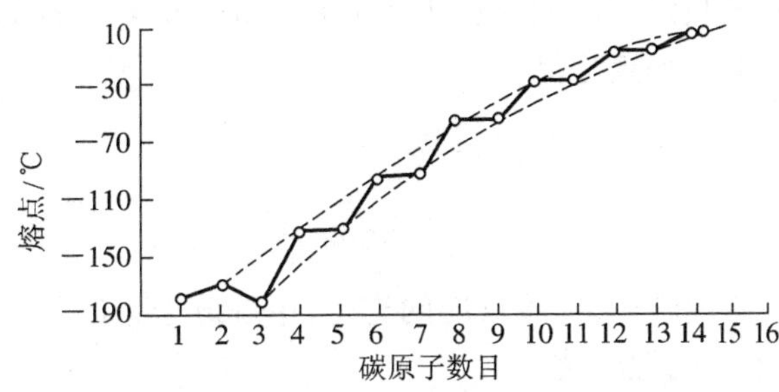

图 2-7 正烷烃的熔点与分子中所含碳原子数关系图

因物质的熔点不仅和分子间作用力有关，还与分子在晶格中排列的紧密程度有关。所以分子的形状对熔点的影响比沸点更突出。分子越对称，其在晶格中的排列越紧密，熔点就越高。X 射线衍射结果表明，含偶数碳原子的烷烃分子有较大的对称性，能够在晶格中排列得比较紧密，故其熔点增加幅度较大。

2.6.3 相对密度

烷烃的密度是所有有机化合物中最小的，它们的相对密度都小于 1。虽然随着相对分子质量的增加，相对密度有所上升，但增加的幅度较小。这是因为烷烃分子间吸引力较弱，所以分子排列较疏松，单位体积内容纳的分子数较少，因此相对密度较低。

2.6.4 溶解度

溶解是溶质分子均匀地分散到溶剂分子中的过程。对于溶解度有一条“相似相溶”的经验规律。由于烷烃分子极性很弱，可以认为是非极性分子，因此烷烃易溶于低极性的苯、四氯化碳、乙醚等溶剂中，而不溶于强极性的水中。但烷烃本身是一种良好的有机溶剂，例如石油醚（它是几种烷烃的混合物）就是实验室中常用的有机溶剂之一。

2.7 烷烃的化学性质

物质的化学性质与其结构有关。从前面的讨论中已知，烷烃分子中只存在 σ 键（C—C σ 键和 C—H σ 键）。σ 键的重要特点之一就是成键的 2 个原子的轨道重叠程度大，键比较牢固，因此，在通常条件下，烷烃一般与强酸、强碱、强氧化剂等不发生反应，而表现出稳定性。但烷烃的稳定性也是相对的，只要提供足够的能量，例如在高温、加压、催化剂等条件下，σ 键也可断裂而发生某些反应。烷烃可发生的主要反应有氧化反应、热裂反应和卤代反应。

2.7.1 卤代反应

烷烃的**卤代反应**(halogenation reaction)是指在光照或加热的条件下,卤原子取代了烷烃分子中的1个或多个氢原子而生成卤代烃的反应。

1. 甲烷的卤代反应

甲烷和氯气在紫外光照射下或加热到250～400℃时,发生剧烈反应,首先,甲烷中的1个氢被氯取代生成一氯甲烷和氯化氢。

$$CH_4 + Cl_2 \xrightarrow[\text{or}\triangle]{h\nu} \underset{\substack{\text{一氯甲烷}\\ \text{bp } 23.8℃}}{CH_3Cl} + HCl$$

反应较难停留在一氯代阶段,随着反应的进行,甲烷分子中的其他3个氢可逐步地被氯取代,结果生成4种氯甲烷的混合物。

$$CH_3Cl \xrightarrow[h\nu\ \text{or}\triangle]{Cl_2} \underset{\substack{\text{二氯甲烷}\\ \text{bp } 40.2℃}}{CH_2Cl_2} \xrightarrow[h\nu\ \text{or}\triangle]{Cl_2} \underset{\substack{\text{三氯甲烷(氯仿)}\\ \text{bp } 51.5℃}}{CHCl_3} \xrightarrow[h\nu\ \text{or}\triangle]{Cl_2} \underset{\substack{\text{四氯化碳}\\ \text{bp } 76.8℃}}{CCl_4}$$

可利用4种氯甲烷的沸点差距,采用分馏的方法将它们分开。更高级的烷烃的卤代反应的产物的组成更复杂,彼此之间的沸点差距较小,难分离获取单一的纯化合物。

如果采用大大过量的甲烷,则可使反应停留在一氯代阶段。

$$CH_4 + Cl_2 \xrightarrow{400\sim500℃} \underset{\text{一氯甲烷}}{CH_3Cl} + HCl$$

物质的量之比: 10 ∶ 1

如果氯气大大过量,则主要可得到四氯化碳。

$$CH_4 + Cl_2 \xrightarrow{\sim400℃} \underset{\text{四氯化碳}}{CCl_4} + HCl$$

物质的量之比: 0.263 ∶ 1

2. 卤代反应的机理

人们将化学反应所经历的途径或过程称作**反应机理**(reaction mechanism),又称反应历程、反应机制。反应机理是人们根据大量实验事实对反应过程作出的理论推导。到目前为止,已基本研究清楚其反应机理的反应为数不多。而随着实验手段越来越先进,可能会对目前认为比较成熟的反应机理作适当的补充和修改,有的甚至会被废弃。我们学习和研究反应机理,主要是通过对反应机理的了解,认清反应变化的本质和规律,有利于总结和记忆大量的反应,并运用反应规律去预测某些反应的可能结果。

卤代反应机理的一些实验依据:① 甲烷与氯在室温和暗处不发生反应;在紫外光照射或温度高于250℃时,反应立即发生。② 将甲烷用紫外线照射,再与氯气混合,不发生反应;若先照射氯气,再迅速与甲烷混合,则反应发生。③ 有少量氧存在时会使反应推迟一段时间,这段时间过后,反应又正常进行。

根据上面的事实以及其他一些反应现象,认为烷烃的卤代反应是**自由基链反应**(free-radical chain reaction)。

自由基链反应可分为链引发、键增长和链终止三个阶段。

下面仍以甲烷的氯代反应为例来讨论烷烃卤代反应的机理。其过程如下：

① $Cl : Cl \xrightarrow[or\triangle]{h\nu} 2Cl\cdot$　链引发
氯自由基

② $H_3C : H + \cdot Cl \longrightarrow \cdot CH_3 + HCl$
甲基自由基

③ $Cl : Cl + \cdot CH_3 \longrightarrow \cdot Cl + CH_3Cl$
氯自由基　一氯甲烷

（②、③：链增长）

重复②、③步，得产物一氯甲烷和氯化氢。

④ $Cl\cdot + \cdot CH_3 \longrightarrow CH_3Cl$

⑤ $\cdot CH_3 + \cdot CH_3 \longrightarrow CH_3CH_3$

⑥ $Cl\cdot + \cdot Cl \longrightarrow Cl_2$

（④、⑤、⑥：链终止）

光照或加热提供第①步 Cl—Cl 键均裂生成氯原子所需要的能量，这是反应的开始阶段，称**链引发**（initiation）阶段。氯原子带有 1 个未成对的单电子，它有获得 1 个电子而成为八隅结构的强烈倾向，因而很活泼。当它与甲烷碰撞时，夺取甲烷分子中的 1 个氢原子形成 HCl，同时生成甲基自由基，即反应②。

甲基自由基也是非常活泼的，当它与 Cl_2 碰撞时，夺取 1 个氯原子生成一氯甲烷，同时产生 1 个氯原子，即反应③。反应③新生成的氯自由基再重复②、③两步反应。整个反应就像一条锁链，一经引发，就一环扣一环地进行下去。因此，称之为自由基链反应。反应②、③循环进行，不断地产生一氯甲烷和氯自由基，故②、③称**链的增长**（chain propagation）阶段，②、③步往往要循环 10 000 次左右。

随着反应的进行，反应体系中甲烷和氯的浓度不断降低，这时自由基之间相互碰撞的机会增多，就发生了上述的④、⑤、⑥步反应。因而自由基就消耗了，反应的链不能继续发展，反应将逐渐停止。故④、⑤、⑥步称**链的终止**（chain termination）阶段。

那么，CH_2Cl_2、$CHCl_3$、CCl_4 是怎样形成的呢？

在反应初期，由于 CH_4 的浓度较高，Cl· 主要与 CH_4 碰撞反应而生成 CH_3Cl。但随着反应的进行，CH_4 浓度降低，这种碰撞的机会减少，而 CH_3Cl 却达到一定浓度。显然 Cl· 也可以和 CH_3Cl 作用而生成 CH_2Cl_2。依此类推，可生成 $CHCl_3$、CCl_4。

$\cdot Cl + H : CH_2Cl \longrightarrow HCl + \cdot CH_2Cl$

$\cdot CH_2Cl + Cl : Cl \longrightarrow CH_2Cl_2 + Cl\cdot$

$\longrightarrow \cdots\cdots CHCl_3 \cdots\cdots CCl_4$

最终得到 4 种氯甲烷的混合物。

从绪论中已知，自由基是一种反应活性中间体，它有确切的能量和一定的几何形状。甲基自由基的结构已被光谱法证实是一个平面形结构。杂化轨道理论认为其中心碳原子

是 sp^2 杂化的(见1.3.3),3个 sp^2 杂化轨道处于同一平面,未共用电子则处在与此平面相垂直的p轨道中,如图2-8所示。

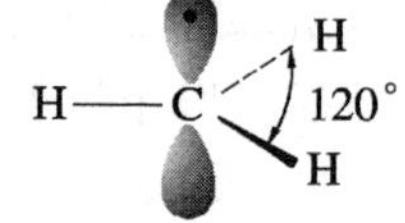

图2-8 甲基自由基的结构

其他简单烷基自由基的结构与甲基自由基类似。

3. 过渡态与活化能

(1) 反应热

其他卤素与甲烷也可发生上述类似的取代反应,但各种卤素的相对反应活性是不同的。表2-4是甲烷卤代反应的反应热(ΔH)。反应热又称热焓差,是标准状态下反应物与生成物焓之差。

表2-4 甲烷卤代反应的反应热

反应	ΔH/(kJ/mol)			
	F	Cl	Br	I
① $X_2 \longrightarrow 2X\cdot$	+159	+243	+192	+151
② $X\cdot + H—CH_3 \longrightarrow HX + \cdot CH_3$	−130	+4	+67	+138
③ $\cdot CH_3 + X—X \longrightarrow CH_3X + X\cdot$	−293	−108	−101	−83
总 $CH_4 + X_2 \longrightarrow CH_3X + HX$	−423	−104	−34	+55

可以看出:

① 氟、氯、溴、碘与甲烷的反应的第①步都是吸热反应。

② 总的来说,氟、氯、溴与甲烷的反应均为放热反应。氟代放出大量的热,反应难以控制;氯代放出的热量次之,反应速度也次之;溴代放出的热量最小,反应速度更慢;而碘代为吸热反应,反应很难进行。故烷烃的卤代反应常指氯代和溴代。

因此,卤素与甲烷反应的**相对活性**(reactivity)次序为:

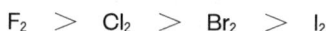

$$F_2 > Cl_2 > Br_2 > I_2$$

相对反应活性包括的内容很广泛,在此讨论的是在同一反应条件下,某种反应物与不同试剂的反应速度。

(2) 过渡态和活化能

过渡态理论认为,任何反应从反应物到产物的过程是一个连续变化的过程,要经过一个**过渡态**(transition state,**简写作** Ts)才能转变成产物。

过渡态是处于反应物和产物之间的中间状态,是一种短暂的原子排列状态,它的寿命几乎为零,目前尚不能进行分离。

$$\underset{\text{反应物}}{A—B + C} \rightleftharpoons \underset{\text{过渡态}}{[A\cdots\cdots B\cdots\cdots C]^{\neq}} \longrightarrow \underset{\text{产物}}{A + B—C}$$

反应中,反应物分子间的碰撞引起分子的几何形状、电子分布等的变化,达到过渡态时,反应物分子中的旧键已经松弛和削弱,新键已开始形成,其结构介于反应物和产物之间。

例如,甲烷氯代反应链增长阶段的第一步(整个反应的第②步),即氯自由基与甲烷反应时,当二者接近并达到一定距离后,甲烷中的1根C—H键开始伸长,氢与氯原子之间的H—Cl键开始形成。与此同时,C—H键之间的键角也发生变化,体系的能量逐渐上升,达到过渡态时,能量达最高值。此时,碳原子介于 sp^3 杂化和 sp^2 杂化之间。此后,随着H—Cl

键成键程度的增加，体系的能量开始下降，最后形成平面型的甲基自由基和氯化氢。

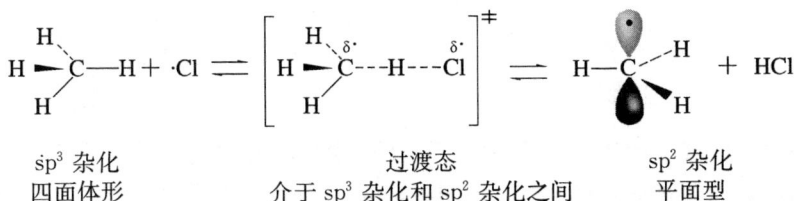

$$H_3C—H + \cdot Cl \rightleftharpoons \left[H_3\overset{\delta\cdot}{C}\text{---}H\text{---}\overset{\delta\cdot}{Cl}\right]^{\ddagger} \rightleftharpoons \cdot CH_3 + HCl$$

sp^3 杂化 四面体形	过渡态 介于 sp^3 杂化和 sp^2 杂化之间	sp^2 杂化 平面型

过渡态与反应起始物之间的能量差称为**活化能**（energy of activation，简写作 E_a）。活化能与反应速率有关，活化能越小，反应速率越快，活化能越大，则反应速率越慢。图 2－9 是甲烷氯化反应中链增长阶段的能量变化图。

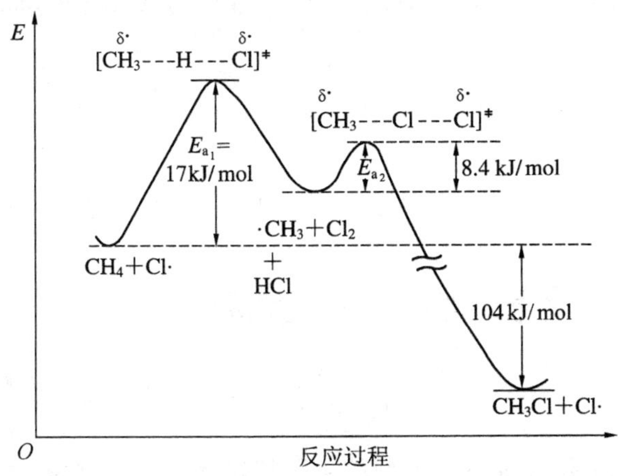

图 2－9　甲烷氯代反应中链增长阶段的能量变化

(3) 反应速度决定步骤

从上图可看出：

a. 过渡态处于每步反应的能量最高点。

b. 第一步（即自由基进行反应中的第②步）所需活化能 E_{a_1} 较大，第二步（即整个反应的第③步）所需活化能 E_{a_2} 较小。因此，这两步反应相比，第一步困难，反应速度慢。如果能加快该步反应的速度，则整个反应的速度就能加快。故这一步称作**反应速度决定步骤**（step of determination reaction rate）。通常，在一个多步完成的反应中，整个反应的反应速度取决于慢的那一步。

至此，对烷烃卤代反应有了下面的认识：

a. 整个反应是放热反应（碘代除外）。

b. 反应是经自由基中间体进行的链反应。经历链的引发、链的增长和链的终止三个阶段。一旦引发，就会像一条锁链一样进行下去。

c. 反应速度的决定步骤是链增长的第一步，即生成自由基的那一步。

4. 其他烷烃的卤代反应

(1) 3 种氢原子的相对反应活性

其他烷烃也可发生卤代反应，但因分子中能被卤代的氢原子更多，产物也更复杂。

例如，丙烷一氯代反应的产物有 2 种，产物的名称和产物的比例如下：

$$CH_3CH_2CH_3 + Cl_2 \xrightarrow[25℃]{h\nu} CH_3CH_2CH_2Cl + CH_3\underset{\displaystyle Cl}{\underset{|}{C}}HCH_3$$

丙烷	1-氯丙烷(Ⅰ)	2-氯丙烷(Ⅱ)
产物比例	43%	57%

产物(Ⅰ)和(Ⅱ)是丙烷中的1°H和 2°H 分别被取代的产物。丙烷中有 6 个 1°H、2 个 2°H。如果仅从氢原子被取代的概率看,2°H 与 1°H 被取代的概率应为 2∶6,即 1∶3。但实际上两种产物的比例却是 57∶43。这说明两种氢的反应活性不同,它们的相对活性为:

$$\frac{2°H}{1°H} = \frac{57/2}{43/6} = \frac{3.8}{1}$$

再例如,异丁烷一氯代反应的产物也有 2 种,产物的名称和产物的比例如下:

$$CH_3-\underset{\displaystyle H}{\underset{|}{\overset{\displaystyle CH_3}{\overset{|}{C}}}}-CH_3 + Cl_2 \xrightarrow[25℃]{h\nu} CH_3\overset{\displaystyle CH_3}{\overset{|}{C}}H-CH_2Cl + CH_3\underset{\displaystyle Cl}{\underset{|}{\overset{\displaystyle CH_3}{\overset{|}{C}}}}-CH_3$$

	1-氯-2-甲基丙烷	2-氯-2-甲基丙烷
产物比例	64%	36%

异丁烷中 3°H 与 1°H 个数之比为 1∶9,而实际产物比却为 36∶64。3°H 与 1°H 的相对反应活性为:

$$\frac{3°H}{1°H}=\frac{36/1}{64/9}=\frac{5.1}{1}$$

因此,烷烃卤代反应中,3 种不同类型的氢的相对反应活性比为:

$$3°H : 2°H : 1°H = 5.1 : 3.8 : 1$$

即活性为:

$$3°H > 2°H > 1°H$$

对于上述反应活性次序,可以从烷烃卤代反应的机理中找到答案。

从对卤代反应机理的讨论中已知,卤代反应速度的决定步骤是形成烷基自由基的那一步。烷基自由基是烷烃中 C—H 键均裂后生成的。烷基自由基的稳定性可以由 C—H 键均裂时所吸收的能量来判断,C—H 键均裂时,键的离解能越小,则体系吸收的能量越少,生成的烷基自由基越稳定。

(2) 烷基自由基的相对稳定性

伯碳上的 C—H 键均裂产生的自由基称**伯自由基**(primary radical)或称 1°自由基;仲碳上的 C—H 键均裂产生的自由基称**仲自由基**(secondary radical)或称 2°自由基;叔碳上的 C—H 键均裂产生的自由基称**叔自由基**(tertiary radical)或称 3°自由基。以下是形成伯、仲、叔 3 种自由基时相应 C—H 键的离解能:

键离解能/(kJ/mol)

$$CH_3\underset{\displaystyle H}{\underset{|}{\overset{\displaystyle CH_3}{\overset{|}{C}}}}CH_3 \longrightarrow CH_3\underset{\displaystyle CH_3}{\underset{|}{\overset{\bullet}{C}}}CH_3 + H\cdot \qquad 381$$

叔自由基(3°)

$$CH_3\underset{\displaystyle H}{\underset{|}{C}}HCH_3 \longrightarrow CH_3\dot{C}HCH_3 + H\cdot \qquad 397$$

仲自由基(2°)

$$CH_3CH_2{-}H \longrightarrow CH_3\dot{C}H_2 + H\cdot \qquad 410$$

伯自由基(1°)

$$CH_3{-}H \longrightarrow \dot{C}H_3 + H\cdot \qquad 435$$

甲基自由基

可见以上自由基的相对稳定性次序是：

$$CH_3\underset{\displaystyle CH_3}{\underset{|}{\dot{C}}}CH_3 > CH_3\dot{C}HCH_3 > CH_3\dot{C}H_2 > \dot{C}H_3$$

即： $3° > 2° > 1° > \dot{C}H_3$

自由基越稳定，越容易形成，即与之相应的氢越活泼，因此，3 种类型的氢的相对活性次序为 3°H> 2°H> 1°H。

(3) 卤素的反应选择性

在前面讨论了在烷烃氯代反应中，氯原子对伯、仲、叔 3 种氢原子是有选择性的，3 种氢相对反应活性比为：

$$3°H : 2°H : 1°H = 5.1 : 3.8 : 1$$

而在烷烃的溴代反应中，溴原子对 3 种氢原子的选择性更高，3 种氢的相对活性比为：

$$3°H : 2°H : 1°H = 1\,600 : 82 : 1$$

因此，在烷烃的溴代反应中，有时主要生成某一种产物。例如：

$$CH_3\underset{\displaystyle CH_3}{\underset{|}{C}}HCH_3 + Br_2 \xrightarrow[146℃]{h\nu} CH_3\overset{\displaystyle Br}{\overset{|}{\underset{\displaystyle CH_3}{\underset{|}{C}}}}CH_3 + CH_3\underset{\displaystyle CH_3}{\underset{|}{C}}HCH_2Br$$

$$>99\% \qquad\qquad 痕量$$

对于为什么溴代反应的选择性比氯代高？我们可以简单地从溴代反应与氯代反应的相对活性差异来理解。

在前面的讨论中已知，溴代反应的活性不如氯代反应，也就是说溴原子的活性比氯原子小，因此，绝大部分溴原子只能取代活性高的氢，即选择性高。一般来说，在一组相似的反应中，试剂的活性越小，它的选择性就越强。这是有机化学中常见的现象。

2.7.2 氧化反应

烷烃在空气或氧气存在的条件下点燃，如果氧气充足，则可被完全氧化而生成二氧化碳和水，同时放出大量的热。

$$C_nH_{2n+2} + \left(\frac{3n+1}{2}\right)O_2 \xrightarrow{\text{点燃}} nCO_2 + (n+1)H_2O + \text{热量}$$

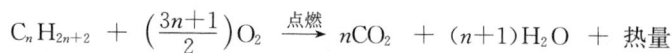

这正是人类从汽油、柴油(主要成分为不同碳链的烷烃混合物)的燃烧而获得能源的重要途径。

1 mol 烷烃在标准状态下完全燃烧时所放出的热量称为**燃烧热**(heat of combustion)。燃烧热可以精确测量,是重要的热化学数据。直链烷烃每增加 1 个 CH_2,燃烧热平均增加 659 kJ/mol,表 2－5 为常见烷烃类化合物的燃烧热。

表 2－5　常见烷烃类化合物的燃烧热

化合物	$\Delta H_c^{\ominus}$/(kJ/mol)	化合物	$\Delta H_c^{\ominus}$/(kJ/mol)
甲烷	891.9		
乙烷	1 560.8		
丙烷	2 221.5		
丁烷	2 878.2	异丁烷	2 869.8
戊烷	3 539.1	2－甲基丁烷	3 531.1
己烷	4 165.9	2－甲基戊烷	4 160.0
庚烷	4 820.3	2－甲基己烷	4 814.8

从表中还可看出,含相同碳原子的异构体中,直链烷烃比支链烷烃的燃烧热大。现以正丁烷和异丁烷为例。它们燃烧时耗氧的量相同,最后生成的产物也相同,但燃烧热不同,见图 2－10。

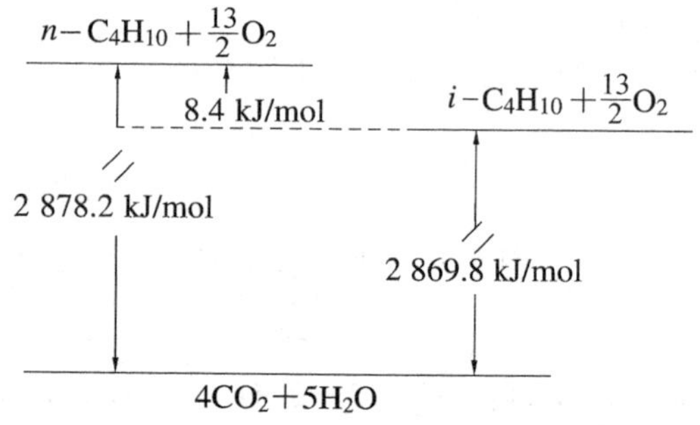

图 2－10　正丁烷和异丁烷的燃烧热

燃烧热的大小反映分子内能的高低。燃烧热越大,分子内能越高,则稳定性越低;反之,燃烧热越小,分子内能越低,则稳定性越高。正丁烷的燃烧热比异丁烷大,说明它的内能较高。

2.7.3　热裂反应

热裂反应(pyrolysis reaction)是指化合物在无氧和高温条件下进行的分解反应。烷烃热裂时,分子中的 C—C 键断裂生成小分子的烷烃、烯烃等产物。例如:

$$\underset{\text{丁烷}}{CH_3CH_2CH_2CH_3} \xrightarrow[\triangle]{\text{热裂}} \underset{\text{甲烷}}{CH_4} + \underset{\text{乙烷}}{CH_3CH_3} + \underset{\text{乙烯}}{CH_2{=}CH_2} + \underset{\text{丙烯}}{CH_3CH{=}CH_2}\cdots\cdots$$

乙烯、丙烯、乙炔等都是重要的化工原料。

高级烷烃的热裂反应产物更复杂，有时还会有异构化、环化和芳构化的产物。

2.8　烷烃的构象

烷烃中只有 σ 键（C—C σ 键和 C—H σ 键），σ 键的特点之一是成键的 2 个原子可以围绕键轴自由旋转。这样，围绕烷烃分子中的 C—C σ 键旋转时，分子中的氢原子或烷基在空间的排列方式不断地发生变化，即分子的立体形象不断地改变，像这种由于围绕 σ 键旋转而产生的分子的各种立体形象称为**构象**（conformation）。

2.8.1　乙烷的构象

当将乙烷分子中的一个碳原子固定而使另一个碳原子围绕 C—C σ 键轴旋转，则 2 个碳上的氢原子的相对位置将不断地变化而产生无数种构象。图 2 - 11 是乙烷的两种典型构象。

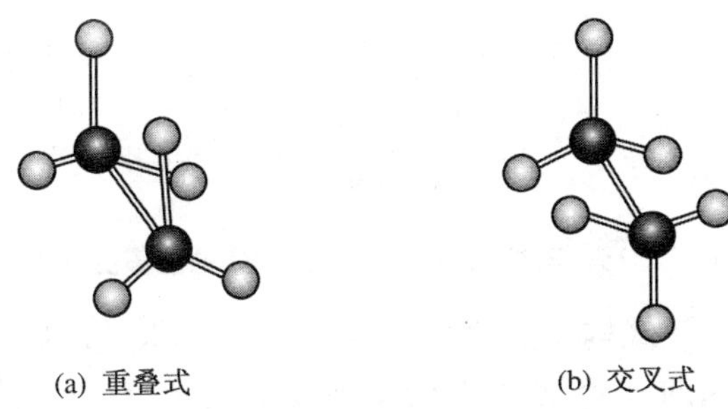

(a) 重叠式　　(b) 交叉式

图 2 - 11　乙烷的球棒模型

从模型的前方沿着 C—C 键轴观看，在图 2 - 11(a)中，前后 2 个碳原子上的每个氢原子都处于重叠位置，这种构象称**重叠式构象**（eclipsed conformer）。重叠构象中，前后 2 个碳原子上 C—H 键间的夹角为 0°。让图 2 - 11(a)中的一个甲基不动（如后面的甲基不动），将前面的甲基围绕 C—C 键旋转，则 2 个碳原子上 C—H 键之间的夹角将不断地变化，可以得到无数个构象。若旋转到前后 2 个碳原子上 C—H 键之间的夹角为 60°时，则为图2 - 11(b)中所示的构象。在图 2 - 11(b)中，后面碳原子上每个氢原子都在前面碳原子上 2 个氢原子之间，这种构象称**交叉式构象**（staggered conformer）。

上述两种构象是乙烷无数种构象中的两种典型构象。

分子的构象常用**透视式**（sawhorse projection）和**纽曼投影式**（Newman projection）表示。

上述乙烷球棒模型中的重叠式[图 2 - 11(a)]和交叉式[图 2 - 11(b)]的相应的锯架式和纽曼投影式如图 2 - 12 所示。

重叠式构象　　交叉式构象

透视式（锯架式）

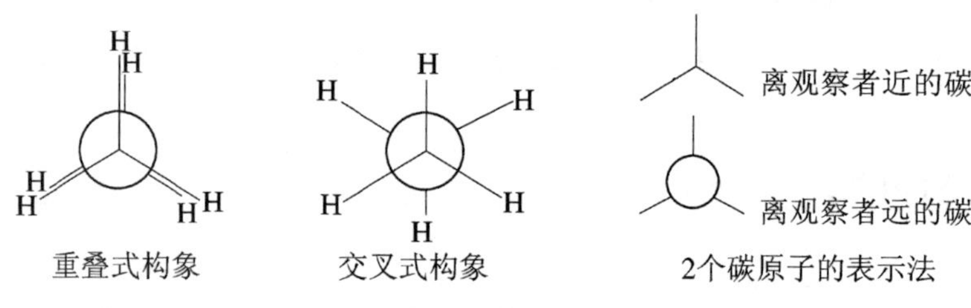

图 2-12 乙烷的构象式

实际上，从乙烷的重叠式构象开始，围绕 C—C 键轴旋转，当旋转 60°、180°和 300°时，都为交叉式构象，而当旋转 120°、240°和 360°时，都为重叠式构象，如图 2-13 所示。

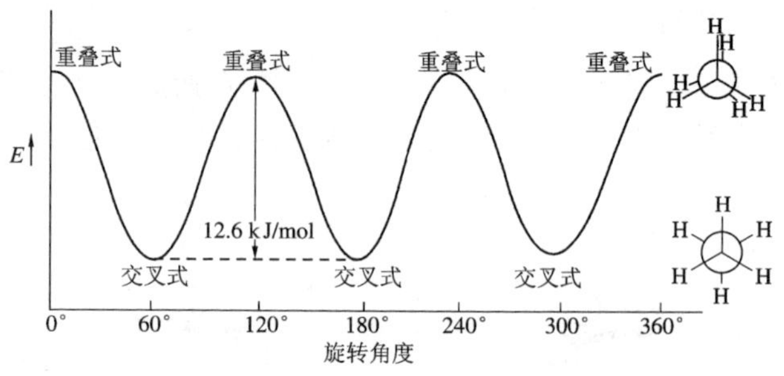

图 2-13 乙烷围绕 C—C σ 键旋转的能量变化图

乙烷重叠式构象与交叉式构象的热力学能差为 12.6 kJ/mol，此热力学能差称为**旋转能垒**。也就是说，从乙烷的一个交叉式构象转变成另一个交叉式构象，分子必须获得 12.6 kJ/mol 以上的能量，才能越过此能垒。

产生热力学能差的主要原因，可能是重叠式构象中前后 2 个碳原子上处于重叠关系的 C—H 键靠得较近，成键电子间的相互排斥作用产生了一种**扭转张力**(torsional strain)，使其比交叉式构象能量高。但这种能量差很小，室温下分子热运动就可提供此能量，因此在常温下这两种构象式之间可以相互转化。只不过能量较低的交叉式构象出现的概率较大，是占优势的构象，故交叉式构象被称为**稳定构象**或**优势构象**。

2.8.2 正丁烷的构象

围绕正丁烷分子中的 C_2—C_3 σ 键轴旋转，可产生 4 种典型构象，如图 2-14 所示。

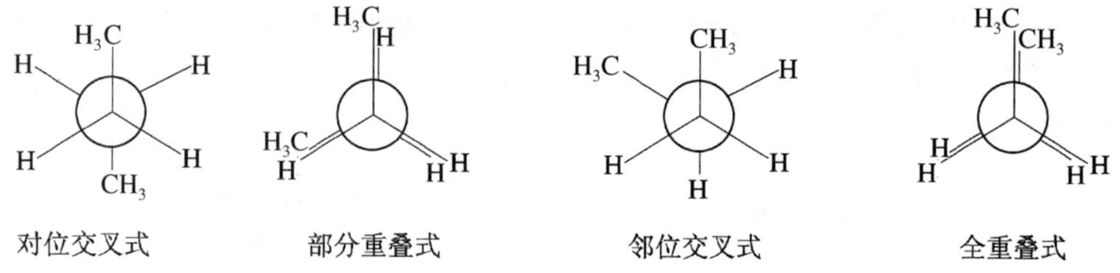

图 2-14 正丁烷围绕 C_2—C_3 σ 键旋转产生的 4 种典型构象

在上述 4 种典型构象的对位交叉构象中，因为两个体积大的甲基相距最远，能量最低；

全重叠式构象中，两个体积大的甲基相距最近，范德华斥力最大，加上 C—H 键电子云之间的斥力，使其能量最高，比对位交叉式高 18.8 kJ/mol；邻位交叉式构象中，两个甲基之间存在范德华斥力，使其能量比对位交叉式高，约升高 3.7 kJ/mol；**部分重叠式**构象中，由于甲基与氢重叠，氢与氢重叠，其能量比**全重叠式**构象低，但比部分交叉式高。因此，这 4 种典型构象的稳定性次序为：

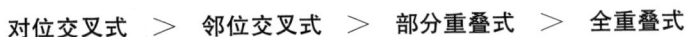

对位交叉式 > **邻位交叉式** > **部分重叠式** > **全重叠式**

它们之间的能量关系见图 2－15。

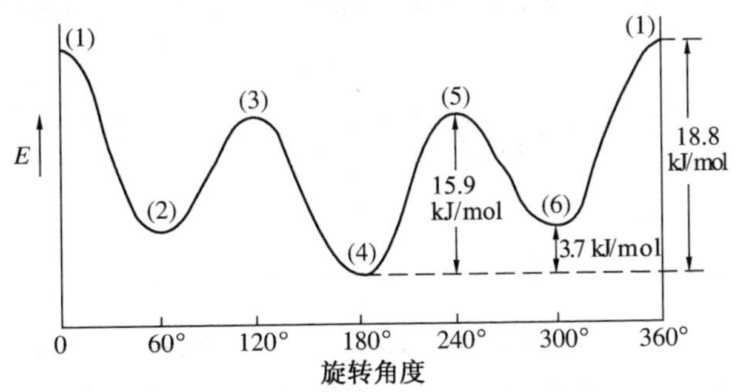

图 2－15　正丁烷围绕 C_2—C_3 σ 键旋转的能量变化图

尽管这几种构象之间有较大的能差，但它们仍可通过分子的热运动实现相互间的转化，以最稳定的对位交叉式占的份额最多，约占 63%。因此，对位交叉式构象是正丁烷的优势构象。

IUPAC 规定的表示构象的方法中，对位交叉式称**反叠**，邻位交叉式称**顺错**，部分重叠式称**反错**，全重叠式称**顺叠**。本书为方便起见，仍采用前述的习惯表示法。

习　题

1. 推测下列两个化合物中，哪一个具有较高的熔点，哪一个具有较高的沸点。
   2,2,3,3-四甲基丁烷　　2,3-二甲基己烷
2. 写出分子式为 C_7H_{16} 的烷烃所有异构体的结构式。
3. 写出分子式为 C_8H_{18} 的烷烃只含有伯氢异构体的结构式。
4. 写出下列烷基的名称及常用符号。

(1) $CH_3CH_2CH_2$—　　(2) $(CH_3)_2CH$—　　(3) $(CH_3)_2CHCH_2$—

(4) $(CH_3)_3C$—　　(5) CH_3—　　(6) CH_3CH_2—

5. 写出分子式为 C_6H_{14} 的烷烃的异构体中符合下列条件的异构体的结构式。

(1) 没有 2°H　　(2) 有 2 个 2°H　　(3) 有 1 个 3°H

6. 用系统命名法命名下列化合物。

(1)
```
                    CH3
                    |
CH3CH2CHCH2CHCH2CHCH3
      |              |
      CH3            CH3
```

(2)
```
             CH3       CH3
             |         |
CH3CH2CH2CCH2CH2CHCH2CH3
             |
             CH3
```

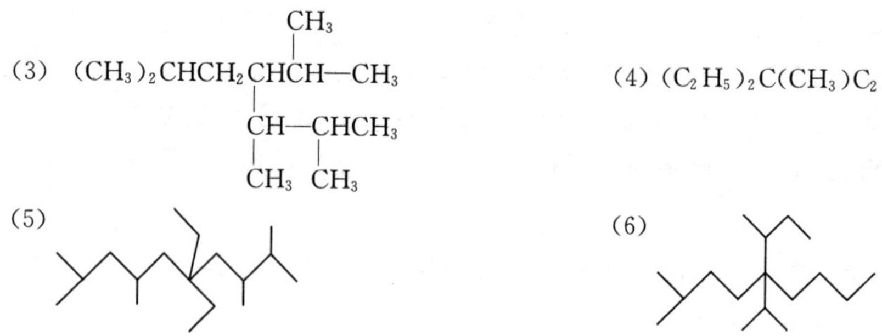

7. 分别写出下列化合物最稳定的构象式,用伞形式、锯架式和纽曼投影式表示。

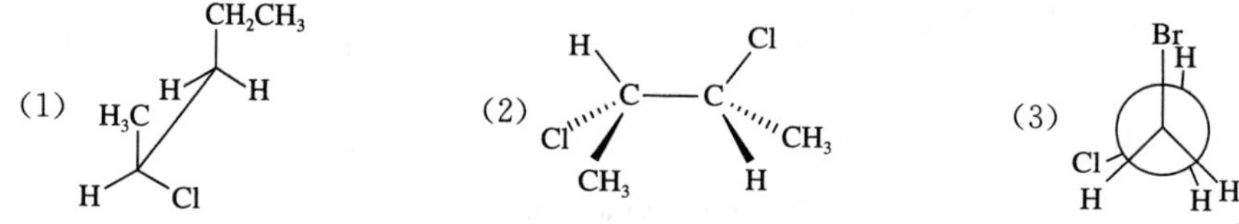

8. 将下列自由基按稳定性从大到小的次序排列。

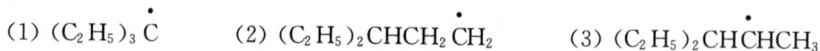

(1) $(C_2H_5)_3\dot{C}$ (2) $(C_2H_5)_2CHCH_2\dot{C}H_2$ (3) $(C_2H_5)_2CH\dot{C}HCH_3$

9. 写出分子式为 C_5H_{12} 的烷烃的各构造异构体,并指出每个异构体中各碳原子的类型。

10. 写出围绕3,4-二甲基己烷 C_3—C_4 键旋转的典型构象(用纽曼投影式表示)。

11. 写出相对分子质量为86的烷烃的所有异构体,并指出进行一氯代后只得2种一氯代物的异构体的结构。

第3章　立体化学基础

由前2章叙述已经了解到，有机化合物中普遍存在同分异构现象，这是有机化合物种类多、数量大的主要原因之一。同分异构可分为两大类：构造异构和立体异构。

构造异构是指具有相同的分子式，而分子中原子排列的方式或结合的顺序不同而产生的异构。构造异构又可分为碳架异构（如丁烷与异丁烷）、官能团位置异构（如丁-1-烯与丁-2-烯）、官能团异构（如甲醚与乙醇）及互变异构（如乙醛与乙烯醇）。后3种构造异构将在以后的有关章节中介绍。

立体异构（stereo isomers）是指具有相同的分子式、相同的原子连接顺序，但立体结构（分子中原子或基团在三维空间排列方式）不同而产生的异构。研究分子的立体结构以及立体结构对其物理性质及化学性质的影响的内容称为**立体化学**（stereochemistry）。立体异构包括**构象异构与构型异构**（configurational isomer），而构型异构又包括顺反异构（见4.2.2）与**对映异构**（enantiomers）。本章主要讨论对映异构。

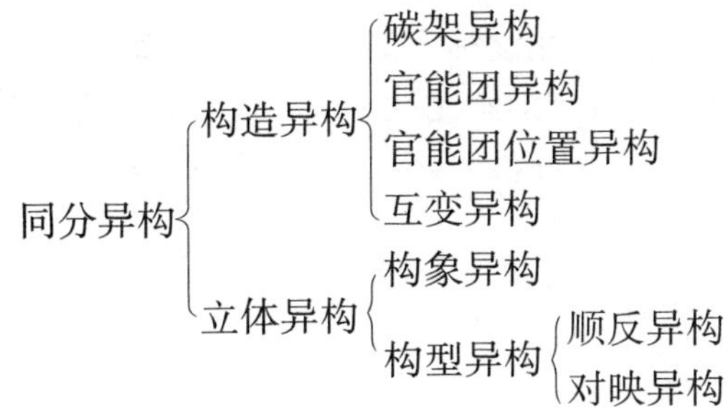

3.1　手性和对映异构

3.1.1　平面偏振光

光波是一种电磁波，它是振动前进的，其振动方向垂直于光波前进的方向。普通光或单色光可在垂直于它传播方向的所有可能的平面上振动，如图3-1所示，图中每个双箭头表示光波的振动方向。如果使普通光通过一个特制的尼科耳棱镜（Nicol prism）或人造偏振片，此时只有在与棱镜晶轴平行的平面上振动的光线才可以透过棱镜，因此，透过这种棱镜的光线只在一个平面上振动，这种光称作**平面偏振光**（plane-polarized light），简称偏振光或偏光。

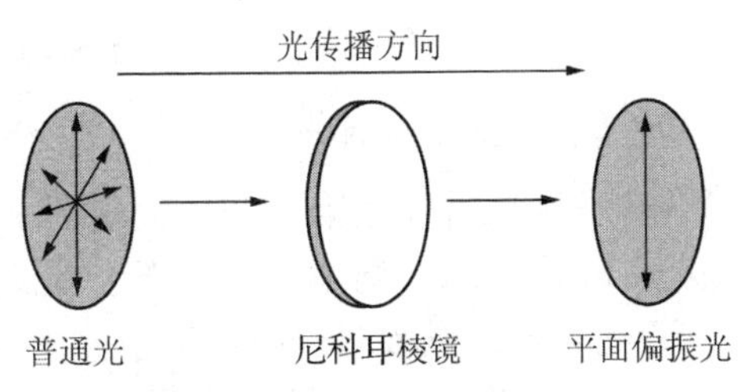

图3-1　平面偏振光的形成

3.1.2 旋光性物质和比旋光度

α-羟基丙酸 ($CH_3CHOHCOOH$)俗称乳酸,它可由肌肉运动产生或由乳糖发酵生成,也可从酸牛乳中得到。偏振光通过这些不同来源的乳酸会产生不同的影响,见表3-1。

表 3-1 不同来源乳酸对偏振光的影响

乳酸来源	对偏振光的影响
肌肉运动	右旋
乳糖发酵	左旋
酸牛乳提炼	无影响

肌肉运动产生的乳酸使偏振光的振动面向右旋转(**右旋**,dextrorotation,用"*d*"或"+"表示),乳糖发酵产生的乳酸使偏振光的振动面向左旋转(**左旋**,levorotation,用"*l*"或"−"表示),而酸牛乳中得到的乳酸则未使偏振光的振动面发生改变。

使偏振光振动面右旋的物质称**右旋体**(dextrorotatory),使偏振光振动面左旋的物质称**左旋体**(levorotatory)。

人们将这种能使偏振光振动面旋转的物质称为**旋光性物质**或**光活性物质**(optical active compounds),偏振光旋转的角度称为该物质的**旋光度**(angle of rotation),用 α 表示。

实验室利用旋光仪测定化合物的旋光度。旋光仪主要由1个单色光源和2个尼科耳棱镜组成,在2个棱镜之间放置1个盛液管,管内放置待测物质的溶液(见图3-2)。

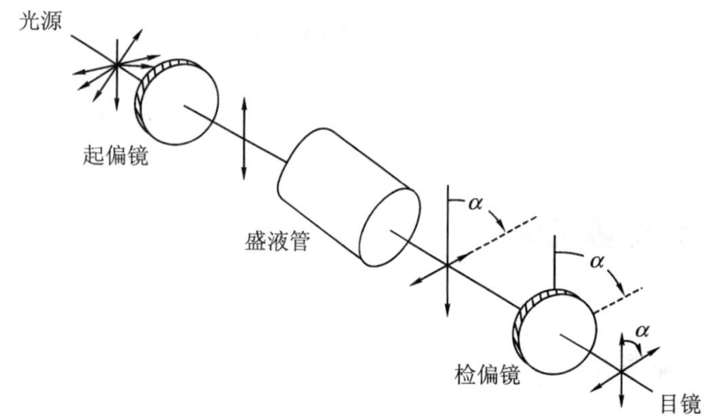

图 3-2 旋光仪工作原理示意图

旋光仪的工作原理是:单色光通过第一个棱镜(起偏镜,使普通光转变为偏振光),再经过盛液管,然后经过第二个棱镜(检偏镜,与刻度盘相连)后到达观察者眼睛。当盛液管内不放任何物质时,调节检偏镜的位置,使其镜轴与起偏镜的晶轴平行,偏振光就能完全通过。此时光量最大,旋转检偏镜,光就变弱直至完全不能通过。

当盛液管内放入被测物质时,先将光量调到最大,如果光经过被测物质后透射量仍是最大,此物质就不具有旋光性。如果被测物质有旋光性,则在目镜中见到的光并不是最亮的,而是减弱的,只有将检偏镜向左或向右旋转一定角度后,才能见到最大亮度的光。这是由于旋光性物质使偏振光振动面旋转了一定的角度所致。偏振光振动面旋转的数值可由旋光仪的刻度盘上读出。因此,通过将检偏镜旋转一定角度,读出见到最亮光线的旋转方向及数值，就可测出一个物质的旋光度 α。

通过上述方法测得的旋光度 α 还受到许多条件的影响，如盛液管的长度、溶液的浓度、光源的波长、测定时的温度及所用溶剂等。测定条件不同不仅可改变旋光的度数，甚至还可以改变旋光的方向，因此，通常采用**比旋光度**(specific rotation)表示某一物质的旋光性能。比旋光度表示在一定条件下某一物质的旋光度，为该物质的一个特有性质，用$[\alpha]_\lambda^t$表示，其物理含义为：

$$[\alpha]_\lambda^t = \frac{\alpha}{c \times l}$$

式中，α 为旋光度；c 为测定物质的浓度(g/mL)；l 为盛液管的长度(dm)；t 是测定时的温度(℃)；λ 是所用光源的波长(nm)。这样，比旋光度的定义是：1 mL 中含有 1 g 溶质的溶液放在 1 dm 长的盛液管中利用一定波长的入射光(常用钠光，以 D 表示)所测得的旋光度。例如，在 20℃时用钠光作光源，测得浓度为 0.646 g/mL 的葡萄糖水溶液的旋光度为右旋 52.5°，可表示为 $[\alpha]_D^{20} = +52.5°$(c=0.646，水)。

因此，就对偏振光的作用而言，物质可分为两类：一类对偏振光不发生影响(无旋光性)，如水、乙醇等；另一类具有使偏振光振动面旋转的能力(有旋光性)，如乳酸。

从酸牛乳中得到的乳酸为什么不改变偏振光的振动方向呢？仔细研究其组成发现，酸牛乳中的乳酸是由等量的左旋体和右旋体组成的，故其外在表现为旋光性消失。这种等量的左旋体和右旋体的混合物称**外消旋体**(racemic mixture，racemic modification or racemate)。外消旋体以 dl 或(±)表示。

3.1.3 手性分子和对映异构

为什么一些物质有旋光性而另一些物质没有旋光性呢？这是由分子的结构所决定的。

仔细研究乳酸分子的结构可以发现，其第二个碳原子上连有 4 个不同的原子和基团(OH、$COOH$、CH_3、H)，这就使得乳酸分子围绕该碳原子的 4 个原子和基团在空间存在 2 种不同的排列方式(1)和(2)，两者互为实物和镜像的关系，它们构造相同，非常相似却不能完全重叠(见图 3-3)。

这就好像人的两只手，看起来似乎没有什么区别，但两只手是不能完全重叠的。将左

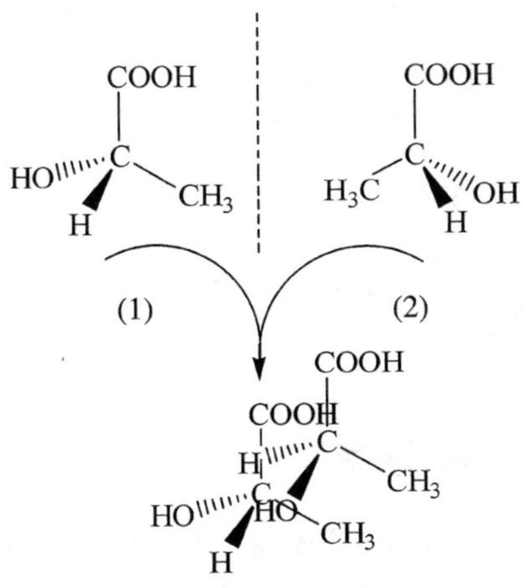

图 3-3 乳酸分子的对映异构

(右)手放在镜子前面,在镜中呈现的影像恰与右(左)手相同。两只手的这种不能重叠的特点称作手性或**手征性**(chirality),见图 3-4。

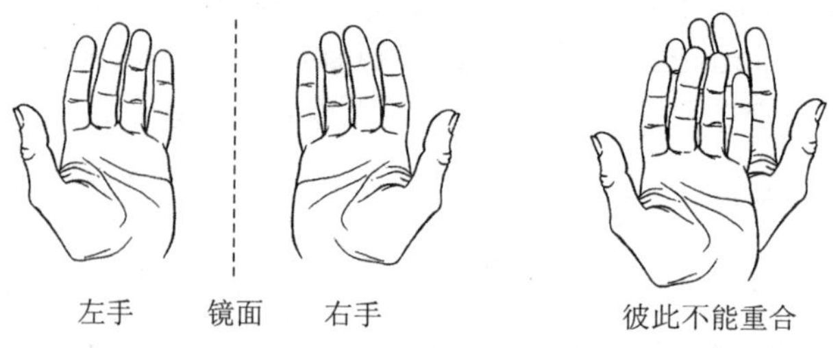

图 3-4　镜像关系示意

具有“手性”的分子称**手性分子**(chiral molecular)。化合物(1)和(2)均为手性分子,它们是具有不同构型的化合物,这对异构体称为**对映异构体**(enantiomer),简称为**对映体**,又称**旋光异构体**、**光学异构体**(optical isomer),这种现象称为**对映异构现象**。对映异构现象和分子的手性有关。手性分子有对映异构体,非手性的分子没有对映异构体。

乳酸分子中的连有 4 个不同原子和基团的这种“特殊”碳原子称为**手性碳原子**(**手性碳**,chiral carbon)或**不对称碳原子**(asymmetric carbon),以 C* 表示。正是手性碳原子的存在导致了乳酸具有“手性”。

手性碳原子是手性原子的一种,此外还有手性氮、硫、磷原子等。

3.2　含 1 个手性碳原子的化合物

乳酸是含有 1 个手性碳原子的化合物,它有手性。与乳酸一样,含 1 个手性碳原子的化合物均有手性,即有 1 对对映异构体,一个是右旋的,另一个是左旋的,试举几例:

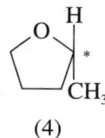

$CH_3\overset{*}{C}H(Br)CH_2CH_3$　(1)

$HOCH_2\overset{*}{C}H(OH)CHO$　(2)

$CH_3\overset{*}{C}H(D)CH{=}CH_2$　(3)

2-甲基四氢呋喃(环上 O 相邻的 C* 连有 H 和 CH_3)　(4)

其中化合物(2)的 1 对对映体可表示为:

CHO / H、HO、CH_2OH 连于 C　|　CHO / $HOCH_2$、OH、H 连于 C

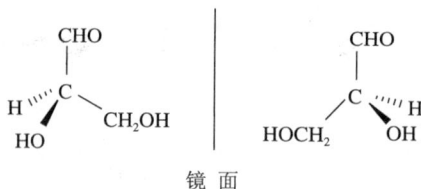

镜　面

3.2.1　对映异构体的理化性质

左旋体和右旋体的旋光方向相反,其比旋光度的绝对值相同或非常近似,其他的物理性质如熔点、沸点、溶解度等都相同。外消旋体在晶体状态时,熔点和溶解度常与单一纯净的对映体有差异。如乳酸的 1 对对映体及外消旋体的熔点、溶解度、pK_a 及比旋光度的数据见表 3-2。

表 3-2　乳酸的物理性质

	熔点/℃	pK_a(25℃)	比旋光度(水)
(+)-乳酸	53	3.79	+3.82°
(—)-乳酸	53	3.79	—3.82°
(±)-乳酸	18	3.79	0°

对映异构体的生物活性有时会有差异,如(—)肾上腺素收缩血管的作用比其对映体强12~15 倍,抗菌药左氧沙星的抗菌活性是外消旋体氧氟沙星的 2 倍,(—)氯霉素有很强的抑菌作用而其对映体无抑菌作用,合霉素则为氯霉素及其对映体的等量混合物,疗效为氯霉素的 1/2,(—)尼古丁的毒性高于(+)尼古丁等。

3.2.2　对映异构体的表示方法

对映异构体之间的区别仅仅是分子中的原子或基团在空间的排列方式不同,表示对映体结构的最好方法是画出其三维结构,例如用立体模型图或楔线式(伞形式)来表示分子结构,但上述立体图式在描述多原子分子时很不方便,因此,多数情况下都采用平面投影式来表示对映体结构,其中最常用的是**费歇尔投影式**(Fischer projection)。为了使投影式能区别 2 种不同构型的化合物,费歇尔对投影式作了以下规定:假定手性碳在纸平面上,竖向排列的 2 个原子或基团在纸平面的后方,横向排列的 2 个原子或基团处于纸平面的前方,将其向纸平面投影,手性碳原子处于 2 条垂直交叉线的交点,可省略不写出。例如 2-溴丁烷的 2 个对映体的楔线式和费歇尔投影式见图 3-5。

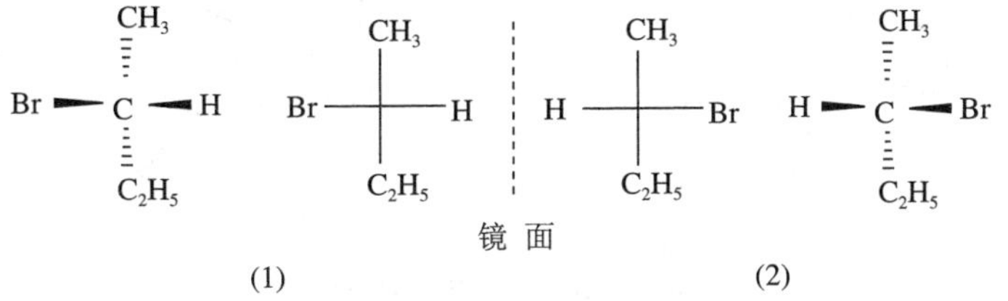

图 3-5　2-溴丁烷费歇尔投影式

费歇尔投影式虽规定了手性碳上 4 个原子和基团的空间关系,但未规定哪些原子或基团处于竖向(上下)或横向(左右)位置,因此同一模型能写出几种投影式。通常人们在写费歇尔投影式时习惯于将碳链置于竖直方向,将氧化态高的基团放在上方。必须牢记,费歇尔投影式代表的是特定的立体形态,因此,不能随便调换费歇尔投影式中的基团,也不能将投影式任意翻转,因为这样会更改原子或基团特定的伸展方向或位置。

表示化合物立体结构的方法很多,我们已学过楔线式、透视式、纽曼投影式、费歇尔投影式等,读者应能快速实现各种立体结构式间的转换。如:

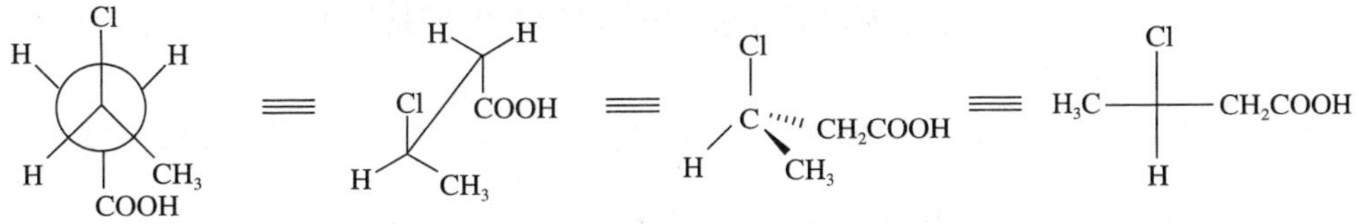

3.3 对映异构体的构型及构型标记

就对映异构体而言,由于分子中手性碳上4个原子或基团在空间的排列方式不同,即具有不同的构型,命名这类化合物时,应标记出分子的构型。例如,由于2-溴丁烷(见图3-5)存在一对对映体,显然,用2-溴丁烷这一名称无法区分这一对对映体,有必要引入能够区分并准确表达分子构型的方法,标记对映异构体构型常用的是 *R*、*S* 或 D、L 构型标记法。

3.3.1 *R*、*S* 构型标记法

国际纯粹和应用化学联合会建议用 *R*、*S* 标记对映异构体的构型。***R*、*S* 构型标记法**是通过标记手性碳原子来标记对映体构型的。由于这个规则是20世纪50年代由英国化学家凯恩(R. S. Cahn)、英戈尔德(C. Ingold)和瑞士化学家普雷洛格(V. Prelog)3人提出的,所以又称为**凯恩(Cahn)-英戈尔德(Ingold)-普雷洛格(Prelog)命名法**。这一规则有两个内容:其一是**次序规则**(priority rule),将与手性碳原子相连的4个原子或基团按取代基的次序规则排列优先次序,例如,某手性碳原子上连有4个基团,分别用a、b、c、d表示,假设它们的优先次序为a>b>c>d(“>”表示优先的意思)。其二是手性规则。观察者在排列最后的原子或基团(d)的对面观察a→b→c的顺序。如顺时针排列则为 *R* 型(*R* configuration),逆时针排列为 *S* 型(*S* configuration),见图3-6。

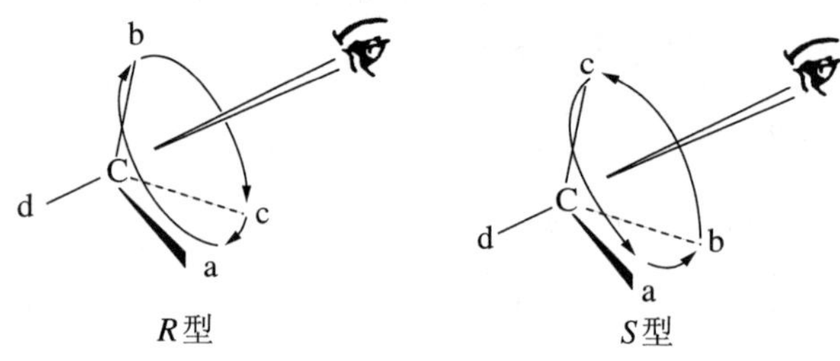

图3-6 *R*、*S* 标记构型

这种形象类似于汽车的方向盘,d在方向盘的连杆上,其余的3个原子或基团a、b、c在圆盘上。有时为方便起见,可从d的方向观察a→b→c的顺序,如顺时针排列为 *S* 构型,逆时针排列为 *R* 构型,两者结果一致。

“次序规则”就是将各种原子或基团按先后次序排列的规则,其主要原则为:

① 比较与手性碳直接相连的原子的原子序数,原子序数大的优先,同位素则按质量数大小次序排列,如I>Br>Cl>S>P>O>N>C>D>H。

② 若与手性碳直接相连的原子相同,则比较与该原子相连的其他原子的原子序数,并依此类推。如 $\overset{*}{C}(CH_3)(CH_2CH_3)$ 中,甲基和乙基与手性碳相连的均是碳原子,而与甲基碳相连的其他原子为3个H,与乙基碳相连的是2个H及1个C,故优先次序为 $CH_3CH_2>CH_3$。又如 $-\overset{1}{C}H_2\overset{2}{C}H_2\overset{3}{C}H_3$ 与 $-\overset{1'}{C}H_2\overset{2'}{C}H(CH_3)_2$,1及1′碳相同,此时,比较2及2′。与碳2相连的是

2个H和1个C,而与碳2′相连的为1个H和2个C,故优先次序为—$CH_2CH(CH_3)_2$＞—$CH_2CH_2CH_3$。

③ 当取代基为不饱和基团时,可将其看作与2个或3个相同的原子相连。如 C═O,可将C看作与2个O相连,又如 $\overset{2}{C}H_2═\overset{1}{C}H—$,可将$C_1$看作与2个C及1个H相连。因此,根据次序规则,下列几种烃基的优先次序为HC≡C—＞CH_2 ═CH—＞$(CH_3)_2CH$—＞$CH_3CH_2CH_2$—＞CH_3CH_2—＞CH_3—。

优先次序确定后便可标记手性碳的构型。

图3-7为2-溴丁烷的1对对映体,从H的对面观察Br→C_2H_5→CH_3的排列方式,(1)顺时针排列,为*R*型,(2)逆时针排列,为*S*型。

图3-8为2-氨基丙酸的对映体之一,NH_2＞COOH＞CH_3＞H,氢原子在纸平面的前方。从纸平面后方观察NH_2→COOH→CH_3的排列顺序,此对映体为*S*型。由于从纸平面后方观察较为困难,此时,可在H的同侧观察上述3个基团的排列顺序,实际构型与观察到的构型相反。

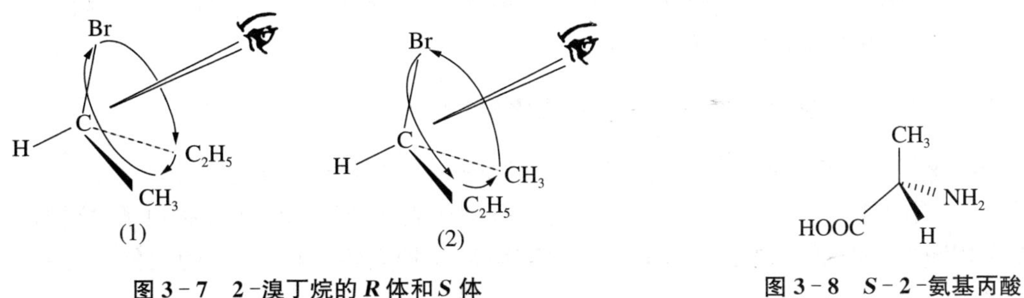

图3-7 2-溴丁烷的*R*体和*S*体

图3-8 *S*-2-氨基丙酸

标记用费歇尔投影式表示的对映体的构型时,必须牢记投影规则,必要时可先将其改写成楔线式。

3.3.2 D、L构型标记法

现在,人们已可用X-光衍射法测定手性化合物的真实立体结构,即**绝对构型**(absolute configuration)。在X-光衍射法问世之前,费歇尔选择以甘油醛($CH_2OHCHOHCHO$)为标准,将甘油醛的主链竖向排列,氧化态高的碳原子位于上方,氧化态低的碳原子位于下方,写出其费歇尔投影式,并人为规定羟基位于碳链右侧的甘油醛为D-型,羟基位于碳链左侧的甘油醛为L-型。

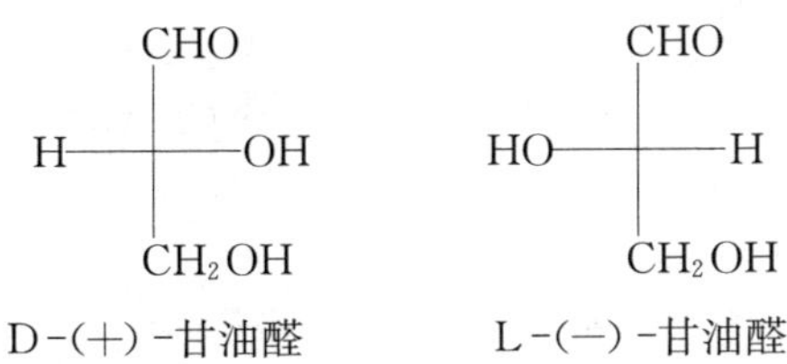

其他化合物的构型则是与甘油醛进行直接或间接比较来确定的。这种与人为规定的标准物相比较而得出的构型称为**相对构型**(relative configuration),例如:

$$\begin{array}{c} COOH \\ H-\!\!\!+\!\!\!-OH \\ CH_2OH \end{array} \qquad \begin{array}{c} COOH \\ HO-\!\!\!+\!\!\!-H \\ CH_3 \end{array}$$

D-甘油酸　　　　L-乳酸

但是,上述 2 种甘油醛的结构究竟哪一个构型是左旋体,哪一个构型是右旋体,这个问题在旋光异构体发现后的 100 多年中都未能确定。直到 1951 年用 X 射线测定了(+)-酒石酸铷钠的绝对构型后,许多旋光化合物的构型才得以确定。幸运的是,人为规定的甘油醛的构型就是其真实结构。

用 D、L 标记构型有一定的局限性,尤其在标记具有多个 C^* 的化合物构型时,遇到的问题较多,因而已很少应用,仅在糖类化合物和氨基酸中尚在使用 D、L 构型标记系统。

3.4　含 2 个手性碳原子的化合物

含 2 个手性碳原子的化合物有两种类型:一种是 2 个手性碳原子不相同,另一种是 2 个手性碳原子完全相同(所连原子或基团完全一样)。

3.4.1　含 2 个不相同手性碳原子的化合物

分子中含有 1 个手性碳原子的化合物有 1 对对映体。如果分子中有 2 个或 2 个以上的手性碳原子,对映体就不止 1 对了。现用 C_1、C_2 分别代表 2 个不同的手性碳原子,这样,具有 2 个不相同手性碳原子的化合物有 2 对对映体,即 4 种立体异构体,其构型分别为 *RR*、*SS*、*RS*、*SR*。

$$\begin{array}{c} C_1(R) \\ | \\ C_2(R) \end{array} \qquad \begin{array}{c} C_1(S) \\ | \\ C_2(S) \end{array} \qquad \begin{array}{c} C_1(R) \\ | \\ C_2(S) \end{array} \qquad \begin{array}{c} C_1(S) \\ | \\ C_2(R) \end{array}$$

分子中增加 1 个不相同的手性碳原子,立体异构体数目就增加 1 倍。含有 1 个手性碳原子的化合物有 2 个立体异构体,含 2 个手性碳原子的化合物最多就有 4 个立体异构体,含 3 个手性碳原子的化合物则最多有 8 个立体异构体。依此类推,凡含有 *n* 个手性碳原子的化合物,最多有 2^n 种立体异构体。例如,丁醛糖(2,3,4-三羟基丁醛)分子中含有 2 个不同的手性碳原子,它有 4 种立体异构体:

$$\begin{array}{c} {}^{1} \\ CHO \\ H-\!\!\overset{2}{+}\!\!-OH \\ H-\!\!\overset{3}{+}\!\!-OH \\ CH_2OH \\ {}^{4} \end{array} \quad\Bigg|\quad \begin{array}{c} CHO \\ HO-\!\!+\!\!-H \\ HO-\!\!+\!\!-H \\ CH_2OH \end{array} \qquad \begin{array}{c} CHO \\ H-\!\!+\!\!-OH \\ HO-\!\!+\!\!-H \\ CH_2OH \end{array} \quad\Bigg|\quad \begin{array}{c} CHO \\ HO-\!\!+\!\!-H \\ H-\!\!+\!\!-OH \\ CH_2OH \end{array}$$

A	B	C	D
(2*R*,3*R*)	(2*S*,3*S*)	(2*R*,3*S*)	(2*S*,3*R*)
D-(—)赤藓糖	L-(+)赤藓糖	L-(+)苏阿糖	D-(—)苏阿糖

对映体(A、B)　　对映体(C、D)

4 种立体异构体的构型分别为 A(2*R*,3*R*)、B(2*S*,3*S*)、C(2*R*,3*S*)、D(2*S*,3*R*),在标记构

型时应清楚，2个手性碳上所连的CHO及CH_2OH是朝纸平面后的，H及OH均是朝纸平面前的。现以化合物A为例来说明如何用R、S标记法来标记2个手性碳的构型。A中C_2所连的原子和基团的优先次序为OH>CHO>CH(OH)CH_2OH>H，将H作为顶点，从H的对面观察其余3个基团OH→CHO→CH(OH)CH_2OH的排列顺序，为顺时针排列，故C_2为R型。C_3的情况是，将H作为顶点，从H的对面观察OH→CH(OH)CHO→CH_2OH，为顺时针排列，故C_3亦为R型(见图3-9A)。

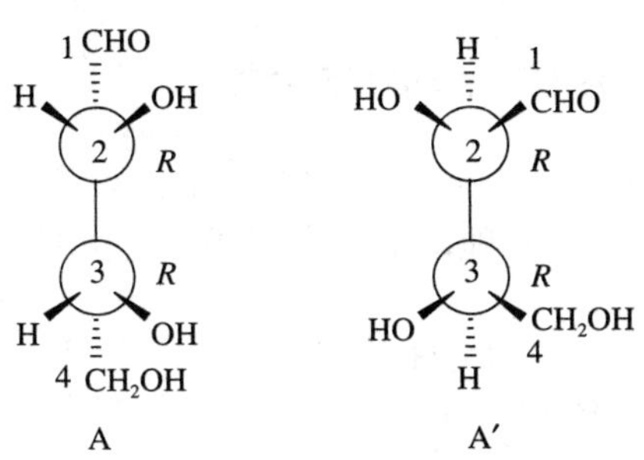

图3-9　(2*R*,3*R*)-2,3,4-三羟基丁醛

如果以C_2—C_3键为轴，将C_2、C_3同时绕轴顺时针旋转120°，2个H转向平面后方，则可更方便地看出C_2及C_3均为R构型(见图3-9A′)。

在丁醛糖的4种立体异构体中，A与B，C与D各构成1对对映异构体，除此之外的任何1对，如A与C、D(或B与C、D)，它们的构造相同，但又互相不为镜像，亦不能重叠，这样的1对立体异构体称为非对映异构体，简称为**非对映体**(diastereomers)。非对映体间不仅旋光度不同，而且其他物理性质、化学性质及生理活性也不一样。

麻黄碱(2-甲氨基-1-苯基丙-1-醇)分子中也有2个不相同的手性碳原子，故亦有4种立体异构体，它们的费歇尔投影式为：

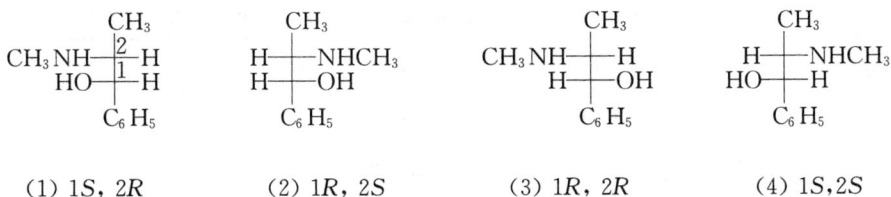

(1)	(2)	(3)	(4)
CH_3	CH_3	CH_3	CH_3
CH_3NH—2—H	H—NHCH_3	CH_3NH—H	H—NHCH_3
HO—1—H	H—OH	H—OH	HO—H
C_6H_5	C_6H_5	C_6H_5	C_6H_5
(1) 1S, 2R	(2) 1R, 2S	(3) 1R, 2R	(4) 1S,2S

其中(1)和(2)是麻黄碱，它们的熔点都是34℃，其盐酸盐的$[\alpha]_D^{20}$则分别是+35°和-35°；(3)和(4)是伪麻黄碱，它们的熔点都是118℃，其盐酸盐的$[\alpha]_D^{20}$则分别是-62.5°和+62.5°。

含有2个相邻手性碳原子的化合物往往还可用苏型和赤型来标记其构型，这是与丁醛糖的四个异构体作比较而得到的。**苏型**(threo enantiomers)表示该化合物2个相邻手性碳上相同(或相似)的原子或基团在费歇尔投影式中处于异侧，即与苏阿糖构型类似；**赤型**(erythro enantiomers)表示2个相同(或相似)的原子或基团在费歇尔投影式中处于同侧，即与赤藓糖构型类似。例如(—)-氯霉素是苏型，(—)-麻黄碱是赤型。

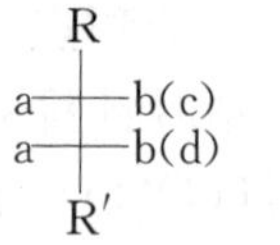

赤型(erythro) 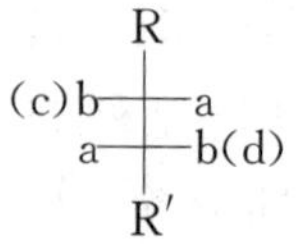　　苏型(threo) 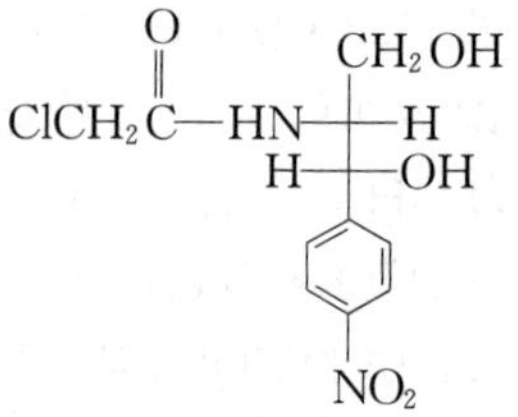　　(－)-氯霉素 苏型　　(－)-麻黄碱 赤型

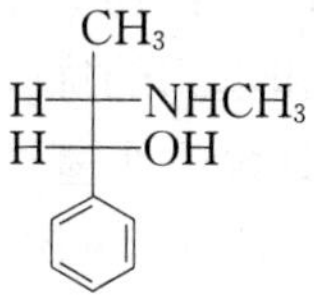

3.4.2 含 2 个相同手性碳原子的化合物

酒石酸[HOOC* CH(OH)C* H(OH)COOH]是含有 2 个相同手性碳原子的化合物，由于每个手性碳原子有 2 种构型，故理论上存在以下 4 个立体异构体：

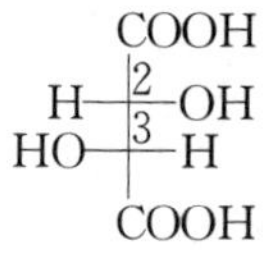

(1) 2*R*, 3*R* 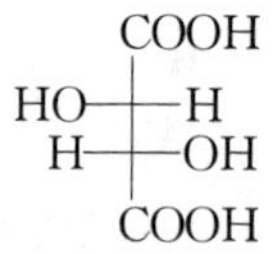　　(2) 2*S*, 3*S* 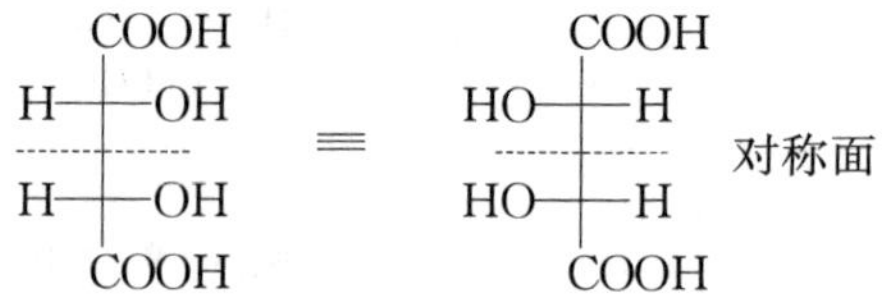　　(3a) 2*R*, 3*S*　＝　(3b) 2*S*, 3*R*　对称面

其中，(1)和(2)是实物和镜像关系，为 1 对对映异构体，(3a)和(3b)亦是实物和镜像的关系，但只要把(3a)在纸平面上旋转 180°即得(3b)。因此，两者是同一个化合物。这种有手性碳(手性中心)但因分子内 2 个相同手性碳的旋光方向相反，相互抵消致使分子无手性的异构体称**内消旋体**(meso compound)。由于内消旋体的存在，酒石酸只有 3 个立体异构体。分别构成 1 对对映体，2 对非对映体。

酒石酸的右旋体、左旋体、外消旋体和内消旋体的物理常数见表 3－3。

表 3－3　酒石酸的物理常数

酒石酸	熔点/℃	$[\alpha]_D^{25}$(20%水)	溶解度(g/100 克水)	相对密度	pK_{a_1}	pK_{a_2}
(－)-酒石酸	170	－12°	139	1.760	2.93	4.23
(＋)-酒石酸	170	＋12°	139	1.760	2.93	4.23
(±)-酒石酸	206	0	20.6	1.680	2.96	4.24
meso-酒石酸	140	0	125	1.667	3.11	4.80

3.4.3 分子的不对称性，对称因素

从上述讨论可知，含 1 个手性碳原子的化合物一定有手性，而含 2 个手性碳原子的化合物不一定有手性。也就是说，手性碳原子是化合物产生手性的原因之一，但它既不是充分条件，也不是必要条件。那么造成分子手性的真正原因是什么呢？

仔细研究 3.4.2 节中化合物(3)的结构可以发现，(3)分子中存在着一个假想平面，通过它能把分子分成实物和镜像两个部分，这种平面称为**对称面**(symmetry plane)。(3a)和(3b)无手性归因于分子中有这样一个对称面[见图 3－10(a)]。对称面的存在使得含有手性碳(局部手性)的分子的旋光性在内部得以抵消，整个分子由于对称而失去了手性。也就是说，分子产生手性的原因是分子的不对称性。

丁烷分子也有一个对称面，因此，该分子无手性[见图 3 - 10(b)]。平面分子亦无手性。

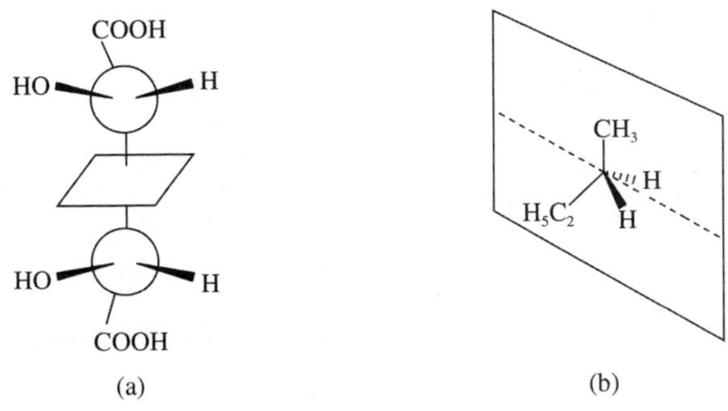

图 3 - 10　分子中的对称面

含 1 个手性碳原子的化合物正是由于其不对称，才导致了分子具有手性。

内消旋体和外消旋体都没有旋光性，但内消旋体是分子内部旋光性抵消的结果，而外消旋体是由于 2 个分子间的旋光性相互抵消的结果，两个概念具有本质区别。

除了对称面外，常见的对称因素还有**对称中心**(symmetry center)等，所谓对称中心是指通过这个中心在等距离处能遇到完全相同的原子或基团，见图 3 - 11(a)。有对称中心的分子也是无手性的。内消旋的酒石酸除了具有对称面外，实际上也存在着对称中心，见图 3 - 11(b)。

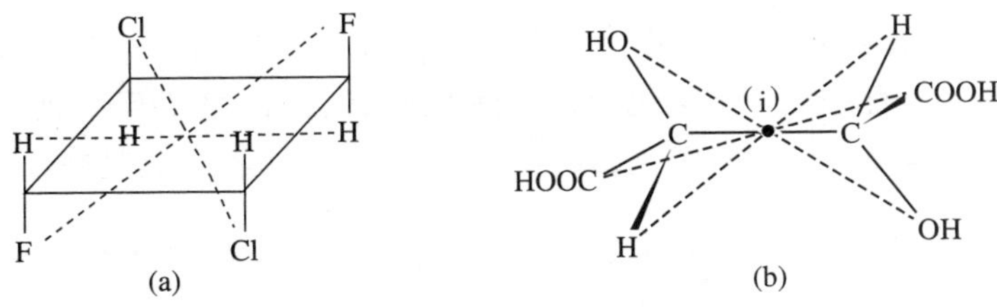

图 3 - 11　分子中的对称中心

含手性碳原子的化合物由于**对称因素**(symmetry elements)的存在可能没有手性；反之，我们也可以推论，不含手性碳原子的化合物也可能由于分子的不对称而产生手性，存在对映异构现象。下面以联苯型化合物为例介绍不含手性碳原子化合物的对映异构现象。其他例子见相关章节。

3.5　不含手性碳原子化合物的对映异构

我们知道，苯环是平面结构，2 个苯环以单键相连则称为联苯。联苯中苯环可绕这个 σ 键旋转而呈现不同的构象。

在晶体中，联苯的两个苯环共平面，这样的分子可以紧密地堆集，分子间的作用力大于 2,2′-位和 6,6′-位上 2 对氢之间的斥力。而在溶液和气相中，不存在来自晶格能的稳定作用，故两个苯环之间呈一定角度(优势构象)。

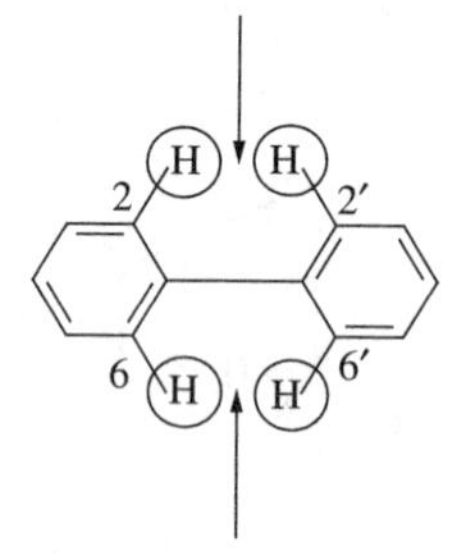

两对邻位氢间的空间作用

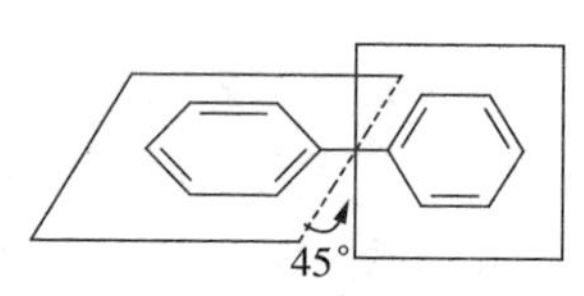

联苯在溶液和气相中的优势构象

如果联苯的2,2′及6,6′位置上的氢被较大的基团取代，则苯环绕σ键旋转完全受阻(如图3－12所示)，此时，室温下构象式(2)和(3)之间不能相互转化。

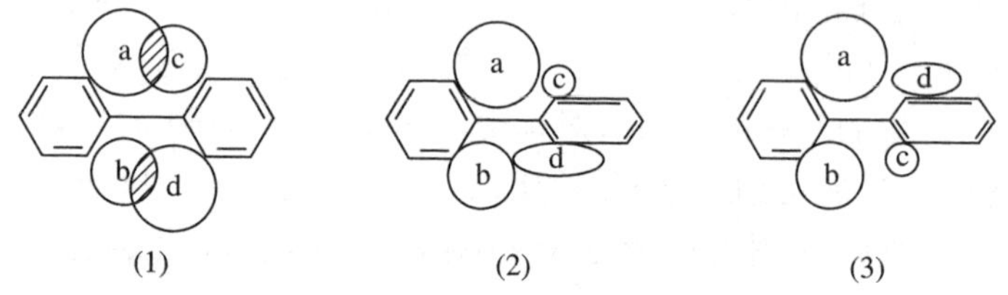

图3－12　围绕σ键旋转受阻的联苯型化合物

如果每个苯环上所连的2个基团不同(如图3－13所示)，则整个分子既无对称面也无对称中心，因而分子具有手性。这类化合物中首先拆分得到的是6,6′-二硝基-(1,1′-联苯)-2,2′-二羧酸，由于构象式(a)和(b)互为物体和镜像关系，两者不能重叠，是对映异构体。

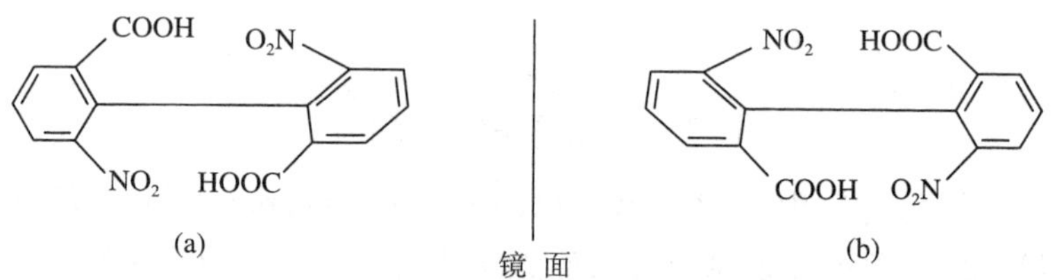

图3－13　联苯型化合物的对映异构

推而广之，如果一个分子含有互相垂直的平面的骨架，当其两端分别连有不同原子或基团时，就可能形成手性分子而有对映异构体。

3.6　外消旋体的拆分

在合成具有手性碳原子的化合物时，一般得到的是外消旋体，将外消旋体分离得纯异构体的过程称**拆分**(resolution)。由于对映体之间除了旋光性不同外，其他的物理性质是相同的，因此用通常的分离方法如分馏、重结晶等是不能把它们分离的。要将它们分离，需采用其他特殊方法。

外消旋体的拆分方法很多，在此只简单介绍诱导结晶拆分法和化学拆分法的原理。

化学拆分法是将对映体转变为非对映体，然后用通常的物理方法加以分离，分离后再恢复为原来的右旋体和左旋体的方法。现以拆分有机酸、碱为例加以说明。

无机酸与氨反应生成铵盐，有机酸与有机碱(胺是有机碱)反应也易生成相应的盐。

$$\underset{\text{羧酸}}{RCOOH} + \underset{\text{胺}}{R'NH_2} \longrightarrow \underset{\text{铵盐(胺的羧酸盐)}}{RCOO^- NH_3^+ R'}$$

将这个有机铵盐和强碱作用可变成原来的羧酸和胺。

$$RCOO^- NH_3^+ R' \xrightarrow{NaOH} RCOO^- + R'NH_2$$

$$RCOO^- \xrightarrow{H^+} RCOOH$$

欲拆分外消旋的酸，可将其与旋光性碱混合，生成两种盐。这两种盐中酸的部分是对映的，而碱的部分相同，所以这两种盐不是镜像关系，是非对映体。利用非对映体物理性质(如沸点、溶解度等)的差别，可将这两种盐分离：

$$\underset{\text{外消旋体}}{(\pm)\text{-酸}} + \underset{\text{拆分剂}}{(+)\text{-胺}} \longrightarrow \underset{\text{非对映体}}{\left.\begin{matrix}(+)\text{-酸}\cdot(+)\text{-胺盐}\\(-)\text{-酸}\cdot(+)\text{-胺盐}\end{matrix}\right\}}$$

$$\xrightarrow[\text{非对映体}]{\text{分离}} (+)\text{-酸}\cdot(+)\text{-胺盐} + (-)\text{-酸}\cdot(+)\text{-胺盐}$$

$$(+)\text{-酸}\cdot(+)\text{-胺盐} \xrightarrow{H^+} \boxed{(+)\text{-酸}} + (+)\text{-胺的盐}$$

$$(-)\text{-酸}\cdot(+)\text{-胺盐} \xrightarrow{H^+} \boxed{(-)\text{-酸}} + (+)\text{-胺的盐}$$

这里使用的(+)-胺是用来拆分外消旋体的，这种试剂称作**拆分剂**(resolving agent)。一种好的拆分剂除要能与外消旋体进行反应，且在得到的 2 个非对映体的性质上要有足够的差别便于分离外，还要求在分离后，同拆分剂结合的旋光体容易分解。拆分剂类型的选择要视外消旋体分子中的官能团而定。例如分离(±)-羧酸，可用胺。有较多的具有旋光性的胺是易得的，如天然的生物碱辛可宁、奎宁、马钱子碱等，也可用合成试剂如 1-苯基丙-2-胺，它们可被用来拆分许多有机酸。同样的道理，可以用旋光性的酸来拆分胺。

由于生物体中的酶等亦具有旋光性，当它们与外消旋体作用时具有较强的选择性，因此，采用微生物拆分的方法也可产生较好的效果。

另一种拆分外消旋体的方法是诱导结晶拆分法，其主要原理是在需拆分的外消旋体过饱和溶液中加入一定量的纯光学异构体的晶种，与晶种相同的异构体便优先析出。例如，向某外消旋体(±体)的过饱和溶液中加入(+)体的晶种，则(+)体优先析出一部分，滤取析出的(+)体，则滤液中(-)体便过量，这样在滤液中再加入外消旋混合物，又可析出部分(-)体结晶，过滤，如此反复处理就可以得到相当数量的左旋体和右旋体。此法的优点是成本低，效果好。例如氯霉素的拆分：

$$(\pm)\text{氯霉素} + \text{D-氯霉素} \xrightarrow[\text{溶于 100 mL 水中}]{80℃} \xrightarrow{\text{冷却至 }20℃} \text{D-氯霉素}$$

100 g　　1 g　　　　　　　　　　1.9 g

$$\xrightarrow[\text{分离出 D-氯霉素}]{\text{过滤}} \xrightarrow[\text{加热至 }80℃\text{溶解}]{\text{加 2 g}(\pm)\text{-氯霉素}} \xrightarrow{\text{冷却}} \text{L-氯霉素}\cdots\cdots$$

2.1 g

随着近代技术的发展,用色谱分离法分离外消旋体更为简便。色谱分离是利用旋光性化合物对对映体的吸附速度不同而进行分离的,如用有旋光性的淀粉填充柱拆分外消旋的苯丙氨酸等。

3.7 有机反应中的立体化学——烷烃卤代反应的进一步阐述

分子的立体结构特点体现在它的光学性质上,反过来,通过对分子光学性质的研究,又可推测分子的立体结构,从而推测出反应中分子结构的变化。

通过反应,原先无手性中心的反应物可能得到有手性中心的产物,有手性中心的反应物也可能生成无手性中心的产物。通过反应,产物的构型有可能保持也有可能发生构型翻转。

下面应用立体化学知识对烷烃卤代反应中的立体化学作进一步的阐述。

正丁烷氯代可得 1-氯丁烷及 2-氯丁烷:

$$CH_3CH_2CH_2CH_3 \xrightarrow[\text{光或热}]{Cl_2} \underset{\text{1-氯丁烷}}{CH_3CH_2CH_2CH_2Cl} + \underset{\text{2-氯丁烷}}{CH_3\overset{*}{C}HClCH_2CH_3}$$

反应产物中 2-氯丁烷含 1 个手性碳原子,分离 2-氯丁烷,测定无旋光性,可判断产物为外消旋体。

为什么会产生外消旋体呢?这与反应的机理有关。

氯同烷烃反应所经历的是自由基取代的过程,反应中氯自由基夺去正丁烷仲碳上的一个氢,形成仲丁基自由基。

$$CH_3CH_2CH_2CH_3 + Cl\cdot \longrightarrow \underset{\text{仲丁基自由基}}{CH_3\dot{C}HCH_2CH_3} + HCl$$

自由基中心碳原子为 sp^2 杂化的(见 2.7.1),即具有平面结构,仲丁基自由基在接下来与氯的反应中,氯从平面两侧进攻中心碳原子的机会均等,因此得到的 2 个对映体是等量的,即得到外消旋体,这种反应过程称**外消旋化**(racemization)。

立体化学的结果为烷烃卤代反应的自由基机理提供了佐证。反应中正丁烷的仲碳原子由非手性碳原子变为手性碳原子,此类碳原子称作**前手性(或潜手性)碳原子**(prochiral carbon)。在有机反应中,非手性分子在非手性条件下反应,所得产物总是无旋光性的,这是一个普遍的原则。

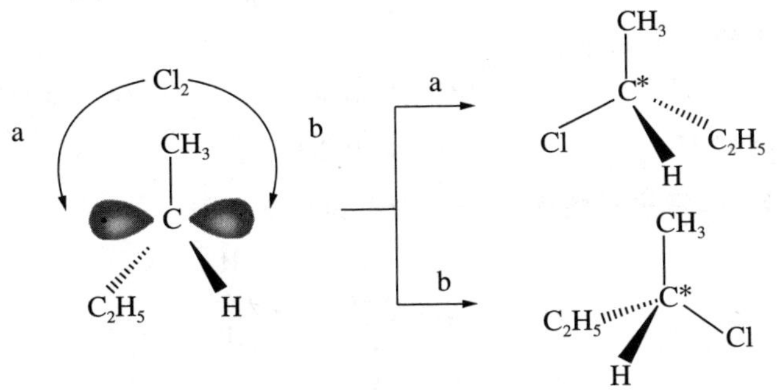

外消旋体，没有光学活性

拆分2-氯丁烷，得到单一的光学活性的化合物。取其中的一个(如 S 构型)进一步氯代，二氯代产物之一为2,3-二氯丁烷。

$$CH_3\overset{*}{C}HClCH_2CH_3 \longrightarrow CH_3\overset{*}{C}HCl\overset{*}{C}HClCH_3$$

2-氯丁烷　　　　2,3-二氯丁烷

所得产物2,3-二氯丁烷产生了一个新的手性中心。由于2,3-二氯丁烷有2个相同的手性碳，故理论上应有3个异构体。

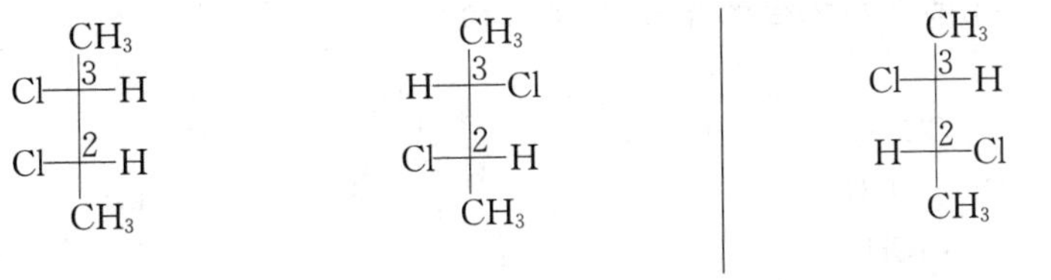

内消旋(meso)
(2S,3R)

对映体
(2S,3S)　(2R,3R)

但是，由于反应物为 S-2-氯丁烷，在反应过程中2位碳的构型不会发生变化(仍为 S)．而反应中3位碳去氢形成自由基后再与 Cl_2 反应，产物中产生新的手性中心，该手性中心有2种可能的构型，分别为 R 及 S，因此，最终产物的构型应为(S,R) 及(S,S)。

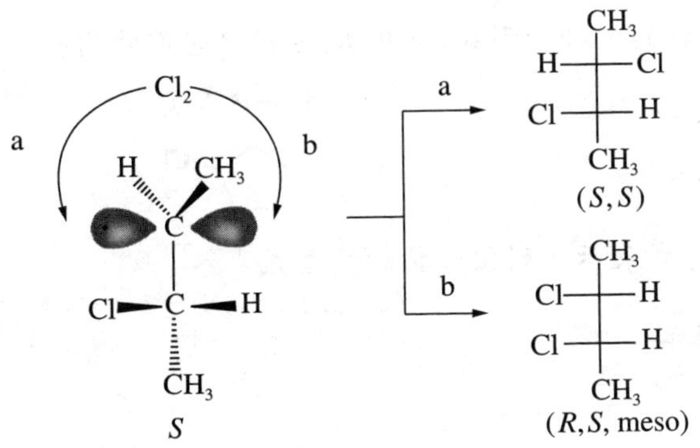

(S,S)

S

(R,S, meso)

习　题

1. 区别下列各组概念并举例说明。

(1) 手性碳和手性分子
(2) 对映体和非对映体
(3) 内消旋体和外消旋体
(4) 构型与构象

(5) 旋光度与比旋光度　　(6) 构造异构和立体异构

2. 按次序规则排出下列基团的优先次序。

(1) $-CN$　(2) $-CH=CH_2$　(3) $-CH_2Br$　(4) $-CHO$

(5) $-COCH_3$　(6) $-COOC_2H_5$　(7) $-CH(CH_3)_2$　(8) 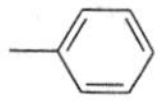 —C_6H_5(苯基)

3. 下列化合物有无手性?如有,写出对映体;如无,指出为什么?

(1)
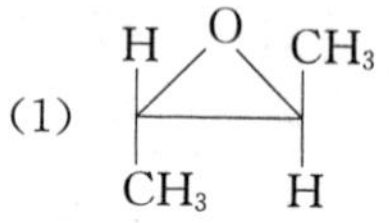

(2) 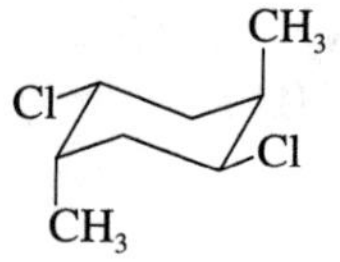 Cl, CH_3, Cl, CH_3 取代的环己烷(椅式)

(3) H_3C, NO_2, COOH, HOOC, HOOC, N, N, CH_3 联吡啶二甲酸

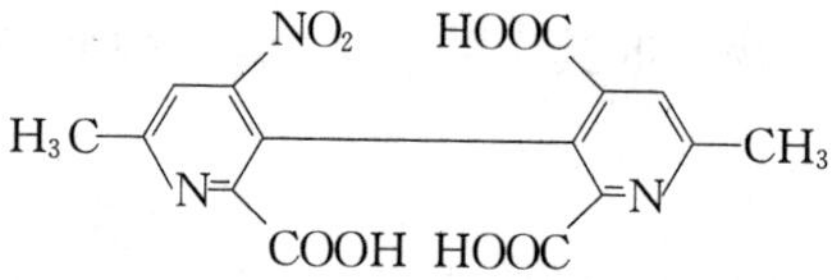

(4) 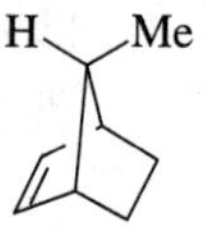 H, Me 取代的双环烯

(5)

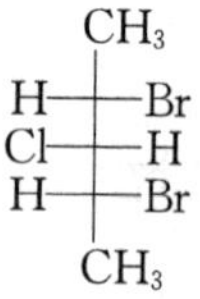

	CH_3	
H	—	Br
Cl	—	H
H	—	Br
	CH_3	

(6) 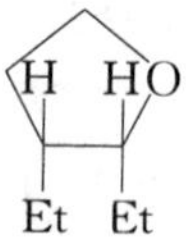 H, HO, Et, Et 取代的环

4. 用 R、S 标记下列化合物中手性碳的构型。

(1)

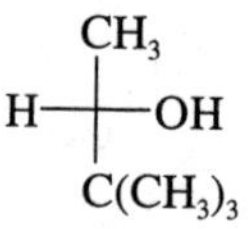

	CH_3	
H	—	OH
	$C(CH_3)_3$	

(2) 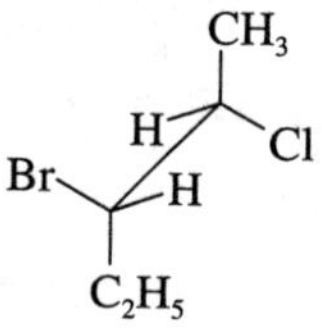 CH_3, H, Cl, Br, H, C_2H_5

(3)
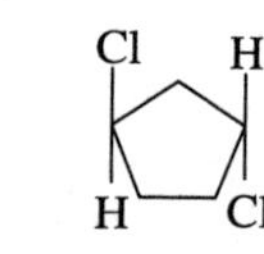

(4) 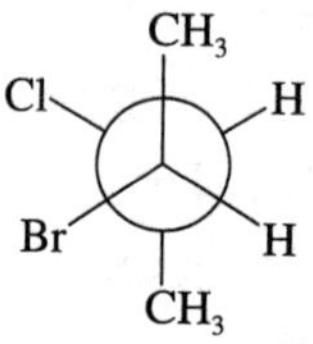 纽曼投影式:CH_3, Cl, H, Br, H, CH_3

(5) 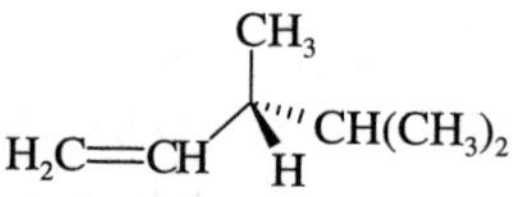 $H_2C=CH$—C(CH_3)(H)—$CH(CH_3)_2$

(6)
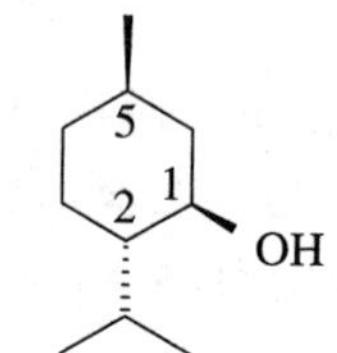

5. 写出下列化合物的一种构型式,并用 R、S 标记它们的构型。

(1) 3-溴己烷　(2) 2,3-二溴戊烷

(3) 3-溴-3-甲基戊烷　(4) 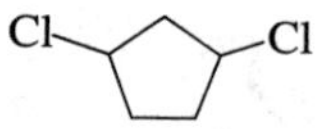 Cl, Cl 取代的环戊烷

6. 用 Fischer 投影式表示下列化合物的构型式。

(1) (R)-2-溴戊烷　(2) ($2R,3R,4S$)-2,3-二溴-4-氯己烷

(3) (S)-2-甲基丁基苯　(4) (S)-戊-1-烯-3-醇($CH_2=CHCHOHCH_2CH_3$)

7. 命名下列化合物。

(1)

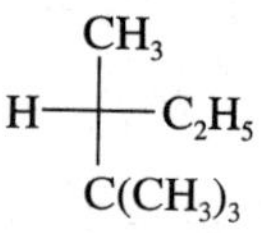

	CH_3	
H	—	C_2H_5
	$C(CH_3)_3$	

(2) CH_3, H, CH_2Cl, Br, H, C_2H_5

(3)

	CH_3	
H	—	Br
Cl	—	H
H	—	Cl
	C_2H_5	

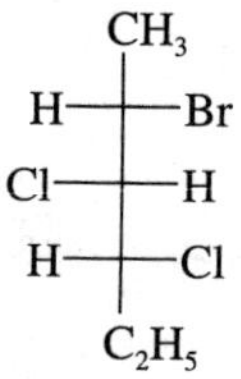

(4) 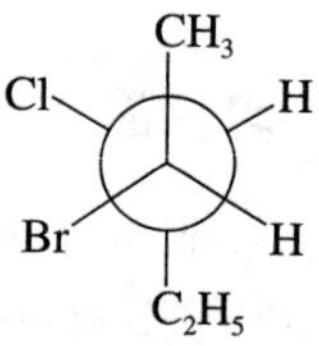 纽曼投影式:CH_3, Cl, H, Br, H, C_2H_5

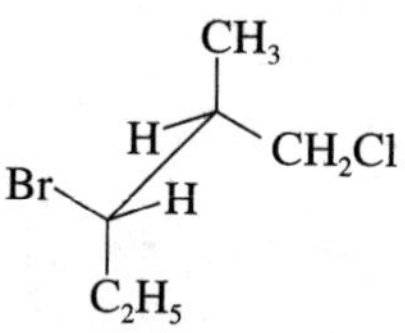

8. 下列各对化合物属于对映体、非对映体、构造异构体还是同一化合物？

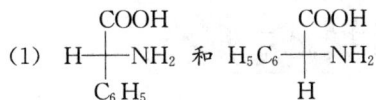

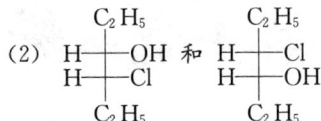

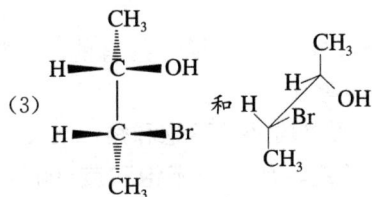

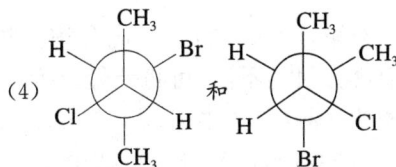

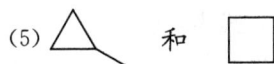

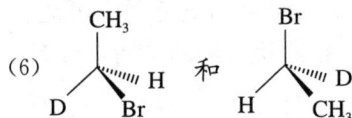

(1) COOH / H—|—NH_2 / C_6H_5 和 COOH / H_5C_6—|—NH_2 / H

(2) C_2H_5 / H—|—OH / H—|—Cl / C_2H_5 和 C_2H_5 / H—|—Cl / H—|—OH / C_2H_5

(3) CH_3 / H—C—OH / H—C—Br / CH_3 和 CH_3, H, OH / H, Br / CH_3

(4) CH_3, H, Br / Cl, H / CH_3 和 CH_3, H, CH_3 / H, Cl / Br

(5) 和

(6) CH_3 / D, H, Br 和 Br / H, D, CH_3

9. 下列结构式中，哪些与化合物(A) [H, H, Br / CH_3, Br / CH_3] 完全一样？哪些为(A)的对映体？哪些为(A)的非对映体？

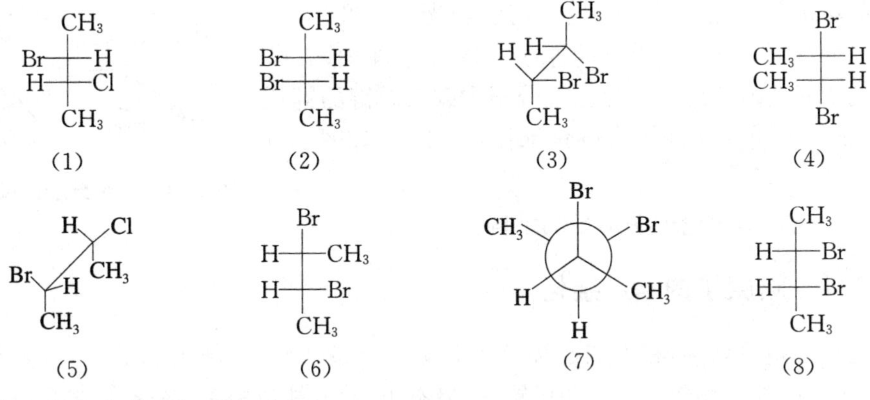

10. 有 3 种化合物(a)、(b)、(c)：

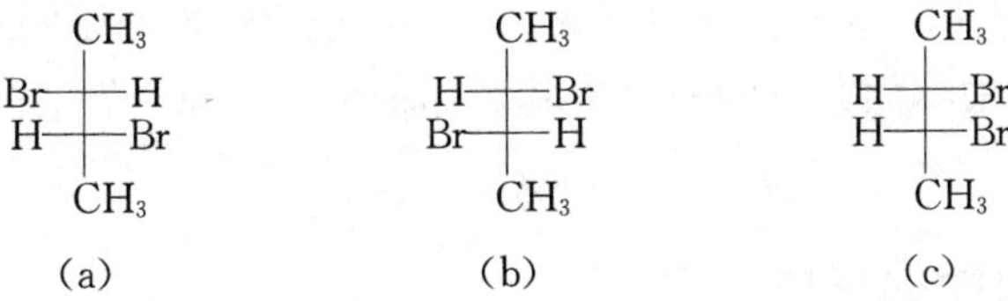

在下列 4 种情况中，哪一些是有旋光性的？

(1) a 单独存在　　(2) b 和 c 的等量混合物

(3) c 单独存在　　(4) a、b 和 c 三者等量混合物

11. 异戊烷进行一氯代反应后，小心分馏所得产物。

(1) 预计将获得多少一氯代的馏分？试写出这些馏分的构造式或构型式。

(2) 其中有光学活性的馏分吗？

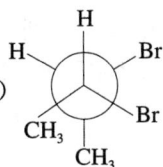

(3) 无旋光性的馏分是外消旋体、内消旋体还是无手性碳原子的化合物？

第 4 章　烯烃和环烷烃

含有碳碳双键(C═C)的烃类化合物称**烯烃**(alkene),“C═C”是烯烃的官能团。根据分子中所含双键数目的不同,可将烯烃分为单烯烃、多烯烃等。

与烷烃相比,烯烃分子中引入了双键,减少了氢原子,所以烯烃是**不饱和烃**(unsaturated hydrocarbon)。与相应烷烃相比,每减少 2 个氢原子,分子就增加 1 个**不饱和度**(unsaturation site)。若不饱和度为 2,则分子中可能含有叁键或 2 个双键或 1 个双键和 1 个环。因此,不饱和度对于推断化合物的结构十分有用。计算不饱和度的公式为:

不饱和度=C 原子数+1−H 原子数/2−卤原子数/2 ＋ 三价氮原子数/2

单烯烃的通式为 C_nH_{2n}。烯烃也存在同系列,其同系差也为 CH_2。

单环**环烷烃**(cycloalkane)的通式也为 C_nH_{2n},因此,它与单烯烃互为同分异构体。

4.1　烯烃的结构

最简单的烯烃是乙烯。经电子衍射和光谱研究证实:乙烯是平面分子,分子中所有的原子在同一平面内;其碳碳双键的键长为 0.134 nm,比乙烷分子中碳碳单键的键长(0.153 nm)短;分子中的所有键角都接近 120°。如图4－1所示。

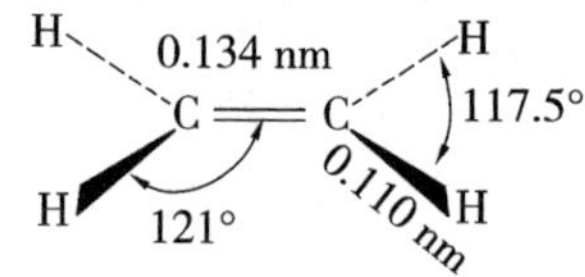

图 4－1　乙烯分子的键角与键长

现以杂化轨道理论说明烯烃的结构。

4.1.1　碳原子的 sp^2 杂化

杂化轨道理论认为,在形成乙烯分子时碳原子的 1 个 2s 轨道和 2 个 2p 轨道进行 sp^2 杂化,组成 3 个能量相等的 sp^2 杂化轨道,另有 1 个 2p 轨道未参与杂化。3 个 sp^2 杂化轨道及 1 个 2p 轨道各填充 1 个电子。碳原子的 3 个 sp^2 杂化轨道处于同一平面上,轨道对称轴之间的夹角为 120°。未参加杂化的 p 轨道其对称轴垂直于 sp^2 杂化轨道对称轴所在的平面(见 1.3.3)。

4.1.2　碳碳双键的形成

在乙烯分子中,成键的 2 个碳原子各以 1 个 sp^2 杂化轨道“头碰头”重叠形成 1 个 C—C σ 键,并各以 2 个 sp^2 杂化轨道同氢原子的 1s 轨道沿 sp^2 杂化轨道对称轴的方向重叠形成 4 个 C—H σ 键,这样形成的 5 个 σ 键其对称轴都在同一平面内,如图 4－2(a)所示。在形成上述 σ 键的同时,每个碳原子上余下的 p 轨道从侧面“肩并肩”重叠成键,这样构成的共价键称为 π 键,处于 π 轨道的电子简称为 π 电子[见图 4－2(b)],π 电子受核束缚小,具有较大的流动性和反应活性。

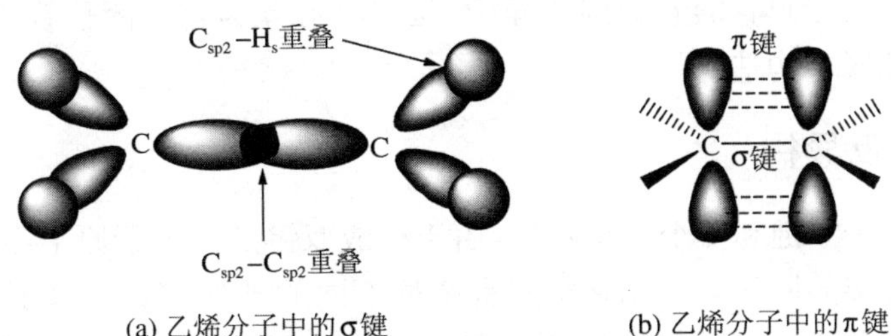

(a) 乙烯分子中的σ键　　(b) 乙烯分子中的π键

图 4－2　乙烯分子的结构

由此可见，碳碳双键不是由 2 个相同的单键组成，而是由 1 个 σ 键和 1 个 π 键组成的。为了书写方便，常以 2 条短横线表示（C═C），但必须明确这 2 条短横线的含义是不同的。

4.1.3　π 键的特点

由于 π 键是由 2 个 p 轨道“肩并肩”重叠形成的，故与 σ 键比较，π 键重叠程度要小，π 键的键能（251.5 kJ/mol）比 σ 键的键能（361 kJ/mol）小。因此，由 1 个 σ 键和 1 个 π 键构成的碳碳双键的键能（612.5 kJ/mol）比单键的键能大，但不是单键的 2 倍。

π 键的成键方式决定了它不像 σ 键那样可以绕键轴自由旋转，因为旋转的结果将使 p 轨道的平行关系被打破而导致 π 键削弱或断裂，见图 4－3。

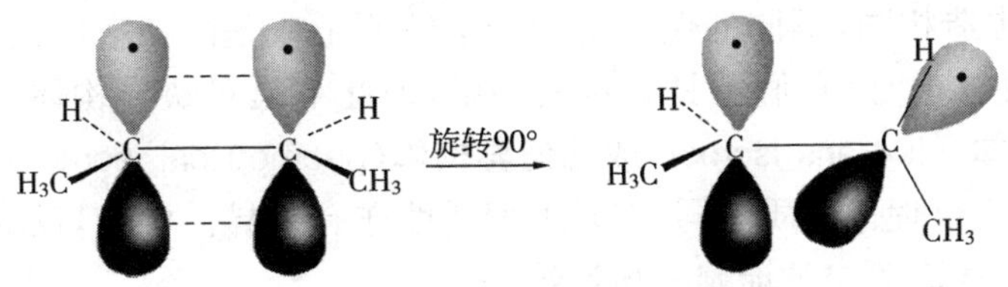

图 4－3　碳碳双键旋转破坏 π 键

综上所述，π 键具有以下特点：

① π 键不如 σ 键牢固，容易断裂。

② 构成 π 键的碳原子不能围绕键轴自由旋转。

③ π 电子对受核束缚力较小，流动性大，较易受外界影响而极化。

4.2　烯烃的同分异构

4.2.1　构造异构

烯烃的构造异构比烷烃复杂。除碳架异构外，烯烃还存在由于双键在碳架上的位置不同而引起的官能团位置异构。例如，丁烯存在以下 3 种异构体：

$CH_3CH_2CH{=}CH_2$	$CH_3CH{=}CHCH_3$	$CH_3C(CH_3){=}CH_2$
丁-1-烯	丁-2-烯	2-甲基丙烯
(1)	(2)	(3)

其中,(1)与(3)、(2)与(3)互为碳架异构,(1)与(2)互为官能团位置异构。碳架异构和官能团位置异构都属于构造异构。

4.2.2 顺、反异构

碳碳双键由1个σ键和1个π键构成,由于构成双键的2个碳原子不能自由旋转,这就使得与双键碳相连接的原子或基团在空间有2种不同的排列方式。以丁-2-烯为例,一种是2个甲基(或氢原子)在双键的同侧,称作**顺式**(*cis*),另一种是2个甲基(或氢原子)在双键的异侧,称作**反式**(*trans*),如图4-4所示。

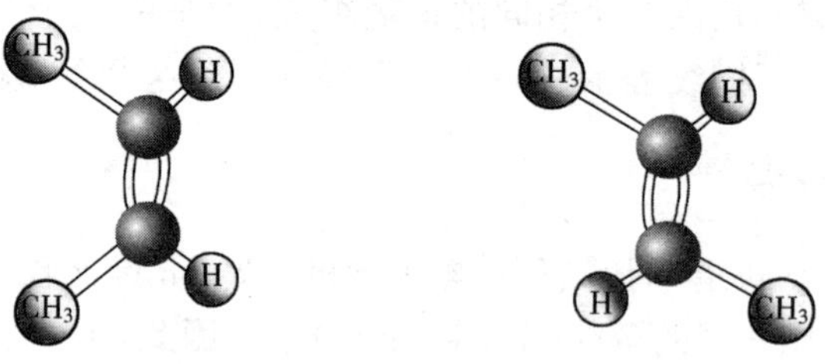

图4-4　顺丁-2-烯和反丁-2-烯

顺丁-2-烯和反丁-2-烯的物理性质不同,是不同的物质。这两种异构体在室温下不能通过化学键的旋转相互转化。

这两种烯烃构造相同,不同的仅仅是分子中的原子或基团在空间的排列方式不同,所以属于立体异构体。但是,它们不具有对映关系,因此不是对映异构体。通常将这种异构体称为**顺、反异构体**(cis-trans isomer)或**几何异构体**(geometrical isomer)。

顺、反异构体不仅理化性质不同,有时生理活性亦有差异。例如,反式己烯雌酚在临床上可治疗某些妇女病而顺式己烯雌酚却无效。

OH　H_5C_2　C=C　C_2H_5　HO

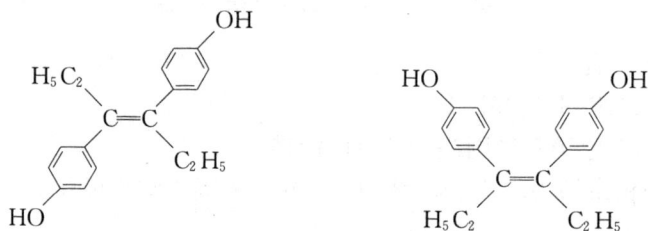

反式己烯雌酚

HO　OH　C=C　H_5C_2　C_2H_5

顺式己烯雌酚

并不是所有含有碳碳双键的化合物都有顺、反异构体。例如,上例中的丁-1-烯和2-甲基丙烯都不存在顺、反异构体。烯烃存在顺、反异构体的必要条件是构成双键的2个碳原子上各自连有不同的原子或基团,即:

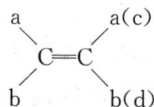

a　a(c)　C=C　b　b(d)　　其中,a≠b,c≠d

4.3　烯烃的命名

4.3.1　常见烯基

烯烃分子中去掉 1 个氢原子后余下的原子团称作**烯基**(alkenyl group)。以下是一些常见的烯基：

$CH_2{=}CH{-}$	$CH_3CH{=}CH{-}$	$CH_2{=}CH{-}CH_2{-}$	$CH_2{=}C(CH_3){-}$
乙烯基或 1 -乙烯基	丙烯基或丙- 1 -烯基	烯丙基或丙- 2 -烯基	异丙烯基(1 -甲基乙烯基)
vinyl(ethenyl)	propenyl(prop - 1 - enyl)	allyl(prop - 2 - enyl)	isopropenyl(1 - methylethenyl)

分子中去掉两个氢原子形成游离单键的基团称为叉基(英文后缀- diyl),叉基的系统命名是在母体氢化物名称后、叉基后缀前用阿拉伯数字标明位次。母体氢化物为烷烃时,“烷”字可省略。例如：

$-CH_2-$	$-CH_2CH_2-$
甲叉基	乙- 1,2 -叉基
methanediyl	ethane - 1,2 - diyl

甲叉基和乙- 1,2 -叉基的中英文俗名分别为亚甲基(methylene)、亚乙基(ethylene),亚甲基和亚乙基使用已久并为人们所熟知,2017 版命名原则确定保留沿用。

分子中去掉两个氢原子形成游离双键的基团称为亚基(英文后缀- ylidene),常见的如：

$CH_2=$	$CH_3CH=$	$(CH_3)_2C=$
甲亚基	乙亚基	异丙亚基
methylidene	ethylidene	isopropylidene

注意：甲亚基与甲叉基的英文俗名相同。

4.3.2　普通命名法

简单烯烃可以采用普通命名法命名,其命名原则与烷烃相似,即可根据烯烃含有的碳原子数称为“某烯”。例如：

$CH_2{=}CH_2$	$CH_3CH{=}CH_2$	$CH_3C(CH_3){=}CH_2$
乙烯	丙烯	异丁烯
ethylene(ethene)	propylene(propene)	isobutylene(isobutene)

4.3.3　系统命名法

烯烃的命名原则和烷烃基本相同,其要点为：

① 直链烯烃按碳原子数目称为某烯,碳原子在十以上的用汉字数字表示,称为某碳烯；从靠近双键一端开始编号,使双键位次最小,位次数字写在烯字之前,双键位次以其所在碳

原子的编号中较小的那个表示。例如：

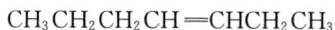

$CH_3CH_2CH_2CH{=}CHCH_2CH_3$ 　　　　 $CH_3(CH_2)_8CH{=}CHCH_3$

庚-3-烯 　　　　 十二碳-2-烯

hept-3-ene 　　　　 dodec-2-ene

② 选择最长的碳链作为主链，若主链不包含完整的碳碳双键，则按烷烃相同的原则命名。例如：

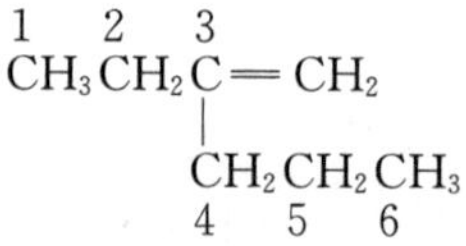

$$\overset{1}{C}H_3\overset{2}{C}H_2\overset{3}{C}(=CH_2)-\overset{4}{C}H_2\overset{5}{C}H_2\overset{6}{C}H_3$$

3-甲亚基己烷

3-methylidenehexane

请注意，2017 版命名原则根据 IUPAC 2013 年的建议“主链的选择取决于链长，而不是不饱和度”，对中国化学会《有机化合物命名原则(1980)》做出重要修订，原先是选择含碳碳双键(官能团)的最长碳链作为主链，故该化合物先前的命名是 2-乙基-1-戊烯。

③ 如果最长的碳链含完整的碳碳双键，则从靠近双键一端开始编号，使双键位次最小。例如：

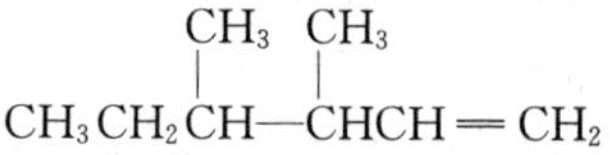

$CH_3CH_2CH(CH_3)-CH(CH_3)CH{=}CH_2$ 　　　　 $CH_3CH_2CH(CH_3)-CH(CH_3)C(CH_2CH_3){=}CHCH_3$

3,4-二甲基己-1-烯 　　　　 3-乙基-4,5-二甲基庚-2-烯

3,4-dimethylhex-1-ene 　　　　 3-ethyl-4,5-dimethylhept-2-ene

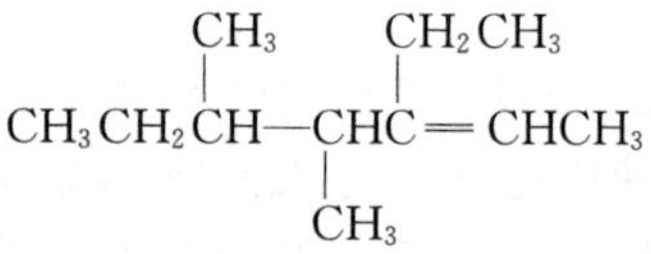

④ 当烯烃存在顺、反异构现象时，必须标示其构型。烯烃的构型标示有两种方法。一种为顺、反构型标示法，另一种为 ***Z*、*E* 构型标记法**(*Z*,*E* system of nomenclature)。

当构成双键的 2 个碳原子上有相同的原子或基团时，可用词头“顺”(*cis*)、“反”(*trans*)表示其构型。例如：

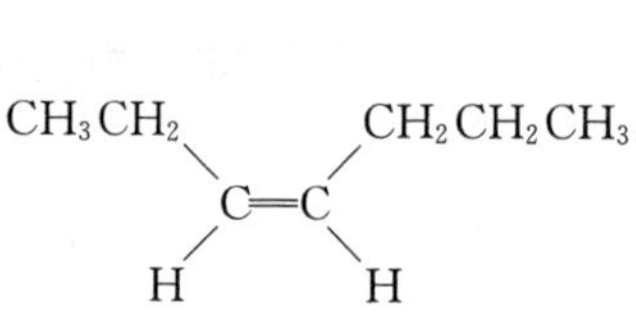

$CH_3CH_2(H)C{=}C(H)CH_2CH_2CH_3$ (two H on the same side) 　　　　 $H_3C(CH_3CH_2)C{=}C(CH_3)CH(CH_3)CH_3$

顺庚-3-烯 　　　　 反-2,3,4-三甲基己-3-烯

cis-hept-3-ene 　　　　 *trans*-2,3,4-trimethylhex-3-ene

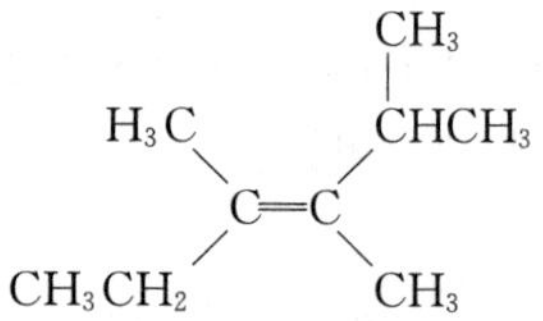

但当构成双键的 2 个碳原子上没有相同的原子或原子团时，就要采用 IUPAC 命名法规定的命名方法，即以字母 *Z*(德文 Zusammen，表示“together”)和 *E*(德文 Entgegen，表示“opposite”)表示顺、反异构体的构型。*Z*、*E* 构型标示法的主要内容为：

a. 按“次序规则”分别确定构成双键的碳原子各自相连的原子或基团的优先次序。

b. 2 个优先的原子或基团若在双键的同侧则称为 *Z* 型，若在双键的异侧则称为 *E* 型。

假设下式中基团的优先次序是ⓐ>ⓑ，ⓒ>ⓓ，则它们的构型为：

$$\underset{(Z)}{\begin{matrix} ⓐ & & ⓒ \\ & C=C & \\ ⓑ & & ⓓ \end{matrix}} \qquad \underset{(E)}{\begin{matrix} ⓐ & & ⓓ \\ & C=C & \\ ⓑ & & ⓒ \end{matrix}}$$

例如：

$$\begin{matrix} (优先)CH_3CH_2 & & CH_2CH_2CH_3 \\ & C=C & \\ H_3C & & CH_2CH_2CH(CH_3)_2(优先) \end{matrix}$$

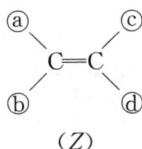

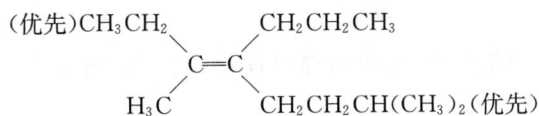

(*E*)-3,7-二甲基-4-丙基辛-3-烯
(*E*)-3,7-dimethyl-4-propyloct-3-ene

$$\begin{matrix} (优先)Cl & & CH_2CH_2CH_3(优先) \\ & C=C & \\ CH_3CH_2 & & CH_3 \end{matrix}$$

(*Z*)-3-氯-4-甲基庚-3-烯
(*Z*)-3-chloro-4-methylhept-3-ene

需要指出的是，顺、反法或 *Z*、*E* 法是 2 种不同的构型标记法，不能简单地将顺和 *Z* 或反和 *E* 等同看待。例如，反戊-2-烯又可称为(*E*)-戊-2-烯，反-3-甲基戊-2-烯却应称为(*Z*)-3-甲基戊-2-烯。

$$\begin{matrix} H_3C & & H \\ & C=C & \\ H & & CH_2CH_3 \end{matrix}$$

反戊-2-烯或(*E*)-戊-2-烯
trans-pent-2-ene or (*E*)-pent-2-ene

$$\begin{matrix} H_3C & & CH_2CH_3 \\ & C=C & \\ H & & CH_3 \end{matrix}$$

反-3-甲基戊-2-烯或(*Z*)-3-甲基戊-2-烯
trans-3-methylpent-2-ene or (*Z*)-3-methylpent-2-ene

4.4　烯烃的物理性质

在常温常压下，含 1～4 个碳的烯烃为气体，含 5～15 个碳的烯烃为液体，高级烯烃为固体。由于烯烃分子间的作用力主要也是色散力，因此，烯烃的沸点、熔点和相对密度等的变化规律与烷烃相似，随相对分子质量的增加而升高。表 4-1 为常见烯烃的物理常数。

表 4-1　常见烯烃的物理常数

名称	分子式	熔点/℃	沸点/℃	密度/(10^3 kg/m^3)
乙烯	C_2H_4	−169.4	−102.4	0.610
丙烯	C_3H_6	−185.0	−47.7	0.610
丁-1-烯	C_4H_8	−185.0	−6.3	0.643
异丁烯	C_4H_8	−140.7	−6.6	0.627
顺丁-2-烯	C_4H_8	−139.0	3.7	0.621
反丁-2-烯	C_4H_8	−106.0	0.9	0.604
戊-1-烯	C_5H_{10}	−165.0	30	0.641
2-甲基丁-1-烯	C_5H_{10}	−138.0	31	0.604
己-1-烯	C_6H_{12}	−138.0	64.0	0.675

从表 4-1 可看出，在烯烃的几何异构体中，顺式体的沸点比反式体高，反式体的熔点比顺式体高，这是由于烯烃顺、反异构体的偶极矩的差异导致的。例如：

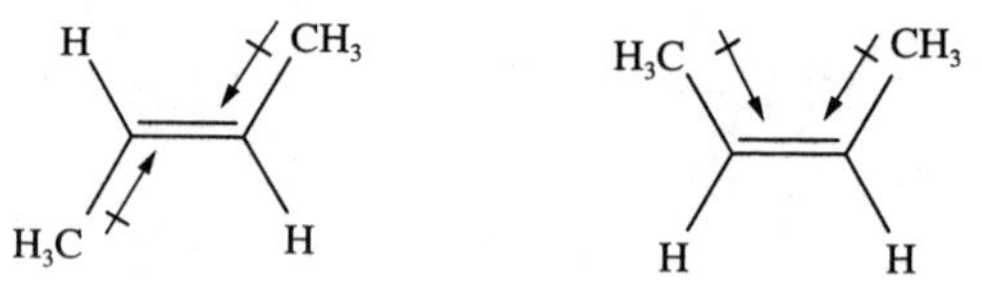

反丁-2-烯
偶极距=0

顺丁-2-烯
偶极距≠0

一般烯烃顺式体的偶极矩比反式体大。因此，顺式体的沸点比反式体高，而反式体则由于具有更高的对称性，因而其熔点稍高。

烯烃的相对密度都小于1。烯烃不溶于水，但能很好地溶于苯、烷烃、氯仿和四氯化碳等非极性有机溶剂中。

4.5 烯烃的化学性质

烯烃虽然也是只含碳、氢2种元素的碳氢化合物，但它的性质却与烷烃大不相同。烯烃是一类很活泼的化合物，它的活泼性主要与分子中含有的官能团C═C有关。

在有机化学中常将与官能团直接相连的碳称α-碳原子，依此类推，分别称为β、γ……-碳原子。烯烃的官能团为"C═C"，故与双键碳直接相连的碳称α-碳原子，α-碳原子上的氢称α-氢原子。

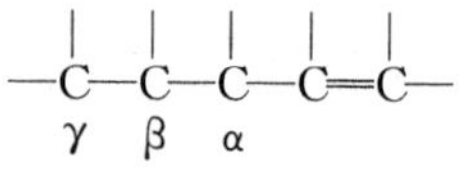

$$-\underset{\gamma}{C}-\underset{\beta}{C}-\underset{\alpha}{C}-C=C-$$

碳碳双键由1个σ键和1个π键构成，其中π键较弱，容易断裂，在化学反应中表现出较大的活泼性，如发生加成和氧化反应。另外，烯烃还可发生α-氢原子被卤素取代的反应。

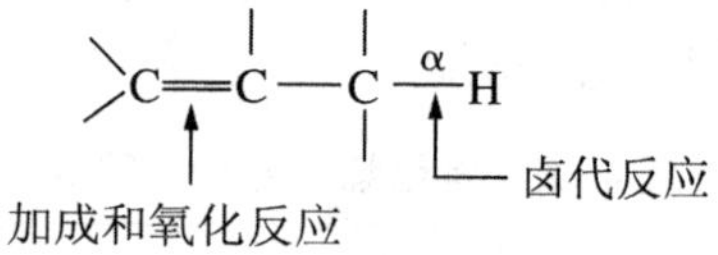

$$>C=C-C\overset{\alpha}{-}H$$

加成和氧化反应　卤代反应

4.5.1 双键的加成反应

碳碳双键中较弱的π键被打开，2个原子或原子团分别加到双键的2个碳原子上，形成2个新的σ键，这类反应称作**加成反应**(addition reaction)，可用通式表示为：

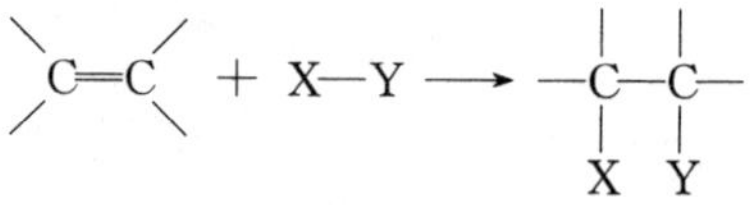

$$>C=C< + X-Y \longrightarrow -\underset{X}{\overset{|}{C}}-\underset{Y}{\overset{|}{C}}-$$

通式中的X与Y可以相同，也可以不同。通过双键的加成反应，可以制得许多重要的有机化合物，无论在理论上还是实际应用中都有一定的价值。

1. 催化加氢

在适当的催化剂存在下，烯烃与氢发生加成生成相应的烷烃。例如：

$$CH_3CH=CH_2 \xrightarrow[\text{催化剂}]{H_2} CH_3CH_2CH_3$$

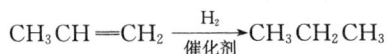

催化加氢反应也称**催化氢化反应**(catalytic hydrogenation),常用分散程度很高的铂(Pt)、钯(Pd)、镍(Ni)等金属细粉作为催化剂。工业生产上常采用的一种催化剂称兰尼(Raney)镍,它的催化活性较强,制备也较方便。

催化氢化反应是在催化剂表面进行的,催化剂将烯烃和氢吸附在它的表面上,使 π 键和 H—H 键松弛,氢原子与金属中的未配对电子成键,然后氢原子从双键的同一侧加到双键上生成烷烃,最后产物从金属表面释放出来。其过程如图 4-5 所示。

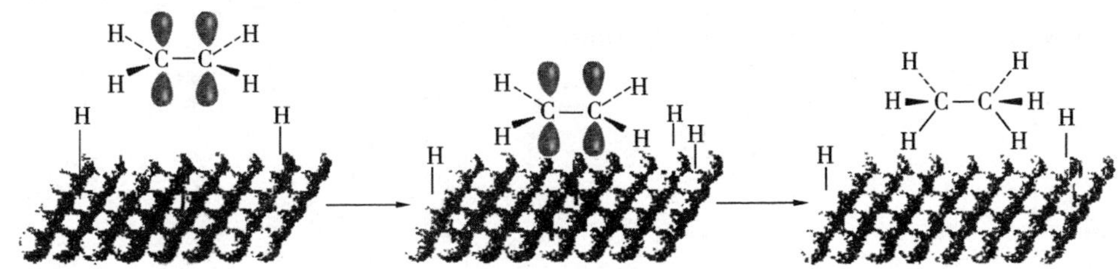

图 4-5　乙烯催化氢化过程示意图

从图 4-5 所示催化氢化过程可知,氢原子是从双键的同一侧对烯烃进行加成的,这种加成称**顺式加成**(syn addition)。因此,催化加氢主要得顺式加成产物,例如:

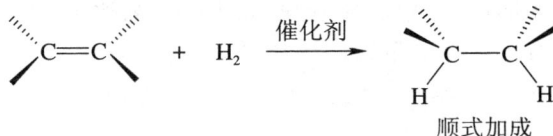

$$\text{C=C} + H_2 \xrightarrow{\text{催化剂}} \underset{\text{H}\quad\ \text{H}}{\text{C—C}}$$

顺式加成

催化剂的存在降低了反应的活化能,催化剂对烯烃氢化反应中活化能的影响见图4-6。

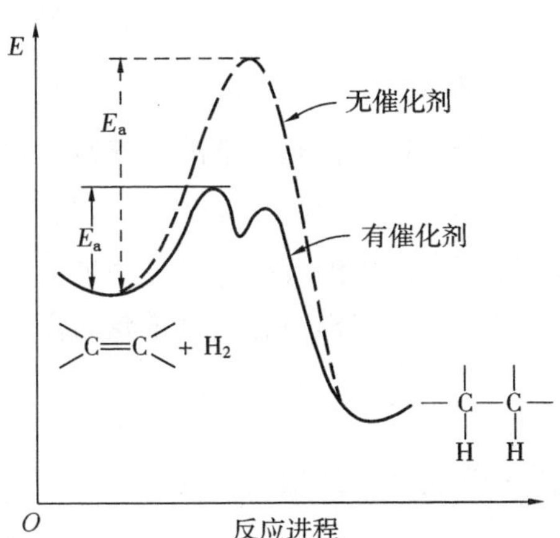

图 4-6　催化剂对烯烃氢化反应中活化能的影响

烯烃的加氢反应是一个放热反应,因为形成 2 个 C—H σ 键所放出的能量比断裂 1 个碳碳双键中的 π 键和 1 个 H—H σ 键所吸收的能量大。1 mol 不饱和化合物氢化时放出的热量称作**氢化热**(heat of hydrogenation)。

通过测定氢化热,可以比较烯烃的稳定性。例如,顺丁-2-烯、反丁-2-烯及丁-1-烯催化加氢后都生成丁烷,但它们的氢化热却不同:

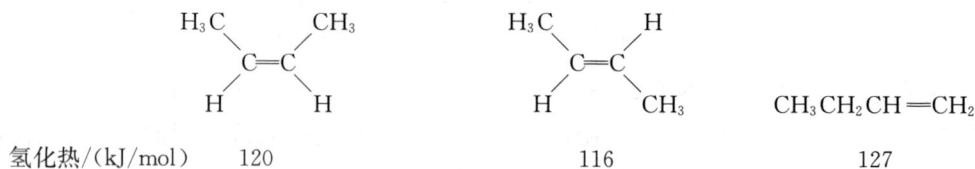

	cis-$CH_3CH=CHCH_3$	trans-$CH_3CH=CHCH_3$	$CH_3CH_2CH=CH_2$
氢化热/(kJ/mol)	120	116	127

这种差异是由反应物的内能差异引起的。烯烃的氢化热高,表明其内能高,则稳定性就差。因此,可利用氢化热比较烯烃同分异构体的稳定性。

由上述氢化热数据可看出,反丁-2-烯比顺丁-2-烯稳定,这是由于顺丁-2-烯结构中 2 个大基团靠得较近,在空间上较拥挤,因而具有较大的范德华斥力,分子内能较高。图 4-7为顺式和反式丁-2-烯 2 个甲基空间障碍的比较。

顺丁-2-烯　　反丁-2-烯

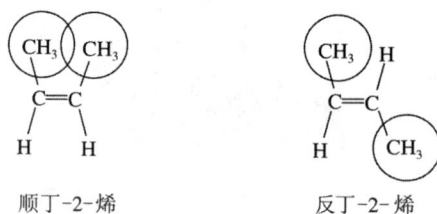

图 4-7　顺式和反式丁-2-烯两个甲基空间位阻的比较

此外,从氢化热的数据还可以看出,烯烃的稳定性还与双键碳上所连烷基的数目有关,双键碳上连有烷基较多的烯烃,其稳定性较好,如丁-2-烯比丁-1-烯稳定。又如,3 个戊烯异构体的氢化热数据及稳定性次序为:

	$CH_3C(CH_3)=CHCH_3$	$CH_3CH_2C(CH_3)=CH_2$	$CH_3CH(CH_3)CH=CH_2$
氢化热/(kJ/mol)	112.5	119.2	126.8
双键碳上所连烷基数	3	2	1
稳定性	最大	其次	最小

通常同碳数烯烃分子中,连接在双键碳原子上的烷基数目越多,烯烃越稳定。即:

四取代>三取代>二取代>一取代

由于催化加氢反应可定量地完成,所以可以通过反应所吸收的氢的量来推测分子中所含碳碳双键的数目,这在确定化合物的结构中有十分重要的作用。

2. 亲电性加成反应

(1) 加卤化氢

烯烃与卤化氢加成,生成一卤代烷,反应通式为:

$$>C=C< + H-X \longrightarrow -\underset{X}{\underset{|}{C}}-\underset{H}{\underset{|}{C}}- \quad \text{卤代烷} \quad X\text{为}Cl,Br,I$$

例如:

$$CH_2=CH_2+HCl \xrightarrow[130\sim235^\circ C]{AlCl_3} \underset{H}{\underset{|}{CH_2}}-\underset{Cl}{\underset{|}{CH_2}}$$

卤化氢的反应活性是 HI>HBr>HCl。

乙烯是对称烯烃，它与卤化氢（是不对称试剂）加成时只得到 1 种产物。而不对称烯烃与卤化氢加成时，预计可以得 2 种产物，但实际上往往以 1 种产物为主。例如，丁-1-烯与溴化氢加成时，2-溴丁烷占 80%（为主要产物），1-溴丁烷占 20%（为次要产物）。

$$CH_3CH_2CH{=}CH_2 + HBr \longrightarrow \underset{\substack{2\text{-溴丁烷}(80\%)\\ \text{主要产物}}}{CH_3CH_2\underset{\displaystyle Br}{\underset{|}{C}}HCH_3} + \underset{\substack{1\text{-溴丁烷}(20\%)\\ \text{次要产物}}}{CH_3CH_2CH_2CH_2Br}$$

根据一些不对称烯烃与 HX 加成所得的主要产物的实验事实，俄国化学家马尔科夫尼科夫（V. V. Markovnikov，1837—1904）于 1877 年总结出一条经验规则：卤化氢与不对称烯烃加成时，氢总是优先加到含氢较多的双键碳原子上，卤原子加到含氢较少的双键碳原子上。此规则称作**马尔科夫尼科夫规则**（Markovnikov rule），简称**马氏规则**。

有时马氏规则的产物是唯一产物，例如：

$$CH_3\overset{\displaystyle CH_3}{\overset{|}{C}}{=}CH_2 + HCl \longrightarrow \underset{2\text{-氯-}2\text{-甲基丙烷}(100\%)}{H_3C{-}\overset{\displaystyle CH_3}{\overset{|}{\underset{\displaystyle Cl}{\underset{|}{C}}}}{-}CH_3}$$

像这种理论上可生成 2 种产物，但实际上只生成或几乎只生成 1 种产物的反应称**区域选择性反应**（regioselective reaction）。

可从反应机理对马氏规则进行解释。

① 反应机理　烯烃中 π 键的电子云不是集中在 2 个碳原子之间，而是分布在双键平面的上下两方，由于电子较为丰富，总是容易受到缺电子的试剂的进攻。这种缺电子的试剂称为**亲电性试剂**（electrophilic reagent，electrophiles）。由亲电性试剂进攻发生的反应称**亲电性反应**（electrophilic reaction）。烯烃与卤化氢的加成是**亲电性加成反应**（electrophilic addition reaction），它是分两步进行的。第一步，烯烃的 π 键断裂，经第一过渡态，π 键的 1 对电子和卤化氢的质子形成碳氢键，同时氢卤键断裂，最终形成 1 个卤负离子和 1 个**碳正离子中间体**（carbocation）；第二步，卤素负离子与碳正离子结合，经第二过渡态生成产物卤代烷。

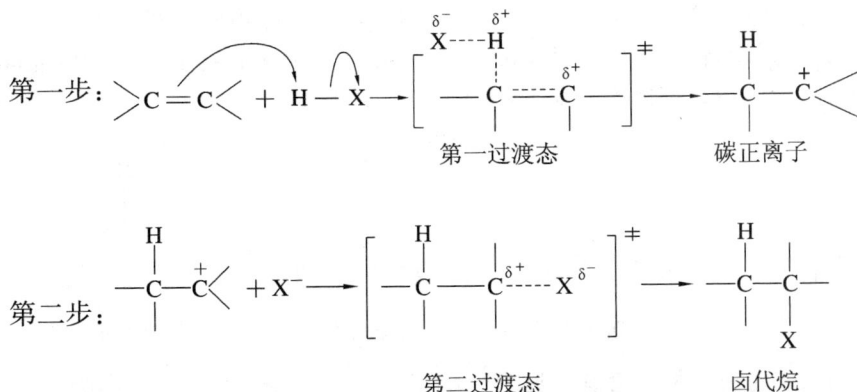

第一步：$$>C{=}C< + H{-}X \longrightarrow \underset{\text{第一过渡态}}{\left[\;\overset{\overset{\delta^-\quad\ \delta^+}{X\cdots H}}{\overset{\vdots}{-C}}\;{\overset{}{=\!=\!=}}\;\overset{\delta^+}{C}-\;\right]^{\neq}} \longrightarrow \underset{\text{碳正离子}}{-\overset{\displaystyle H}{\overset{|}{\underset{|}{C}}}-\overset{+}{C}<}$$

第二步：$$-\overset{\displaystyle H}{\overset{|}{\underset{|}{C}}}-\overset{+}{C}< + X^- \longrightarrow \underset{\text{第二过渡态}}{\left[\;-\overset{\displaystyle H}{\overset{|}{\underset{|}{C}}}-\overset{|}{\underset{|}{C}}^{\delta^+}\cdots X^{\delta^-}\;\right]^{\neq}} \longrightarrow \underset{\text{卤代烷}}{-\overset{\displaystyle H}{\overset{|}{\underset{|}{C}}}-\overset{|}{\underset{\displaystyle X}{\underset{|}{C}}}-}$$

第一步中涉及共价键的断裂，而第二步是离子间的反应，因此，生成碳正离子中间体的第一步所需活化能比第二步大，所以第一步是反应速度决定步骤。如图 4-8 所示。

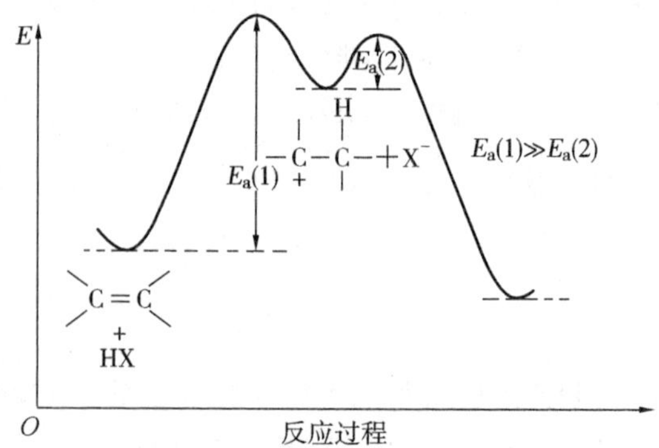

图 4-8　烯烃与卤化氢加成的势能图

② 碳正离子的结构与稳定性　杂化轨道理论认为，在碳正离子中，带正电荷的中心碳原子以 3 个 sp^2 杂化轨道与其他 3 个原子(或基团)形成 3 个 σ 键，未杂化的 p 轨道与 3 个 σ 键所在平面垂直。碳正离子的这种平面型结构已被光谱法证实，如图 4-9 所示。

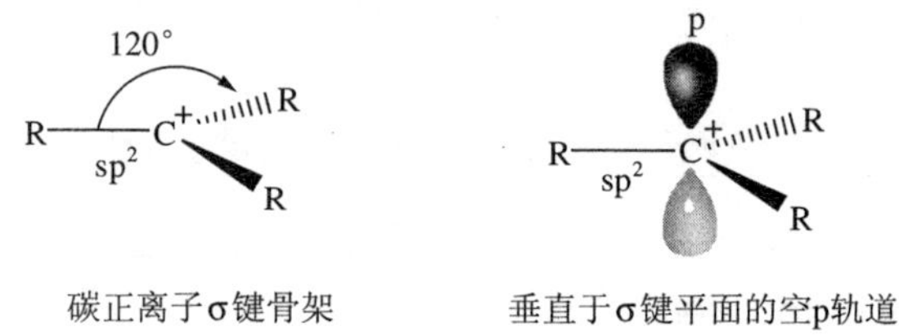

图 4-9　碳正离子结构示意

碳正离子的分类与自由基一样，即根据带正电荷碳原子的类型可将碳正离子分为三种：伯(1°)、仲(2°)、叔(3°)碳正离子。

碳正离子具有与自由基相似的稳定性顺序，即 3°>2°>1°>$^+CH_3$。如：

$$(CH_3)_3\overset{+}{C} > (CH_3)_2\overset{+}{C}H > CH_3\overset{+}{C}H_2 > \overset{+}{C}H_3$$
$$3° \qquad 2° \qquad 1°$$

碳正离子的稳定性显然与其正电荷的分散程度有关。

从绪论中已知，烷基是给电子基或推电子基。当烷基与带正电荷的碳相连时，烷基的给电子诱导效应对正电荷有分散作用，即稳定作用。碳正离子中心碳上所连烷基越多，稳定作用越大，相应的碳正离子越稳定。如：

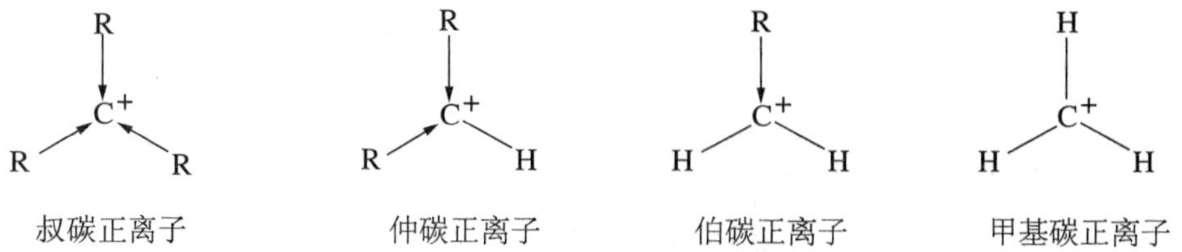

可以推知，如果碳正离子的中心碳上连有吸电子基(如—X、—NO_2 等)，则吸电子诱导效应将使碳正离子的稳定性降低。

烷基除了通过给电子诱导效应起到稳定碳正离子的作用外，还有另一种稳定作用。当碳正离子带正电荷碳上的空 p 轨道与 α 位C—Hσ 键的轨道轴处于同一平面时，2 个轨道可发生部分重叠，结果C—Hσ 键中的电子部分分散到空 p 轨道中，或者说正电荷得到了分散，结果起到了稳定碳正离子的作用。有机化学中将这种现象称电子的**离域**(delocation)或**共轭**(conjugation)，而电子只围绕 2 个成键原子运动的现象称为定域。像上述这种 σ 轨道参与的共轭称作**超共轭**(hyperconjugation)。我们以后还会介绍其他的共轭作用。图 4 - 10 是 C—H σ 键超共轭作用示意图。

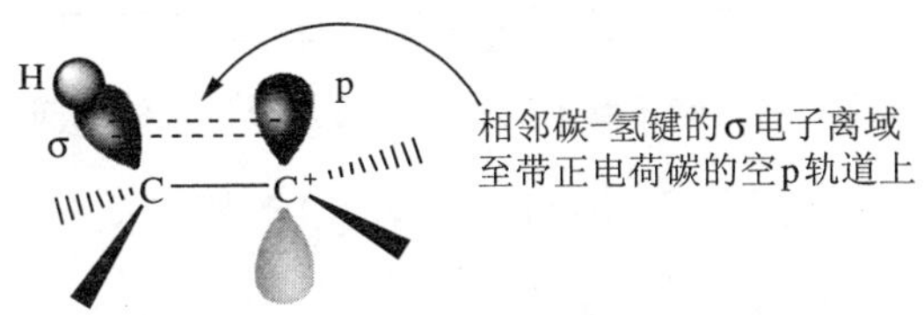

图 4 - 10　超共轭作用示意图

很显然，参与形成超共轭的C—Hσ 键越多，对碳正离子的稳定化作用越大，则碳正离子越稳定。如：

稳定性	$(CH_3)_3C^+$	>	$(CH_3)_2CH^+$	>	$CH_3CH_2^+$	>	CH_3^+
参与形成超共轭的C—Hσ 键数目	9		6		3		0

③ 加成反应的取向——马氏规则的理论解释　根据反应机理，决定反应速度的步骤是生成碳正离子的一步，越稳定的碳正离子越容易形成，反应速度越快。下面以丁- 1 -烯与溴化氢的加成反应为例，说明反应的取向问题。

丁- 1 -烯与溴化氢加成的第一步可生成仲、伯 2 种碳正离子，前者较后者稳定。由于生成仲碳正离子所需活化能较伯碳正离子低，容易生成，故反应速度快，而形成碳正离子的一步是整个加成反应的速度决定步骤，因此，经此碳正离子所得的 2 -溴丁烷为主要产物。

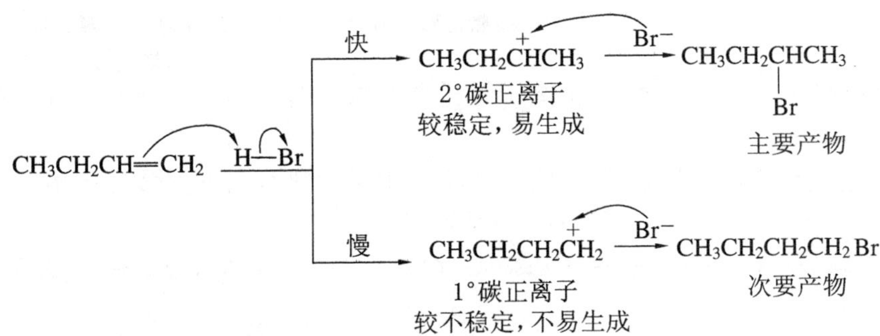

图 4 - 11 为丁- 1 -烯与溴化氢反应中碳正离子的稳定性与加成反应的取向示意图。

上述例子说明碳正离子的稳定性决定了加成反应的取向(区域选择性)。因此，马氏规则从本质上讲，就是不对称烯烃与不对称试剂的亲电性加成反应总是经过较稳定的碳正离子中间体的阶段。

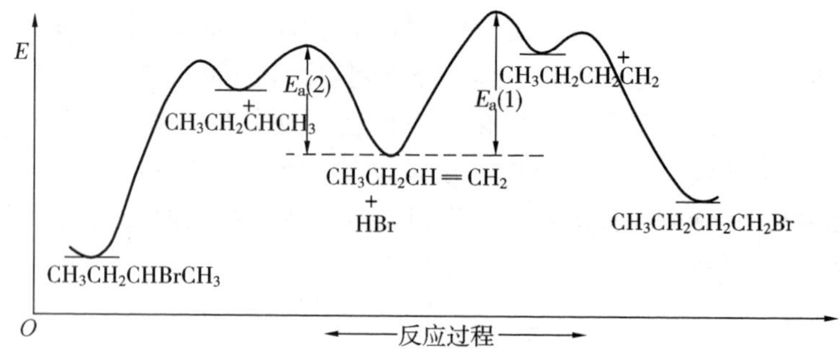

图 4-11 碳正离子的稳定性与加成反应的取向

④ 碳正离子重排 3-甲基丁-1-烯与氯化氢反应,除了生成预期的 2-氯-3-甲基丁烷外,还有另一个产物 2-氯-2-甲基丁烷生成。

$$\underset{\text{3-甲基丁-1-烯}}{CH_3\overset{CH_3}{\overset{|}{C}}HCH=CH_2} + HCl \longrightarrow \underset{\text{预期产物(40\%)}}{CH_3\overset{CH_3}{\overset{|}{C}}H\underset{Cl}{\underset{|}{C}}HCH_3} + \underset{\text{“异常”产物(60\%)}}{CH_3\overset{CH_3}{\underset{Cl}{\overset{|}{\underset{|}{C}}}}CH_2CH_3}$$

这种碳架发生改变的反应称为**重排**(rearrangement),其过程为:烯烃与质子作用生成仲碳正离子(a),接着邻近碳上的氢带着一对电子迁移到缺电子的碳上生成了更稳定的叔碳正离子(b)。(a)与氯结合生成预期产物,(b)与氯结合生成另一产物。

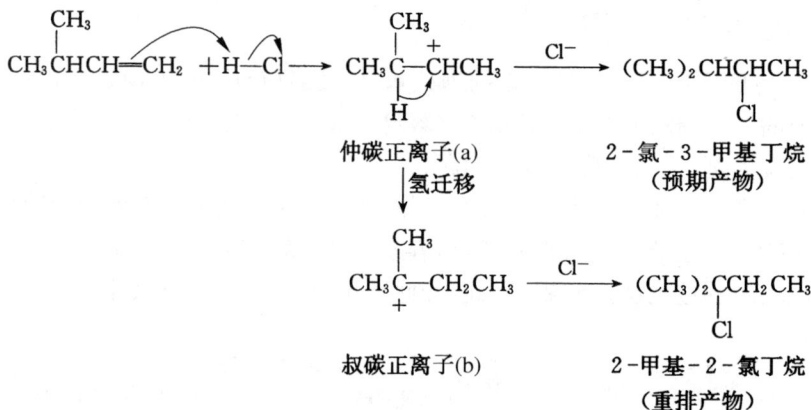

$$CH_3\overset{CH_3}{\overset{|}{C}}HCH=CH_2 + H-Cl \longrightarrow \underset{\text{仲碳正离子(a)}}{CH_3\overset{CH_3}{\underset{H}{\overset{|}{\underset{|}{C}}}}-\overset{+}{C}HCH_3} \xrightarrow{Cl^-} \underset{\text{2-氯-3-甲基丁烷(预期产物)}}{(CH_3)_2CH\underset{Cl}{\underset{|}{C}}HCH_3}$$

$$\downarrow \text{氢迁移}$$

$$\underset{\text{叔碳正离子(b)}}{CH_3\overset{CH_3}{\underset{+}{\overset{|}{C}}}-CH_2CH_3} \xrightarrow{Cl^-} \underset{\text{2-甲基-2-氯丁烷(重排产物)}}{(CH_3)_2\underset{Cl}{\underset{|}{C}}CH_2CH_3}$$

上述重排称碳正离子重排,碳正离子重排是有机反应中常见的现象。通过重排,总是生成更稳定的碳正离子。

下例中,邻近碳上甲基带着一对电子迁移到缺电子的碳上,生成的重排产物是主要产物。

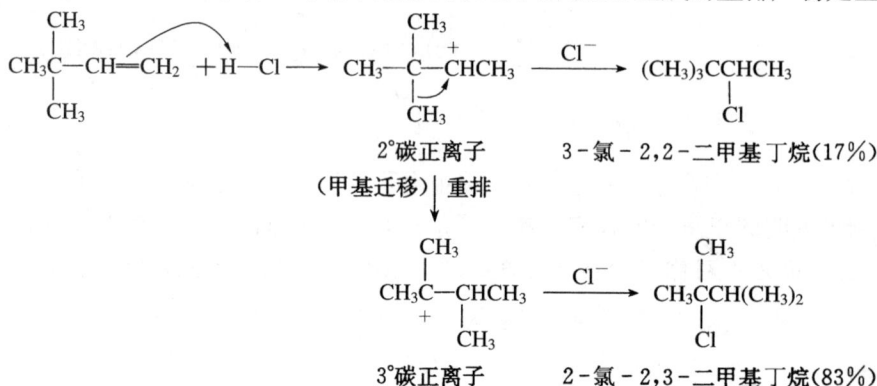

$$CH_3\overset{CH_3}{\underset{CH_3}{\overset{|}{\underset{|}{C}}}}-CH=CH_2 + H-Cl \longrightarrow \underset{\text{2°碳正离子}}{CH_3-\overset{CH_3}{\underset{CH_3}{\overset{|}{\underset{|}{C}}}}-\overset{+}{C}HCH_3} \xrightarrow{Cl^-} \underset{\text{3-氯-2,2-二甲基丁烷(17\%)}}{(CH_3)_3C\underset{Cl}{\underset{|}{C}}HCH_3}$$

$$\downarrow \text{(甲基迁移) 重排}$$

$$\underset{\text{3°碳正离子}}{CH_3\overset{CH_3}{\underset{+}{\overset{|}{C}}}-\underset{CH_3}{\underset{|}{C}}HCH_3} \xrightarrow{Cl^-} \underset{\text{2-氯-2,3-二甲基丁烷(83\%)}}{CH_3\overset{CH_3}{\underset{Cl}{\overset{|}{\underset{|}{C}}}}CH(CH_3)_2}$$

（2）加卤素

烯烃与卤素加成，生成邻二卤代物。

$$\gt C{=}C\lt \xrightarrow{X_2} -\underset{X}{\underset{|}{\overset{|}{C}}}-\underset{X}{\underset{|}{\overset{|}{C}}}-$$

例如：

$$CH_3CH{=}CHCH_3+Br_2\xrightarrow{CCl_4}CH_3\underset{Br}{\underset{|}{C}}H-\underset{Br}{\underset{|}{C}}HCH_3$$

溴的四氯化碳溶液为红棕色，将它滴加到烯烃中，红棕色立即褪去。因此，可用溴的四氯化碳溶液鉴别烯烃。

卤素与烯烃反应的活性次序为 $F_2>Cl_2>Br_2>I_2$。氟与烯烃反应很剧烈，并伴有其他副反应，碘与烯烃一般不反应，故常用氯、溴与烯烃反应来制备邻二氯代物和邻二溴代物。

卤素与烯烃反应时，2 个卤原子是同时还是分步加到双键上的呢？即反应机理是怎样的呢？

首先看一看以下实验现象：烯烃与溴在干燥的四氯化碳中反应很慢，要几小时甚至几天才能完成。但体系中有少量水存在时，加成反应能迅速进行，当反应体系中含有氯化钠时，除了生成 1,2 -二溴乙烷外，还有 1 -溴- 2 -氯乙烷生成。

$$CH_2{=}CH_2+Br_2\xrightarrow[CCl_4]{NaCl}\underset{Br}{\underset{|}{C}}H_2\underset{Br}{\underset{|}{C}}H_2+\underset{Br}{\underset{|}{C}}H_2\underset{Cl}{\underset{|}{C}}H_2$$

根据上述实验事实，人们很容易给出该反应的可能机理：烯烃与卤素的加成是经过共价键异裂的离子型反应，反应分 2 步进行。第一步，C═C 提供电子与极化了的溴（$Br^{\delta+}—Br^{\delta-}$）作用形成碳正离子及溴负离子；第二步，溴负离子与碳正离子结合转变成产物。若反应体系中有其他负离子如氯负离子存在，亦可与碳正离子结合得到 1 -溴- 2 -氯乙烷。

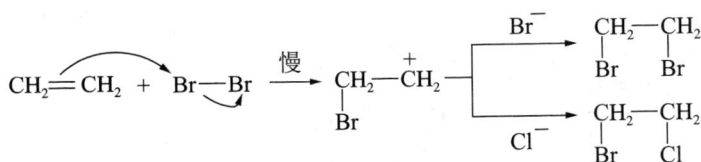

$$CH_2{=}CH_2+Br{-}Br\xrightarrow{慢}\underset{Br}{\underset{|}{C}}H_2-\overset{+}{C}H_2\begin{cases}\xrightarrow{Br^-}\underset{Br}{\underset{|}{C}}H_2-\underset{Br}{\underset{|}{C}}H_2\\ \xrightarrow{Cl^-}\underset{Br}{\underset{|}{C}}H_2-\underset{Cl}{\underset{|}{C}}H_2\end{cases}$$

但是，在进一步研究中发现，许多反应的立体化学结果与上述机理的推测不符。人们再结合其他一些实验事实，推测烯烃与溴的加成反应是按以下机理进行的：

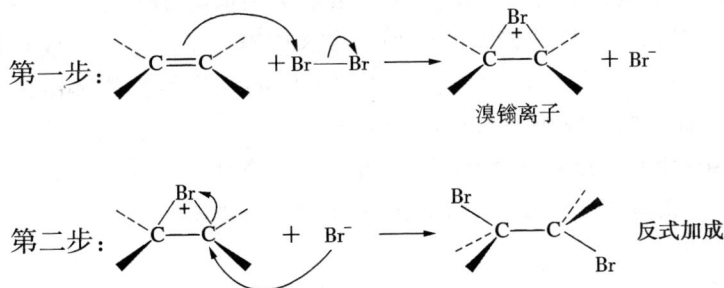

第一步：$\gt C{=}C\lt + Br{-}Br \longrightarrow$ 溴鎓离子（C—C 与 $\overset{+}{Br}$ 成三元环）$+ Br^-$

溴鎓离子

第二步：溴鎓离子 $+ Br^- \longrightarrow$ Br—C—C—Br（两个 Br 分处两侧）　反式加成

首先,在极性环境中,双键的 π 电子被极化,当溴接近 π 键时,受到极化的 π 键的影响,溴发生极化,极化后的溴中带部分正电荷的一端与 π 电子结合,形成带正电荷的三元环的**溴鎓离子**(cyclic bromonium ion,也称 **σ-配合物**)和 1 个溴负离子。环状溴鎓离子的每一个原子外层都有 8 个电子,比缺电子的碳正离子稳定。第二步,溴负离子从三元环的背面进攻,生成二溴代物。结果 2 个溴原子是分别从双键的两侧加到烯烃分子中的,这种加成称**反式加成**(anti addition)。

根据此机理,在第二步中,反应体系中的其他负离子也可进攻溴鎓离子,形成相应的产物,如上述反应产物中的 1-溴-2-氯乙烷就是氯负离子与溴鎓离子结合形成的。

上述第一步反应涉及 π 键和 Br—Br 键的断裂,需要能量,因此,第一步反应较慢,是反应速度的决定步骤。第二步反应是 2 个带相反电荷的离子结合生成共价键的反应,因而速度较快。

根据烯烃与溴加成反应的机理推测,顺丁-2-烯和反丁-2-烯分别与溴加成的产物应是不同的。顺丁-2-烯与溴加成的反应式为:

顺丁-2-烯 $\xrightarrow{Br_2}$ 溴鎓离子 → ① (2*R*, 3*R*)-2, 3-二溴丁烷 I;② (2*S*, 3*S*)-2, 3-二溴丁烷 II

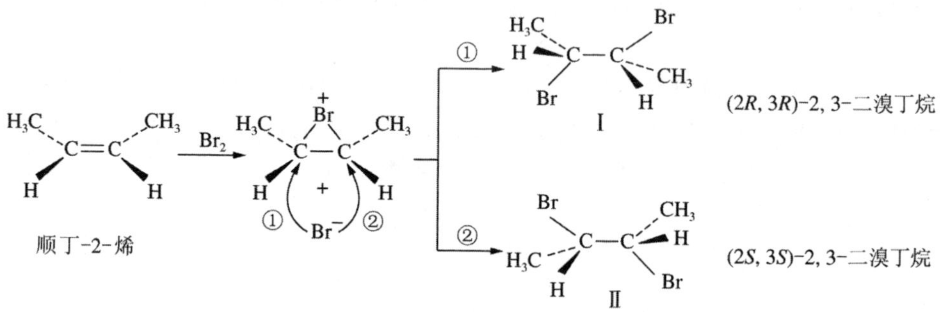

由于溴负离子从三元环背面进攻 2 个碳原子的机会均等,产物 I 和 II 的量相等,故得到外消旋的 2,3-二溴丁烷。反丁-2-烯与溴加成的反应式为:

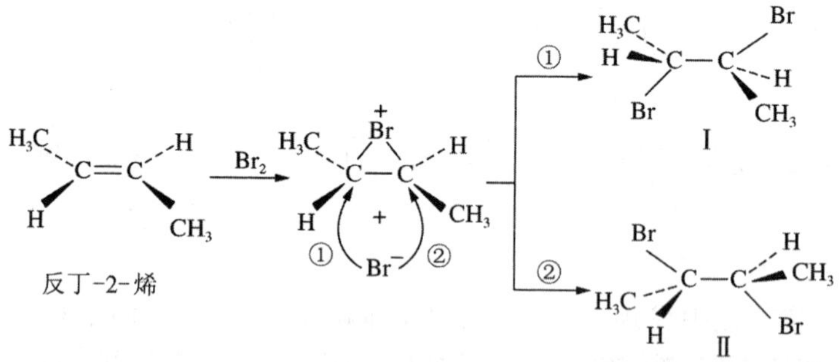

反丁-2-烯 $\xrightarrow{Br_2}$ 溴鎓离子 → ① I;② II

溴负离子从三元环背面进攻 2 个碳原子所得产物 I 和 II 相同,为内消旋 2,3-二溴丁烷。

上述反应在不同条件下得到不同立体构型的产物。像这种当一个反应有生成几种立体异构体的可能时,实际上只产生或优先产生一种立体异构体的反应称**立体选择性反应**(stereoselective reaction)。而不同立体构型的反应物给出不同立体构型的产物,这种反应称**立体专一性反应**(stereospecific reaction)。上述 2 个反应均为立体专一性反应。通常情况下,立体专一性反应一定是立体选择性反应,而立体选择性反应则不一定为立体专一性反应。

卤素中的氟与烯烃加成时,由于氟的电负性极大,很难给出电子和产生出氟鎓离子。而氯的电负性也比溴大，形成氯鎓离子的倾向也比溴小。当双键上连有能使碳正离子稳定性加大的取代基(例如苯基)时，它们倾向于形成非环状的碳正离子中间体进行反应。

总之，烯烃与卤素的加成机理受卤素的性质和取代基的影响，在此不作进一步讨论。

(3) 加硫酸

烯烃与浓硫酸加成时，硫酸中的质子和硫酸氢根负离子分别加到双键的 2 个碳原子上，生成可溶于硫酸的烷基硫酸氢酯。烷基硫酸氢酯容易水解生成相应的醇，这是工业上制备醇的一种方法，称为烯烃的**间接水合法**(indirect hydration)。可用通式表示为：

$$\gt C{=}C\lt \;+ HOSO_2OH \longrightarrow -\overset{|}{\underset{H}{C}}-\overset{|}{\underset{OSO_2OH}{C}}- \xrightarrow[\triangle]{H_2O} -\overset{|}{\underset{H}{C}}-\overset{|}{\underset{OH}{C}}-$$

烯烃　　硫酸　　硫酸氢酯　　醇

不对称烯烃与硫酸加成的取向符合马氏规则，例如：

$$CH_3CH{=}CH_2 \xrightarrow{80\%H_2SO_4} \underset{OSO_2OH}{CH_3\underset{|}{C}HCH_3} \xrightarrow[\triangle]{H_2O} \underset{OH}{CH_3\underset{|}{C}HCH_3}$$

硫酸氢异丙酯　　异丙醇

(4) 加水

在酸催化下，烯烃也可直接和水加成生成醇，但反应条件通常要求较高(一般需要加压)，这种制备醇的方法称烯烃的**直接水合法**(direct hydration)。不对称烯烃直接水合时，也符合马氏规则。例如：

$$CH_3CH{=}CH_2 + H_2O \xrightarrow[195℃,20\ MPa]{H_3PO_4} \underset{OH}{CH_3\underset{|}{C}HCH_3}$$

(5) 加次卤酸

烯烃与氯或溴在水溶液中反应，主要产物为β-卤代醇。相当于在双键上加上了一分子次卤酸。

$$\gt C{=}C\lt \xrightarrow[H_2O]{X_2} -\overset{|}{\underset{X}{C}}-\overset{|}{\underset{OH}{C}}-$$

β-卤代醇

不对称烯烃与次卤酸加成时，主要得到卤素加到含氢较多的双键碳上的产物。例如：

$$CH_3\overset{CH_3}{\overset{|}{C}}{=}CH_2 \xrightarrow[H_2O(大量)]{Br_2} H_3C-\overset{CH_3}{\overset{|}{\underset{OH}{\underset{|}{C}}}}-\underset{Br}{\underset{|}{CH_2}}$$

1-溴-2-甲基丙-2-醇　(77%)

次卤酸与烯烃的加成，可能是通过环状卤鎓离子进行的。次卤酸也可以提供亲电性的卤原子，与烯烃生成环状卤鎓离子。

因反应中存在大量水，环状卤鎓离子容易受到水分子的进攻，主要产物为卤代醇。

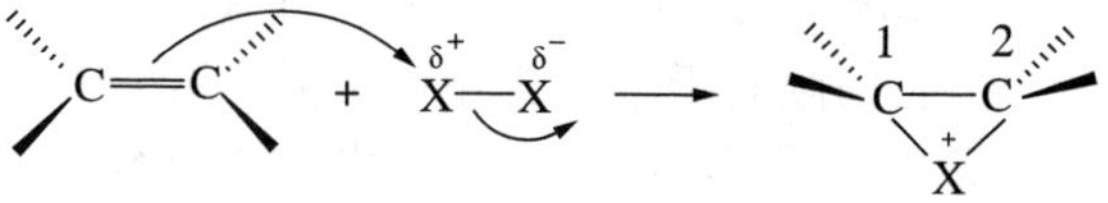

卤鎓离子

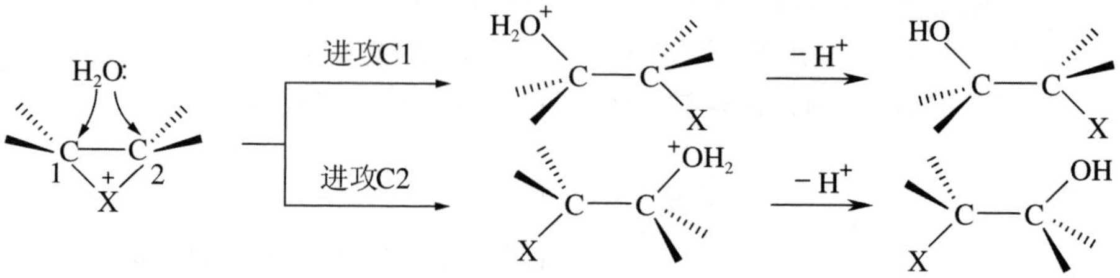

进攻C1

进攻C2

$-H^+$

因此,烯烃与次卤酸的加成也是反式加成,随着水分子进攻位置的不同,将得到不同立体构型的产物。

当烯烃为不对称结构时,卤原子最终将与连有更多氢原子的碳成键。因为,取代程度高的碳原子具有更强的容纳正电荷的能力,因此它更易受到水的进攻,例如:

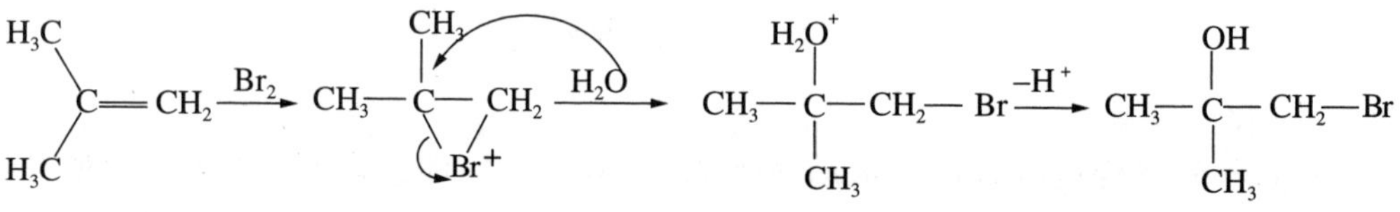

73%

实际上,很少有烯烃能溶于水,因此反应往往在有机溶剂中进行。如果反应不是在水中而是在其他溶剂如醇中进行的,那么醇也能参与反应生成相应的产物。例如:

$$(CH_3)_2C{=}CH_2 + Br_2 \xrightarrow{CH_3OH} (CH_3)_2C(OCH_3)—CH_2Br$$

(6) 加硼烷

烯烃与硼烷(例如甲硼烷,BH_3)在醚溶液中反应,硼烷中的硼原子和氢原子分别加到双键的2个碳原子上生成烷基硼,此反应称**硼氢化反应**(hydroboration reaction)。由于BH_3有3个氢原子,因此,加成反应会连续发生3次,最终生成三烷基硼。四氢呋喃(,tetrahydrofuran,简称THF)是常用的有机溶剂之一。

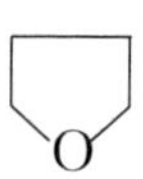

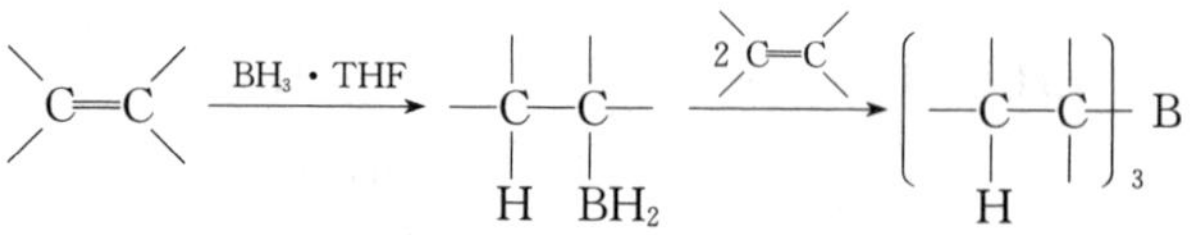

三烷基硼

BH_3分子很不稳定,2个甲硼烷很易结合成乙硼烷(B_2H_6)。乙硼烷是一个能自燃的有毒气体,它在四氢呋喃中可生成甲硼烷的配合物BH_3·  (简写作BH_3·THF)。

由于硼烷中的硼原子外层只有 6 个价电子，因此具有很强的亲电性。它与不对称烯烃加成时，缺电子的硼原子加到含氢较多的双键碳原子上，反应具有高度的区域选择性。例如：

$$RCH{=}CH_2 + BH_3 \cdot THF \longrightarrow \underset{\substack{| \quad | \\ H \quad BH_2}}{RCHCH_2} \xrightarrow{2RCH=CH_2} (RCH_2CH_2)_3B$$

硼氢化反应同时具有很高的立体选择性，反应按照顺式加成方式进行，是一个立体专一性反应。硼氢化反应的机理可表示为：

$$>C=C< \xrightarrow{BH_3,\ THF} \text{π-配合物} \longrightarrow [\text{过渡态}]^{\ddagger} \longrightarrow \text{顺式加成}$$

π-配合物　　过渡态　　顺式加成

烷基硼烷在碱性条件下用过氧化氢处理转变成醇。

$$3RCH{=}CH_2 \xrightarrow{BH_3 \cdot THF} (RCH_2CH_2)_3B \xrightarrow[OH^-]{H_2O_2} 3RCH_2CH_2OH$$

例如：

$$(CH_3)_2C{=}CHCH_3 \xrightarrow[2)\ H_2O_2/OH^-]{1)\ BH_3 \cdot THF} (CH_3)_2CH\underset{\substack{| \\ OH}}{CH}CH_3$$

3-甲基丁-2-醇(98%)

烯烃经硼氢化和氧化转变成醇的反应称作**硼氢化-氧化反应**(hydroboration-oxidation)。总的结果是得到醇，且只要是末端烯烃均可通过硼氢化-氧化反应制得伯醇。

3. 自由基加成反应

在不对称烯烃与溴化氢加成，且反应体系中有过氧化物存在时，则主要得到反马氏规则的加成产物。例如：

$$CH_3CH_2CH{=}CH_2 + HBr \xrightarrow{\text{无过氧化物}} CH_3CH_2\underset{\substack{| \\ Br}}{CH}\underset{\substack{| \\ H}}{CH_2}$$

2-溴丁烷(90%)　马氏加成规则的产物

$$CH_3CH_2CH{=}CH_2 + HBr \xrightarrow{\text{有过氧化物}} CH_3CH_2\underset{\substack{| \\ H}}{CH}\underset{\substack{| \\ Br}}{CH_2}$$

1-溴丁烷(95%)　反马氏加成规则的产物

其他不对称烯烃与溴化氢加成时，若有过氧化物存在，主要也得到反马氏规则的加成产物。显然，这种“反常”现象是由于过氧化物的存在而引起的，故称之为**过氧化物效应**(peroxide effect)。这主要是由于过氧化物的存在改变了反应的机理，使得烯烃与溴化氢的加成不是按离子型机理进行，而是按自由基机理进行的。

现以丁-1-烯与溴化氢的加成为例，说明其机理。

过氧化物中的 O—O 键容易离解而产生自由基，接着自由基从溴化氢分子中夺取一个氢原子，同时产生一个溴自由基：

$$RO—OR \longrightarrow 2RO\cdot$$
$$RO\cdot + HBr \longrightarrow ROH + Br\cdot$$

溴自由基加在烯烃的碳碳双键上,生成以下2种烷基自由基:

$$\overset{4}{C}H_3\overset{3}{C}H_2\overset{2}{C}H=\overset{1}{C}H_2 + Br\cdot \longrightarrow CH_3CH_2\dot{C}HCH_2Br \text{（2°自由基，优先生成）}$$
$$\overset{4}{C}H_3\overset{3}{C}H_2\overset{2}{C}H=\overset{1}{C}H_2 + Br\cdot \longrightarrow CH_3CH_2CH(Br)—\dot{C}H_2 \text{（1°自由基）}$$

由于自由基的稳定性次序是3°>2°>1°>·CH_3,因此,溴原子总是加到含氢较多的碳原子上,生成较稳定的自由基。接着,烷基自由基自溴化氢中夺取1个氢原子生成产物,并产生1个新的溴自由基。

$$CH_3CH_2\dot{C}HCH_2Br + HBr \longrightarrow \underset{\text{主要产物}}{CH_3CH_2CH_2CH_2Br} + Br\cdot$$

再继续进行链反应。

因此,在过氧化物存在下,不对称烯烃和溴化氢的反应产物与烯烃和溴化氢的离子型加成反应不同,产生不同的区域选择性。

人们可利用烯烃与溴化氢在不同条件下加成的区域选择性,合成所需类型的溴代物。

过氧化物效应只对溴化氢有效。在过氧化物存在下,氯化氢及碘化氢与烯烃的加成仍符合马氏规则。

4.5.2 双键的氧化反应

碳碳双键的氧化反应是烯烃活泼性的又一表现。氧化时随着氧化剂和反应条件的不同,氧化产物也不相同。

1. 高锰酸钾氧化

烯烃用高锰酸钾氧化,如果适当控制反应条件(例如用稀的、冷的碱性高锰酸钾溶液),双键中的π键被打开,烯烃被氧化成邻二醇。反应中有明显的现象变化,即高锰酸钾的紫红色会褪去,产生的二氧化锰为棕色沉淀。因此,该反应可作为烯烃的鉴别反应。

由于反应经过环状锰酸酯中间体过程,故2个羟基加在双键的同侧,为顺式加成。

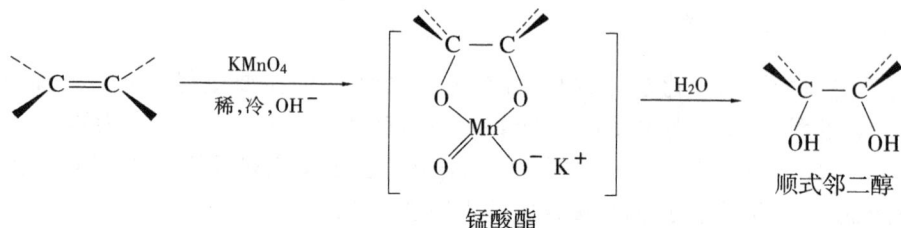

$$>C=C< \xrightarrow[\text{稀,冷,}OH^-]{KMnO_4} \left[\text{锰酸酯（C—C 经两个 O 与 Mn 成环，Mn 上另有 =O 和 }O^-\ K^+\text{）}\right] \xrightarrow{H_2O} \underset{\text{顺式邻二醇}}{C(OH)—C(OH)}$$

如果反应条件激烈,如用酸性或热的高锰酸钾溶液,烯烃中的双键发生断裂。根据双键上取代情况不同得到酮或酸的混合物。

$$\begin{matrix} R \\ R^1 \end{matrix}\!\!>C=C<\!\!\begin{matrix} R^2 \\ H \end{matrix} \xrightarrow[\triangle]{KMnO_4/H^+} \underset{\text{酮}}{R-\overset{O}{\overset{\|}{C}}-R^1} + R^2-\overset{O}{\overset{\|}{C}}-H \xrightarrow{\text{进一步氧化}} \underset{\text{酸}}{R^2-\overset{O}{\overset{\|}{C}}-OH}$$

$$RCH=CH_2 \xrightarrow{KMnO_4/H^+} RCOOH + CO_2 + H_2O$$

例如：

$$\underset{\underset{CH_3}{|}}{CH_3C}=CHCH_3 \xrightarrow{KMnO_4/H^+} \underset{\text{丙酮}}{CH_3COCH_3} + \underset{\text{乙酸}}{CH_3COOH}$$

$$CH_3(CH_2)_{10}CH=CH_2 \xrightarrow{KMnO_4/H^+} \underset{\text{月桂酸(84\%)}}{CH_3(CH_2)_{10}COOH} + CO_2 + H_2O$$

2. 臭氧化反应

将烯烃溶于惰性溶剂(常用的溶剂为乙酸乙酯、二氯甲烷、四氯化碳等)中，然后在低温(−80℃)通入含62%臭氧的氧气，臭氧迅速定量地与烯烃反应，生成黏糊状的臭氧化物(ozonide)，该反应称**臭氧化反应**(ozonolysis reaction)。

$$\begin{matrix} R^1 \\ R^2 \end{matrix}\!\!>C=C<\!\!\begin{matrix} R(H) \\ H \end{matrix} + O_3 \longrightarrow \underset{\text{臭氧化物}}{\begin{matrix} R^1 \\ R^2 \end{matrix}\!\!>\!C\!<\!\!\begin{matrix} O \\ O-O \end{matrix}\!\!>\!C\!<\!\!\begin{matrix} R(H) \\ H \end{matrix}}$$

臭氧化物在游离状态下不稳定，容易发生爆炸，通常不从反应液中分离就进行下一步反应。如果在还原剂(常用锌粉)存在下进行水解反应，可生成醛和酮及过氧化氢。加还原剂的作用是避免过氧化氢将醛氧化。

$$\begin{matrix} R^1 \\ R^2 \end{matrix}\!\!>\!C\!<\!\!\begin{matrix} O \\ O-O \end{matrix}\!\!>\!C\!<\!\!\begin{matrix} R(H) \\ H \end{matrix} \xrightarrow{Zn/H_2O} \begin{matrix} R^1 \\ R^2 \end{matrix}\!\!>C=O + O=C<\!\!\begin{matrix} R(H) \\ H \end{matrix}$$

可见产物的结构也与双键碳上烷基取代的情况有关。例如：

$$\underset{\text{丁-2-烯}}{CH_3CH=CHCH_3} \xrightarrow[\text{② } H_2O/Zn]{\text{① } O_3} \underset{\text{乙醛}}{2\,CH_3\overset{O}{\overset{\|}{C}}-H}$$

$$\underset{\text{2-甲基丙烯}}{(CH_3)_2C=CH_2} \xrightarrow[\text{② } H_2O/Zn]{\text{① } O_3} \underset{\text{丙酮}}{CH_3\overset{O}{\overset{\|}{C}}CH_3} + \underset{\text{甲醛}}{H-\overset{O}{\overset{\|}{C}}-H}$$

可以利用臭氧化、还原水解反应推测原来烯烃的结构，也可利用该反应制备醛、酮。

3. 用过氧酸氧化

烯烃与过氧酸反应生成环氧化物。

$$>C=C< + \underset{\text{过氧酸}}{R\overset{O}{\overset{\|}{C}}-OOH} \longrightarrow \underset{\text{环氧化物}}{>\underset{\diagdown O \diagup}{C-C}<} + \underset{\text{酸}}{R\overset{O}{\overset{\|}{C}}-OH}$$

常见的过氧酸有过氧苯甲酸、间氯过氧苯甲酸,它们都是比较稳定的固体。

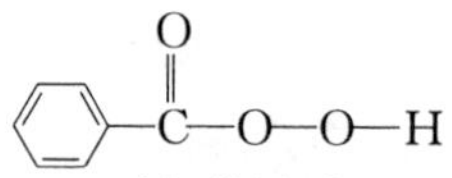

$$C_6H_5-\overset{O}{\overset{\|}{C}}-O-O-H$$

过氧苯甲酸

$$m\text{-}ClC_6H_4-\overset{O}{\overset{\|}{C}}-O-O-H$$

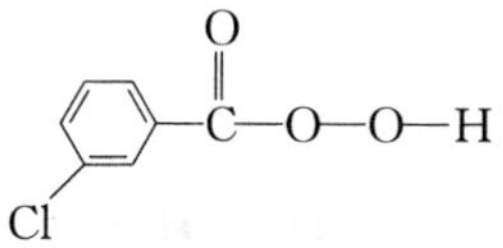

间氯过氧苯甲酸

4.5.3 α-氢原子的卤代反应

烯烃 α-碳原子上的氢原子受到双键的影响,显示出一定的活泼性,例如,在高温或光照下,α-氢可以被卤素取代:

$$CH_3CH{=}CH_2 + Cl_2 \xrightarrow[\text{气相}]{500℃} \underset{\displaystyle Cl}{\underset{|}{CH_2}}CH{=}CH_2$$

与烷烃的卤代反应一样,该反应是按自由基机理进行的。

$$Cl-Cl \xrightarrow[\text{or } h\nu]{\triangle} 2Cl\cdot \qquad \text{链引发}$$

$$Cl\cdot + CH_3CH{=}CH_2 \longrightarrow \dot{C}H_2CH{=}CH_2 + HCl$$

烯丙基自由基

$$\dot{C}H_2CH{=}CH_2 + Cl-Cl \longrightarrow ClCH_2CH{=}CH_2 + Cl\cdot$$

链增长……

研究发现,烯烃的自由基取代反应具有很高的区域选择性,取代反应总是发生在 α 位,即 α 氢具有较高的反应活性。

从烷烃卤代反应的讨论中已知,C—H 键的解离能越小,解离后生成的自由基越稳定,在反应中越容易生成。烯烃 α 位的 C—H 键的解离能较小,只有 364 kJ/mol,比 3° C—H 键的解离能还要小(叔丁烷中,3° C—H 键的解离能为 380 kJ/mol)。因此,氯原子进攻丙烯时主要夺取 α-H,产生较稳定的烯丙基自由基。

烯丙基自由基比 3°自由基还要稳定,因此,常见自由基的相对稳定性次序为:

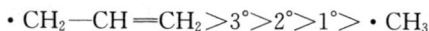

$$\cdot CH_2-CH{=}CH_2 > 3° > 2° > 1° > \cdot CH_3$$

烯烃 α-氢的溴代反应常选用 *N*-溴代丁二酰亚胺(*N*-bromosuccimide,简写作 NBS)作溴化剂,反应可在温和条件下进行。

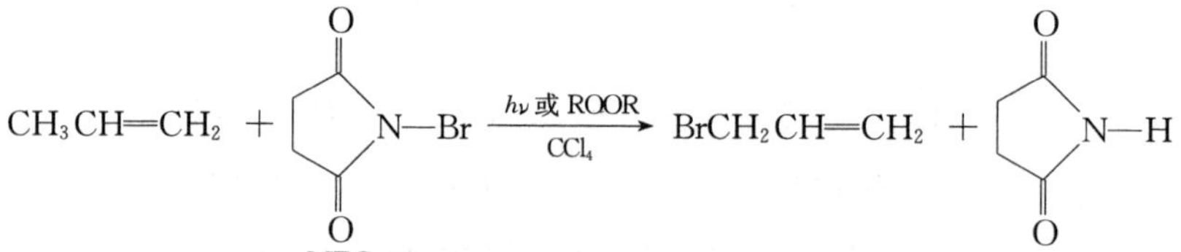

$$CH_3CH{=}CH_2 + \text{NBS(N—Br)} \xrightarrow[CCl_4]{h\nu\text{或 ROOR}} BrCH_2CH{=}CH_2 + \text{丁二酰亚胺(N—H)}$$

NBS

NBS 与反应体系中存在的痕量的酸作用产生少量溴,再在自由基引发剂作用下变成溴原子,进而进行自由基取代反应。因为 NBS 在 CCl_4 中溶解度很小,因此它能不断为反应提供低浓度的溴,使得反应有利于取代。

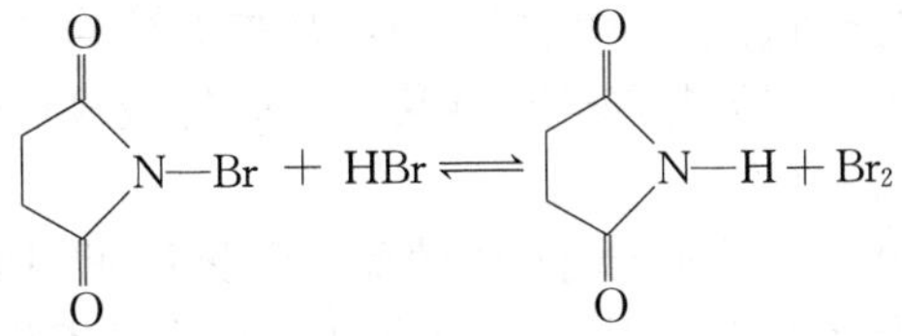

$$\text{NBS} + HBr \rightleftharpoons \text{丁二酰亚胺(N—H)} + Br_2$$

4.5.4 烯烃的聚合反应

在催化剂作用下，烯烃通过加成方式相互结合，生成高分子聚合物。

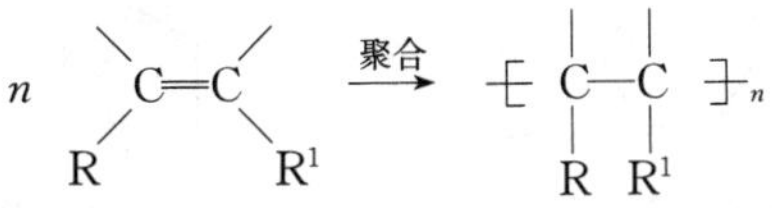

$$n\ \text{(R)C=C(R}^1\text{)} \xrightarrow{\text{聚合}} \text{+C(R)—C(R}^1\text{)+}_n$$

通过对烯烃双键上取代基的变换，可以修饰聚合物的性质，从而得到性质各异的高分子材料。例如：

$$nCH_2{=}CH_2 \xrightarrow[\text{加热,加压}]{O_2} \text{+}CH_2—CH_2\text{+}_n$$

聚乙烯

$$nCF_2{=}CF_2 \longrightarrow \text{+}CF_2—CF_2\text{+}_n$$

四氟乙烯　　聚四氟乙烯

4.6 环烷烃的分类、同分异构和命名

环烷烃是一类具有闭合碳环结构的饱和烃，它可看作是由链状烷烃分子中两端碳原子相互结合形成的。最简单的环烷烃是环丙烷，它与丙烯是同分异构体。

C_3H_6　　环丙烷（H_2C—CH_2—CH_2 三元环）　　$CH_3CH{=}CH_2$ 丙烯

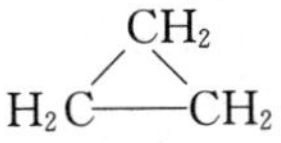

为简便起见，书写脂环烃的碳环一般用相应的多边形来表示。如：

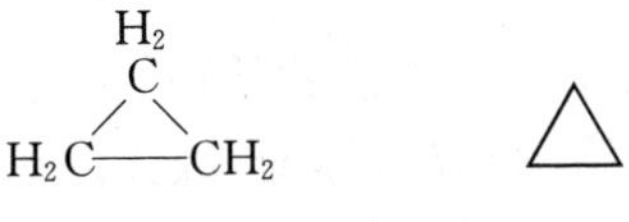

环丙烷(cyclopropane) △

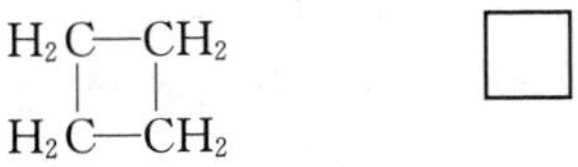

环丁烷(cyclobutane) □

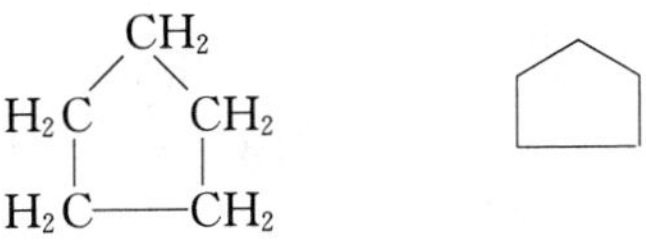

环戊烷(cyclopentane) ⬠

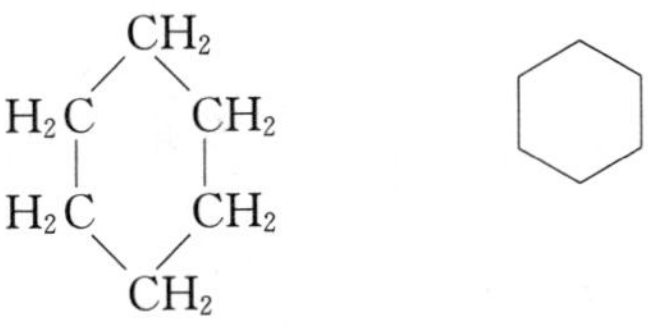

环己烷(cyclohexane) ⬡

4.6.1 环烷烃的分类

根据环碳原子的数目可将环烷烃分为小环(C_3～C_4)、常见环(C_5～C_6)、中等环(C_7～

C_{12})及大环($>C_{12}$)4 种;根据所含碳环的数目,可将环烷烃分为单环、双环和多环环烷烃;在双环和多环环烷烃中,可按结合方式的不同将其分为**螺环烷烃**(spiro cycloalkane)、**桥环烷烃**(bridged cycloalkane)等化合物。

螺环烷烃是两个脂环共用 1 个碳原子(该碳原子称螺原子)相结合的环烷烃,分子中似有 1 个螺旋点。桥环烷烃是指环与环共用 2 个或更多的碳原子相结合的环烷烃,在 2 个碳原子间似有几条桥路连接,共用碳原子称桥头碳原子(简称桥原子)。如:

螺环化合物　　桥环化合物

4.6.2 环烷烃的同分异构

1. 构造及构型异构

脂环烃可因环的大小、环上取代基的不同及取代基在环上位置的不同而形成构造异构体。例如,含 4 个及 5 个碳的环烷烃分别有 2 个及 5 个构造异构体(链烃异构体除外)。

C_4H_8　　$-CH_3$

C_5H_{10}　　$-CH_3$　　$-C_2H_5$　　CH_3 $-CH_3$　　CH_3- $-CH_3$

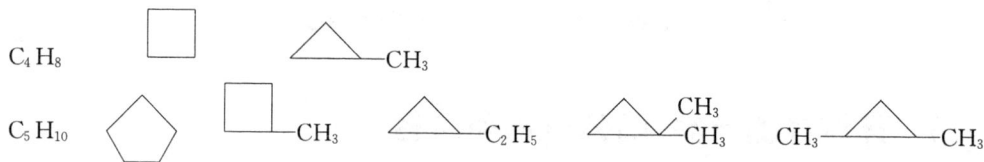

除此之外,脂环化合物由于环的存在限制了环碳间 σ 键的自由旋转,这样就会导致多取代环烷烃因取代基在空间的分布不同而形成构型异构体。例如,1,4 -二甲基环己烷有以下 2 种构型异构体。2 个甲基在环平面同一侧的为顺式,在环平面异侧的为反式。

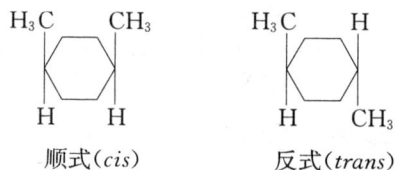

H_3C CH_3 H H　　H_3C H H CH_3

顺式(*cis*)　　反式(*trans*)

再如,1,2 -二甲基环丙烷存在顺反异构体(1)和(3)。在反式体(1)中,由于没有对称因素存在,故(1)为手性分子,有对映体(2)。而顺式体(3)有对称面,故无对映体,无旋光性,为内消旋化合物。因此,1,2 -二甲基环丙烷共有 3 个立体异构体,其中(1)与(3),(2)与(3)为非对映体,这与含 2 个相同手性碳原子的链状化合物是相似的(见 3.4.2)。

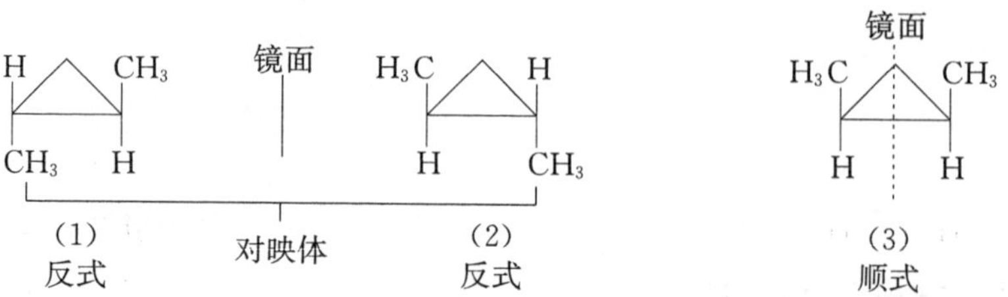

(1) 反式　　对映体　　(2) 反式　　(3) 顺式

又如,1 -乙基- 2 -甲基环丙烷有顺、反异构体(4)和(6)。

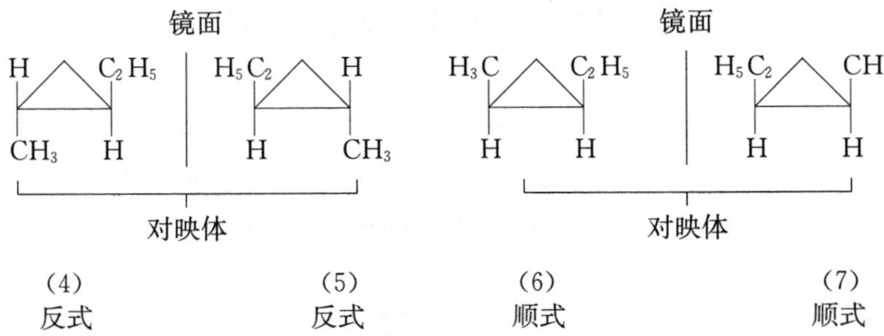

在(4)和(6)分子中各有 2 个不相同的手性碳原子，无对称面和对称中心，它们都是手性分子，分别存在对映异构体(5)和(7)。因此，与含 2 个不同手性碳原子的链状化合物(见 3.4.1)一样，1－乙基－2－甲基环丙烷共有 4 个立体异构体，都属构型异构，它们都有旋光性。

2. 螺环化合物的对映异构

螺环化合物环碳原子为 sp^3 杂化，这就导致螺环化合物两个环平面不在同一平面上，当其分子两端各连有不同的原子或基团时，分子具有不对称性(参见 3.5)，有对映异构体，见图 4－12。

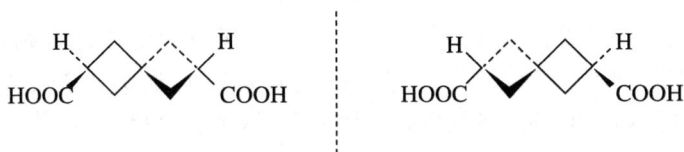

图 4－12　螺[3.3]庚烷－2,6－二羧酸的对映异构

4.6.3　环烷烃的命名

单环环烃命名时常选择环烃作为母体，根据环中碳原子数目称作“环某烷”，其余命名原则与烷烃相似。如：

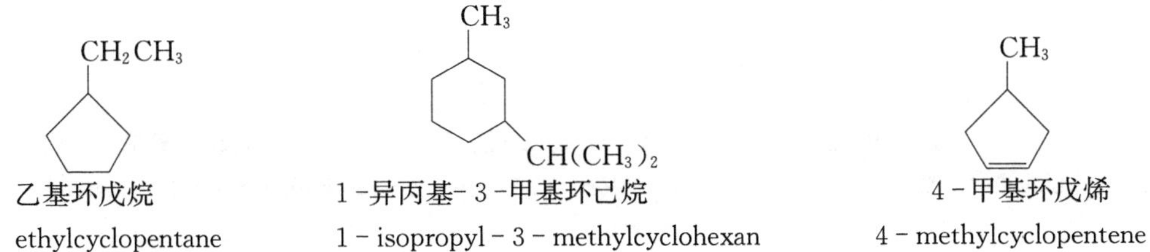

对于环烃类化合物，当环和侧链并存时，不论侧链多长，一般优先选择环为母体；当有两个环并存时，优先选择大环为母体。例如：

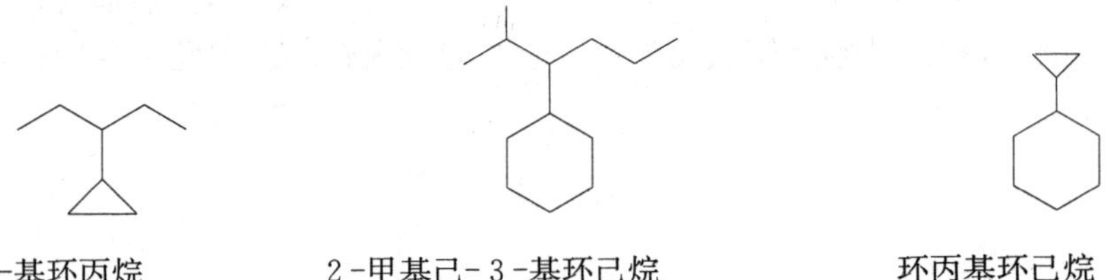

对于环状化合物的顺、反异构体，只用顺、反构型标记法而不用 Z、E 构型标记法标记其构型。例如：

H_3C CH_3 H H

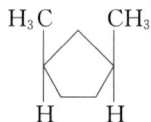

顺-1,3-二甲基环戊烷(不称 Z-1,3-二甲基环戊烷)
cis-1,3-dimethylcyclopentane
not
(Z)-1,3-dimethylcyclopentane

顺-1,3-二甲基环戊烷因分子对称而无手性。对于具有手性的环状化合物，如反-1,3-二甲基环戊烷，仅用反式标明构型则无法确保命名的唯一性，因为反式体有 2 个，它们是一对对映体，此时必须采用 R、S 标记法命名，如下式(1)为($1R$,$3R$)-1,3-二甲基环戊烷，其对映体(2)为($1S$,$3S$)-1,3-二甲基环戊烷。

CH_3 H R R H CH_3

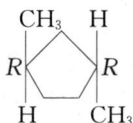

(1)

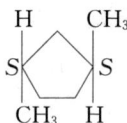

H CH_3 S S CH_3 H

(2)

桥环及螺环化合物的命名较复杂。下式中化合物(3)为桥环化合物，其名称为二(或双)环[2.2.1]庚烷。词头二环代表环数，表示它含有 2 个环，所谓环数是使 1 个环状化合物转变成开链化合物所需断开的最少的碳碳 σ 键的数目；庚烷是指(3)是具有 7 个环碳原子的烷烃；方括号内数字分别表示 3 条桥所具有的碳原子数(不包括桥头碳原子)，数字由大到小排列，数字间在下角用圆点隔开。桥环编号从桥头碳原子开始，先沿最长的桥编号到另一个桥头碳原子，再沿该桥头原子编次长桥碳原子，最短的桥放在最后编号。因此化合物(4)称 6-氯-2-乙基-1-甲基二环[3.2.1]辛烷。

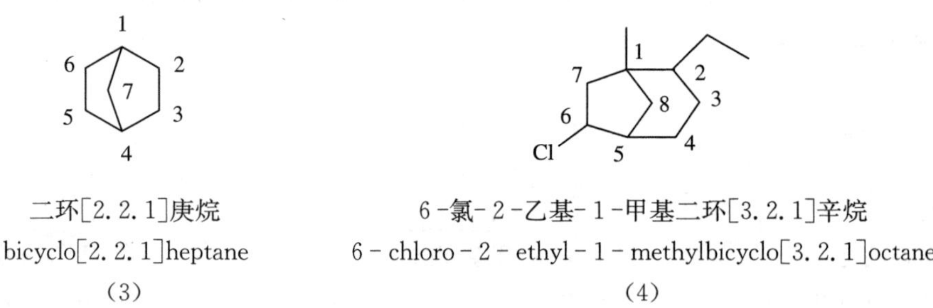

二环[2.2.1]庚烷
bicyclo[2.2.1]heptane
(3)

6-氯-2-乙基-1-甲基二环[3.2.1]辛烷
6-chloro-2-ethyl-1-methylbicyclo[3.2.1]octane
(4)

化合物(5)和(6)是螺环化合物，化合物(5)称螺[3.4]辛烷，其中方括号内[3.4]表示每个环上的碳原子数(不包括螺原子)，数字间在下角用圆点隔开并按由小到大的顺序排列。螺环编号从与螺原子相邻的 1 个碳原子开始，首先沿较小的环编号，然后通过螺原子循第二个环编号，在此编号规则基础上使取代基及官能团的位次较小。因此化合物(6)称 1,5-二甲基螺[3.5]壬烷。

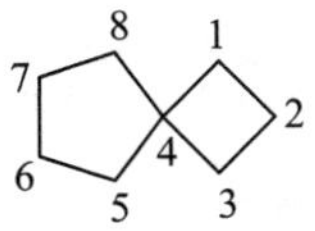

螺[3.4]辛烷
spiro[3.4]octane
(5)

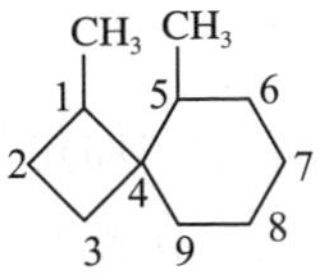

1,5-二甲基螺[3.5]壬烷
1,5-dimethylspiro[3.5]nonane
(6)

4.7 环烷烃的物理性质

环丙烷和环丁烷在常温下是气体,环戊烷、环己烷和环庚烷为液体,高级同系物为固体。环烷烃相对密度比同碳原子的直链烷烃大,但仍比水轻。环烷烃和烷烃一样,不溶于水。

环烷烃环的单键旋转受到一定的限制,因此环烷烃分子具有一定的对称性和刚性,沸点、熔点和相对密度都比相应的开链烷烃高。表4-2为常见环烷烃的物理数据。

表4-2 常见环烷烃的物理数据

名称	分子式	熔点/℃	沸点/℃	密度/($10^3 kg/m^3$)
环丙烷	C_3H_6	−127	−32	0.720(−79℃)
环丁烷	C_4H_8	−80	11	0.703(0℃)
环戊烷	C_5H_{10}	−94	49.5	0.745
环己烷	C_6H_{12}	6.5	80.7	0.779
环庚烷	C_7H_{14}	−12	117	0.810
环辛烷	C_8H_{16}	11.5	148	0.836

4.8 环烷烃的化学性质

环烷烃和烷烃一样都是饱和烃,它们的性质有相似之处。如在常温下与氧化剂、高锰酸钾不发生反应,在光照或在较高的温度下可与卤素发生取代反应等。

由于碳环结构的特点(见4.9),三元环和四元环的环烷烃具有类似烯烃的不饱和性,碳环容易开裂,形成相应的链状化合物。

4.8.1 加氢

环丙烷和环丁烷都可在催化剂存在下加氢变成丙烷和丁烷。

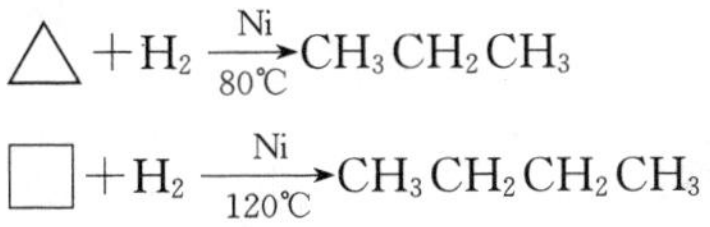

$$\triangle + H_2 \xrightarrow[80℃]{Ni} CH_3CH_2CH_3$$

$$\square + H_2 \xrightarrow[120℃]{Ni} CH_3CH_2CH_2CH_3$$

反应温度的差异反映出环丙烷和环丁烷活泼性的差异。在同样条件下,环戊烷、环己烷等不发生加氢反应。

4.8.2 与卤素反应

环丙烷在室温下,环丁烷在加热条件下可与 X_2 作用生成二卤化物。环戊烷、环己烷在同样温度下不发生反应,它们在光照或高温下与卤素发生取代反应。

$$\triangle + Br_2 \xrightarrow{\text{高温}} CH_2(Br)CH_2CH_2(Br)$$

$$\square + Br_2 \xrightarrow{\text{加热}} CH_2(Br)CH_2CH_2CH_2(Br)$$

$$⬡ + Cl_2 \xrightarrow{h\nu} ⬡\text{—}Cl + HCl$$

$$⬠ + Br_2 \xrightarrow{300℃} ⬠\text{—}Br + HBr$$

4.8.3 与卤化氢反应

环丙烷、环丁烷与卤化氢反应,碳环断裂生成卤烃,环己烷、环戊烷等在同样条件下与卤化氢不发生反应。

$$\triangle + HBr \longrightarrow CH_2(H)CH_2CH_2(Br) \qquad ⬠ \text{ 或 } ⬡ + HBr \longrightarrow \text{不反应}$$

烷基取代的环丙烷与卤化氢反应时,卤化氢中的氢加在含氢较多的环碳原子上,卤原子与含氢最少的环碳原子相连。如:

$$CH_3\text{—}\underset{\diagdown CH_2 \diagup}{CH\text{—}CH_2} + HBr \xrightarrow{\text{室温}} CH_3CH(Br)CH_2CH_2(H)$$

$$(H_3C)_2\triangle + HBr \longrightarrow CH_3C(CH_3)(Br)CH_2CH_3$$

从上述内容可知,环烷烃的化学活泼性与环的大小有关。小环化合物与常见环(环己烷和环戊烷)比较,化学性质活泼,碳环不稳定,较易发生开环反应,环丙烷、环丁烷、环戊烷和环己烷的稳定性次序为:

$$\triangle < \square < ⬠ < ⬡$$

这是由环烷烃的结构决定的。

4.9 环烷烃的结构

环烷烃的环碳原子是 sp^3 杂化的,正常的 sp^3 杂化轨道之间的夹角应为 109.5°。对于环烷烃而言，由于不同大小的碳环几何形状各异，使 2 个 sp^3 杂化轨道重叠的程度不同，导致了环烷烃稳定性上的差异。环丙烷由于受几何形状的限制（按几何学的要求，碳碳键间的夹角必须是 60°），2 个成键碳原子的 sp^3 杂化轨道不能沿键轴方向进行最大的重叠，而是偏离一定角度，斜着重叠，重叠的程度较小，见图 4－13。这样形成的键就没有正常的 σ 键稳定，整个分子像拉紧的弓一样有张力，碳环容易断裂，其他环烷烃也有类似的张力存在。

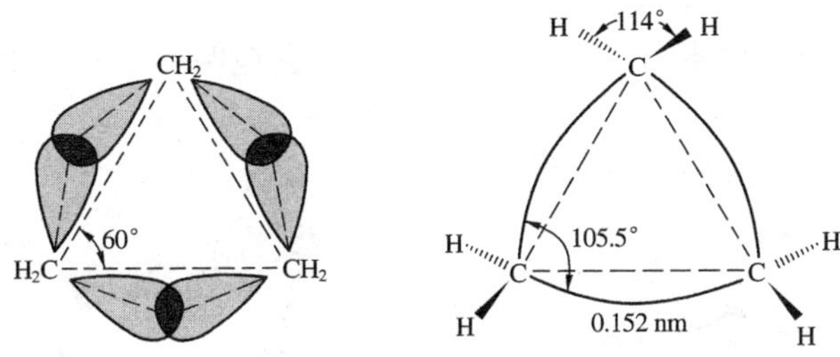

图 4－13　环丙烷分子中碳碳原子轨道重叠情况

1885 年德国化学家拜尔（A. V. Baeyer，1835—1917）提出张力学说（strain theory），他假设环烷烃中，成环的碳原子在同一平面内，据此可计算出不同大小的单环烷烃中 C—C—C 键角与正常 sp^3 杂化轨道的夹角（109°28′）的偏差程度，见图 4－14。

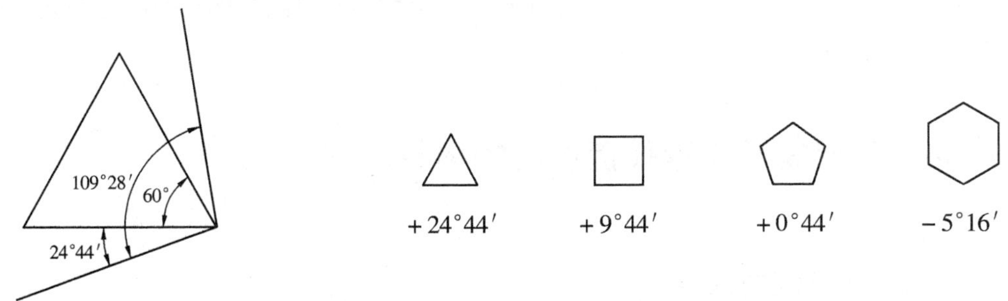

图 4－14　环烷烃分子中键角的偏差度

根据拜尔的张力学说，环烷烃碳原子间的键角必须向内偏转或向外偏转，即每个碳环都有恢复正常键角的力，这种力称为**角张力**（angle strain）。角张力的存在，使环不稳定。正常键角被压缩越多，角张力越大，内能越高，环就越不稳定。环丙烷的角张力最大，最不稳定，环丁烷次之，这是张力学说合理之处。但按照张力学说，环己烷应不如环戊烷稳定，环己烷以后的成员亦应越来越不稳定，这与实际情况是矛盾的，实际上环己烷是很稳定的。造成以上矛盾的原因是由于拜尔把环碳原子都看成在同一平面上的假设是不符合实际的。

使环烷烃产生张力的另一个原因是分子中还存在着扭转张力，即 C—H 键间电子云的斥力产生的张力。

现代测试结果表明，除环丙烷外，其余单环烷烃分子中环碳原子都不在同一平面上。五元以上的单环烷烃的环碳碳键间的夹角均为 109°28′。例如环丁烷的 4 个碳原子呈折叠式排列，C—C 键的键角为 115°。环戊烷较稳定的构象是一角略上翘（约 0.05 nm）的信封式。在信封式构象中，离开平面的 CH_2 上的 C—H 键与相邻碳原子上的 C—H 键接近交叉式，部分解除了扭转张力。

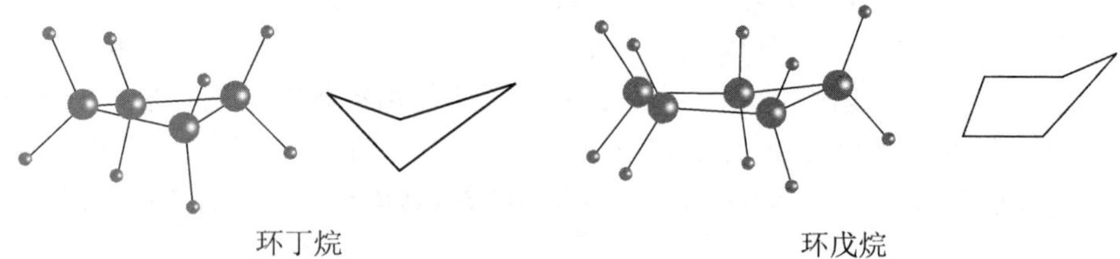

环己烷的 6 个碳原子也不是排列在同一平面上，它在保持 109°28′的条件下采用如下两种空间排布方式：

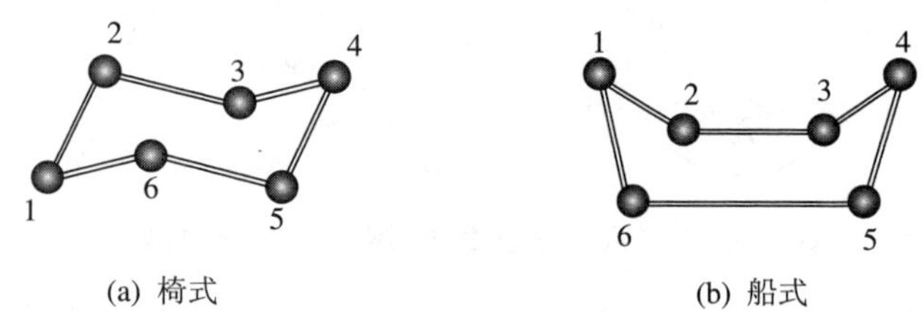

(a) 椅式　　(b) 船式

图 4-15　环己烷碳原子的排布方式

无论是图 4-15 中的(a)还是(b)，其环中 C_2、C_3、C_5、C_6都在一个平面上。但在图(a)中，C_1和 C_4 分别处于 C_2、C_3、C_5、C_6形成的平面上下两侧，称为椅式；图(b)中，C_1和 C_4 在该平面的同侧，称为船式。

4.10　环己烷及其取代衍生物的构象

4.10.1　环己烷的构象

环己烷的平面结构有很大的角张力，通过 C—C σ 键的扭转，可以形成无角张力的两种曲折碳环——**椅式构象**(chair conformation)和**船式构象**(boat conformation)。

根据碳碳及碳氢键长可以计算出环己烷分子中氢原子间的距离。在船式构象中，C_1及 C_4 上的 2 个氢原子相距较近，相互之间的斥力较大。另外，从纽曼投影式(图 4-16)可以看出，环己烷椅式构象中所有相邻 2 个碳原子的碳氢键都处于交叉式的位置，几乎不存在扭转张力，而在船式构象中，C_2与 C_3 之间及 C_5与 C_6之间的碳氢键则处于重叠式位置，扭转张力大。所以，椅式构象和船式构象虽然都保持了正常键角，不存在角张力，但由于上述原因导致了船式构象的内能高于椅式构象，故椅式构象比船式构象稳定。在一般情况下，环己烷及其取代衍生物主要以椅式构象存在。

进一步观察环己烷的椅式构象，可以看出，环上 6 个碳原子中，C_1、C_3、C_5形成一个平面，它位于 C_2、C_4、C_6形成的平面之上，2 个平面相互平行。12 个 C—H 键可以分成两类，其中 6 个是垂直于 C_1、C_3、C_5(或 C_2、C_4、C_6)形成的平面的，称为**直立键**(axial bond)，以 a 键表示。6 个 a 键中，3 个向上，另 3 个向下，交替排列。另外 6 个 C—H 键则向外伸出，称为**平伏键**，以 e **键**(equatorial bond)表示，6 根 e 键也是 3 根向上斜伸，3 根向下斜伸。因此，环己烷每个环碳原子上具有 1 个 a 键和 1 个 e 键，如果 a 键向上则 e 键斜向下，反之亦然(见图 4-17)。

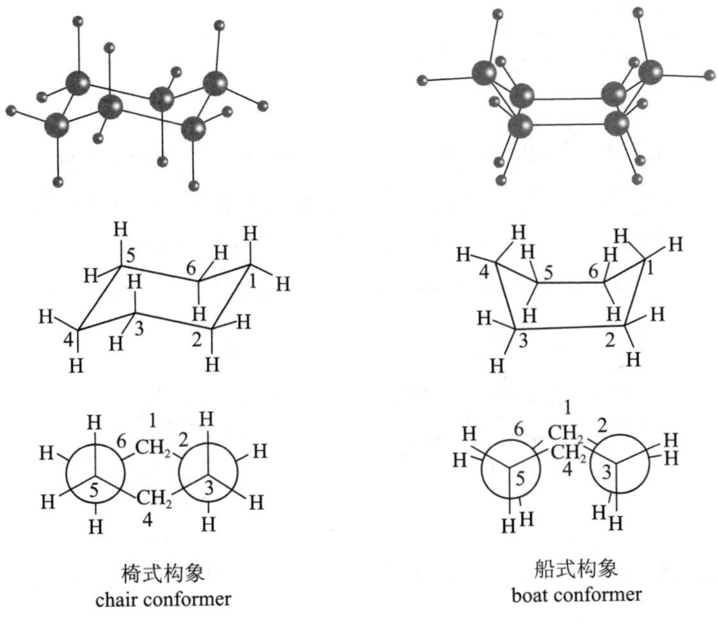

图 4－16　环己烷的椅式构象和船式构象

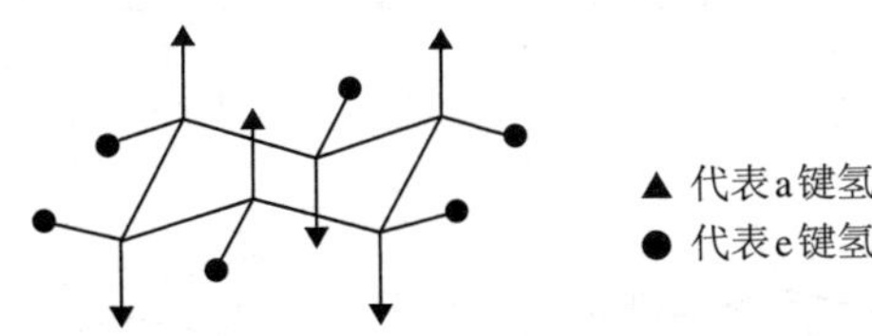

图 4－17　环己烷椅式构象的直立键及平伏键

环己烷一种椅式构象可翻转为另一种椅式构象，此时原来的 a 键都转变为 e 键，原来的 e 键都变成 a 键(见图 4－18)。

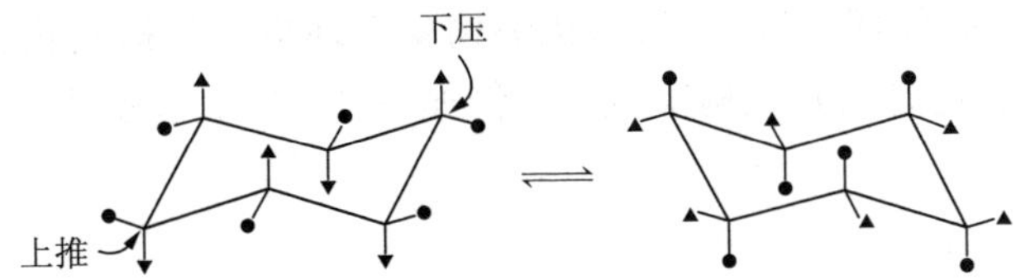

图 4－18　环己烷 2 种椅式构象的相互转变

4.10.2　环己烷取代衍生物的构象

1. 一元取代环己烷的构象

环己烷取代衍生物中环己烷的环一般以椅式构象存在，取代基可以在 e 键，也可以在 a 键，从以纽曼投影式表示的环己烷的椅式构象(图 4－16)可看出，处于 e 键位置的氢具有较小的空间位阻，环上的取代基也存在同样的位阻效应。因此，环己烷单取代衍生物常以取代基处于 e 键的构象为优势构象。

例如，甲基环己烷分子中，甲基可以处于 a 键，也可以处于 e 键。这 2 种构象可以通过翻环互相转变，形成动态平衡。研究表明甲基处于 e 键的构象约占 95%。

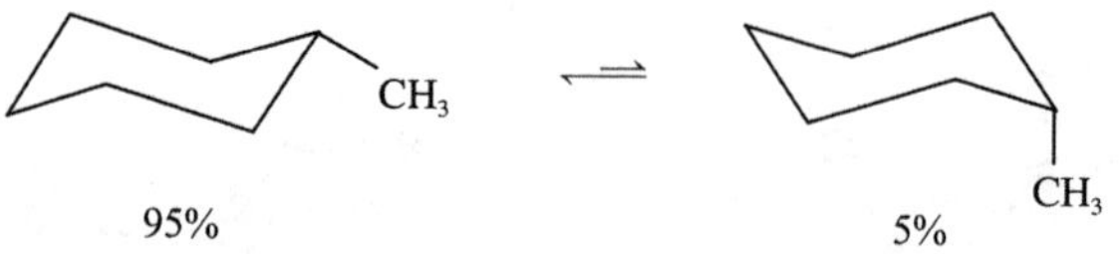

95% 处于e键构象的甲基环己烷 ⇌ 5% 处于a键构象的甲基环己烷

平衡态中处于 a 键构象的甲基环己烷上的甲基要承受两个直立氢(3,5 位)的范德华斥力,使位能升高而不稳定。而处于 e 键构象的甲基环己烷因甲基在水平方向平伏于环外,避开了 3,5 位直立键的相斥作用,成为平衡体系中相对稳定的优势构象。

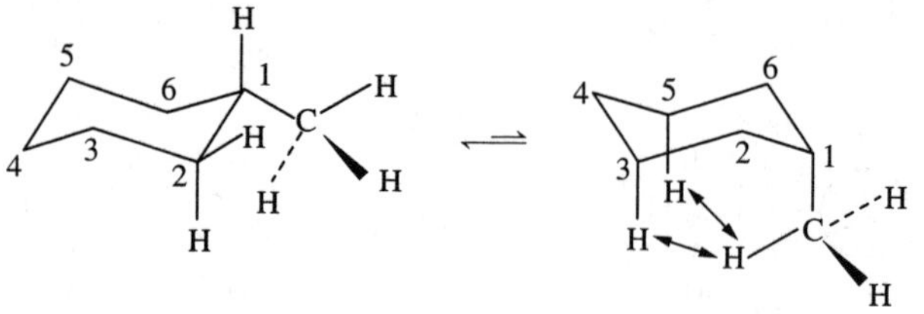

可以预料,随着烷基体积的增大,e -型构象的一元取代环己烷在平衡混合物中的比例将增加。例如:

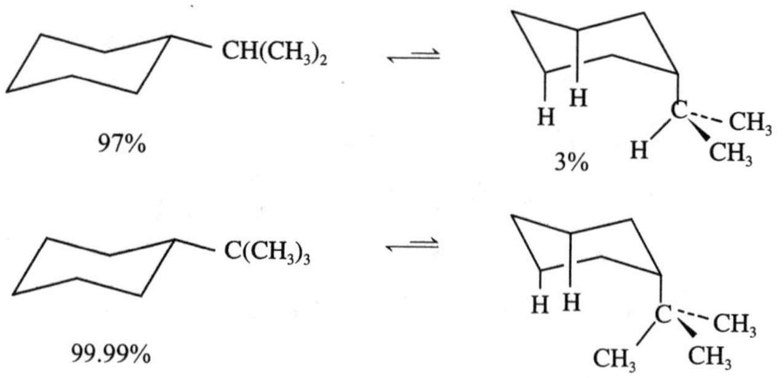

$CH(CH_3)_2$ 97% ⇌ 3%

$C(CH_3)_3$ 99.99% ⇌ <0.01%

2. 二取代及多取代环己烷的构象

对于二取代及多取代环己烷来说,其优势构象中环也总是椅式构象,至于取代基是处于 e 键还是处于 a 键,这是由其结构决定的。例如,1,2 -二甲基环己烷有顺式及反式构型,顺式体为内消旋体。

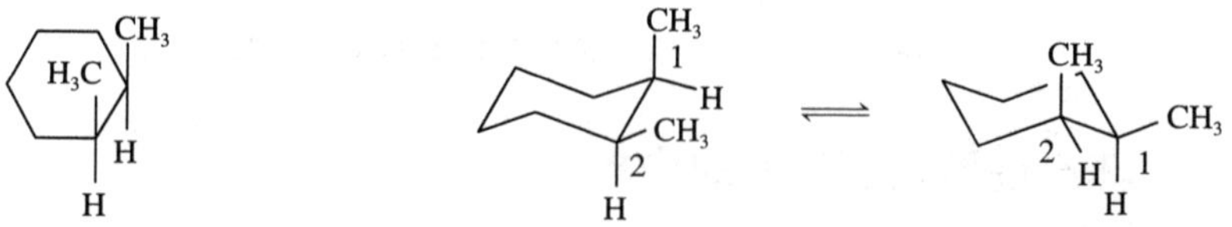

顺-1,2-二甲基环己烷　　ae ⇌ ea

当顺- 1,2 -二甲基环己烷中 1 个甲基处于 a 键时,另 1 个甲基势必处于 e 键(简称 ea 型),翻环后仍是 ea 型,二者具有相等的能量及相同的稳定性,均为其优势构象。如果将 2 个甲基均“安”在 e 键,要么将 1 个甲基移位,要么改变甲基的取向(如改为反式构型),而这些变化均改变了原有化合物的结构。

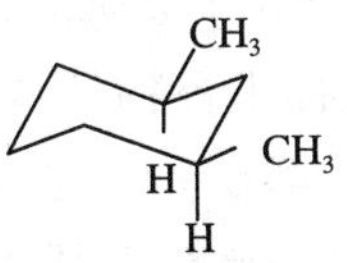

将1个甲基移位 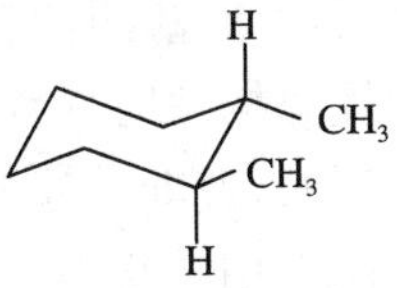　　改变甲基的取向

反式-1,2-二甲基环己烷则有2种构型,分别是 *RR* 型及 *SS* 型,现以(1*R*,2*R*)-1,2-二甲基环己烷为例说明。该化合物存在ee及aa 2个椅式构象:

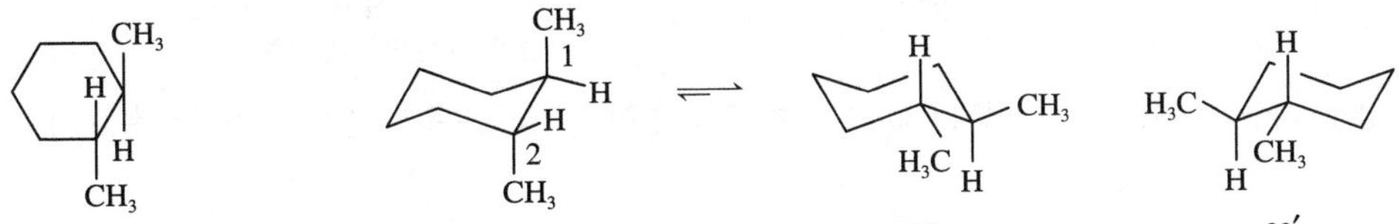

(1*R*, 2*R*)-1, 2-二甲基环己烷　aa　ee 优势构象　ee′

根据计算,ee构象比aa构象的能量低 7.1×2=14.2 (kJ/mol)(此时将甲基作为孤立基团处理,未考虑2个相邻基团的影响),因此,ee构象是优势构象。但是,如果将其优势构象写成ee′的形式,虽然2个甲基亦均处于e键,但ee′为(1*S*,2*S*)-1,2-二甲基环己烷,同样改变了原有化合物构型。

对(1*R*,3*R*)-1-异丙基-3-甲基环己烷来说,因异丙基处于e键和处于a键的位能差比甲基大,所以大基团异丙基处于e键的为优势构象。

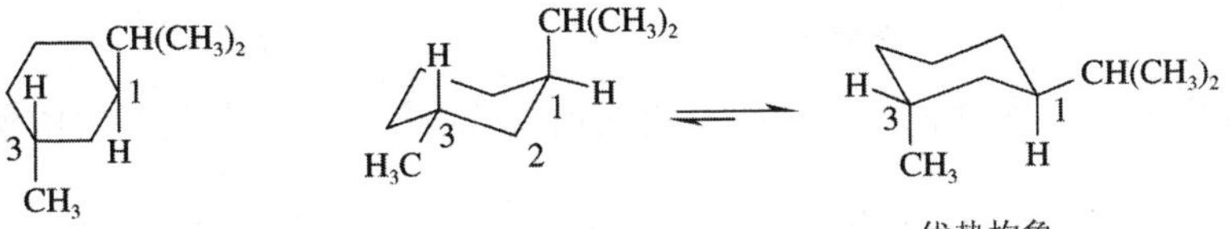

(1*R*, 3*R*)-1-异丙基-3-甲基环己烷　优势构象

叔丁基处于e键和a键之间的构象能差特别大,故它总倾向于处在e键,因而下式中右边的构象为优势构象。

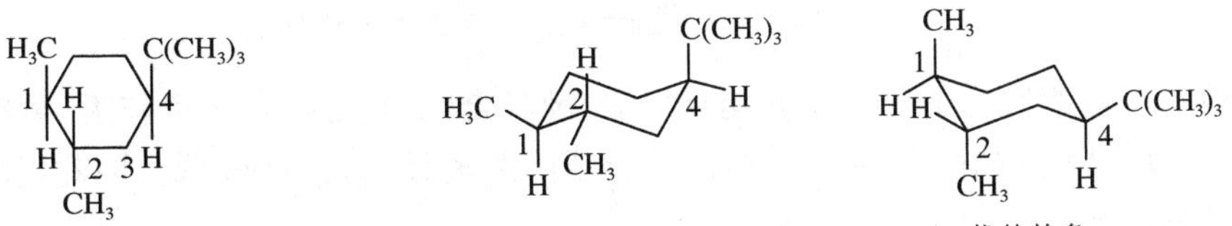

(1*S*, 2*S*, 4*R*)-1,2-二甲基-4-叔丁基环己烷　优势构象

人们根据许多实验事实总结出判断多取代环己烷优势构象的一些规律:

① 在环己烷体系中,环通常总是倾向于取椅式构象。

② 在多取代环己烷体系中,若无其他因素参与,则常以最多数目的取代基处于e键的构象为优势构象。

③ 环上具有不相同取代基时,常以最多数目的较大取代基处于e键的构象为优势

构象。

④ 环上如有体积特别大的基团如叔丁基时，常以它处于 e 键的构象为优势构象。

书写取代环己烷的优势构象时应注意不能改变原有化合物的构造及构型，取代基在环上的关系是由其结构决定的，并非一定是所有的取代基都在 e 键的构象是优势构象。

在临床上有很好止血作用的止血环酸，化学名为反-4-氨甲基环己烷-1-羧酸，它的优势构象为：

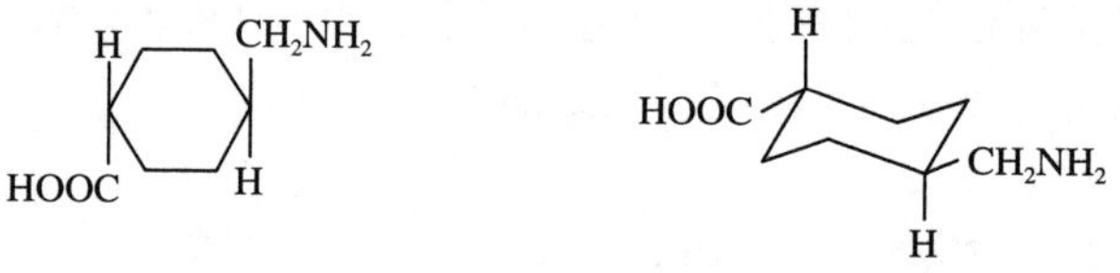

止血环酸的优势构象

止血环酸的顺式异构体止血效果很差，这进一步说明药物的立体结构对生物活性有影响。

4.11 十氢萘的构象

十氢萘可看作 2 个环己烷稠合的产物，由于其稠合的方式不同，导致十氢萘有 2 种构型，一种称顺式十氢萘，另一种称反式十氢萘。

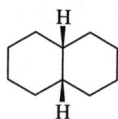

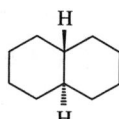

顺式十氢萘　　　　反式十氢萘

2 种构型的十氢萘中的环己烷都是椅式构象，顺式和反式十氢萘的构象式见图 4-19。

顺式十氢萘　　　　反式十氢萘

图 4-19　顺式和反式十氢萘的构象式

顺式十氢萘的 2 个环己烷环相互以 ae 键骈合，2 个氢原子距离较近，内能较高；反式十氢萘 2 个环己烷环相互以 ee 键骈合，氢原子间距离较远，内能较低。因此，反式十氢萘比顺式十氢萘稳定。

习　题

1. 举例说明下列各项。

(1) 马氏规则	(2) 亲电性试剂	(3) 区域选择性
(4) 过氧化物效应	(5) 碳正离子中间体	(6) 烯丙基自由基
(7) 亲电加成反应	(8) NBS	(9) 硼氢化-氧化反应

2. 下列化合物有无顺、反异构现象？若有，试写出其顺、反异构体。

(1) 2,3-二甲基丁-2-烯　(2) 戊-2-烯　(3) 2,3-二甲基己-2-烯

(4) 2,3-二甲基己-3-烯　(5) 1,2-二氯乙烯　(6) 1,4-二甲基环己烷

3. 比较下列各组化合物的相对稳定性。

(1) 戊-1-烯和2-甲基丁-1-烯　(2) 顺戊-2-烯和反戊-2-烯

(3) 和

4. 写出下列取代基的构造式。

(1) 乙烯基　(2) 烯丙基　(3) 丙烯基　(4) 异丙烯基

5. 写出戊烯的可能异构体，用系统命名法命名，并指出哪些异构体中含有第4题中的烯基。

6. 写出下列化合物的结构式并给出(7)和(8)的优势构象。

(1) 1-氯-2-甲基丙-1-烯　(2) 3-乙基戊-2-烯

(3) (3*R*,5*R*)-3,5-二甲基环己-1-烯　(4) (*S*)-3-甲基环戊-1-烯

(5) (*E*)-4-异丙基-3-甲基庚-3-烯　(6) 1-甲基二环[2.2.2]辛烷

(7) (1*R*,2*R*)-1-溴-2-甲基环己烷　(8) (1*R*,2*R*,4*R*)-4-氯-2-乙基-1-甲基环己烷

7. 用系统命名法命名下列化合物。

(1)

(2) 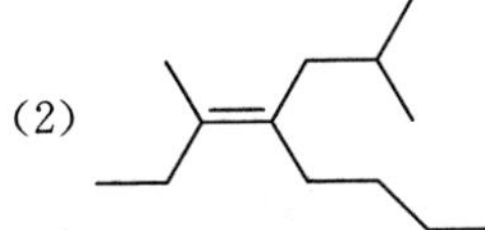

(3) $ClCH_2$　H　H　Cl

(4)

(5)

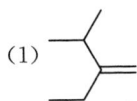

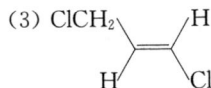

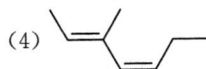

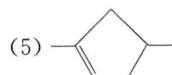

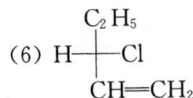

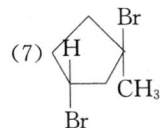

(6) C_2H_5　H　Cl　$CH{=}CH_2$

(7) Br　H　CH_3　Br

(8) 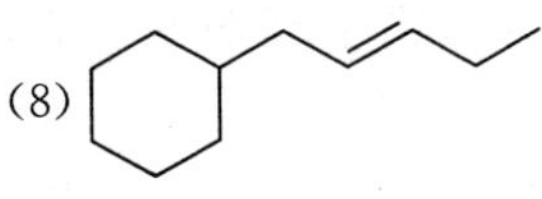

(9) 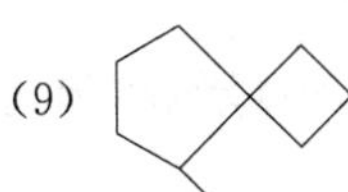

(10) 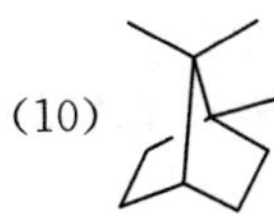

8. 写出1-甲基环戊-1-烯与下列试剂反应的主要有机产物。

(1) H_2/Ni　(2) Br_2/CCl_4

(3) ① H_2SO_4；② H_2O　(4) 稀、冷 $KMnO_4$

(5) $KMnO_4/H^+$，△　(6) ① O_3；② Zn/H_2O

(7) HBr　(8) ① B_2H_6；② H_2O_2，OH^-

9. 完成反应式(写出主要有机产物或试剂)。

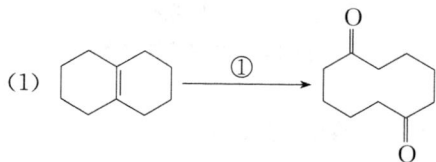

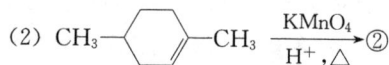

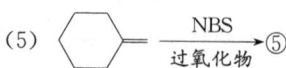

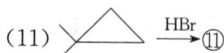

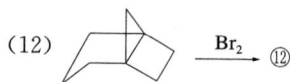

(1) 八氢萘(双环烯) $\xrightarrow{①}$ 环癸-1,6-二酮

(2) CH_3—(1,4-二甲基环己烯)—CH_3 $\xrightarrow[H^+,\triangle]{KMnO_4}$ ②

(3) $CH_3CH_2C(CH_3){=}CHCH_3 \xrightarrow{ICl}$ ③

(4) $(CH_3)_2C{=}CH_2 \xrightarrow[\text{过氧化物}]{HI}$ ④

(5) 亚甲基环己烷 $\xrightarrow[\text{过氧化物}]{NBS}$ ⑤

(6) $CH_3CH_2CH{=}CH_2 \xrightarrow{⑥} CH_3CH_2CH(OH)CH_2Br$

(7) $F_3CCH{=}CHCH_3 \xrightarrow{HCl}$ ⑦

(8) $(CH_3)_2C{=}CHCH_2CH{=}CH_2 \xrightarrow[1\ mol]{HBr}$ ⑧

(9) 环丙烷 $\xrightarrow{H_2/Ni}$ ⑨

(10) 环戊烷 $\xrightarrow[h\nu]{Br_2}$ ⑩

(11) 1,1-二甲基环丙烷 $\xrightarrow{HBr}$ ⑪

(12) (双环化合物) $\xrightarrow{Br_2}$ ⑫

10. 给出下列反应的反应机理。

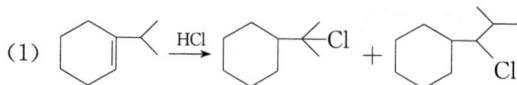

(1) 1-异丙基环己烯 $\xrightarrow{HCl}$ (1-氯-1-甲基乙基)环己烷 + 环己基-CH(Cl)-CH(CH_3)_2

(2) $CH_3C(CH_3){=}CH_2 + CH_3OH \xrightarrow{H_2SO_4} CH_3C(CH_3)_2{-}OMe$

11. 一些烯烃经臭氧化再还原水解后,分别得到以下产物,试推测原来烯烃的结构。

(1) $HCHO$, CH_3CH_2CHO

(2) CH_3COCH_3, CH_3CHO

(3) $2CH_3CH_2CHO$

(4) $OHCCH_2CH_2CH_2CH_2CHO$

(5) $CH_3C(=O)CH_2CH_2CH_2C(=O){-}CH_3$

(6) $2CH_3CHO+OHCCH_2CHO$

12. 一些烯烃,经酸性高锰酸钾氧化后,分别得到下列产物,试推测原烯烃的结构。

(1) $HOC(=O){-}CH_2CH_2CH_2C(=O){-}OH$

(2) $(CH_3)_2CHCOOH+CH_3COOH$

(3) $2CH_3COCH_3$

(4) $CH_3C(=O){-}CH(CH_3)CH_2CH_2CH_2COOH$

13. 化合物 A(C_6H_{12})与 HBr 反应生成 B($C_6H_{13}Br$),A 可与氢在催化剂存在下反应生成3-甲基戊烷,试推测 A 和 B 的结构。

第 5 章　炔烃和二烯烃

分子中含有碳碳叁键($C\equiv C$) 的烃称作**炔烃**(alkyne),分子中含有 2 个碳碳双键的烃称作**二烯烃**(diene)。炔烃和二烯烃具有相同的通式 C_nH_{2n-2},但有不同的官能团,故具有不同的性质。炔烃和二烯烃的不饱和度均为 2。

5.1　炔烃的结构

最简单的炔烃是乙炔(ethyne),分子式为 C_2H_2,构造式为 $HC\equiv CH$,用电子衍射光谱测得乙炔为一直线分子,碳碳叁键长 0.121 nm,碳氢键长 0.108 nm。这是由其碳原子的杂化特征决定的。

5.1.1　碳原子的 sp 杂化

与饱和碳原子及双键碳原子的杂化状态不同,构成碳碳叁键的碳原子是 sp 杂化的。碳原子的 1 个 2s 和 1 个 2p 轨道杂化,形成 2 个能量相等的 sp 杂化轨道。每个 sp 杂化轨道包含 1/2 s 轨道成分和 1/2 p 轨道成分,其形状与 sp^3、sp^2 杂化轨道相似。这 2 个 sp 杂化轨道的对称轴处于同一条直线上,在空间呈线形分布。每个 sp 杂化碳原子还余下 2 个未参与杂化的 p 轨道,这 2 个 p 轨道的对称轴互相垂直,并都垂直于 sp 杂化轨道对称轴所在的直线。碳原子的 4 个电子分别填充在 2 个 sp 杂化轨道及 2 个 p 轨道上(见 1.3.3)。

5.1.2　碳碳叁键的组成

现以乙炔为例讨论碳碳叁键的形成。乙炔分子中 2 个碳原子各以 1 个 sp 杂化轨道沿对称轴正面重叠形成碳碳 σ 键,同时每个碳原子的另一个 sp 杂化轨道分别与氢原子的 1s 轨道重叠,形成 2 个碳氢 σ 键,分子中 4 个原子在同一条直线上。

在这些 σ 键形成的同时,2 个碳上余下的 2 对 p 轨道分别平行重叠,生成互相垂直的 2 个 π 键,2 个 π 键的电子云对称地分布在 2 个碳原子核连线的周围,呈中空的圆柱体(见图5－1)。

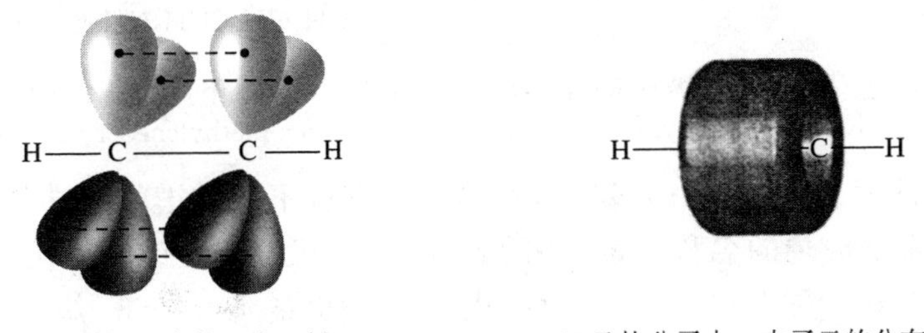

(a) 乙炔分子中的 2 个 π 键　　(b) 乙炔分子中 π 电子云的分布

图 5－1　乙炔分子形成示意图

因此,碳碳叁键不是简单的 3 个单键的加合,而是由 1 个 σ 键和 2 个 π 键组成。这 2 个

π 键和烯烃中的 π 键类似,是比较弱的键,易发生化学反应。所以,碳碳叁键也是一个比较活泼的官能团。

5.2 炔烃的同分异构和命名

乙炔和丙炔没有同分异构体,4 个碳原子及以上的炔烃存在着碳架异构及官能团位置异构。由于炔烃的结构特点导致其虽存在 π 键但不存在顺反异构现象。因此,与相应的烯烃相比,炔烃的同分异构体数目要少。

炔烃分子中去掉一个氢原子称为炔基。例如:

$HC{\equiv}C—$	$CH_3C{\equiv}C—$	$HC{\equiv}CCH_2—$
乙炔基 ethynyl	丙炔基 prop-1-ynyl	炔丙基 prop-2-ynyl

分子中去掉三个氢原子形成带有三个游离价的基团称为次基。例如:

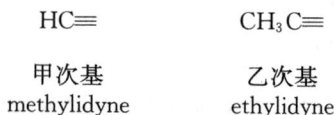

$HC{\equiv}$	$CH_3C{\equiv}$
甲次基 methylidyne	乙次基 ethylidyne

炔烃的系统命名与烯烃类似,只需将“烯”字改为“炔”字,英文命名将相应烯的词尾“ene”改为炔的“yne”。例如:

$CH_3C{\equiv}CH$	$CH_3CH_2C{\equiv}CH$	$CH_3CH_2C{\equiv}CCH_3$	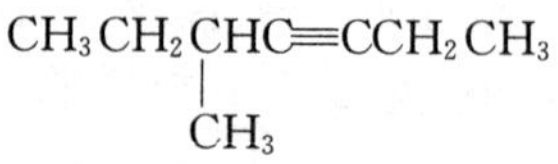 $CH_3CH_2CH(CH_3)C{\equiv}CCH_2CH_3$
丙炔 propyne	丁-1-炔 but-1-yne	戊-2-炔 pent-2-yne	5-甲基庚-3-炔 5-methylhept-3-yne

当分子中同时具有碳碳叁键和碳碳双键时,选择最长碳链作为主链(原来的命名规则选择含有叁键和双键的最长碳链作为主链),例如:

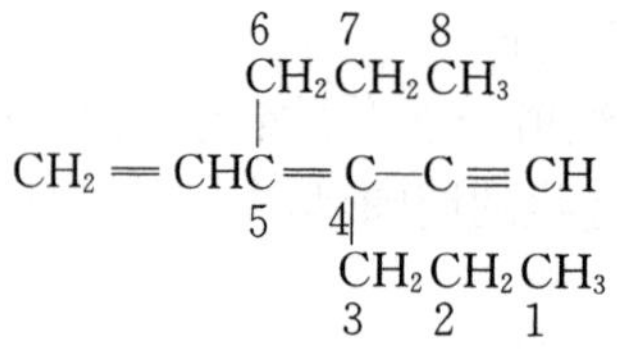

$$\overset{}{CH_2{=}CHC}({\overset{6}{C}H_2}\overset{7}{C}H_2\overset{8}{C}H_3){=}\overset{4}{C}({\overset{3}{C}H_2}\overset{2}{C}H_2\overset{1}{C}H_3){-}C{\equiv}CH \quad (C\text{-}5 = CHC)$$

(*E*)-4-乙炔基-5-乙烯基辛-4-烯
(*E*)-4-ethynyl-5-vinyloct-4-ene

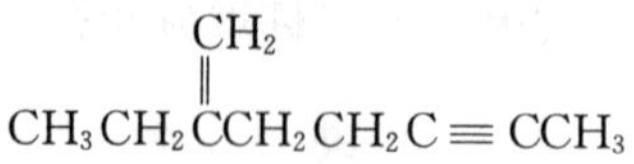

$$CH_3CH_2C({=}CH_2)CH_2CH_2C{\equiv}CCH_3$$

6-甲亚基辛 2-炔
6-methyleneoct-2-yne

分子主链中同时含有叁键和双键时,编号时从靠近不饱和键的一端开始,使不饱和键都有较小位次。命名时烯的名称在前,炔的名称在后,双键和叁键的位次写在相应的烯和炔的前面。如化合物①称戊-3-烯-1-炔,化合物②称戊-1-烯-3-炔。

① $\overset{5}{C}H_3—\overset{4}{C}H{=}\overset{3}{C}H—\overset{2}{C}{\equiv}\overset{1}{C}H$

戊-3-烯-1-炔　不称　戊-2-烯-4-炔
pent-3-en-1-yne　not pent-2-en-4-yne

② $\overset{5}{C}H_3—\overset{4}{C}{\equiv}\overset{3}{C}—\overset{2}{C}H{=}\overset{1}{C}H_2$

戊-1-烯-3-炔　不称　戊-4-烯-2-炔
pent-1-en-3-yne　not pent-4-en-2-yne

如碳链编号结果使表示烯、炔位次的两个数值的和相同时，则优先考虑双键，使其具有最小位次。如：

$$\overset{1}{C}H_3\overset{2}{C}H{=}\overset{3}{C}H\overset{4}{C}H_2\overset{5}{C}H(CH_3)\overset{6}{C}{\equiv}\overset{7}{C}\overset{8}{C}H_3$$

5-甲基辛-2-烯-6-炔　不称　4-甲基辛-6-烯-2-炔
5-methyloct-2-en-6-yne　not　4-methyloct-6-en-2-yne

5.3　炔烃的物理性质

炔烃的物理性质和烷烃及烯烃类似，随相对分子质量的变化而呈规律性递变。炔烃的沸点比含同碳数的烯烃约高 10～20℃。乙炔、丙炔和丁-1-炔在室温下为气体。炔烃为低极性的化合物，在水中的溶解度很小，易溶于有机溶剂。表 5-1 为常见炔烃的物理常数。

表 5-1　常见炔烃的物理常数

名	称	结构式	熔点/℃	沸点/℃	密度/(g/cm³)
乙炔	ethyne	$HC{\equiv}CH$	−81.8	−75	0.617 9(l)
丙炔	propyne	$HC{\equiv}CCH_3$	−101.5	23.3	0.671 4(l)
丁-1-炔	but-1-yne	$HC{\equiv}CCH_2CH_3$	−122.5	8.6	0.668 2(l)
丁-2-炔	but-2-yne	$CH_3C{\equiv}CCH_3$	−24	27	0.693 7
戊-1-炔	pent-1-yne	$HC{\equiv}C(CH_2)_2CH_3$	−98	39.7	0.695 0
戊-2-炔	pent-2-yne	$CH_3C{\equiv}CCH_2CH_3$	−101	55.5	0.712 7
3-甲基丁-1-炔	3-methylbut-1-yne	$HC{\equiv}CCH(CH_3)_2$	−89.7	28	0.665 0
己-1-炔	hex-1-yne	$HC{\equiv}C(CH_2)_3CH_3$	−124	71	0.719 5
己-2-炔	hex-2-yne	$CH_3C{\equiv}C(CH_2)_2CH_3$	−92	84	0.730 5
己-3-炔	hex-3-yne	$CH_3CH_2C{\equiv}CCH_2CH_3$	−51	82	0.725 5
3,3-二甲基丁-1-炔	3,3-dimethylbut-1-yne	$HC{\equiv}CC(CH_3)_3$	−81	38	0.668 6
庚-1-炔	hept-1-yne	$HC{\equiv}C(CH_2)_4CH_3$	−80	100	0.733 0
辛-1-炔	oct-1-yne	$HC{\equiv}C(CH_2)_5CH_3$	−70	126	0.747 0
壬-1-炔	non-1-yne	$HC{\equiv}C(CH_2)_6CH_3$	−65	151	0.763 0
癸-1-炔	dec-1-yne	$HC{\equiv}C(CH_2)_7CH_3$	−36	182	0.770 0

5.4　炔烃的化学性质

由于碳碳叁键中含 2 个较弱的 π 键，因此和烯烃类似，炔烃也可以发生加成、氧化和聚合等反应，但叁键不等同于双键，故炔烃的化学性质和反应活性亦具有其特殊性。

5.4.1 炔烃的加成反应

与烯烃相似,炔烃可以和氢气、卤素、卤化氢、水等发生加成反应。炔烃的加成反应可逐步进行,在适当的条件下,可以得到与1分子试剂加成的产物——烯烃或烯烃的衍生物,也可以得到与2分子试剂加成的产物——烷烃或其衍生物。卤素、卤化氢、水等与炔烃的加成也都是离子型的亲电性加成。与烯烃不同的是,炔烃还可以与醇钠(钾)和氢氰酸等试剂进行加成。

1. 加氢还原

在钯、铂、镍等催化剂存在下,炔烃可以与氢进行加成,反应首先生成烯烃,烯烃继续加氢生成烷烃。

$$RC\equiv CR' \xrightarrow[H_2]{Pt或Pd} RCH{=}CHR' \xrightarrow[H_2]{Pt或Pd} RCH_2CH_2R'$$

第二步加氢(即烯烃的加氢)速度非常快,以至于采用常用的金属催化剂无法使反应停留在生成烯烃的阶段。采用一些活性减弱的特殊催化剂如**林德拉催化剂**(Lindlar catalyst),可使反应控制在生成烯烃的阶段。

林德拉催化剂是将金属钯沉积在 $BaSO_4$ 或 $CaCO_3$ 上,并加少量喹啉处理(降低催化剂活性)所得到的试剂。

如果得到的烯烃有顺、反异构体,则用林德拉催化剂催化加氢所得烯烃以顺式为主。如:

$$CH_3(CH_2)_3C\equiv C(CH_2)_3CH_3 + H_2 \xrightarrow[喹啉]{Pd/BaSO_4} \begin{matrix} CH_3(CH_2)_3 & & (CH_2)_3CH_3 \\ & C{=}C & \\ H & & H \end{matrix}$$

癸-5-炔　　　　顺癸-5-烯(87%)

用化学还原剂,如在液氨中以金属锂(或钠)作还原剂与炔反应亦可得烯烃,但反应的立体选择性与催化氢化不同,主要得反式产物。如:

$$CH_3CH_2C\equiv CCH_2CH_2CH_3 \xrightarrow[液NH_3]{Na} \begin{matrix} CH_3CH_2 & & H \\ & C{=}C & \\ H & & CH_2CH_2CH_3 \end{matrix}$$

庚-3-炔　　　　反庚-3-烯(97%~99%)

用金属锂(或钠)在液氨中还原炔烃的机理为:反应开始时,炔键从钠接受1个电子,生成负离子自由基(anion radical),负离子自由基有很强的碱性,可从氨中夺取1个质子转变为乙烯型自由基(vinyl radical)。

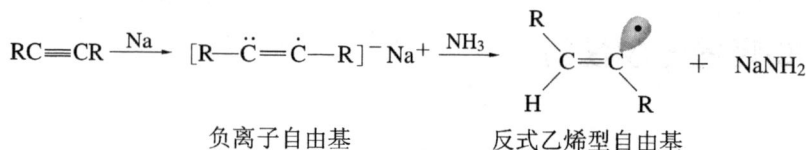

$$RC\equiv CR \xrightarrow{Na} [R-\ddot{C}=\dot{C}-R]^-Na^+ \xrightarrow{NH_3} \begin{matrix} R & & \\ & C{=}C^{\bullet} & \\ H & & R \end{matrix} + NaNH_2$$

负离子自由基　　　　反式乙烯型自由基

乙烯型自由基有顺式和反式两种构型,这两种构型可迅速互变,但反式较稳定,因此主要以反式存在。

接着，活泼的自由基从金属钠中夺取一个电子，生成较稳定的反式乙烯型负离子（vinyl anion）。乙烯型负离子是很强的碱，它再夺取氨中的氢，转变为反式的烯烃。

$$\underset{\text{反式乙烯型自由基}}{\text{RHC=C}^{\bullet}\text{R}} \xrightarrow{Na} \underset{\text{反式乙烯型负离子}}{\text{RHC=C}^{:-}\text{R}} \xrightarrow{NH_3} \underset{\text{反式烯烃}}{\text{RHC=CHR}}$$

上述两个还原反应均为立体专一性反应。

2. 加卤素

炔烃与卤素发生亲电加成反应先生成邻二卤代烯，继续反应得四卤代烷。例如：

$$\underset{\text{乙炔}}{HC\equiv CH} \xrightarrow{Br_2} \underset{\text{1,2-二溴乙烯}}{BrCH=CHBr} \xrightarrow{Br_2} \underset{\text{1,1,2,2-四溴乙烷}}{Br_2CHCHBr_2}$$

炔烃与溴发生加成反应使溴很快褪色，以此可检验碳碳叁键的存在。

炔烃与卤素的加成具有立体选择性，主要生成反式加成产物。例如：

$$\underset{\text{己-3-炔}}{CH_3CH_2C\equiv CCH_2CH_3} + Br_2 \longrightarrow \underset{\text{(E)-3,4-二溴己-3-烯(90\%)}}{(CH_3CH_2)(Br)C=C(Br)(CH_2CH_3)}$$

在与卤素加成时碳碳叁键没有碳碳双键活泼。因此，如果分子中同时存在叁键和双键，卤素一般优先加到双键上。例如：

$$\underset{\text{戊-1-烯-4-炔}}{CH_2=CH-CH_2-C\equiv CH} \xrightarrow{Br_2\,(1\ mol)} \underset{\text{4,5-二溴戊-1-炔}}{\underset{Br}{CH_2}-\underset{Br}{CH}-CH_2-C\equiv CH}$$

3. 加卤化氢

炔烃与等物质的量的卤化氢加成，生成卤代烯烃，继续加成，形成同碳二卤代烷（也称偕二卤代物，“偕”表示两个卤素连在同一个碳原子上），例如：

$$HC\equiv CH \xrightarrow[HgCl_2]{HCl} CH_2=CHCl \xrightarrow{HCl} CH_3-CHCl_2$$

不对称炔烃和卤化氢加成时加成方向符合马氏规则。例如，丙炔与 HBr 加成：

$$CH_3C\equiv CH \xrightarrow{HBr} \underset{\text{2-溴丙烯}}{CH_3\underset{Br}{C}=CH_2} \xrightarrow{HBr} \underset{\text{2,2-二溴丙烷}}{CH_3-\overset{Br}{\underset{Br}{C}}-CH_3}$$

反应方向由中间体碳正离子的稳定性决定。在气相电离反应中测得碳正离子稳定性的顺序为：

$$R_3\overset{+}{C} > R_2\overset{+}{C}H > R\overset{+}{C}H_2 > R\overset{+}{C}=CH_2 > RCH=\overset{+}{C}H$$

丙炔与 HBr 加成时，质子加在 C_1 和 C_2 上，分别形成碳正离子(1)和(2)，它们与溴负离子反应,生成相应的溴代烯。由于碳正离子(1)较稳定,所以主要产物为2-溴丙烯。

$$\overset{3}{C}H_3\overset{2}{C}\equiv\overset{1}{C}H \xrightarrow{H^+} \begin{cases} CH_3\overset{+}{C}=CH_2 \xrightarrow{Br^-} CH_3C(Br)=CH_2 \\ \text{(1) 较稳定} \qquad \text{2-溴丙烯(主要产物)} \\ CH_3CH=\overset{+}{C}H \xrightarrow{Br^-} CH_3CH=CHBr \\ \text{(2) 较不稳定} \qquad \text{1-溴丙烯(次要产物)} \end{cases}$$

2-溴丙烯进一步反应时也可生成2种碳正离子(3)和(4)。但在(3)中,由于溴原子的未共用电子对可离域到碳正离子的中心碳上(见5.7.2)上,使其较稳定,故主要产物为2,2-二溴丙烷。

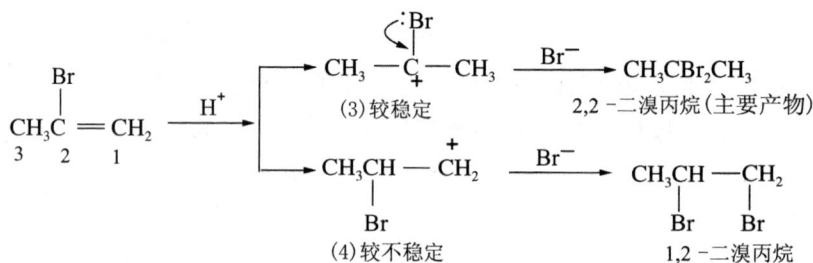

$$\overset{3}{C}H_3\overset{2}{C}(Br)=\overset{1}{C}H_2 \xrightarrow{H^+} \begin{cases} CH_3-\overset{+}{C}(\ddot{B}r)-CH_3 \xrightarrow{Br^-} CH_3CBr_2CH_3 \\ \text{(3)较稳定} \qquad \text{2,2-二溴丙烷(主要产物)} \\ CH_3CH(Br)-\overset{+}{C}H_2 \xrightarrow{Br^-} CH_3CH(Br)-CH_2Br \\ \text{(4)较不稳定} \qquad \text{1,2-二溴丙烷} \end{cases}$$

炔烃与卤化氢的加成大多为反式加成,例如:

$$CH_3CH_2C\equiv CCH_2CH_3 + HCl \longrightarrow \underset{H}{\overset{CH_3CH_2}{>}}C=C\underset{CH_2CH_3}{\overset{Cl}{<}}$$

己-3-炔 (Z)-3-氯己-3-烯 (97%)

与烯烃相似,在过氧化物存在下,溴化氢和炔烃的加成反应的方向亦是反马氏规则的。

$$CH_3(CH_2)_3C\equiv CH \xrightarrow[\text{过氧化物}]{HBr(1\ mol)} CH_3(CH_2)_3\underset{H}{C}=\underset{Br}{C}H$$

1-溴己-1-烯

4. 加水

将乙炔通入含硫酸汞的稀硫酸溶液中,乙炔加1分子水生成乙烯醇,乙烯醇立即重排得到乙醛,这是工业上生产乙醛的方法之一。

$$CH\equiv CH + H_2O \xrightarrow[\text{稀 } H_2SO_4]{HgSO_4} \left[CH_2=\underset{OH}{C}-H \right] \rightleftharpoons CH_3-\overset{O}{\overset{\|}{C}}-H$$

乙烯醇 乙醛

反应产物烯醇(enol)通常是不稳定的中间产物,其中氧上的活泼氢原子容易解离,并重排转移到碳原子上,形成比较稳定的酮式结构。同样条件下,酮式也可转变成烯醇式,这种现象称作**互变异构现象**(tautomerism)。互变异构现象是2种异构分子通过质子转移位置而相互转变的一种平衡现象。**酮式-烯醇式互变异构**(keto-enol tautomer)是有机化学中常见的互变异构现象。

$$\underset{\text{酮式 keto tautomer}}{RCH_2\overset{O}{\overset{\|}{C}}-R} \rightleftharpoons \underset{\text{烯醇式 enol tautomer}}{RCH=\overset{OH}{\overset{|}{C}}-R}$$

不对称炔烃与水加成时，加成方向也符合马氏规则。因此，只有乙炔水合时生成乙醛，其他炔烃水合都生成相应的酮。例如：

$$CH_3C\equiv CH+H_2O\xrightarrow[HgSO_4]{H_2SO_4}\left[\begin{array}{c}CH_3C=CH_2\\ \quad | \\ \quad OH\end{array}\right]\xrightleftharpoons{\text{互变异构}}CH_3-\overset{O}{\overset{\|}{C}}-CH_3$$

5. 与醇钠(钾)加成

炔烃在高温高压下，在醇中与醇钠(钾)反应，可得到烯基醚。

$$HC\equiv CH+C_2H_5OK\xrightarrow[\substack{150\sim180^\circ C\\0.1\sim1.5\ MPa}]{C_2H_5OH}\underset{\text{乙烯基乙醚}}{CH_2=CH-O-C_2H_5}$$

在氯化铵与氯化亚铜存在下，乙炔和氢氰酸反应得到丙烯腈(制造腈纶的原料)。

$$HC\equiv CH+HCN\xrightarrow[CuCl]{NH_4Cl}\underset{\text{丙烯腈}}{CH_2=CHCN}$$

5.4.2 炔烃的氧化反应

炔烃经高锰酸钾氧化，碳碳叁键断裂，生成相应的氧化产物，同时高锰酸钾的紫色逐渐褪去，产生二氧化锰沉淀，可以利用此反应检验炔烃(碳碳叁键)的存在。例如：

$$CH_3CH_2CH_2C\equiv CH\xrightarrow[H_2O,OH^-]{KMnO_4}\underset{\text{丁酸}}{CH_3CH_2CH_2\overset{O}{\overset{\|}{C}}-OH}+CO_2$$

炔烃的结构不同，氧化产物各异。通常“HC≡”和“RC≡”部分分别被氧化成二氧化碳和羧酸，因此可从氧化产物推测原炔烃的结构。

5.4.3 炔氢的反应——炔氢的酸性

与碳碳叁键碳原子直接相连的氢称炔氢，炔氢性质活泼，可被某些金属取代生成炔金属化合物。如乙炔与金属钠作用放出氢气并生成乙炔钠，在过量的钠及更高的温度下反应，可生成乙炔二钠。

$$HC\equiv CH\xrightarrow[110^\circ C]{Na}\underset{\text{乙炔钠}}{HC\equiv CNa}+\frac{1}{2}H_2\uparrow$$

$$HC\equiv CH\xrightarrow[190\sim200^\circ C]{2Na}\underset{\text{乙炔二钠}}{NaC\equiv CNa}+H_2\uparrow$$

反应类似于水与金属钠的反应，说明乙炔具有酸性。

有机化学中的酸碱通常指勃朗斯德(J. N. Brønsted，1879—1947)所定义的酸碱，即酸是质子的给予体,碱是质子的接受体,简称质子酸碱理论。碱接受质子后生成的物质称作该碱的共轭酸,而酸给出质子后生成的物质称作该酸的共轭碱,例如:

$$\underset{\text{酸}}{HCl} + \underset{\text{碱}}{H_2\ddot{O}} \rightleftharpoons \underset{\text{共轭碱}}{Cl^-} + \underset{\text{共轭酸}}{H_3O^+}$$

共轭酸碱强弱的相互关系是:一个共轭酸的酸性越强,其共轭碱的碱性越弱;反之,一个共轭碱的碱性越强,则其共轭酸的酸性越弱。人们从一些化合物的 pK_a 值了解其酸性的强弱次序,同时也就可推知它的共轭碱的碱性强弱次序。

常见的定义酸碱的另一种方法是由美国物理学家路易斯(G. N. Lewis,1875—1946)提出的路易斯酸碱理论:酸是电子的接受体,碱是电子的给予体。如三氟化硼的硼原子外层只有 6 个电子,可以接受电子,故三氟化硼为酸,而氨的氮原子上有 1 对未共用电子对,可以作电子的给予体。因此,氨为碱。

$$\underset{\text{碱}}{H_3\ddot{N}} + \underset{\text{酸}}{BF_3} \longrightarrow \underset{\text{酸碱配合物}}{H_3\overset{+}{N}\overset{-}{B}F_3}$$

因此,可接受电子的分子及正离子为路易斯酸,具有未共用电子对的分子及负离子为路易斯碱。

乙炔不能使石蕊试纸变红,它只有很小的失去 H^+ 的倾向,说明乙炔是一个很弱的酸,而它的共轭碱乙炔负离子则是一个很强的碱。

$$\underset{\text{乙炔(弱酸)}}{HC \equiv CH} \rightleftharpoons H^+ + \underset{\text{乙炔负离子(强碱)}}{HC \equiv C^-}$$

乙炔钠可与水反应,生成氢氧化钠和乙炔,说明乙炔酸性比水弱。

$$\underset{\text{较强的碱}}{HC \equiv CNa} + \underset{\text{较强的酸}}{H_2O} \longrightarrow \underset{\text{较弱的碱}}{NaOH} + \underset{\text{较弱的酸}}{HC \equiv CH}$$

炔氢具有酸性,而乙烯、乙烷中的氢却几乎没有酸性,这是由于碳的杂化方式不同引起的。

酸性顺序	$HC \equiv CH$ >	$CH_2 = CH_2$ >	CH_3CH_3
杂化形式	sp	sp^2	sp^3
轨道中 s 成分	1/2	1/3	1/4
pK_a	25	45	49

乙炔、乙烯和乙烷失去 1 个质子后分别得到乙炔负离子、乙烯负离子和乙基负离子,这些负离子的 1 对电子处于不同的杂化轨道中。由于构成叁键的碳为 sp 杂化的,与 sp^2 及 sp^3 杂化方式相比,sp 杂化轨道中 s 成分占的比例大,电子离原子核近,核对电子的约束能力强,因此乙炔负离子有较高的稳定性。负离子越稳定,其碱性就越小,而相应酸的酸性就越强,故与乙烷和乙烯相比,乙炔有较大的酸性。

另外,将乙炔通入氨基钠的乙醚溶液,能得到乙炔钠,这也是制备炔钠(钾)的方法。由此,亦可说明乙炔的酸性比氨强。

$$HC \equiv CH \xrightarrow{NaNH_2} \underset{\text{乙炔钠}}{HC \equiv CNa} \xrightarrow{NaNH_2} \underset{\text{乙炔二钠}}{NaC \equiv CNa} + NH_3 \uparrow$$

$$CH_3CH_2CH_2C \equiv CH \xrightarrow{NaNH_2} \underset{\text{戊炔钠}}{CH_3CH_2CH_2C \equiv CNa} + NH_3 \uparrow$$

炔钠与卤代烷(常为伯卤代烷,参见第 8 章)反应,得烷基取代的炔烃。这类反应称炔烃的烷基化反应,以此制备一系列高级炔烃,进而再转变成其他类型的有机化合物。例如:

$$HC\equiv CNa + CH_3CH_2Br \longrightarrow HC\equiv C-CH_2CH_3 \xrightarrow[HgSO_4]{H_2O/H^+} CH_3COCH_2CH_3$$

$$C_6H_{11}-C\equiv CNa + CH_3CH_2Br \longrightarrow C_6H_{11}-C\equiv CCH_2CH_3 \xrightarrow[Pd-BaSO_4/\text{喹啉}]{H_2} \underset{H}{\overset{C_6H_{11}}{}}C=C\underset{H}{\overset{CH_2CH_3}{}}$$

乙炔或RC≡CH型的炔烃与硝酸银或氯化亚铜的氨溶液作用,立即生成炔化银白色沉淀或炔化亚铜红色沉淀。

$$RC\equiv CH \xrightarrow[NH_3\cdot H_2O]{AgNO_3} RC\equiv CAg\downarrow(\text{白色}) \quad \text{炔化银}$$

$$RC\equiv CH \xrightarrow[NH_3\cdot H_2O]{Cu_2Cl_2} RC\equiv CCu\downarrow(\text{红色}) \quad \text{炔化亚铜}$$

反应进行得非常迅速并且很灵敏,现象也较明显,可用于乙炔和 RC≡CH 型炔烃的定性检验。重金属炔化物在干燥状态下受热和震动易发生爆炸,所以要用稀硝酸及时处理,使其分解,以防发生危险。

5.4.4　炔烃的聚合反应

炔烃在一定条件下亦可发生聚合反应,生成链状或环状化合物。如:

$$HC\equiv CH \xrightarrow[NH_4Cl]{Cu_2Cl_2} \underset{\text{乙烯基乙炔}}{CH_2=CH-C\equiv CH} \xrightarrow[NH_4Cl]{Cu_2Cl_2} \underset{\text{二乙烯基乙炔}}{CH_2=CH-C\equiv C-CH=CH_2}$$

5.5　炔烃的制备

5.5.1　乙炔的工业来源

乙炔是工业上最重要的炔烃。自然界中没有乙炔存在,通常用电石水解法制备乙炔。

$$\underset{\text{电石}}{CaC_2} + 2H_2O \longrightarrow Ca(OH)_2 + \underset{\text{乙炔}}{HC\equiv CH}$$

乙炔也可通过甲烷在高温条件下部分氧化而得到:

$$6CH_4 + O_2 \xrightarrow{500^\circ C} 2HC\equiv CH + 2CO + 10H_2$$

用轻油和重油在适当的条件下裂解也可得到乙炔和乙烯。

5.5.2　炔烃的制法

1. 二卤代烷脱卤化氢(详见 8.4.2)

1,1-二卤代烷或 1,2-二卤代烷在碱性条件下脱卤化氢可得到炔烃。例如:

$$CH_3(CH_2)_7\underset{\displaystyle Br}{\underset{|}{C}}HCH_2Br \xrightarrow[\triangle]{NaNH_2} CH_3(CH_2)_7C{\equiv}CNa \xrightarrow{H_2O} CH_3(CH_2)_7C{\equiv}CH$$

1,2-二溴癸烷　　　　　　　　　　　　癸-1-炔(54%)

$$(CH_3)_3CCH_2CHCl_2 \xrightarrow[\triangle]{NaNH_2} \xrightarrow{H_2O} (CH_3)_3CC{\equiv}CH$$

1,1-二氯-3,3-二甲基丁烷　　3,3-二甲基丁-1-炔(50%~60%)

2. 伯卤代烷与炔钠反应

炔钠(钾)可与伯卤代烷 R—X 进行取代反应,将低级炔烃转变成高级炔烃(详见5.4.3及8.4.1)。如:

$$NaC{\equiv}CNa \xrightarrow{2\ n\text{-}C_3H_7Br} CH_3CH_2CH_2C{\equiv}CCH_2CH_2CH_3$$

乙炔二钠　　　　　　　辛-4-炔 60%~66%

$$HC{\equiv}CH \xrightarrow[\text{② } CH_3CH_2Br]{\text{① } NaNH_2} HC{\equiv}CCH_2CH_3 \xrightarrow[\text{② } CH_3Br]{\text{① } NaNH_2} CH_3C{\equiv}CC_2H_5$$

丁-1-炔　　　　　戊-2-炔

反应中采用伯卤代烷是由于叔卤代烷或仲卤代烷易发生消除反应(见 8.4.2)。

5.6 二烯烃的分类和命名

根据双键的位置,可将二烯烃分为下列 3 类:

① **累积二烯烃**(cumulated diene):2 个双键与同一碳原子相连接,即含有 $>C{=}C{=}C<$ 体系的二烯烃。例如丙二烯(propadiene) $CH_2{=}C{=}CH_2$。

② **共轭二烯烃**(conjugated diene):2 个双键被 1 个单键隔开,即含有 $>C{=}\underset{|}{C}{-}\underset{|}{C}{=}C<$ 体系的二烯烃。例如丁-1,3-二烯(buta-1,3-diene) $CH_2{=}CH{-}CH{=}CH_2$。

③ **孤立二烯烃**(isolated diene):2 个双键被 2 个以上单键分开,即含有 $>C{=}\underset{|}{C}{-}(\underset{|}{C})_n{-}\underset{|}{C}{=}C<$ 体系($n\geqslant1$)的二烯烃。例如戊-1,4-二烯(penta-1,4-diene) $CH_2{=}CH{-}CH_2{-}CH{=}CH_2$。

多烯烃的命名与单烯烃相似,注意应标出所有双键位次。例如:

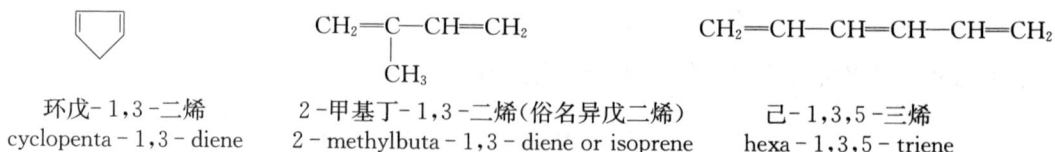

(环戊二烯结构式)
环戊-1,3-二烯
cyclopenta-1,3-diene

$$CH_2{=}\underset{\displaystyle CH_3}{\underset{|}{C}}{-}CH{=}CH_2$$
2-甲基丁-1,3-二烯(俗名异戊二烯)
2-methylbuta-1,3-diene or isoprene

$$CH_2{=}CH{-}CH{=}CH{-}CH{=}CH_2$$
己-1,3,5-三烯
hexa-1,3,5-triene

有顺、反异构时,应标出双键的构型。

(结构式:H_3C(6)与 H 连在 C5 上,C5=C4,C4 上连 H;C4—C3,C3=C2,C3 上连 H,C2 上连 H 和 CH_3(1))

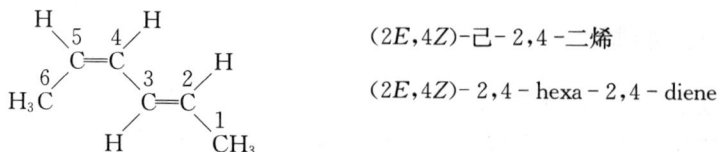

(2*E*,4*Z*)-己-2,4-二烯
(2*E*,4*Z*)-2,4-hexa-2,4-diene

上述 3 种二烯烃中具累积二烯烃骨架的化合物不多，也较难制备；孤立二烯烃中的 2 个双键间隔较远，相互间基本上没有影响，各自表现单烯烃的性质；共轭二烯烃中 2 个双键存在着相互影响，导致其具有某些独特的性质，故其理论和实用意义最大。在下面的章节中主要讨论共轭二烯烃。

5.7　共轭二烯烃的结构

5.7.1　共轭二烯烃的稳定性

烯烃的氢化热反映出烯烃的稳定性，氢化热大，表明分子内能高，分子稳定性小；反之，分子稳定性大。如果分子中含有多个双键，其氢化热约为各双键氢化热之和。表 5－2 是部分烯烃的氢化热数据。

表 5－2　部分烯烃的氢化热

化　合　物	分子的氢化热/(kJ/mol)	平均每个双键的氢化热/(kJ/mol)
$CH_3CH{=}CH_2$	125.2	125.2
$CH_3CH_2CH{=}CH_2$	126.8	126.8
$CH_2{=}CH{-}CH{=}CH_2$	238.9	119.5
$CH_3CH_2CH_2CH{=}CH_2$	125.9	125.9
$CH_2{=}CHCH_2CH{=}CH_2$	254.4	127.2
$CH_2{=}CH{-}CH{=}CHCH_3$	226.4	113.2

从以上数据可看出，孤立二烯烃的预计值与实测值基本吻合，其稳定性与一般烯烃相似。戊－1,4－二烯及戊－1,3－二烯氢化后均生成戊烷，可它们的氢化热却相差 28 kJ/mol（见图 5－2），这意味着共轭二烯烃具有较低内能，比一般烯烃稳定。

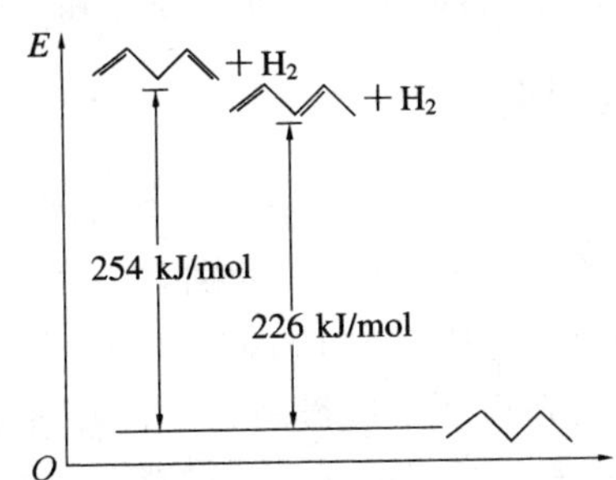

图 5－2　戊－1,3－二烯、戊－1,4－二烯与正戊烷间的位能差

共轭二烯烃的特性是由其结构决定的。

5.7.2　共轭二烯烃的量子力学结构——共轭作用

以丁－1,3－二烯为例说明共轭二烯烃的结构特点。在丁－1,3－二烯分子中，所有碳原子都是 sp^2 杂化的，它们彼此各以一个 sp^2 杂化轨道结合形成 3 个 C—C σ 键，其余的 sp^2 杂化轨道分别与氢原子结合形成 6 个 C—H σ 键。由于 sp^2 杂化轨道是平面分布的，因此，分

子中所有 σ 键都处于同一平面。每个碳原子上未杂化的 p 轨道都垂直于该平面,相互平行,如图 5-3。这样,不仅 C_1 与 C_2 及 C_3 与 C_4 的 p 轨道由于重叠形成 π 键,而且 C_2 与 C_3 的 p 轨道由于相邻又相互平行,也可以部分重叠,从而可以认为 C_2 与 C_3 间也具有部分双键的性质。这就使得丁-1,3-二烯分子中 4 个 p 电子不是定域在某 2 个碳原子之间,而是运动于 4 个碳原子周围,形成一个“共轭”键(或叫大 π 键),即发生了电子的离域或共轭(见 4.5.1)。

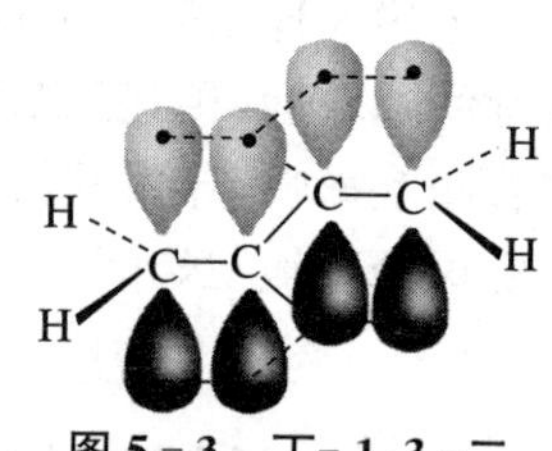

图 5-3 丁-1,3-二烯分子中 p 轨道重叠示意图

在不饱和化合物中,如果与不饱和键(例如 C═C)相邻的原子上有 p 轨道,则此 p 轨道便可与 π 键形成 1 个包括 2 个以上原子核的体系,这种体系称**共轭体系**(conjugated system)。共轭体系有几种不同的形式,对于丁-1,3-二烯来说,是由 2 个相邻 π 键形成的共轭体系,称 **π-π 共轭体系**(π-π conjugated system);而由 p 轨道与 π 键形成的共轭体系,称 **p-π 共轭体系**(p-π conjugated system)。在共轭体系中,由于电子的离域作用使得体系中电子不只受到 2 个核的束缚,而是受到多个核的束缚(如丁-1,3-二烯中,每个电子受到 4 个核的束缚)。因此,共轭增强了分子的稳定性,降低了体系的能量。这种降低的能量值称**离域能**(delocalization energy)。

通常来说,共轭体系越大,体系能量越低,体系越稳定。

共轭体系中的任何一个原子受到外界试剂的作用,这种影响将波及整个共轭体系。如己-1,3,5-三烯的 C_1 受到极性试剂溴化氢进攻时,整个分子的 π 电子云向一个方向移动,并产生交替极化现象。这种影响不随距离的增加而削弱。

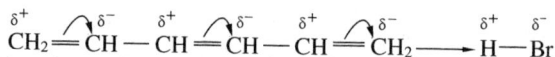

$$\overset{\delta^+}{CH_2}=\overset{\delta^-}{CH}-\overset{\delta^+}{CH}=\overset{\delta^-}{CH}-\overset{\delta^+}{CH}=\overset{\delta^-}{CH_2} \longrightarrow \overset{\delta^+}{H}-\overset{\delta^-}{Br}$$

这种共轭体系中原子间的相互影响称为**共轭作用**(conjugative effect),常用 C 表示。根据共轭体系的不同,共轭作用常分为 **p-π 共轭作用**(p-π conjugative effect,参见 5.9 及 8.7)及 **π-π 共轭作用**(π-π conjugative effect)。

对共轭分子中电子的离域现象目前用分子轨道理论和共振论给予描述。

5.7.3 分子轨道理论的描述

分子轨道理论认为,丁-1,3-二烯的 4 个 p 原子轨道组成 4 个 π 分子轨道,如图 5-4 所示。4 个轨道中,π_1 中没有节面,π_2、π_3^* 及 π_4^* 分别有 1、2、3 个节面,轨道节面越多能级越高。π_1 及 π_2 的能级低于原子轨道,为成键轨道;π_3^* 及 π_4^* 的能级高于原子轨道,为反键轨道。在基态下 4 个 π 电子分别填充在 2 个成键轨道中。填充在 π_1 轨道中的 π 电子分布在 4 个碳原子上,C_2—C_3 间有成键电子分布。π_2 有 1 个节面,π 电子分布在 C_1—C_2 及 C_3—C_4 之间,C_2—C_3 间成键电子的分布为零。因此,丁-1,3-二烯 C_1—C_2 及 C_3—C_4 之间具有较强的 π 键性质,C_2—C_3 间有部分双键的特征。

电子衍射法测定丁-1,3-二烯的结构发现,其 C—C 单键键长(0.148 nm)比普通的 C—C 单键(0.153 nm)短,这是分子中 π 电子离域的结果。同时由于 π 电子离域,又使整个体系能量降低,体系比较稳定。这些都是共轭体系的特点。

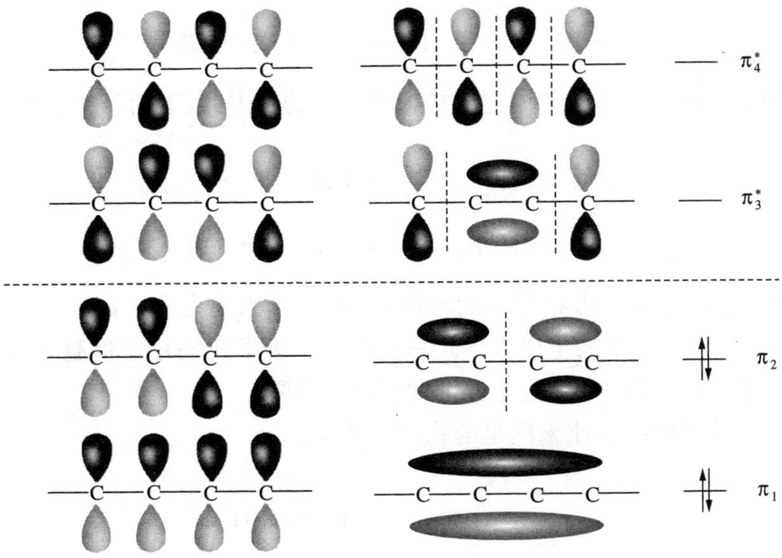

图 5-4　丁-1,3-二烯的分子轨道图

5.7.4　共振论简介

共振论(the theory of resonance)是 1931 年由美国化学家鲍林(L. Pauling,1901—1994)提出的。共振论认为,一个分子(或离子、自由基)的结构不能用一个经典结构式表述时,可用几个经典结构式来共同表述,分子的真实结构是这些经典结构式的**共振杂化体**,这些经典结构式称为极限式或共振结构式。由于共振的结果使体系的能量降低。如丁-1,3-二烯的真实结构为下列极限式的共振杂化体:

$$[\underset{(1)}{CH_2{=}CH{-}CH{=}CH_2} \longleftrightarrow \underset{(2)}{\overset{+}{C}H_2{-}CH{=}CH{-}\overset{-}{C}H_2} \longleftrightarrow \underset{(3)}{\overset{-}{C}H_2{-}CH{=}CH{-}\overset{+}{C}H_2}$$

$$\longleftrightarrow \underset{(4)}{CH_2{=}CH{-}\overset{-}{C}H{-}\overset{+}{C}H_2} \longleftrightarrow \underset{(5)}{CH_2{=}CH{-}\overset{+}{C}H{-}\overset{-}{C}H_2}\ \text{等}]$$

这种表达方式也反映出丁-1,3-二烯分子中 π 电子的离域和 C_2 与 C_3 间有部分双键的特征。

极限式间的双向箭头“$\longleftrightarrow$”表示 2 个极限式间的共振,切勿与平衡符号“$\rightleftharpoons$”混淆。还应指出的是,在共振概念中,一系列极限式都不是真实存在的结构,而是用来描述分子真实结构和性质的一种手段。绝不能把真实的分子结构看成是数个极限式的混合物,也不能看成为几种结构互变的平衡体系。

应用共振论描述分子(或离子等)结构时,首先要写出极限式。写极限式时应遵循以下原则:

① 各极限式必须符合路易斯结构的要求,如丁-1,3-二烯不能写成$CH_2{=}CH{=}CH{-}\overset{+}{C}H_2$,因为有 1 个碳原子价数不对。

② 各极限式中原子核的排列应相同,不同的仅是电子的排布。例如乙烯醇与乙醛间不是共振关系,因为两者氢原子的位置发生了变化:

$$[CH_2{=}CH{-}OH \nleftrightarrow CH_3{-}\overset{\overset{\displaystyle O}{\|}}{C}{-}H]$$

③ 各极限式中配对或未配对的电子数应是相等的。因此,下面第二个式子是错误的。

$$[CH_2{=}CH\dot{C}H_2 \longleftrightarrow \dot{C}H_2{-}CH{=}CH_2]$$

$$[CH_2{=}CH\dot{C}H_2 \nleftrightarrow \dot{C}H_2{-}\dot{C}H{-}\dot{C}H_2]$$

一个化合物有时可以写出相当多的极限式,甚至难以写完全。因此,实际上只要将对分子结构和性质有较大贡献的重要极限式写出即可。极限式的稳定性越大,对共振杂化体的贡献越大。判断极限式的相对稳定性大致有以下原则:

① 满足八隅体的极限式比未满足的稳定。例如:

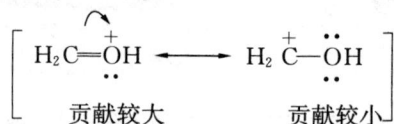

$$\left[\underset{\text{贡献较大}}{H_2C{=}\overset{+}{\underset{\cdot\cdot}{O}}H} \longleftrightarrow \underset{\text{贡献较小}}{H_2\overset{+}{C}{-}\ddot{\underset{\cdot\cdot}{O}}H}\right]$$

② 没有正负电荷分离的极限式比有电荷分离的稳定。例如在丁-1,3-二烯的极限式中,不带电荷的 $CH_2{=}CH{-}CH{=}CH_2$ 较稳定,对丁-1,3-二烯的真实结构贡献最大,故通常用它表示丁-1,3-二烯结构。

③ 如几个极限式都满足八隅体电子结构,且有电荷分离时,电负性大的原子带负电荷、电负性小的原子带正电荷的极限式比较稳定。如:

$$\left[\overset{-}{C}H_2{-}\overset{+}{N}{\equiv}N: \longleftrightarrow \underset{\text{较稳定,贡献较大}}{CH_2{=}\overset{+}{N}{=}\overset{-}{\underset{\cdot\cdot}{N}}:}\right]$$

④ 若参与共振的极限式具有相同的能量,则由它们组成的共振杂化体特别稳定,如烯丙基自由基。

$$[\dot{C}H_2{-}CH{=}CH_2 \longleftrightarrow CH_2{=}CH{-}\dot{C}H_2]$$

⑤ 参与共振的极限式越多,则共振杂化体越稳定。共振论认为,共振杂化体的能量比参与共振的任何一个极限式的能量都低。由共振所降低的能量称**共振能**(resonance energy)。共振能越大,体系就越稳定。

共振论是经典的价键理论的补充和发展,能定性地解释有机化学中许多现象和事实。由于共振论的表达方式比较简单、直观,所以易被广大化学工作者所接受。

5.8 共轭二烯烃的反应

共轭二烯烃同单烯烃一样,易发生加成、氧化和聚合等反应,但由于其结构特点,反应还存在一些特性,现重点讨论共轭二烯烃的特殊性质。

5.8.1　1,4-加成(共轭加成)

丁-1,3-二烯与 1 分子卤素或卤化氢发生加成反应可得到 2 种重要的加成产物：**1,2-加成**(1,2-addition)产物及 **1,4-加成**(1,4-addition)产物。

$$CH_2{=}CH{-}CH{=}CH_2 \xrightarrow[1\,mol]{HBr} \underset{\text{3-溴丁-1-烯}}{CH_2{=}CHCH(Br)CH_2(H)} + \underset{\text{1-溴丁-2-烯}}{CH_2(Br)CH{=}CHCH_2(H)}$$

$$CH_2{=}CH{-}CH{=}CH_2 \xrightarrow[1\,mol]{Br_2} \underset{\substack{\text{3,4-二溴丁-1-烯}\\(\text{1,2-加成})}}{CH_2{=}CHCH(Br)CH_2Br} + \underset{\substack{\text{1,4-二溴丁-2-烯}\\(\text{1,4-加成})}}{CH_2(Br)CH{=}CHCH_2Br}$$

在进行 1,4-加成时，分子中 2 个 π 键均打开，同时在原来碳碳单键的地方生成了新的双键，这是共轭体系特有的加成方式，故又称**共轭加成**(conjugate addition)。

1,2-加成和 1,4-加成产物的比例取决于反应条件，通常在较高的温度下以 1,4-加成产物为主，在较低的温度下以 1,2-加成产物为主。如：

$$CH_2{=}CH{-}CH{=}CH_2 \xrightarrow[1\,mol]{HBr} CH_2(H)CH(Br)CH{=}CH_2 + CH_2(H)CH{=}CHCH_2Br$$

80%	20%	(−80℃)
20%	80%	(40℃)

5.8.2　狄尔斯-阿尔特反应

共轭二烯烃能与含碳碳双键或叁键的化合物进行 1,4-加成，生成环状化合物，如：

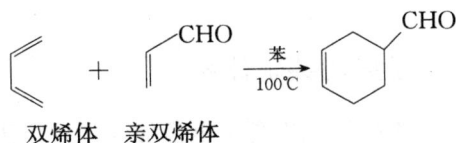

$$\text{双烯体} + \underset{\text{亲双烯体}}{CH_2{=}CH{-}CHO} \xrightarrow[100℃]{\text{苯}} \text{(环己-3-烯甲醛, CHO)}$$

双烯体　亲双烯体

这是共轭二烯烃特有的反应，称**狄尔斯-阿尔特反应**(Diels-Alder reaction)。狄尔斯-阿尔特反应在加热条件下进行，其应用范围非常广泛，是合成六元碳环化合物的一种重要反应。

一般将反应中的共轭二烯烃称**双烯体**(diene)，而将与共轭二烯烃进行双烯加成的不饱和化合物称**亲双烯体**(dienophile)，所以该反应又称为**双烯合成反应**(diene synthesis)。亲双烯体是乙烯时，反应条件要求苛刻，收率较低。如果亲双烯体的不饱和碳原子上连有强的吸电子基时，反应较容易进行。硝基($-NO_2$)、酯基($-COOR$)、腈基($-CN$)、醛基($-CHO$)或酰基($-COR$)等都是强吸电子基。例如，顺丁烯二酸酐可作为活性较大的亲双烯体参与反应：

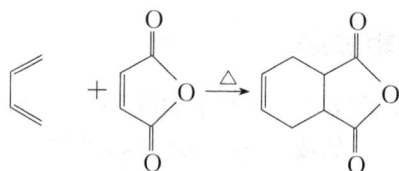

狄尔斯-阿尔特反应是一种协同反应(详见第 19 章),反应中旧键的断裂和新键的形成同时进行,反应过程中经过了 6 个碳原子组成的环状过渡态。

150～160℃

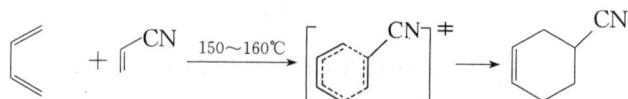

狄尔斯-阿尔特反应是可逆的,在加热到较高温度时,加成产物又可以分解为双烯体和亲双烯体。

狄尔斯-阿尔特反应是立体专一的顺式加成反应,亲双烯体在反应过程中构型保持不变。例如:

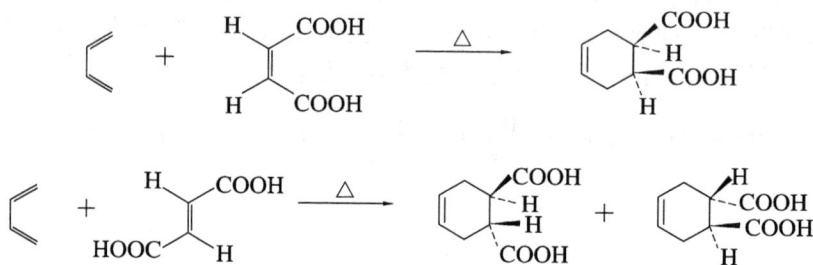

5.9 共轭加成的理论解释

5.9.1 由 3 个碳原子组成的共轭体系

共轭二烯烃与卤化氢及卤素的加成均是亲电性加成。现以丁-1,3-二烯与溴化氢的加成为例解释共轭加成发生的原因。该反应分 2 步进行,经过了碳正离子活性中间体阶段。首先,共轭二烯烃受卤化氢影响形成交替偶极,质子可加到带部分负电荷的 C_1 或 C_3 上,分别形成碳正离子(1)或(2):

$$\overset{\delta^+}{C}H_2{=}\overset{\delta^-}{C}H{-}\overset{\delta^+}{C}H{=}\overset{\delta^-}{C}H_2 + \overset{\delta^+}{H}\longrightarrow\overset{\delta^-}{Br} \begin{cases} \longrightarrow CH_2{=}CH\overset{+}{C}HCH_2\text{(H on C}_4\text{)} & (1)\ 较稳定 \\ \longrightarrow \overset{+}{C}H_2CHCH{=}CH_2\text{(H on C}_2\text{)} & (2) \end{cases}$$

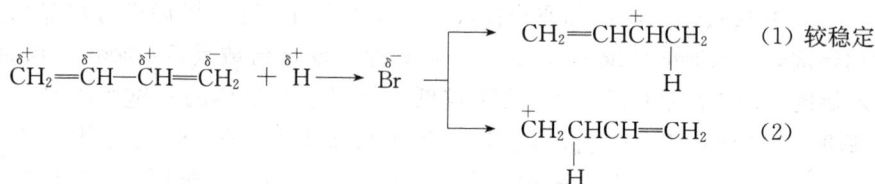

碳正离子(1)的稳定性大于(2),其原因除了(1)和(2)分别是 2°和 1°碳正离子外,碳正离子(1)中 p-π 共轭的存在是其稳定性增大的主要原因。

在碳正离子(1)中,带正电荷的碳原子直接与碳碳双键相连,形成一个 3 碳共轭体系

$C{=}C{-}C^+$，它具有烯丙基结构，故称其为**烯丙基(型)碳正离子**(allylic cation)。

烯丙基碳正离子中带正电荷的碳原子也是 sp^2 杂化的，其空 p 轨道可以与相邻的烯碳原子的 p 轨道相互重叠形成 p－π 共轭体系，π 电子可离域到空 p 轨道上，使碳正离子的正电荷得以分散，体系得以稳定(见图 5－5)。因此，丁－1,3－二烯与溴化氢加成时，易生成更稳定的(1)而不是(2)。

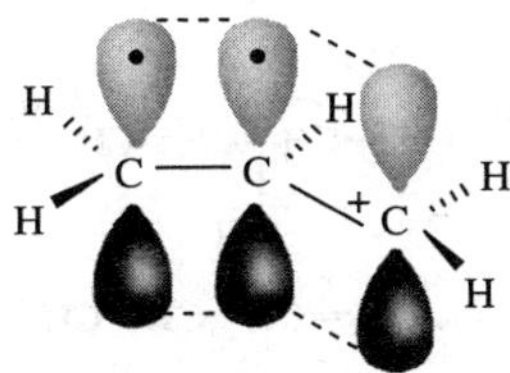

图 5－5　烯丙基碳正离子中的离域键

丁－1,3－二烯与溴化氢加成得到的碳正离子(1)亦可用共振式表示：

$$\left[\underset{4}{CH_2}{=}\underset{3}{CH}{-}\underset{2}{\overset{+}{C}H}{-}\underset{1}{CH_3} \longleftrightarrow \underset{4}{\overset{+}{C}H_2}{-}\underset{3}{CH}{=}\underset{2}{CH}{-}\underset{1}{CH_3}\right] \equiv \underset{4}{\overset{\delta^+}{C}H_2}\cdots\underset{3}{CH}\cdots\underset{2}{\overset{\delta^+}{C}H}{-}\underset{1}{CH_3}$$

由于 π 电子离域，碳正离子(1)的正电荷分散在 C_2 和 C_4 上。因此，第二步 Br^- 可进攻 C_2 和 C_4，分别形成 1,2－加成和 1,4－加成产物。

$$\underset{4}{\overset{\delta^+}{C}H_2}\cdots\underset{3}{CH}\cdots\underset{2}{\overset{\delta^+}{C}H}{-}\underset{1}{CH_3} + Br^- \begin{cases} \xrightarrow{1,2-加成} CH_2{=}CH{-}\underset{\large Br}{\underset{|}{C}H}CH_3 \\ \xrightarrow{1,4-加成} \underset{\large Br}{\underset{|}{C}H_2}{-}CH{=}CHCH_3 \end{cases}$$

烯丙基碳正离子是一种由 3 个碳、2 个电子组成的缺电子 p－π 共轭体系。与此类似，烯丙基自由基也组成一种 p－π 共轭体系，只不过它是一种由 3 个碳、3 个电子组成的等电子p－π 共轭体系。由于共轭体系的存在，烯丙基自由基具有很大的稳定性。

5.9.2　动力学控制和热力学控制

由 5.8.1 可知，反应温度不同，丁－1,3－二烯与溴化氢的 1,2－加成与 1,4－加成产物的比例不一样，这是什么原因呢？

由于 1,2－加成和 1,4－加成经过同样的碳正离子中间体，也就是说反应的第一步是相同的，因此形成两种产物的量取决于第二步反应，即卤负离子与碳正离子结合的过程。第一步反应得到的碳正离子的真实结构是极限式 $\underset{4}{CH_2}{=}\underset{3}{CH}{-}\underset{2}{\overset{+}{C}H}\underset{1}{CH_3}$ (A)和 $\underset{4}{\overset{+}{C}H_2}{-}\underset{3}{CH}{=}\underset{2}{CH}\underset{1}{CH_3}$ (B)的共振杂化体。由于极限式(A)比(B)稳定，对共振杂化体贡献大，因此，进行第二步反应时(A)中 C_2 比(B)中 C_4 更易接受负离子的进攻，也就是说发生 1,2－加成所需的活化能较 1,4－加成小，故 1,2－加成反应速率较 1,4－加成快(见图 5－6)。

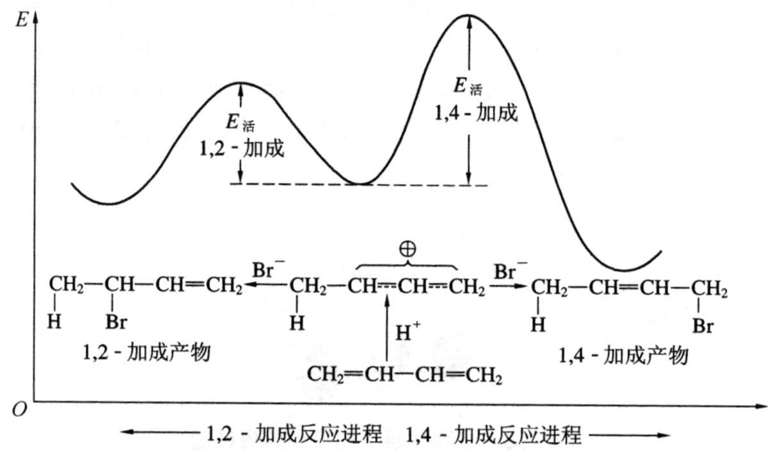

图 5-6 反应进程中的势能变化:1,2-加成与 1,4-加成反应

加成产物中的 C—Br 键能离解成正离子和负离子,因此,1,2-加成和 1,4-加成产物可通过烯丙基型碳正离子相互转化,形成动态平衡。

$$CH_2{=}CH{-}\underset{\displaystyle Br\ \ H}{\underset{|\ \ |}{CHCH_2}} \rightleftharpoons \overset{\delta^+}{C}H_2{\overset{\dots}{=}}CH{\overset{\dots}{=}}\underset{\displaystyle H}{\underset{|}{\overset{\delta^+}{CH}}}{-}CH_2 + Br^- \rightleftharpoons \underset{\displaystyle Br}{\underset{|}{CH_2}}CH{=}CH\underset{\displaystyle H}{\underset{|}{CH_2}}$$

由于 1,4-加成产物(二取代烯)比 1,2-加成产物(一取代烯)稳定(见 4.5.1),所以较高温度有利于 1,2-加成产物转化为较稳定的 1,4-加成产物,故高温时 1,4-加成产物比例多。

这种在低温时由反应速度控制产物比例的现象称为速度控制,或**动力学控制**(kinetic control);在高温时由产物间平衡控制产物比例的现象称为平衡控制,或**热力学控制**(thermodynamical control)。

5.10 丙二烯的结构及取代丙二烯的对映异构

丙二烯分子中 C_1 及 C_3 为 sp^2 杂化,中间的 C_2 则为 sp 杂化,3 个碳原子在一条直线上。C_2 以 2 个相互垂直的 p 轨道分别与 C_1 及 C_3 的 p 轨道重叠,形成 2 个互相垂直的 π 键,见图 5-7。

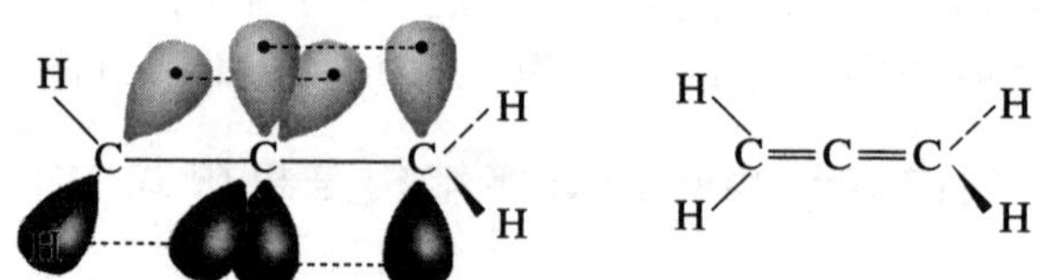

图 5-7 丙二烯分子中轨道结构示意图

在这类化合物中,C_1 及 C_3 连有的原子或基团处在互相垂直的 2 个平面内,因此,当丙二烯两端碳原子分别连有 2 个不同的原子或基团时,分子则没有对称面和对称中心,即分子具有不对称性,有对映异构体,如图 5-8 所示。

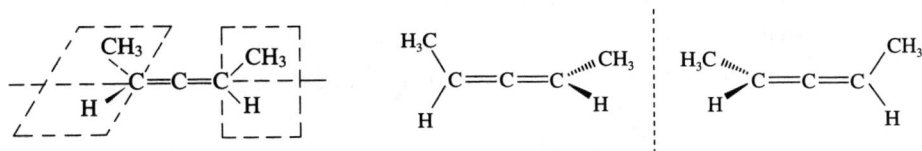

图 5-8　取代丙二烯的对映异构

习　题

1. 举例说明下列各项。

(1) 顺式加成　(2) Lindlar reagent　(3) π-π 共轭
(4) 共轭加成　(5) 烯丙基碳正离子　(6) Diels-Alder reaction
(7) 立体选择性反应　(8) 互变异构　(9) 异戊二烯

2. 写出结构式或命名。

(1) 3,5-二甲基庚-1-炔
(2) (环己基)$-CH=CH-CH=CH_2$
(3) 己-1,5-二烯-3-炔
(4) $CH_3C\equiv CCH(CH_3)CH_2C\equiv CH$
(5) (甲基环己二烯，取代基 CH_3)
(6) $CH_3C\equiv C-C(C_2H_5)=CHCH(CH(CH_3)_2)CH_3$
(7) $CH_3CH(Br)C\equiv CCH_3$
(8) 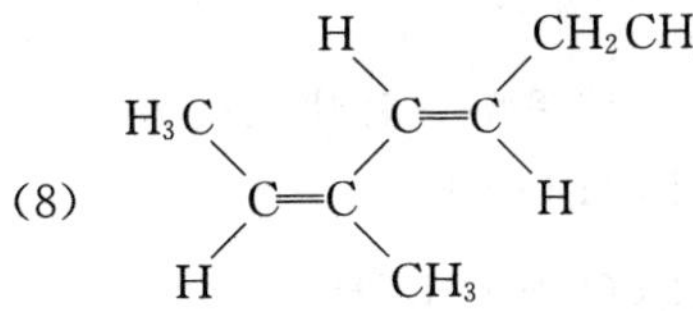

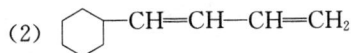

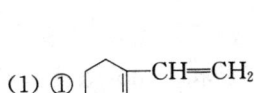

3. 下列化合物中哪些含共轭体系，哪些有顺、反异构体？试写出顺、反异构体的构型式并命名之。

(1) $CH_3CH=CHCH_2C\equiv CH$
(2) $(CH_3)_2C=CHC\equiv CCH_3$
(3) $CH_3CH=CHCH_2CH_2CH=CH_2$
(4) $CH_3CH=CHC(CH_3)=CHCH_3$

4. 比较下列各对化合物或碳正离子的稳定性。

(1) ① (环戊烯基)$-CH=CH_2$　② 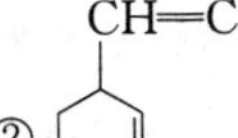

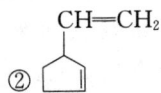

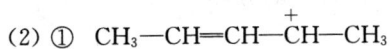

(2) ① $CH_3-CH=CH-\overset{+}{C}H-CH_3$　② $CH_3-CH=CH-CH_2-\overset{+}{C}H_2$

(3) ① (含 CH_3 的环己二烯基碳正离子)　② (含 H_3C 的环己二烯基碳正离子)

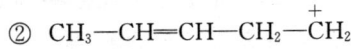

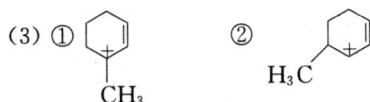

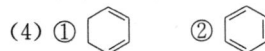

(4) ① (环己二烯)　② (苯)

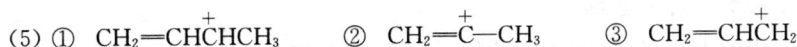

(5) ① $CH_2=CH\overset{+}{C}HCH_3$　② $CH_2=\overset{+}{C}-CH_3$　③ $CH_2=CH\overset{+}{C}H_2$

5. 写出己-3-炔与下列试剂的反应产物。

(1) 1 mol HBr　(2) H_2/林德拉试剂
(3) $KMnO_4$/△　(4) 2 mol Br_2

6. 完成下列反应式(写出主要产物或试剂、条件)。

(1) $CH_3CH_2CH_2C\equiv CH + 2HBr \longrightarrow$

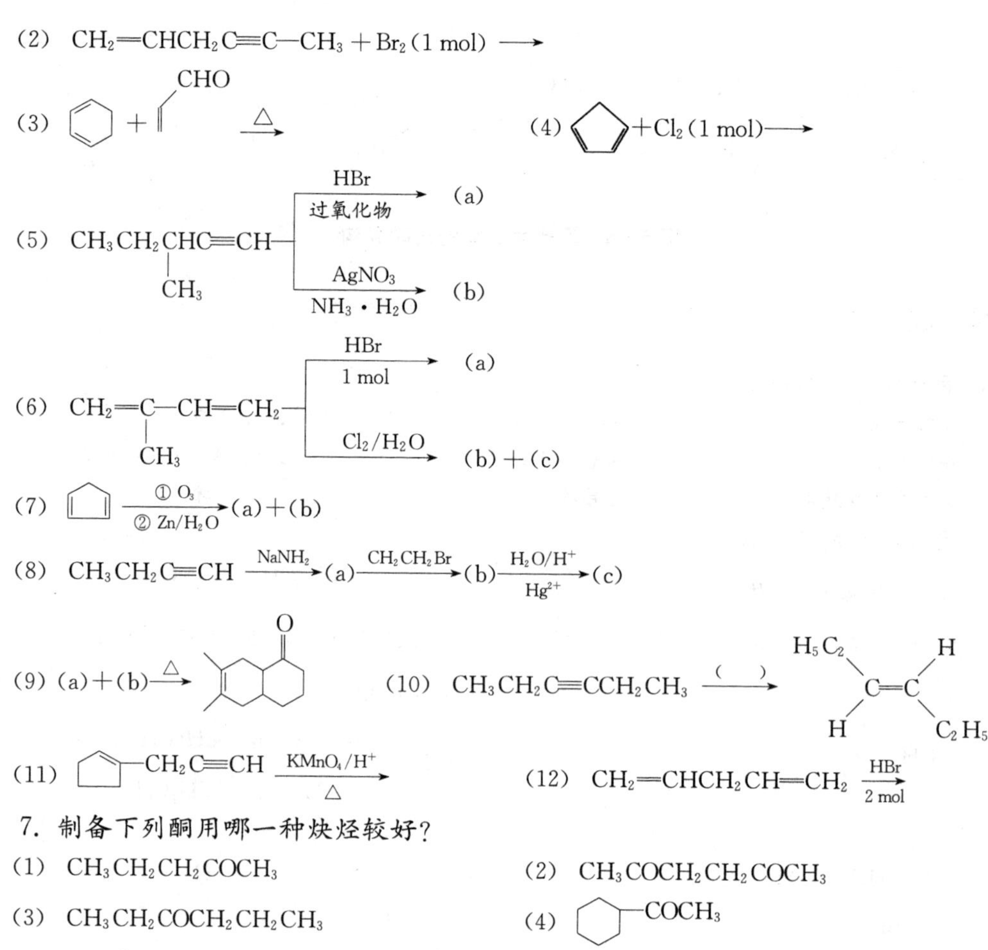

7. 制备下列酮用哪一种炔烃较好?

(1) $CH_3CH_2CH_2COCH_3$

(2) $CH_3COCH_2CH_2COCH_3$

(3) $CH_3CH_2COCH_2CH_2CH_3$

(4) (环己基)$-COCH_3$

8. 化合物A分子式为C_6H_8,催化氢化吸收2 mol氢得B,B与溴不发生作用。A经臭氧化后再用锌水处理只得一种产物丙二醛,试写出A和B的构造式。

9. A和B两个化合物互为构造异构体。A和B都能使Br_2/CCl_4褪色。A与硝酸银氨溶液反应生成白色沉淀,B不能发生此反应。A能与$KMnO_4$反应生成丙酸和CO_2,B在同样条件下只生成一种羧酸。试写出A和B的构造式。

10. 分子式为C_7H_{10}的某开链烃A可发生下列反应:经催化加氢可生成3-乙基戊烷;与$AgNO_3$氨溶液反应可产生白色沉淀;A在Lindlar催化剂作用下吸收1 mol氢生成化合物B。B可与顺丁烯二酸酐反应生成化合物C。试推导A、B、C的结构。

11. 以丙炔为原料合成下列化合物。

(1) $CH_2(Br)CH(Br)CH_2(Br)$

(2) (*E*)-己-2-烯

12. 以乙炔为原料合成下列化合物。

(1) 顺己-3-烯 (2) $CH_3COCH_2CH_2CH_2CH_3$ (3) 2-溴-2-氯丁烷

第6章 芳 烃

在有机化学发展初期，人们把从植物胶中提取得到的一些具有香气的化合物通称为芳香化合物，后来发现它们的分子结构中都含有苯环。1825 年，法拉第(M. Faraday)从照明气的液体冷凝物中分离出苯，并测得其元素组成为碳、氢。1833 年，米切利希(E. Mitscherlich)由苯甲酸合成了苯，并确定其分子式为 C_6H_6。1847 年以后，人们发现煤焦油中含有丰富的苯及相关化合物。随着煤焦油工业的发展，大量含有苯结构单位的化合物被合成出来，这些化合物与早期研究的脂肪族化合物有显著的差异，科学家们将它们称为**芳香族化合物**(aromatic compound)。因此，芳香族化合物是指含有苯及一些化学性质类似于苯的化合物。

6.1 苯的结构

6.1.1 凯库勒式

在提出正确的结构之前，人们已知苯的分子式为 C_6H_6，并具有如下性质：

(1) 不饱和度为 4，但易发生取代反应，不易发生加成反应；

(2) 一取代的产物只有 1 种；

(3) 二取代物有 3 种，相同取代基的三取代物也有 3 种。

为了解释这些现象，德国化学家凯库勒(Kekulé)在 1865 年提出了苯的环状结构。由于需保持碳的四价，凯库勒在环内加上 3 个双键，这就是苯的凯库勒式。

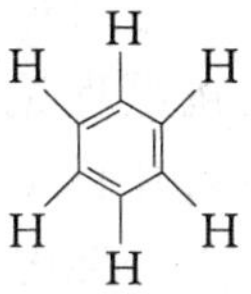

凯库勒式是有机化学理论研究中的一项重大成就。但是，它也有不足之处：

(1) 根据凯库勒式，苯环上相邻 2 个碳原子上的氢被取代应当生成两种取代产物，A 中 2 个取代基与单键相连，B 中 2 个取代基与双键相连。

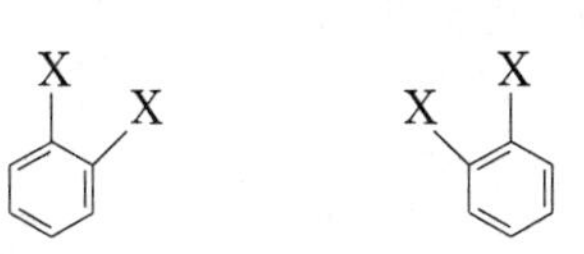

A　　B

但实际上只有一种。为了解释这一现象，凯库勒提出了摆动双键学说：假定苯分子中的双键不是固定的，在不停地来回摆动。

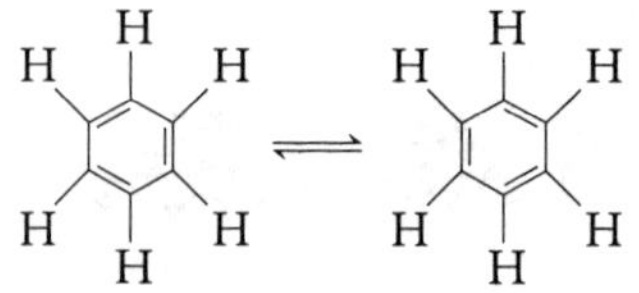

(2) 苯分子的不饱和度为 4,但它却不发生类似于不饱和烯烃和炔烃的加成反应。这个问题直到 20 世纪才得到合理的说明。

6.1.2 苯的稳定性

苯的稳定性可以从氢化热上定量地计算出来。环己烯、环己二烯和苯经氢化后都产生环己烷。它们反应后产生的氢化热值如下:

	实测值	估计值	差值
	−119.5 kJ/mol		
	−231.8 kJ/mol	−119.5×2=−239 (kJ/mol)	7.2 kJ/mol
	−208.5 kJ/mol	−119.5×3=−358.5 (kJ/mol)	150 kJ/mol

苯的氢化热比假设的环己三烯要低 150 kJ/mol,可见苯比环己三烯稳定得多(能量愈低愈稳定)。凯库勒式不能说明这种稳定性。

6.1.3 现代价键理论对苯结构的描述

用现代物理方法测定苯分子中的键长、键角,发现 C—C 键长都是 0.139 nm,C—H 键长都是 0.109 nm,键角都是 120°。说明苯分子中的碳碳键比烷烃中的单键(0.150 nm)短,而比烯烃中的双键(0.134 nm)长,是介于单键和双键之间的且完全平均化的一种键,见图 6-1。

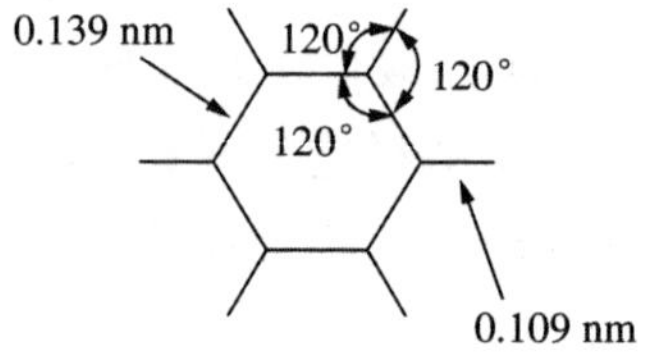

图 6-1 苯分子的平面结构

上述物理方法测定的数据与由杂化轨道理论推断的苯的结构相吻合。杂化轨道理论认为,苯环中的 6 个碳原子均为 sp^2 杂化。碳原子形成的 3 个 sp^2 杂化轨道,其中 2 个与相邻的碳原子形成 C—C σ 键,另一个与氢原子形成 C—H σ 键,键角都是 120°,这与正六边形的内角都是 120°相吻合。每个碳上还剩下的 p 轨道都垂直于环所在的平面且相互平行,可从各个方向进行重叠,结果形成一个闭合的环状的大 π 键,见图 6-2。形成的大 π 电子云像 2 个连续的面包圈分别位于平面的上、下方,见图 6-3。

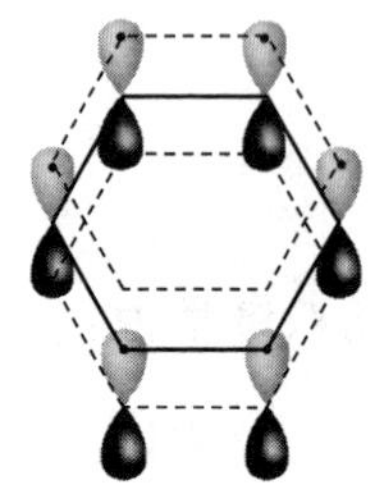

图 6-2 苯的 sp^2 杂化

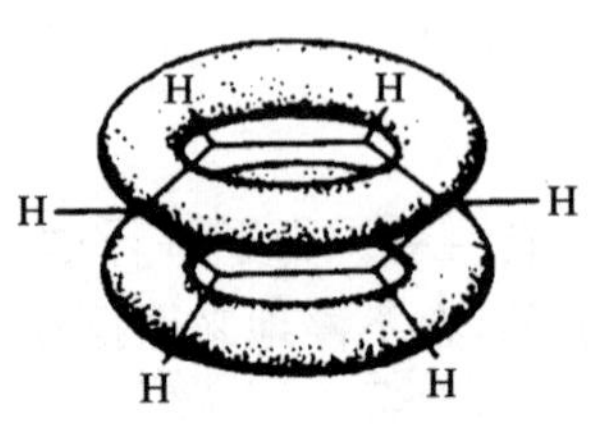

图 6-3 苯分子的 π 电子云

6.1.4　苯的共振式和共振能

共振论用两个经典的价键结构式(极限式)来描述苯的结构。

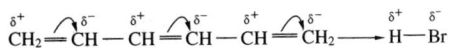

$$\overset{\delta^+}{CH_2}=\overset{\delta^-}{CH}-\overset{\delta^+}{CH}=\overset{\delta^-}{CH}-\overset{\delta^+}{CH}=\overset{\delta^-}{CH_2}\longrightarrow \overset{\delta^+}{H}-\overset{\delta^-}{Br}$$

共振论认为苯的真实结构是这两个极限式(Kekulé 结构式)的共振杂化体。因为苯的两个极限式结构相同,所以共振杂化体的能量比假想的环己三烯低得多,有特殊的稳定性,其共振能为 150 kJ/mol。

6.1.5　苯的结构的表示方法

关于苯的结构及它的表达方式已经讨论了很多年,虽然科学家们提出了各种看法,但仍没有得到满意的结论。苯结构的书写方法,除仍沿用凯库勒结构式外,还可采用正六边形内加一个圆圈来表示,圆圈代表苯分子中的闭合大 π 键。

6.2　苯衍生物的异构和命名

芳香烃中少 1 个氢原子而形成的基团称为芳香基或芳基(Aryl),简写为 Ar—。苯去掉 1 个氢剩下的原子团称苯基(phenyl),简写为 Ph—,甲苯的甲基上去掉 1 个氢剩下的原子团为苄基(benzyl),简写为 Bz—。

C_6H_5—　　C_6H_5—CH_2—

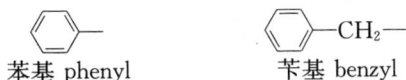

苯基 phenyl　　苄基 benzyl

苯的一元取代物只有一种。烷基取代的苯通常称为某烷基苯,“基”字又常省略。而英文名称中保留了一些专门名称,如甲苯的英文名为 toluene。

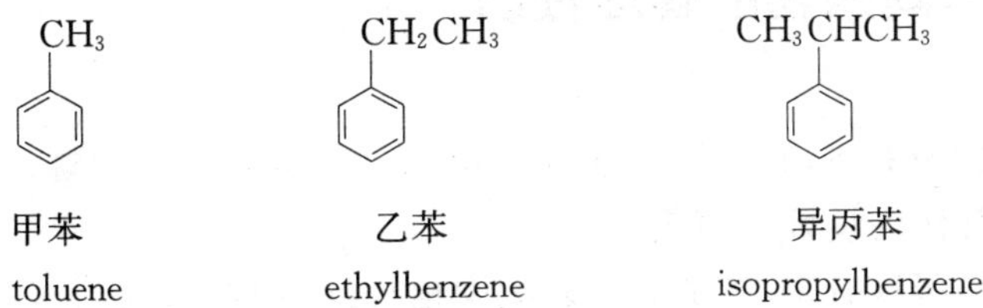

甲苯 toluene　　乙苯 ethylbenzene　　异丙苯 isopropylbenzene

当取代基为链状烃基时,一般均以苯作为母体来命名。如:

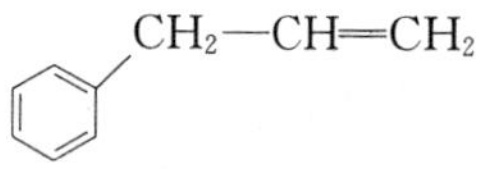
CH₂—CH═CH₂

烯丙基苯

allylbenzene

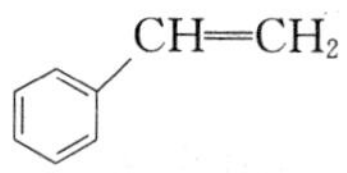
CH═CH₂

乙烯基苯

vinylbenzene

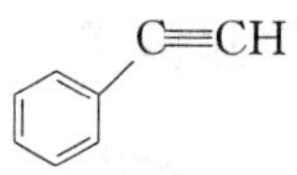
C≡CH

乙炔基苯

ethynylbenzene

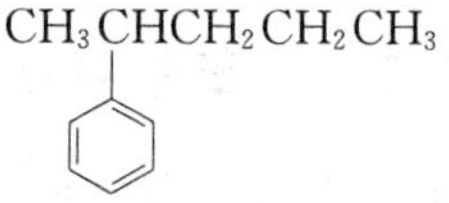
CH₃CHCH₂CH₂CH₃

戊-2-基苯

pentan-2-ylbenzene

二取代苯有 3 种异构体，通常用邻(*ortho* 或 *o*)、间(*meta* 或 *m*)、对(*para* 或 *p*)表示，也可用编号表示。三取代或多取代苯编号时同样遵循使取代基编号位次最小的原则。如：

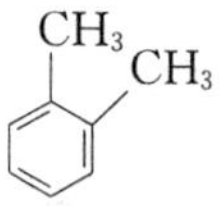
CH₃
CH₃

邻(*o*)-二甲苯

1,2-二甲苯

1,2-dimethylbenzene

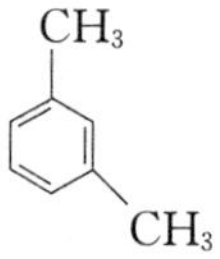
CH₃
CH₃

间(*m*)-二甲苯

1,3-二甲苯

1,3-dimethylbenzene

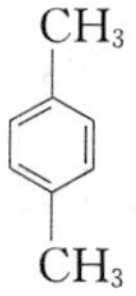
CH₃
CH₃

对(*p*)-二甲苯

1,4-二甲苯

1,4-dimethylbenzene

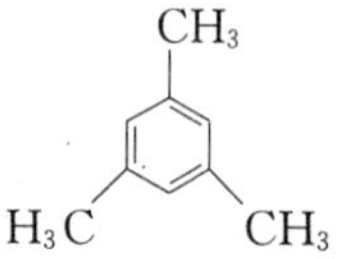
CH₃
H₃C
CH₃

1,3,5-三甲基苯(均三苯)

1,3,5-trimethylbenzene

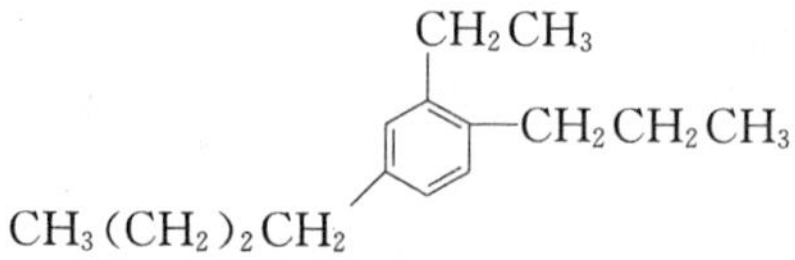
CH₂CH₃
CH₂CH₂CH₃
CH₃(CH₂)₂CH₂

4-丁基-2-乙基-1-丙基苯

4-butyl-2-ethyl-1-propylbenzene

当苯环上有多个取代基时，如果取代基中含羧基(—COOH)、磺酸基(—SO_3H)、醛基(—CHO)、羟基(—OH)、氨基(—NH_2)等官能团时，选择官能团与苯环一起为母体。含多个上述官能团时，选择官能团的优先次序同上(参见 13.1)。例如：

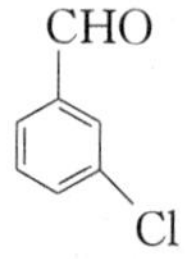
CHO
Cl

3(间)-氯苯甲醛

3(*m*)-chlorobenzaldehyde

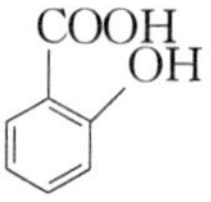
COOH
OH

2(邻)-羟基苯甲酸

2(*o*)-hydroxybenzoic acid

6.3 苯及其同系物的物理性质

苯的同系物多数为液体，有芳香的气味，不溶于水，易溶于石油醚、四氯化碳、乙醚等有机溶剂。许多芳烃常作为良好的溶剂。

苯及其同系物的蒸气有毒，苯的蒸气影响中枢神经，损坏造血器官，现在工业上已不用或尽量避免使用，常用甲苯来代替它。因为甲苯的甲基能在体内被代谢转化为无毒的产物苄醇类代谢物($ArCH_2OH$)，它们可通过与葡萄糖醛酸(葡萄糖氧化的产物)反应，转变为极性和水溶性很大的葡萄糖醛酸苷而排出体外。

表6-1 苯及其某些同系物的物理常数

化合物名称	熔点/℃	沸点/℃	相对密度/(10^3 kg/m^3)
苯 benzene	5.4	80.1	0.876 5
甲苯 toluene	−95	110.6	0.866 9
邻二甲苯 1,2-dimethylbenzene	−28	144	0.880 2
间二甲苯 1,3-dimethylbenzene	−48	139	0.864 2
对二甲苯 1,4-dimethylbenzene	−13	138	0.894 2
乙苯 ethylbene	−93	136	0.866 7
正丙苯 propylbenene	−99	159.5	0.862 0
异丙苯 isopropylbenzene	−96	152	0.861 7
乙烯基苯 vinylbenzene	−31	146	0.907 4
乙炔基苯 ethynylbenzene	−45	142	0.929 5

从表6-1可见，在苯的同系物中每增加1个—CH_2，沸点增加20～30℃。碳原子数相同的异构体，其沸点相差不大。如二甲苯的3种异构体，它们沸点分别为144℃、139℃、138℃，仅相差1～6℃，很难用蒸馏方法分开，所以工业二甲苯通常是它们的混合体。

分子的熔点不但与相对分子质量有关，还与分子的结构有关，分子越对称熔点越高。如对二甲苯的熔点(13℃)比邻二甲苯(−25℃)和间二甲苯(−48℃)高出许多；苯与甲苯相比尽管甲苯的相对分子质量比苯的大，但它的熔点却比苯的低约100℃，这是因为甲基的引入破坏了苯的高度对称性。

6.4 苯及其同系物的化学性质

6.4.1 亲电取代反应

从6.1已知苯环平面的上下有π电子云，结合较疏松，因此在反应中苯环可充当一个电子源，容易与缺电子的亲电试剂发生反应，这一性质类似于烯烃中的π键。但苯环中π电子又有别于烯烃，π键共振形成的大π键使苯环具有特殊的稳定性，反应中总是保持苯环大π键的整体结构。苯的结构特点决定苯容易发生**亲电取代反应**(electrophilic substitution reaction)，只有在特殊的条件下才能发生加成反应和氧化反应。

1. 卤代反应

苯在三卤化铁的催化下与卤素反应，生成卤代苯，同时放出卤化氢的反应称**卤代反应**(halogenation)。如：

$$C_6H_6 + Br_2 \xrightarrow{FeBr_3} C_6H_5Br + HBr$$

$$C_6H_6 + Cl_2 \xrightarrow{AlCl_3} C_6H_5Cl + HCl$$

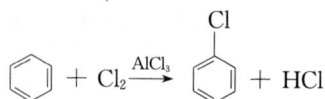

不同卤素的活性次序是 $F_2>Cl_2>Br_2>I_2$。氟代反应太剧烈，不易控制；碘代反应不仅太慢，且生成的碘化氢是还原剂，可使反应逆转。因此，卤代反应不能用于氟代物和碘代物的制备。

卤代反应常用 $FeCl_3$、$FeBr_3$、$AlCl_3$、$CuCl_2$、$SbCl_5$ 等路易斯酸作催化剂，也可用铁屑与卤素反应产生三卤化铁，起到同样的催化作用。

苯与氯、溴的取代反应应用十分广泛。其公认的反应机理如下：

首先缺电子的三卤化铁与卤素络合，促进卤素之间 σ 键的极化、异裂。

$$FeX_3 + X_2 \longrightarrow X^+ + FeX_4^-$$

带正电的卤素进攻苯环的 π 电子，形成苯碳正离子中间体，类似于烯烃的亲电加成，这一步是反应速度决定步骤。

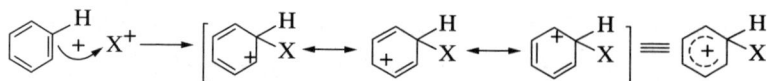

$$C_6H_6 + X^+ \longrightarrow \left[C_6H_6X^+ \longleftrightarrow C_6H_6X^+ \longleftrightarrow C_6H_6X^+ \right] \equiv C_6H_6X^+$$

接下来在 FeX_4^- 的进攻下，苯的碳正离子失去一个质子而生成卤代苯，同时释放卤化氢和卤化铁，卤化铁再继续起催化作用。

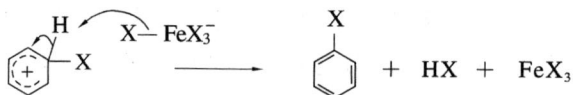

$$C_6H_6X^+ + X{-}FeX_3^- \longrightarrow C_6H_5X + HX + FeX_3$$

2. 硝化反应

苯与混酸(浓硝酸和浓硫酸的混合物)作用，生成硝基苯。该反应称**硝化反应**(nitration)。

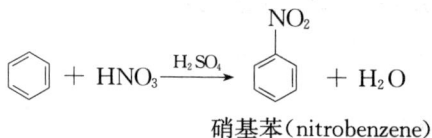

$$C_6H_6 + HNO_3 \xrightarrow{H_2SO_4} C_6H_5NO_2 + H_2O$$

硝基苯(nitrobenzene)

其反应机理为：浓硫酸与硝酸反应，脱去一分子水，产生硝基正离子，硝基正离子具有很强的亲电性，与苯发生亲电取代反应。若只用浓硝酸，则反应速度明显减慢，这是由于浓硝酸中仅存在少量的硝基正离子。

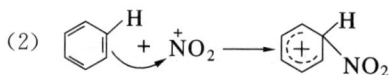

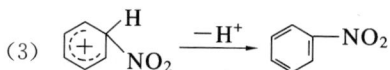

(1) $2H_2SO_4 + HNO_3 \longrightarrow NO_2^+ + H_3^+O + 2HSO_4^-$

硝基正离子

(2) $C_6H_6 + \overset{+}{N}O_2 \longrightarrow C_6H_6NO_2^+$

(3) $C_6H_6NO_2^+ \xrightarrow{-H^+} C_6H_5NO_2$

3. 磺化反应

苯与浓硫酸或发烟硫酸共热，生成苯磺酸的反应称**磺化反应**(sulfonation)。反应因浓度的不同反应速度亦不同，浓度越高反应越快。含三氧化硫的发烟硫酸反应最快，在常温下发生磺化反应。例如：

$$C_6H_6 + \underset{(7\%\ SO_3)}{H_2SO_4} \rightleftharpoons \underset{\text{苯磺酸}}{C_6H_5SO_3H} + H_2O$$

在磺化反应中亲电试剂是三氧化硫。三氧化硫虽然不带电荷，但硫原子最外层只有6个电子，是缺电子的酸，它作为亲电试剂与苯进行反应。

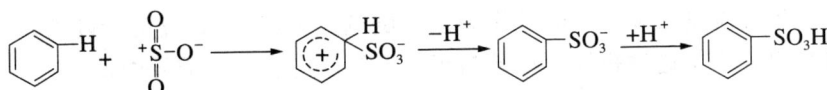

$$C_6H_5\text{—H} + O{=}\overset{+}{S}(=O)\text{—}O^- \longrightarrow [C_6H_5(H)(SO_3^-)]^{+} \xrightarrow{-H^+} C_6H_5\text{—}SO_3^- \xrightarrow{+H^+} C_6H_5\text{—}SO_3H$$

如反应采用浓硫酸，两分子浓硫酸脱水，也产生亲电的三氧化硫，但反应速度不如发烟硫酸快。

$$2H_2SO_4 \rightleftharpoons SO_3 + H_3^+O + HSO_4^-$$

磺化反应与硝化反应、卤代反应不同，是可逆反应，如在磺化后的反应混合物中通入水蒸气或将芳基磺酸与稀硫酸一起加热，可以脱去磺酸基。

$$C_6H_5SO_3H + H_2O \rightleftharpoons C_6H_6 + H_2SO_4$$

要使反应向某一方向进行，需采用不同的条件。苯磺酸与稀硫酸加热至100～175℃时，转变为苯及硫酸，在反应中常通入过热水蒸气，带出挥发性的苯，使平衡移向右边。如果制备苯磺酸则需增加浓硫酸的浓度及SO_3含量，减少水分。磺化反应的可逆性在合成苯的衍生物中起到特殊的作用。

苯磺酸为强酸，在水中的溶解度很大，因此，在分子中导入磺酸基可以增加化合物在水中的溶解度。

4. 傅瑞德-克拉夫茨反应

芳烃在路易斯酸(无水氯化铝、氯化铁、氯化锌、氟化硼等)存在下的烷基化反应和酰基化反应称为**傅瑞德-克拉夫茨反应**(Friedel-Crafts reaction)(简称傅-克反应)。**傅-克反应有两类：傅-克烷基化反应**(Friedel-Crafts alkylation)和**傅-克酰基化反应**(Friedel-Crafts acylation)。反应结果前者向芳环引入一个烷基，后者向芳环引入一个酰基。

傅-克反应的应用范围很广，是有机合成中最有用的反应之一。

(1) 傅-克烷基化反应

氯乙烷在三氯化铝催化下与苯发生取代反应，生成乙苯，放出氯化氢。

$$C_6H_6 + CH_3CH_2Cl \xrightarrow{AlCl_3} C_6H_5CH_2CH_3 + HCl$$

该反应的机理如下：

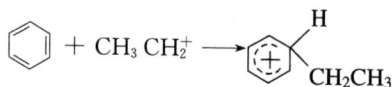

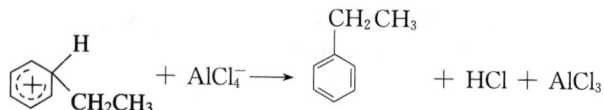

$$CH_3CH_2Cl + AlCl_3 \longrightarrow CH_3CH_2^+ + AlCl_4^-$$

$$C_6H_6 + CH_3CH_2^+ \longrightarrow [C_6H_6(CH_2CH_3)]^+$$

$$[C_6H_6(CH_2CH_3)]^+ + AlCl_4^- \longrightarrow C_6H_5CH_2CH_3 + HCl + AlCl_3$$

除三氯化铝外，其他路易斯酸 $FeCl_3$、BF_3、HF 等也可作为催化剂，其中三氯化铝催化活性最强。

反应中产生的烷基正离子中间体作为亲电试剂。可以预料，反应伴随着碳正离子的重排。实验事实也证实了这种推测。如苯与正丙基氯反应主要生成异丙苯。

$$C_6H_6 + CH_3CH_2CH_2Cl \xrightarrow{AlCl_3} C_6H_5CH(CH_3)_2 + C_6H_5CH_2CH_2CH_3$$

异丙苯 65%～70%　　正丙苯 30%～35%

这是由于反应中生成的中间体伯碳正离子较不稳定，容易进行重排，生成较稳定的仲碳正离子。

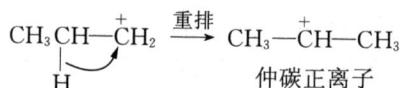

$$CH_3CH_2CH_2Cl + AlCl_3 \rightleftharpoons \underset{\text{伯碳正离子}}{CH_3CH_2CH_2^+} + AlCl_4^-$$

$$CH_3\underset{\underset{H}{|}}{CH}-\overset{+}{C}H_2 \xrightarrow{\text{重排}} \underset{\text{仲碳正离子}}{CH_3-\overset{+}{C}H-CH_3}$$

仲碳正离子作为亲电试剂与苯进行反应，得到异丙苯。

在傅-克烷基化反应中，碳正离子中间体的重排是非常普遍的现象，例如：

$$C_6H_6 + CH_3CH_2CH_2CH_2Cl \xrightarrow{AlCl_3} C_6H_5CH_2CH_2CH_2CH_3 + C_6H_5CH(CH_3)CH_2CH_3$$

34% 正丁苯　　66% 仲丁苯

既然傅-克反应中碳正离子是亲电试剂，那么其他能产生碳正离子的物质也可作烷基化试剂。如醇和烯在酸的催化下可产生碳正离子：

$$ROH + H^+ \rightleftharpoons R\overset{+}{O}H_2 \rightleftharpoons R^+ + H_2O$$

$$>C=C< + H^+ \rightleftharpoons >\underset{\underset{H}{|}}{C}-\overset{+}{C}<$$

因此，醇和烯亦可作为傅克反应的烷基化试剂。工业上常用易得的醇及烯代替较昂贵的卤代烃制备烷基苯，如：

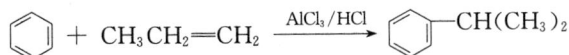

$$C_6H_6 + CH_3CH=CH_2 \xrightarrow{AlCl_3/HCl} C_6H_5-CH(CH_3)_2$$

用醇及烯作烷基化剂的反应中，也常伴随着碳正离子的重排反应，如：

$$C_6H_6 + CH_3-C(CH_3)_2-CH_2OH \xrightarrow{BF_3} C_6H_5-C(CH_3)_2-CH_2CH_3$$

(2) 傅-克酰基化反应

在路易斯酸催化下，苯与酰卤或酸酐反应，向芳环中引入酰基生成芳酮，这是制备芳香酮的重要方法，例如：

$$C_6H_6 + \underset{\text{乙酰氯}}{CH_3\overset{O}{\overset{\|}{C}}Cl} \xrightarrow{AlCl_3} \underset{\text{苯乙酮}}{C_6H_5-COCH_3} + HCl$$

$$C_6H_6 + \underset{\text{乙酸酐}}{(CH_3CO)_2O} \xrightarrow{AlCl_3} \underset{\text{苯乙酮}}{C_6H_5-COCH_3} + CH_3COOH$$

此反应的机理与傅-克烷基化反应类似，只是进攻基团为酰基正离子，由酰卤或酸酐与催化剂作用产生。

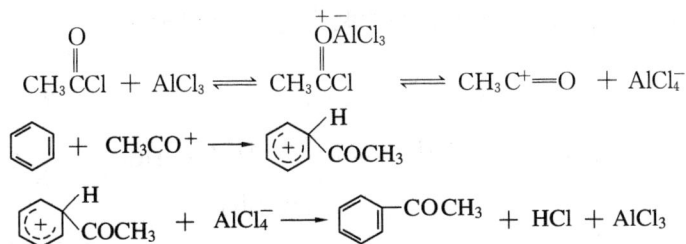

$$CH_3\overset{O}{\overset{\|}{C}}Cl + AlCl_3 \rightleftharpoons CH_3\overset{\overset{+\ -}{O}AlCl_3}{\overset{\|}{C}}Cl \rightleftharpoons CH_3C^+=O + AlCl_4^-$$

$$C_6H_6 + CH_3CO^+ \longrightarrow [C_6H_6(H)(COCH_3)]^+$$

$$[C_6H_6(H)(COCH_3)]^+ + AlCl_4^- \longrightarrow C_6H_5-COCH_3 + HCl + AlCl_3$$

酰基化反应得到单取代无重排的产物，产物单一，反应简单。

环酐与苯的反应可制备双官能团的化合物，在合成上十分重要。例如：

$$C_6H_6 + \begin{matrix} CH_2-C(=O) \\ | \qquad\quad \backslash \\ \quad\qquad O \\ | \qquad\quad / \\ CH_2-C(=O) \end{matrix} \xrightarrow{AlCl_3} C_6H_5-\overset{O}{\overset{\|}{C}}CH_2CH_2COOH$$

傅-克反应在有机合成上有着广泛的应用，但该反应也存在着一定的局限性。对于环上有$-NO_2$、$-SO_3H$、$-CN$、$-COR$等强吸电子基的芳烃，傅-克烷基化和酰基化反应均不能发生。

6.4.2 烷基苯侧链的反应

1. 侧链的氧化反应

烷烃和苯环对氧化剂都很稳定,但当烷基连在苯环时,烷基可被强的氧化剂如高锰酸钾、重铬酸钾、硝酸等氧化成羧基,而苯环不被氧化,最终生成苯甲酸。例如:

$$C_6H_5CH_3 + KMnO_4 \longrightarrow C_6H_5COOH$$

苯甲酸

烷基苯(除叔丁基)无论侧链多长,氧化后都生成苯甲酸。这也是合成苯甲酸的重要方法。

侧链氧化可能与侧链的 α 氢有关。而叔丁苯没有 α 氢,所以不被氧化。

2. 侧链的卤代反应

在高温或光照下,烷基苯与氯或溴反应,芳环侧链上的氢原子被氯或溴取代,并且优先取代侧链的 α 氢。

$$C_6H_5CH_3 + Cl_2 \xrightarrow{h\nu} C_6H_5CH_2Cl$$

$$C_6H_5CH_2CH_3 + Cl_2 \xrightarrow[\text{或加热}]{h\nu} C_6H_5CHClCH_3$$

侧链的取代是自由基机理,类似于烷烃的取代反应,其机理如下:

$$Cl_2 \xrightarrow{h\nu} Cl\cdot$$

$$Cl\cdot + C_6H_5CH_3 \longrightarrow C_6H_5CH_2\cdot + HCl$$

苄基自由基

$$C_6H_5\dot{C}H_2 + Cl_2 \longrightarrow C_6H_5CH_2Cl + Cl\cdot$$

在上述自由基反应中,优先生成较稳定的苄基自由基。苄基自由基中,苯环的大 π 轨道和苄位未成对电子所在的 p 轨道形成共轭体系,因此较稳定。

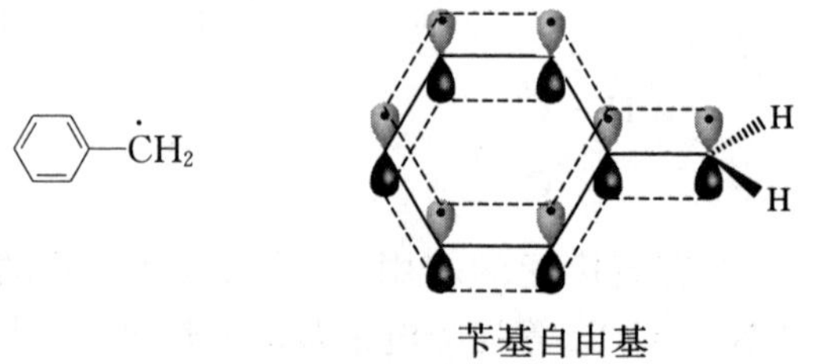

苄基自由基

此外，苄基自由基的稳定性也可通过共振论来解释。苄基自由基是以下四个极限式的共振杂化体，比较稳定。

$$\left[C_6H_5\dot{C}H_2 \longleftrightarrow \cdots \longleftrightarrow \cdots \longleftrightarrow \cdots \right]$$

已学过的各种类型自由基的相对稳定性的顺序如下：

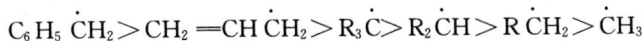

$$C_6H_5\dot{C}H_2 > CH_2{=}CH\dot{C}H_2 > R_3\dot{C} > R_2\dot{C}H > R\dot{C}H_2 > \dot{C}H_3$$

6.4.3 其他反应

1. 加成反应

与烯烃相比，苯不易发生加成反应，但在特殊条件下也可以加成。例如：

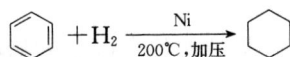

$$C_6H_6 + H_2 \xrightarrow[200℃,加压]{Ni} C_6H_{12}$$

在紫外光照射下，苯与氯反应生成六氯代环己烷。

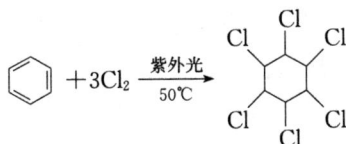

$$C_6H_6 + 3Cl_2 \xrightarrow[50℃]{紫外光} C_6H_6Cl_6$$

六氯代环己烷（简称六六六）是一种有效的杀虫剂，但由于其化学性质稳定，残存毒性大，目前已被高效的有机磷农药代替。

2. 氧化反应

苯环具有特殊的稳定性，通常条件下难以被氧化，苯即使在高温下与高锰酸钾、铬酸等强氧化剂共热，也不会被氧化。但苯在高温和催化剂催化下，可被氧气氧化开环，生成顺丁烯二酸酐。

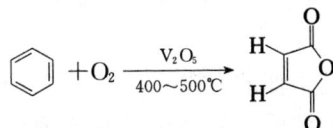

$$C_6H_6 + O_2 \xrightarrow[400\sim500℃]{V_2O_5} \text{顺丁烯二酸酐}$$

顺丁烯二酸酐又称马来酸酐，它是重要的工业原料，可用于合成玻璃钢、黏合剂等。

6.5 苯环上亲电取代反应的定位规律

6.5.1 定位规律

苯环上6个氢原子的化学环境是等同的，它的一取代产物只有1种。若苯环上已有一个取代基，则环上剩余的5个氢原子，2个在邻位，2个在间位，1个在对位，若再取代应生成3种取代物。

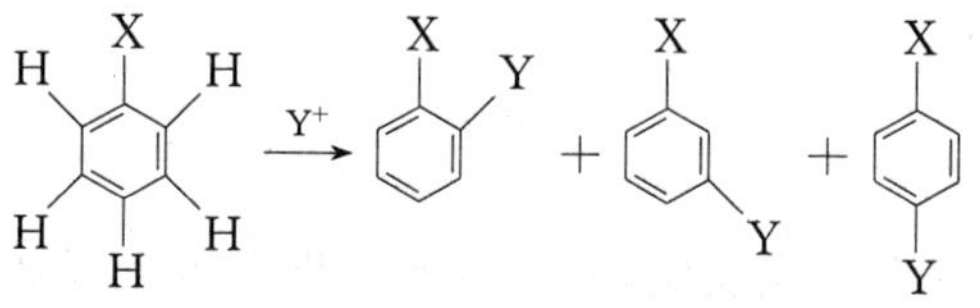

邻　　间　　对

仅从进攻的概率测算(假设取代基进入各个位置的概率相等)，则其二取代物的比例应为：n(邻)∶n(间)∶n(对)=2∶2∶1。但实际上主要产物并非如此。例如，硝基苯继续硝化时主要生成间二硝基苯。

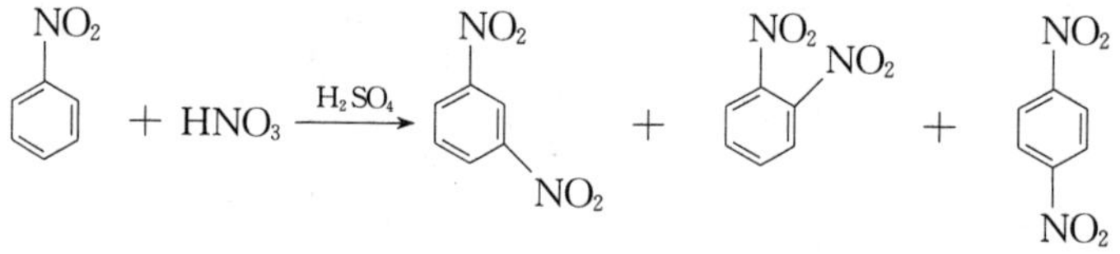

间二硝基苯 93%　　邻二硝基苯 6%　　对二硝基苯 1%

甲苯发生硝化反应时主要生成1-甲基-2-硝基苯和1-甲基-4-硝基苯。

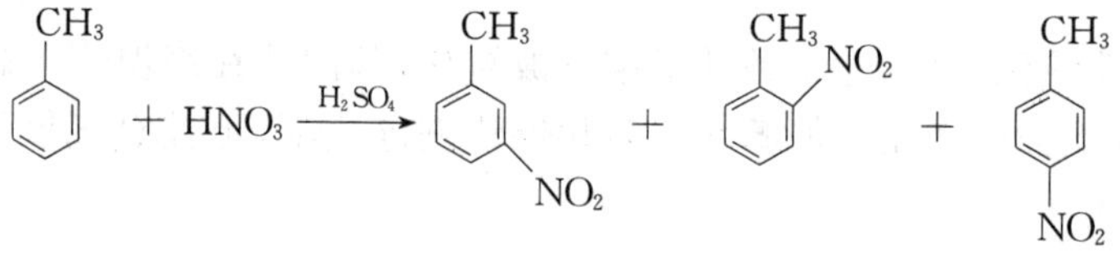

1-甲基-3-硝基苯 3%　　1-甲基-2-硝基苯 63%　　1-甲基-4-硝基苯 34%

磺化、卤代等取代反应中也有类似的规律。可见第二个取代基进入的位置与亲电试剂的类型无关，仅与环上原有取代基的性质有关，受环上原有取代基的控制。这种芳环上原有的取代基常称为**定位基**(orienting group)，这种效应称为**定位效应**(orientation effect)。

常见一取代苯的硝化反应产物的比例见表6-2。

表6-2　常见一取代苯的硝化反应产物的比例

取代基	o	m	p	$(o+p)/m$
—OH	55	痕量	45	100/0
—NHCOCH$_3$	19	1	80	99/1
—CH$_3$	63	3	34	97/3

续　表

取代基	o	m	p	$(o+p)/m$
—Cl	30	1	69	99/1
—Br	37	1	62	99/1
$—NO_2$	6	93	1	7/93
—COOH	19	80	1	20/80
$—COOC_2H_5$	28	68	4	32/68
$—^{+}N(CH_3)_3$	0	89	11	11/89

因此，人们将定位基大致分为两类。

第一类定位基：又称**邻、对位定位基**。它们使第二个取代基主要进入它的邻、对位。常见的邻、对位定位基有：

$—NR_2$，—NHR，$—NH_2$，—OH，—NHCOR，—OR，—OCOR，—R，—Ar，—X

这类基团常与苯以单键相连。除烃基外，常带有未成键的电子对。

第二类定位基：又称**间位定位基**。它们使第二个基团主要进入它的间位。常见的间位定位基有：

$—NO_2$，—COOR，$—\overset{+}{N}R_3$，—COOH，—COR，—CHO，$—SO_3H$，$—CF_3$，$—CCl_3$

这些基团与苯环直接相连的原子上带有极性双键，或带有正电荷，还有一些是强吸电子基团如$—CF_3$、$—CCl_3$等。

甲苯及硝基苯硝化时除产物不同外，它们进行亲电取代的活性也不相同。甲苯硝化的速度为苯的25倍，硝基苯继续硝化的速度为苯的6×10^{-8}倍。即甲基使苯环活化，硝基使苯环钝化（见表6-3）。

表6-3　常见一取代苯的硝化反应的相对速率

取代基	相对速率	取代基	相对速率
—H	1.0	—Cl	0.033
$—N(CH_3)_2$	2×10^{11}	—Br	0.030
$—OCH_3$	2×10^{5}	$—NO_2$	6×10^{-8}
$—CH_3$	24.5	$—^{+}N(CH_3)_3$	1.2×10^{-8}

从表6-3中的数据可见，不同的基团对苯环的影响的差别悬殊。N、N-二甲基苯胺比苯约活泼2 000亿倍，而硝基苯活性仅为苯的六亿分之一。

根据实验数据将取代基对苯环活性影响的能力排列归类如表6-4所示。

表6-4　常见的邻对位定位基和间位定位基及其对苯的活性的影响

邻对位定位基	对活性的影响	间位定位基	对活性的影响
$—NH_2(R)$，—OH	强活化	$—NO_2$，$—CF_3$，$—^{+}NR_3$	很强的钝化
—OR，—NHCOR	中等活化	—CHO，—COR，—COOH(R)	强钝化
—R，—Ar，$—CH{=}CR_2$	弱活化	—COCl，$—CONH_2$	强钝化
—X，$—CH_2Cl$	弱钝化	$—SO_3H$，—C≡N	强钝化

从表 6－4 可见:第一类定位基除卤素、氯甲基外,均使苯环活化;第二类定位基均使苯环钝化。

6.5.2 定位规律的理论解释

甲苯进行亲电取代反应速度比苯快,而硝基苯比苯慢,其原因可从亲电取代反应机理得到解释。在苯的亲电取代反应的两步机理中,形成碳正离子中间体的那一步是速度决定步骤。一取代苯进一步进行取代反应也形成碳正离子中间体,其稳定性与原有取代基的性质有关。碳正离子中间体越稳定,反应越容易进行。

甲基为推电子基团,可分散环上的正电荷,因此反应活性比苯大。硝基为吸电子基团,使苯环上的正电荷更加集中,反应活性亦比苯差。

由此可知,推电子基团使环活化,吸电子基团使环钝化。

一取代苯再进行亲电取代反应时,第二个取代基进入的位置问题,仍可用反应中间体碳正离子的稳定性来解释。

现以几个具体化合物来说明取代基对亲电取代反应的定位作用。

(1) 甲基　以甲苯的硝化反应为例,反应可生成 3 种碳正离子中间体,它们的共振杂化体分别为:

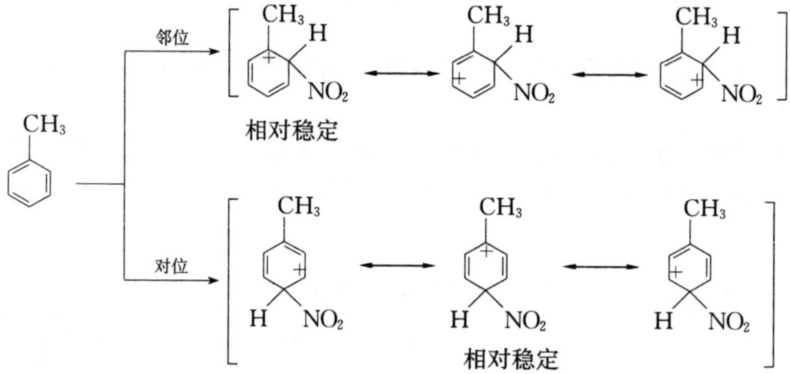

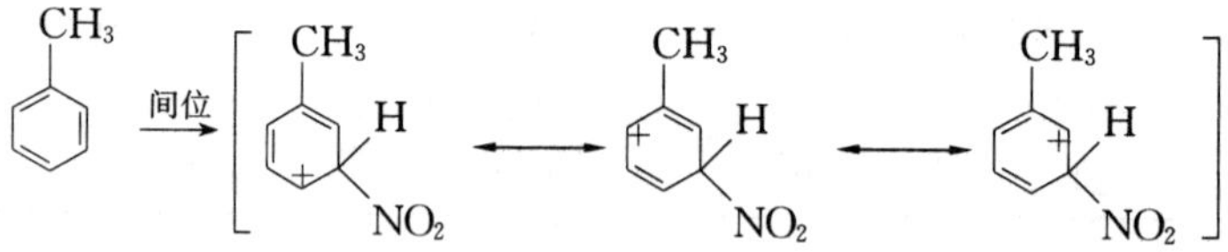

邻位
CH_3　H　NO_2　相对稳定

对位
CH_3　H　NO_2　相对稳定

间位
CH_3　H　NO_2

虽然每种位置都有 3 种极限式,但在邻、对位取代的中间体的极限式中,都存在一个甲基与带正电荷碳直接相连的相对稳定的极限式。由于甲基是致活基团,在这种极限式中甲基对碳正离子的稳定作用最大,对共振杂化体贡献最大。因此邻、对位反应速度比间位快,产物的相对比例大。

(2) 羟基　氧的电负性比碳大,它们具有吸电子的诱导作用,那么怎么解释它们对环的强烈的活化作用呢? 下面以苯酚的溴代反应为例说明原因。

苯酚邻、对位取代中间体有 4 个极限式,间位仅有 3 个。

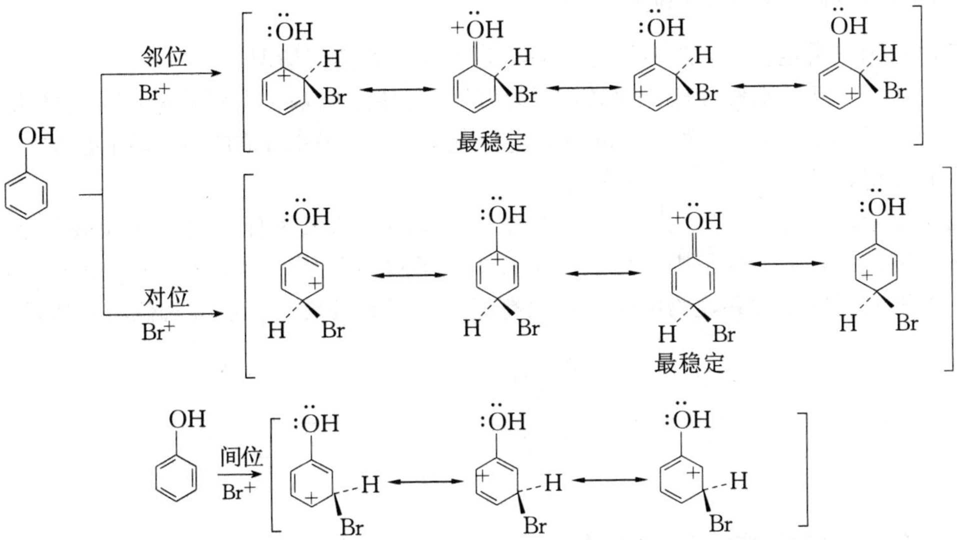

邻位 Br^+ 最稳定

对位 Br^+ 最稳定

间位 Br^+

羟基通过未共用电子对的离域，使直接与它相连碳原子上的正电荷分散而稳定化。在取代基进攻间位所得的碳正离子中间体的共振杂化体中，没有一个极限式能发生这样的稳定化作用。

与羟基类似的具有未共用电子对的基团都有这种作用，它们通过未共用电子对离域稳定碳正离子，这种稳定作用比甲基对苯环的作用大得多，因此它们对苯有较强的致活作用。

（3）硝基　以硝基苯为例，硝基是强的吸电子基，其吸电子作用使苯环上的电子云密度降低，取代反应速度减慢（与苯相比），故硝基使苯环钝化。

硝基苯在发生硝化反应时产生的 3 种碳正离子的共振式可表示为：

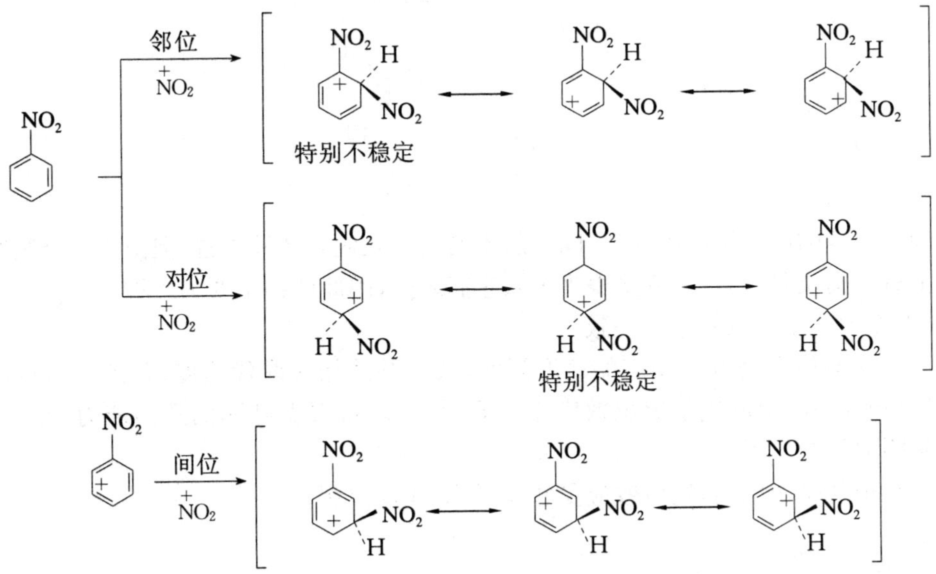

邻位 $\overset{+}{N}O_2$ 特别不稳定

对位 $\overset{+}{N}O_2$ 特别不稳定

间位 $\overset{+}{N}O_2$

虽然产生的 3 种碳正离子都有 3 个极限式，但在进攻邻或对位时，都有 1 个特别不稳定的极限式。其带正电荷的碳与吸电子的硝基直接相连。由它们参与组成的邻、对位的共振杂化体的稳定性不如间位。也就是说，硝基对间位的钝化作用小于邻对位，因此间位反应速度快,硝基是钝化苯环的间位定位基。

其他的第二类定位基,如—CF_3、—$\overset{+}{N}R_3$ 等也存在着类似情况。

(4) 卤素　卤素比较特殊,是起钝化作用的邻对位定位基。卤素的电负性比碳大,具有较强的吸电子作用。因此,卤代苯进行亲电取代时,卤素吸电子的诱导作用使形成的碳正离子中间体稳定性不如苯,起钝化作用。

卤素使苯环钝化,这是卤素的吸电子效应引起的。那么为什么卤素不是间位定位基,却是邻对位定位基呢?这是因为卤素的未共用电子对与苯环发生共轭作用,使正离子得以分散。卤素原子的这种共轭给电子作用只有当亲电试剂进攻其邻位或对位时才能发生。

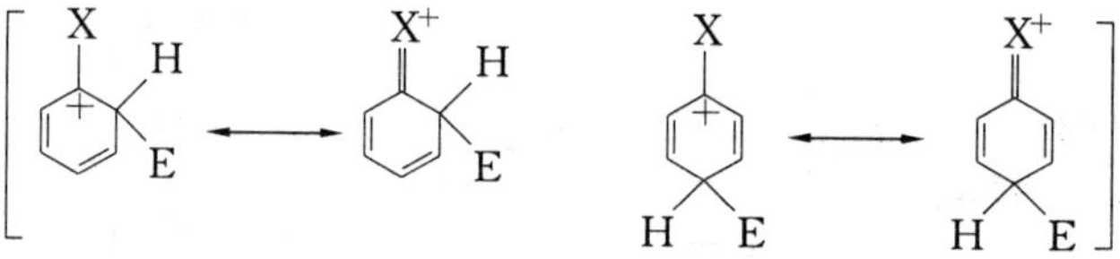

6.5.3　二取代苯的定位效应

二取代苯的定位效应比较复杂,但在许多情况下,仍可作出明确的预测。

(1) 2 个定位基定位效应一致

两个定位基定位效应一致时,第三个基团进入它们共同确定的位置。例如:

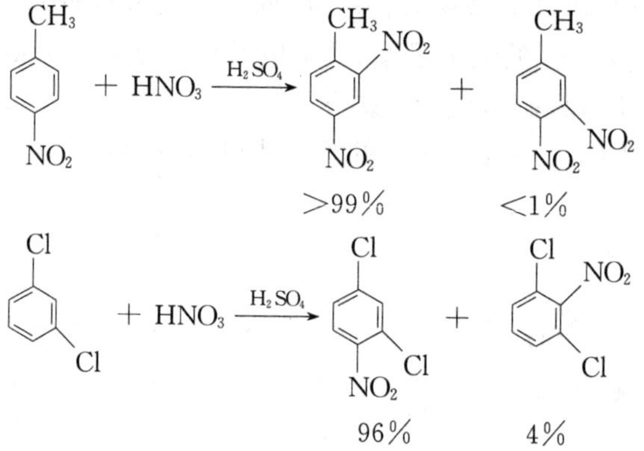

>99%　　<1%

96%　　4%

在间二氯苯的硝化反应中,符合间二氯苯的定位效应有 2 种位置,但由于 2 个氯原子之间的碳上有空间位阻,第三个基团很难进入它们之间,因此产物主要为 1 种。

(2) 2 个取代基定位效应不一致

定位效应本质上是取代反应的速度问题,致活基团加快取代速度,致钝基团减慢反应速度,可以预计当两个取代基定位效应相矛盾时,一般可根据基团的致活能力顺序来判断第三个基团取代的位置。

① 2 个取代基不同类,定位效应受邻、对位取代基控制。

例如:

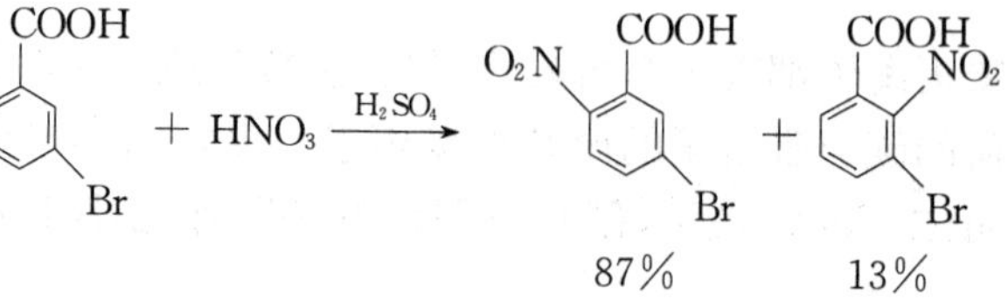

87%　　13%

② 2 个取代基为同一类，定位效应受致活能力较强的基团控制。

例如：

$$\text{4-methylphenol} + HNO_3 \xrightarrow{H_2SO_4} \text{2-nitro-4-methylphenol (100\%)} + \text{3-nitro-4-methylphenol (0)}$$

6.5.4 定位规律在合成中的应用

有机合成的目的是要制备纯净的化合物，若需要合成含多个取代基的纯净的芳香化合物，则需运用定位规律，设计合理的合成路线。

例如，用苯为原料合成 1-溴-3-硝基苯时，需先硝化后溴代。因为硝基是间位定位基，主要得到间位取代产物。

$$C_6H_6 + HNO_3 \xrightarrow{H_2SO_4} C_6H_5NO_2 \xrightarrow[Fe]{Br_2} m\text{-}BrC_6H_4NO_2\ (60\%\sim75\%)$$

如要制备 1-溴-4-硝基苯，则需利用溴的定位效应，先溴化再硝化。

$$C_6H_6 + Br_2 \xrightarrow{Fe} C_6H_5Br \xrightarrow[H_2SO_4]{HNO_3} NO_2\text{—}C_6H_4\text{—}Br + o\text{-}BrC_6H_4NO_2$$

62% mp 127℃　　38% mp 43℃

由于产生邻、对位 2 种异构体，需进行分离，而对位产物对称性强，往往熔点较高，可用重结晶的方法进行分离。

在进行傅-克反应时，若环上带有强钝化基团，则反应不能进行。

又如，合成间硝基苯乙酮，虽然硝基及乙酰基都是间位定位基，无论先上哪一个基团都符合定位规律，但由于硝基是一个强钝化基团，实际上只能先酰化后硝化。

$$C_6H_6 + CH_3COCl \xrightarrow{AlCl_3} C_6H_5COCH_3 \xrightarrow[H_2SO_4]{HNO_3} m\text{-}O_2NC_6H_4COCH_3$$

可逆的磺化反应在合成中应用也十分广泛。例如 *N*-乙酰苯胺硝化时，由于空间位阻的原因，取代反应主要发生在对位。

$$C_6H_5NHCOCH_3 + HNO_3 \longrightarrow O_2N\text{—}C_6H_4\text{—}NHCOCH_3 + o\text{-}O_2NC_6H_4NHCOCH_3$$

90%　　痕量

如果需制备邻位硝化产物时,则可先磺化,利用磺酸基占领对位,再硝化,最后水解去掉磺酸基。

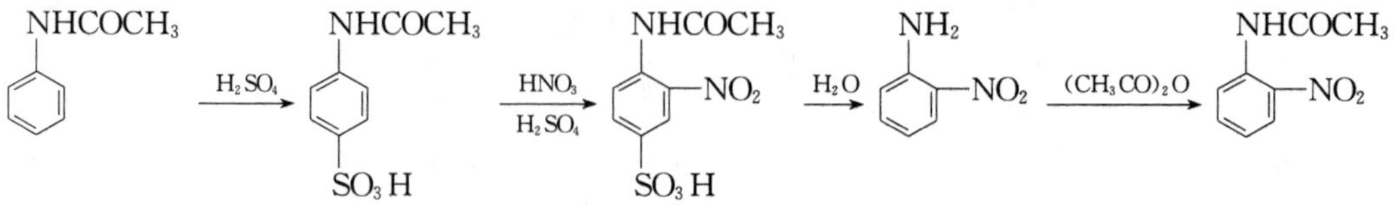

$$\text{C}_6\text{H}_5\text{NHCOCH}_3 \xrightarrow{H_2SO_4} p\text{-}HO_3S\text{C}_6\text{H}_4\text{NHCOCH}_3 \xrightarrow[H_2SO_4]{HNO_3} \text{(2-}NO_2\text{, 4-}SO_3H\text{)C}_6\text{H}_3\text{NHCOCH}_3 \xrightarrow{H_2O} o\text{-}NO_2\text{C}_6\text{H}_4\text{NH}_2 \xrightarrow{(CH_3CO)_2O} o\text{-}NO_2\text{C}_6\text{H}_4\text{NHCOCH}_3$$

6.6 多环芳烃

6.6.1 稠环芳烃

稠环芳烃是2个或2个以上苯环共用2个邻位碳原子稠合而成的多环芳烃。如萘、蒽、菲等。

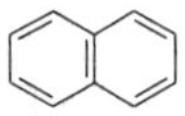

萘
naphthalene

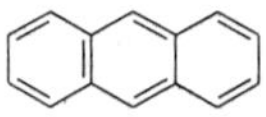

蒽
anthracene

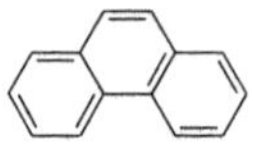

菲
phenanthrene

1. 萘

(1) 萘的命名

萘可看作由2个苯环稠合而成,环的编号如下所示。萘环中的1、4、5、8位称α位,2、3、6、7位称β位。一取代萘中取代基的位置可用α、β或1、2等表示,例如:

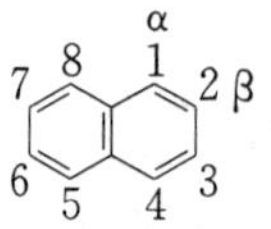

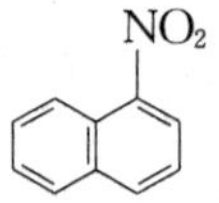

α-硝基萘(1-硝基萘)
1-nitronaphthalene

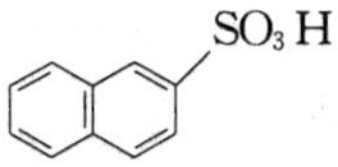

萘-2-磺酸
naphthalene-2-sulfonic acid

多取代萘则需用数字表示取代基的位置,环编号时以任何1个α位为1,以此为基础,在确保母体官能团位次最小的前提下,使取代基编号位次尽可能小。例如:

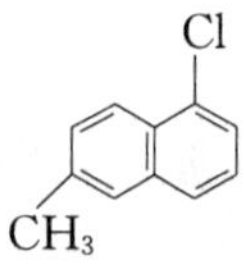

1-氯-6-甲基萘
1-chrolo-6-methylnaphthalene

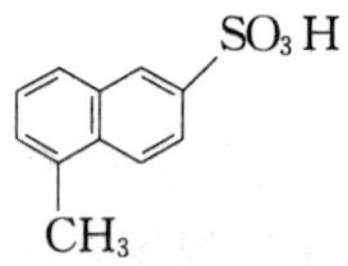

5-甲基萘-2-磺酸
5-methylnaphthalene-2-sulfonic acid

(2) 萘的结构

X 射线分析指出，萘的 10 个碳原子和 8 个氢原子都处于同一平面。萘的键长平均化，但又不完全等同，测定结果如下：

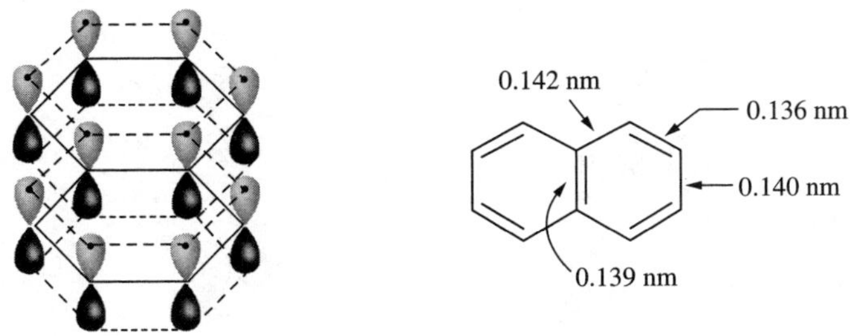

实测萘的共振能为 255.4 kJ/mol，比 2 个苯共振能之和低[150.7×2＝301.4 (kJ/mol)]，π 电子分布的不完全平均化，引起分子中各个碳碳键键长不完全相等，故萘的稳定性比苯差，而化学性质比苯活泼。萘比苯较容易发生亲电取代反应、氧化反应及加成反应。

(3) 萘的化学性质

① 亲电取代反应

萘具有芳香性，可进行亲电取代反应，且反应活性比苯大。萘的 α 位和 β 位不等同，一取代产物应有 2 种，而 α 位的取代速度快，因此萘的亲电取代主要发生在 α 位。

卤代反应：

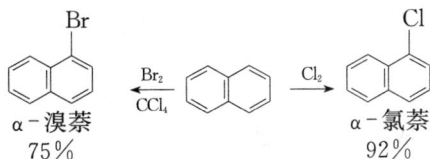

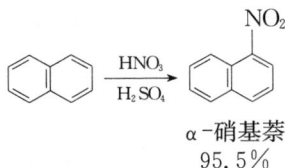

α-溴萘 75% ←(Br_2, CCl_4)— 萘 —(Cl_2)→ α-氯萘 92%

硝化反应：

萘 —(HNO_3, H_2SO_4)→ α-硝基萘 95.5%

磺化反应：

萘 —(<80℃)→ 萘-1-磺酸

萘 —(160℃)→ 萘-2-磺酸

萘-1-磺酸 —(160℃/H_2SO_4)→ 萘-2-磺酸

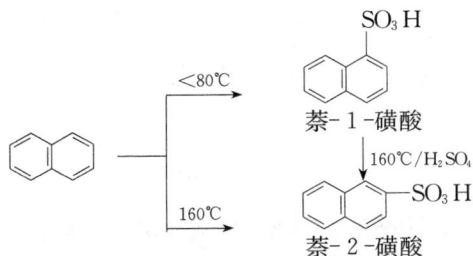

萘的磺化反应是一可逆反应，在较低温度时主要生成萘-1-磺酸，较高温度时主要生成萘-2-磺酸，在较高温度时萘-1-磺酸还能转化为萘-2-磺酸。

为什么会出现这种情况呢？这是因为萘的 α-位比 β-位活泼，生成萘-1-磺酸的速度较快。故在低温时,主要生成萘-1-磺酸,这是动力学控制产物。但萘-2-磺酸中磺酸基与β-位的氢间的斥力较小,较稳定,去磺化的速度比萘-1-磺酸慢。随着温度升高,去磺化速度加快,此时去磺化速度较快的萘-1-磺酸逐渐转变为较稳定的萘-2-磺酸,这是热力学控制产物。

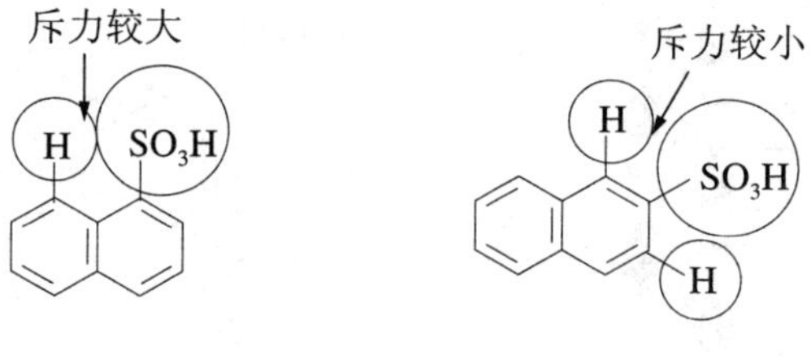

斥力较大 H SO_3H　　斥力较小 H SO_3H H

傅-克酰基化反应:

萘的傅-克酰基化反应的产物与溶剂有关。以 CS_2 或四氯乙烷为溶剂,主要生成α取代产物;以硝基苯为溶剂,主要生成β取代产物。

$+CH_3COCl \xrightarrow{AlCl_3}$ 四氯乙烷 → $COCH_3$ α-乙酰萘；硝基苯 → $COCH_3$ β-乙酰萘

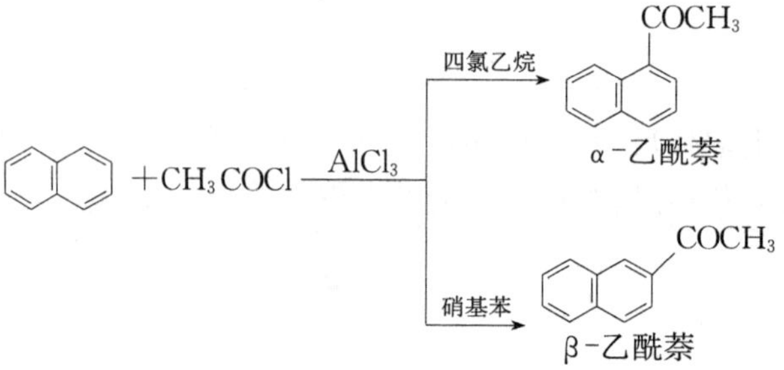

② 氧化和还原反应

萘比苯易氧化,萘氧化生成萘-1,4-醌。

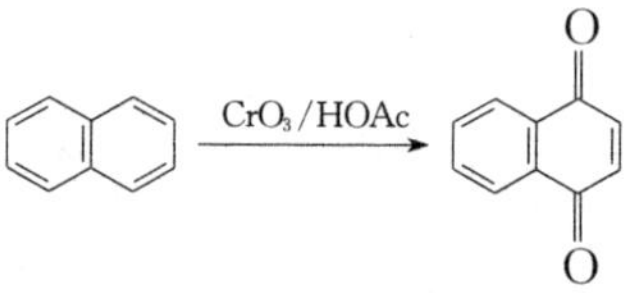

$\xrightarrow{CrO_3/HOAc}$ O O

萘-1,4-醌

工业上在五氧化二钒(V_2O_5)催化下,再用空气在高温下来氧化萘,以制取邻苯二甲酸酐。邻苯二甲酸酐是重要的化工原料,用于制造油漆、增塑剂、染料等。

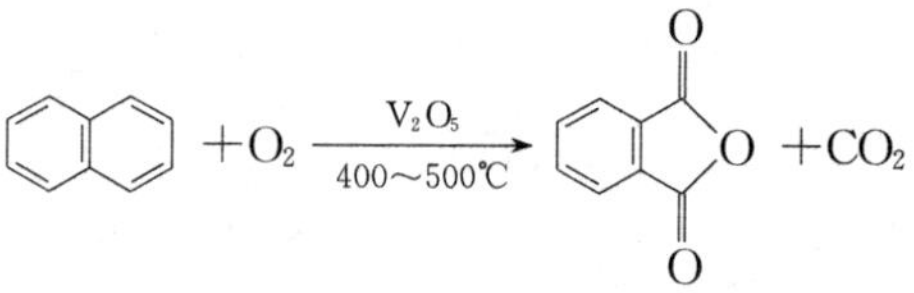

$+O_2 \xrightarrow[400\sim500℃]{V_2O_5}$ O O O $+CO_2$

邻苯二甲酸酐

萘也比苯易还原。萘可以用醇和钠还原,生成1,4-二氢萘,在较高温度下可还原成为1,2,3,4-四氢萘。

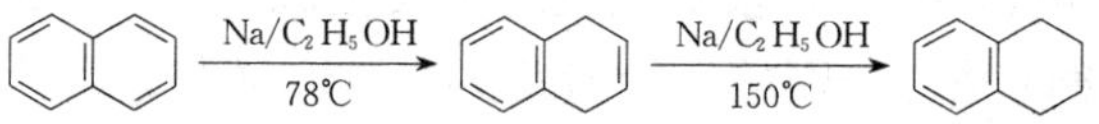

$\xrightarrow[78℃]{Na/C_2H_5OH}$ 1,4-二氢萘 $\xrightarrow[150℃]{Na/C_2H_5OH}$ 1,2,3,4-四氢萘

进一步还原则需用催化氢化的方法，可还原成十氢萘。

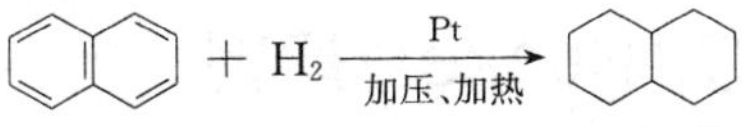
+ H_2
Pt
加压、加热

十氢萘

萘来自煤焦油，是煤焦油中含量最多的一种稠环芳烃(5%)。萘是无色晶体，有特殊气味，熔点为80.3℃，容易升华，是制取染料中间体等重要的化工原料。萘蒸气有致癌性，使用时应加以注意。

四氢萘和十氢萘为高沸点液体，是良好的溶剂。

2. 蒽和菲

蒽和菲都是由3个苯环稠合而成的，且3个苯环都在同一平面。

煤焦油中含有丰富的蒽和菲，它们为无色的晶体。蒽和菲的编号及物理常数如下：

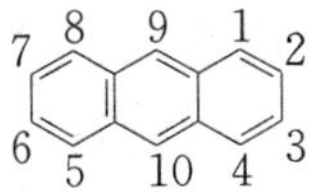
7 8 9 1 2
6 5 10 4 3

蒽

mp 216℃、bp 340℃

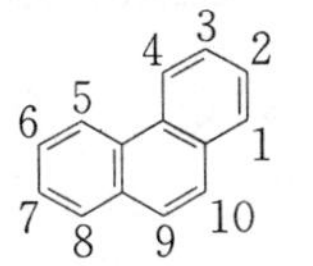
4 3 2
5 6 1
7 8 9 10

菲

mp 101℃、bp 340℃

蒽和菲的芳香性不及萘，因此它们的化学性质比萘更加活泼，更容易发生氧化反应、加成反应以及取代反应，反应主要发生在9,10位上，因9,10位反应所得产物仍保持两个完整的苯环。

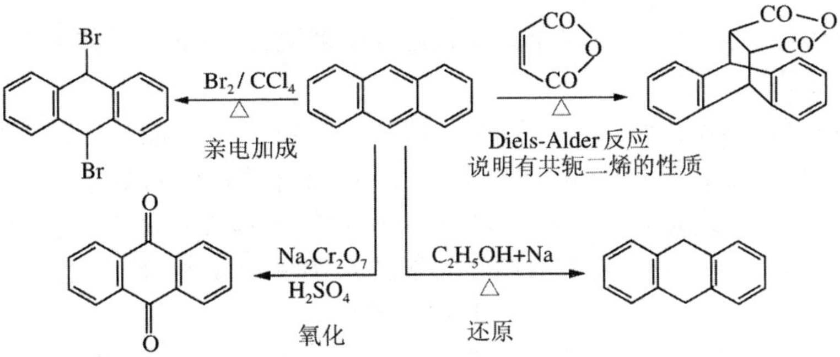
Br
Br
Br_2/CCl_4
△
亲电加成
CO
O
CO
△
Diels-Alder反应
说明有共轭二烯的性质
CO
O
CO
O
O
$Na_2Cr_2O_7$
H_2SO_4
氧化
C_2H_5OH+Na
△
还原

蒽-9,10-醌　　9,10-二氢蒽

6.6.2 联苯

联苯分子中含有2个直接相连的苯环，联苯上碳原子的编号如下所示。取代联苯的命名以联苯为母体，例如：

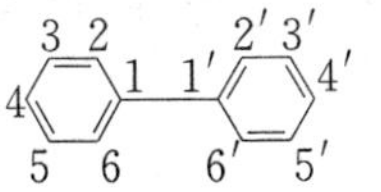
3 2 2′ 3′
4 1 1′ 4′
5 6 6′ 5′

联苯

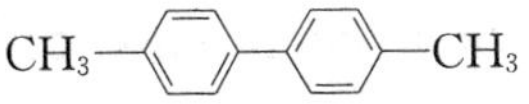
CH_3
CH_3

4,4′-二甲基联苯

联苯的对映异构已在3.5中介绍，在此不再重复。

6.7 芳香性、休克尔(Hückel)规则

萘、蒽、菲等含苯环的化合物,它们与苯具有类似的性质,它们都具有芳香性。芳香化合物具有如下的共同性质:

1) 环状化合物,比相应的开链化合物稳定,环不易破坏。

2) 高度不饱和,但它们与亲电试剂进行取代而不是加成反应。

3) 环状的、平面的(或近似平面)分子,为一闭合的共轭体系,具有 π 环电流与抗磁性(可由核磁共振鉴别出)。

6.7.1 休克尔(Hückel)规则

π 电子离域是苯、萘、蒽等化合物结构的共同特点。依据这一设想,化学家们试图合成一些新的类型的具有芳香性的化合物。1912 年合成的环辛四烯,形式上是一个共轭体系,可性质上与苯截然不同,具有明显的烯的性质。同样环丁二烯也极不稳定,只有在超低温下才能分离出来,温度升高立即聚合。

它们都不具有芳香性。可见对于芳香族化合物来说,仅有 π 电子的离域作用还是不够的。

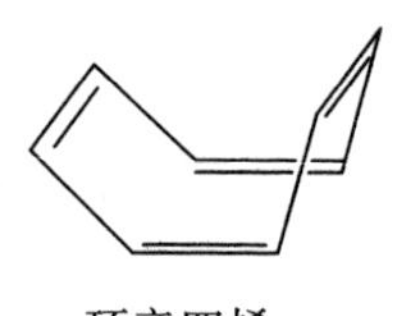

1931 年,德国化学家休克尔(E. Hückel,1896—1980)用分子轨迹法计算环的稳定性,得出结论:一个具有同平面的、环状闭合共轭体系的单环烯,只有当它的 π 电子数为 $4n+2(n=0,1,2,3,\cdots)$时,才具有芳香性。这个规则称为**休克尔规则**。$4n+2$ 表示环状共轭体系中 π 电子数,换言之,只有当 π 电子数为 2,6,10,…时,体系才具有芳香性。

苯有 6 个 π 电子,符合 $4n+2$ 规则,苯具有芳香性。含苯的化合物萘、蒽、菲等为稠环芳香化合物。其中每一环的 π 电子数符合 $4n+2$,整个环周边的 π 电子数也符合 $4n+2$。环辛四烯为 8 电子结构,不符合 $4n+2$ 规则,没有芳香性。X 射线衍射测定结果表明,环辛四烯分子中碳原子不在同一平面上,它具有烯烃的性质。

环丁二烯为 4 电子结构,不符合 $4n+2$ 规则,不具有芳香性。

6.7.2 非苯芳烃的芳香性

一些不含苯环的环烯,因符合休克尔规则,故也具有芳香性,这类化合物称为**非苯芳香化合物**(non-benzenoid aromatic compounds)。

1. 环丙烯正离子

环丙烯正离子 π 电子数为 2,是最简单的带电荷的非苯芳香体系。1957 年以后合成了一些含有取代基的环丙烯正离子的盐。例如:

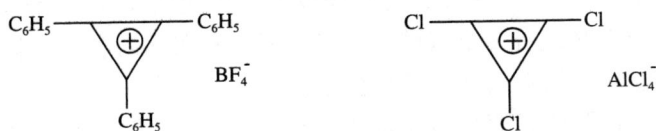

2. 环戊二烯负离子

环戊二烯分子中亚甲基上的氢具有一定的酸性。

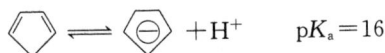

$$\rightleftharpoons \quad + H^+ \qquad pK_a = 16$$

其酸性相当于醇，可与金属钠反应，并放出氢气。

$$+ Na \longrightarrow \quad Na^+ + H_2$$

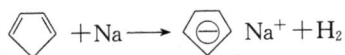

环戊二烯负离子是闭合的环状共轭体系，π 电子数为 6，符合"$4n+2$"，具有芳香性。

环戊二烯负离子还可与二价铁离子配合，生成具有高度稳定性的化合物，称为**二茂铁**。

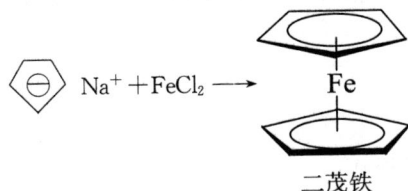

$$Na^+ + FeCl_2 \longrightarrow \quad Fe$$

二茂铁

3. 环庚三烯正离子

环庚三烯与溴作用生成二溴化物，二溴化物受热失去溴化氢生成溴化䓬：

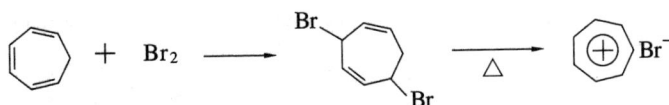

$$+ \ Br_2 \longrightarrow \ \xrightarrow{\triangle} \ Br^-$$

溴化䓬为黄色片状结晶，熔点为 203℃，具有许多与一般有机化合物不同的性质，不溶于乙醚，能溶于水，水溶液与硝酸银作用立即产生溴化银沉淀，像一种盐类。这是由于溴化䓬含有䓬离子(环庚三烯正离子)，䓬离子中有 6 个 π 电子，符合 $4n+2$ 规则，具有芳香性。

4. 环辛四烯双负离子

环辛四烯分子为一非平面结构，但环辛四烯在四氢呋喃溶液中与金属钾反应，生成两价碳负离子。

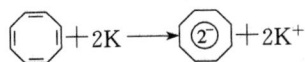

$$+ 2K \longrightarrow \ + 2K^+$$

环辛四烯双负离子为平面结构，具有 10 个 π 电子，有芳香性。它可与金属配合成类似于二茂铁的夹心结构的化合物。

5. 轮烯

具有交替的单双键的单环多烯烃通称为**轮烯**(annulenes)。根据 Hückel 规则，[10]-轮烯、[14]-轮烯和[18]-轮烯等应具有芳香性。

[10]-轮烯中,双键如果是全顺式,由此构成平面内角为 144°,显然角张力太大。要构成平面,并且符合 120°,必定有 2 个双键为反式。但这样在环内有 2 个氢原子,它们之间的空间拥挤张力足以破坏环的平面性。因此它虽具有 $4n+2$ 个 π 电子数,但由于达不到平面性,故没有芳香性。[14]-轮烯要构成平面性,必定要有四个氢在环内,因此也破坏了平面性,也没有芳香性。[18]-轮烯虽然环内有六个氢,但环较大,可允许成为平面环,故具有芳香性。

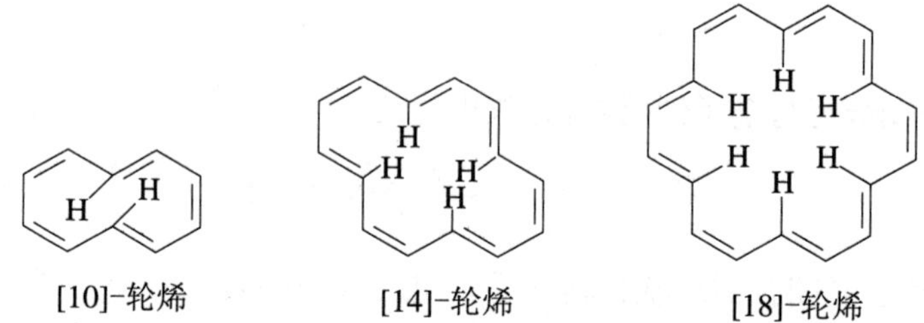

经 X 射线衍射证明,[18]-轮烯环中碳碳键长几乎相等,整个分子基本处于同一平面上,可发生溴代、硝化等反应。

习　题

1. 写出下列化合物的结构式。

(1) 间二硝基苯　(2) 1,3,5-三乙苯　(3) 对羟基苯甲酸

(4) 3,5-二硝基苯-1-磺酸　(5) 萘-2-胺　(6) 9-溴菲

2. 命名下列化合物。

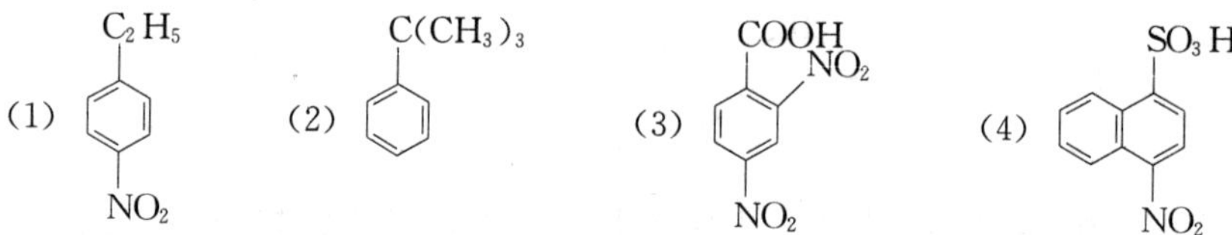

3. 指出下列化合物一元硝化主要的位置(一个或几个)。

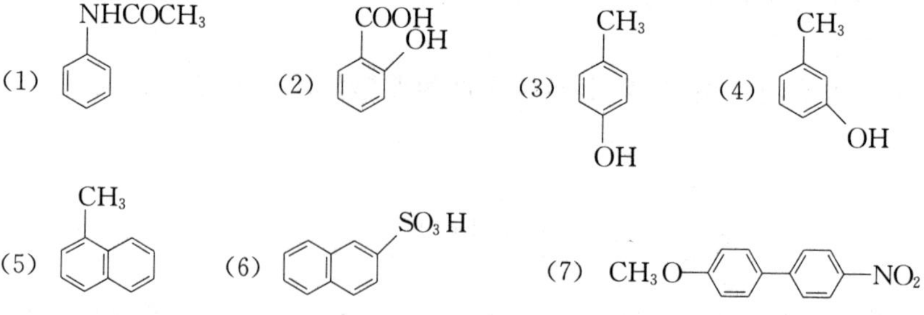

4. 完成下列反应式。

(1) 苯 $\xrightarrow[FeBr_3]{CH_3Br}$ ① $\xrightarrow[H_2SO_4]{HNO_3}$ ② + ③ $\xrightarrow[H_2SO_4]{SO_3}$ ④ + ⑤

(2) 苯 $\xrightarrow[AlBr_3]{CH_3Br}$ ① $\xrightarrow[AlCl_3]{Cl_2}$ ②

(3) 苯—CH_2CH_3 + Cl_2 $\xrightarrow{光}$

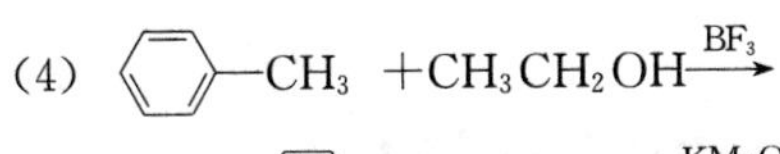

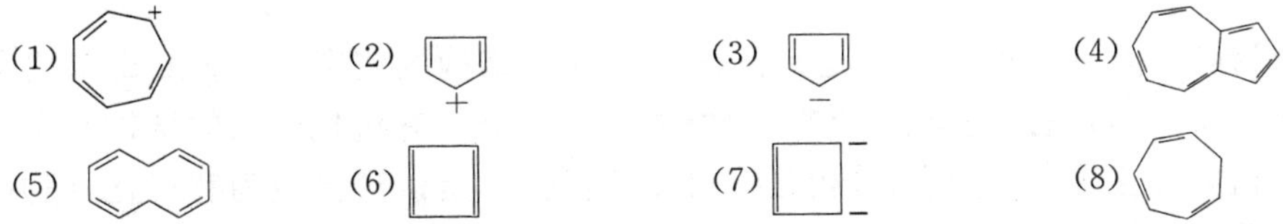

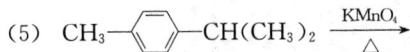

5. 指出下列化合物或离子中哪些具有芳香性。

6. 3种三溴苯经过硝化后，分别得到3种、2种和1种硝基化合物。试推测原来三溴苯的结构并写出它们的硝化产物。

7. 某芳烃的分子式为$C_{16}H_{16}$，臭氧化分解产物为$C_6H_5CH_2CHO$，强烈氧化后得到苯甲酸，试推测该芳烃的结构。

8. 某不饱和烃A的分子式为C_9H_8，它能和氯化亚铜氨溶液反应产生红色沉淀。化合物A催化加氢得到B(C_9H_{12})，将化合物B用酸性高锰酸钾氧化得到酸性化合物C($C_8H_6O_4$)，将化合物C加热得到D($C_8H_4O_3$)。若将化合物A和丁-1,3-二烯作用则得到另一不饱和化合物E，将化合物E催化脱氢得到2-甲基联苯。写出化合物A、B、C、D的结构式及各步反应式。

第7章 波谱基础知识

有机化合物研究的一个重要内容是有机化合物分子结构的测定。过去测定有机化合物的结构主要依靠化学方法。近几十年来,运用物理方法测定有机化合物的结构有了很大的发展。由于物理方法试样用量少,分析数据可靠、时间短,所以现已成为有机化合物研究不可缺少的工具。在物理方法中,红外光谱、紫外光谱、核磁共振谱和质谱(俗称“四谱”)是广泛采用的波谱方法。“四谱”中除质谱外,其他3种波谱都与电磁波有关。

电磁波具有波粒二象性,电磁波的波长越短,则频率越高,能量越大。它们之间的关系为:

$$\nu = \frac{c}{\lambda}, \quad \Delta E = h\nu = \frac{hc}{\lambda}$$

式中,ν 为频率,表示每秒钟振动的周数,单位是赫兹(Hz);c 是光速,等于 3×10^{10} cm/s;ΔE 为能量,单位是J;h 为普朗克(Planck)常数,等于 6.626×10^{-34} J/s;λ 为波长。根据波长不同可将电磁波分为以下几个区域(见图7-1),其单位常用米(m)、厘米(cm)、微米(μm)、纳米(nm)表示。

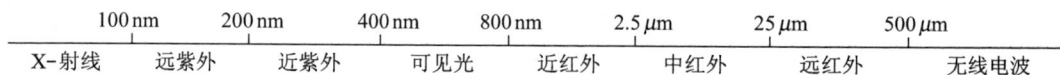

	100 nm	200 nm	400 nm	800 nm	2.5 μm	25 μm	500 μm	
X-射线	远紫外	近紫外	可见光	近红外	中红外	远红外	无线电波	

图7-1 电磁波的区域

紫外光的波长较短(通常为100~400 nm),能量较高。当分子吸收紫外光时,会引起分子电子能级的跃迁,产生紫外吸收光谱;红外光的波长较长(常用于测定有机物结构的红外光波的波长为2.5~25 μm),能量较低,分子吸收红外光时,能引起分子中成键原子振动能级的跃迁,产生红外吸收光谱;在强磁场作用下,某些原子核能吸收无线电波,导致核自旋能级的跃迁,产生核磁共振谱。

由于分子吸收辐射光的能量是量子化的,只有当光子的能量恰好等于分子2个能级之间的能量差时,才能被其吸收,分子获得能量后从低能态跃迁到高能态,因此对某一分子来说,它只能吸收某一特征频率的辐射能量。

7.1 红外吸收光谱

红外吸收光谱(infrared spectroscopy)常用IR表示。它是测定有机化合物分子结构的一种重要手段,主要用于确定有机化合物是否存在某些官能团和化学键,以及鉴别2个化合物是否相同,这种鉴别功能在原料药物及已知化合物的合成中具有重要作用。

7.1.1 基本原理

红外吸收光谱是由分子中成键原子的振动能级跃迁所产生的吸收光谱。分子中原子的振动包含键的**伸缩振动**(stretching vibration)和键的**弯曲振动**(bending vibration)。伸缩振动(ν)是键长改变的振动,振动时只有键长的变化而无键角的变化。根据振动方向,伸缩振动又可分为**对称伸缩振动**(ν_s)和**不对称伸缩振动**(ν_{as}),见图 7-2。

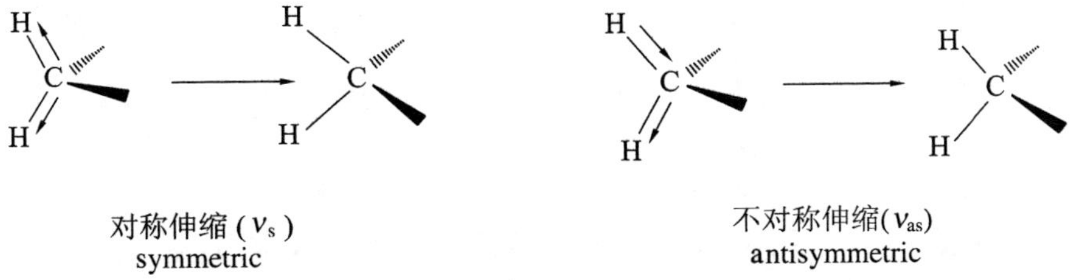

对称伸缩 (ν_s)
symmetric

不对称伸缩(ν_{as})
antisymmetric

图 7-2 亚甲基的伸缩振动

只有键角变化而无键长变化的振动称**弯曲振动**(δ),弯曲振动有面内弯曲(常以符号 δ_{ip} 表示)和面外弯曲(常以符号 δ_{oop} 表示)2 种振动类型(图 7-3)。

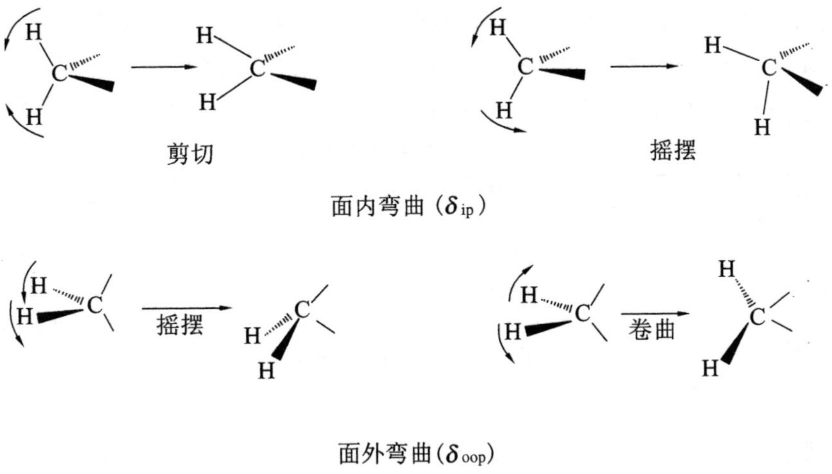

剪切　　摇摆

面内弯曲 (δ_{ip})

摇摆　　卷曲

面外弯曲(δ_{oop})

图 7-3 亚甲基的弯曲振动

原子振动具有能级,能级差相对应于红外区的能量。当照射分子的红外光能量等于某种振动的能级差时,分子就吸收此红外光,该振动的振幅加大,并从低能级跃迁到较高能级。但此能量不足以断裂化学键或引起化学反应。

有机化合物红外吸收的测量范围在中红外区,即:

$$\text{波长}(\lambda)=2.5\sim25.0\ \mu\text{m}[1\ \mu\text{m(微米)}=10^{-4}\ \text{cm}]$$

其相应的波数 $\bar{\nu}$(wave number,$\bar{\nu}=\dfrac{1}{\lambda}$,以 cm^{-1} 为单位)为 4 000~400 cm^{-1}。

分子振动能级的跃迁所吸收的红外光的频率可用红外测定系统检测和记录,产生相应的红外光谱图。

红外光谱图常以波数($\bar{\nu}$)或波长(λ)为横坐标,表示吸收峰的位置,用光的透过百分率(τ/%)为纵坐标,表示吸收峰的强度。物质对光的吸收强,其透光率就小,在红外光谱图中的吸收峰表现为“谷”。图 7-4 为己烷的红外吸收光谱图。

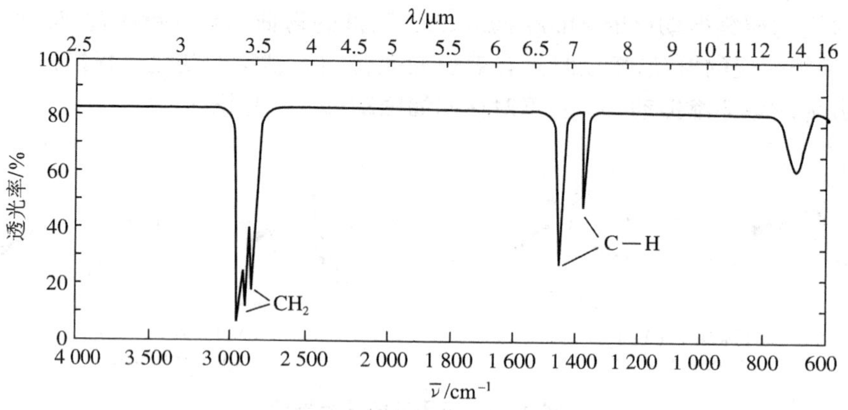

图 7-4　己烷的红外光谱

7.1.2　特征吸收峰

红外光谱图是分子作为整体产生的，即使一个简单的分子，它的振动方式也是多样的，因此在谱图中有许多吸收峰。某些化学键或基团会在红外光谱的特定频区出现吸收峰，这种吸收峰称为该化学键或基团的**特征吸收峰**，表 7-1 列出了各类键的特征吸收频率。

表 7-1　各类键的特征吸收频率

键　型	伸缩振动/cm^{-1}	弯曲振动/cm^{-1}
单　键		
C—H 烷氢	2 960～2 850(s)	1 470～1 350(s)
C—H 烯氢	3 080～3 020(m)	1 000～675(s)
C—H 芳氢	3 100～3 000(v)	870～625(v)
C—H 醛氢	2 900，2 700(m，2 个峰)	
C—H 炔氢	3 300(s)	
O—H 醇(无氢键)	3 650～3 590(v)	
O—H 醇(氢键)	3 600～3 200(s 宽)	1 620～1 590(v)
O—H 酸	3 400～2 500(s 宽)	1 655～1 510(s)
N—H 胺	3 500～3 300(m)	面内弯曲 1 650～1 515(v)
N—H 酰胺	3 500～3 350(m)	
C—O 醇、醚、酯	1 300～1 000(s)	
C—N 烷胺	1 220～1 020(v)	
C—N 芳胺	1 360～1 250(s)	
双　键		
C═C 烯	1 680～1 620(v)	
C═C 芳香	1 600～1 450(v)	
C═O 酮	1 725～1 705(s)	
C═O 醛	1 740～1 720(s)	
C═O α，β-不饱和酮	1 685～1 665(s)	
C═O 芳酮	1 700～1 680(s)	
C═O 酯	1 750～1 735(s)	
C═O 酸	1 725～1 700(s)	
C═O 酰胺	1 690～1 650(s)	
N═O	1 560～1 515(s)1 385～1 345(s)	
叁　键		
C≡C 炔	2 260～2 100(v)	
C≡N 腈	2 260～2 220(v)	

在谱图中，某一特征频率处有吸收峰，常表示分子中存在某种化学键。吸收峰的强度常可定性地表示为强吸收(s)、中等吸收(m)、弱吸收(w)和强度可变(v)。

化学键的伸缩振动频率与成键原子的质量和键长有关：

$$\bar{\nu}=\frac{1}{2\pi c}\sqrt{\frac{k(m_1+m_2)}{m_1 m_2}}$$

式中，m_1 和 m_2 是成键原子质量；k 为力常数。键长越短，键能越强，其力常数越大。由此式可知，成键原子质量越小，力常数越大，该键的振动频率越高(即波数值越大)。单键、双键和叁键的力常数依次增加，因此，叁键吸收区频率较高(2 260～2 100 cm^{-1})，双键吸收区频率较低(1 800～1 390 cm^{-1})。由于氢原子质量小，故与氢原子构成的单键伸缩振动的吸收区频率较高(3 650～2 500 cm^{-1}).

碳氢单键又可分三类：① sp -碳氢键，该键键长最短，吸收在高频区(3 300 cm^{-1})。② sp^2 -碳氢键，该键键长较长，吸收在较低频区(3 080～3 020 cm^{-1})。③ sp^3 -碳氢键，该键键长更长，吸收在更低频区(2 960～2 850 cm^{-1})。可以说 3 000 cm^{-1}是饱和碳氢键和不饱和碳氢键的分界线。另外醛氢在 2 900 和 2 700 cm^{-1}有两个特征吸收峰，前者被遮蔽在饱和碳氢键的吸收峰内。

通常可将整幅红外光谱图分为两大区域：功能基区(4 000～1 500 cm^{-1})和指纹区(<1 500 cm^{-1})。**功能基区**(functionl group region)主要是各种化学键(即功能基)的伸缩振动吸收峰区。它又分为三个小区：氢的单键区、叁键区和双键区。**指纹区**(fingerprint region)是其他单键的伸缩振动和弯曲振动的吸收峰区。指纹区中吸收峰的解析是很困难的，但它有很大用途。如果两个化合物的红外光谱图不仅在功能基区有相同的吸收峰，而且在指纹区的吸收谱带也完全吻合，就表明两者是同一化合物。

7.1.3 谱图解析举例

1. 烷、烯和炔的红外吸收谱图

烷烃在红外光谱图中吸收峰较少，常在 2 900 cm^{-1}附近存在 sp^3 -碳氢键的伸缩振动吸收，而 CH_2 及 CH_3 分别在 1 460 cm^{-1}附近及 1 380 cm^{-1}附近存在 C—H 弯曲振动吸收峰。

烯烃有 C═C 伸缩振动、═C—H 伸缩振动和═C—H 面外弯曲振动三种特征吸收。═C—H 伸缩振动吸收在 3 100～3 010 cm^{-1}，C═C 伸缩振动吸收在 1 680～1 620 cm^{-1}，强度和位置取决于双键碳原子上取代基的数目及性质，═C—H 面外弯曲振动吸收在 1 000～800 cm^{-1}，

炔烃中 C≡C 的伸缩振动吸收在 2 200～2 100 cm^{-1}，≡C—H 伸缩振动吸收在3 310～3300 cm^{-1}(较强)，≡C—H 弯曲振动吸收在 700～600 cm^{-1}。

图 7 - 5 分别为正辛烷、辛- 1 -烯及辛- 1 -炔的红外光谱图。

在辛- 1 -烯的谱图中，3 080 cm^{-1}处为“═CH_2”中的 C—H 伸缩振动吸收峰，1 645 cm^{-1}处为“C═C”伸缩振动吸收峰，990 cm^{-1}、910 cm^{-1}处为“═CH_2”中的 C—H 弯曲振动吸收峰。

在辛- 1 -炔的谱图中，3 310 cm^{-1}及 2 120 cm^{-1}处分别为炔氢和 C≡C 的伸缩振动吸收峰。

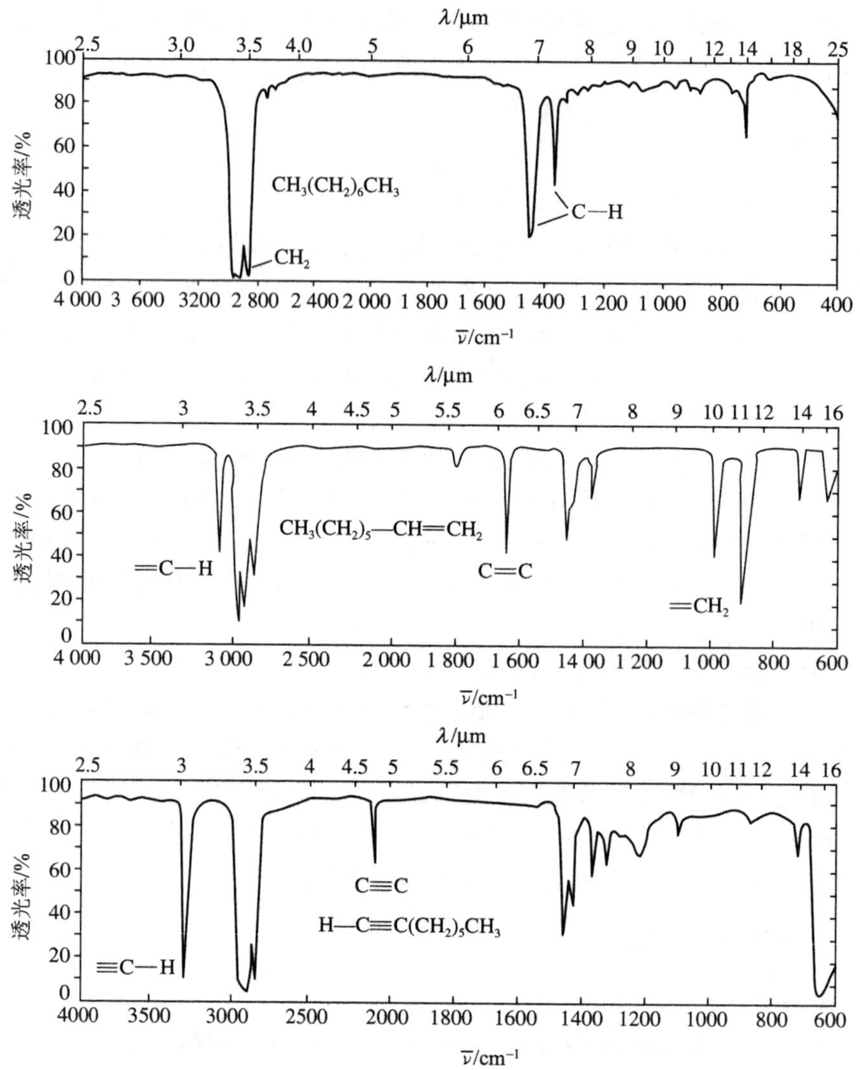

图 7-5 正辛烷、辛-1-烯及辛-1-炔的红外光谱图

2. 芳烃的红外吸收谱图

芳烃芳环上 C—H 键伸缩振动吸收在 3 030 cm^{-1}附近，在 1 600～1 400 cm^{-1}处有芳环上 C=C 的骨架振动吸收，在 900～600 cm^{-1}处有 Ar—H 的面外弯曲振动吸收。图 7-6 是叔丁苯的红外光谱图。

根据 900～600 cm^{-1}区域内吸收峰的情况，可判别苯环的取代情况，其规律为：

① 单取代：在 710～690 cm^{-1}和 770～730 cm^{-1}处有 2 个强峰。

② 邻位双取代：在 770～735 cm^{-1}有 1 个强峰。

③ 间位双取代：在 710～690 cm^{-1}和 810～750 cm^{-1}有 2 个强峰。

④ 对位双取代：在 833～810 cm^{-1}有 1 个强峰。

3. 醇和酮的红外吸收光谱图

波数大于 3 000 cm^{-1}的范围内最重要的吸收峰是 O—H 及 N—H 的伸缩振动吸收峰。图 7-7 给出了己-2-醇和己-2-酮的红外谱图。己-2-醇的红外谱图在 3 300 cm^{-1}出现宽而强的吸收峰，这是羟基(OH)伸缩振动吸收峰，且有氢键作用。当化合物中含有水分时，

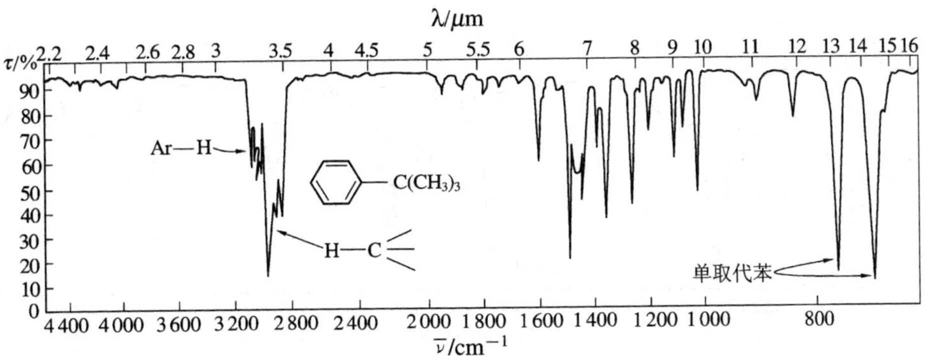

图7-6　叔丁苯的红外吸收光谱图

在此谱带区域通常也会出现吸收干扰。

己-2-醇氧化后得到己-2-酮，形成了羰基结构单元。羰基的伸缩振动吸收峰是红外光谱中最强的和最重要的吸收峰，它常出现在 1 800～1 650 cm^{-1}处，具体位置随结构不同而有所差异。共轭羰基或共轭的碳碳双键的伸缩振动频率向低频移动。

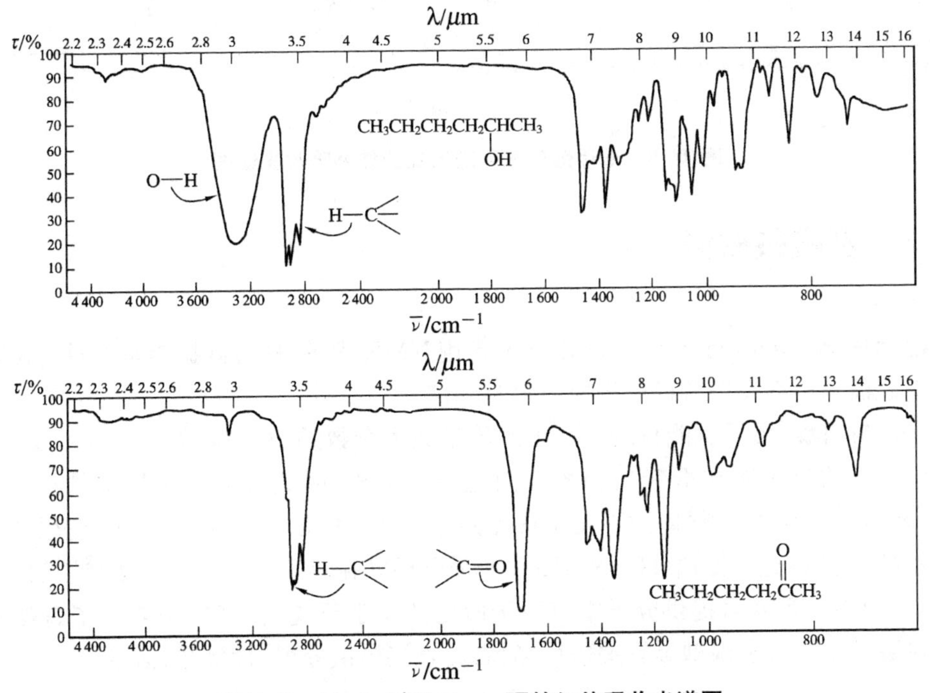

图7-7　己-2-醇及己-2-酮的红外吸收光谱图

4. 羰酸及其衍生物的红外吸收光谱图

羧酸的红外光谱图有两个重要特点：① 由于羧基之间有极强的氢键，因此羧基中O—H键的伸缩振动吸收峰从 3 300 cm^{-1}开始一直扩展到 2 500 cm^{-1}，通常碳氢键的吸收峰被遮蔽于其中。② 羧基中羰基也有共轭和非共轭之分，非共轭羰基吸收峰在 1 720～1 700 cm^{-1}，共轭羰基(如苯甲酸中)吸收峰在 1 710～1 680 cm^{-1}，向低频区转移。

酯的重要吸收峰是羰基和碳氧单键的伸缩振动吸收峰，羰基峰与一般酮中的羰基峰比较，向高频区转移，共轭后向低频区转移(见图7-8)。

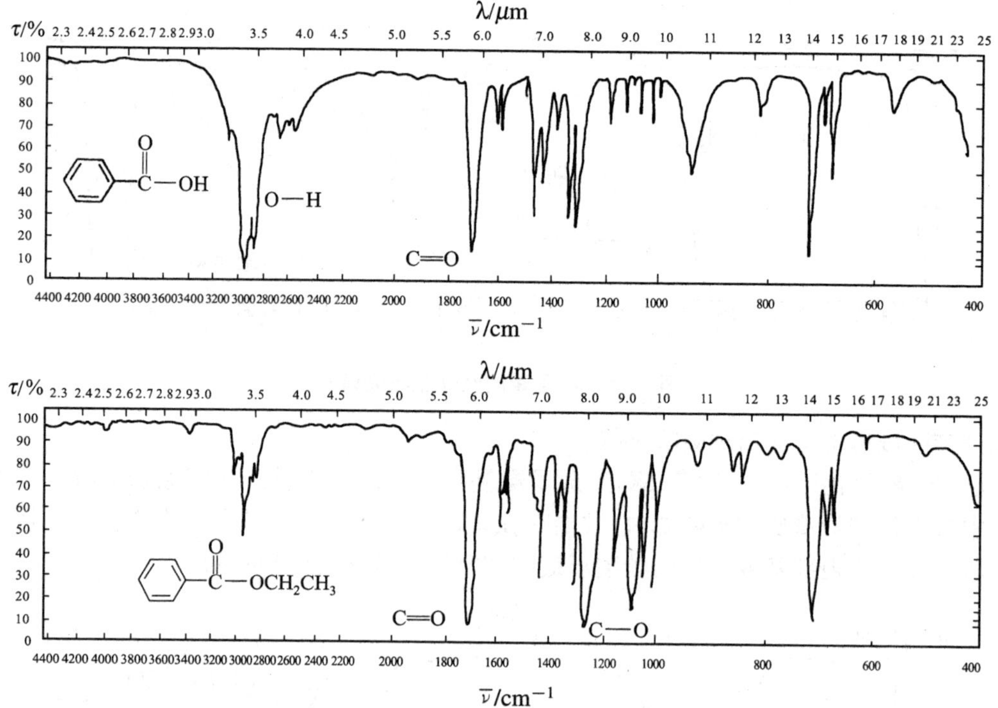

图 7-8　苯甲酸和苯甲酸乙酯的红外吸收光谱图

7.2　核磁共振谱

核磁共振(nuclear magnetic resonance)常用 NMR 表示,核磁共振谱是由具有磁矩的原子核受电磁波辐射而发生跃迁所形成的吸收光谱。

电子能够自旋,质子也能自旋。原子的质量数为奇数的原子核,如^{1}H、^{13}C、^{19}F、^{31}P 等,由于核中质子的自旋而在沿着核轴的方向上产生磁矩,因此可以发生核磁共振。而^{12}C、^{16}O、^{32}S 等原子核不具有磁性,故不发生核磁共振。在有机化学中,研究最多、应用最广的是氢原子核(^{1}H)的核磁共振谱^{1}H-NMR(又称质子磁共振谱 PMR)及碳原子核^{13}C 的核磁共振谱^{13}C-NMR。前者可提供分子中氢原子所处的化学环境、各官能团或分子骨架上氢原子的相对数目以及分子构型等有关信息,后者可直接提供分子"骨架"的信息。

7.2.1　基本原理

氢核(^{1}H)的自旋量子数(I)为 1/2,因而在磁场中它有 2 种取向($2I+1$),如图 7-9 所示。

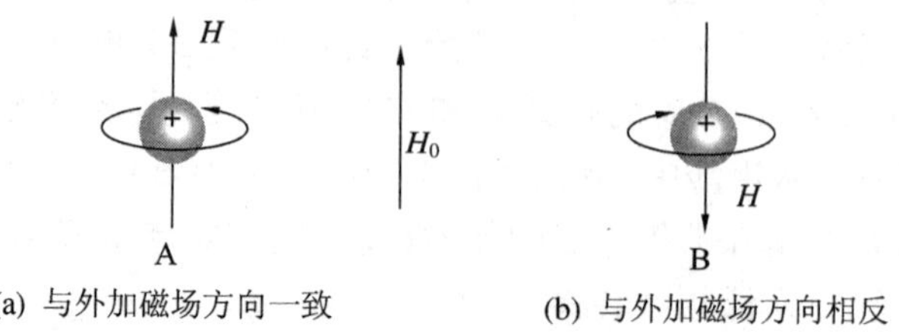

(a) 与外加磁场方向一致　　(b) 与外加磁场方向相反

图 7-9　质子在外磁场(H_0)中的 2 种状态

其中一种取向自旋磁矩与磁场方向一致，能量较低（低能态），另一种取向自旋磁矩与磁场方向相反，能量较高（高能态），两者能量之差为 ΔE，如图 7－10 所示。

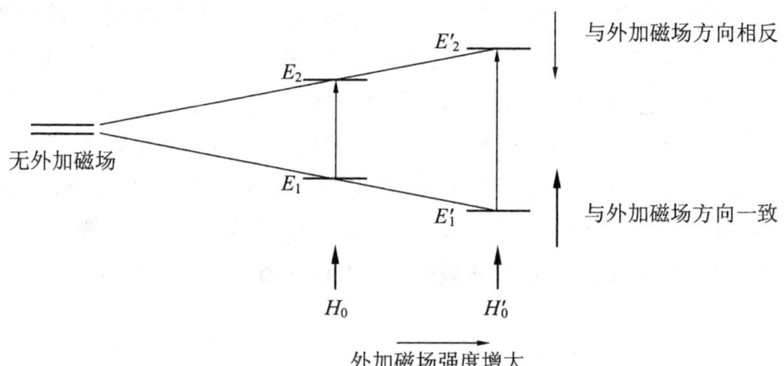

图 7－10　不同磁场强度时氢核 2 种自旋的能差

ΔE 与外加磁场强度（H_0）成正比，其关系式为：

$$\Delta E = \frac{hr}{2\pi} H_0$$

式中，r 为氢核特征常数；h 为 Planck 常数。若用电磁波照射磁场中的质子，当电磁波的频率适当，其能量（$h\nu$）恰好等于质子的 2 种取向的能量差 ΔE 时，质子就吸收电磁波的能量，从低能态跃迁到高能态，发生核磁共振吸收。

$$\Delta E = h\nu \quad \nu = \frac{\Delta E}{h} = \frac{r}{2\pi} H_0$$

用来测定核磁共振的仪器叫作核磁共振仪。核磁共振仪接收到核磁共振信号时，由记录器给出核磁共振谱。

获得核磁共振谱可采用两种手段：一种是固定外加磁场的强度 H_0，不断改变辐射电磁波的频率以达到共振条件，称之为扫频法（frequency sweep）；另一种是固定辐射电磁波的频率，不断改变外加磁场的强度以实现共振，称之为扫场法（field sweep）。后者目前较为常用。

在常用的 ^{1}H－NMR 仪中，电磁波的辐射频率（射频）一般为 60 MHz、90 MHz、100 MHz、200 MHz、500 MHz 等。随辐射频率加大，仪器的分辨率和灵敏度不断提高，更主要的是可使图谱简化。核磁共振谱图一般以吸收能量的强度为纵坐标，磁场强度为横坐标绘出（见图 7－11）。

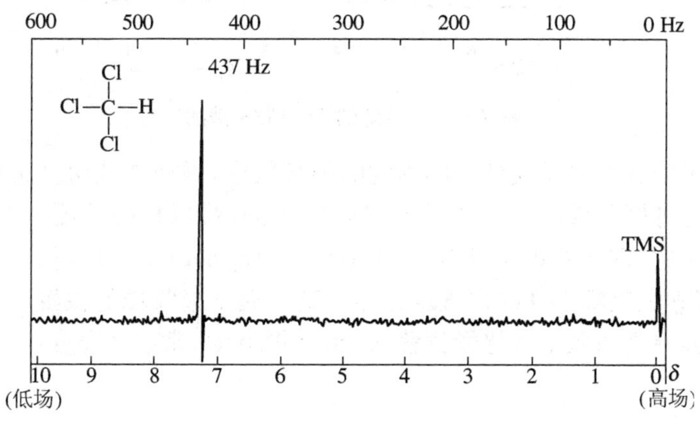

图 7－11　氯仿的核磁共振谱

7.2.2 屏蔽效应和化学位移

有机化合物中质子的自旋能级差是一定的,所有质子似乎都在同一磁场强度下吸收能量。这样,在核磁共振谱中应该只有一个吸收峰。但事实上有机物中各种不同的质子吸收峰的位置是不一样的。这是因为有机物分子中的质子周围存在电子,在外加磁场的作用下,发生电子环流从而产生感应磁场,其方向与外加磁场相反,因此质子实际感受到的磁场要比外加磁场的强度稍弱些。为了发生核磁共振,必须提高外加磁场强度,去抵消电子运动产生的对抗磁场的作用。结果吸收峰就出现在磁场强度较高的位置。我们把质子的外围电子对抗外加磁场所起的作用称为**屏蔽效应**(shielding effect),如图 7-12。

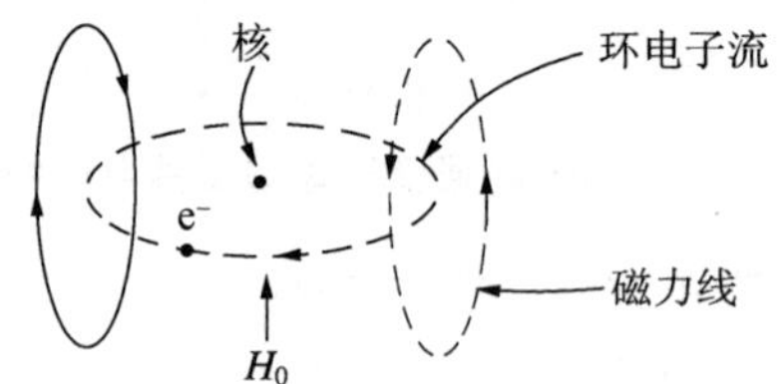

图 7-12 核外电子流动产生感应磁场

显然,质子周围的电子云密度越高,屏蔽效应越大,发生核磁共振所需的外加磁场强度越高;反之,屏蔽效应越小,发生核磁共振所需的磁场强度越低。如下所示:

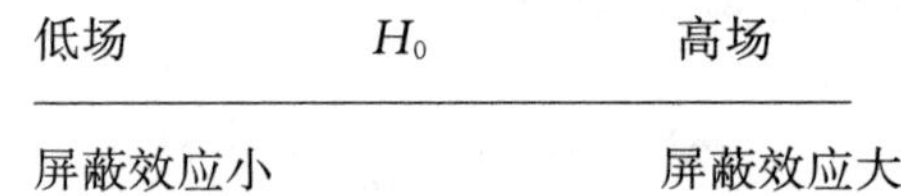

例如,在甲醇分子中,由于氧原子的电负性比碳原子大,因此甲基上的质子比羟基上的质子有更大的电子云密度,也就是—CH_3 上的质子所受的屏蔽效应较大,而—OH 上的质子所受的屏蔽效应较小,因此,甲醇有 2 个吸收峰,—CH_3 的吸收峰在高场出现,—OH 的吸收峰在低场出现(见图 7-13)。

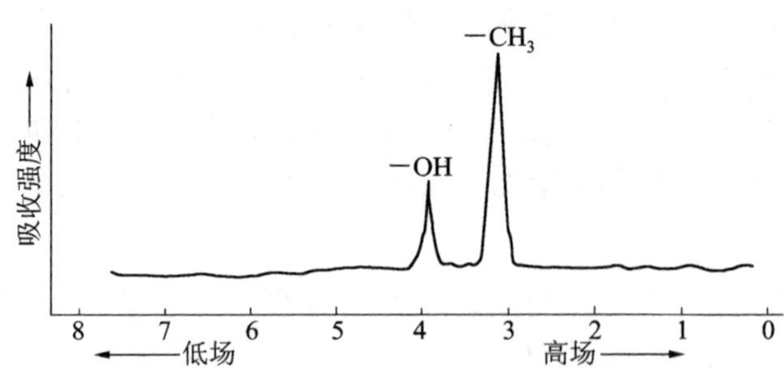

图 7-13 甲醇的^{1}H-NMR 谱图

由于有机分子中各种质子受到不同程度的屏蔽效应,因而在核磁共振谱的不同位置上出现吸收峰。但这种屏蔽效应所造成的差异是很小的,难以精确地测出其绝对值,因而需要一个参照物作对比,常用四甲基硅烷$(CH_3)_4Si$ (tetramethylsilane,简写为 TMS)作为标准物质,并人为将其吸收峰出现的位置定为零。某一质子吸收峰的位置与标准物质子吸收峰位置之间的差异称为该质子的**化学位移**(chemical shift),常以 δ 表示:

$$化学位移(\delta)=\frac{\nu_{样品}-\nu_{TMS}}{\nu_0(核磁共振仪所用频率)}\times10^6$$

式中，$\nu_{样品}$为样品吸收峰的频率；ν_{TMS}为四甲基硅烷吸收峰的频率。由于所得数值很小，一般只有百万分之几，故乘以 10^6。在各种有机物分子中，与同一类基团相连的质子，它们都有大致相同的化学位移。表 7 - 2 列出了常见类型质子的化学位移。

表 7 - 2　常见类型质子的化学位移

常见基团质子	化学位移(δ)	常见基团质子	化学位移(δ)
RCH_3	0.9	$C{\equiv}C{-}CH_3$	1.8
R_2CH_2	1.3	$Ar{-}CH_3$	2.3
R_3CH	1.5	$R{-}COCH_3$	2.2
RCH_2Cl	3.5～4.0	$R{-}COOCH_3$	3.6
RCH_2Br	3.0～3.7	R—O—H	3.0～6.0
RCH_2I	2.0～3.5	Ar—O—H	6.0～8.0
$R{-}O{-}CH_3$	3.2～3.5	R—CHO	9.0～10.0
C=C—H	5.0～5.3	R—COOH	10.5～11.5
C≡C—H	2.5	$R{-}NH_2$	1.0～4.0
Ar—H	6.5～8.0	$Ar{-}NH_2$	3.0～4.5
$C{=}C{-}CH_3$	1.7	$R_2N{-}CH_3$	2.2

化学位移是一个很重要的物理常数，它是分析分子中各类氢原子所处位置的重要依据。δ 值越大，表示屏蔽作用越小，吸收峰出现在低场；δ 值越小，则表示屏蔽作用越大，吸收峰出现在高场。

7.2.3　影响化学位移的因素

1. 电负性

电负性较大的元素能降低氢核周围电子云密度，即减小对氢核的屏蔽(去屏蔽作用，deshielding)，增大 δ 值，而电负性较小的元素则增加了屏蔽作用，降低 δ 值。例如：

	CH_3F	CH_3OH	CH_3Cl	CH_3Br	CH_3I	CH_3CH_3
化学位移(δ)	4.3	3.38	3.1	2.7	2.1	0.86

因为硅的电负性比碳小，所以 TMS 中质子有较多电子云，故其信号出现在高场(定为零点)。大多数有机物质子外围电子云相对较少，其信号出现在较低场。如：

$I \leftarrow CH_2 \leftarrow H$　　$(CH_3)_3Si \rightarrow CH_2 \rightarrow H$

核外有较少电子云　　核外有较多电子云

图 7 - 14 为氯甲基甲醚的 ^1H - NMR 谱图。图中出现两个信号：一个对应于甲基，另一个与亚甲基相对应。与甲基相比，亚甲基与 2 个吸电子的原子(Cl 和 O)相连，因此，亚甲基上质子外围电子云较少，在 ^1H - NMR 谱图中吸收峰出现在低场(δ5.5)，而甲基质子吸收峰出现在较高场(δ3.5)。

2. π 键电子云屏蔽作用的各向异性

与烷烃质子相比，烯质子、炔质子、芳质子及醛质子等的化学位移值出现异常现象，如：

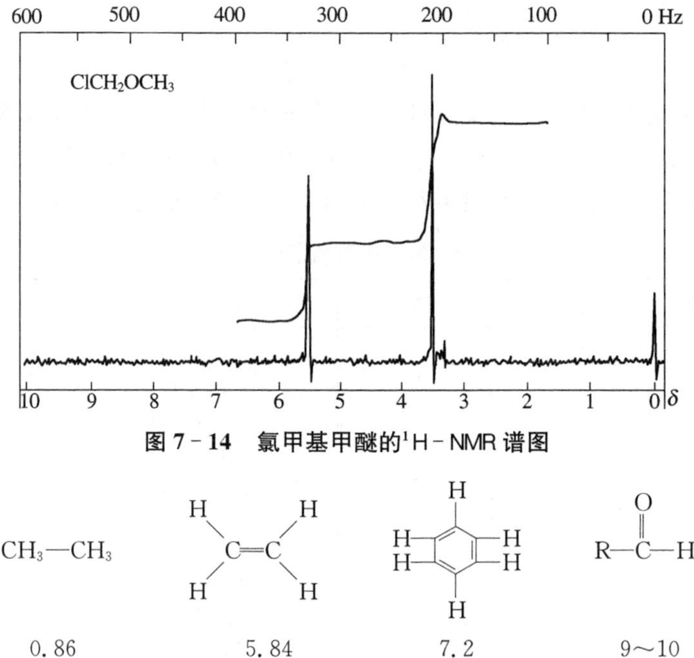

图 7-14　氯甲基甲醚的 ^{1}H-NMR 谱图

	$CH_3—CH_3$	$H_2C=CH_2$	C_6H_6	R—CHO
δ	0.86	5.84	7.2	9～10

这些异常化学位移是由这些基团的各向异性效应（anisotropic effect）所引起的。所谓各向异性效应就是由化学键电子云环流产生的各向异性小磁场通过空间影响了质子的化学位移。现以苯环为例说明。

苯环中的 π 电子在外加磁场作用下产生环流，同时就产生了一个感应磁场。感应磁场的方向与外加磁场相同，即是顺磁的（paramagnetic），而在环平面的上下则是反磁的（diamagnetic），即 π 电子云对环上氢核产生去屏蔽作用，见图 7-15。双键也有顺磁屏蔽效应，故烯氢、醛氢也在较低的磁场强度下（较大 δ 值）产生共振吸收。

感应磁场
π电子运动
H　H
H_0

图 7-15　芳环上 π 电子云产生的感应磁场及其去屏蔽作用

3. 氢键

氢键的形成可使质子所受的屏蔽减小，因而在低磁场发生共振，δ 值增大。

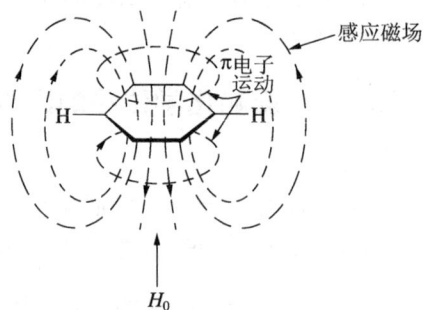

因为分子间的氢键的多少跟样品的浓度、溶剂的性能和纯度有很大的关系，所以羟基的化学位移可以在一个很大的范围内变动，一般来说，R—OH 的化学位移在 0.5～5.5 之间，而 Ar—OH 的化学位移在 4.5～10 之间。在核磁谱图内，羟基的峰也是比较宽的。羧酸类化合物在溶液中易形成双分子氢键，所以羧酸中 COOH 的氢化学位移在 9～13 之间。

以六元环形式存在的分子内氢键比较稳定，氢键质子的 δ 值常大于 10。例如烯醇类化合物及能形成分子内氢键的酚类化合物质子的 δ 值分别在 15～19 及 10～16，且测量条件对分子内氢键的强度无明显影响。

4. 溶剂

核磁共振通常是在溶液中进行测定的，溶剂中质子将对结果有干扰。因此，常用氘代溶剂溶解待测物，这些氘代溶剂有 $CDCl_3$、CD_3OD、CD_3COCD_3、CD_3SOCD_3 和 D_2O 等。氘

(D)在测定时不出现吸收峰。但由于氘代溶剂中仍含有微量^{1}H,故谱图中会出现强度较小的溶剂峰。

同一化合物由于采用不同的溶剂,其化学位移可能会有所差异。

7.2.4　自旋偶合和自旋裂分

在^{1}H-NMR 谱图中,有些质子的吸收峰不是单峰而是一组多重峰,这种同一类质子吸收峰增多的现象称为裂分。

图 7-16 为 1,1-二氯乙烷的^{1}H-NMR 谱图,它有两组质子,故有两组吸收峰。其中 δ1.95 是甲基的 3 个 H 的峰,为双重峰(d),δ5.60 是二氯甲基中 1 个 H 的峰,为四重峰(q)。

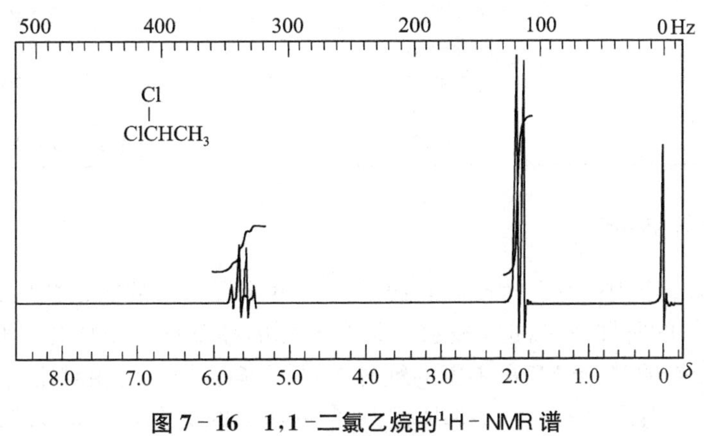

图 7-16　1,1-二氯乙烷的^{1}H-NMR 谱

吸收峰发生裂分的原因,是由于邻近质子的自旋相互干扰而引起的,这种相互干扰称**自旋-自旋偶合**(spin-spin coupling),简称自旋偶合。由自旋偶合引起的吸收峰的裂分称**自旋-自旋裂分**(spin-spin splitting),简称自旋裂分。在 1,1-二氯乙烷的谱图中,甲基裂分为双重峰的原因在于邻近碳原子上有氢,因而甲基氢的实感磁场又受到邻近氢核的影响。分子中氢原子在任何时刻约有一半氢核的磁矩与外磁场同向,另一半为反向。邻近氢核的小磁矩(H')叠加到外磁场(H_0)上,可稍稍提高或降低外加磁场,其实感磁场分别为 H_0+H'(同向)和 H_0-H'(反向)。当这两种磁场分别满足甲基氢的共振吸收条件时,就分别吸收能量,发生跃迁,显示出两个强度大约相等的峰(峰间距离约为 7 Hz)。同样,二氯甲基中的 1 个氢原子(δ5.60)也受到邻近甲基中 3 个氢原子的干扰。3 个质子的磁矩相对于外磁场的排列有 8 种组合,对外磁场的干扰方式有 4 种:H_0+3H',H_0+H',H_0-H'和 H_0-3H'。因此二氯甲基中氢原子的峰被裂分为四重峰,峰间距离也是 7 Hz。由于这 4 种方式的概率比为 1∶3∶3∶1。所以峰的面积比为 1∶3∶3∶1(见图 7-17)。

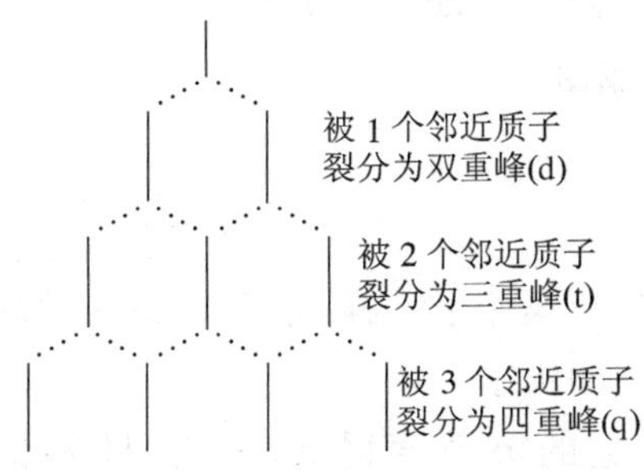

图 7-17　自旋偶合示意图

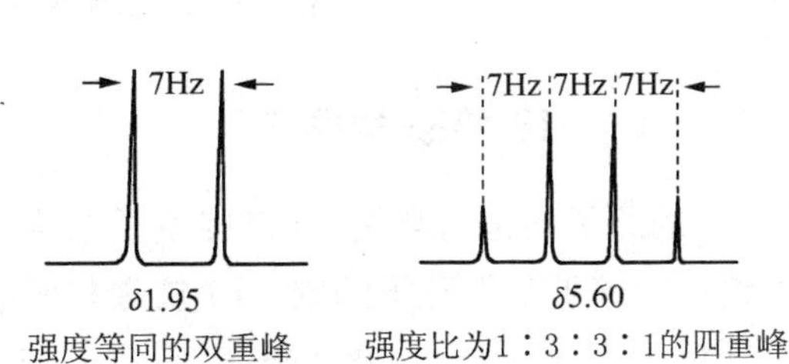

图 7-18　1,1-二氯乙烷中邻近氢原子间的偶合示意图

分裂峰中各小峰之间的距离称为**偶合常数**(coupling constant,用 J 表示),其单位是 Hz。偶合常数反映了核之间自旋偶合的有效程度。1,1-二氯乙烷中 $J=7$ Hz(见图 7-18)。饱和碳上氢原子间的偶合常数约为 7 Hz。

由上述分析可看出,吸收峰的裂分数决定于邻近氢的数目:裂分数等于 $n+1$,n 是邻近碳上 δ 值相同或 J 值相同的氢原子数目。吸收峰的裂分情况及裂分峰的相对强度见表7-3。

表 7-3 n 个邻近氢原子引起峰裂分情况

n	$n+1$ 峰	峰的相对强度
0	单峰(s)	1
1	双重峰(d)	1∶1
2	三重峰(t)	1∶2∶1
3	四重峰(q)	1∶3∶3∶1
4	五重峰	1∶4∶6∶4∶1
5	六重峰	1∶5∶10∶10∶5∶1
6	七重峰	1∶6∶15∶20∶15∶6∶1

7.2.5 积分曲线

在^{1}H-NMR 谱图中,各组峰覆盖的面积与产生该吸收峰的氢核数成正比。峰面积可用自动积分仪测得的阶梯积分曲线表示。各个阶梯的高度比为不同化学位移的氢核数之比。当然,积分线高度并不告知每类氢的绝对数,只告知各类氢的相对比例。

图 7-19 为 2-溴丙烷的^{1}H-NMR 谱,2 个甲基中的氢在 δ1.60,为双重峰;与溴相连的碳上的氢在 δ4.00,为七重峰。七重峰左右两侧的峰强度较小,在放大后可看到。两类氢积分曲线的高度比约为 1∶6。

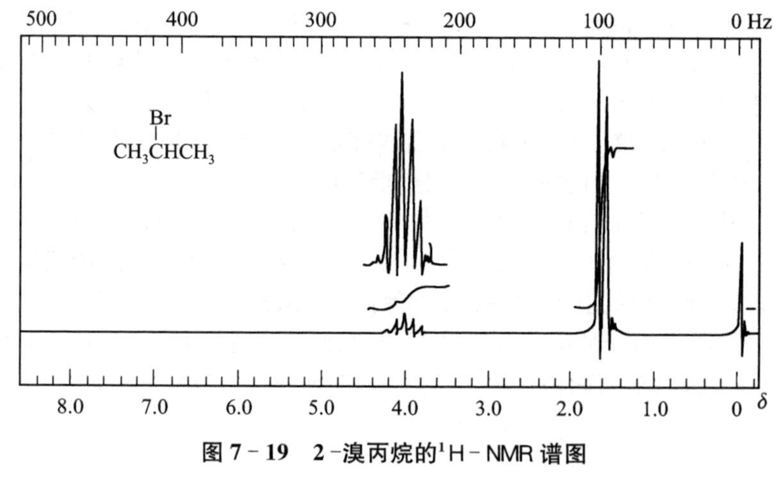

图 7-19 2-溴丙烷的^{1}H-NMR 谱图

7.2.6 碳-13 核磁共振谱

碳-13 的原子核也有自旋,其自旋量子数为 1/2,因此与氢原子一样,也有核磁共振现象,利用碳自旋核可获得分子的碳-13 核磁共振谱(^{13}C-NMR)。

但是^{13}C 同位素在自然界的丰度只有 1.1%,因此它的灵敏度很低,只有^{1}H 核的 1/6 000。直到 20 世纪 70 年代,由于核磁共振中采用了同去偶方法相结合的脉冲 Fourier 变换(PFT)技术,提高了灵敏度,才使得^{13}C-NMR得到了迅速发展。^{13}C-NMR谱提供的是分子碳架以及与碳直接相连的原子的信息。

^{13}C-NMR谱的基本原理与^{1}H-NMR谱相同。在外磁场中,^{13}C核吸收电磁波(在无线电波区),从低能级跃到高能级,碳核受到环境影响,也有屏蔽效应(抗磁)和去屏蔽效应(顺磁)。通常也用TMS作为参考物,吸收峰位置也用化学位移(δ)值表示。

在^{13}C-NMR谱中,碳和碳不发生偶合,这是因为^{13}C的自然丰度很小,在同一分子中,相近碳都是^{13}C的概率很低,绝大多数^{13}C被无自旋的^{12}C核包围,因而不产生自旋裂分。

在^{13}C-NMR谱中,碳与氢会偶合,偶合方式类似于氢核间的偶合。例如碳上有1个氢,其峰裂分为双重峰,有2个氢,裂分为三重峰等。偶合常数J很大,通常为100～300 Hz,这就使得谱图很复杂。为了简化谱图,可在测定时施加另一种电磁波,使所有氢核发生跃迁。由于氢核不断地在高能级与低能级之间来回共振,因此在任何一个能级上都没有足够的时间来影响碳核所感受到的磁场,这种完全消除^{13}C—H偶合的技术称为质子宽带去偶(broad-band proton decoupling)。

图7-20是4-甲基戊-2-酮的2个谱图。图7-20(a)为质子宽带去偶谱,谱图中有5个峰(δ78附近的峰是溶剂$CDCl_3$的峰),它们是该化合物的5类碳的吸收峰。其中,去屏蔽效应最强的碳是羰基碳,它在最低场(δ219)出现。屏蔽效应最强的碳是离羰基最远的甲基碳,在最高场(δ23)出现。另一个甲基碳由于受到羰基去屏蔽效应影响,在较高场(δ30)。亚甲基碳在δ53,次甲基碳在δ25。

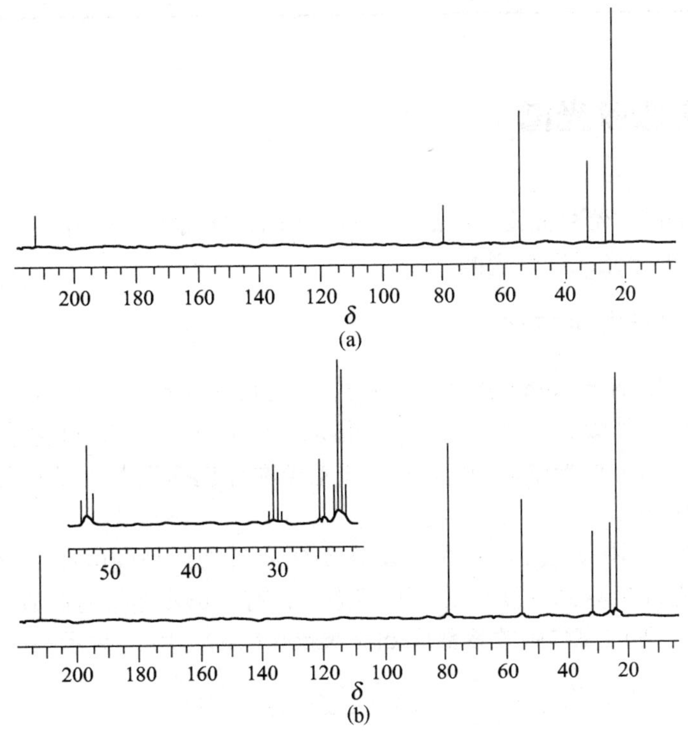

图 7-20 4-甲基戊-2-酮的^{13}C-NMR谱图

谱图7-20(b)中可看到^{13}C和氢之间偶合造成的裂分峰,但使用了一种技术使偶合常数大为下降,另外也消除了更远氢的远程偶合。在此谱图中,甲基碳为四重峰(q),亚甲基碳为三重峰(t),次甲基碳为双重峰(d),羰基碳为单峰(s),因为它不与氢相连。

^{13}C－NMR 谱另有两个特性：① 碳的 δ 值范围(～200)远大于氢(～20)，因此解析更易，这就使其成为测定有机物结构的有力工具。② 在^{13}C－NMR 谱中没有积分曲线，峰的强度(用高度表示)与碳数无关，却正比于碳上相连的氢数，含氢碳一般比无氢碳有更强的峰(高度更高)。因此，在^{13}C－NMR 谱中只提供几类碳的信息，没有提供各类碳的相对比例。

各类碳的化学位移典型值列在表 7－4 中。伯、仲、叔碳的 δ 值表明，在类似环境中，取代基较多的碳有更高的 δ 值。

表 7－4　^{13}C－NMR 谱中各类碳(黑体)的化学位移值

碳的类型	δ	碳的类型	δ
$RCH_2\mathbf{C}H_3$	13～16	$R\mathbf{C}{\equiv}CH$	74～85
$R\mathbf{C}H_2CH_3$	16～25	$RCH{=}\mathbf{C}H_2$	115～120
$R_3\mathbf{C}H$	25～38	$R\mathbf{C}H{=}CH_2$	125～140
$\mathbf{C}H_3COR$	～30	$R\mathbf{C}{\equiv}N$	117～125
$\mathbf{C}H_3COOR$	～20	ArH	125～150
$R\mathbf{C}H_2Cl$	40～45	$R\mathbf{C}OOR'$	170～175
$R\mathbf{C}H_2Br$	28～35	$R\mathbf{C}OOH$	177～185
$R\mathbf{C}H_2NH_2$	37～45	$R\mathbf{C}HO$	190～200
$R\mathbf{C}H_2OH$	50～64	$R\mathbf{C}OR'$	205～220
$RC{\equiv}\mathbf{C}H$	67～70		

7.3　紫外吸收光谱

紫外吸收光谱简称**紫外光谱**(ultraviolet spectra，UV)，是由分子中电子运动能量的改变而引起的，可用紫外分光光度计观测。

7.3.1　测定与表示方法

紫外区的波长用纳米(nm)表示。远紫外区波长在 100～200 nm，近紫外区波长在 200～400 nm，一般紫外吸收光谱多指在这一区域的吸收光谱，在有机化学中广为应用。波长在 400～800 nm 为可见光谱，通常使用的分光光度计包括近紫外及可见光两部分，波长范围约在 200～800 nm。

选择合适的浓度，用分光光度计可测出在不同波长处样品的吸收值 A(absorbance，吸光度)，将此吸收值 A 换算到浓度 C 为 1 L 溶液中含有 1 mol 样品的数值，此时的 A 值即该物质在测定波长(λ)处的**摩尔吸收系数**(molar absorptivity)，用 ε_λ 表示，其换算式为：

$$\varepsilon_\lambda = \frac{A}{CL} \quad [\text{式中 } L(\text{光路长度}) = 1\ \text{cm}]$$

如 ε_λ 值很大时，常用 $\lg\varepsilon_\lambda$ 表示之。在指定波长下，特定的纯有机化合物都有其固定的摩尔吸收系数，被看作是该有机物的特征常数，是鉴定物质的重要依据。

通常以波长(λ)为横坐标，以 ε 值(或 $\lg\varepsilon$)或 A 值为纵坐标，所绘测出的紫外吸收曲线称为紫外吸收光谱。由于分子吸收光量子发生电子运动的同时，还可以引起分子的转动与振动，因此紫外光谱中也能显示出分子转动与振动的细微结构，所以在极性溶剂中，往往形成较宽的吸收带。

图 7－21 是香芹酮在乙醇溶液中的紫外吸收光谱。图中(1)处有一个最大的吸收峰(最大吸收波长，用 λ_{max} 表示)，位于 238 nm 波长处；(2) 处有一个曲线的谷，所对应的波长为最低吸收波长(用 λ_{min} 表示)，位于 280 nm 处。最大吸收波长为香芹酮的特征波长，可作为香芹酮定性鉴别的依据。

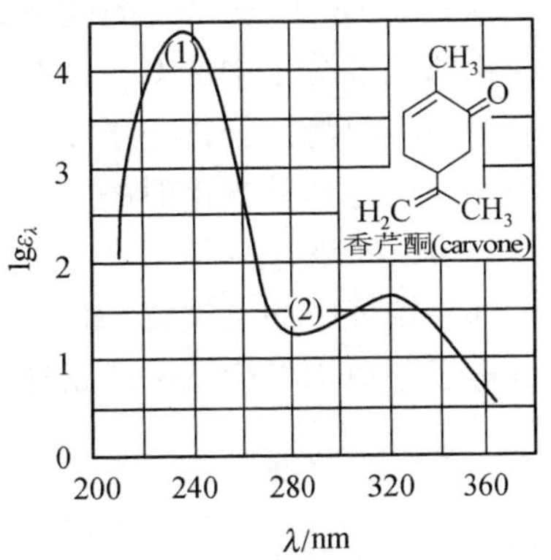

图 7－21　香芹酮在乙醇溶液中的紫外吸收光谱

由于同一样品采用不同溶剂测出的紫外光谱并不完全相同，所以在表明数据时应同时注明所用的溶剂。与文献资料对比紫外光谱数据时，也应注意所用溶剂是否相同。例如，某样品的 λ 值及 ε 值为：

$$\lambda_{max}^{EtOH} 297\ nm \quad \varepsilon_{297nm} = 5\ 012 \text{ 或 } \lg\varepsilon_{297nm} = 3.7$$

表示样品的乙醇溶液在波长 297 nm 处有最大吸收峰，摩尔吸收系数为 5 012(或其对数值为 3.7)。

7.3.2　有机化合物电子跃迁的类型

2 个原子轨道线性组合形成成键和反键分子轨道。成键轨道能量较低，反键轨道能量较高；成键电子均在成键轨道中，通常反键轨道为空轨道。成键轨道中的电子吸收一定能量激发到反键轨道时，发生电子跃迁。

基态有机分子中可以发生跃迁的电子有 σ 电子、π 电子和非键电子(n)。图 7－22 为各种电子跃迁所需的能量示意图，σ 键成键时放出的能量较 π 键成键时所放出的能量多，所以轨道中电子的能量低于 π 轨道中电子的能量。又因 σ 键是沿键轴方向重叠形成的，其电子云重叠程度大，键的结合较强，所以要完成 $\sigma\rightarrow\sigma^*$ 跃迁，所需能量最大；而 π 键是 p 轨道侧面交盖重叠而成的，键的结合较弱，完成 $\pi\rightarrow\pi^*$ 跃迁所需的能量较 $\sigma\rightarrow\sigma^*$ 跃迁所需的能量低。

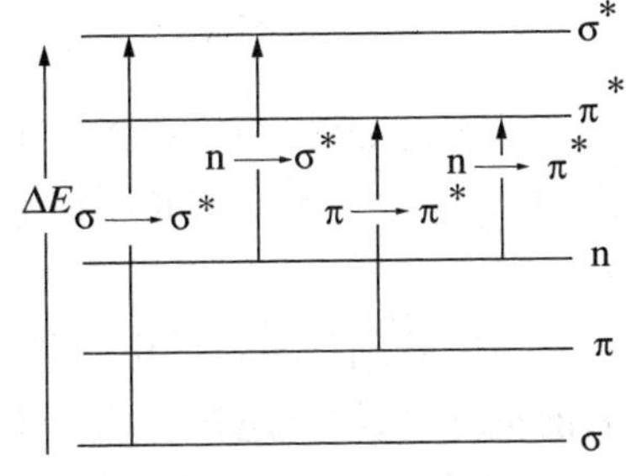

图 7－22　各种电子跃迁所需能量示意图

在氧、氮、卤素、硫等原子中都有未共用电子对，它们配对成的非键电子称 n 电子，这些未共用电子对所占的非键轨道称 n 轨道。n 电子受原子核的束缚较成键电子小，所以活动性较大。由于 n 电子在成键过程中能量没有什么变化，所以 n 轨道中电子的能量高于 σ 与 π 轨道中电子的能量，因而完成 $n\rightarrow\sigma^*$ 跃迁所需的能量低于 $\sigma\rightarrow\sigma^*$ 跃迁，完成 $n\rightarrow\pi^*$ 跃迁所需的能量也低于 $\pi\rightarrow\pi^*$ 跃迁。

由此可知，各类电子跃迁所需能量大小顺序为：

$$\sigma\rightarrow\sigma^* > n\rightarrow\sigma^* > \pi\rightarrow\pi^* > n\rightarrow\pi^*$$

现再结合有机化合物的结构，对这几类电子跃迁进行讨论。

1. $\sigma\rightarrow\sigma^*$ 跃迁

位于基态 σ 轨道的电子对吸收能量后，进入激发态时有 1 个电子进入 σ^* 轨道(图7－23)，

完成这种 $\sigma\rightarrow\sigma^*$ 跃迁需要的能量高,吸收峰在远紫外区。

例如烷烃分子中的 C—H 与 C—C 键发生 $\sigma\rightarrow\sigma^*$ 跃迁时,吸收波长在远紫外区。通常饱和烃类吸收峰波长都小于 150 nm,超出一般仪器的测定范围,所以正己烷、环己烷等烷烃可被用作测定紫外光谱时的溶剂。

2. $n\rightarrow\sigma^*$ 跃迁

如果烷烃中的氢被氧、氮、卤素等原子或基团替代后,除上述 $\sigma\rightarrow\sigma^*$ 跃迁外,新引入原子的 n 电子还可以发生 $n\rightarrow\sigma^*$ 跃迁,如图 7－24 所示。

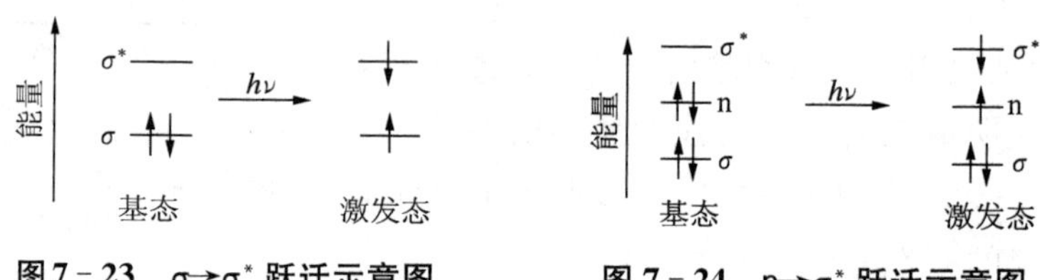

图 7－23　$\sigma\rightarrow\sigma^*$ 跃迁示意图　　**图 7－24　$n\rightarrow\sigma^*$ 跃迁示意图**

下面列举一些能够进行 $n\rightarrow\sigma^*$ 跃迁的化合物及其最大吸收峰的波长与 ε 值。

化合物	$\sigma\rightarrow\sigma^*$ λ_{max}/nm	$n\rightarrow\sigma^*$ λ_{max}/nm
CH_3Cl	161～154	173
CH_3OH	150	183(ε150)
CH_3NH_2	173	215(ε600)
CH_3I	210～150	258(ε365)

由上可知,C—O 与 C—Cl 等的跃迁在远紫外区,其吸收波长小于 200 nm。而 C—N、C—I 等的 $n\rightarrow\sigma^*$ 跃迁可在近紫外区有较弱的吸收,吸收波长大于 200 nm,ε 值常在几百左右。

这些差别与原子的电负性有关,原子的电负性越强,对电子控制越牢,实现电子跃迁所需能量越大,波长越短。由于 C—O 与 C—Cl 键在近紫外区不产生吸收,故亦常将醚(例如 1,4－二氧六环)、醇(例如甲醇、乙醇)及氯仿等用作紫外光谱测定的溶剂。

3. $\pi\rightarrow\pi^*$ 跃迁

完成 $\pi\rightarrow\pi^*$ 跃迁所需激发能较 $\sigma\rightarrow\sigma^*$ 小,亦小于或接近于 $n\rightarrow\sigma^*$ 跃迁。例如,烯烃的 $\pi\rightarrow\pi^*$ 跃迁强吸收峰出现在 170～200 nm 处(ε≈10 000),属于强吸收,通常的分光光度计不易观察。

但是,如果烯键形成共轭体系,因分子轨道相互作用形成新的成键轨道与反键轨道,且能阶差减少,则使 $\pi\rightarrow\pi^*$ 跃迁所需的能量也减少,吸收光谱的特征峰向长波长处移动,这种现象称深色移动或称红移。反之,称浅色移动或称蓝移。例如丁－1,3－二烯分子中能量最低的跃迁是 $\pi_2\rightarrow\pi_3$,其 λ_{max} 为 217 nm(ε＝21 000),在近紫外区有吸收(图 7－25),其他跃迁能阶相差较大,需要较大能量,在远紫外区有吸收。

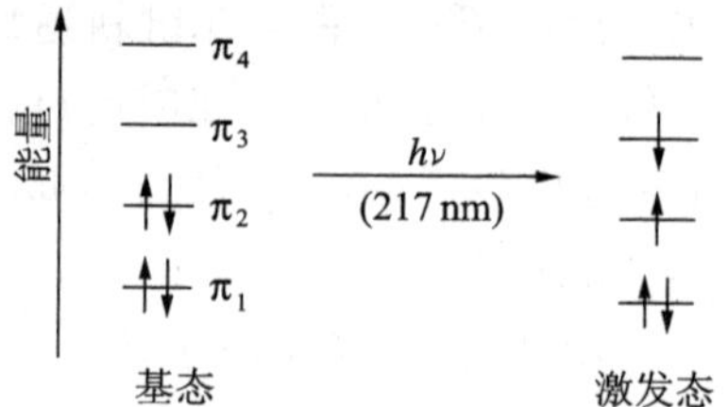

图 7－25　丁－1,3－二烯的基态与激发态能级示意图

随着共轭体系的增长,跃迁能阶差逐渐变小,紫外吸收更向长波长处移动,甚至可由紫外区转向可见光区，化合物由无色转变为有色。例如下列共轭烯烃的 $\pi\rightarrow\pi^*$ 跃迁显示红移。

表 7-5 某些共轭烯烃的 $\pi\rightarrow\pi^*$ 跃迁

化合物	烯键数	λ_{max}/nm(ε)	颜 色
乙 烯	1	185(10 000)	无色
丁-1,3-二烯	2	217(21 000)	无色
己-1,3,5-三烯	3	258(35 000)	无色
癸五烯	5	335(118 000)	淡黄
β-胡萝卜素	11	453(130 000)	橙色
番茄红素	13	470(185 000)	红色

其他具有共轭体系的化合物也存在 $\pi\rightarrow\pi^*$ 跃迁。表 7-6 列出了一些其他常见的 $\pi\rightarrow\pi^*$ 跃迁的类型。

表 7-6 其他共轭化合物的 $\pi\rightarrow\pi^*$ 跃迁

共轭体系	化合物结构式	λ_{max}/nm(ε)
—C=C—C(OH)=O	CH_2=CH—C(OH)=O	200(10 000)
—C=C—C(H)=O	CH_2=CH—C(H)=O	<210
—C=C—C≡N	CH_2=C(CH_3)—C≡N	215(680)
—C=C—C≡C—	CH_2=CH—C≡CH	219(7 600)
—C=C—N(→O)=O	CH_3—CH=CH—N(→O)=O	229(9 400)

如果共轭体系增长，$\pi\rightarrow\pi^*$ 跃迁将向长波长处移动，跃迁概率增加，吸收强度亦随之增大。

4. $n\rightarrow\pi^*$ 跃迁

含有 C=O、C=S、C=N、N=O、N=N 等基团的有机化合物，在近紫外区或可见光区有吸收。这些基团除了 $\pi\rightarrow\pi^*$ 跃迁表现出较强吸收外，还可进行 $n\rightarrow\pi^*$ 跃迁。这种跃迁所需能量较少，吸收强度也较弱（ε<100）。例如脂肪醛中羰基的 $\pi\rightarrow\pi^*$ 跃迁 λ_{max} 约为 210 nm，$n\rightarrow\pi^*$ 跃迁 λ_{max} 约为 290 nm。

如果这些基团与烯键共轭，可形成新的成键轨道与反键轨道，使 $\pi\rightarrow\pi^*$ 和 $n\rightarrow\pi^*$ 跃迁的能阶差减少，吸收将向长波长处移动，例如丁-2-烯醛的 $\pi\rightarrow\pi^*$ 跃迁 λ_{max} 为 218 nm（ε=18 000），$n\rightarrow\pi^*$ 跃迁 λ_{max} 为 321 nm（ε=19），分别为 $\pi_2\rightarrow\pi_3$ 与 $n\rightarrow\pi_3$ 跃迁，与脂肪醛相应的跃迁比较，其吸收均向长波长处移动。

在紫外吸收光谱常用的术语中，凡分子结构中有 $\pi\rightarrow\pi^*$ 或 $n\rightarrow\pi^*$ 跃迁的基团，如 C=O、C=C、C=N、N=N、NO_2、NO、C=C—C=C 等称发色团（也称生色团）。与发色团经共轭体系相连，并能使吸收峰向长波长处移动的带有杂原子的饱和基团（如—OH、

—OR、—NH_2、—NHR、—X)称助色团。

由紫外光谱得到各吸收带的 λ_{max} 和 ε_{max} 两类重要数据,它反映了分子中生色基团或生色基团与助色基团的相互关系,但用其确定有机化合物的结构比较困难,需和其他谱配合。由于紫外光谱主要反映共轭体系和芳香化合物的结构特征,故采用紫外光谱测定具有共轭体系的化合物的结构具有一定意义。

7.3.3 解析实例

以下以醛酮为例对紫外吸收光谱进行解析。

1. 脂肪族饱和醛、酮

脂肪族饱和醛酮具有 3 种电子跃迁,它们在不同的波长处出现吸收带,见表 7-7。

表 7-7 脂肪醛酮的电子跃迁

化合物	λ_{max}/nm(ε)		
	$n\to\sigma^*$	$\pi\to\pi^*$	$n\to\pi^*$
乙醛	160(20 000)	180(10 000)	290(17)
丙酮	166(16 000)	189(900)	279(15)
脂肪醛酮	150~160	180~210(强)	275~295(10~30)

2. α,β-不饱和醛、酮

与饱和醛酮相比,由于共轭体系中 2 个双键的相互作用,使 $\pi\to\pi^*$ 与 $n\to\pi^*$ 跃迁所需能量降低,吸收带显著地向长波长处移动。

图 7-26 为丙酮(1)及丁-3-烯-2-酮(2)的紫外吸收曲线图,两者在较长波长范围内均有弱吸收,ε 分别为 15 和 24,为 $n\to\pi^*$ 跃迁。在较短波长处则有较强吸收,ε 分别为 900 和 3 600,为 $\pi\to\pi^*$ 跃迁。丁-3-烯-2-酮由于共轭体系的存在,$\pi\to\pi^*$ 与 $n\to\pi^*$ 跃迁所需能量均较丙酮低。

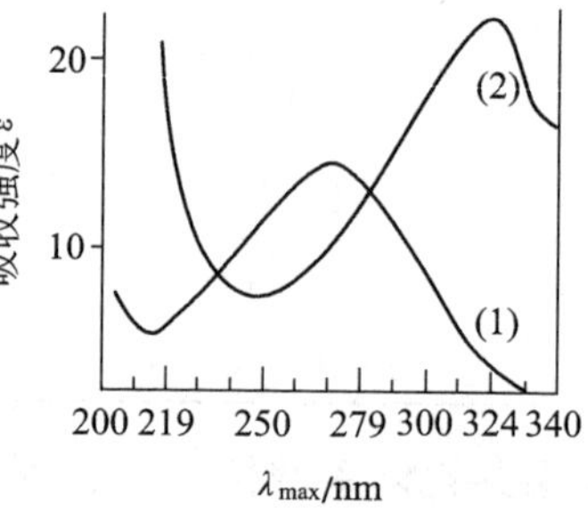

图 7-26 丙酮(1)与丁-3-烯-2-酮(2)的紫外吸收曲线

3. 芳香醛酮

苯分子中的 $\pi\to\pi^*$ 跃迁显示 3 个吸收带,分别为 λ_{max}184 nm(ε=47 000),λ_{max}204 nm(ε=6 900),λ_{max}255 nm(ε=230)。

苯环与羰基形成共轭体系后,可促使芳香醛酮的最大吸收带向长波长处移动,见表 7-8。

表 7-8 苯甲醛与苯乙酮的电子跃迁

吸收带类型	λ_{max}^{EtOH}/nm(ε)	
	苯甲醛	苯乙酮
K(羰基与苯环共轭后的 $\pi\to\pi^*$)	244(1 500)	240(13 000)
B(苯环的 $\pi\to\pi^*$)	280(1 500)	278(1 100)
R($n\to\pi^*$)	328(20)	319(50)

7.4　质谱

质谱(mass spectroscopy, MS)不是吸收光谱,而是基于把样品裂解成结构碎片后按质量大小顺序排列而得的谱,它可提供化合物准确的相对分子质量和分子结构的信息。

7.4.1　测定与表示方法

待测样品必须能够汽化,否则需制成容易汽化的衍生物,再进行测试。

在离子源内,有机化合物分子(M:)在真空中受热汽化后,使用高能电子束轰击使之失去 1 个电子而产生**分子离子**(molecular ion,以 $M^{+\cdot}$ 表示)。如果有足够的能量,还可进一步使分子离子裂分为碎片离子(包括离子 A^+、游离基离子 $A^{+\cdot}$、中性分子及游离基等),见图 7－27。

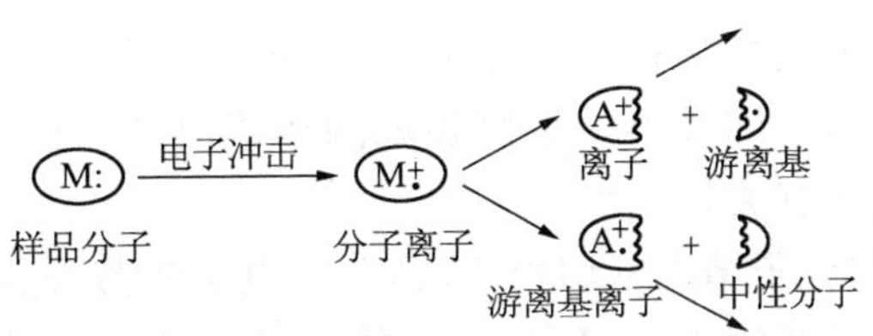

图 7－27　分子离子及其裂分示意图

离开离子源的所有正离子在加速器内被静电压加速后进入磁场分离器(中性分子或游离基已被分离),离子按质量与电荷的比值(m/z,简称质荷比)被分离,并依次进入接收器,转变成电信号,经放大后记录就得到质谱。该过程可简述为:

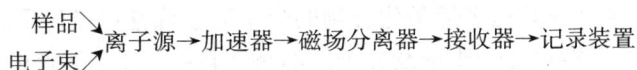

样品↘离子源→加速器→磁场分离器→接收器→记录装置
电子束↗

在一般情况下,分子离子的质荷比值(m/z)就是它的相对分子质量。

分辨率是质谱仪的主要性能指标,采用低分辨质谱仪测定时,CO、N_2、C_2H_4 和 CH_2N 的质量都是 28,无法将其区分,如采用高分辨质谱仪,就可得到误差为±0.006 的精密质量。

质谱的表示方式较多,常见的是经计算机处理后的棒图及质谱表。

棒图是以质荷比值(m/z)为横坐标,以相对丰度(或称相对强度)为纵坐标画出的质谱图,图中每一条直线表示 1 个峰,代表 1 种离子;峰高最强的叫基峰,将它的强度作为 100,其他各峰的强度为基峰的相对百分比即相对丰度。图 7－28 为丁酮的质谱图(棒图),其**分子离子峰**在 m/z 为 72 处,基峰在 m/z 为 43 处。质谱图可以看作是所生成的离子的质量及其相对丰度的记录。

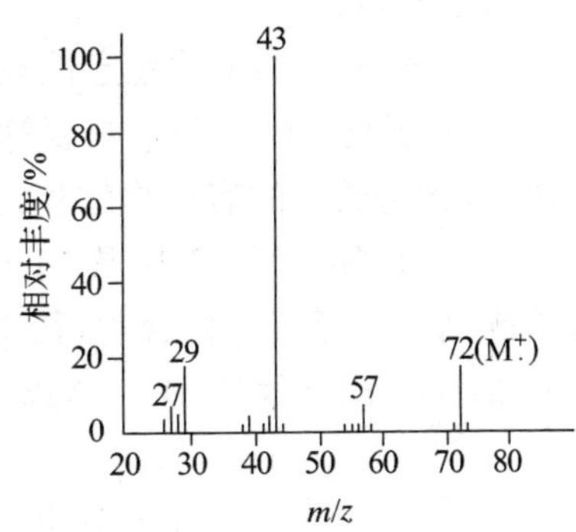

图 7－28　丁酮的质谱(棒图)

棒图较直观,适合与其他谱图作比较,但相对丰度较低的离子不容易在同一标度上表示出来,而这些离子在谱图解析时往往十分重要。例如丁酮的 m/z 73(M+1)和 m/z 74(M+2)就未能表示出来。

质谱表是由计算机打印出的以离子质荷比为序的质谱表示方式。

分子离子裂分成碎片离子时，各类有机化合物裂分时各有其规律，根据这些规律对碎片进行解析，就可获得有关分子结构的信息。

质谱分析的特点是灵敏度较高，样品用量少，但对样品纯度要求较高，否则会导致图谱复杂而难以解析。

7.4.2 分子离子

在质谱中，分子失去 1 个电子生成的离子称分子离子。一般说来，所失去的电子应该是分子中受束缚最弱者，通常杂原子的 n 电子最易失去。其次是双键或叁键中的 π 电子，再次是碳碳键、碳氢键中的 σ 电子。失去电子后的分子离子可表示为：

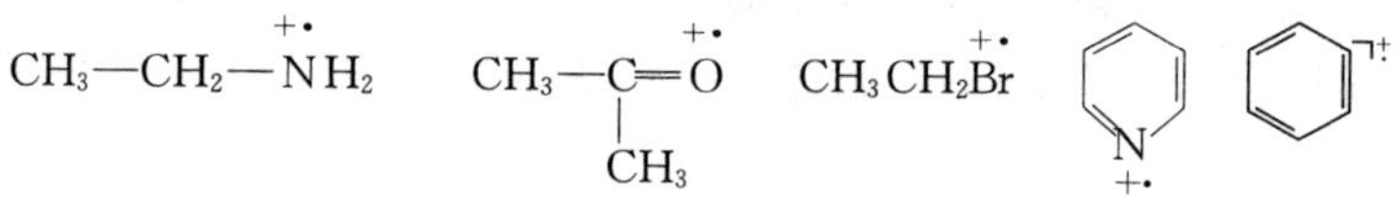

$$CH_3—CH_2—\overset{+\cdot}{N}H_2 \qquad CH_3—\underset{\displaystyle CH_3}{\underset{|}{C}}=\overset{+\cdot}{O} \qquad CH_3CH_2\overset{+\cdot}{Br} \qquad \text{吡啶}(\overset{}{N}^{+\cdot}) \qquad [\text{苯}]^{+\cdot}$$

在质谱图中，质荷比最大的峰往往就是分子离子峰，它的质量就是相对分子质量。但它的相对丰度不一定很高，也即并不一定以强峰的形式出现，有时甚至观察不到分子离子峰，这与分子离子的稳定性有关。

分子离子的稳定性与分子结构密切相关，具有 π 电子的芳香族化合物及共轭多烯的分子离子均较稳定，分子离子峰很强；脂环化合物的分子离子峰也较强；含羟基、氨基或分叉较多的链状化合物的分子离子不太稳定，故基峰也很弱，有时甚至不出现分子离子峰。分子离子峰的稳定性有如下顺序：

芳香族化合物＞共轭多烯＞脂环化合物＞直链烷烃＞硫醇＞酮＞胺＞酯＞醚＞酸＞分叉较多的烷烃＞醇

因此，芳香族化合物或共轭多烯类化合物的分子离子峰常以基峰形式出现。

分子离子峰是测定相对分子质量及分子式的重要依据，因而正确识别分子离子峰至关重要。在质谱图中最右侧出现的质谱峰为分子离子峰，但有些化合物的分子离子不稳定，质谱上无分子离子峰。此外，有时分子离子一产生就与其他离子或气体分子相碰撞而成为质量更高的离子，有时也可能由于混入杂质而产生高质量的杂质离子峰，这些都会引起错判。因此，在识别分子离子峰时首先要检查该离子是否具有分子离子峰的所有特征，即要掌握以下各点：

① 了解分子离子的稳定性规律。

② 分子离子峰的质量数要符合氮律。即不含氮或含偶数氮的有机物的相对分子质量为偶数，含奇数氮的有机物的相对分子质量为奇数。凡不符合氮律者就不是分子离子峰。

③ 正确判断 M+1 峰及 M−1 峰的存在。对于分子离子峰很弱的醚、酯、胺、酰胺、氨基酸或氨基醇等有机化合物，因为它们的分子离子很容易在与中性分子碰撞时捕获 1 个 H·，故应注意寻找其 M+1 峰。例如：

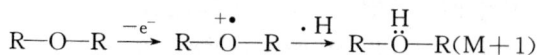

$$R—O—R \xrightarrow{-e^-} R—\overset{+\cdot}{O}—R \xrightarrow{\cdot H} R—\overset{H}{\ddot{O}}—R(M+1)$$

有些化合物的质谱图上质荷比最大的峰是 M−1 峰，而无分子离子峰。例如醛类的 M−1 峰很强：

苯甲醛 $\xrightarrow{-e^-}$ $M^{+\cdot}$ m/z106 分子离子 $\xrightarrow{-H\cdot}$ (M−1) m/z105 (M−1) 离子 $\xrightarrow{-CO}$

M−1 峰不符合氮律，容易区别。腈类化合物也易出现 M−1 峰，但有时也有分子离子峰，强度小于 M−1 峰。

④ 对于醇类化合物，因难以找到分子离子峰，故应参照它们的裂分规律，寻找其 M−18 或 M−R(例如 R—CH_3 时为 15)峰。

7.4.3 离子的分裂

分子离子在质谱中可按其特有的规律裂分成相应的碎片离子、游离基或中性分子。现简单介绍几种裂分方式。

(1) $A^{+\cdot} \rightarrow B^+ + \cdot C$

$A^{+\cdot}$ 代表分子离子或碎片离子，B^+ 是电子完全成对的非游离基型离子，$\cdot$C 是游离基，例如：

C_6H_5—CO—C_3H_7 $\xrightarrow{-e^-}$ ($A^{+\cdot}$) $\xrightarrow{裂分}$ C_6H_5—C≡O^+ (B^+) + $\cdot C_3H_7$ ($\cdot$C)

生成的正离子(B^+)由于共轭效应使之稳定性增强，所以这种裂分方式较易发生，所产生的碎片离子峰也较强。这种裂分方式称游离基裂解，因裂解发生于功能基旁的 α 碳键上，故也称 α 裂解，是常见的一种裂分。

(2) $A^{+\cdot} \rightarrow B^{+\cdot} + C$

C 代表中性分子如 H_2O、CO、CO_2、$CH_2=CH_2$ 等，这种裂分是分子离子 $A^{+\cdot}$ 同时发生 2 个键的断裂，裂分后产生 1 个新的游离基型离子($B^{+\cdot}$)。例如：

R—CH(H)—CH_2(OH) $\xrightarrow{-e^-}$ R—CH(H)—CH_2($\overset{+}{O}$H) ($A^{+\cdot}$) $\xrightarrow{裂分}$ R—$\dot{C}$H—$\overset{+}{C}H_2$ ($B^{+\cdot}$) + H_2O (C)

γ-碳上有氢原子的醛、酮、羧酸、酯等的分子离子($A^{+\cdot}$)还可通过 1 个六元环状过渡态进行重排，在失去中性分子(C)的同时，产生重排离子($B^{+\cdot}$)。例如：

C_6H_5—CO—CH_2—CH_2—CH_2—H ($A^{+\cdot}$) $\xrightarrow{分裂}$ C_6H_5—C($\overset{+\cdot}{O}$—H)=CH_2 ($B^{+\cdot}$) + $CH_2=CH_2$ (C)

(3) $A^+ \rightarrow B^+ + C$

这是碎片离子的连续变化，失去 1 个中性分子后产生 1 个新的离子。例如：

$C_6H_5-C\equiv O^+ \longrightarrow C_6H_5^+ + CO$

(A⁺) (B⁺) (C)

(4) $A^+ \rightarrow B^{\cdot +} + \cdot C$

这种裂分方式较少见。例如:

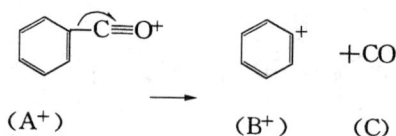

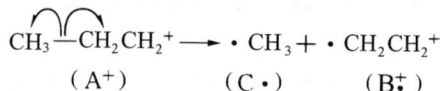

$CH_3-CH_2CH_2^+ \longrightarrow \cdot CH_3 + \cdot CH_2CH_2^+$

(A^+) ($C\cdot$) ($B^{\cdot +}$)

习 题

1. 下列各组化合物中,你认为哪些用 UV 区别较合适? 哪些用 IR 区别较合适?

(1) $CH_3CH=CHCH_3$ 和 $CH_2=CH-CH=CH_2$ (2) $CH_3C\equiv CCH_3$ 和 $CH_3CH_2C\equiv CH$

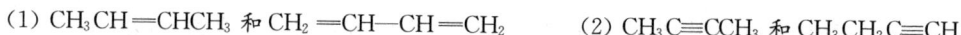

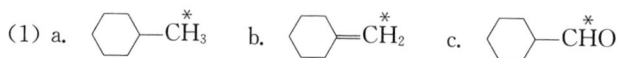

(3) $CH_3O-CH_2CH_3$ 和 $CH_3O-CH=CH_2$ (4) 环己烯酮(=O) 和 环己烯醇(—OH)

2. 排列下列化合物中有星形标记的质子的 δ 值的大小顺序。

(1) a. 环己基—$\overset{*}{C}H_3$ b. 环己亚基=$\overset{*}{C}H_2$ c. 环己基—$\overset{*}{C}HO$

(2) a. $CH_3CO\overset{*}{C}H_3$ b. $CH_3O\overset{*}{C}H_3$ c. $\overset{*}{C}H_3Si(CH_3)_3$

3. 下列化合物的 ^1H-NMR 谱只有 2 个单峰,试写出各化合物的结构式。

(1) $C_3H_5Br_3$ (2) C_2H_5SCl (3) $C_3H_8O_2$ (4) $C_3H_6O_2$ (5) $C_5H_{10}Br_2$

4. 分子式为 C_9H_{12} 的化合物,其 ^1H-NMR 谱如下,推测其结构。

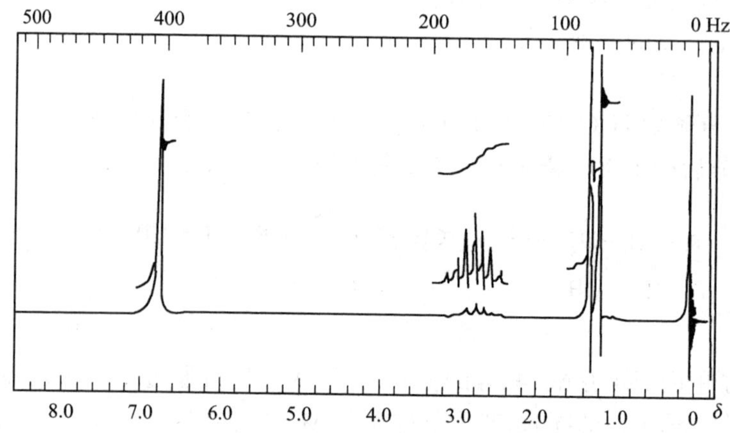

5. 化合物 C_5H_8O,其 $^{13}C-NMR$ 谱中在 δ23.4、δ38.2 和 δ219.6 处有峰,推测其结构。

6. 化合物分子式为 $C_5H_{12}O$,其红外光谱图在 3 350 cm^{-1}、3 000 cm^{-1}、1 460 cm^{-1} 和 1 120 cm^{-1} 有重要的峰,其 ^1H-NMR 谱如下图,推定其结构。

7. 化合物分子式为 $C_6H_{12}O_2$,其在 ^1H-NMR 谱中只有 2 个单峰:δ1.42 和 δ1.96,相对强度为 3∶1,其 $^{13}C-NMR$ 在 δ22.3、δ28.1、δ79.9 和 δ170 有峰;其 IR 谱在 1 735 cm^{-1}、1 256 cm^{-1} 和 1 173 cm^{-1} 有重要吸收峰,推测其结构,并说明各谱中峰的起因。

8. 某化合物从质谱图得知相对分子质量(m/z)为 154。IR 在 1 690 cm^{-1} 处有强吸收,^1H-NMR 观察到有 2 种氢,强度比为 5∶2,试问它是下列化合物中的哪一个?

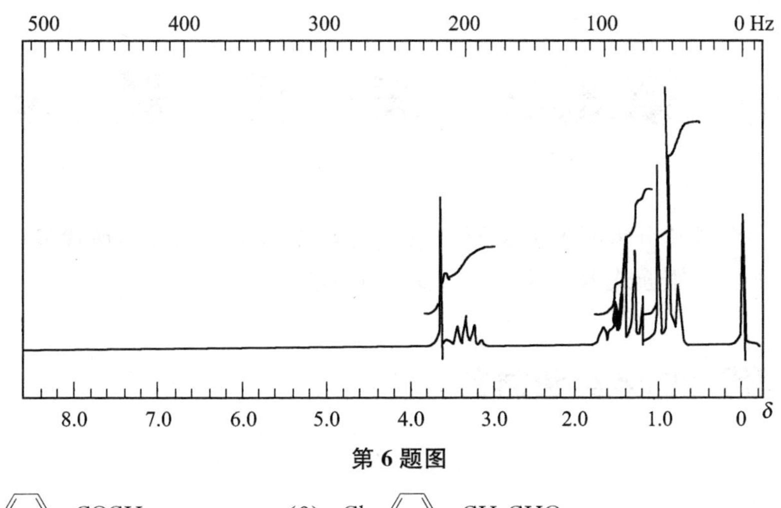

第6题图

(1) Cl—⟨苯环⟩—$COCH_3$　　(2) Cl—⟨苯环⟩—CH_2CHO

(3) ⟨苯环⟩—CH_2COCl　　(4) ⟨苯环⟩—CHClCHO

(5) ⟨苯环⟩—$COCH_2Cl$

9. 某芳香化合物A的分子式为$C_9H_{11}Br$，其^1H-NMR谱的数据为：δ=2.15(2H,m)，δ=2.38(2H,t)，δ=2.75(2H,t)，δ=7.22(5H,s)，试推测A的结构。

10. 根据下列所给分子式的IR、^1H-NMR数据，推测相应化合物的结构。

(1) C_3H_8O，IR：3 600～3 200(宽)；^1H-NMR：1.6(6H,d)，3.8(1H,m)，4.4(1H,s)。

(2) $C_9H_{10}O$，IR：1 690(强)；^1H-NMR：1.2(3H,t)，3.2(2H,q)，7.7(5H,m)。

(3) $C_{10}H_{12}O$，IR：1 686，758，690；^1H-NMR：0.9(3H,t)，1.6(2H,m)，2.8(2H,t)，7.5～7.9(5H,m)。

11. 有A、B 2种环己二烯，A的紫外光谱吸收峰λ_{max}=256 nm，ε=800；B在210 nm以上无吸收峰。试推测A、B的结构。

12. 化合物分子式为$C_5H_{10}O$，IR谱在1 700 cm^{-1}处有强吸收，^1H-NMR谱中δ在9～10处无信号，质谱基本峰m/z为57，无43及71的信号峰，试写出此化合物的结构并说明理由。

13. 化合物A和B互为同分异构体，分子式为C_9H_8O，它们的IR谱在1 715 cm^{-1}处有强吸收峰。用热的$KMnO_4$氧化，都得到邻苯二甲酸。它们的^1H-NMR谱数据如下：

A：δ=7.3(4H,多重峰)，δ=3.4(4H,单峰)

B：δ=7.5(4H,多重峰)，δ=3.1(2H,三重峰)，δ=2.5(2H,三重峰)

试推测A和B的结构。

14. 分子式为C_4H_7N的化合物，在IR谱图的2 250 cm^{-1}处有尖锐吸收峰；^1H-NMR谱图在δ1.33(6H,d)、δ2.72(1H,七重峰)有峰。试推测该化合物的可能结构。

15. 分子式为$C_7H_{14}O$的化合物，对紫外光有吸收；IR谱图中，在1 710 cm^{-1}处有强吸收峰；^1H-NMR谱中，δ1.1(12H,d)、δ2.7(2H,七重峰)；MS谱中最大质荷比m/z为114，最强峰处的m/z为43，另一强峰处的m/z为71。试推测该化合物的可能结构。

16. 某液体有机物的沸点为180～182℃，元素分析结果：C为78.9%，H为10.60%，其余为氧；MS谱中，最大质荷比m/z为152；紫外吸收波长λ_{max}=238 nm(ε=2×10^4)；红外特征吸收峰在1 670 cm^{-1}和1 630 cm^{-1}处；核磁共振谱在δ1.2(6H,s)、δ1.9(3H,s)、δ2.1(3H,s)和δ4.9～6.2(4H,m)。试推测该化合物可能的结构。

第8章 卤代烃

烃分子中一个或几个氢原子被卤原子取代后生成的化合物称为**卤代烃**(alkyl halide),简称卤烃(halide),可用通式 RX(X=F、Cl、Br、I)表示。

8.1 卤代烃的分类和命名

8.1.1 分类

可根据分子的组成和结构特点对卤烃进行分类:

(1) 根据卤原子所连烃基结构的不同,可将卤烃分为饱和卤烃、不饱和卤烃和卤代芳烃。

$CH_3CH_2CH_2Br$	$CH_2{=}CHCH_2Br$	C_6H_5Br
饱和卤烃	不饱和卤烃	卤代芳烃
saturated halide	unsaturated halide	arylhalide

在卤代烯烃中有 2 种重要类型——烯丙型卤代烃和乙烯型卤代烃。

烯丙型卤代烃(卤原子连在 α-碳上)	乙烯型卤代烃(卤原子直接与双键碳相连)
$CH_2{=}CHCH_2$—X	$CH_2{=}CH$—X
R—$CH{=}CHCH_2$—X	R—$CH{=}CH$—X

这 2 种卤代烃有其特殊结构,因此在化学性质上有极大的差异。

(2) 根据与卤原子所连的碳原子的种类不同,可将卤烃分成一级(1°、伯)卤代烃、二级(2°、仲)卤代烃和三级(3°、叔)卤代烃,又称为第一、第二、第三卤代烃。

RCH_2—X	R_2CH—X	R_3C—X
一级(1°、伯、第一)卤代烃	二级(2°、仲、第二)卤代烃	三级(3°、叔、第三)卤代烃
primary alkyl halide	secondary alkyl halide	tertiary alkyl halide

(3) 根据分子中所连卤原子数目的多少,可将卤烃分成一卤代烃、二卤代烃和多卤代烃;根据卤烃分子中卤原子种类的不同,可将卤烃分为氯代烃、溴代烃、碘代烃等。

8.1.2 命名

简单卤烃命名时可按与卤素相连的烃基名称称为"某基卤";也可将烃作为母体,根据相应的烃称为"卤某烃";有些卤烃有常用的俗名。例如:

$CH_3CH_2CH_2Br$	$CH_2{=}CHCH_2Cl$	$C_6H_5CH_2Cl$
正丙基溴	烯丙基氯	苄基氯(氯化苄)
n-propyl bromide	allyl chloride	benzyl chloride

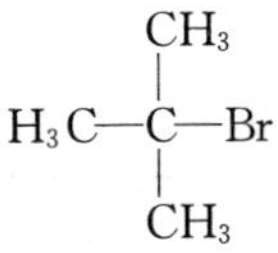

$$\begin{array}{c} CH_3 \\ | \\ H_3C{-}C{-}Br \\ | \\ CH_3 \end{array}$$

溴代叔丁烷

tert-butyl bromide

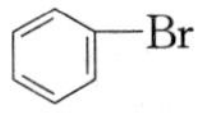

$C_6H_5{-}Br$

溴苯

bromobenzene

$CHCl_3$

三氯甲烷(氯仿)

trichloromethane (chloroform)

结构复杂的卤烃用系统命名法命名。命名时以相应的烃作为母体,将卤原子作为取代基,取代基按照英文字母顺序排列,命名的基本原则及方法与烃类相同。例如:

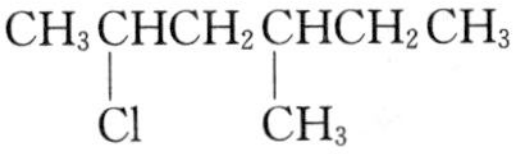

$CH_3CH(Cl)CH_2CH(CH_3)CH_2CH_3$

2-氯-4-甲基己烷

2-chloro-4-methylhexane

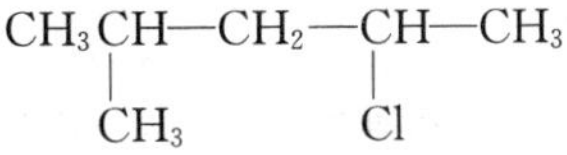

$CH_3CH(CH_3){-}CH_2{-}CH(Cl){-}CH_3$

2-氯-4-甲基戊烷

2-chloro-4-methylpentane

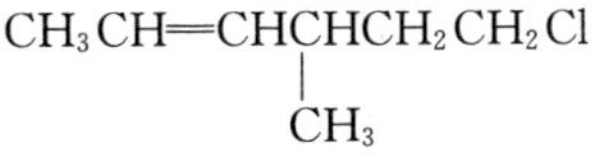

$CH_3CH{=}CHCH(CH_3)CH_2CH_2Cl$

6-氯-4-甲基己-2-烯

6-chloro-4-methylhex-2-ene

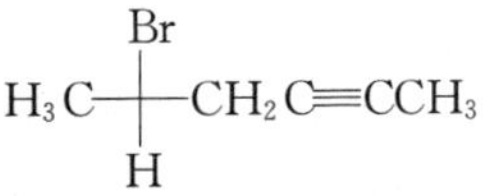

$H_3C{-}C(Br)(H){-}CH_2C{\equiv}CCH_3$

(*R*)-5-溴己-2-炔

(*R*)-5-bromohex-2-yne

芳烃的卤代物通常以芳烃为母体命名。例如:

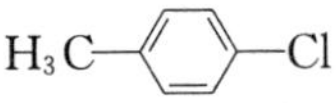

$H_3C{-}C_6H_4{-}Cl$

对氯甲苯(4-氯甲苯)

4-chlorotoluene

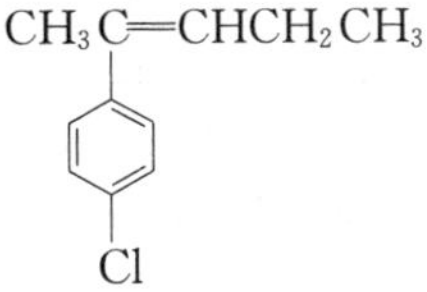

$CH_3C(C_6H_4Cl){=}CHCH_2CH_3$

1-氯-4-(戊-2-烯-2-基)苯

1-chloro-4-(pent-2-en-2-yl) benzene

8.2 卤代烃的物理性质

少数低相对分子质量的卤代烷在室温时为气体。从正氟代丁烷、正氯丙烷、溴乙烷、碘甲烷开始为液体。

卤素的质量及 C—X 键的可极化性对卤代烃的沸点有较大影响。例如,氯乙烷的沸点与相对分子质量相近的烷烃接近,但溴乙烷和碘乙烷的沸点反而低于相对分子质量相近的烷烃。这是由于溴和碘原子的质量较大,相应的烷烃具有比溴化物和碘化物大得多的体积,由此产生较大的分子间的接触面积。对非极性分子来说,分子间的接触面积越大,范德华吸引力也越大,沸点就越高。相对来说,氯原子的质量较小,这方面的影响较少。表 8-1 列出了常见卤代烃的物理常数。

表 8-1 常见卤代烃的物理常数

名 称	英文名称	结构式	沸点/℃	熔点/℃	相对密度(液态)
氟甲烷	fluoromethane	CH_3F	−78.4		
氯甲烷	chloromethane	CH_3Cl	−23.7	−97	0.920
溴甲烷	bromomethane	CH_3Br	4.6	−93	1.732
碘甲烷	iodomethane	CH_3I	42.3	−64	2.279
氟乙烷	fluoroethane	CH_3CH_2F	−37.7		
氯乙烷	chloroethane	CH_3CH_2Cl	13.1	−139	0.910
溴乙烷	bromoethane	CH_3CH_2Br	38.4	−119	1.430
碘乙烷	iodoethane	CH_3CH_2I	72.3	−111	1.933
正氟丙烷	*n*-propylfluoride	$CH_3CH_2CH_2F$	−2.5		
正氯丙烷	*n*-propylchloride	$CH_3CH_2CH_2Cl$	46.4	−123	0.890
正溴丙烷	*n*-propylbromide	$CH_3CH_2CH_2Br$	71	−110	1.353
正碘丙烷	*n*-propyliodide	$CH_3CH_2CH_2I$	102	−101	1.747
氯苯	chlorobenzene	C_6H_5Cl	132	−45	1.106 6
溴苯	bromobenzene	C_6H_5Br	155.5	−30.6	1.495
碘苯	iodobenzene	C_6H_5I	188.5	−29	1.832
邻氯甲苯	*o*-chlorotolueue	$CH_3C_6H_4Cl(o-)$	159	−36	1.081 7
间氯甲苯	*m*-chlorotoluene	$CH_3C_6H_4Cl(m-)$	162	−48	1.072 2
对氯甲苯	*p*-chlorotoluene	$CH_3C_6H_4Cl(p-)$	162	7	1.069 7
邻溴甲苯	*o*-bromotoluene	$CH_3C_6H_4Br(o-)$	182	−26	1.422
间溴甲苯	*m*-bromotoluene	$CH_3C_6H_4Br(m-)$	184	−40	1.409 9
对溴甲苯	*p*-bromotoluene	$CH_3C_6H_4Br(p-)$	184	28	1.389 8
邻碘甲苯	*o*-iodotoluene	$CH_3C_6H_4I(o-)$	211	—	1.697
间碘甲苯	*m*-iodotoluene	$CH_3C_6H_4I(m-)$	204	—	1.698
对碘甲苯	*p*-iodotoluene	$CH_3C_6H_4I(p-)$	211.5	35	

尽管多数卤烃分子有极性,但由于它们不能与水形成氢键,故它们都不溶于水而易溶于醇、醚、烃等有机溶剂中。

卤烃的相对密度也表现了随相对分子质量增加而增高的规律。除氟代烃和一氯代烃外,其他卤烃都比水重。

红外光谱(IR)中,C—X 键的伸缩振动吸收峰位置随卤素相对原子质量的增加向低频区移动,分别为:

C—F 1 000～1 400 cm^{-1}(极强); C—Br 500～700 cm^{-1}(强)
C—Cl 600～850 cm^{-1}强; C—I 500～600 cm^{-1}(强)

由于 C—X 键的吸收峰在指纹区,因此通过红外光谱确定分子中是否存在 C—X 键是困难的。

在核磁共振氢谱(^1H-NMR)中,由于卤素的电负性强,使得 α-碳原子及 β-碳原子上的质子都会受到卤素的去屏蔽作用。因此,与相应的烷烃相比化学位移均向低场移动。例如,卤烃 α 位 H 的 δ 值为 2.16～4.40,β 位 H 的 δ 值为 1.24～1.55。这种去屏蔽效应的大小与卤素的电负性一致(F>Cl>Br>I),且卤素越多,影响越大。与卤素相隔 3 个碳原子以上的质子一般不受其影响。

图 8-1 是溴乙烷的^1H-NMR 谱图。

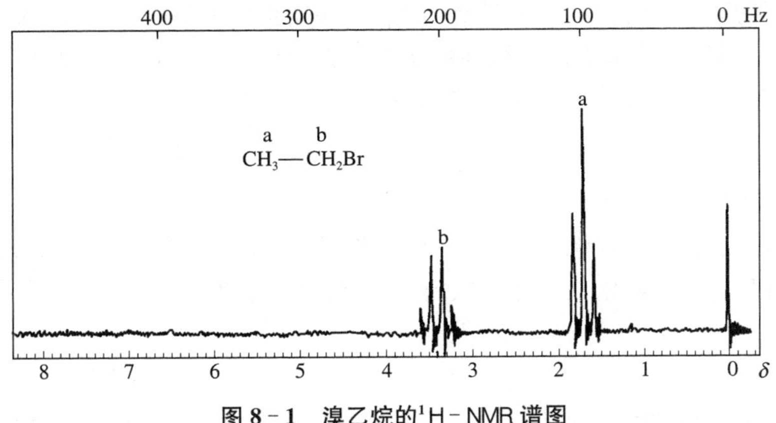

图 8－1　溴乙烷的¹H－NMR 谱图

8.3　卤代烃的化学性质

卤代烃的许多化学性质是由卤原子的存在而引起的。由于卤原子的电负性较大，使得成键电子对偏向卤原子，这样使卤原子带部分负电荷，碳原子带部分正电荷（$C^{\delta+}\rightarrow X^{\delta-}$）。

卤素的吸电子诱导作用（见 1.4.4）使得带有负电荷的离子或带有电子对的分子容易进攻带有部分正电荷的 α 碳原子，从而导致 C—X 键断裂，X 带着电子对离开（被取代）。这种进攻试剂电子富余，具有亲核性质，故称为**亲核性试剂（nucleophilic reagent）**，通常用 Nu^- 或 Nu：表示。由亲核性试剂进攻而发生的取代反应称**亲核性取代反应**（nucleophilic substitution reaction），常用英文缩写 S_N 表示。

另外，由于诱导效应的作用，使得卤烃分子中 β 碳原子上的 C—H 键亦变得松弛，进而容易与卤原子一起脱去，发生消除反应。

卤烃还能与某些金属发生反应。

8.3.1　亲核性取代反应

卤烃与亲核性试剂作用，亲核性试剂提供 1 对电子与卤烃的 α 碳成键，同时 C—X 键断裂，卤素带着 1 对电子离去。

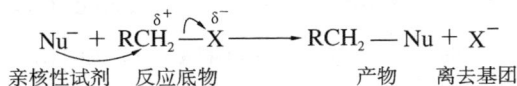

$$\underset{\text{亲核性试剂}}{Nu^-} + \underset{\text{反应底物}}{R\overset{\delta^+}{C}H_2-\overset{\delta^-}{X}} \longrightarrow \underset{\text{产物}}{RCH_2-Nu} + \underset{\text{离去基团}}{X^-}$$

通常将反应中的主要作用物卤烃称作**反应底物（reactant substance or substrate）**，将带着 1 对电子从反应底物上离去的卤原子称作**离去基团**（leaving group）。

1. 常见亲核取代反应

（1）水解反应

卤烃与水共热，卤原子被羟基取代生成相应的醇。

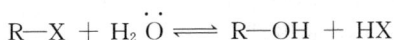

$$R-X + H_2\ddot{O} \rightleftharpoons R-OH + HX$$

反应中，水既可用作溶剂，同时也作为亲核试剂参加反应，此类反应称**溶剂解**（solvolysis）。常见卤烃的溶剂解有水解反应、醇解反应及氨解反应等。

卤烃的水解是一个可逆反应,为了使反应向生成醇的方向进行,通常用 NaOH 或 KOH 水溶液代替水,这样,既可增强进攻试剂的亲核能力(见 8.3.1 中 3),同时碱也可以中和反应中生成的 HX,从而加快了反应速度,并可使反应趋于完全。

$$\text{R—X} + \text{NaOH} \xrightarrow{H_2O} \text{R—OH} + \text{NaX}$$

(2) 醇解反应

卤烃与醇作用,卤原子被烷氧基(RO—)取代,生成相应的醚。由于醇解反应通常难以进行完全,实际反应时以醇钠代替醇作试剂,以加快反应速度。

$$\underset{\text{卤烃}}{\text{R—X}} + \underset{\text{醇钠}}{\text{R}'\text{ONa}} \longrightarrow \underset{\text{醚}}{\text{R—O—R}'} + \text{NaX}$$

这是制备醚的方法之一(详见 10.4.2),称**威廉姆森合成**(Williamson synthesis)。例如:

$$CH_3CH_2Br + CH_3\overset{\displaystyle CH_3}{\underset{\displaystyle CH_3}{C}}\text{—ONa} \longrightarrow CH_3CH_2O\overset{\displaystyle CH_3}{\underset{\displaystyle CH_3}{C}}\text{—}CH_3$$

(3) 氨解反应

卤代烃与氨(NH_3)作用,卤原子被氨基(—NH_2)取代生成有机胺。胺具有碱性,可与生成的 HX 形成铵盐,反应后用 NaOH 等强碱处理,可将产物胺游离出来。

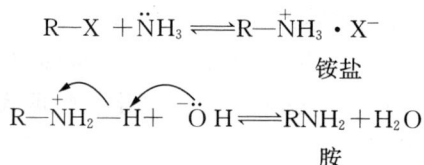

$$\text{R—X} + \ddot{N}H_3 \rightleftharpoons \underset{\text{铵盐}}{\text{R—}\overset{+}{N}H_3 \cdot X^-}$$

$$\text{R—}\overset{+}{N}H_2\text{—H} + {}^-\ddot{O}H \rightleftharpoons \underset{\text{胺}}{RNH_2} + H_2O$$

有机胺也可继续与卤代烃作用(见 14.2.5),所以在氨解反应中往往得到各种胺的混合物。

(4) 与氰化钠(钾)反应

卤烃与氰化钠(钾)反应,卤原子被氰基(—CN)取代得到产物腈。

$$\text{R—X} + \text{NaCN} \longrightarrow \text{R—CN} + \text{NaX}$$

腈可转变成酰胺、羧酸等化合物(见 12.5)。

(5) 与炔钠(钾)反应

卤烃与炔钠(钾)反应生成炔烃,这是由低级炔烃制备高级炔烃的重要方法(见 5.4.3)。例如:

$$CH_3CH_2C\equiv CNa + CH_3CH_2Br \longrightarrow CH_3CH_2C\equiv CCH_2CH_3 + NaBr$$

(6) 与硝酸银作用

卤烃可与硝酸银醇溶液反应生成硝酸酯,同时产生卤化银沉淀。该反应可用于卤烃的定性鉴别。

$$\text{R—X} + AgNO_3 \xrightarrow{\text{醇溶液}} RONO_2 + AgX\downarrow$$

通常叔卤烃生成卤化银沉淀最快,伯卤烃反应最慢(见 8.6)。

(7) 卤素交换反应——碘化物的形成

氯代烃或溴代烃与碘化钠(钾)在丙酮中反应,氯(或溴)原子被碘原子取代,生成相应的碘代烃。反应过程中进行了 2 种卤原子的交换,故称为**卤素交换反应**。

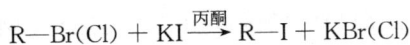

$$R—Br(Cl) + KI \xrightarrow{丙酮} R—I + KBr(Cl)$$

该反应是一可逆反应，选用丙酮作溶剂很重要，因 KI(或 NaI)在丙酮中溶解度较大而生成的 KBr(Cl)不溶于丙酮，可以促使反应向右进行。

2. 亲核取代反应机理

(1) 双分子亲核取代反应

以溴甲烷在稀氢氧化钠溶液中水解生成甲醇的反应为例：

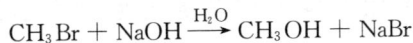

$$CH_3Br + NaOH \xrightarrow{H_2O} CH_3OH + NaBr$$

实验表明，当溴甲烷或氢氧化钠的浓度增加 1 倍时，反应速度也增加 1 倍；当 2 种反应物中任 1 种的浓度降低 1/2 时，反应速度也均降低 1/2。这说明上述反应的反应速度与溴甲烷和碱的浓度成正比，即 $v=k[CH_3Br][OH^-]$，式中 k 为速度常数。像这种反应速度与 2 种反应物的浓度均有关的反应称为双分子反应，在动力学上称为二级反应。前述反应为**双分子亲核取代反应**(bimolecular nucleophilic substitution)，常用符号 S_N2 表示。现认为该反应是按以下机理进行的：

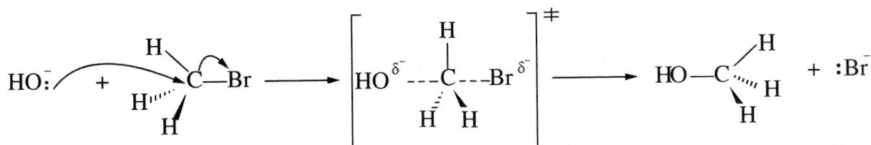

$$HO:^- + H_3C—Br \longrightarrow \left[HO^{\delta^-}\text{---}CH_3\text{---}Br^{\delta^-}\right]^{\ddagger} \longrightarrow HO—CH_3 + :Br^-$$

OH^- 从溴原子背面沿 C—Br 键的键轴方向进攻中心碳原子。在逐渐接近的过程中，C—OH 键部分地形成，C—Br 键逐渐伸长和变弱，甲基上的 3 个氢原子也向溴原子一方逐渐偏转，氢氧负离子上的负电荷逐渐向溴原子转移。当偏转到 3 个氢原子与碳原子在同一平面上，羟基与溴在该平面两边时，形成了过渡态。在过渡态时，碳原子的杂化状态从原来的 sp^3 转变成 sp^2。最后碳与氧原子形成 C—O 键，溴形成溴负离子离去，此时碳原子又恢复了 sp^3 杂化状态，3 个氢原子也完全偏到离去前的溴原子一边，这样就完成了取代反应。因此，从反应过程看，产物中羟基并不是占据了原来溴原子的位置。

在反应过程中，体系的能量也发生变化(见图 8-2)。当 OH^- 从背面逐渐接近碳原子时，由于要克服氢原子的阻力，故体系能量逐渐升高；到达过渡态时，因中心碳原子上同时连有 5 个基团，故体系能量达到最高点；随着 C—O 键的生成，溴原子逐渐离开，体系能量逐渐降低。

由于过渡态的形成需要外界提供能量，因此过渡态的形成是整个反应的关键。过渡态时轨道的重叠情况如图 8-3 所示。

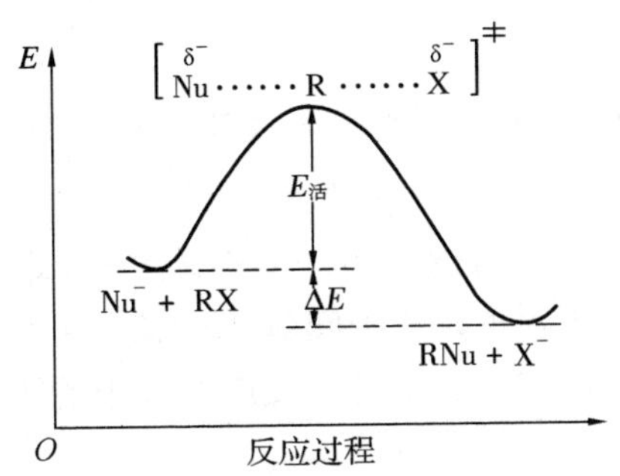

图 8-2　S_N2 反应的能量曲线图

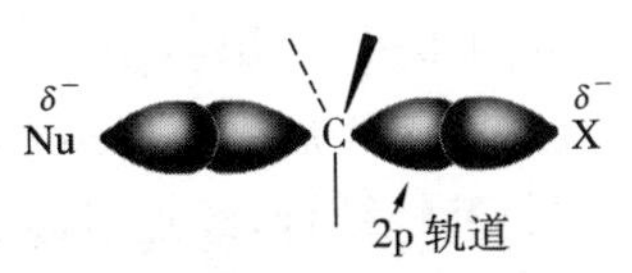

图 8-3　S_N2 过渡态轨道示意图

由于在 S_N2 反应中，亲核试剂与卤烃接近的过程是能量逐渐升高的过程。因此卤烃 α-碳原子周围愈拥挤，进攻试剂接近 α-碳时阻力就愈大，反应速度就愈慢。因此，在 S_N2 反应中，R—X 的反应活性次序一般是：

$$CH_3X > 1° \text{ 卤烃} > 2° \text{卤烃} > 3° \text{卤烃}$$

由反应机理还可看出，如果卤代烃的 α-碳是手性碳，由于进攻基团与离去基团的位置发生了变化，那么得到的产物醇的构型也可能发生转化，就好像伞被大风吹得向外翻转一样。这种在 S_N2 反应中构型发生翻转的现象称**瓦尔登转化**(Walden inversion)。例如：

H_3C, H, $H_{13}C_6$ —C—Br $\xrightarrow[S_N2]{NaOH}$ HO—C— CH_3, H, C_6H_{13}

(*R*)-2-溴辛烷　　(*S*)-辛-2-醇

总之，S_N2 反应的特点是：① 反应速度与卤烃和亲核试剂的浓度均有关。② 旧键的断裂和新键的生成同时发生，反应一步完成。③ 反应时，如果中心碳原子为手性碳，则反应过程中可能伴随构型的转化。④ 卤烃的空间位阻影响反应速度，即通常反应速度 CH_3X > 1°卤烃>2°卤烃 > 3°卤烃。

(2) 单分子亲核取代反应

以溴代叔丁烷与碱性水溶液作用生成叔丁醇的反应为例：

$$(CH_3)_3C\text{—}Br + OH^- \xrightarrow{\text{乙醇-水溶液}} (CH_3)_3C\text{—}OH + Br^-$$

溴代叔丁烷　　叔丁醇

实验表明，溴代叔丁烷水解反应的速度只取决于溴代叔丁烷的浓度而与碱的浓度无关，即 $v = k[(CH_3)_3CBr]$。也就是说，整个反应过程中决定反应速度的关键步骤与 OH^- 无关，反应速度只取决于卤烃分子中 C—X 键断裂的难易。像这种反应速度只与一种反应物的浓度有关的反应称单分子反应，溴代叔丁烷的水解为**单分子亲核取代反应**(unimolecular nucleophilic substitution)，常用符号 S_N1 表示。可以推测，该反应是按如下机理进行的：

第一步：

$$(CH_3)_3C\text{—}Br \overset{\text{慢}}{\rightleftharpoons} [(CH_3)_3\overset{\delta^+}{C}\cdots\cdots\overset{\delta^-}{Br}]^{\neq} \longrightarrow (CH_3)_3\overset{+}{C} + Br^-$$

过渡态 1　　中间体

第二步：

$$(CH_3)_3C^+ + OH^- \longrightarrow [(CH_3)_3\overset{\delta^+}{C}\cdots\cdots\overset{\delta^-}{OH}]^{\neq} \longrightarrow (CH_3)_3C\text{—}OH$$

过渡态 2　　产物

整个反应分两步进行，第一步，离去基团带着电子对逐渐离开中心碳原子，即 C—Br 键部分断裂，经过过渡态 1 后，C—Br 键完全断裂形成碳正离子中间体；第二步，缺电子的碳正离子和亲核试剂 OH^- 结合，经过过渡态 2 生成取代产物叔丁醇。反应过程中的能量变化如图 8-4 所示。

反应从 C—Br 键的断裂开始。随着 C—Br 键的逐渐伸长，键的极性增加，中心碳原子上的正电荷和溴原子上的负电荷的量逐渐增加，这种键的部分断裂使体系能量上升。由于反应通常是在溶剂中进行的，所以反应物溶剂化程度也随之增加。带电质点的溶剂化将释放出能量，因此 C—Br 键极化到一定程度后，体系能量开始下降。能量曲线上的第一个高峰就是过渡态 1。当生成的碳正离子与 OH^- 结合时，必须脱掉部分溶剂分子，因此体系能量再度上升。当达到第二个高峰（过渡态 2）后，随着 C—O 键的逐渐形成，体系能量又开始下降，一直到最终生成取代产物。

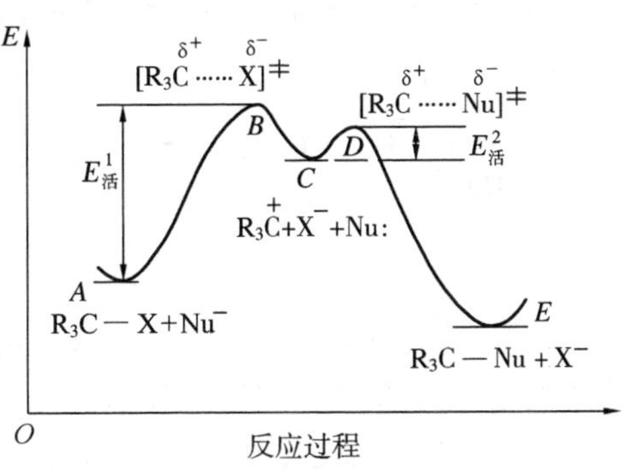

图 8-4　S_N1 反应的能量曲线图

中间体碳正离子的能量处于 2 个能量高峰之间的谷底。从反应的能量变化曲线可以看出，第一步的活化能（$E^1_{活}$）较第二步的活化能（$E^2_{活}$）大，即 $E^1_{活}>E^2_{活}$，所以决定整个反应速度的是第一步，实际上 $E^1_{活}$ 就是整个反应的活化能。正是由于在决定反应速度的步骤中不涉及 OH^-，所以反应速度与 OH^- 浓度无关，在动力学上是一级反应。

在 S_N1 反应中有碳正离子生成，由于碳正离子的稳定性次序为 $3°>2°>1°>^+CH_3$，而 S_N1 反应中决定反应速度的步骤是生成碳正离子的那一步。可以认为，碳正离子越稳定，形成时所需的活化能就越小，反应就越容易进行。因此，在 S_N1 反应中，几种不同结构的卤烃的反应活性顺序与 S_N2 相反，即 3°卤烃 > 2°卤烃 > 1°卤烃 > CH_3X。

重排是碳正离子的重要特征之一，因此，S_N1 反应往往伴随着重排反应。例如新戊基溴和 CH_3CH_2OH 反应，除了生成少量烯烃外，几乎全部得到重排产物。

$$(CH_3)_3CCH_2{-}Br \xrightarrow{C_2H_5OH} CH_3\underset{OC_2H_5}{\overset{CH_3}{C}}CH_2CH_3 + (H_3C)_2C{=}CHCH_3 + CH_2{=}\overset{CH_3}{C}CH_2CH_3$$

（少量）

这是因为在反应中生成的伯碳正离子很快重排成更稳定的叔碳正离子，后者再与亲核的 C_2H_5OH 结合，脱质子后得重排产物。

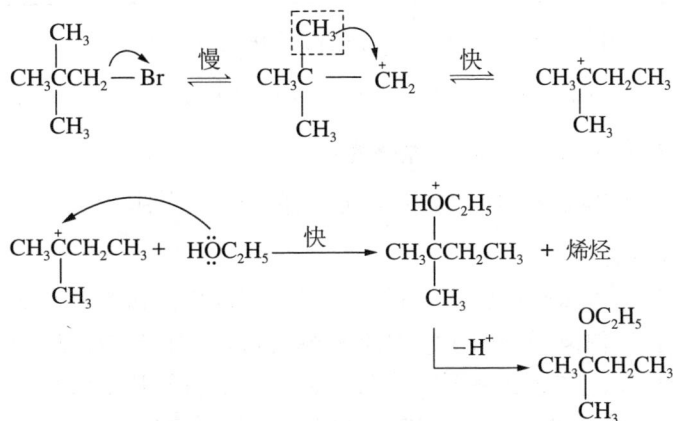

$$CH_3\underset{CH_3}{\overset{CH_3}{C}}CH_2{-}Br \underset{}{\overset{慢}{\rightleftharpoons}} CH_3\underset{CH_3}{\overset{CH_3}{C}}{-}\overset{+}{C}H_2 \overset{快}{\rightleftharpoons} CH_3\underset{CH_3}{\overset{+}{C}}CH_2CH_3$$

$$CH_3\underset{CH_3}{\overset{+}{C}}CH_2CH_3 + H\ddot{O}C_2H_5 \xrightarrow{快} CH_3\underset{CH_3}{\overset{H\overset{+}{O}C_2H_5}{C}}CH_2CH_3 + 烯烃$$

$$\xrightarrow{-H^+} CH_3\underset{CH_3}{\overset{OC_2H_5}{C}}CH_2CH_3$$

当具有光学活性的 2°或 3°卤烃在手性碳上发生 S_N1 反应时，有可能发生消旋现象，这

是由于碳正离子为 sp^2 杂化的近平面结构所致(见 4.5.1)。例如:

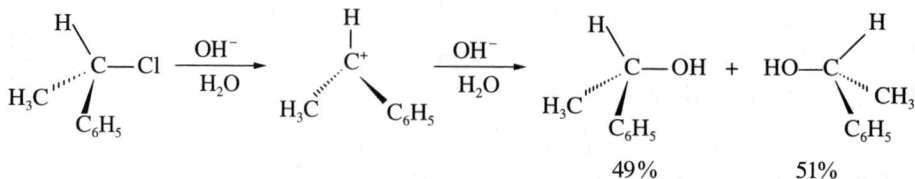

$$H_3C(C_6H_5)(H)C—Cl \xrightarrow[H_2O]{OH^-} H_3C(C_6H_5)(H)C^+ \xrightarrow[H_2O]{OH^-} H_3C(C_6H_5)(H)C—OH + HO—C(H)(CH_3)(C_6H_5)$$

49%　　51%

总之,S_N1 反应的特点是:① 反应速度只与卤烃浓度有关。② 反应分 2 步完成,反应过程中形成碳正离子中间体,因此,可能发生重排。③ 当离去基团所在的中心碳原子为手性碳时,可能发生消旋化现象。④ 反应速度取决于碳正离子的稳定性,即一般反应速度为 3°卤烃 > 2°卤烃 > 1°卤烃 > CH_3X。

3. 影响亲核取代反应的因素

卤烃的亲核取代反应有 S_N1 和 S_N2 两种机理,两种机理往往在反应中相互竞争,反应究竟按哪种机理进行,其中的影响因素很多,情况也很复杂,在此仅就烃基结构、亲核试剂、离去基团及溶剂极性等影响因素作简单介绍。

(1) 烃基结构

烃基结构对 S_N1 和 S_N2 反应都有影响。对于 S_N1 反应,反应物离解的难易程度和生成的碳正离子的稳定性将对反应速度产生重要影响。碳正离子越稳定越容易生成,越有利于 S_N1 反应。影响碳正离子稳定性的因素有电性效应和空间效应,且电性效应是主要影响因素。

在 S_N2 反应中,亲核试剂从离去基团的背面进攻中心碳原子生成过渡态。过渡态中有 5 个原子或基团围绕着中心碳原子,拥挤程度增加。过渡态越拥挤其能量越高,生成过渡态就越困难,S_N2 反应速度就越慢。

表 8-2 是一些溴代烷进行亲核取代反应的相对速率。

表 8-2　亲核取代反应的相对速率

	CH_3Br	CH_3CH_2Br	$(CH_3)_2CHBr$	$(CH_3)_3CBr$
S_N1 相对速率 (R—Br $+H_2O$)	1.0	1.7	45	10^8
S_N2 相对速率 (R—Br $+I^-$)	150	1	0.01	0.001

从表中可以看出,当反应按 S_N1 机理进行时,其相对速率为:

$$(CH_3)_3CBr>(CH_3)_2CHBr>CH_3CH_2Br>CH_3Br$$

当反应按 S_N2 机理进行时,其相对速率为:

$$CH_3Br > CH_3CH_2Br > (CH_3)_2CHBr > (CH_3)_3CBr$$

这与前面得出的结论一致。

各种卤代烃总是优先选择对自己有利的途径进行反应。通常叔卤烃倾向于按 S_N1 机理进行反应,甲基卤烃、伯卤烃倾向于按 S_N2 机理反应,仲卤烃或按 S_N1 机理,或按 S_N2 机理反应,或两者兼而有之,主要取决于反应条件。烯丙型和苄基型卤烃在 S_N1 和 S_N2 反应中活性都比较高,究竟选择哪种机理,主要也取决于具体反应条件。

若离去基团处在桥环化合物的桥头碳原子上,由于其“笼子”结构,阻碍了亲核试剂从离去基团的背面进攻中心碳原子，使得反应只能按 S_N1 机理进行。由于桥环刚性的牵制，桥头碳正离子很难伸展为平面构型，造成碳正离子难以生成，因此卤烃离解成碳正离子的速度是很慢的。例如，下列化合物在 25℃、80%水-乙醇溶液中的溶剂解反应，随着环刚性增强（桥原子数减少），反应速度减慢。

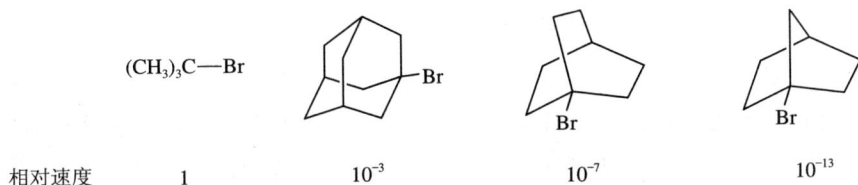

	$(CH_3)_3C—Br$	1-溴金刚烷	1-溴双环[2.2.2]辛烷	1-溴双环[2.2.1]庚烷
相对速度	1	10^{-3}	10^{-7}	10^{-13}

（2）离去基团

在卤代烃的亲核性取代反应中，离去基团的碱性弱（不易给出电子，有较强的承载负电荷的能力），离开中心碳原子的倾向就强（称为较好的离去基团），一般亲核取代反应的活性就高。反之，离去基团碱性强，离开中心碳原子的倾向就小（称为较差的离去基团），亲核取代反应的活性就低。但是由于各种负离子（包括中性分子）的碱性不易直接辨认，因此往往需要通过比较它们的共轭酸的酸性来判断其碱性。X^- 的共轭酸为 HX，酸性强弱顺序为 HI＞HBr＞HCl＞HF，那么 X^- 的碱性强弱顺序则是 F^-＞Cl^-＞Br^-＞I^-，作为离去基团的离去倾向为 I^-＞Br^-＞Cl^-＞F^-。所以卤代烃的亲核取代反应相对活性是：

$$RI > RBr > RCl > RF$$

可以看出，碘代物的亲核性取代活性较高，因为 I^- 是一个较好的离去基团。

总的看来，较好的离去基团对亲核性取代反应都是有利的，而较差的离去基团常常使亲核性取代反应难于进行。但在不同的反应机理中，影响的程度有所不同。在 S_N1 反应中，决定反应速度的关键步骤是离去基团从中心碳原子上离解下来这一步，所以离去基团离去倾向的好差对其活性有着重要的影响。在 S_N2 反应中，离去基团离开中心碳原子与亲核试剂的进攻是协同进行的，所以离去基团离去倾向的好差对 S_N2 活性的影响不十分明显。在反应机理的选择上，离去基团起一定的作用。一般来说，好的离去基团使反应倾向于按 S_N1 机理进行，较差的离去基团使反应倾向于按 S_N2 机理进行。

（3）亲核试剂

在 S_N1 反应中，反应速度只取决于 RX 的解离，与亲核试剂无关，因此，亲核试剂的性质对 S_N1 的反应活性无明显影响。

在 S_N2 反应中，由于反应速度与亲核试剂浓度成正比，即浓度越大，反应速度越快。另外，反应速度还与亲核试剂的亲核能力有关。亲核试剂亲核能力越强，反应速度越快。这是因为亲核能力强的试剂（如 OH^-、RO^-）有利于其向反应底物电正性的碳原子进攻而发生反应，亲核能力弱的试剂（如 H_2O、ROH）缺乏进攻能力，只有等待碳正离子形成后再反应，因此倾向于发生 S_N1 反应。

通常试剂的**亲核性**（nucleophility）主要与以下几个因素有关：

① 试剂的碱性

试剂的碱性指的是试剂提供电子对与质子结合的能力，而试剂的亲核性指的是试剂提供电子对与带正电荷的碳原子结合的能力，两者概念不同。但由于两者均涉及提供电子和一个带正电荷实体相结合的能力，所以在很多情况下，试剂的亲核性和碱性是一致的，即试剂的碱性强,其亲核性也强,反之亦然(也有一些例外)。因此,我们常常可以根据试剂碱性的强弱来判断其亲核性的强弱。例如,下列离子或分子的亲核性次序为:

$$CH_3O^- > OH^- > C_6H_5O^- > CH_3COO^-$$
$$R_3C^- > R_2N^- > RO^- > F^-$$
$$RO^- > ROH \quad OH^- > H_2O \quad {}^-NH_2 > NH_3$$

② 试剂的可极化性

亲核试剂的可极化性是指它的外层电子云在外界电场作用下发生变形的难易程度(见1.4.4),电子云易变形,可极化性就大。亲核试剂的可极化性越大,它进攻中心碳原子时外层电子就越易变形而伸向中心碳。因此,试剂的可极化性越大,其亲核性就越强。

试剂的可极化性与进攻原子的体积有密切关系,原子的体积越大,核对外层电子的束缚越小,在外电场作用下,电子云就越易变形。所以,对同族元素来说,从上至下,试剂的碱性减弱,但亲核性随之增大。例如亲核性:

$$RS^- > RO^- \qquad RSH > ROH$$

③ 溶剂化作用

亲核试剂的强弱与溶剂还有一定的关系,这主要是受溶剂化作用的影响。例如卤负离子(X^-)在非质子性溶剂 *N*,*N*-二甲基甲酰胺(DMF)中,亲核性顺序与它们的碱性是一致的(注意:由于可极化性的影响,它们之间亲核性的差异比碱性的差异小)。

$$\text{碱性} \quad F^- > Cl^- > Br^- > I^-$$
$$\text{亲核性} \quad F^- > Cl^- > Br^- > I^-$$

但在质子性溶剂(如乙醇、水)中,它们的亲核性顺序发生了改变。

$$\text{碱性} \quad F^- > Cl^- > Br^- > I^-$$
$$\text{亲核性} \quad F^- < Cl^- < Br^- < I^-$$

这主要是由于在质子性溶剂中,体积小的 F^- 易于形成氢键而被溶剂包围(溶剂化),这样就大大降低了它的亲核性。相反,体积大、电荷分散的 I^- 溶剂化程度最小,其亲核性最强。

卤代烃的亲核性取代反应常在质子性溶剂中进行,所以常常说 I^- 是较强的亲核试剂。

综上所述,下列试剂在质子性溶剂中亲核性的强弱顺序为:

$$RS^- > CN^- \approx I^- > RO^- > HO^- > Br^- > ArO^- > Cl^- > CH_3COO^- > H_2O$$

(4) 溶剂

溶剂对亲核性取代反应的影响也随着反应机理的不同而有所差异。在 S_N1 反应中,从反应物至碳正离子的变化过程中,正负电荷趋于集中,体系极性增强,故极性溶剂有利于稳定其过渡态,降低活化能,加快反应速度。因此极性溶剂有利于反应按 S_N1 机理进行,而对 S_N2 反应是不利的。

8.3.2 消除反应

1. 常见消除反应

(1) 脱卤化氢

卤烃与氢氧化钠醇溶液共热时,分子内脱去1分子卤化氢生成烯烃。例如:

$$\underset{\text{Cl}}{\overset{\alpha}{CH_3CH}}\underset{\text{H}}{\overset{\beta}{CH_2}} \xrightarrow[\text{醇液}]{\text{NaOH}} CH_3CH{=}CH_2 + HBr$$

像这种从反应物分子中失去1个简单分子而形成不饱和键的反应称为**消除反应**(elimination),简写作E反应。

上述消除反应中脱去的是卤原子与β-碳原子上的氢(β-H),故此种消除反应又称β-消除。

当卤烃的β-C上有多种β-H时,消除反应就存在着方向的选择问题。大量事实表明,卤烃消除时,卤原子总是优先与含氢较少的β-碳上的氢一起消除,或者说,主要生成双键碳上烃基取代较多的烯烃(这种烯烃较稳定,参见4.5.1)。这一经验规律称为**查依采夫规则**(Saytzeff rule)。例如:

$$CH_3CH_2\underset{\text{Br}}{CH}CH_3 \xrightarrow[\text{乙醇}]{\text{KOH}} \underset{\text{丁-2-烯(81\%)}}{CH_3CH{=}CHCH_3} + \underset{\text{丁-1-烯(19\%)}}{CH_3CH_2CH{=}CH_2}$$

邻二卤代物或偕二卤代物在KOH醇液中加热可脱掉2分子卤化氢,生成炔烃。

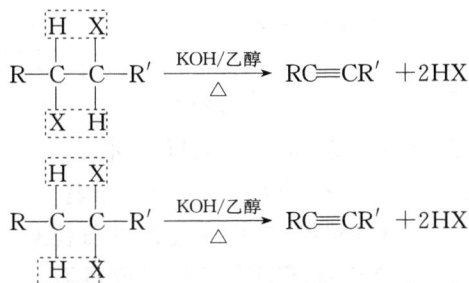

$$R-\underset{\text{X}}{\overset{\text{H}}{C}}-\underset{\text{H}}{\overset{\text{X}}{C}}-R' \xrightarrow[\triangle]{\text{KOH/乙醇}} RC{\equiv}CR' + 2HX$$

$$R-\underset{\text{H}}{\overset{\text{H}}{C}}-\underset{\text{X}}{\overset{\text{X}}{C}}-R' \xrightarrow[\triangle]{\text{KOH/乙醇}} RC{\equiv}CR' + 2HX$$

(2) 脱卤素

邻二卤代物与锌粉在乙醇中共热能消除卤素生成烯烃。

$$-\underset{\text{X}}{\overset{|}{C}}-\underset{\text{X}}{\overset{|}{C}}- \xrightarrow[\triangle]{\text{Zn/乙醇}} \gt C{=}C\lt + ZnX_2$$

2. 消除反应机理

与取代反应相似,卤烃的消除也有单分子消除和双分子消除两种机理。

(1) 单分子消除反应

以叔丁基溴在碱性条件下的消除反应为例。该反应分两步进行:

第一步:$(CH_3)_3C-Br \xrightleftharpoons{\text{慢}} \underset{\text{过渡态1}}{[(CH_3)_3\overset{\delta^+}{C}\cdots\cdots\overset{\delta^-}{Br}]^{\ne}} \longrightarrow \underset{\text{中间体}}{(CH_3)_3C^+} + Br^-$

第二步:

$$CH_3-\overset{\overset{\text{CH}_3}{|}\ \alpha}{\underset{+}{C}}-\overset{\beta}{\underset{\text{H}}{CH_2}} + OH^- \xrightarrow{\text{快}} \underset{\text{过渡态2}}{\left[CH_3-\overset{\overset{\text{CH}_3}{|}}{\underset{\delta^+}{C}}{\cdots}\underset{\text{H}---\overset{\delta^-}{\text{OH}}}{CH_2}\right]^{\ne}} \longrightarrow \underset{\text{产物}}{CH_3-\overset{\overset{\text{CH}_3}{|}}{C}{=}CH_2}$$

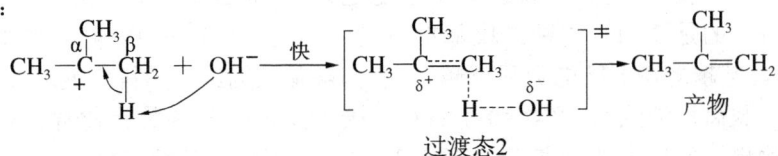

第一步,C—Br键断裂,离去基团带着1对电子离开中心碳原子,经过渡态1形成碳正

离子中间体;第二步,碱夺取β碳上的氢,经过渡态2生成产物烯烃。由于决定反应速度的第一步只涉及卤烃分子,故该类消除反应称为**单分子消除反应**(unimolecular elimination),常用E1表示。

可以看出,E1和S_N1反应的第一步相同,即生成碳正离子中间体,此后按不同途径进行下步反应。若亲核试剂进攻带正电的中心碳原子则完成取代反应,若亲核试剂夺取β位的氢则完成消除反应。所以,E1和S_N1反应往往同时发生,相互竞争,由于反应涉及碳正离子中间体,因此E1反应也常伴随重排。

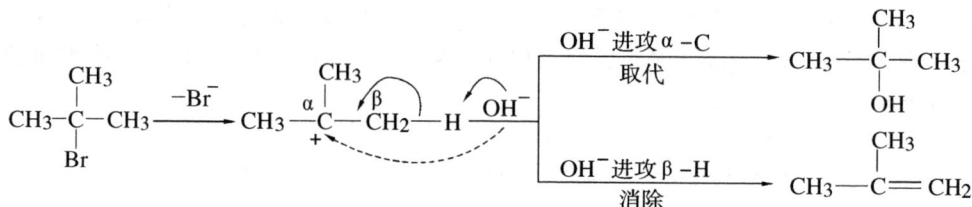

$$CH_3-\underset{Br}{\overset{CH_3}{C}}-CH_3 \xrightarrow{-Br^-} CH_3-\overset{CH_3}{\underset{+}{C}}(\alpha)-CH_2(\beta)-H \quad OH^-$$

$$\xrightarrow[\text{取代}]{OH^-\text{进攻}\alpha\text{-C}} CH_3-\underset{OH}{\overset{CH_3}{C}}-CH_3$$

$$\xrightarrow[\text{消除}]{OH^-\text{进攻}\beta\text{-H}} CH_3-\overset{CH_3}{C}=CH_2$$

(2) 双分子消除反应

以溴代正丙烷在NaOH乙醇溶液中消除HBr生成丙烯为例:

$$OH^- \frown \underset{CH_3CH-CH_2-Br}{H} \longrightarrow \left[\begin{matrix} \overset{\delta^-}{HO}\cdots H \\ CH_3CH\overset{\cdots}{=}CH_2\cdots\overset{\delta^-}{Br}\end{matrix}\right]^{\neq} \longrightarrow CH_3CH=CH_2+H_2O+Br^-$$

过渡态

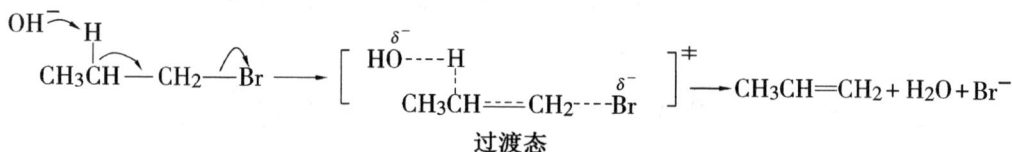

反应中,碱试剂(以B^-表示,该反应中为OH^-)进攻β-H,并逐渐形成过渡态。随着反应的进行,OH^-与β-H结合形成H_2O离去,另外溴带着1对电子离去,与此同时,在α-C和β-C之间形成碳碳双键。可以看出,在反应过程中,β位C—H键和C—Br键的断裂与π键的生成是协同进行的,卤代烃和碱试剂都参与形成过渡态,所以该类消除称为**双分子消除反应**(bimolecular elimination),用E2表示。

E2和S_N2机理相似,反应速度与2种反应物的浓度均有关,反应均一步完成。2种反应不同之处在于,在E2反应中,碱试剂是拉β-H,而在S_N2反应中,亲核试剂是进攻α-C。因此,E2和S_N2往往相互伴随,相互竞争。

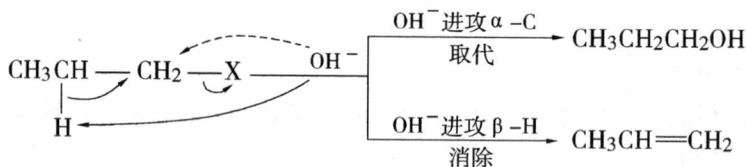

$$\underset{H}{CH_3CH}-CH_2-X \quad OH^- \begin{cases} \xrightarrow[\text{取代}]{OH^-\text{进攻}\alpha\text{-C}} CH_3CH_2CH_2OH \\ \xrightarrow[\text{消除}]{OH^-\text{进攻}\beta\text{-H}} CH_3CH=CH_2 \end{cases}$$

3. 影响消除反应的因素

卤烃的消除反应按哪种机理进行,其反应活性大小如何,这些也受多种因素的影响。

(1) 烃基结构

E1反应中,叔卤代烃产生的叔碳正离子最稳定,因此叔卤代烃反应活性最高。在E2反应中,碱试剂进攻的是β-H,这种进攻基本不受α-C上所连基团空间障碍的影响。相反,α-C上所连烃基越多,β-H的数目就越多,它们被碱试剂进攻的机会就越多,反应进行得就越快。另外,叔卤烃消除后,产物烯烃的双键碳上所连烃基的数目比仲卤烃及伯卤烃多,所以消除产物烯烃的稳定性也高,而产物的稳定性也影响着消除反应的活性。例如,以下各级溴代烷发生E2消除反应的相对速率为:

	相对速率
$CH_3CH_2Br \xrightarrow{CH_3O^-/CH_3OH} CH_2=CH_2$	1.0
$CH_3CH(CH_3)-Br \xrightarrow{CH_3O^-/CH_3OH} CH_3CH=CH_2$	9.4
$(CH_3)_3C-Br \xrightarrow{CH_3O^-/CH_3OH} (CH_3)_2C=CH_2$	120

因此，无论是发生 E1 还是 E2 消除反应，都是叔卤代烃最容易，即卤代烃发生消除反应的活性大小顺序为 3°>2°>1°。

（2）卤素种类

不管是 E1 机理还是 E2 机理，卤素种类不同时，消除反应的活性顺序均为：

$$RI > RBr > RCl$$

（3）碱试剂

与 S_N 反应一样，只有 E2 反应与试剂的碱性强弱及浓度有关，高浓度的强碱试剂可提高 E2 反应的速度。E1 反应不受试剂碱性和浓度的直接影响。

（4）溶剂

与 S_N 反应相似，E1 反应中 C—X 键的解离受溶剂的影响比较明显，极性较大的溶剂可提高 E1 反应的速度，而对 E2 反应是不利的。

综上所述，卤代烃消除反应在机理上的选择主要受诸多因素的影响。从卤代烃的结构看，叔卤烃倾向于 E1 机理，伯卤烃倾向于 E2 机理，仲卤烃居中（倾向于 E2）；高浓度的强碱有利于 E2 而较低浓度的弱碱有利于 E1；高极性溶剂有利于 E1，低极性溶剂有利于 E2。

4. 查依采夫规则的解释

如前所述，卤代烃消除的取向遵循查依采夫规则。在此，我们简单地从反应机理方面解释这一规律。

在 E2 反应中，碱试剂进攻 β－H，卤素离开中心碳原子，经由过渡态生成烯烃。当有 2 种不同的 β－H 时，碱试剂优先进攻哪一个 β－H 主要取决于相应过渡态的稳定性。由于过渡态时已有部分双键形成（见图 8－5），所以能够稳定产物烯烃的因素，也能够稳定相应的过渡态。我们知道，双键上含有较多烷基的烯烃比较稳定，因此，相应的过渡态也比较稳定，而这种过渡态正是由碱试剂进攻含氢较少的那个 β 碳上的氢形成的。经过该过渡态的反应所需活化能较低，容易进行消除反应，因此 E2 反应得到的主要产物是双键碳上连有较多烷基的烯烃。

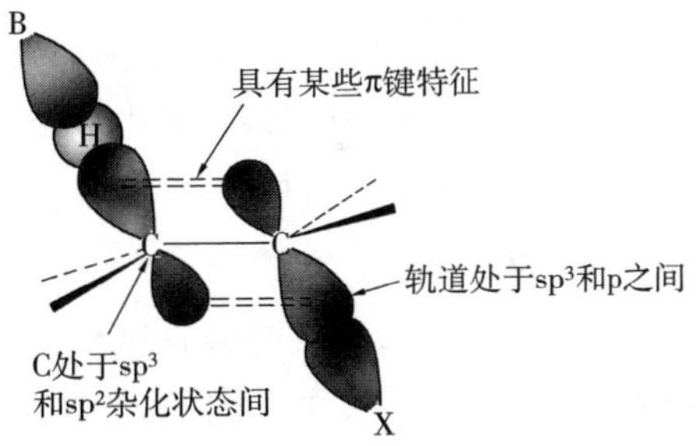

图 8－5　E2 反应过渡态中的轨道结合状态

$$\left[\begin{matrix} \overset{\delta^-}{B}\cdots H & & H & \\ \vdots & & | & \\ CH_3-CH & \!\!=\!\!=\!\! & CH-CH_2 & \\ & \vdots & & \\ & X^{\delta^-} & & \end{matrix}\right]^{\ne}$$

进攻含氢较少的 β－C 上的 H 形成的过渡态

$$\left[\begin{matrix} & H & & H\cdots\overset{\delta^-}{B} \\ & | & & \vdots \\ CH_3- & CH- & CH & \!\!=\!\!=\!\! CH_2 \\ & & \vdots & \\ & & X^{\delta^-} & \end{matrix}\right]^{\ne}$$

进攻含氢较多的 β－C 上的 H 形成的过渡态

在 E1 反应中，决定反应速度的是生成碳正离子的一步，但决定产物取向的是第二步，即碳正离子脱去 β－H 的一步。该步反应在过渡态时已形成部分双键。与 E2 反应类似，当碱试剂进攻含氢较少的β-C上的H，即生成双键碳上连有较多烷基的烯烃时，相应过渡态比较稳定，活化能较低，故能够优先进行反应。

$$\left[\begin{array}{c} \overset{\delta^-}{B}\cdots H \qquad\qquad H \\ CH_3—CH\overset{\cdots}{=}\underset{\delta^+}{C}H—CH_2 \end{array}\right]^{\ne} \qquad \left[\begin{array}{c} H \qquad\qquad H\cdots\overset{\delta^-}{B} \\ CH_3—CH—\underset{\delta^+}{C}H\overset{\cdots}{=}CH_2 \end{array}\right]^{\ne}$$

消除含氢较少的β-C上的H形成的过渡态2　　消除含氢较多的β-C上的H形成的过渡态2

总之，无论是E2反应还是E1反应，消除的取向都是由相应过渡态的稳定性或者说是由产物烯烃的稳定性决定的。也就是说，总是消除含H较少的β-C上的H，以生成较稳定(双键上连有较多烷基)的烯烃，这就是查依采夫规则。

我们可以通过超共轭(见4.5.1)来理解产物烯烃的稳定性。丙烯分子中的超共轭如图8-6所示。

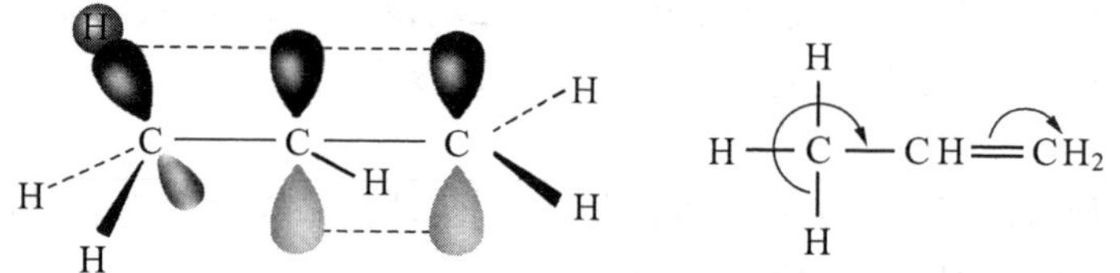

图8-6　丙烯分子中的超共轭

2-溴丁烷消除得到产物丁-2-烯(1)和丁-1-烯(2)。

$$\underset{(1)}{H—\underset{H}{\overset{H}{C}}—CH═CH—\underset{H}{\overset{H}{C}}—H} \qquad \underset{(2)}{CH_3—\underset{H}{\overset{H}{C}}—CH═CH_2}$$

在产物(1)中，与双键碳直接相连的C—H键有6个，而在产物(2)中，与双键碳直接相连的C—H键只有2个。因此，产物(1)中C—H键与双键发生超共轭的概率比(2)要大，即(1)比(2)稳定性大一些，故以稳定性较大的(1)为主要产物。

与马氏规则一样，对查依采夫规则的应用也要抓住其本质，才能正确处理消除的取向问题。例如：

$$C_6H_5—\underset{H}{CH}—\underset{X}{CH}—\underset{H}{C}HCH_3 \xrightarrow[EtOH]{NaOH} \underset{\text{主要产物}}{C_6H_5—CH═CHCH_2CH_3}$$

$$CH_2═CHCH_2\underset{Br}{C}H\overset{CH_3}{C}H—CH_3 \begin{cases} \xrightarrow{-HBr} CH_2═CH—CH═CHCH(CH_3)_2 \\ \xrightarrow{\times} CH_2═CHCH_2CH═C(CH_3)_2 \end{cases}$$

由于共轭体系有特殊的稳定性，因此，上述卤烃消除时倾向于形成具有稳定的共轭体系的产物。

8.3.3 与金属反应

卤代烃能与活泼金属反应，生成金属有机化合物。例如卤代烃与金属镁反应生成金属镁有机化合物（烃基卤化镁）。

$$\text{R—X} + \text{Mg} \xrightarrow{\text{无水乙醚}} \underset{\text{烃基卤化镁}}{\text{R—MgX}}$$

法国科学家格林雅（V. Grignard，1871—1935）首先发现这种制备有机镁化合物的方法并成功地应用于有机合成，1912 年为此获诺贝尔化学奖。因此，烃基卤化镁 RMgX 常称为**格林雅试剂**（Grignard reagent），简称**格氏试剂**。

格氏试剂的结构尚未完全肯定，一般认为它是烃基卤化镁、二烃基镁及卤化镁的平衡混合物。

$$2\text{RMgX} \rightleftharpoons \text{R}_2\text{Mg} + \text{MgX}_2$$

溶剂乙醚可以与 RMgX 发生配合，这样可使格氏试剂以稳定的配合物形式溶于乙醚中。

$$\begin{array}{c} \text{H}_5\text{C}_2 \quad\quad \text{C}_2\text{H}_5 \\ \diagdown \;\; \diagup \\ \text{O} \\ \vdots \\ \text{R—Mg—X} \\ \vdots \\ \text{O} \\ \diagup \;\; \diagdown \\ \text{H}_5\text{C}_2 \quad\quad \text{C}_2\text{H}_5 \end{array}$$

制备格氏试剂时，卤烃的反应活性为 RI>RBr>RCl。另外，烃基不同，卤素种类不同，反应难易亦不相同。如烯丙型、苄基型卤代烃很容易反应，而乙烯型氯化物必须选择沸点更高的溶剂四氢呋喃，在较高的温度下反应才能制得。例如：

$$\text{ClMg—C}_6\text{H}_4\text{—MgBr} \xleftarrow[\text{THF}]{\text{Mg}} \text{Cl—C}_6\text{H}_4\text{—Br} \xrightarrow[\text{乙醚}]{\text{Mg}} \text{Cl—C}_6\text{H}_4\text{—MgBr}$$

制备格氏试剂时必须用无水乙醚，仪器要绝对干燥，最好在 N_2 保护下进行，这是因为格氏试剂很容易被水等含有活泼氢的物质分解成烃和镁的碱性卤化物：

$$\underset{\text{盐（较强碱）}}{\overset{\delta^-}{\text{R}}\text{—}\overset{\delta^+}{\text{Mg}}\text{X}} + \underset{\substack{\text{较强的酸} \\ \text{p}K_a\ 15.7}}{\text{H—OH}} \longrightarrow \underset{\substack{\text{较弱的酸} \\ \text{p}K_a\ 50\text{左右}}}{\text{R—H}} + \underset{\text{盐（较弱碱）}}{\text{MgX(OH)}}$$

凡酸性比 R—H 强的化合物都可与格氏试剂发生上述类似的反应。

$$\text{R—MgX} + \left.\begin{array}{l} \text{H} \vdots \text{X} \\ \text{H} \vdots \text{OR}' \\ \text{H} \vdots \text{C}\equiv\text{CR}' \\ \text{H} \vdots \text{NH}_2 \\ \text{H} \vdots \text{OCOR}' \end{array}\right. \longrightarrow \text{R—H} + \begin{array}{l} \text{MgX}_2 \\ \text{MgX(OR}') \\ \text{R}'\text{C}\equiv\text{CMgX} \\ \text{MgX(NH}_2) \\ \text{R}'\text{COOMgX} \end{array}$$

卤代烃还能与金属锂作用生成锂有机化合物。例如：

$$\underset{\text{溴代正丁烷}}{CH_3CH_2CH_2CH_2Br} + 2Li \xrightarrow[-10^{\circ}C]{\text{乙醚}} \underset{\text{正丁基锂(80\%～90\%)}}{CH_3CH_2CH_2CH_2Li} + LiBr$$

有机锂是一个重要的金属有机化合物,其制法、性质与格氏试剂相似。
有机锂能与碘化亚铜反应生成另一个重要的试剂——二烃基铜锂。

$$2RLi + CuI \xrightarrow[\text{乙醚}]{0^{\circ}C} \underset{\text{二烃基铜锂}}{R_2CuLi} + LiI$$

二烃基铜锂与卤代烃反应生成烃。

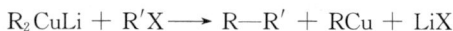

$$R_2CuLi + R'X \longrightarrow R—R' + RCu + LiX$$

8.3.4 还原反应

卤代烃可通过多种途径还原为烃。

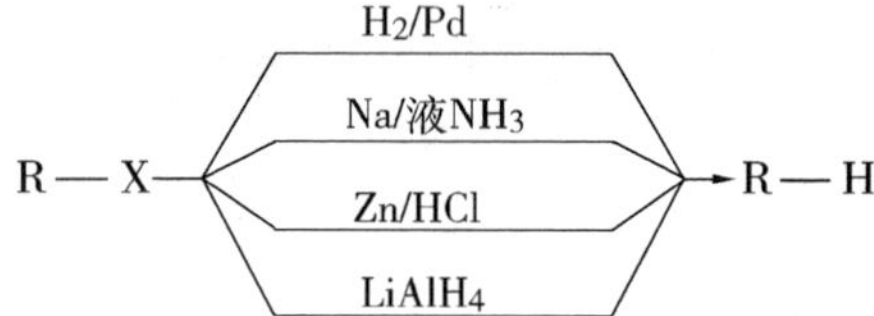

其中,四氢锂铝(又称氢化锂铝,$LiAlH_4$,lithium aluminum hydride)是一种复氢化合物还原剂,它提供氢负离子进行反应,置换卤素而得到烃。氢化锂铝是一种白色固体,对水特别敏感,因此反应需在无水条件下进行。其他常见的复氢化合物还原剂还有四氢硼钠(又称硼氢化钠,$NaBH_4$,sodium borohydride)及四氢硼钾(又称硼氢化钾,KBH_4,potassium borohydride),具体应用见 11.4.4。

卤代烃的还原并不是一种重要的合成方法,因为卤代烃的价格往往比相应的烃更高。但我们必须了解该性质,以便在合成中注意卤素对还原试剂的敏感性。如果采用某种合成路线时,在还原步骤中有卤素干扰,则必须换用其他的路线。

8.4 消除反应与取代反应的竞争

卤代烃既可以发生取代反应,又可以进行消除反应,而且这 2 种反应一般都是在碱性条件下进行的。所以,取代和消除往往是同时存在的竞争性的反应。

另外,根据条件的不同,反应可以按单分子机理进行(S_N1 与 E1 的竞争),也可以按双分子机理进行(S_N2 与 E2 的竞争),也可能一部分按单分子机理、另一部分按双分子机理进行,因此,竞争情况比较复杂。但从产物结构看,无非还是 2 种:取代产物和消除产物。而决定产物结构或者反应机理的因素亦是 2 种:内因和外因。内因就是 2 种反应物的结构及进攻试剂的碱性和亲核性,外因就是溶剂的极性、反应的温度等等。

8.4.1　卤代烃的结构

对不同结构的卤烃而言，一般三级卤烃倾向于发生消除，一级卤烃倾向于发生取代，二级卤烃的情况介于二者之间。

1. 1°卤烃

一级卤代烃以取代为主，只有在强碱及弱极性溶剂存在的情况下才可能以消除为主。无论是取代还是消除，反应常按双分子机理进行。也就是说，一级卤烃通常是 S_N2 和 E2 的竞争，以 S_N2 为主。对于直链的伯卤代烷，往往以 S_N2 反应为主，因为取代反应的活化能较消除反应低。但当卤烃 β-位烷基增加时，S_N2 产物的比例会下降，E2 产物比例会相应增加。这是由于 β-位烷基增多会增加试剂向缺电的碳原子进攻的困难，而在 β-位脱氢的机会就相应增加。下面是几种伯卤代烷在乙醇钠的乙醇溶液中反应的结果。

底物	S_N2 产物/%	E2 产物/%
CH_3CH_2Br	99	1
$CH_3CH_2CH_2Br$	91	9
$(CH_3)_2CHCH_2Br$	40	60

某些含活泼 β-H 的一级卤烃以消除为主，例如下例中消除产物因存在共轭体系而稳定。

$$C_6H_5-CH_2CH_2Br \xrightarrow[H_2O]{NaOH} C_6H_5-CH{=}CH_2$$

2. 3°卤烃

即使在弱碱条件下，3°卤烃也以消除为主，只有在纯水或乙醇中发生溶剂解时，才可能以取代为主。例如：

$$(CH_3)_3C-Cl \xrightarrow[H_2O]{Na_2CO_3} (CH_3)_2C{=}CH_2 \quad \text{消除为主}$$

$$(CH_3)_3C-Cl \xrightarrow[\triangle]{H_2O} (CH_3)_3C-OH \quad \text{取代为主(溶剂解)}$$

3. 2°卤烃

2°卤烃情况介于 1°和 3°卤烃之间，在一般条件下有较大的取代倾向，随着试剂碱性增大，消除产物比例增加。β-C 上连有支链的 2°卤烃消除倾向增大。

因此，如欲以卤烃为原料通过取代反应制备醇、醚、腈，最好选用 1°卤烃。

8.4.2　试剂的碱性和亲核性

试剂的影响主要表现在双分子反应中。一般试剂的碱性越强，浓度越高，越有利于消除(E2)；反之，碱性较弱，浓度较低，则有利于取代(S_N2)。在无强碱存在时，卤烃主要进行 S_N1 和 E1 反应，并以 S_N1 为主。但随着 β 位侧链增多或 α-C 上烷基增多，E1 产物的比例也会增加。

试剂的亲核性对反应也有影响，亲核性强，有利于取代，亲核性弱，有利于消除。例如，下列 3 种烷氧负离子的碱性为 $CH_3O^- < (CH_3)_2CHO^- < (CH_3)_3CO^-$，而亲核性次序则与

之相反。因此，选择亲核性较强的 CH_3O^- 对取代反应有利，而选择碱性较强的试剂 $(CH_3)_3CO^-$ 对消除反应有利。

若试剂的体积大，因空间障碍而不易进攻中心碳原子，故对取代反应不利，但试剂与 β-H接近时不会受到明显影响，故有利于消除。例如，叔丁醇钾是体积较大的碱，当与溴代异丁烷反应时，E2 产物的比例占 92%，而用乙醇钠时，E2 产物占 62%。

8.4.3 溶剂的极性

通常溶剂的极性低有利于消除，极性高有利于取代。因此，常在 NaOH(或 KOH)的水溶液中进行取代反应而在醇溶液中进行消除反应。

$$\text{—}\underset{\text{H}}{\overset{|}{\underset{|}{\text{C}}}}\text{—}\underset{\text{X}}{\overset{|}{\underset{|}{\text{C}}}}\text{—}\begin{cases}\xrightarrow{\text{KOH/水}} \text{—}\underset{\text{H}}{\overset{|}{\underset{|}{\text{C}}}}\text{—}\underset{\text{OH}}{\overset{|}{\underset{|}{\text{C}}}}\text{—} & \text{取代为主}\\ \xrightarrow{\text{KOH/醇}} \text{>C=C<} & \text{消除为主}\end{cases}$$

8.4.4 反应温度

升高温度对消除和取代反应都是有利的，但由于在消除过程中涉及 C—H 键的拉长，需较高的活化能，因此升高温度对消除反应更有利，即提高反应温度将增加消除产物的比例。

8.5 E2 反应的立体化学

在 8.3.2 中已述，2-溴丁烷在 KOH 的乙醇液中消除，得到 81%的丁-2-烯和 19%的丁-1-烯，消除方向符合查依采夫规则。进一步考察上述消除反应，我们应该能提出这样的疑问：丁-2-烯存在顺反异构体，那么产物丁-2-烯是以 1 种异构体为主呢，还是顺式体和反式体等量呢?

实验证明，产物丁-2-烯中反式体占了绝大多数，即：

$$CH_3CH_2\underset{\text{Br}}{\underset{|}{C}}HCH_3 \xrightarrow[\text{乙醇}]{\text{KOH}} \underbrace{\underset{\text{H}}{\overset{H_3C}{>}}C{=}C\underset{CH_3}{\overset{H}{<}} + \underset{\text{H}}{\overset{H_3C}{>}}C{=}C\underset{H}{\overset{CH_3}{<}}}_{\substack{81\% \\ 6\ :\ 1}} + \underset{19\%}{CH_3CH_2CH{=}CH_2}$$

也就是说，该反应是一种立体选择性反应。

上述反应存在立体选择性的原因与反应的机理有关。

我们已经知道，在 E2 反应中，C—H 键和 C—X 键的断裂及 π 键的形成是同时进行的。在过渡态时，α-C 和 β-C 原子间已有部分 π 键形成(过渡态轨道结合状态见图 8-5)，形成这样的过渡态需要卤代烃中 C—H 和 C—X 处于共平面，因为“部分 π 键”是由 2 个碳原子上早期产生的 p 轨道重叠形成的，只有当这 2 个轨道处于共平面时才能使得轨道重叠程度最大，过渡态的稳定性最大，E2 反应才容易发生。

能满足 C—H 和 C—X 处于共平面的有以下 2 种构象：一种是两者处于顺式共平面位置，另一种是两者处于反式共平面位置。

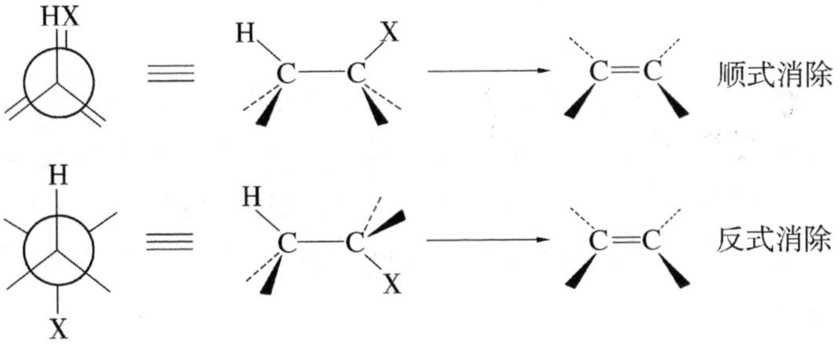

顺式消除

反式消除

实验研究表明，在大多数情况下卤代烃的 E2 消除方式为反式消除。

E2 反应易按反式消除方式进行主要是由于：① 反式消除时卤烃处于交叉式构象，交叉式构象比重叠式构象能量低。② 氢和卤素处于较远位置，有利于试剂进攻 β－H 和 X 的离去。

由于 E2 消除有一定的立体化学要求，因此，该反应是立体选择性反应，以上述 2－溴丁烷的消除为例。2－溴丁烷含氢较少的 β－碳上有 2 个氢，这 2 个氢均可通过 C—C σ 键旋转分别与溴处于反式共平面的位置，然后各经过不同的过渡态消除得烯烃。

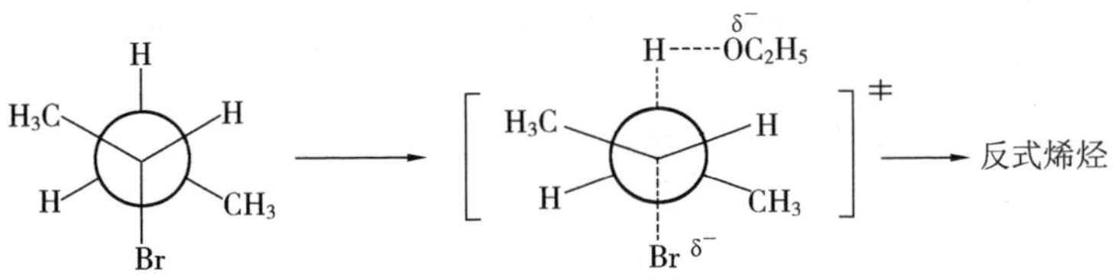

(1) → 反式烯烃

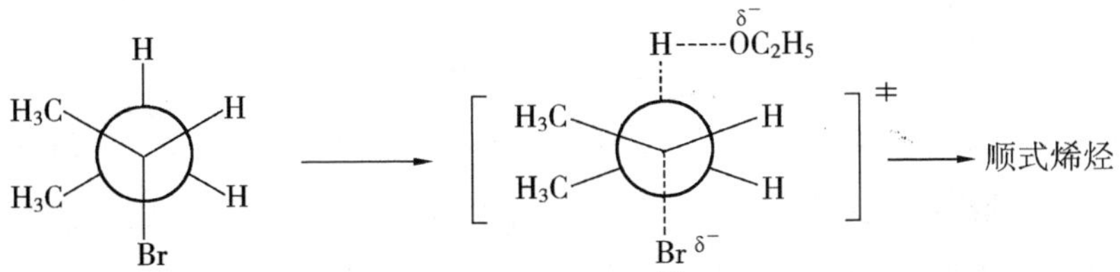

(2) → 顺式烯烃

可以看出，过渡态(1) 中 2 个甲基的距离比过渡态(2)中远，能量相对较低，所以消除产物以反式体为主。

又如，(1－溴丙烷－1，2－二基)二苯只有一个 β－H，赤式－(1－溴丙烷－1，2－二基)二苯经 E2 反应主要得顺式烯烃，苏式－(1－溴丙烷－1，2－二基)二苯主要得反式烯烃，反应具有立体专一性。

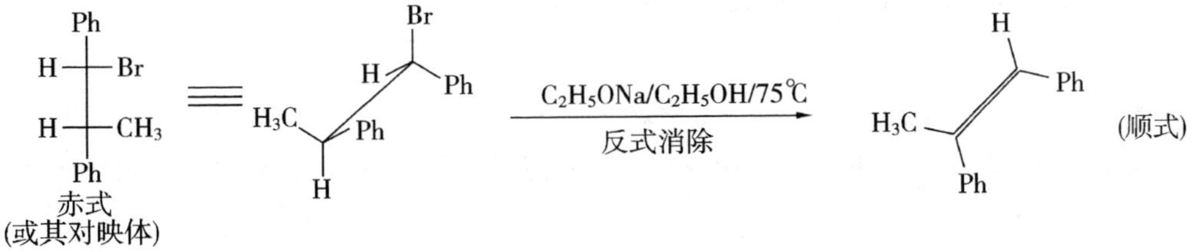

赤式
(或其对映体)

$C_2H_5ONa/C_2H_5OH/75℃$
反式消除

(顺式)

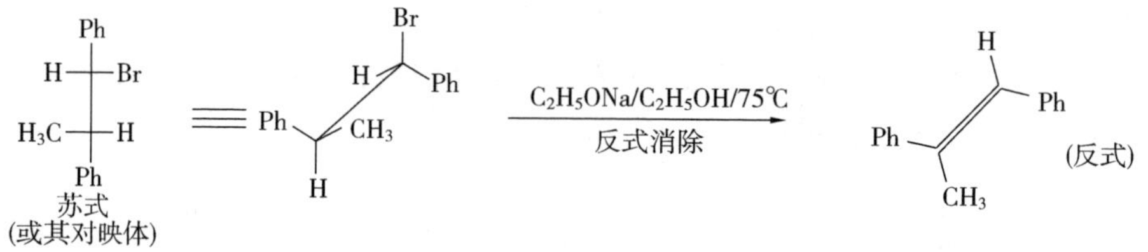

苏式
(或其对映体)

$\xrightarrow[\text{反式消除}]{C_2H_5ONa/C_2H_5OH/75℃}$

(反式)

用环己烷的卤代物研究E2反应的立体化学,反式消除的特征表现得更为明显。卤代环己烷进行E2消除反应时,卤素和β-氢原子必须符合反式共平面的要求,否则反应不能发生。例如,(一)氯代薄荷醇在乙醇钠作用下发生E2消除只得到单一产物——A,反应结果不符合查依采夫规则;(+)氯代新薄荷醇在相同条件下得到B和A的混合物,并且反应速度比前者快200倍。

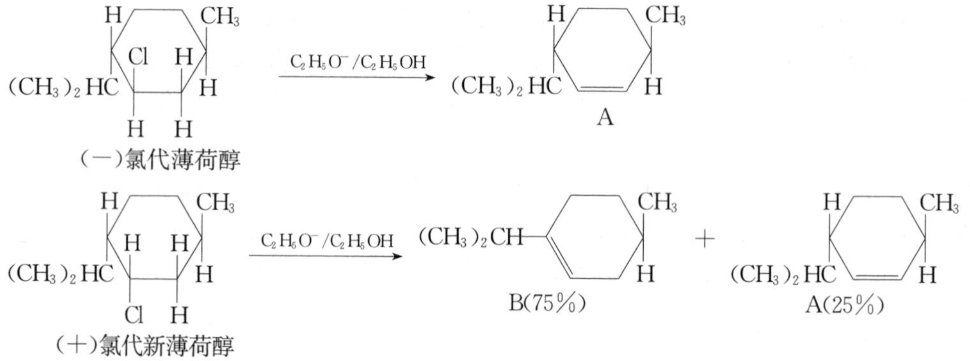

$\xrightarrow{C_2H_5O^-/C_2H_5OH}$ A

(一)氯代薄荷醇

$\xrightarrow{C_2H_5O^-/C_2H_5OH}$ B(75%) + A(25%)

(+)氯代新薄荷醇

我们可以通过构象式来理解上述反应结果:

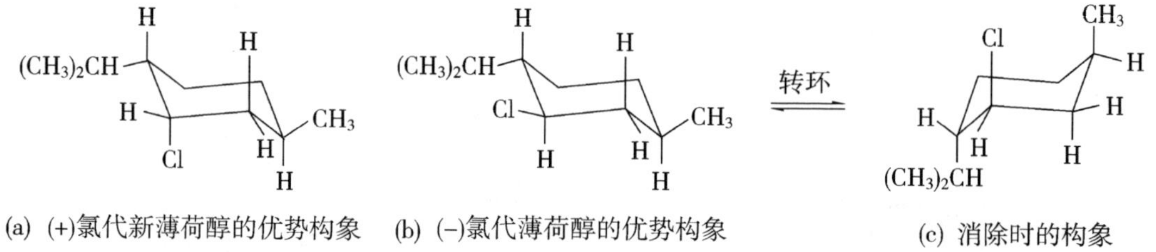

(a) (+)氯代新薄荷醇的优势构象　(b) (-)氯代薄荷醇的优势构象　$\overset{\text{转环}}{\rightleftharpoons}$　(c) 消除时的构象

(+)氯代新薄荷醇的优势构象(a)中存在两个处于a键的β位氢原子,它们和处于a键的Cl均处于反式共平面,因此消除可在两个方向进行,最终产物符合查依采夫规则,B与A的产物比例约为3∶1。(一)氯代薄荷醇分子中与Cl处于反式的H只有一个,因此,消除产物为单一的A。另外,在(+)氯代新薄荷醇中适合消除的构象恰好是其优势构象(a),而在(一)氯代薄荷醇的优势构象(b)中,Cl处于e键,只有提供能量使其构象改变成(c),Cl才能与β位处于a键的H消除HCl,而构象(c)并非优势构象。因此,(+)氯代新薄荷醇消除速度较快。

8.6 卤代烃中卤原子的活泼性

卤原子的活泼性与相连的烃基结构有很大关系。

向卤烃的乙醇溶液中滴入硝酸银试液,观察卤化银沉淀生成的快慢,可判断卤原子的活性。

	烯丙型卤烃	卤代烷	乙烯型卤烃
化合物举例	$CH_2=CHCH_2-Cl$ $C_6H_5CH_2-Cl$	CH_3CH_2-Cl	$CH_2=CH-Cl$ C_6H_5-Cl
与 $AgNO_3$ 反应	室温下立即 产生 $AgCl\downarrow$	室温不反应 加热后产生 $AgCl\downarrow$	室温不反应 加热后也不反应

大量实验结果表明，卤代烃的活泼性大致规律为烯丙型卤烃＞卤代烷＞乙烯型卤烃，乙烯型和烯丙型卤代烃中卤素的活性与相应的卤代烷差别较大，卤原子与C＝C相隔 2 个以上碳原子的卤烃，其卤素的活性与卤代烷类似。

怎样解释上述活性次序呢？

首先以氯乙烯为例来说明乙烯型卤烃中的卤原子为什么特别不活泼。

在氯乙烯分子中，卤原子与 sp^2 杂化的碳原子直接相连。卤原子中未用电子对所处的 p 轨道可以和碳碳双键的 π 轨道形成 p－π 共轭体系，如图 8－7 所示。p－π 共轭的结果使得氯原子的 p 电子向双键一边偏移，这样，碳氯键有部分双键特征，碳原子和氯原子的结合比卤代烷中牢固。由于这种 p－π 共轭作用，使氯乙烯分子中 C—Cl 键的键长（0.169 nm）比卤代烷（0.177 nm）中的短，C＝C 键的键长（0.138 nm）比烯烃（0.134 nm）中的长。因此，氯原子表现不活泼。

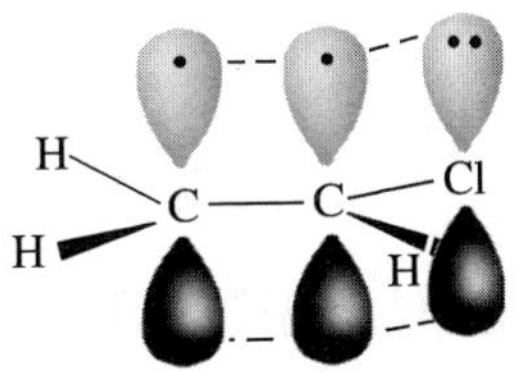

图 8－7　氯乙烯分子中的 p－π 共轭

烯丙型卤烃中的卤原子为什么特别活泼呢？以烯丙基氯为例说明。该反应为 S_N1 反应，反应中，烯丙基氯中的氯离解后生成烯丙基碳正离子。在此碳正离子中，带正电荷碳上的空 p 轨道与相邻的碳碳双键的 π 轨道可以平行重叠，形成 p－π 共轭体系，π 电子离域的结果使中心碳原子上的正电荷得以分散，碳正离子趋于稳定而容易形成。也就是说，烯丙基氯中的氯较“活泼”。烯丙基碳正离子中的电子离域参见 5.9.1。

8.7　卤代烃的制备

8.7.1　由烷烃制备

烷烃卤代通常生成各种异构体的混合物，只有在少数情况下可用卤代的方法制得较纯的一卤代物。例如：

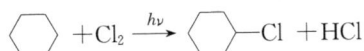

$$C_6H_{12} + Cl_2 \xrightarrow{h\nu} C_6H_{11}-Cl + HCl$$

在烷烃的卤代反应中，溴代的选择性比氯代高，以适当烷烃为原料可以得到一种主要的溴代物。例如：

$$(CH_3)_3CCH_2C(CH_3)_3 + Br_2 \xrightarrow[CCl_4]{h\nu} (CH_3)_3CCHBrC(CH_3)_3 \qquad >96\%$$

因此，通过烷烃卤代制备卤代烃，溴代比氯代更适用。

8.7.2 由烯烃制备

烯烃与 HX 或 X_2 加成,可方便地得到一卤代或二卤代烃。

$$RCH{=}CH_2 \begin{cases} \xrightarrow{HBr} RCHBrCH_3 \\ \xrightarrow[\text{过氧化物}]{HBr} RCH_2CH_2Br \\ \xrightarrow{Br_2} RCHBrCH_2Br \end{cases}$$

在高温或光照条件下,可以优先地在烯烃的 α-碳上进行卤代。用 NBS 作卤化剂,可在较低温度下得到 α-溴代烯烃。例如:

$$CH_3CH_2CH{=}CH_2 \begin{cases} \xrightarrow[\text{高温}]{X_2} CH_3\underset{\underset{X}{|}}{CH}CH{=}CH_2 \\ \xrightarrow[\text{过氧化物}]{NBS} CH_3\underset{\underset{Br}{|}}{CH}CH{=}CH_2 \end{cases}$$

这是制备烯丙型、苄基型卤代物的较好方法。

8.7.3 由炔烃制备

炔烃与卤化氢或卤素加成,可以得到一卤代或多卤代烃。

$$R{-}C{\equiv}CH \begin{cases} \xrightarrow{Br_2} RCBr{=}CHBr \xrightarrow{Br_2} RCBr_2CHBr_2 \\ \xrightarrow{HBr} RCBr{=}CH_2 \xrightarrow{HBr} RCBr_2CH_3 \\ \xrightarrow[\text{过氧化物}]{HBr} RCH{=}CH{-}Br \end{cases}$$

8.7.4 由芳烃制备

芳烃在不同条件下进行芳环的卤代或芳香环侧链的 α 卤代均可得到卤烃。例如:

$$C_6H_5CH_3 \begin{cases} \xrightarrow[FeBr_3]{Br_2} o\text{-}CH_3C_6H_4Br + Br{-}C_6H_4{-}CH_3\ (p) \\ \xrightarrow[\text{过氧化物}]{NBS} C_6H_5CH_2Br \end{cases}$$

8.7.5 由醇制备

醇分子中的羟基被卤原子置换可以得到相应的卤代烃(详见 9.3.2)。常用的卤化剂有 HX、PX_3、PX_5、$SOCl_2$ 等。如:

$$CH_3CH_2CH_2CH_2OH \xrightarrow[H_2SO_4]{NaBr} CH_3CH_2CH_2CH_2Br$$

习　题

1. 用系统命名法命名下列化合物。

(1) 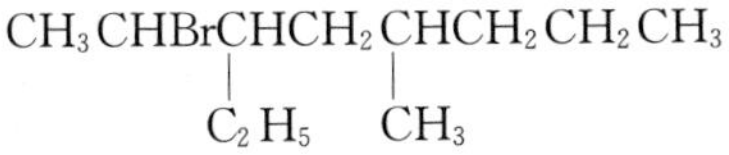 $CH_3CHBrCHCH_2CHCH_2CH_2CH_3$（3位连 C_2H_5，5位连 CH_3）

(2) $Br-C(CH_3)(C_2H_5)-CH=CH_2$

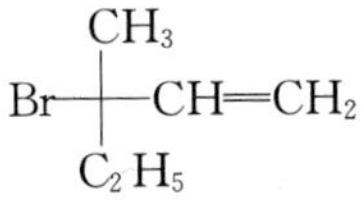

(3)  （环己烯，H，Cl）

(4) 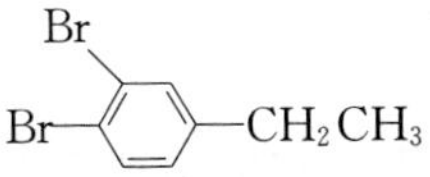 （苯环上 Br、Br、CH_2CH_3）

(5) 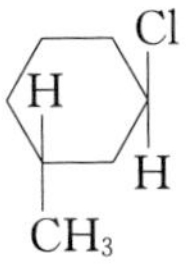 （环己烷，Cl、H、H、CH_3）

(6) 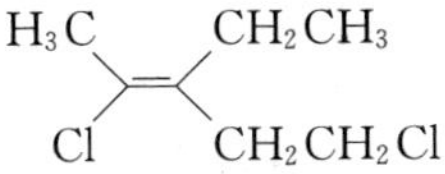 H_3C、Cl 与 CH_2CH_3、CH_2CH_2Cl 取代的烯烃

(7) $(CH_3)_2CICH_2C\equiv CH$

(8) 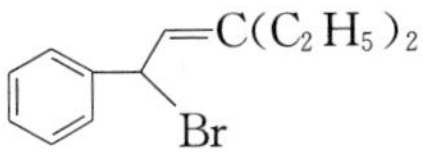 （苯基，Br，$=C(C_2H_5)_2$）

(9) 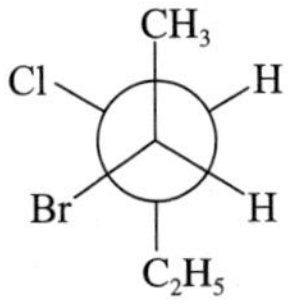 （纽曼投影式：CH_3、Cl、H、Br、H、C_2H_5）

(10) 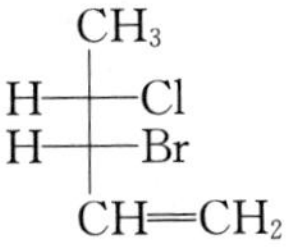 （费歇尔投影式：CH_3；H—Cl；H—Br；$CH=CH_2$）

2. 用反应式或结构式表示下列名词术语。

(1) 碘仿　(2) 氯化苄　(3) 3°卤烃　(4) 区域选择性

(5) 威廉姆森合成(Williamson synthesis)　(6) 亲核试剂

(7) 瓦尔登转化(Walden inversion)　(8) 查依采夫规则(Saytzeff rule)

(9) 格氏试剂(Grignard reagent)　(10) THF　(11) 烯丙型卤烃

3. 排列活性顺序(按由大到小排列)。

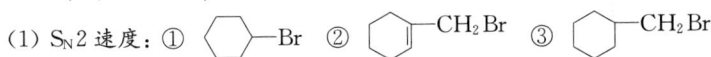

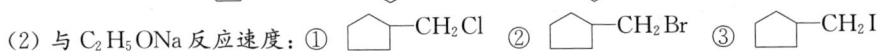

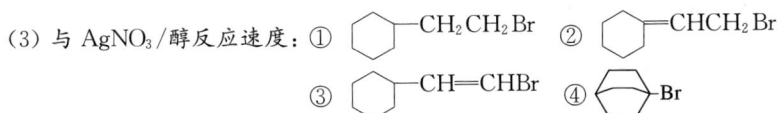

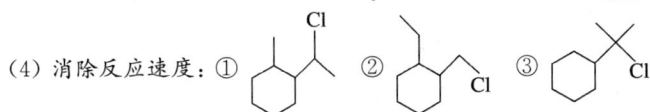

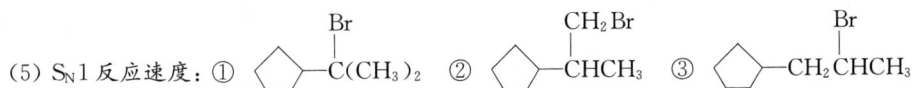

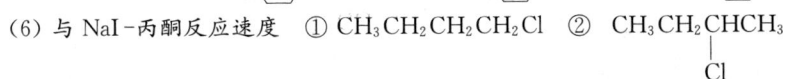

(1) S_N2 速度：① 环己基—Br　② 环己烯基—CH_2Br　③ 环己基—CH_2Br

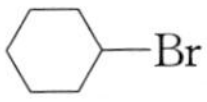

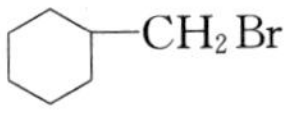

(2) 与 C_2H_5ONa 反应速度：① 环戊基—CH_2Cl　② 环戊基—CH_2Br　③ 环戊基—CH_2I

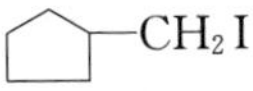

(3) 与 $AgNO_3$/醇反应速度：① 环己基—CH_2CH_2Br　② 环己叉基$=CHCH_2Br$

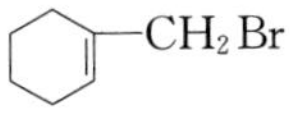

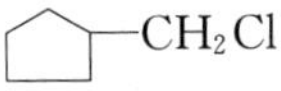

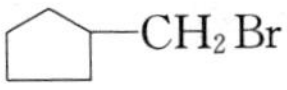

③ 环己基—$CH=CHBr$　④ 桥头—Br（双环）

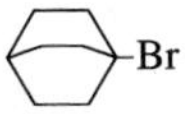

(4) 消除反应速度：①（含Cl）　②（含Cl）　③（含Cl）

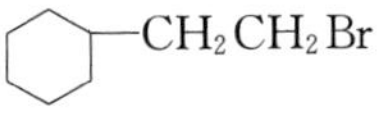

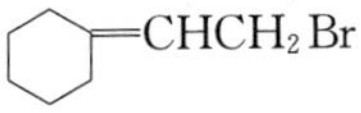

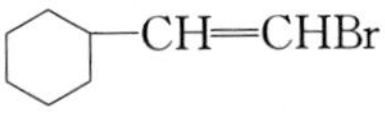

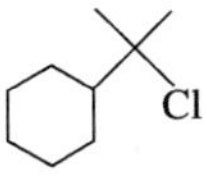

(5) S_N1 反应速度：① 环戊基—$C(CH_3)_2$（Br）　② 环戊基—$CHCH_3$（CH_2Br）　③ 环戊基—CH_2CHCH_3（Br）

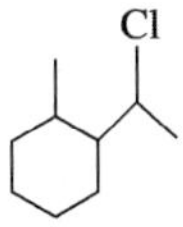

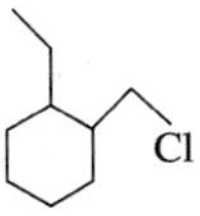

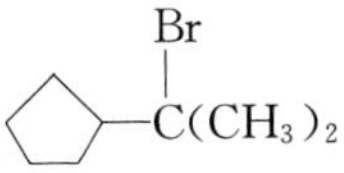

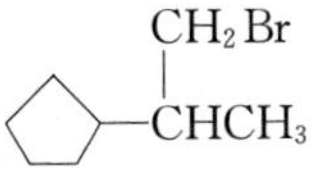

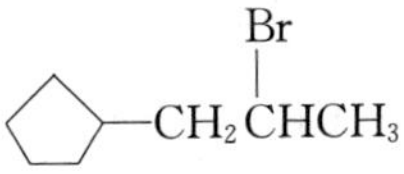

(6) 与 NaI-丙酮反应速度　① $CH_3CH_2CH_2CH_2Cl$　② $CH_3CH_2CHCH_3$（Cl）

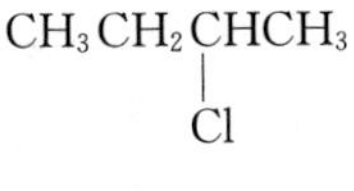

③ $CH_3-C(CH_3)(Cl)-CH_3$ 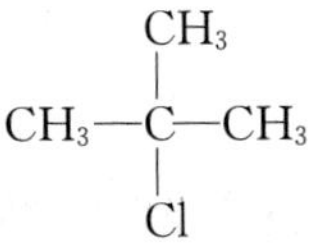　④ $ClCH_2CH=CHCH_3$　⑤ $ClCHCH=CH_2$（CH_3）　⑥（双环，Cl）

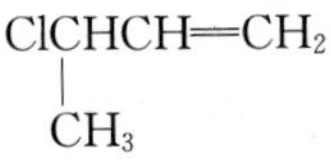

(7) ① $CH_3CH_2I+CH_3S^-(1.0\ mol/L)\rightarrow$

② $CH_3CH_2I+CH_3S^-(2.0\ mol/L)\rightarrow$

(8) ① $CH_3Br+CH_3OH\rightarrow$　　② $CH_3Br+CH_3SH\rightarrow$

4. 写出1-溴丁烷与下列物质反应所得主要有机产物。

(1) $NaOH/H_2O$　　(2) KOH/醇/△

(3) Mg/无水醚　　(4) (3)的产物$+D_2O$

(5) $CH_3C\equiv CNa$　　(6) CH_3NH_2

(7) NaCN　　(8) $AgNO_3$/醇

5. 给出下列化合物脱卤化氢后预期得到的主要产物。

(1) 1-溴乙烷　　(2) 2-溴-4-甲基己烷

(3) 2-溴-2-甲基戊烷　　(4) 4-溴-2-甲基戊烷

(5) 1-溴-4-甲基戊烷　　(6) 3-溴-2,3-二甲基戊烷

6. 下列各步反应中有无错误？简要说明之。

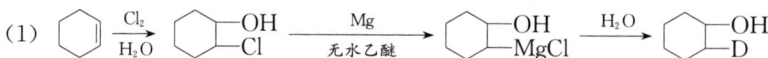

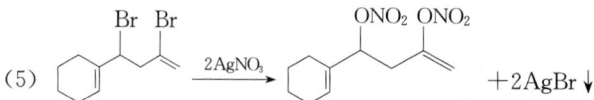

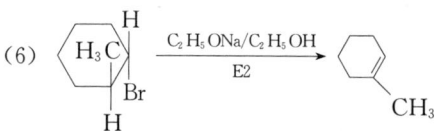

(1) 环己烯 $\xrightarrow[H_2O]{Cl_2}$ 2-氯环己醇（—OH，—Cl） $\xrightarrow[\text{无水乙醚}]{Mg}$ （—OH，—MgCl） $\xrightarrow{H_2O}$ （—OH，—D）

(2) $(CH_3)_2C(C_2H_5)—Br \xrightarrow[C_2H_5OH]{C_2H_5ONa} (CH_3)_2C(C_2H_5)—OC_2H_5$

(3) $Cl—C_6H_4—CH_2Cl \xrightarrow[H_2O]{Na_2CO_3} HO—C_6H_4—CH_2OH$

(4) $ClCH_2CH=CHCH_2Cl \xrightarrow{H_2/Pt} ClCH_2CH_2CH_2CH_2Cl$

(5) （环己烯基—CH(Br)—CH₂—C(Br)=CH₂） $\xrightarrow{2AgNO_3}$ （环己烯基—CH(ONO₂)—CH₂—C(ONO₂)=CH₂） $+2AgBr\downarrow$

(6) （环己烷，H_3C、H、Br、H） $\xrightarrow[E2]{C_2H_5ONa/C_2H_5OH}$ （1-甲基环己烯，CH_3）

7. 完成反应式，写出主要产物或试剂。

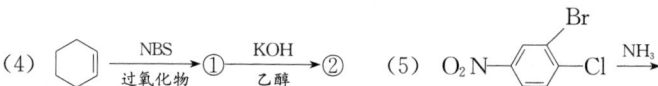

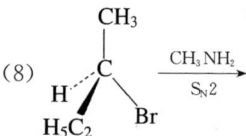

(1) $(CH_3CH_2)_3CCl+CH_3ONa \xrightarrow{CH_3OH}$

(2) $C_6H_5—CH_3 \xrightarrow[\text{光照}]{Cl_2}$ ① $\xrightarrow[\text{无水乙醚}]{Mg}$ ② $\xrightarrow{CH_3COOH}$ ③

(3) 环己基$—CH=CH_2 \xrightarrow{①}$ 环己基$—CH_2CH_2Br \xrightarrow{CH_3C\equiv CNa}$ ② $\xrightarrow{Na/NH_3}$ ③

(4) 环己烯 $\xrightarrow[\text{过氧化物}]{NBS}$ ① $\xrightarrow[\text{乙醇}]{KOH}$ ②　　(5) $O_2N—C_6H_3(Br)—Cl \xrightarrow{NH_3}$

(6) （邻位 CH_2Cl）$C_6H_4—CH=CHBr \xrightarrow{NaCN}$　　(7) $CH_3CH_2CH(Br)CH_2CH=CH_2 \xrightarrow[\text{乙醇}]{KOH}$

(8) （CH_3、H、H_5C_2、Br 连于 C） $\xrightarrow[S_N2]{CH_3NH_2}$　　(9) （Fischer投影式：CH_3；H—Cl；H—Ph；C_2H_5） $\xrightarrow[EtOH]{EtONa}$

(10) $(CH_3)_2NCH_2CH_2CH_2CH_2Br \xrightarrow{DMF}$　　(11) $(CH_3)_2CHCH_2CH_2Br+CH_3COONa \xrightarrow{C_2H_5OH}$

8. 试解释下列现象。

(1) $(CF_3)_3CBr$ 进行 S_N1 和 S_N2 反应都很困难。

(2) 含有 ^{18}O 的(*R*)-丁-2-醇经以下反应得到 ^{16}O 的丁-2-醇，预测产物构型。

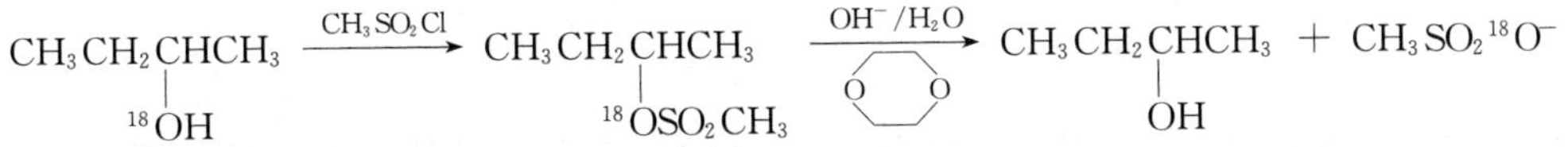

$$\underset{\underset{^{18}OH}{|}}{CH_3CH_2CHCH_3} \xrightarrow{CH_3SO_2Cl} \underset{\underset{^{18}OSO_2CH_3}{|}}{CH_3CH_2CHCH_3} \xrightarrow[\text{二噁烷}]{OH^-/H_2O} \underset{\underset{OH}{|}}{CH_3CH_2CHCH_3} + CH_3SO_2{}^{18}O^-$$

(3) $$CH_3-\overset{\overset{CH_3}{|}}{\underset{\underset{CH_3}{|}}{C}}-CH_2-Br \xrightarrow{EtOH} CH_3-\overset{\overset{CH_3}{|}}{\underset{\underset{OEt}{|}}{C}}-CH_2-CH_3$$

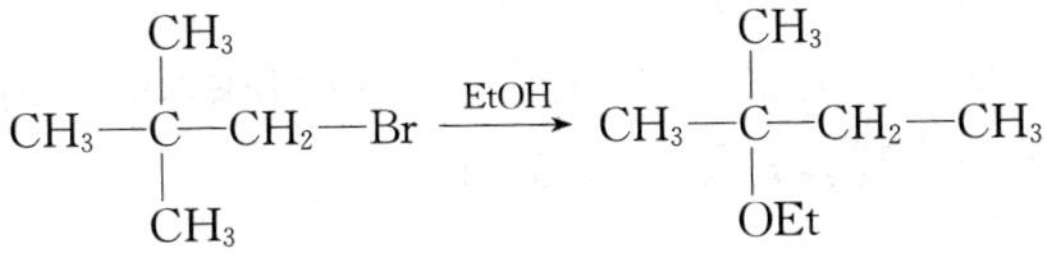

9. 化合物 A 分子式为 C_8H_{10}，在铁的存在下与 1 mol 溴作用，只生成 1 种化合物 B，B 在光照下与 1 mol 氯作用，生成 2 种产物 C 和 D，试推测 A、B、C、D 的结构。

10. 化合物 A 为含溴化合物，在乙醚中与 Mg 反应生成格氏试剂，再与水作用生成 2,2-二甲基丁烷，A 的 ^1H-NMR 信号为 δ0.9 (s, 9H)，1.8(t, 2H)，3.5(t, 2H)。试推测 A 的结构。

11. 化合物 A 的分子式为 $C_9H_{11}Cl$，硝化后生成分子式为 $C_9H_{10}ClNO_2$ 的 2 种异构体 B 和 C，B 和 C 与 $AgNO_3$ 醇液作用立即产生白色沉淀，与 $NaOH/H_2O$ 作用则生成分子式为 $C_9H_{11}NO_3$ 的 2 种醇 D 和 E。B 和 C 分别与 NaOH/醇液作用，则生成分子式为 $C_9H_9NO_2$ 的 2 种产物 F 和 G。F 和 G 均可使 Br_2/CCl_4 褪色。用 $KMnO_4/H^+$ 处理 F 和 G，都生成分子式为 $C_8H_5NO_6$ 的酸 H，试推测 A 至 H 的结构。

12. 实现下列转变(无机试剂任选)。

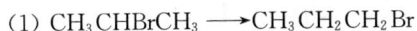

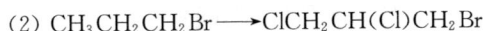

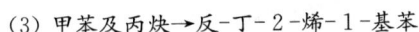

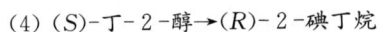

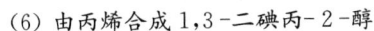

(1) $CH_3CHBrCH_3 \longrightarrow CH_3CH_2CH_2Br$

(2) $CH_3CH_2CH_2Br \longrightarrow ClCH_2CH(Cl)CH_2Br$

(3) 甲苯及丙炔→反-丁-2-烯-1-基苯

(4) (*S*)-丁-2-醇→(*R*)-2-碘丁烷

(5)  环己基氯(⬡—Cl) ⟶ 环己-2-烯-1-醇(⬡—OH，环内含一个双键)

(6) 由丙烯合成 1,3-二碘丙-2-醇

第9章 醇 和 酚

醇和酚都是含有**羟基**(—OH)的化合物，二者的区别在于羟基所连的烃基不同，羟基与脂肪烃基相连的化合物称**醇**(alcohol)，羟基与芳环相连的化合物称**酚**(phenol)。醇中的羟基称**醇羟基**，是醇的官能团；酚中的羟基称**酚羟基**，是酚的官能团。

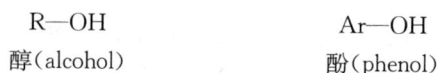

R—OH　醇(alcohol)

Ar—OH　酚(phenol)

9.1 醇的分类及命名

9.1.1 分类

根据分子中所含羟基的数目，醇可分为一元醇、二元醇、多元醇。例如：

CH_3CH_2OH	$HOCH_2—CH_2OH$	$HOCH_2—CH(OH)—CH_2OH$
一元醇	二元醇	三元醇
monobasic alcohol	dibasic alcohol	terbasic alcohol

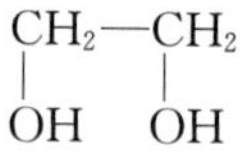

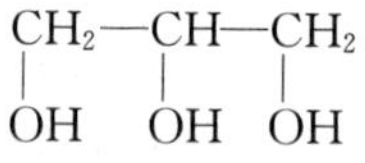

根据羟基所连的碳原子种类，醇又可分为一级(伯)醇、二级(仲)醇和三级(叔)醇。

$RCH_2—OH$	$R_2CH—OH$	$R_3C—OH$
一级醇(1°)	二级醇(2°)	三级醇(3°)
primary alcohol	secondary alcohol	tertiary alcohol

此外，根据烃基中是否含有不饱和键及芳环，又可将醇分为饱和醇、不饱和醇和芳香醇。

$CH_3CH_2CH_2OH$	$CH_2═CHCH_2OH$	$C_6H_5—CH_2OH$
饱和醇	不饱和醇	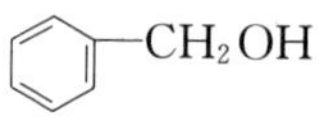 芳香醇
saturated alcohol	unsaturated alcohol	aromatic alcohol

醇羟基通常只能连在饱和碳原子上，连在不饱和碳原子上，如双键上，称为烯醇式。通常情况下不稳定，很快变为稳定的酮或醛的结构。多元醇的羟基可分别与不同的碳原子相连，同一个碳原子上连有 2 个或 3 个羟基的多元醇是不稳定的，会自动脱水生成醛或酸。例如：

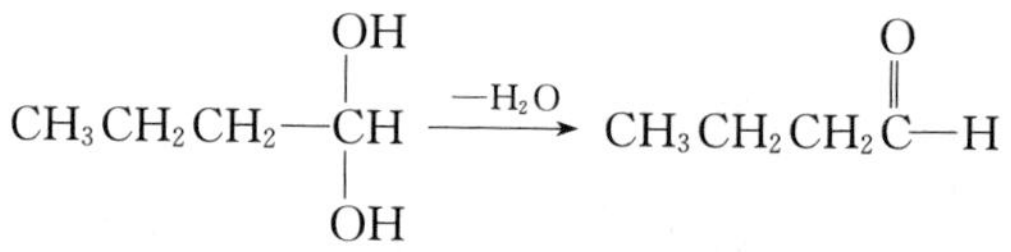

$$CH_3CH_2CH_2—CH(OH)_2 \xrightarrow{-H_2O} CH_3CH_2CH_2C(=O)—H$$

9.1.2 命名

1. 普通命名法

对于结构简单的醇常用普通命名法命名，以羟基所连接的烃基名称加上一个“醇”字构成，通常省略“基”字。例如：

CH_3CH_2OH	$(CH_3)_2CH—OH$	$(CH_3)_3C—OH$	$C_6H_5—CH_2OH$
乙醇	异丙醇	叔丁醇	苄醇
ethyl alcohol	isopropyl alcohol	*tert* - butyl alcohol	benzyl alcohol

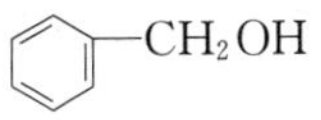

2. 系统命名法

结构复杂的醇采用系统命名法命名，其主要原则如下：

(1) 选择连有羟基的最长碳链作为主链，依照主链碳原子的数目称作“某醇”。

(2) 从靠近羟基的一端依次对主链碳原子编号，在“某”字后面用阿拉伯数字标出羟基的位次。

(3) 主链上所连的取代基的位次和名称写在“某醇”前面。

(4) 英文名称是将相应的烷烃名称中的词尾- ane 改为- anol。

例如：

$CH_3CH_2CH_2OH$	$(CH_3)_3C—CH_2OH$	$C_6H_5—CH_2CH_2OH$
丙- 1 -醇	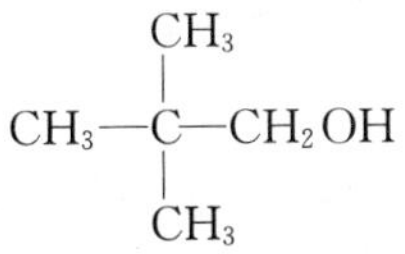 2,2 -二甲基丙- 1 -醇	2 -苯基乙- 1 -醇
propan - 1 - ol	2,2 - dimethylpropan - 1 - ol	2 - phenylethan - 1 - ol

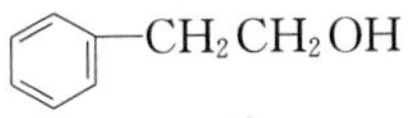

对于不饱和醇，依然选择连有羟基碳原子的最长碳链作为主链，并从靠近羟基一端编号。当主链中含有不饱和键时，称为“某烯(炔)醇”，并标明不饱和键的位次。

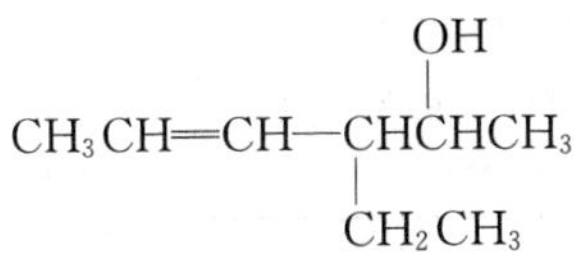

$CH_3CH=CH—CH(CH_2CH_3)CH(OH)CH_3$	$C_6H_5—CH=CH—CH_2CH_2OH$
3 -乙基己- 4 -烯- 2 -醇	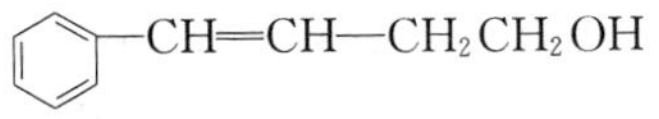 4 -苯基丁- 3 -烯- 1 -醇
3 - ethylhex - 4 - en - 2 - ol	4 - phenylbut - 3 - en - 1 - ol

对具有特定构型的醇，还需标明构型，例如：

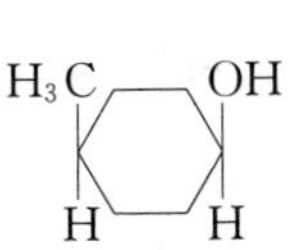

(环己烷结构式：H_3C、OH、H、H)	(环己烷结构式：CH_2CH_3、H、H、OH)
顺- 4 -甲基环己- 1 -醇	(1*R*,2*R*)- 2 -乙基环己- 1 -醇
cis - 4 - methylcyclohexan - 1 - ol	(1*R*,2*R*)- 2 - ethylcyclohexan - 1 - ol

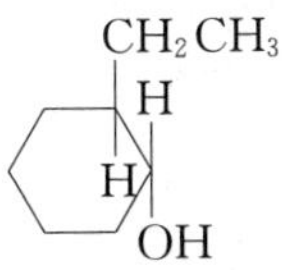

命名多元醇时，应选择连有尽可能多羟基的最长碳链作为主链。例如：

$$\underset{\displaystyle\quad\quad\quad\quad | \atop \displaystyle CH_2OH}{HOCH_2CH_2CHCH_2CH_2CH_2OH}$$

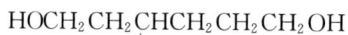

3-羟甲基己-1,6-二醇

3-hydroxymethylhexane-1,6-diol

$$\underset{\displaystyle\quad | \quad | \atop \displaystyle OHOH}{H_2C{=}CHCHCHCH{=}CH_2}$$

己-1,5-二烯-3,4-二醇

hexa-1,5-diene-3,4-diol

9.2 醇的结构和物理性质

9.2.1 结构

醇分子中的氧为 sp^3 杂化,1 个 sp^3 杂化轨道与碳的 sp^3 杂化轨道形成 C—O σ 键,另 1 个 sp^3 杂化轨道与氢的 1s 轨道形成 O—H σ 键,在其他 2 个 sp^3 轨道上分别有 2 对孤对电子。例如甲醇分子中的键长、键角数据如下:

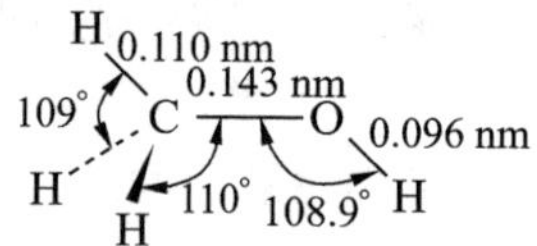

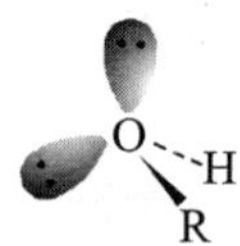

9.2.2 物理性质

低级一元饱和醇为无色液体,高于 11 个碳原子的醇在室温下为固体。此外醇在物理性质方面有两个显著的特征:

(1) 低相对分子质量的直链饱和一元醇的沸点比相应相对分子质量的烷烃高得多,也比相应相对分子质量的醚、卤烃、醛高。随着相对分子质量的增大,这种差别逐渐缩小(见表 9-1)。

表 9-1 常见醚、卤烃、醛、醇的沸点

中文名	英文名	结构	相对分子质量	沸点/℃
正戊烷	*n*-pentane	$CH_3CH_2CH_2CH_2CH_3$	72	36
乙醚	diethyl ether	$CH_3CH_2OCH_2CH_3$	74	35
1-氯丙烷	*n*-propyl chloride	$CH_3CH_2CH_2Cl$	79	47
丁醛	*n*-butyraldehyde	$CH_3CH_2CH_2CHO$	72	76
正丁醇	*n*-butyl alcohol	$CH_3CH_2CH_2CH_2OH$	74	118

(2) 低级醇可与水混溶,随着相对分子质量的增大,溶解度降低。

这两个特性都与醇分子中的羟基有关。

对于液态醇,分子间通过氢键缔合,如下所示。因此液态醇汽化时,除了要克服分子间的范德华引力外,还要破坏“氢键”,所以醇的沸点比相应的烷烃高。但随着相对分子质量的增大,烃基部分增大,羟基在分子中的作用减弱,形成氢键的程度降低,故沸点也逐渐与相应烷烃接近。

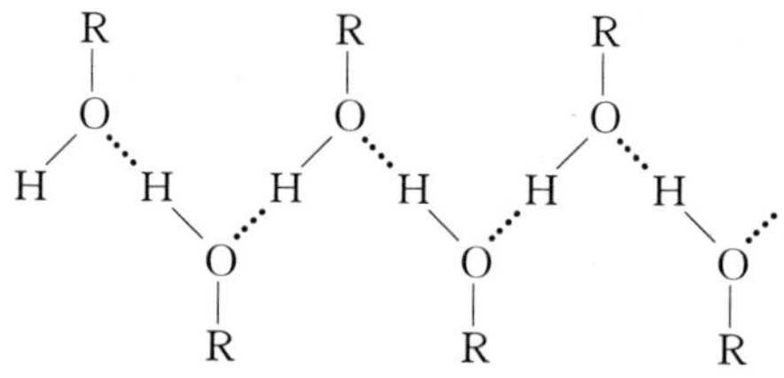

醇分子和水分子之间也能形成氢键。例如：

$$\begin{array}{ccccc} H & R & H & R & H \\ | & | & | & | & | \\ H\text{—}O\cdots H\text{—} O & \cdots H\text{—} O & \cdots H\text{—} O & \cdots H\text{—} O & \cdots \end{array}$$

因此，低级醇能以任何比例与水混溶，而随着醇分子中烃基部分增大，醇分子中亲水的部分(羟基)所占的比例减小，醇分子与水分子间形成氢键的能力也降低，醇在水中溶解度也随之降低。当烃基大到一定的程度，醇就和烃类化合物一样，完全不溶于水。

二元醇、三元醇分子中羟基数目增多，与水形成氢键的部位就增多了，或者说它们与水的相似性更大，所以在水中的溶解度更大。例如，乙二醇、丙三醇不仅可以和水互溶，而且具有很强的吸湿性。

常见醇的物理常数见表9-2。

表9-2 常见醇的物理常数

中文名	英文名	结构简式	熔点/℃	沸点/℃	相对密度(20℃)	溶解度/(g/100 g H_2O)
甲　醇	methyl alcohol	CH_3OH	−97	64.5	0.793	∞
乙　醇	ethyl alcohol	CH_3CH_2OH	−115	78.3	0.789	∞
正丙醇	*n*-propyl alcohol	$CH_3CH_2CH_2OH$	−126	97	0.804	∞
正丁醇	*n*-butyl alcohol	$CH_3(CH_2)_2CH_2OH$	−90	118	0.810	7.9
正戊醇	*n*-pentyl alcohol	$CH_3(CH_2)_3CH_2OH$	−78.5	138	0.817	2.3
正己醇	*n*-hexyl alcohol	$CH_3(CH)_4CH_2OH$	−52	156.5	0.819	0.6
异丙醇	isopropyl alcohol	$CH_3CH(OH)CH_3$	−86	82.5	0.789	∞
异丁醇	isobutyl alcohol	$(CH_3)_2CHCH_2OH$	−108	108	0.802	10.0
仲丁醇	*sec*-butyl alcohol	$CH_3CH_2CH(OH)CH_3$	−114	99.5	0.806	12.5
叔丁醇	*tert*-butyl alcohol	$(CH_3)_3COH$	25.5	83	0.789	∞
烯丙醇	allyl alcohol	$CH_2{=}CHCH_2OH$	−129	97	0.855	∞
苄　醇	benzyl alcohol	$C_6H_5CH_2OH$	−15	205	1.046	4
乙二醇	ethane-1,2-diol	$HOCH_2CH_2OH$	−16	197	1.113	∞
丙三醇	glycerol	$HOCH_2CH(OH)CH_2OH$	18	290	1.261	∞

低级醇能和一些无机盐($MgCl_2$、$CaCl_2$、$CuSO_4$ 等)形成结晶状的分子化合物，称为**醇合物**。例如，$MgCl_2\cdot 6CH_3OH$、$CaCl_2\cdot 4C_2H_5OH$、$CaCl_2\cdot 4CH_3OH$ 等。醇合物不溶于有机溶剂而溶于水。在实际工作中常利用这一性质将醇和其他化合物分开，或者从反应混合物中把醇除去。在工业上，乙醚中所含的少量乙醇就是用这种方法除去的。

醇的红外光谱中，游离羟基的吸收峰出现在3 650～3 620 cm^{-1}(峰尖，强度不定)，分子内的缔合羟基约位于3 500～3 000 cm^{-1}，缔合体峰形较宽。羟基碳氧(C—O)伸缩振动峰位于1 200～1 100 cm^{-1}处，这也是分子中含有羟基的一个特征吸收峰，有时可根据该峰的细微变化来确定一级、二级或三级醇。R_3COH 的 C—O 伸缩振动位于1 200～1 125 cm^{-1}，R_2CHOH 的 C—O 伸缩振动位于1 125～1 085 cm^{-1}，RCH_2OH 的 C—O 伸缩振动位于

1 085～1 050 cm^{-1}。

核磁共振谱中，醇分子中的羟基质子受温度、溶剂及浓度的影响，其化学位移值在 0.5～5.5 之间。羟基 α-碳上质子的化学位移值通常在 3.4～4 之间。

图 9-1 是乙醇的核磁共振谱图。

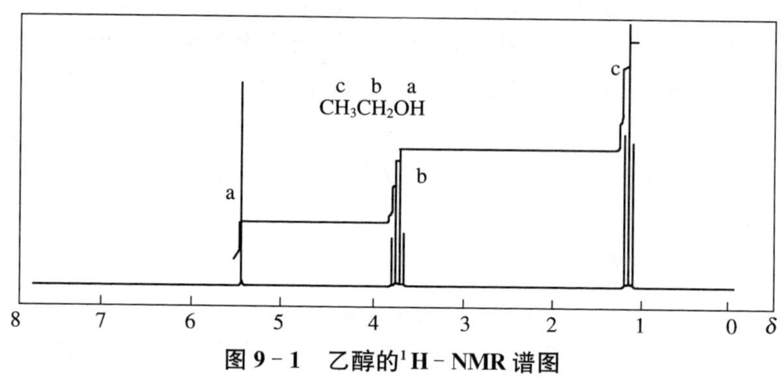

图 9-1　乙醇的 ^1H-NMR 谱图

9.3　醇的化学性质

醇的化学性质主要由官能团羟基(—OH)决定。由于氧的电负性较大，与氧相连的共价键具有很强的极性，另外羟基氧上的孤对电子能起到质子受体的作用(Lewis 碱)，导致羟基具有亲核性。在化学反应中，C—O 键和 O—H 键都可以断裂，前者主要导致亲核取代反应和消除反应的发生，后者主要表现出醇的酸性。此外醇还可以发生氧化和脱氢反应。

9.3.1　与金属的反应(O—H 键断裂)

醇与金属钠反应，与水一样，放出氢气并生成和氢氧化钠类似的产物烷氧基钠，称之为醇钠，在此醇表现为酸性。

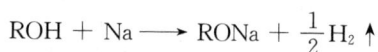

$$ROH + Na \longrightarrow RONa + \frac{1}{2}H_2\uparrow$$

但是与水和钠的反应相比，醇和钠的反应要温和得多，这是因为醇($pK_a \approx 16$)的酸性比水($pK_a = 15.7$)弱。因此，当水加到醇钠中时，得到氢氧化钠和醇。

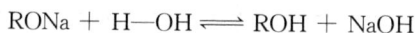

$$RONa + H—OH \rightleftharpoons ROH + NaOH$$

这相当于强碱(RO^-)的盐和强酸(H_2O)反应生成弱碱(OH^-)的盐和弱酸(ROH)。因此，在通常情况下，醇钠不用醇和氢氧化钠反应来制备，而是由醇和金属钠直接反应才能得到。但工业上生产乙醇钠仍是用乙醇和氢氧化钠反应来制取，利用反应时在体系中加苯使其形成苯-乙醇-水的三元低沸点共沸物的办法将水带出而将反应平衡不断地移向醇钠的一边。

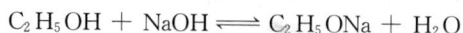

$$C_2H_5OH + NaOH \rightleftharpoons C_2H_5ONa + H_2O$$

醇的酸性比水弱显然是烷基的关系，而且烷基越大，醇的酸性越弱，不同类型的醇的相对酸性强弱次序为：

甲醇>伯醇>仲醇>叔醇

对于上述醇的酸性次序，可以从共轭酸碱的概念来理解，醇作为一种弱酸，在溶液中存在下述平衡：

$$R—O—H + H_2O \rightleftharpoons \underset{\text{烷氧负离子}}{RO^-} + H_3O^+$$

烷氧基负离子是醇的共轭碱，它越稳定，其相应的共轭酸(醇)的酸性就越强；反之，酸性越弱。在溶液中醇的共轭碱烷氧负离子是溶剂化的，溶剂化作用使负电荷分散，从而增加烷氧负离子的稳定性。伯、仲、叔醇的共轭碱随着烷基的增多而体积增大，空间的障碍使得能与醇中带负电荷的氧原子接近的溶剂化分子数目减少，溶剂化作用减小，结果使氧上的负电荷不易分散而导致伯、仲、叔醇稳定性依次降低，碱性依次增大，而其共轭酸的酸性依次降低。

从诱导效应看，烷基是推电子基团，故取代基越多，烷氧负离子越不稳定，酸性越弱。

除了钠、钾等强碱金属外，醇还可以与镁、铝等作用放出氢气生成醇镁、醇铝等。

$$2C_2H_5OH + Mg \xrightarrow{I_2} (C_2H_5O)_2Mg + H_2\uparrow$$

$$6(CH_3)_2CHOH + 2Al \longrightarrow 2Al[OCH(CH_3)_2]_3 + 3H_2\uparrow$$

异丙醇铝 $Al[OCH(CH_3)_2]_3$ 和叔丁醇铝 $Al[OC(CH_3)_3]_3$ 在有机合成上具有重要的用途。

9.3.2　羟基被取代(C—O 键断裂)

1. 与氢卤酸的反应

醇与氢卤酸反应，C—O 键断裂生成卤代烃和水，这是制备卤代烃的重要方法之一。

$$ROH + HX \rightleftharpoons R—X + H_2O$$

氢卤酸的反应活性是 **HI＞HBr＞HCl**，醇的反应活性是 **苄醇、烯丙醇＞叔醇＞仲醇＞伯醇**。

伯醇(烯丙型的醇除外)与浓盐酸的反应较难，需要加热并在反应体系中加入无水氯化锌或浓硫酸来催化反应。**卢卡斯(Lucas)试剂**是无水氯化锌和浓盐酸配制的溶液。3 种醇与卢卡斯试剂的反应速度不同。由于 6 个碳以下的低级醇可以溶于卢卡斯试剂，产物卤代烃不溶于其中使反应液出现浑浊或分层现象。故从反应液发生浑浊的速度可以鉴别 6 个碳以下的伯、仲、叔醇。伯醇在常温下不易反应，需加热一定时间后才能观察到浑浊现象，而仲醇则不必加热，10 分钟左右时间出现浑浊，叔醇则反应很快，溶液立刻变浑浊并分为两层。

$$(CH_3)_3COH + HCl \xrightarrow[\text{室温},1\ min]{ZnCl_2} (CH_3)_3CCl$$

$$\underset{\displaystyle OH}{CH_3\underset{|}{C}HCH_2CH_3} + HCl \xrightarrow[\text{室温},10\ min]{ZnCl_2} \underset{\displaystyle Cl}{CH_3\underset{|}{C}HCH_2CH_3}$$

$$CH_3CH_2CH_2CH_2OH + HCl \xrightarrow[\triangle]{ZnCl_2} CH_3CH_2CH_2CH_2Cl$$

醇与氢卤酸的反应是亲核性取代反应。烯丙基醇、苄醇和叔醇、仲醇是通过 S_N1 机理进行反应的。以叔丁醇为例,醇羟基上的氧原子先接受一个质子形成鎓盐,同时使 C—O 键的极性增加,离去基团成为碱性极弱的水(它是一个较好的离去基团),水分子从中心碳原子上离开而形成叔碳正离子,形成的碳正离子很快和亲核试剂结合得到产物。

$$(CH_3)_3C—OH + H^+ \underset{快}{\overset{快}{\rightleftharpoons}} (CH_3)_3C—\overset{+}{O}H_2 \text{(羟基质子化)}$$

$$(CH_3)_3C—\overset{+}{O}H_2 \underset{快}{\overset{慢}{\rightleftharpoons}} (CH_3)_3C^+ + H_2O \quad (S_N1 \text{的第一步})$$

$$(CH_3)_3C^+ + X^- \xrightarrow{快} (CH_3)_3CX \quad (S_N1 \text{的第二步})$$

由于反应有碳正离子生成,常常会发生重排,尤其是在 β-C 上连有支链的仲醇,重排倾向较大。例如:

$$\underset{\underset{CH_3}{|}}{CH_3CH}—\underset{\underset{OH}{|}}{CHCH_3} + HBr \longrightarrow \underset{64\%}{(CH_3)_2\overset{\overset{Br}{|}}{C}CH_2CH_3} \quad \text{(重排产物)}$$

重排产物生成过程如下:

$$\underset{\underset{CH_3}{|}}{CH_3CH}—\underset{\underset{OH}{|}}{CHCH_3} \overset{H^+}{\rightleftharpoons} \underset{\underset{CH_3}{|}}{CH_3CH}—\underset{\underset{\overset{+}{O}H_2}{|}}{CHCH_3} \rightleftharpoons CH_3—\underset{\underset{CH_3}{|}}{\overset{\overset{H}{|}}{C}}—\underset{\underset{H}{|}}{\overset{+}{C}}—CH_3$$

$$\longrightarrow CH_3—\underset{\underset{CH_3}{|}}{\overset{+}{C}}—CH_2CH_3 \xrightarrow{Br^-} (CH_3)_2\overset{\overset{Br}{|}}{C}CH_2CH_3$$

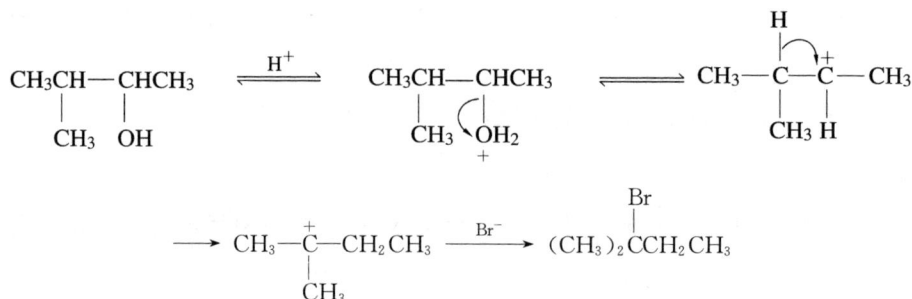

在酸性水溶液中有旋光性的(+)-肾上腺素,在 60~70℃加热 4 小时,发生外消旋化。

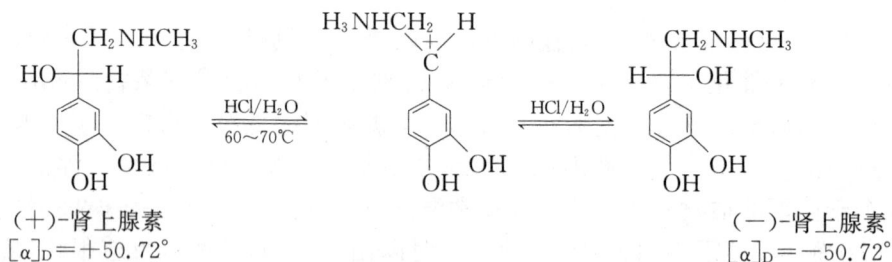

$$\text{(+)-肾上腺素} \underset{60\sim70℃}{\overset{HCl/H_2O}{\rightleftharpoons}} \text{碳正离子} \overset{HCl/H_2O}{\rightleftharpoons} \text{(−)-肾上腺素}$$

(+)-肾上腺素 $[\alpha]_D = +50.72°$ ；中间体 $H_3NHCH_2—\overset{+}{C}H$—(3,4-二羟基苯基)；(−)-肾上腺素 $[\alpha]_D = -50.72°$

(+)-肾上腺素的外消旋化是由于原手性碳上的羟基与 H^+ 结合后脱去一分子水,生成碳正离子。碳正离子是平面结构,当它再与 H_2O 结合时,H_2O 从平面两边进攻的机会相等,生成 2 种对映异构体的机会相等。因此,旋光度不断降低。当达到平衡时,2 种异构体各占 50%,得到无旋光活性的外消旋体。

大多数的伯醇与氢卤酸反应是按 S_N2 机理进行。

$$RCH_2OH + H^+ \longrightarrow RCH_2\overset{+}{O}H_2$$

$$X^- + \overset{R}{\overset{|}{C}}H_2-\overset{+}{O}H_2 \longrightarrow RCH_2X + H_2O$$

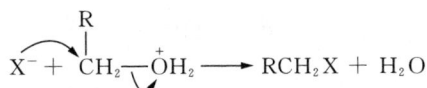

由于反应按 S_N2 机理进行，故通常不会发生重排，但也有例外情况。例如：

$$CH_3-\underset{CH_3}{\underset{|}{\overset{CH_3}{\overset{|}{C}}}}-CH_2OH \xrightarrow{HBr} CH_3-\underset{Br}{\underset{|}{\overset{CH_3}{\overset{|}{C}}}}-CH_2CH_3 \quad \text{（重排产物）}$$

2. 与卤化磷的反应

醇可以和三卤化磷反应，生成卤代烷和亚磷酸。

$$3ROH + PX_3 \longrightarrow 3RX + P(OH)_3$$

这是由醇制备溴代烷、碘代烷的好方法，产率较高。由于红磷与溴或碘能很快作用产生三溴(碘)化磷，所以实际操作时往往用红磷和溴(碘)代替三溴(碘)化磷。反应时通常不发生重排。

$$2P + 3X_2 \longrightarrow 2PX_3 \qquad X: Br, I$$

例如：

$$CH_3CH_2OH \xrightarrow[P]{I_2} CH_3CH_2I$$

醇与五卤化磷反应也能制备卤代烷，但醇与 PCl_5 反应有较多的磷酸酯副产物生成，因磷酸酯不易除去，故该法不适于制备氯代烷，适用于制备溴代烷和碘代烷。

$$ROH + PCl_5 \longrightarrow R-Cl + POCl_3 + HCl$$

（收率低）

$$3ROH + POCl_3 \longrightarrow (RO)_3PO + 3HCl$$

副产物

$$ROH + PBr_5 \longrightarrow R-Br + POBr_3 + HBr$$

3. 与氯化亚砜反应

醇与氯化亚砜反应是制备氯代物最常用的方法之一。反应同时还产生二氧化硫和氯化氢2种气体产物，气体的逸出有利于反应向氯代物产物方向进行(但应吸收废气)，因而反应速度快，产物氯代物分离提纯方便，通常不发生重排反应。

$$ROH + SOCl_2 \xrightarrow[\triangle]{\text{醚}} RCl + HCl\uparrow + SO_2\uparrow$$

当与羟基所连的碳为手性碳时，用醚作溶剂时手性碳构型保持；若在反应体系中加入吡啶，则手性碳的构型转化。

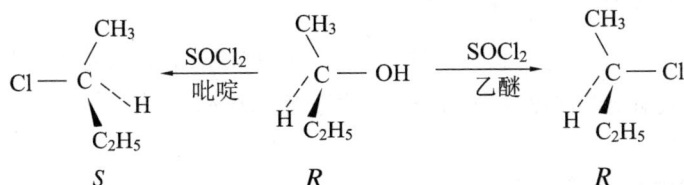

$$\underset{S}{Cl-C(CH_3)(H)(C_2H_5)} \xleftarrow[\text{吡啶}]{SOCl_2} \underset{R}{(CH_3)(H)(C_2H_5)C-OH} \xrightarrow[\text{乙醚}]{SOCl_2} \underset{R}{(CH_3)(H)(C_2H_5)C-Cl}$$

9.3.3 无机酸酯的形成

醇和无机酸、有机酸反应生成相应的酯。有机酸酯在第 12 章讨论,这里主要介绍某些无机酸酯。

醇与硫酸作用相当快,产物为硫酸氢酯。

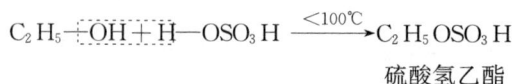

$$C_2H_5-OH + H-OSO_3H \xrightarrow{<100℃} C_2H_5OSO_3H$$

硫酸氢乙酯

该反应也是亲核性取代反应。

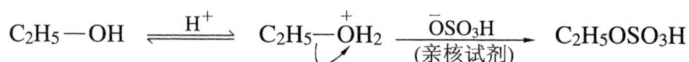

$$C_2H_5-OH \overset{H^+}{\rightleftharpoons} C_2H_5-\overset{+}{O}H_2 \xrightarrow[\text{(亲核试剂)}]{\bar{O}SO_3H} C_2H_5OSO_3H$$

硫酸氢甲酯或硫酸氢乙酯在减压蒸馏时,得到相应的中性硫酸酯。

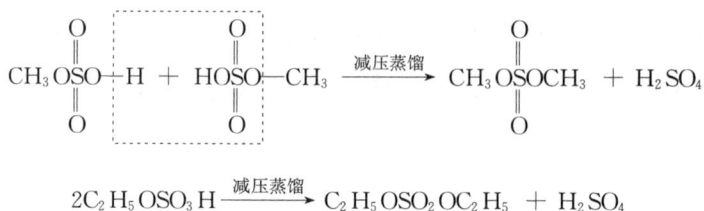

$$CH_3OSO_2-H + HOSO_2-CH_3 \xrightarrow{\text{减压蒸馏}} CH_3OSO_2OCH_3 + H_2SO_4$$

$$2C_2H_5OSO_3H \xrightarrow{\text{减压蒸馏}} C_2H_5OSO_2OC_2H_5 + H_2SO_4$$

硫酸二甲酯和硫酸二乙酯是很好的烷基化试剂,可向有机分子中引入甲基或乙基。但硫酸二甲酯有剧毒,对呼吸器官和皮肤有强烈的刺激作用,使用时应小心,应在通风柜中进行操作。

硝酸与伯醇也能很好地成酯,例如与甘油反应生成三硝酸甘油酯,产物可用作抗心绞痛药(硝酸甘油,nitroglycerin)。

$$\begin{matrix} CH_2OH \\ | \\ CHOH \\ | \\ CH_2OH \end{matrix} + 3HNO_3 \longrightarrow \begin{matrix} CH_2ONO_2 \\ | \\ CHONO_2 \\ | \\ CH_2ONO_2 \end{matrix} + 3H_2O$$

由于磷酸的酸性比硫酸、硝酸弱,所以它不易与醇直接成酯。磷酸酯是由醇和 $POCl_3$ 作用制得的。

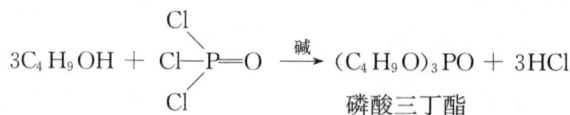

$$3C_4H_9OH + Cl_3P{=}O \xrightarrow{\text{碱}} (C_4H_9O)_3PO + 3HCl$$

磷酸三丁酯

磷酸酯是一类很重要的化合物,常用作萃取剂、增塑剂和杀虫剂。

9.3.4 脱水反应

醇在脱水剂(浓硫酸、草酸、氧化铝等)存在下加热可发生脱水反应,分子内脱水生成烯烃,分子间脱水生成醚。以哪种方式脱水,取决于醇的结构和反应条件。

1. 分子间脱水

2 分子醇之间脱水生成醚。例如:

$$C_2H_5—OH + H—O—C_2H_5 \xrightarrow[\text{或 }Al_2O_3,\ 260℃]{H_2SO_4,\ 140℃} C_2H_5—O—C_2H_5 + H_2O$$

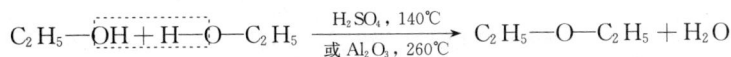

2 分子醇之间脱水是亲核取代反应(S_N2)，其过程可简单表示如下：

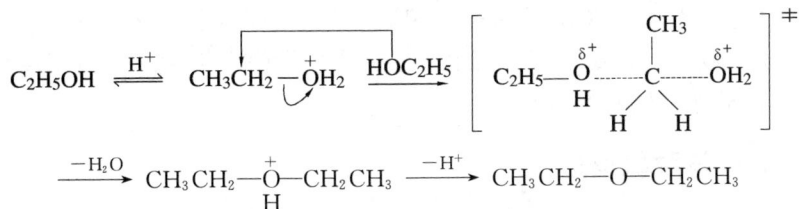

$$C_2H_5OH \xrightleftharpoons{H^+} CH_3CH_2—\overset{+}{O}H_2 \xrightarrow{HOC_2H_5} \left[C_2H_5—\overset{\delta^+}{\underset{H}{O}}\cdots\cdots \overset{CH_3}{\underset{H\ \ H}{C}} \cdots\cdots \overset{\delta^+}{O}H_2 \right]^{\neq}$$

$$\xrightarrow{-H_2O} CH_3CH_2—\underset{H}{\overset{+}{O}}—CH_2CH_3 \xrightarrow{-H^+} CH_3CH_2—O—CH_2CH_3$$

2. 分子内脱水

醇在催化剂 H_2SO_4、Al_2O_3 存在下，也可分子内脱水生成烯烃。

$$C_2H_5OH \xrightarrow[170℃]{H_2SO_4} CH_2=CH_2 + H_2O$$

醇在酸催化下的脱水反应，第一步是羟基接受质子形成鉺盐，它失水后生成碳正离子(该步是反应速度决定步骤)；接下来 β－C 上失去一个质子后形成双键，故这是 β-消除反应，按 E1 机理进行。

$$\underset{\substack{|\\H}}{R—CH}—\underset{\substack{|\\OH}}{CH_2} \xrightleftharpoons{H^+} \underset{\substack{|\\H}}{R—CH}—\underset{\substack{|\\\overset{+}{O}H_2}}{CH_2} \xrightleftharpoons[\text{慢}]{-H_2O} \underset{\substack{|\\H}}{RCH}—\overset{+}{C}H_2 \xrightarrow[\text{快}]{-H^+} RCH=CH_2$$

按 E1 机理脱水的各种醇的相对活性主要决定于碳正离子的稳定性。显然其活性顺序为

烯丙型、苄基型醇＞叔醇＞仲醇＞伯醇

下列几种醇脱水所要求的条件正说明了它们的这种相对活性。例如：

$$CH_3CH_2OH \xrightarrow[170℃]{96\%H_2SO_4} CH_2=CH_2$$

$$CH_3CH_2\underset{\substack{|\\OH}}{CH}CH_3 \xrightarrow[87℃]{62\%H_2SO_4} CH_3CH=CHCH_3 \qquad (80\%)$$

$$CH_3CH_2—\underset{\substack{|\\OH}}{\overset{\substack{CH_3\\|}}{C}}—CH_3 \xrightarrow[87℃]{46\%H_2SO_4} CH_3CH=C(CH_3)_2 \qquad (84\%)$$

仲醇和叔醇的脱水产物也有一个方向问题，即消除哪一个 β－H。实验表明，醇脱水方向遵守查依采夫规则，即含氢数较少的那个 β－C 脱去氢质子，生成取代基较多的烯烃。

$$(CH_3)_2\overset{\substack{H\\|}}{C}—\overset{\substack{OH\\|}}{CH}—\overset{\substack{H\\|}}{CH_2} \xrightarrow{-H_2O} \underset{\text{主}}{(CH_3)_2C=CHCH_3} + \underset{\text{次}}{(CH_3)_2CHCH=CH_2}$$

有些醇反应时如能形成共轭产物，则优先生成共轭烯烃。如：

$$CH_3CH{=}CHCH_2\underset{\displaystyle OH}{\underset{|}{C}H}CH_2CH_3 \xrightarrow{-H_2O} \underset{\text{主}}{CH_3CH{=}CHCH{=}CHCH_2CH_3} + \underset{\text{次}}{CH_3CH{=}CHCH_2CH{=}CHCH_3}$$

醇分子间脱水和分子内脱水是两种互相竞争的反应，通常较低温度有利于生成醚，而较高温度有利于生成烯。控制好反应条件，可使其中一种产物为主。对于叔醇来说，由于其消除倾向大，故脱水产物总是烯烃。

9.3.5 氧化与脱氢反应

醇可以被多种氧化剂氧化。醇的结构不同，氧化剂不同，氧化产物也各异。

1. 被高锰酸钾或重铬酸钾氧化

伯醇和高锰酸钾或重铬酸钾反应，先生成醛，醛继续被氧化，最终得到羧酸。

$$\underset{\text{伯醇}}{RCH_2OH} \xrightarrow[\text{或 }KMnO_4]{K_2Cr_2O_7+H_2SO_4} \underset{\text{醛}}{RCHO} \xrightarrow[\text{或 }KMnO_4]{K_2Cr_2O_7+H_2SO_4} \underset{\text{羧酸}}{RCOOH}$$

如果想制备醛，则必须把生成的醛立即从反应混合物中蒸出以脱离氧化环境。反应只适用于产物醛的沸点低于原料醇的沸点的情况，由于收率低，其应用受到限制。例如：

$$\underset{\text{bp }97℃}{CH_3CH_2CH_2OH} \xrightarrow[75℃]{Na_2Cr_2O_7/H_2SO_4} \underset{\text{bp }49℃}{CH_3CH_2CHO} \quad 50\%$$

仲醇氧化生成酮。例如：

$$R{-}\overset{\displaystyle OH}{\overset{|}{C}H}{-}R \xrightarrow[H_2SO_4]{K_2Cr_2O_7} R{-}\overset{\displaystyle O}{\overset{\|}{C}}{-}R$$

酮比较稳定，一般不再继续氧化(见 11.4.3)。上述氧化反应可能与醇羟基直接相连的 α-碳上的氢有关。叔醇由于没有 α-氢原子，在通常条件下不会被氧化。应用更剧烈的氧化条件，醇上的碳骨架受到破坏，生成小分子氧化产物，这很可能是先失水生成烯烃后再氧化所致。

$$(CH_3)_3C{-}OH \xrightarrow[H_2SO_4]{KMnO_4} [\ (CH_3)_2C{=}CH_2\ ] \xrightarrow{[O]} CH_3\overset{\displaystyle O}{\overset{\|}{C}}CH_3 + CO_2 + H_2O$$

2. 选择性氧化

为了能将伯醇氧化为醛，可选用一些特殊的氧化剂，这些氧化剂在氧化醇的同时，对分子中其他易被氧化的基团，如 C═C 无影响。

沙瑞特试剂(Sarrett reagent)：$CrO_3 \cdot (C_5H_5N)_2$。将 CrO_3 在冰浴冷却下加入过量的吡啶中，形成沙瑞特试剂，该试剂反应条件温和，且对分子中双键无影响。例如：

$$CH_2{=}\underset{\displaystyle CH_3}{\underset{|}{C}}(CH_2)_2CH{=}\underset{\displaystyle CH_3}{\underset{|}{C}}(CH_2)_4OH \xrightarrow[CH_2Cl_2]{CrO_3\cdot(C_5H_5N)_2} CH_2{=}\underset{\displaystyle CH_3}{\underset{|}{C}}(CH_2)_2CH{=}\underset{\displaystyle CH_3}{\underset{|}{C}}(CH_2)_3CHO$$

92%

琼斯试剂(Jones reagent)：CrO_3 · 稀 H_2SO_4。不饱和仲醇除了用沙瑞特试剂外，也可用琼斯试剂氧化，可得酮，不饱和键不受影响。例如：

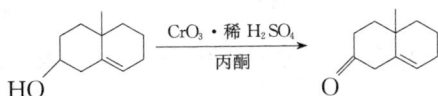

$$\text{HO-(bicyclic alkene)} \xrightarrow[\text{丙酮}]{CrO_3 \cdot \text{稀 } H_2SO_4} \text{O=(bicyclic alkene)}$$

活性 MnO_2：新鲜制备的二氧化锰，可将 α,β-不饱和醇氧化成 α,β-不饱和醛或酮，但这个方法对饱和醇无作用。例如：

$$\text{(trimethylcyclohexenyl)-CH=CH-C(CH_3)=CH-CH_2OH} \xrightarrow{\text{活性 } MnO_2} \text{(trimethylcyclohexenyl)-CH=CH-C(CH_3)=CH-CHO}$$

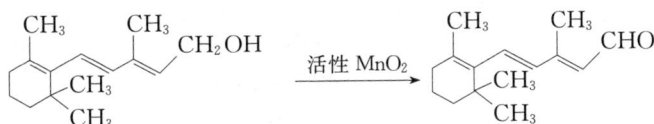

3. 欧芬脑尔氧化

欧芬脑尔氧化(Oppenauer oxidation)是指在叔丁醇铝或异丙醇铝存在下，仲醇和丙酮一起反应，醇上的 2 个氢质子转移到丙酮后生成酮，而丙酮被还原为异丙醇。该方法对分子中的不饱和键(如 C=C)亦无影响。

$$R-\underset{}{CH(OH)}-R' + CH_3\overset{O}{\overset{\|}{C}}CH_3 \xrightleftharpoons{Al[OCH(CH_3)_2]_3} R-\overset{O}{\overset{\|}{C}}-R' + CH_3CH(OH)CH_3$$

4. 催化脱氢

除了用氧化剂氧化醇外，醇的氧化还可以通过脱氢来完成。以活性铜或银等金属为催化剂，高温通过伯醇或仲醇的蒸气，并通入适量空气使消除下来的氢变成水以防其逆反应的发生。催化脱氢法在工业上应用较多。

$$RCH(OH)-H(R') \xrightarrow[300℃]{Cu \text{ 或 } Ag} R-\overset{O}{\overset{\|}{C}}-H(R') + H_2$$

例如：

$$CH_3CH_2OH \xrightarrow[250\sim350℃]{Cu} CH_3CHO + H_2$$

9.4 二元醇

根据 2 个羟基所处的位置，可将二元醇分为 1,2-二醇(邻二醇)、1,3-二醇和 1,4-二醇等。

$HOCH_2-CH_2OH$	$HOCH_2CH_2CH_2OH$	$HOCH_2CH_2CH_2CH_2OH$
乙-1,2-二醇	丙-1,3-二醇	丁-1,4-二醇
ethane-1,2-diol	propane-1,3-diol	butane-1,4-diol

二元醇具有一元醇的一般化学性质，在此只讨论邻二醇的一些特殊性质。

9.4.1 邻二醇的氧化

邻二醇与 HIO_4 反应，发生 C—C 键断裂，生成 2 分子羰基化合物。

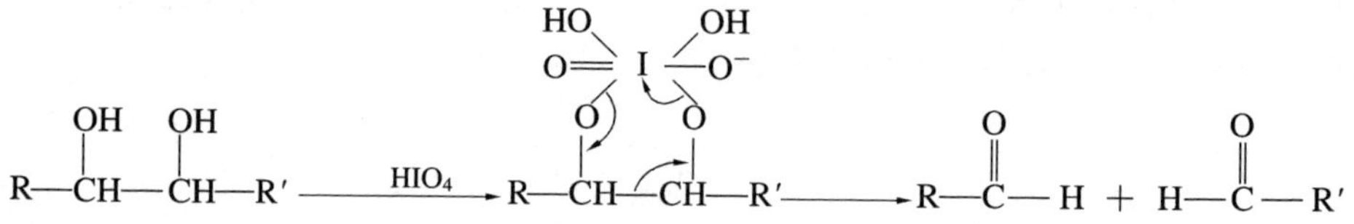

$$R-\overset{OH}{\underset{|}{C}}H-\overset{OH}{\underset{|}{C}}H-R' \xrightarrow{HIO_4} R-CH-CH-R' \text{(环状高碘酸酯中间体)} \longrightarrow R-\overset{O}{\overset{\|}{C}}-H + H-\overset{O}{\overset{\|}{C}}-R'$$

该反应可以用来测定邻二醇分子的结构。反应经过一个环状高碘酸酯中间体,因此一些结构上不能形成环状高碘酸酯的二醇分子不会被氧化。如下面的分子不能被高碘酸氧化:

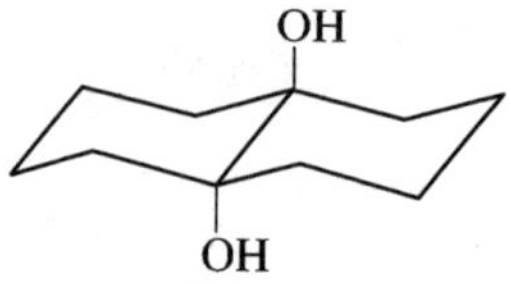

OH

OH

由于反应是定量进行的,每断裂一组邻二醇结构要消耗 1 分子高碘酸,根据高碘酸的消耗量可以推知分子中有多少组邻二醇结构。

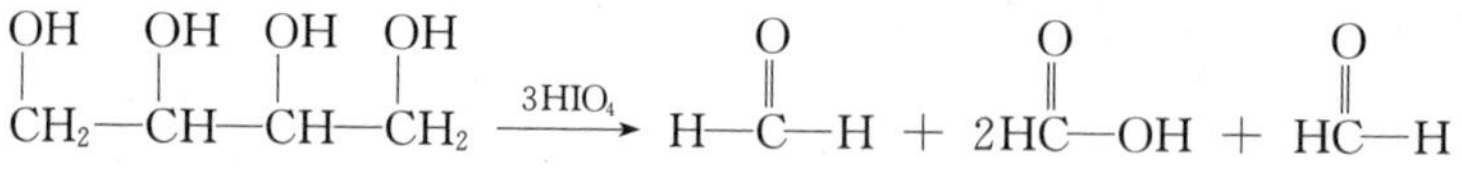

$$CH_2(OH)-CH(OH)-CH(OH)-CH_2(OH) \xrightarrow{3HIO_4} H-\overset{O}{\overset{\|}{C}}-H + 2H\overset{O}{\overset{\|}{C}}-OH + H\overset{O}{\overset{\|}{C}}-H$$

此外,四醋酸铅也能断裂邻二醇中的 C—C 键。

9.4.2 频哪醇重排

四烃基乙二醇称作**频哪醇**(pinacol),它在 H_2SO_4 作用下生成频哪酮。

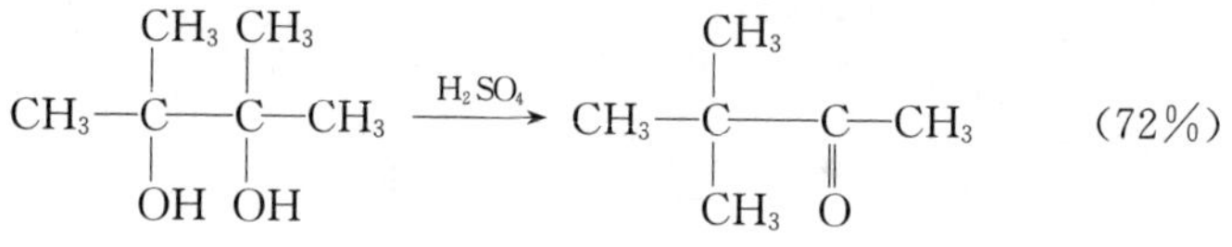

$$(CH_3)_2C(OH)-C(OH)(CH_3)_2 \xrightarrow{H_2SO_4} CH_3-C(CH_3)_2-\overset{O}{\overset{\|}{C}}-CH_3 \quad (72\%)$$

频哪酮(pinacolone)

从反应物到产物,分子骨架发生了变化,该反应称为**频哪醇重排(pinacol rearrangement)**。其反应机理如下:

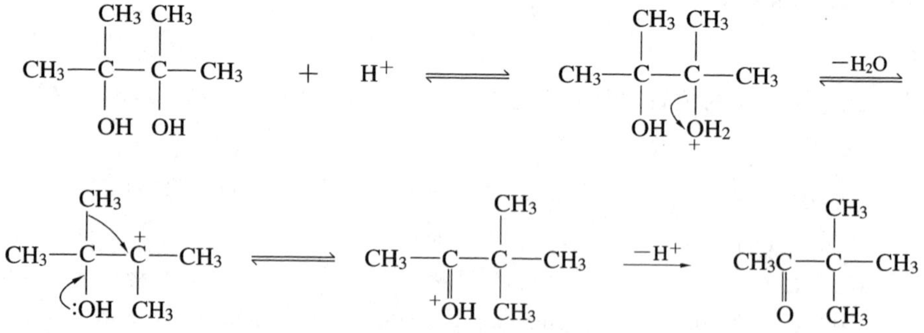

$$(CH_3)_2C(OH)-C(OH)(CH_3)_2 + H^+ \rightleftharpoons (CH_3)_2C(OH)-C(\overset{+}{O}H_2)(CH_3)_2 \xrightleftharpoons{-H_2O}$$

$$CH_3-C(CH_3)(\ddot{O}H)-\overset{+}{C}(CH_3)-CH_3 \rightleftharpoons CH_3-C(=\overset{+}{O}H)-C(CH_3)_2-CH_3 \xrightarrow{-H^+} CH_3\overset{O}{\overset{\|}{C}}-C(CH_3)_2-CH_3$$

当频哪醇上的 4 个烃基不同时,重排情况比较复杂。一般情况下,在重排过程中经过羟基质子化脱水总是优先生成较稳定的碳正离子。

$$\underset{\text{OH}\ \ \text{OH}}{\overset{C_6H_5\ \ CH_3}{C_6H_5-C-C-CH_3}} \xrightarrow[-H_2O]{H^+} \underset{\text{稳定}}{C_6H_5-\overset{C_6H_5}{\overset{+}{C}}-\underset{OH}{\overset{CH_3}{C}}-CH_3} \longrightarrow C_6H_5-\underset{CH_3}{\overset{H_5C_6}{C}}-\overset{O}{\overset{\|}{C}}-CH_3$$

如果 2 个碳正离子稳定性相当，那么将按两条途径进行重排，生成 2 种产物。例如：

$$\text{环戊基(OH)}-\underset{OH}{\overset{CH_3}{C}}-CH_3 \xrightarrow{H^+} \begin{cases} \text{环戊基}^{+}-\underset{CH_3}{\overset{:OH}{C}}-CH_3 \longrightarrow \text{1-甲基环戊基}-\overset{O}{\overset{\|}{C}}-CH_3 \\ \text{环戊基(HÖ)}-\underset{CH_3}{\overset{+}{C}}-CH_3 \longrightarrow \text{2,2-二甲基环己酮} \end{cases}$$

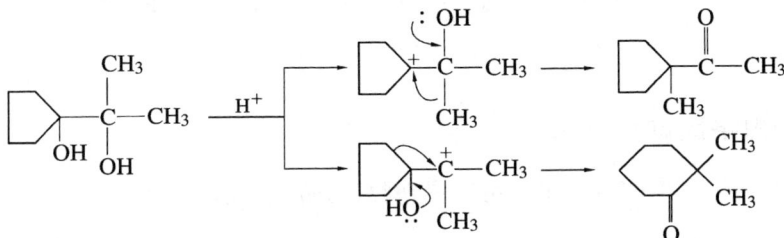

在碳正离子生成后，烃基的迁移能力是芳基(Ar)>烷基(R)。

下例中，重排时苯基的迁移能力大于甲基。

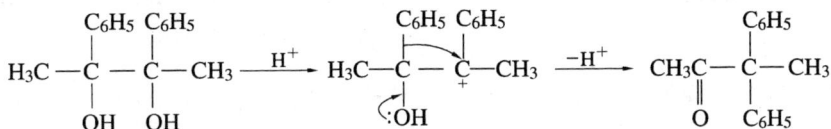

$$H_3C-\underset{OH}{\overset{C_6H_5}{C}}-\underset{OH}{\overset{C_6H_5}{C}}-CH_3 \xrightarrow{H^+} H_3C-\underset{:OH}{\overset{C_6H_5}{C}}-\overset{C_6H_5}{\underset{+}{C}}-CH_3 \xrightarrow{-H^+} CH_3\underset{O}{\underset{\|}{C}}-\underset{C_6H_5}{\overset{C_6H_5}{C}}-CH_3$$

9.5 醇的制备

9.5.1 卤烃水解

卤代烃在 NaOH 水溶液中水解生成醇：

$$RX + NaOH \xrightarrow{H_2O} ROH + NaX$$

由于卤烃的水解常伴随消除反应，特别是叔卤烃、仲卤烃消除倾向很大，所以不适用于制备相应的醇。而且在一般情况下，醇比相应卤代烃易得，通常是由醇来制备卤代烃，所以只有在某些卤代烃比醇更容易得到的情况下，通过卤烃水解制备醇才有实用价值。例如由烯丙基氯、苄基氯制备烯丙醇及苄醇等。

9.5.2 由烯烃制备

以烯烃为原料，可以通过多种反应制备醇。

1. 水合法

烯烃在酸性条件下可通过直接水合和间接水合(详见 4.5.1 中)制得醇，这都是工业上目前使用的方法，常用来制备简单的醇。

$$RCH{=}CH_2 \xrightarrow[\text{或(1) }H_2SO_4\text{、(2) }H_2O]{H_2O/H^+\text{，加热，加压}} R\underset{OH}{C}HCH_3$$

不对称烯烃与水加成的方向符合马氏规则，因此除从乙烯可制得伯醇(乙醇)外，其余烯烃通过水合法均制得仲醇或叔醇。

2. 硼氢化-氧化反应

硼氢化-氧化反应的产物为反马氏规则的醇，与上述方法相互补充，可制得上法不能得到的伯醇。例如：

$$(CH_3)_2C{=}CH_2 \xrightarrow{(BH_3)_2} \xrightarrow[OH^-]{H_2O_2} \underset{1°醇}{(CH_3)_2CHCH_2OH}$$

9.5.3 由格氏试剂制备

格氏试剂与醛、酮加成后再水解可以得到醇，用通式表示如下：

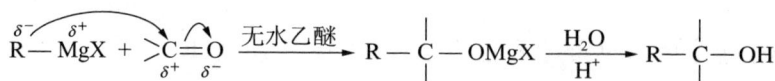

$$\overset{\delta^-}{R}—\overset{\delta^+}{MgX} + {>}\overset{\delta^+}{C}{=}\overset{\delta^-}{O} \xrightarrow{无水乙醚} R—\underset{|}{\overset{|}{C}}—OMgX \xrightarrow[H^+]{H_2O} R—\underset{|}{\overset{|}{C}}—OH$$

甲醛与格氏试剂加成，水解可制得伯醇，其他醛可制得仲醇，由酮可制得叔醇。例如：

$$H—\overset{O}{\overset{\|}{C}}—H + RMgX \xrightarrow{无水乙醚} RCH_2OMgX \xrightarrow[H^+]{H_2O} \underset{伯醇}{RCH_2OH}$$

$$R—\overset{O}{\overset{\|}{C}}—H + R^1MgX \xrightarrow{无水乙醚} R—\underset{R^1}{\underset{|}{C}}HOMgX \xrightarrow[H^+]{H_2O} \underset{仲醇}{R—\underset{R^1}{\underset{|}{C}}HOH}$$

$$R—\overset{O}{\overset{\|}{C}}—R^1 + R^2MgX \xrightarrow{无水乙醚} R—\underset{R^2}{\underset{|}{\overset{R^1}{\overset{|}{C}}}}—OMgX \xrightarrow[H^+]{H_2O} \underset{叔醇}{R—\underset{R^2}{\underset{|}{\overset{R^1}{\overset{|}{C}}}}—OH}$$

用格氏试剂制备醇的同时可增长碳链。醇的其他合成方法(如醛、酮还原等)将在以后有关章节中介绍。

9.6 硫醇

烃分子中的氢被巯基(—SH)取代后形成的化合物称为**硫醇**(thiol or thioalcohol)，其通式为 R—SH。**巯基**(—SH)是硫醇的官能团。

硫醇的命名只需在相应醇的名称前加“硫”字，有时也将—SH 作为取代基。例如：

CH_3CH_2SH	$\underset{SH}{\underset{\mid}{CH_2}}—\underset{SH}{\underset{\mid}{CH}}—\underset{OH}{\underset{\mid}{CH_2}}$
乙硫醇	2,3-二巯基丙-1-醇
ethanethiol	2,3-dimercaptopropan-1-ol

硫醇是具有特殊臭味的化合物，利用这一特性人们在煤气中加入极少的叔丁硫醇，一旦煤气泄漏，可起到自行报警的作用。

由于硫原子体积大，电负性(2.6)小，硫醇的偶极矩也比相应的醇小，难形成氢键，故其沸点比相应醇的沸点低，例如甲硫醇的沸点为6℃，甲醇沸点为65℃。由于巯基与水也较难形成氢键，所以硫醇在水中的溶解度比相应的醇小。

9.6.1 硫醇的制备

硫醇可以通过卤代物与硫氢酸盐发生亲核性取代反应来制备。

$$RX + NaSH \xrightarrow{C_2H_5OH} RSH + NaX$$

反应需要过量的硫氢酸盐，因为该盐的硫氢根负离子和所形成的硫醇存在下列平衡关系，增加硫氢酸盐的用量可抑制副产物硫醚的形成。

$$RSH + HS^- \longrightarrow RS^- + H_2S$$

$$RS^- + RX \longrightarrow RSR + X^-$$

9.6.2 硫醇的化学性质

1. 硫醇的酸性

硫化氢的酸性比水强，硫醇的酸性也比相应的醇强得多。

	H_2O	H_2S	C_2H_5OH	C_2H_5SH
pK_a	15.7	7.0	15.9	10.6

乙醇不溶于稀氢氧化钠水溶液，而乙硫醇易溶于稀的氢氧化钠水溶液。

$$CH_3CH_2SH + NaOH \longrightarrow CH_3CH_2SNa + H_2O$$

这主要是硫氢键的离解能比相应的氧氢键的离解能小的缘故。

硫氢键易离解也表现在硫醇易与重金属盐反应，生成在水中不溶的硫醇盐。利用这一性质，临床上将2,3-二巯基丙-1-醇作为汞中毒的解毒剂，汞离子因被2,3-二巯基丙-1-醇螯合由尿中排出，不能再与体内生物大分子中的巯基反应。

$$2HOCH_2\underset{\displaystyle SH}{\underset{|}{C}H}—\underset{\displaystyle SH}{\underset{|}{C}H_2} \xrightarrow{Hg^{2+}} \begin{array}{c} CH_2—CHCH_2OH \\ |\qquad\quad | \\ S\qquad\quad S \\ \diagdown\ \ \ \ \vdots \\ Hg \\ \vdots\ \ \ \ \diagdown \\ S\qquad\quad S \\ |\qquad\quad | \\ HOCH_2CH—CH_2 \end{array}$$

2. 硫醇的氧化

在常温下，硫醇能被过氧化氢或碘等弱氧化剂氧化为二硫化物，这个反应甚至在无催化剂存在时用空气即可发生。

$$2RSH \xrightarrow{[O]} R—S—S—R + H_2O$$

当实验室用碘氧化硫醇时，反应类似于S_N2过程。

$$RSH \xrightarrow{OH^-} RS^- \xrightarrow[-I^-]{I_2} R—S—I \xrightarrow{RS^-} RS—SR + I^-$$

硫醇和二硫化物之间的氧化还原反应也存在于生物体内的生化转换反应中，例如半胱氨酸经氧化生成胱氨酸。

$$2HOOC\underset{\displaystyle NH_2}{\underset{|}{C}}HCH_2SH \underset{[H]}{\overset{[O]}{\rightleftharpoons}} HOOC\underset{\displaystyle NH_2}{\underset{|}{C}}HCH_2S—SCH_2\underset{\displaystyle NH_2}{\underset{|}{C}}HCOOH$$

硫醇在强氧化剂(如高锰酸钾、硝酸等)作用下，被氧化生成磺酸。例如：

$$CH_3CH_2SH \xrightarrow{KMnO_4/H^+} CH_3CH_2SO_3H$$

9.7 酚的命名

羟基直接连在芳环上的化合物称作**酚**(phenols)，用通式 ArOH 表示。酚按其分子中所含羟基的数目分为一元酚和多元酚，按芳基不同可分为苯酚、萘酚等。

酚的命名常在“酚”字前面加上芳环的名称，以此作为母体，然后将其他取代基的名称和位置标在母体前。例如：

苯酚 phenol　　对氯苯酚 *p*-chlorophenol　　萘-2-酚(β-萘酚) naphthalen-2-ol(*β*-naphthol)　　6-甲氧基萘-1-酚 6-methoxynaphthalen-1-ol

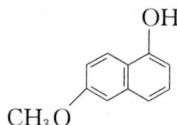

当苯环上连有2个以上羟基时，分别称为苯二酚或苯三酚等。而其英文名称常用俗名。

邻苯二酚(儿茶酚) *o*-benzenediol(catechol)　　间苯二酚(雷锁辛) *m*-benzenediol(resorcinol)　　均苯三酚 *sym*-benzenetriol

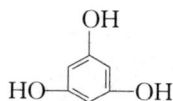

9.8 酚的结构和物理性质

9.8.1 结构

酚羟基的氧原子处于 sp^2 杂化状态，氧上有2对孤对电子，1对占据 sp^2 杂化轨道，另外1对占据未参与杂化的p轨道。p电子云与苯环的大π电子云发生侧面重叠，形成p-π共轭体系。在p-π共轭体系中，氧的p电子云向苯环转移，p电子云的转移导致了氢氧之间的电子云进一步向氧原子转移。p-π共轭的结果既增加了苯环上的电子云密度，又增强了羟基上氢的离解能力。图9-2为苯酚的结构示意图。

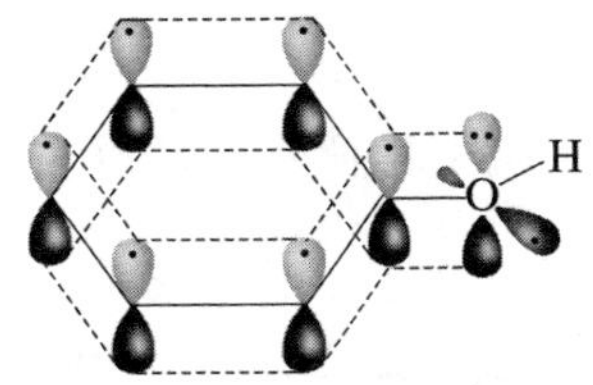

图9-2 苯酚的结构示意图

9.8.2 物理性质

最简单的酚是苯酚，为无色固体，具有特殊气味。在空气中放置，因被氧化很快变成粉红色，长时间放置会变为深棕色。苯酚能与水形成氢键，在水中有一定的溶解度，在冷水中苯酚的溶解度为9 g/100 g水，而与热水可互溶，苯酚易溶于醇、醚。酚能形成分子间氢键，大多数酚为高沸点的液体或低熔点的无色固体(见表9-3)。

表9-3 常见酚的物理常数

中文名	英文名	熔点/℃	沸点/℃	溶解度/($g/100\ g\ H_2O$)(25℃)	pK_a(25℃)
苯酚	phenol	41	182	9.3	10
邻甲苯酚	*o*-cresol	31	191	2.5	10.29
间甲苯酚	*m*-cresol	11	201	2.6	10.09
对甲苯酚	*p*-cresol	35	202	2.3	10.26
邻氯苯酚	*o*-chlorophenol	9	173	2.8	8.48
间氯苯酚	*m*-chlorphenol	33	214	2.6	9.02
对氯苯酚	*p*-chlorophenol	43	220	2.7	9.38
邻硝基苯酚	*o*-nitrophenol	45	217	0.2	7.22
间硝基苯酚	*m*-nitrophenol	96	—	1.4	8.39
对硝基苯酚	*p*-nitrophenol	114	—	1.7	7.15
2,4-二硝基苯酚	2,4-dinitrophenol	113	—	0.6	4.09
2,4,6-三硝基苯酚(苦味酸)	2,4,6-trinitrophenol (picric acid)	122	—	1.4	0.25

酚的红外光谱：O—H的伸缩振动在3 200～3 600 cm^{-1}出现强而宽的吸收峰，C—O伸缩振动峰为1 230 cm^{-1}。

核磁共振氢谱：酚羟基氢的核磁共振的化学位移值不固定，受到温度、浓度、溶剂的影响，一般情况下δ值为4～7。发生分子内缔合的氢的化学位移值在更低场，在δ 6～12之间。

9.9 酚的化学性质

酚和醇都含有羟基，因此在酚的C—O键和O—H键上可以发生类似于醇的反应。但酚羟基与苯环直接相连，受到苯环的影响，使酚羟基在性质上与醇羟基有显著的差异。同时因酚羟基对苯环的影响，使酚比相应的芳烃更容易发生亲电取代反应。

9.9.1 酚的酸性

苯酚具有弱酸性，其 pK_a 为 10.0，酸性比水(pK_a 15.7)强，所以苯酚与氢氧化钠水溶液作用生成苯酚钠。

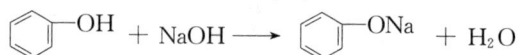

$$C_6H_5\text{—}OH + NaOH \longrightarrow C_6H_5\text{—}ONa + H_2O$$

但苯酚的酸性比碳酸(pK_a 6.38)弱，苯酚不溶于碳酸钠或碳酸氢钠溶液。如果在苯酚钠溶液中通入 CO_2，则可将苯酚游离出来。

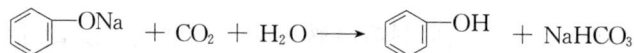

$$C_6H_5\text{—}ONa + CO_2 + H_2O \longrightarrow C_6H_5\text{—}OH + NaHCO_3$$

由于绝大部分酚类化合物不溶于或微溶于水，而酚盐溶于水，利用这种性质可以分离提纯酚类化合物。可将含有非酸性化合物的酚溶于氢氧化钠溶液，利用酚盐溶于水的特性先将非酸性物质与酚盐分开，然后再将酚盐酸化即得较纯的酚。

酚的酸性比醇强，其原因可通过苯酚和环己醇的比较来说明。

环己醇和苯酚作为一种弱酸，在水溶液中存在下列解离平衡：

$$C_6H_{11}\text{—}O\text{—}H + H_2O \rightleftharpoons C_6H_{11}\text{—}O^- + H_3O^+$$

$$C_6H_5\text{—}O\text{—}H + H_2O \rightleftharpoons C_6H_5\text{—}O^- + H_3O^+$$

比较化合物的酸性大小，可主要比较它们各自解离后所形成的相应共轭碱(负离子)的稳定性大小。稳定性大，则其共轭酸酸性强；反之，则其共轭酸酸性弱。

环己醇解离后生成的是环己基氧负离子，负电荷完全集中在氧原子上。而苯酚解离形成的苯氧负离子是一个带负电荷的共轭体系，氧原子上的孤对电子与苯环大 π 键可以发生 p－π 共轭。这种共轭的结果，使氧上的电子向苯环方向转移，负电荷得到分散，对氧负离子起到很好的稳定作用，如图 9－3 所示。

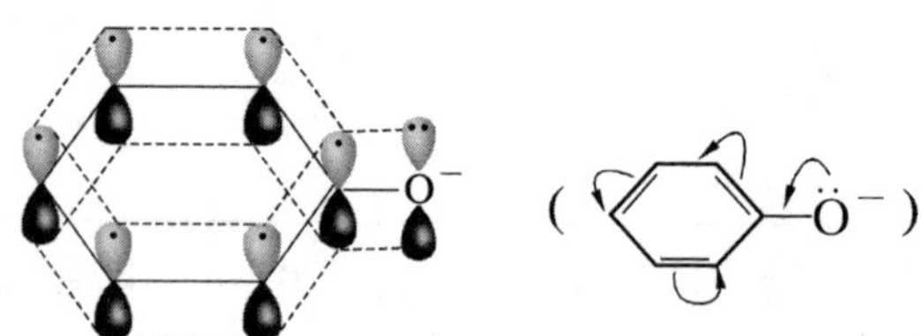

图 9－3　苯氧负离子中的 p－π 共轭示意图

也可以用苯氧负离子的共振式来说明它的稳定性。

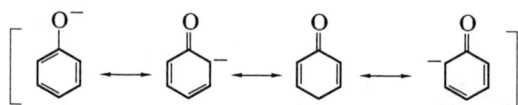

显然，氧原子上的负电荷向苯环上分散，可见苯氧负离子比环己基氧负离子稳定，所以苯酚的酸性比醇强。

当酚的苯环上连有取代基时，取代基的性质不同，将会对酚的酸性产生不同的影响。表 9-3 列出了某些取代酸的 pK_a 值。

从表 9-3 可以看出，苯环上连有给电子基团（如甲基），使酸性降低；连有吸电子基团（如硝基），使酸性增强。下面分别以苯环上连有甲基、硝基、氯原子为例说明取代基对酸性的影响。

当甲基连在苯环上后，其给电子作用使苯环的电子云密度增加，不利于氧上负电荷分散到苯环，负离子的稳定性较苯酚负离子下降，故酸性降低。邻、间、对三种甲基酚的酸性均比苯酚弱。

硝基是很强的吸电子基团，当硝基连在酚羟基对位时，其吸电子的共轭作用和吸电子的诱导效应均有利于氧负离子中的负电荷分散，使负离子稳定性增加，酸性增强。对硝基苯酚的 pK_a 为 7.15。邻硝基苯酚同样受到两种吸电子作用的影响而使酸性增强，其 pK_a 为 7.22。而当硝基处于酚羟基间位时，它只通过吸电子的诱导效应分散氧上的负电荷，使其酸性（pK_a8.39）虽比苯酚强，但不如邻、对位异构体强。

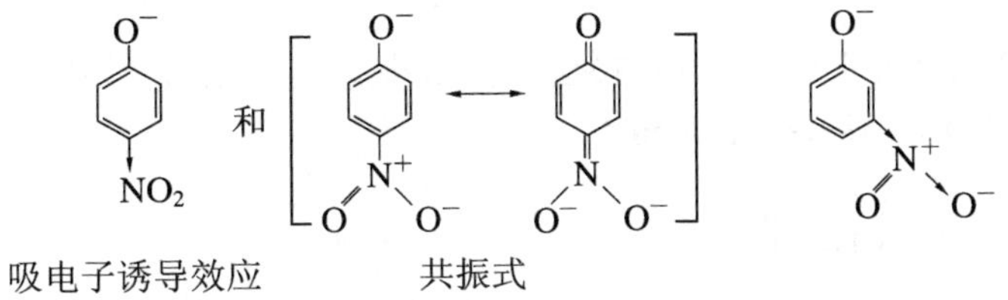

O^- NO_2 和 O^- N^+ O O^- ⟷ O N O^- O^- O^- N^+ O O^-

吸电子诱导效应　共振式

对硝基苯酚负离子　**间硝基苯酚负离子**

苯环上氯原子对酚的酸性的影响是它吸电子诱导和给电子共轭两种作用综合的结果。当氯处在酚羟基的间位时，给电子的共轭作用很弱；而当它处在对位时，给电子的共轭作用较强。两种情况下，它们的吸电子诱导作用基本相当。所以总的来看，氯在间位的吸电子作用比对位强，即有利于氧负离子中的负电荷分散，故间氯苯酚的酸性比对氯苯酚强。至于邻氯苯酚的酸性较强的原因，比较复杂。这是“邻位效应”造成的（见第 12 章）。

除电性因素外，酚的酸性还受到其他一些因素的影响，如溶剂化效应等。例如，2，4，6-三新戊基苯酚的酸性极弱，以至于在液氨中与金属钠不发生反应，这可能是因为羟基的邻位有体积很大的取代基，使氧负离子的溶剂化受阻，从而使其酸性减弱。

9.9.2 酚醚的形成及克莱森重排

醇在酸性条件下分子间脱水成醚，而酚很难脱水，因为在这种反应中涉及 C—O 键的断裂，酚由于 p-π 共轭使 C—O 键牢固度增加，很不容易断裂。

酚钠和卤代烃作用可以得到相应的脂肪芳香混合醚。

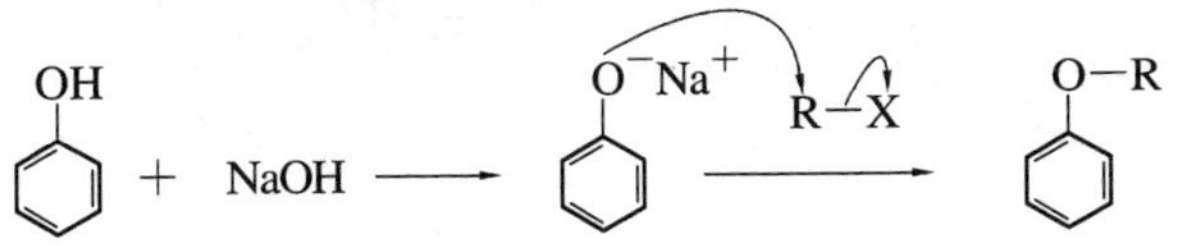

$$\text{PhOH} + \text{NaOH} \longrightarrow \text{PhO}^-\text{Na}^+ \xrightarrow{\text{R—X}} \text{PhO—R}$$

该反应是卤烃的亲核取代反应，酚钠作为亲核试剂，同时也是强碱，因此卤烃最好用伯卤烃或烯丙卤代烃，否则容易发生消除反应。例如：

$$C_6H_5ONa + CH_3I \xrightarrow{\triangle} C_6H_5OCH_3$$

甲基苯基醚

$$C_6H_5ONa + BrCH_2—CH═CH_2 \longrightarrow C_6H_5OCH_2CH═CH_2$$

烯丙基苯基醚

由于烷基磺酸酯是很好的离去基团，因此用硫酸二甲酯或硫酸二乙酯与酚钠作用，可生成甲基苯基醚或乙基苯基醚。

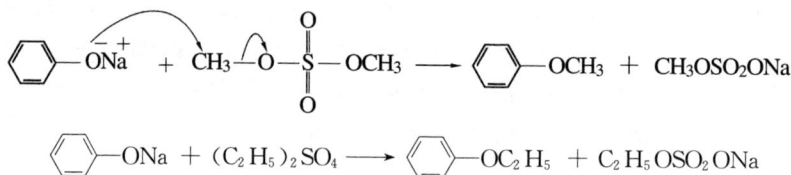

$$C_6H_5\overset{-}{O}\overset{+}{Na} + CH_3—O—SO_2—OCH_3 \longrightarrow C_6H_5—OCH_3 + CH_3OSO_2ONa$$

$$C_6H_5—ONa + (C_2H_5)_2SO_4 \longrightarrow C_6H_5—OC_2H_5 + C_2H_5OSO_2ONa$$

烯丙基苯基醚在高温下(200℃左右)会发生重排反应，生成 2-烯丙基苯酚，此重排反应称为**克莱森重排(Claisen rearrangement)**。

$$C_6H_5—O—\overset{\alpha}{C}H_2—\overset{\beta}{C}H═\overset{\gamma}{C}H_2 \xrightarrow{200℃} \text{2-HOC}_6H_4—\overset{\gamma}{C}H_2—\overset{\beta}{C}H═\overset{\alpha}{C}H_2$$

克莱森重排是分子内重排，重排时 γ-C 与苯环相连，碳碳双键发生位移，其反应经环状过渡态完成。

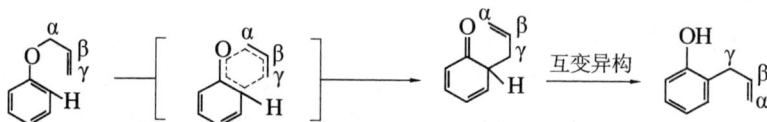

[环状过渡态示意：烯丙基苯基醚 → [环状过渡态] → 2-烯丙基环己二烯酮(含 H) $\xrightarrow{\text{互变异构}}$ 2-烯丙基苯酚；图中标注 α、β、γ、H]

当芳基烯丙基醚的 2 个邻位未被占据时，烯丙型基团重排到邻位。例如：

$$C_6H_5—O—\overset{\alpha}{C}H_2—\overset{\beta}{C}H═\overset{\gamma}{C}H—CH_3 \xrightarrow{\triangle} \text{2-HOC}_6H_4—\overset{\gamma}{C}H(CH_3)—\overset{\beta}{C}H═\overset{\alpha}{C}H_2$$

当 2 个邻位均被占据时，烯丙型基团重排到对位，实际上是经历了 2 次重排。

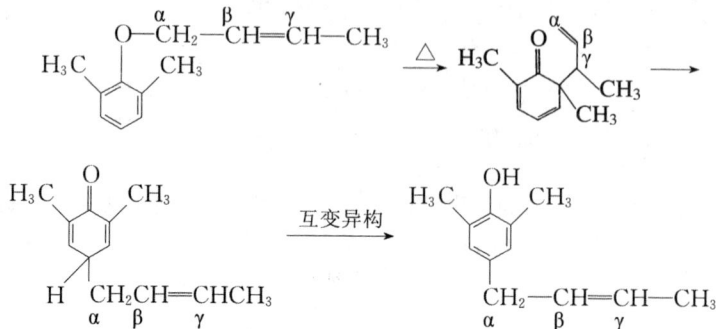

[2,6-二甲基苯基 巴豆基醚 $O—\overset{\alpha}{C}H_2—\overset{\beta}{C}H═\overset{\gamma}{C}H—CH_3$（$H_3C$、$CH_3$ 位于邻位） $\xrightarrow{\triangle}$ 6-烯丙基-2,6-二甲基环己二烯酮（H_3C，O，α、β、γ，CH_3，CH_3） $\longrightarrow$ 4-位取代环己二烯酮（H_3C，O，CH_3，H，$\underset{\alpha}{C}H_2\underset{\beta}{C}H═\underset{\gamma}{C}HCH_3$） $\xrightarrow{\text{互变异构}}$ 2,6-二甲基-4-取代苯酚（H_3C，OH，CH_3，$\underset{\alpha}{C}H_2—\underset{\beta}{C}H═\underset{\gamma}{C}H—CH_3$）]

9.9.3　酚酯的形成及傅瑞斯重排

酚与醇不同，醇与羧酸可以很容易地在酸催化下直接发生酯化反应，而酚需在碱或酸的催化下，与酰氯或酸酐反应形成酯。例如：

$$C_6H_5\text{—}OH + C_6H_5\text{—}COCl \xrightarrow{NaOH} C_6H_5\text{—}OCO\text{—}C_6H_5 + HCl$$

苯甲酰氯　　　　苯甲酸苯酯

$$C_6H_5\text{—}OH + (CH_3CO)_2O \xrightarrow{CH_3COONa} C_6H_5\text{—}OCOCH_3 + CH_3COOH$$

乙酸酐　　　　乙酸苯酯

酚酯在三氯化铝存在下加热，酰基发生重排，生成邻羟基和对羟基芳酮的混合物，此反应称**傅瑞斯重排（Fries rearrangement）**。因邻位重排产物能形成分子内氢键，而随水蒸气蒸出，利用这一性质可将两产物分离。

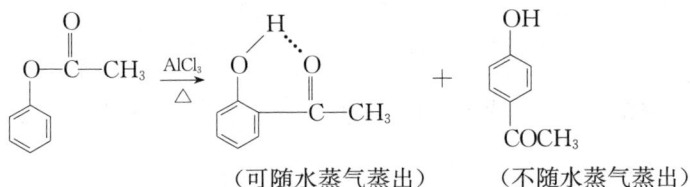

$$C_6H_5\text{—}O\text{—}C(=O)\text{—}CH_3 \xrightarrow[\triangle]{AlCl_3} o\text{-}HOC_6H_4\text{—}C(=O)\text{—}CH_3 + p\text{-}HOC_6H_4\text{—}COCH_3$$

（可随水蒸气蒸出）　　（不随水蒸气蒸出）

反应温度对产物中邻、对位异构体比例的影响较大，低温有利于形成对位产物（动力学控制），高温有利于形成邻位产物（热力学控制）。

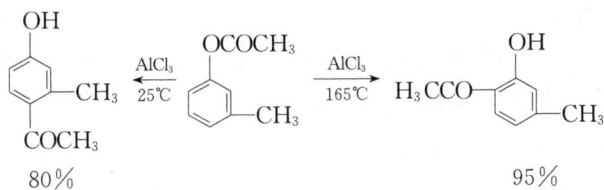

$$\underset{80\%}{\text{(OH, }CH_3\text{, }COCH_3\text{)}} \xleftarrow[25℃]{AlCl_3} \text{(}OCOCH_3\text{, }CH_3\text{)} \xrightarrow[165℃]{AlCl_3} \underset{95\%}{H_3CCO\text{—(OH, }CH_3\text{)}}$$

80%　　　　95%

9.9.4　芳环上的取代反应

由于酚中存在 p－π 共轭作用，氧上电子向芳环分散，使酚的芳环上很容易发生各种亲电性取代反应。

1. 卤代反应

苯酚与溴水在室温下即生成 2，4，6－三溴苯酚沉淀，此反应可用于酚的定性检验。

$$C_6H_5OH + 3Br_2 \xrightarrow{H_2O} 2,4,6\text{-}Br_3C_6H_2OH \downarrow + 3HBr$$

若在低极性溶剂（如 CS_2、CCl_4 等）中，并于低温下反应，可以得到一溴苯酚。

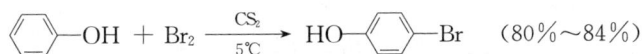

$$C_6H_5\text{—}OH + Br_2 \xrightarrow[5℃]{CS_2} HO\text{—}C_6H_4\text{—}Br \quad (80\%\sim84\%)$$

2. 硝化和亚硝化反应

苯酚在室温下用稀硝酸处理,生成邻硝基苯酚和对硝基苯酚的混合物。

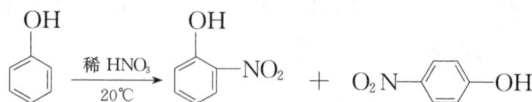

$$\text{C}_6\text{H}_5\text{OH} \xrightarrow[20℃]{\text{稀 HNO}_3} o\text{-O}_2\text{N—C}_6\text{H}_4\text{—OH} + \text{O}_2\text{N—C}_6\text{H}_4\text{—OH}$$

邻硝基苯酚因形成分子内氢键,水溶性小,挥发性较大,可随水蒸气蒸出;而对硝基苯酚只能在分子间形成氢键,同时能与水形成氢键,水溶性较大,挥发性较小,不能随水蒸气蒸出。故可利用水蒸气蒸馏法将二者分离。

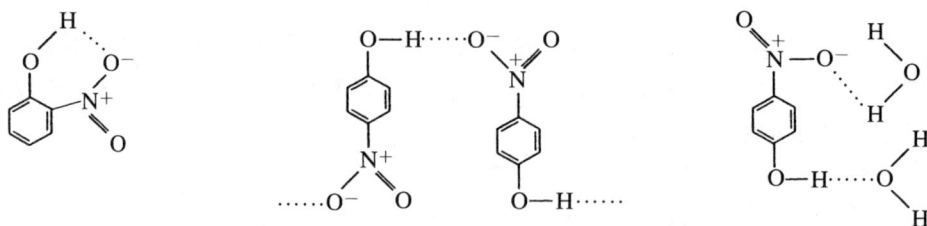

苯酚用亚硝酸处理,生成对亚硝基酚,对亚硝基酚用稀硝酸氧化,可得到对硝基酚。

$$\text{C}_6\text{H}_5\text{—OH} \xrightarrow[7\sim8℃]{\text{NaNO}_2,\ \text{H}_2\text{SO}_4} \text{ON—C}_6\text{H}_4\text{—OH} \xrightarrow{\text{稀 HNO}_3} \text{O}_2\text{N—C}_6\text{H}_4\text{—OH}$$

这是通过苯酚制备对硝基苯酚的一条途径。

3. 磺化反应

苯酚磺化所生成的产物与温度有密切关系,在15～25℃反应主要生成邻羟基苯磺酸,为动力学控制产物;在100℃下与浓硫酸反应时,主要得到对羟基苯磺酸,为热力学控制产物。邻对位异构体进一步磺化,均得4-羟基苯-1,3-二磺酸。

$$\text{C}_6\text{H}_5\text{OH} \xrightarrow{\text{浓 H}_2\text{SO}_4} \begin{cases} \xrightarrow{15\sim25℃} o\text{-HO—C}_6\text{H}_4\text{—SO}_3\text{H} \\ \xrightarrow{100℃} p\text{-HO—C}_6\text{H}_4\text{—SO}_3\text{H} \end{cases} \xrightarrow[100℃]{\text{浓 H}_2\text{SO}_4} \text{4-HO—C}_6\text{H}_3\text{-1,3-(SO}_3\text{H)}_2$$

4. 傅-克反应

酚很容易进行傅-克反应,由于 $AlCl_3$ 易与酚羟基形成铝的配合盐而失去催化活性,故不用 $AlCl_3$ 作为催化剂,而酚的傅-克反应中常用 H_3PO_4、HF、BF_3、多聚磷酸(PPA)等作催化剂。例如:

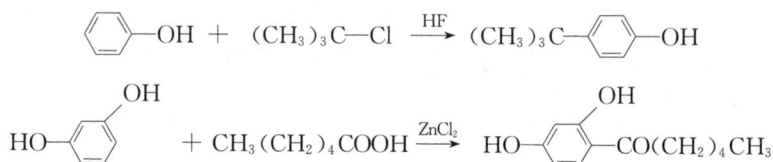

$$\text{C}_6\text{H}_5\text{—OH} + (\text{CH}_3)_3\text{C—Cl} \xrightarrow{\text{HF}} (\text{CH}_3)_3\text{C—C}_6\text{H}_4\text{—OH}$$

$$m\text{-HO—C}_6\text{H}_4\text{—OH} + \text{CH}_3(\text{CH}_2)_4\text{COOH} \xrightarrow{\text{ZnCl}_2} \text{HO—C}_6\text{H}_3(\text{OH})\text{—CO(CH}_2)_4\text{CH}_3$$

9.9.5 与三氯化铁的显色反应

大多数的酚与 $FeCl_3$ 水溶液反应，生成蓝紫色的配位离子，该反应可以用于酚的鉴别。

$$6C_6H_5OH + FeCl_3 \longrightarrow \underset{\text{蓝紫色}}{H_3[Fe(C_6H_5O)_6]} + 3HCl$$

与 $FeCl_3$ 的显色反应并不只限于酚类，凡是具有烯醇式结构的脂肪族化合物都可发生这种反应。实际上酚就具有类似烯醇式的结构。

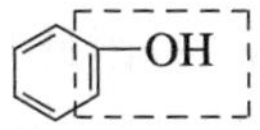

烯醇式结构

9.9.6 氧化反应

酚类化合物很容易被氧化，不仅易被氧化剂重铬酸钾等氧化，而且可被空气中的氧氧化，这是酚类化合物在空气中久置后变色的主要原因。苯酚经重铬酸钾、硫酸氧化生成对苯醌。

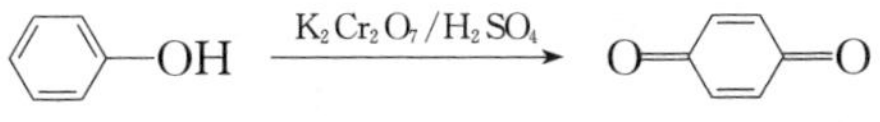

$$C_6H_5OH \xrightarrow{K_2Cr_2O_7/H_2SO_4} O{=}C_6H_4{=}O$$

对苯醌

邻位和对位的二元酚比苯酚更易被氧化，分别生成红色的邻苯醌和黄色的对苯醌。

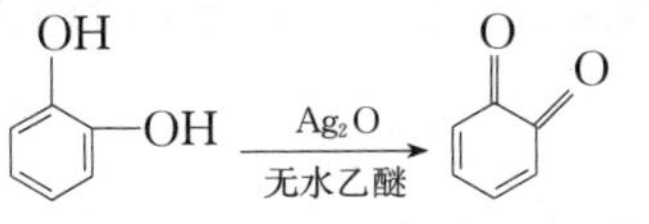

$$\text{邻苯二酚} \xrightarrow[\text{无水乙醚}]{Ag_2O} \text{邻苯醌（红色）} \qquad HO{-}C_6H_4{-}OH \xrightarrow[30℃]{Na_2Cr_2O_7,H_2SO_4} O{=}C_6H_4{=}O \text{ 对苯醌（黄色）}$$

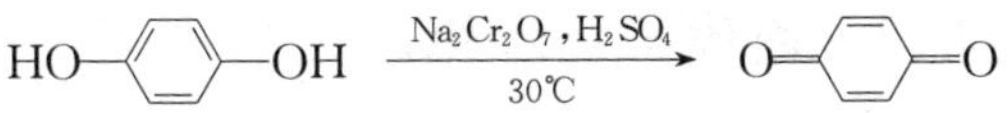

利用酚类化合物易于氧化的性质，可将酚用作抗氧剂和去氧剂，例如俗称“抗氧剂 264”的 2,6 -二叔丁基- 4 -甲基苯酚和俗称焦性没食子酸的连苯三酚都是常用的抗氧剂。

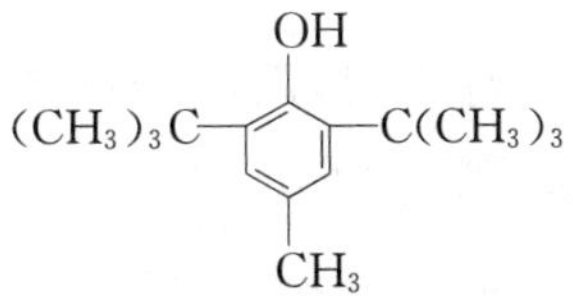

OH, $(CH_3)_3C$, $C(CH_3)_3$, CH_3
抗氧剂 264

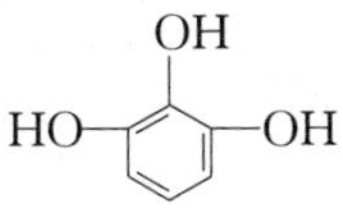

OH, HO, OH
连苯三酚

邻或对苯二酚在照相行业又能用作显影剂，因为它被氧化的同时还原底片中被感光活化的银离子为金属银粒。

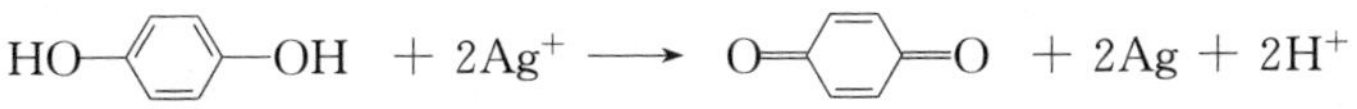

$$HO{-}C_6H_4{-}OH + 2Ag^+ \longrightarrow O{=}C_6H_4{=}O + 2Ag + 2H^+$$

9.10 酚的制备

9.10.1 磺酸盐碱熔融法

芳香磺酸钠盐和氢氧化钠熔融后得酚钠,经酸化即得酚。

$$C_6H_5-SO_3Na \xrightarrow[\text{熔融}]{NaOH} C_6H_5-ONa \xrightarrow{H^+} C_6H_5-OH$$

该法要用到强酸强碱,污染大,且需高温反应,因此应用范围受到限制。当分子中含有羰基、卤素、氨基、硝基等官能团时,不能用此法。因为在高温及强碱条件下,这些官能团能发生氧化等副反应。然而,这个反应产率高,产品纯度好,生产设备简单,工业上仍用此法来生产间苯二酚、对甲苯酚及萘酚等。

9.10.2 异丙苯法

异丙苯经空气氧化生成过氧化合物,水解得苯酚和丙酮。

$$C_6H_5-CH(CH_3)CH_3 \xrightarrow{O_2} C_6H_5-C(CH_3)_2-O-OH \xrightarrow{H_2O,H^+} C_6H_5-OH + CH_3COCH_3$$

本法除得苯酚外,还可得到另一个医药化工原料丙酮,是工业上生产苯酚的主要方法。

9.10.3 卤代芳烃水解法

卤代芳烃中的卤原子很不活泼,需要在加温加压及催化剂存在下才能水解得到酚。例如:

$$C_6H_5-Cl + NaOH \xrightarrow[>350℃,\text{加压}]{Cu} \xrightarrow{H^+} C_6H_5-OH$$

当卤素的邻对位上有吸电子基团(如硝基)存在时,卤原子变得活泼,水解反应容易进行。例如2,4-二硝基苯酚可用该法制备。

$$2,4-(NO_2)_2C_6H_3-Cl \xrightarrow[100℃]{NaOH/H_2O} 2,4-(NO_2)_2C_6H_3-ONa \xrightarrow{H^+} 2,4-(NO_2)_2C_6H_3-OH$$

习 题

1. 命名下列化合物。

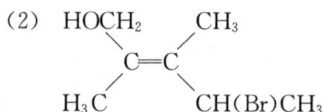

(1) $CH_3(CH_2)_2CH(CH_2OH)CH_2CH_3$

(2) $(HOCH_2)(H_3C)C=C(CH_3)(CH(Br)CH_3)$

(3) Newman projection: front carbon OH, H, H; back carbon $CH=CH_2$, CH_3, CH_3

(4) $CH_3CHCHCH_2OH$ (Cl, Br on C2, C3)

(5) 2-methyl-1,4-benzenediol (OH, CH_3, OH)

(6) 4-chloro-2-bromo... naphthol (Cl, Br, OH)

(7) $HSCH_2CH_2CH_2OH$

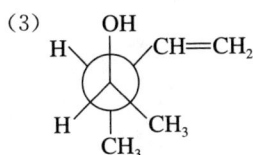

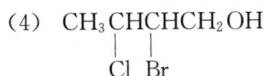

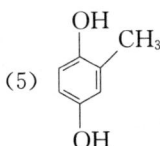

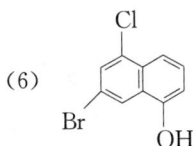

2. 完成下列反应式。

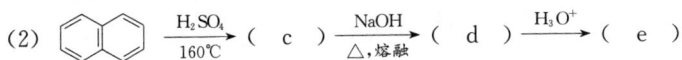

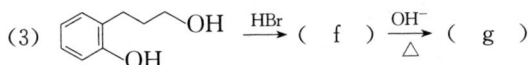

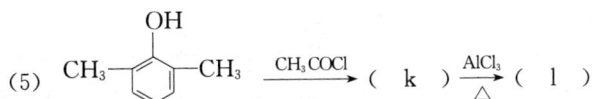

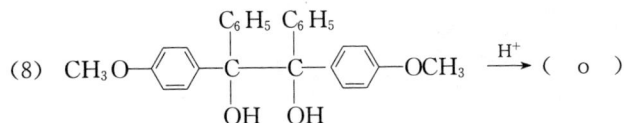

(1) $C_6H_5CH_2OH \xrightarrow{PBr_3}$ (a) $\xrightarrow[醚]{Mg}$ (b)

(2) naphthalene $\xrightarrow[160℃]{H_2SO_4}$ (c) $\xrightarrow[\triangle, 熔融]{NaOH}$ (d) $\xrightarrow{H_3O^+}$ (e)

(3) 2-(3-hydroxypropyl)phenol (OH, OH) $\xrightarrow{HBr}$ (f) $\xrightarrow[\triangle]{OH^-}$ (g)

(4) (h) + (i) $\longrightarrow$ $C_6H_5OCH_2CH=CHCH_3$ $\xrightarrow{\triangle}$ (j)

(5) 2,6-dimethylphenol (OH, CH_3, CH_3) $\xrightarrow{CH_3COCl}$ (k) $\xrightarrow[\triangle]{AlCl_3}$ (l)

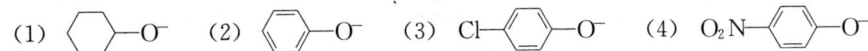

(6) cyclobutyl$-C(CH_3)_2$(OH) $\xrightarrow{HCl}$ (m)

(7) cyclohexyl$-CH_2OH$ $\xrightarrow[\triangle]{H_2SO_4}$ (n)

(8) $CH_3O-C_6H_4-C(C_6H_5)(OH)-C(C_6H_5)(OH)-C_6H_4-OCH_3$ $\xrightarrow{H^+}$ (o)

3. 写出新戊醇与氢溴酸反应的产物，并写出反应机理。

4. 从大到小排列下列化合物与氢溴酸的反应活性。

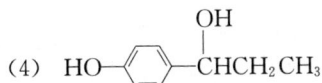

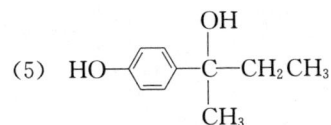

(1) $C_6H_5-CH(OH)CH_2CH_3$

(2) $C_6H_5-CH_2CH_2CH_2OH$

(3) $C_6H_5CH_2CH(OH)CH_3$

(4) $HO-C_6H_4-CH(OH)CH_2CH_3$

(5) $HO-C_6H_4-C(OH)(CH_3)-CH_2CH_3$

5. 从大到小排列下列负离子的碱性。

(1) cyclohexyl$-O^-$ (2) $C_6H_5-O^-$ (3) $Cl-C_6H_4-O^-$ (4) $O_2N-C_6H_4-O^-$

> > > > > >

6. 写出下列反应的机理：

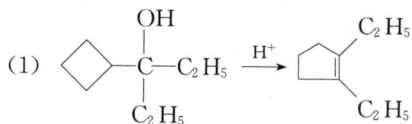

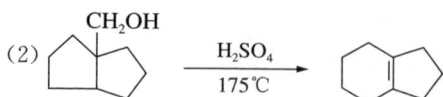

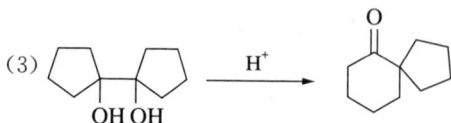

(1) 1-环丁基-1-乙基-1-丙醇 $\xrightarrow{H^+}$ 1,2-二乙基环戊烯

(2) 含 CH_2OH 的双环化合物 $\xrightarrow[175℃]{H_2SO_4}$ 产物

(3) 两个环戊醇相连的邻二醇(OH OH) $\xrightarrow{H^+}$ 螺环酮

7. 从苯、甲苯及不超过3个碳的化合物合成下列化合物。

(1) 1-苯基环己烯

(2) $C_6H_5C(CH_3)(OH)CH_2CH_3$

(3) $CH_3CH_2—CH(OH)—CH(CH_3)CH_3$

(4) $C_6H_5—O—CH_2—C_6H_4—NO_2$

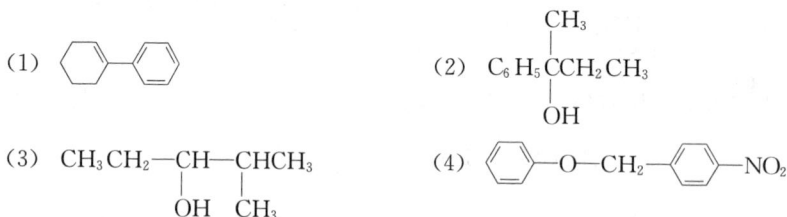

8. 化合物A，IR：3 250 cm^{-1}，1 611 cm^{-1}，1 510 cm^{-1}，1 260 cm^{-1}，1 040 cm^{-1}，805 cm^{-1}，^{1}H-NMR：δ3.6 (1H，s)，δ3.7(3H，s)，δ4.4(2H，s)，δ7.2(2H，dd)，δ6.9(2H，dd)。试写出A的结构式。

9. 某化合物A只含C、H、O三种元素。A用浓硫酸于180℃处理时给出一个烯B，B氢化后生成2-甲基丁烷。A在核磁共振谱的高场处显示一个单峰(9H)，在较低场处有一个单峰(2H)，在低场处还有一个单峰(1H)。试推导A和B的结构式。

第 10 章　醚和环氧化合物

醚(ether)可以看作是水分子中的 2 个氢被烃基取代的化合物,也可以看作醇或酚中羟基上的氢被烃基取代的产物,其通式为 R—O—R 或 R—O—Ar。醚分子中的—O—键称为**醚键**,是醚的官能团。

10.1　醚的分类和命名

10.1.1　分类

根据醚中 2 个烃基的结构,可将醚分为:

简单醚:2 个烃基相同,R—O—R,Ar—O—Ar。

混合醚:2 个烃基不同,R—O—R′,R—O—Ar。

环醚:氧原子包含在环中的醚,(四氢呋喃结构),(1,4-二氧六环结构)。

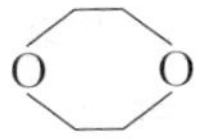

三元环醚(如环氧乙烷),性质较特殊,常称为**环氧化合物**(epoxide)。

10.1.2　命名

1. 简单醚的命名

如果是饱和烷基,在烃基名称后加"醚"字即可,"二"可以省略;如果是不饱和烃基或芳基,"二"不可省略。例如:

$CH_3CH_2OCH_2CH_3$	C_6H_5—O—C_6H_5	CH_2═CH—O—CH═CH_2
(二)乙醚	二苯醚	二乙烯基醚
ethyl ether	diphenyl ether	diethenyl ether

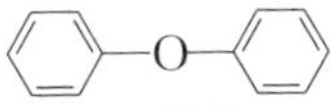

2. 混合醚的命名

对于混合醚,则按英文名称字母顺序依次写出。例如:

$CH_3OCH_2CH_3$	CH_3CH_2OCH═CH_2	C_6H_5—O—C_2H_5
乙基甲基醚	乙基乙烯基醚	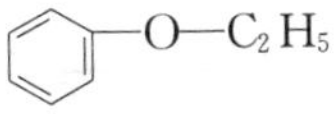 乙基苯基醚
ethyl methyl ether	ethyl vinyl ether	ethyl phenyl ether

3. 系统命名法

结构比较复杂的醚类化合物可以当作烃的衍生物来命名,较大的烃基作母体,将较小的烃基连同氧原子称为"烷氧基"。例如:

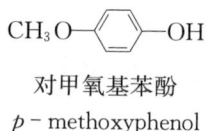

$CH_3CHCH_2CH_2CH_2CH_3$ (2-位连 OCH_3)

2-甲氧基己烷

2-methoxyhexane

$CH_3O-C_6H_4-OH$

对甲氧基苯酚

p-methoxyphenol

4. 环醚的命名

环醚的命名常采用俗名,或称为环"氧"某烷。例如:

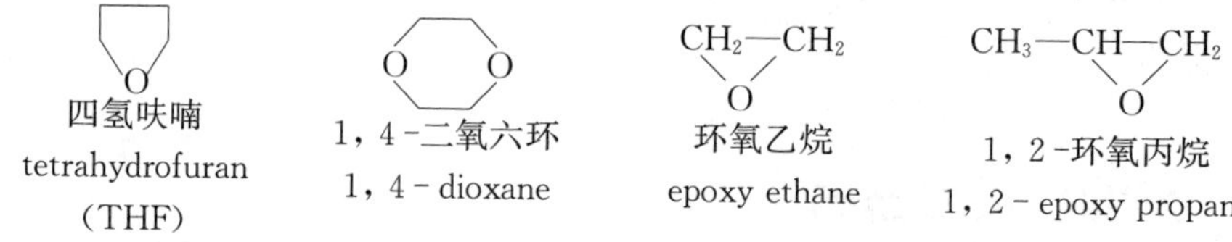

四氢呋喃 tetrahydrofuran (THF)　　1,4-二氧六环 1,4-dioxane　　环氧乙烷 epoxy ethane　　1,2-环氧丙烷 1,2-epoxy propane

10.2 醚的结构和物理性质

10.2.1 结构

醚分子中的氧原子为 sp^3 杂化,2 个未共用电子对处在 sp^3 杂化轨道中,例如甲醚分子中 2 个 C—O 键的键长及夹角分别为 0.141 nm 和 117.7°(见图 10-1)。

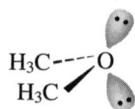

图 10-1 甲醚的结构

10.2.2 物理性质

多数醚是易挥发、易燃的液体。与醇不同,醚分子间不能形成氢键,所以醚的沸点比相对分子质量相近的醇低得多,例如正丁醇的沸点为 117.8℃,乙醚的沸点为 34.6℃。

醚分子中的氧可与水形成氢键,所以醚在水中的溶解度比烷烃大,例如,乙醚在水中的溶解度为 8 g/100 mL。环醚的水溶性较大,四氢呋喃、二氧六环可与水互溶。常见醚的物理常数见表 10-1。

醚的红外光谱在 1 275~1 020cm^{-1}间有 C—O 的伸缩振动,核磁共振谱 α-H 的化学位移($R\underline{CH_2}O\underline{CH_3}$)值 δ 为 3.5~4.0。

表 10-1 醚的物理常数

中文名	英文名	沸点/℃	相对密度
甲醚	methyl ether	−24.9	
甲乙醚	ethyl methyl ether	7.9	0.697
乙基甲基醚	ethyl ether	34.6	0.714
正丙醚	propyl ether	90.5	0.736
四氢呋喃	tetrahydrofuran	65.4	0.888
1,4-二氧六环	1,4-dioxane	101.3	1.034
环氧乙烷	epoxy ethane	11	
1,2-环氧丙烷	1,2-epoxy propane	34	0.859

10.3　醚的化学性质

醚是一类较稳定的化合物，它对碱、金属钠、还原剂和氧化剂等都是稳定的，但可与强酸性物质发生某些化学反应。

10.3.1　锌盐的形成

醚的氧原子上有未用电子对，作为碱可与浓 H_2SO_4 形成锌盐，生成的锌盐溶于浓酸中。

$$R\ddot{O}R + H_2SO_4 \rightleftharpoons \underset{\text{锌盐}}{R\overset{H}{\underset{+}{O}}R} + HSO_4^-$$

三氟化硼是一个很好的路易斯酸催化剂，由于其沸点低（−101℃），给使用带来不便。利用醚可与路易斯酸形成锌盐的性质，可将三氟化硼溶于乙醚中，得到稳定的三氟化硼乙醚配合物。

$$C_2H_5OC_2H_5 + BF_3 \longrightarrow C_2H_5\overset{+}{\underset{\underset{BF_3^-}{|}}{O}}C_2H_5$$

三氟化硼乙醚配合物可继续与氟代烷反应形成三级锌盐，三级锌盐极易分解出烷基正离子并与亲核试剂（如下式中的 ROH）作用，因而是最具活性的烷基化试剂之一。

$$C_2H_5\overset{+}{\underset{\underset{BF_3^-}{|}}{O}}C_2H_5 + C_2H_5F \longrightarrow C_2H_5\overset{+}{\underset{\underset{C_2H_5}{|}}{O}}C_2H_5 \cdot BF_4^- \xrightarrow{ROH}$$

$$ROC_2H_5 + C_2H_5OC_2H_5 + HBF_4$$

10.3.2　醚键的断裂

醚虽然是很稳定的，但与氢卤酸一起加热，醚键（C—O）断裂，生成醇和卤代烃。在过量的氢卤酸存在下，醇也转变成卤代烃。

$$R\ddot{O}R' + HX \longrightarrow R-\overset{+}{\underset{H}{O}}-R' \xrightarrow[X^-]{\triangle} ROH + R'X$$

$$ROH \xrightarrow[HX]{\text{过量}} RX + H_2O$$

氢卤酸先与醚形成锌盐，而后 X^- 作为亲核试剂进攻醚键碳原子，通常这是一个 S_N2 反应。由于位阻的原因，一般总是较小的 R 基团生成卤代烷。例如：

$$CH_3OCH_2CH_2CH_3 + HI \longrightarrow CH_3\overset{+}{\underset{H}{O}}CH_2CH_2CH_3 + I^-$$

$$I^- + CH_3-\overset{+}{\underset{H}{O}}-CH_2CH_2CH_3 \longrightarrow CH_3I + CH_3CH_2CH_2OH$$

因为 X^- 的亲核性大小是 $I^- > Br^- > Cl^-$，所以断裂醚键的氢卤酸活性顺序为：

$$HI > HBr > HCl$$

HI 的活性最高,所以它是醚键断裂的常用试剂。例如:

$$(CH_3)_2CHOCH_3 + HI(1\ mol) \longrightarrow (CH_3)_2CHOH + CH_3I$$

含有芳基的混合醚与 HI 作用,由于芳基碳氧键存在 p-π 共轭,结合得较牢固,不易断裂,醚键总是在脂肪烃基一边优先断裂,生成酚和碘代烃。例如:

$$C_6H_5-O-CH_3 + HI \longrightarrow C_6H_5-OH + CH_3I$$

含有叔烃基的醚,醚键优先在叔丁基一边断裂,这种断裂可生成较稳定的叔碳正离子。这是一个 E1 反应,产物主要是烯烃。

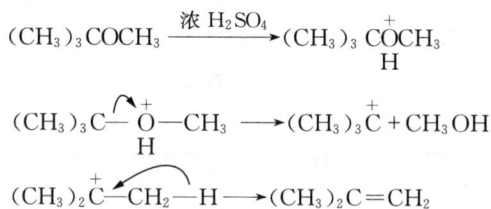

$$(CH_3)_3COCH_3 \xrightarrow{浓\ H_2SO_4} (CH_3)_3\overset{+}{\underset{H}{C O}}CH_3$$

$$(CH_3)_3C-\underset{H}{\overset{+}{O}}-CH_3 \longrightarrow (CH_3)_3\overset{+}{C} + CH_3OH$$

$$(CH_3)_2\overset{+}{C}-CH_2-H \longrightarrow (CH_3)_2C=CH_2$$

叔丁基醚的这种断裂反应很容易进行,可利用这一性质来保护羟基。例如:

$$HOCH_2CH_2Br + (CH_3)_2C=CH_2 \xrightarrow{H_2SO_4} (CH_3)_3C-O-CH_2CH_2Br$$

$$\xrightarrow[乙醚]{Mg} \xrightarrow{CH_3CHO} (CH_3)_3C-O-CH_2CH_2\underset{OMgBr}{\underset{|}{C}}HCH_3$$

$$\xrightarrow{H_3\overset{+}{O}} HOCH_2CH_2\underset{OH}{\underset{|}{C}}HCH_3 + CH_2=\underset{CH_3}{\underset{|}{C}}-CH_3$$

10.3.3 过氧化物的形成

醚对一般氧化剂是稳定的,但在空气中久置,会慢慢发生自动氧化,生成过氧化物。过氧化物的结构和生成过程为:

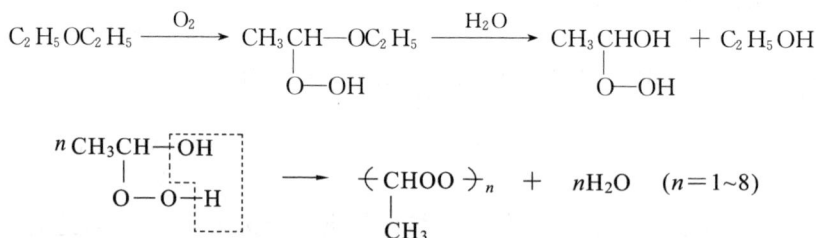

$$C_2H_5OC_2H_5 \xrightarrow{O_2} CH_3\underset{O-OH}{\underset{|}{C}}H-OC_2H_5 \xrightarrow{H_2O} CH_3\underset{O-OH}{\underset{|}{C}}HOH + C_2H_5OH$$

$$n\,CH_3\underset{O-O-H}{\underset{|}{C}}H-OH \longrightarrow \left(\underset{CH_3}{\underset{|}{C}}HOO\right)_n + nH_2O \quad (n=1\sim8)$$

由于醚容易生成过氧化物,使用时要特别注意,有机过氧化物遇热分解,容易引起爆炸,所以在蒸馏醚类溶剂(乙醚、四氢呋喃等)时,切记不要把醚蒸得太干。对于久置的醚必须检查是否有过氧化物存在,检查的方法很简单,如果待检测的醚能使湿的淀粉-KI 试纸变蓝,则表明醚中含有过氧化物。用硫酸亚铁溶液洗涤醚,可除去醚中的过氧化物。

10.4　醚的制备

10.4.1　由醇制备

在浓 H_2SO_4 作用下，2 分子醇之间脱水可制得简单醚。

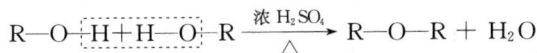

$$R—O—H+H—O—R \xrightarrow[\triangle]{浓\ H_2SO_4} R—O—R + H_2O$$

醇分子内脱水生成烯是同时存在的竞争反应，所以制备醚时必须控制适当的温度。例如，乙醇和浓硫酸在 140℃温度下反应，主要生成醚，而在 170℃时则主要生成烯。

因为叔醇很容易脱水生成烯烃，所以由醇脱水很难得到叔烷基醚。

10.4.2　威廉姆森合成

醇钠和卤代烃在无水条件下反应合成醚，该方法称**威廉姆森合成**（Williamson synthesis）。

$$RONa + R'X \longrightarrow ROR' + NaX$$

例如：

$$CH_3CH_2—I+Na—O—CH_2CH_2CH_2CH_3 \longrightarrow \underset{71\%}{CH_3CH_2—O—CH_2CH_2CH_2CH_3}$$

$$C_6H_5CH_2—Cl+Na—O—CH_2\underset{|}{CH}(CH_3)CH_3 \longrightarrow \underset{84\%}{C_6H_5CH_2—O—CH_2CH(CH_3)CH_3}$$

由于醇钠是强碱，卤烃在强碱性条件下易发生消除反应，尤其是三级卤烃。为了避免因发生消除反应产生烯烃副产物，最好采用一级卤烃或二级卤烃。例如制备乙基叔丁基醚时，应采用溴乙烷与叔丁醇钠为原料，若叔丁基氯和乙醇钠作用，则主要得到异丁烯副产物。

$$(CH_3)_3C—ONa + CH_3CH_2Br \longrightarrow (CH_3)_3C—OCH_2CH_3$$
$$(CH_3)_3C—Cl + CH_3CH_2ONa \longrightarrow (CH_3)_2C═CH_2$$

除用卤代烷外，磺酸酯、硫酸酯也可用于合成醚。

$$(CH_3)_3CCH_2ONa + CH_3OSO_2—C_6H_5 \longrightarrow (CH_3)_3CCH_2OCH_3 + C_6H_5—SO_2ONa$$

芳香醚可用酚钠与卤代烷或硫酸酯在氢氧化钠的水溶液中反应制备。

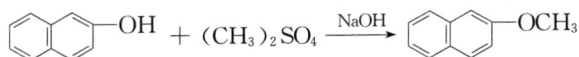

$$C_{10}H_7—OH + (CH_3)_2SO_4 \xrightarrow{NaOH} C_{10}H_7—OCH_3$$

10.5　环氧化合物

与一般醚不同，环氧化合物是一类活泼的化合物，如环氧乙烷不仅可与酸反应，反应条件温和、速度快，而且和各种不同的碱也能反应。其原因是它的三元环结构使 C—O 原子轨道不能正面充分重叠，分子中存在较大的环张力，极易与多种试剂发生开环反应，得到多种非常有用的有机化合物。例如环氧乙烷的开环反应：

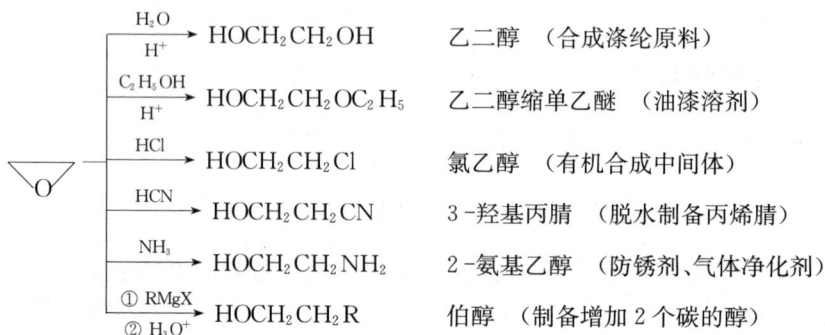

$$\xrightarrow[H^+]{H_2O} HOCH_2CH_2OH \quad \text{乙二醇（合成涤纶原料）}$$

$$\xrightarrow[H^+]{C_2H_5OH} HOCH_2CH_2OC_2H_5 \quad \text{乙二醇缩单乙醚（油漆溶剂）}$$

$$\xrightarrow{HCl} HOCH_2CH_2Cl \quad \text{氯乙醇（有机合成中间体）}$$

$$\xrightarrow{HCN} HOCH_2CH_2CN \quad \text{3-羟基丙腈（脱水制备丙烯腈）}$$

$$\xrightarrow{NH_3} HOCH_2CH_2NH_2 \quad \text{2-氨基乙醇（防锈剂、气体净化剂）}$$

$$\xrightarrow[②\ H_3O^+]{①\ RMgX} HOCH_2CH_2R \quad \text{伯醇（制备增加 2 个碳的醇）}$$

环氧化合物的开环反应在碱性条件下一般是按照 S_N2 反应机理进行的。例如，环氧丙烷与甲醇/甲醇钠反应，烷氧负离子进攻含取代基较少即空间位阻较小的碳原子。

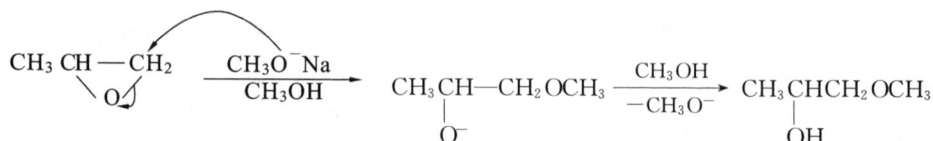

$$CH_3CH{-}CH_2(\text{环氧}) \xrightarrow[CH_3OH]{CH_3O^-Na} CH_3CH(O^-){-}CH_2OCH_3 \xrightarrow[-CH_3O^-]{CH_3OH} CH_3CH(OH)CH_2OCH_3$$

在酸性条件下，首先是质子进攻氧原子，形成质子化的环氧化合物，由于环张力的存在，该化合物具有部分碳正离子的性质。在不对称环氧化合物中，因烷基起稳定碳正离子的作用，所以连有烷基的环碳原子能容纳较多的正电荷，易受到亲核试剂的进攻。在酸性条件下开环时，亲核试剂主要进攻取代基较多的环碳原子，反应同样按 S_N2 机理进行，但带有较多的 S_N1 特性。

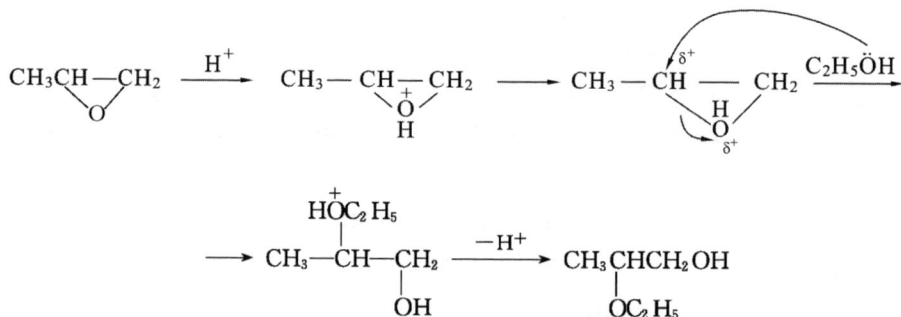

$$CH_3CH{-}CH_2(\text{环氧}) \xrightarrow{H^+} CH_3{-}CH{-}CH_2(\overset{+}{O}H) \longrightarrow CH_3{-}\overset{\delta^+}{CH}\cdots CH_2(\overset{\delta^+}{O}H) \xrightarrow{C_2H_5\ddot{O}H}$$

$$\longrightarrow CH_3{-}CH(H\overset{+}{O}C_2H_5){-}CH_2OH \xrightarrow{-H^+} CH_3CH(OC_2H_5)CH_2OH$$

因此，改变反应的酸碱条件，可以改变开环反应的方向，碱催化的反应主要发生在取代基较少的一端，而酸催化的反应主要发生在取代基较多的那个碳原子上。从开环的反应机理可知，无论是酸性开环，还是碱性开环，都是 S_N2 机理，亲核试剂是从氧核的背面进攻环碳原子，导致该原子构型转变。例如：

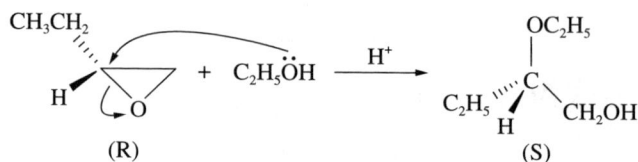

$$\underset{(R)}{CH_3CH_2(H)C{-}CH_2(\text{环氧})} + C_2H_5\ddot{O}H \xrightarrow{H^+} \underset{(S)}{C_2H_5(H)C(OC_2H_5)CH_2OH}$$

10.6　冠醚

冠醚(crown ether)是分子中具有$\left(OCH_2CH_2\right)$重复单位的大环多醚，由于其形状像皇冠，故称其为冠醚。

冠醚是根据成环的总原子数 m 和其中所含的氧原子数 n 来命名的，称之为 m-冠-n。例如：

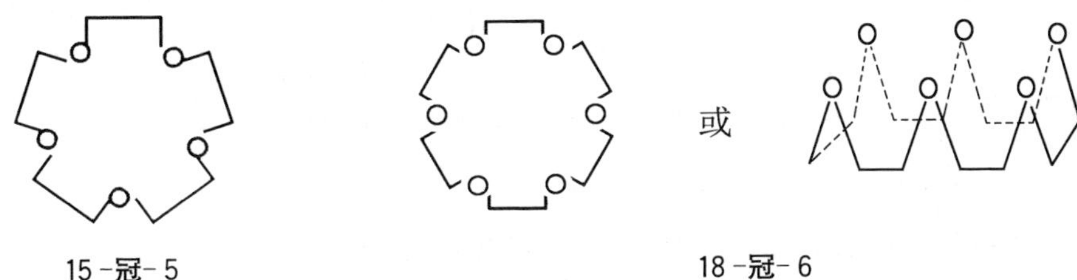

15-冠-5　　　　18-冠-6

冠醚一个最主要的特点是它分子中有一个空腔，因而可与很多金属离子配合。随分子中空腔大小不同，可与不同的金属离子配合。例如，12-冠-4 和 15-冠-5 能分别与锂和钠离子配合，而 18-冠-6 中空腔的直径约 0.3 nm，与钾离子的直径 0.266 nm 相近，所以 18-冠-6 能与 KX 形成稳定的配合物。例如：

X^-　　$X^- = OH^-$、CN^-、MnO_4^-、I^-、F^-　等

冠醚分子内圈氧原子可与水形成氢键，故有亲水性。它的外圈都是碳氢键，又有亲脂性，因此它能将水相中的试剂包在内圈，将其带到有机相中从而加速非均相有机反应的速度。故冠醚可用作**相转移催化剂**(phase transfer catalyst)。

例如，卤代物与氰化钾水溶液混合，因为它们互不相溶，分为两相，难以发生反应。当加入 18-冠-6 后，冠醚先在水相与 K^+ 配合(K^+ 被包在内圈)，形成Ⓚ$^+$ CN^-。这一配合物进入有机相，由于与它成离子对的 CN^- 是完全游离的"自由"负离子，亲核性极大，使反应很快发生。其反应过程见图 10-2。

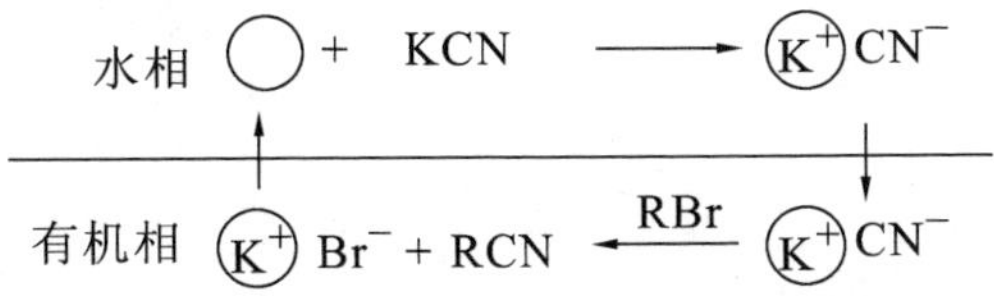

图 10-2　相转移催化反应示意图

相转移催化反应的选择性强，且产品纯度好，分离方便，因而用途广泛。但冠醚有毒，对皮肤及眼睛都有刺激作用，而且合成有一定难度，实际应用也受到某些限制。

10.7 硫醚

醚分子中的氧被硫代替形成的化合物称为**硫醚**(thioethers),通式为 R—S—R。硫醚是一些有特殊气味的液体,不溶于水,易溶于醇和醚等有机溶剂,其沸点比相应的醚高一些。其命名与醚相似,只是在醚字前加“硫”字。例如:

CH_3SCH_3	$CH_3CH_2SCH(CH_3)_2$
(二)甲硫醚	乙异丙硫醚
dimethyl thioether	ethyl isopropyl thioether

硫醚与浓硫酸可形成锍盐 $R_2\overset{+}{S}H[HSO_4^-]$。

硫醚经适当的氧化剂氧化,先生成亚砜,亚砜进一步氧化可得到砜。

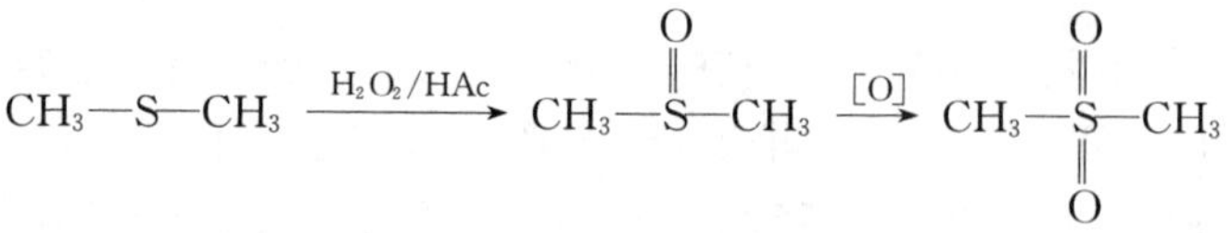

二甲亚砜(DMSO)　　二甲砜

二甲亚砜(DMSO)是亚砜中分子最小、最具代表性的一个化合物,是一个很好的非质子极性溶剂,能使许多双分子亲核取代反应的反应速度明显加快。但使用时要避免与皮肤接触,它会增加皮肤的通透性而把某些物质带入体内,利用这一性质可将二甲亚砜用作透皮吸收药物的促渗剂。

硫醚药物在体内代谢过程中可以被氧化成亚砜或砜。例如,抗精神失常药物硫利哒嗪经氧化代谢后生成亚砜化合物美索哒嗪,其活性提高一倍。

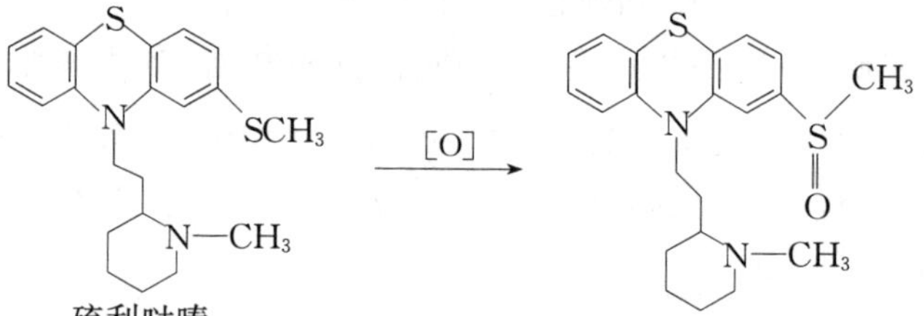

硫利哒嗪　　美索哒嗪

习　题

1. 命名下列化合物。

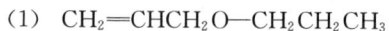

(1) CH_2═$CHCH_2O$—$CH_2CH_2CH_3$

(2)
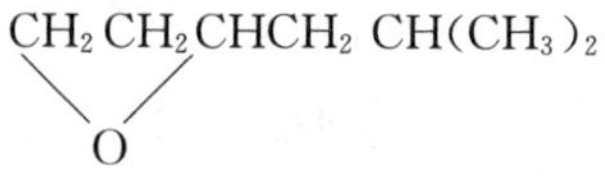

(3)
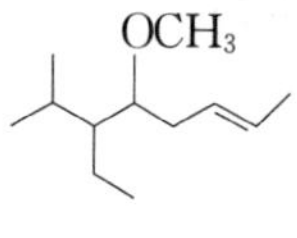

(4)
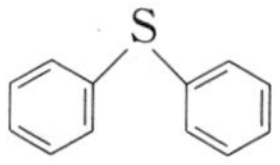

(5) $C_6H_5-OCH_3$

(6) $(CH_3O)_2C_6H_3-SO_3H$（CH_3O-，CH_3O）

2. 完成下列反应。

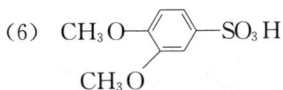

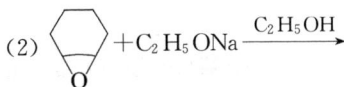

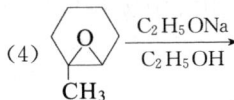

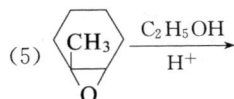

(1) $C_6H_5-O-CH_2CH_3 \xrightarrow[1\ mol]{HI}$

(2) 1,2-环氧环己烷 $+C_2H_5ONa \xrightarrow{C_2H_5OH}$

(3) CH_3CH-CH_2（O 桥连） $\xrightarrow{CH_3MgI} \xrightarrow[H^+]{H_2O}$

(4) 1-甲基-1,2-环氧环己烷（CH_3） $\xrightarrow[C_2H_5OH]{C_2H_5ONa}$

(5) 1-甲基-1,2-环氧环己烷（CH_3） $\xrightarrow[H^+]{C_2H_5OH}$

(6) $CH_3CH_2CH_2CH_2OCH_3 + HI(1\ mol) \longrightarrow$

3. 化合物 A 的化学式为 $C_5H_{10}O$，不溶于水，与溴的四氯化碳溶液和金属钠都不反应，和稀盐酸或稀氢氧化钠溶液反应，得化合物 B($C_5H_{12}O_2$)，B 经高碘酸氧化得甲醛和丁酮，试写出 A、B 的构造式及各步反应。

4. 给以下反应提出一个可能的机理。

$$CH_3-CH-CPh_2 \ (\text{O 桥连}) \xrightarrow{H^+} CH_3-\underset{\underset{O}{\|}}{C}-CHPh_2$$

5. 由指定原料合成下列化合物。

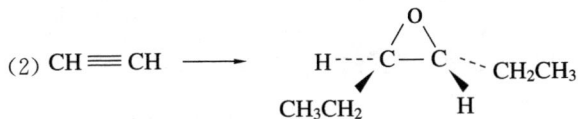

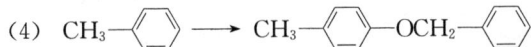

(1) $(CH_3)_2C{=}CH_2 \longrightarrow (CH_3)_3COCH_2CH(CH_3)_2$

(2) $CH\equiv CH \longrightarrow$ H---C—C---CH_2CH_3（O 桥连；CH_3CH_2，H）

(3) 由 $CH_2{=}CH_2 \longrightarrow CH_3CH_2CH_2CH_2OH$

(4) $CH_3-C_6H_5 \longrightarrow CH_3-C_6H_4-OCH_2-C_6H_5$

第11章　醛和酮

醛、酮都是含有羰基(carbonyl group)的化合物。**醛**(aldehydes)分子中,羰基分别与1个烃基和1个氢相连(甲醛中羰基与2个氢相连)。**酮**(ketones)分子中,羰基与2个烃基相连。其通式可表示为:

$$\underset{\text{羰基}}{-\overset{\overset{\Large O}{\|}}{C}-}\qquad\qquad \underset{\text{醛}}{(H)R-\overset{\overset{\Large O}{\|}}{C}-H}\qquad\qquad \underset{\text{酮}}{R-\overset{\overset{\Large O}{\|}}{C}-R'}$$

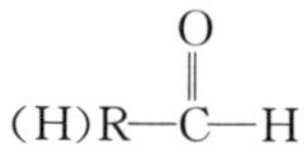

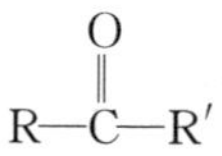

醛分子中的羰基称醛基($-\overset{\overset{O}{\|}}{C}-H$),可简写为—CHO;酮分子中的羰基称酮羰基,可简写为—CO—。

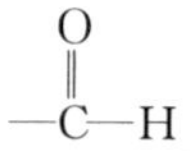

根据所连烃基不同,可将醛酮分为脂肪族醛、酮,芳香族醛、酮和脂环酮;根据烃基是否含有不饱和碳碳键又可分为饱和醛、酮和不饱和醛、酮;还可根据分子中所含羰基的数目分为一元醛、酮和二元醛、酮等。

11.1　醛、酮的命名

简单的醛、酮采用普通命名法。醛的普通命名法与醇相似,例如:

CH_3CHO	$CH_3CH_2CH_2CHO$	$CH_2{=}CHCHO$
乙醛	丁醛	丙烯醛
ethanal	butanal	acrylaldehyde

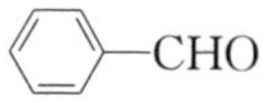

C_6H_5-CHO	$O_2N-C_6H_4-CHO$
苯甲醛	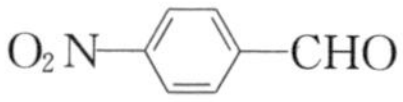 对硝基苯甲醛
benzaldehyde	*p* - nitrobenzaldehyde

酮则按羰基所连的2个烃基的名称来命名,将两个烃基的名称按英文字母顺序分别列出,然后加“甲酮”。羰基与苯环连接时,可称为某酰(基)苯。例如:

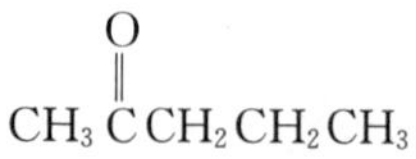

$CH_3\overset{\overset{O}{\|}}{C}CH_2CH_2CH_3$	$C_6H_5-\overset{\overset{O}{\|}}{C}-C_6H_5$	$C_6H_5-\overset{\overset{O}{\|}}{C}-CH_3$
甲(基)丙(基)(甲)酮	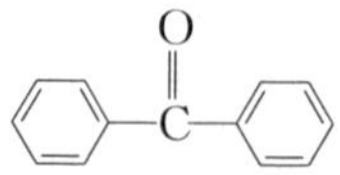 二苯(基)(甲)酮	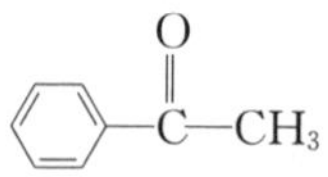 乙酰苯(习惯称苯乙酮)
methyl *n* - propyl ketone	diphenyl ketone	acetophenone

结构复杂的醛、酮采用系统命名法。选择含羰基的最长碳链为主链,从靠近羰基的一端开始编号,并标明酮羰基的位次。如主链上有取代基,将取代基的位号和名称写在“某

醛"或"某酮"的前面。例如：

$$\underset{\displaystyle CH_3\qquad\quad CH_2CH_3}{CH_3\overset{}{C}HCH_2\overset{}{C}HCHO}$$

2-乙基-4-甲基戊醛

2-ethyl-4-methylpentanal

$$CH_3CH_2\underset{\displaystyle O}{\overset{}{C}}\!-\!\underset{\displaystyle CH_3}{CH}CH_3$$

2-甲基戊-3-酮

2-methylpentan-3-one

$$CH_3CH{=}CH{-}\underset{\displaystyle CH_3}{CH}{-}\underset{\displaystyle O}{\overset{\|}{C}}{-}CH_3$$

3-甲基己-4-烯-2-酮

3-methylhex-4-en-2-one

$$C_6H_5{-}CH_2\underset{\displaystyle O}{\overset{\|}{C}}CH_2CH_3$$

1-苯基丁-2-酮

1-phenylbutan-2-one

脂环酮的羰基在环内，称环某酮；羰基在环外，则将环作取代基。例如：

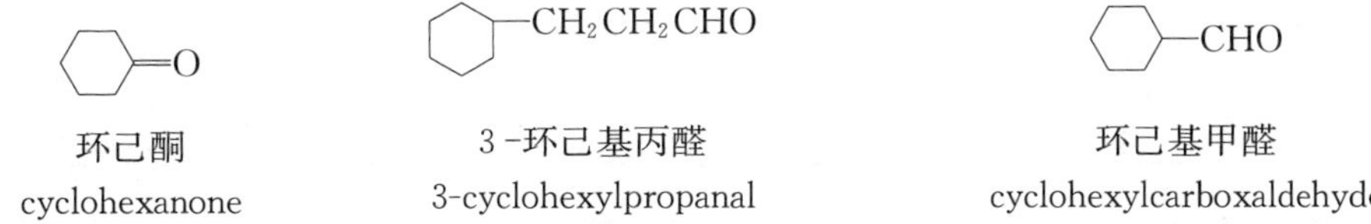

环己酮 cyclohexanone　　3-环己基丙醛 3-cyclohexylpropanal　　环己基甲醛 cyclohexylcarboxaldehyde

多元醛、酮的命名原则与多元醇相似，例如：

$OHCCH_2CHO$

丙二醛

propanedial

$$CH_3CO\underset{\displaystyle CH_2CH_3}{CH}COCH_2CH_3$$

3-乙基己-2,4-二酮

3-ethylhexane-2,4-dione

11.2　羰基的结构

羰基碳原子是 sp^2 杂化的，3 个 sp^2 杂化轨道处于同一平面。其中 1 个杂化轨道与氧原子形成 σ 键，另外 2 个 sp^2 杂化轨道分别与碳原子或氢原子形成 2 个 σ 键。未杂化的 p 轨道和氧原子的 p 轨道彼此重叠形成 π 键，并垂直于 3 个 σ 键所在的平面，因此羰基的碳氧双键是由 1 个 σ 键和 1 个 π 键组成的，如图 11-1 所示。

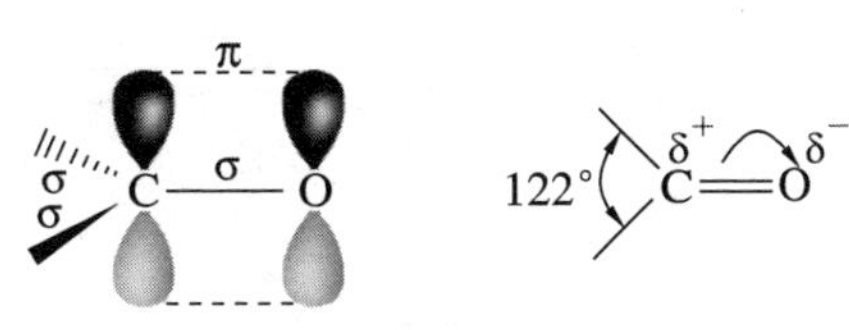

图 11-1　羰基的结构

由于氧原子的电负性比碳大，成键电子，尤其是 π 电子偏向于氧原子，氧原子带部分负电荷(δ^-)，碳原子带部分正电荷(δ^+)。所以，羰基是一个极性基团。羰基的极性是使它具有高度化学活性的一个重要原因。

11.3　醛、酮的物理性质

醛、酮分子间不能形成氢键，因此其沸点比相应的醇低得多，但比同碳数烃、醚的沸点高。醛酮的氧原子可以与水形成氢键，因此低级醛酮可以与水混溶，随着相对分子质量的增加，醛酮的水溶性减弱。常见醛、酮化合物的物理常数见表 11 - 1。

表 11 - 1　常见醛、酮化合物的物理常数

中文名	英文名	熔点/℃	沸点/℃
甲醛	formaldehyde	−92	−21
乙醛	acetaldehyde	−121	20
丙醛	propionaldehyde	−81	49
丁醛	*n* - butyraldehyde	−99	76
苯甲醛	benzaldehyde	−26	178
丙酮	acetone	−94	56
丁- 2 -酮	butan - 2 - one	−86	80
戊- 2 -酮	pentan - 2 - one	−78	102
戊- 3 -酮	pentan - 3 - one	−40	101
环己酮	cyclohexanone	−45	155
苯乙酮	acetophenone	21	202
苯丙酮	propiophenone	21	218

红外吸收光谱：羰基在 1 750～1 680 cm^{-1}之间有一个强的伸缩振动吸收峰，这是鉴别羰基化合物的特征峰。各类醛酮的羰基的吸收峰位置如下：

RCHO	1 725 cm^{-1}(强)	RCOR	1 710 cm^{-1}(强)
ArCHO	1 700 cm^{-1}(强)	ArCOR	1 690 cm^{-1}(强)
—C=C—CHO	1 685 cm^{-1}(强)	—C=C—C=O	1 675 cm^{-1}(强)

醛基中 C—H 键在 2 720 cm^{-1}的伸缩振动峰比较特征，可用于鉴别—CHO 的存在。

当羰基与双键共轭时，吸收峰向低波数位移；当与苯环共轭时，苯环在 1 600 cm^{-1}的吸收峰分裂为 2 个峰，即在 1 580 cm^{-1}又出现一个新的吸收峰。

图 11 - 2 是苯甲醛的红外光谱图。

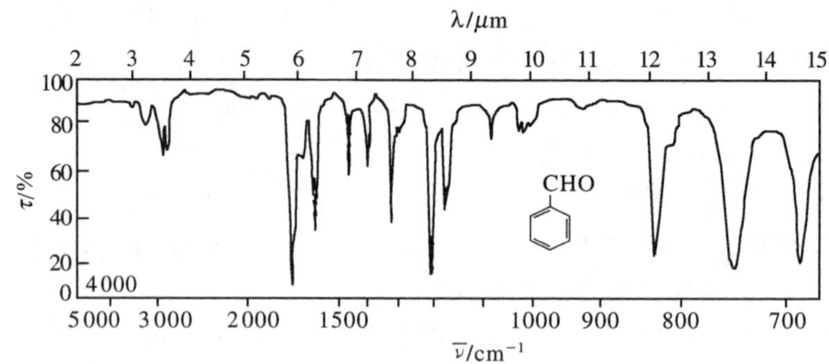

图 11 - 2　苯甲醛的红外光谱图

核磁共振氢谱：醛基(—CHO)中氢的化学位移值 δ 为 9～10，与羰基相连的 α -碳上氢的化学位移 δ 在 2～2.7 之间。图 11 - 3 是乙醛的核磁共振氢谱图。

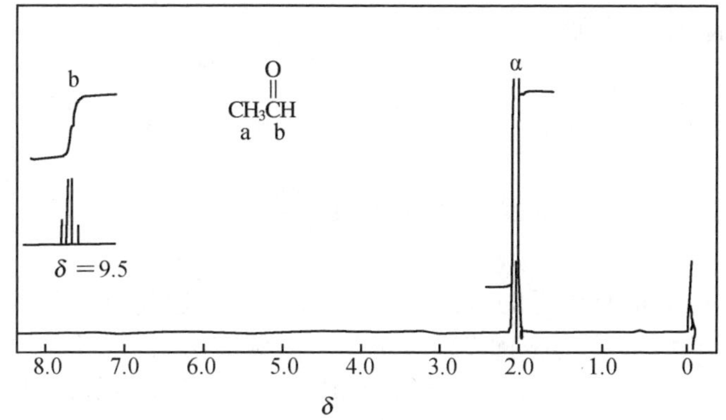

图 11-3　乙醛的核磁共振氢谱图

11.4　醛、酮的化学性质

由于羰基是 1 个极性不饱和基团，羰基碳带部分正电荷，容易受到一系列亲核试剂的进攻而发生加成反应，故醛酮的一大类重要反应是**亲核加成反应**(nucleophilic addition)。由于羰基的吸电子作用的影响，其 α-C 上的 α-H 比较活泼，涉及 α-H 的一些反应是醛、酮化学性质的重要组成部分。此外，醛、酮还可发生氧化、还原等反应。

11.4.1　亲核加成反应

1. 与氢氰酸的加成

醛、酮与 HCN 反应，生成 α-羟基腈(氰醇)。

$$\begin{array}{c}R\\ \diagdown\\ C{=}O\\ \diagup\\ (R')H\end{array} + HCN \longrightarrow \begin{array}{ccc}R & & OH\\ & \diagdown\ \diagup & \\ & C & \\ & \diagup\ \diagdown & \\ (R')H & & CN\end{array}$$

α-羟基腈

由于 HCN 有剧毒，所以在实验中常将醛、酮与 NaCN(或 KCN)水溶液混合，再慢慢向混合液中加入无机酸。例如：

$$\underset{CH_3CCH_3}{\overset{O}{\overset{\|}{}}} + NaCN \xrightarrow[10\sim20℃]{H_2SO_4} \begin{array}{ccc}H_3C & & OH\\ & \diagdown\ \diagup & \\ & C & \\ & \diagup\ \diagdown & \\ H_3C & & CN\end{array}$$

碱对醛、酮与氢氰酸的加成反应有很大的影响。例如，丙酮和 HCN 反应 3～4 小时，只有一半原料起作用，而加一滴 KOH 溶液则反应可在几分钟内完成。在大量酸存在下，放置几个星期也不起反应。上述反应的事实说明反应中进攻羰基的试剂可能是 CN^-，而不是 H^+。因为氢氰酸是弱酸，不易解离成 CN^-，加酸使 CN^- 变成氢氰酸(HCN)，会降低 CN^- 的浓度，而加碱有利于氢氰酸的解离，从而提高 CN^- 的浓度。由此推测，醛、酮与 HCN 的加成反应可能按如下的机理进行：

$$HCN \overset{快}{\rightleftharpoons} H^+ + CN^-$$

$$>C=O + CN^- \overset{慢}{\rightleftharpoons} >C(CN)-O^- \underset{快}{\overset{H-OH}{\rightleftharpoons}} >C(CN)-OH + OH^-$$

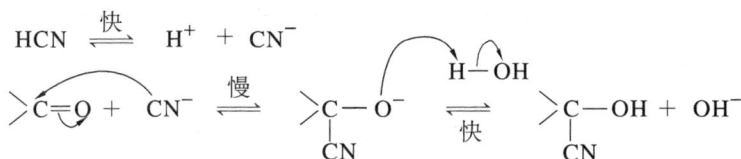

氧负离子与质子结合很快,对整个反应速度无影响。在这里,CN^- 进攻羰基是决定反应速度的步骤。

醛、酮与 HCN 的反应是可逆的,加少量碱可使平衡迅速建立。但当氰醇生成后,在蒸馏前必须加酸将碱除去,否则会使挥发性大的氢氰酸蒸馏出来,使平衡向左移动。

不是所有的醛、酮都能与 HCN 发生加成反应。只有醛、脂肪族甲基酮和 8 个碳以下的环酮能与 HCN 作用,说明不同结构的醛、酮的亲核加成反应的活性是不一样的。

羰基上的亲核加成反应的难易程度与羰基碳原子的正电性、亲核试剂的亲核能力及空间位阻等密切相关。在脂肪族醛、酮系列中的反应活性次序为:

$$\underset{甲醛}{H-\overset{O}{\overset{\|}{C}}-H} > \underset{醛}{R-\overset{O}{\overset{\|}{C}}-H} > \underset{甲基酮}{R-\overset{O}{\overset{\|}{C}}-CH_3} > \underset{酮}{R-\overset{O}{\overset{\|}{C}}-R'}$$

由此可以从两个方面来理解上述活性次序。① 电性因素。因为烷基是给电子基,与羰基相连后,将降低羰基碳原子上的正电性,因而不利于亲核加成反应。② 立体因素。当烷基与羰基相连后,不仅降低了羰基的正电性,同时也增大了空间位阻,也不利于亲核加成反应的进行。这两种作用都使醛的活性高于酮,甲醛的活性大于其他醛,而甲基酮的活性高于其他的酮。

在环酮中,单键的自由旋转相对受阻,成环的结果使羰基突出而具有较高的活性。

芳香醛、酮的活性主要考虑芳环上取代基的电性效应。芳环上的吸电子基团使羰基碳的正电性增加,活性增加;给电子基团使羰基碳正电性降低,活性减弱。例如:

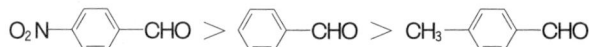

$$O_2N-C_6H_4-CHO > C_6H_5-CHO > CH_3-C_6H_4-CHO$$

上述醛、酮与 HCN 发生加成反应的活性规律也适合于醛、酮羰基的其他亲核性加成反应。

2. 与亚硫酸氢钠加成

醛、酮与饱和亚硫酸氢钠溶液(40%)反应,生成 α-羟基磺酸钠白色沉淀物。

$$\underset{H}{\overset{R}{>}}C=O + NaHSO_3 \rightleftharpoons \underset{H\quad SO_3Na}{\overset{R\quad OH}{C}}\downarrow 白色$$

α-羟基磺酸钠

由于硫的亲核性较强,反应不需催化剂就可以进行,生成的加成物 α-羟基磺酸钠是盐,溶于水,不溶于乙醚,也不溶于饱和亚硫酸氢钠溶液,而以沉淀析出。

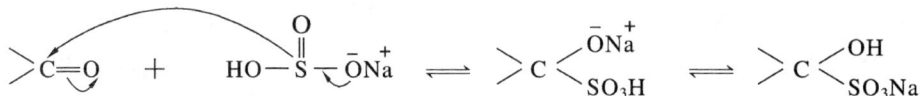

$$>C=O + HO-\overset{O}{\overset{\|}{S}}-\overset{-}{O}\overset{+}{Na} \rightleftharpoons >C\begin{matrix}\overset{-}{O}\overset{+}{Na}\\SO_3H\end{matrix} \rightleftharpoons >C\begin{matrix}OH\\SO_3Na\end{matrix}$$

醛、脂肪族甲基酮和 8 个碳以下的环酮可发生上述反应，根据反应现象可鉴别上述几类醛、酮。

由于 α－羟基磺酸钠在稀酸或稀碱中可分解为原来的醛、酮，因而可以用来分离纯化醛、酮。

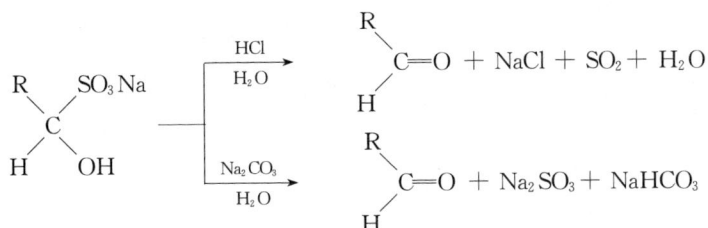

$$\mathrm{RCH(OH)SO_3Na} \xrightarrow[H_2O]{HCl} \mathrm{RCHO} + NaCl + SO_2 + H_2O$$

$$\mathrm{RCH(OH)SO_3Na} \xrightarrow[H_2O]{Na_2CO_3} \mathrm{RCHO} + Na_2SO_3 + NaHCO_3$$

此外，醛、酮与亚硫酸氢钠的加成产物与 NaCN 作用可制备 α－羟基腈，这样可避免使用 HCN 而带来的高危险性。例如：

$$\mathrm{(H_3C)_2C{=}O} + NaHSO_3 \rightleftharpoons \mathrm{(H_3C)_2C(OH)SO_3Na} \xrightarrow[H_2O]{NaCN} \mathrm{(H_3C)_2C(OH)CN}$$

3. 与水的加成

醛、酮与 H_2O 加成，生成偕二醇。

$$\mathrm{RCHO} \overset{H_2O}{\rightleftharpoons} \mathrm{RCH(OH)_2}$$

这是一个平衡反应，偕二醇是不稳定的，平衡主要偏向于反应物。

虽然甲醛在水溶液中几乎全部变为水合物，但不能把它分离出来，原因是在分离过程中很容易失水。其他醛、酮由于空间位阻及羰基碳正电性下降，形成偕二醇的比例都较低。

假如羰基和强的吸电子基团相连，使羰基碳上的正电性大大增加，可使平衡主要偏向于生成物。例如三氯乙醛易与水加成生成稳定的水合三氯乙醛，产物是一个结晶状固体，有镇静作用，曾作为安眠药使用。

$$\mathrm{Cl_3C{\leftarrow}CHO} \overset{H_2O}{\rightleftharpoons} \mathrm{Cl_3CCH(OH)OH}$$

三氯乙醛水合物

环丙酮分子变成水合物后张力有所降低，故它较容易生成水合物。茚三酮分子中 3 个羰基碳原子相连，正电荷相互排斥，分子位能高而不稳定；当形成水合物后，电荷间斥力变小，且能形成稳定的分子内氢键。因此，平衡主要偏向生成物一边。

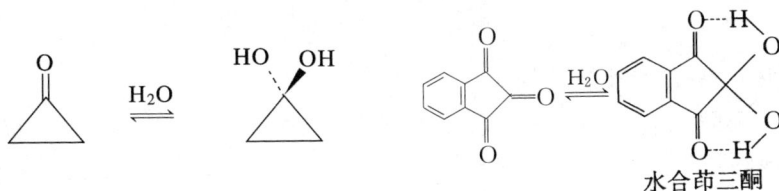

环丙酮 $\overset{H_2O}{\rightleftharpoons}$ 1,1-环丙二醇　　茚三酮 $\overset{H_2O}{\rightleftharpoons}$ 水合茚三酮

水合茚三酮

4. 与醇的加成

醛、酮在酸性催化剂，如干燥氯化氢气体或对甲苯磺酸的存在下，加1分子醇生成**半缩醛**(semiketal)或**半缩酮**(semiacetal)。半缩醛(酮)在酸性催化下能继续与另外1分子醇反应生成**缩醛(酮)**(ketal, acetal)。

$$\text{R(R')HC=O} \xrightleftharpoons{H^+/R''OH} \text{R(R')HC(OH)(OR'')} \xrightleftharpoons{H^+/R''OH} \text{R(R')HC(OR'')}_2$$

半缩醛(酮)　　缩醛(酮)

例如：

$$C_6H_5\text{—CHO} + 2C_2H_5OH \xrightarrow{\text{干 HCl}} C_6H_5\text{—CH(OC}_2H_5)_2$$

苯甲醛缩二乙醇

醛、酮与醇的加成需无水强酸或氯化氢气体来催化，酸中质子和羰基氧原子结合后使羰基碳原子的正电性增加，有利醇中氧原子的进攻，具体反应机理如下：

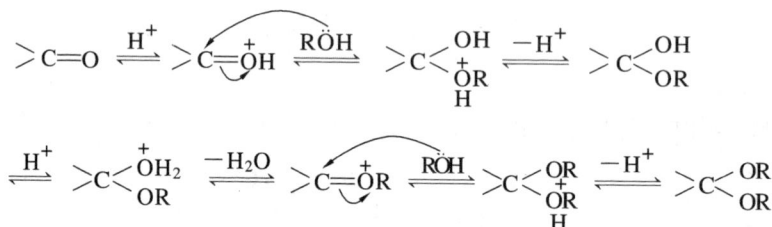

$$>C=O \xrightleftharpoons{H^+} >C=\overset{+}{O}H \xrightleftharpoons{R\ddot{O}H} >C<^{OH}_{\overset{+}{O}R(H)} \xrightleftharpoons{-H^+} >C<^{OH}_{OR}$$

$$\xrightleftharpoons{H^+} >C<^{\overset{+}{O}H_2}_{OR} \xrightleftharpoons{-H_2O} >C=\overset{+}{O}R \xrightleftharpoons{R\ddot{O}H} >C<^{OR}_{\overset{+}{O}R(H)} \xrightleftharpoons{-H^+} >C<^{OR}_{OR}$$

上述反应为可逆反应，缩醛(酮)是在酸催化(无水)条件下形成的，但可被稀酸分解成原来的醛(酮)。缩醛(酮)对碱和氧化剂是稳定的。在有机合成中，可以利用这个生成缩醛(酮)后再水解的反应来保护羰基。例如，将 CH_2 ═CHCHO 转化为 CH_2OHCHOHCHO，如果直接用 $KMnO_4$ 氧化时，虽然双键可被氧化成邻二醇，但分子中的醛基也会被氧化成羧基。因此可采用先将—CHO 做成缩醛保护后，再氧化。

$$CH_2=CHCHO \xrightarrow[\text{干 HCl}]{2C_2H_5OH} CH_2=CH-CH(OC_2H_5)_2$$

$$\xrightarrow[\text{冷、稀 }OH^-]{KMnO_4} \underset{OH}{CH_2}-\underset{OH}{CH}-CH(OC_2H_5)_2 \xrightarrow[H^+]{H_2O} \underset{OH}{CH_2}-\underset{OH}{CH}-CHO$$

酮和醇的反应比醛困难得多，平衡偏向于酮的一边。如丙酮和乙醇发生加成，到达平衡时只有2%缩酮生成。因此缩酮的制备常用乙二醇代替一元醇，并设法将生成的水除去，使平衡向生成物方向移动。例如：

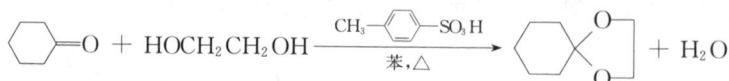

$$\text{环己酮} + HOCH_2CH_2OH \xrightarrow[\text{苯},\triangle]{CH_3-C_6H_4-SO_3H} \text{环己酮乙二醇缩酮} + H_2O$$

5. 与氨(胺)及氨的衍生物的加成

醛、酮与一级胺(见14章)发生亲核加成反应，加成失去1分子水生成亚胺，亚胺又称**席夫碱**(Schiff's base)。

$$>C=O + H_2\ddot{N}-R \rightleftharpoons >C<^{O^-}_{\overset{+}{N}H_2R} \rightleftharpoons >C<^{OH}_{NHR} \xrightarrow{-H_2O} >C=NR$$

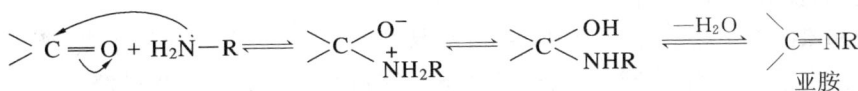

亚胺

反应经过加成-消除过程。通常脂肪族亚胺不稳定，很容易分解。芳香族亚胺较稳定，可分离得到。例如：

$$C_6H_5-CHO + H_2N-C_6H_5 \longrightarrow \left[C_6H_5-CH(OH)-NH-C_6H_5\right] \longrightarrow C_6H_5-CH=N-C_6H_5$$

席夫碱经稀酸水解可恢复成芳醛和伯胺，故利用该性质可保护醛基。席夫碱经还原还可制得仲胺。

醛、酮与仲胺发生反应，中间产物也不稳定。由于醇胺氮原子上无氢原子存在，不可能按与伯胺反应的方式脱水，但如果羰基化合物具有 α－H，则能与羟基脱水生成**烯胺**(enamine)。

$$-\underset{H}{C}-C=O + HNR_2 \longrightarrow -\underset{H}{C}-\underset{OH}{C}-NR_2 \xrightarrow{-H_2O} >C=C-NR_2$$

烯胺

反应通常在酸催化下进行，为使反应完全，需要将水从反应体系中分离出去。

许多氨的衍生物(用通式 G—NH_2 表示)可与醛、酮发生亲核加成反应，加成产物脱水后形成含有 $>C=N-$ 键的化合物，可用通式表示：

$$\begin{matrix}R \\ (R')H\end{matrix}>C=O + H_2N-G \xrightarrow{-H_2O} \begin{matrix}R \\ (R')H\end{matrix}>C=N-G$$

常用的氨的衍生物以及与醛、酮加成产物的结构、名称如下：

$>C=O$ ＋

- NH_2OH 羟胺 → $>C=NOH$ 肟
- NH_2NH_2 肼 → $>C=NNH_2$ 腙
- $O_2N-C_6H_3(NO_2)-NHNH_2$ 2，4-二硝基苯肼 → $>C=NNH-C_6H_3(NO_2)-NO_2$ 2，4-二硝基苯腙
- $NH_2NHCONH_2$（$NH_2NH\overset{O}{\overset{\|}{C}}NH_2$）氨基脲 → $>C=NNH\overset{O}{\overset{\|}{C}}NH_2$ 缩氨脲

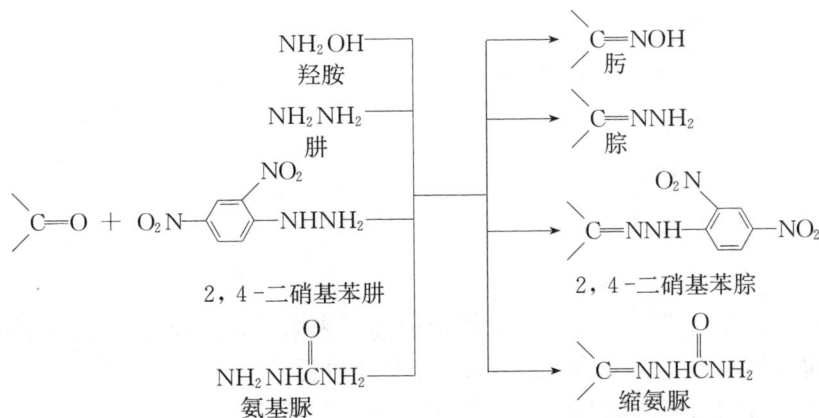

反应在弱酸性条件下进行，酸的作用是可使羰基质子化($>C=\overset{+}{O}H$)，以提高羰基的活性(但酸性不能太强，因为在强酸性条件下 H_2NG 接受质子转变为 $H_3\overset{+}{N}G$，会丧失活性)，酸

对加成产物的脱水也有催化作用。

醛、酮和氨的衍生物的加成产物大部分是易结晶的固体，有固定的熔点，所以经常用来鉴别醛、酮。由于这些加成产物在酸性条件下很容易水解回复到原来的醛、酮，所以还可以用来提纯醛、酮化合物。这些氨的衍生物常被称为**羰基试剂**。

6. 与金属有机物的加成

格氏试剂分别与甲醛、其他醛和酮反应可制备一级醇、二级醇及三级醇。例如：

$$C_6H_5-CH_2MgBr \xrightarrow[\text{乙醚}]{HCHO} \xrightarrow[H^+]{H_2O} C_6H_5-CH_2CH_2OH \qquad 1°\text{醇}$$

$$C_6H_5-CH_2MgBr \xrightarrow[\text{乙醚}]{CH_3CHO} \xrightarrow[H^+]{H_2O} C_6H_5-CH_2CH(OH)CH_3 \qquad 2°\text{醇}$$

$$C_6H_5-CH_2MgBr \xrightarrow[\text{乙醚}]{CH_3COCH_3} \xrightarrow[H^+]{H_2O} C_6H_5-CH_2C(OH)(CH_3)_2 \qquad 3°\text{醇}$$

用格氏反应方法合成醇，可增长碳链，是实验室制备醇的常用方法。用格氏反应合成2°醇及3°醇时，选用不同的格氏试剂及醛、酮，可能有2种或2种以上的合成途径，可根据具体情况，综合考虑原料价格、是否易得及操作的方便性等多种因素，选择一条较优的路线。

例如：合成 $C_6H_5-C(CH_3)(OH)-CH_2CH_3$ 。

在这里欲合成的是一个叔醇，可以确定应该由格氏试剂和酮反应，从叔醇的中心碳周围分别画虚线a、b、c，可以得到3种组合方式：

第一种：$C_6H_5-C(CH_3)(OH) \overset{a}{\vdots} CH_2CH_3 \Rightarrow C_6H_5-CO-CH_3 + CH_3CH_2MgBr$

第二种：$C_6H_5-C(\overset{b}{\vdots}CH_3)(OH)-CH_2CH_3 \Rightarrow C_6H_5-CO-CH_2CH_3 + CH_3MgI$

第三种：$C_6H_5 \overset{c}{\vdots} C(CH_3)(OH)-CH_2CH_3 \Rightarrow C_6H_5-MgBr + CH_3-CO-CH_2CH_3$

由这3种组合方式所导出的3条合成路线中，看来第一条比较好，因为它所用的原料苯乙酮和溴乙烷比较易得。当然，第二条、第三条也是可行的。

利用羰基化合物与格氏试剂的反应，可有效地增长碳链。

有机锂化合物和醛、酮反应也可制得醇。例如：

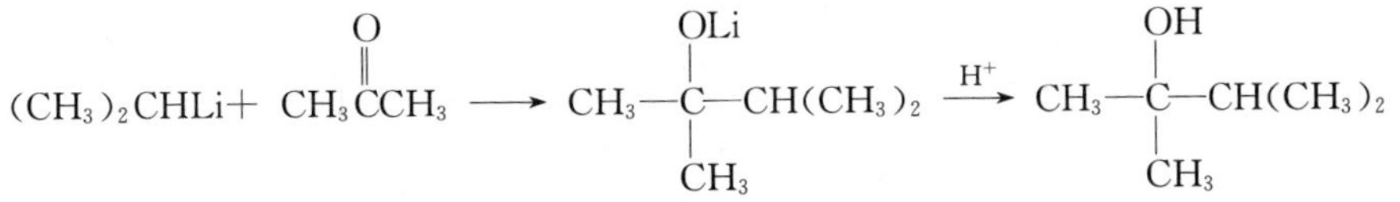

$$(CH_3)_2CHLi + CH_3\overset{O}{\overset{\|}{C}}CH_3 \longrightarrow CH_3-\underset{CH_3}{\overset{OLi}{C}}-CH(CH_3)_2 \xrightarrow{H^+} CH_3-\underset{CH_3}{\overset{OH}{C}}-CH(CH_3)_2$$

金属炔化合物也是一种很强的亲核试剂，通过和醛、酮加成可在分子中引入—C≡C—R。例如：

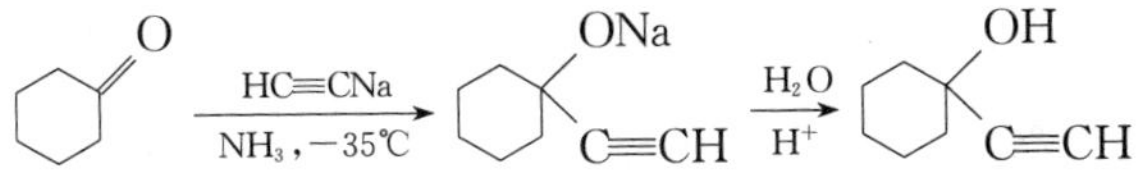

$$\text{环己酮} \xrightarrow[NH_3,\ -35℃]{HC\equiv CNa} \text{1-(ONa)-1-(C}\equiv\text{CH)环己烷} \xrightarrow[H^+]{H_2O} \text{1-(OH)-1-(C}\equiv\text{CH)环己烷}$$

11.4.2　α－H的反应

羰基使 α－C 上的氢原子具有较大的活性。从丙烯、乙炔及丙酮的 pK_a 值可以看出，醛、酮的 α－H 的酸性比炔氢还强。

	$CH_2=CHCH_3$	$HC\equiv CH$	$CH_3\overset{O}{\overset{\|}{C}}CH_3$
pK_a	～38	25	20

这是由于 α－C 上 C—H σ 键和羰基 π 键之间的超共轭作用的结果。这种情况与丙烯类似，但醛、酮中由于氧的电负性比碳大得多，超共轭效应也比烯烃大得多。

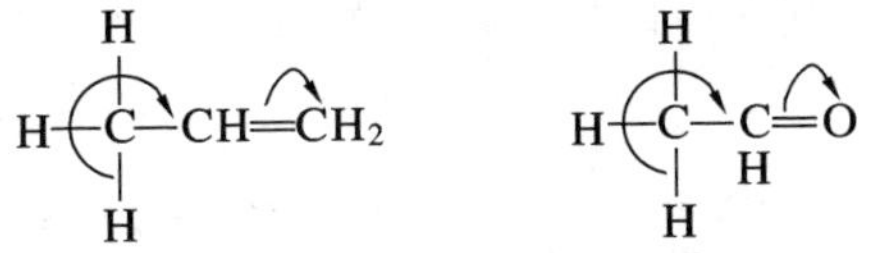

$$H-\underset{H}{\overset{H}{C}}-CH=CH_2 \qquad H-\underset{H}{\overset{H}{C}}-\underset{H}{C}=O$$

作为一种弱酸，醛、酮的 α－H 解离后生成的相应负离子(共轭碱)可通过电子离域作用而得到稳定。例如：

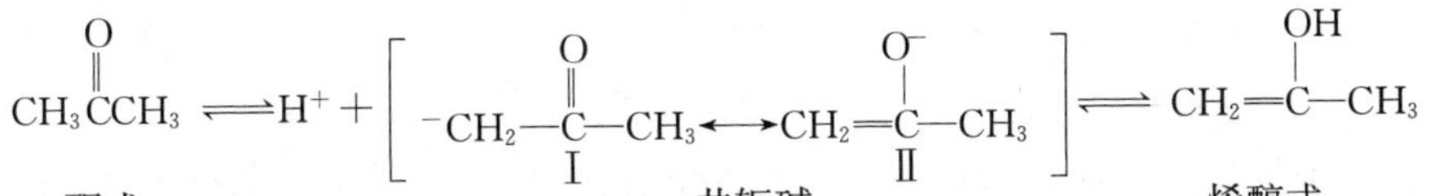

$$\underset{\text{酮式}}{CH_3\overset{O}{\overset{\|}{C}}CH_3} \rightleftharpoons H^+ + \underset{\text{共轭碱}}{\left[\ {}^-CH_2-\underset{\text{I}}{\overset{O}{\overset{\|}{C}}}-CH_3 \longleftrightarrow CH_2=\underset{\text{II}}{\overset{O^-}{C}}-CH_3\ \right]} \rightleftharpoons \underset{\text{烯醇式}}{CH_2=\overset{OH}{C}-CH_3}$$

共轭碱是 2 个极限式 Ⅰ 和 Ⅱ 的共振杂化体，其负电荷分布在 α－C 和氧这 2 个原子上；极限式 Ⅱ 对杂化体的贡献较大，因为氧承受负电荷的能力比碳大。

从上式可以看出，当质子与共轭碱重新结合时，若与 α－C 结合，则得到酮；若与氧原子结合，则得到烯醇。酮和烯醇互为异构体，它们可以通过共轭碱互变并达到平衡。

对于一元醛、酮来说，酮式能量比烯醇低 46～59 kJ/mol(因为 C=O 键能比 C=C 键能大)，所以酮式-烯醇式平衡主要偏向酮式一边，例如丙酮中烯醇式含量仅为 0.01%。

简单醛、酮中烯醇式含量虽然低，但在很多情况下，醛、酮都是以烯醇式参加反应。当烯醇式与试剂作用后，平衡向右移动，酮式不断地转化成烯醇式，直到醛、酮全部作用完为止。酸或碱可以使酮式-烯醇式迅速达到平衡，故常以酸或碱催化。

1. 卤代反应和卤仿反应

醛、酮在酸或碱催化下与卤素反应，α－H 可被卤素取代。如果醛、酮的 α－C 上不止 1 个 α－H 时，用酸催化，控制好反应条件可得一卤代物。例如：

$$CH_3\overset{O}{\overset{\|}{C}}CH_3 + Br_2 \xrightarrow{CH_3COOH} CH_3\overset{O}{\overset{\|}{C}}CH_2Br + HBr$$

$$\text{环己酮} + Cl_2 \xrightarrow{H_2O} \text{2-氯环己酮} + HCl$$

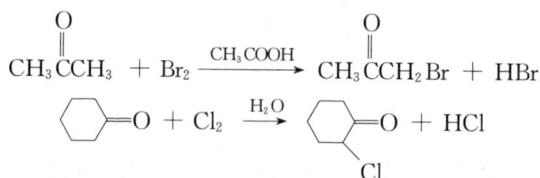

醛、酮在酸催化下的卤代反应是通过烯醇进行的，其中烯醇的生成是反应速度决定步骤。

$$-\overset{O}{\overset{\|}{C}}-\underset{H}{\overset{|}{C}}- \overset{H^+}{\rightleftharpoons} -\overset{\overset{+}{O}H}{\overset{\|}{C}}-\underset{H}{\overset{|}{C}}- \overset{慢}{\rightleftharpoons} -\overset{OH}{\overset{|}{C}}=\overset{|}{C}- \xrightarrow[-X^-]{X-X}$$

$$-\overset{\overset{+}{O}H}{\overset{\|}{C}}-\underset{X}{\overset{|}{C}}- \overset{-H^+}{\rightleftharpoons} -\overset{O}{\overset{\|}{C}}-\underset{X}{\overset{|}{C}}-$$

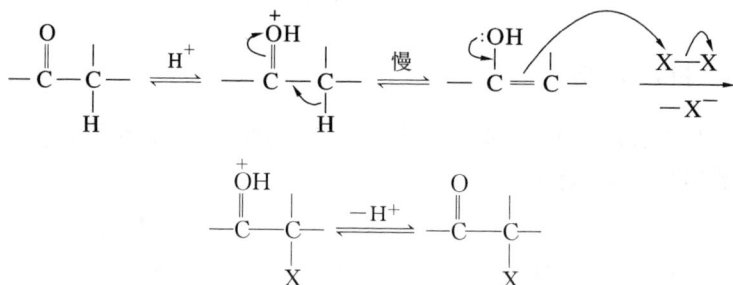

当 α-位引入卤原子后，由于卤原子是个电负性较大的取代基，这使羰基上的碳氧 π 电子云向碳原子方向移动，氧原子的电荷密度降低，再质子化变得困难，从而形成烯醇的速度变慢。控制好反应条件，酸催化下的卤代反应可停留在一卤代阶段。

若用碱催化，反应不易控制在一卤代阶段。例如：

$$(CH_3)_2CH\overset{O}{\overset{\|}{C}}CH_3 + Br_2 \xrightarrow{NaOH} (CH_3)_2CH\overset{O}{\overset{\|}{C}}CBr_3$$

碱催化下的卤代反应是通过烯醇负离子进行的。

$$-\overset{O}{\overset{\|}{C}}-\underset{H}{\overset{|}{C}}- \xrightarrow{OH^-} -\overset{O^-}{\overset{|}{C}}=\overset{|}{C}- \xrightarrow{X-X} -\overset{O}{\overset{\|}{C}}-\underset{X}{\overset{|}{C}}- + X^-$$

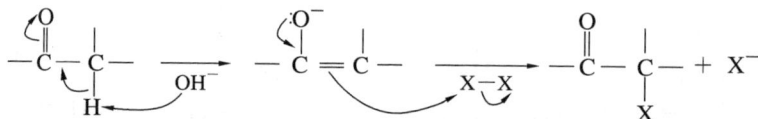

由于卤原子的吸电子诱导效应，α-卤代醛酮中 α-C 上氢原子的酸性更强，因此第二个氢被卤代的速度比未被取代前更快。

乙醛和甲基酮在碱性条件下卤代，甲基上的 3 个氢原子将全部被卤素取代。所生成的三卤代醛、酮在碱性条件下不稳定，羰基易受到 OH^- 的进攻引起 C—C 键断裂，生成三卤甲烷(卤仿)和羧酸盐，这种反应称**卤仿反应**(haloform reaction)。

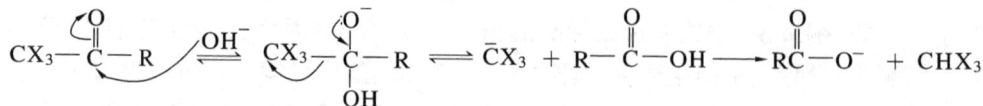

$$CX_3-\overset{O}{\overset{\|}{C}}-R \overset{OH^-}{\rightleftharpoons} CX_3-\underset{OH}{\overset{O^-}{\overset{|}{C}}}-R \rightleftharpoons \bar{C}X_3 + R-\overset{O}{\overset{\|}{C}}-OH \longrightarrow R\overset{O}{\overset{\|}{C}}-O^- + CHX_3$$

卤素在碱性条件下实际上形成次卤酸盐，所以卤仿反应也可用次卤酸钠和醛、酮作用。例如：

$$CH_3\overset{O}{\overset{\|}{C}}CH_3 \xrightarrow{NaOI} CH_3\overset{O}{\overset{\|}{C}}ONa + CHI_3\downarrow$$

碘仿为黄色固体，不溶于反应液，因此可利用**碘仿反应**来鉴别乙醛、甲基酮化合物。但要注意的是，由于次卤酸钠也是一种氧化剂，它可将 α－C 上连有甲基的仲醇 $CH_3CH(OH)-H(R)$ 氧化成相应的羰基化合物 $CH_3-C(=O)-H(R)$，故这些醇类化合物也能发生碘仿反应，碘仿反应也可用于该类醇的定性鉴别。

$$CH_3CH(OH)-H(R) \xrightarrow{NaOX} CH_3C(=O)-H(R) \xrightarrow{NaOX} CHX_3 + (R)H-COOH$$

利用卤仿反应，可以甲基酮为原料制备少 1 个碳的羧酸。如：

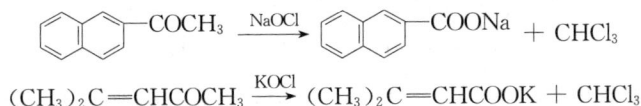

$$C_{10}H_7-COCH_3 \xrightarrow{NaOCl} C_{10}H_7-COONa + CHCl_3$$

$$(CH_3)_2C{=}CHCOCH_3 \xrightarrow{KOCl} (CH_3)_2C{=}CHCOOK + CHCl_3$$

2. 羟醛缩合反应

含有 α－H 的醛在酸或碱催化下与另外 1 分子醛发生加成反应形成 β-羟基醛，该反应称**羟醛缩合反应**（aldol condensation）。例如，2 分子乙醛在稀碱存在下缩合生成 β-羟基丁醛。

$$CH_3C(=O)-H + CH_3-C(=O)-H \xrightarrow[5℃]{10\%NaOH} CH_3CH(OH)-CH_2C(=O)-H$$

碱催化下羟醛缩合反应按以下机理进行：

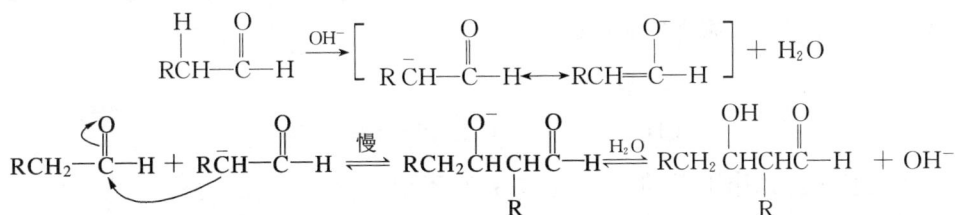

$$RCH(H)-C(=O)-H \xrightarrow{OH^-} \left[R\overset{-}{C}H-C(=O)-H \longleftrightarrow RCH{=}C(O^-)-H \right] + H_2O$$

$$RCH_2-C(=O)-H + R\overset{-}{C}H-C(=O)-H \underset{}{\overset{慢}{\rightleftharpoons}} RCH_2CH(O^-)CH(R)C(=O)-H \overset{H_2O}{\rightleftharpoons} RCH_2CH(OH)CH(R)C(=O)-H + OH^-$$

1 分子含 α－H 的醛在稀碱作用下生成负离子，它是烯醇负离子和碳负离子两种极限式的共振杂化体（虽然氧负离子比碳负离子稳定，但在很多情况下，亲核试剂是以碳负离子形式参与反应，为方便起见，本书均以碳负离子形式表示）；碳负离子对另外 1 分子醛羰基进行亲核加成生成氧负离子；氧负离子从水中夺取质子生成羟醛缩合产物 β-羟基醛。

室温下，用稀 NaOH 或 $Ca(OH)_2$ 处理醛溶液就可以得到 β-羟基醛。β-羟基醛在加热时容易发生脱水反应生成 α，β-不饱和醛。

$$CH_3CH(OH)-CH(H)-C(=O)-H \xrightarrow{\triangle} CH_3CH{=}CHC(=O)-H$$

随着醛相对分子质量的增大，室温下生成 β-羟基醛的速度越来越慢，需升高反应温度或增大碱的浓度，这样就容易使羟基脱水成 α，β-不饱和醛。

醛在酸性条件下也可发生羟醛缩合。反应时，首先质子和羰基氧结合增加了羰基的极性，另外酸的作用促使烯醇式的生成，其反应过程如下：

$$H-\overset{\displaystyle H}{\underset{\displaystyle H}{C}}-\overset{\displaystyle O}{\overset{\|}{C}}-H \underset{}{\overset{H^+}{\rightleftharpoons}} H-\overset{\displaystyle H}{\underset{\displaystyle H}{C}}-\overset{\displaystyle \overset{+}{O}H}{\overset{\|}{C}}-H \overset{-H^+}{\rightleftharpoons} H-\underset{\displaystyle H}{C}=\overset{\displaystyle OH}{C}-H \longleftrightarrow \overset{-}{C}H_2-CH=\overset{+}{O}H$$

$$H_3C-\overset{\displaystyle \overset{+}{O}H}{\overset{\|}{C}}-H + \overset{-}{C}H_2-CH=\overset{+}{O}H \longrightarrow CH_3-\overset{\displaystyle OH}{CH}-CH_2-\overset{\displaystyle \overset{+}{O}H}{\overset{\|}{C}}-H \overset{-H^+}{\rightleftharpoons}$$

$$CH_3-\overset{\displaystyle OH}{CH}CH_2\overset{\displaystyle O}{\overset{\|}{C}}-H \xrightarrow{\triangle} CH_3CH=CH-\overset{\displaystyle O}{\overset{\|}{C}}-H$$

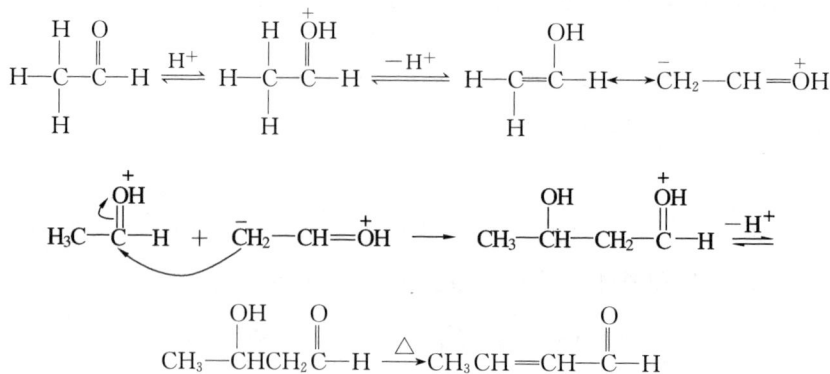

从反应机理可以看出，醛要进行羟醛缩合反应，分子中必须含有 α－H(否则无法生成碳负离子亲核试剂)。若只有 1 个 α－H，缩合产物不能进一步脱水，只能得到 β－羟基醛。若有 2 个 α－H，缩合产物可进一步脱水得到 α,β－不饱和醛。

酮也能发生羟醛缩合反应，但比醛困难。如丙酮在室温下与氢氧化钡作用只得到 5％的缩合产物双丙酮醇。

$$CH_3\overset{\displaystyle O}{\overset{\|}{C}}-CH_3 + CH_3\overset{\displaystyle O}{\overset{\|}{C}}CH_3 \overset{Ba(OH)_2}{\rightleftharpoons} (CH_3)_2\overset{\displaystyle OH}{C}-CH_2\overset{\displaystyle O}{\overset{\|}{C}}CH_3$$

采用特殊的反应装置，如索氏提取器可使生成的双丙酮醇离开平衡体系，反应向生成物方向不断进行，产率可达 70％左右。而在酸性交换树脂存在下，可使产物双丙酮醇快速脱水生成 α,β－不饱和酮，缩合反应可进行完全。

$$2CH_3\overset{\displaystyle O}{\overset{\|}{C}}CH_3 \xrightarrow{H^+} (CH_3)_2C=CHCOCH_3$$

某些酮在叔丁醇铝作用下，加热可生成 α,β－不饱和酮。

羟醛缩合反应不仅可在分子间进行，双羰基化合物还可发生分子内的羟醛缩合反应，生成环状化合物。这是合成含 5～7 元环状化合物的常用方法之一。例如：

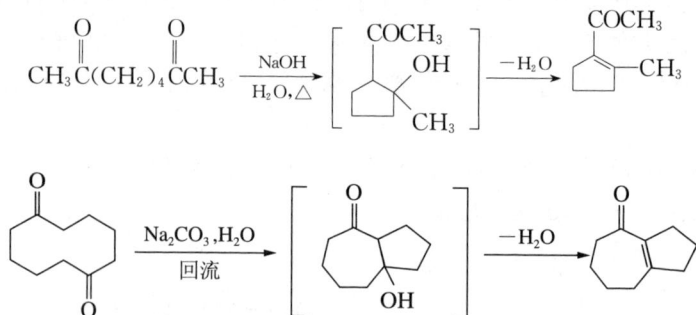

$$CH_3\overset{\displaystyle O}{\overset{\|}{C}}(CH_2)_4\overset{\displaystyle O}{\overset{\|}{C}}CH_3 \xrightarrow[H_2O,\triangle]{NaOH} [\text{1-乙酰基-2-羟基-2-甲基环戊烷}] \xrightarrow{-H_2O} \text{1-乙酰基-2-甲基环戊烯}$$

$$\text{环癸-1,6-二酮} \xrightarrow[\text{回流}]{Na_2CO_3,H_2O} [\text{羟基双环酮}] \xrightarrow{-H_2O} \text{双环烯酮}$$

若 2 个不同的均有 α－H 的醛、酮分子之间发生羟醛缩合反应，可生成 4 个缩合产物，反应复杂，因而实用意义不大。但是，若用 1 个不含 α－H 的醛(提供羰基)和另外 1 个含 α－H 的醛、酮(提供烯醇负离子)进行**交叉羟醛缩合**，产物就较单一。利用此反应可得到增加一个或几个碳原子的醛、酮化合物。例如：

$$3HCHO + CH_3CHO \xrightarrow{Ca(OH)_2} (HOCH_2)_3CCHO$$

$$C_6H_5CHO + CH_3CHO \xrightarrow[50℃]{NaOH} C_6H_5CH{=}CHCHO$$

反应时，为了减少含 α－H 的醛（或酮）的自身缩合，可以先加入无 α－H 的醛和碱，再滴入含 α－H 的醛、酮，以使其负离子形成后即和无 α－H 的醛反应。

芳香醛与含有 α－H 的脂肪醛酮进行交叉羟醛缩合反应，称**克莱森－施密特缩合**（Claisen-Schmidt condensation）。缩合反应中生成的 β－羟基醛（酮）极易脱水，产物通常是 α，β－不饱和醛酮。例如：

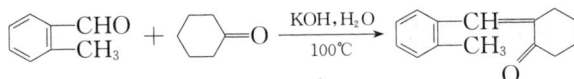

$$o\text{-}CH_3C_6H_4CHO + \text{环己酮} \xrightarrow[100℃]{KOH, H_2O} o\text{-}CH_3C_6H_4CH{=}\text{(2-亚甲基环己酮)}$$

产物烯烃有顺、反异构体时，以较稳定的反式异构体为主。

$$C_6H_5CHO + CH_3\overset{O}{\overset{\|}{C}}CH_3 \xrightarrow[25\sim30℃]{10\%NaOH} \underset{H}{\overset{H_5C_6}{}}C{=}C\underset{COCH_3}{\overset{H}{}}$$

羟醛缩合在有机合成中是增长碳链的重要方法，可以合成各种结构的 α，β－不饱和醛、酮；如果不脱水，则可得到某些羟醛类型的化合物，而且在这些产物中含有双键、羰基、羟基，通过这些官能团的转化又可以制备很多其他有用的化合物，所以羟醛缩合在有机合成中有着极其广泛的应用。例如，工业上利用丁醛缩合制备 2－乙基己－1，3－二醇和 2－乙基己－1－醇。

$$CH_3CH_2CH_2CHO \xrightarrow{OH^-} CH_3CH_2CH_2\underset{OH}{CH}\underset{CH_2CH_3}{CH}CHO \xrightarrow{H_2, Ni} CH_3CH_2CH_2\underset{OH}{CH}\underset{CH_2CH_3}{CH}CH_2OH$$

$$CH_3CH_2CH_2CHO \xrightarrow[\triangle]{OH^-} CH_3CH_2CH_2CH{=}\underset{CH_2CH_3}{C}CHO \xrightarrow{H_2, Ni} CH_3CH_2CH_2CH_2\underset{CH_2CH_3}{CH}CH_2OH$$

11.4.3　氧化反应

醛、酮性质上的差异反映在氧化反应上非常显著，醛比酮容易被氧化。醛很容易被氧化成酸，高锰酸钾、重铬酸钾为常用的氧化剂。例如：

$$CH_3(CH_2)_5CHO \xrightarrow[20℃]{KMnO_4/H_2SO_4/H_2O} CH_3(CH_2)_5COOH$$

醛基在芳环侧链上时，氧化条件不能剧烈，否则芳环侧链断裂成苯甲酸。

$$C_6H_5CH_2CHO \xrightarrow{\text{冷、稀 } KMnO_4} C_6H_5CH_2COOH$$

氧化银是一种温和氧化剂，可使醛氧化成酸，分子中的双键等不饱和键不受影响。例如：

$$\text{4-HO-3-}CH_3O\text{-}C_6H_3\text{-}CHO \xrightarrow{Ag_2O/NaOH/H_2O} \xrightarrow{HCl} \text{4-HO-3-}CH_3O\text{-}C_6H_3\text{-}COOH$$

醛还可被较弱的氧化剂氧化。例如,**杜伦试剂**(Tollens reagent,氢氧化银氨溶液)、**斐林试剂**(Fehling reagent,硫酸铜与酒石酸钾钠的碱溶液混合而成)可将醛氧化成相应的羧酸,而酮则不被氧化。利用这两个试剂可区别醛和酮。

$$R-\overset{\overset{\displaystyle O}{\|}}{C}-H + 2Ag(NH_3)_2OH \longrightarrow RCOONH_4 + 2Ag\downarrow + 3NH_3 + H_2O$$

醛与杜伦试剂作用,银离子被还原为金属银,若反应在洁净光滑的玻璃器皿中进行,金属银粒沉积在玻璃表面壁上形成一层银镜,故该反应又称**银镜反应**。

脂肪醛与斐林试剂反应生成砖红色的氧化亚铜沉淀,而芳香醛不与斐林试剂作用。因此,利用斐林试剂可区别脂肪醛和芳香醛。

$$RCHO + Cu^{2+} + NaOH + H_2O \longrightarrow RCOONa + Cu_2O\downarrow + H^+$$

酮与稀的高锰酸钾溶液不发生反应,但在剧烈条件下或用强氧化剂硝酸氧化时,可发生碳键断裂,往往生成比较复杂的混合物,无合成意义。但环酮由于产物单一,可用于制备某些酸。例如,工业上利用环己酮氧化来制备己二酸。

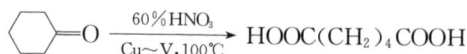

$$\text{环己酮}(C_6H_{10}{=}O) \xrightarrow[\text{Cu}\sim\text{V},100^\circ\text{C}]{60\%\ HNO_3} HOOC(CH_2)_4COOH$$

11.4.4 还原反应

采用不同的还原剂,可将醛、酮分子中的羰基还原成醇羟基或亚甲基。

1. 羰基还原为醇羟基

利用催化氢化法或金属氢化物可将醛还原为伯醇,而酮则被还原为仲醇。

(1) 催化氢化　醛、酮在常用催化剂镍、铂、钯存在下加氢,可被还原为相应的醇,当分子中含有其他不饱和基团,如 C═C、C≡C、NO_2、CN 等时,同时被还原。例如:

$$CH_3CH{=}CHCHO \xrightarrow{H_2,Pt} CH_3CH_2CH_2CH_2OH$$

$$C_6H_{11}-COCH_3 \xrightarrow[Ni]{H_2} C_6H_{11}-\underset{\underset{\displaystyle OH}{|}}{CH}CH_3$$

(2) 金属氢化物还原　醛、酮用金属氢化物还原,羰基被还原为醇羟基,而分子中的不饱和双键或叁键不受影响。

$$CH_3CH{=}CHCH_2CH_2CHO + LiAlH_4 \xrightarrow[\triangle]{\text{乙醚}} \xrightarrow{H_3O^+} CH_3CH{=}CHCH_2CH_2CH_2OH$$

$$\text{环己酮}(C_6H_{10}{=}O) \xrightarrow[C_2H_5OH]{NaBH_4} C_6H_{11}-OH$$

$LiAlH_4$ 还原能力强,但极易水解,因此反应要在绝对无水条件下进行。其还原机理为负氢离子作为亲核试剂,与羰基进行亲核加成反应,形成醇盐,水解后得醇。

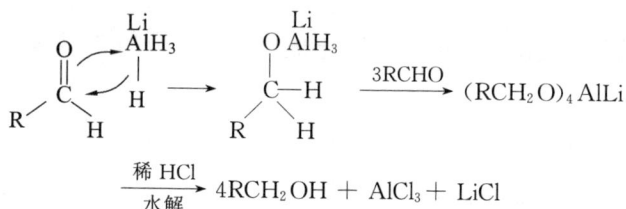

$$R-\underset{H}{C}{=}O + Li\,H{-}AlH_3 \longrightarrow R-\underset{H}{\overset{O-AlH_3Li}{C}}-H \xrightarrow{3RCHO} (RCH_2O)_4AlLi$$

$$\xrightarrow[\text{水解}]{\text{稀 HCl}} 4RCH_2OH + AlCl_3 + LiCl$$

$NaBH_4$ 的还原能力比 $LiAlH_4$ 弱，并在水及醇中有一定稳定性，故使用 $NaBH_4$ 还原醛、酮，反应常在醇溶液中进行。此外，$NaBH_4$ 还原羰基的同时，对—COOH、—COOR、—CN、—NO_2 等无影响。例如：

$$\text{2-氧代环戊烷甲酸乙酯}(-COOC_2H_5) \xrightarrow[CH_3OH]{NaBH_4} \xrightarrow{H_3O^+} \text{2-羟基环戊烷甲酸乙酯}(-COOC_2H_5)$$

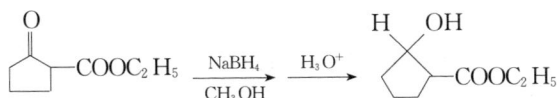

2. 羰基还原为亚甲基

(1) 克莱门森还原

醛、酮在锌汞齐和浓盐酸作用下，羰基可被还原为亚甲基，此法称**克莱门森还原**(Clemmensen reduction)。

$$C_6H_5COCH_2CH_2CH_3 \xrightarrow[\text{浓 }HCl,\triangle]{Zn\text{-}Hg} C_6H_5CH_2CH_2CH_2CH_3$$

利用芳烃的傅-克酰化反应及克莱门森还原，可制备连有直链烷基的芳烃，可避免用傅-克烃基化反应导致的重排及多烃基化的缺点。

(2) 乌尔夫-凯息纳尔-黄鸣龙反应

醛、酮在碱性条件下，与肼在高压釜或封管中高温反应，羰基被还原为亚甲基，该反应称**乌尔夫-凯息纳尔**(Wolff-Kishner reaction)**反应**。

$$\rangle C{=}O + NH_2NH_2 \xrightarrow[\text{高温、高压}]{C_2H_5ONa} \rangle CH_2 + N_2\uparrow$$

该法的缺点是反应温度较高，需要高压封管和无水肼原料，操作不便，收率较低。1946 年，我国著名化学家黄鸣龙(1898—1979)对此方法进行了改进，他将醛、酮、氢氧化钠、肼的水溶液和一个高沸点水溶性溶剂(如二缩乙二醇)一起加热回流，得到还原产物。反应可在常压下进行，反应时间短，收率高，可以工业化生产。

$$C_6H_5\overset{O}{\overset{\|}{C}}CH_2CH_3 \xrightarrow[(HOCH_2CH_2)_2O,\triangle]{H_2NNH_2,\ NaOH} C_6H_5CH_2CH_2CH_3 \qquad (82\%)$$

黄鸣龙改进法适合于还原对酸敏感的醛、酮，而克莱门森还原法适合于还原对碱敏感的醛、酮，2 种方法在有机合成上可相互补充。

3. 酮的双分子还原

酮与镁、镁汞齐或铝汞齐在苯等非极性溶剂中反应，经水解得**双分子还原**产物邻二醇，称酮的双分子还原。

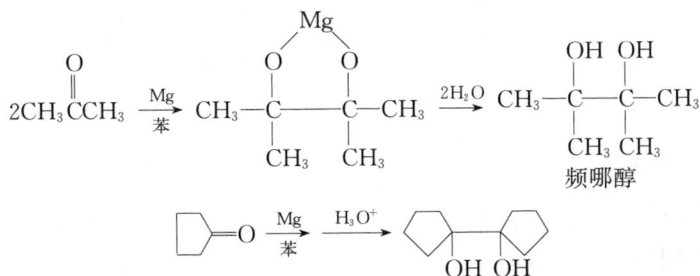

$$2CH_3\overset{O}{\overset{\|}{C}}CH_3 \xrightarrow[\text{苯}]{Mg} CH_3-\underset{CH_3}{\overset{O}{C}}-\underset{CH_3}{\overset{O}{C}}-CH_3\ (\text{两 O 与 Mg 成环}) \xrightarrow{2H_2O} CH_3-\underset{CH_3}{\overset{OH}{C}}-\underset{CH_3}{\overset{OH}{C}}-CH_3$$

频哪醇

$$\text{环戊酮} \xrightarrow[\text{苯}]{Mg} \xrightarrow{H_3O^+} \text{1,1'-二羟基联环戊烷 (OH OH)}$$

11.4.5 康尼查罗反应

没有 α-H 的醛与浓碱共热，生成等物质的量的相应醇和羧酸，称**康尼查罗反应**(Cannizzaro reaction)。例如：

$$2HCHO \xrightarrow{浓\ NaOH} CH_3OH + HCOONa$$

$$2\ C_6H_5-CHO \xrightarrow[\triangle]{浓\ NaOH} C_6H_5-CH_2OH + C_6H_5-COONa$$

其反应机理如下：

$$Ar-\overset{O}{\overset{\|}{C}}-H + :OH^- \rightleftharpoons Ar-\underset{OH}{\overset{O^-}{C}}-H \xrightarrow{Ar-\overset{O}{\overset{\|}{C}}-H}$$

$$Ar-\overset{O}{\overset{\|}{C}}-OH + Ar-\underset{H}{\overset{O^-}{C}}-H \longrightarrow Ar-\overset{O}{\overset{\|}{C}}-O^- + ArCH_2OH$$

$$Ar-\overset{O}{\overset{\|}{C}}-O^- \xrightarrow{H^+} Ar-\overset{O}{\overset{\|}{C}}-OH$$

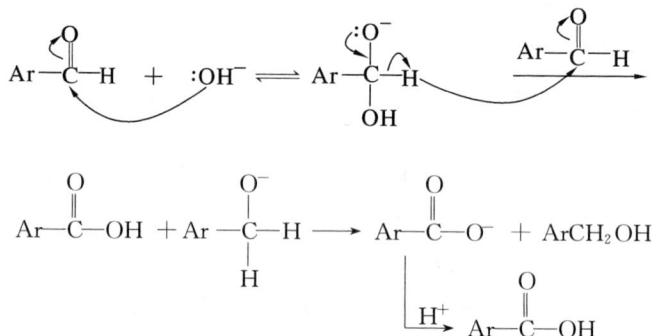

1分子醛受到 OH^- 的亲核进攻，生成氧负离子。该氧负离子提供氢负离子进攻另外1分子的羰基，形成羧酸及烷氧负离子；然后质子交换，生成羧酸负离子及醇。因此受 OH^- 进攻的醛提供氢负离子，被氧化成羧酸，为氢的供体，接受氢负离子进攻的醛被还原为醇，是氢的接受体。

2种不同的不含 α-H 的醛在浓碱存在下，发生交叉的康尼查罗反应，应得4种产物的混合物。若使用甲醛与另外1分子不含 α-H 的醛反应，总是甲醛被氧化成甲酸，另外1分子醛被还原为醇，产物较单一，在有机合成上有较大的用处。如：

$$HCHO + C_6H_5-CHO \xrightarrow{浓\ OH^-} HCOO^- + C_6H_5-CH_2OH$$

这是因为甲醛中的羰基活性最大，总是先受到 OH^- 的进攻，成为氢的供体而被氧化成酸，另外1分子醛则作为氢的接受体被还原成醇。

工业上巧妙地利用了羟醛缩合和交叉的康尼查罗反应生产季戊四醇。

$$3HCHO + CH_3CHO \xrightarrow[羟醛缩合]{Ca(OH)_2} HOCH_2-\underset{CH_2OH}{\overset{CH_2OH}{C}}-CHO$$

$$HOCH_2-\underset{CH_2OH}{\overset{CH_2OH}{C}}-CHO + HCHO \xrightarrow[康尼查罗反应]{Ca(OH)_2} HOCH_2-\underset{CH_2OH}{\overset{CH_2OH}{C}}-CH_2OH + Ca(HCOO)_2$$

季戊四醇是重要的化工原料，它常被用来制备血管扩张剂(季戊四醇四硝酸酯)、工程塑料聚氯醚和油漆用的醇酸树脂等。

11.4.6 其他反应

1. 魏悌希反应

由魏悌希(Wittig)试剂与醛、酮反应可得到烯烃，该反应称**魏悌希反应**(Wittig reaction)。

$$>C=O + (C_6H_5)_3P=C(R')R \longrightarrow >C=C(R')R$$

魏悌希试剂

例如：

$$\text{环己酮}=O + (C_6H_5)_3P=CH_2 \longrightarrow \text{环己烷}=CH_2 + (C_6H_5)_3PO$$

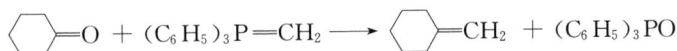

魏悌希试剂的制备是以卤代烃为起始原料，首先三苯基膦与卤代烃反应生成鳞盐，鳞盐在强碱(如正丁基锂、苯基锂、乙醇钠等)作用下，脱去 1 分子 HX 而得到魏悌希试剂。

$$(C_6H_5)_3P + RCH_2Br \longrightarrow [(C_6H_5)_3P^+—CH_2R]Br^- \xrightarrow[-HX]{n-C_4H_9Li}$$
$$(C_6H_5)_3P=CHR + LiX + C_4H_{10}$$

魏悌希试剂具有内鳞盐的结构，是叶立德(Ylide)和叶林(Ylene)两种极限式的共振杂化体。

$$[(C_6H_5)_3\overset{+}{P}—\overset{-}{C}HR \longleftrightarrow (C_6H_5)_3P=CH—R]$$

叶立德(Ylide)　　叶林(Ylene)

叶立德中带负电荷的碳与醛、酮的羰基发生亲核加成，形成一个环状化合物，该中间体不稳定，可自动分解为氧化三苯基膦和烯烃。

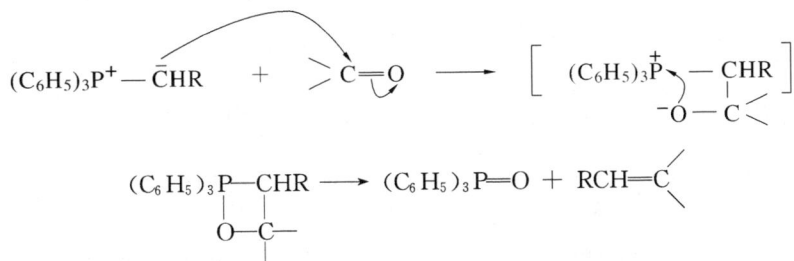

$$(C_6H_5)_3P^+—\overset{-}{C}HR + >C=O \longrightarrow \left[(C_6H_5)_3\overset{+}{P}—CHR,\ {}^-O—C<\right]$$

$$(C_6H_5)_3P—CHR\ (\text{四元环 } P—O—C—C) \longrightarrow (C_6H_5)_3P=O + RCH=C<$$

魏悌希反应条件温和，产率高，因此在有机合成上得到了较广泛的应用，它是在有机分子中引入烯键的一种重要手段。例如，维生素 A_1 醋酸酯的合成中，就应用了魏悌希反应：

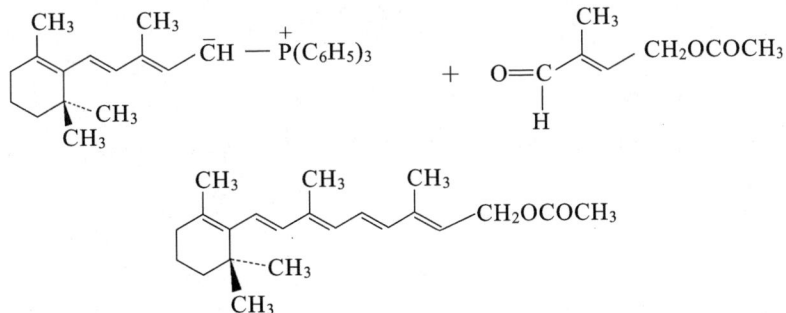

$$\text{(2,6,6-三甲基环己烯基)}—CH=CH—C(CH_3)=CH—\overset{-}{C}H—\overset{+}{P}(C_6H_5)_3 + O=C(H)—C(CH_3)=CH—CH_2OCOCH_3$$

$$\longrightarrow \text{(2,6,6-三甲基环己烯基)}—CH=CH—C(CH_3)=CH—CH=CH—C(CH_3)=CH—CH_2OCOCH_3$$

2. 安息香缩合

芳醛在氰离子(CN^-)催化下反应，缩合生成 α-羟基酮，由于苯甲醛的反应产物为安息香，因此将该类反应称为**安息香缩合**(Benzoic condensation)。

$$2Ar—CHO \xrightarrow{KCN} Ar—\underset{}{\overset{OH}{CH}}—\overset{O}{\overset{\|}{C}}—Ar$$

$$2\,C_6H_5—CHO \xrightarrow{CN^-} C_6H_5—\overset{OH}{CH}—\overset{O}{\overset{\|}{C}}—C_6H_5$$

安息香

其反应机理如下：

$$C_6H_5—\overset{O}{\overset{\|}{C}}—H + CN^- \rightleftharpoons C_6H_5—\underset{O^-}{\overset{CN}{C}}—H \rightleftharpoons C_6H_5—\underset{OH}{\overset{CN}{C^-}}$$

$$C_6H_5—\underset{OH}{\overset{CN}{C^-}} + \underset{H}{\overset{O}{\overset{\|}{C}}}—C_6H_5 \rightleftharpoons C_6H_5—\underset{OH}{\overset{CN}{C}}—\underset{H}{\overset{O^-}{C}}—C_6H_5$$

$$\rightleftharpoons C_6H_5—\underset{O^-}{\overset{CN}{C}}—\underset{H}{\overset{OH}{C}}—C_6H_5 \rightleftharpoons C_6H_5—\underset{O}{\underset{\|}{C}}—\underset{H}{\overset{OH}{C}}—C_6H_5$$

3. 聚合反应

低级醛(甲醛、乙醛)可自身聚合，打开羰基碳氧双键聚合成三聚体或多聚体。

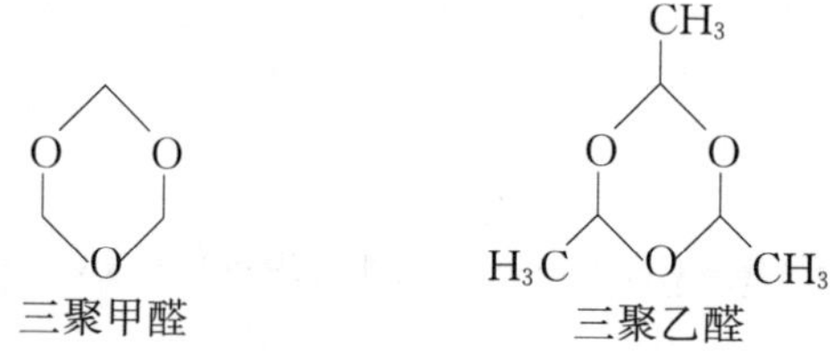

三聚甲醛(trioxane)比较稳定，是保存甲醛的一种重要形式，在酸性催化下受热，解聚为甲醛单体。甲醛水溶液长期放置会有白色沉淀析出，这是由于生成长链多聚甲醛的缘故。

$$H\overset{O}{\overset{\|}{C}}—H + H_2O \longrightarrow HO—CH_2—OH \xrightarrow{nHCHO} \left[CH_2O \right]_n$$

相对分子质量在 6 万上下的高聚合度甲醛是性能优良的工程塑料，可以抽丝制成性能与尼龙相似的纤维。

11.5 醛、酮的制备

醛、酮的合成方法很多，但大体上分成两大类：一类是由其他的官能团转化而来，另一类在分子中直接引入羰基。这两大类反应中，有不少是在前面的有关章节中已介绍过，在此不再重复。

11.5.1 官能团转化法

1. 醇的氧化(详见 9.3.5)
2. 从烯烃和炔烃制备
3. 芳烃侧链的控制氧化

以 MnO_2/H_2SO_4、CrO_3/醋酐为氧化剂，控制反应条件及氧化剂用量，可将甲苯氧化为苯甲醛。当芳环上有卤素、硝基等吸电子基团时，芳环不受影响。例如：

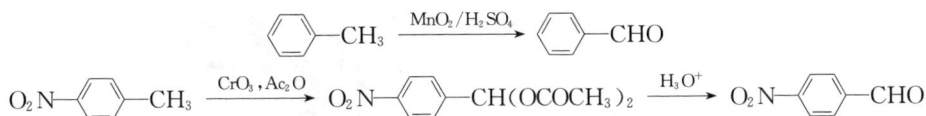

$$C_6H_5-CH_3 \xrightarrow{MnO_2/H_2SO_4} C_6H_5-CHO$$

$$O_2N-C_6H_4-CH_3 \xrightarrow{CrO_3,Ac_2O} O_2N-C_6H_4-CH(OCOCH_3)_2 \xrightarrow{H_3O^+} O_2N-C_6H_4-CHO$$

其他侧链的芳烃可在控制氧化条件下生成酮。例如：

$$C_6H_5-CH_2CH_3 \xrightarrow[MgSO_4,H_2O]{MnO_2} C_6H_5-\overset{O}{\overset{\|}{C}}CH_3$$

11.5.2 向分子中直接引入羰基

1. 傅-克酰化反应(详见 6.4)
2. Fries 重排反应
3. 瑞默-梯曼反应

在氢氧化钠存在下，苯酚和氯仿作用生成邻羟基苯甲醛的反应称为**瑞默-梯曼反应**(Reimer-Tiemann reaction)。

$$C_6H_5-OH + CHCl_3 + NaOH \longrightarrow o\text{-}HO-C_6H_4-CHO$$

该方法产物中含部分对位异构体，但可以用水蒸气蒸馏的方法将它们分离，故仍是制备邻羰基酚的好方法。如：

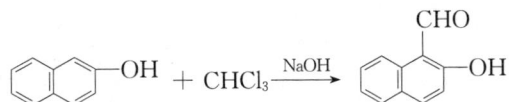

$$2\text{-萘酚}(-OH) + CHCl_3 \xrightarrow{NaOH} 1\text{-}CHO\text{-}2\text{-}OH\text{-萘}$$

4. 盖特曼-柯赫反应

在催化剂(无水三氯化铝和氯化亚铜)存在下，芳烃与 CO 和干燥的 HCl 作用，合成芳醛，该反应称**盖特曼-柯赫反应**(Gattermann-Koch reaction)。

$$C_6H_6 + CO + HCl \xrightarrow[\triangle]{AlCl_3,CuCl} C_6H_5\text{—}CHO$$

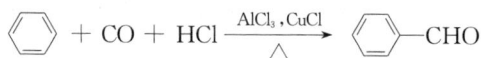

当苯环上连有甲基、甲氧基时反应容易进行,醛基主要进入其对位。

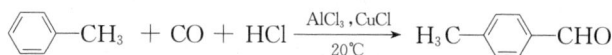

$$C_6H_5\text{—}CH_3 + CO + HCl \xrightarrow[20℃]{AlCl_3,CuCl} H_3C\text{—}C_6H_4\text{—}CHO$$

11.6 α,β-不饱和醛、酮

不饱和醛、酮一般为分子中带有碳碳双键的醛、酮化合物,其中最重要的一类为α,β-不饱和醛、酮。α,β-不饱和醛、酮结构上的特点是碳碳双键和羰基共轭,形成1个共轭体系。丙烯醛分子的共轭体系如图11-4所示。

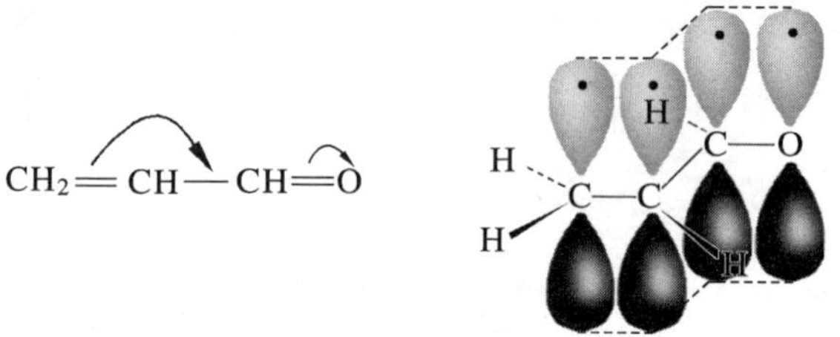

图11-4 丙烯醛分子中的共轭体系

α,β-不饱和醛、酮结构上的特点,使其在化学性质上表现出一定的特性,既可发生亲核加成,又可发生亲电加成,且有1,2-加成和1,4-加成两种方式。

11.6.1 亲核加成

在α,β-不饱和醛、酮中,由于C═C键和C═O键形成共轭体系,羰基的吸电子效应通过共轭链传递的结果,使β-C也显示δ^+。因此进行亲核加成反应时,亲核试剂既可进攻羰基碳,发生1,2-加成,也可进攻显δ^+的β-C,发生1,4-加成。

$$\underset{4}{\text{—C}}\text{═}\underset{3}{\text{C}}\text{—}\underset{2}{\text{C}}\text{═}\underset{1}{\text{O}} + Nu^- \begin{cases} \xrightarrow{1,2\text{-加成}} \text{—C═C—}\underset{Nu}{\underset{|}{\text{C}}}\text{—O}^- \xrightarrow{A^+} \text{—C═C—}\underset{Nu}{\underset{|}{\text{C}}}\text{—OA} \\ \xrightarrow{1,4\text{-加成}} \underset{Nu}{\underset{|}{\text{—C}}}\text{—C═C—O}^- \xrightarrow{A^+} \underset{Nu}{\underset{|}{\text{—C}}}\text{—C═C—OA} \end{cases}$$

$$\xrightarrow{\text{当A为H时,互变异构}} \underset{Nu}{\underset{|}{\text{—C}}}\text{—}\overset{H}{\overset{|}{\text{C}}}\text{—C═O}$$

当带有氢原子的试剂(H^+Nu^-)与α,β-不饱和醛、酮进行1,4-加成时,所生成的产物是烯醇,通过酮式与烯醇互变,氢从氧原子转移到C_3原子上,最终的产物相当于3,4-加成，即亲核试剂加在碳碳双键上。但从反应机理看，还是属于 1，4 -加成。

α，β-不饱和醛、酮与 HCN、$NaHSO_3$ 等亲核试剂加成时，发生 1，4 -加成反应。

$$C_6H_5-CH{=}CH-\overset{O}{\overset{\|}{C}}-C_6H_5 \xrightarrow[CH_3COOH]{KCN} C_6H_5-\underset{}{\overset{CN}{\overset{|}{C}}}HCH_2\overset{O}{\overset{\|}{C}}-C_6H_5$$

$$C_6H_5CH{=}CHCHO + NaHSO_3 \longrightarrow C_6H_5\underset{SO_3Na}{\underset{|}{C}}HCH_2CHO$$

α、β-不饱和醛、酮与有机锂、有机钠化合物反应，产物以 1,2 -加成反应为主。例如：

$$CH_3CH{=}CH\overset{O}{\overset{\|}{C}}CH_3 \xrightarrow{CH_3Li} \xrightarrow{H_2O} CH_3CH{=}CH-\underset{CH_3}{\underset{|}{\overset{OH}{\overset{|}{C}}}}-CH_3$$

$$CH_2{=}CH-\overset{O}{\overset{\|}{C}}CH_3 \xrightarrow{HC{\equiv}CNa} \xrightarrow{H_2O} CH_2{=}CH-\underset{CH_3}{\underset{|}{\overset{OH}{\overset{|}{C}}}}-C{\equiv}CH$$

格氏试剂与 α，β-不饱和醛、酮加成时，随着羰基旁烃基体积的增大，发生 1，4 -加成反应的倾向增大。例如：

$$C_6H_5CH{=}CHCHO \xrightarrow{C_2H_5MgBr} \xrightarrow{H_3O^+} C_6H_5CH{=}CH\overset{OH}{\overset{|}{C}}HC_2H_5$$

100%（1，2 -产物）

$$C_6H_5CH{=}CH\overset{O}{\overset{\|}{C}}CH_3 \xrightarrow{C_2H_5MgBr} \xrightarrow{H_3O^+} C_6H_5\underset{C_2H_5}{\underset{|}{C}}HCH_2\overset{O}{\overset{\|}{C}}CH_3 + C_6H_5CH{=}CH\underset{CH_3}{\underset{|}{\overset{OH}{\overset{|}{C}}}}C_2H_5$$

60%（1，4 -产物）　　40%（1，2 -产物）

$$C_6H_5CH{=}CH\overset{O}{\overset{\|}{C}}-C(CH_3)_3 \xrightarrow{C_2H_5MgBr} \xrightarrow{H_3O^+} C_6H_5\underset{C_2H_5}{\underset{|}{C}}HCH_2\overset{O}{\overset{\|}{C}}C(CH_3)_3$$

100%（1，4 -产物）

11.6.2　亲电加成

亲电试剂与 α，β-不饱和醛、酮作用，发生 1,4 -加成反应。例如：

$$\overset{4}{C}H_2{=}\overset{3}{C}H-\underset{H}{\underset{|}{\overset{2}{C}}}{=}\overset{1}{O} + HCl(气) \xrightarrow{1，4-加成} \underbrace{CH_2 \cdots CH \cdots CH}_{+}-OH \xrightarrow{Cl^-}$$

$$ClCH_2-CH{=}CH-OH \rightleftharpoons ClCH_2CH_2CHO$$

虽然从最终产物看，H^+ 加到 C_3 上，而其余部分加到 C_4 上，相当于 3，4 -加成反应，但实际上是 1，4 -加成反应。

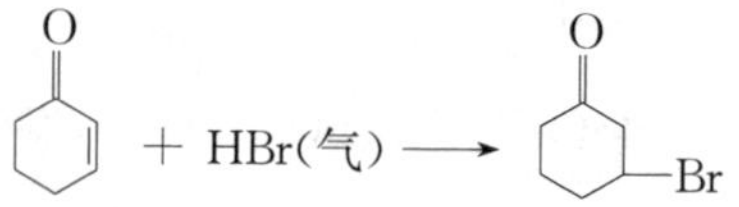

$$\text{环己-2-烯酮} + HBr(气) \longrightarrow \text{3-溴环己酮}$$

11.6.3 还原反应

α,β-不饱和醛酮分子中含有碳碳双键及碳氧双键两个官能团,可根据合成的需要,选择不同的还原方法制备不同的还原产物。如需保留碳碳双键,可选用金属还原剂 $LiAlH_4$;如只还原碳碳双键,可采用催化氢化法并控制氢的用量及反应条件,因为采用过量的氢,可将碳碳双键及羰基同时还原。例如:

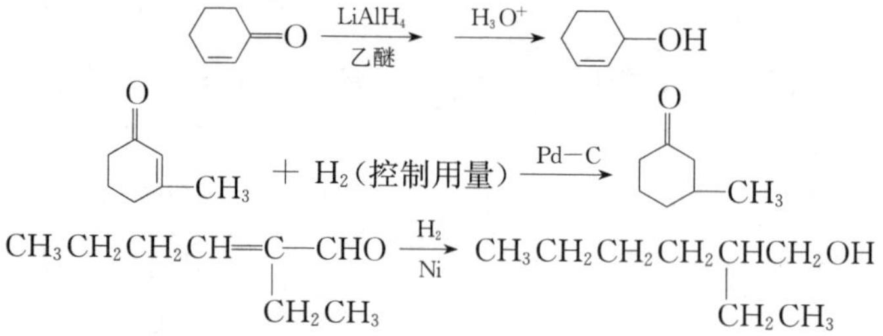

$$\text{环己-2-烯酮} \xrightarrow[\text{乙醚}]{LiAlH_4} \xrightarrow{H_3O^+} \text{环己-2-烯醇(—OH)}$$

$$\text{3-甲基环己-2-烯酮} + H_2(\text{控制用量}) \xrightarrow{Pd-C} \text{3-甲基环己酮}$$

$$CH_3CH_2CH_2CH{=}C(CH_2CH_3)—CHO \xrightarrow[Ni]{H_2} CH_3CH_2CH_2CH_2CH(CH_2CH_3)CH_2OH$$

11.6.4 狄尔斯-阿尔特反应

α,β-不饱和醛、酮作为亲双烯体可与共轭二烯烃发生狄尔斯-阿尔特反应。

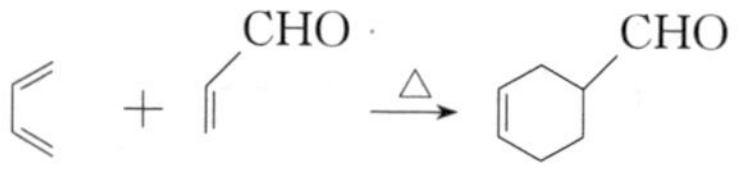

$$\text{1,3-丁二烯} + CH_2{=}CH—CHO \xrightarrow{\triangle} \text{环己-3-烯甲醛(CHO)}$$

狄尔斯-阿尔特反应是立体专一的顺式加成反应,参与反应的亲双烯体在反应过程中顺反关系保持不变(见 5.8.2)。

狄尔斯-阿尔特反应优先生成内型加成产物。例如:

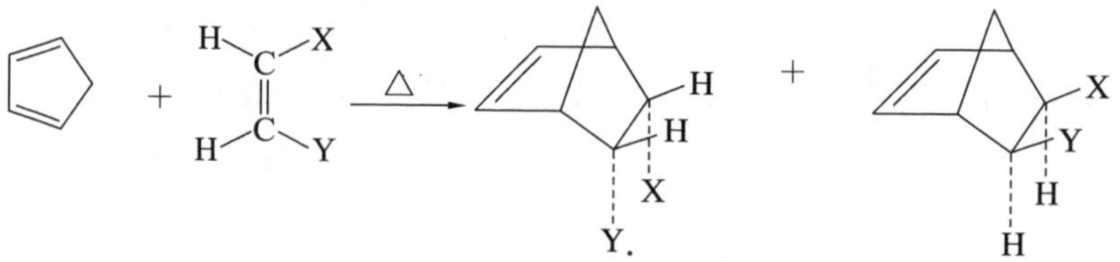

$$\text{环戊二烯} + HXC{=}CHY \xrightarrow{\triangle} \text{内型产物为主 (endo)} + \text{外型产物 (exo)}$$

内型产物为主
(endo)

外型产物
(exo)

所谓内型产物是指加成产物分子中,X、Y 接近于新形成的双键。示例如下:

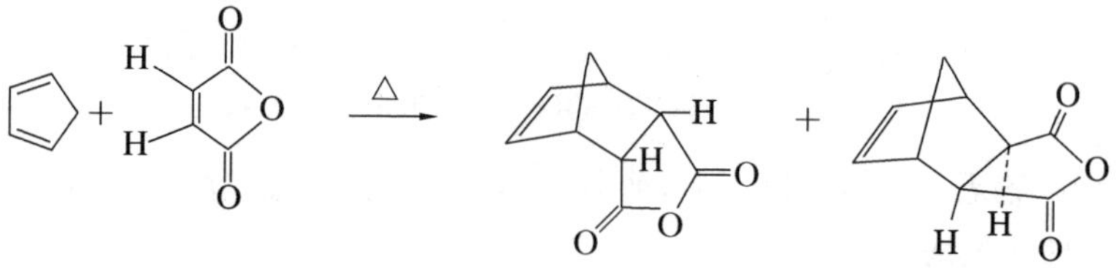

$$\text{环戊二烯} + \text{顺丁烯二酸酐} \xrightarrow{\triangle} \text{内型产物(主)} + \text{外型产物}$$

内型产物(主)

外型产物

11.7　烯酮

烯酮是一类具有累积双烯体系的不饱和酮，最简单的烯酮是乙烯酮，为一个具有特殊臭味的无色有毒气体，室温下很快形成二聚体双乙烯酮。

$$2\,CH_2{=}C{=}O \rightleftharpoons \begin{array}{l} CH_2{=}C{-}O \\ \quad\;\; | \quad\;\; | \\ \quad CH_2{-}C{=}O \end{array}$$

乙烯酮　　　　双乙烯酮

双乙烯酮作为乙烯酮的保存形式，加热即分解为乙烯酮。乙烯酮分子中 2 个双键互成正交，相互垂直，不共轭。乙烯酮化学性质活泼，它和含活泼氢的许多化合物如 H_2O、HCl、ROH、NH_3、$RCOOH$ 等发生加成反应，氢加到氧上，另一部分加在羰基碳上形成烯醇，然后重排形成羰基结构，得到羧酸、酰氯、酯、酰胺和酸酐等化合物。

$$CH_2{=}C{=}O \xrightarrow{H_2O} \left[CH_2{=}C(OH){-}OH\right] \longrightarrow CH_3COOH \quad \text{羧酸}$$

$$CH_2{=}C{=}O \xrightarrow{HCl} \left[CH_2{=}C(Cl){-}OH\right] \longrightarrow CH_3\overset{O}{\overset{\|}{C}}{-}Cl \quad \text{酰氯}$$

$$CH_2{=}C{=}O \xrightarrow{ROH} \left[CH_2{=}C(OR){-}OH\right] \longrightarrow CH_3\overset{O}{\overset{\|}{C}}{-}OR \quad \text{酯}$$

$$CH_2{=}C{=}O \xrightarrow{NH_3} \left[CH_2{=}C(NH_2){-}OH\right] \longrightarrow CH_3\overset{O}{\overset{\|}{C}}{-}NH_2 \quad \text{酰胺}$$

$$CH_2{=}C{=}O \xrightarrow{RCOOH} \left[CH_2{=}C(OCOR){-}OH\right] \longrightarrow CH_3\overset{O}{\overset{\|}{C}}{-}O{-}\overset{O}{\overset{\|}{C}}{-}R \quad \text{酸酐}$$

双乙烯酮与乙醇反应可用来制备乙酰乙酸乙酯。

$$\begin{array}{l} CH_2{=}C{-}O \\ \quad\;\; | \quad\;\; | \\ \quad CH_2{-}C{=}O \end{array} + HOC_2H_5 \longrightarrow \left[CH_2{=}C(OH){-}CH_2{-}\overset{O}{\overset{\|}{C}}{-}OC_2H_5\right]$$

$$\longrightarrow CH_3\overset{O}{\overset{\|}{C}}CH_2\overset{O}{\overset{\|}{C}}OC_2H_5$$

乙酰乙酸乙酯

11.8　醌类化合物

醌是一类具有共轭体系的环己二烯二酮类化合物。常见的和较重要的醌类化合物有：

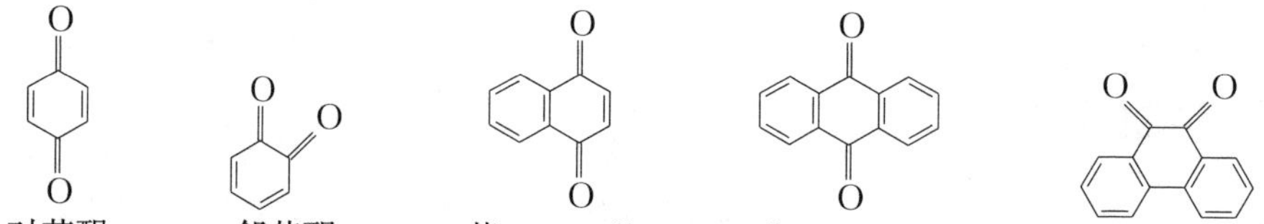

对苯醌　　邻苯醌　　萘-1,4-醌　　蒽-9,10-醌　　菲-9,10-醌

醌一般都是一些具有颜色的结晶固体。对苯醌中碳碳键的键长分别为 0.149 nm 和 0.132 nm,各接近于碳碳单键和碳碳双键的键长,这说明醌类化合物并无芳香环的特性,其性质也和 α,β-不饱和酮相似,既可发生碳碳双键和羰基的反应,又可发生 1,4-共轭加成反应及 1,6-共轭加成反应。

11.8.1 烯键的加成反应

对苯醌在乙酸溶液中可以与卤素(Cl_2 或 Br_2)发生碳碳双键的加成反应,也可以作为亲双烯体与双烯进行狄尔斯-阿尔特反应。例如:

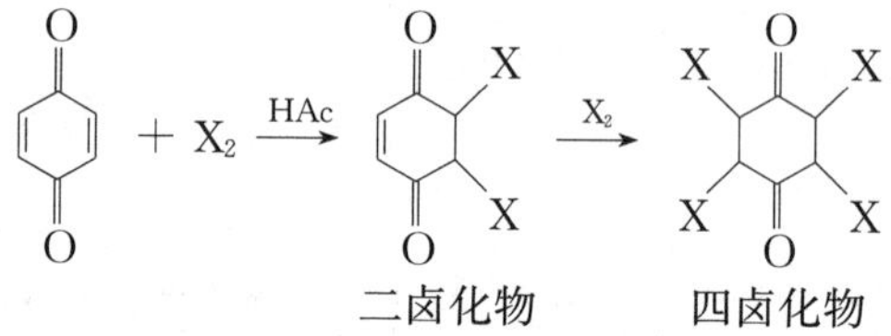

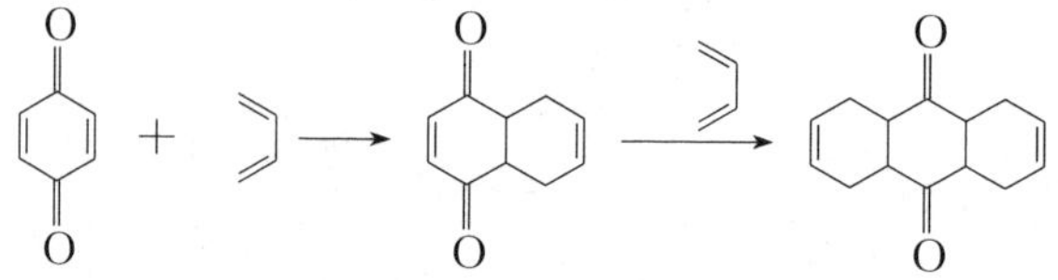

$+ X_2 \xrightarrow{HAc}$ 二卤化物 $\xrightarrow{X_2}$ 四卤化物

11.8.2 羰基与氨的衍生物的反应

对苯醌的羰基可与亲核试剂发生加成反应,例如与羟胺作用则生成单肟或双肟。

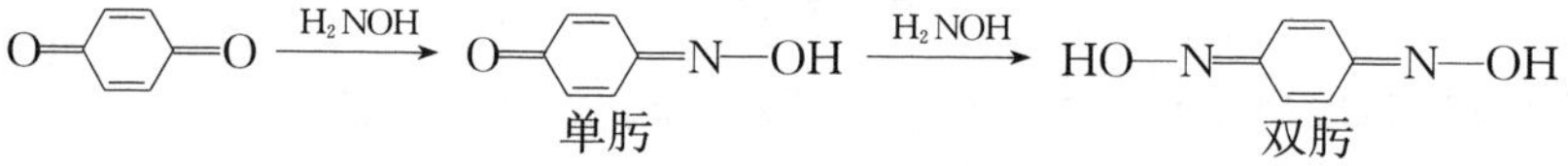

$\xrightarrow{H_2NOH}$ O=C₆H₄=N—OH(单肟) $\xrightarrow{H_2NOH}$ HO—N=C₆H₄=N—OH(双肟)

11.8.3 1,4-加成反应和 1,6-加成反应

对苯醌与氢氰酸或氯化氢发生 1,4-加成反应得 2-氰基(氯)对苯二酚。

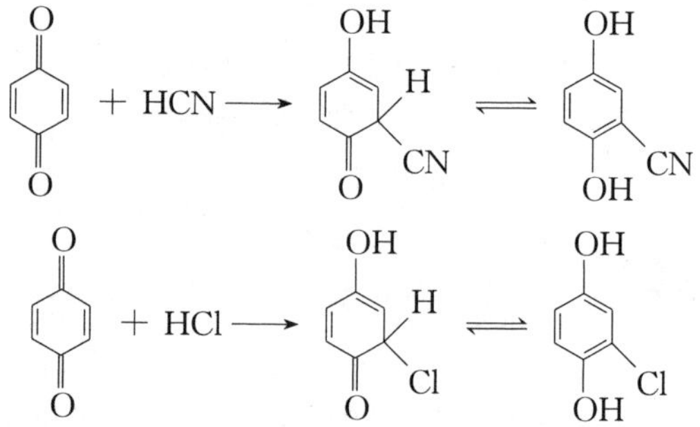

$+ HCN \longrightarrow \rightleftharpoons$

$+ HCl \longrightarrow \rightleftharpoons$

对苯醌在亚硫酸水溶液中,经 1,6-加氢被还原成对苯二酚(又称氢醌),这是氢醌氧化

成苯醌的逆反应。

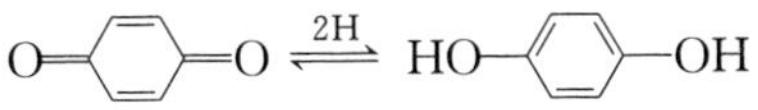

$$O{=}C_6H_4{=}O \underset{}{\overset{2H}{\rightleftharpoons}} HO{-}C_6H_4{-}OH$$

在生物体内也存在类似的氧化还原反应。辅酶 Q 是所有需氧生物细胞膜内的组成部分，它们在细胞的线粒体内促进呼吸作用。反应中电子从烟酰胺腺嘌呤二核苷酸(NADH)转移到氧，NADH 被氧化为 NAD^+，辅酶 Q 从醌式变为对苯二酚结构，继而将氧气还原为水并产生能量，酚式结构又变为醌式的辅酶 Q。其反应过程如下：

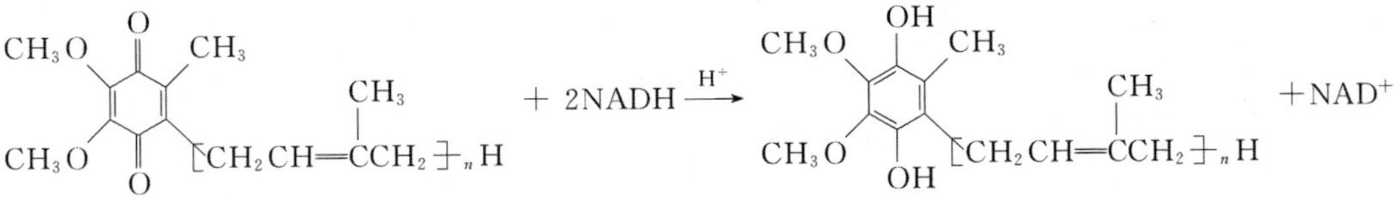

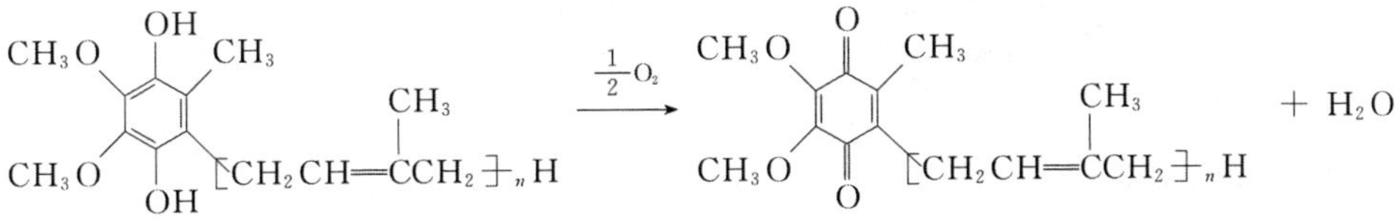

$$\text{辅酶 Q(醌式)}: (CH_3O)_2(CH_3)C_6O_2{-}[CH_2CH{=}C(CH_3)CH_2]_nH + 2NADH \xrightarrow{H^+} (CH_3O)_2(CH_3)C_6(OH)_2{-}[CH_2CH{=}C(CH_3)CH_2]_nH + NAD^+$$

$$(CH_3O)_2(CH_3)C_6(OH)_2{-}[CH_2CH{=}C(CH_3)CH_2]_nH \xrightarrow{\frac{1}{2}O_2} (CH_3O)_2(CH_3)C_6O_2{-}[CH_2CH{=}C(CH_3)CH_2]_nH + H_2O$$

习 题

1. 命名下列化合物。

(1) 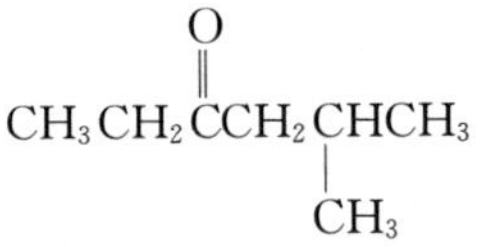 $CH_3CH_2\overset{O}{\overset{\|}{C}}CH_2\underset{CH_3}{\underset{|}{C}H}CH_3$　(2) 5-甲基-2-甲基环己-2-烯酮结构式（环己烯酮，羰基邻位双键碳上带甲基，环上另一碳带甲基）

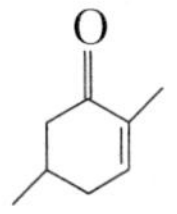

(3) $CH_3CH{=}CH{-}CH{=}CHCHO$　(4) 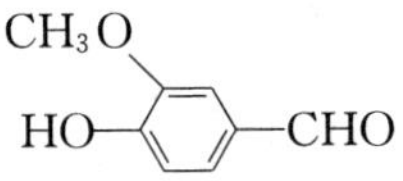 $HO{-}C_6H_3(OCH_3){-}CHO$

(5) 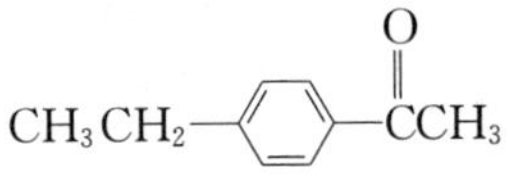 $CH_3CH_2{-}C_6H_4{-}\overset{O}{\overset{\|}{C}}CH_3$　(6) 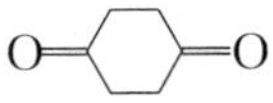 $O{=}C_6H_8{=}O$（环己-1,4-二酮）

2. 写出分子式为 $C_5H_{10}O$ 的醛和酮的构造式，并命名。

3. 写出丁醛与下列试剂的主要反应产物。

(1) $CH_3CH_2OH+HCl$(气)　(2) $C_6H_5{-}NHNH_2$ 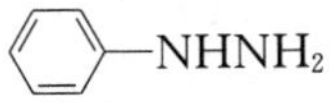　(3) ① $LiAlH_4$/② H_3O^+

(4) 饱和 $NaHSO_3$　(5) 斐林试剂　(6) ① C_2H_5MgBr/② H_3O^+

(7) $Ph_3P{=}CH_2$　(8) $Zn(Hg)+HCl$　(9) NH_2OH

(10) H_2/Pt

4. 写出苯乙酮与上述试剂的主要反应产物。

5. 完成下列反应式。

(1) 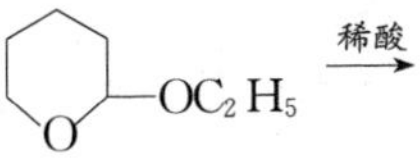 2-乙氧基四氢吡喃（环中含 O，$-OC_2H_5$）$\xrightarrow{\text{稀酸}}$

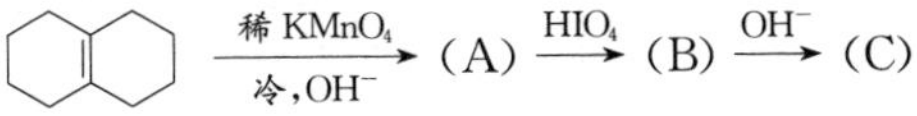

(2) 八氢萘（双环，环连接处双键）$\xrightarrow[\text{冷},OH^-]{\text{稀 }KMnO_4}$ (A) $\xrightarrow{HIO_4}$ (B) $\xrightarrow{OH^-}$ (C)

(3) $CH_3CH{=}CH{-}\overset{O}{\overset{\|}{C}}{-}C_6H_5 + HCN \longrightarrow$

(4) 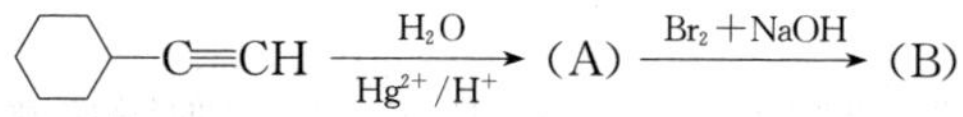 (环己基)$-C{\equiv}CH \xrightarrow[Hg^{2+}/H^+]{H_2O}$ (A) $\xrightarrow{Br_2+NaOH}$ (B)

(5) 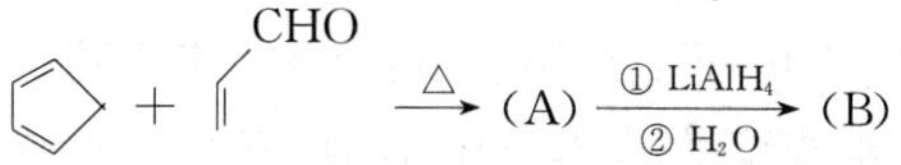 (环戊二烯) + $CH_2{=}CH{-}CHO$ $\xrightarrow{\triangle}$ (A) $\xrightarrow[\text{② } H_2O]{\text{① } LiAlH_4}$ (B)

(6) $CH_3CHO \xrightarrow[10\%NaOH]{3HCHO}$ (A) $\xrightarrow[50\%NaOH]{HCHO}$ (B) + (C)

(7) 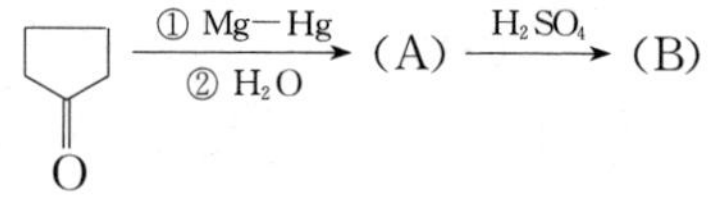 2 (环戊酮) $\xrightarrow[\text{② } H_2O]{\text{① } Mg-Hg}$ (A) $\xrightarrow{H_2SO_4}$ (B)

(8) 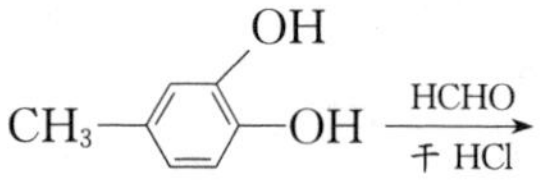 CH_3-(苯环，邻位两个OH) $\xrightarrow[\text{干 } HCl]{HCHO}$

(9) 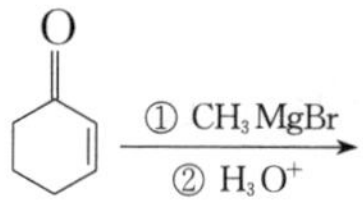 (2-环己烯酮) $\xrightarrow[\text{② } H_3O^+]{\text{① } CH_3MgBr}$

(10) 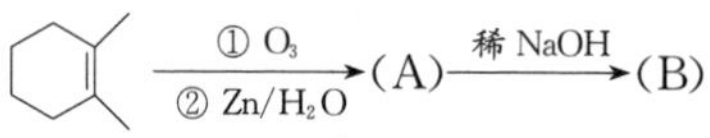 (1,2-二甲基环己烯) $\xrightarrow[\text{② } Zn/H_2O]{\text{① } O_3}$ (A) $\xrightarrow{\text{稀 } NaOH}$ (B)

(11) 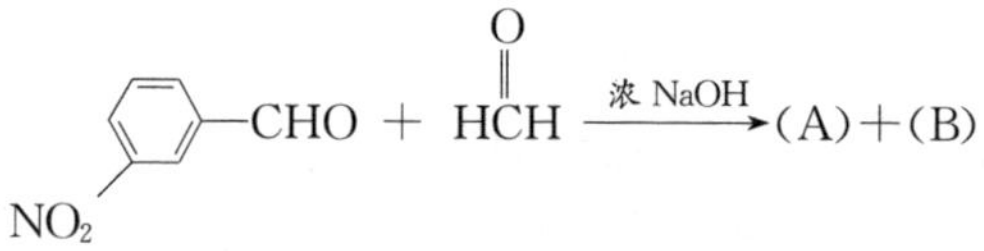 (间硝基苯甲醛，NO_2)$-CHO + H\overset{O}{\overset{\|}{C}}H \xrightarrow{\text{浓 } NaOH}$ (A) + (B)

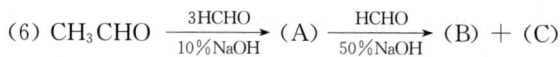

6. 排列下列化合物与HCN反应的活性大小。

(1) CH_3CHO　(2) $ClCH_2CHO$　(3) $CH_3\overset{O}{\overset{\|}{C}}CH_3$　(4) $CH_3CH_2\overset{O}{\overset{\|}{C}}CH_3$

(5) $CH_3\overset{O}{\overset{\|}{C}}C_6H_5$

7. 下列化合物中哪些可发生碘仿反应？

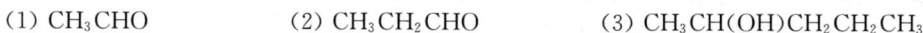

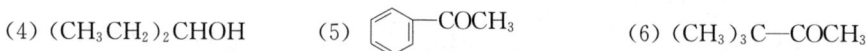

(1) CH_3CHO　(2) CH_3CH_2CHO　(3) $CH_3CH(OH)CH_2CH_2CH_3$

(4) $(CH_3CH_2)_2CHOH$　(5)  (苯基)$-COCH_3$　(6) $(CH_3)_3C{-}COCH_3$

8. 排列下列各组化合物羰基的活性次序。

(1) $C_2H_5\overset{O}{\overset{\|}{C}}CH_3$, $CH_3\overset{O}{\overset{\|}{C}}CCl_3$

(2) 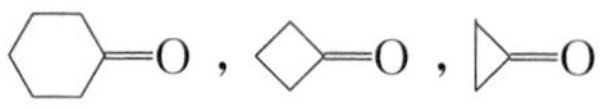 环己酮 , 环丁酮 , 环丙酮

9. 完成下列转化。

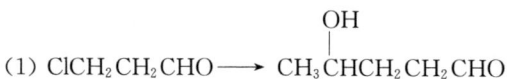

(1) $ClCH_2CH_2CHO \longrightarrow CH_3\overset{OH}{\overset{|}{C}}HCH_2CH_2CHO$

(2)
$$\text{(3,4-dihydronaphthalen-2-yl)}-CH_3 \longrightarrow \text{(inden-2-yl)}-\underset{\displaystyle OH}{\underset{|}{CH}}CH_3$$

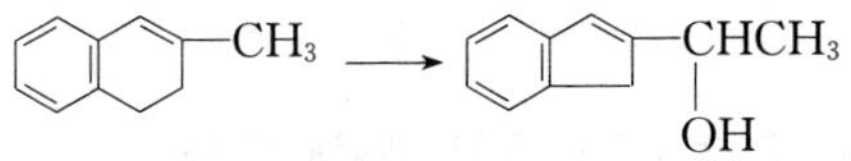

(3) $CH_3\overset{O}{\overset{\|}{C}}CH_2Br \longrightarrow CH_3\overset{O}{\overset{\|}{C}}CH_2CH_2CH_2OH$

(4) 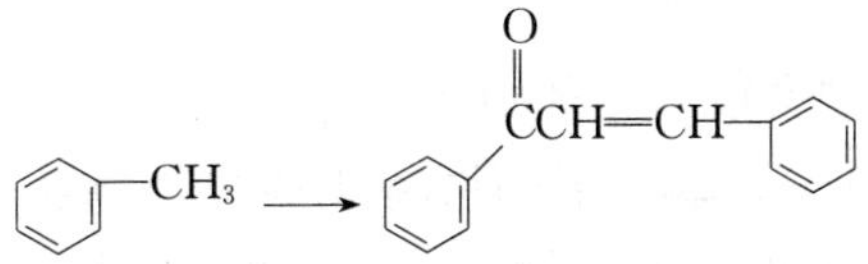 $C_6H_5-CH_3 \longrightarrow C_6H_5-\overset{O}{\overset{\|}{C}}CH{=}CH-C_6H_5$

10. 化合物 A($C_{10}H_{12}O_2$)不溶于 NaOH 溶液,能与 2,4-二硝基苯肼反应,但不与 Tollens 作用。A 经 $LiAlH_4$ 还原得 B($C_{10}H_{14}O_2$)。A、B 都能发生碘仿反应。A 与 HI 作用生成 C($C_9H_{10}O_2$),C 能溶于 NaOH 溶液,但不溶于 NaOH 溶液。C 经克莱门森还原得 D($C_9H_{12}O$);C 经 $KMnO_4$ 氧化得对羟基苯甲酸。试写出 A、B、C、D 的可能结构。

11. 化合物 A、B 的分子式均为 $C_5H_{10}O$,其光谱数据如下:

化合物 A: IR: 1 730 cm^{-1}; ^1H-NMR: 9.71(1H, s), 1.20(9H, s)

化合物 B: IR: 1 715 cm^{-1}; ^1H-NMR: 2.42(1H, m), 2.13(3H, s), 1.00(6H, d)

试推出 A、B 的构造式。

12. 写出下列反应产物形成的机理。

(1) 4-甲基-4-乙酰基环己酮(H₃C, COCH₃ 位于同一碳上) $\xrightarrow{K_2CO_3}$ 羟基双环酮产物(含 CH_3、C=O、OH)

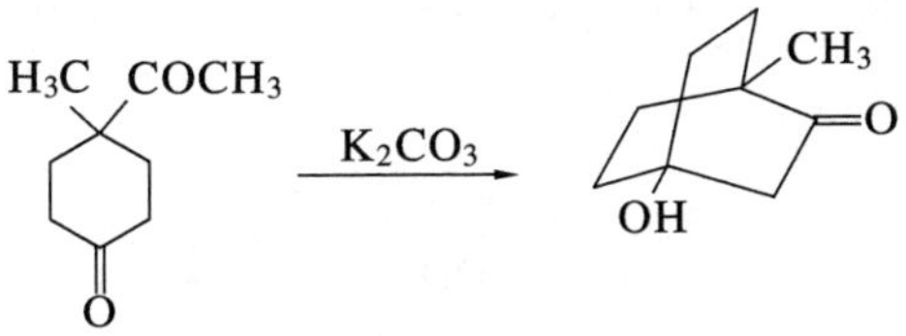

(2) $OHCCH_2CH_2CH_2CH(CH_3)CHO \xrightarrow{OH^-}$ 1-甲酰基-5-甲基环戊烯(CHO, CH_3)

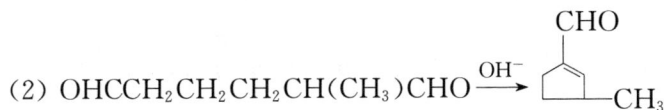

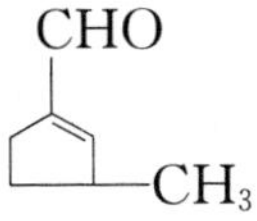

第12章 羧酸和取代羧酸

有机化合物中1个碳原子上的最高氧化形式是羧基(—COOH),分子中具有羧基的化合物称为**羧酸**(carboxylic acid)。根据与羧基相连烃基的不同可将羧酸分为脂肪酸、芳香酸、饱和酸、不饱和酸等,根据羧基的数目的多少又可分为一元酸、二元酸及多元酸,还可根据烃基部分所含取代基的不同分为卤代酸、羟基酸、氨基酸等。

12.1 羧酸的命名

许多羧酸根据其来源命名,如甲酸俗称蚁酸,因为蚂蚁会分泌出甲酸;乙酸又称醋酸,它最初是从食用醋中获得;苹果酸、柠檬酸、酒石酸各来自苹果、柠檬和酿制葡萄酒时所形成的酒石。软脂酸、硬脂酸和油酸则都是由油脂水解得到,并根据它们的性状而分别加以命名的。

简单的酸常以普通命名法命名,选含有羧基的最长碳链为主链,从与羧基相邻的碳开始依次用α,β,γ,…编号,末端碳原子可用ω表示。

$$\overset{\delta}{C}H_3\overset{\gamma}{C}H_2\overset{\beta}{C}H(CH_2CH_3)\overset{\alpha}{C}H_2COOH$$

β-乙基戊酸

β-ethyl valeric acid

$$C_6H_5-CH_2CH_2CH_2COOH$$

γ-苯基丁酸

γ-phenyl butyric acid

比较复杂的酸,常用系统命名法命名。选含羧基的最长碳链作为主链,从羧基开始编号,根据主链的碳原子数目称某酸。例如:

$$ClCH_2CH_2CH(CH_3)COOH$$

4-氯-2-甲基丁酸

4-chloro-2-methyl butanoic acid

$$Br-C_6H_4-CH(CH_3)CH_2COOH$$

3-(4-溴苯基)丁酸

3-(4-bromophenyl) butanoic acid

如果主链中含有不饱和碳碳双键或叁键,则分别称为烯酸或炔酸,并将不饱和键的位次置于“烯”或“炔”之前。若主链中含有碳氧羰基,则将其称为氧亚基,并标明其位次。例如:

$$CH_3CH=C(CH_3)CH_2CH_2COOH$$

4-甲基己-4-烯酸

4-methylhex-4-enoic acid

$$CH_3CH_2C(=O)CH_2CH_2COOH$$

4-氧亚基己酸

4-oxohexanoic acid

二元酸则选包括2个羧基在内的主链,称某二酸;如羧基直接连在芳环上,则以芳基酸为母体,再加上其他取代基的位次和名称。例如:

$HOOCCH_2CH_2CH_2COOH$	Br—C₆H₄—COOH	HOOC H / H COOH（环己烷）
戊二酸	4-溴苯甲酸	反-环己烷-1,4-二羧(甲)酸
pentanedioic acid	4-bromo benzoic acid	*trans*-cyclohexane-1,4-dicarboxylic acid

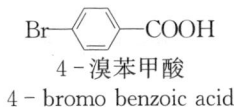

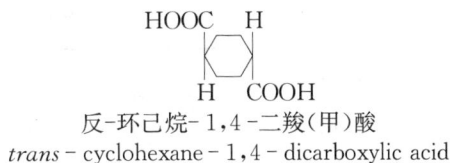

12.2　羧酸的结构

羧酸中羰基碳是 sp^2 杂化的，3 个 sp^2 杂化轨道分别与 2 个氧原子和 1 个碳原子(在甲酸中是氢原子)形成 3 个 σ 键，这 3 个键在同一平面内。未参与杂化的 p 轨道与氧上的 p 轨道形成 1 个 π 键。羟基氧原子上占有 1 对未共用电子的 p 轨道可与羰基的 π 键形成 p-π 共轭，如图 12-1。

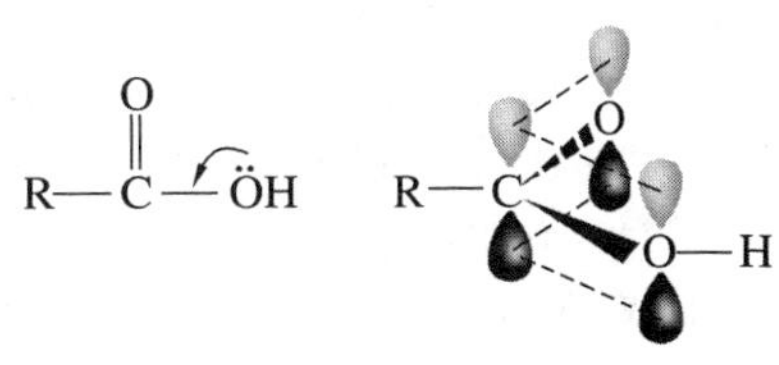

图 12-1　羧基的结构

p-π 共轭使碳氧双键及碳氧单键的键长趋于平均化。X-衍射证明，在甲酸中，C═O 键长0.123 nm，较醛酮中的羰基键长(0.120 nm)有所增长，而碳氧单键键长为0.136 nm，较醇羟基中 C—O 键长(0.143 nm)为短。羧酸在化学性质上也表现出羰基与羟基相互影响的特征，如羧酸具有较强的酸性，而羧酸羰基与羰基试剂不发生作用等。

12.3　羧酸的物理性质

4 个碳以下的酸可与水混溶，随着相对分子质量的增大，羧酸在水中的溶解度降低。高级脂肪酸为蜡状固体，无味，不溶于水。芳香酸是结晶固体，不溶于水。

羧酸的沸点比相对分子质量相当的烷烃、卤代烃的沸点高，甚至比相对分子质量相近的醇要高，如乙酸(相对分子质量为 60)的沸点为 118℃，正丙醇(相对分子质量为 60)的沸点是 97℃。这是由于羧酸往往以二聚体存在，由液体转变为气体需要破坏 2 个氢键的能量。

```
     O···H—O
    //       \
R—C           C—R
    \       //
     O—H···O
```

常见羧酸的物理常数见表 12-1。

羧酸的红外光谱：由于羧酸常以二聚体状态存在，因此，O—H 键的伸缩振动吸收峰在3 000～2 500 cm^{-1}区域有一个宽峰。C═O 伸缩振动吸收峰在 1 725～1 710 cm^{-1}；若与双键共轭，C═O 吸收向低波数位移，在 1 700～1 680 cm^{-1}范围内。羧酸的 C—O 伸缩振动在 1 250 cm^{-1}，O—H 的弯曲振动在 920 cm^{-1}出现特征吸收。

羧酸的核磁共振氢谱：羧基中的质子受 2 个氧的吸电子作用影响，化学位移出现在较低场，δ 为 10～12。羧基 α 碳上质子的化学位移也向低场偏移，δ 为 2～2.6。

表 12-1　常见羧酸的物理常数

结构式	英文名	熔点/℃	沸点/℃	溶解度/(g/100 g 水)
HCOOH	formic acid	8	100.5	混溶
CH_3COOH	acetic acid	16.6	118	混溶
CH_3CH_2COOH	propionic acid	−22	141	混溶
$CH_3(CH_2)_2COOH$	butyric acid	−6	164	混溶
$CH_3(CH_2)_3COOH$	valeric acid	−34	187	3.7
$CH_3(CH_2)_4COOH$	caproic acid	−3	205	1.0
C_6H_5COOH	benzoic acid	122	250	0.34
o-$CH_3C_6H_4COOH$	o-toluic acid	106	259	0.12
m-$CH_3C_6H_4COOH$	m-toluic acid	112	263	0.10
p-$CH_3C_6H_4COOH$	p-toluic acid	180	275	0.03
HOOCCOOH	oxalic acid	189	—	8.6
$HOOCCH_2COOH$	malonic acid	136	—	混溶
$HOOC(CH_2)_2COOH$	succinic acid	185	—	5.8
o-$C_6H_4(COOH)_2$	phthalic acid	231	—	0.70
m-$C_6H_4(COOH)_2$	isophthalic acid	348	—	0.01
p-$C_6H_4(COOH)_2$	terephthalic acid	300(升华)	—	0.002

图 12-2 为正丙酸的核磁共振氢谱。

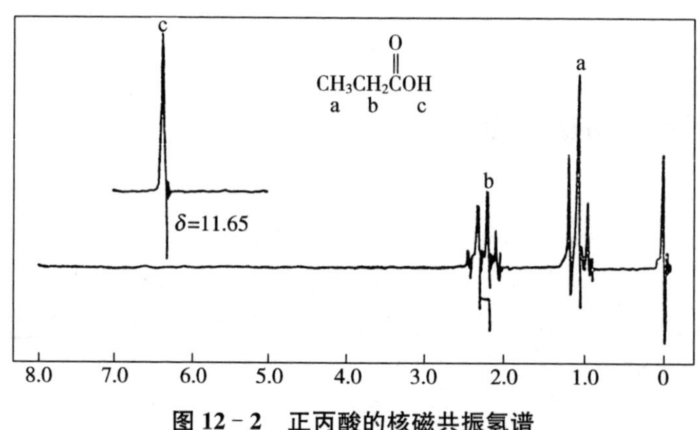

图 12-2　正丙酸的核磁共振氢谱

12.4　羧酸的化学性质

12.4.1　酸性

羧酸具有明显的酸性,在水溶液中电离出较稳定的酸根负离子。

$$R-\overset{\overset{\displaystyle O}{\|}}{C}-OH + H_2O \rightleftharpoons R-\overset{\overset{\displaystyle O}{\|}}{C}-O^- + H_3O^+$$

当羧基中的氢离解后,羟基氧上带有1个负电荷,其负电荷可通过 p-π 共轭作用分散到羰基氧上，形成一个具有 4 个电子的三中心的 π 分子轨道(见图 12－3)。因此羧基负离子中的负电荷可分散到 2 个氧原子上，使能量降低而稳定。X 衍射实验证明了羧基负离子的这种结构，例如甲酸负离子的 2 个碳氧键长相等，均为 0.127 nm，没有双键及单键的差别。

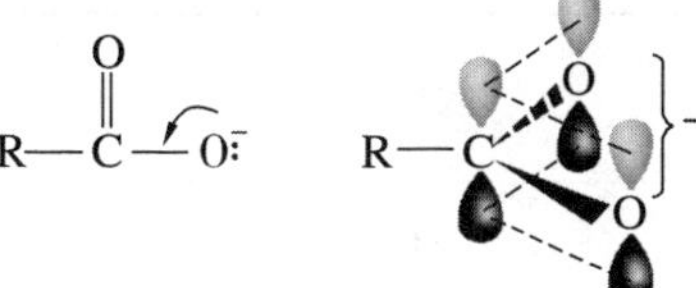

图 12－3 羧基负离子的结构

大多数的羧酸是弱酸，比盐酸、硫酸等无机酸弱，但羧酸的酸性比碳酸($pK_{a_1}=6.4$)、酚、醇、炔的酸性强。

	RCOOH	C_6H_5OH	ROH	HC≡CH
pK_a：	4～5	10	16～19	25

羧酸酸性的强弱与其电离后所形成的酸根负离子的稳定性有关。若羧酸烃基上的取代基有利于负电荷分散，则羧酸根负离子稳定，酸性增强，反之酸性减弱。取代基对酸性强弱的影响与取代基的性质、数目以及相对位置有关。

甲酸的酸性较其他饱和一元酸强，这是由于烷基与羧基相连后，烷基给电子的诱导效应不利于酸根负离子负电荷的分散，故酸性减弱。例如：

	HCOOH	CH_3COOH	CH_3CH_2COOH	$(CH_3)_2CHCOOH$	$(CH_3)_3CCOOH$
pK_a：	3.76	4.75	4.87	4.86	5.05

当烃基上的氢原子被卤素、羟基、硝基等吸电子基取代后，由于这些基团的吸电子诱导效应使羧酸根负离子稳定，酸性增强，取代基的吸电子能力愈强，酸性愈强。例如：

	CH_3COOH	ICH_2COOH	$BrCH_2COOH$	$ClCH_2COOH$	FCH_2COOH
pK_a：	4.75	3.18	2.94	2.86	2.57

诱导效应沿碳链传递时，随着距离的增加而迅速减弱(见 1.4.4)。例如：

	$CH_3CH_2CHClCOOH$	$CH_3CHClCH_2COOH$	$CH_2ClCH_2CH_2COOH$	$CH_3CH_2CH_2COOH$
pK_a：	2.80	4.06	4.52	4.81

此外，诱导效应还具有加和性，相同性质的取代基越多，对酸性的影响越大。如 α－卤代乙酸的酸性，随卤素原子数目的增多，酸性增强。

	Cl_3CCOOH	$Cl_2CHCOOH$	$ClCH_2COOH$	CH_3COOH
pK_a：	0.63	1.29	2.86	4.75

苯甲酸的 pK_a 值为 4.20，比脂肪酸酸性强(除甲酸外)，这是苯甲酸离解出的负离子与苯环发生共轭，使负电荷离域程度增加，稳定性随之增加的缘故。

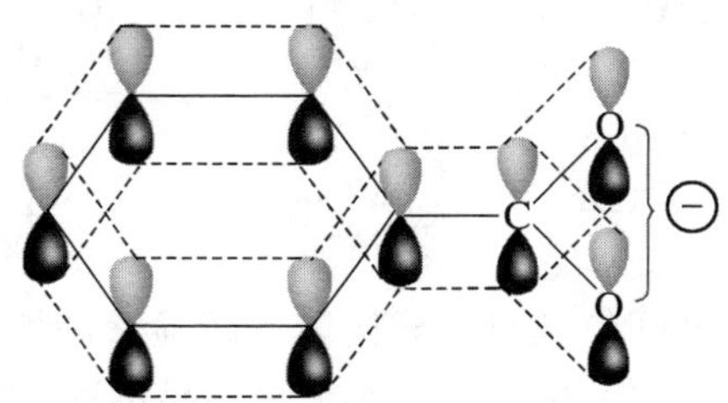

表 12－2 列出了常见取代苯甲酸的 pK_a 值。

表 12-2 常见取代苯甲酸的 pK_a 值

取代基	pK_a		
	邻	间	对
H	4.20	4.20	4.20
CH_3	3.91	4.27	4.38
F	3.27	3.86	4.13
Cl	2.92	3.83	3.97
Br	2.85	3.81	3.97
CN	3.14	3.64	3.55
OH	2.98	4.08	4.57
OCH_3	4.09	4.09	4.47
NO_2	2.21	3.49	3.42

从表 12-2 可以看出苯甲酸羧基的邻位不论是连有吸电子基团还是给电子基团,都使酸性增强。这种特殊影响称为**邻位效应**。邻位效应较复杂,可能与位阻效应、电性效应和氢键等多种因素有关,在此不予讨论。

在羧基的对位和间位连有吸电子基团时,使酸性增强,连有给电子基时使酸性减弱。

下面讨论几个具体实例。

对硝基苯甲酸和间硝基苯甲酸的酸性都比苯甲酸强。这是因为硝基的吸电子作用,使羧酸根负离子的负电荷分散而稳定,故酸性增强。但为什么对硝基苯甲酸的酸性比间硝基苯甲酸强呢?这是因为当硝基处于羧基的对位时,硝基的吸电子诱导效应($-I$)和吸电子的共轭作用($-C$)方向一致,都使酸根负离子稳定;而当硝基处于羧基的间位时,只有吸电子的诱导效应在起作用。

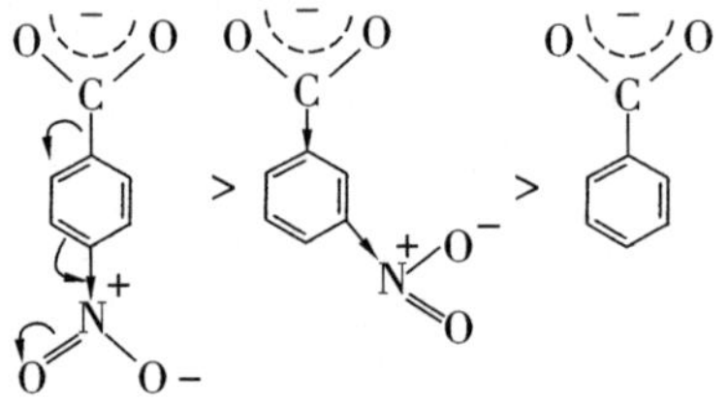

若取代基为甲氧基,在对位时吸电子的诱导效应和给电子的共轭效应同时起作用。但共轭起主要作用,结果使负电荷集中,相应酸根负离子不如苯甲酸负离子稳定,酸性减弱。而在间位主要是吸电子的诱导效应使酸根负离子稳定,酸性增强。

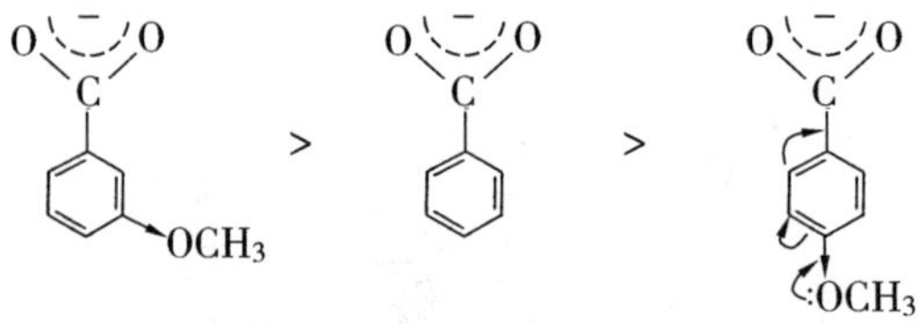

邻羟基苯甲酸的酸性比其间位和对位异构体有较显著的增强,主要是分子内氢键可较大地稳定邻羟基苯甲酸负离子,使邻位异构体非常容易离解,而其他异构体在几何学上不允许形成分子内氢键。

羧酸不但可与强碱(如 NaOH)反应成盐,也可与弱碱($NaHCO_3$)反应成盐。

$$RCOOH + NaOH \longrightarrow RCOONa + H_2O$$
$$RCOOH + NaHCO_3 \longrightarrow RCOONa + CO_2\uparrow + H_2O$$

羧酸盐一般溶于水而不溶于非极性溶剂。当羧酸盐遇强酸时,羧酸可被游离而析出。利用这一性质可分离、精制羧酸。由于酚的酸性较弱,不能与 $NaHCO_3$ 反应成盐,因此可利用这一性质区别、分离羧酸及酚。

12.4.2 形成羧酸衍生物

羧酸中的羟基可以被卤素(—X)、酰氧基(RCOO—)、烷氧基(RO—)以及氨基(—NH_2)或取代氨基(—NHR、—NR_2)取代而形成酰卤、酸酐、酯和酰胺,这些产物统称为**羧酸衍生物**。

1. 形成酯

在无机强酸(浓 H_2SO_4 或干 HCl 气体)催化下,羧酸和醇反应生成酯和水,该反应称为**酯化反应**(esterification reaction)。例如:

$$C_6H_5COOH + CH_3CH_2OH \xrightleftharpoons{浓\ H_2SO_4} C_6H_5COOC_2H_5 + H_2O$$

酯化反应是可逆反应,通常采用加大廉价原料的投料量,或加入与水恒沸的物质不断从反应体系中带出水,使平衡右移,从而提高酯的收率。

若用含有 ^{18}O 的醇与羧酸进行酯化反应,形成含有 ^{18}O 的酯。例如:

$$C_6H_5COOH + H-{}^{18}OCH_3 \xrightleftharpoons{H^+} C_6H_5CO{}^{18}OCH_3 + H_2O$$

而一些有光学活性的醇与羧酸进行酯化反应,形成的酯仍有光学活性。例如:

$$CH_3COOH + H-O\overset{*}{C}H(CH_3)CH_2(CH_2)_4CH_3 \xrightleftharpoons{H^+} CH_3C(=O)-O\overset{*}{C}H(CH_3)CH_2(CH_2)_4CH_3 + H_2O$$

以上实验事实说明,酯化反应中消除的水,一般是由羧酸提供的羟基和醇提供的氢结合而成的(3°醇的酯化反应有例外)。因此,人们推测在酸催化下酯化反应的机理如下:

$$R-\overset{O}{\overset{\|}{C}}-OH \xrightleftharpoons{H^+} R-C(=\overset{+}{O}H)-OH \ (1) \xrightleftharpoons{R'\ddot{O}H} R-C(OH)(OH)-\overset{+}{H}OR' \ (2) \rightleftharpoons R-C(:OH)(OR')-\overset{+}{O}H_2 \ (3) \rightleftharpoons R-C(=\overset{+}{O}H)-OR' \ (4) \xrightleftharpoons{-H^+} R-\overset{O}{\overset{\|}{C}}-OR' \ (5)$$

可见酯化反应经历加成-消除过程。首先催化剂提供质子与羰基氧原子结合形成(1),使碳带有更多的正电性,醇很容易进攻羰基碳发生亲核加成,形成1个四面体中间体(2),然后质子转移得(3),(3)消除水得(4),(4)去质子得酯(5)。酸的存在对酯化反应中亲核加成和消除这两步都是有利的。

伯醇、仲醇与羧酸的酯化反应是按此机理进行的。按上述机理反应时,因反应中间体是1个四面体结构,所以空间位阻对反应速度的影响较大。醇或酸分子中烃基的立体障碍越大,反应速度越慢。不同的酸和醇进行酯化反应的活性顺序为:

酸:$CH_3COOH > RCH_2COOH > R_2CHCOOH > R_3CCOOH$

醇:$CH_3OH > RCH_2OH > R_2CHOH$

下列事实证明了上述推论,在盐酸催化下,甲醇与下列羧酸酯化反应的相对速度为:

CH_3COOH	C_2H_5COOH	$(CH_3)_2CHCOOH$	$(CH_3)_3CCOOH$
1	0.84	0.33	0.027

羧酸与三级醇酯化时,由于空间效应限制而不能以正常的加成-消除方式成酯,反应可能经过碳正离子的过程。例如。

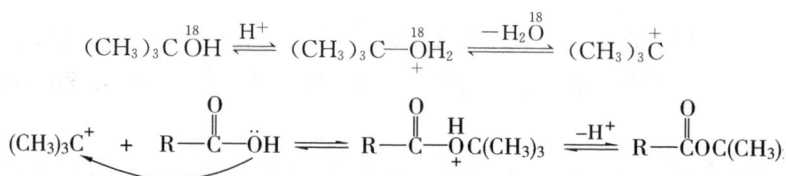

$$(CH_3)_3C\overset{18}{O}H \underset{}{\overset{H^+}{\rightleftharpoons}} (CH_3)_3C-\overset{18}{\overset{+}{O}}H_2 \overset{-H_2\overset{18}{O}}{\rightleftharpoons} (CH_3)_3\overset{+}{C}$$

$$(CH_3)_3C^+ + R-\overset{O}{\overset{\|}{C}}-\ddot{O}H \rightleftharpoons R-\overset{O}{\overset{\|}{C}}-\overset{H}{\overset{+}{O}}C(CH_3)_3 \overset{-H^+}{\rightleftharpoons} R-\overset{O}{\overset{\|}{C}}OC(CH_3)_3$$

2. 形成酰卤

羧酸与三卤化磷(PX_3)、五卤化磷(PX_5)或氯化亚砜($SOCl_2$)等反应形成酰卤(acylhalides),这是制备酰卤的常用方法。

$$RCOOH + SOCl_2 \longrightarrow RCOCl + SO_2 + HCl$$
$$3RCOOH + PX_3 \longrightarrow 3RCOX + H_3PO_3$$
$$RCOOH + PX_5 \longrightarrow RCOX + POX_3 + HX$$

例如:

$$C_6H_5-COOH + SOCl_2 \longrightarrow C_6H_5-COCl + SO_2 + HCl$$

$$\underset{\text{bp } 163℃}{3CH_3CH_2CH_2COOH} + PCl_3 \longrightarrow \underset{98\sim102℃}{3CH_3CH_2CH_2COCl} + \underset{200℃}{H_3PO_3}$$

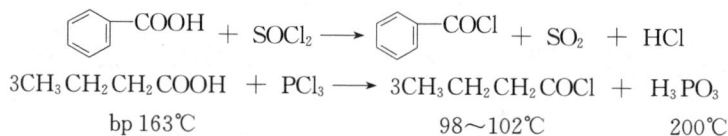

产物酰卤及卤化剂遇水均易分解,故反应需在无水条件下进行。

制备酰氯最常用的试剂是氯化亚砜,除产物外,其他均为气体。相对分子质量小的羧酸也可用三氯化磷制备酰卤,由于生成的酰氯沸点较低,可随时蒸出。而相对分子质量大的羧酸可选用五氯化磷制备酰卤,用此方法时可将其产物三氯氧磷蒸出(bp 107℃),同样可纯化产物。

3. 形成酸酐

羧酸(除甲酸)在强脱水剂 P_2O_5 等作用下,分子间脱水可形成酸酐(anhydrides)。其反应通式如下:

$$R-\overset{O}{\overset{\|}{C}}OH + HO-\overset{O}{\overset{\|}{C}}-R \underset{\triangle}{\overset{P_2O_5}{\rightleftharpoons}} R-\overset{O}{\overset{\|}{C}}-O-\overset{O}{\overset{\|}{C}}-R + H_2O$$

高级羧酸可用乙酸酐作为脱水剂。例如：

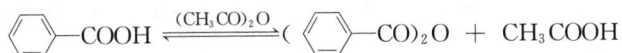

$$C_6H_5-COOH \xrightleftharpoons{(CH_3CO)_2O} (C_6H_5-CO)_2O + CH_3COOH$$

二元酸可采用直接加热方式脱水，形成五元、六元环状酸酐。例如：

$$\text{顺丁烯二酸 (HOOC-CH=CH-COOH, cis)} \xrightarrow{\triangle} \text{顺丁烯二酸酐}$$

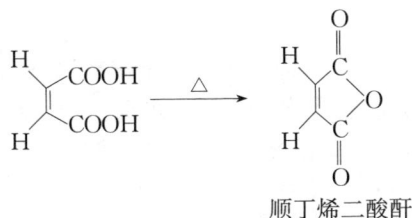

顺丁烯二酸酐

4. 形成酰胺

向羧酸中通入氨先形成铵盐，加热失水生成酰胺(amides)。

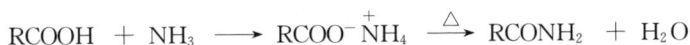

$$RCOOH + NH_3 \longrightarrow RCOO^-\overset{+}{N}H_4 \xrightarrow{\triangle} RCONH_2 + H_2O$$

例如：

$$C_6H_5-COOH + H_2N-C_6H_5 \xrightleftharpoons{180℃} C_6H_5-CONH-C_6H_5 + H_2O$$

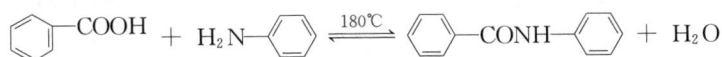

12.4.3 还原反应

羧基较难被还原，用强的还原剂氢化锂铝可将其还原为伯醇。例如：

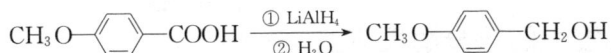

$$CH_3O-C_6H_4-COOH \xrightarrow[\text{② } H_2O]{\text{① } LiAlH_4} CH_3O-C_6H_4-CH_2OH$$

氢化锂铝是一种选择性还原剂，不饱和羧酸分子中的双键、叁键可不被还原。例如：

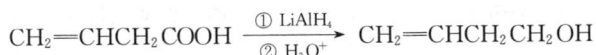

$$CH_2=CHCH_2COOH \xrightarrow[\text{② } H_3O^+]{\text{① } LiAlH_4} CH_2=CHCH_2CH_2OH$$

12.4.4 α-H的卤代反应

受羧基的吸电子影响，羧酸 α-C 上的氢有一定的活性(比醛、酮的 α-H 活性差)，能被卤原子取代，但需在少量红磷或三卤化磷存在下方可与卤素(Cl_2 或 Br_2)发生反应，生成 α-卤代酸。例如：

$$CH_3CH_2CH_2COOH + Br_2 \xrightarrow[\text{或 P(红)}]{PBr_3} CH_3CH_2\underset{\underset{Br}{|}}{C}HCOOH + HBr$$

反应是分步进行的。首先是三溴化磷(用红磷时，红磷先与溴生成三溴化磷)与羧酸作用生成酰基溴，烯醇式的酰基溴与 Br_2 反应得 α-溴代酰基溴，再与过量酸发生溴的交换，最终得产物 α-溴代羧酸。

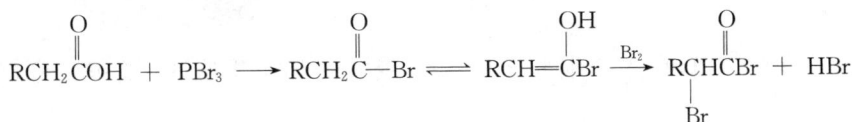

$$RCH_2\overset{\overset{O}{\|}}{C}OH + PBr_3 \longrightarrow RCH_2\overset{\overset{O}{\|}}{C}-Br \rightleftharpoons RCH=\overset{\overset{OH}{|}}{C}Br \xrightarrow{Br_2} R\underset{\underset{Br}{|}}{C}H\overset{\overset{O}{\|}}{C}Br + HBr$$

$$\underset{\underset{Br}{|}}{RCH}\overset{O}{\overset{\|}{C}}Br + RCH_2COOH \rightleftharpoons \underset{\underset{Br}{|}}{RCH}COOH + RCH_2\overset{O}{\overset{\|}{C}}Br$$

12.4.5 脱羧反应

羧酸分子中脱去羧基放出二氧化碳的反应称作**脱羧反应**(decarboxylation)。通常脂肪酸难以脱羧,但当羧酸 α-C 上连有吸电子基团(如硝基、卤素、酰基等)时就容易脱羧。如 β-酮酸加热即可放出二氧化碳,反应通过一个六元环状过渡态一步完成。

$$R\overset{O}{\overset{\|}{C}}CH_2\overset{O}{\overset{\|}{C}}OH \xrightarrow{\triangle} R-\overset{O}{\overset{\|}{C}}CH_3 + CO_2$$

$$\text{(六元环状过渡态)} \xrightarrow{-CO_2} R-\overset{OH}{\overset{|}{C}}=CH_2 \rightleftharpoons R-\overset{O}{\overset{\|}{C}}-CH_3$$

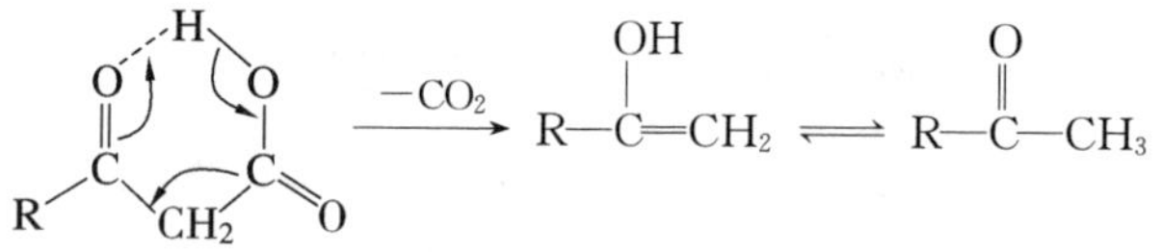

芳香酸的脱羧较脂肪酸容易,尤其是邻、对位上连有吸电子基时更易脱羧。例如:

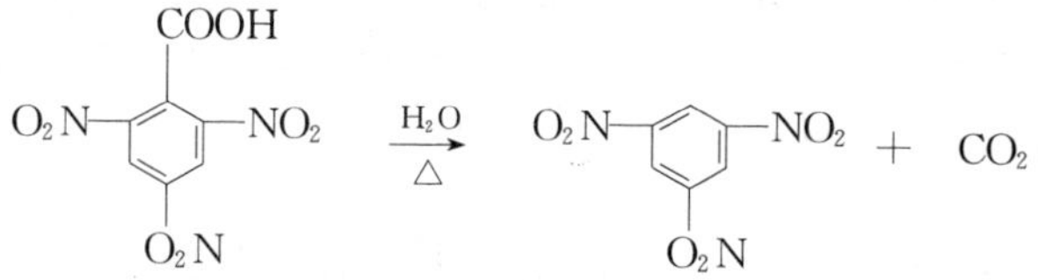

$$\text{2,4,6-}(O_2N)_3C_6H_2COOH \xrightarrow[\triangle]{H_2O} \text{1,3,5-}(O_2N)_3C_6H_3 + CO_2$$

12.4.6 二元羧酸的热分解反应

二元羧酸对热敏感,加热时易发生脱羧、脱水或既脱羧又脱水的反应。

2个羧基直接相连或只间隔1个碳原子的二元酸,受热易脱羧生成一元酸。例如:

$$\underset{COOH}{\overset{COOH}{|}} \xrightarrow{\triangle} HCOOH + CO_2, HOOCCH_2COOH \xrightarrow{\triangle} CH_3COOH + CO_2$$

2个羧基间隔2个或3个碳原子的二元羧酸受热易发生脱水反应,生成环状酸酐。例如:

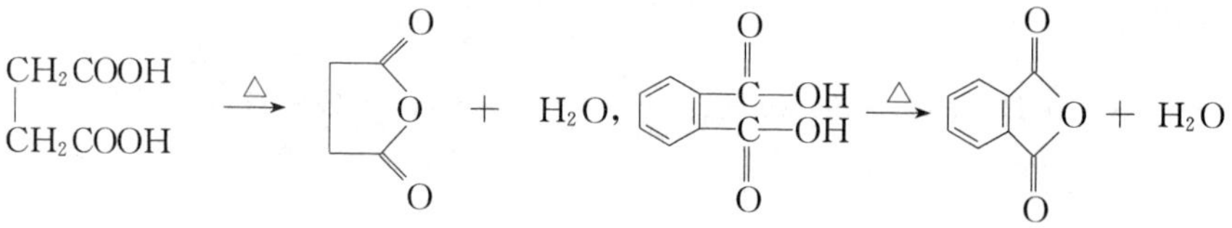

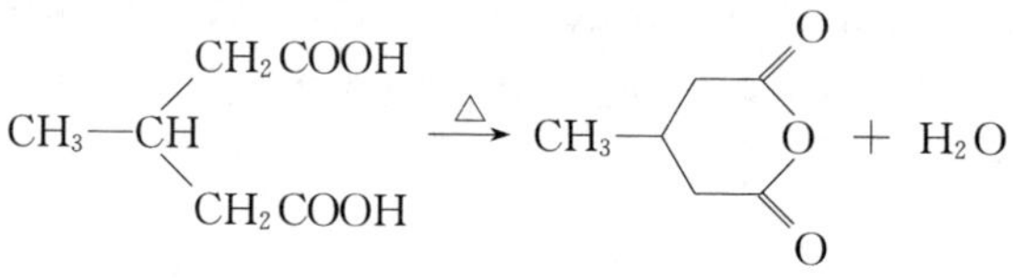

$$\underset{CH_2COOH}{\overset{CH_2COOH}{|}} \xrightarrow{\triangle} \text{丁二酸酐} + H_2O, \text{邻苯二甲酸} \xrightarrow{\triangle} \text{邻苯二甲酸酐} + H_2O$$

$$CH_3-CH(CH_2COOH)_2 \xrightarrow{\triangle} \text{4-甲基戊二酸酐} + H_2O$$

2个羧基间隔4个或5个碳原子的二元羧酸受热发生脱水、脱羧反应,生成环酮。例如:

$$\begin{matrix}CH_2CH_2COOH\\ |\\ CH_2CH_2COOH\end{matrix} \xrightarrow{\triangle} \text{环戊酮} + CO_2\uparrow + H_2O$$

$$CH_2(CH_2CH_2COOH)_2 \xrightarrow{\triangle} \text{环己酮} + CO_2\uparrow + H_2O$$

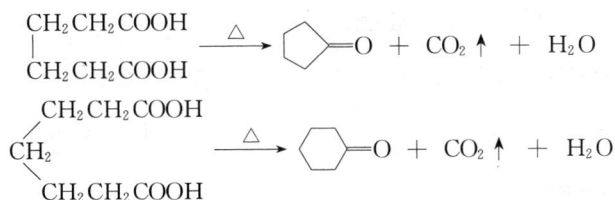

2 个羧基间隔 5 个以上碳原子的二元酸，在高温时发生分子间脱水反应，形成聚酸酐，一般不形成环酮。

12.5　羧酸的制备

12.5.1　氧化法

伯醇和醛氧化后可以得到羧酸，羧酸不会继续氧化，且容易分离提纯，因此是实验室制备酸的常用方法。

氧化不饱和醛制备不饱和酸时，要选用温和的弱氧化剂，如湿润的氧化银或 $Ag(NH_3)_2^+$ 等，以避免双键被氧化。

例如：

$$\underset{CH_3CH_2}{\overset{H}{}}\!\!C=C\!\!\underset{CH_3}{\overset{CHO}{}} \xrightarrow[H_2O,OH^-]{Ag_2O} \xrightarrow{HCl} \underset{CH_3CH_2}{\overset{H}{}}\!\!C=C\!\!\underset{CH_3}{\overset{COOH}{}}$$

对称的烯烃、末端烯烃及环烯烃经氧化可得较纯的羧酸。例如：

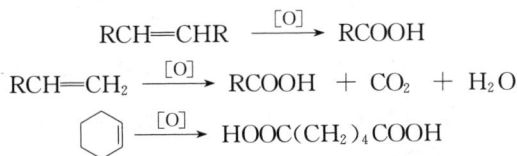

$$RCH=CHR \xrightarrow{[O]} RCOOH$$

$$RCH=CH_2 \xrightarrow{[O]} RCOOH + CO_2 + H_2O$$

$$\text{环己烯} \xrightarrow{[O]} HOOC(CH_2)_4COOH$$

芳酸可由烷基苯氧化而得。例如：

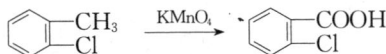

$$\text{邻氯甲苯}(C_6H_4(CH_3)Cl) \xrightarrow{KMnO_4} \text{邻氯苯甲酸}(C_6H_4(COOH)Cl)$$

12.5.2　腈的水解

卤代烃与氰化钠(钾)反应可得腈 RCN，腈在酸性或碱性条件下水解成酸，利用该反应可制备比原卤代烃多 1 个碳原子的酸。使用该方法时，一级卤烃有较好的收率，二级和三级卤烃由于存在消除反应而收率不高，一般不适合通过该法制备羧酸。

$$RCN + H_2O \xrightarrow{H^+\text{或}OH^-} RCOOH$$

$$C_6H_5CH_2Cl + KCN \longrightarrow C_6H_5CH_2CN \xrightarrow[H_2SO_4]{H_2O} C_6H_5CH_2COOH$$

二元羧酸和不饱和羧酸也可通过此法制备。

$$BrCH_2CH_2Br \xrightarrow{NaCN} NCCH_2CH_2CN \xrightarrow{H_3O^+} HOOCCH_2CH_2COOH$$

$$CH_2=CHCH_2Cl \xrightarrow{NaCN} CH_2=CHCH_2CN \xrightarrow{H_3O^+} CH_2=CHCH_2COOH$$

12.5.3 格氏试剂法

卤代烃在无水醚中与金属镁作用生成格氏试剂，然后通入二氧化碳再水解即得羧酸。此法可将一级、二级、三级和芳香卤代烷制备成多 1 个碳原子的羧酸。例如：

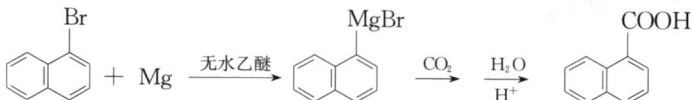

$$(CH_3)_3C—Cl + Mg \xrightarrow{\text{乙醚}} (CH_3)_3C—MgCl \xrightarrow{CO_2} (CH_3)_3C—COOMgCl \xrightarrow[H^+]{H_2O} (CH_3)_3C—COOH$$

$$\text{1-溴萘(Br)} + Mg \xrightarrow{\text{无水乙醚}} \text{1-萘基溴化镁(MgBr)} \xrightarrow{CO_2} \xrightarrow[H^+]{H_2O} \text{1-萘甲酸(COOH)}$$

12.6 取代酸

取代酸(substituted carboxylic acid)指羧酸分子中还含有其他官能团的化合物，常见的有卤代酸(halo acid)、羟基酸(hydroxy acid)、酚酸(hydroxy benzoic acid)和氨基酸(amino acid，在第 18 章介绍)等。

12.6.1 卤代酸

α-卤代酸可通过羧酸的卤代得到(见 12.4.4)。β-卤代酸和 γ-卤代酸可由相应的不饱和酸与卤化氢加成得到。

$$RCH=CHCOOH + HBr \longrightarrow RCH(Br)CH_2COOH$$

α-卤代酸可与各种亲核试剂发生亲核取代反应，如可通过 α-溴代丙酸制备 α-羟基丙酸、α-氰基丙酸及 α-氨基丙酸。

$$CH_3CH(Br)COOH \xrightarrow{NaOH} CH_3CH(OH)COOH$$

$$CH_3CH(Br)COOH \xrightarrow{NaOH} CH_3CH(Br)COONa \xrightarrow[\text{② } H^+]{\text{① NaCN}} CH_3CH(CN)COOH$$

$$CH_3CH(Br)COOH \xrightarrow{NH_3} CH_3—CH(\overset{+}{N}H_3Br^-)COOH \xrightarrow{OH^-} CH_3CH(NH_2)COOH$$

β-卤代酸在碱性水溶液中易脱卤化氢生成 α,β-不饱和酸。

$$CH_3CH(Br)CH_2COOH \xrightarrow{NaOH/H_2O} CH_3CH=CHCOONa \xrightarrow{H^+} CH_3CH=CHCOOH$$

γ-卤代酸和 δ-卤代酸在碱作用下分别生成五元内酯和六元内酯。

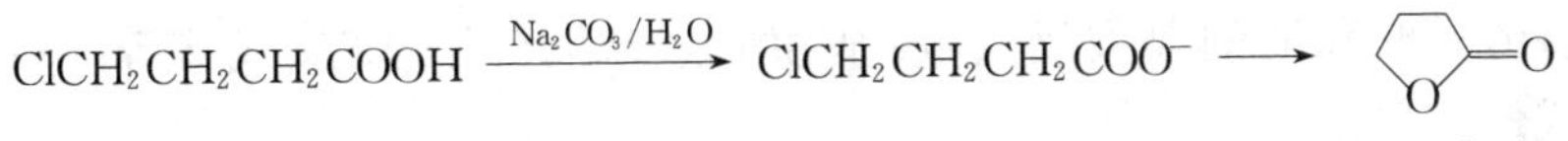

$$ClCH_2CH_2CH_2COOH \xrightarrow{Na_2CO_3/H_2O} ClCH_2CH_2CH_2COO^- \longrightarrow \text{(丁-4-内酯)}$$

丁-4-内酯

$$Cl(CH_2)_4COOH \xrightarrow{Na_2CO_3/H_2O} \text{(戊-5-内酯)}$$

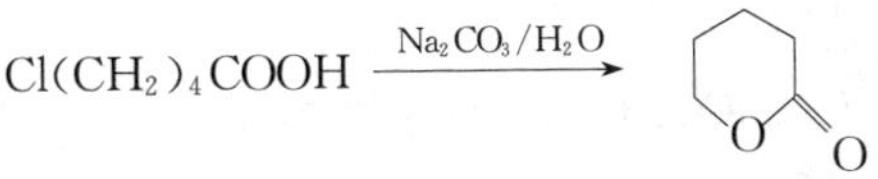

戊-5-内酯

戊-5-内酯不如丁-4-内酯稳定，δ-内酯在室温下放置即可开环生成 δ-羟基酸。

12.6.2　羟基酸

α-羟基酸可由 α-卤代酸水解而得，β-羟基酸可通过瑞福尔马斯基反应（见 13.7.3）制备，也可通过 β-氯乙醇与氰化钠反应，再水解制备得到。例如：

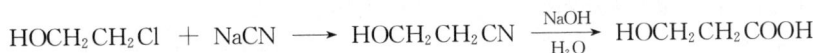

$$HOCH_2CH_2Cl + NaCN \longrightarrow HOCH_2CH_2CN \xrightarrow[H_2O]{NaOH} HOCH_2CH_2COOH$$

α-羟基酸受热分子间失水形成**交酯**。

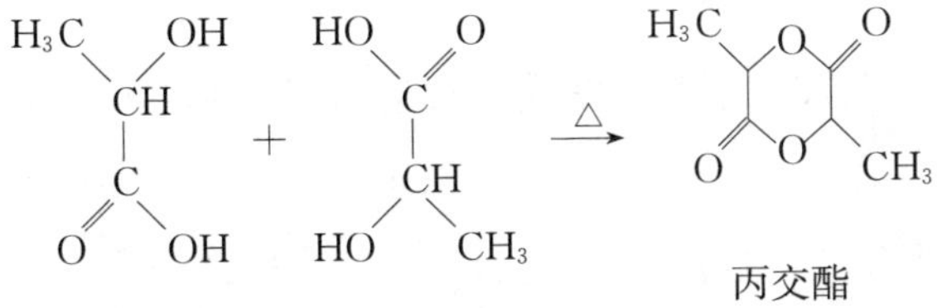

$$CH_3CH(OH)COOH + HOOCCH(OH)CH_3 \xrightarrow{\triangle} \text{(丙交酯)}$$

丙交酯

β-羟基酸受热分子内脱水形成 α,β-不饱和酸。

$$CH_3CH(OH)CH_2COOH \xrightarrow[-H_2O]{\triangle} CH_3CH{=}CHCOOH$$

γ-羟基酸和 δ-羟基酸受热易形成**内酯**。

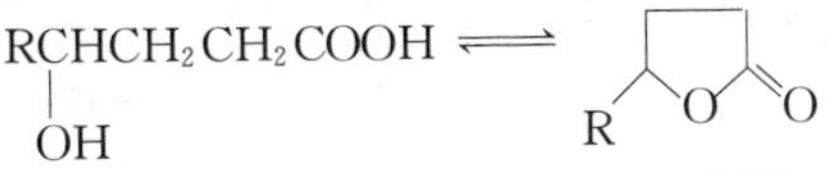

$$RCH(OH)CH_2CH_2COOH \rightleftharpoons \text{(γ-内酯)}$$

γ-内酯

α-羟基酸和稀高锰酸钾溶液共热被氧化分解，生成少 1 个碳原子的醛，醛继续被氧化生成酸。利用该反应可合成比原来酸少 1 个碳原子的羧酸。

$$RCH_2COOH \xrightarrow{P/Br_2} RCH(Br)COOH \xrightarrow{AgOH} R{-}CH(OH)COOH \xrightarrow{KMnO_4} RCOOH$$

12.6.3　酚酸

含有酚羟基的取代芳香酸称酚酸。例如：

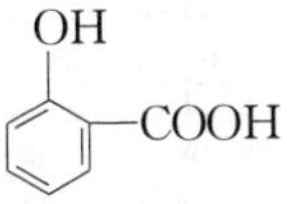

α-羟基苯甲酸（俗称水杨酸）
（α-hydroxy benzoic acid）

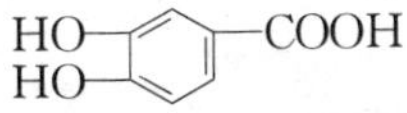

3,4-二羟基苯甲酸（俗称原儿茶酸）
（3,4-dihydroxy benzoic acid）

酚酸具有芳香酸和酚的典型反应,羧基和酚羟基能分别成酯、成盐等。有些酚酸受热时易脱羧生成酚。例如:

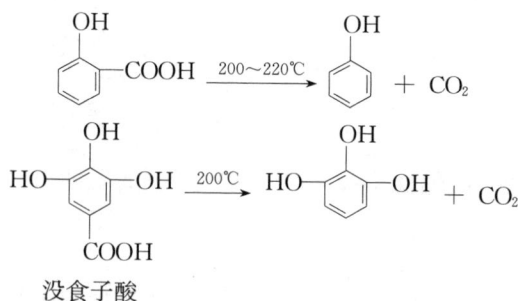

$$\text{邻羟基苯甲酸} \xrightarrow{200\sim220℃} C_6H_5OH + CO_2$$

$$\text{没食子酸} \xrightarrow{200℃} \text{连苯三酚} + CO_2$$

没食子酸

水杨酸可由**柯尔伯-施密特反应**(Kolbe-Schmidt reaction)制备,即将干燥的酚钠与二氧化碳在加温加压下生成水杨酸钠,经酸化即得水杨酸。

$$C_6H_5ONa + CO_2 \xrightarrow[\text{加压}]{125\sim150℃} \text{o-}HOC_6H_4COONa \xrightarrow{H^+} \text{o-}HOC_6H_4COOH$$

苯酚钾在200℃以上及加压下与二氧化碳反应得对羟基苯甲酸。

$$C_6H_5OK + CO_2 \xrightarrow[\text{加压}]{200℃} \text{p-}HOC_6H_4COOK \xrightarrow{H^+} \text{p-}HOC_6H_4COOH$$

水杨酸是无色针状结晶,与三氯化铁水溶液反应显蓝紫色。水杨酸有多种用途,是制备染料、香料、药品的重要原料,如解热镇痛药阿司匹林(aspirin)即是水杨酸的乙酰化产物。

$$\text{o-}HOC_6H_4COOH \xrightarrow[H_2SO_4,70\sim75℃]{(CH_3CO)_2O} \text{o-}CH_3COOC_6H_4COOH$$

阿司匹林

习 题

1. 命名下列化合物。

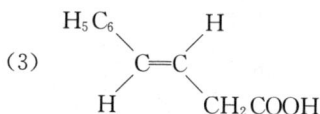

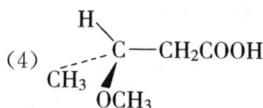

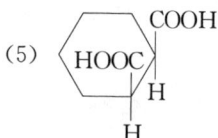

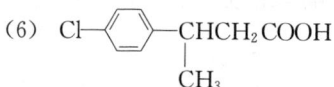

(1) $(CH_3)_2CHCH(CH_3)CH_2COOH$

(2) $HOOCCH(CH_3)CH_2CH(CH_3)COOH$

(3) (Z)-$H_5C_6CH=CHCH_2COOH$ (H_5C_6 与 CH_2COOH 位于双键同侧)

(4) H、CH_3、OCH_3、CH_2COOH 连于手性碳的立体结构式

(5) 环己烷-1,2-二甲酸(两个COOH 处于顺式,H 均朝下)

(6) $Cl-C_6H_4-CH(CH_3)CH_2COOH$(对位)

(7) $CH_3COCH_2CH_2CH(CH_3)COOH$

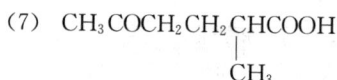

(8) $HOCH_2CH_2COOH$

2. 写出分子式为 $C_5H_{10}O_2$ 的羧酸的同分异构体，并用系统命名法命名。

3. 完成下列反应。

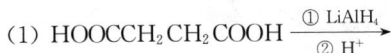

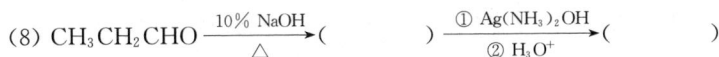

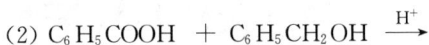

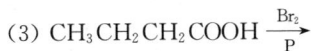

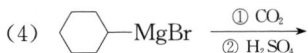

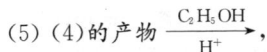

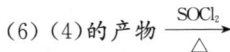

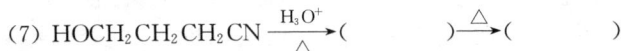

(1) $HOOCCH_2CH_2COOH \xrightarrow[\text{② } H^+]{\text{① } LiAlH_4}$

(2) $C_6H_5COOH + C_6H_5CH_2OH \xrightarrow{H^+}$

(3) $CH_3CH_2CH_2COOH \xrightarrow[P]{Br_2}$

(4) $C_6H_{11}\text{—}MgBr \xrightarrow[\text{② } H_2SO_4]{\text{① } CO_2}$（环己基溴化镁）

(5) (4)的产物 $\xrightarrow[H^+]{C_2H_5OH}$，

(6) (4)的产物 $\xrightarrow[\triangle]{SOCl_2}$

(7) $HOCH_2CH_2CH_2CN \xrightarrow[\triangle]{H_3O^+}$(　　　　) $\xrightarrow{\triangle}$(　　　　)

(8) $CH_3CH_2CHO \xrightarrow[\triangle]{10\%\ NaOH}$(　　　　) $\xrightarrow[\text{② } H_3O^+]{\text{① } Ag(NH_3)_2OH}$(　　　　)

4. 比较下列各组化合物的酸性。

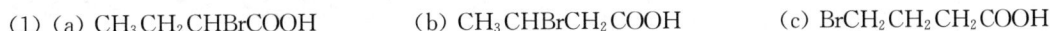

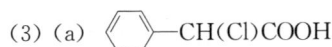

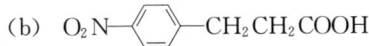

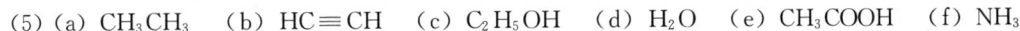

(1) (a) $CH_3CH_2CHBrCOOH$　(b) $CH_3CHBrCH_2COOH$　(c) $BrCH_2CH_2CH_2COOH$
(d) $CH_3CH_2CH_2COOH$

(2) (a) $O_2N\text{—}C_6H_4\text{—}COOH$（对位）　(b) $CH_3\text{—}C_6H_4\text{—}COOH$（对位）　(c) $C_6H_5\text{—}COOH$

(3) (a) $C_6H_5\text{—}CH(Cl)COOH$　(b) $C_6H_5\text{—}CH_2CH_2COOH$　(c) $C_6H_5\text{—}CH_2COOH$
(d) $Cl\text{—}C_6H_4\text{—}CH_2COOH$（对位）

(4) (a) $O_2N\text{—}C_6H_4\text{—}COOH$　(b) $O_2N\text{—}C_6H_4\text{—}CH_2CH_2COOH$
(c) $O_2N\text{—}C_6H_4\text{—}CH_2COOH$（均为对位）

(5) (a) CH_3CH_3　(b) $HC\equiv CH$　(c) C_2H_5OH　(d) H_2O　(e) CH_3COOH　(f) NH_3
(g) H_2SO_4

5. 写出外消旋体的 β-溴代丁酸在 P/Br_2 作用下一溴代的产物结构。

6. 在少量 H_2SO_4 作用下，5-羟基己酸即可发生分子内的酯化反应：

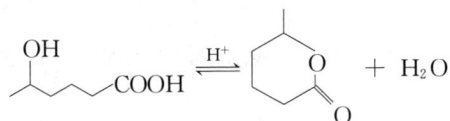

$$CH_3CH(OH)CH_2CH_2CH_2COOH \overset{H^+}{\rightleftharpoons} \text{(6-甲基-δ-戊内酯)} + H_2O$$

试写出该反应的机理。

7. 分子式为 $C_6H_{12}O$ 的化合物 A，氧化得 B，B 溶于 NaOH 水溶液，B 加热后生成环状化合物 C，C 可与羟胺生成肟，C 用 Zn-Hg/HCl 还原生成 D，D 的分子式为 C_5H_{10}。试写出 A、B、C 和 D 的构造式。

8. 某化合物的分子式为 $C_4H_8O_3$，根据下列核磁共振谱数据推测其结构。

δ：1.27(t,3H)，3.66(q，2H)，4.13(s,2H)，10.95(s,1H)

9. 合成题。

(1) 以乙醛为原料合成正戊酸。

(2) 以甲苯为原料合成 2-氨基-2-(4-溴苯基)乙酸。

(3) 以环己酮为原料合成

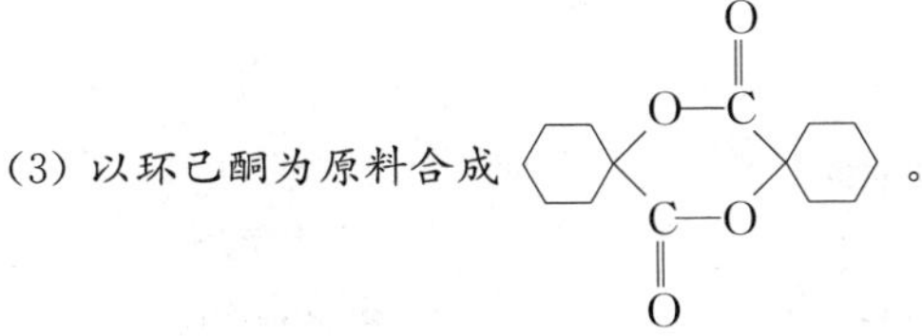

。

第 13 章 羧酸衍生物

羧酸分子中的羟基被其他基团取代后所产生的化合物称为**羧酸衍生物**（carboxylic acid derivatives），包括**酰卤**（acyl halide）、**酸酐**（carboxylic anhydride）、**酯**（ester）和**酰胺**（amide），另外**腈**（nitrile）在性质上与上述化合物相似，也通常包括在羧酸衍生物中。除腈外，羧酸衍生物中都含有酰基（RCO—，acyl）。它们可用通式表示如下：

$\mathrm{R\overset{O}{\overset{\|}{C}}—}$	$\mathrm{R\overset{O}{\overset{\|}{C}}—X}$	$\mathrm{R\overset{O}{\overset{\|}{C}}—O—\overset{O}{\overset{\|}{C}}R'}$	$\mathrm{R\overset{O}{\overset{\|}{C}}—OR'}$	$\mathrm{R\overset{O}{\overset{\|}{C}}—NH_2(R')}$	$\mathrm{R—C{\equiv}N}$
酰基	酰卤	酸酐	酯	酰胺	腈

羧酸衍生物可转变成多种化合物，被广泛用于药物的合成，而且许多药物本身就含有酯、酰胺等结构。

13.1 羧酸衍生物的命名

酰卤的名称是在酰基名称后加上卤素原子的名称组成。例如：

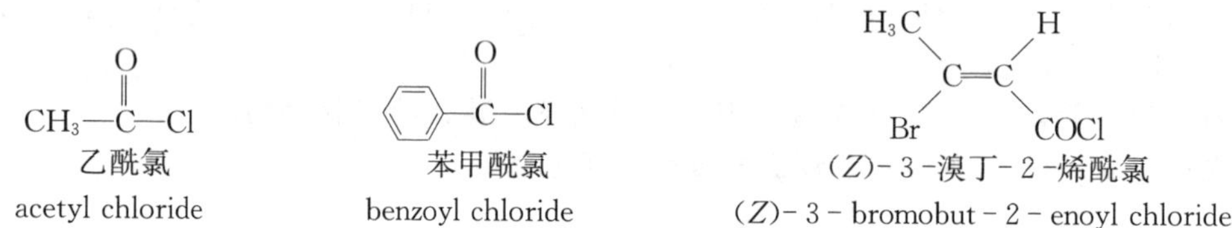

酰胺由酰基名称加上胺表示，当酰胺氮上有取代基时，在基团名称前加 *N*，以斜体标明。例如：

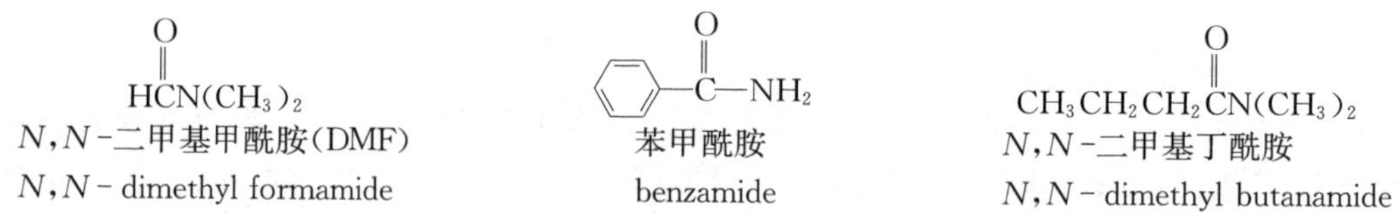

酸酐根据其水解所得的酸来命名，如果水解生成的 2 分子酸相同（简单酸酐），则在羧酸名称后加“酐”字，并且经常把“酸”字省略；如果生成的两分子羧酸不同，则称为混合酸酐，命名时依次写出羧酸名称，根据羧酸英文名第一个字母在字母表中顺序，排在前面者先列出，后面加一“酐”字，并且也经常省略“酸”；二元羧酸分子内脱水形成环状酸酐，命名时在酸的名称后面加“酐”字。例如：

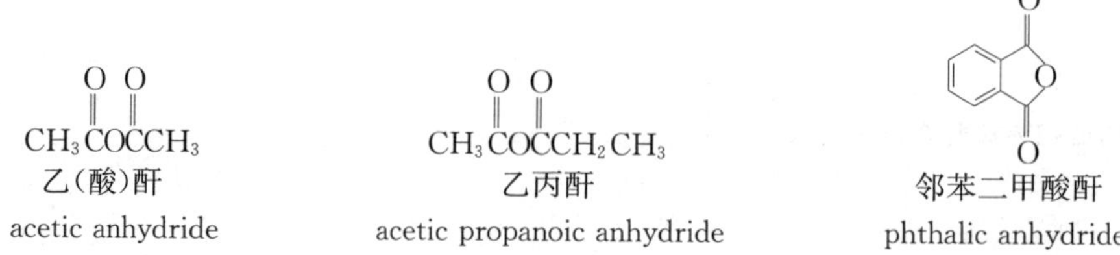

酯根据其水解所得的相应的酸和醇来命名，称为某酸某酯。例如：

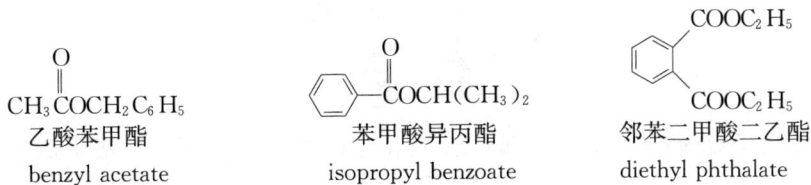

$CH_3COCH_2C_6H_5$（C=O）
乙酸苯甲酯
benzyl acetate

$C_6H_5COCH(CH_3)_2$（C=O）
苯甲酸异丙酯
isopropyl benzoate

$C_6H_4(COOC_2H_5)_2$（邻位）
邻苯二甲酸二乙酯
diethyl phthalate

腈的名称是根据主链碳原子数（包括氰基碳）用“腈”命名。例如：

CH_3CN
乙腈
acetonitrile

C_6H_5CN
苯甲腈
benzonitrile

$CH_3CH_2CH(CH_3)CH_2CN$
3 -甲基戊腈
3 - methylpentanenitrile

含多官能团的化合物在命名时，需选择一个官能团为母体化合物，而把其他官能团作为取代基。各类官能团选作母体化合物的优先次序如下：

$RCOOH > RSO_3H > (RCO)_2O > RCOOR' > RCOX > RCONHR' > RCN > RCHO > RCOR' > ROH > ArOH > RNHR' > ROR'$

羧酸衍生物的官能团作为取代基时其名称如下：

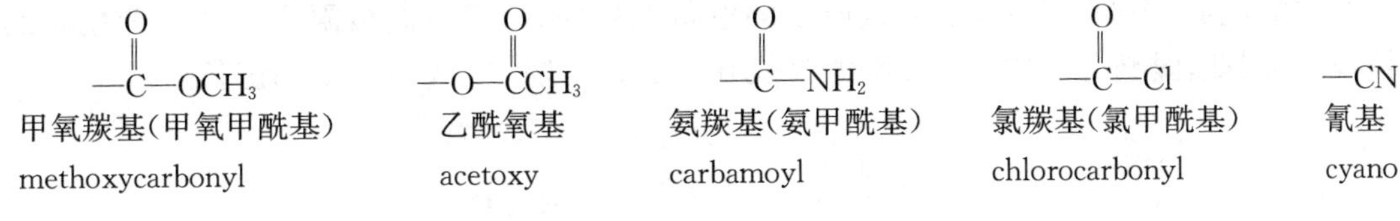

例如：

$C_6H_4(COCl)(COOH)$（邻位）
2 -（氯羰基）苯甲酸
2 -（chlorocarbonyl）benzoic acid

4-CH_3CONH-萘-1-COOH
4 -乙酰氨基萘- 1 -甲酸
4 - acetaminonaphthalene - 1 - carboxylic acid

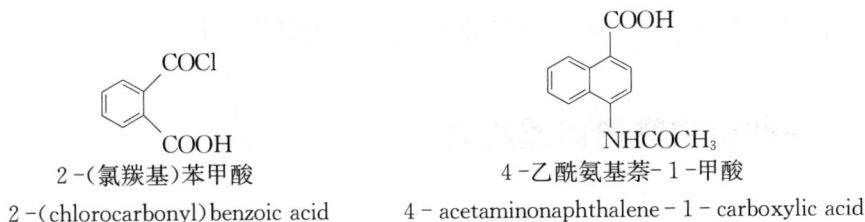

13.2 羧酸衍生物的结构

酰卤、酸酐、酯和酰胺分子中都含有酰基，它们的结构与羧酸类似，其通式如下：

$$R-\overset{\overset{\displaystyle O}{\|}}{C}-\ddot{L} \qquad L=X、-O\overset{\overset{\displaystyle O}{\|}}{C}R'、-OR'、NH_2$$

羧酸衍生物中羰基碳为 sp^2 杂化，未参加杂化的 p 轨道与氧原子的 p 轨道平行重叠形成 π 键。

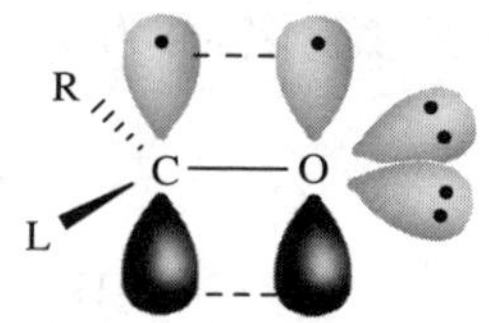

与羰基相连的原子(X、O、N)上都有未共用电子对,可与羰基的 π 键形成 p-π 共轭,可用共振式表示如下:

$$\left[\begin{array}{c} O \\ \| \\ C \\ R \diagup \quad \diagdown L \end{array} \longleftrightarrow \begin{array}{c} O^- \\ | \\ C \\ R \diagup \quad \diagdown\!\!\diagdown L^+ \end{array} \right]$$

电荷分离的共振极限式对共振杂化体的贡献大小与 L 中直接与羰基相连原子(X、O、N)的电负性大小有关。在酰胺的共振极限式中,因氮原子的电负性最小,电荷分离极限式对共振杂化体的贡献较大,表现在 C—N 键键长较胺分子中的 C—N 键键长有较大的不同,具有明显的 C═N 的性质。

	$H-\overset{O}{\overset{\|}{C}}-NH_2$	CH_3-NH_2
C—N 键键长	0.138 nm	0.147 mm

在酰氯的共振极限式中,由于氯原子的电负性较大,电荷分离极限式对共振杂化体的贡献很小,因此,酰卤分子中 C—X 键的键长并不比卤代烷中的 C—X 键的键长短。

	$CH_3-\overset{O}{\overset{\|}{C}}-Cl$	CH_3-Cl
C—X 键键长	0.179 nm	0.178 nm

腈分子中—C≡N(氰基)的碳是 sp 杂化的,与炔烃的结构相似。

13.3 羧酸衍生物的物理性质

低级的酰氯和酸酐为液体,具有刺激性气味,高级的为固体。低级的酯通常为液体,易挥发并具有特殊的香味。这是因为酰氯、酸酐和酯不能形成分子间氢键,因此酰氯和酯的沸点较低,酸酐的沸点较相对分子质量相近的羧酸低。酰胺分子间可通过氢键缔合,因而沸点较高,除甲酰胺外均为固体。但当酰胺 N 上的 H 都被烃基取代后,因分子间不能形成氢键,故熔点和沸点都降低。如乙酰胺沸点为 221℃,*N*,*N*-二甲基甲酰胺沸点为 169℃。

$$\begin{array}{c} O \\ \| \\ C \\ R \diagup \quad \diagdown N-H\cdots O=C(R)-NH_2 \\ \quad\quad | \\ \quad\quad H \end{array}$$

羧酸衍生物均能溶于乙醚、氯仿等有机溶剂;酰卤和酸酐难溶于水,低级的酰氯和酸酐可被水分解。低级的酰胺能溶于水,腈由于具有较高极性,在水中的溶解度也较大,因此 *N*,*N*-二甲基甲酰胺、*N*,*N*-二甲基乙酰胺和乙腈通常用作良好的非质子性溶剂。常见羧酸衍生物的物理常数见表 13－1。

表 13－1 常见羧酸衍生物的物理常数

化合物名称	沸点/℃	熔点/℃	化合物名称	沸点/℃	熔点/℃
乙酰氯 acetyl chloride	51	−112	乙酰胺 acetamide	221	82
丙酰氯 propanoyl chloride	80	−94	丙酰胺 propanamide	213	79
苯甲酰氯 benzoyl chloride	197	−1	邻苯二甲酰亚胺 phthalamide		238
乙酰溴 acetyl bromide	76	−96	乙酸酐 acetic anhydride	140	−73
甲酸乙酯 ethyl formate	54	−80	邻苯二甲酸酐 1,2－benzene－dicarboxylic anhydride	284	131
乙酸甲酯 methyl acetate	57.5	−98			
乙酸乙酯 ethyl acetate	77	−84	乙腈 acetonitrile	82	−45
正丁酸乙酯 ethyl butyrate	121	−93	丙腈 propanonitrile	97	−92
乙酸苄酯 benzyl acetate	214	−51	丁腈 butanonitrile	117.5	−112
苯甲酸乙酯 ethyl benzoate	213	−35	苯甲腈 benzonitrile	190	−13

红外光谱：羧酸衍生物羰基的伸缩振动吸收在 1 630～1 850 cm^{-1}之间，不同衍生物的振动吸收频率不同，而对于同一类衍生物则取决于其结构。

大多数饱和脂肪酸酯的羰基伸缩振动在 1 735 cm^{-1}左右，α，β－不饱和脂肪酸酯和芳香酸酯在 1 720 cm^{-1}区域。酯的碳氧单键在 1 050～1 300 cm^{-1}有 2 个伸缩振动吸收峰。图 13－1为乙酸乙酯的红外光谱。

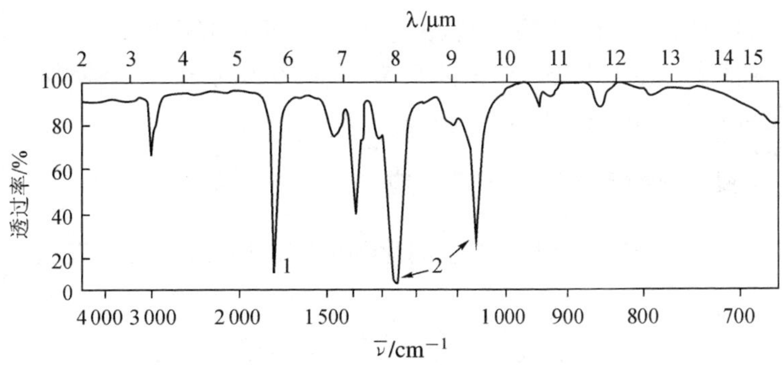

图 13－1 乙酸乙酯的红外光谱

1. C═O 的伸缩振动 2. C—O 的伸缩振动

酰卤的羰基伸缩振动在 1 785～1 815 cm^{-1}之间。

酰胺的羰基伸缩振动在 1 625～1 785 cm^{-1}之间；一级或二级酰胺在 3 100～3 600 cm^{-1}处有 N—H 伸缩振动特征吸收。图 13－2 为苯甲酰胺的红外光谱图。

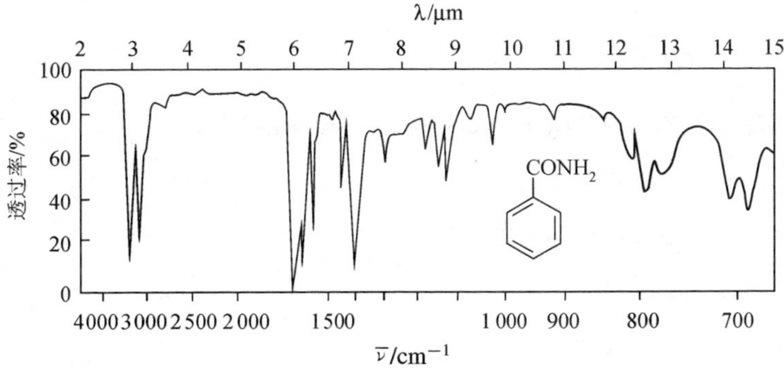

图 13－2 苯甲酰胺的红外光谱

腈的 C≡N 伸缩振动在 2 260～2 210 cm^{-1}处有特征吸收。

核磁共振氢谱:酯分子中,烷氧基部分直接与氧相连碳上的质子的化学位移值为 δ 3.7～4.1;酰胺中氨基上的质子的化学位移值 δ 5～8,通常为宽而矮的峰;羧酸衍生物 α－H 受羰基或氰基影响向低场移动,化学位移值 δ 2～3。图 13－3 为乙酸乙酯的核磁共振谱图。

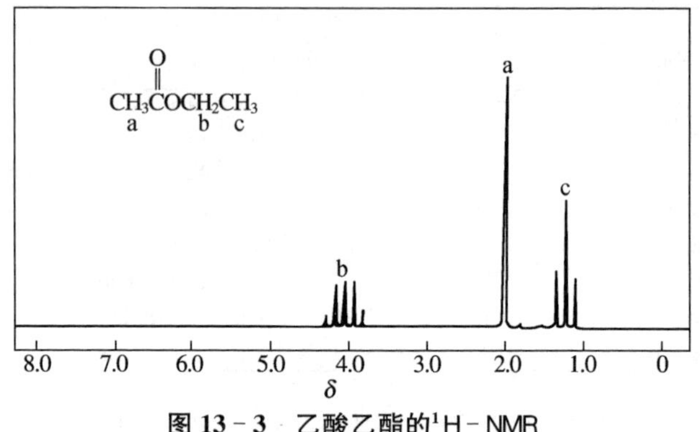

图 13－3　乙酸乙酯的[1]H－NMR

13.4　羧酸衍生物的化学性质

羧酸衍生物都具有 1 个极性的羰基,由于结构上的相似性使其具有相似的化学性质。例如,都可以在羰基上发生亲核加成-消除反应,羧酸衍生物中的羰基均可被还原,羰基还可与金属有机化合物发生加成等反应。

13.4.1　水解、醇解和氨(胺)解反应

酰基上的取代反应是羧酸衍生物典型的化学反应,可用反应通式表示。

$$R-\overset{O}{\overset{\|}{C}}-L + :Nu \longrightarrow R-\overset{O}{\overset{\|}{C}}-Nu + :L$$

$$:Nu = H_2O,\ R'OH, NH_3(R'NH_2)$$

$$L = -X,\ -OCOR,\ -OR', -NH_2, -NHR'$$

其反应是通过亲核加成-消除(nucleophilic addition-elimination)机理进行的。

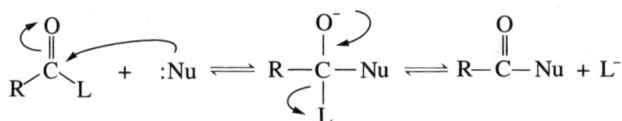

$$R-\overset{O}{\overset{\|}{C}}-L + :Nu \rightleftharpoons R-\underset{L}{\underset{|}{\overset{O^-}{\overset{|}{C}}}}-Nu \rightleftharpoons R-\overset{O}{\overset{\|}{C}}-Nu + L^-$$

1. 水解

酰氯、酸酐、酯和酰胺**水解**(hydrolysis)都生成相应的羧酸。

$$\left.\begin{array}{l} RCOCl \\ RCO-O-OCR' \\ RCOOR' \\ RCONHR' \end{array}\right] \xrightarrow{H_2O} RCOOH + \left[\begin{array}{l} HCl \\ R'COOH \\ R'OH \\ R'NH_2 \end{array}\right.$$

低级的酰氯极易水解，乙酰氯可以和空气中的水蒸气发生水解反应，产生白色烟雾(水解生成的盐酸)。随着相对分子质量的增大，酰氯在水中的溶解度降低，酰氯的水解反应速度减慢，若加入使酰氯和水均溶于其中的溶剂(如二氧六环、四氢呋喃等)，可提高反应速度。例如：

$$(C_6H_5)_2CHCH_2COCl \xrightarrow[0℃]{Na_2CO_3/H_2O} (C_6H_5)_2CHCH_2COOH \quad 95\%$$

酸酐可以在中性、酸性或碱性溶液中水解，反应比酰卤温和，但比酯容易。由于酸酐不溶于水，室温下水解很慢，必要时通过加热、酸碱催化或选择适当溶剂使之成为均相可加速水解的进行。例如：

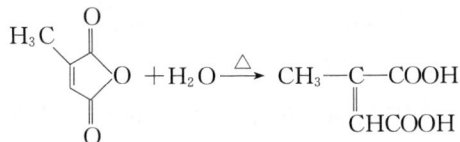

$$\text{(甲基马来酸酐)} + H_2O \xrightarrow{\triangle} CH_3-\underset{\underset{CHCOOH}{\|}}{C}-COOH$$

酯的水解必须在酸或碱的催化下进行，生成 1 分子酸和 1 分子醇。其通式如下：

$$R-\overset{\overset{O}{\|}}{C}-OR' + H_2O \rightleftharpoons R-COOH + R'OH$$

酯在酸性条件下的水解是酯化反应的逆反应，是平衡反应，反应不完全。而在碱性条件下酯的水解反应是不可逆的，在此反应中，碱既是催化剂又是反应试剂。因为 OH^- 是比 H_2O 更强的亲核试剂，容易与酯羰基发生亲核反应。同时，反应中生成的酸与碱反应成盐，使反应不可逆。因此，反应中碱的物质的量要多于酯的。

$$CH_3CH_2COOC_2H_5 + H_2O \rightleftharpoons CH_3CH_2COOH + C_2H_5OH$$

$$\xrightarrow{NaOH} CH_3CH_2COONa + H_2O$$

在酯的水解反应中，酯分子可能在两个位置发生键的断裂而生成羧酸和醇，一种是酰氧键断裂，另一种是烷氧键断裂。

$$R-\overset{\overset{O}{\|}}{C}\,\vdots\,O-R' \qquad\qquad R-\overset{\overset{O}{\|}}{C}-O\,\vdots\,R'$$

酰氧键断裂　　　　烷氧键断裂

实验事实证明，在碱性催化剂作用下，酯的水解一般是以酰氧键断裂方式进行的。如采用 ^{18}O 标记的丙酸乙酯在碱催化下水解，生成含有 ^{18}O 的乙醇。

$$CH_3CH_2-\overset{\overset{O}{\|}}{C}-{}^{18}OC_2H_5 + NaOH \longrightarrow CH_3CH_2-\overset{\overset{O}{\|}}{C}-ONa + C_2H_5{}^{18}OH$$

再如具有光学活性的乙酸-1-苯基乙-1-醇酯水解，生成具有旋光性的 1-苯基乙-1-醇，其构型没有发生改变。

$$CH_3C(=O)OCH(CH_3)C_6H_5 + KOH \xrightarrow{EtOH/H_2O} CH_3COOK + HOCH(CH_3)C_6H_5$$

(*R*)-(+)-乙酸-1-苯基乙-1-醇酯　　　　(*R*)-(+)-1-苯基乙-1-醇

以上反应事实可由酯碱性水解的机理解释。酯碱性条件下的水解机理如下:

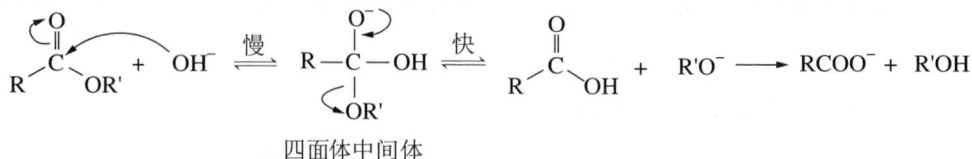

$$RC(=O)OR' + OH^- \underset{}{\overset{慢}{\rightleftharpoons}} R-C(O^-)(OR')-OH \underset{}{\overset{快}{\rightleftharpoons}} RC(=O)OH + R'O^- \longrightarrow RCOO^- + R'OH$$

四面体中间体

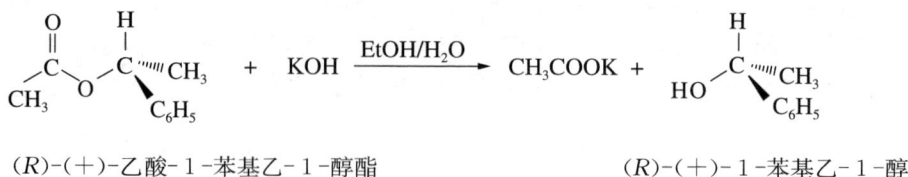

以上机理表明酯的碱性水解是通过酰氧键断裂的方式进行的。HO^- 先进攻酯羰基碳原子发生亲核加成,形成四面体中间体,再发生消除反应脱去烷氧负离子,是加成-消除反应的机理,反应过程中发生的是酰基碳与烷氧基氧原子之间化学键的断裂。HO^- 进攻羰基生成四面体中间体是决定反应速率的一步,反应速率与带负电荷的四面体中间体的稳定性有关。若酯分子中烃基上带有吸电子基,可以使负离子中间体稳定而促进反应,吸电子能力越强,反应速率就越快。空间位阻对四面体中间体的形成也有较大的影响,酯的酰基中 R 或与氧连接的烷基(R′)碳上取代基的数目越多、体积越大,则空间位阻越大,越不利于中间体的形成,反应速率就越慢。如表 13-2 为各种酯碱性水解的相对速率,与以上预期一致。

表 13-2　酯的碱催化水解中电性效应及空间位阻对反应速率的影响

$RCOOC_2H_5$ (H_2O/25℃)		$RCOOC_2H_5$ (87.8%ROH/30℃)		CH_3COOR (70%丙酮/25℃)	
R	相对速率	R	相对速率	R	相对速率
CH_3	1	CH_3	1	CH_3	1
CH_2Cl	290	CH_3CH_2	0.470	CH_3CH_2	0.431
$CHCl_2$	6 130	$(CH_3)_2CH$	0.100	$(CH_3)_2CH$	0.065
CH_3CO	7 200	$(CH_3)_3C$	0.010	$(CH_3)_3C$	0.002
CCl_3	23 150	C_6H_5	0.102	环己基	0.042

反应中生成的酸与碱发生酸碱反应生成羧酸钠,此成盐反应不可逆,因此酯的碱性水解反应可以进行完全。高级脂肪酸酯常在碱性条件下水解得其钠盐,用于制造肥皂,因此酯碱性条件下的水解反应也称为**皂化反应**(saponification)。

酰卤、酸酐、酰胺的水解机理与酯的水解机理类似,在上述机理的第二步,如果离去基团易离去,则反应速度越快,离去基团的碱性越弱越容易离去。当反应物为酰氯、酸酐、酯和酰胺时,它们的离去基团分别为 Cl^-、^-OCOR、^-OR、NH_2^-。这些离去基团的碱性强弱次序是 $Cl^- < RCOO^- < RO^- < NH_2^-$。因此羧酸衍生物在碱性条件下进行水解、醇解、氨解反应的活性次序为酰卤>酸酐>酯>酰胺。

酯水解也可在酸性条件下进行。羧酸的伯、仲醇酯水解时一般也是以酰氧键断裂方式进行的。

$$RCOOR' \xrightleftharpoons{H^+} RC(=\overset{+}{O}H)OR' \xrightleftharpoons{H_2O} R-C(OH)(OR')-\overset{+}{O}H_2 \xrightleftharpoons{质子转移} R-C(OH)(OH)-\overset{+}{O}(H)R'$$

$$\xrightleftharpoons{-R'OH} RC(=\overset{+}{O}H)OH \rightleftharpoons RC(=O)OH + H^+$$

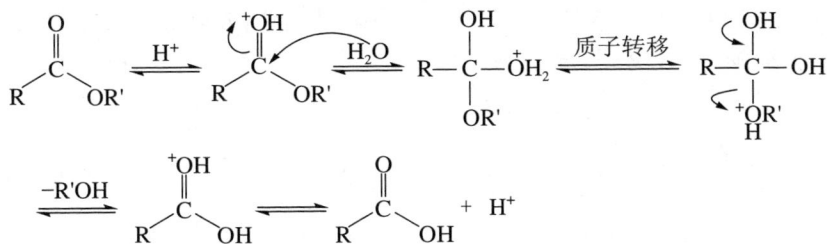

首先是酯分子中羰基氧原子质子化，使羰基碳原子正电性增加，有利于弱亲核试剂水对其进攻而生成四面体正离子中间体，然后，质子转移到烷氧基氧原子上，再消除弱碱性的醇分子而生成羧酸，这是酯化反应的逆反应。

酸催化下酯水解的反应速率也与中间体的稳定性有关，电性效应对水解速率的影响不如在碱催化时大，因为给电子基团对酯的质子化有利，但不利于水分子亲核进攻；而吸电子基团则不利于酯羰基氧原子的质子化。空间位阻对反应速率影响较大(见表 13－3)。

表 13－3　乙酸酯(CH_3COOR)25℃时在盐酸溶液中水解的相对速率

R	CH_3	CH_3CH_2	$(CH_3)_2CH$	$(CH_3)_3C$	$C_6H_5CH_2$	C_6H_5
相对速率	1	0.97	0.53	1.15	0.96	0.69

叔醇酯在酸催化下水解时，由于空间位阻较大，且容易生成相对稳定的碳正离子，所以，水解反应按烷氧断裂方式进行。

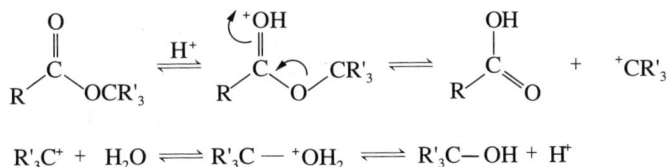

$$RC(=O)OCR'_3 \xrightleftharpoons{H^+} RC(=\overset{+}{O}H)-O-CR'_3 \rightleftharpoons RC(=O)OH + {}^+CR'_3$$

$$R'_3C^+ + H_2O \rightleftharpoons R'_3C-{}^+OH_2 \rightleftharpoons R'_3C-OH + H^+$$

酰胺比酯难水解，需要在酸或碱催化、加热条件下进行。例如：

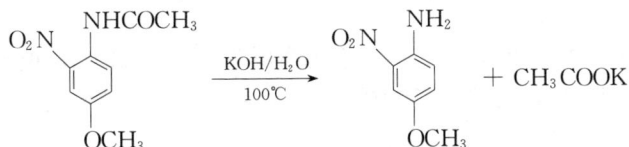

$$\text{2-}O_2N\text{-4-}OCH_3\text{-}C_6H_3NHCOCH_3 \xrightarrow[100℃]{KOH/H_2O} \text{2-}O_2N\text{-4-}OCH_3\text{-}C_6H_3NH_2 + CH_3COOK$$

通过以上反应可以看出，羧酸衍生物发生水解反应时其反应活性有如下次序：酰氯＞酸酐＞酯＞酰胺。

羧酸衍生物的醇解、氨(胺)解反应也存在上述活性次序。

腈在酸性或碱性条件下水解成酰胺并进一步水解生成羧酸和氨气。

$$RC\equiv N \xrightarrow[H^+\ or\ OH^-]{H_2O} RCONH_2 \xrightarrow[H^+\ or\ OH^-]{H_2O} RCOOH$$

2. 醇解

羧酸衍生物的**醇解**(alcoholysis)是合成酯的重要方法。反应通式表示如下：

$$\left.\begin{array}{l} RCOCl \\ RCO-O-OCR' \\ RCOOR' \\ RCONHR' \end{array}\right\} \xrightarrow{R''OH} RCOOR'' + \left\{\begin{array}{l} HCl \\ R'COOH \\ R'OH \\ R'NH_2 \end{array}\right.$$

酰氯与醇反应很快生成酯，是一个优良的酰化剂，常用来合成一些难以通过酸直接酯化得到的酯，如酚酯、位阻较大的叔醇酯。

$$(CH_3)_3C\overset{O}{\overset{\|}{C}}Cl + C_6H_5OH \xrightarrow{\text{吡啶}} (CH_3)_3C\overset{O}{\overset{\|}{C}}-O-C_6H_5 + \text{吡啶}\cdot HCl$$

$$CH_3\overset{O}{\overset{\|}{C}}Cl + (CH_3)_3C-OH \xrightarrow{C_6H_5N(CH_3)_2} CH_3\overset{O}{\overset{\|}{C}}-OC(CH_3)_3 + C_6H_5\overset{+}{N}H(CH_3)_2Cl^-$$

酸酐的醇解较酰氯温和，可用酸或碱催化反应，这也是制备酯的常用方法。

$$(CH_3CO)_2O + o\text{-}HOC_6H_4COOH \xrightarrow{H_2SO_4} o\text{-}CH_3COOC_6H_4COOH + CH_3\overset{O}{\overset{\|}{C}}OH$$

环状酸酐与醇回流可得单酯，如用酸催化，可进一步酯化得二元酯。

$$\text{邻苯二甲酸酐} + CH_3CH_2\overset{OH}{\overset{|}{C}}HCH_3 \xrightarrow{\text{回流}} o\text{-}C_6H_4(COOH)-\overset{O}{\overset{\|}{C}}-O\overset{CH_3}{\overset{|}{C}}HCH_2CH_3$$

$$\text{邻苯二甲酸酐} + C_2H_5OH \xrightarrow{C_6H_5SO_3H} o\text{-}C_6H_4(COOC_2H_5)_2$$

酰卤、酸酐的醇解在醇分子中引入了酰基，此类反应常称为**酰化反应**。酰氯、酸酐是常用的酰化剂。

酯的醇解生成新的酯和醇，该反应称**酯交换反应**(transesterification)，常用于制备不能用直接酯化方法合成的酯，如酚酯、烯醇酯等。反应需在酸或碱催化下进行。

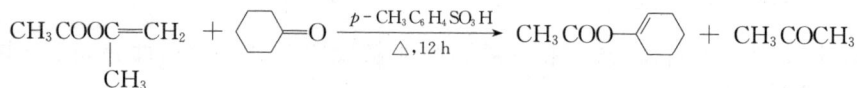

$$CH_3COO\underset{CH_3}{\underset{|}{C}}=CH_2 + \text{环己酮} \xrightarrow[\triangle,12\ h]{p-CH_3C_6H_4SO_3H} CH_3COO-\text{环己烯基} + CH_3COCH_3$$

酯交换反应是可逆反应，通常可将交换下来的醇蒸除使反应向右边移动，常用于从一个低沸点醇的酯转化为一个高沸点醇的酯。如：

$$H_2C=CHCOOCH_3 + n-C_4H_9OH \xrightarrow{p-CH_3C_6H_4SO_3H} H_2C=CHCOOC_4H_9-n + CH_3OH$$

酰胺的醇解较困难，需在酸性条件下加热到较高温度才能转变成酯，实际应用较少。

腈在 HCl 存在下与乙醇作用，生成亚氨基酯的盐，经水解生成酯。

$$R-C\equiv N + HOR' \xrightarrow{HCl} R-\overset{NH\cdot HCl}{\overset{\|}{C}}-OR' \xrightarrow{H_3O^+} R-\overset{O}{\overset{\|}{C}}-OR' + NH_4Cl$$

3. 氨解

酰氯、酸酐和酯都能与胺(氨)发生**氨解**(ammonolysis)反应生成酰胺。

$$\left.\begin{array}{l} R-\overset{O}{\overset{\|}{C}}-Cl \\ R-\overset{O}{\overset{\|}{C}}-O-\overset{O}{\overset{\|}{C}}-R \\ R-\overset{O}{\overset{\|}{C}}-OR' \end{array}\right] \xrightarrow{NH_3(R''NH_2)} RCONH_2(R') + \left\{\begin{array}{l} NH_4Cl \\ RCOONH_4 \\ R'OH \end{array}\right.$$

酰氯与氨或胺迅速反应，生成酰胺和 HCl，生成的 HCl 与原料胺生成盐，消耗过多的原料胺，因此常采用碱(如 NaOH、吡啶或 N,N-二甲基苯胺等)中和反应中生成的 HCl。

$$C_6H_5COCl + \text{哌啶(NH)} \xrightarrow{NaOH} C_6H_5-\overset{O}{\overset{\|}{C}}-N(\text{哌啶基}) + NaCl + H_2O$$

酸酐也比较容易与氨(胺)反应生成酰胺和一分子的羧酸，反应中常加入三乙胺以中和生成的酸。这个反应常用于芳香一级胺或二级胺的乙酰化(使用乙酸酐)。

$$C_6H_5NH_2 + (CH_3CO)_2O \longrightarrow C_6H_5NHCOCH_3$$

环状酸酐与胺反应生成二元酸单酰胺，后者加热则生成酰亚胺。例如：

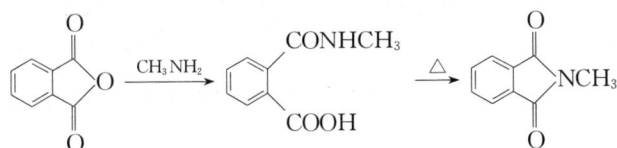

$$\text{邻苯二甲酸酐} \xrightarrow{CH_3NH_2} o\text{-}C_6H_4(CONHCH_3)(COOH) \xrightarrow{\triangle} \text{N-甲基邻苯二甲酰亚胺(NCH}_3)$$

酯也能和氨(胺)反应生成酰胺。例如：

$$o\text{-}HOC_6H_4COOC_2H_5 + o\text{-}CH_3C_6H_4NH_2 \longrightarrow o\text{-}HOC_6H_4CONH\text{-}(o\text{-}CH_3C_6H_4)$$

酰胺的氨解反应是酰胺的交换反应，反应时，作为反应物胺的碱性应比离去胺的碱性强，且需过量，在有机合成中较少应用。

13.4.2　与金属有机化合物的反应

各类羧酸衍生物均能与格氏试剂反应，首先进行加成-消除反应生成酮，酮与格氏试剂进一步反应而生成叔醇。

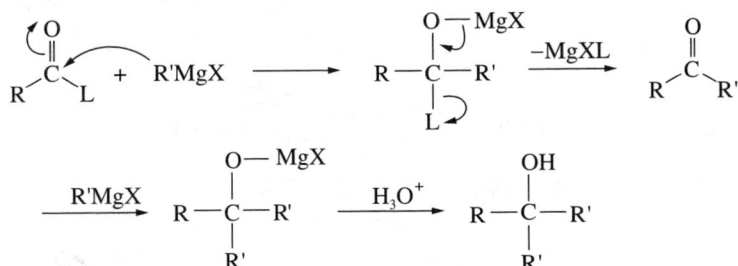

$$R-\overset{O}{\overset{\|}{C}}-L + R'MgX \longrightarrow R-\underset{L}{\underset{|}{\overset{O-MgX}{\overset{|}{C}}}}-R' \xrightarrow{-MgXL} R-\overset{O}{\overset{\|}{C}}-R'$$

$$\xrightarrow{R'MgX} R-\underset{R'}{\underset{|}{\overset{O-MgX}{\overset{|}{C}}}}-R' \xrightarrow{H_3O^+} R-\underset{R'}{\underset{|}{\overset{OH}{\overset{|}{C}}}}-R'$$

由于格氏试剂和酮的反应比与酸酐、酯的反应快，因此格氏试剂与酸酐、酯反应均形成叔醇；酰卤的活性比酮大，故控制好条件可停留在生成酮的一步。例如在较低温度下，将格氏试剂加到酰卤中，酰卤始终是过量的，就可以得到较高收率的酮。

$$(CH_3)_3CMgCl \xrightarrow[\text{② } H_2O]{\text{① } (CH_3)_3CCOCl} (H_3C)_3C-\overset{\overset{\displaystyle O}{\|}}{C}-C(CH_3)_3$$

酯与格氏试剂的反应常用于制备羟基所连碳原子上至少连有2个相同烷基的叔醇；若用甲酸酯与格氏试剂反应，则生成对称的仲醇；内酯也能发生类似反应，产物为二元醇。例如：

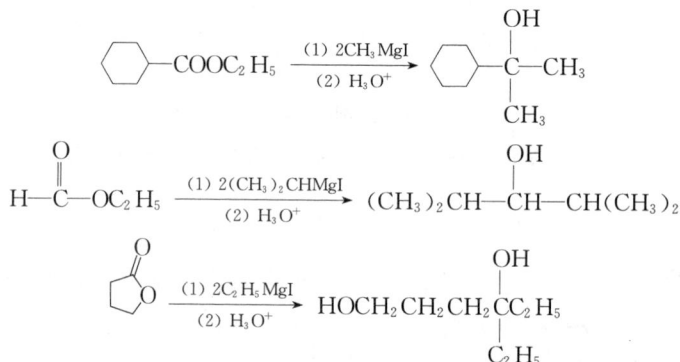

$$C_6H_{11}-COOC_2H_5 \xrightarrow[(2)\ H_3O^+]{(1)\ 2CH_3MgI} C_6H_{11}-C(OH)(CH_3)-CH_3$$

$$H-\overset{\overset{\displaystyle O}{\|}}{C}-OC_2H_5 \xrightarrow[(2)\ H_3O^+]{(1)\ 2(CH_3)_2CHMgI} (CH_3)_2CH-\underset{}{\overset{\overset{\displaystyle OH}{|}}{C}H}-CH(CH_3)_2$$

$$\gamma\text{-丁内酯} \xrightarrow[(2)\ H_3O^+]{(1)\ 2C_2H_5MgI} HOCH_2CH_2CH_2\overset{\overset{\displaystyle OH}{|}}{\underset{\underset{\displaystyle C_2H_5}{|}}{C}}C_2H_5$$

若要获得较高收率的酮，可选用活性较格氏试剂差的有机镉试剂 R_2Cd 与酰卤反应。例如：

$$C_6H_{11}-\overset{\overset{\displaystyle O}{\|}}{C}-Cl + (CH_3)_2Cd \longrightarrow C_6H_{11}-\overset{\overset{\displaystyle O}{\|}}{C}-CH_3$$

13.4.3 还原反应

$LiAlH_4$ 能将羧酸衍生物还原，酰氯、酸酐和酯被还原生成伯醇，而酰胺和腈则被还原为胺。用 $LiAlH_4$ 作还原剂时，羧酸衍生物分子中存在的碳碳双键可不受影响。如：

$$C_6H_5-\overset{\overset{\displaystyle O}{\|}}{C}-Cl \xrightarrow[\text{乙醚}]{LiAlH_4} \xrightarrow{H_3O^+} C_6H_5-CH_2OH$$

$$H_2C{=}CHCH_2COOC_2H_5 \xrightarrow[\text{乙醚}]{LiAlH_4} \xrightarrow{H_3O^+} H_2C{=}CHCH_2CH_2OH + C_2H_5OH$$

$$o\text{-}(CH_3O)C_6H_4-OCH_2CONH_2 \xrightarrow{LiAlH_4} \xrightarrow{H_3O^+} o\text{-}(CH_3O)C_6H_4-OCH_2CH_2NH_2$$

$$C_6H_5-CH_2CN \xrightarrow{LiAlH_4} \xrightarrow{H_3O^+} C_6H_5-CH_2CH_2NH_2$$

此外，采用催化氢化方法也能将腈还原为伯胺(见第14章)。

$$CH_3CH_2CH_2CN + 2H_2 \xrightarrow{Ni} CH_3CH_2CH_2CH_2NH_2$$

用降低了活性的钯催化剂（$Pd/BaSO_4$，喹啉-硫）催化氢化可将酰氯还原为醛，此反应称为**罗森孟德还原**（Rosenmund reduction）。分子中存在的硝基、卤素和酯基等基团不受影响。

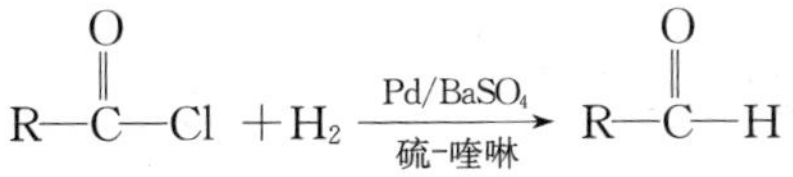

$$R-\overset{O}{\overset{\|}{C}}-Cl + H_2 \xrightarrow[\text{硫-喹啉}]{Pd/BaSO_4} R-\overset{O}{\overset{\|}{C}}-H$$

例如：

$$\text{2-萘-COCl} \xrightarrow[\text{硫-喹啉}]{H_2, Pd/BaSO_4} \text{2-萘-CHO}$$

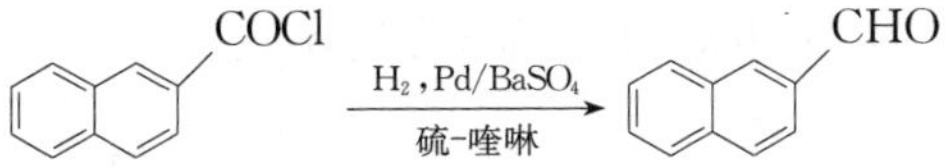

13.4.4　酰胺的特性

1. 酸碱性

酰胺分子中氨基受酰基的影响，氮上的孤对电子向羰基离域而使其上的电子云密度降低，氨基的碱性减弱，因此酰胺水溶液呈中性，如乙酰胺的 pK_a 为 15.1。

酰亚胺分子中由于氮上连有 2 个酰基，氮上的电子云密度大大降低，不但不显示碱性，其氮上的氢还显示弱酸性（如邻苯二甲酰亚胺 pK_a 为 8.3），能与 NaOH（KOH）反应生成酰亚胺的盐。

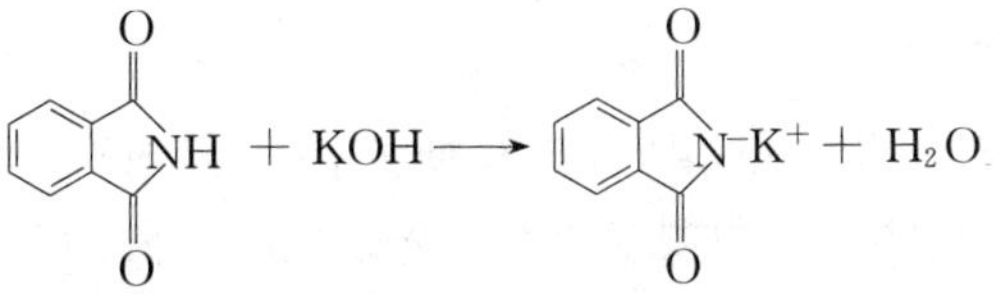

$$\text{邻苯二甲酰亚胺(N-H)} + KOH \longrightarrow \text{邻苯二甲酰亚胺-}N^-K^+ + H_2O$$

氮原子上没有取代基的酰亚胺与溴在 NaOH 水溶液中反应生成 *N*-溴代的产物。例如在低温下，将溴加到丁二酰亚胺的碱性溶液中可制取 *N*-溴代丁二酰亚胺（NBS）。

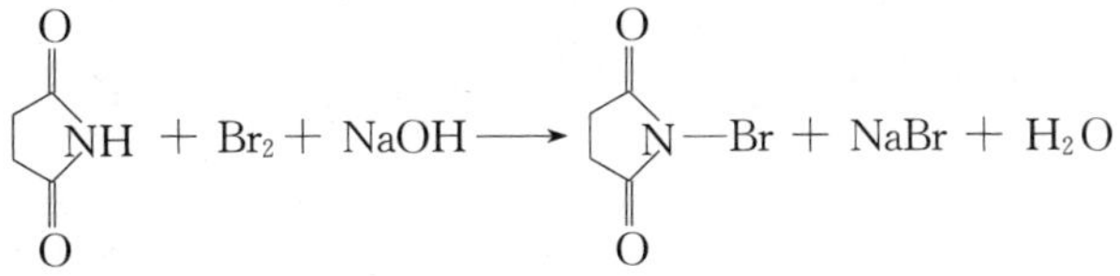

$$\text{丁二酰亚胺(N-H)} + Br_2 + NaOH \longrightarrow \text{丁二酰亚胺-N-Br} + NaBr + H_2O$$

2. 霍夫曼降解反应

氮原子上没有取代的酰胺在 NaOH 或 KOH 水溶液中与卤素反应，失去羰基而生成比酰胺减少一个碳原子的伯胺，这个反应称作酰胺的**霍夫曼**（Hofmann）**降解反应**。

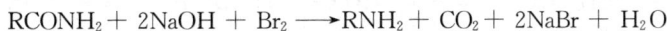

$$RCONH_2 + 2NaOH + Br_2 \longrightarrow RNH_2 + CO_2 + 2NaBr + H_2O$$

该反应收率较高，产品较纯，可用来制备比酰胺减少 1 个碳原子的伯胺。例如：

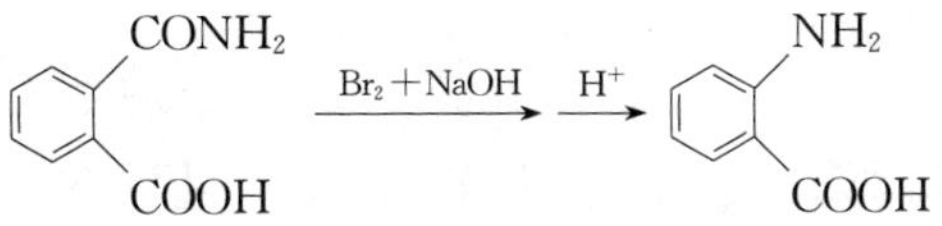

$$\text{邻-}CONH_2\text{-苯甲酸(COOH)} \xrightarrow{Br_2 + NaOH} \xrightarrow{H^+} \text{邻-}NH_2\text{-苯甲酸(COOH)}$$

反应机理如下：

$$R-\overset{O}{\overset{\|}{C}}-\underset{H}{\underset{|}{N}}-H \xrightarrow[-H_2O]{OH^-} R-\overset{O}{\overset{\|}{C}}-\underset{H}{\underset{|}{\bar{N}}} \xrightarrow{Br-Br} R-\overset{O}{\overset{\|}{C}}-\underset{Br}{\underset{|}{N}}-H \xrightarrow[-H_2O]{OH^-} R-\overset{O}{\overset{\|}{C}}-\underset{Br}{\underset{|}{\bar{N}}}$$

$$\longrightarrow O=C=N-R \xrightarrow{OH^-} R-\underset{H}{\underset{|}{N}}-\overset{O}{\overset{\|}{C}}-O-H \xrightarrow{OH^-} R-NH_2$$

反应中，迁移基团从羰基碳原子转移到氮原子上，因为 C—C 键的断裂和 C—N 键的生成是同时进行的，所以重排后，迁移基团的构型保持不变。

$$(H)(H_3C)(C_6H_5)C-\overset{O}{\overset{\|}{C}}-NH_2 \xrightarrow{NaOBr} (H)(H_3C)(C_6H_5)C-NH_2$$

3. 脱水反应

酰胺在脱水剂如 P_2O_5 或 $SOCl_2$ 存在下加热，可脱水生成腈。

$$C_6H_5CONH_2 \xrightarrow[\triangle]{P_2O_5} C_6H_5CN$$

13.4.5 酯缩合反应

酯中羰基的 α-H 与醛、酮中的相似，具有弱酸性。在强碱性条件下生成 α-碳负离子(烯醇负离子)，该碳负离子对另一酯羰基进行亲核加成-消除反应而生成 β-酮酸酯。此反应称**克莱森酯缩合反应**(Claisen condensation)。例如 2 分子的乙酸乙酯在乙醇钠的作用下可生成乙酰乙酸乙酯。

$$2CH_3\overset{O}{\overset{\|}{C}}OC_2H_5 \xrightarrow[(2)\ H_3O^+]{(1)\ C_2H_5ONa} CH_3\overset{O}{\overset{\|}{C}}CH_2\overset{O}{\overset{\|}{C}}OC_2H_5$$

反应机理如下：

(1) $$\underset{pK_a=26}{CH_3COOC_2H_5} \xrightleftharpoons{NaOC_2H_5} {}^{-}CH_2COOC_2H_5 + \underset{pK_a=16}{C_2H_5OH}$$

(2) $$CH_3\overset{O}{\overset{\|}{C}}OC_2H_5 + \bar{C}H_2\overset{O}{\overset{\|}{C}}OC_2H_5 \rightleftharpoons CH_3\overset{\bar{O}}{\overset{|}{\underset{OC_2H_5}{\underset{|}{C}}}}-CH_2\overset{O}{\overset{\|}{C}}OC_2H_5 \xrightleftharpoons{-C_2H_5O^-} \underset{pK_a=11}{CH_3\overset{O}{\overset{\|}{C}}CH_2\overset{O}{\overset{\|}{C}}OC_2H_5}$$

(3) $$CH_3COCH_2COOC_2H_5 \xrightarrow{NaOC_2H_5} [\ CH_3CO\bar{C}HCOOC_2H_5\ ]Na^+ + C_2H_5OH$$

$$\xrightarrow{H_3O^+} CH_3COCH_2COOC_2H_5$$

反应中(1)、(2)两步平衡偏向于左边，但第(3)步在过量 $NaOC_2H_5$ 的作用下有利于产物转变为乙酰乙酸乙酯的钠盐，使平衡向右移动。反应得到的乙酰乙酸乙酯钠盐酸化后即得缩合产物。

具有 2 个 α－H 的酯在乙醇钠作用下一般都可以得到缩合产物。但当 α－C 上只有 1 个 H 时，则需更强的碱才能使反应顺利完成。例如：

$$2CH_3CH_2CH(CH_3)-\overset{O}{\overset{\|}{C}}OC_2H_5 \xrightarrow[\text{② } H_3O^+]{\text{① } NaC(C_6H_5)_3} CH_3CH_2CH(CH_3)-\overset{O}{\overset{\|}{C}}-C(CH_3)(CH_2CH_3)-COOC_2H_5$$

当酯的分子中存在 2 个酯基，且间隔 4 个及 4 个以上碳时，在强碱性条件下可发生分子内的酯缩合反应，形成五元或六元环状化合物。此反应称作**狄克曼缩合**（Dieckmann condensation）反应。

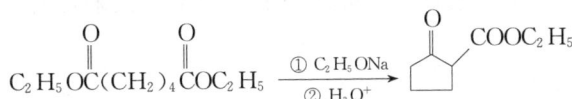

$$C_2H_5O\overset{O}{\overset{\|}{C}}(CH_2)_4\overset{O}{\overset{\|}{C}}OC_2H_5 \xrightarrow[\text{② } H_3O^+]{\text{① } C_2H_5ONa} \text{2-氧代环戊烷甲酸乙酯（环戊酮-2-}COOC_2H_5\text{）}$$

此反应机理可表示如下：

$$C_2H_5OOC(CH_2)_4COOC_2H_5 \underset{}{\overset{^-OC_2H_5}{\rightleftharpoons}} C_2H_5OOC\overset{-}{C}H(CH_2)_3COOC_2H_5 \rightleftharpoons$$

$$\text{（四面体中间体：环上连 } C_2H_5O \text{ 和 } O^-\text{，邻位 }-\overset{O}{\overset{\|}{C}}-OC_2H_5\text{）} \overset{-\,C_2H_5O^-}{\rightleftharpoons} \text{环戊酮}-\overset{O}{\overset{\|}{C}}-OC_2H_5 \overset{^-OC_2H_5}{\rightleftharpoons} \left[\text{环戊酮}^{-}-\overset{O}{\overset{\|}{C}}-OC_2H_5\right]^- Na^+$$

$$\xrightarrow{H_3O^+} \text{环戊酮}-\overset{O}{\overset{\|}{C}}-OC_2H_5$$

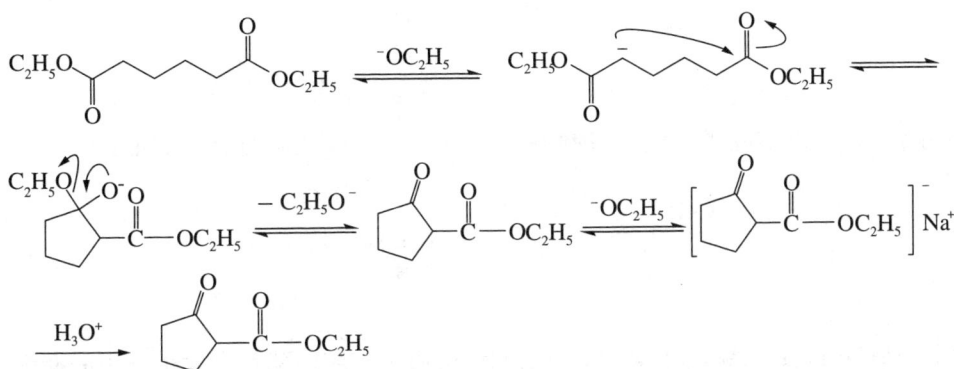

2 个相同的酯进行缩合，产物比较单一。但当 2 个具有 α－H 的不同的酯进行缩合时，则产物不止一种。如果将 1 个具有 α－H 的酯和另 1 个不具有 α－H 的酯进行缩合反应时，则可以得到比较单一的产物。如：

$$HCOOC_2H_5 + CH_3COOC_2H_5 \xrightarrow[(2)\ H^+]{(1)\ C_2H_5ONa} HCOCH_2COOC_2H_5$$

这种反应称为**交叉酯缩合反应**（crossed ester condensation），常见的无 α－H 的酯有甲酸酯、苯甲酸酯、碳酸酯和草酸酯等，这些酯提供羰基，通过反应可以在具有 α－H 的酯的 α－位导入酰基。如：

$$\underset{\text{草酸二乙酯}}{C_2H_5O\overset{O}{\overset{\|}{C}}-\overset{O}{\overset{\|}{C}}OC_2H_5} + C_2H_5O\overset{O}{\overset{\|}{C}}CH_2CH_2\overset{O}{\overset{\|}{C}}OC_2H_5 \xrightarrow[(2)\ H^+]{(1)\ C_2H_5ONa} C_2H_5O\overset{O}{\overset{\|}{C}}-\overset{O}{\overset{\|}{C}}-CH(COOC_2H_5)CH_2COOC_2H_5$$

具有 α－H 的酮也可以与酯发生交叉酯缩合反应。由于酮的 α－H 酸性（pK_a 为 20）比酯（pK_a 为 24.5）强，因此反应中酮首先生成碳负离子，与酯羰基发生亲核加成反应。例如：

$$CH_3COCH_3 + CH_3(CH_2)_3CH_2COOC_2H_5 \xrightarrow[(2)\ H^+]{(1)\ NaH} CH_3(CH_2)_4COCH_2COCH_3$$

$$\text{CH}_3\text{CO(CH}_2)_4\text{COOC}_2\text{H}_5 \xrightarrow[\text{(2) H}^+]{\text{(1) C}_2\text{H}_5\text{ONa}} \text{2-乙酰基环戊酮}$$

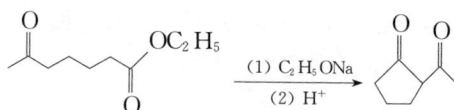

酯缩合反应是形成 C—C 键的重要反应,可以通过酯缩合反应合成一些 1,3 -二官能团化合物,如 β -酮酸酯、1,3 -二酮、1,3 -二酯等。

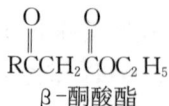

$$\underset{\beta\text{-酮酸酯}}{\text{RCOCH}_2\text{COOC}_2\text{H}_5} \qquad \underset{1,3\text{-二酮}}{\text{RCOCH}_2\text{COR}'} \qquad \underset{1,3\text{-二酯}}{\text{C}_2\text{H}_5\text{OCOCH}_2\text{COOC}_2\text{H}_5}$$

如下列化合物具有 1,3 -二酮结构,可通过下列两条途径来合成:

$$\text{C}_6\text{H}_5\text{CO}\overset{①}{\vert}\text{CH}_2\overset{②}{\vert}\text{COCH}_3 \overset{①}{\Longrightarrow} \text{C}_6\text{H}_5\text{COOCH}_3 + \text{CH}_3\text{COCH}_3$$

$$\overset{②}{\Longrightarrow} \text{C}_6\text{H}_5\text{COCH}_3 + \text{CH}_3\text{COOC}_2\text{H}_5$$

利用 γ -或 δ -酮酸酯进行缩合可制备环状的 1,3 -二酮类化合物。例如:

$$\text{H}_3\text{CCOCH}_2\text{CH}_2\text{COOC}_2\text{H}_5 \xrightarrow[\text{(2) H}^+]{\text{(1) C}_2\text{H}_5\text{ONa}} \text{环戊-1,3-二酮}$$

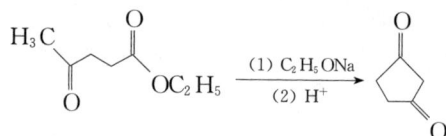

再如,环己-1,4 -二酮及环戊-1,2 -二酮均可通过相应的酯首先发生分子间酯缩合,生成相应的环酮酸酯,再经处理而制得。

$$2\ \text{C}_2\text{H}_5\text{OOCCH}_2\text{CH}_2\text{COOC}_2\text{H}_5 \xrightarrow[\text{(2) H}_3\text{O}^+]{\text{(1) C}_2\text{H}_5\text{ONa}} \text{2,5-二(COOC}_2\text{H}_5\text{)环己-1,4-二酮} \xrightarrow[\text{(2) H}_3\text{O}^+,\triangle]{\text{(1) OH}^-,\text{H}_2\text{O}} \text{环己-1,4-二酮}$$

$$\begin{matrix}\text{COOC}_2\text{H}_5\\ |\\ \text{COOC}_2\text{H}_5\end{matrix} + \text{C}_2\text{H}_5\text{OOC(CH}_2)_3\text{COOC}_2\text{H}_5 \xrightarrow[\text{(2) H}_3\text{O}^+]{\text{(1) C}_2\text{H}_5\text{ONa}} \text{3,5-二(COOC}_2\text{H}_5\text{)环戊-1,2-二酮} \xrightarrow[\text{(2) H}_3\text{O}^+,\triangle]{\text{(1) OH}^-,\text{H}_2\text{O}} \text{环戊-1,2-二酮}$$

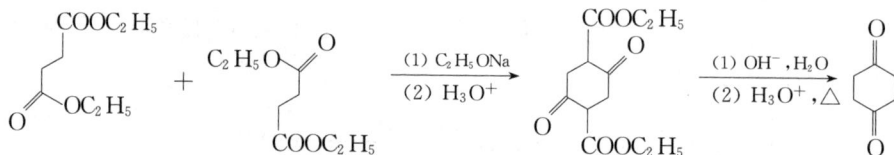

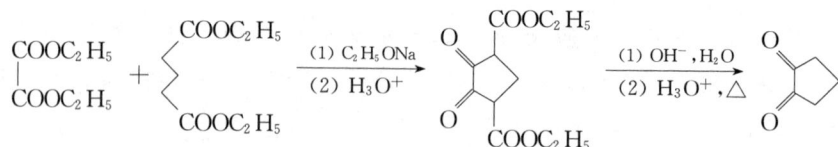

13.5 乙酰乙酸乙酯及其在合成中的应用

乙酰乙酸乙酯可通过克莱森酯缩合或由双乙烯酮与乙醇作用制得,具有一些特殊的性质,是有机合成的重要中间体。

13.5.1　酮式和烯醇式互变异构

在乙酰乙酸乙酯分子中，亚甲基上的氢受 2 个羰基的影响，显示一定的酸性，乙酰乙酸乙酯的 pK_a 为 11，比相应单官能团化合物如乙酸乙酯（pK_a 为 26）、丙酮（pK_a 为 20）的 α-氢的酸性要强。乙酰乙酸乙酯存在酮式和烯醇式互变平衡。

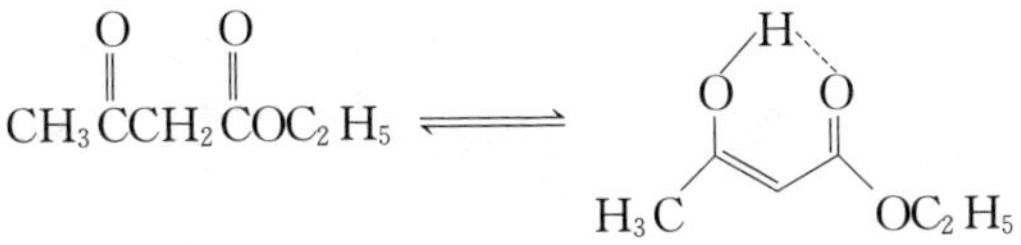

$$\underset{\text{酮式 }92.5\%}{CH_3\overset{O}{\overset{\|}{C}}CH_2\overset{O}{\overset{\|}{C}}OC_2H_5} \rightleftharpoons \underset{\text{烯醇式 }7.5\%}{H_3C-C(-O-H\cdots O=)=CH-C-OC_2H_5}$$

对于一般单羰基化合物而言，在酮式-烯醇式平衡中，酮式占绝对优势。

通常情况下，乙酰乙酸乙酯显示出双重反应性能，既能与氢氰酸、亚硫酸氢钠、羟胺、苯肼等试剂作用，显示酮的性质，同时又能与 $FeCl_3$ 显色，与溴进行加成反应，显示出烯醇的性质。对于像乙酰乙酸乙酯这样的含有 1，3-二羰基的化合物，由于 α-H 的酸性较强，烯醇式较酮式共轭体系大，且可以形成分子内氢键，使烯醇式的含量增高。在乙酰乙酸乙酯的酮式和烯醇式平衡混合物中，酮式占 92.5%，烯醇式占 7.5%。

其他的含有羰基的化合物也存在这种互变异构现象，见表 13-4。

表 13-4　一些化合物中烯醇式的含量

酮式	烯醇式	烯醇式含量/%
$CH_3\overset{O}{\overset{\|}{C}}CH_3$	$H_2C=\overset{OH}{\overset{\mid}{C}}CH_3$	0.000 15
$C_2H_5O\overset{O}{\overset{\|}{C}}CH_2\overset{O}{\overset{\|}{C}}OC_2H_5$	$C_2H_5O\overset{O}{\overset{\|}{C}}CH=\overset{OH}{\overset{\mid}{C}}OC_2H_5$	0.1
$CH_3\overset{O}{\overset{\|}{C}}CH_2\overset{O}{\overset{\|}{C}}OC_2H_5$	$CH_3\overset{OH}{\overset{\mid}{C}}=CH\overset{O}{\overset{\|}{C}}OC_2H_5$	7.5
$CH_3\overset{O}{\overset{\|}{C}}CH_2\overset{O}{\overset{\|}{C}}CH_3$	$CH_3\overset{OH}{\overset{\mid}{C}}=CH\overset{O}{\overset{\|}{C}}CH_3$	76.0
$C_6H_5\overset{O}{\overset{\|}{C}}CH_2\overset{O}{\overset{\|}{C}}CH_3$	$C_6H_5\overset{OH}{\overset{\mid}{C}}=CH\overset{O}{\overset{\|}{C}}CH_3$	90.0

13.5.2　酮式分解和酸式分解

乙酰乙酸乙酯在不同条件下与碱作用，可分解得到不同的产物——丙酮和乙酸。

$$\underset{\text{酮式分解}}{CH_3\overset{O}{\overset{\|}{C}}CH_2 \vdots \overset{O}{\overset{\|}{C}}OC_2H_5} \qquad \underset{\text{酸式分解}}{CH_3\overset{O}{\overset{\|}{C}} \vdots CH_2\overset{O}{\overset{\|}{C}}OC_2H_5}$$

在稀碱水溶液中，乙酰乙酸乙酯水解为乙酰乙酸盐，酸化后在加热的情况下，由于生成的β-酮酸不稳定而分解为酮，此反应称为乙酰乙酸乙酯的**酮式分解**。

$$CH_3\overset{O}{\overset{\|}{C}}CH_2\overset{O}{\overset{\|}{C}}OC_2H_5 \xrightarrow{\text{稀 NaOH}} CH_3\overset{O}{\overset{\|}{C}}CH_2\overset{O}{\overset{\|}{C}}ONa \xrightarrow[\triangle]{H^+} CH_3\overset{O}{\overset{\|}{C}}CH_3 + CO_2$$

乙酰乙酸乙酯与浓的强碱溶液共热，除酯基水解外，发生逆克莱森酯缩合反应，酸化后则得2分子乙酸，此反应称为乙酰乙酸乙酯的**酸式分解**。

$$CH_3\overset{O}{\overset{\|}{C}}CH_2\overset{O}{\overset{\|}{C}}OC_2H_5 \xrightarrow[\triangle]{\text{浓 NaOH}} 2CH_3\overset{O}{\overset{\|}{C}}ONa \xrightarrow{H^+} 2CH_3\overset{O}{\overset{\|}{C}}OH$$

13.5.3 在合成中的应用

乙酰乙酸乙酯亚甲基上的氢具有酸性，在强碱作用下生成碳负离子，此碳负离子作为亲核试剂可与卤代烃发生亲核取代反应，在亚甲基上引入1个或2个烃基，然后发生酮式分解或酸式分解，可以得到各种甲基酮类或α-取代乙酸类化合物。

$$CH_3COCH_2COOC_2H_5 \xrightarrow{NaOC_2H_5} CH_3CO\bar{C}HCOOC_2H_5 \xrightarrow{R-X} CH_3CO\underset{R}{\underset{|}{C}}HCOOC_2H_5$$

$$CH_3CO\underset{R}{\underset{|}{C}}HCOOC_2H_5 \xrightarrow[(2)\ H_3O^+,\triangle]{(1)\ OH^-,H_2O} \boxed{RCH_2COCH_3}$$

$$CH_3CO\underset{R}{\underset{|}{C}}HCOOC_2H_5 \xrightarrow{NaOC_2H_5} CH_3\overset{O}{\overset{\|}{C}}\underset{R}{\underset{|}{\bar{C}}}COOC_2H_5 \xrightarrow{R'X} CH_3CO-\underset{R}{\underset{|}{\overset{R'}{\overset{|}{C}}}}-COOC_2H_5 \xrightarrow[(2)\ H_3O^+,\triangle]{(1)\ OH^-/H_2O} \boxed{CH_3CO\underset{R}{\underset{|}{C}}H}-R'$$

反应时一般用伯卤代烃，因为仲或叔卤代烃在强碱条件下易发生消除反应。卤代芳烃或卤代烯烃则难以反应。例如：

$$CH_3COCH_2COOC_2H_5 \xrightarrow[②\ n-C_4H_9Br]{①\ NaOC_2H_5} CH_3CO\underset{C_4H_9-n}{\underset{|}{C}}HCOOC_2H_5 \xrightarrow[②\ H^+,\triangle]{①\ OH^-/H_2O} CH_3COCH_2-C_4H_9-n$$

$$CH_3COCH_2COOC_2H_5 \xrightarrow[②\ BrCH_2(CH_2)_2CH_2Br]{①\ NaOC_2H_5} BrCH_2CH_2CH_2CH_2\underset{COOEt}{\underset{|}{C}}HCOCH_3 \xrightarrow{NaOC_2H_5}$$

$$\text{(环戊烷-1,1-二取代：}COOC_2H_5,\ COCH_3\text{)} \xrightarrow[②\ H^+,\triangle]{①\ OH^-/H_2O} \text{环戊基}-COCH_3$$

13.6 丙二酸二乙酯及其在合成中的应用

丙二酸二乙酯可由氯乙酸钠转化成氰基乙酸后，在酸性条件下与乙醇作用而得。

$$ClCH_2COOH \xrightarrow{Na_2CO_3} ClCH_2COONa \xrightarrow{NaCN} N{\equiv}C{-}CH_2COONa \xrightarrow[H^+]{C_2H_5OH} C_2H_5OC(=O)CH_2C(=O)OC_2H_5$$

丙二酸二乙酯分子中亚甲基上的氢受到 2 个酯基的影响，也呈现明显酸性（pK_a 为 13）。在碱作用下生成碳负离子，可与活泼卤代烃发生亲核取代反应，在 α-碳上引入烃基，经水解并酸化加热脱羧后可得到取代的乙酸；一取代的丙二酸二乙酯可进一步与强碱反应生成碳负离子后进一步烃基化，再经处理可得到二取代的乙酸。可用通式表示如下：

$$H_2C(COOC_2H_5)_2 \xrightarrow{NaOC_2H_5} \xrightarrow{RX} R{-}CH(COOC_2H_5)_2 \xrightarrow[(2)\ H_3O^+,\triangle]{(1)\ OH^-/H_2O} R{-}CH_2COOH$$

$$R{-}CH(COOC_2H_5)_2 \xrightarrow[(2)\ R'X]{(1)\ NaOC_2H_5} RR'C(COOC_2H_5)_2 \xrightarrow[(2)\ H_3O^+,\triangle]{(1)\ OH^-/H_2O} R'{-}CH(R)COOH$$

通过该反应可以得到各种 α-取代羧酸。同乙酰乙酸乙酯一样，反应时最好用伯卤代烃。例如：

$$H_2C(COOC_2H_5)_2 \xrightarrow[(2)\ C_6H_5CH_2Br]{(1)\ NaOC_2H_5} C_6H_5CH_2CH(COOC_2H_5)_2 \xrightarrow[(2)\ H_3O^+,\triangle]{(1)\ OH^-/H_2O} C_6H_5CH_2CH_2COOH$$

可以通过改变反应投料量或操作次序，利用丙二酸二乙酯和二卤代烃反应，制备二元酸或环烷烃羧酸。例如 1 mol 丙二酸二乙酯和 2 mol 醇钠反应可得到丙二酸二乙酯的双钠盐，该盐与 1 mol 双卤代烃反应可以制备三、四、五和六元环的环烷酸。

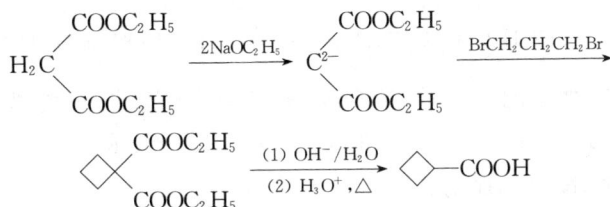

$$H_2C(COOC_2H_5)_2 \xrightarrow{2NaOC_2H_5} C^{2-}(COOC_2H_5)_2 \xrightarrow{BrCH_2CH_2CH_2Br}$$

$$\text{(环丁烷)}{=}C(COOC_2H_5)_2 \xrightarrow[(2)\ H_3O^+,\triangle]{(1)\ OH^-/H_2O} \text{(环丁基)}{-}COOH$$

若将 1 mol 的 1,2-二溴乙烷加到 2 mol 丙二酸二乙酯钠的醇液中，反应后可得到己二酸。

$$2\ CH_2(COOC_2H_5)_2 \xrightarrow[(2)\ BrCH_2CH_2Br]{(1)\ 2NaOC_2H_5} (H_5C_2OOC)_2CHCH_2CH_2CH(COOC_2H_5)_2$$

$$\xrightarrow[(2)\ H_3O^+,\triangle]{(1)\ OH^-/H_2O} HOOC(CH_2)_4COOH$$

13.7 其他涉及 -H 化合物的反应

除了醛、酮及酯之外，其他含有吸电子基团的化合物，其 α-H 因受吸电子基团的影响而具有酸性。在强碱条件下，这些化合物的 α - H 可电离形成碳负离子（作为亲核试剂）而发生相应的反应。这些吸电子的基团除醛基、酮基、酯基外，还有硝基（$—NO_2$）、氰基（—CN）等。表 13 - 5 是常见此类化合物的 pK_a 值。

表 13 - 5　常见化合物的 pK_a 值

化合物	pK_a	化合物	pK_a
$HCOCH_2CHO$	5	$H_5C_2OOCCH_2COOC_2H_5$	13
$CH_3COCH_2COCH_3$	9	$PhCOCH_2R$	19
$CH_3CH_2NO_2$	9	$RCOCH_2R$	20～21
$NCCH_2CN$	11	RCH_2COOR	24.5
$CH_3COCH_2COOC_2H_5$	11	RCH_2CN	25

13.7.1　麦克尔加成反应

α，β -不饱和化合物和具有活泼 α - H 的化合物在碱性条件下发生的 1，4 -加成反应称为**麦克尔加成**（Michael addition）。例如：

$$CH_2(COOC_2H_5)_2 + H_2C{=}CH\overset{\overset{O}{\|}}{C}CH_3 \xrightarrow{NaOC_2H_5} (H_5C_2OOC)_2CHCH_2CH_2\overset{\overset{O}{\|}}{C}CH_3$$

此反应机理如下：

$$CH_2(COOC_2H_5)_2 \xrightleftharpoons{NaOC_2H_5} {}^-CH(COOC_2H_5)_2 \xrightleftharpoons{H_2C{=}\underset{H}{C}{-}\overset{\overset{O}{\|}}{C}{-}CH_3}$$

$$(H_5C_2OOC)_2CHCH_2CH{=}\overset{\overset{O^-}{|}}{C}{-}CH_3 \xrightleftharpoons{C_2H_5OH} (H_5C_2OOC)_2CHCH_2CH_2\overset{\overset{O}{\|}}{C}CH_3$$

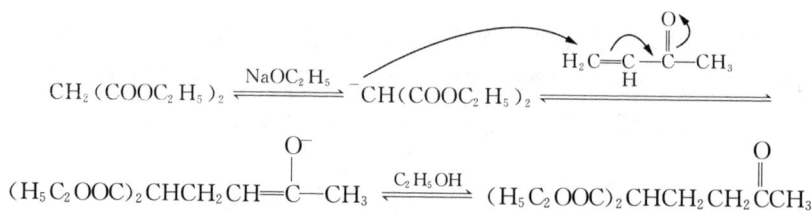

反应中常用的碱为醇钠、KOH、NaOH、季铵碱、氨基钠、三乙胺、六氢吡啶等，活泼 α - H 化合物为 $Y—CH_2—Y'$（Y、Y′为—CN、—COOR、—COR、$—NO_2$ 等），α，β -不饱和化合物为 α，β -不饱和醛、酮、酯、腈等。例如：

$$CH_3COCH_2COOC_2H_5 + H_2C{=}CHCOOC_2H_5 \xrightarrow[C_2H_5OH]{NaOC_2H_5} CH_3CO\underset{\underset{CH_2CH_2COOC_2H_5}{|}}{C}HCOOC_2H_5$$

通过麦克尔加成反应可以增长碳链，用于合成 1，5 -双官能团化合物，在有机合成上有重要用途。例如：

$$H_2C{=}CHCOOCH_3 + (CH_3)_2CHNO_2 \xrightarrow{R_4N^+OH^-} (CH_3)_2\overset{\overset{NO_2}{|}}{C}CH_2CH_2COOCH_3$$

$$H_2C{=}CHCN + CH_3CHO \xrightarrow{OH^-} NCCH_2CH_2CH_2CHO$$

利用麦克尔加成和分子内的羟醛缩合反应，可在环己酮上再并合 1 个六元环，形成 1 个双六元环的结构。

$$\text{2-甲基环己-1,3-二酮} + H_2C{=}CH\overset{O}{\overset{\|}{C}}CH_3 \xrightarrow{C_2H_5ONa} \text{2-甲基-2-}(CH_2CH_2\overset{O}{\overset{\|}{C}}CH_3)\text{环己-1,3-二酮}$$

$$\xrightarrow{NaOH/H_2O} \text{(OH 加成产物)} \xrightarrow[\triangle]{H^+} \text{(烯酮产物)}$$

13.7.2　克脑文格尔反应

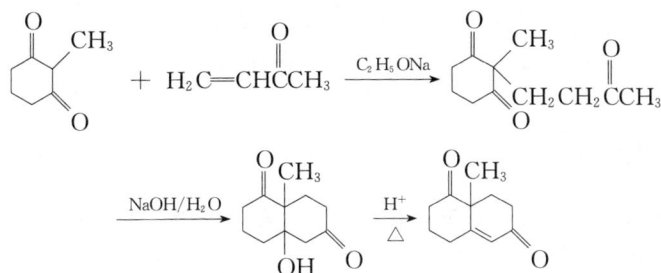

芳香醛在弱碱如吡啶、哌啶等存在下与含有活泼亚甲基的化合物(如丙二酸、丙二酸二乙酯等)的缩合反应称**克脑文格尔反应**(Knoevenagel reaction)。例如：

$$PhCHO + CH_2(COOC_2H_5)_2 \xrightarrow[\triangle]{\text{吡啶/哌啶}} PhCH{=}C(COOC_2H_5)_2 + H_2O$$

常见的含有活泼亚甲基的化合物除了丙二酸、丙二酸二乙酯外，还有戊-2,4-二酮($CH_3COCH_2COCH_3$)、乙酰乙酸乙酯($CH_3COCH_2COOC_2H_5$)、氰乙酸乙酯($NCCH_2COOC_2H_5$)及硝基甲烷(CH_3NO_2)等。

13.7.3　瑞福尔马斯基反应

α-卤代酸酯和锌与醛、酮在苯、无水乙醚等非极性溶剂中反应得到β-羟基酸酯，此反应称**瑞福尔马斯基反应**(Reformatsky reaction)。例如：

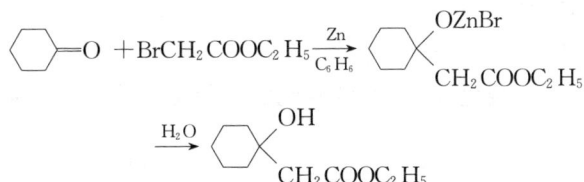

$$\text{环己酮} + BrCH_2COOC_2H_5 \xrightarrow[C_6H_6]{Zn} \text{1-}(OZnBr)\text{-1-}(CH_2COOC_2H_5)\text{环己烷}$$

$$\xrightarrow{H_2O} \text{1-}(OH)\text{-1-}(CH_2COOC_2H_5)\text{环己烷}$$

反应中首先生成有机锌化合物，然后对醛、酮进行亲核加成。有机锌化合物活性较差，在反应条件下不与酯羰基加成，因此可以得到β-羟基酸酯。

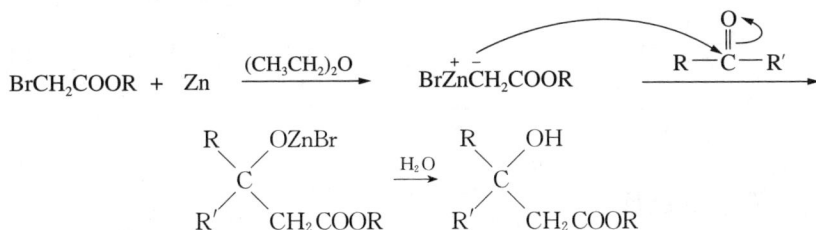

$$BrCH_2COOR + Zn \xrightarrow{(CH_3CH_2)_2O} \overset{+}{Br}\overset{-}{ZnCH_2}COOR \xrightarrow{R-\overset{O}{\overset{\|}{C}}-R'}$$

$$RR'C(OZnBr)CH_2COOR \xrightarrow{H_2O} RR'C(OH)CH_2COOR$$

反应时可使用脂肪或芳香醛、酮，α-溴代酸酯的α碳上有芳基或烷基均可进行反应，该反应是制备β-羟基酸酯及其衍生物的常用方法，β-羟基酸酯经水解可制得β-羟基酸(见12.6.2)。

$$C_6H_5CHO + BrCH_2COOC_2H_5 \xrightarrow[2)\ H^+]{1)\ Zn} C_6H_5\underset{}{\overset{OH}{\overset{|}{C}}}HCH_2COOC_2H_5$$

$$\xrightarrow{H_2O/OH^-} C_6H_5-\underset{}{\overset{OH}{|}}{CH}CH_2COOH$$

13.7.4 达参反应

醛或酮在醇钠、氨基钠等强碱的作用下和 α-卤代酸酯作用,生成 α,β-环氧酸酯的反应称**达参反应**(Darzen reaction)。例如:

$$C_6H_5-\overset{O}{\overset{\|}{C}}-CH_3 + ClCH_2COOC_2H_5 \xrightarrow{NaOC_2H_5} C_6H_5-\overset{CH_3}{\overset{|}{C}}\underset{O}{-}CH-COOC_2H_5$$

其反应机理是:α-卤代酸酯在碱的作用下,先形成碳负离子(1);(1)与醛或酮羰基进行亲核加成后;得到一个烷氧负离子(2),(2)氧上的负电荷进攻 α 碳原子,形成 α,β-环氧酸酯(3)。

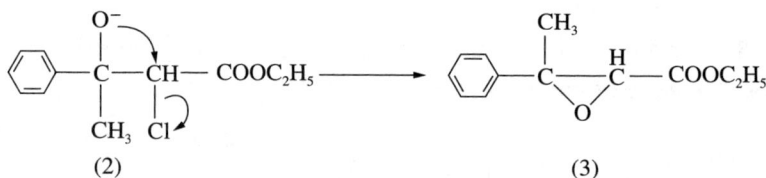

$$ClCH_2COOC_2H_5 \xrightarrow{NaOC_2H_5} Cl\bar{C}HCOOC_2H_5\ (1) \xrightarrow{C_6H_5COCH_3}$$

$$C_6H_5-\underset{CH_3}{\overset{O^-}{C}}-\underset{Cl}{CH}-COOC_2H_5\ (2) \longrightarrow C_6H_5-\overset{CH_3}{C}\underset{O}{-}\overset{H}{C}-COOC_2H_5\ (3)$$

α,β-环氧酸酯经水解、酸化、加热脱羧得到比原料多 1 个碳的醛或酮。例如:

$$C_6H_5-\overset{CH_3}{C}\underset{O}{-}\overset{H}{C}-COOC_2H_5 \xrightarrow{NaOH} C_6H_5-\overset{CH_3}{C}\underset{O}{-}\overset{H}{C}-COONa \xrightarrow[H_2O]{HCl}$$

$$C_6H_5-\overset{CH_3}{C}\underset{O}{-}\overset{H}{C}-C(=O)O-H \longrightarrow C_6H_5-\overset{CH_3}{C}=\underset{OH}{CH} \rightleftharpoons C_6H_5-\underset{H}{\overset{CH_3}{C}}-CHO$$

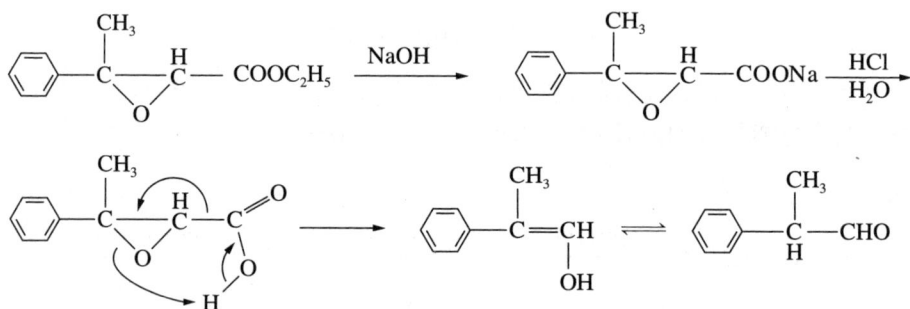

13.7.5 普尔金反应

芳香醛和酸酐在碱存在下进行亲核加成,然后失去 1 分子羧酸,生成 β-芳基-α,β-不饱和羧酸的反应称**普尔金反应**(Perkin reaction)。

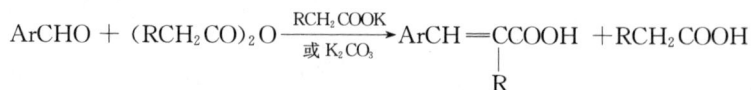

$$ArCHO + (RCH_2CO)_2O \xrightarrow[\text{或 } K_2CO_3]{RCH_2COOK} ArCH=\underset{R}{C}COOH + RCH_2COOH$$

例如,利用普尔金反应,以苯甲醛和醋酸酐为原料,在醋酸钾作用下,顺利得到肉桂酸:

$$PhCHO + (CH_3CO)_2O \xrightarrow[(2)\ H_3O^+]{(1)\ CH_3COOK} PhCH{=}CHCOOH + CH_3COOH$$

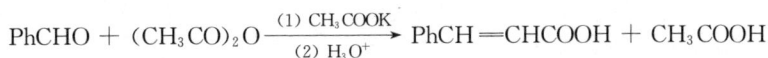

取代芳香醛中芳环上取代基对反应有一定影响。若芳环上有吸电子取代基，可使普尔金反应容易进行，反之则难以进行。例如对硝基苯甲醛与醋酸酐缩合生成对硝基肉桂酸，产率为 82%，而对二甲氨基苯甲醛则不能发生普尔金反应。

13.8 碳酸衍生物

碳酸不稳定，不能游离存在，其分子中只有 1 个羟基被其他基团取代后生成的化合物也不稳定，如氯甲酸、氨基甲酸、碳酸单酯等在通常条件下不能游离存在。但是当碳酸中的 2 个羟基都被其他基团取代后的衍生物是稳定的，这些化合物是有机合成及药物合成中常用的原料，常见的有以下几种：

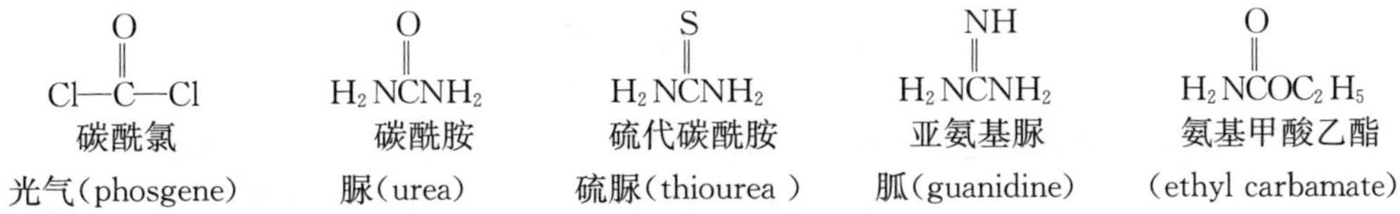

13.8.1 碳酰氯

碳酰氯是碳酸的二酰氯，最初由一氧化碳和氯气在日光照射下作用制得，故又名光气。光气为无色气体，沸点为 7.6℃。光气有剧毒，曾被用作毒气，对人和动物的黏膜和呼吸道有强烈的刺激作用，可引起窒息。目前已有其代用品氯甲酸三氯甲酯（又名双光气，TCF）或碳酸双(三氯甲酯)（又名三光气，BTC）。双光气为液体，三光气为固体，它们都比较稳定，可室温保存，使用和操作均比光气安全、简便。

光气具有酰氯的典型性质，易发生水解、醇解和氨(胺)解反应，是一个重要的有机合成原料。可用通式表示如下：

$$Cl{-}\overset{O}{\overset{\|}{C}}{-}Cl \begin{cases} \xrightarrow{H_2O} CO_2 + 2HCl \\ \xrightarrow{ROH} RO{-}\overset{O}{\overset{\|}{C}}{-}Cl \ (\text{氯代甲酸酯}) \xrightarrow{ROH} RO{-}\overset{O}{\overset{\|}{C}}{-}OR \ (\text{碳酸二酯}) \\ \xrightarrow{2NH_3} H_2N{-}\overset{O}{\overset{\|}{C}}{-}NH_2 \ (\text{脲}) \end{cases}$$

13.8.2 脲

脲是碳酸的二元酰胺，目前被用作重要的氮肥和有机合成原料。脲为无色长菱形结晶，熔点为 133℃，易溶于水，难溶于乙醚。

脲具有弱碱性，能与强酸成盐，但其水溶液不能使石蕊试纸变色。

脲在酸或碱的作用下均可水解，生成氨和二氧化碳：

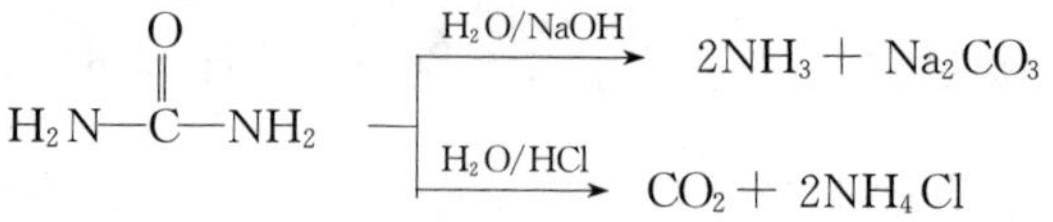

$$H_2N-\overset{\overset{\displaystyle O}{\|}}{C}-NH_2 \begin{cases} \xrightarrow{H_2O/NaOH} 2NH_3 + Na_2CO_3 \\ \xrightarrow{H_2O/HCl} CO_2 + 2NH_4Cl \end{cases}$$

在乙醇钠作用下，脲与丙二酸酯反应生成丙二酰脲。

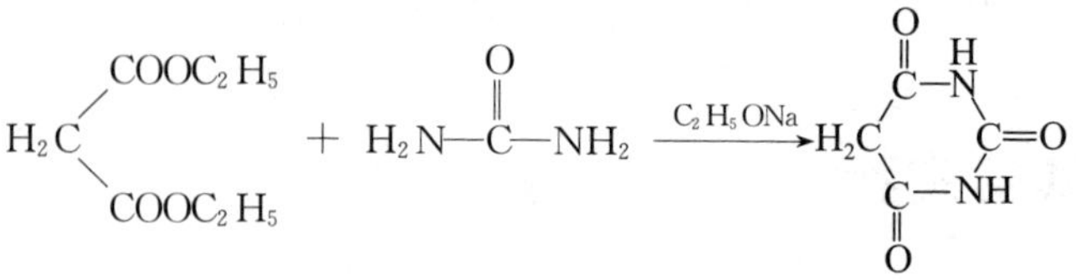

$$H_2C(COOC_2H_5)_2 + H_2N-\overset{\overset{\displaystyle O}{\|}}{C}-NH_2 \xrightarrow{C_2H_5ONa} \text{丙二酰脲（环状：}H_2C\text{、两个}C{=}O\text{、}NH\text{、}C{=}O\text{、}NH\text{）}$$

丙二酰脲为无色晶体，在水溶液中存在酮式和烯醇式的互变异构平衡。

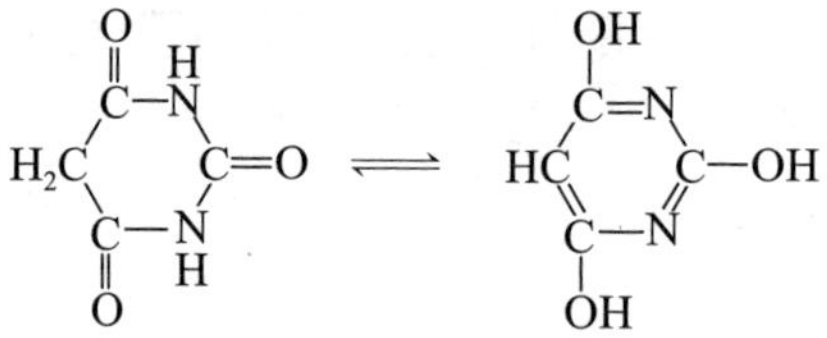

$$\text{酮式（}H_2C\text{，三个}C{=}O\text{，两个}N{-}H\text{）} \rightleftharpoons \text{烯醇式（}HC\text{，三个}C{-}OH\text{，两个}C{=}N\text{）}$$

酮式　　烯醇式

其烯醇式表现出比醋酸还强的酸性(pK_a为 3.98,25℃)，因此又称为巴比妥酸，丙二酰脲亚甲基上有 2 个烃基取代的衍生物，有些是很重要的镇静催眠药，总称为巴比妥类药物，如苯巴比妥。

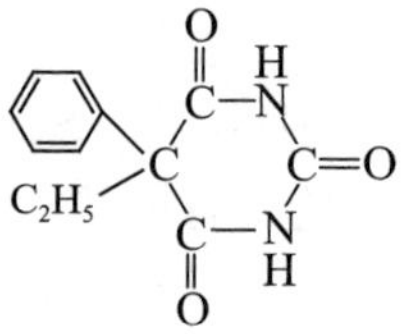

$$\text{（5-苯基-5-乙基}(C_2H_5)\text{丙二酰脲）}$$

苯巴比妥

13.8.3 胍

胍可以看作是脲分子中的氧原子被亚氨基取代后的产物，也称为亚氨基脲。

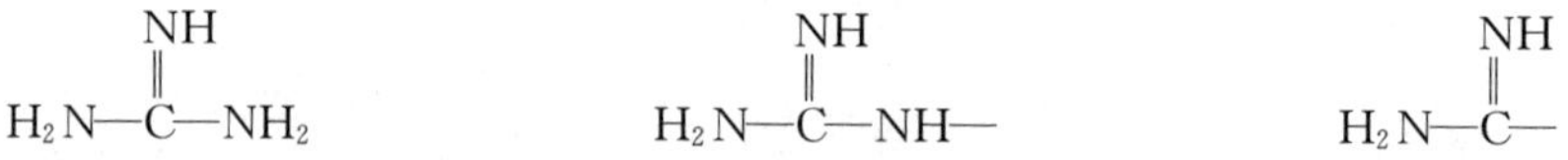

$$H_2N-\overset{\overset{\displaystyle NH}{\|}}{C}-NH_2 \qquad H_2N-\overset{\overset{\displaystyle NH}{\|}}{C}-NH- \qquad H_2N-\overset{\overset{\displaystyle NH}{\|}}{C}-$$

胍　　胍基　　脒基

胍是有机强碱(pK_a为 13.8)，其碱性与 KOH 相当，在空气中能吸收 CO_2 和水分生成稳定的碳酸盐。

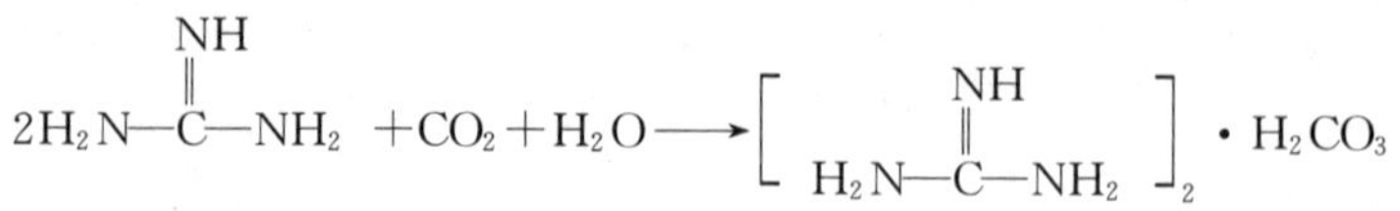

$$2H_2N-\overset{\overset{\displaystyle NH}{\|}}{C}-NH_2 + CO_2 + H_2O \longrightarrow \left[H_2N-\overset{\overset{\displaystyle NH}{\|}}{C}-NH_2\right]_2 \cdot H_2CO_3$$

胍结合 1 个质子后能形成稳定的胍正离子：

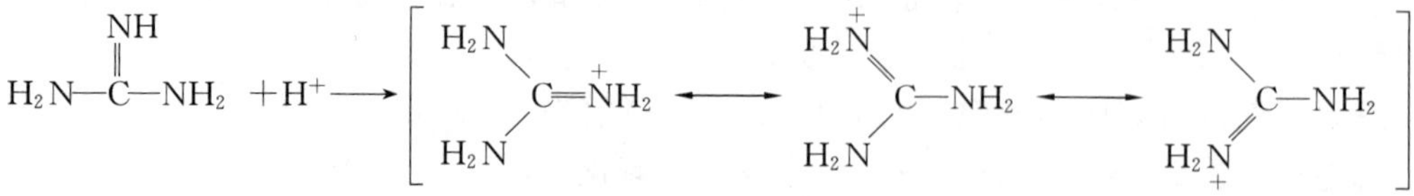

$$H_2N-\overset{\overset{\displaystyle NH}{\|}}{C}-NH_2 + H^+ \longrightarrow \left[(H_2N)_2C{=}\overset{+}{N}H_2 \longleftrightarrow H_2\overset{+}{N}{=}C(NH_2)-NH_2 \longleftrightarrow H_2N-C(NH_2){=}\overset{+}{N}H_2\right]$$

13.9　油脂和原酸酯

13.9.1　油脂

油脂是动植物体内的重要成分，也是人类生命活动所必需的成分。从结构和组成上看，油脂是高级脂肪酸甘油酯的混合物，其通式如下（R、R′、R″可以相同或不同）：

$$\begin{array}{l} CH_2OOCR \\ | \\ CHOOCR' \\ | \\ CH_2OOCR'' \end{array}$$

油脂水解后得到甘油和高级脂肪酸，高级脂肪酸通常是含有偶数碳原子的直链饱和羧酸及不饱和羧酸，见表 13－6。

若油脂中的羧酸都是饱和酸，分子的形状较为规整，容易紧密排列，室温下为固体。如果羧酸中含有不饱和酸，由于烯键为顺式结构，分子形状不规整，分子难以紧密地排列在一起，因此熔点较低。如果油脂中不饱和酸的酯较多，室温下为液体，故称为油，如菜籽油、花生油等。如果油脂中饱和酸酯较多，室温下呈固体或半固体，称为脂肪。如猪油、牛油等。

表 13－6　油脂中常见的脂肪酸

俗　名	系统名	结　构　式	熔点/℃
月桂酸 (lauric acid)	十二酸	$CH_3(CH_2)_{10}COOH$	44
软脂酸 (palmitic acid)	十六酸	$CH_3(CH_2)_{14}COOH$	63
硬脂酸 (steric acid)	十八酸	$CH_3(CH_2)_{16}COOH$	70
花生酸 (arachidic acid)	二十酸	$CH_3(CH_2)_{18}COOH$	75
油酸 (oleic acid)	十八碳- 9-烯酸	$CH_3(CH_2)_7CH{=}CH(CH_2)_7COOH$	16.3
亚油酸 (linoleic acid)	十八碳- 9,12-二烯酸	$CH_3(CH_2)_4CH{=}CHCH_2CH{=}CH(CH_2)_7COOH$	−5
亚麻酸 (linolenic acid)	十八碳- 9,12,16-三烯酸	$H_5C_2CH{=}CHCH_2CH{=}CHCH_2CH{=}CH(CH_2)_7COOH$	−11.3
桐油酸 (eleostearic acid)	十八碳- 9,11,13-三烯酸	$CH_3(CH_2)_3(CH{=}CH)_3(CH_2)_7COOH$	49
花生四烯酸 (arachidonic acid)	二十碳- 5,8,11,14-四烯酸	$CH_3(CH_2)_4(CH{=}CHCH_2)_4CH_2CH_2COOH$	−49.5

高级脂肪酸酯常在碱性条件下水解（皂化反应）得其钠盐，用于制造肥皂和其他洗涤剂。

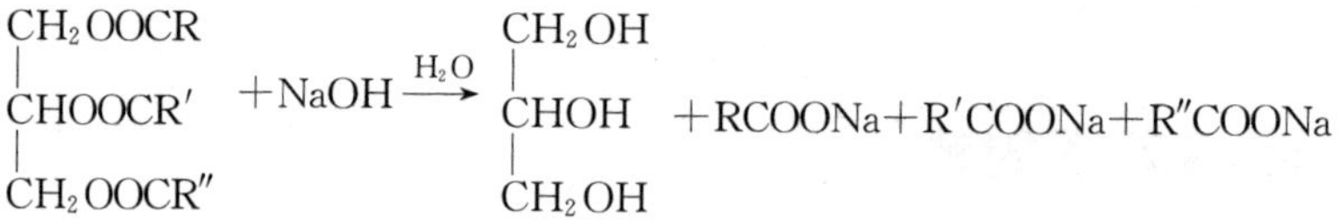

$$\begin{array}{l}CH_2OOCR\\|\\CHOOCR'\\|\\CH_2OOCR''\end{array} + NaOH \xrightarrow{H_2O} \begin{array}{l}CH_2OH\\|\\CHOH\\|\\CH_2OH\end{array} + RCOONa + R'COONa + R''COONa$$

13.9.2 原酸酯

原酸酯(orthocarboxylic esters)是原酸 $RC(OH)_3$ 的三烷基或三芳基衍生物,通式为:

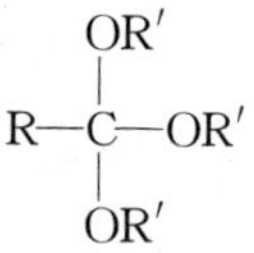

$$R-\overset{\overset{OR'}{|}}{\underset{\underset{OR'}{|}}{C}}-OR'$$

原酸本身不稳定,但其酯是稳定的,原酸酯可以由腈与醇在 HCl 存在下反应制备。例如:

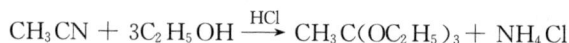

$$CH_3CN + 3C_2H_5OH \xrightarrow{HCl} CH_3C(OC_2H_5)_3 + NH_4Cl$$

原甲酸酯可用醇钠和氯仿制备:

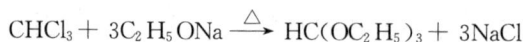

$$CHCl_3 + 3C_2H_5ONa \xrightarrow{\triangle} HC(OC_2H_5)_3 + 3NaCl$$

原酸酯具有很高的反应活性,常用于制备缩醛或缩酮。例如:

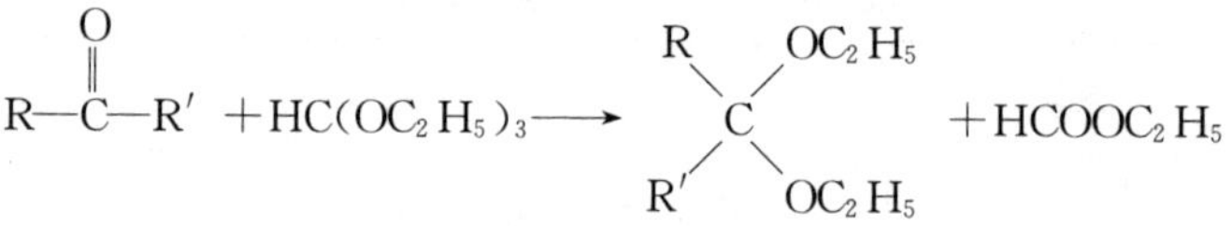

$$R-\overset{\overset{O}{\|}}{C}-R' + HC(OC_2H_5)_3 \longrightarrow \underset{R'}{\overset{R}{>}}C\underset{OC_2H_5}{\overset{OC_2H_5}{<}} + HCOOC_2H_5$$

习 题

1. 命名下列化合物。

(1) 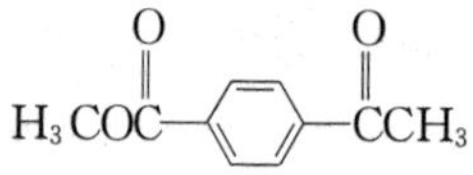 $H_3CO\overset{\overset{O}{\|}}{C}-C_6H_4-\overset{\overset{O}{\|}}{C}CH_3$ (2)  $CH_3\overset{\overset{Br}{|}}{C}HCH_2COCl$ (3) $CH_3\overset{\overset{O}{\|}}{C}-O-\overset{\overset{O}{\|}}{C}CH_2CH_3$

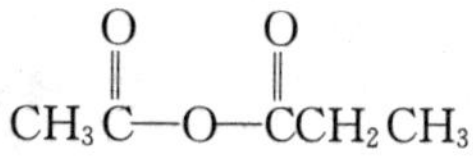

(4) 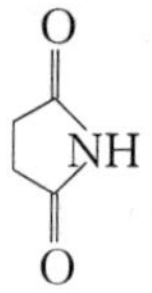 丁二酰亚胺(环状结构,两个 C=O 与 NH 相连) (5) 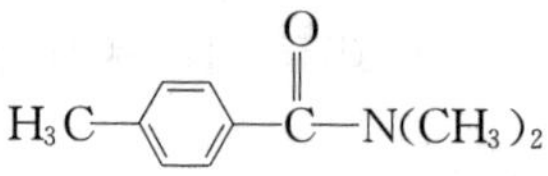 $H_3C-C_6H_4-\overset{\overset{O}{\|}}{C}-N(CH_3)_2$ (6) 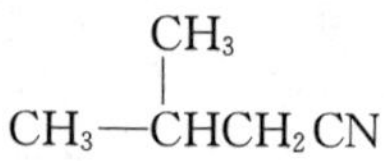 $CH_3-\overset{\overset{CH_3}{|}}{C}HCH_2CN$

(7) $(CH_3)_2CHCH_2CONH_2$ (8) $H_5C_2OOC(CH_2)_4COOH$

2. 完成下列反应式。

(1) 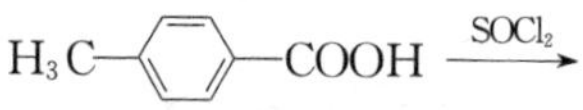 $H_3C-C_6H_4-COOH \xrightarrow{SOCl_2}$ (2) $C_6H_4(COOH)_2$(邻苯二甲酸) $\xrightarrow{(CH_3CO)_2O}$

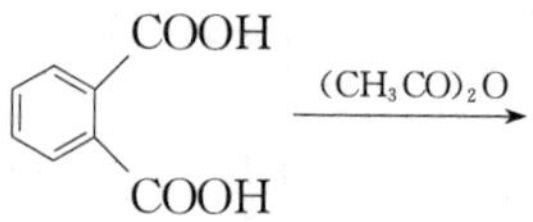

(3) 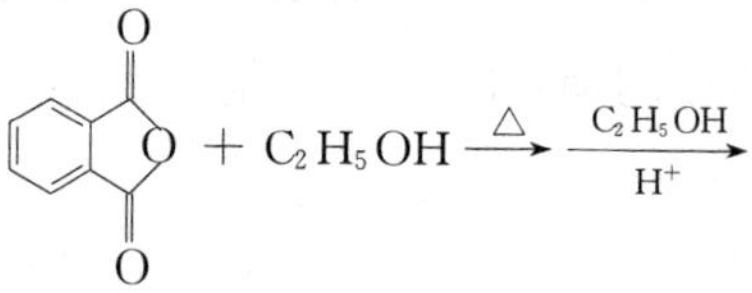 邻苯二甲酸酐 $+ C_2H_5OH \xrightarrow{\triangle} \xrightarrow[H^+]{C_2H_5OH}$

(4) γ-丁内酯 $+ C_2H_5OH \xrightarrow{H^+} \xrightarrow{HN(CH_3)_2}$

(5) $C_6H_5-CH_2Cl \xrightarrow{NaCN} \xrightarrow[② H_3O^+]{① LiAlH_4}$

(6) 邻-$C_6H_4(COOC_2H_5)_2 \xrightarrow[② H_3O^+]{① LiAlH_4}$ (7) $CH_3CH_2OC(=O)Cl \xrightarrow{NH_3 (1\ mol)}$

(8) $C_6H_5-CH_2C(=O)NH_2 \xrightarrow[\triangle]{P_2O_5}$ (9) $CH_3CH_2CH_2CN + H_2O \xrightarrow{OH^-}$

(10) $C_6H_5COC_2H_5 + HCOOC_2H_5 \xrightarrow[② H^+]{① NaOC_2H_5}$

(11) $H_2NC(=O)NH_2 + CH_2(COOC_2H_5)_2 \xrightarrow{C_2H_5ONa}$

(12) 5-苯基-5-乙基巴比妥酸（C_6H_5、C_2H_5 取代的嘧啶三酮）$\xrightarrow[冷,稀]{NaOH}$

(13) $C_6H_5CH_2CHO + ClCH(CH_3)COOC_2H_5 \xrightarrow[② H_3O^+]{① Zn}$

(14) 邻-$C_6H_4(COOC_2H_5)(COCH_3) \xrightarrow[② H_3O^+]{① KOH}$

(15) $CH_3C(=O)CH=CH_2 + CH_2(COOC_2H_5)_2 \xrightarrow{C_2H_5ONa}$

(16) $O_2N-C_6H_4-CHO + (CH_3CO)_2O \xrightarrow[\triangle]{CH_3COONa}$

(17) 3,4-亚甲二氧基苯甲醛（$-CHO$）$+ CH_2(COOH)_2 \xrightarrow[吡啶]{哌啶}$

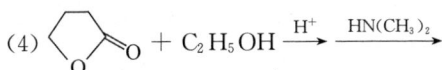

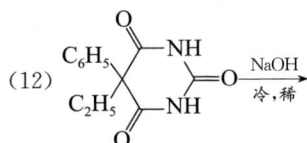

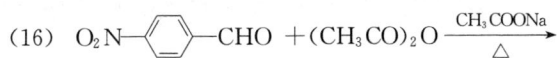

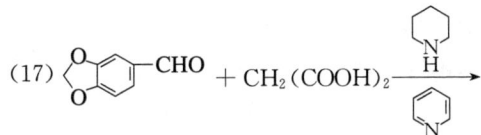

3. 比较下列各组化合物的性质。

(1) 比较下列化合物碱性水解反应的相对速率。

A. CH_3COOCH_3 B. $CH_3COOC_2H_5$

C. $CH_3COOCH(CH_3)_2$ D. $CH_3COOC(CH_3)_3$

(2) 比较下列化合物碱性水解反应的相对速率。

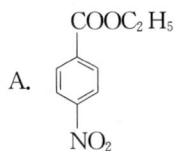

A. $p-NO_2C_6H_4COOC_2H_5$ B. $p-ClC_6H_4COOC_2H_5$ C. $C_6H_5COOC_2H_5$ D. $p-CH_3C_6H_4COOC_2H_5$ E. $p-CH_3OC_6H_4COOC_2H_5$

(3) 比较下列化合物碱性水解反应的活性大小。

A. $CH_3CH(Cl)COOCH_3$ B. $CH_3CH(CH_3)COOCH_3$

C. $CH_3CH(OCH_3)COOCH_3$　　D. $CH_3CH(CN)COOCH_3$

(4) 将下列化合物按烯醇式含量多少排列成序。

A. $CH_3COCH_2COCH_3$　　B. $C_6H_5COCH_2COCH_3$

C. $CH_3COCH_2COC(CH_3)_3$　　D. $C_6H_5COCH_2COCF_3$

4. 从指定原料合成下列化合物(其他试剂任选):

(1) 以丙二酸二乙酯为主要原料合成:

a. $H_2C{=}CHCH_2CH(CH_2CH_2CH_3)COOH$　　b. 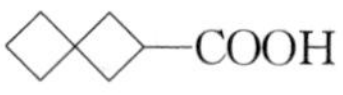 (螺环)—COOH　　c. 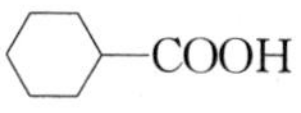 (环己基)—COOH

(2) 以乙酰乙酸乙酯为主要原料合成:

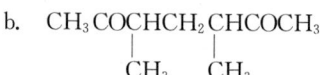

a. $CH_3COCH(CH_3)CH_2C_6H_5$　　b. $CH_3COCH(CH_3)CH_2CH(CH_3)COCH_3$　　c. 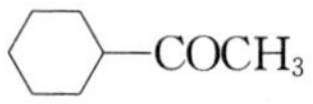 (环己基)—$COCH_3$

5. 化合物A的分子式是$C_5H_6O_3$,与乙醇作用得到2个互为异构体的化合物B和C,B和C分别与氯化亚砜作用后再加入乙醇,则两者生成同一化合物D。试推出A~D的结构。

6. 写出下列反应中A~E的结构。

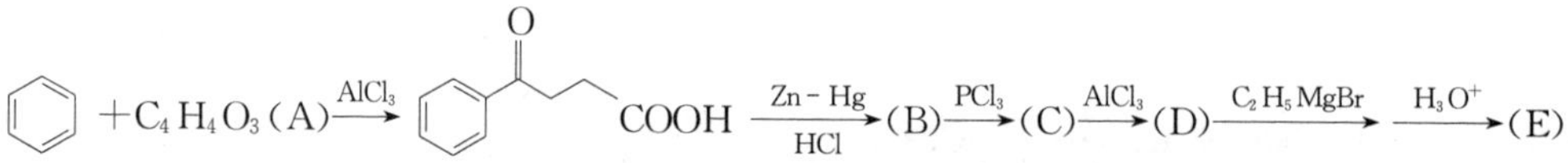

$$C_6H_6 + C_4H_4O_3(A) \xrightarrow{AlCl_3} C_6H_5COCH_2CH_2COOH \xrightarrow[HCl]{Zn-Hg} (B) \xrightarrow{PCl_3} (C) \xrightarrow{AlCl_3} (D) \xrightarrow{C_2H_5MgBr} \xrightarrow{H_3O^+} (E)$$

7. 化合物A、B、C分子式均为$C_3H_6O_2$,A与$NaHCO_3$作用放出CO_2,B和C用$NaHCO_3$处理无CO_2放出,但在NaOH水溶液中加热可发生水解反应。从B的水解产物中蒸出一种液体,该液体化合物可发生碘仿反应。C的碱性水解产物蒸出的液体无碘仿反应。写出A、B、C的结构式。

8. 分子式为$C_4H_6O_2$的异构体A和B都具有水果香味,均不溶于NaOH溶液。当与NaOH共热后,A生成一种羧酸盐和乙醛,B则除了生成甲醇外,其反应液酸化蒸馏的馏出液显酸性,并能使溴水褪色。推测A、B的结构。

第 14 章　有机含氮化合物

有机含氮化合物(nitrogenous compound)是指分子中氮原子和碳原子直接相连的有机化合物,也可看成是烃分子中的一个或几个氢原子被含氮的官能团所取代的衍生物。有机含氮化合物在自然界分布很广,许多含氮化合物是生命活动的重要物质,同时许多含氮化合物也是重要的药物、染料和其他有机工业产品。以前学过的酰胺、腈和肟都属于含氮化合物。本章主要讨论硝基化合物、胺类、重氮化合物和偶氮化合物。

14.1　硝基化合物

硝基化合物(nitro compound)是烃类分子中的氢被硝基(—NO_2)取代的衍生物。常用 RNO_2 或 $ArNO_2$ 表示。

14.1.1　分类和命名

根据所连烃基的不同,硝基化合物可以分为脂肪族硝基化合物和芳香族硝基化合物两大类;脂肪族硝基化合物又根据与硝基连接的碳原子种类的不同而进一步分为一级、二级、三级硝基化合物;含有 2 个以上硝基的化合物为多硝基化合物。

硝基化合物的命名和卤代烃相似,以烃为母体,硝基为取代基。例如:

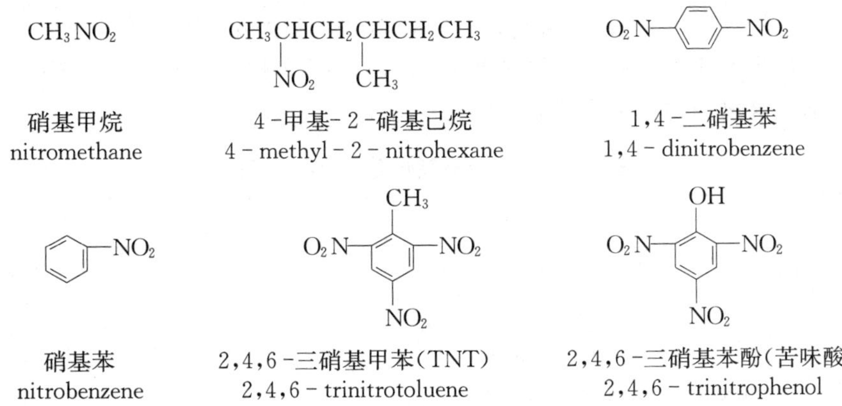

14.1.2　硝基的结构

根据八隅体学说,硝基的结构可表示如下:

(Ar)R—N(=O)→O 即 (Ar)R—N 的电子式

由上式可见氮原子与其中 1 个氧原子以共价键相结合,而与另外 1 个氧原子以配位键相结合,因而这 2 种不同键的键长应该是不同的。但是通过电子衍射法的实验证明,硝基具有对称的结构,2 个氮氧键的键长均为 0.121 nm。因此硝基中的 2 个氮氧键是等同的,既不是一般的氮氧单键,也不是一般的氮氧双键。在硝基中,氮原子的 p 轨道和 2 个氧原子的 p 轨道平行而相互交盖,由此形成的分子轨道中发生了 π 电子的离域,形成了三中心四电子的大 π 键,导致 N—O 键的平均化,因此,硝基化合物的结构最好用以下的式子表示:

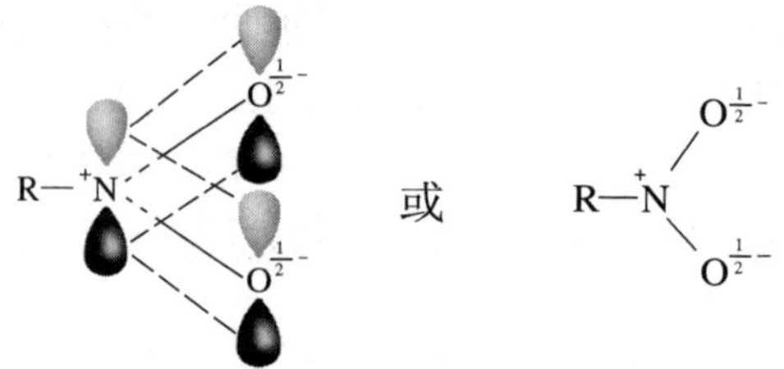

按共振论的观点可认为是下列两种极限式的共振杂化体:

$$\left[R-\overset{+}{N}\begin{matrix} \diagup\!\!\!\!=O \\ \diagdown O^- \end{matrix} \longleftrightarrow R-\overset{+}{N}\begin{matrix} \diagup O^- \\ \diagdown\!\!\!\!=O \end{matrix} \right]$$

14.1.3 物理性质

硝基化合物的极性较大,沸点较高。脂肪族硝基化合物是无色并具有香味的液体。芳香族硝基化合物中除一些单硝基化合物为高沸点的液体外,一般多为黄色晶体。硝基化合物不溶于水,易溶于有机溶剂,相对密度大于 1。多硝基化合物受热时易分解而发生爆炸,有些是制作炸药的原料;有的多硝基化合物具有强烈的气味,可用作香料;有的可用作药物合成的原料或中间体;液体硝基化合物是有机化合物的良好溶剂,化学性质比较稳定,但由于其蒸气能经呼吸道或透过皮肤被肌体吸收而引起中毒,故应尽可能少用或不用。

一些硝基化合物的物理常数见表 14-1。

表 14-1 常见硝基化合物的物理常数

中文名	英文名	熔点/℃	沸点/℃
硝基甲烷	nitromethane	−28.5	100.8
硝基乙烷	nitroethane	−50	115
1-硝基丙烷	1-nitropropane	−108	131.5
2-硝基丙烷	2-nitropropane	−93	120
硝基苯	nitrobenzene	5.7	210.8
间二硝基苯	*m*-dinitrobenzene	89.8	303(120.6 kPa)
1,3,5-三硝基苯	1,3,5-trinitrobenzene	122	315
邻硝基甲苯	*o*-nitrotoluene	−4	222.3
对硝基甲苯	*p*-nitrotoluene	54.5	238.3
2,4-二硝基甲苯	2,4-dinitrotoluene	71	300
2,4,6-三硝基甲苯	2,4,6-trinitrotoluene	82	分解

14.1.4　化学性质

1. 硝基的还原

硝基容易被还原，尤其是直接连在苯环上的硝基，更容易被还原。芳香族硝基化合物在不同介质中使用不同的还原剂可以得到一系列不同的还原产物。

用催化氢化法或较强的化学还原剂（如铁、锡或锌和稀盐酸，氯化亚锡和盐酸等），硝基直接被还原成氨基，这是工业上制备芳香伯胺的常用方法。例如：

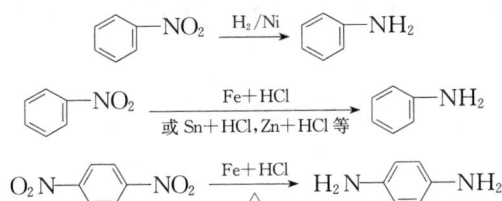

$$C_6H_5-NO_2 \xrightarrow{H_2/Ni} C_6H_5-NH_2$$

$$C_6H_5-NO_2 \xrightarrow[\text{或 Sn+HCl, Zn+HCl 等}]{Fe+HCl} C_6H_5-NH_2$$

$$O_2N-C_6H_4-NO_2 \xrightarrow[\triangle]{Fe+HCl} H_2N-C_6H_4-NH_2$$

用酸和铁粉还原的方法由于生成大量铁泥副产物，现在在工业上的应用已受到一定的限制。

催化氢化是使硝基化合物转变为伯胺的一种既干净又方便、环境污染少的方法，现已逐步代替化学方法，常以镍、铂和钯作为催化剂。反应在中性条件下进行，因此特别适用于对酸敏感的硝基化合物的还原。例如：

$$o\text{-}(NHCOCH_3)C_6H_4-NO_2 \xrightarrow{H_2/Pt} o\text{-}(NHCOCH_3)C_6H_4-NH_2$$

当芳环上有可被还原的其他取代基时，用氯化亚锡和盐酸还原特别有用，因为它只将硝基还原成氨基。例如：

$$m\text{-}O_2N-C_6H_4-CHO \xrightarrow{SnCl_2+\text{浓 }HCl} m\text{-}H_2N-C_6H_4-CHO$$

芳香族多硝基化合物用碱金属的硫化物或多硫化物以及硫氢化铵、硫化铵或多硫化铵为还原剂，可以选择性地还原其中 1 个硝基为氨基。例如：

$$m\text{-}O_2N-C_6H_4-NO_2 \xrightarrow{(NH_4)_2S} m\text{-}H_2N-C_6H_4-NO_2 \quad (80\%)$$

硝基苯在碱性溶液中，用金属（Zn 或 Sn 等）作还原剂时，发生双分子的还原。

$$C_6H_5-NO_2 \xrightarrow{Zn/NaOH} C_6H_5-NH-NH-C_6H_5$$

氢化偶氮苯

氢化偶氮苯在酸性溶液中发生重排形成联苯胺，此反应称为**联苯胺重排**（**benzidine rearrangement**）。

$$C_6H_5-NH-NH-C_6H_5 \xrightarrow{H^+} H_2N-C_6H_4-C_6H_4-NH_2$$

联苯胺

2. 芳香硝基化合物苯环上的取代反应

硝基是一个强的吸电子基团,它的吸电子作用是通过吸电子的诱导效应和吸电子的共轭作用实现的。两者的方向一致,这使硝基邻、对位的电子云密度比间位更加明显地降低,因此,其亲电取代反应难以进行且主要取代在间位。另外,硝基又使得其邻、对位易受亲核试剂的进攻,发生亲核取代反应。硝基越多,卤素的活性越强,越易被取代。例如:

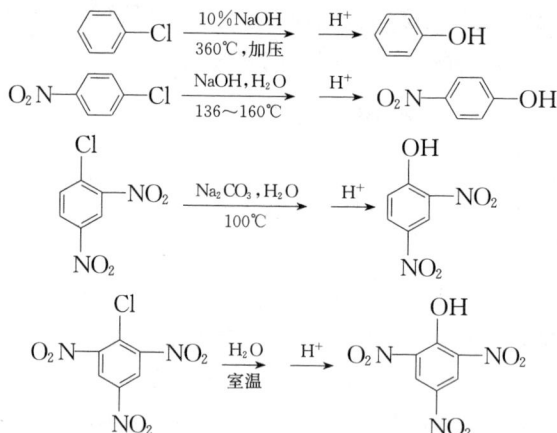

$$C_6H_5-Cl \xrightarrow[360℃,加压]{10\%NaOH} \xrightarrow{H^+} C_6H_5-OH$$

$$O_2N-C_6H_4-Cl \xrightarrow[136\sim160℃]{NaOH,H_2O} \xrightarrow{H^+} O_2N-C_6H_4-OH$$

$$\text{1-Cl-2,4-}(NO_2)_2C_6H_3 \xrightarrow[100℃]{Na_2CO_3,H_2O} \xrightarrow{H^+} \text{1-OH-2,4-}(NO_2)_2C_6H_3$$

$$\text{1-Cl-2,4,6-}(NO_2)_3C_6H_2 \xrightarrow[室温]{H_2O} \xrightarrow{H^+} \text{1-OH-2,4,6-}(NO_2)_3C_6H_2$$

该亲核取代反应经过了加成-消除过程,以水解反应为例:

$$\text{4-}O_2N-C_6H_4-Cl \xrightarrow[加成]{OH^-} [\text{1-Cl-1-OH-4-}O_2N\text{-环己二烯负离子}] \xrightarrow[消除]{-Cl^-} \text{4-}O_2N-C_6H_4-OH$$

除了羟基,其他带负电荷或含有未共用电子对的亲核试剂如 HS^-、RO^-、CN^-、NH_3、NH_2NH_2 等也能进行芳环的亲核取代反应。

例如,1-氯-2,4-二硝基苯可以发生下列取代反应:

$$\text{1-Cl-2,4-}(NO_2)_2C_6H_3 \xrightarrow[H_2O]{NaSH} \text{1-SH-2,4-}(NO_2)_2C_6H_3$$

$$\text{1-Cl-2,4-}(NO_2)_2C_6H_3 \xrightarrow[CH_3OH]{CH_3ONa} \text{1-}OCH_3\text{-2,4-}(NO_2)_2C_6H_3$$

$$\text{1-Cl-2,4-}(NO_2)_2C_6H_3 \xrightarrow{NH_2NH_2} \text{1-}NHNH_2\text{-2,4-}(NO_2)_2C_6H_3$$

$$\text{1-Cl-2,4-}(NO_2)_2C_6H_3 \xrightarrow{CH_3NH_2} \text{1-}NHCH_3\text{-2,4-}(NO_2)_2C_6H_3$$

除了卤素,其他取代基当其邻位、对位有吸电子基团时,也同样可以被亲核试剂取代,其中最常见的可被取代的基团以及它们的活泼顺序如下:

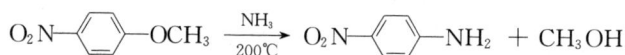

$$-F > -NO_2 > Cl, -Br, -I > -\overset{+}{N_2}- > -\overset{+}{N}R_3 > -OAr > -OR, -SR > -NR_2$$

例如:

$$O_2N-C_6H_4-OCH_3 \xrightarrow[200℃]{NH_3} O_2N-C_6H_4-NH_2 + CH_3OH$$

3. 对侧链烃基 α 氢原子活性的影响

当苯环上烃基的邻位或对位连有硝基时，硝基可使烃基 α - H 的活性增强。如：

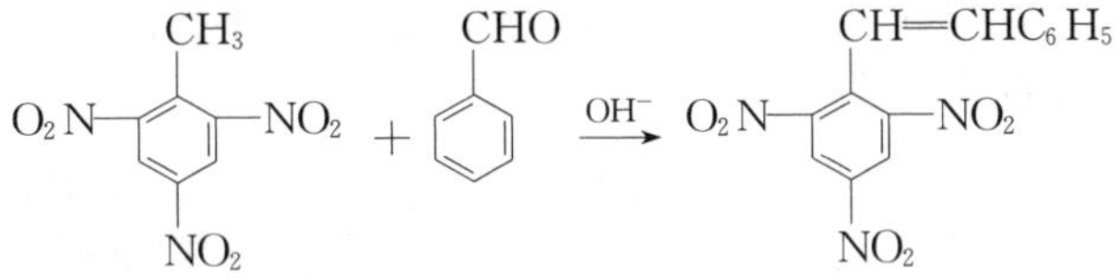

$$\text{2,4,6-}(O_2N)_3C_6H_2CH_3 + C_6H_5CHO \xrightarrow{OH^-} \text{2,4,6-}(O_2N)_3C_6H_2CH{=}CHC_6H_5$$

4. 对苯酚酸性的影响

苯酚的酸性比碳酸还弱，它呈弱酸性。当苯环上引入硝基时，能增强酚的酸性。例如，2,4 -二硝基苯酚的 pK_a 为 7.21，其酸性与甲酸相近；而 2,4,6 -三硝基苯酚的 pK_a 为 0.25，其酸性几乎与强无机酸相近。硝基对酚羟基酸性的影响与硝基、羟基在环上的相对位置有关，详见 9.9.1。

14.2　胺类化合物

14.2.1　分类和命名

1. 分类

胺(amine)可看作是氨分子中的氢被烃基取代后的衍生物，氨基(—NH_2)(amino)是胺的官能团。

根据氮上烃基取代的数目，可将胺分为一级(伯)、二级(仲)、三级(叔)胺和四级(季)铵盐。

NH_3	RNH_2	R_2NH	R_3N
氨	1°胺(伯)	2°胺(仲)	3°胺(叔)
ammonium	primary amine	secondary amine	tertiary amine

$R_4N^+X^-$	$R_4N^+OH^-$
季铵盐	季铵碱
quaternary ammonium halide	quaternary ammonium hydroxide

这里所指的一级、二级和三级胺与醇、卤代烷所指的一级、二级和三级的意义不同，胺的一级、二级和三级是指氮上所连烃基的数目，而醇、卤代烃的一级、二级和三级是指与羟基、卤素相连的碳的种类，如叔丁醇是 3°醇，但叔丁胺是 1°胺。

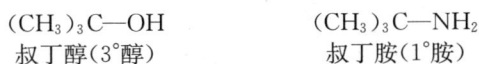

$(CH_3)_3C—OH$	$(CH_3)_3C—NH_2$
叔丁醇(3°醇)	叔丁胺(1°胺)

根据分子中烃基的种类不同，可以将胺分为脂肪胺和芳香胺。

$CH_3CH_2NHCH_3$	$H_3C—C_6H_4—NH_2$ (对位)	$C_6H_5—N(CH_3)_2$	$C_6H_{11}—NH_2$ (环己基)
脂肪仲胺	芳香伯胺	芳香叔胺	脂环伯胺

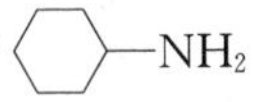

根据分子中氨基的数目可分为一元胺、二元胺等。

$CH_3CH_2NH_2$	$H_2NCH_2CH_2CH_2CH_2CH_2NH_2$
乙胺(一元胺)	戊- 1,5 -二胺(尸胺，二元胺)

2. 命名

简单的胺可以根据烃基的名称命名，即在烃基的名称后加上“胺”字。若氮原子上所连烃基相同，用“二”或“三”表明烃基的数目；若氮原子上所连烃基不同，则按基团字母顺序依次列出其名称，“基”字可省略。例如：

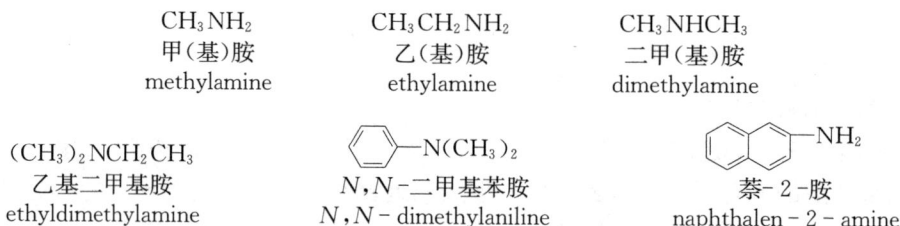

CH_3NH_2	$CH_3CH_2NH_2$	CH_3NHCH_3
甲(基)胺	乙(基)胺	二甲(基)胺
methylamine	ethylamine	dimethylamine

$(CH_3)_2NCH_2CH_3$	C_6H_5—$N(CH_3)_2$	2-萘基—NH_2
乙基二甲基胺	*N*,*N*-二甲基苯胺	萘-2-胺
ethyldimethylamine	*N*,*N*-dimethylaniline	naphthalen-2-amine

对于多元胺，采用与多元醇类似的方法进行命名，例如：

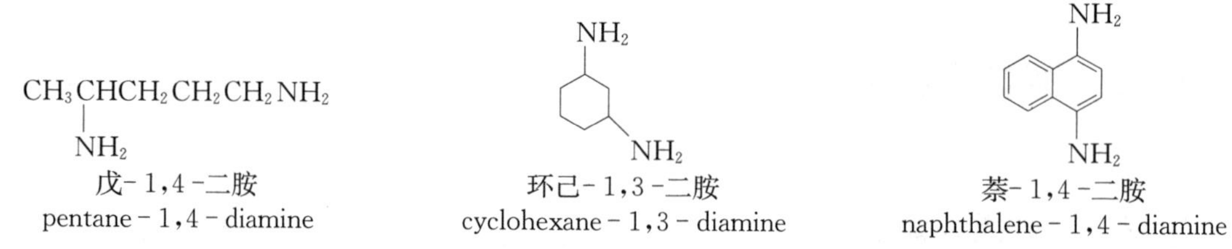

戊-1,4-二胺 pentane-1,4-diamine　　环己-1,3-二胺 cyclohexane-1,3-diamine　　萘-1,4-二胺 naphthalene-1,4-diamine

比较复杂的脂肪胺，可按“母体氢化物+胺”来命名，母体氢化物为烷烃时，“烷”字可省略。例如：

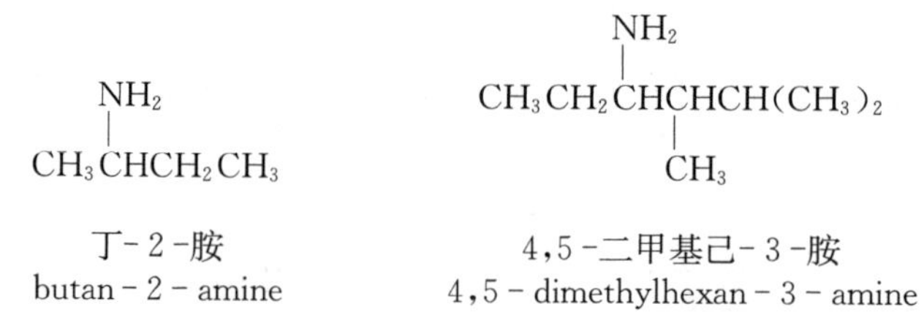

丁-2-胺 butan-2-amine　　4,5-二甲基己-3-胺 4,5-dimethylhexan-3-amine

含有多个特性基团的化合物，氨基作为取代基来命名。例如：

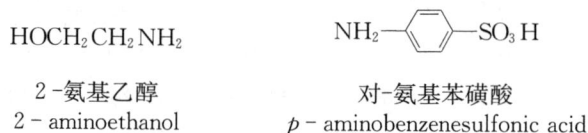

$HOCH_2CH_2NH_2$	NH_2—C_6H_4—SO_3H
2-氨基乙醇	对-氨基苯磺酸
2-aminoethanol	*p*-aminobenzenesulfonic acid

铵盐及四级铵化合物的命名如下所示：

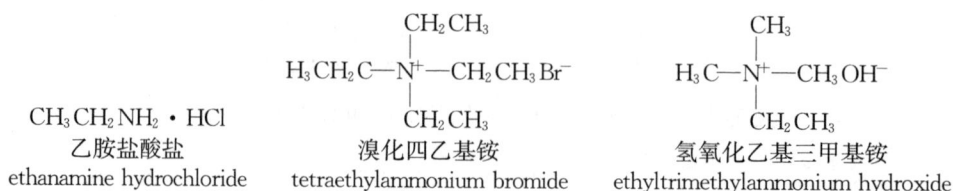

$CH_3CH_2NH_2 \cdot HCl$	$(CH_3CH_2)_4N^+Br^-$	$(CH_3)_3N^+CH_2CH_3\ OH^-$
乙胺盐酸盐	溴化四乙基铵	氢氧化乙基三甲基铵
ethanamine hydrochloride	tetraethylammonium bromide	ethyltrimethylammonium hydroxide

14.2.2 胺的结构

氨具有棱锥形的结构，其中氮以 sp^3 杂化轨道与3个氢的s轨道重叠，形成3个σ键，氮原子上尚有1对电子，占据另外1个 sp^3 杂化轨道，处于棱锥体的顶端，类似第四个“基团”，这样，氨的空间排布基本上近似碳的四面体结构，氮在四面体的中心。胺与氨的结构相似，在脂肪胺中，氮上的 3 个 sp^3 杂化轨道与氢的 s 轨道或别的基团的碳的杂化轨道重叠，亦具有棱锥形的结构，如图 14－1 所示。

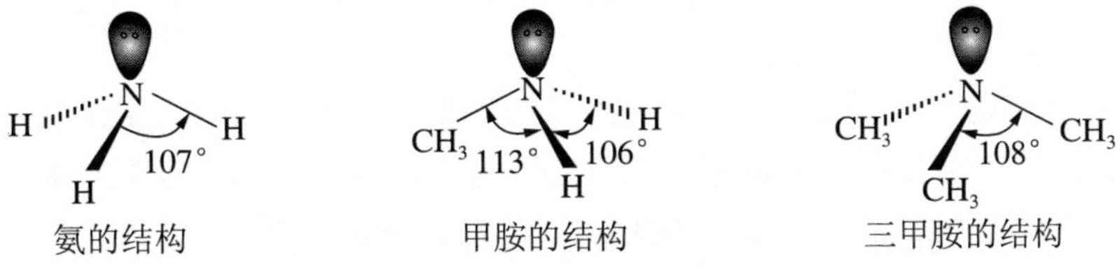

图 14－1　氨及脂肪胺的结构

在芳香胺中，氮上的未共用电子对所在的 sp^3 杂化轨道比氨中氮的 sp^3 杂化轨道有更多的 p 轨道性质。测定表明，在苯胺中仍是棱锥形的结构，氮上的 sp^3 杂化轨道与苯环的 p 轨道共平面时可以发生离域作用，如图 14－2 所示。

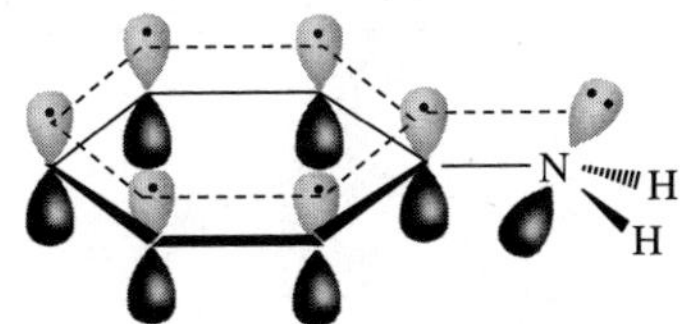

图 14－2　苯胺的结构

在二级胺及三级胺中，如果氮上连接的 3 个基团不同，则该胺应具有手性，理论上可以存在 1 对对映异构体，它们之间互为镜像，不能重叠。但实际上没有分离得到这种胺的对映体，这是因为这 1 对对映体相互转化的能垒很低(25～37.6 kJ/mol)，在室温下，分子的热运动已能提供足够的能量使它们之间很快地相互转化，如图 14－3 所示。

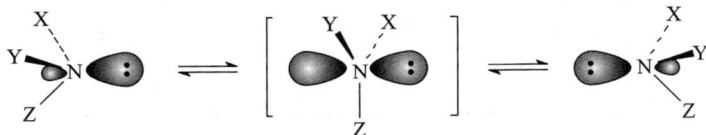

图 14－3　胺的对映体及其转化

只有当 N 原子所连的 3 个不同基团被某种因素固定，如环系的存在，使相互转换不能发生，这样才可将对映体拆分开来。1944 年，普雷洛格将朝格尔(Tröger)碱的左旋体和右旋体成功地加以拆分。

四级铵盐的情况与胺不同，氮上的 4 个 sp^3 杂化轨道都用于成键，氮的转化不易发生，如果氮上的 4 个基团不同，应该具有光学异构体，事实上也确实分离得到了这种旋光相反的对映体，例如图 14－4 所示的化合物可以分离得到稳定的旋光异构体。

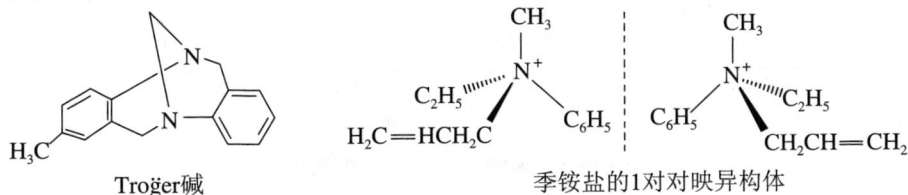

Tröger碱　　季铵盐的1对对映异构体

图 14－4　Tröger 碱及季铵盐的对映异构

14.2.3 物理性质

低级胺为气体或易挥发的液体,气味与氨相似,有的有鱼腥味,高级胺为固体。芳香胺为高沸点的液体或低熔点的固体,具有特殊的气味,芳香胺毒性很强而且容易通过皮肤吸收,某些芳胺有致癌作用,如联苯胺、萘胺等。

胺是极性化合物,具有氢键,由于氮的电负性比氧小,故 N…· H—N 氢键较 O…· H—O 键弱。因此,胺的沸点比相应相对分子质量的醇、羧酸的低,但比烃、醚等非极性化合物的要高。叔胺在纯液体状态不可能存在氢键,故沸点比相应伯、仲胺的低。

由于胺与水也生成氢键(包括叔胺),因此低级胺溶于水。6 个碳以上的胺溶解度降低。

季铵盐物理性质类似无机盐,具有较高的熔点,且易溶于水。常见胺的物理常数见表 14-2。

表 14-2 常见胺的理化常数

胺	结构式	熔点/℃	沸点/℃	pK_a
氨	NH_3	−77.7	−33	9.24
甲胺	CH_3NH_2	−92.8	−6.5	10.65
二甲胺	$(CH_3)_2NH$	−96.0	7.5	10.73
三甲胺	$(CH_3)_3N$	−117	3.5	9.78
乙胺	$CH_3CH_2NH_2$	−80	16.6	10.7
二乙胺	$(CH_3CH_2)_2NH$	−50	56	11.0
三乙胺	$(CH_3CH_2)_3N$	−115	89.4	10.75
苯甲胺	$C_6H_5CH_2NH_2$	10	184	9.73
苯胺	$C_6H_5NH_2$	−6	184	4.60
二苯胺	$(C_6H_5)_2NH$	−53	302	1.0
三苯胺	$(C_6H_5)_3N$	127	365	中性

胺的红外光谱:胺的特征吸收键是 C—N 键和 N—H 键。胺的 IR 特征吸收归纳于表 14-3 中。图 14-5 给出了苯胺的谱图。

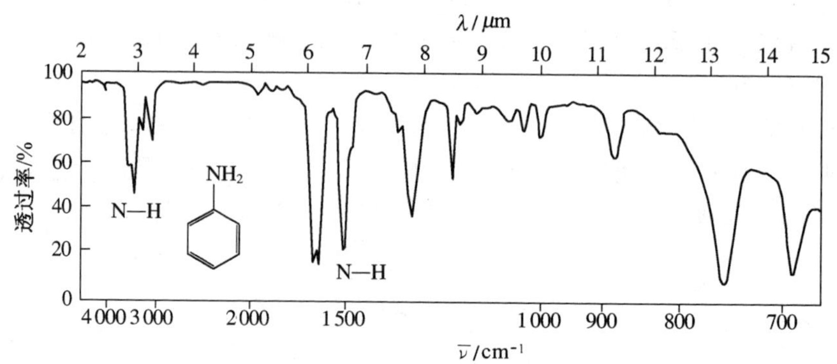

图 14-5 苯胺的红外吸收光谱图

表 14-3 胺的 IR 特征吸收

频率/cm^{-1}	强度	振动形式	胺的类别
3 500～3 400(双峰)	弱	N—H 振动	伯胺
3 350～3 310	弱	N—H 振动	仲胺
1 650～1 580	中强	N—H 弯曲(面外变形,剪式)	伯胺
900～650	宽区域	N—H 弯曲(面内变形,摇摆)	伯胺
750～700	强	N—H 弯曲(面外变形,剪式)	仲胺
1 250～1 020	弱,中	C—N 伸缩	脂肪胺
1 370～1 250	弱,中	C—N 伸缩	芳香胺

胺的核磁共振谱图:在核磁谱中氮上的质子为一单峰,与醇羟基上的质子类似,一般不与相邻碳上的氢偶合。由于不同氢键形成的程度不同,化学位移值变化较大,δ 在 0.6～5 范围内。胺中氮为电负性较强的元素,它的拉电子作用使胺 α-C 上的质子化学位移向低场移动,一般 δ 为 2.2～2.8。二乙胺的核磁共振谱见图 14-6。

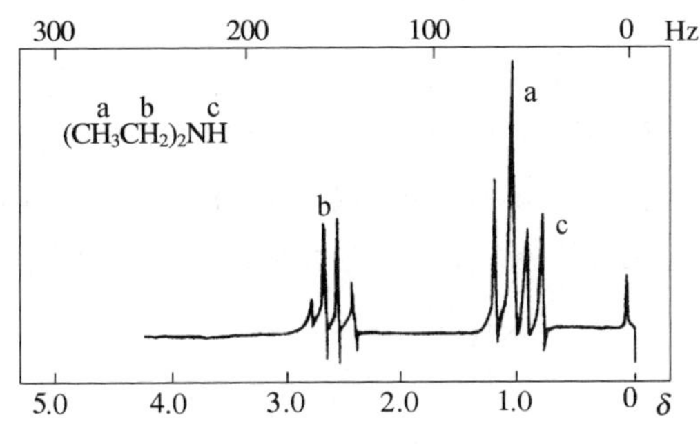

图 14-6 二乙胺的¹H-NMR 谱图

14.2.4 化学性质

由于胺中氮上具有未共用电子对,使得它能在化学反应中提供电子,体现了胺的一系列化学性质,如碱性、亲核性及氨基致活芳环上的亲电性取代反应等。

1. 碱性

由于氨基的氮原子上有 1 对未共用电子,当胺溶于水时,可与水中质子作用,发生下列离解反应:

$$\underset{\text{碱}}{RNH_2} + H_2O \xrightleftharpoons{K_b} \underset{\text{共轭酸}}{R\overset{+}{N}H_3} + OH^-$$

胺的水溶液的离解程度,可以反映胺与质子的结合能力,即胺的碱性强弱,因此可以用胺的水溶液的碱离解常数 K_b 表示胺的碱性强度。K_b 值越大,平衡向右,碱性越大。为了简单方便,常采用 pK_b 来表示。pK_b 越小,碱性越强。

$$K_b = \frac{[RNH_3^+][OH^-]}{[RNH_2]}$$

胺的碱性越强,越容易接受质子,其共轭酸 RNH_3^+ 的酸性越弱。故胺碱性的强弱也可以用其共轭酸(RNH_3^+)的 pK_a 来表示。pK_b 越小,或者 pK_a 越大,胺的碱性越强,反之亦

然。从表14-2中所列出的一些胺的 pK_a 值可以看出,胺类碱性的强弱与其结构有关,其基本规律如下:

① 脂肪胺的碱性比氨大

脂肪胺相对氨而言引入了烃基,由于烃基的给电子作用,使氨基氮上电子云更为集中,接受质子能力增强,碱性增大,所以脂肪胺的碱性都大于氨。

但如果仅限于此原因,胺的碱性顺序应为 $R_3N>R_2NH>RNH_2>NH_3$。实际上这样的碱性顺序在气相确实观察到了。但在水溶液中,除了烷基的给电子诱导效应以外,溶剂化效应亦在起作用。当胺与质子形成铵正离子后,该离子与水形成氢键的能力对其溶剂化的强弱起着重要作用。在铵正离子中,氮上的氢原子越多,与水形成氢键的能力越强,则稳定化作用越大,碱性越强,反之则碱性越弱。3种脂肪胺溶剂化作用的能力是伯胺>仲胺>叔胺。

上述2种影响碱性的因素,仲胺都处于居中的位置。2种因素共同作用的结果是:仲胺的碱性最强,而伯胺和叔胺次之。至于伯胺和叔胺的碱性孰强孰弱,规律性不强。例如,三甲胺的碱性比甲胺弱,而三乙胺的碱性比乙胺强。

② 芳香胺的碱性比氨小

水溶液中芳香胺的碱性比脂肪胺弱得多,且比氨还弱。这是由于芳香胺中氮上未共用电子对与苯环之间存在共轭作用,氮原子上电子云向苯环方向偏移,使氮原子周围电子云密度减小,接受质子的能力也随之减小,因而碱性减弱。同时苯环又占据较大的空间,阻止质子和氨基接近,故苯胺的碱性比氨弱得多,这和实际测定的 pK_b 大小顺序完全一致。

$$CH_3NH_2>NH_3>C_6H_5-NH_2$$

pK_b(25℃)　3.38　4.76　9.4

芳香胺的碱性强弱与氮原子所连的苯基(芳基)数目有关。

$$C_6H_5-NH_2>C_6H_5-NH-C_6H_5>(C_6H_5)_3N$$

pK_b(25℃)　9.4　13.8　近于中性

在苯胺中,若苯环上连有取代基,则此取代基团对碱性强弱也产生影响。这种影响是基团的电子效应和空间效应等综合作用的结果。常见取代苯胺的碱性见表14-4。

表14-4　常见取代苯胺的 pK_b

取代基	pK_b		
	邻	间	对
—H	9.4	9.4	9.4
$—NH_2$	9.52	9.00	7.85
—Cl	11.35	10.48	10.02
—Br	11.47	10.42	10.14
$—CH_3$	9.56	9.28	8.90
$—OCH_3$	9.48	9.77	8.66
$—NO_2$	14.26	11.53	13.00
—CN	13.05	11.25	12.26

从表 14-4 可以大体归纳出芳环上取代基对芳香胺碱性有如下影响：

绝大多数取代基(除羟基外)，无论是供电子基还是吸电子基，在氨基邻位时，碱性都比苯胺弱。这是由于取代基与氨基之间存在空间位阻及形成氢键等原因，使邻位的取代苯胺碱性降低更加明显。

给电子的基团(如甲基)使碱性增强，而吸电子的基团(如硝基)使碱性减弱，并且取代基的这种使碱性增强或减弱的影响，在对位比在间位较为明显。

例如，间硝基苯胺和对硝基苯胺的 pK_b 值分别为 11.53 及 13。

当吸电子的硝基处于氨基对位时，除了吸电子的 $-I$ 效应外，它的吸电子共轭作用可通过苯环中的 π 键传递到氨基氮原子，使氮原子上未共用电子对较多地移向苯环。而当硝基处于间位时，没有这种传递的可能，只表现吸电子的 $-I$ 效应。

当诱导效应和共轭作用方向不一致时，则要考虑其相对强弱和所在的位置。对于 —OH、—OCH_3、—NH_2、—NHR、—NR_2 等基团，当它们处于氨基对位时，所具有吸电子的诱导效应和给电子的共轭效应作用相反，但是共轭效应要强于诱导效应，因此碱性仍然增强。但是当它们处于氨基的间位时，共轭效应不能使氨基氮原子上的电子云密度增加，这时只有吸电子的诱导效应影响着芳香胺的碱性，因此碱性会减弱。对于卤素，它们处于氨基的对位时，也有吸电子的诱导效应和给电子的共轭效应，但是其共轭效应要弱于诱导效应，因此碱性会减弱，而卤素在间位时，只有吸电子诱导效应在起作用，所以碱性下降得更多。具体数值参见表 14-4。

胺具有碱性，可以与酸发生成盐反应。例如：

$$\underset{\text{苯胺}}{C_6H_5NH_2} + HCl \longrightarrow \underset{\text{氯化苯胺}}{C_6H_5NH_3^+Cl^-} \text{ 或 } \underset{\text{苯胺盐酸盐}}{C_6H_5NH_2 \cdot HCl}$$

铵盐一般都溶于水，与强碱作用又重新游离出原来的胺。因此，利用此性质可以分离或精制胺。

$$C_6H_5NH_3^+Cl^- + NaOH \longrightarrow C_6H_5NH_2 + NaCl + H_2O$$

制药工业上常利用铵盐溶解性较好，性质稳定，将难溶于水的胺类药物制成相应的盐。例如，局部麻醉药盐酸普鲁卡因(procaine hydrochloride)，其水溶液可用于肌肉注射。

$$\underset{\text{普鲁卡因}}{H_2N-C_6H_4-COOCH_2CH_2N(C_2H_5)_2} + HCl \longrightarrow \underset{\text{盐酸普鲁卡因}}{[H_2N-C_6H_4-COOCH_2CH_2\overset{+}{N}H(C_2H_5)_2]Cl^-}$$

2. 烃基化

胺分子中氮上有未共用电子对，作为亲核试剂，胺容易与卤代烃发生亲核取代反应，反应通常按 S_N2 机理进行，氨基上的氢被烷基取代，生成仲胺的盐。

$$R-\ddot{N}H_2 + R'-X \longrightarrow R-\underset{R'}{\underset{|}{N^+}}H_2X^- \xrightarrow{RNH_2} R-\underset{R'}{\underset{|}{N}}H + RNH_3^+X^-$$

仲胺的盐与未反应的伯胺之间迅速发生质子转移，释放出的仲胺可以继续烃化，生成叔胺的盐。以上反应重复进行，直到生成季铵盐。

$$R-\underset{R'}{\underset{|}{N}}H + R'-X \longrightarrow R-\overset{R'}{\overset{|}{\underset{R'}{\underset{|}{N}}}}H^+X^- \xrightarrow{RNH_2} R-\overset{R'}{\overset{|}{\underset{R'}{\underset{|}{N}}}} \xrightarrow{R'-X} R-\overset{R'}{\overset{|}{\underset{R'}{\underset{|}{N^+}}}}-R'\ X^-$$

在通常条件下,难以使反应停留在只生成仲胺或叔胺的一步,往往得到几种胺及其盐的混合物。若用过量的卤代烃,主要产物可为季铵盐。例如:

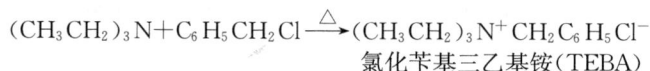

$$(CH_3CH_2)_3N + C_6H_5CH_2Cl \xrightarrow{\triangle} (CH_3CH_2)_3N^+CH_2C_6H_5Cl^-$$

氯化苄基三乙基铵(TEBA)

3. 酰化和磺酰化

伯胺、仲胺容易与酰氯和酸酐反应,生成 N-烃基酰胺或 N,N-二烃基酰胺。

$$C_6H_5-NH_2 + (CH_3CO)_2O \longrightarrow C_6H_5-NHCOCH_3 + CH_3COOH$$

乙酰苯胺

$$CH_3COCl + HN(C_2H_5)_2 \longrightarrow CH_3CON(C_2H_5)_2 + HCl$$

N,N-二乙基乙酰胺

以上反应可以看作胺分子中氮原子上的氢被酰基取代,所以称作胺的酰基化。产物是 N-取代酰胺。由于叔胺的氮原子上没有氢,所以叔胺一般难以被酰化。

绝大部分酰胺是具有一定熔点的固体,所以通过酰化反应可以从伯、仲、叔胺的混合物中分出叔胺,也可以将叔胺与伯胺、仲胺相区别。通过测定酰胺的熔点与已知的酰胺比较,可以作为胺的鉴定方法。

在有机合成中常将氨基酰化后再进行其他反应,最后在酸或碱的催化下水解除去酰基,这样可以保护氨基,避免发生副反应。例如,由苯胺制备对硝基苯胺,可先将氨基用酰基保护,既可避免苯胺被硝酸氧化,又可适当降低苯环的反应活性。

$$C_6H_5NH_2 \xrightarrow{(CH_3CO)_2O} C_6H_5NHCOCH_3 \xrightarrow[H_2SO_4]{HNO_3} p\text{-}O_2NC_6H_4NHCOCH_3 \xrightarrow[H^+]{H_2O} p\text{-}O_2NC_6H_4NH_2$$

磺酰氯和胺的反应与酰氯相似,伯胺或仲胺氮原子上的氢可以被磺酰基(RSO_2—)取代,生成磺酰胺。

伯胺磺酰化后生成的 N-烃基磺酰胺,其氮原子上还有 1 个氢原子,由于磺酰基极强的吸电子诱导效应,使得这个氢原子显酸性,能溶于氢氧化钠水溶液中:

$$RNH_2 + H_3C-C_6H_4-SO_2Cl \longrightarrow H_3C-C_6H_4-SO_2NHR \longrightarrow H_3C-C_6H_4-SO_2\bar{N}R\ Na^+$$

伯胺　　对甲苯磺酰氯　　N-烃基对甲苯磺酰胺

仲胺生成的 N,N-二烃基磺酰胺,氮原子上没有氢原子,所以不与氢氧化钠成盐,也就不溶于碱液中而呈固体析出。

$$R_2NH + H_3C-C_6H_4-SO_2Cl \longrightarrow H_3C-C_6H_4-SO_2NR_2$$

仲胺　　对甲苯磺酰氯　　N,N-二烃基对甲苯磺酰胺

叔胺的氮原子中没有可被磺酰基置换的氢,故不与磺酰氯起反应。

利用 3 种胺反应活性的不同,可以鉴别或分离伯、仲、叔胺,这个反应称作**兴斯堡反应(Hinsberg reaction)**。

4. 与亚硝酸反应

不同的胺与亚硝酸作用的产物不同。因亚硝酸不稳定,通常在反应中由亚硝酸钠与盐

酸或硫酸作用产生。

(1) 脂肪胺

脂肪伯胺与亚硝酸作用生成极不稳定的重氮盐，此重氮盐立即分解生成碳正离子并释放氮气。实际得到的是碳正离子发生取代、重排、消除等各种反应生成的醇、烯烃、卤烃等的混合物。

$$RNH_2 + NaNO_2 \xrightarrow{HCl} [RN_2^+ Cl^-] \longrightarrow R^+ + Cl^- + N_2 \uparrow$$

例如：

$$CH_3(CH_2)_3NH_2 \xrightarrow[H_2O,25℃]{NaNO_2,HCl} \underset{25\%}{CH_3(CH_2)_3OH} + \underset{13\%}{CH_3CH_2CHOHCH_3} + \underset{5\%}{CH_3(CH_2)_3Cl} +$$

$$\underset{3\%}{CH_3CH_2CHClCH_3} + \underset{26\%}{CH_3CH_2CH{=}CH_2} + \underset{3\%}{(H_3C)HC{=}CH(CH_3)\ (cis)} + \underset{7\%}{(H_3C)HC{=}CH(CH_3)\ (trans)}$$

由于产物复杂，在合成上没有实用价值。但是放出的氮气是定量的，因此可用于伯胺的定性与定量分析。

脂肪族仲胺与亚硝酸反应，生成 *N*-亚硝基化合物。例如：

$$(CH_3)_2NH + HCl + NaNO_2 \longrightarrow (CH_3)_2N{-}N{=}O$$

N-亚硝基二甲胺（黄色油状物）

N-亚硝基胺都是黄色物质，具有强烈的致癌作用。与稀酸共热则分解为原来的胺，因此可以利用这个反应分离或提纯仲胺。

脂肪叔胺与亚硝酸盐只能形成不稳定的盐。

$$R_3N + HNO_2 \longrightarrow R_3\overset{+}{N}HNO_2^-$$

(2) 芳香族胺

芳香族伯、仲和叔胺与亚硝酸的作用也各不相同。

芳香伯胺在过量强酸溶液中与亚硝酸在低温反应得到重氮盐，此反应称作**重氮化反应**(**diazotization**)。

$$C_6H_5{-}NH_2 \xrightarrow[0\sim5℃]{NaNO_2,HCl,H_2O} C_6H_5{-}\overset{+}{N}{\equiv}NCl^-$$

氯化重氮苯

芳香重氮盐比烷基重氮盐稳定，在水溶液中，0～5℃下可以保存一段时间，可用于多种芳香族化合物的合成，将在后面详细讨论。

芳香重氮盐与萘-2-酚反应得到颜色很深的偶联化合物，这是鉴别芳香一级胺的一个特征反应。

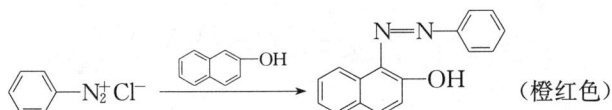

$$C_6H_5{-}N_2^+Cl^- \xrightarrow{\text{萘-2-酚 (}C_{10}H_7OH)} \text{1-(苯偶氮基)萘-2-酚}\ (C_6H_5{-}N{=}N{-}C_{10}H_6{-}OH)\quad(\text{橙红色})$$

芳香仲胺与亚硝酸作用,生成 N -亚硝基胺。例如:

$$\text{C}_6\text{H}_5\text{—NHCH}_3 \xrightarrow[10℃]{NaNO_2,HCl,H_2O} \text{C}_6\text{H}_5\text{—N(CH}_3\text{)—N═O}$$

N -甲基- N -亚硝基苯胺(黄色油状物)

芳香叔胺与亚硝酸反应,由于氨基对芳环的致活作用,使具有亲电的亚硝鎓离子可以进攻芳环,导致发生环上亲电性取代反应,生成对-亚硝基胺类化合物。若对位被占据,亚硝基则进入邻位。例如:

$$\text{C}_6\text{H}_5\text{—N(CH}_3)_2 \xrightarrow[8℃]{NaNO_2+HCl} (\text{CH}_3)_2\text{N—C}_6\text{H}_4\text{—N═O}$$

N,N -二甲基苯胺　　　　N,N -二甲基- 4 -亚硝基苯胺

N,N -二甲基- 4 -亚硝基苯胺在酸性条件下呈橘黄色,碱性条件下变为翠绿色。

利用芳香族伯、仲、叔胺与亚硝酸作用所得产物的不同,可以鉴别伯、仲、叔胺。

5. 氧化反应

脂肪胺在常温下比较稳定,不易被空气氧化,而芳香胺则极易被氧化,尤其是伯、仲芳胺置于空气中,常会变成黄色或红棕色,这表示已有氧化物产生,所以常用包裹黑纸的棕色瓶来贮存芳胺。芳胺的氧化过程较复杂,而且随着氧化的进行,还同时有聚合、水解等反应发生,产物也很难用一种单纯的物质来表示。

苯胺用二氧化锰和硫酸氧化,主要产物为对苯醌。

$$\text{C}_6\text{H}_5\text{—NH}_2 \xrightarrow{MnO_2+H_2SO_4} \text{O═C}_6\text{H}_4\text{═O}$$

对苯醌

芳香族胺的一个重要用途是用作抗氧化剂,这主要是利用它和过氧化物的自由基反应而将自由基捕捉,从根本上终止链反应。

芳胺的盐较难氧化,故有时将芳胺以盐的形式储存。

6. 芳香胺芳环上的取代反应

氨基是使苯环致活的基团,所以苯胺很容易进行芳香亲电性取代反应。

(1) 卤代

苯胺的氯代和溴代反应很容易进行,迅速生成多氯或多溴代物。例如,苯胺与溴水作用,立即得到 2,4,6 -三溴苯胺白色沉淀,而得不到一溴代产物。

$$\text{C}_6\text{H}_5\text{NH}_2 \xrightarrow{Br_2+H_2O} \text{2,4,6-Br}_3\text{C}_6\text{H}_2\text{NH}_2\downarrow(白色)$$

此反应定量完成,可用于苯胺的定性和定量分析。其他芳胺也可发生类似反应。例如:

$$\text{3-H}_2\text{NC}_6\text{H}_4\text{COOH} \xrightarrow[HCl水溶液,40\sim50℃]{Br_2} \text{2,4,6-Br}_3\text{-3-H}_2\text{NC}_6\text{HCOOH}$$

因此，如欲从苯胺制备一溴代苯胺，需先将苯胺转化为乙酰苯胺以降低氨基的致活作用，再进行溴代，然后水解除去酰基。

$$C_6H_5NH_2 \xrightarrow{CH_3COCl} C_6H_5NHCOCH_3 \xrightarrow{Br_2} p\text{-}BrC_6H_4NHCOCH_3 \xrightarrow[H^+\text{或}OH^-]{H_2O} p\text{-}BrC_6H_4NH_2$$

（2）硝化

芳香族伯胺容易被氧化，不能直接用硝酸硝化。氨基用酰基保护后，硝化可以顺利进行。

$$p\text{-}(CH_3)_2CHC_6H_4NH_2 \xrightarrow{(CH_3CO)_2O} p\text{-}(CH_3)_2CHC_6H_4NHCOCH_3 \xrightarrow[20℃]{HNO_3} \text{2-硝基-4-异丙基乙酰苯胺} \xrightarrow[\triangle]{KOH,EtOH} \text{2-硝基-4-异丙基苯胺}$$

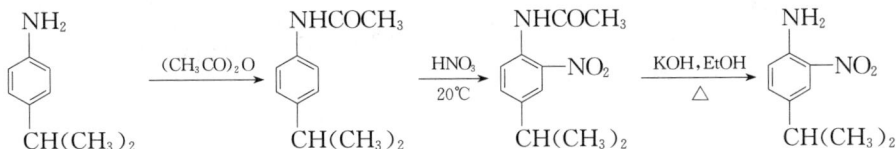

欲制得间位取代产物，则必须将苯胺溶解在浓 H_2SO_4 中成盐，然后再硝化。因为 —NH_2 已成了带正电的第二类定位基，使芳环钝化，同时也可防止苯胺被氧化。

$$C_6H_5NH_2 \xrightarrow{\text{浓}H_2SO_4} C_6H_5\overset{+}{N}H_3HSO_4^- \xrightarrow{HNO_3} m\text{-}O_2NC_6H_4\overset{+}{N}H_3HSO_4^- \xrightarrow{OH^-} m\text{-}O_2NC_6H_4NH_2$$

（3）磺化和氯磺化

首先将硫酸和苯胺按 1 ∶ 1 混合得到相应的盐，再于 180℃烘焙，加热脱水得到苯胺基磺酸，然后发生重排得到对氨基苯磺酸。

$$C_6H_5NH_2 \xrightarrow{H_2SO_4} C_6H_5\overset{+}{N}H_3HSO_4^- \xrightarrow{180℃} C_6H_5NHSO_3H \xrightarrow{\text{重排}} p\text{-}H_2NC_6H_4SO_3H$$

对氨基苯磺酸分子中既有碱性的氨基，又有酸性的磺酸基，所以分子内可以成盐（称内盐），故熔点较高，约在 280～300℃分解，微溶于冷水，较易溶于热水，不溶于有机溶剂。

对氨基苯磺酸的酰胺是最简单的磺胺药物，其合成过程如下：

$$C_6H_5NHCOCH_3 \xrightarrow{Cl—SO_3H} p\text{-}CH_3CONHC_6H_4SO_2Cl \xrightarrow{NH_3} p\text{-}CH_3CONHC_6H_4SO_2NH_2 \xrightarrow[H^+\text{或}^-OH]{H_2O} p\text{-}H_2NC_6H_4SO_2NH_2$$

其中，乙酰苯胺与氯磺酸反应，生成对乙酰氨基苯磺酰氯，此反应称**氯磺化反应**。

在氨解反应时，若以其他氨基化合物（如 2-氨基嘧啶等）代替氨，可得各种磺胺类药物（如磺胺嘧啶等）。目前磺胺主要用作合成其他药物的原料，临床上仅作为外用消炎药。

7. 烯胺及其在合成中的应用

在醛酮一章中已提到，仲胺与醛、酮发生加成-消除反应，生成烯胺。

$$—\underset{H}{\overset{|}{C}}—\overset{|}{C}=O + R_2NH \longrightarrow —\overset{|}{C}=\overset{|}{C}—NR_2$$

烯胺在有机合成上很有用处,可用来制备烯胺的仲胺常为环状化合物。例如:

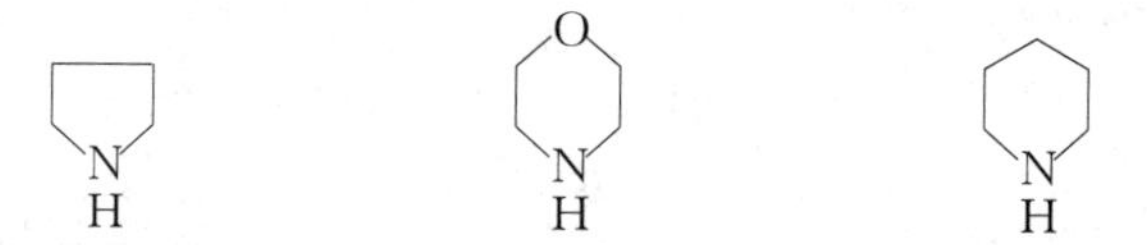

四氢吡咯　　吗啉　　六氢吡啶

例如,环己酮与四氢吡咯在对甲苯磺酸催化下反应,用苯共沸除水,生成烯胺。其反应式如下:

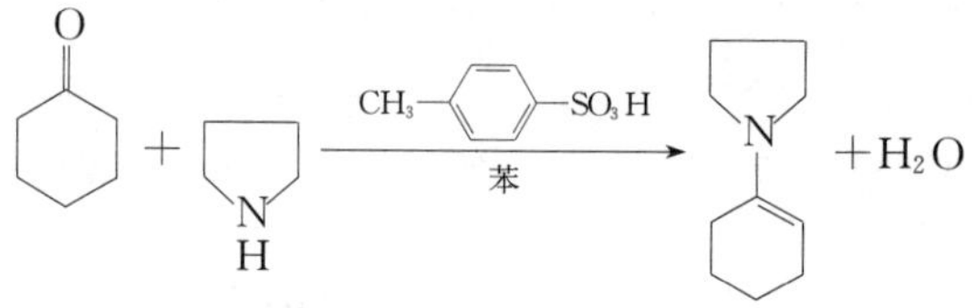

$$\text{环己酮} + \text{四氢吡咯} \xrightarrow[\text{苯}]{CH_3-C_6H_4-SO_3H} \text{1-(1-环己烯基)四氢吡咯} + H_2O$$

烯胺的结构可用共振式表示如下:

$$>C=C-\ddot{N}- \longleftrightarrow >\overset{-}{C}-C=\overset{+}{N}-$$

因此,烯胺分子中有 2 个可以反应的位置,一个是碳,另一个是氮,带部分负电荷的 β-碳原子显亲核性。

烯胺与卤代烃发生亲核性取代反应生成亚胺正离子,然后水解生成 α-烃基醛或酮。醛、酮的 α-烃基化可通过此反应实现,这一反应在合成中有一定应用价值。

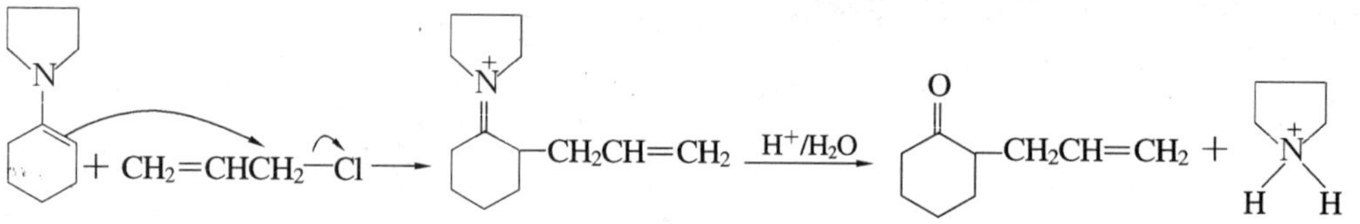

$$\text{烯胺} + CH_2=CHCH_2-Cl \longrightarrow \text{亚胺正离子}-CH_2CH=CH_2 \xrightarrow{H^+/H_2O} \text{2-烯丙基环己酮}-CH_2CH=CH_2 + \text{四氢吡咯鎓}$$

应注意的是,只有 CH_3I、$BrCH_2COR$、$BrCH_2COOC_2H_5$、$CH_2=CHCH_2Cl$ 等活泼卤代烃与烯胺作用才可得到较好收率的产物。

还可以利用酰氯在烯胺碳上进行酰基化,最后经水解后得到 1,3-二酮。例如:

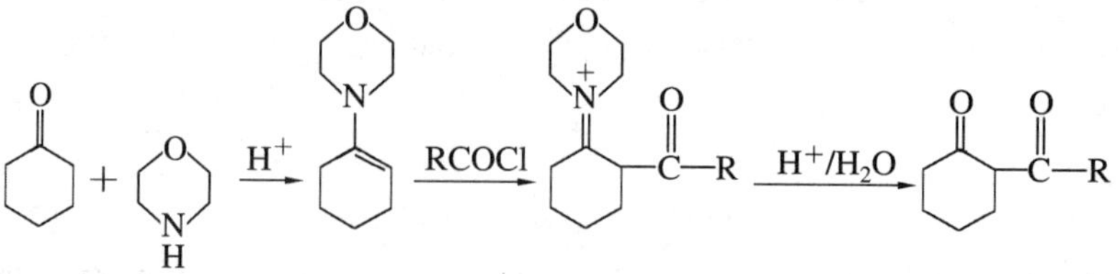

$$\text{环己酮} + \text{吗啉} \xrightarrow{H^+} \text{烯胺} \xrightarrow{RCOCl} \text{亚胺正离子}-\overset{O}{\overset{\|}{C}}-R \xrightarrow{H^+/H_2O} \text{2-酰基环己酮}-\overset{O}{\overset{\|}{C}}-R$$

烯胺还可以与含活性烯键的化合物发生麦克尔加成反应。

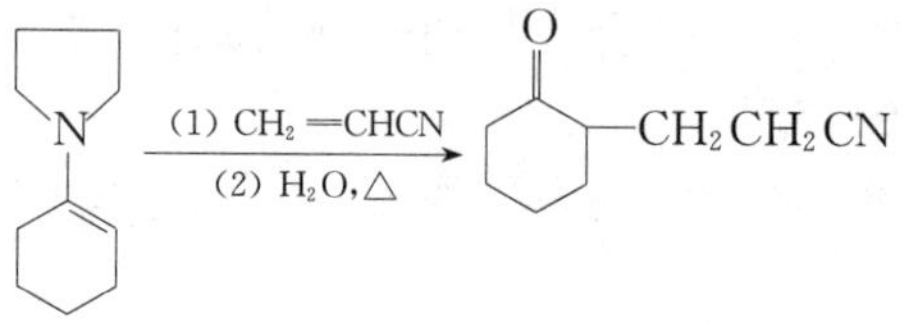

$$\text{1-(1-环己烯基)四氢吡咯} \xrightarrow[(2)\ H_2O,\triangle]{(1)\ CH_2=CHCN} \text{环己酮}-CH_2CH_2CN$$

80%

14.2.5　胺的制备

1. 卤代烃的氨解

胺的烷基化即卤代烃的氨解是一类通过亲核取代反应来制备胺的方法。因为该类反应中生成的胺仍是好的亲核试剂，可继续反应生成第二（仲）、第三（叔）胺，反应结果得到伯、仲、叔胺及季铵盐的混合物。如果是较小的烃基，它们的沸点相近，很难将它们一一分离；如果是较大的烃基，可以通过蒸馏和重结晶的方法将产物分离。通常用过量的氨可以使伯胺为主要产物。

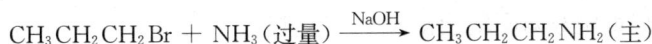

$$CH_3CH_2CH_2Br + NH_3(\text{过量}) \xrightarrow{NaOH} CH_3CH_2CH_2NH_2(\text{主})$$

卤代芳烃由于卤原子不活泼，故与氨的反应一般要在剧烈条件下方可进行，例如：

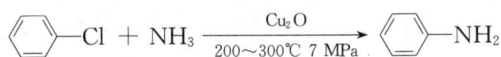

$$C_6H_5\text{—}Cl + NH_3 \xrightarrow[200\sim300^{\circ}C\ 7\ MPa]{Cu_2O} C_6H_5\text{—}NH_2$$

在芳环上引入硝基会致活芳环上的卤原子。例如：

$$\text{2,4-}(NO_2)_2C_6H_3Cl + NH_3 \longrightarrow \text{2,4-}(NO_2)_2C_6H_3NH_2$$

2. 硝基化合物的还原

硝基化合物还原是制备芳香伯胺的常用方法，芳香胺又可发生一系列反应转为其他化合物，因此芳香胺的制备特别重要。硝基化合物可以在酸性溶液中用化学还原剂还原，或用催化氢化的方法转变为伯胺。反应条件的选择决定于分子中其他原子团的性质。具体反应与实例参见 14.1.4。

3. 腈和酰胺的还原

腈含有不饱和的官能团氰基，可以被催化加氢或被四氢铝锂还原得到伯胺。腈很容易由卤代烃制备，所以这是由卤代烃制备增加一个碳的胺的方法。

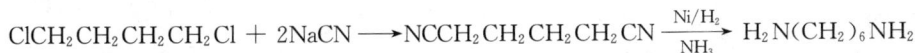

$$ClCH_2CH_2CH_2CH_2Cl + 2NaCN \longrightarrow NCCH_2CH_2CH_2CH_2CN \xrightarrow[NH_3]{Ni/H_2} H_2N(CH_2)_6NH_2$$

酰胺和氢化铝锂在无水乙醚等溶剂中一起回流，可获得较高产率的胺。从酰胺、N-烃基酰胺和 N,N-二烃基酰胺分别得到伯胺、仲胺和叔胺。例如：

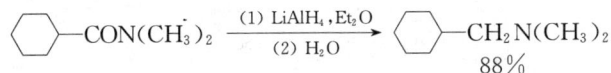

$$C_6H_{11}\text{—}CON(CH_3)_2 \xrightarrow[(2)\ H_2O]{(1)\ LiAlH_4,\ Et_2O} C_6H_{11}\text{—}CH_2N(CH_3)_2\quad 88\%$$

4. 盖布瑞尔合成

由卤代烃直接氨解制备伯胺时常常会伴随仲胺、叔胺的生成。盖布瑞尔提供了一个由卤代烃制备纯净伯胺的方法。邻苯二甲酰亚胺的钾盐与卤代烷发生亲核性取代反应，生成 N-烃基邻苯二甲酰亚胺，后者在酸性或碱性条件下水解，即得到伯胺，该法称**盖布瑞尔合成**（Gabriel synthesis）。

$$\text{邻苯二甲酰亚胺(NH)} \xrightarrow{KOH} \text{邻苯二甲酰亚胺}N^- K^+ \xrightarrow{R-X} \text{邻苯二甲酰亚胺}N-R + KX$$

$$\text{N-烃基邻苯二甲酰亚胺(NR)} + 2NaOH \xrightarrow{H_2O} C_6H_4(COONa)_2 + RNH_2$$

有些情况下水解很困难,可以用水合肼进行肼解。

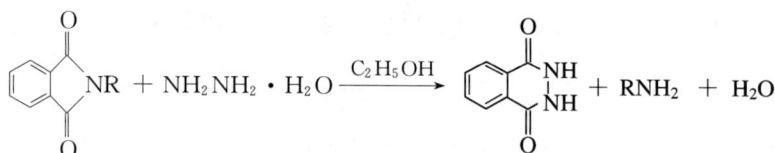

$$\text{N-烃基邻苯二甲酰亚胺(NR)} + NH_2NH_2 \cdot H_2O \xrightarrow{C_2H_5OH} \text{邻苯二甲酰肼(NH—NH)} + RNH_2 + H_2O$$

例如:

$$\text{邻苯二甲酰亚胺(NH)} \xrightarrow[C_6H_5CH_2Cl,DMF]{(1)\ K_2CO_3} \text{邻苯二甲酰亚胺}NCH_2C_6H_5 \xrightarrow[EtOH]{NH_2NH_2} C_6H_5CH_2NH_2$$

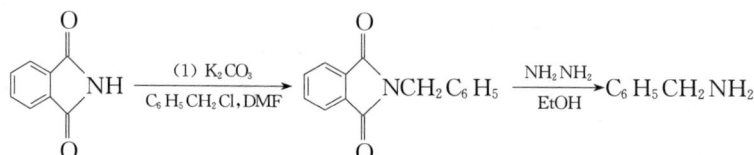

5. 还原氨化

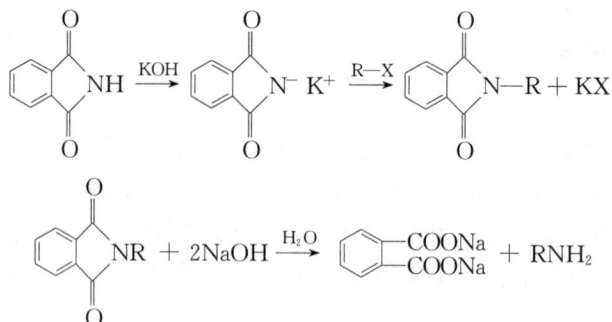

醛、酮在氨存在下氢化生成胺的反应称作**还原氨化(reductive amination)**。该反应中间体为亚胺,如存在还原剂,立即还原为相应的胺。

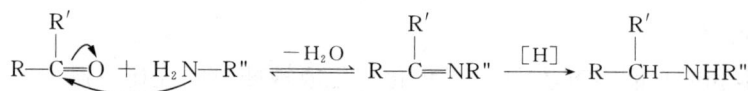

$$R-\overset{R'}{\overset{|}{C}}=O + H_2N-R'' \xrightleftharpoons{-H_2O} R-\overset{R'}{\overset{|}{C}}=NR'' \xrightarrow{[H]} R-\overset{R'}{\overset{|}{C}H}-NHR''$$

为了获得伯胺,反应中一般采用过量的氨,以防止羰基化合物与生成的伯胺反应继而被还原为仲胺。

还原氨化反应一步完成,操作方便,收率较高,而且可满意地得到由卤代烃直接氨解不易得到的仲碳第一胺。例如,由环己醇转变来的溴代环己烷,若直接与氨作用,主要产物是环己烯:

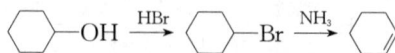

$$C_6H_{11}-OH \xrightarrow{HBr} C_6H_{11}-Br \xrightarrow{NH_3} \text{环己烯}$$

为了将环己醇转变成环己胺,可先将环己醇转变成环己酮,然后再还原氨化。

$$C_6H_{11}-OH \xrightarrow[H^+]{K_2Cr_2O_7} C_6H_{10}=O \xrightarrow[H_2,Ni]{NH_3} C_6H_{11}-NH_2$$

当用伯胺代替氨进行反应时,可用于制备仲胺。例如:

$$C_6H_5-CHO + H_2N-C_6H_5 \xrightarrow[H_2,Ni]{NH_3} C_6H_5-CH_2-NH-C_6H_5$$

6. 霍夫曼重排

氮上无取代的酰胺经霍夫曼降解反应生成伯胺，可用通式表示如下：

$$RCONH_2 + OH^- + Br_2 \longrightarrow RNH_2 + CO_3^{2-} + Br^-$$

此法可制备比原酰胺少一个碳原子的伯胺，详见 13.4.4。

14.2.6　季铵盐和季铵碱

1. 季铵盐和季胺碱

将叔胺与卤代烷加热，形成季铵盐。例如：

$$C_6H_5CH_2Cl + (CH_3)_3N \xrightarrow{\triangle} C_6H_5CH_2\overset{+}{N}(CH_3)_3Cl^-$$

氯化苄基三甲基铵

季铵盐为离子型化合物，为白色结晶固体，具有盐的性质，易溶于水，不溶于非极性有机溶剂，熔点高，常在熔融时分解，分解产物为叔胺和卤代烷。

$$[R_4N]^+X^- \xrightarrow{\triangle} R_3N + RX$$

含长链烷基的季铵盐主要用途是作表面活性剂及相转移催化剂(见 10.6)，亦可作矿物的浮选剂、消毒剂等。

例如，用高锰酸钾氧化烯烃成邻二醇的反应，因烯烃在高锰酸钾水溶液中不易溶解，产率较低(如下列反应收率仅为 7%)。如果加少量相转移催化剂，反应很快进行，产率提高到 50%。

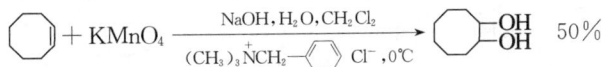

$$\text{环辛烯} + KMnO_4 \xrightarrow[(CH_3)_3\overset{+}{N}CH_2-C_6H_5\ Cl^-,\ 0℃]{NaOH,\ H_2O,\ CH_2Cl_2} \text{环辛-1,2-二醇}\ (-OH,\ -OH)\quad 50\%$$

季铵盐在强碱(KOH、NaOH)作用下产生季铵碱，但此反应为可逆的，与季铵盐平衡共存。

$$R_4\overset{+}{N}I^- + KOH \rightleftharpoons R_4\overset{+}{N}OH^- + KI$$

季铵碱

常用湿的氧化银代替氢氧化钾，生成卤化银沉淀使平衡向右移动，可获得较纯的季铵碱。例如：

$$2[(CH_3)_4N]^+I^- + Ag_2O \xrightarrow{H_2O} 2[(CH_3)_4N]^+OH^- + 2AgI\downarrow$$

季铵碱是强有机碱，其碱性强度相当于氢氧化钠或氢氧化钾。它能吸收空气中的二氧化碳，易潮解，易溶于水，与酸发生中和作用形成季铵盐。

2. 霍夫曼消除反应

(1) 彻底甲基化和霍夫曼消除反应

胺与足量碘甲烷反应生成季铵盐，用氢氧化银处理得到季铵碱，季铵碱加热脱去 β-H 和胺，生成烯烃。反应第一步为胺的彻底甲基化，后一步为季铵碱的消除反应，亦称**霍夫曼消除(Hofmann elimination)**。

$$RCH_2CH_2NH_2 + CH_3I \longrightarrow RCH_2CH_2\overset{+}{N}(CH_3)_3I^- \xrightarrow{AgOH}$$

$$RCH_2CH_2\overset{+}{N}(CH_3)_3OH^- \longrightarrow RCH{=}CH_2 + N(CH_3)_3 + H_2O$$

霍夫曼消除反应是E2机理，反应通过氢氧根负离子进攻β-H，叔胺分子作为离去基团，同时在α和β碳原子之间生成双键。

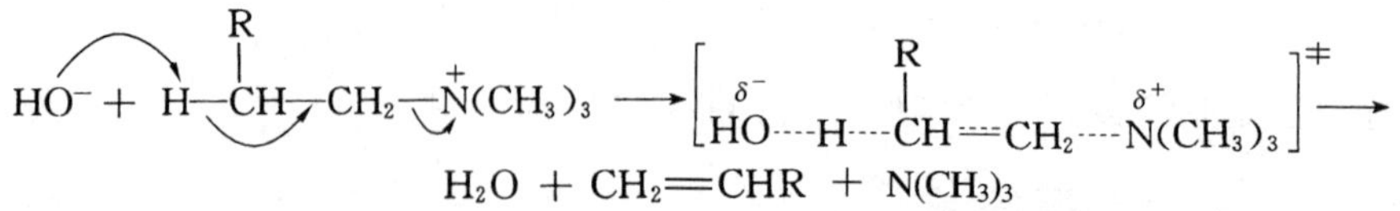

$$HO^- + H-\underset{\displaystyle R}{\overset{}{C}}H-CH_2-\overset{+}{N}(CH_3)_3 \longrightarrow \left[\overset{\delta^-}{HO}\cdots H\cdots \underset{}{\overset{R}{C}}H \overset{\cdots}{=} CH_2\cdots\overset{\delta^+}{N}(CH_3)_3\right]^{\ddagger} \longrightarrow H_2O + CH_2{=}CHR + N(CH_3)_3$$

(2) 反应的区域选择性

当季铵碱分子中2个或2个以上位置有不同的β-H时，通过消除可能生成几种烯烃。

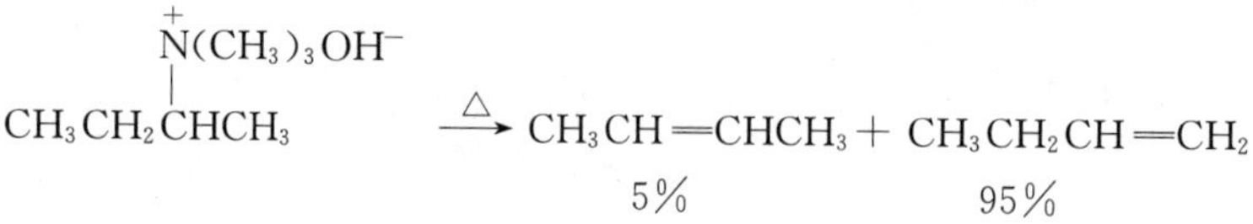

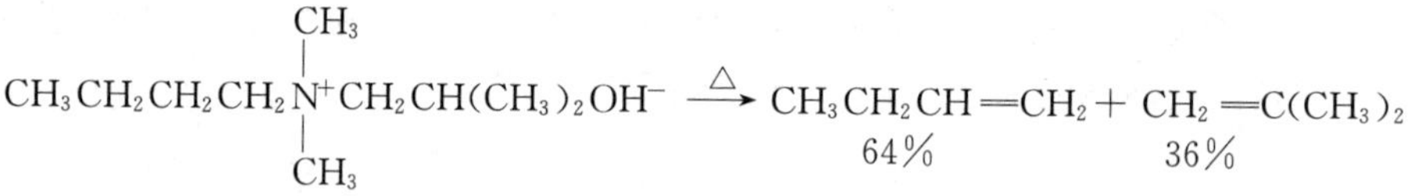

$$CH_3CH_2\underset{}{C}HCH_3\ (\overset{+}{N}(CH_3)_3OH^-) \xrightarrow{\triangle} \underset{5\%}{CH_3CH{=}CHCH_3} + \underset{95\%}{CH_3CH_2CH{=}CH_2}$$

$$CH_3CH_2CH_2CH_2\overset{CH_3}{\underset{CH_3}{N^+}}CH_2CH(CH_3)_2OH^- \xrightarrow{\triangle} \underset{64\%}{CH_3CH_2CH{=}CH_2} + \underset{36\%}{CH_2{=}C(CH_3)_2}$$

实验证明，季铵碱加热常消去含氢较多的β-C上的氢，这一经验规律称作**霍夫曼消除规律**，正好与卤代烃消除的查依采夫消除规律相反。

影响β-H消除反应的因素中，起主要作用的是β-H的酸性。如果β碳上连有供电子的烷基时，β-H的酸性降低，同时空间位阻也增大，不易受到碱的进攻，就不容易被消除。故主要产物符合霍夫曼消除规则。

如β-碳原子上有芳基、羰基、乙烯基等基团时，主要产物常常为共轭烯烃。

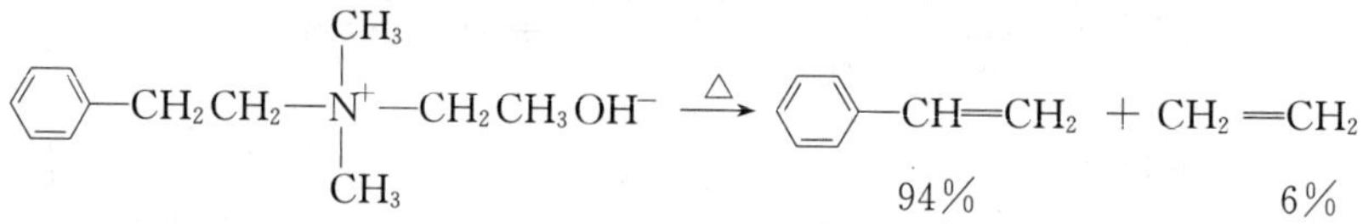

$$C_6H_5-CH_2CH_2-\overset{CH_3}{\underset{CH_3}{N^+}}-CH_2CH_3OH^- \xrightarrow{\triangle} \underset{94\%}{C_6H_5-CH{=}CH_2} + \underset{6\%}{CH_2{=}CH_2}$$

(3) 反应的立体选择性

季铵碱消去既然是E2机理，它的立体化学应为反式共平面消除。在反应的过渡态中，H—C—C—N在同一平面内，并且H和N处于反位。如以下化合物消除主要得到反式烯烃。

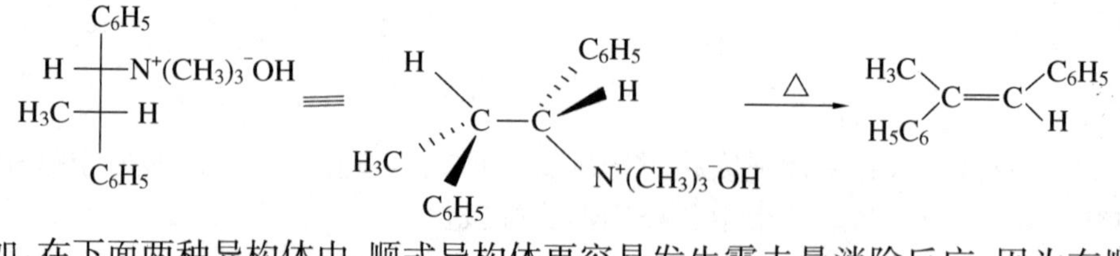

C_6H_5; H—C—$N^+(CH_3)_3{}^-OH$; H_3C—C—H; C_6H_5 ≡ (H, H_3C, C_6H_5)C—C(C_6H_5, H, $N^+(CH_3)_3{}^-OH$) $\xrightarrow{\triangle}$ $(H_3C)(H_5C_6)C{=}C(C_6H_5)(H)$

又如，在下面两种异构体中，顺式异构体更容易发生霍夫曼消除反应，因为在顺式异构体中有2个与$N^+(CH_3)_3$处于反式共平面的β-H。

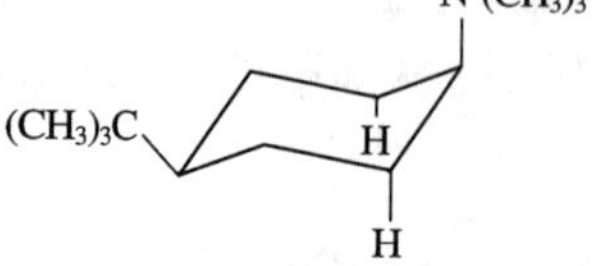

$(CH_3)_3C$, $N^+(CH_3)_3$, H, H

顺-4-叔丁基-*N*,*N*,*N*-三甲基环己-1-铵

$(CH_3)_3C$, H, $N^+(CH_3)_3$, H

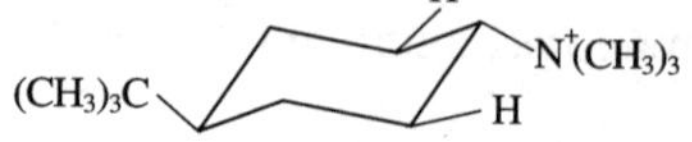

反-4-叔丁基-*N*,*N*,*N*-三甲基环己-1-铵

(4) 霍夫曼消除规则在推测有机化合物结构中的应用

霍夫曼消除常可用于胺的结构测定，特别是生物碱结构的测定。一个未知结构的胺，用足量的碘甲烷处理，生成季铵盐，可从碘甲烷的消耗量判断为哪一级胺。然后用湿氧化银处理，得季铵碱，继而加热分解，从生成烯烃的结构可倒推原来胺的结构。

例如，某胺分子式为 $C_8H_{11}N$，用碘甲烷处理后得到分子式为 $C_{10}H_{16}NI$ 的固体，再用氢氧化银处理并加热得到 2 种化合物，经分析得知是乙烯和 N,N-二甲基苯胺。这个胺的结构是怎样的呢？通过季铵盐分子式和原胺分子式比较，不难看出增加甲基的个数为 2，原胺一定为第二胺。经一次消除就产生了不再进行消除的胺(N,N-二甲基苯胺)，说明是只有一种 β-氢的烃基，而产物乙烯则明确指出这个含 β-氢的烃基为乙基。那么这个胺的结构应为 N-乙基苯胺。反应式如下：

$$C_6H_5-NHCH_2CH_3 \xrightarrow{2CH_3I} C_6H_5-\overset{CH_3}{\underset{CH_3}{N^+}}CH_2CH_3\,I^- \xrightarrow[\text{②}\triangle]{\text{①}AgOH} C_6H_5-N(CH_3)_2 + CH_2=CH_2$$

14.3 重氮化合物和偶氮化合物

重氮化合物(diazo compound)是指烃基与重氮基($-\overset{+}{N}\equiv N$)相连构成的化合物，通式为 $R\overset{+}{N}\equiv N$；**偶氮化合物**(azo compound)是指偶氮基($-N=N-$)的两端都与烃基相连构成的化合物，通式为 $R-N=N-R$。

14.3.1 命名

一些重氮化合物和偶氮化合物的名称如下：

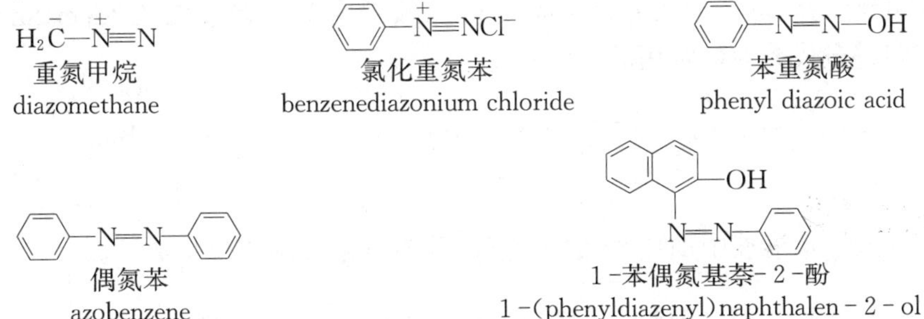

14.3.2 重氮盐的反应

芳香一级胺可与亚硝酸在低温(0～5℃)和强酸水溶液中作用生成重氮盐。

重氮盐在强酸中为一透明液体(若将其分离则为固体)，在中性或碱性介质中不稳定，高温、见光、受热、振动都会使之发生爆炸。在低温下可保存几小时，幸运的是，重氮盐可以不加分离直接应用。在 pH 为 5～9 范围内重氮盐与偶氮物之间存在平衡：

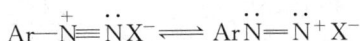

$$Ar-\overset{+}{N}\equiv\ddot{N}X^- \rightleftharpoons Ar\ddot{N}=\ddot{N}^+X^-$$

因此，重氮化反应必须在低温并在强酸条件下进行。在反应中加酸的量多于 2 mol，其中1 mol 用于生成亚硝酸，1 mol 参加成盐，多余的部分提供稳定重氮盐的酸性环境。

重氮盐非常活泼，可发生许多化学反应。可根据是否放出氮气而将其参与的反应分为两大类：放出氮气的称为取代反应，不放出氮气的称为偶合反应。

1. 芳香族重氮盐的取代反应

(1) 被卤素或氰基取代

重氮盐和氯化亚铜、溴化亚铜或氰化亚铜作用生成相应的氯代、溴代或氰代芳烃。该反应称作**桑德迈尔反应(Sandmeyer reaction)**。

$$ArN_2^+X^- \xrightarrow{CuX} ArX + N_2 (X=Cl,Br)$$

$$ArN_2^+X^- \xrightarrow[KCN]{CuCN} ArCN + N_2$$

例如：

$$\text{邻甲基苯胺} \xrightarrow[H_2O,0\sim5℃]{HCl,NaNO_2} \text{邻甲基苯重氮盐}(N_2^+Cl^-) \xrightarrow[15\sim16℃]{CuCl} \text{邻氯甲苯} + N_2$$

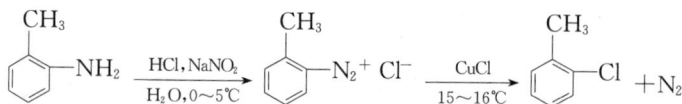

盖特曼(Gatterman)改用铜粉代替 CuX(不稳定，易分解)作催化剂，使重氮盐发生卤代反应，称此反应为**盖特曼反应(Gatterman reaction)**。操作简便，但收率较低。

值得注意的是，在制备卤代芳烃时要用相同的氢卤酸制备重氮盐，否则将得到混合的卤代芳烃。

重氮盐与 KI 直接作用得到碘代芳烃。该方法操作简单，产率高，是制备碘代芳香族化合物的一个好方法。

$$ArN_2^+X^- + KI \xrightarrow{\triangle} ArI + N_2 + KX$$

重氮基亦能被氟取代，但是它的取代方法和其他的卤素不同，需先和氟硼酸反应，生成溶解较小的氟硼酸盐，然后加热分解生成氟苯，该反应称为**席曼反应(Schiemann reaction)**。它是由芳胺制备氟代芳烃最常用的方法。

$$C_6H_5\overset{+}{N}_2Cl^- \xrightarrow{HBF_4} C_6H_5\overset{+}{N}\equiv NBF_4^- \xrightarrow{\triangle} C_6H_5F + N_2 + BF_3$$

(2) 被羟基取代

重氮盐在酸性水溶液中加热时，放出氮气，重氮基被羟基取代生成酚。

$$ArN_2^+HSO_4^- + H_2O \xrightarrow[\triangle]{H^+} ArOH + N_2 + H_2SO_4$$

重氮盐加热分解产生的芳基正离子不仅可和水反应，也可和溶液中其他亲核性试剂反应。为了减少其他亲核性试剂的干扰，水解反应应在硫酸中进行，因为 HSO_4^- 的亲核性比水分子弱，不会与水竞争芳基碳正离子。重氮化完毕后加热即得酚，过量的亚硝酸用尿素除去。

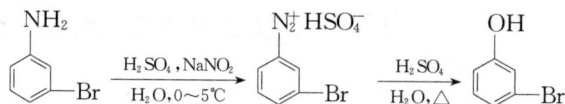

$$\text{间溴苯胺}(NH_2) \xrightarrow[H_2O,0\sim5℃]{H_2SO_4,NaNO_2} \text{间溴苯重氮盐}(N_2^+HSO_4^-) \xrightarrow[H_2O,\triangle]{H_2SO_4} \text{间溴苯酚}(OH)$$

(3) 被氢取代

重氮盐与次磷酸水溶液或在乙醇中反应，重氮基被氢取代。

$$ArN_2^+X^- \xrightarrow[H_2O]{H_3PO_2} ArH + N_2$$

这个反应在合成某些芳香化合物上十分有用，利用它可以去掉芳环上的硝基和氨基。

苯环上的氨基是活化苯环的邻、对位定位基，有利于芳环上的各种亲电取代反应。氨基又可通过形成重氮盐而转变成其他基团。这样的一系列反应在芳香化合物的合成中是很有意义的。

例如，欲由苯制备 1-溴-3-氯苯。因卤素是邻对位定位基，不能通过一卤代苯卤代合成，而通过重氮盐的方法能得到满意结果。

$$C_6H_6 \xrightarrow[H_2SO_4]{HNO_3} C_6H_5NO_2 \xrightarrow[Fe]{Cl_2} m\text{-}ClC_6H_4NO_2 \xrightarrow{Fe/HCl} m\text{-}ClC_6H_4NH_2 \xrightarrow[HBr,0\sim5℃]{NaNO_2} m\text{-}ClC_6H_4\overset{+}{N}_2Br^- \xrightarrow[H^+]{CuBr} m\text{-}ClC_6H_4Br$$

再如，欲由甲苯合成间硝基甲苯。若用甲苯直接硝化，得不到目的物，因为甲基是邻、对位定位基。但采用重氮盐的方法，通过一系列的反应则可成功地合成间硝基甲苯。

$$C_6H_5CH_3 \xrightarrow[H_2SO_4]{HNO_3} p\text{-}CH_3C_6H_4NO_2 \xrightarrow{Fe/HCl} \xrightarrow{CH_3COCl} p\text{-}CH_3C_6H_4NHCOCH_3 \xrightarrow[H_2SO_4]{HNO_3} \text{4-}CH_3\text{-2-}NO_2C_6H_3NHCOCH_3 \xrightarrow{H_2O/OH^-}$$

$$\text{4-}CH_3\text{-2-}NO_2C_6H_3NH_2 \xrightarrow[HCl]{NaNO_2} \text{4-}CH_3\text{-2-}NO_2C_6H_3\overset{+}{N}_2Cl^- \xrightarrow[H_2O]{H_3PO_2} m\text{-}CH_3C_6H_4NO_2$$

2. 偶合反应

重氮盐正离子是弱的亲电试剂，在一定 pH 条件下可以与酚、芳胺等活泼的芳香化合物进行芳环上的亲电取代反应，生成偶氮化合物，这个反应称作**偶合(联)反应(coupling reaction)**。例如：

$$C_6H_5N_2^+X^- + C_6H_5OH \xrightarrow[pH=8\sim10]{弱碱} C_6H_5\text{—N=N—}C_6H_4\text{—OH}$$

4-苯偶氮基苯酚

$$C_6H_5N_2^+X^- + C_6H_5N(CH_3)_2 \xrightarrow[pH=5\sim7]{弱酸} C_6H_5\text{—N=N—}C_6H_4\text{—}N(CH_3)_2$$

N,*N*-二甲基-4-苯偶氮基苯胺

因重氮盐正离子是弱的亲核性试剂，因此与之偶合的化合物芳环上必须有活化基团才容易进行。一般情况下偶合发生在活化基团对位，若对位被占据则偶合在邻位。

下列化合物中箭头所指为偶合位置。

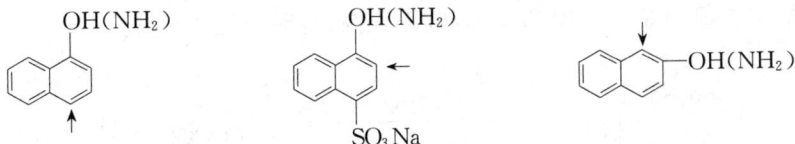

1-萘酚(1-萘胺)：OH(NH$_2$) 在 1 位，箭头指向 4 位；4-磺酸钠-1-萘酚(胺)：OH(NH$_2$) 在 1 位，SO_3Na 在 4 位，箭头指向 2 位；2-萘酚(2-萘胺)：OH(NH$_2$) 在 2 位，箭头指向 1 位。

重氮盐与芳香伯胺或仲胺反应时，首先在胺的氮原子上发生取代，生成偶氮氨基化合物，然后在酸性条件下重排成环上取代物。例如：

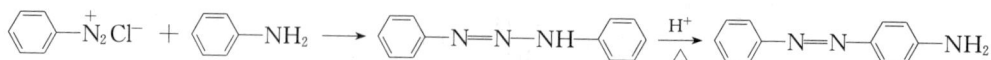

$$C_6H_5\overset{+}{N_2}Cl^- + C_6H_5-NH_2 \longrightarrow C_6H_5-N=N-NH-C_6H_5 \xrightarrow[\triangle]{H^+} C_6H_5-N=N-C_6H_4-NH_2$$

偶合介质十分重要，一般重氮盐与酚偶合反应时是在弱碱介质中(pH＝ 8～10)进行，这是因为此时酚以酚氧负离子形式存在，而氧负离子由于共轭作用使原羟基的邻、对位电子云密度更大，有利于酚与亲电试剂重氮盐正离子发生偶合反应。而重氮盐与芳胺偶合反应时，需在弱酸性介质中进行，这是为防止偶合在氮上的副产物生成。在强酸性介质中偶合反应不会发生，因为酸性太强，会形成铵盐而降低芳胺的浓度，使偶合反应减弱或中止，所以选取 pH 为 5～7 的环境。

重氮盐与酚、芳胺的偶合反应是合成偶氮染料的基础。偶氮染料是最大的一类化学合成染料，有几千种化合物，其中包括含有 1 个或几个偶氮基(—N ═N—)的化合物，由于芳环通过偶氮基相连形成大的共轭体系，π 电子有较大的离域范围，可吸收可见光中的一定波长的光，因而有颜色，该类染料中均含有—N ═N—发色团和$—SO_3Na$、—OH、$—NH_2$ 等助色团。如早期的染料刚果红(Congo-red)就是通过此类偶合反应来制备的。

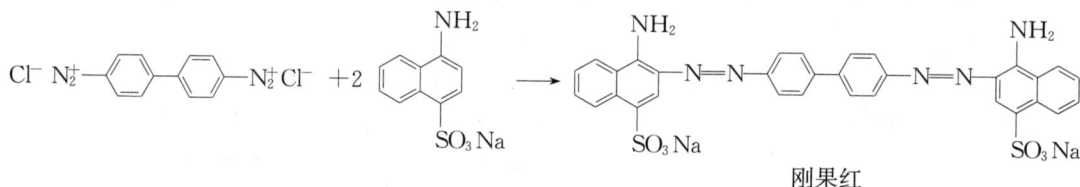

$$Cl^-\,\overset{+}{N_2}-C_6H_4-C_6H_4-\overset{+}{N_2}\,Cl^- + 2\ (4\text{-}NH_2\text{-}1\text{-}SO_3Na\text{-萘}) \longrightarrow$$

$$(NH_2)(SO_3Na)C_{10}H_5-N=N-C_6H_4-C_6H_4-N=N-C_{10}H_5(NH_2)(SO_3Na)$$

刚果红

14.3.3 重氮甲烷

重氮甲烷为黄色有毒的气体，熔点为－145℃，沸点为－23℃。纯净的重氮甲烷容易爆炸，遇水分解成甲醇和氮气。其乙醚溶液较稳定，故通常在乙醚溶液中使用。

重氮甲烷的结构比较特别，根据物理方法测量，它是一线形分子，可用下列 2 个共振极限式来表示：

$$[\,:\overset{-}{C}H_2-\overset{+}{N}\equiv N: \longleftrightarrow CH_2=\overset{+}{N}=\overset{-}{\ddot{N}}:\,]$$

重氮甲烷很难用甲胺与亚硝酸直接制得，而是用间接方法制备，最常用而又非常方便的制备重氮甲烷的方法是使 *N*,4 -二甲基- *N* -亚硝基苯磺酰胺在碱作用下分解。

$$CH_3-C_6H_4-SO_2N(NO)CH_3 + C_2H_5OH \xrightarrow{KOH} CH_2N_2 + CH_3-C_6H_4-SO_2OC_2H_5 + H_2O$$

重氮甲烷非常活泼，是一个重要的有机合成试剂，下面讨论它的一些重要的反应。

1. 作为甲基化试剂

重氮甲烷是一个很重要的甲基化试剂，与酸、酚、烯醇等反应，在氧上导入甲基生成酯和甲基醚，如酸与重氮甲烷生成甲酯，反应收率很高，有时可达 100%。

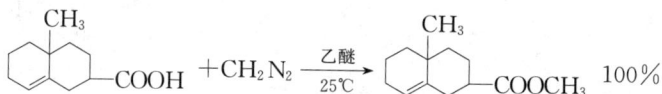

$$R-COOH + CH_2N_2 \xrightarrow[25℃]{乙醚} R-COOCH_3 \quad 100\%$$

(R 为带角甲基 CH_3 的双环烯烃骨架)

$$ArOH + CH_2N_2 \longrightarrow ArOCH_3 + N_2$$

$$CH_3COCH_2COOC_2H_5 \rightleftharpoons CH_3-\underset{OH}{\underset{|}{C}}=CHCOOC_2H_5 \xrightarrow[-N_2]{CH_2N_2} CH_3-\underset{OCH_3}{\underset{|}{C}}=CHCOOC_2H_5$$

2. 与醛酮反应

重氮甲烷分子中的碳原子具有亲核性，与醛酮中的羰基进行亲核加成，反应为 2 种产物：一种为多一个碳的酮，另一个为环氧化合物。

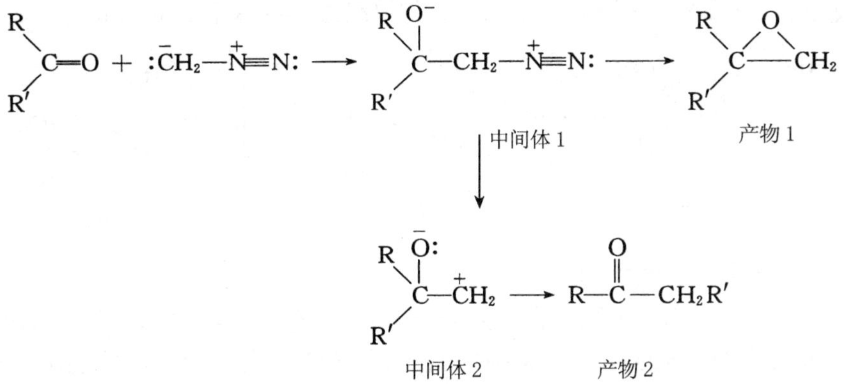

$$RR'C=O + :\bar{C}H_2-\overset{+}{N}\equiv N: \longrightarrow RR'C(O^-)-CH_2-\overset{+}{N}\equiv N: \longrightarrow \text{产物 1（}RR'C(-O-)CH_2\text{ 环氧化合物）}$$

中间体 1

$$RR'C(\bar{O}:)-\overset{+}{C}H_2 \longrightarrow R-\overset{O}{\overset{\|}{C}}-CH_2R'$$

中间体 2　　产物 2

利用酮与重氮甲烷的反应有时可以制备用别的方法难以得到的化合物。例如，由乙烯酮制备环丙酮。

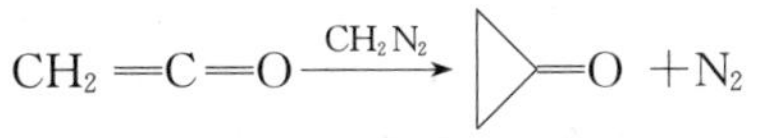

$$CH_2=C=O \xrightarrow{CH_2N_2} \text{环丙酮}(C_3H_4=O) + N_2$$

3. 分解成卡宾

重氮甲烷在光照下放出氮气生成卡宾(carbene)。

$$:\bar{C}H_2-\overset{+}{N}\equiv N: \xrightarrow[\triangle]{\text{光照}} :CH_2 + N_2\uparrow$$

卡宾

经研究证明，卡宾有 2 种结构：一种结构在光谱上称为**单线态(singlet state)**。单线态中心碳原子是 sp^2 杂化的，2 个未成键电子占据 1 个 sp^2 杂化轨道，自旋相反，能量较高；另一种结构在光谱上称为**三线态(triplet state)**，三线态的中心碳原子是 sp 杂化的，每个 p 轨道容纳 1 个电子，这 2 个电子自旋平行，能量较低。

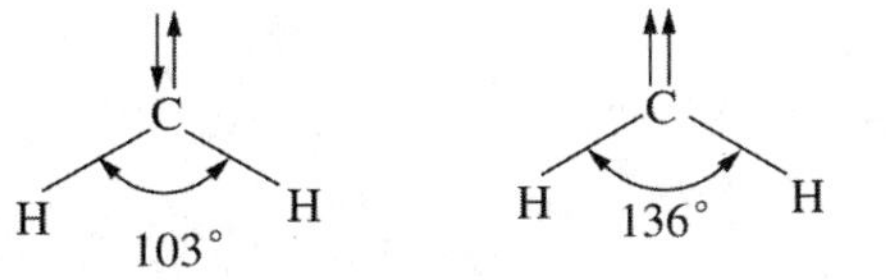

H–C–H 103°　　H–C–H 136°

单线态甲亚基卡宾　　三线态甲亚基卡宾

两者能量差约为 35～38 kJ/mol，反应中往往首先生成单线态卡宾，与其他分子碰撞或与反应器碰撞，能慢慢衰变为三线态卡宾。因卡宾是缺电子的，所以具有高度的反应活性，可以与双键加成得环丙烷类化合物，甚至可插入苯的 π 键中。反应式为：

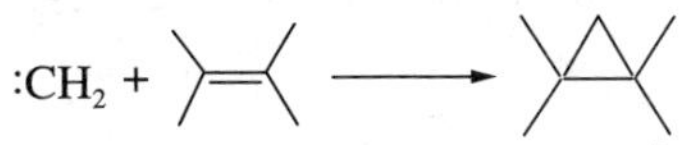

$$:CH_2 + R_2C=CR_2 \longrightarrow \text{环丙烷衍生物}$$

例如:

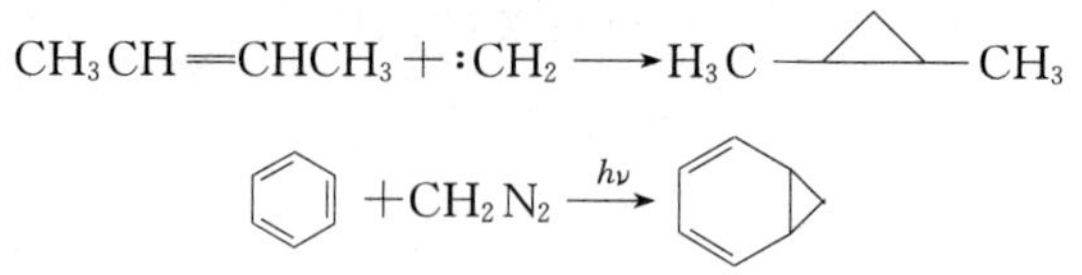

$$CH_3CH{=}CHCH_3 + :CH_2 \longrightarrow H_3C-\triangle-CH_3$$

$$\text{苯} + CH_2N_2 \xrightarrow{h\nu} \text{降蒈二烯}$$

但单线态和三线态亚甲基卡宾与双键加成时的产物有所不同。如重氮甲烷在液态用光分解,产生单线态卡宾,有空 p 轨道,具有亲电性质,2 个孤对电子与烯烃上的 2 个 π 电子通过三元环过渡态,形成 2 个 σ 键。顺丁-2-烯与单线态亚甲基卡宾的加成反应如下所示:

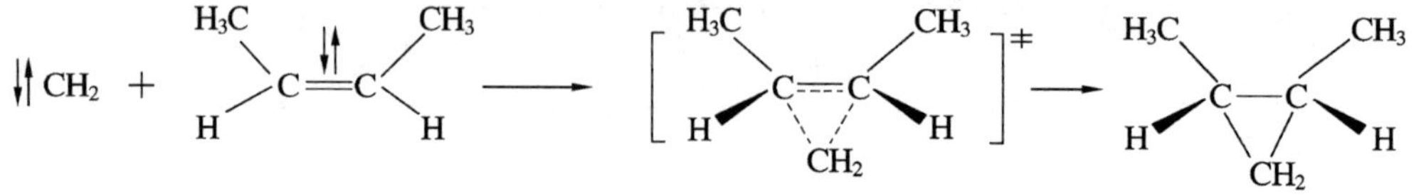

$$\uparrow\downarrow CH_2 + (H_3C)(H)C{=}C(H)(CH_3) \longrightarrow [\text{三元环过渡态}]^{\ddagger} \longrightarrow \text{顺-1,2-二甲基环丙烷}$$

顺-1,2-二甲基环丙烷

上述反应是立体专一的顺式加成。

如果重氮甲烷在光敏剂二苯酮存在下光照,产生三线态卡宾,与顺丁-2-烯加成反应分两步进行,产生的中间体(新的双自由基)中一个电子必须改变自旋方向才能配对成键,这一时间足够碳-碳单键自由旋转,引起产物的外消旋化,即得到顺、反异构体的等量混合物。因此三线态卡宾与双键加成时,得到的是等量的顺式和反式加成物。反应过程如下所示:

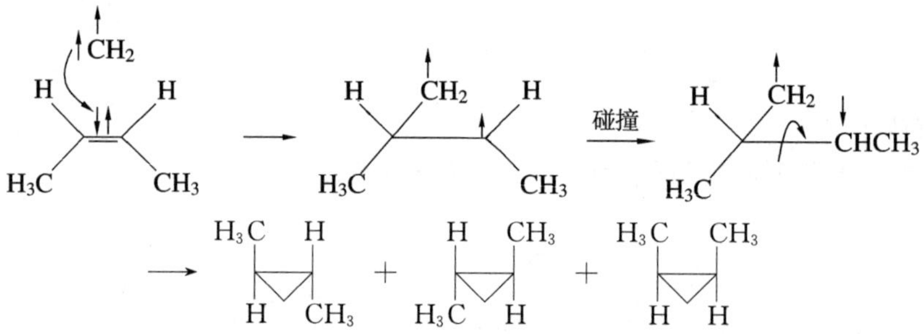

$$\uparrow\uparrow CH_2 + \text{顺丁-2-烯} \longrightarrow \text{双自由基中间体} \xrightarrow{\text{碰撞}} \cdot CH_2-C(H)(CH_3)-\dot{C}HCH_3$$

$$\longrightarrow \text{反-1,2-二甲基环丙烷(两种对映体)} + \text{顺-1,2-二甲基环丙烷}$$

反式(外消旋体)　　　顺式(内消旋体)

上述反应是非立体专一的加成反应。

习　题

1. 命名下列化合物。

(1) $(CH_3)_2CHCH_2CH_2NH_2$　(2) 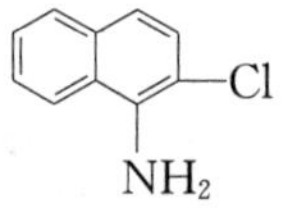 1-氨基-2-氯萘（萘环 2 位 —Cl,1 位 —NH_2）　(3) $H_2N(CH_2)_4NH_2$

(4) 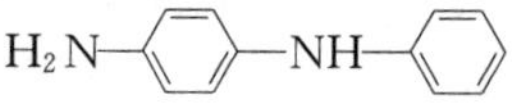 $H_2N-C_6H_4-NH-C_6H_5$　(5) $(CH_3)_2CHCH_2CH(NH_2)CH_3$　(6) $C_6H_5CH_2N^+(C_2H_5)_3Cl^-$

(7) 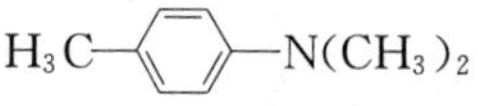 $H_3C-C_6H_4-N(CH_3)_2$　(8) $(CH_3)_2CH-CH(NH_2)-C(CH_3)_2(NH_2)$

2. 比较下列各化合物的碱性，并按碱性由大到小排列。

(1) ① 苯胺　② 乙酰苯胺　③ 对硝基苯胺　④ 邻苯二甲酰亚胺　⑤ 氢氧化四甲铵

(2) ① 氨　② 乙胺　③ 苯胺　④ 三苯胺

(3) ① 苄胺　② 苯胺　③ 对甲氧基苯胺　④ 对硝基苯胺

3. 完成下列反应式(写出主要产物或试剂)：

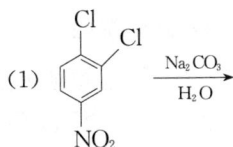

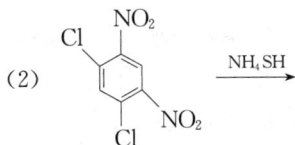

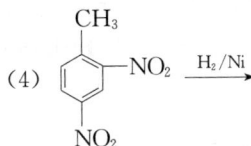

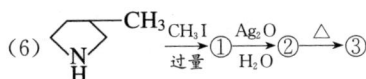

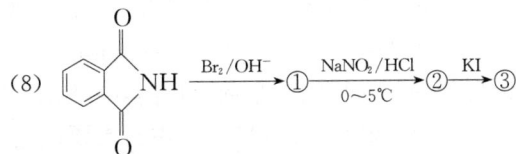

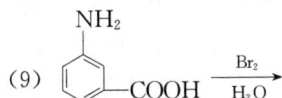

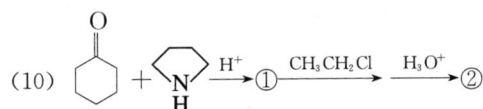

(1) 3,4-二氯硝基苯 $\xrightarrow[H_2O]{Na_2CO_3}$

(2) 2,5-二氯-1,4-二硝基苯(Cl, NO_2, NO_2, Cl) $\xrightarrow{NH_4SH}$

(3) $C_6H_5-CH_2CH_2\overset{+}{N}(CH_3)_2(CH_2CH_3)\ OH^- \xrightarrow{\triangle}$

(4) 2,4-二硝基甲苯(CH_3, NO_2, NO_2) $\xrightarrow{H_2/Ni}$

(5) $C_6H_5CH_2CN \xrightarrow[NH_3]{H_2/Ni}$ ① $\xrightarrow{CH_3COCl}$ ② $\xrightarrow{LiAlH_4}$ ③

(6) 3-甲基吡咯烷(N—H, CH_3) $\xrightarrow[\text{过量}]{CH_3I}$ ① $\xrightarrow[H_2O]{Ag_2O}$ ② $\xrightarrow{\triangle}$ ③

(7) 硝基苯(NO_2) $\xrightarrow{Zn/NaOH}$ ① $\xrightarrow[H^+]{\triangle}$ ②

(8) 邻苯二甲酰亚胺(O, NH, O) $\xrightarrow{Br_2/OH^-}$ ① $\xrightarrow[0\sim5℃]{NaNO_2/HCl}$ ② $\xrightarrow{KI}$ ③

(9) 间氨基苯甲酸(NH_2, COOH) $\xrightarrow[H_2O]{Br_2}$

(10) 环己酮(O) + 吡咯烷(N—H) $\xrightarrow{H^+}$ ① $\xrightarrow{CH_3CH_2Cl}$ $\xrightarrow{H_3O^+}$ ②

(11) $C_6H_5\overset{+}{N}\equiv NCl^-$ $\xrightarrow{CuCN}$ ①；$\xrightarrow{C_6H_5-N(CH_3)_2}$ ②

4. 从指定原料合成(适当有机试剂、无机试剂任选)：

(1) 苯合成 1,2,3-三溴苯　　(2) 甲苯合成 *N*-乙基苄胺

(3) 苯合成 1-溴-3-硝基苯　　(4) 甲苯合成 2-溴-4-甲基苯胺

5. 推断化合物结构。

(1) 化合物 A 分子式为 C_7H_9NO，呈碱性，用 $NaNO_2$ 和 HCl 在 0℃作用下成盐 B($C_7H_7N_2OCl$)。当 B 的水溶液加热后，即得到化合物 C($C_7H_8O_2$)。C 用氢碘酸处理得 D($C_6H_6O_2$)。D 用氧化银(在乙醚中)氧化，得到红色化合物 E($C_6H_4O_2$)。E 很容易和邻苯二胺反应生成 F($C_{12}H_8N_2$)。试推测 A、B、C、D、E、F 的结构式。

(2) 化合物 A($C_6H_{13}N$)为 1 个五元环，用碘甲烷处理后得 B($C_7H_{16}I$)固体，再用氢氧化银处理并加热得 C($C_7H_{15}N$)和 1 分子水，C 继续与 1 mol 碘甲烷反应，用氢氧化银处理并加热得 D(C_5H_8)、三甲胺和水，D 经臭氧化分解得 2 mol 甲醛和 1 mol 丙二醛，试推测 A、B、C、D 的结构式。

第15章 杂环化合物

杂环化合物(**heterocyclic compounds**)是指在环状有机化合物中,构成环的原子除碳原子外还含有其他原子的化合物。碳原子以外的其他原子统称为杂原子,常见的杂原子有N、O、S等。在前面有关章节中介绍的内酯、内酰胺、环醚等化合物都是杂环化合物,但是这些化合物的性质与同类的开链化合物类似,在本章中将不再讨论。本章主要介绍具有一定程度芳香性的杂环化合物,即**芳杂环化合物**(**aromatic heterocyclic compound**)。如呋喃、吡啶、噻唑、喹啉等。

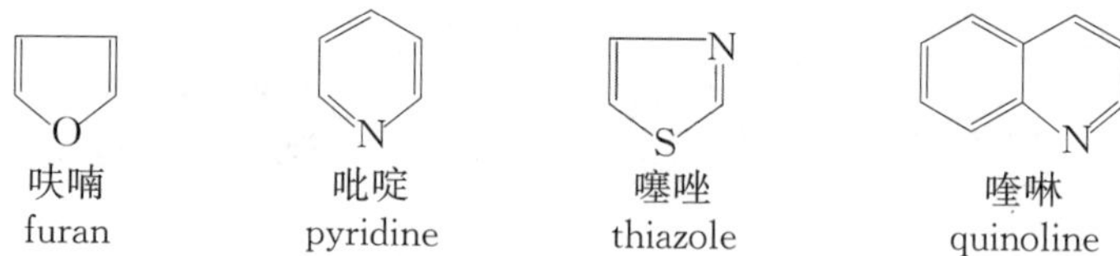

杂环化合物种类繁多,数量庞大,在自然界分布极为广泛,许多杂环化合物在动、植物体内具有重要的生理作用。如植物体内的叶绿素、动物血液中的血红素、具有遗传作用的核酸等。此外,许多中草药的有效成分中含有杂环,一些维生素、植物色素、植物染料、部分抗生素等也都含有杂环的结构。在现有的合成药物中,含杂环结构的药物约占半数。目前,杂环化合物的研究和发展很快,它不仅是有机化学的重要组成部分,在药物研究领域中也占有重要地位。

15.1 杂环化合物的分类和命名

15.1.1 分类

杂环化合物数目众多,根据杂环的大小一般可分为五元、六元杂环;根据杂原子的数目又可分为含1个、2个或多个杂原子的杂环;根据环数的多少,还可分为单杂环和稠杂环等。

15.1.2 命名

杂环化合物命名较复杂。目前广泛应用的是音译法,即根据IUPAC原则规定,保留45个杂环化合物的俗名,我国按其英文名称的读音对其进行音译,选用带有"口"字旁的同音汉字作为中文名称,意为环状化合物。音译法因为同外文有联系,查阅文献时较为方便。但由于音译的名称比较相似,易将名称与结构混淆。下面首先介绍IUPAC保留的有特定名称的杂环母核的命名原则,对无特定名称的稠杂环的命名原则仅作简单介绍。

1. 有特定名称的杂环化合物

(1) 母核名称及编号规则

含有1个杂原子的五元杂环,编号从杂原子开始,另外也常将其2位和5位称为α位,3位和4位称为β位。

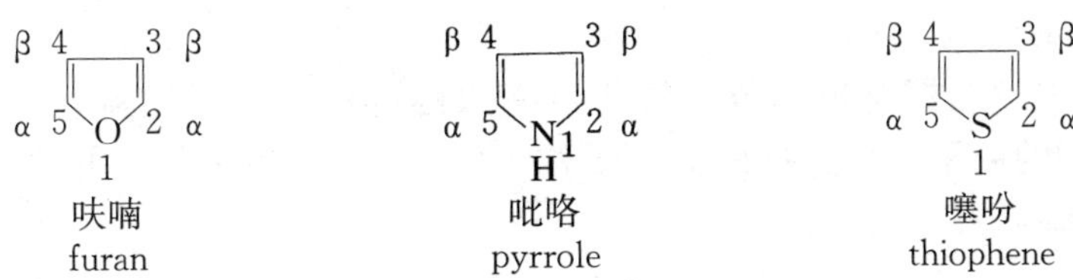

呋喃 furan　　吡咯 pyrrole　　噻吩 thiophene

含有 2 个或 2 个以上杂原子的五元杂环，且体系中至少含有 1 个氮原子的称为唑，编号时应使杂原子位次尽可能小，并按 O、S、NH、N ═的优先次序决定优先的杂原子。

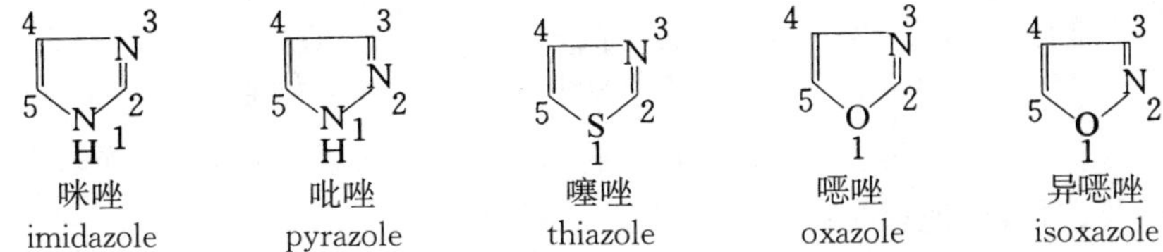

咪唑 imidazole　　吡唑 pyrazole　　噻唑 thiazole　　噁唑 oxazole　　异噁唑 isoxazole

含 1 个杂原子的六元杂环，编号从杂原子开始，其中吡啶的 2 位、6 位称为 α 位，3 位、5 位称为 β 位，4 位称为 γ 位。

吡啶 pyridine　　4*H*-吡喃 4*H*-pyran

含 2 个杂原子的六元杂环，编号也从杂原子开始。

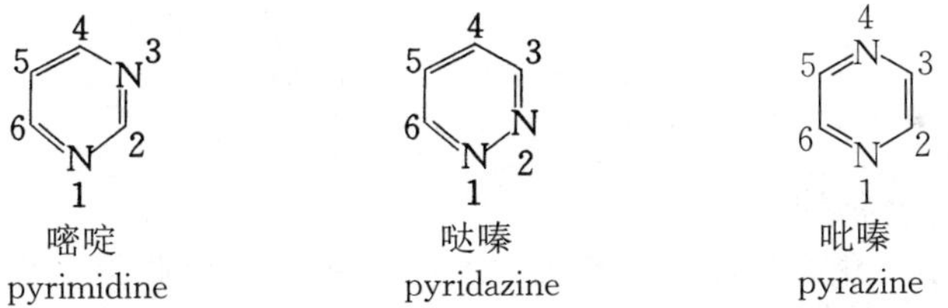

嘧啶 pyrimidine　　哒嗪 pyridazine　　吡嗪 pyrazine

2 个或 2 个以上环以稠合方式相连，且其中至少有 1 个环是杂环的化合物称为稠杂环化合物。有特定名称的稠杂环化合物一般有固定的编号顺序，通常是从杂环开始，依次编号一周(共用碳原子一般不需编号)，如吲哚、喹啉环等的编号。有些杂环母体的编号较特殊，如异喹啉、嘌呤环的编号次序。

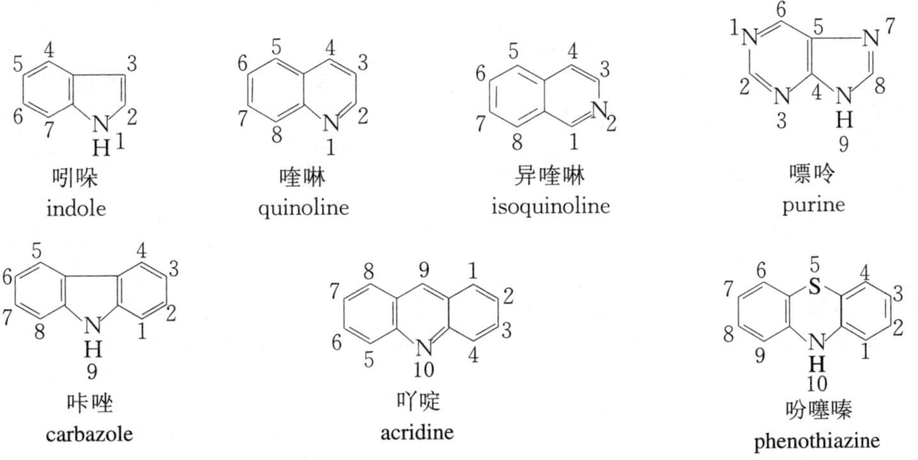

吲哚 indole　　喹啉 quinoline　　异喹啉 isoquinoline　　嘌呤 purine

咔唑 carbazole　　吖啶 acridine　　吩噻嗪 phenothiazine

(2) 标氢和活泼氢

在一些杂环中虽然拥有最多数目的非聚集双键，但环中仍然有饱和的碳原子或氮原子，则将这个饱和的原子上所连接的氢原子称为“标氢”或“指示氢”，并给予尽可能小的编号，用位号加斜体的“*H*”来表示。

例如：

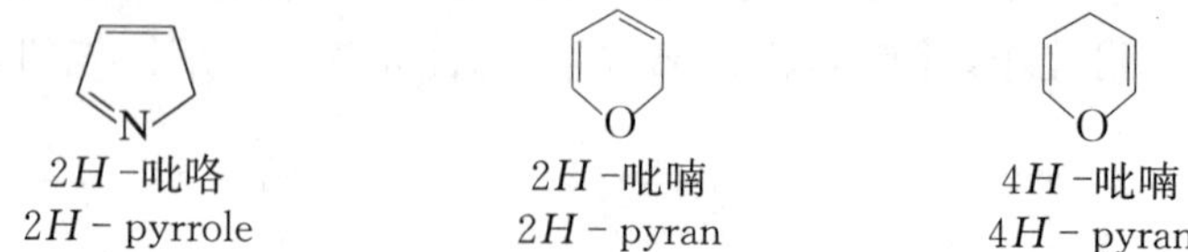

2*H*-吡咯 2*H*-pyrrole　　2*H*-吡喃 2*H*-pyran　　4*H*-吡喃 4*H*-pyran

若杂环上不具备含有最多数目的非聚集双键，则多出的氢原子称为“外加氢”。命名时要指出氢的位置及数目，全饱和时可不标明位置。例如：

2,5-二氢吡咯 2,5-dihydropyrrole　　1,2,3,4-四氢喹啉 1,2,3,4-tetrahydroquinoline　　四氢呋喃 tetrahydrofuran

含活泼氢的杂环化合物及其衍生物，可能存在着互变异构体，命名时需按上述标氢的方式标明。例如：

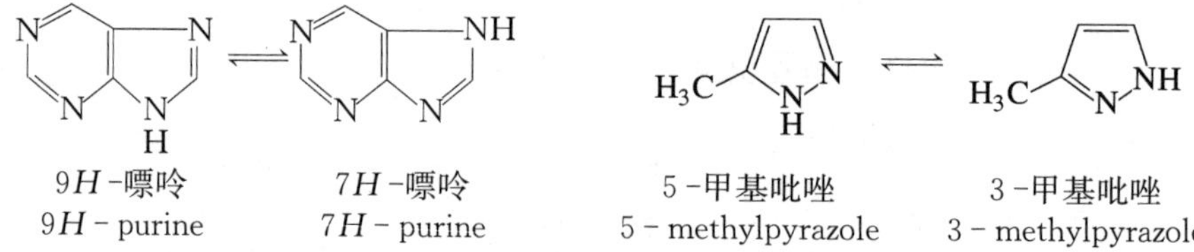

9*H*-嘌呤 9*H*-purine　　7*H*-嘌呤 7*H*-purine　　5-甲基吡唑 5-methylpyrazole　　3-甲基吡唑 3-methylpyrazole

(3) 取代杂环化合物的命名

带有取代基的杂环化合物命名时可以以杂环为母体。先确定杂环母体的名称和编号，再标明取代基的位置、个数及名称。当取代基中含有羟基、氨基、羧基等官能团时，选择优先官能团为母体官能团，以词尾的形式加在杂环名后。例如：

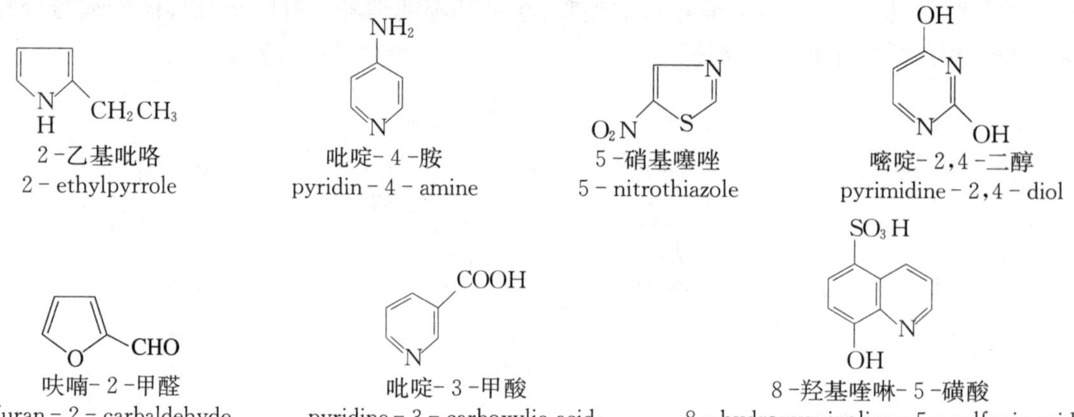

2-乙基吡咯 2-ethylpyrrole　　吡啶-4-胺 pyridin-4-amine　　5-硝基噻唑 5-nitrothiazole　　嘧啶-2,4-二醇 pyrimidine-2,4-diol

呋喃-2-甲醛 furan-2-carbaldehyde　　吡啶-3-甲酸 pyridine-3-carboxylic acid; nicotinic acid　　8-羟基喹啉-5-磺酸 8-hydroxyquinoline-5-sulfonic acid

2. 无特定名称的稠杂环化合物

绝大多数稠杂环化合物无特定名称，命名时可将其看作 2 个环并合在一起，将 2 个稠合环按规则选定一为基本环，另一为附加环，以此为基础进行命名。

(1) 选择基本环

选择基本环的规则为：芳环与杂环稠合，以杂环为基本环；杂环与杂环稠合，按 N→O→S 的先后次序选择基本环。此外，还要遵循以下规则：由大小不同的两个杂环组成的稠杂环，选择大的杂环为基本环；环大小相同时，选择杂原子数目或杂原子种类多的为基本环；等等。命名时，将附加环放在前，基本环放在后，在二者之间加一"并"字。例如：

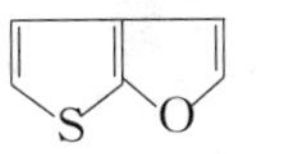

称为：噻吩并呋喃

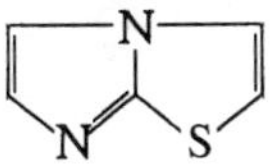

称为：咪唑并噻唑

在此基础上，还需进一步标明两环稠合边的位号。

(2) 稠合边的表示方法

稠合边用附加环及基本环两组分的位号来表示。其中，附加环按原单环的编号规则，用 1,2,3…标注各原子；基本环则用 a,b,c…表示各边(1,2 之间为 a；2,3 之间为 b，…)。当有选择时，应使位号尽可能小。命名时将位号放在方括号中，附加环位号在前，基本环位号在后，注意编号方向应一致，中间用一短线相连。前述 2 个杂环的名称如下：

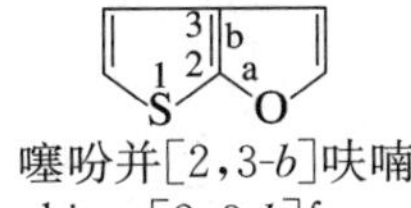

噻吩并[2,3-*b*]呋喃
thieno[2,3-*b*]furan

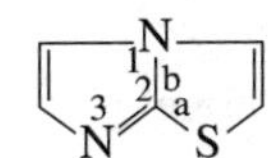

咪唑并[2,1-*b*]噻唑
imidazole[2,1-*b*]thiazole

15.2　五元杂环化合物

五元杂环化合物包括：含有 1 个杂原子的五元单杂环，如呋喃、噻吩和吡咯；含有 2 个或 2 个以上杂原子的五元单杂环，如咪唑、吡唑和噻唑等；五元稠杂环，如吲哚等。

15.2.1　含 1 个杂原子的五元杂环化合物

1. 呋喃、噻吩、吡咯的物理性质和结构

呋喃、噻吩和吡咯分别存在于木焦油、煤焦油和骨焦油中，都是无色的液体，它们的部分物理常数见表 15－1。

表 15－1　呋喃、噻吩、吡咯的部分物理常数

化合物	沸点/℃	熔点/℃	^{1}H－NMR(δ值)
O	31	−86	6.37(β-H) 7.42(α-H)
S	84	−38	7.10(β-H) 7.30(α-H)
N H	131	—	6.22(β-H) 6.68(α-H)

物理方法证明,在这3个五元杂环化合物中,碳原子与杂原子都是以 sp^2 杂化轨道相连,形成 σ 键,每个碳原子及杂原子各剩余1个未参与杂化的p轨道,碳的p轨道中有1个电子,而杂原子的p轨道中有2个电子,从而形成一个环状离域的大 π 键,π 电子数符合 $4n+2$ 规则,故3个杂环都具有一定程度的芳香性。表15-1中的 ^1H-NMR数据表明,环外的质子处于去屏蔽区,共振移向低场,化学位移与苯相近。呋喃、噻吩、吡咯的轨道图如图15-1所示。

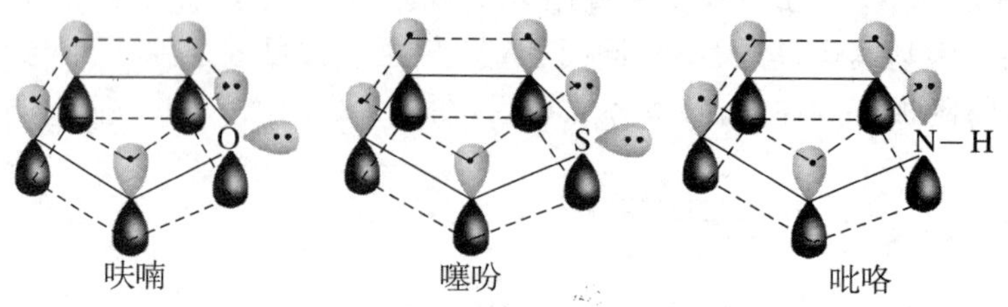

图15-1　呋喃、噻吩、吡咯的轨道示意图

3个五元杂环中,由于杂原子的存在,5个p轨道上分布着6个电子,是"多 π"芳杂环,这类化合物容易进行亲电性取代反应。

由于杂原子与碳原子的电负性差异,在呋喃、噻吩和吡咯的共轭体系中,键长没有完全平均化。

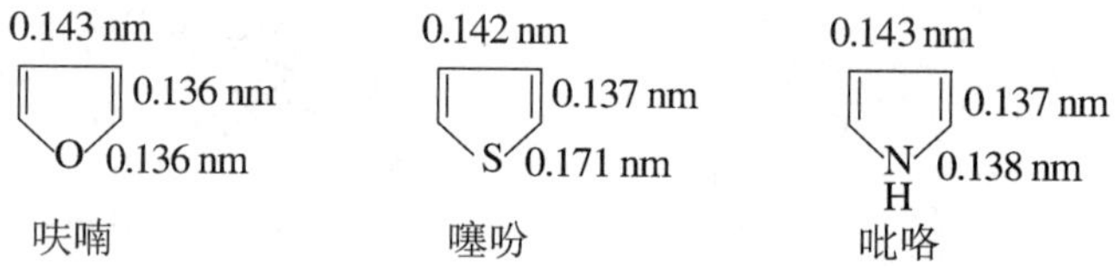

3个五元杂环的偶极矩如下:

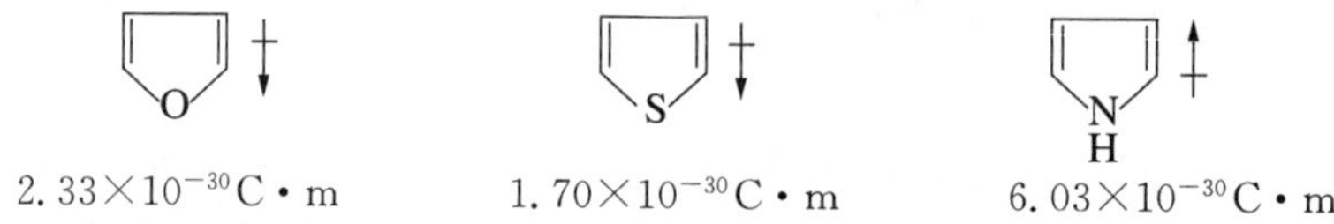

究其原因,是由于杂原子吸电子诱导效应的差异,呋喃、噻吩的偶极矩朝向杂原子,而吡咯由于氮原子给电子的共轭效应大于其吸电子的诱导效应,致使其偶极矩的方向发生逆转。

3个五元杂环中,吡咯氮上的氢可与水形成氢键,呋喃氧原子 sp^2 杂化轨道上剩余一对电子可与水形成氢键,缔合能力削弱,噻吩硫原子不能与水形成氢键,所以三者的水溶性顺序为吡咯>呋喃>噻吩。

2. 化学性质

如前所述,五元单杂环属于多 π 芳杂环,杂环被活化,与苯比较亲电取代反应较易进行。其反应的活性顺序是:

吡咯 > 呋喃 > 噻吩 > 苯

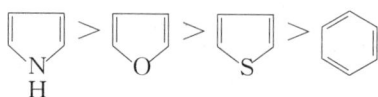

除亲电取代反应外,吡咯和呋喃对酸尤其是强酸很不稳定,易发生水解、聚合等反应,表现出环的不稳定性。噻吩则比较稳定。环的稳定性顺序为苯>噻吩>吡咯>呋喃。

(1) 酸碱性

吡咯分子中虽含有氮原子,但由于其未共用电子对参与了大 π 键的形成,不再具有给出电子对的能力,因此不具有碱性。相反,其氮上的氢原子显示出一定程度的酸性,pK_a 为 17.5,能与固体氢氧化钾共热成盐。

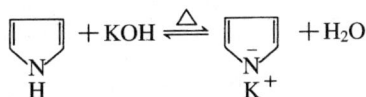

$$\text{吡咯} + KOH \underset{}{\overset{\triangle}{\rightleftharpoons}} \text{吡咯}^-K^+ + H_2O$$

全饱和的吡咯烷(吡咯烷结构式)为典型的环状仲胺,氮上未共用电子对处于 sp^3 杂化轨道,其共轭酸的 pK_a 为 11.3,碱性较吡咯增强,显然是结构发生了根本变化。

呋喃中的氧因其未共用电子对参与形成大 π 键而不具备醚的弱碱性。

(2) 亲电性取代反应

呋喃、噻吩、吡咯进行亲电性取代反应时,亲电性试剂主要进入 α 位。

① 卤代反应　吡咯卤代常得到四卤代物。呋喃、噻吩在室温下与氯或溴反应强烈,得到多卤代物。如希望得到一氯代或一溴代产物,需在温和的条件(如低温及溶剂稀释)下反应。碘不活泼,需在催化剂作用下进行。

$$\text{吡咯} \xrightarrow[0℃]{Br_2,\text{乙醇}} \text{2,3,4,5-四溴吡咯} \qquad \text{呋喃} \xrightarrow[0℃]{Br_2,\text{二氧六环}} \text{2-溴呋喃}$$

② 磺化反应　吡咯和呋喃不能直接用硫酸进行磺化反应,常用温和的非质子磺化试剂,如用吡啶与三氧化硫的加合物作为磺化剂进行反应。

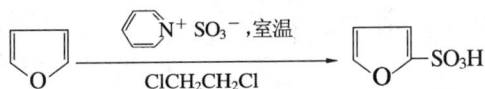

$$\text{呋喃} \xrightarrow[ClCH_2CH_2Cl]{C_5H_5N^+SO_3^-,\text{室温}} \text{呋喃}-SO_3H$$

噻吩比较稳定,可以直接用硫酸进行磺化。磺化产物水解可脱去磺酸基,工业上常用该方法除去煤焦油中的噻吩。

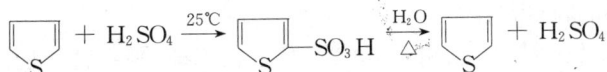

$$\text{噻吩} + H_2SO_4 \xrightarrow{25℃} \text{噻吩}-SO_3H \xrightarrow[\triangle]{H_2O} \text{噻吩} + H_2SO_4$$

③ 硝化反应　吡咯、呋喃易被氧化,甚至能被空气氧化。硝酸是强氧化剂,因此不能用硝酸直接硝化。通常用比较温和的非质子硝化试剂——硝乙酐进行硝化,反应在低温下进行。

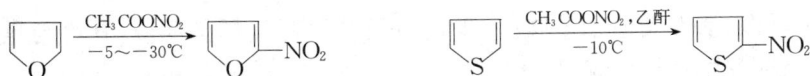

$$\text{呋喃} \xrightarrow[-5\sim-30℃]{CH_3COONO_2} \text{呋喃}-NO_2 \qquad \text{噻吩} \xrightarrow[-10℃]{CH_3COONO_2,\text{乙酐}} \text{噻吩}-NO_2$$

硝乙酐为无色发烟性液体,有爆炸性,所以需临时配制。

④ 傅-克酰基化反应　傅-克酰基化反应需采用较温和的催化剂,如 $SnCl_4$、BF_3 等,对活性较大的吡咯可不用催化剂,直接用酸酐酰化。

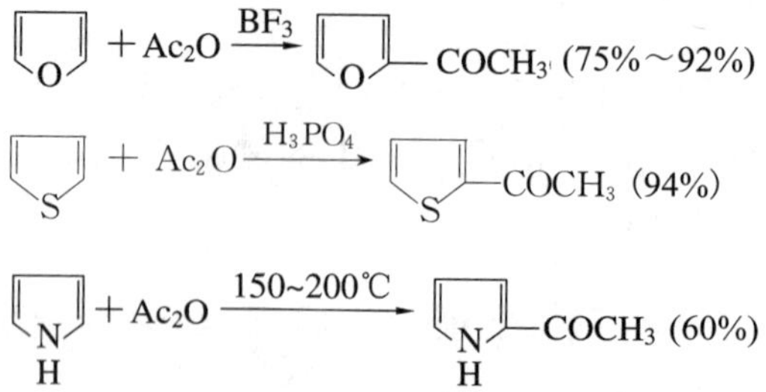

呋喃 $+ Ac_2O \xrightarrow{BF_3}$ 2-乙酰基呋喃 $-COCH_3$ (75%～92%)

噻吩 $+ Ac_2O \xrightarrow{H_3PO_4}$ 2-乙酰基噻吩 $-COCH_3$ (94%)

吡咯 $+ Ac_2O \xrightarrow{150\sim200℃}$ 2-乙酰基吡咯 $-COCH_3$ (60%)

这3种杂环由于均较活泼,在进行傅-克烷基化反应时易发生多取代,甚至生成树脂状物质,给分离提纯带来麻烦,因此应用受限。

上述3个杂环化合物亲电取代反应主要发生在α位的原因可用反应中间体的相对稳定性来解释。生成的活性中间体的共振杂化体如下所示:

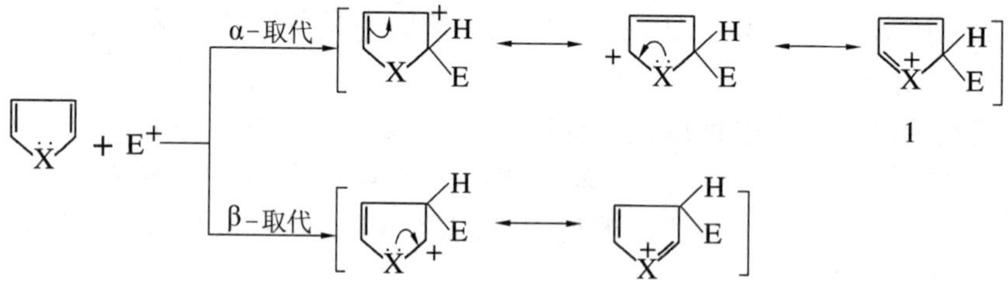

α-取代 [⟷ ⟷] 1

$+ E^+$

β-取代 [⟷] 2

可以看出,α-取代中间体有3个较稳定的共振极限式,正电荷分散在3个原子上,β-取代中间体有两个较稳定的共振极限式,正电荷分散在两个原子上,即α位取代形成的中间体能量比β位的低,因此以α位取代物为主。

(3) 加氢反应

吡咯、呋喃和噻吩氢化后生成相应的饱和化合物。

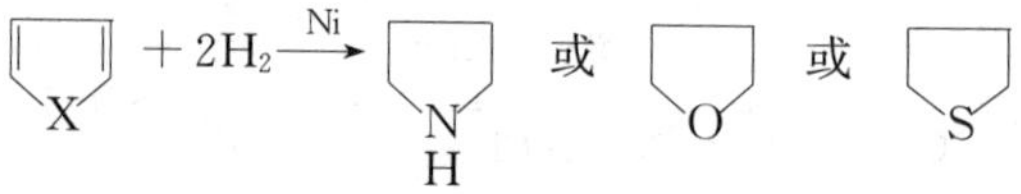

$+ 2H_2 \xrightarrow{Ni}$ 四氢吡咯 或 四氢呋喃 或 四氢噻吩

X=NH,O,S　　四氢吡咯　四氢呋喃　四氢噻吩

四氢呋喃俗称THF,性质与乙醚相似,沸点较高(bp 67℃),能溶于水,是一种常用的溶剂。

(4) 呋喃和吡咯的特殊反应

呋喃具有共轭双烯的结构,能和亲双烯体发生狄尔斯-阿尔特反应。

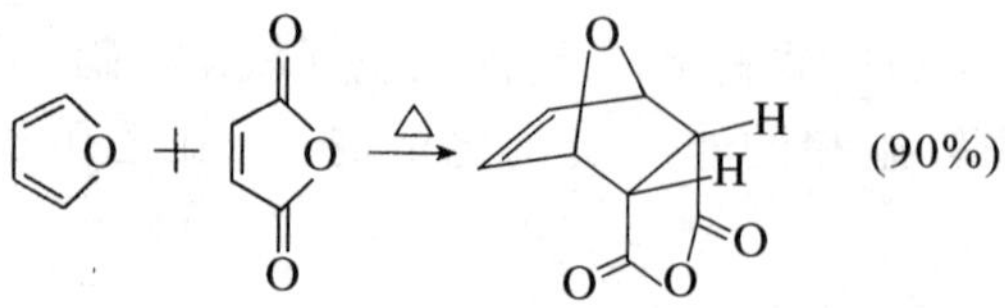

呋喃 + 顺丁烯二酸酐 $\xrightarrow{\triangle}$ 加成产物 (90%)

吡咯十分活泼,活性类似于苯胺、苯酚,它可进行瑞默-梯曼反应,并可与重氮盐偶联。而呋喃、噻吩不能发生这类反应。

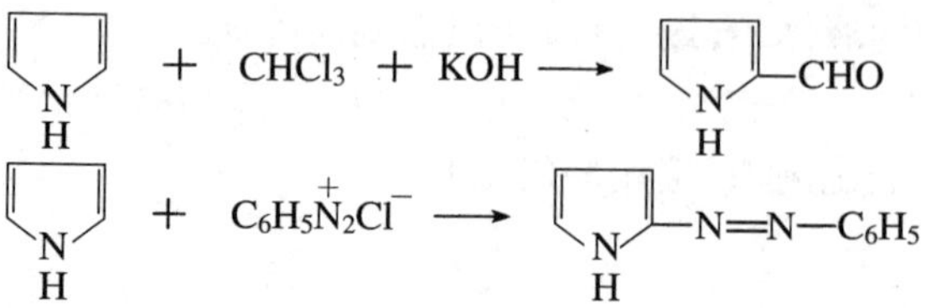

吡咯 $+ CHCl_3 + KOH \longrightarrow$ 2-吡咯甲醛 $-CHO$

吡咯 $+ C_6H_5\overset{+}{N}_2Cl^- \longrightarrow$ $-N{=}N-C_6H_5$

3. 呋喃甲醛及吲哚

(1) 呋喃甲醛

呋喃甲醛可由稻糠、玉米芯等提取，因此得名糠醛。它是重要的化工原料，在石油、医药、塑料及橡胶等工业中有广泛的应用。糠醛是一种无色液体，沸点为 162℃，在空气中易氧化变黑。

糠醛是不含 α 活性氢的醛，性质类似于苯甲醛，可发生康尼扎罗等反应。

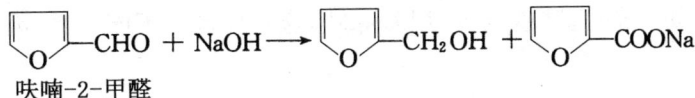

$$\text{C}_4\text{H}_3\text{O—CHO} + \text{NaOH} \longrightarrow \text{C}_4\text{H}_3\text{O—CH}_2\text{OH} + \text{C}_4\text{H}_3\text{O—COONa}$$

呋喃-2-甲醛

(2) 吲哚

吲哚具有苯并吡咯的结构，稠合后的吲哚比吡咯稳定。吲哚常温下为白色片状结晶，熔点为 52.5℃，具有极臭的气味。

吲哚性质与吡咯相似，除了具备原来五元杂环的性质外，苯环的稠合对其性质造成一定的影响，如水溶性降低，碱性减弱，亲电取代反应更容易进行。吲哚的亲电取代反应以3-位取代为主。

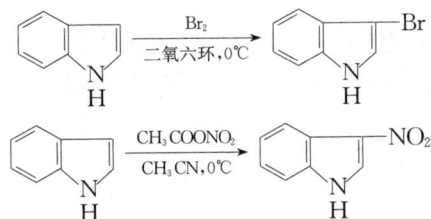

$$\text{吲哚} \xrightarrow[\text{二氧六环},0℃]{Br_2} \text{3-Br-吲哚}$$

$$\text{吲哚} \xrightarrow[CH_3CN,0℃]{CH_3COONO_2} \text{3-}NO_2\text{-吲哚}$$

吲哚有许多重要的衍生物。2-(1*H*-吲哚-3-基)乙酸为一种植物生长调节剂，少量能促进植物生长，用量大时对植物有杀伤作用。5-羟色胺(5-HT)存在于哺乳动物的脑组织中，与中枢神经系统功能有关。

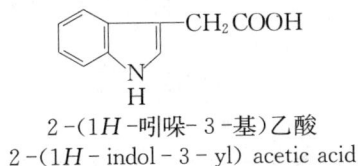

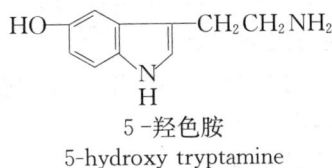

2-(1*H*-吲哚-3-基)乙酸
2-(1*H*-indol-3-yl) acetic acid

5-羟色胺
5-hydroxy tryptamine

15.2.2　含 2 个杂原子的五元杂环化合物

含有 2 个杂原子，且其中至少有 1 个是氮原子的五元杂环体系称为唑(azole)。咪唑、噁唑、噻唑可分别看作是吡咯、呋喃、噻吩环上 3 位的 CH 换成了氮原子，因此称它们为 1,3-唑。吡唑、异噁唑、异噻唑可分别看作吡咯、呋喃、噻吩环上 2 位的 CH 换成了氮原子，因此称它们为 1,2-唑。

1. 唑类的结构与物理性质

唑类的结构与五元单杂环类似，在 1,2-唑和 1,3-唑中，替换 CH 的氮原子呈 sp^2 杂化，其未参与杂化的 p 轨道上有 1 个电子，此电子参与形成五原子六电子的封闭共轭体系，因此唑类具有一定程度的芳香性。图 15-2 为咪唑的轨道示意图。

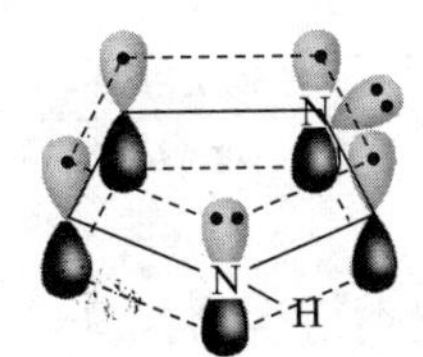

图 15-2　咪唑的分子轨道示意图

咪唑和吡唑环系存在互变异构体：

在咪唑环互变异构的平衡体系中，C-4位与C-5位是相同的。但当有取代基时，则存在互变异构体，例如4-甲基咪唑与5-甲基咪唑，这对异构体不能分离，因此常用4(5)-甲基咪唑来命名。

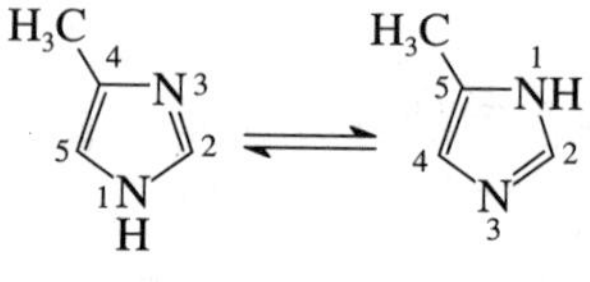

4(5)-甲基咪唑

4(5)- methylimidazole

唑类化合物的沸点有较大差别，其中吡唑、咪唑沸点较高(吡唑沸点为186～188℃，咪唑沸点为257℃)，这是因为它们可以形成分子间氢键的缘故。

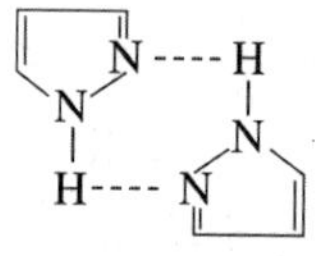

吡唑氢键缔合 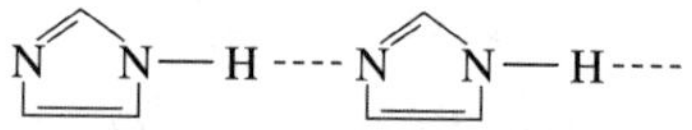　　咪唑氢键缔合

唑类的水溶性都比吡咯、呋喃、噻吩要大，这也是由于其结构上增加了一个氮原子，因而增加了与水分子形成氢键的能力。

2. 唑类的化学性质

唑类的活性比相应的吡咯、呋喃、噻吩差，对酸、氧化剂均不敏感。

(1) 酸碱性

唑类化合物由于其2-位或3-位的氮原子上保留着未成键电子对，可以与质子结合，因此具有碱性，但其碱性较胺的碱性弱，但较吡咯强。

吡唑和咪唑氮上H的酸性也比吡咯强。

(2) 亲电性取代反应

与吡咯、呋喃、噻吩相比，唑类因分子中增加了一个起吸电子作用的氮原子，亲电性取代反应活性较吡咯、呋喃、噻吩低，且1,2-唑主要发生在4位，1,3-唑主要发生在5位。例如：

发烟 H_2SO_4，$HgSO_4$，250℃　　Br_2，AcOH—H_2O

3. 唑类衍生物

许多天然产物中含有咪唑环，如蛋白质中的组氨酸，它在血液中的含量约为11%。组氨酸在细菌作用下脱羧得到组胺，它具有降低血压及促进胃酸分泌等作用，因此具有药用

价值。含咪唑环的多菌灵是我国推广的高效杀菌剂。

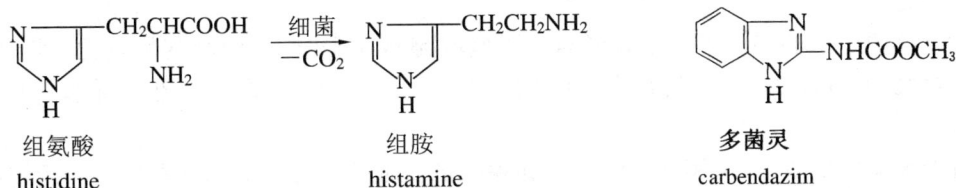

组氨酸 histidine $\xrightarrow[-CO_2]{\text{细菌}}$ 组胺 histamine　　　多菌灵 carbendazim

许多合成药物中含有唑的结构，如退热药安乃近中含有吡唑环，抗菌药磺胺噻唑中含有噻唑环。

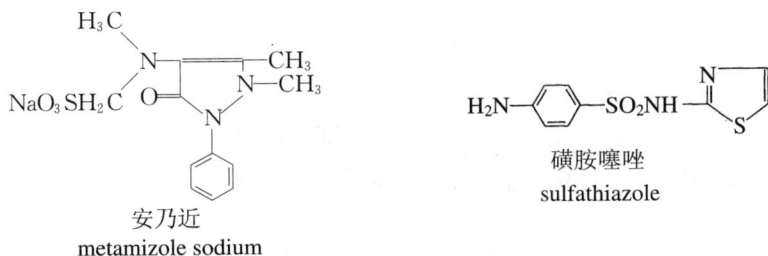

安乃近 metamizole sodium　　　磺胺噻唑 sulfathiazole

15.3　六元杂环化合物

六元杂环中最重要的是含氮的六元杂环，如吡啶、嘧啶、喹啉等。

15.3.1　含 1 个杂原子的六元杂环化合物

1. 吡啶的物理性质与结构

吡啶存在于煤焦油和骨焦油中，是一种无色有恶臭的液体，沸点为 115.5℃，熔点为 −42℃，相对密度为 0.981 9，能与水及许多有机溶剂如乙醇、乙醚等混溶，是一种良好的溶剂。

吡啶的结构与苯相似，吡啶环上的氮原子与碳原子均以 sp^2 杂化轨道成键，每个原子上有 1 个 p 轨道，p 轨道上有 1 个 p 电子，形成具有 6π 电子的封闭共轭体系，因此吡啶具有芳香性，其轨道图如图 15-3 所示。由于氮上的未共用电子对未参与电子离域，可以与质子结合，因此吡啶具有碱性。

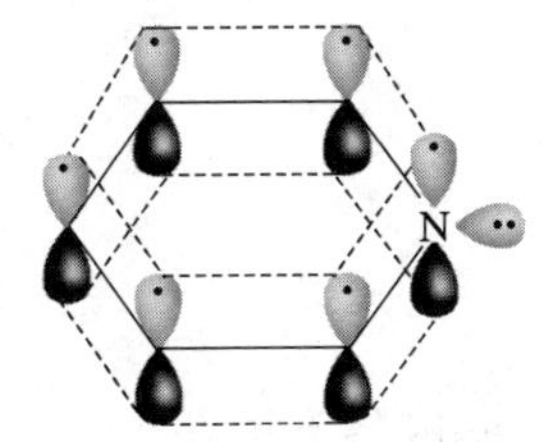

图 15-3　吡啶的轨道示意图

在 ^{1}H-NMR 中，吡啶的氢核与苯环上氢核相比，化学位移值略大。具体数据如下：

H7.64；H7.25；H8.60　　　$\mu = 7.41 \times 10^{-30}$ C·m

吡啶环上的氮原子类似于硝基苯中的硝基，使环上的电子云密度降低，因此这类杂环又被称为“缺 π”芳杂环。这一作用也使吡啶的偶极矩数值较大，分子具有较大极性。

2. 吡啶的化学性质

(1) 碱性

吡啶氮原子上的未共用电子对能与质子酸或路易斯酸结合,使吡啶呈碱性,其 pK_a 为 5.19,碱性比氨(pK_a9.25)和脂肪族叔胺[如 $N(CH_3)_3$,pK_a9.8]弱得多,但比苯胺(pK_a4.6)略强。

吡啶与无机酸成盐,可用作碱性溶剂和脱酸剂。吡啶也可与 Lewis 酸成盐。例如:

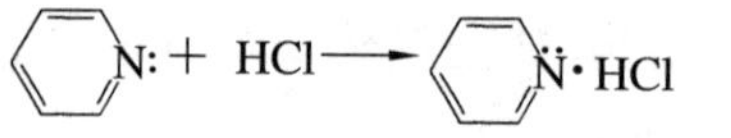

吡啶盐酸盐

吡啶三氧化硫

吡啶性质类似叔胺,可与卤代烷反应生成季铵盐。例如:

碘化 *N*－甲基吡啶

(2) 亲电性取代反应

如前所述,吡啶环上的氮原子类似硝基苯中的硝基,起第二类定位基的作用,钝化了芳环,使得吡啶的化学性质与硝基苯类似,例如亲电性取代反应较难,不能起傅-克烷基化和酰基化反应。卤化、硝化、磺化时也需较剧烈的条件(250～350℃的高温)。吡啶的亲电性取代反应主要发生在 β 位(类似于硝基苯中硝基的间位)。

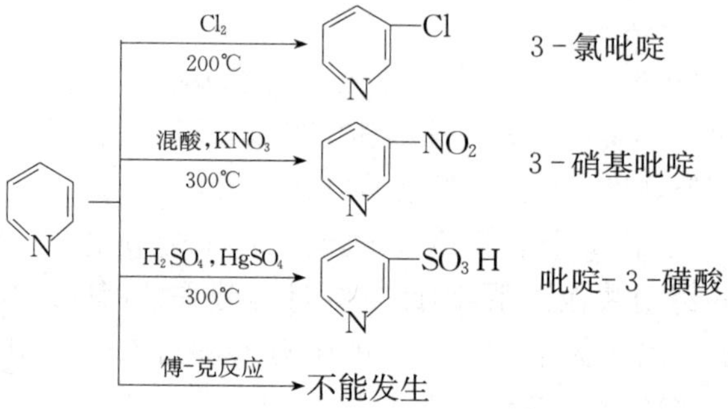

取代基主要进入 β-位的原因可通过中间体正离子的稳定性来说明。

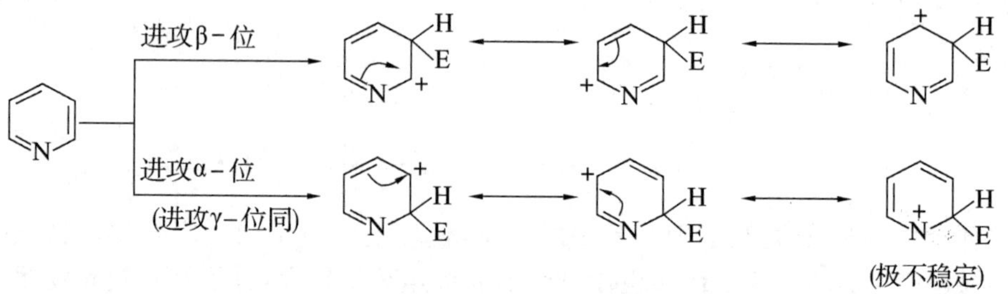

取代基进攻 α 位或 γ 位所产生的中间体正离子都有一个特别不稳定的共振极限式,而

取代在β位的中间体无此极限式，所以，取代基主要进入β位。

若吡啶环上有第一类定位基，将使亲电性取代反应变得容易，取代位置由第一类定位基决定。例如：

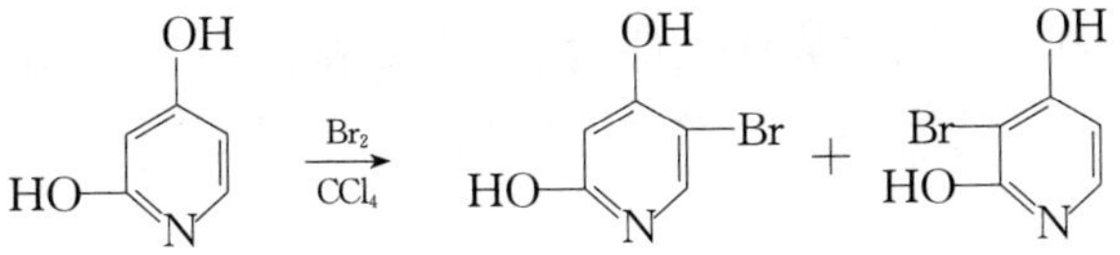

(3) 亲核性取代反应

吡啶不易发生亲电取代反应，却容易发生亲核性取代反应。与硝基苯类似，吡啶环2,4,6位上的卤原子容易被亲核试剂取代。

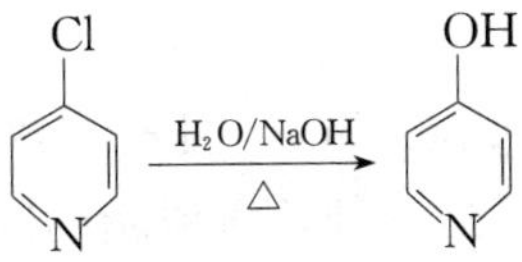

吡啶-4-醇

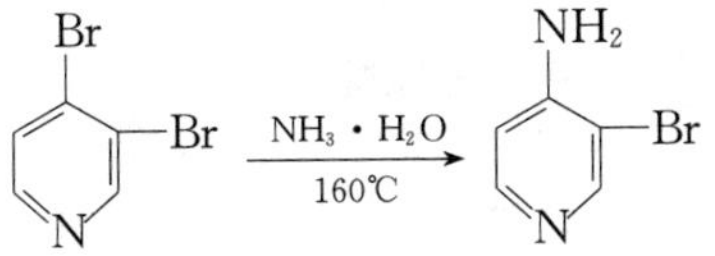

3-溴吡啶-4-胺

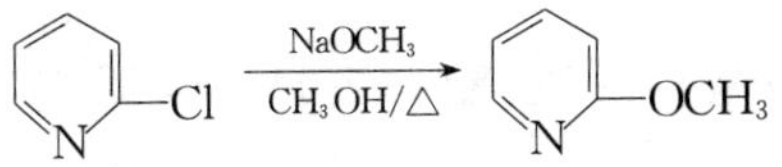

2-甲氧基吡啶

用强碱性的亲核性试剂(如 $NaNH_2$、RLi 等)，负氢离子(H：$^-$)也能被取代。由于氮的诱导效应，取代基主要进入α位。

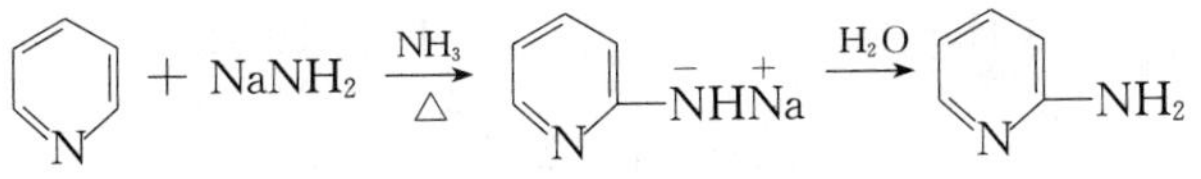

吡啶-2-胺

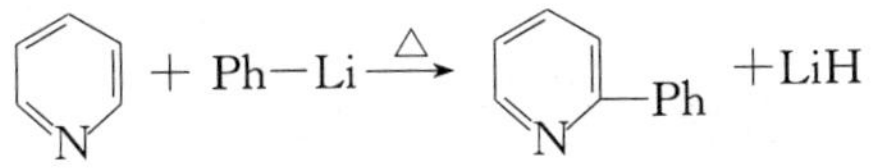

α-苯基吡啶

该反应称为**齐齐巴宾反应(Chichibabin reaction)**。

(4) 氧化和还原反应

由于吡啶环上氮的吸电子性能使环稳定，故吡啶不易被氧化而较易被还原。当有侧链时，侧链被氧化。

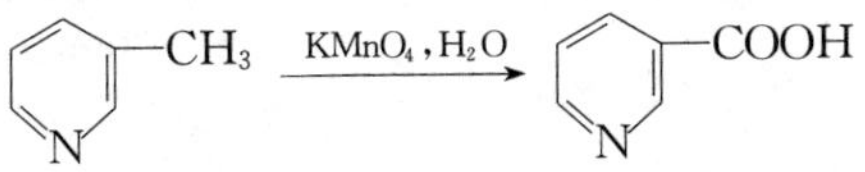

吡啶-3-甲酸

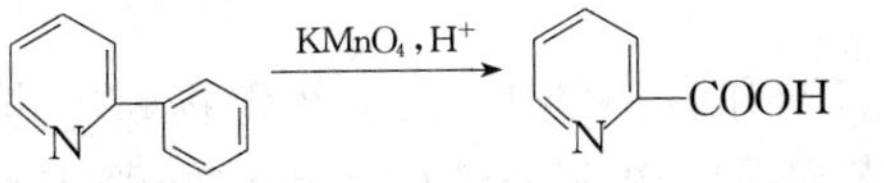

吡啶与过氧酸或 H_2O_2 反应生成吡啶1-氧化物或称吡啶 N-氧化物。

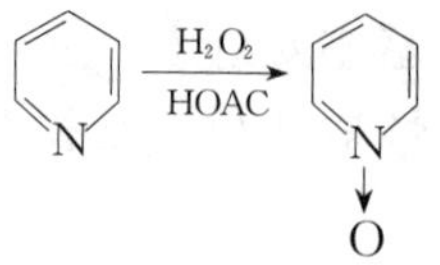

吡啶 1-氧化物

吡啶 1-氧化物易进行亲电性取代反应,反应主要发生在 γ 位,氧原子在此起第一类定位基的作用。由于吡啶 1-氧化物易与 PCl_3 反应脱去氧,因此这是一条合成 4-吡啶衍生物的重要途径。

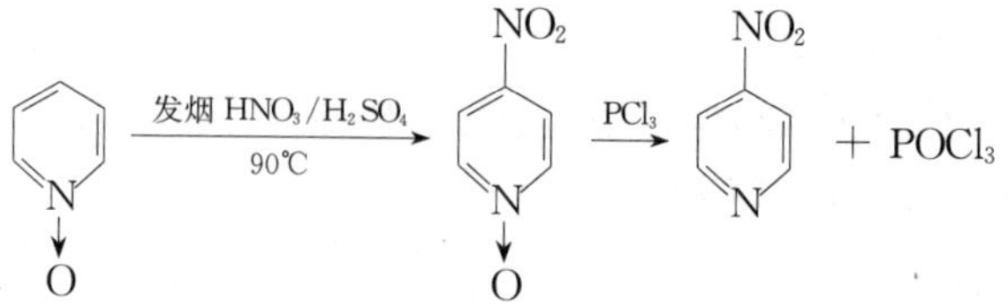

发烟 HNO_3/H_2SO_4 90℃ PCl_3 NO_2 NO_2 + $POCl_3$

将吡啶还原得六氢吡啶,六氢吡啶又称哌啶(piperidine),具有二级胺的性质,其碱性比吡啶强。它除用作化工原料和有机碱催化剂外,还是一种环氧树脂的固化剂。

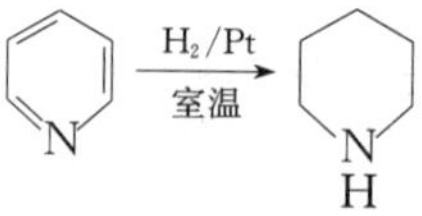

H_2/Pt 室温 哌啶

(5) 侧链 α 氢的反应

α-甲基吡啶和 γ-甲基吡啶中的甲基较活泼,能和醛起缩合反应,而 β-甲基吡啶则不能发生反应。

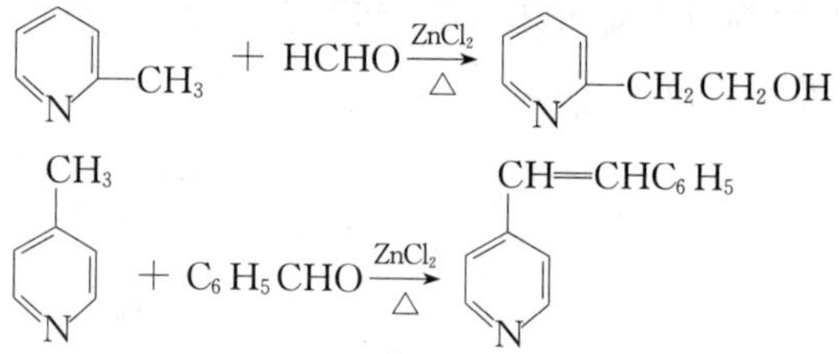

$-CH_3$ + HCHO $\xrightarrow[\triangle]{ZnCl_2}$ $-CH_2CH_2OH$

CH_3 + C_6H_5CHO $\xrightarrow[\triangle]{ZnCl_2}$ $CH{=}CHC_6H_5$

3. 吡啶衍生物

吡啶的衍生物广泛存在于自然界中,烟碱俗称尼古丁。许多合成药物也含有吡啶环,如治疗结核病的异烟肼(俗称"雷米封")、质子泵抑制剂奥美拉唑等。

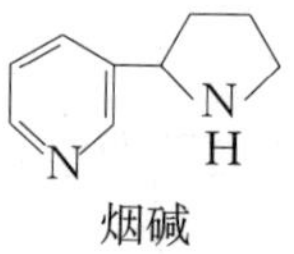

烟碱 nicotine

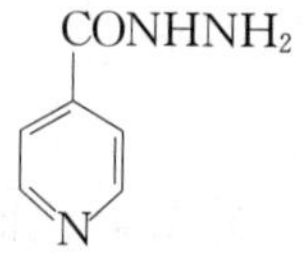

$CONHNH_2$

异烟肼 isoniazid

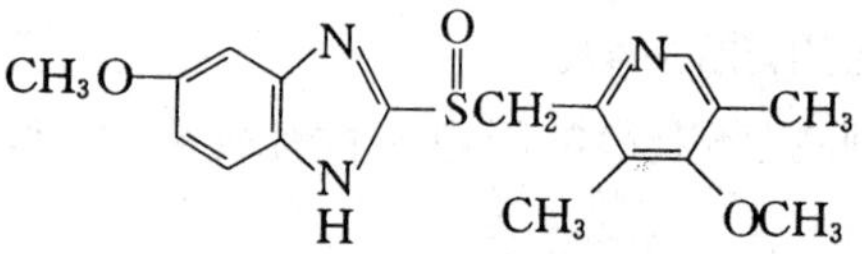

奥美拉唑
omeprazole

4. 喹啉和异喹啉

喹啉和异喹啉都少量存在于煤焦油和骨焦油中,在一些生物碱中也含有这样的环系。喹啉和异喹啉都可看成是吡啶环与苯环稠合的化合物,因此它们既表现出吡啶和苯的性质,同时又具有两种环系相互影响的特性。

(1) 结构和物理性质

喹啉和异喹啉都是平面形分子，分子中含有 10 个电子的芳香大 π 键，结构似萘。氮原子上的未共用电子对位于 sp^2 杂化轨道中，因此均具有碱性。喹啉的碱性(pK_a 为 4.94)较吡啶弱。

喹啉是无色、恶臭的油状液体，放置时逐渐变成黄色，喹啉可与大多数有机溶剂混溶，但在水中溶解度很小。喹啉沸点为 238.05℃，熔点为−15.6℃，是一高沸点溶剂。

(2) 化学性质

① 亲电性取代反应　喹啉的亲电性取代反应比吡啶容易，比萘难，取代基主要进入 5 位和 8 位。

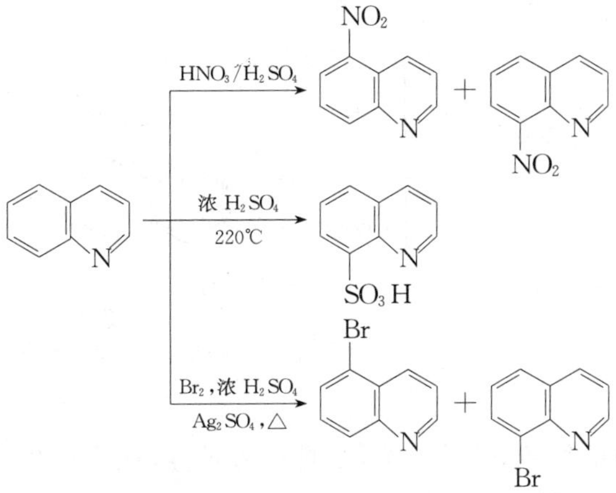

HNO_3/H_2SO_4；NO_2；NO_2；浓 H_2SO_4，220℃；SO_3H；Br_2，浓 H_2SO_4，Ag_2SO_4，△；Br；Br；N

② 亲核性取代反应　喹啉的亲核性取代反应比吡啶容易，且发生在吡啶环，反应主要发生在 2 位或 4 位。

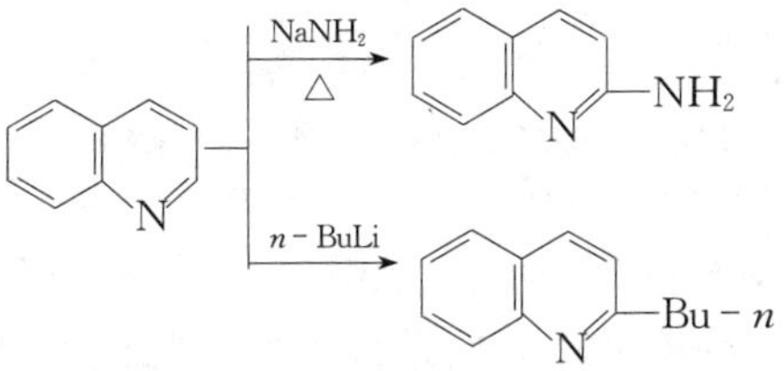

$NaNH_2$，△；NH_2；n-BuLi；Bu-n；N

③ 氧化及还原反应　喹啉氧化时，苯环断裂而吡啶环保持不变；还原时吡啶环被氢化而苯环保持不变，类似于 α-硝基萘。

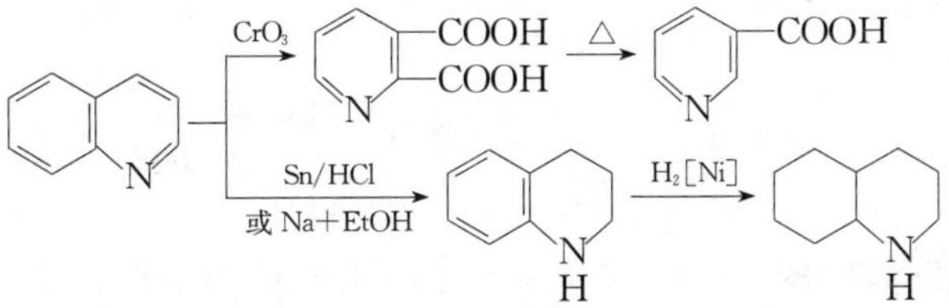

CrO_3；COOH；COOH；△；COOH；Sn/HCl 或 Na+EtOH；$H_2[Ni]$；N；NH

异喹啉的化学性质与喹啉相似，也可发生亲电性和亲核性取代反应。

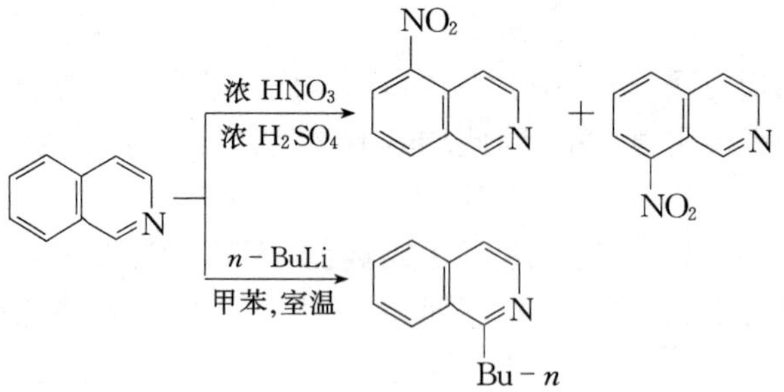

浓 HNO_3 / 浓 H_2SO_4 → 亲电取代

n-BuLi / 甲苯,室温 → 亲核取代

(3) 喹啉、异喹啉衍生物

许多药物中含有喹啉母核,如喹诺酮类抗菌药诺氟沙星。四氢异喹啉类衍生物大都具有生物活性,如盐酸小檗碱(即黄连素)。

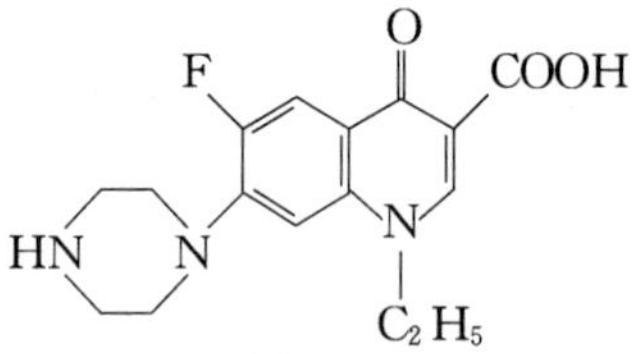

诺氟沙星
norfloxacin

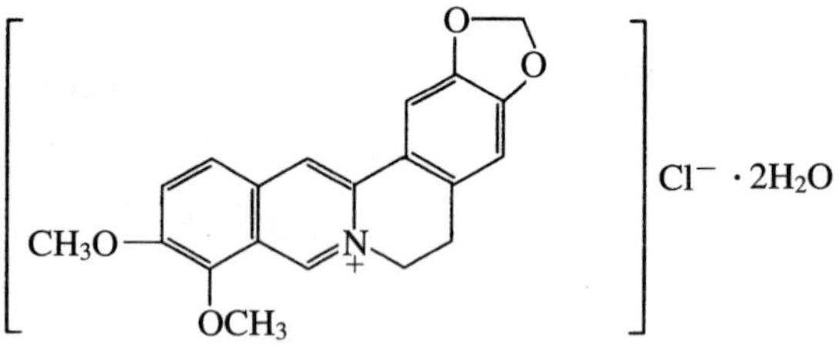

黄连素
berberine hydrochloride

5. 含氧六元杂环

吡喃具有不饱和醚的结构,性质活泼,不具有芳香性,在自然界中不存在。在自然界中存在的是它的羰基衍生物,称为吡喃酮。

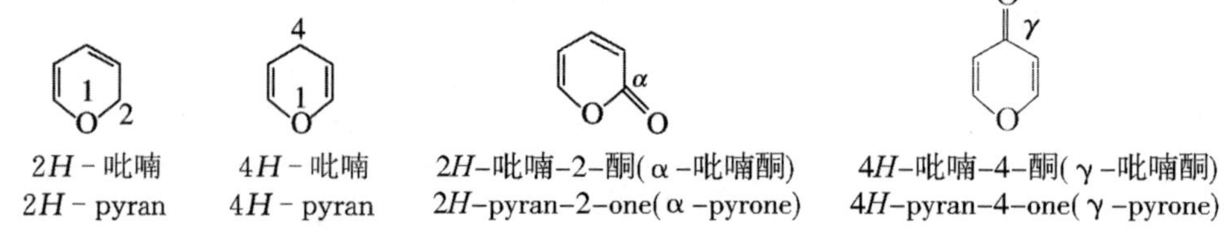

2*H*-吡喃 2*H*-pyran；4*H*-吡喃 4*H*-pyran；2*H*-吡喃-2-酮(α-吡喃酮) 2*H*-pyran-2-one(α-pyrone)；4*H*-吡喃-4-酮(γ-吡喃酮) 4*H*-pyran-4-one(γ-pyrone)

α 及 γ-吡喃酮是不饱和内酯,而 γ-吡喃酮可看作插烯内酯。它们不具有羰基的典型性质,不能与羰基试剂反应,却可在碱性条件下发生酯的水解而开环。

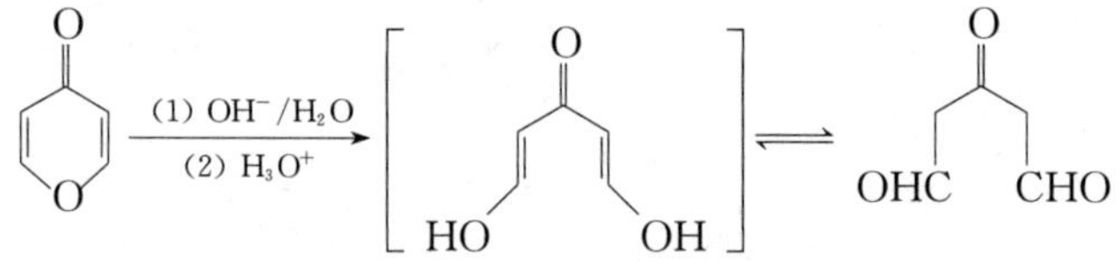

(1) OH^-/H_2O；(2) H_3O^+

α-及 γ-吡喃酮与苯环稠合的产物存在于多种天然产物的结构中。例如:

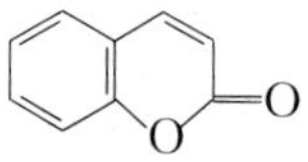

香豆素
coumarin

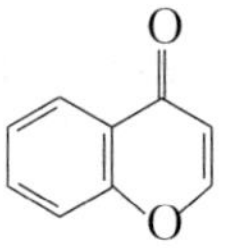

色酮
chromone

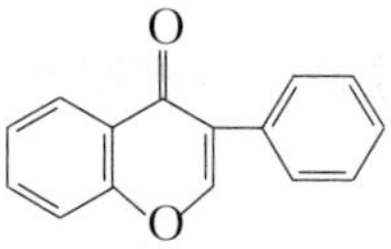

黄酮
flavone

γ-吡喃酮与质子酸或 Lewis 酸作用生成稳定的𬭩盐，还可进行甲基化等反应。

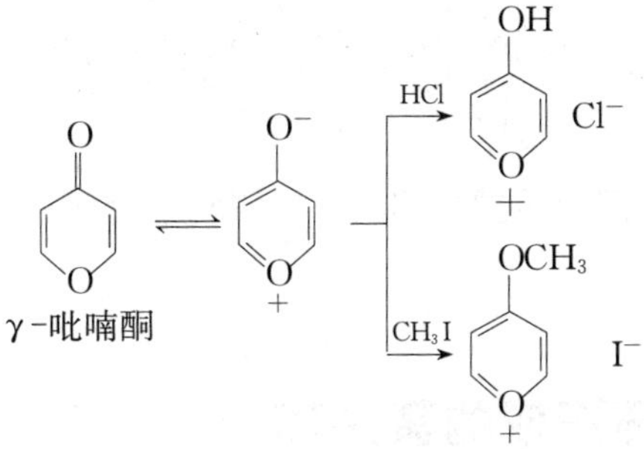

15.3.2　含 2 个杂原子的六元杂环化合物

含 2 个杂原子的六元杂环主要有嘧啶、哒嗪和吡嗪，统称为“二嗪”类化合物。

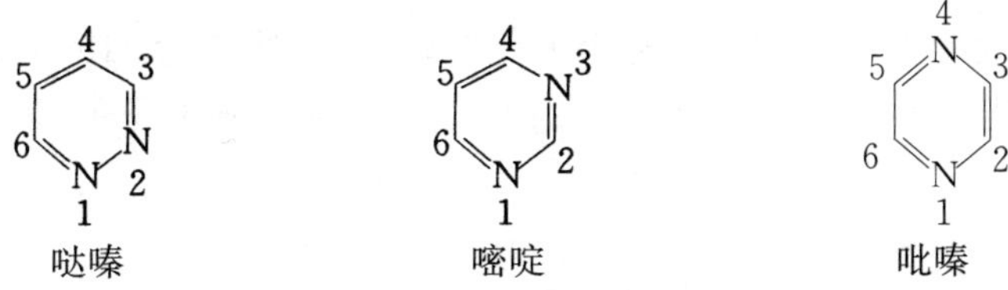

哒嗪　　嘧啶　　吡嗪

二嗪类环上有 2 个氮原子，其电子结构都与吡啶中的氮原子相同，形成封闭的 6 个 π 电子的共轭体系，它们都具有芳香性。

二嗪类虽然环上有 2 个氮原子，但 1 个氮原子与酸作用质子化后，吸电子性能大大增强，另一个氮原子很难再质子化，因此它们都是一元碱。由于 2 个氮原子的相互影响，使碱性都比吡啶弱。二嗪类都具备与水形成氢键的条件，其中嘧啶和哒嗪可与水混溶，吡嗪为非极性分子，水溶性略减小。

二嗪环上由于有两个氮原子，与吡啶相比，亲电取代反应更难发生，而亲核取代反应却容易发生。如嘧啶的卤代反应：

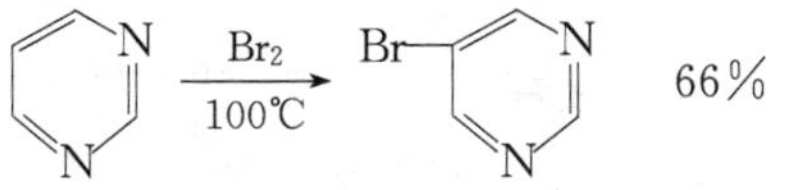

卤素进入电子云密度相对较高的 5 位。但当环上有活化基团如—OH、—NH_2 时，亲电取代反应容易发生。例如：

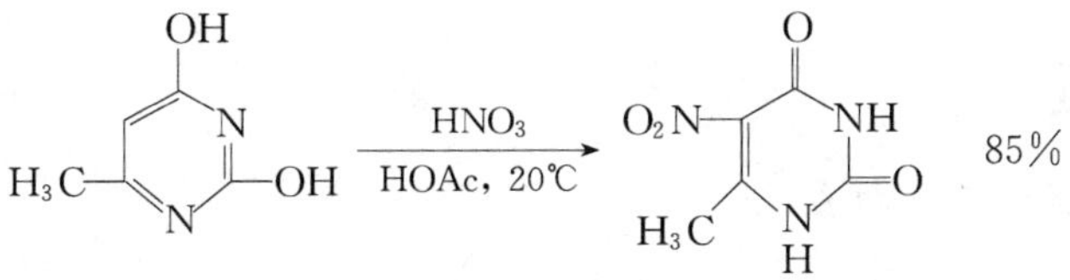

二嗪类的亲核取代反应发生在电子云密度较小的部位，这些部位上的卤原子更易被取代：

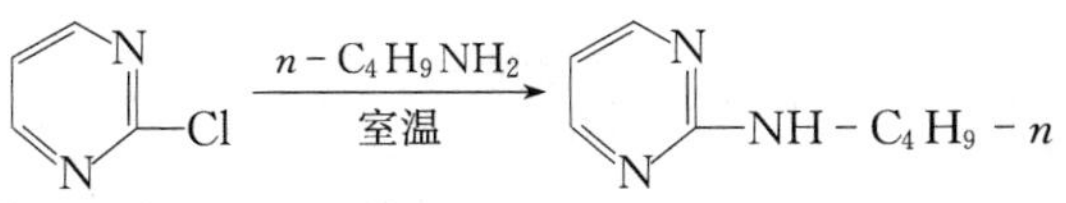

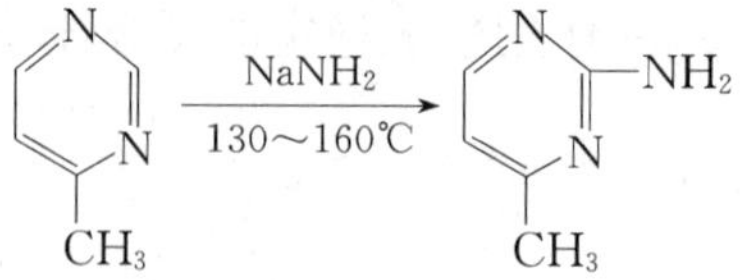

嘧啶环是生理及药理上都很重要的环系。尿嘧啶、胞嘧啶和胸腺嘧啶是组成核酸的3个碱基,在遗传中起重要作用。

15.4 由2个杂环形成的稠杂环

15.4.1 嘌呤

嘌呤由咪唑与嘧啶稠合而成。嘌呤为无色针状晶体,熔点为216～217℃。嘌呤分子中含3个具有未共用电子对的氮原子,因此水溶性较大。由于氮原子的吸电子诱导作用,嘌呤的碱性比咪唑弱。

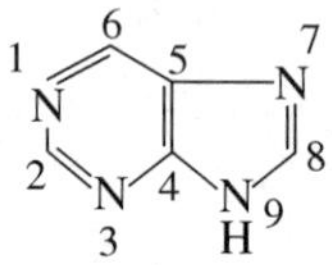

嘌呤

嘌呤是2个互变异构体形成的平衡体系,平衡主要倾向于9*H*-嘌呤一边(见15.1.2)。

嘌呤的衍生物广泛存在于动植物体内,并参与生命活动过程,如腺嘌呤、鸟嘌呤都是核苷酸的碱基母核。许多生物碱及药物也含嘌呤环系,如咖啡因、茶碱、巯嘌呤等。

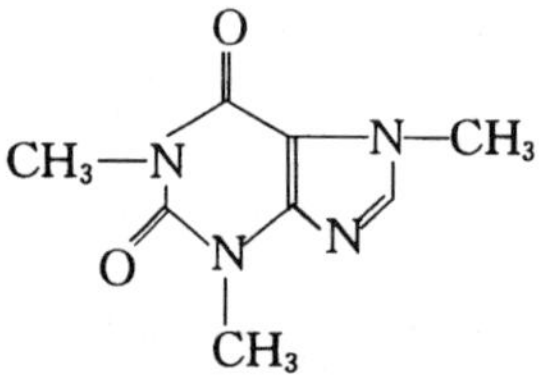

咖啡因
caffeine

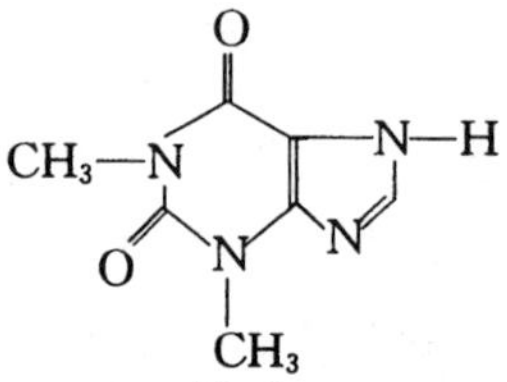

茶碱
theophylline

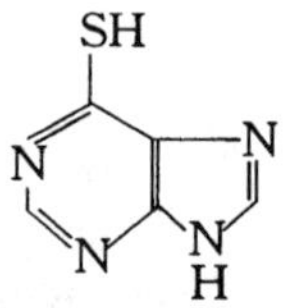

9*H*-嘌呤-6-硫醇(巯嘌呤)
9*H*-purine-6-thiol

15.4.2 蝶啶

蝶啶由吡嗪与嘧啶稠合而成。

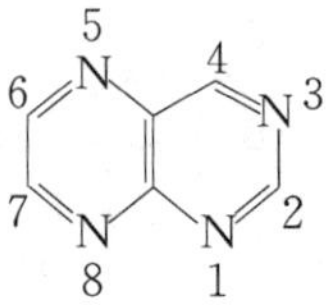

蝶啶
pteridine

蝶啶为黄色结晶,熔点为139～140℃,水中溶解度为1∶7.2。蝶啶具有弱碱性。

蝶啶环系的药物广泛存在于动植物体内，是天然药物的有效成分，如叶酸是红细胞生长发育必需的因子，可以治疗巨幼红细胞性贫血，此外还有利尿药氨苯蝶啶等。

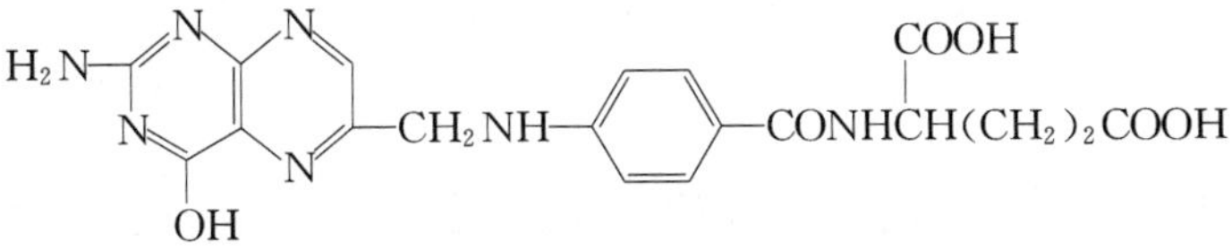

叶酸
folic acid

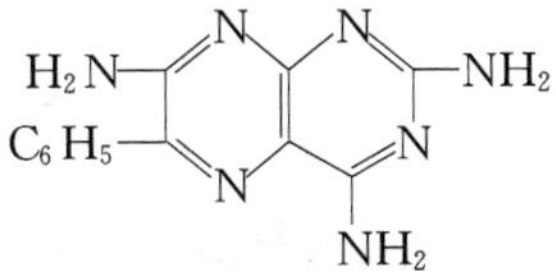

氨苯蝶啶
triamterene

15.5　杂环化合物合成法

杂环化合物种类很多，在此仅介绍喹啉、嘧啶及其衍生物合成法。

15.5.1　喹啉及其衍生物合成法

合成喹啉最常用的方法是**斯克劳普(Skraup)合成法**。喹啉本身可由苯胺、甘油、浓硫酸及硝基苯(起氧化作用)一起共热制得。为防止反应过于剧烈，常加入硫酸亚铁作为缓和剂。

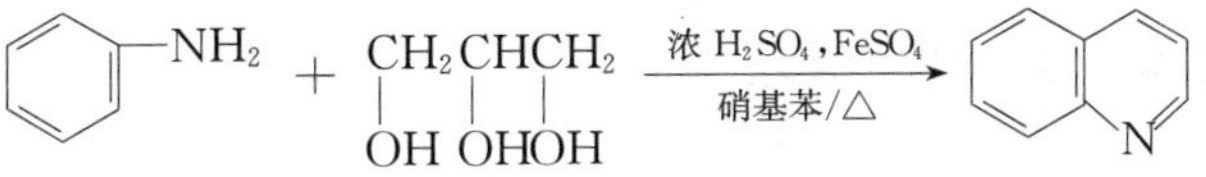

$$C_6H_5NH_2 + \underset{OH}{CH_2}\underset{OH}{CH}\underset{OH}{CH_2} \xrightarrow[\text{硝基苯}/\triangle]{\text{浓 } H_2SO_4, FeSO_4} \text{喹啉}$$

其反应历程如下：

① 甘油在浓 H_2SO_4 存在下，受热脱水成丙烯醛。

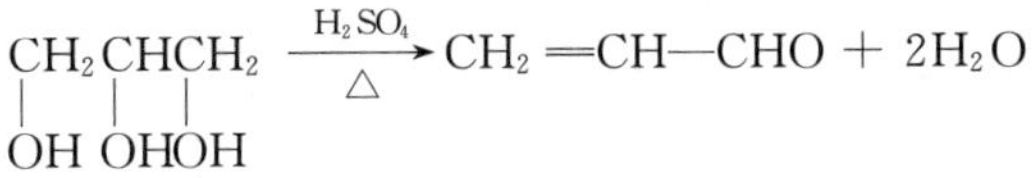

$$\underset{OH}{CH_2}\underset{OH}{CH}\underset{OH}{CH_2} \xrightarrow[\triangle]{H_2SO_4} CH_2{=}CH{-}CHO + 2H_2O$$

② 苯胺与丙烯醛进行麦克尔加成。

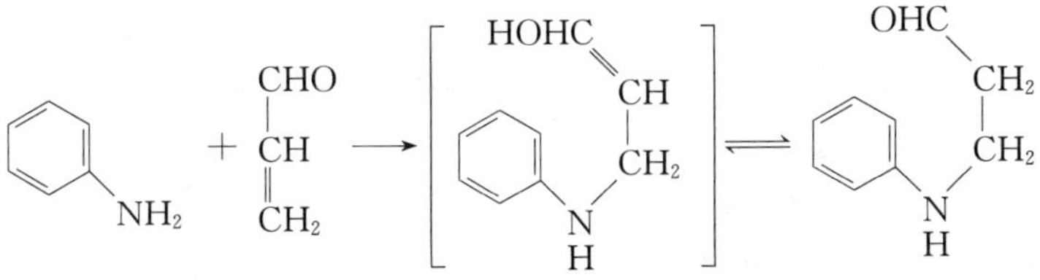

③ 质子化的醛对苯环进行亲电取代，再脱水成 1,2-二氢喹啉。

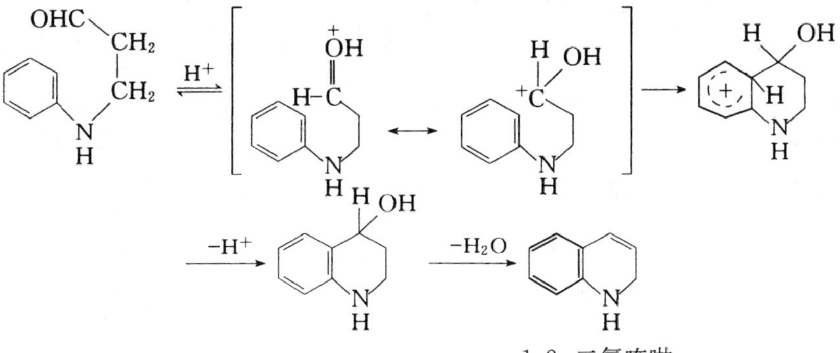

1,2-二氢喹啉

④ 1,2-二氢喹啉经脱氢氧化成喹啉,硝基苯转变为苯胺,可作原料循环使用。

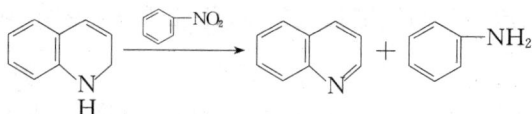

$$\text{1,2-二氢喹啉} \xrightarrow{C_6H_5NO_2} \text{喹啉} + C_6H_5NH_2$$

喹啉衍生物通常不是由喹啉为起始原料制取,而是用取代的芳胺为原料合成。可采用不同的α,β-不饱和醛、酮代替甘油,磷酸或其他酸代替硫酸,氧化剂要使用与芳胺相对应的硝基化合物。如:

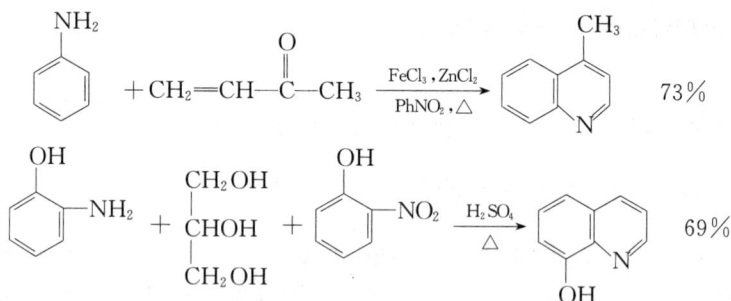

$$C_6H_5NH_2 + CH_2{=}CH{-}\overset{O}{\overset{\|}{C}}{-}CH_3 \xrightarrow[PhNO_2,\triangle]{FeCl_3,ZnCl_2} \text{4-甲基喹啉} \quad 73\%$$

$$\text{邻氨基苯酚} + \begin{matrix} CH_2OH \\ | \\ CHOH \\ | \\ CH_2OH \end{matrix} + \text{邻硝基苯酚} \xrightarrow[\triangle]{H_2SO_4} \text{8-羟基喹啉} \quad 69\%$$

15.5.2 嘧啶类化合物合成法

嘧啶环可用1,3-二羰基化合物与二胺缩合制备。常用的二胺有下列几种:

$H_2N{-}\overset{O}{\overset{\|}{C}}{-}NH_2$	$H_2N{-}\overset{S}{\overset{\|}{C}}{-}NH_2$	$H_2N{-}\overset{NH}{\overset{\|}{C}}{-}NH_2$	$H_2N{-}\overset{NH}{\overset{\|}{C}}{-}R$
脲	硫脲	胍	脒
urea	thiourea	guanidine	amidine

常用的1,3-二羰基化合物有丙二酸酯、β-酮酸酯、β-二酮、氰乙酸酯等。例如:

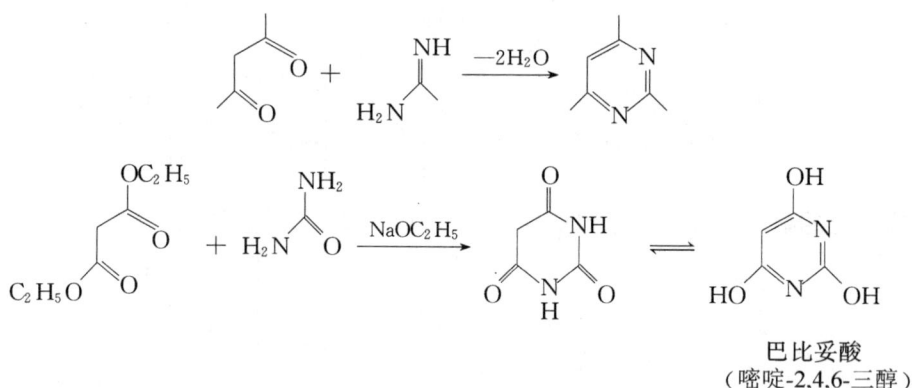

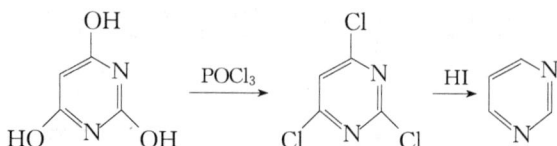

$$CH_3COCH_2COCH_3 + H_2N{-}\overset{NH}{\overset{\|}{C}}{-}CH_3 \xrightarrow{-2H_2O} \text{2,4,6-三甲基嘧啶}$$

$$C_2H_5OOC{-}CH_2{-}COOC_2H_5 + H_2N{-}\overset{O}{\overset{\|}{C}}{-}NH_2 \xrightarrow{NaOC_2H_5} \text{嘧啶-2,4,6(1H,3H,5H)-三酮} \rightleftharpoons \text{嘧啶-2,4,6-三醇}$$

巴比妥酸
(嘧啶-2,4,6-三醇)

将巴比妥酸用 $POCl_3$ 处理,然后用氢碘酸还原,即得嘧啶。

$$\text{嘧啶-2,4,6-三醇} \xrightarrow{POCl_3} \text{2,4,6-三氯嘧啶} \xrightarrow{HI} \text{嘧啶}$$

习　题

1. 命名下列化合物。

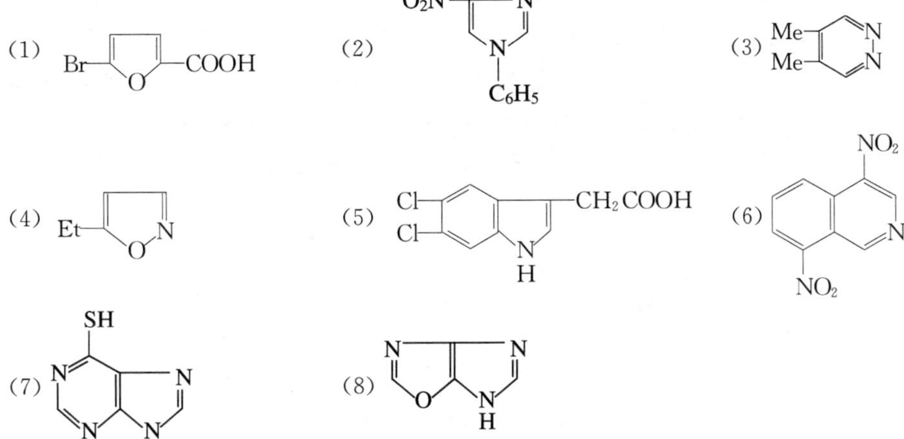

2. 写出下列化合物的构造式。

(1) THF　(2) 糠醛　(3) 六氢吡啶　(4) 噻唑-2-磺酸

(5) 4-甲基-8-硝基喹啉　(6) 7-甲基-7*H*-嘌呤-6-胺

3. 下列化合物中哪些具有芳香性?

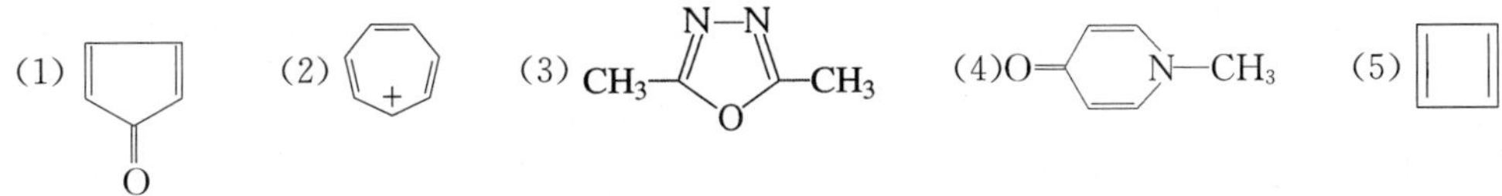

4. 比较下列化合物的碱性强弱。

(1) a. 甲胺　b. 氨　c. 苯胺　d. 四氢吡咯

(2) a. 吡咯　b. 吡啶　c. 吲哚

5. 用适当的化学方法,将下列混合物中的少量杂质除去。

(1) 甲苯中混有少量吡啶　(2) 吡啶中混有少量六氢吡啶

(3) 苯中混有少量噻吩

6. 写出下列反应的产物。

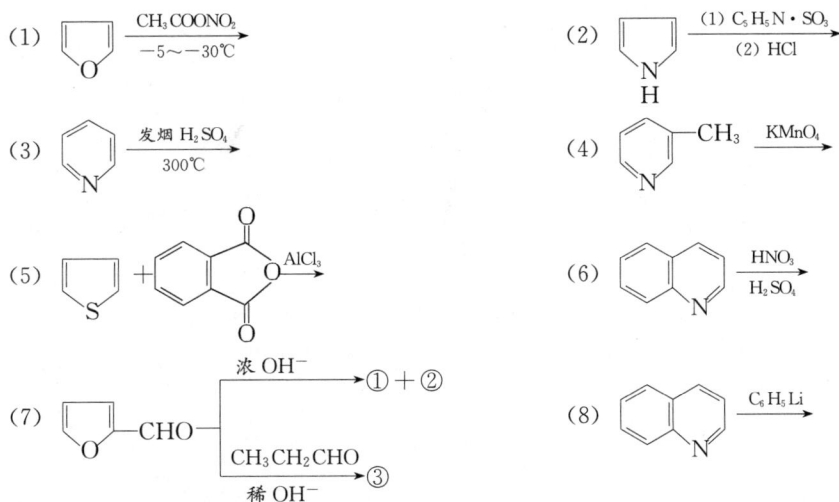

(1) $\xrightarrow[-5\sim-30℃]{CH_3COONO_2}$

(2) $\xrightarrow[(2)\ HCl]{(1)\ C_5H_5N\cdot SO_3}$

(3) $\xrightarrow[300℃]{发烟\ H_2SO_4}$

(4) CH_3 $\xrightarrow{KMnO_4}$

(5) + $\xrightarrow{AlCl_3}$

(6) $\xrightarrow[H_2SO_4]{HNO_3}$

(7) CHO

浓 OH^- → ①＋②

CH_3CH_2CHO，稀 OH^- → ③

(8) $\xrightarrow{C_6H_5Li}$

(9) (pyridine ring)—$CONH_2$ $\xrightarrow{Br_2/OH^-}$

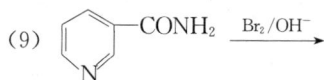

7. 某杂环化合物,分子式为 C_6H_6OS,能生成肟,但不与银氨溶液作用,与 I_2/NaOH 作用后,生成噻吩-2-甲酸,试写出该化合物的结构。

8. 1个含氧杂环的衍生物 A,与强酸水溶液加热,得化合物 B,其分子式为 $C_6H_{10}O_2$。B 与苯肼呈正反应,与杜伦、斐林试剂呈负反应。B 的 IR 谱在 1 715 cm^{-1} 处有强吸收;^{1}H-NMR 谱中在 δ2.6 及 δ2.8 处有 2 个单峰,峰面积之比为 2∶3,试写出 A、B 的结构。

9. 以苯、甲苯和其他非杂环原料,采用 Skraup 合成法合成以下化合物:

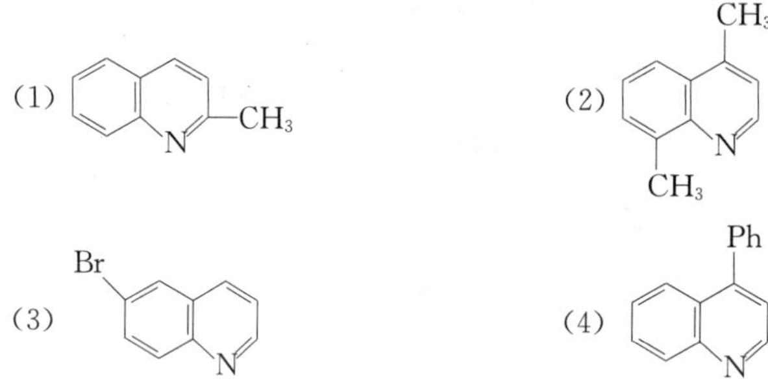

第16章　糖类化合物

16.1　概述

糖(**saccharide**)也称**作碳水化合物**(carbohydrate),是自然界存在较广泛的一类化合物,也是与人类生活关系十分密切的一类化合物。生物体内都含有糖类化合物,如人和哺乳动物的肌肉、肝脏和血液中,昆虫的甲壳及翅膀中都含有糖类化合物,特别是植物体内含糖最为丰富,约占其干重的80%以上,是构成植物体的基础物质。与人们日常生活密切相关的是淀粉、纤维素和葡萄糖,人类从植物中大量获取这些糖类并成为人们衣食的原料。

最初分析得知糖类化合物都含有碳、氢、氧3种元素,而且分子中氢与氧的比为2∶1,把糖的通式写成$C_n(H_2O)_m$(其中m和n可以相同,也可以不同),因此也把糖称为碳水化合物,如葡萄糖的分子式为$C_6(H_2O)_6$。后来发现有一些糖类化合物不符合此通式,如鼠李糖分子式为$C_6H_{12}O_5$,有些非糖类化合物分子组成符合此通式,如乙酸(分子式为$C_2H_4O_2$)、甲醛(分子式为CH_2O),故碳水化合物一词并不能准确反映糖的结构,但仍然沿用至今。从结构上看,糖类化合物是多羟基醛、多羟基酮或它们的缩聚物。

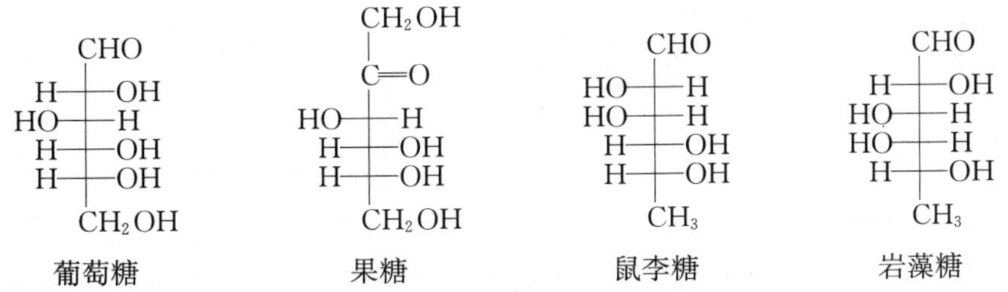

根据糖类水解的情况,可将糖分为3类:单糖、寡糖和多糖。

单糖(**monosaccharide**)是最简单的糖,它不能再被水解成更小的糖分子,如葡萄糖、果糖等。

低聚糖(**oligosaccharide**)又称寡糖,是可以水解为2～9个单糖分子的糖。

多糖(**polysaccharide**)是可以水解为多于9个单糖分子的糖,如淀粉、纤维素等。

糖类是多官能团化合物,它们既有所含官能团的性质,也有官能团之间相互影响的表现。糖类分子还含有多个手性碳原子,因此必然具有旋光性和旋光现象。所以认识糖类的特性,就需要运用以往学过的官能团反应和立体化学的概念来分析问题和解决问题。

16.2　单糖

单糖广泛存在于自然界,大多数为复杂天然产物的分解物。单糖分为醛糖和酮糖,分子中含有醛基的糖称为**醛糖**(**aldose**),分子中含有酮羰基的糖称为**酮糖**(**ketose**),如葡萄糖为醛糖,果糖为酮糖。也可根据单糖分子中碳原子的数目分为三碳糖、四碳糖、五碳糖等。葡萄糖是六碳糖,也是最重要的单糖。自然界最简单的醛糖是甘油醛,最简单的酮糖是 1,3-二羟基丙酮,碳原子数目最多的单糖是 9 个碳的壬酮糖。在体内以戊糖和己糖最为常见。有些糖的羟基可被氨基或氢原子取代,如组成节肢动物甲壳质的氨基糖和脱氧糖,它们也是生物体内重要的糖类,如 2-脱氧核糖、2-氨基葡萄糖。

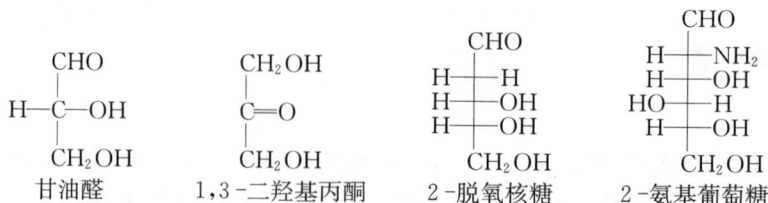

CHO
H—C—OH
CH_2OH
甘油醛

CH_2OH
C=O
CH_2OH
1,3-二羟基丙酮

CHO
H—H
H—OH
H—OH
CH_2OH
2-脱氧核糖

CHO
H—NH_2
H—OH
HO—H
H—OH
CH_2OH
2-氨基葡萄糖

16.2.1 单糖的结构

1. 单糖的开链结构和命名

糖类化合物的开链结构一般都用费歇尔投影式表示。在甘油醛的费歇尔投影式中,将 2-位羟基写在投影式的右边的称为 D-型,将 2-位羟基写在投影式的左边的称为 L-型,其他的糖类化合物通过各种反应与甘油醛相对比,写成费歇尔投影式后,其最大编号的手性碳在投影式右边的为 D-构型,在左边的为 L-构型。糖的费歇尔投影式中,为方便起见,经常把 H 原子省略,羟基用短线表示。例如:

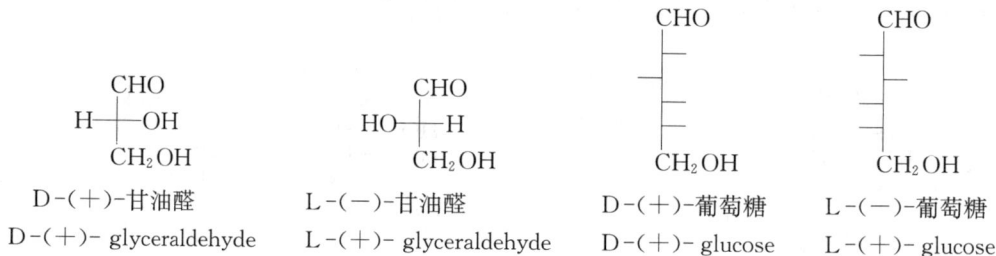

CHO
H—OH
CH_2OH
D-(+)-甘油醛
D-(+)- glyceraldehyde

CHO
HO—H
CH_2OH
L-(−)-甘油醛
L-(+)- glyceraldehyde

CHO
CH_2OH
D-(+)-葡萄糖
D-(+)- glucose

CHO
CH_2OH
L-(−)-葡萄糖
L-(+)- glucose

当葡萄糖 C_2 位羟基与氢位置互换时,则称为甘露糖,葡萄糖与甘露糖是非对映异构体的关系,它们之间的差别仅在 C_2 位的构型不同。像这种有多个手性碳的非对映异构体,彼此间仅有一个对应手性碳原子的构型不同,而其余的都相同者,又可称为**差向异构体**(**epimer**)。葡萄糖的 C_3 位差向异构体是阿洛糖,C_4 位差向异构体是半乳糖(见图16-1)。

糖类化合物也可采用 R、S 标记法命名。

通常情况下单糖命名常用俗名(多数根据来源)。1 对对映体有同一名称,非对映体有不同名称。自然界存在的糖为 D-构型。例如葡萄糖为 6 碳醛糖,分子式为 $C_6H_{12}O_6$,分子中有 4 个手性碳,有 $2^4=16$ 个立体异构体,其中 8 个为 D-型,8 个为 L-型,组成 8 对对映异构体。在这些光学异构体中,自然界中存在的只有 D-(+)-葡萄糖、D-(+)-甘露糖和 D-(+)-半乳糖,其余都是人工合成的。

2. 单糖的环状结构和哈沃斯透视式

葡萄糖的开链结构表明其结构中含有羰基,但是这种开链结构与一些实验事实不符,如:醛在干 HCl 存在下可与 2 分子甲醇反应生成缩醛,但葡萄糖只与 1 分子甲醇反应生成稳定的化合物;固体 D-葡萄糖在红外光谱中不出现羰基的伸缩振动峰;在核磁共振谱中也

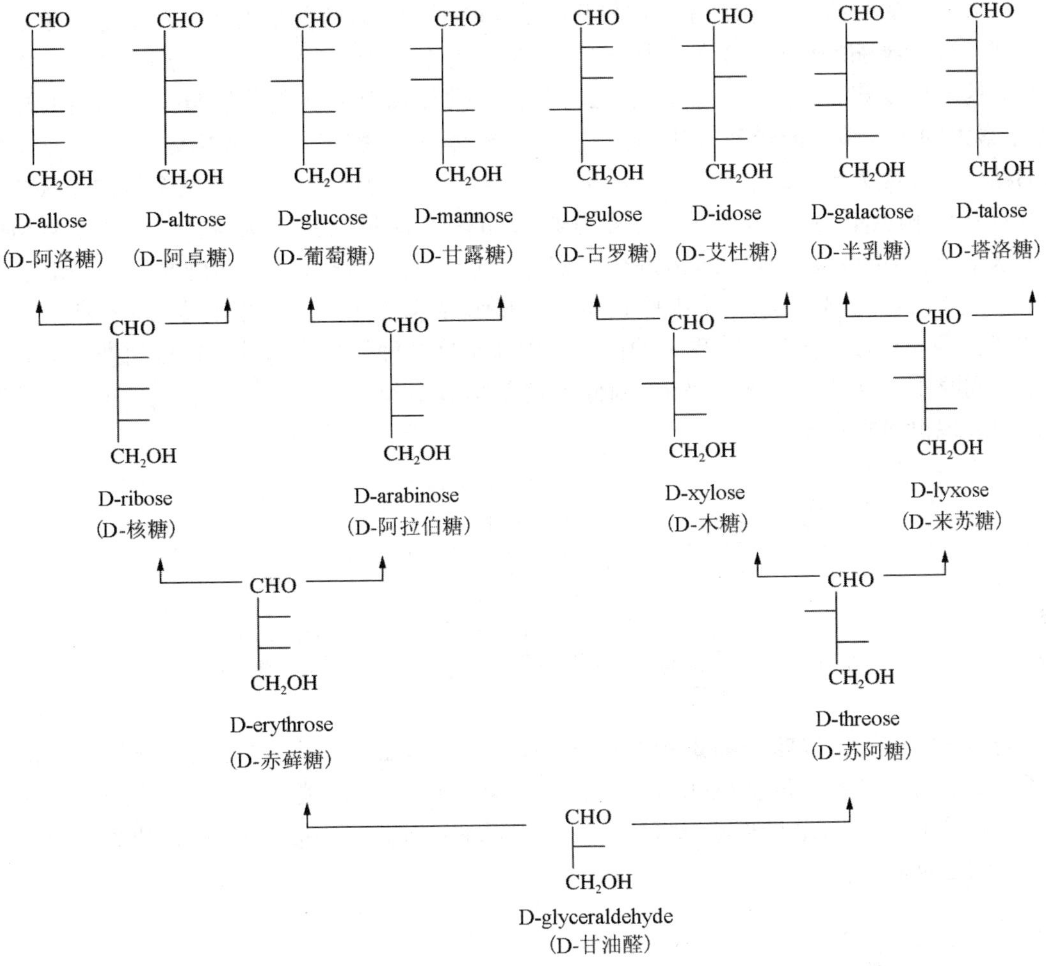

图 16-1 D-醛糖系列(C_3～C_6)

不显示与醛羰基相连的氢原子(H—CO—)的特征峰；D-(+)-葡萄糖在 50℃以下水溶液中结晶得到熔点为 146℃的晶体，其比旋光度为+112°，在 98～100℃的水溶液中结晶得到熔点为 150℃的晶体，其比旋光度为+18.7°，将这两种晶体分别溶于水中，它们的比旋光度都逐渐变化到+52.6°，这种比旋光度发生变化的现象称为**变旋现象**(**mutarotation**)。葡萄糖的上述性质，无法从链状结构得到解释，因为旋光度的改变是葡萄糖内在结构发生变化的反映。

联想到 γ-和 δ-羟基醛可以形成分子内的半缩醛和缩醛，葡萄糖分子中含有醛基和醇羟基，也可以在分子内形成环状半缩醛，D-(+)-葡萄糖主要以 δ 氧环式形式存在，即 δ 碳原子上的羟基与醛基作用生成环状半缩醛。该环状半缩醛只与 1 分子甲醇反应即可生成缩醛。

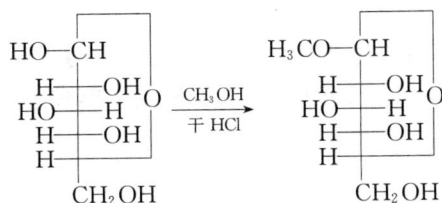

HO—CH
H—OH
HO—H
H—OH
H— (O 环)
CH_2OH

$\xrightarrow[\text{干 HCl}]{CH_3OH}$

H_3CO—CH
H—OH
HO—H
H—OH
H— (O 环)
CH_2OH

D-(+)-葡萄糖环状半缩醛形式与开链结构的平衡可以清楚地说明它的变旋现象。由于形成了环状半缩醛结构,糖分子中的 C_1 成为新的手性碳,产生一个新的手性中心,因此其旋光度发生变化。在糖半缩醛环结构的费歇尔投影式中半缩醛羟基与决定构型的羟基(编号最大的手性碳上的羟基)在同侧定为α-异构体,在异侧定为β-异构体。α-D-(+)-葡萄糖比旋光度为+112°,β-D-(+)-葡萄糖的比旋光度为+18.7°。这两个异构体从结构上看只有 C_1构型不同,称作**端基差向异构体(anomer)**,简称**端基异构体**。当把2个异构体溶于水中,它们可以通过开链结构进行半缩醛形式的相互转化,最终达到平衡。平衡混合物中α-异构体占36%,β-异构体占64%,开链结构占0.02%,混合物的比旋光度为+52.6°。D-葡萄糖发生变旋现象的内在原因就是这2种异构体与开链结构间处于动态平衡中。同时由于开链结构含量极低,因此与羰基加成等反应不易发生,并在红外和氢核磁光谱中表现出异常现象。

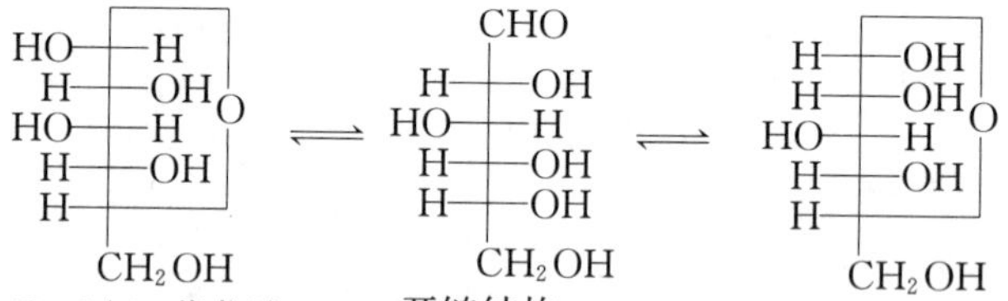

β-D-(+)-葡萄糖 $[\alpha]_D=+18.7°$ ⇌ 开链结构 ⇌ α-D-(+)-葡萄糖 $[\alpha]_D=+112°$

糖的环状结构常以**哈沃斯透视式(Haworth projection)**表示。现以葡萄糖为例来说明哈沃斯式的写法。首先将费歇尔投影式向右侧转90°,然后把碳链写成六元环形式,旋转 $C_4—C_5$键使 C_5上的羟基接近醛基,C_5 上的羟基从环平面的两侧进攻醛基,形成葡萄糖半缩醛形式的2种异构体。

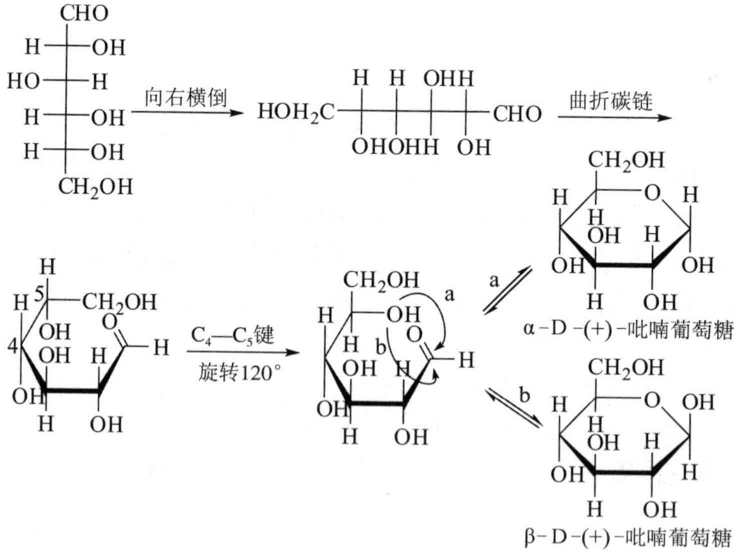

向右横倒 → 曲折碳链 → $C_4—C_5$键旋转120° →

α-D-(+)-吡喃葡萄糖

β-D-(+)-吡喃葡萄糖

糖主要以五、六元环形式存在。像上例以5个碳原子与1个氧原子形成的六元环,形式上像吡喃,故称为**吡喃糖**;若以4个碳原子与1个氧原子形成五元环,形式上像呋喃,称为**呋喃糖**,如D-呋喃果糖。

β-D-呋喃果糖　　α-D-呋喃果糖

环上的羟基常可用短直线表示，氢原子可省略。当不需要强调 C_1 位构型，或表示 2 种端基异构体的混合物时，可将 C_1 上的氢原子和羟基并列写出或用波浪线将 C_1 与羟基相连，如 D-葡萄糖：

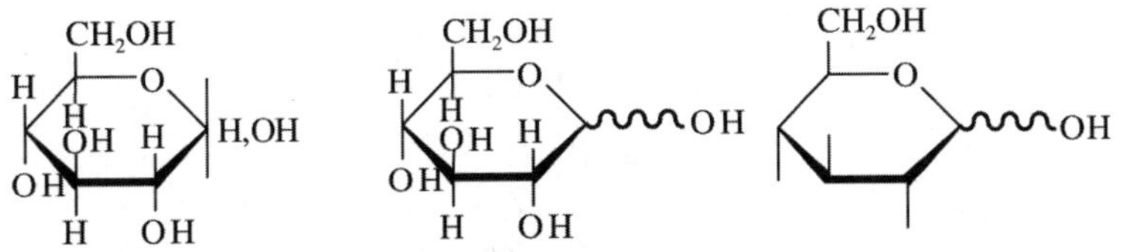

糖的开链式结构成环后，原来判断构型的标准（如 C_5—OH），因参与成环，已无法直接以其为标准来判断构型。此时，可根据 C_5 上的—CH_2OH 来判断构型：环顺时针排列时，C_5 上—CH_2OH 在环平面上方者为 D 型，在环平面下方者为 L 型。若逆时针排列则相反。

在葡萄糖的哈沃斯式中，半缩醛羟基与—CH_2OH 在同侧的为 β-构型，在异侧的为 α-构型。在某些环中无参照的—CH_2OH，则以决定构型 D 或 L 的羟基为参照，半缩醛羟基与它在同侧的为 α-构型，在异侧的为 β-构型。

3. 单糖的构象

吡喃糖为六元环，与环己烷类似，椅式构象为优势构象，环上的取代基中，—CH_2OH 为体积较大的基团，所以—CH_2OH 处在 e 键为稳定构象。如 α 和 β-D-吡喃葡萄糖所对应的稳定构象为：

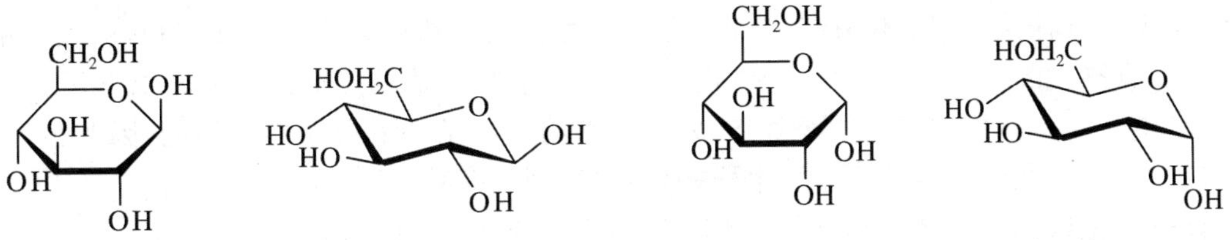

β-D-(+)-吡喃葡萄糖　　α-D-(+)-吡喃葡萄糖

可以看出，在 α-异构体中，半缩醛羟基在 a 键，其他基团都在 e 键，而在 β-异构体中，所有的基团均在 e 键上，即β-异构体比 α-异构体稳定。因此在葡萄糖水溶液平衡混合物中β-异构体比较多，占 64%。

16.2.2　单糖的化学性质

单糖分子中含有羟基和羰基，除了具有一般醇和醛酮的性质外，还因它们处于同一分子内而相互影响，故又显示某些特殊性质。

1. 差向异构化

单糖用稀碱水溶液处理时，可发生异构化反应。如在碱（如氢氧化钡）作用下，D-葡萄糖可以部分转变为 D-甘露糖和 D-果糖，可能是通过烯二醇中间体相互转化，最后形成各种异构体的平衡混合物。D-葡萄糖和 D-甘露糖中，有 3 个手性碳是相同的，只有1个不同，它们是差向异构体。单糖这种转化为差向异构体的过程称为**差向异构化**(**epimerization**)。

```
    CHO                     ┌     CHOH      ┐                 CHO
 H ─┼─ OH                   │      ‖        │             HO ─┼─ H
HO ─┼─ H                    │     C─OH      │             HO ─┼─ H
 H ─┼─ OH        ⇌          │ HO ─┼─ H      │      ⇌       H ─┼─ OH
 H ─┼─ OH                   │  H ─┼─ OH     │              H ─┼─ OH
    CH2OH                   │  H ─┼─ OH     │                 CH2OH
                            └     CH2OH     ┘
 D-葡萄糖                                                  D-甘露糖
                                  ⇅
                                CH2OH
                                  |
                                 C=O
                             HO ─┼─ H
                              H ─┼─ OH
                              H ─┼─ OH
                                CH2OH
                               D-果糖
```

与羰基相邻的α-碳上的氢原子有一定酸性，在碱性条件下可发生互变异构（1,3-重排），生成烯醇式。烯二醇的羟基也有明显酸性，故在碱性条件下可发生类似的1,3-重排。当C_1-烯醇羟基发生可逆的1,3-重排时，由于烯烃是平面结构，因此重排可在双键的两个方向进行，得到D-甘露糖和原来的D-葡萄糖；当C_2-烯醇羟基发生重排时，只得到D-果糖。

2. 氧化反应

许多单糖虽然具有环状半缩醛(酮)结构，但在溶液中与开链的结构处于动态平衡中。因此，单糖可被杜伦试剂氧化，产生银镜，也能被斐林试剂和本尼迪特(Benedict，由硫酸铜、柠檬酸和碳酸钠配制成的蓝色溶液)试剂氧化，产生氧化亚铜的砖红色沉淀。果糖是2-羰基酮糖，本身不具有能被氧化的醛基，但因在试剂的碱性条件下可异构成醛糖，因此也发生正反应。由于糖在碱性条件下会发生异构化，故得到的糖酸为混合物。

能被杜伦试剂和斐林试剂氧化的糖称为**还原性糖**(reducing sugar)。例如：

```
    CHO                              COO⁻
 H ─┼─ OH                         H ─┼─ OH
HO ─┼─ H      Ag(NH3)2+          HO ─┼─ H
 H ─┼─ OH    ───────────→         H ─┼─ OH       + Ag↓
 H ─┼─ OH        OH⁻              H ─┼─ OH
    CH2OH                            CH2OH

    CH2OH
    |                                COO⁻
    C=O                           H ─┼─ OH
HO ─┼─ H      Ag(NH3)2+          HO ─┼─ H
 H ─┼─ OH    ───────────→         H ─┼─ OH       + Ag↓
 H ─┼─ OH        OH⁻              H ─┼─ OH
    CH2OH                            CH2OH
```

溴的水溶液为弱氧化剂，可很快地与醛糖反应，选择性地将其醛基氧化成羧基，然后很快生成内酯。酮糖不发生此反应，因此可以利用溴水是否褪色来鉴别醛糖或酮糖。

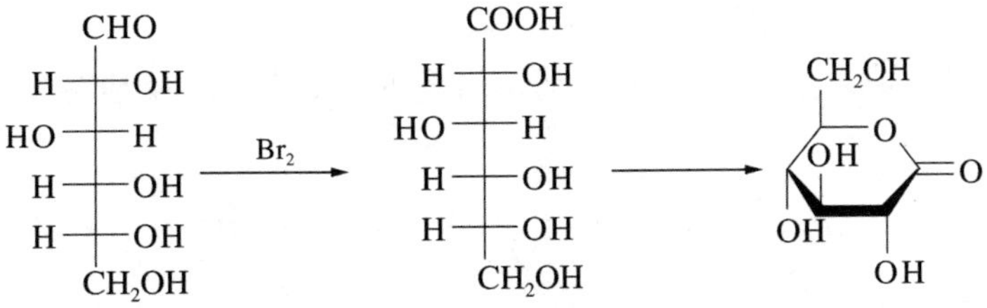

稀硝酸是比溴水更强的氧化剂，它可以将单糖分子中的醛基和伯醇基都氧化成羧基。例如在温热的稀硝酸作用下，D－葡萄糖经硝酸氧化，生成 D－葡萄糖二酸。

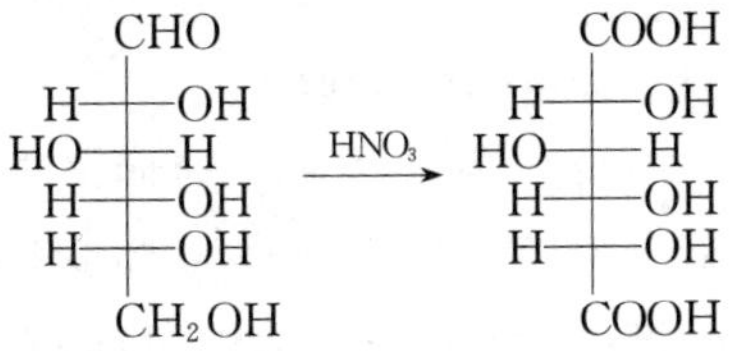

糖分子为多羟基醛或酮，分子中存在邻二醇的结构，因此糖可以被高碘酸氧化，当分子中连续 3 个碳原子带有羟基时，中间的碳原子将被高碘酸氧化成甲酸。

$$R_2C(OH)-CH(OH)-CR_2'(OH) \xrightarrow{2HIO_4} R_2C=O + HCOOH + R_2'C=O + 2HIO_3$$

α－羟基取代的羰基化合物也能被高碘酸氧化，在 2 个碳原子间发生氧化断裂，生成羧酸和羰基化合物，例如 D－葡萄糖可与 5 分子高碘酸反应，生成 5 分子甲酸和 1 分子甲醛。

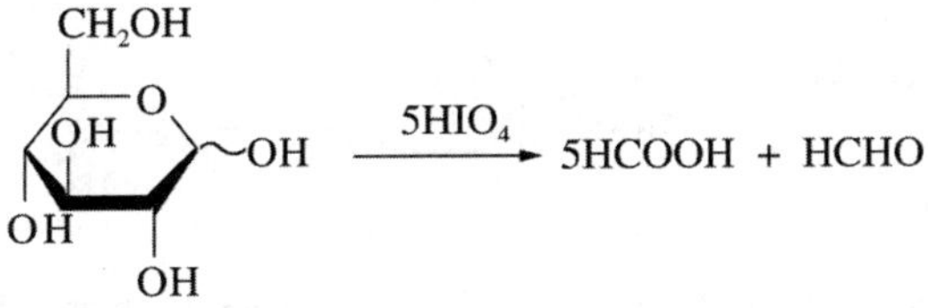

$$\xrightarrow{5HIO_4} 5HCOOH + HCHO$$

3. 还原反应

单糖的羰基可用硼氢化钠或催化氢化（活性镍）还原得到相应的多元醇。例如 D－葡萄糖的还原产物称为山梨醇（或葡萄糖醇），是生产维生素 C 的原料。果糖经硼氢化钠还原后主要生成甘露醇和山梨醇，甘露醇的高浓度的灭菌水溶液，注射后可以降低颅内压和眼内压，是临床常用的药物。D－核糖的还原产物称为 D－核糖醇，是维生素 B_2 的组分。

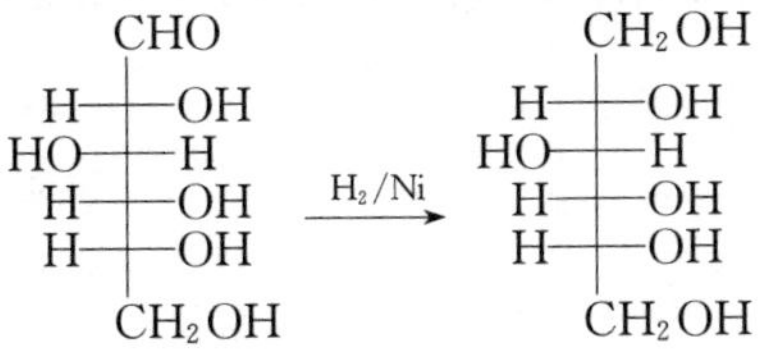

$$\xrightarrow{H_2/Ni}$$

D－葡萄糖　　D－山梨醇

$$\xrightarrow{NaBH_4}$$

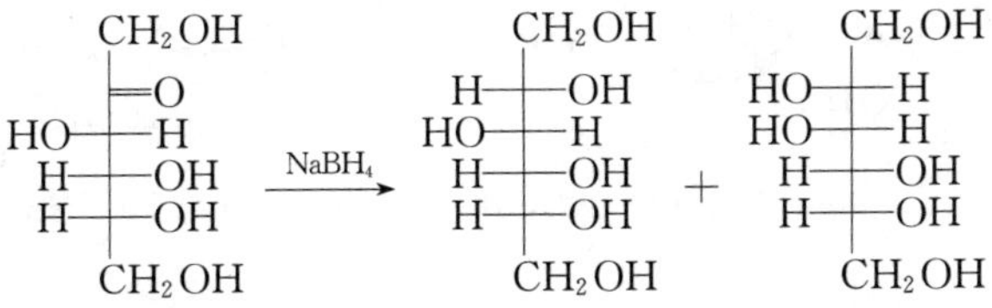

D－果糖　　D－山梨醇　　D－甘露醇

4. 形成糖脎

糖与苯肼反应生成苯腙，当苯肼达到 3 倍量时，可进一步反应生成**糖脎**(**osazone**)。例如：

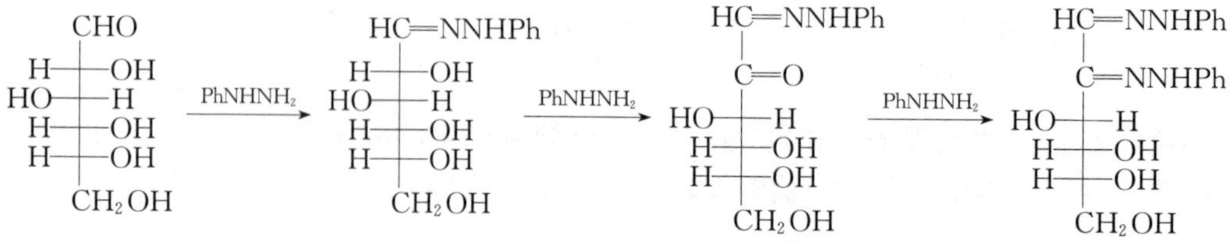

$$\text{D-葡萄糖(CHO, CH}_2\text{OH)} \xrightarrow{PhNHNH_2} \text{HC=NNHPh} \xrightarrow{PhNHNH_2} \text{HC=NNHPh, C=O} \xrightarrow{PhNHNH_2} \text{HC=NNHPh, C=NNHPh}$$

糖脎是不溶于水的黄色晶体，不同的糖成脎时间、结晶形状及形成的糖脎的熔点也不同，糖分子中引入 2 个苯肼基后，相对分子质量大大增加，导致水溶性明显减少。因为各种糖脎都具有特征性的结晶形状和特定的熔点，故该反应常用作糖的定性鉴别和制备衍生物。但仅是 C_1、C_2 上结构不同的糖(其余碳的结构相同)形成糖脎是相同的，如 D-葡萄糖、D-果糖和D-甘露糖与苯肼反应可形成相同的脎，它们的分子中，除 C_1、C_2 外，C_3、C_4、C_5 为相同的手性碳。

5. 糖苷的生成

糖以环状半缩醛形式存在，因此和其他半缩醛(酮)一样，糖类化合物可以进一步和另 1 分子的醇在干燥 HCl 存在下形成缩醛或缩酮化合物，称为**糖苷**(**glycosides**)。如在 HCl 存在下，D-(+)-葡萄糖与甲醇作用，可生成 2 个甲基取代物。

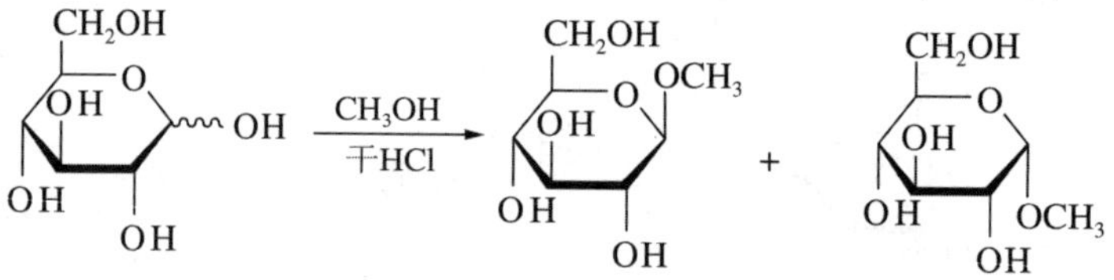

$$\xrightarrow[\text{干HCl}]{CH_3OH}$$

糖苷分子结构可分为糖基和非糖两部分。糖部分称为**糖基**，非糖部分称为**配糖基**或**苷元**。糖苷与其他缩醛一样是比较稳定的化合物，在水中不能转化为开链结构，没有变旋现象，也不能被杜伦试剂、斐林试剂氧化，但在酸性条件或酶的作用下，可水解成原来的糖。

糖苷广泛存在于自然界，多为中草药有效成分。如松针中的水杨苷、苦杏仁中的苦杏仁苷(扁桃苷)、蒲公英和槐花等中用作防治高血压的辅助治疗剂芦丁等。

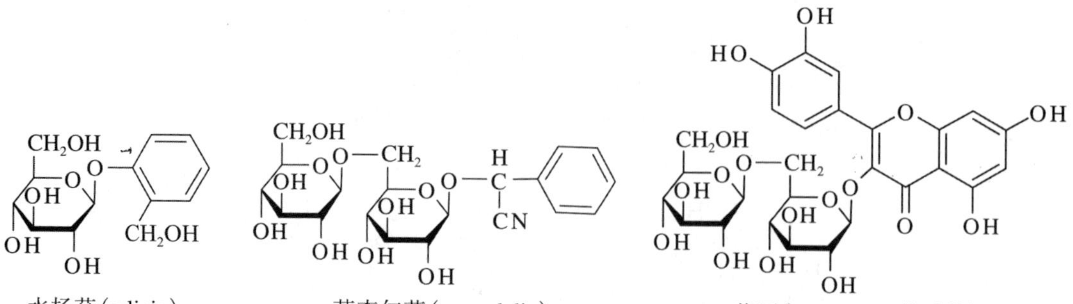

水杨苷(salicin)　　苦杏仁苷(amygdalin)　　芦丁(sophorin，芸香苷)

16.2.3 重要的单糖及其衍生物

1. 葡萄糖

自然界存在的葡萄糖主要是 D-(+)-葡萄糖。葡萄糖是与人类生命活动密切相关的基础物质，也是在自然界中分布最广的单糖，其主要存在于葡萄汁及其他带甜味的水果中。植物的根、茎、叶中都含有葡萄糖，并常以苷的形式存在，它也是构成多糖最基本的结构单位。人和动物的血液中也存在葡萄糖，因此葡萄糖也称为血糖。正常人每 100 mL 的血液中约含 80～100 mg 的葡萄糖，若低于此值，会导致低血糖症，如血糖浓度过高或者在尿中出现葡萄糖时，表明有患糖尿病的可能。

食物中的淀粉要在消化器官中转化成葡萄糖之后才能够被人体利用。工业上多用淀粉水解来制备葡萄糖。在医药上，葡萄糖是重要的营养剂，也是制剂中常用的稀释剂和辅料。

葡萄糖是人体内新陈代谢不可缺少的重要营养物质，为人和动物的生命活动提供能量，在医药、食品工业中也有重要用途，是制备葡萄糖酸钙和维生素 C 的原料，在酶的作用下可以转化为维生素 C。

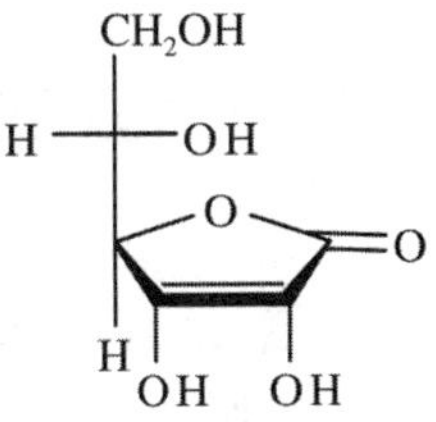

维生素 C

(Vitamin C)

维生素 C(抗坏血酸)为无色晶体，熔点为 190～192℃，易溶于水，水溶液有酸味。从结构上讲，维生素 C 是个三元酮酸内酯，但其酮基为烯醇式，具有特殊的烯二醇结构。烯二醇是强的还原剂，很容易失去氢而变成 α-二酮结构，维生素 C 的重要生理功能也正是由于其在体内能发生氧化还原作用。

2. 果糖

D-果糖为白色晶体或结晶性粉末，熔点为 102℃，是自然界中分布最广的己酮糖。它主要存在于蜂蜜和某些水果中，也可以与 D-(+)葡萄糖结合成蔗糖而存在。果糖的甜度比蔗糖和葡萄糖都高，自然界中存在的果糖都为 D-(−)果糖。果糖可以形成呋喃型和吡喃型两种环状结构，当它以单糖形式存在于水溶液中时，其 α 型和 β 型都是吡喃型的；当以糖苷形式存在时，多以呋喃型存在。

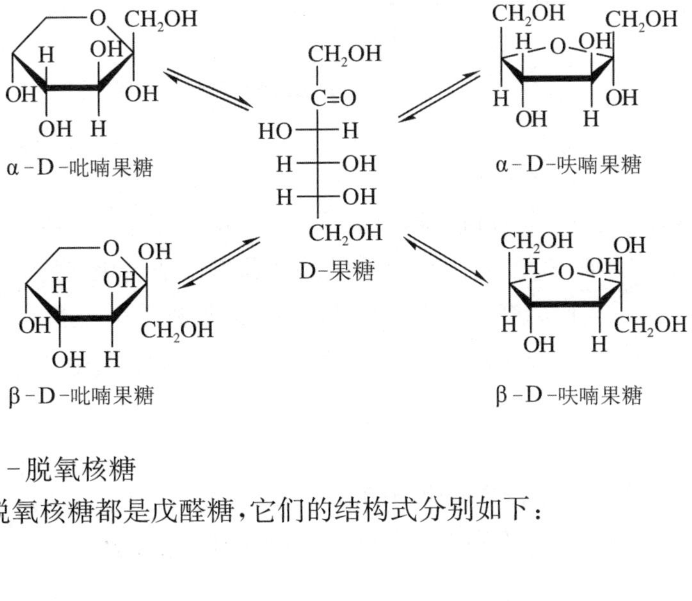

α-D-吡喃果糖　　D-果糖　　α-D-呋喃果糖

β-D-吡喃果糖　　β-D-呋喃果糖

3. 核糖和 α-脱氧核糖

核糖和 α-脱氧核糖都是戊醛糖，它们的结构式分别如下：

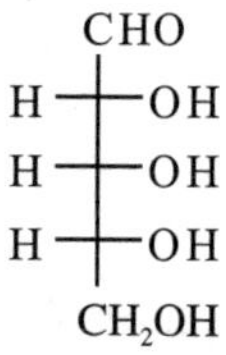

D-(-)核糖 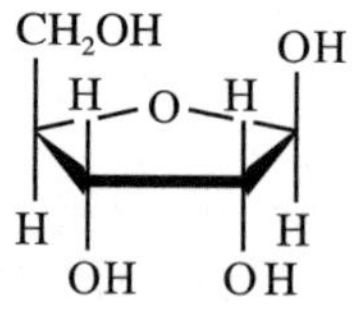　β-D-(-)核糖 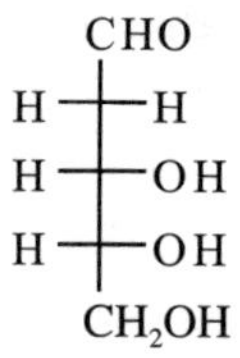　D-(-)-2-脱氧核糖 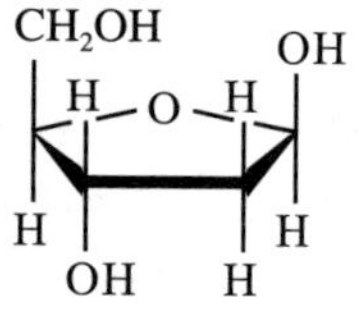　β-D-(-)-2-脱氧核糖

它们在自然界中分别与磷酸和有机碱组成核糖核酸(RNA)或者α-脱氧核糖核酸(DNA)。

16.3 双糖

双糖(disaccharide)是最简单的低聚糖,可以看作是1分子糖的半缩醛羟基与另1分子糖的羟基脱水缩合的产物,可水解成两分子单糖。双糖的物理性质类似于单糖,例如能形成结晶,易溶于水,具甜味,有旋光性等。根据是否具有还原性可将双糖可分为两类:还原性糖和非还原性糖。自然界存在的麦芽糖、纤维二糖、乳糖等为还原性糖,蔗糖、海藻糖等为非还原性糖。

1. (+)-麦芽糖

(+)-麦芽糖(maltose)是食用饴糖的主要成分,可用淀粉经淀粉酶水解而得。麦芽糖可被α-葡萄糖苷酶水解成2分子的D-葡萄糖,这种得自酵母的α-葡萄糖苷酶只能水解α-糖苷键,这说明麦芽糖由2分子的葡萄糖通过α-糖苷键缩合,麦芽糖是还原性糖,能被杜伦试剂氧化,说明其分子中具有醛基。实验表明麦芽糖具有如下结构:

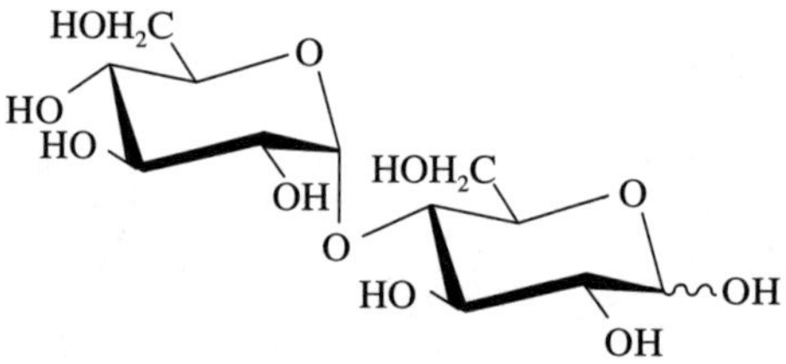

(+)-麦芽糖

(+)-麦芽糖是以α-1,4苷键(常可用α-1→4表示)连接的,是具有还原性的双糖。其全名为4-*O*-(α-D-吡喃葡萄糖基)-D-吡喃葡萄糖。结晶状态的(+)-麦芽糖中,半缩醛羟基是β-构型的,其比旋度$[\alpha]_D$为+112°,但在水溶液中,它也像葡萄糖一样,存在变旋现象,部分变旋产生α-(+)-麦芽糖,其比旋度$[\alpha]_D$为+168°,最终达到平衡时$[\alpha]_D$为+136°。

2. (+)-乳糖

(+)-乳糖(lactose)存在于哺乳动物的乳汁中,人乳中含7%~8%,牛奶中含4%~5%。乳糖用苦杏仁酶水解时,可得等量的D-葡萄糖和D-半乳糖。

研究表明，乳糖是由一分子β－D－吡喃半乳糖与一分子D－吡喃葡萄糖通过β－1→4 苷键相连而成的，全名为 4－*O*－(β－D－吡喃半乳糖基)－D－吡喃葡萄糖，其结构为：

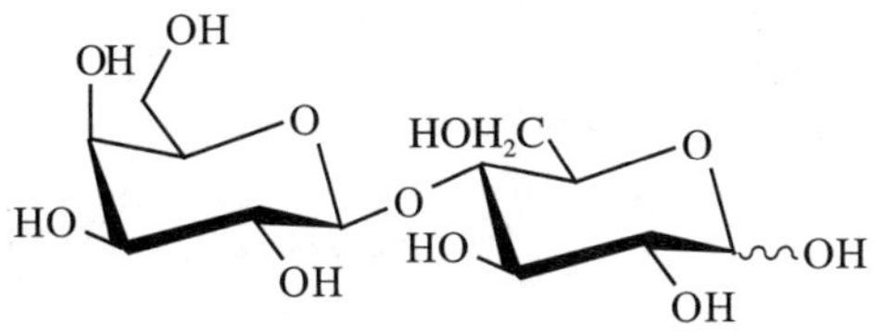

(＋)-乳糖

由于其分子中的葡萄糖部分还保留有游离的半缩醛羟基，乳糖在溶液中也有变旋现象，也可形成糖脎，是还原糖。其α－体和β－体达到平衡时的比旋度为 ＋55°，其纯的α－体和 β－体的比旋度分别为＋90° 和＋35°。

3. (＋)-纤维二糖

(＋)-纤维二糖(cellobiose)是纤维素(棉纤维)水解的产物。其化学性质与(＋)-麦芽糖相似，为还原糖，也有变旋现象。水解后生成 2 分子 D-(＋)-吡喃葡萄糖。经与麦芽糖类似的一系列化学反应分析和结构确认得知，(＋)-纤维二糖也是以 β－1,4－糖苷键相连的。

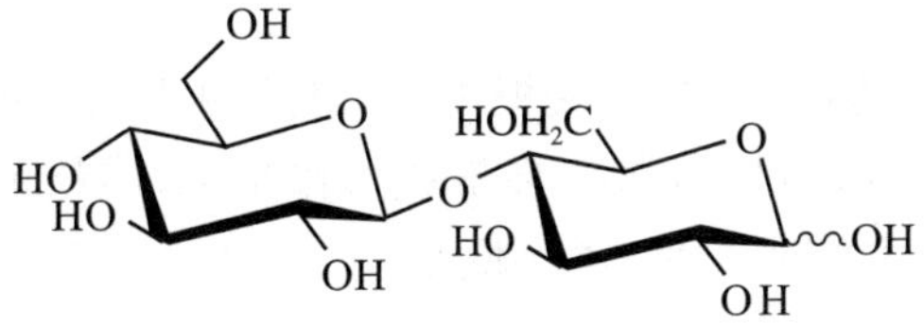

(＋)-纤维二糖

与(＋)-麦芽糖不同的是，(＋)-纤维二糖不能被麦芽糖酶水解，而只能被苦杏仁酶(emulsin，来自苦杏仁)水解，此酶是专一性断裂β－糖苷键的糖苷酶。因此，(＋)-纤维二糖的全名为 4－*O*－(β－D－吡喃葡萄糖基)－D－吡喃葡萄糖。

(＋)-纤维二糖与(＋)-麦芽糖虽只是苷键的构型不同，但在生理作用上却有很大差别。(＋)-麦芽糖有甜味，可在人体内分解消化，而(＋)-纤维二糖既无甜味，也不能被人体消化吸收。食草动物就不同，体内有水解 β－糖苷键的糖苷酶，所以可以以草为食，把纤维素最终水解为葡萄糖而供给肌体能量。

4. 蔗糖

蔗糖(sucrose)即为普通食用的白糖，为自然界分布最广的双糖，在甘蔗和甜菜中含量最多，故有蔗糖或甜菜糖之称。蔗糖的比旋度为＋66.5°，无变旋现象，也不能还原杜伦和斐林试剂，因此是非还原糖，分子中不存在游离的半缩醛(或酮)羟基。

当(＋)-蔗糖被稀酸水解时，产生等量的 D－葡萄糖和 D－果糖。该混合物的比旋光度为－19.9°，水解后生成的 D－葡萄糖和 D－果糖混合物称为**转化糖(invert sugar)**，比蔗糖更甜。转化糖在蜂蜜中大量存在。(＋)-蔗糖也可被麦芽糖酶水解，说明具有α－糖苷键；同时，其又可被转化酶水解(此酶是专一性地水解β－D－果糖苷键的酶)。以上说明(＋)-蔗糖既是α－D－葡萄糖苷，又是β－D－果糖苷。随着鉴定技术的进步，经 X－射线等手段确定了(＋)-蔗糖为α－D－吡喃葡萄糖基－β－D－呋喃果糖苷。当然，它同时也可称为β－D－呋喃

果糖基-α-D-吡喃葡萄糖苷。其结构式为:

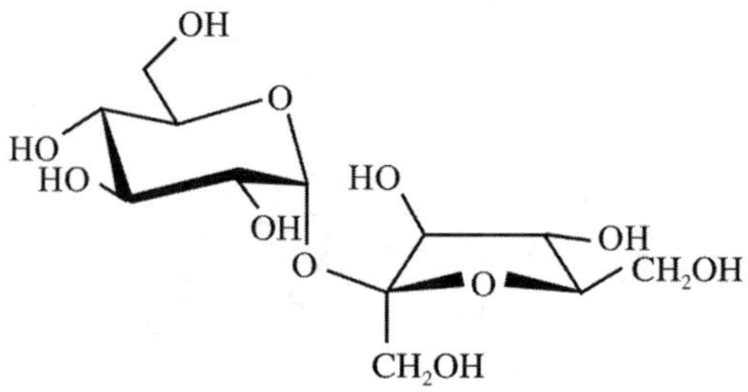

蔗糖

16.4 多糖

多糖是由几百乃至几千个单糖通过糖苷键连接而成的天然高分子化合物,相对分子质量在几万以上,其最终水解产物是单糖。多糖的性质与单糖、双糖完全不同。多糖通常无变旋现象,无还原性,也不具有甜味,难溶于水。多糖中最重要的是淀粉和纤维素。

1. 淀粉

淀粉大量存在于植物的种子、茎和块根中,它是无色无味的颗粒,没有还原性,不溶于一般有机溶剂,其分子式为$(C_6H_{10}O_5)_n$。在酸或酶作用下,淀粉可逐步裂解成小分子,首先生成相对分子质量较低的多糖混合物,称为糊精,继续水解得到麦芽糖和异麦芽糖,水解最终产物为D-葡萄糖。

$$\underset{\text{淀粉}}{(C_6H_{10}O_5)_m} \xrightarrow[n<m]{\text{水解}} \underset{\text{糊精}}{(C_6H_{10}O_5)_n} \xrightarrow{\text{水解}} \underset{\text{麦芽糖}}{C_{12}H_{22}O_{11}} \xrightarrow{\text{水解}} \underset{\text{D-葡萄糖}}{C_6H_{12}O_6}$$

淀粉用热水处理后,可得到可溶性直链淀粉(约占20%)和不溶性而膨胀的支链淀粉(约占80%),由于直链淀粉用酸催化水解时只得到(+)-麦芽糖和D-(+)-葡萄糖而没有纤维二糖,所以可认为直链淀粉是由葡萄糖的α-1,4-苷键结合而成的长链。其结构如下:

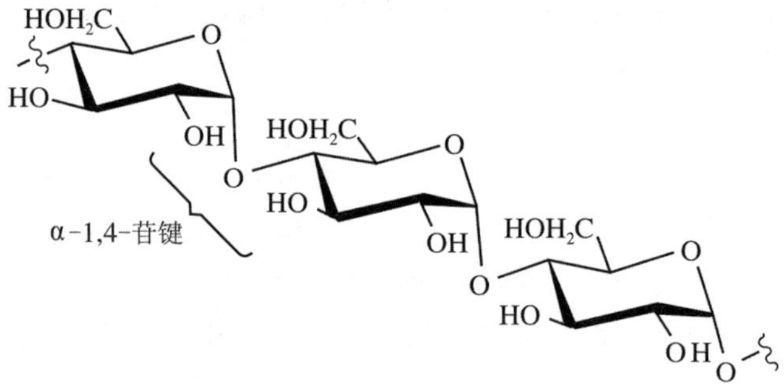

α-1,4-苷键

直链淀粉的链不是伸开的一条直链,而是盘旋呈螺旋状的,每一圈约含6个葡萄糖单位。另外,主链也存在少量支链,如图16-2所示。

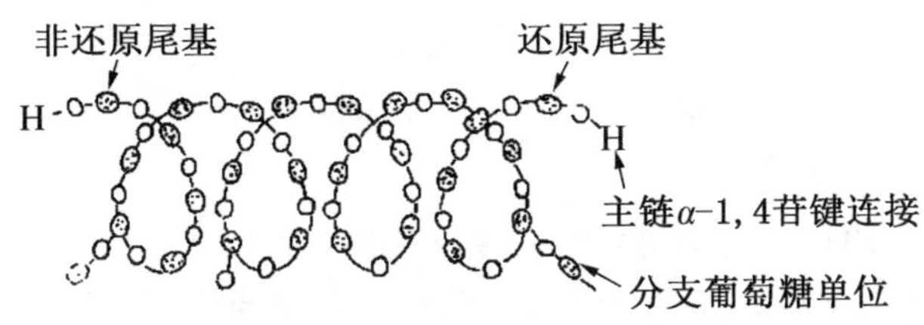

图 16-2 直链淀粉结构示意图

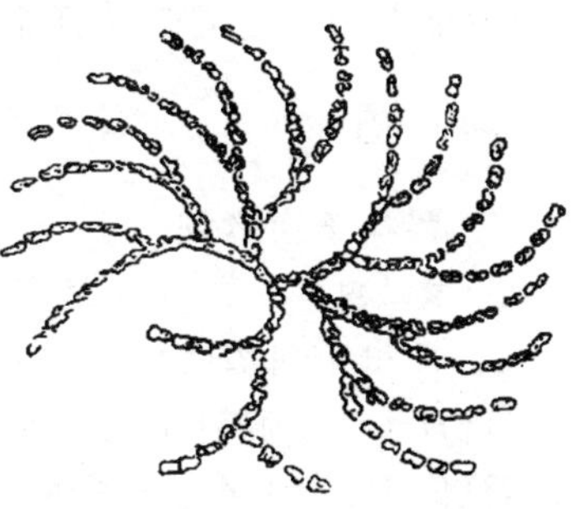

图 16-3 支链淀粉结构示意图

直链淀粉能与碘形成蓝色的配合物，这是由于可溶性淀粉的螺旋结构所形成的通道正好适合碘的分子。分析化学中的淀粉指示剂就是用可溶性淀粉制成的。

支链淀粉比直链淀粉的葡萄糖单位更多，相对分子质量更大(图 16-3)。因为支链淀粉在部分水解时得到(+)-麦芽糖和一些异麦芽糖，所以支链淀粉除了由 D-葡萄糖以 α-1,4-苷键连接的主链外，还有通过 α-1,6-苷键或其他方式连接的支链，其结构如下所示：

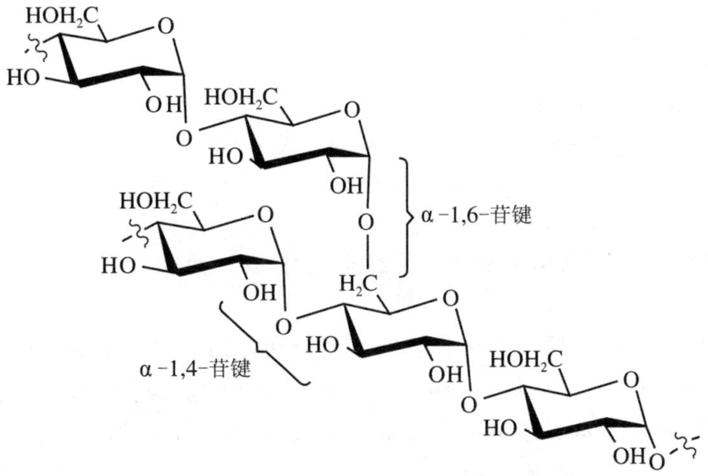

2. 纤维素

纤维素是自然界中分布最广的多糖。它构成了植物细胞壁的纤维组织，如棉花中约含 90%以上，木材中约含 50%等。纤维素的纯品无色、无味、不溶于水和一般有机溶剂。与淀粉一样，纤维素也不具有还原性。它的基本结构单元也是葡萄糖，但与淀粉不同的是，它由 β-1,4-苷键连接而成，另外相对分子质量也更高(约 200 万)，其结构可表示为：

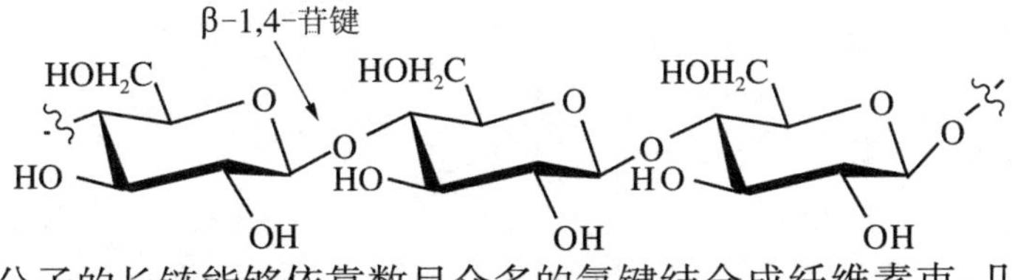

由于纤维素分子的长链能够依靠数目众多的氢键结合成纤维素束，几个纤维素束绞在一起形成绳索状结构，后者再定向排布形成肉眼可见的纤维。

纤维素水解比淀粉困难，需要高温、高压及无机酸的催化等条件，首先生成纤维二糖，进一步水解成葡萄糖。食草动物(如羊、牛、马等)具有分解纤维素的酶，因此可以纤维素为食。由于人的消化道中没有能水解 β-1,4-苷键的纤维素酶,所以人不能消化纤维素。

习 题

1. 解释下列名词。

(1) 变旋现象　　(2) 葡萄糖脎　　(3) 端基异构体　　(4) 差向异构化

2. 画出下列糖的费歇尔式或哈沃斯式。

(1) D-(+)-葡萄糖的对映体　　(2) D-(+)-葡萄糖的 C_2 差向异构体

(3) β-D-(+)-吡喃葡萄糖的对映体　　(4) 甲基 α-D-吡喃葡萄糖苷或 α-D-吡喃葡萄糖甲苷

3. 用简便的方法区别下列化合物。

(1) D-吡喃葡萄糖甲基苷和 2-O-甲基-D-吡喃葡萄糖

(2) D-葡萄糖和己六醇

(3) 葡萄糖二酸和 D-吡喃葡萄糖甲苷

(4) 葡萄糖和蔗糖

(5) 蔗糖和淀粉

(6)

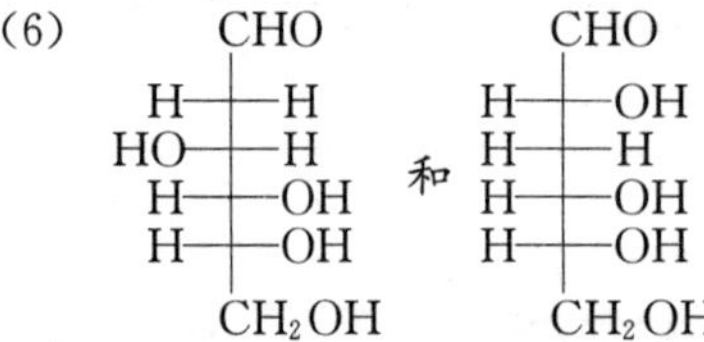

4. 写出 D-(+)-半乳糖与下列试剂反应的主要产物。

(1) H_2NOH　　(2) $C_6H_5NHNH_2$(过量)　　(3) Br_2/H_2O　　(4) HNO_3

(5) $CH_3OH \cdot HCl$　　(6) $NaBH_4$　　(7) ① CN^-　② H^+,水解　　(8) H_2/Ni

5. D-己醛糖用稀 HNO_3 氧化时,得到无光学活性的化合物,该己醛糖可能是什么结构?

6. D-半乳糖用碱处理得到什么产物?这些产物能用成脎反应区别吗?为什么?

7. 化合物 A($C_5H_{10}O_4$)为 D-戊醛糖,用 Br_2+H_2O 氧化得酸 B($C_5H_{10}O_5$),这个酸很容易形成内酯;化合物 A 与乙酸酐反应生成三乙酸酯,与 $PhNHNH_2$ 反应生成脎,用 HIO_4 氧化 A 消耗 1 分子 HIO_4,推测 A 的结构。

8. 有 2 个 D-四碳醛糖 A 和 B 可生成同样的糖脎,但是将 A 和 B 用硝酸氧化时,A 生成旋光性的四碳二元羧酸,B 生成无旋光性的四碳二元羧酸,试写出 A 和 B 的结构。

第 17 章　萜类和甾体化合物

萜类化合物(terpenoid)和**甾体化合物**(steroid)是自然界广泛存在的有机化合物,在生物体内有重要的生理作用。它们与药物关系密切,有的可直接用作药物,有的被用作药物合成的原料。目前已形成了具有独特研究对象的萜类化学和甾体化学。

17.1　萜类化合物

萜类化合物广泛分布于植物体内,是许多植物挥发油的主要成分。它们大都具有一定的生理活性,如祛痰、止咳、发汗、驱虫或镇痛等。

17.1.1　定义和分类

萜类化合物可看作是由 2 个或 2 个以上异戊二烯单元按不同的方式首尾连接而成的化合物,也可将萜类化合物看作异戊二烯单元的聚合体。萜类化合物这种结构上的特点被称为"异戊二烯规律"。例如月桂烯和柠檬烯,它们都是由 2 个异戊二烯单元构成的萜类化合物。

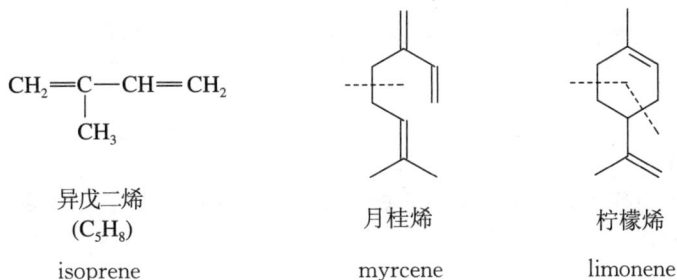

$$CH_2{=}\underset{\underset{CH_3}{|}}{C}{-}CH{=}CH_2$$

异戊二烯
(C_5H_8)
isoprene

月桂烯
myrcene

柠檬烯
limonene

根据分子中所含异戊二烯单位的数目将萜类化合物分类,如表 17 - 1 所示。

表 17 - 1　萜类化合物的分类

异戊二烯分子的单位数	碳原子数	类　别
2	10	单萜类
3	15	倍半萜类
4	20	二萜类
6	30	三萜类
8	40	四萜类
>8	>40	多萜类

各种异戊二烯的聚合体以及它们的氢化物和含氧衍生物都称为萜类化合物。

17.1.2 单萜类化合物

单萜类化合物分子中含有2个异戊二烯单元，是最简单的萜类化合物。根据分子中异戊二烯单位相互连接方式的不同，单萜类化合物又可分为链状单萜、单环单萜及双环单萜3类化合物。

1. 链状单萜

链状单萜类化合物由2个异戊二烯分子头尾相连而成，基本碳架如下：

C—C—C—C┆C—C—C—C ≡
　 |　　　　　|
　 C　　　　　C

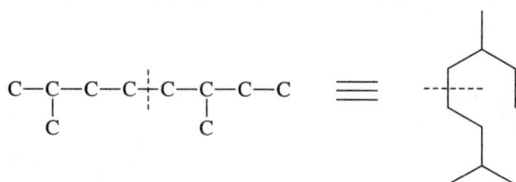

链状单萜广泛存在于植物香精油中，有悦人的香气，可用作天然香料。例如月桂油中的月桂烯、玫瑰油中的香叶醇、橙花油中的橙花醇以及柠檬油中的柠檬醛等。对比结构可以发现，香叶醇和橙花醇互为顺反异构体，柠檬醛是两种顺反异构体α-柠檬醛(又称香叶醛)及β-柠檬醛(又称香橙醛)的混合物。

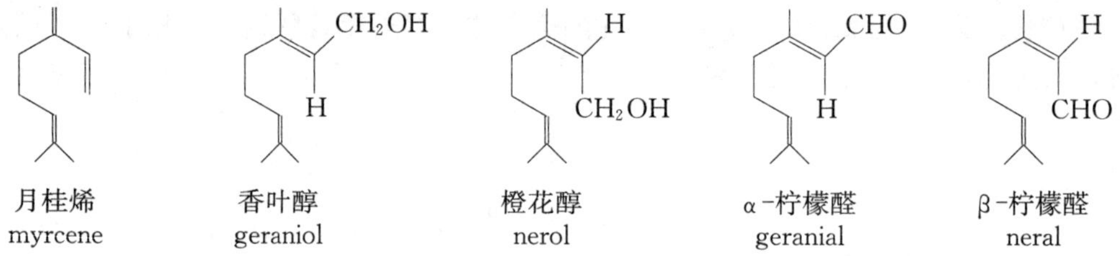

月桂烯 myrcene　香叶醇 geraniol　橙花醇 nerol　α-柠檬醛 geranial　β-柠檬醛 neral

2. 环状单萜

(1) 单环单萜

单环单萜母体为萜烷，在自然界中萜烷并不存在，存在的是其衍生物，如其不饱和烯苧烯，含氧衍生物薄荷醇、薄荷酮等。

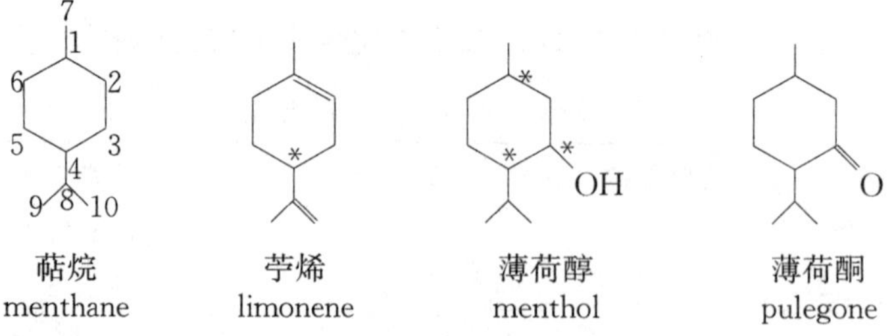

萜烷 menthane　苧烯 limonene　薄荷醇 menthol　薄荷酮 pulegone

苧烯又称柠檬烯，为无色液体，具柠檬香味，可用作香料。其分子中含1个手性碳原子，(+)-苧烯是生产橘子汁的副产物，(−)-苧烯少量存在于香料油中，松节油中存在的是其外消旋体。

薄荷醇又称萜-3-醇，是萜烷的C_3-羟基衍生物。其分子中含有3个不同的手性碳原子，理论上存在4对对映异构体，它们是(±)薄荷醇、(±)异薄荷醇、(±)新薄荷醇和(±)新异薄荷醇。自然界中存在的主要是(−)薄荷醇，其构型式及优势构象式如下：

（一）薄荷醇

在（一）薄荷醇的优势构象中，所有取代基均处于 e 键，因此较稳定。（一）薄荷醇存在于薄荷油中，医药上用作清凉剂和祛风剂，是清凉油、人丹等药品的主要成分之一。

（2）双环单萜

萜烷结构中，若将 C_8 分别与 C_1、C_2 或 C_3 相连，则可形成桥环化合物莰烷、蒎烷或蒈烷；若将 C_4 与 C_6 相连则形成苧烷。

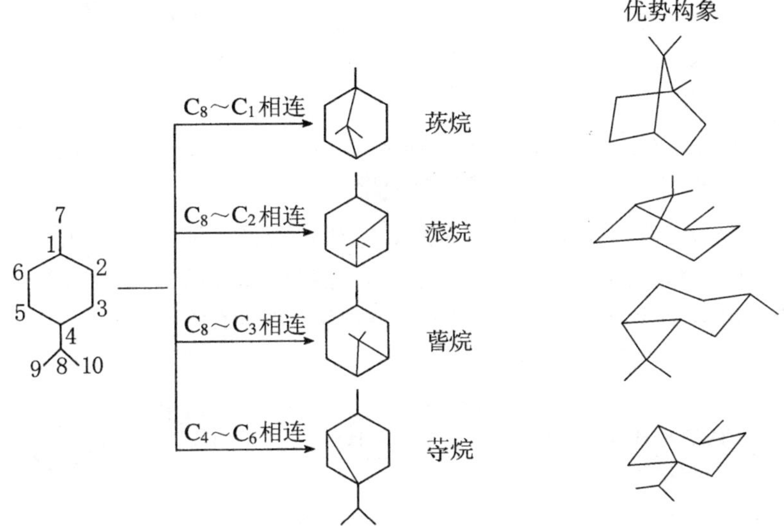

从它们的优势构象来看，蒎烷、蒈烷及苧烷均以椅式构象存在，为了有利于桥环的形成，莰烷则以船式构象存在。

这 4 种双环单萜烷在自然界中并不存在，但它们的一些不饱和衍生物及含氧衍生物广泛分布于植物体内，尤以蒎烷和莰烷的衍生物应用较多。

① 蒎烯　蒎烯是蒎烷的不饱和衍生物，含 1 个碳碳双键，根据双键位置不同，分为 α-蒎烯和 β-蒎烯 2 种异构体。

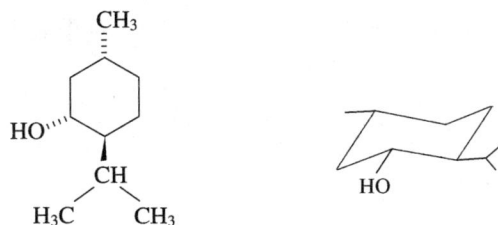

α－蒎烯　　β－蒎烯
α－pinene　　β－pinene

蒎烯是松节油的主要成分，含量约占松节油的 80%～90%。2 种异构体中，以 α-蒎烯为主，含量可达 60%，是自然界中存在最多的萜类化合物。

α-蒎烯在 0℃以下即可与 HCl 发生亲电加成反应，在较高温度下却得到氯化莰。产物

不再具有原来蒎烷的结构,而是变成了莰烷的结构。转变过程如下:

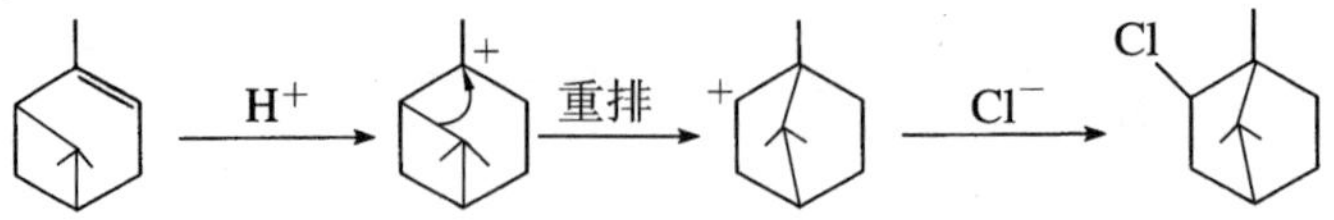
H+
重排
Cl−
Cl

α-蒎烯　　　　　　　　　　　　氯化莰

上述反应经过碳正离子重排,使环系碳架发生改变,称为**瓦格涅尔-麦尔外英(Wangner-Meerwein)重排**,是萜类化学中常见的一类重要反应。

② 樟脑　樟脑的化学名称为 α-莰酮,是双环单萜酮。樟脑存在于樟木中,为结晶性固体,熔点为 179℃,沸点为 207℃,易升华。

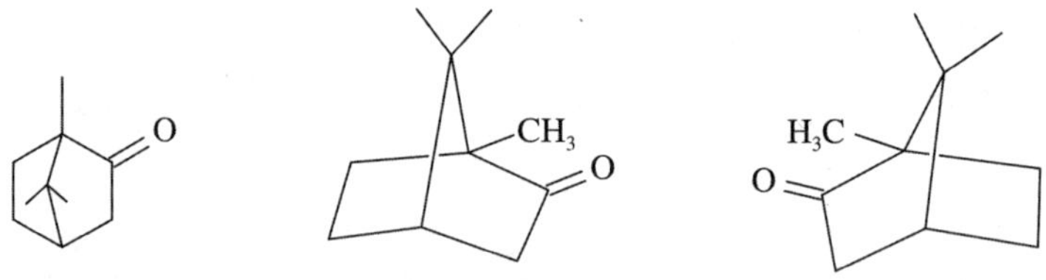
O
CH_3
O
H_3C
O

樟脑(α-莰酮) camphor　　(−)樟脑 (−)camphor　　(+)樟脑 (+)camphor

樟脑分子中含有 2 个手性碳原子,理论上应有 4 个异构体,但由于桥环船式构象的限制,实际只存在 2 个异构体:(+)及(−)樟脑。自然界中存在的樟脑为右旋体,合成品为外消旋体。工业上可由蒎烯经瓦格涅尔-麦尔外英重排,再经水解、氧化制备樟脑。过程如下:

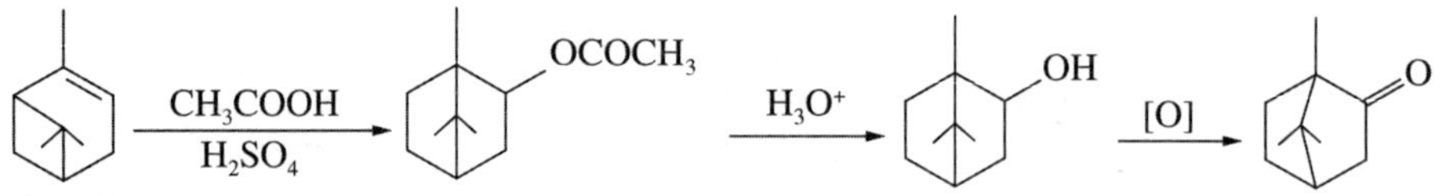
CH_3COOH
H_2SO_4
$OCOCH_3$
H_3O^+
OH
[O]
O

α-蒎烯　　　　　　　　　　　　(±)樟脑

樟脑是呼吸及循环系统兴奋剂,为急救良药,同时还具有防蛀功效。此外,樟脑还是一种重要的工业原料,用于制备赛璐珞及电木等。

③ 龙脑　龙脑俗称冰片,为透明的片状结晶,味似薄荷。龙脑具有发汗、兴奋、镇痉、驱虫等作用,是人丹、冰硼散、六神丸等药物的主要成分之一。龙脑也是上等香料的组成成分。

龙脑又称为樟醇(camphol),可视为樟脑的还原产物。用硼氢化钠还原樟脑,得到龙脑与异龙脑。异龙脑(isoborneol)是龙脑的非对映异构体。

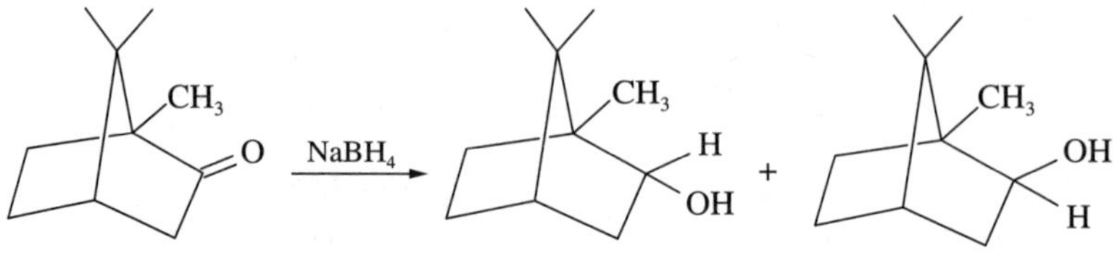
CH_3
O
$NaBH_4$
CH_3
H
OH
+
CH_3
OH
H

樟脑　　　　　　龙脑 borneol　　　　　　异龙脑 isoborneol

17.1.3 其他萜类化合物

1. 倍半萜

倍半萜是含有 3 个异戊二烯单位的萜类化合物。例如：

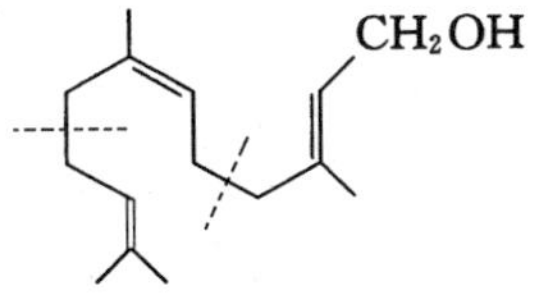

CH_2OH

法尼醇
farnesol

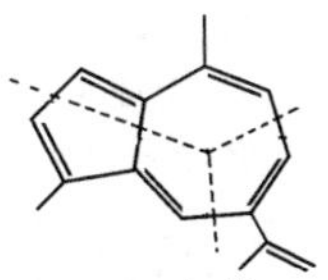

愈创木薁
guaiazulene

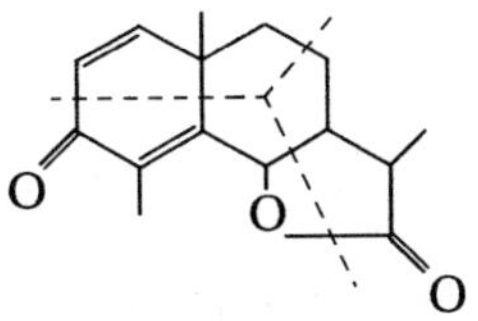

O O O

山道年
santonin

法尼醇又称金合欢醇，是链状倍半萜类化合物，存在于香茅草、茉莉、橙花、玫瑰等多种芳香植物的挥发油中，它有铃兰香味，用于香料工业。

愈创木薁是双环倍半萜类化合物，存在于满山红、香樟或桉叶等的挥发油中，具有消炎、促进烫伤或灼伤面愈合以及防止辐射热等作用，是国内烫伤膏的主要成分。

山道年是三环倍半萜类化合物，存在于菊科植物蛔蒿未开放的花蕾中，目前主要通过提取获得。山道年能兴奋蛔虫的神经节，使虫体发生痉挛性收缩，因而不能附着于肠壁，在泻药作用下使之排出体外，临床上用作驱蛔虫药。

2. 二萜

二萜分子由 4 个异戊二烯单元构成，分子中含有 20 个碳原子。

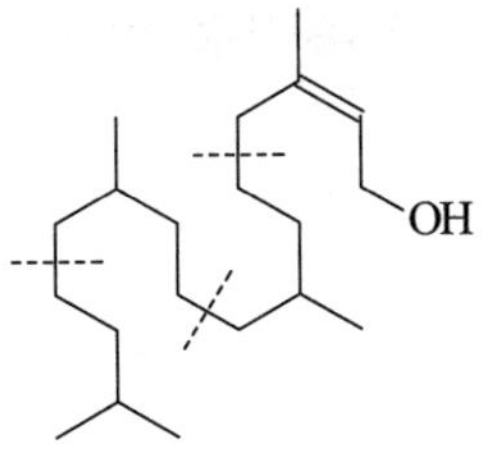

OH

植醇
phytol

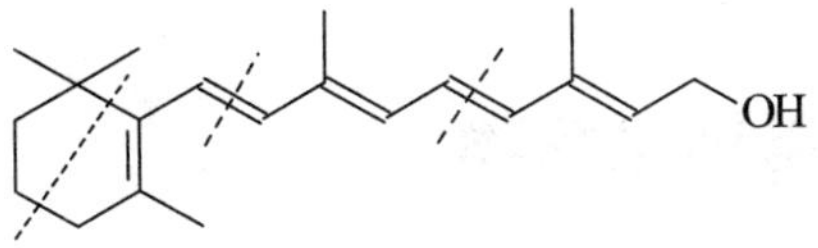

OH

维生素 A
vitamin A

植醇是链状二萜类化合物，可由叶绿素水解得到，因而称为植醇。

维生素 A 是单环二萜类化合物，存在于蛋黄和鱼肝油中，是动物体生长发育所必需的营养物质，缺乏维生素 A 可引起夜盲症。维生素 A 分子中含有 5 个双键，均为反式构型，其制剂不能贮存过久，否则会因构型转化而影响其活性。

3. 三萜和四萜

具有三萜和四萜类结构的物质广泛存在于动植物体内。例如：

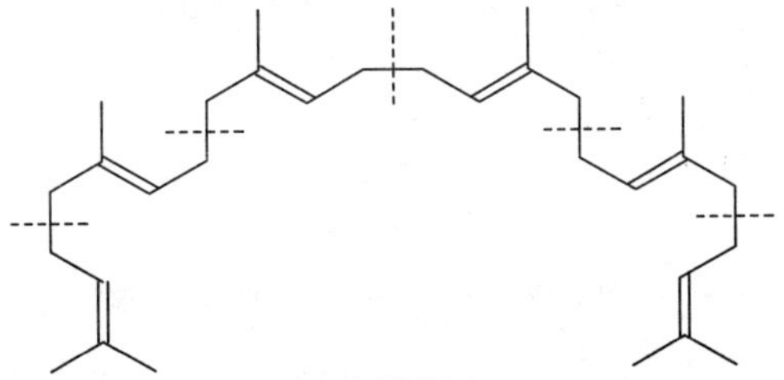

角鲨烯
squalene

角鲨烯是三萜类化合物,大量存在于鲨鱼的肝油中,橄榄油、米糠油中也少量存在。它在生物体内可以转化为胆固醇。

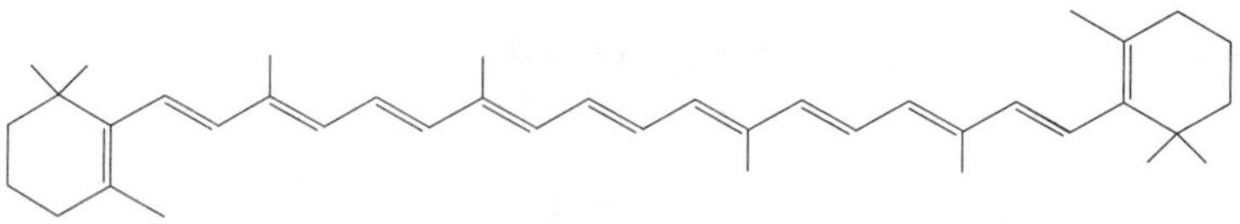

β-胡萝卜素
β-carotene

β-胡萝卜素是广泛存在于绿色、黄色、橙色以及红色蔬果中的天然类胡萝卜素。近年来的研究表明,β-胡萝卜素除了作为维生素A的前体外,还是一种有效的生物氧化剂,能清除体内自由基,进而具有提高机体免疫力,达到预防肿瘤、血栓、动脉粥样硬化以及抗衰老等功效。

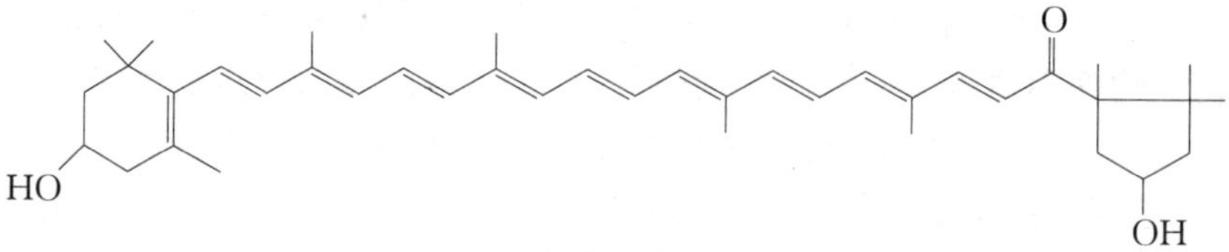

辣椒红素
capsanthin

辣椒红素是一种存在于成熟红辣椒果实中的四萜类天然色素,是目前热门的抗氧化剂,为深红色粉末或膏体,易溶于乙醇、乙酸乙酯、植物油,不溶于水,耐热、耐酸性较好,可用于肉制品、乳制品的着色,是一种安全的食品添加剂。

17.2 甾体化合物

甾体化合物广泛存在于动植物体内,并在动植物生命活动中起着重要的作用,如毛地黄中所含的强心苷具强心作用,睾丸素、雌二醇分别为雄性、雌性激素,不仅能维持动物性征,还能治疗多种疾病。甾体化合物在医药上占有重要地位。

17.2.1 基本骨架及编号

自然界存在的甾体化合物一般具有下列结构:

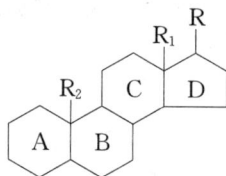

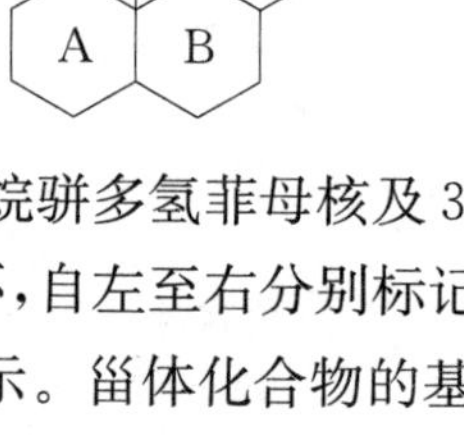

甾体化合物的基本骨架是环戊烷骈多氢菲母核及3个侧链。“甾”字形象地表示了碳架的基本特征,“田”字代表4个稠合环,自左至右分别标记为A、B、C、D;“〈〈〈”代表3个侧链,位于4个稠合环上,用R、R_1、R_2表示。甾体化合物的基本碳架编号次序如下:

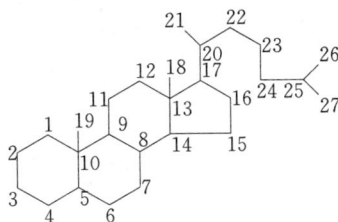

一般情况下,13 及 10 位上是 2 个甲基,编号分别是 18、19,因此专称为 18、19 角甲基;17 位上的侧链为含不同碳原子数目的碳链或其含氧衍生物。

17.2.2　甾体化合物的命名

与普通有机化合物一样,甾体化合物的命名也可分为三部分:选择母核并命名之;母核编号;标明各取代基或官能团的位置、名称、数目及构型。常见的甾体母核有 6 种,即甾烷、雌甾烷、雄甾烷、孕甾烷、胆烷及胆甾烷。

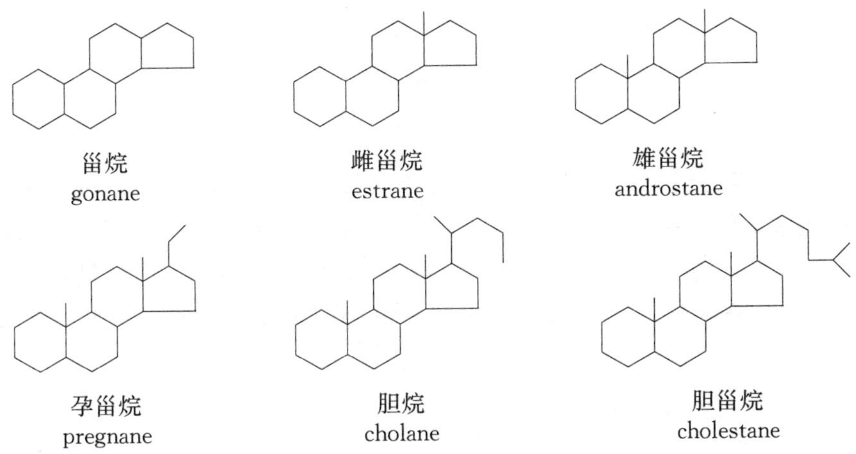

甾烷 gonane　　雌甾烷 estrane　　雄甾烷 androstane

孕甾烷 pregnane　　胆烷 cholane　　胆甾烷 cholestane

与母核碳架相连的基团,若在环平面的前面,称 β-构型,用实线相连,若在环平面的后面,称 α-构型,用虚线相连。若用波纹线相连,则表示此基团的构型尚未确定,命名时可用希腊字母 ε 表示。

在确定了甾体化合物的母核后,对母核中含有碳碳双键的化合物,则根据双键的数目将"烷"改成相应的"烯""二烯"或"三烯"等,并标示出其位置;取代基的名称及其所在位置与构型表示在甾体母核名前,官能团(如羰基、羧基)位次及名称表示在甾体母核之后。

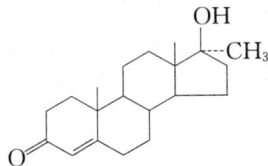

17β-羟基-17α-甲基雄甾-4-烯-3-酮
(甲睾酮 methyltestosterone)

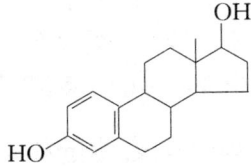

1,3,5(10)-雌三烯-3,17β-二醇
(雌二醇 estradiol)

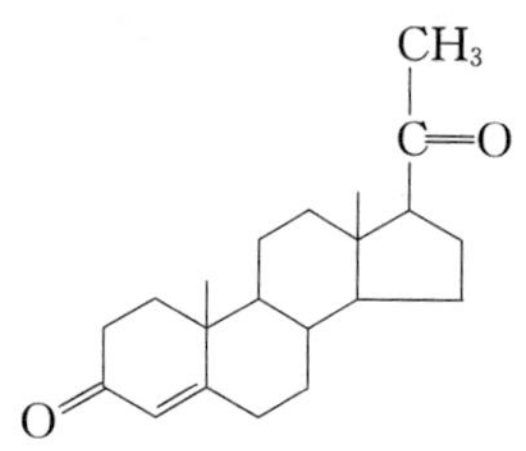

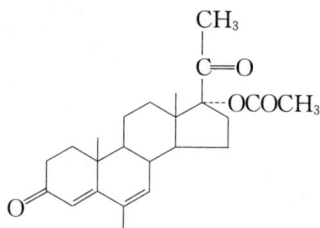

孕甾-4-烯-3,20-二酮
(孕酮 progesterone)

17α-羟基-6-甲基孕甾-4,6-二烯-3,20-二酮-17-醋酸酯
(醋酸甲地孕酮 megestrol acetate)

17.2.3 甾体化合物的构型

甾体化合物碳架的构型与分子中碳环的稠合方式有关。仅就甾体母核而言,有 6 个手性碳原子,理论上有 2^6(即 64)种不同构型的光学异构体。由于稠环的存在及由其产生的空间位阻,实际上存在的异构体数目大大减少。

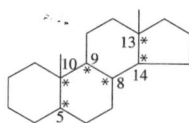

目前由自然界得到的仅有两类,一种是胆甾烷系,另一种是粪甾烷系。胆甾烷系又称别系,粪甾烷系又称正系。这两类化合物 B、C、D 环的稠合方式完全相同,均为反式稠合,不同的仅仅是 A/B 环的稠合方式。正系化合物 A/B 环呈顺式稠合,C_5—H 在平面前方,也称 5β-型;别系化合物 A/B 环呈反式稠合,C_5—H 在平面后方,也称 5α-型。

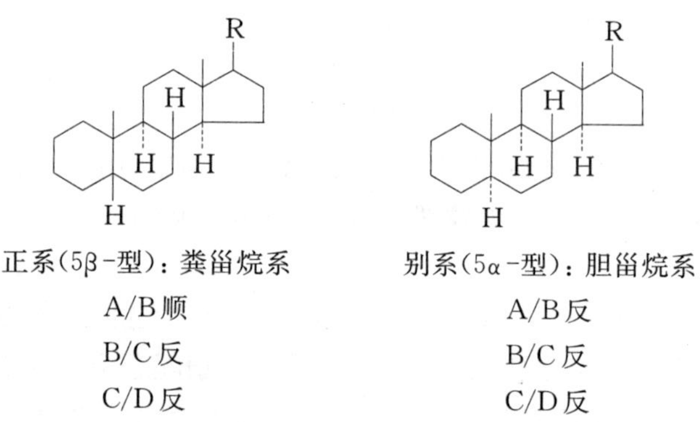

正系(5β-型):粪甾烷系
A/B 顺
B/C 反
C/D 反

别系(5α-型):胆甾烷系
A/B 反
B/C 反
C/D 反

绝大多数天然或人工合成的甾体化合物,其母核的构型都属于上述两类。而在一些甾体化合物中,由于碳碳双键的存在,构成 A/B 环的稠合因素不再存在,因此就无正系与别系之分,如在命名中介绍过的甲睾酮、雌二醇等。

17.2.4 甾体化合物的构象

通常情况下,甾体化合物中 3 个环已烷环均取椅式构象,环戊烷环取信封式构象。正系与别系化合物的构象式分别如下:

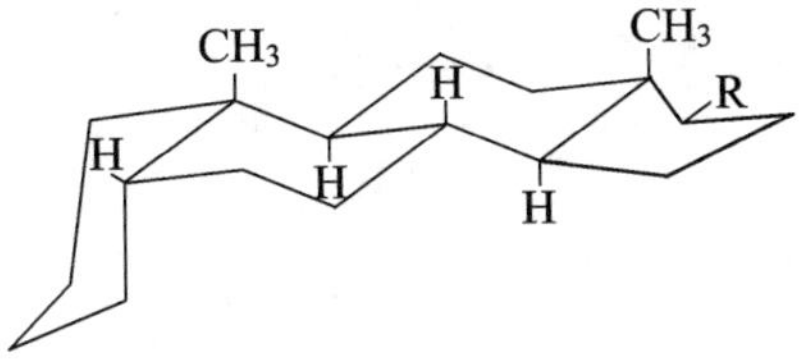

正系
A/B 顺(e,a 稠合)
B/C 反(e,e 稠合)

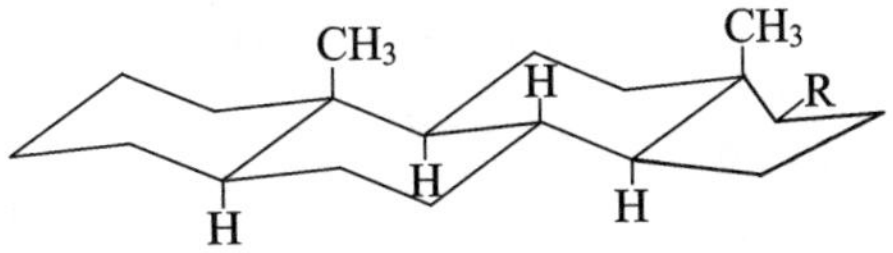

别系
A/B 反(e,e 稠合)
B/C 反(e,e 稠合)

正系及别系化合物中由于反式稠合环的存在，增大了甾体碳架的刚性，分子内的环己烷环不能翻环，因此 e、a 键不能互换。

17.3　化合物与药物举例

甾体化合物与人类关系密切，是医药中一类重要的化合物，具有广泛的用途。例如，人体内含有的甾体激素主要包括由性腺分泌的性激素及由肾上腺皮质分泌的肾上腺皮质激素，它们各有其生理活性，有的可直接用作药物，有的经过结构改造应用于临床。例如雌酚酮、炔孕酮、氢化可的松及醋酸泼尼松等。

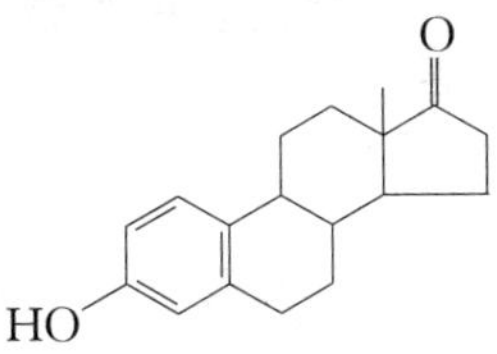

雌酚酮
estrone

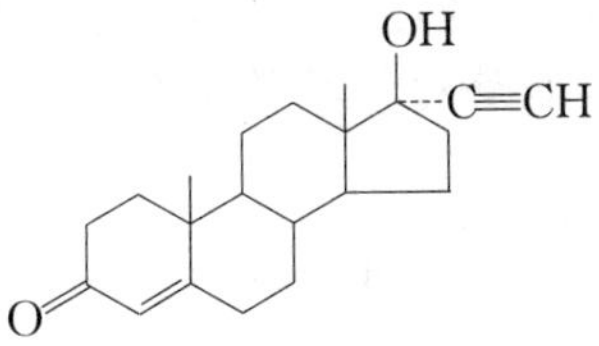

炔孕酮
ethisterone

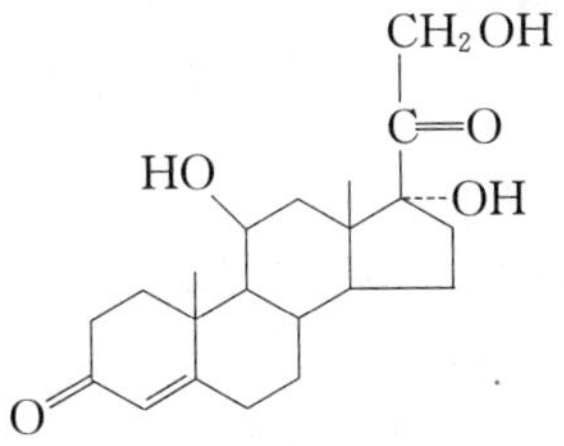

氢化可的松
hydrocortisone

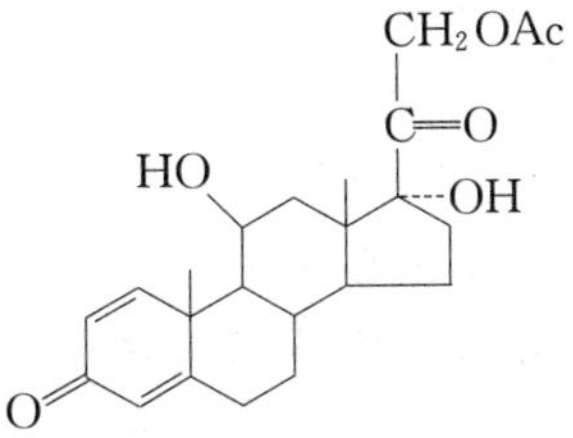

醋酸泼尼松
prednisone acetate

习　题

1. 举例说明下列各项。

(1) 异戊二烯　(2) 单环单萜　(3) 双环单萜　(4) 甾烷　(5) 雄甾烷　(6) 孕甾烷

2. 举例说明甾体化合物中正系、别系、α、β 的含义。

3. 用系统命名法命名下列化合物。

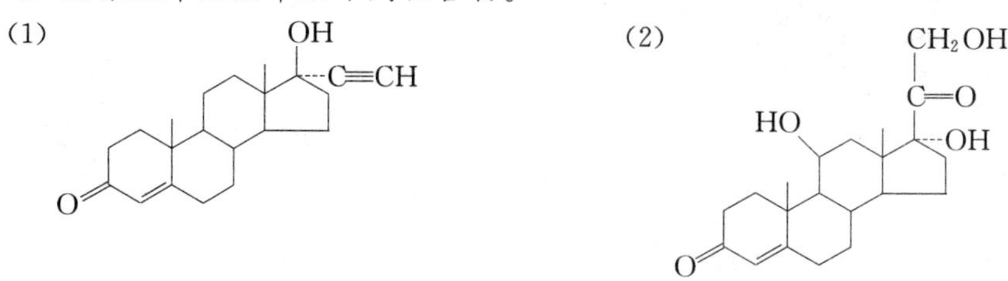

4. 写出下列化合物的构型式或构象式。

(1) α-蒎烯　(2) 樟脑　(3) 龙脑　(4) (一)薄荷醇的优势构象

5. 薄荷醇分子和樟脑分子中各含有几个手性碳原子？实际上各有几个光学异构体？

6. 指出下列化合物属于哪种萜类，并标出异戊二烯单元。

(1)

(2) CH_2OH

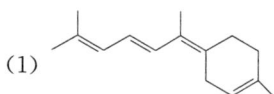

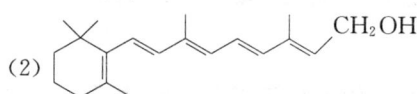

(3) COOH

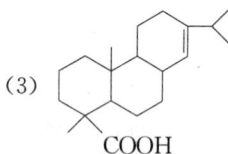

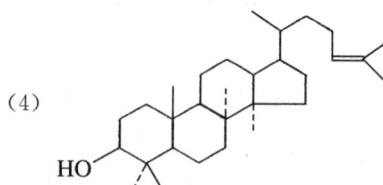

(4) HO

7. 胆酸存在于动物胆汁中，具有如下结构(Ⅰ)，它可与甘氨酸通过酰胺键结合，形成胆汁酸，并以 K 盐或 Na 盐的形式存在(Ⅱ)。胆汁酸盐不仅对饮食中的脂类有增溶作用，还可起乳化剂作用，增加脂酶对脂类的水解和消化吸收作用。

HO COOH HO H OH

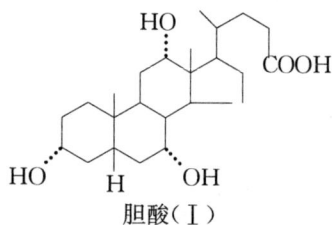

胆酸(Ⅰ)

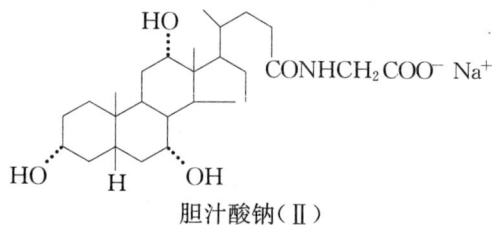

HO $CONHCH_2COO^-$ Na^+ HO H OH

胆汁酸钠(Ⅱ)

问题：(1) 胆酸结构中 3 个—OH 的构型(α-或 β-)？

(2) 胆酸属于甾体化合物中的哪种构型(正系还是别系)？

(3) 说明胆汁酸盐能促进脂类水解、消化吸收的原因。

8. β-蛇床烯 A 的分子式为 $C_{15}H_{24}$，脱氢得 7-异丙基-1-甲基萘，臭氧化得 2 分子甲醛和另一化合物 B ($C_{13}H_{20}O_2$)。B 与碘和氢氧化钠溶液反应时生成碘仿和羧酸 $C_{12}H_{18}O_3$。指出 A、B 的结构式。

第 18 章　氨基酸、多肽、蛋白质和核酸

蛋白质和核酸是生命活动过程中最重要的物质基础。蛋白质是由大约 20 种氨基酸相互间用氨基和羧基通过失水形成肽键构建而成的。蛋白质水解则生成各种氨基酸。本章主要讨论氨基酸的结构和性质，其他内容仅作简单介绍。

18.1　氨基酸

氨基酸(amino acids)是一类具有特殊重要意义的化合物，有些是蛋白质的基本组成单位，是人体必不可少的物质，有些则直接用作药物。

根据氨基和羧基的相对位置，可将氨基酸分为 α、β、γ 等氨基酸。组成蛋白质的 20 余种氨基酸绝大多数都是 α－氨基酸(脯氨酸为 α－亚氨基酸)。除了甘氨酸 α 位为 2 个氢原子以外，其他氨基酸的 α－碳原子均是手性碳原子，可形成不同构型的化合物，具有旋光性。天然蛋白质水解得到的氨基酸皆为 L 型。表 18－1 列出了常见的 α－氨基酸的结构、名称、缩写符号等。其中带 * 号者为必需氨基酸，人体内不能合成它们，必须从食物中得到。其他的氨基酸可以利用其他物质在体内合成。人们可以从不同的食物中获得各种所需的氨基酸，因此食物的多样化可以保证得到足够的人体所需的氨基酸。

根据分子中所含氨基和羧基的数目，可将 α－氨基酸分为三类：中性氨基酸只含 1 个氨基和 1 个羧基，酸性氨基酸含 2 个羧基和 1 个氨基，碱性氨基酸含 1 个羧基和 2 个碱基。

表 18－1　常见的 α－氨基酸

名　称	结　构	代　号	等电点
	中性氨基酸		
丙氨酸(alanine)	$CH_3CH(NH_2)COOH$	丙　Ala	6.00
缬氨酸* (valine)	$(CH_3)_2CHCH(NH_2)COOH$	缬　Val	5.96
亮氨酸* (leucine)	$(CH_3)_2CHCH_2CH(NH_2)COOH$	亮　Leu	5.98
异亮氨酸* (isoleucine)	$CH_3CH_2CH(CH_3)CH(NH_2)COOH$	异亮　Ile	6.02
蛋氨酸* (methionine)	$CH_3SCH_2CH_2CH(NH_2)COOH$	蛋　Met	5.74
脯氨酸(proline)	(吡咯烷环，N-H)—COOH	脯　Pro	6.30
苯丙氨酸* (phenylalanine)	(苯环)—$CH_2CH(NH_2)COOH$	苯丙　Phe	5.48

续 表

名 称	结 构	代 号	等电点
	中性氨基酸		
色氨酸*(tryptophan)	(吲哚-3-基)$CH_2CH(NH_2)COOH$	色 Trp	5.89
甘氨酸(glycine)	H_2NCH_2COOH	甘 Gly	5.97
丝氨酸(serine)	$HOCH_2CH(NH_2)COOH$	丝 Ser	5.68
苏氨酸*(threonine)	$CH_3CH(OH)CH(NH_2)COOH$	苏 Thr	6.16
半胱氨酸(cysteine)	$HSCH_2CH(NH_2)COOH$	半胱 Cys	5.07
天冬酰胺(asparagine)	$H_2NCOCH_2CH(NH_2)COOH$	天胺 Asn	5.41
谷氨酰胺(glutamine)	$H_2NCOCH_2CH_2CH(NH_2)COOH$	谷胺 Gln	5.56
酪氨酸(tyrosine)	$HO-C_6H_4-CH_2CH(NH_2)COOH$	酪 Tyr	5.66
	酸性氨基酸		
天冬氨酸(aspartic acid)	$HOOCCH_2CH(NH_2)COOH$	天 Asp	2.77
谷氨酸*(glutamic acid)	$HOOCCH_2CH_2CH(NH_2)COOH$	谷 Glu	3.32
	碱性氨基酸		
赖氨酸*(lysine)	$NH_2CH_2CH_2CH_2CH_2CH(NH_2)COOH$	赖 Lys	9.74
精氨酸(arginine)	$H_2N-C(=NH)-NHCH_2CH_2CH_2CH(NH_2)COOH$	精 Arg	10.76
组氨酸(histidine)	(咪唑-4-基)$CH_2CH(NH_2)COOH$	组 His	7.59

18.1.1 偶极离子

氨基酸 $H_2NCHRCOOH$ 含有 1 个氨基和 1 个羧基,除了表现出这 2 个基团的一些性质外,还有些特殊的性质:氨基酸具有很高的熔点,在接近 300℃分解;氨基酸不溶于石油醚、苯等非极性溶剂而易溶于水;氨基酸的酸性和碱性都低于—COOH 和—NH_2 的酸碱性。例如,甘氨酸的 $K_a=1.6\times10^{-10}$,$K_b=2.5\times10^{-12}$,而羧酸的 K_a 值为 10^{-5},许多脂肪胺的 K_b 值约为 10^{-4}。

氨基酸的上述性质是与氨基酸内盐的结构相一致的,内盐也称**偶极离子(dipolar ion)**。并不是分子中只要存在碱性基因和酸性基团都能够形成内盐,只有酸性基团的共轭碱的碱性弱于碱性基团时,才会形成内盐。天然 α-氨基酸符合上述结构特点。

$$\overset{+}{H_3N}-\underset{}{\overset{R}{\overset{|}{C}}}H-COO^-$$

偶极离子(内盐)

氨基酸所测得的 K_a 值实际上为铵基正离子(RNH_3^+)的酸性。

$$\underset{\text{酸}}{^+H_3NCHRCOO^-} + H_2O \rightleftharpoons H_3O^+ + H_2NCHRCOO^-$$

$$K_a = \frac{[H_3O^+][H_2NCHRCOO^-]}{[^+H_3NCHRCOO^-]}$$

K_b 值为羧酸负离子($RCOO^-$)的碱性。

$$\underset{\text{碱}}{^+H_3NCHRCOO^-} + H_2O \rightleftharpoons {}^+H_3NCHRCOOH + OH^-$$

$$K_b = \frac{[^+H_3NCHRCOOH][OH^-]}{[^+H_3NCHRCOO^-]}$$

当 1 个氨基酸溶液与碱反应时,偶极离子Ⅰ转变为负离子Ⅱ,其反应过程为:

$$\underset{\substack{\text{Ⅰ}\\\text{较强的酸}}}{^+H_3NCHRCOO^-} + \underset{\text{较强的碱}}{OH^-} \rightleftharpoons \underset{\substack{\text{Ⅱ}\\\text{较弱的碱}}}{H_2NCHRCOO^-} + \underset{\text{较弱的酸}}{H_2O}$$

而在 1 个氨基酸溶液中加入酸,偶极离子Ⅰ转变为正离子Ⅲ,其反应过程为:

$$\underset{\substack{\text{Ⅰ}\\\text{较强的碱}}}{^+H_3NCHRCOO^-} + \underset{\text{较强的酸}}{H_3O^+} \rightleftharpoons \underset{\substack{\text{Ⅲ}\\\text{较弱的酸}}}{^+H_3NCHRCOOH} + \underset{\text{较弱的碱}}{H_2O}$$

因此,简单氨基酸的酸性基团是 $-NH_3^+$ 而不是 $-COOH$,其碱性基团是 $-COO^-$ 而不是 $-NH_2$。

18.1.2　等电点

氨基酸在水溶液中可以可逆地解离成阴离子Ⅱ、阳离子Ⅲ,前者称为酸式解离,后者称为碱式解离。

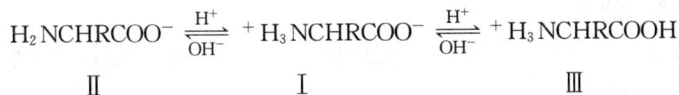

$$\underset{\text{Ⅱ}}{H_2NCHRCOO^-} \underset{OH^-}{\overset{H^+}{\rightleftharpoons}} \underset{\text{Ⅰ}}{^+H_3NCHRCOO^-} \underset{OH^-}{\overset{H^+}{\rightleftharpoons}} \underset{\text{Ⅲ}}{^+H_3NCHRCOOH}$$

由于偶极离子具有两性,当溶液的 pH 不同时氨基酸所带的电荷也不同。当氨基酸的水溶液置于电场中时,随着加入酸或碱,会产生相应的阳离子和阴离子。如果阴离子的量超过阳离子,氨基酸向电场的阳极泳动;而当阳离子的量超过阴离子,氨基酸向阴极泳动。此操作称为电泳。如果调节溶液的 pH,使阴离子和阳离子的量相等,溶液中氨基酸主要以偶极离子存在,净电荷为零,电场中没有氨基酸的泳动发生,此时溶液的 pH 称为该氨基酸的**等电点(isoelectric point,IP)**。

每个氨基酸都有其独自的等电点,对中性氨基酸而言,羧基的电离能力通常大于氨基接受质子的能力。因此,中性氨基酸的等电点将在 5.6～6.3 之间,酸性氨基酸的等电点在 2.8～3.2 之间,而碱性氨基酸的等电点在 7.6～10.6 之间。

在等电点时,以内盐形式存在的氨基酸溶解度最小,易从溶液中析出沉淀。因此,可以用调节等电点的方法鉴别氨基酸或分离氨基酸的混合物。

18.1.3 氨基酸的化学性质

氨基酸的化学性质是氨基、羧基和侧链其他官能团性质的体现。

1. 与亚硝酸的反应

$$\underset{\substack{| \\ ^{+}NH_3}}{RCHCOO^-} + HNO_2 \longrightarrow \underset{\substack{| \\ OH}}{RCHCOOH} + N_2\uparrow + H_2O$$

由于可定量释放氮气,故可定量计算氨基酸的量。此法称为 **Van Slyke 氨基氮测定法**,用于氨基酸和蛋白质分析。

2. 与茚三酮的显色反应

α-氨基酸与水合茚三酮在水溶液中共热,经一系列反应,最终生成蓝紫色的化合物。

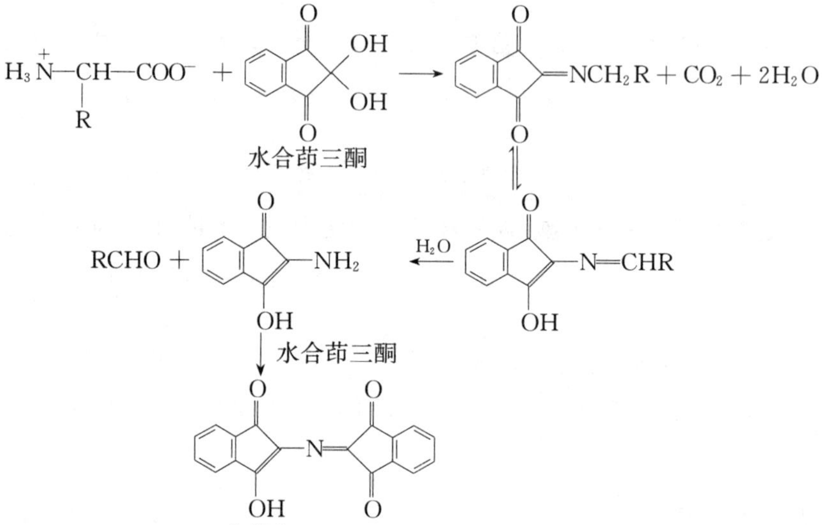

$H_3\overset{+}{N}-CH(R)-COO^-$ + 水合茚三酮 ⟶ (茚二酮)$=NCH_2R + CO_2 + 2H_2O$ ⇌ (茚酮烯醇)$-N=CHR$ $\xrightarrow{H_2O}$ RCHO + (茚酮烯醇)$-NH_2$ $\xrightarrow{\text{水合茚三酮}}$ 蓝紫色化合物

水合茚三酮

蓝紫色

此反应可作为色层分析的显色反应。由于释放出的 CO_2 量与氨基酸的量成正比,因此,也可作为氨基酸的定量分析方法。

3. 氨基酸受热后的变化

α-氨基酸受热时,可发生分子间的交互脱水生成六元环的**交酰胺**,交酰胺又称二酮吡嗪。

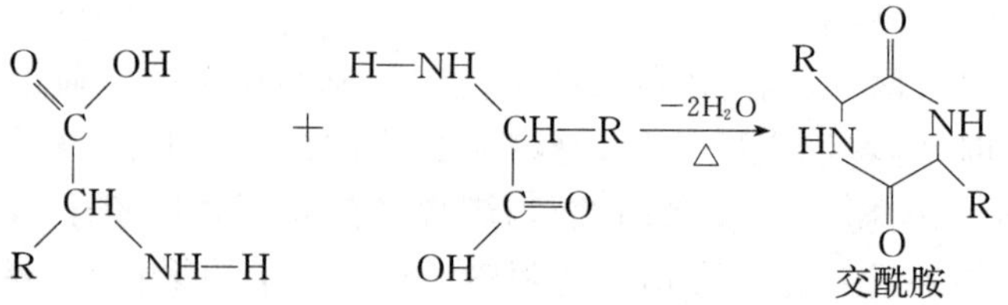

$$2\,RCH(NH_2)COOH \xrightarrow[\triangle]{-2H_2O} \text{交酰胺}$$

交酰胺

β-氨基酸受热时,分子内发生脱氨反应生成α,β-不饱和酸。

$$\underset{\substack{| \\ NH_2}}{RCH}-\underset{\substack{| \\ H}}{CH}-COOH \xrightarrow[\triangle]{-NH_3} RCH=CHCOOH$$

γ-氨基酸或δ-氨基酸加热至熔点时,发生分子内脱水反应,生成γ-内酰胺或δ-内酰胺；内酰胺在酸或碱催化下水解，又可得到原来的氨基酸。

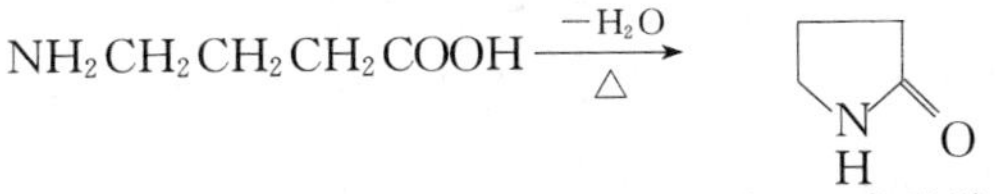

$$NH_2CH_2CH_2CH_2COOH \xrightarrow[\triangle]{-H_2O}$$ 丁-4-内酰胺

18.2　肽

1 分子 α-氨基酸中的羧基和另外 1 分子 α-氨基酸中的氨基之间缩水形成的酰胺键被称为**肽键**(peptide linkage)，得到的化合物就是**肽**(peptides)。

$$CH_2(CO_2C_2H_5)_2 \xrightleftharpoons{NaOC_2H_5} {}^-CH(CO_2C_2H_5)_2 \rightleftharpoons H_2C{=}CH{-}C(=O){-}CH_3$$

2 分子氨基酸形成的肽称为二肽，多个氨基酸由多个肽键结合起来形成的肽称为多肽(polypeptide)，相对分子质量大于 10 000 的肽就称之为蛋白质了。形成肽键的氨基酸可以是相同的，也可以是不相同的。2 个不相同的氨基酸成肽时，会有 2 种可能的结合方式，1 个氨基酸给出羧基上的 1 个羟基成肽后留下游离的氨基，而另外 1 个氨基酸给出 1 个氨基上的氢成肽后留下游离的羧基。肽链的氨基一端称为 N-端，留有羧基的一端称为C-端。为了研究和交流的统一方便，科学家在描述肽链时都遵从规定，将肽链中带自由氨基的一端即N-端放在结构式的左端，该氨基酸称为 N-端氨基酸，而带自由羧基的一端即C-端放在结构式的右端，该氨基酸称为 C-端氨基酸。肽的书写据此模式由左到右排列，即从 N-端开始书写直到 C-端为止。例如：

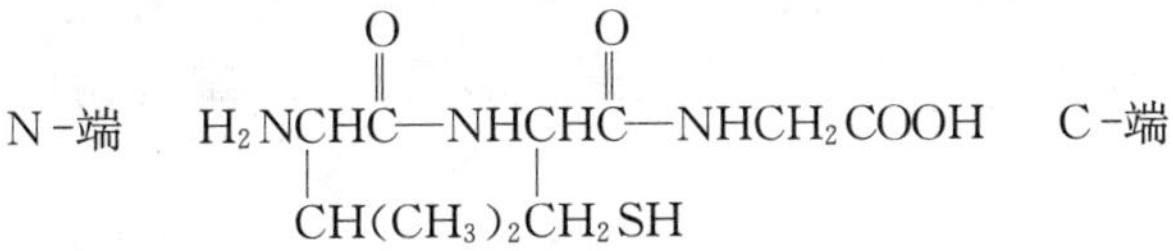

N-端　$H_2NCH(CH(CH_3)_2)C(=O){-}NHCH(CH_2SH)C(=O){-}NHCH_2COOH$　C-端

多肽的命名是以 C 端的氨基酸为母体，而将其余的氨基酸残基作为酰基，依次排列在母体名称之前。例如，半胱氨酸、甘氨酸和缬氨酸组成的三肽，其结构和名称如下：

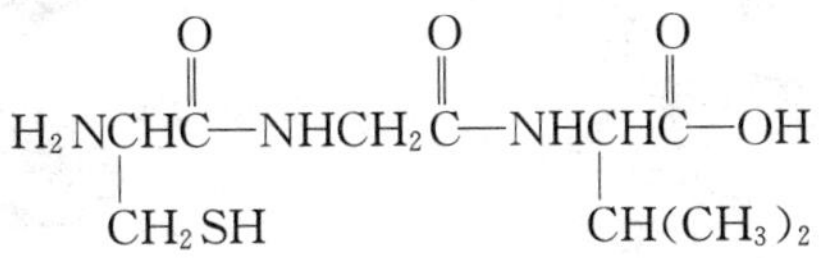

$$H_2NCH(CH_2SH)C(=O){-}NHCH_2C(=O){-}NHCH(CH(CH_3)_2)C(=O){-}OH$$

半胱氨酰甘氨酰缬氨酸

书写或命名肽的结构时，也可用氨基酸的中文词头或英文缩写符号表示，氨基酸之间用“短直线”或“点”隔开。例如，上述三肽可简写为半胱-甘-缬或半胱·甘·缬(Cys·Gly·Val)。

18.3　蛋白质

通常将相对分子质量较大、结构较复杂的多肽称为**蛋白质**(**proteins**)。蛋白质用酸彻底水解后得到的产物也是各种 α-氨基酸。

蛋白质是具有三维结构的复杂分子,了解蛋白质的分子结构是了解其生物学功能的基础。1952年,丹麦生物化学家林德尔斯汤姆·莱恩(Linderstrom-Lang)第一次提出蛋白质三级结构的概念,其内容包括:一级结构指多肽链中氨基酸排列的一定顺序,是靠共价键维持多肽链的连接,不涉及其空间排列;二级结构指多肽链骨架的局部空间结构,不考虑侧链的构象及整个肽链的空间排列;三级结构则是指整个肽链的折叠情况,包括侧链的排列,也就是蛋白质分子的空间结构或三维结构。1958年,美国晶体学家贝尔耐(Bernal)在研究蛋白质晶体结构时发现,并非所有蛋白质的结构都达到三级结构水平;而有些蛋白质则有更复杂的结构,即在蛋白质中,具有三级结构的多肽链可形成亚基,许多蛋白质是由相同或不相同的亚基,靠非共价键结合在一起,他将这种结构称为四级结构。现在,蛋白质的一级、二级、三级和四级结构的概念已由国际生物化学与分子生物学联合会(IUBMB)的生化命名委员会采纳并做出正式定义。下面对上述结构层次的概念进行简介。

18.3.1 蛋白质的一级结构

蛋白质的一级结构(primary structure)通常是指蛋白质肽链中氨基酸残基的排列顺序,又称为共价结构。蛋白质的一级结构是基础,它决定蛋白质的空间结构。

18.3.2 蛋白质的二级结构

蛋白质的二级结构(secondary structure)是指多肽链中的局部肽段,各自沿一定的轴盘旋或折叠,并以氢键为主要次级键而形成的有规则的构象,如α-螺旋、β-折叠和β-转角等。

1. α-螺旋

α-螺旋(α-helix)是个棒状结构,多肽链围绕中心轴呈有规律的螺旋式上升(如图18-1)。螺旋的方向为右手螺旋,每3.6个氨基酸旋转上升一周,螺距为0.54 nm,每个氨基酸残基的高度为0.15 nm。氢键在α-螺旋中起重要的稳定作用。此类氢键是由第i个肽键N上的氢原子与第$i+4$个羰基上的氧原子形成的,α-螺旋构象允许所有肽键参与链内氢键的形成。

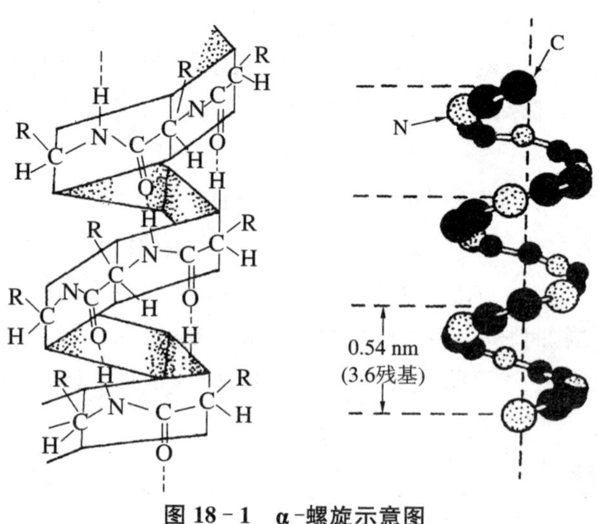

图18-1 α-螺旋示意图

肽链中氨基酸残基的R基侧链的形状、大小和电荷状态均对α-螺旋的形成和稳定有一定影响。如多肽链中连续存在酸性或碱性氨基酸,由于所带电荷同性相斥,不利于α-螺旋的生成，较大的 R 侧链（如异亮氨酸、苯丙氨酸、色氨酸等）集中的区域，因空间阻碍的影响，也妨碍 α-螺旋的生成。

2. β-折叠体（β-pleated sheet）

β-折叠是蛋白质二级结构中又一种普遍存在的构象单元，是 1951 年由鲍林等人在 α-螺旋之后阐明的第二个结构，故命名为 β-折叠体。β-折叠体是片状的，在 β-折叠体中多肽链的伸展使肽键平面之间一般折叠成锯齿状（见图 18-2）。

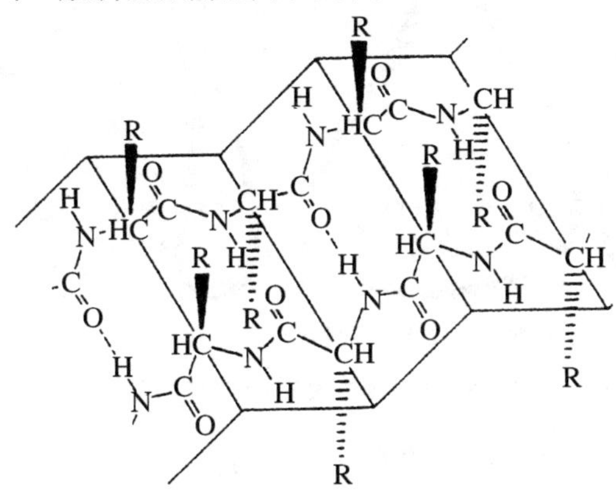

图 18-2　β-折叠体示意图

肽链平行排列，相邻肽键之间的肽键相互交替形成许多氢键，维持构象的稳定。肽链的平行走向有顺式和反式 2 种，肽链的 N 一端在同侧为顺式，不在同侧为反式。肽链中氨基酸残基分布在片层的上下。

3. β-转角（β-bend）

伸展的肽键形成 180°的回折，即 U 形转折结构。它是由 4 个连续氨基酸残基构成，第一个氨基酸残基的羰基与第四个氨基酸残基的亚氨基之间形成氢键以维持其构象。

18.3.3　蛋白质的三级结构

蛋白质分子结构在二级结构的基础上，由于次级作用的存在进一步盘曲折叠形成热力学上更稳定的空间构象，这被称为蛋白质的三级结构（tertiary structure）（见图 18-3）。氨基酸侧链上各种分别带有正或负的电荷基团之间的相互吸引可以形成盐键；相同性质的疏水基团之间能够形成疏水键；侧链靠近时又可以产生范氏作用力或氢键而相互吸引；两个半胱氨酸之间则可产生二硫键；等等。这些作用被统称为次级作用，次级作用对蛋白质三级结构的形成和稳定存在起着重要的作用。在二级结构基础上的折叠是有固定形式的，每一种蛋白质都在给定的条件下按特定的方式形成三级结构。

三级结构对蛋白质的性质和生理功能会产生很大影响。如在球蛋白中，折叠结构使之尽可能将中性氨基酸中非极性的疏水基团包在多肽链内以保持一定的几何构型，起到一个基架的作用并排斥水分子的进入。而极性的基团，如酸性或碱性氨基酸中的亲水基团暴露在外，它们可以和极性溶剂形成氢键。因此，球蛋白可以在水中形成水溶性胶体。肌红蛋白质由肌红蛋白和血红素结合而成，相对分子质量达 18 000，蛋白质由 153 个氨基酸组成，有 7 个区域基本上是 α-螺旋的二级结构，肽链进一步盘曲折叠形成一个近乎球状的疏水囊袋，囊袋中有一个组氨酸，囊袋的空间构象正好和血红素分子匹配，这个血红素分子中的亚铁原子又正好可以和组氨酸咪唑环上的氮原子配位形成第五根向心配价键，其结构形式真

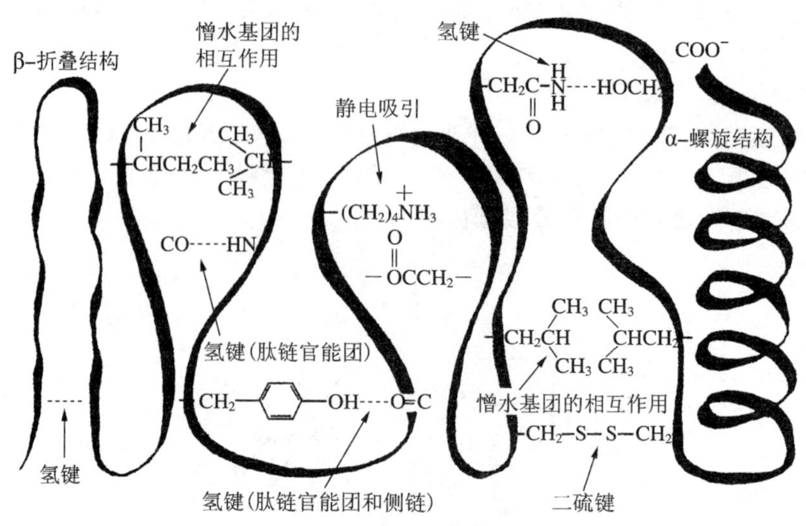

图 18-3　蛋白质三级结构示意图

可谓完美无缺。肌红蛋白质血红素中的亚铁原子有 6 个配位位置,其中 5 个已经与卟啉和咪唑环上的氮原子配位,余下 1 个和氧分子配位,使肌红蛋白有储氧功用,而血红素或肌红蛋白单独存在时都不会和氧结合。

18.3.4　蛋白质的四级结构

许多蛋白质分子是由 2 条或多条肽链所组成的,每条肽链都有各自独立的一级、二级和三级结构。不同的肽链之间并无共价键联结,但它们也可依靠次级作用相互吸引靠拢。也有一些蛋白质是由若干个简单的蛋白质分子组成的。蛋白质中由一条或几条多肽链组成的最小单位称为**亚基**(**subunit**),不少复杂的蛋白质分子由于亚基之间的副键作用而继续构成它独特的空间结构,即蛋白质的四级结构(quaternary structure)。如,纤维蛋白由几条 α-螺旋的多肽相互扭合成麻绳状,使肽链之间有紧密的结合,血红蛋白由 4 个相当于肌蛋白三级结构形状的亚基组成。其中 2 条是 α-链,2 条是 β-链,每条肽链就是 1 个亚基,其四级结构近似椭球形状(见图 18-4)。单独的亚基大多是没有生物活性的,而具有完整的四级结构的蛋白质分子将具有特定的生理活性,这些蛋白质分子中的亚基数目、种类和空间中相互的缔合吸引作用所造成的构象都有严格的排列方式。1962 年,J. C. Kendrew 和

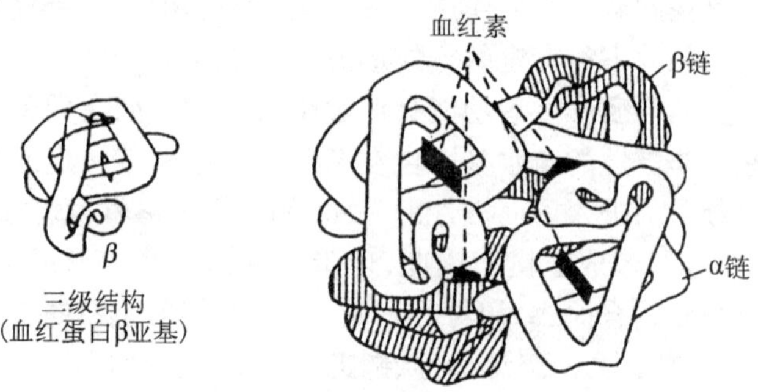

图 18-4　血红蛋白的四级结构示意图

M. F. Perutz 因对血红蛋白、球蛋白和纤维蛋白等的结构研究所取得的出色成果而荣获诺贝尔化学奖。

18.4　核酸

核酸(nucleic acids)和糖、蛋白质一样，都是对生命现象有重大意义的生物大分子。天然存在的核酸有两类：一类是脱氧核糖核酸(deoxyribonucleic acid, DNA)，存在于细胞核和线粒体内，能携带遗传信息，决定细胞和个体的基因型(genotype)；另一类是核糖核酸(ribonucleic acid, RNA)，存在于细胞质(90%)和细胞核内(10%)，可参与细胞内 DNA 遗传信息的表达，即蛋白质的生物合成。

1868 年，米歇尔(F. Miescher)从细胞核中分离出一种含磷的酸性物质，由于这个物质首先是从细胞核中分离得到的，又具有酸性，故被命名为核酸。自然界中，无论是植物、微生物、动物还是人类，凡是有生命的地方就有核酸存在。自发现核酸以后一段较长时间内，人们对核酸的作用和机制了解得并不多。1944 年，埃佛雷(O. Avery)利用致病肺炎球菌中提取的 DNA，使另一种非致病性的肺炎球菌的遗传性发生改变，成为致病菌，从而证实了 DNA 是遗传的物质基础。此后的大量实验证实，生物体的生长、繁殖变异和转化等生命现象都与核酸有关。1953 年，沃森(J. Watson)和克里克(F. Crick)提出了 DNA 的双螺旋结构模型，从而揭示了生物界遗传性状得以世代相传的分子奥秘。核酸是以遗传编码的方式贮存和传递信息并指导蛋白质合成的物质。用电脑来做比喻，在生命活动中，蛋白质是“硬件”，核酸则相当于是“软件”。

蛋白质的生物合成受核酸控制，遗传学中长期使用的“基因(gene)”一词，就是指 DNA 分子中某一区段，可以经过复制遗传给子代；也可以经转录和翻译，保证支持生命活动的各种蛋白质在细胞内的有序合成。因此，“基因表达调控”“基因重组与基因工程”“基因诊断与基因治疗”以及“人类基因组计划”都成为近代分子生物学的研究关注热点。

18.4.1　核酸的基本结构单位——单核苷酸

核酸是一种多核苷酸(polynucleotide)，它的基本结构单位是单核苷酸(mononucleotide)。核苷酸由核苷(nucleoside)和磷酸组成。核苷由戊糖(pentose)和碱基(base)组成。戊糖有 2 种：D-核糖(D-ribose)和 D-2-脱氧核糖(D-2-deoxyribose)，据此将核酸分为核糖核酸和脱氧核糖核酸。

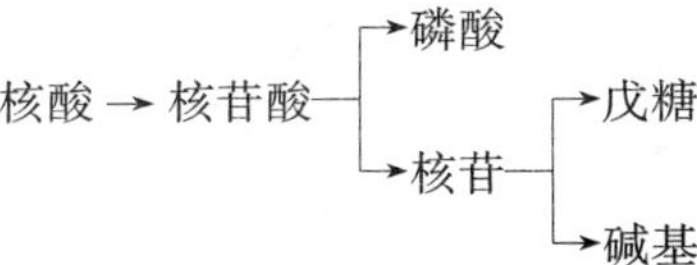

1. 碱基

构成核苷酸的碱基主要有 5 种，分别为嘌呤和嘧啶两类含氮杂环。嘌呤类有腺嘌呤(adenine, A)和鸟嘌呤(guanine, G)，嘧啶类有胞嘧啶(cytosine, C)、胸腺嘧啶(thymine, T)和尿嘧啶(uracil, U)，上述 5 种碱基在结构上可存在酮式-烯醇式或氨基-亚氨基的互变异构，但体内或在中性和酸性介质中以如下形式存在：

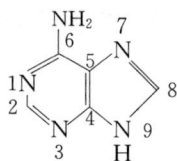

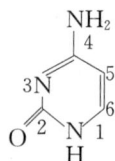

腺嘌呤(A)　鸟嘌呤(G)　胞嘧啶(C)　尿嘧啶(U)　胸腺嘧啶(T)

DNA 中的碱基没有尿嘧啶(U)，即在 DNA 分子中存在 A、G、C、T 4 种碱基；而 RNA 中的碱基没有胸腺嘧啶(T)，即只存在 A、G、C、U 4 种碱基。

2. 戊糖

核酸中的戊糖是 β-D-核糖(存在于 RNA 中)和 β-D-2′-脱氧核糖(存在于 DNA 中)。为区别碱基中碳原子的编号，戊糖中的碳原子常以 1′，2′，3′等编号。

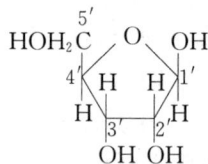

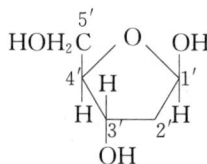

β-D-核糖　β-D-2′-脱氧核糖

3. 核苷

核苷(nucleoside)是由戊糖(核糖或 2′-脱氧核糖)C_1 位的 β-半缩醛羟基与嘌呤碱基的 N_9 或嘧啶碱基的 N_1 上的氢脱水形成的氮苷。核苷中包括腺嘌呤核苷、鸟嘌呤核苷、胞嘧啶核苷和尿嘧啶核苷。其结构如下：

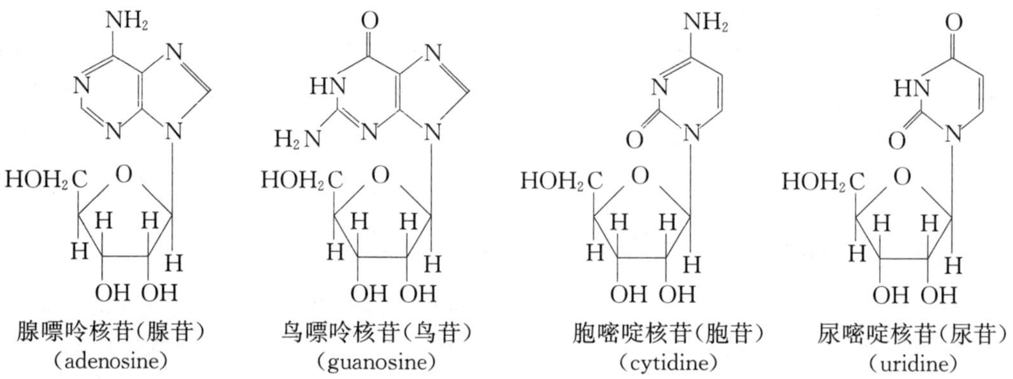

腺嘌呤核苷(腺苷) (adenosine)　鸟嘌呤核苷(鸟苷) (guanosine)　胞嘧啶核苷(胞苷) (cytidine)　尿嘧啶核苷(尿苷) (uridine)

脱氧核苷中包括腺嘌呤脱氧核苷、鸟嘌呤脱氧核苷、胞嘧啶脱氧核苷和胸腺嘧啶脱氧核苷。其结构如下：

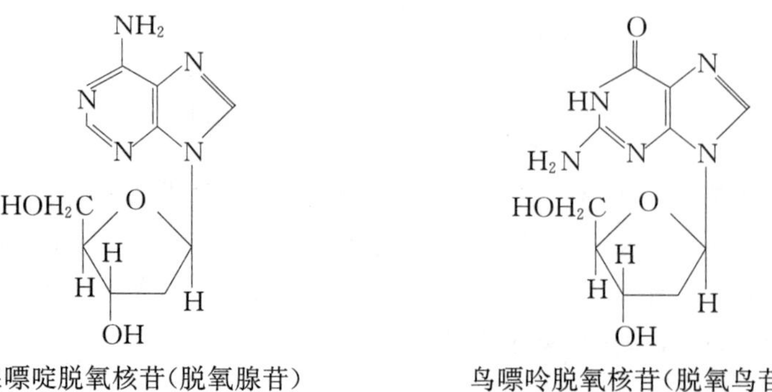

腺嘌啶脱氧核苷(脱氧腺苷) (deoxyadenosine)　鸟嘌呤脱氧核苷(脱氧鸟苷) (deoxyguanosine)

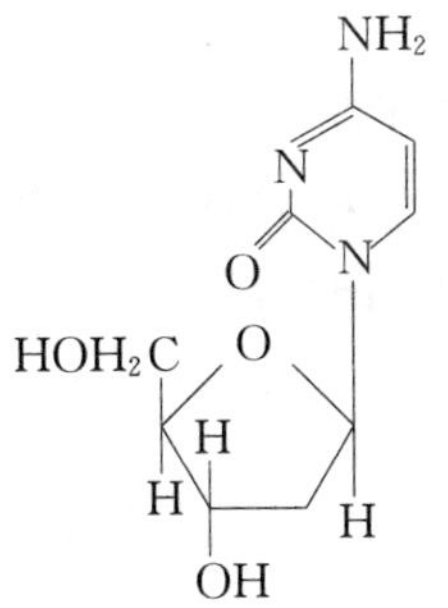

胞嘧啶脱氧核苷(脱氧胞苷)
(deoxycytidine)

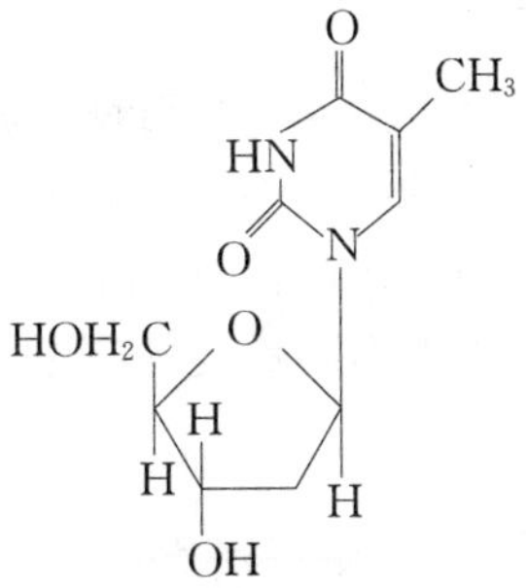

胸腺嘧啶脱氧核苷(脱氧胸苷)
(deoxythymidine)

4. 核苷酸

核苷酸(nucleotides)是指核苷分子中核糖或脱氧核糖的羟基与磷酸生成的酯。生物体内的核苷酸主要是 5′-磷酸酯。例如,腺苷酸(adenylic acid)是由腺苷核糖的 C_5'羟基形成的磷酸酯,又称单磷酸腺苷(adenosine monophosphate, AMP),脱氧胞苷酸(deoxycytidylic acid)是由脱氧胞苷核糖的 C_5' 羟基形成的磷酸酯,又称单磷酸脱氧胞苷(deoxycytidine monophosphate, dCMP)。

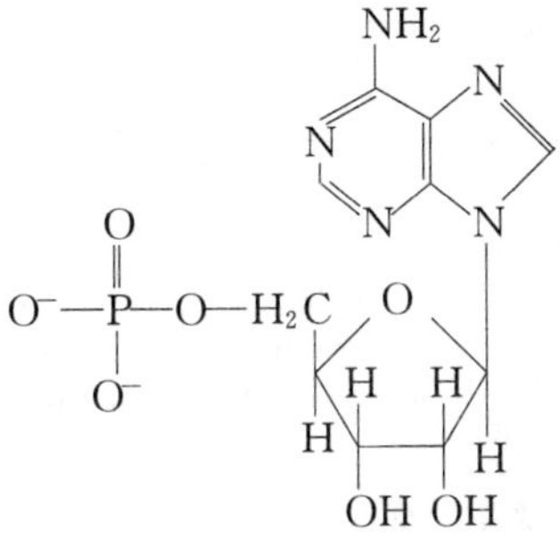

腺苷酸(AMP)

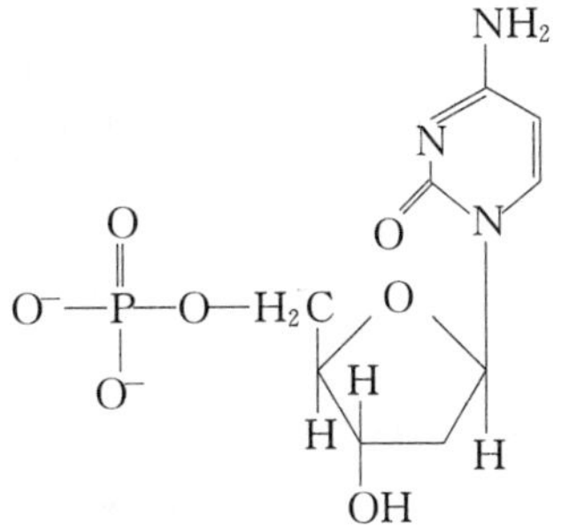

脱氧胞苷酸(dCMP)

核苷酸分子中既有带 1 个磷酸基的单磷酸核苷,也有含 2 个和 3 个磷酸基的二磷酸核苷和三磷酸核苷等多磷酸核苷,如二磷酸腺苷(ADP)和三磷酸腺苷(ATP),它们都具有非常重要的生理活性功能。

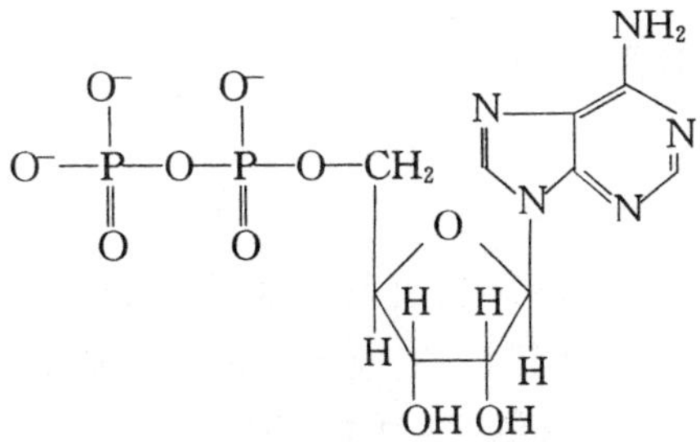

(ADP)

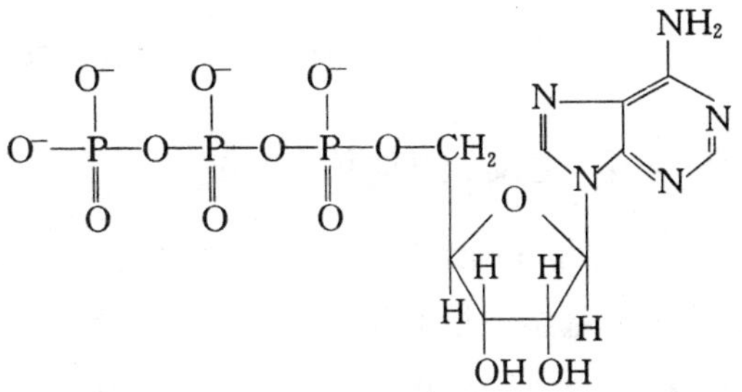

(ATP)

5. 核酸

多个核苷酸通过 3′,5′-磷酸二酯键形成多核苷酸,核酸即为相对分子质量较大的多核苷酸。核酸分子中各种核苷酸的排列顺序称为**核酸的一级结构**。它们是由前一个核苷酸的 3′-OH 与下一个核苷酸的 5′-位磷酸之间形成 3′,5′-磷酸二酯键,从而形成一个没有分支的线性大分子。

图 18-5 代表了由 4 个核苷酸组成的 DNA 或 RNA 中的一段多核苷酸链的结构。多核苷酸中都用下列的缩写式表示,由左向右是从 5′-端到 3′-端,P 代表磷酸基,垂直的线代表核糖或脱氧核糖。P 在核苷的右下方或左上方分别表示在糖的 3′-位或 5′-位上酯化。A、C、G、T、U 各代表不同种类的碱基(见图 18-6)。

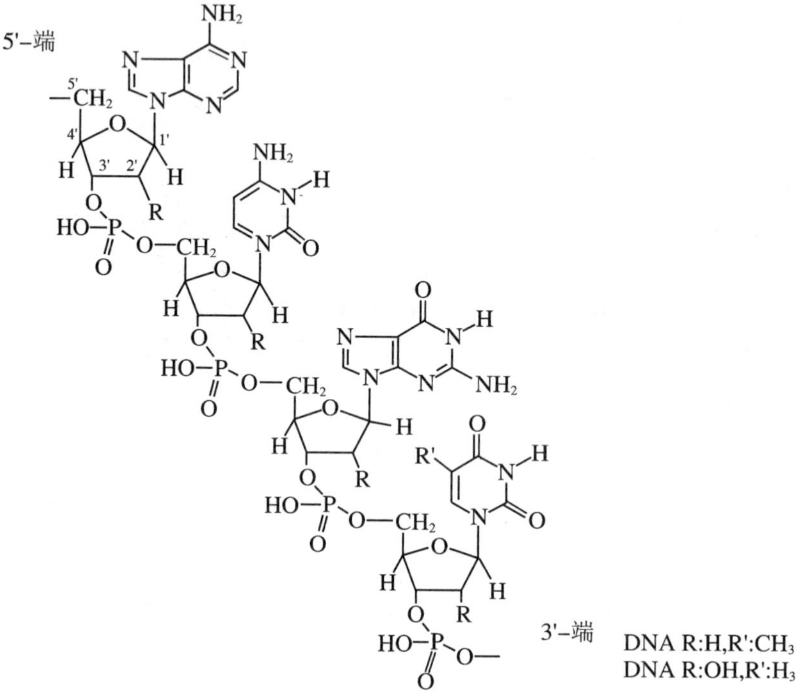

图 18-5 DNA 和 RNA 链示意图

图 18-6 DNA 和 RNA 链的简单表示法

18.4.2 DNA 的结构

早年在研究 DNA 的结构时就发现了不同种生物的 DNA 具有其本身特有的碱基组成排列,这个碱基组成没有组织器官的特异性,不受年龄、性别和环境地区的影响。20 世纪 40 年代后期,已经证实在所有的 DNA 分子中,腺嘌呤(A)和胸腺嘧啶(T)的比例相等,鸟嘌呤(G)和胞嘧啶(C)的个数也完全相等。也就是说,这 2 对碱基中的每 2 个碱基之间是互补的。DNA 中的核酸形成碱基对,碱基对中 2 个配对核酸的浓度总是彼此相当。通过对分子模型的推论及各碱基的性质研究,结合 DNA 分子的 X-衍射分析,沃森和克里克在 1953 年合作推出了 DNA 的**双螺旋(double helix)结构模型**。这是人类在分子水平上认识生命现象的一个里程碑,这两个科学家也因他们的杰出贡献而荣获 1960 年诺贝尔生理学或医学奖。

在 DNA 的双螺旋结构中，A 与 T 配对，G 与 C 配对，其间的虚线表示配对碱基之间的氢键。如图 18－7 所示，根据 DNA 双螺旋结构模型，DNA 分子由 2 条多核苷酸链组成。一条链的走向是 5′到 3′，另一条的走向是 3′到 5′，它们沿着一个共同的中心轴盘旋成右手双螺旋结构。2 条链之间通过螺旋内嘧啶碱基和嘌呤碱基的氢键固定下来，它们之间的距离正好和双螺旋的直径(2 nm)相吻合，螺旋的轴心穿过氢键的中点。亲水的脱氧核糖和磷酸处于螺旋的外侧。碱基平面与中心轴垂直，和糖环平面也近乎垂直，螺旋的每一圈相距 3.4 nm，约包括 10 个核苷酸，2 个相邻核苷酸之间的夹角约 36°。

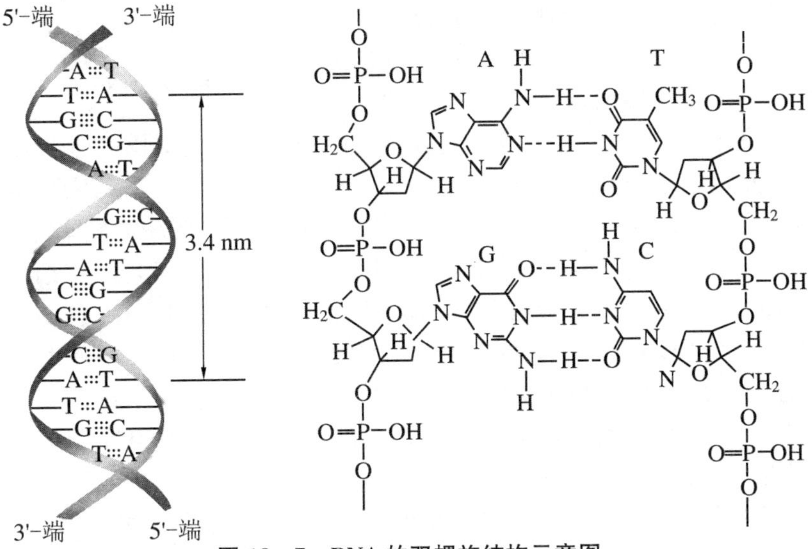

图 18－7　DNA 的双螺旋结构示意图

通常 2 条链的碱基对之间有氢键相互配对(如图 18－7 所示)。配对的碱基总是腺嘌呤(A)与胸腺嘧啶(T)间形成 2 个氢键(A ═T)；鸟嘌呤(G)与胞嘧啶(C)之间形成 3 个氢键(G≡C)，此称为**碱基互补规律**。2 条链间互补碱基的氢链维持了 DNA 双螺旋结构在横向上的稳定性。

碱基堆积成螺旋结构时，相互之间也有交互作用。嘌呤和嘧啶碱基呈扁平状，均为疏水性的，在双螺旋内侧大量碱基层层堆积，十分贴近，使双螺旋内部形成一个强大的疏水区，这种碱基的疏水堆积力是维持 DNA 双螺旋结构纵向稳定的主要力量。

从外观看，螺旋外部有 2 个螺旋形凹槽，一条深宽的称为大沟(major groove)，另一条稍浅窄一点的称为小沟(minor groove)，目前认为这些沟状结构与蛋白质和 DNA 间的识别有关。DNA 分子的这种双螺旋结构已被证明是非常稳定的。这些双螺旋二级结构可进一步紧缩闭合成环状或复杂麻花状的空间构象，形成 DNA 的三级结构，如超螺旋、十字架和三链状结构等等，非常复杂，在此不再详述。

18.4.3　RNA 的结构

RNA 的碱基主要是腺嘌呤(A)、鸟嘌呤(G)、胞嘧啶(C)和尿嘧啶(U)4 种。RNA 虽然也可以由碱基互补形成双股螺旋，但由于核糖的 2′-位羟基能伸入分子密集的部位，使类似于 DNA 那样的双螺旋结构难以形成。现在知道大部分 RNA 结构中只有分子的一段或某几段中有双股互补的排列，而其他区段则是单股的弯曲核苷酸链，在某些区域可发生自身回褶形成双螺旋结构，其间的碱基也有互补关系，但彼此不平行，也不垂直于螺旋轴。RNA

的二级结构远不如DNA那么有规律(见图18-8)。

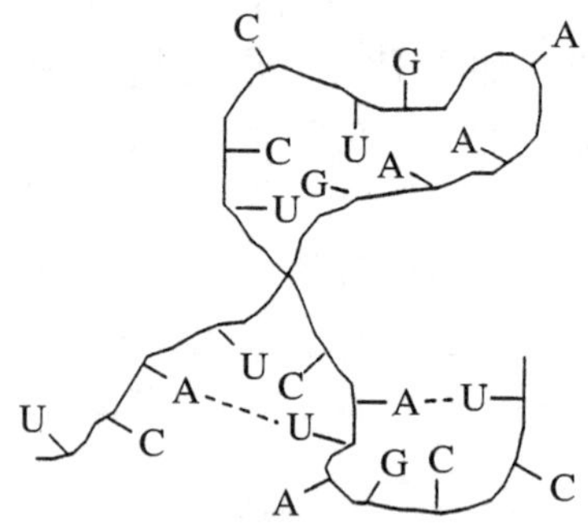

图18-8　RNA的二级结构示意图

RNA和DNA还有一点不同的是各种RNA的相对分子质量大小相差甚远,有的像DNA那么大,可以几万到几百万,但有些RNA只由几十个核苷酸组成,它们大多是白色粉末。DNA的相对分子质量一般比RNA大,约在10^6～10^9之间,多为白色纤维状固体。

从功能上看,已经知道有3种类型的RNA。它们分别是核糖体RNA(rRNA)、信使RNA(mRNA)和转移RNA(tRNA)。rRNA是细胞中含量最多的一类RNA,它的相对分子质量较大,以与蛋白质结合成核蛋白的形式存在于细胞质之中,其生物功能是为蛋白质的生物合成提供场所。mRNA的含量最少,呈小颗粒状,也存在于细胞质之中,约占RNA总量的5%～10%,它的生物功能是接受DNA的遗传信息并成为蛋白质生物合成的模板,相当于是DNA的副本。tRNA由大约80～100个核苷酸单位组成,相对分子质量比mRNA和rRNA小得多,在细胞中含量约为10%～15%。tRNA以自由状态或者与氨基酸相结合后存在于细胞中,往往含有多种稀有碱基,在3′-端有1个CCA—OH序列,在酶的作用下可以与特定的氨基酸生成酯。5′-端通常是鸟嘌呤,分子中有相当一部分的核苷酸相互之间配对形成发夹式的双链结构。二级结构像三叶草,有4个臂各自发挥作用;三级结构的模型像1个倒置的“L”,氨基酸接受臂的CCA构成“L”横端。不同的tRNA可以专一地接受不同的氨基酸,并与之结合后将其送到核糖体上去进行蛋白质的合成。每种tRNA也是根据所转移的氨基酸而命名的。

18.4.4　基因

人们早就觉察到了生物的特征会代代相传,到20世纪,人们已经清楚认识到把遗传特征传下去的因子是存在于细胞染色体中的**基因(genes)**。细胞分裂,染色体也分裂,基因也总是被完全一样地复制下来。染色体是存在于细胞核中的由DNA和蛋白质组成的纤维状物质,同一机体的几乎所有细胞在它们的核中都会有相同的染色体,人的体细胞内有23对染色体。染色体DNA的复制和细胞分裂之间有密切的关系,复制完成,细胞分裂。分裂结束后又开始新一轮的复制,这些过程复杂而可靠,保证了生物物种的稳定性和延续性。

基因在遗传学上是代表生物的遗传物质,是生物器官组织的结构性状遗传的基本功能单位,在分子生物学上即是DNA双螺旋链上的一段核苷酸的排列,它携带着能在特定条件下表达的遗传信息。可以这样说,弄清了基因的本质,也就了解了生命的本质及人与生物生老病死的规律和奥秘。一个基因通常有几千个碱基对,一个DNA分子可以有上万个基因。人的23对染色体大约有30亿个碱基对、近10万个基因。这些基因仅占30亿对碱基的5%左右,而却蕴藏着表达一个人体所需要的全部遗传特征的基础。

20世纪80年代末,国际“人类基因组图谱工程”(HGP)启动。我国科学家参与了该项工程,承担了1%的测序任务,主要负责3号染色体上的3 000万个碱基对的测序和初步组装工作。成为继美、英、日、德、法之后第六个HGP参与国。2000年6月,人类基因组工作草图已经全部完成,标志着这一被认为是继“曼哈顿原子弹计划”和“阿波罗登月计划”之后的人类自然科学史上最大的研究计划已经取得了重大的突破性进展。人类的遗传奥秘犹如一部天书,要找出近10万个基因的位置和作用,需经过测序、拼接和标注这3个步骤来

“读出”。但要真正理解所包含的遗传信息，即“读懂”还有更多、更复杂和更困难的工作要做。今天科学家的工作已经走在测序和拼接这 2 个步骤之间的某个位置，接下来要完成序列的全部拼接即完成“精图”。而后确定基因并对基因的功能信息予以分析处理，即从结构到功能的研究。同时，非编码区的遗传语言，即非基因的占 95%碱基对的 DNA 代表着什么的问题将是另一个根本性的挑战。人类基因组计划的实施将对科学、经济、道义和国际事务等各方面产生难以预计的重大影响。

习　题

1. 举例解释下列术语。

(1) α-氨基酸　　(2) 偶极离子　　(3) 等电点

(4) 二肽　　(5) 2′-脱氧鸟苷　　(6) 胞苷-3′-磷酸

2. 命名下列化合物。

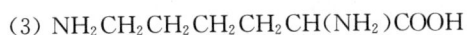

(1) $(CH_3)_2CHCHCOOH$
　　　　　|
　　　　NH_2

(2) 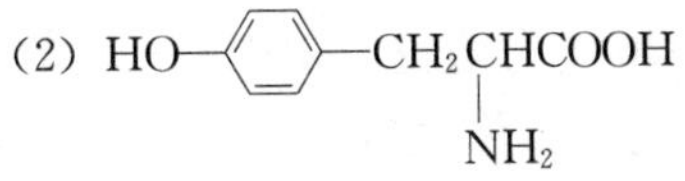

(3) $NH_2CH_2CH_2CH_2CH_2CH(NH_2)COOH$

(4)
　　　　　　　O
　　　　　　　‖
$C_6H_5—CH_2CHCNHCH_2COOH$
　　　　　|
　　　　NH_2

3. 完成反应式。

(1) $2(CH_3)_2CHCHCOOH \xrightarrow{\triangle}$
　　　　　　|
　　　　　NH_2

(2) $CH_3CH_2CHCH_2COOH \xrightarrow{\triangle}$
　　　　　|
　　　　NH_2

(3) $NH_2CH_2CH_2CH_2CH_2COOH \xrightarrow{\triangle}$

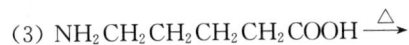

4. 写出 L-苯丙氨酸、L-色氨酸、L-丝氨酸的费歇尔投影式。

5. 在 pH 为 2、6、11 时，甘氨酸在水溶液中主要以什么形式存在？

6. 试提出一个分离甘氨酸、赖氨酸和谷氨酸的混合物的方法。

第 19 章　周环反应

周环反应(pericyclic reaction)是指在光照或加热的条件下，经过环状过渡态而进行的一类反应。周环反应具有如下特点：

(1) 是协同反应。即反应中旧键的断裂和新键的生成同时进行、一步完成。反应只通过环状过渡态，不产生自由基或离子等活性中间体。

(2) 反应受光照或加热的制约，通常不受溶剂或催化剂的影响。

(3) 反应具有高度的立体选择性，在一定的反应条件下只生成特定构型的产物。

1965 年，美国著名有机化学家伍德华(R. B. Woodward)和量子化学家霍夫曼(R. Hoffmann)以大量实验事实为依据，采用量子化学中的分子轨道理论，系统地研究了周环反应的规律，提出了分子轨道对称性守恒原理，其基本论点是：当反应物和生成物的轨道对称性一致时，反应很快地进行；如果轨道的对称性不一致，反应则很难进行。即在进行协同反应时，分子轨道的对称性是守恒的，分子总是遵循保持轨道对称性不变的方式发生反应，得到轨道对称性不变的产物。分子轨道对称性守恒原理是近代有机化学的重大成果之一。

对分子轨道对称性守恒原理有 3 种理论解释：**前线轨道理论**(frontier orbital theory)、**能级相关理论**(energy level correlation theory)和**芳香过渡态理论**(aromatic transition state theory)。这 3 种理论从不同的角度讨论轨道对称性问题，本章应用前线轨道理论来分析周环反应的反应规律。

周环反应主要包括**电环化反应**(electrocyclic reaction)、**环加成反应**(cycloaddition reaction)和**σ-迁移反应**(sigmatropic reaction)等。

19.1　前线轨道理论

前线轨道理论最早由日本学者福井谦一提出。1952 年，福井谦一提出了“**前线分子轨道**(frontier molecular orbital)”和“**前线电子**(frontier electron)”的概念，并由此发展为前线轨道理论。在分子轨道中，已占有电子的能级最高轨道称为“**最高占有轨道**(highest occupied molecular orbital)”，用 HOMO 表示；未占有电子的能级最低轨道称为“**最低未占轨道**(lowest unoccupied molecular orbital)”，用 LUMO 表示。HOMO 和 LUMO 统称为前线轨道，用 FOMO 表示，处在前线轨道上的电子称为前线电子。

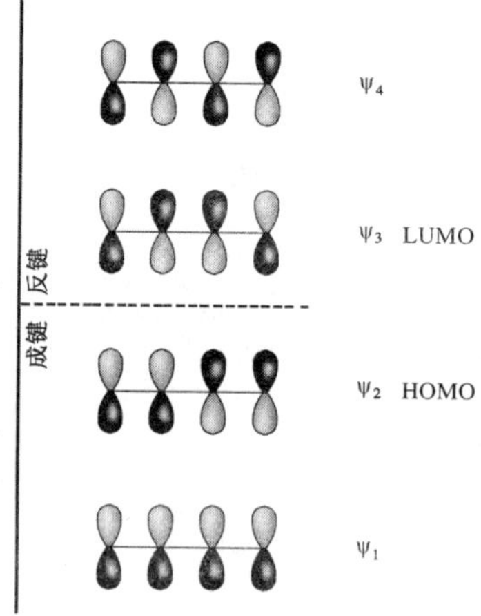

图 19-1　丁-1,3-二烯的分子轨道

丁-1,3-二烯的 π 分子轨道如右图 19-1 所示。基态时，电子占有 ψ_1、ψ_2 轨道，HOMO 为 ψ_2，LUMO 为 ψ_3。

前线轨道理论认为，在分子间的化学反应过程中最先起作用的分子轨道是前线轨道，起关键作用的电子是前线电子。最高占有轨道 HOMO 上的电子被束缚得较为松弛，容易激发到能量最低的未占轨道 LUMO，这 2 种轨道能量接近，容易组成新轨道。

19.2　电环化反应

在光或热的作用下，链状共轭多烯发生环合反应及其逆反应，都称为电环化反应。如丁-1,3-二烯与环丁烯之间的相互转化：

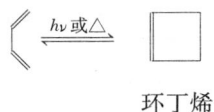

$h\nu$ 或 △

环丁烯

19.2.1　电环化反应的立体专一性

电环化反应的显著特点是具有高度的立体专一性。例如，(E,E)-己-2,4-二烯和 (E,Z,E)-辛-2,4,6-三烯在不同条件下的电环化反应：

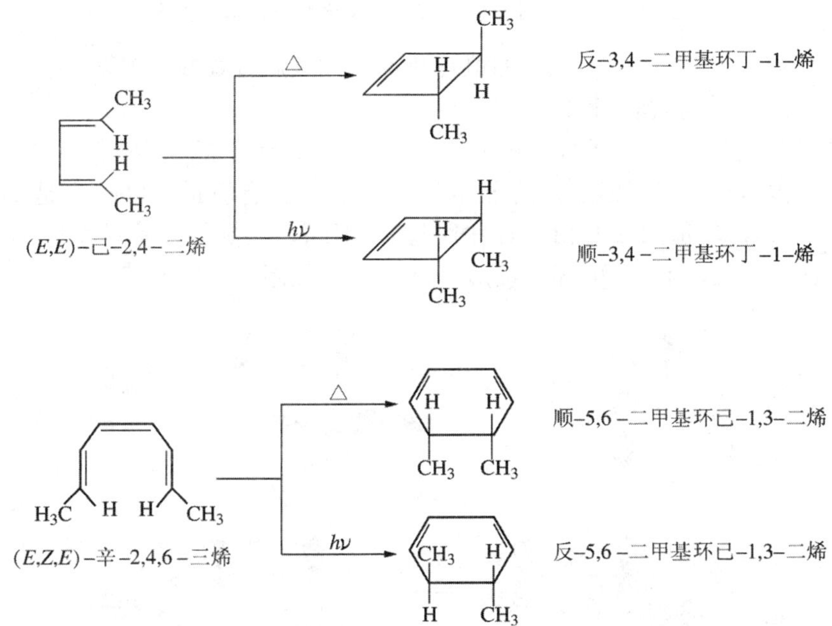

从上面的反应可以看出，在加热条件下得到的产物与在光照条件下得到的产物有不同的立体选择性。(E,E)-己-2,4-二烯在加热条件下得反式异构体，在光照条件下得顺式异构体。而 (E,Z,E)-辛-2,4,6-三烯在加热或光照条件下所得产物构型刚好与 (E,E)-己-2,4-二烯相反。

19.2.2　电环化反应的理论解释

1. 含 4π 电子的共轭体系

前线轨道理论认为，一个共轭多烯分子在发生电环化反应时，起决定作用的分子轨道是最高占有轨道 HOMO。反应中共轭多烯两端碳原子的 p 轨道旋转关环生成 σ 键,轨道性质发生改变,但其对称性是不变的,即原来的位相保持不变。

在热作用下,电环化反应是分子在基态时发生的反应。前面已提到,基态时丁-1,3-二烯的最高占有轨道是 ψ_2,顺旋将使同位相的两瓣发生重叠成键而关环,对旋将使反位相的两瓣接近,由于相互排斥而不利于成键。如图 19-2 所示。

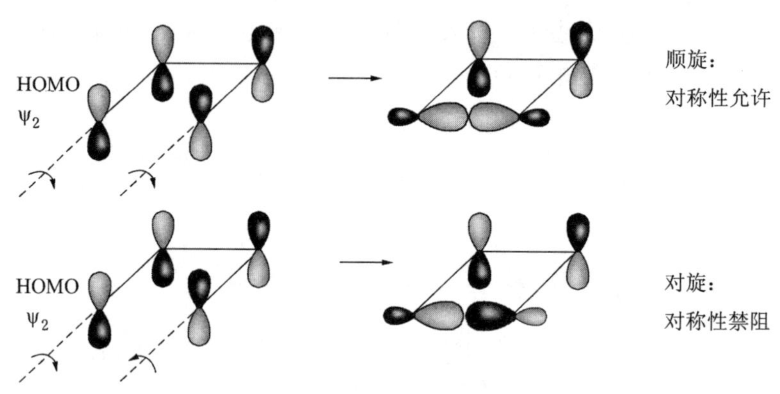

图 19-2　基态丁-1,3-二烯环化时前线轨道示意图

因此,在热作用下丁-1,3-二烯的电环化反应按顺旋方式成键关环,是对称允许的途径,而对旋不能重叠成键,是对称禁阻的途径。

在光作用下,丁-1,3-二烯分子中的 1 个电子从 ψ_2 跃迁至 ψ_3 轨道,使得基态时能量最低的电子未占轨道变成了激发态时能量最高的电子占有轨道,此时 ψ_3 是 HOMO。显然,对 ψ_3 轨道而言,轨道两端的相对对称性与 ψ_2 不同。顺旋是对称性禁阻的,而对旋是对称性允许的,与热作用下的电环化反应正好相反。如图 19-3 所示。

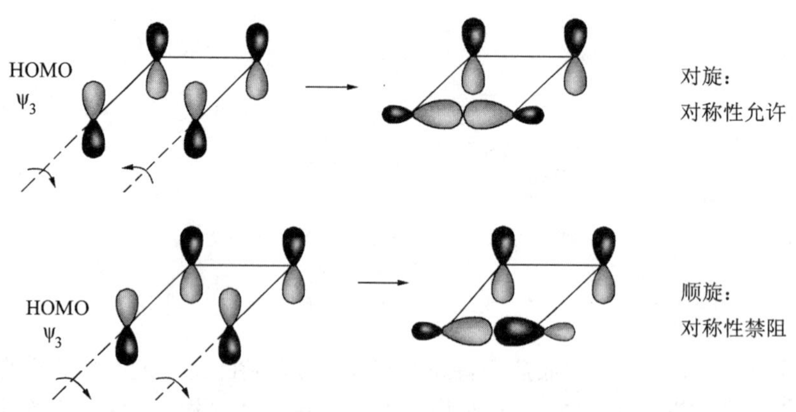

图 19-3　激发态丁-1,3-二烯环化时前线轨道示意图

由此可见,丁-1,3-二烯在不同的反应条件下,采用哪种方式关环是由前线轨道的对称性所决定的,前线轨道不同导致旋转方式不同。对于丁-1,3-二烯来说,不论顺旋或对旋产物均相同。但是如果在共轭二烯的两端碳原子上连有取代基,如己-2,4-二烯,电环化反应就可产生顺反异构体,这与实际观察到的立体化学事实相符。

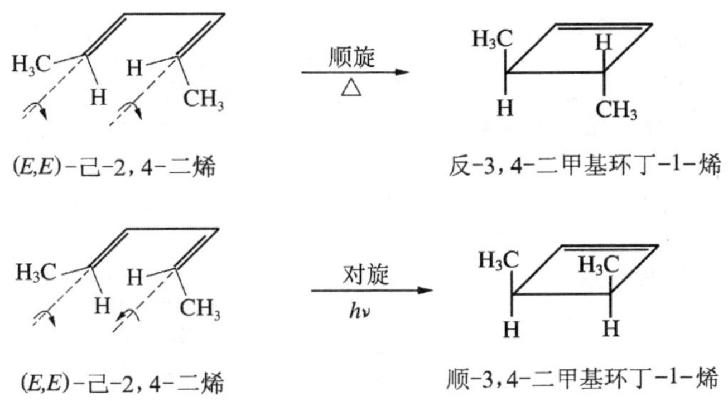

2. 含 6π 电子的共轭体系

己-1,3,5-三烯的 π 轨道如图 19-4 所示。

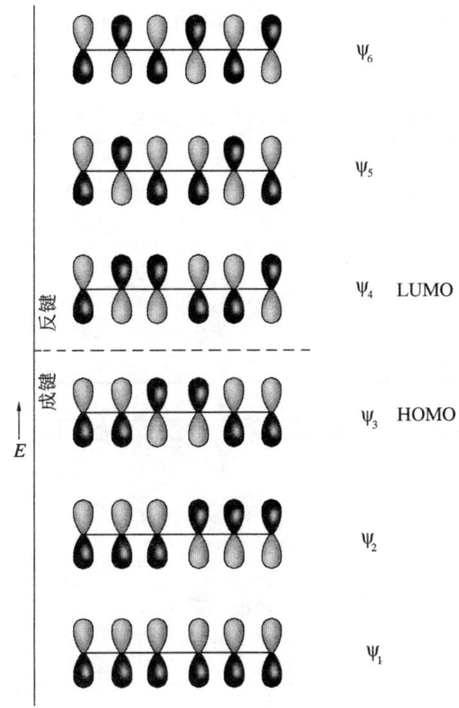

图 19-4　己-1,3,5-三烯的分子轨道

己-1,3,5-三烯及其取代衍生物在进行热电环化反应时，ψ_3 是前线轨道，即对旋成键关环是对称性允许的。而在进行光电环化反应时，ψ_3 上的 1 个电子跃迁到 ψ_4，此时 ψ_4 为 HOMO，顺旋成键关环是对称性允许的，如辛-2,4,6-三烯的电环化反应。

(*E*,*Z*,*E*)-辛-2, 4, 6-三烯　　顺-5, 6-二甲基环己-1,3-二烯

(*E*,*Z*,*E*)-辛-2, 4, 6-三烯　　反-5, 6-二甲基环己-1,3-二烯

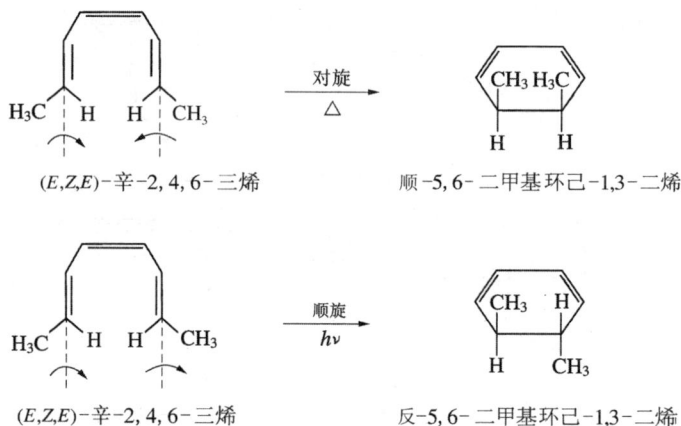

在电环化反应中，成键关环时键的旋转方式与共轭多烯的 π 电子数目以及电环化的反应条件有关。研究发现，所有属于 4*n* 体系的共轭多烯采取相同的关环方式，而所有属于 4*n*+2体系的共轭多烯也采用相同的关环方式。可将电环化反应规则归纳总结，如表 19－1 所示。

表 19－1　电环化反应的环化规则

π 电子数	反应条件	旋转方式
4*n*	热	顺旋
	光	对旋
4*n*+2	热	对旋
	光	顺旋

电环化反应是可逆反应，逆反应经过的途径与正反应一致，关环时采取的旋转方式在开环时同样适用。

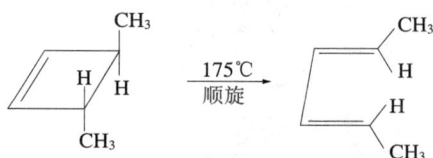

19.3　环加成反应

在光或热的作用下，2 个或多个 π 体系相互作用，通过环状过渡态生成环状分子的反应叫作环加成反应。环加成反应种类很多，可按照反应物的 π 电子数进行分类，本节主要讨论以下 2 种类型：

[2+2]环加成：

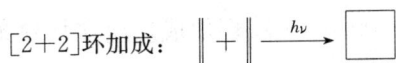

[4+2]环加成：

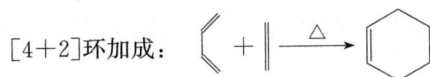

与电环化反应不同，环加成反应通常是双分子反应，而电环化反应是单分子反应。环加成反应是协同反应，其反应规律也可用前线轨道法进行解释。

环加成反应通常是可逆的，其逆反应称为环消除反应。

19.3.1 [4+2]环加成

环加成中最常见的是[4+2]环加成，即狄尔斯-阿尔特反应。狄尔斯-阿尔特反应是立体专一性的顺式加成反应，反应过程中双烯体和亲双烯体中取代基的立体关系均保持不变。这类反应在加热条件下进行。例如：

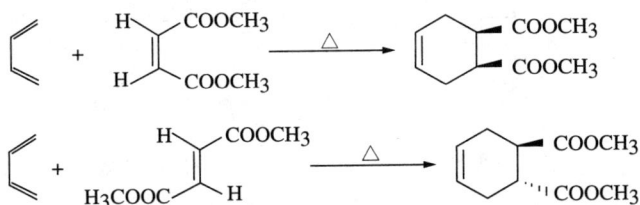

这种立体专一性是由反应物前线轨道的对称性决定的。前线轨道理论认为，环加成反应中起决定作用的轨道是一个反应物分子的 HOMO 和另一个反应物分子的 LUMO。如果 1 个分子的 HOMO 和另 1 个分子的 LUMO 能够发生同位相重叠，则反应是对称性允许的，能够进行；如果它们位相相反，则反应是对称性禁阻的，不能进行。

基态时，乙烯的 HOMO 是 π 轨道，LUMO 是 π* 轨道。如下所示：

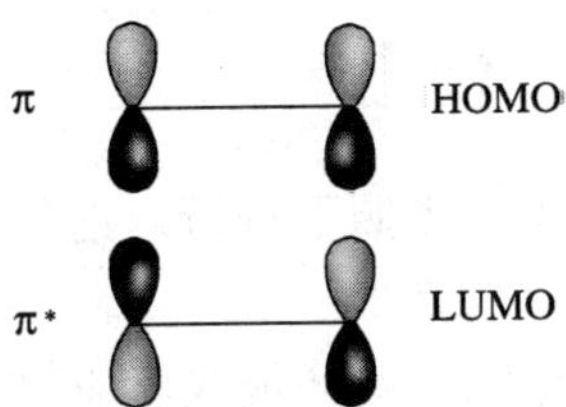

在加热条件下，乙烯与丁-1,3-二烯发生[4+2]环加成反应，其轨道重叠方式有两种，一种是丁-1,3-二烯的 HOMO(ψ_2)和乙烯的 LUMO(π^*)重叠，另一种是丁-1,3-二烯的 LUMO(ψ_3)和乙烯的 HOMO(π)重叠。如图 19-5 所示。

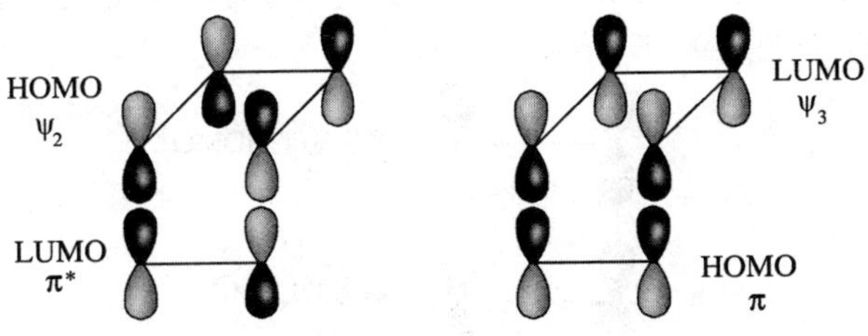

图 19-5 对称允许的[4+2]环加成反应

两种重叠方式都可以成键，因此，[4+2]环加成反应在加热条件下是对称性允许的，可以进行。

[4+2]环加成反应主要得到内型加成产物，例如顺丁烯二酸酐与环戊-1,3-二烯的加成。

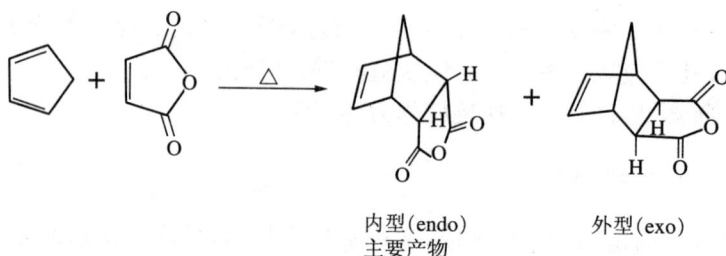

内型(endo)
主要产物

外型(exo)

内型及外型产物的过渡态如下：

内型过渡态　　　　外型过渡态

内型加成时，分子中不参与成键的 π 轨道即顺丁烯二酸酐羰基的 π 轨道也可与环戊-1,3-二烯的 π 轨道相互作用，对形成的内型过渡态有稳定作用。而外型加成时，羰基距离环戊-1,3-二烯 π 键较远，不存在这种额外的稳定作用。因此，反应主要按内型加成进行。

19.3.2 [2+2]环加成

2 分子乙烯在光照下发生加成反应，生成环丁烷。

$$\| + \| \xrightarrow{h\nu} \square$$

此反应在加热条件下不发生，需在光照下进行。这类反应涉及 2 个 2π 电子体系，故称为[2+2]环加成反应。

在加热条件下，两分子乙烯发生[2+2]环加成反应，就要求 1 分子乙烯的 HOMO(即 π 轨道)与另外一分子乙烯的 LUMO(即 π^* 轨道)重叠，但 π 和 π^* 对称性相反，不能成键，所以[2+2]环加成反应在热作用下是对称性禁阻的。

[2+2]环加成反应在光照条件下是对称性允许的。在光照下，1 分子乙烯发生电子跃迁，成为激发态，激发态时乙烯分子的 HOMO 为 π^*，与另一基态分子的 LUMO(也为 π^*)重叠，是对称性允许的，如图 19-6 所示。

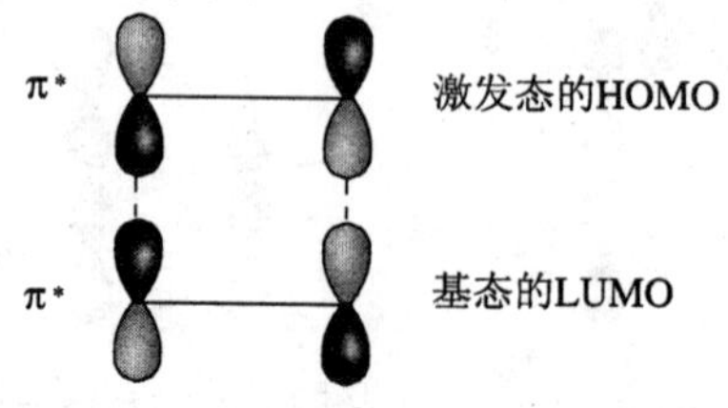

图 19-6 对称允许的[2+2]环加成反应

乙烯二聚时属于 $4n$ 体系，丁-1,3-二烯与乙烯的环加成属于 $4n+2$ 体系。现将环加成反应规则归纳如表 19-2 所示。

表 19-2　环加成反应规则

参加反应的 π 电子数	热反应	光反应
$4n$	对称禁阻	对称允许
$4n+2$	对称允许	对称禁阻

表中参与反应的 π 电子数是所有反应物参与反应的 π 电子数之和。

19.4　σ-迁移反应

在化学反应中，1 个 σ 键沿着共轭体系由 1 个位置转移到另 1 个位置，同时伴随着 π 键转移的反应称为 σ-迁移反应。如用氘标记的戊-1,3-二烯在加热时的反应：

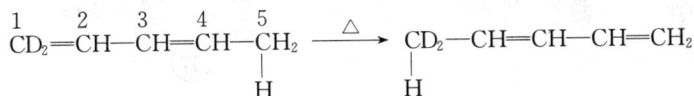

$$\overset{1}{CD_2}=\overset{2}{CH}-\overset{3}{CH}=\overset{4}{CH}-\overset{5}{CH_2}(H) \xrightarrow{\triangle} CD_2(H)-CH=CH-CH=CH_2$$

σ-迁移反应是协同反应，原有 σ 键的断裂、新 σ 键的形成以及 π 键的移动都是经过环状过渡态一步完成的。C—C 键和 C—O 键都可以发生 σ-迁移。根据 σ 键断裂和形成的位置，可将 σ-迁移分为[1,3]、[1,5]、[1,7]等迁移，统称为[i,j]σ-迁移。可表示如下：

$$\overset{Z}{\underset{1}{C}}-\underset{2}{C}=\underset{3}{C} \longrightarrow \underset{1}{C}=\underset{2}{C}-\overset{Z}{\underset{3}{C}} \quad [1,3]\sigma\text{-迁移}$$

$$\overset{Z}{\underset{1}{C}}-\underset{2}{C}=\underset{3}{C}-\underset{4}{C}=\underset{5}{C} \longrightarrow \underset{1}{C}=\underset{2}{C}-\underset{3}{C}=\underset{4}{C}-\overset{Z}{\underset{5}{C}} \quad [1,5]\sigma\text{-迁移}$$

$$\overset{Z}{C}-(C=C)_n-C=C \longrightarrow C=C-(C=C)_n-\overset{Z}{C} \quad [i,j]\sigma\text{-迁移}$$

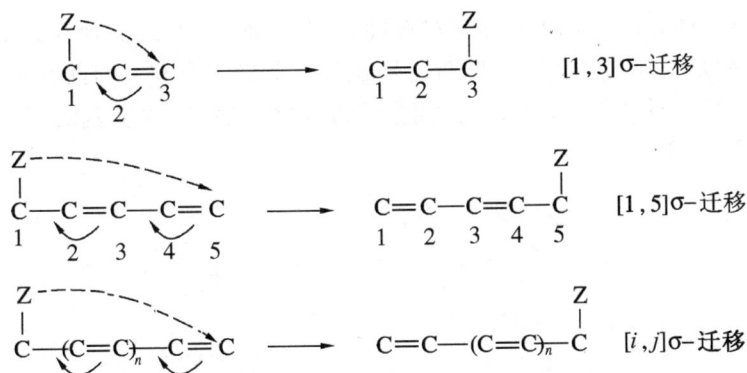

若移动基团涉及不止一个原子，应分别标明其位置。如**科普重排**(Cope rearrangement)：

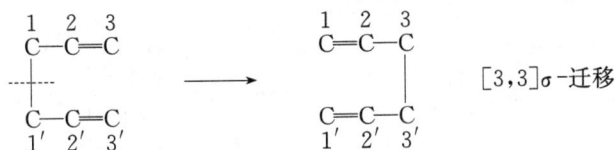

$$\begin{matrix}\overset{1}{C}-\overset{2}{C}=\overset{3}{C}\\ |\\ \underset{1'}{C}-\underset{2'}{C}=\underset{3'}{C}\end{matrix} \longrightarrow \begin{matrix}\overset{1}{C}=\overset{2}{C}-\overset{3}{C}\\ \quad\quad |\\ \underset{1'}{C}=\underset{2'}{C}-\underset{3'}{C}\end{matrix} \quad [3,3]\sigma\text{-迁移}$$

科普重排属于碳的[3,3]σ-迁移。

在此仅讨论氢的[i,j]、碳的[i,j]及[3,3]σ-迁移。

19.4.1　氢的[i,j]σ-迁移

氢的 σ-迁移有 2 种立体选择性，即同面迁移和异面迁移。

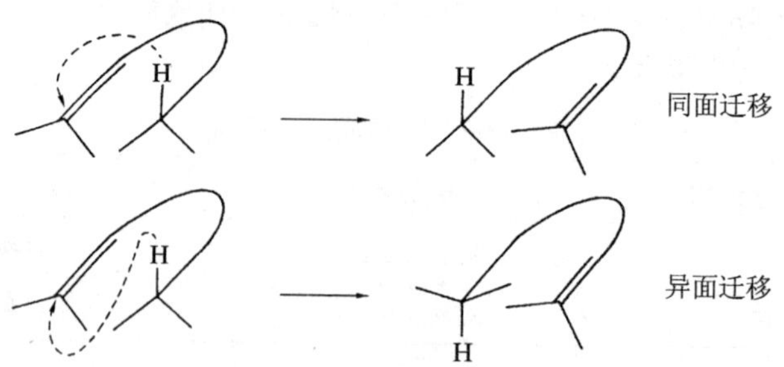

在加热条件下,氢的[1,5]同面迁移容易进行,而[1,3]迁移很难发生。前线轨道法可以圆满解释这一事实。氢的[1,5]迁移可看作是氢原子与戊二烯基自由基 HOMO 的相互作用,氢的[1,3]迁移可看作是氢原子与烯丙基自由基 HOMO 的相互作用。[1,5]迁移和[1,3]迁移相应的前线轨道与氢原子作用如图 19-7 所示。

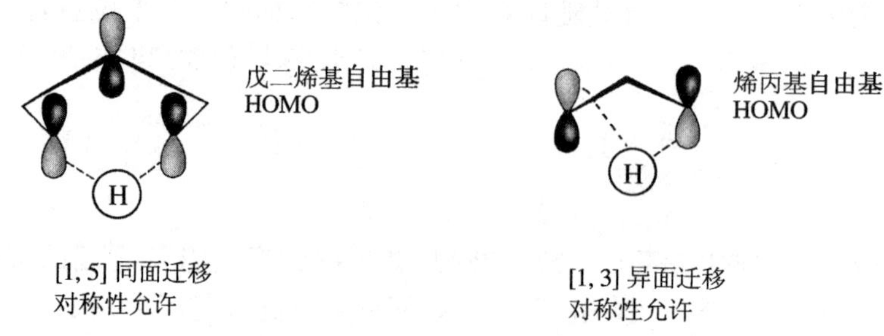

图 19-7 [1,5]和[1,3]氢迁移轨道示意图

可明显看出,氢的[1,5]同面迁移是对称性允许的,而[1,3]同面迁移是对称性禁阻的,[1,3]异面迁移却是允许的,但[1,3]异面迁移在几何上极为不利。因此在加热条件下氢的[1,3]迁移很难发生,而[1,5]迁移容易发生。例如,化合物(1)发生氢的[1,5]迁移转变为下列 2 种异构体(2)和(3):

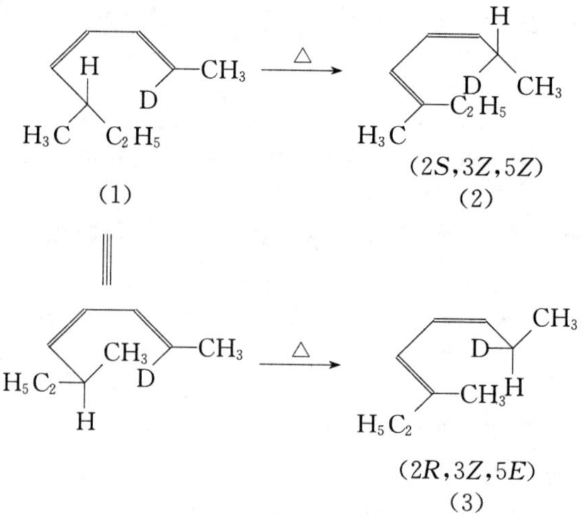

(1) $\xrightarrow{\triangle}$ (2S,3Z,5Z) (2)

(1) $\xrightarrow{\triangle}$ (2R,3Z,5E) (3)

19.4.2 碳的[i,j]迁移

前述氢的迁移如果用碳代替就称作碳的[i,j]迁移。碳的迁移较氢复杂,因氢原子 s 轨

道对称性好，成键时不存在方向问题，而碳参与成键是杂化轨道，成键时存在方向问题。

1. 碳的[1,5]迁移

碳的[1,5]迁移轨道示意图如图 19 - 8 所示。

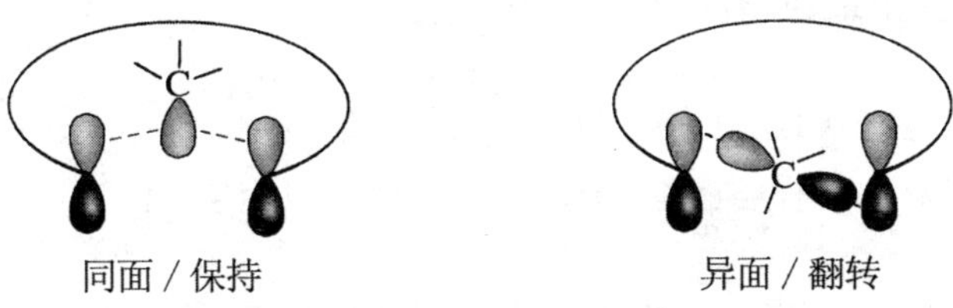

图 19 - 8　[1,5]碳迁移轨道示意图

在加热条件下，碳进行[1,5]同面迁移，碳的构型保持不变；若发生异面迁移，碳的构型发生翻转。化合物(4)加热时产物之一是(5)，从产物的立体化学特征，说明该反应发生了碳的[1,5]同面迁移。

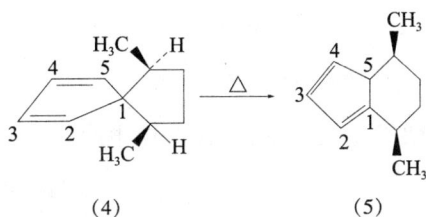

(4)　△→　(5)

2. 碳的[1,3]迁移

碳的[1,3]迁移轨道示意图如图 19 - 9 所示。

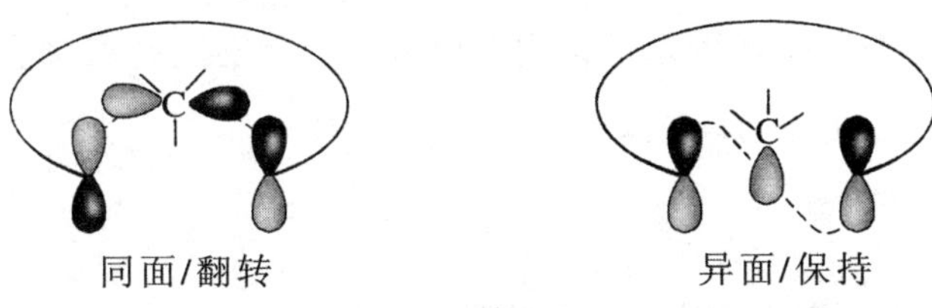

图 19 - 9　[1,3]碳迁移轨道示意图

在加热条件下，[1,3]同面迁移，碳的构型发生翻转；若发生异面迁移，碳的构型保持不变。化合物(6)加热时转化为(7)，从产物的立体化学特征说明该反应是碳的[1,3]同面迁移。

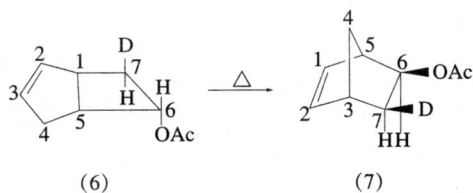

(6)　△→　(7)

19.4.3 [3,3]σ-迁移

1. 科普重排

碳的[3,3]σ-迁移中最典型的反应是科普重排。

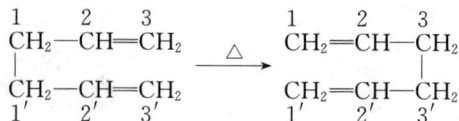

$$\begin{matrix} \overset{1}{CH_2}-\overset{2}{CH}=\overset{3}{CH_2} \\ | \\ \underset{1'}{CH_2}-\underset{2'}{CH}=\underset{3'}{CH_2} \end{matrix} \xrightarrow{\triangle} \begin{matrix} \overset{1}{CH_2}=\overset{2}{CH}-\overset{3}{CH_2} \\ \qquad\qquad | \\ \underset{1'}{CH_2}=\underset{2'}{CH}-\underset{3'}{CH_2} \end{matrix}$$

3,4-二甲基己-1,5-二烯分子中有两个不对称碳原子,它的内消旋体发生科普重排反应,生成几乎100%的(Z,E)-辛-2,6-二烯。说明反应的过渡态为椅式。

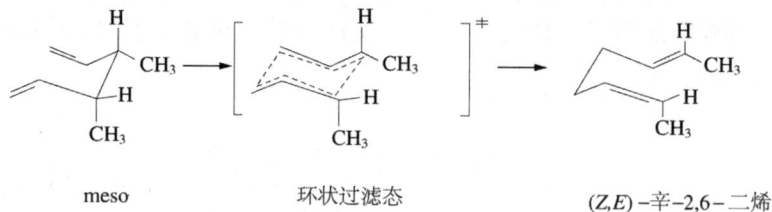

meso　　环状过滤态　　(Z,E)-辛-2,6-二烯

科普重排可使化合物骨架发生较大变化,在合成上有较大用途。例如:

$$\begin{matrix} CH_2=CH-CH_2 \\ | \\ CH_3CH=CH-C-CN \\ | \\ COOC_2H_5 \end{matrix} \xrightarrow{150℃} \begin{matrix} CH_2CH=CH_2 \\ | \\ CH_3CH-CH=C-CN \\ | \\ COOC_2H_5 \end{matrix}$$

2. 克莱森重排

烯丙基苯基醚在加热时,烯丙基迁移到邻位碳原子上发生克莱森重排。

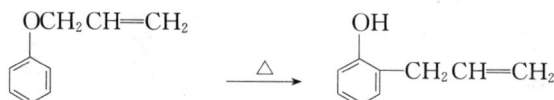

$$C_6H_5OCH_2CH=CH_2 \xrightarrow{\triangle} o\text{-}HOC_6H_4CH_2CH=CH_2$$

烯丙基乙烯基醚也可以发生克莱森重排反应。

$$\begin{matrix} O-CH_2=CH_2 \\ | \\ CH_2-CH=CH_2 \end{matrix} \xrightarrow{\triangle} \begin{matrix} O=CH-CH_2 \\ \qquad\quad | \\ CH_2=CH-CH_2 \end{matrix}$$

克莱森重排是一种有碳氧键参与的[3,3]迁移反应。反应同样通过椅式过渡态,如上述反应通过以下过渡态进行:

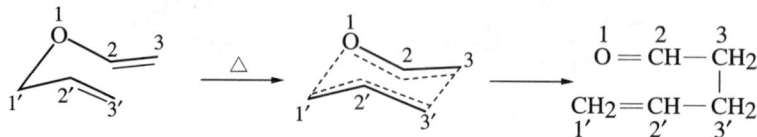

$$\xrightarrow{\triangle} \longrightarrow \begin{matrix} \overset{1}{O}=\overset{2}{CH}-\overset{3}{CH_2} \\ \qquad\qquad | \\ \underset{1'}{CH_2}=\underset{2'}{CH}-\underset{3'}{CH_2} \end{matrix}$$

习　题

1. 利用电环化规则，判断下列反应是光允许还是热允许。

(1) 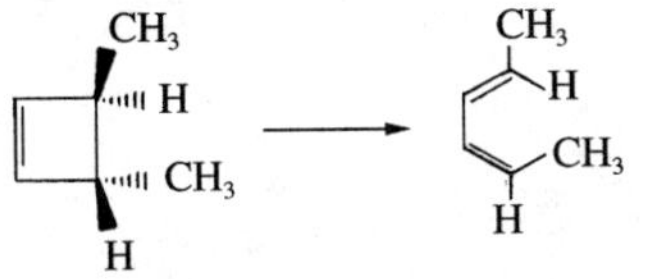 (2) 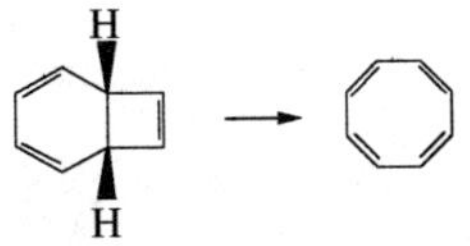 (3) 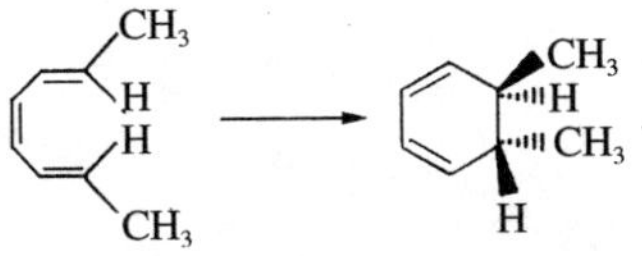 (4)

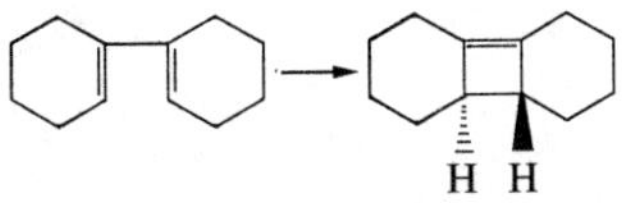

2. 如何实现下列转化：

(1) 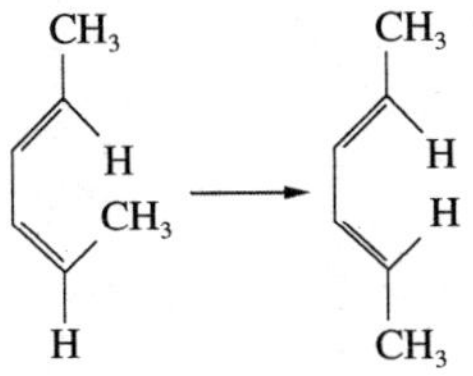 (2)

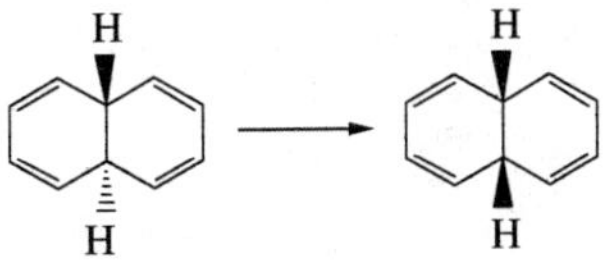

3. 写出下列反应的产物。

(1) $CH_2{=}CH_2 \xrightarrow{h\nu}$　(2) 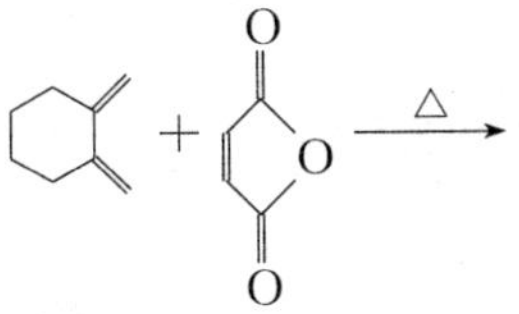 ＋ $\xrightarrow{\triangle}$　(3) 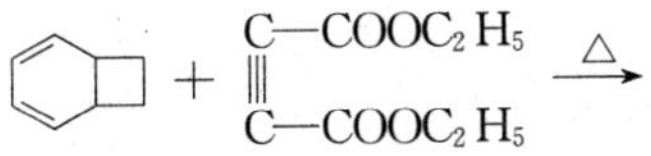 ＋ $\begin{matrix} C{-}COOC_2H_5 \\ \| \\ C{-}COOC_2H_5 \end{matrix} \xrightarrow{\triangle}$

4. 完成下列合成。

(1) 用 $CH{\equiv}CH$ 、 —Br 为主要原料合成 CN

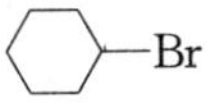

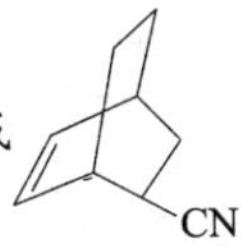

(2) 以苯酚及 $C_6H_5CH{=}CHCH_2Cl$ 为主要原料合成 OH CH— $CH{=}CH_2$ 。

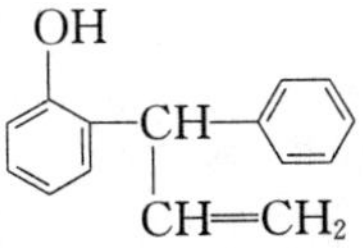

第二部分　学习指导

第 20 章 有机化合物的结构与理化性质

有机化合物种类繁多，数目巨大，其理化性质也是纷繁复杂。但是有机化合物的理化性质都与其结构紧密相关。同一类化合物具有相同或相似的理化性质，同一类型的不同化合物又由于其结构上的差异，表现出不同的理化性质。有机化合物的物理性质主要指熔点、沸点、比重、溶解度及折光率等。结构对物理性质影响比较明显和有规律的主要是对熔点、沸点和溶解度的影响。

有机化合物的熔点和沸点主要由分子间作用力（范德华力）和氢键决定，范德华力包括色散力、偶极-偶极作用，而氢键的影响尤其显著，氢键键能约 21～30 kJ/mol，是比范德华力大很多的作用力。因此，化合物分子间能否形成氢键以及形成氢键能力的强弱对其熔沸点的高低有较大的影响。

有机化合物在水中的溶解度也要考虑其是否能与水分子形成氢键，像醇、羧酸等因其分子中羟基可与水形成氢键，因此醇和羧酸等化合物比较容易溶于水，且分子中羟基越多越易溶于水。例如，甘油分子中有 3 个羟基，可以吸收空气中的水分而潮解。

根据共轭酸碱理论，有机化合物的酸性主要取决于其共轭碱（例如羧酸的共轭碱是羧酸根负离子，醇的共轭碱是烷氧负离子等）的稳定性。凡是有利于共轭碱中负电荷分散的因素（常见的是取代基的电性因素、立体因素以及溶剂效应、场效应等）都使相应酸的酸性增强，反之则使酸性减弱（详见 9.9.1 及 12.4.1 等）。

根据路易斯酸碱理论，电子给予体均可视为碱。常见的含氮有机碱有胺类化合物及一些杂环化合物等。它们的碱性强弱通常主要取决于其给出电子能力的强弱，给电子能力越强则碱性越强；反之，碱性越弱。影响给电子的因素常见的有电性因素、立体因素、原子的杂化状态等，此外还有溶剂因素（详见 5.4.3 及 14.2.4）。

有机化合物的结构是影响其化学反应性的重要因素之一，各类官能团的化学反应性是由其结构决定的。例如，烯烃容易发生亲电性加成反应，就是由于双键中的 π 电子云丰富且牢固度差决定的。

此外，反应的条件（如反应的温度、酸碱性、溶剂等）以及反应试剂的性质等，都对反应的方向、难易程度等有重要的影响。

本章将通过例题的解析，给出解题原理、思考方法或技巧，以便使大家能更进一步了解和掌握化合物的结构与理化性质的关系，深化所学过的基本理论、基本知识、基本反应，达到提高分析问题和解决问题能力的目的。

【例 1】 比较下列化合物的沸点的高低：

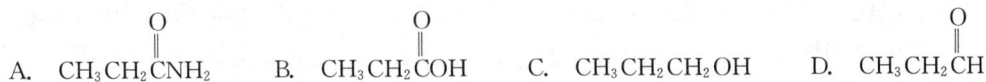

A. $CH_3CH_2\overset{\overset{\displaystyle O}{\|}}{C}NH_2$　　B. $CH_3CH_2\overset{\overset{\displaystyle O}{\|}}{C}OH$　　C. $CH_3CH_2CH_2OH$　　D. $CH_3CH_2\overset{\overset{\displaystyle O}{\|}}{C}H$

解：酰胺氨基上的 H 原子可以与另 1 分子中的 O 原子形成氢键，羧酸可以通过氢键形成双分子缔合，并且氢键较稳定；丙醛只存在分子间的偶极-偶极作用力；丙醇可以形成分子间氢键，沸点比丙醛高。以上化合物沸点依次降低。

【例 2】 比较 2-甲基庚烷、庚烷、2-甲基己烷、3,3-二甲基戊烷的沸点高低。

解:烷烃为非极性分子,分子间不能形成氢键,其分子间的作用力主要是较弱的色散力。色散力具有加和性,随相对分子质量的增大而增大,同时色散力和分子间的距离有关系,它只能在近距离内才能有效作用。前述化合物中 2-甲基庚烷相对分子质量最大,因而其沸点较高,其他 3 个化合物相对分子质量相同,但支链依次增多,支链的增加使得其分子间不易靠近,沸点降低。因此,上述 4 种化合物沸点依次降低。

【例 3】 将下列化合物在水中的溶解度按由大到小的顺序排列。

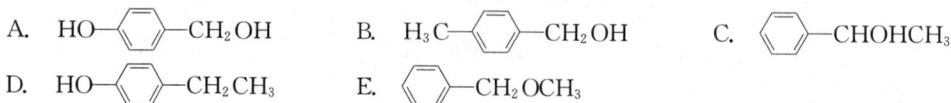

A. HO—⬡—CH_2OH　　B. H_3C—⬡—CH_2OH　　C. ⬡—$CHOHCH_3$

D. HO—⬡—CH_2CH_3　　E. ⬡—CH_2OCH_3

解:与水形成氢键的数量增加,则在水中的溶解度增加,随着烃基在分子中占有比例的加大,水溶性减小。前述化合物在水中的溶解度大小次序为 A > B > C > D > E。

【例 4】 比较下列化合物酸性强弱。

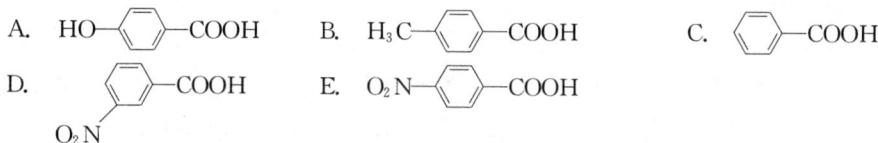

A. HO—⬡—COOH　　B. H_3C—⬡—COOH　　C. ⬡—COOH

D. ⬡—COOH (间位 O_2N)　　E. O_2N—⬡—COOH

解:苯甲酸酸性受其苯环上取代基的性质、数目和取代位置的影响。因邻位效应,在羧基邻位连有基团均使苯甲酸酸性增强。在羧基对位及间位连有吸电子基团使酸性增强,连有供电子基团使酸性减弱,且这种影响在对位比在间位大。上述化合物酸性大小次序为 E > D > C > B > A。

另外有些羧酸还存在场效应的影响。如:

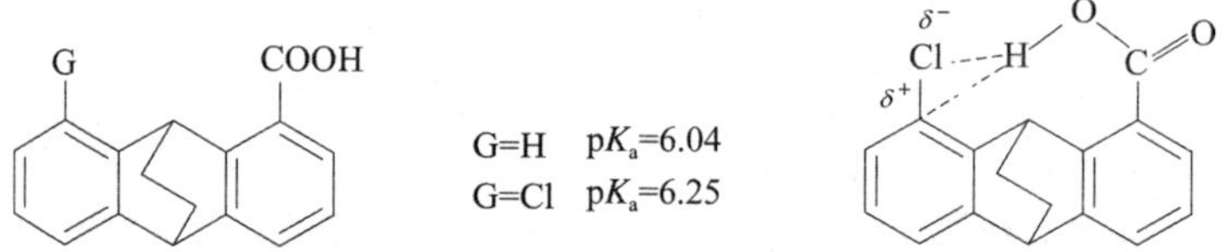

取代基为 Cl 时,负电性的 Cl 与 COOH 相距较近,Cl 通过空间对质子的静电作用而降低了酸性。如果只考虑 Cl 的吸电子诱导效应则酸性应增强。

【例 5】 对硝基苯甲酸的酸性(pK_a 3.42)比间硝基苯甲酸(pK_a 3.49)强。但对氯苯甲酸(pK_a 3.97)的酸性比间氯苯甲酸(pK_a 3.82)弱。试说明之。

解:硝基取代在苯环上时,其 $-I$ 和 $-C$ 作用都是吸电子的,且二者方向一致。在对位异构体中,2 种作用共同影响的结果,使其酸性增强,但在间位异构体中,只有 $-I$ 效应影响其酸性,故其酸性不如对位异构体强。

氯原子取代在苯环上时,其 $-$I 效应是吸电子的,而其 $+C$ 作用是给电子的,两种作用相反。在间位异构体中,只有 $-I$ 效应(使其酸性增强);在对位异构体中,两种相反的作用同时影响,使酸性不如间位异构体强。

【例 6】 试说明间甲氧基苯胺的碱性(pK_a 9.77)比苯胺弱，而对甲氧基苯胺的碱性(pK_a 8.66)比苯胺强。

解：甲氧基取代在苯环上，存在$-I$效应和$+C$作用。当甲氧基处于氨基对位时，$-I$和$+C$效应同时作用但方向相反，因为$+C$效应大于$-I$效应，因此总的结果是使苯胺的碱性增强。而甲氧基处于氨基间位时，只有$-I$效应发挥作用，故碱性减弱。

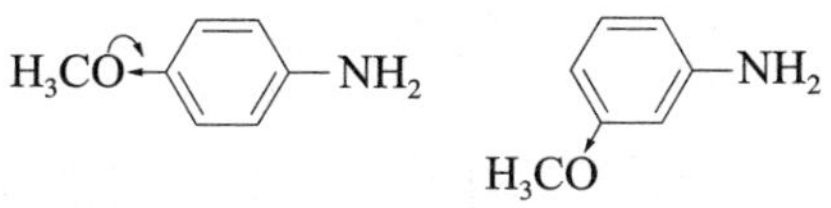

H_3CO—C₆H₄—NH_2 (对位)　　H_3CO—C₆H₄—NH_2 (间位)

另外其他一些结构因素也会对有机化合物的碱性产生影响。例如对于胍来说，由于其接受 1 个质子后形成的胍正离子结构中存在共轭效应，正电荷完全平均分布在 3 个 N 原子上，C—N 键平均化，十分稳定。因此，胍的 pK_a 为 13.8，与 KOH 碱性相当。胍正离子的共振结构参见 13.8.3。

再如下列 2 个化合物的碱性：

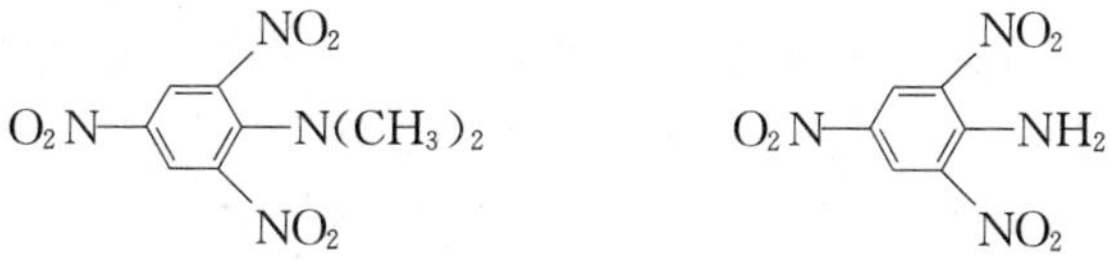

2,4,6-三硝基-N,N-二甲基苯胺 (O_2N—, 2 个 NO_2, —$N(CH_3)_2$)　　2,4,6-三硝基苯胺 (O_2N—, 2 个 NO_2, —NH_2)

前者由于—$N(CH_3)_2$ 体积较大，与邻位的 2 个—NO_2 存在空间位阻，破坏了—$N(CH_3)_2$与苯环共平面，使—NO_2 的吸电子共轭作用对$(CH_3)_2N$不起作用，而后者各基团与苯环共平面，—NO_2的吸电子共轭作用降低了苯胺碱性。因此碱性前者大于后者。

【例 7】 解释下列现象：

(1) 正丙苯光照下一氯化的反应如下，解释为什么(1)为主产物。

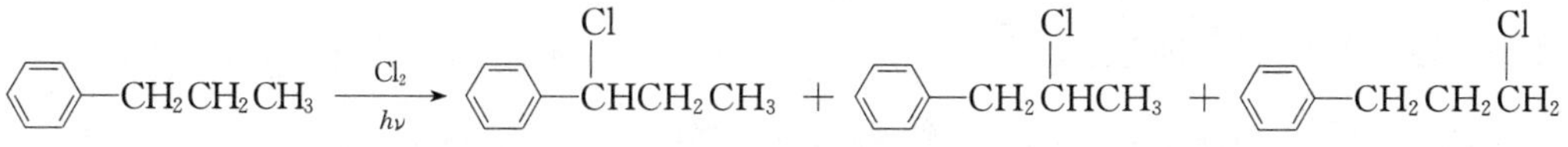

$$C_6H_5CH_2CH_2CH_3 \xrightarrow[h\nu]{Cl_2} C_6H_5CHClCH_2CH_3 + C_6H_5CH_2CHClCH_3 + C_6H_5CH_2CH_2CH_2Cl$$

(1) 主产物

(2) 甲基环己烷在光照下的一溴代反应如下，解释为什么(2)为主产物。

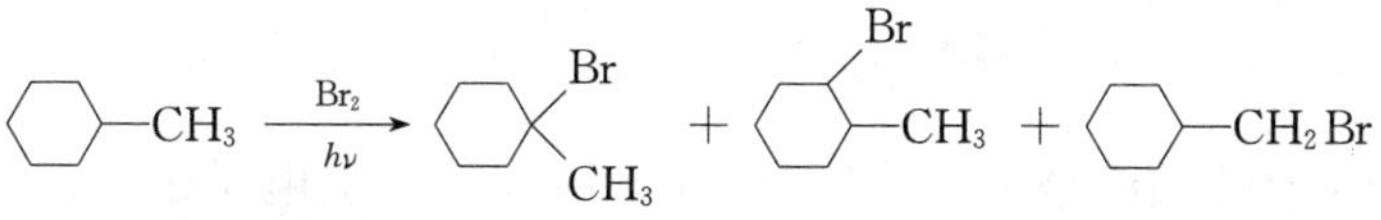

$$C_6H_{11}CH_3 \xrightarrow[h\nu]{Br_2} \text{1-溴-1-甲基环己烷} + \text{2-溴-1-甲基环己烷} + C_6H_{11}CH_2Br$$

(2) 主产物

解：(1) 光照条件下与氯气反应是自由基取代反应，反应中间体自由基的稳定性决定反应的区域选择性。自由基的稳定性顺序为苄基型、烯丙型、3°>2°>1°。在此反应中自由基的稳定性如下：

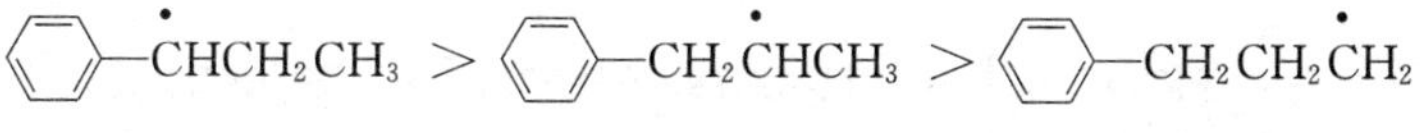

$$C_6H_5\dot{C}HCH_2CH_3 > C_6H_5CH_2\dot{C}HCH_3 > C_6H_5CH_2CH_2\dot{C}H_2$$

苄基型自由基　　2°自由基　　1°自由基

(2) 主产物相应的自由基是 3°自由基，比生成其他产物相应的自由基稳定。

【例8】 (1) 将下列卤烃按进行 S_N1 反应的速度排序：

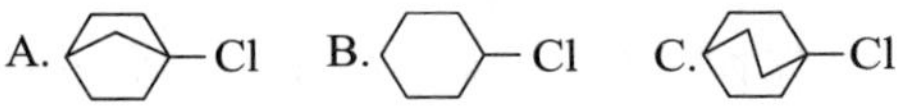

A.（桥环）—Cl B.（环己基）—Cl C.（桥环）—Cl

(2) 解释下列化合物进行水解反应的速度顺序。

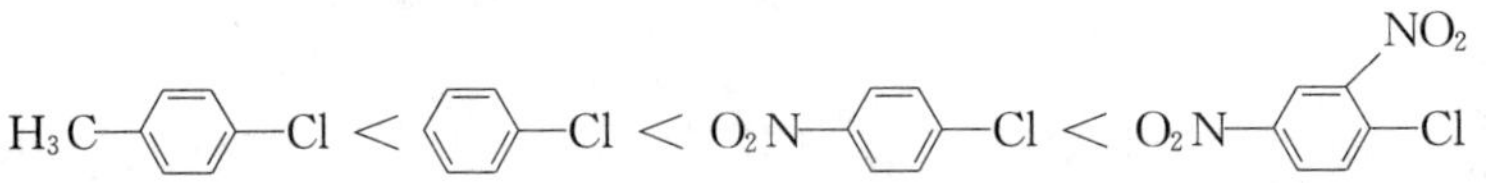

$$H_3C-C_6H_4-Cl < C_6H_5-Cl < O_2N-C_6H_4-Cl < O_2N-C_6H_3(NO_2)-Cl$$

解:(1) 卤代烃发生 S_N1 反应的难易，主要由中间体碳正离子的稳定性决定。所生成的碳正离子越稳定，该化合物反应活性越高。由于碳正离子为平面结构，桥头碳正离子不易形成平面，所以 C 和 A 反应较难，而 B 最易反应，但 C 比 A 在桥上多 1 个碳原子，角张力较小，较 A 易形成碳正离子。因此，S_N1 反应速度为 B>C>A。

(2) 这是苯环上的亲核取代反应，对于卤代芳烃来说，卤原子不活泼，反应不易发生，但当苯环上连有吸电子取代基时，吸电子取代基可增加苯环碳的正电性，而使此反应易于发生，尤其是邻对位上的吸电子基影响更大。但是实际上这类反应是按照亲核加成再消除的机理进行的(参考 14.1.4)，在此主要考虑的是电性效应对反应活性的影响。

【例9】 比较下列卤代烃发生 S_N2 反应的活性大小。

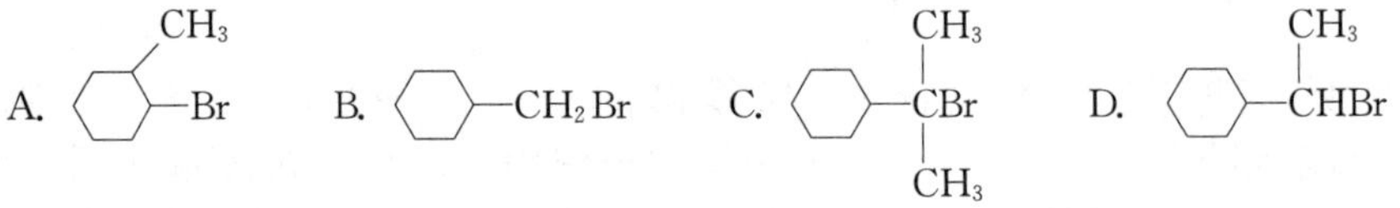

A. 2-甲基环己基溴（CH_3，—Br） B. 环己基—CH_2Br C. 环己基—$CBr(CH_3)_2$ D. 环己基—$CHBrCH_3$

解:对于 S_N2 反应，烃基结构对反应活性的影响主要考虑其空间位阻，从这个角度来说，反应活性顺序一般为苄基型、烯丙型>1°>2°>3°。所以这些化合物反应活性顺序为 B>D>A>C。

【例10】 解释下列现象：

(1) 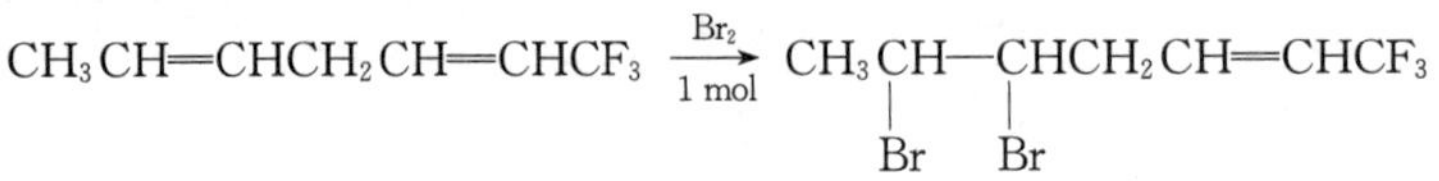 $$CH_3CH{=}CHCH_2CH{=}CHCF_3 \xrightarrow[1\ mol]{Br_2} CH_3CH(Br)-CH(Br)CH_2CH{=}CHCF_3$$

(2) $$CH_3OCH{=}CHCH_3 \xrightarrow{HBr} CH_3OCH(Br)CH_2CH_3$$

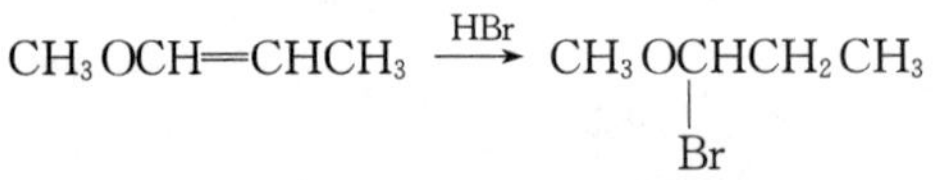

解:(1) 烯烃与溴的加成是亲电性加成反应，烯烃双键上电子云密度越大，反应越易发生。上述烯烃 2 个双键由于所连取代基的电性因素差异导致双键活性不同。三氟甲基是强的吸电子基团，当其连在双键上时，由于吸电子诱导效应而降低了该双键碳上的电子云密度，从而使该双键发生亲电加成反应活性降低。

(2) 烯烃与 HBr 发生亲电加成反应，反应的区域选择性由生成的碳正离子的稳定性决定，此反应第一步形成碳正离子如下：

$$CH_3OCH{=}CHCH_3 \xrightarrow{H^+} \underset{(1)}{CH_3O\overset{+}{C}H-CH_2CH_3} + \underset{(2)}{CH_3OCH_2-\overset{+}{C}HCH_3}$$

中间体碳正离子(1)由于 O 的给电子共轭效应而稳定，可以以共振式表示如下：

$$\left[\ CH_3O-\overset{+}{C}HCH_2CH_3 \longleftrightarrow CH_3\overset{+}{O}=CHCH_2CH_3\ \right]$$

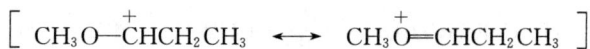

因而与此碳正离子对应的产物为主产物。

【例 11】 下列两个化合物进行 E2 消除反应前者活性比后者强，试解释之。

(CH₃)₃C—环己烷—Cl（顺式）　　(CH₃)₃C—环己烷—Cl（反式）

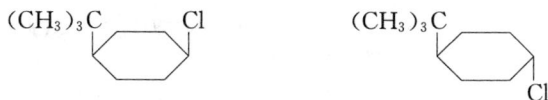

解：E2 消除反应在立体化学上要求 2 个消除的基团处于反式共平面的位置，这样利于双键的形成，这 2 个化合物的优势构象分别为：

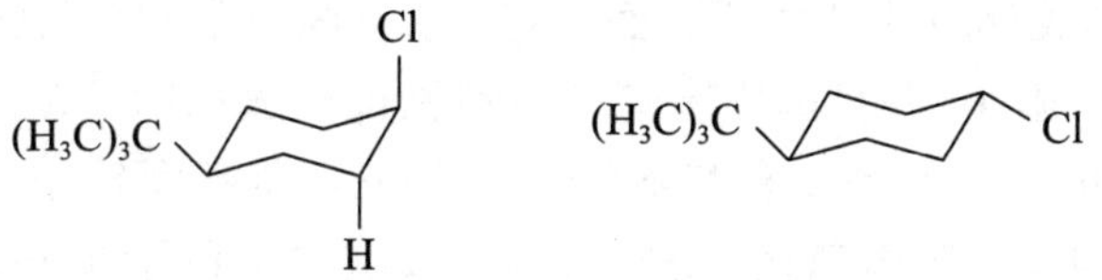

前者在其优势构象时即可消除，而后者必须翻转为不稳定的构象时才可消除，因而需要较高的能量，不易消除。

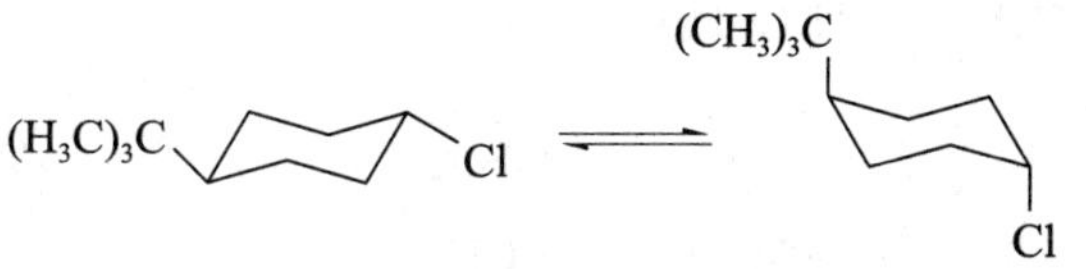

【例 12】 解释下列现象。

(1) 下列醇在酸催化下脱水活性次序为：

$$H_2N-C_6H_4-CH(OH)CH_3 > C_6H_5-CH(OH)CH_3 > O_2N-C_6H_4-CH(OH)CH_3$$

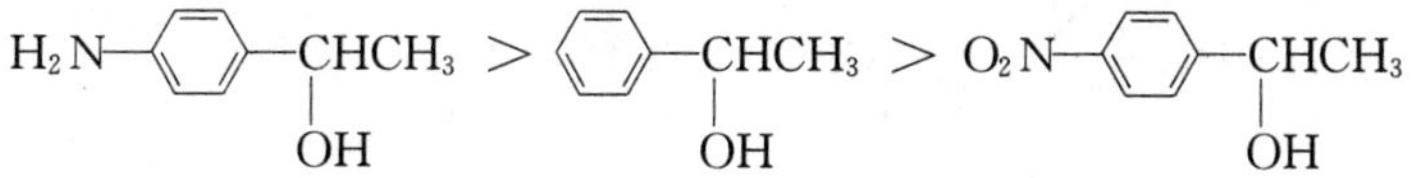

(2) 下列醇在酸催化下脱水活性次序为：

$$H_2C=CHCH(OH)CH_2CH=CH_2 > CH_3CH=CHCH(OH)CH_2CH_3$$

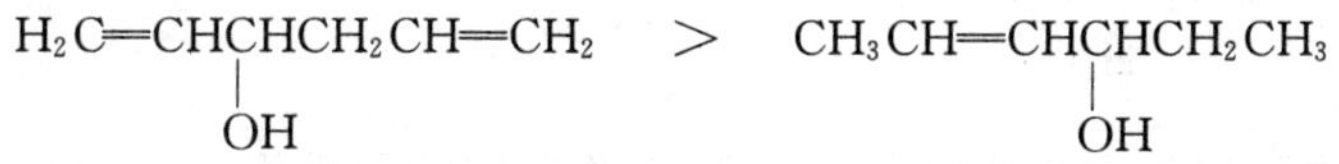

解：(1) 醇在酸性条件下的脱水反应按 E1 反应机理进行。其反应活性由中间体碳正离子的稳定性决定，碳正离子的稳定性顺序为苄基型、烯丙型≈3°>2°>1°。上述三种醇脱水时形成的 3 种相应的碳正离子及稳定性顺序如下：

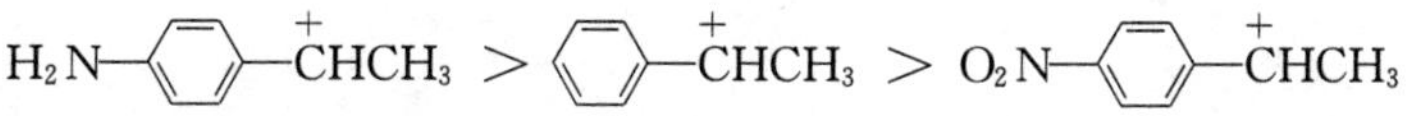

$$H_2N-C_6H_4-\overset{+}{C}HCH_3 > C_6H_5-\overset{+}{C}HCH_3 > O_2N-C_6H_4-\overset{+}{C}HCH_3$$

$-NH_2$ 推电子，有利于稳定碳正离子，而 $-NO_2$ 吸电子，不利于稳定碳正离子。

(2) 在此主要考虑消除产物稳定性对反应活性的影响。前者消除后形成较长共轭链的烯烃，因而活性高。

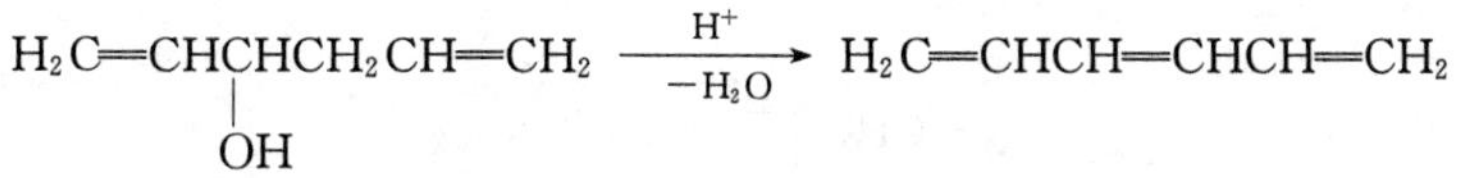

$$H_2C=CHCH(OH)CH_2CH=CH_2 \xrightarrow[-H_2O]{H^+} H_2C=CHCH=CHCH=CH_2$$

$$CH_3CH{=}CHCH(OH)CH_2CH_3 \xrightarrow[-H_2O]{H^+} CH_3CH{=}CHCH{=}CHCH_3$$

【例 13】 写出下列化合物与等物质的量 HCN 加成的主要产物,并说明理由。

(1) $CH_3COCH_2CH_2CHO$　　(2) $PhCOCH_2CH_2COCH_3$

(3) 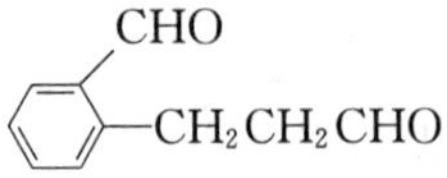 邻位带 CHO 的苯环—CH_2CH_2CHO　　(4) 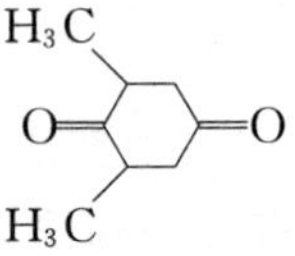 2,6-二甲基环己烷-1,4-二酮（H_3C 位于 1 位羰基两侧）

解:醛酮的亲核加成反应活性由两方面决定:① 空间位阻;② 电性效应。

(1) 醛羰基空间位阻小,并且醛羰基碳正电荷密度较大;(2) Ph 具有较大的空间位阻,并且由于苯基与羰基的共轭使得连有苯基的羰基碳正电荷密度较小;(3) 跟苯环直接相连的—CHO由于与苯环共轭,正电荷密度较小;(4) 该题中 1 位酮羰基由于两边的甲基空间位阻较大,因而活性较低。

(1) $CH_3COCH_2CH_2CHO \xrightarrow[1\ mol]{HCN} CH_3C(=O)CH_2CH_2CH(OH)—CN$

(2) $PhCOCH_2CH_2COCH_3 \xrightarrow[1\ mol]{HCN} PhC(=O)CH_2CH_2C(OH)(CN)CH_3$

(3) 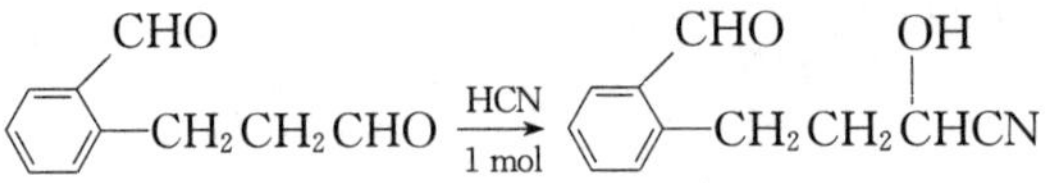 邻位带 CHO 的苯环—$CH_2CH_2CHO \xrightarrow[1\ mol]{HCN}$ 邻位带 CHO 的苯环—$CH_2CH_2CH(OH)CN$

(4) 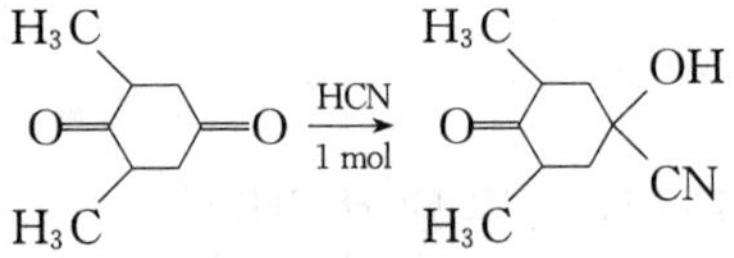 2,6-二甲基环己烷-1,4-二酮 $\xrightarrow[1\ mol]{HCN}$ 4-羟基-4-氰基-2,6-二甲基环己酮（OH、CN 加在 4 位）

【例 14】 比较下列化合物在酸催化下与乙醇反应的活性大小:

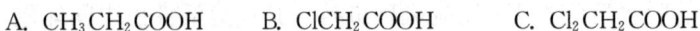

A. CH_3CH_2COOH　　B. $ClCH_2COOH$　　C. Cl_2CH_2COOH

解:根据酯化反应机理,Cl 是吸电子基团,Cl 取代增加了羧基碳原子上的正电荷密度,有利于乙醇对酸的亲核加成,从而使反应活性增加。上述活性大小为 C>B>A。

习 题

1. 比较下列化合物熔点高低。

A. 环戊烷　　B. 环己烷　　C. 环庚烷

2. 比较下列化合物偶极矩大小。

A. 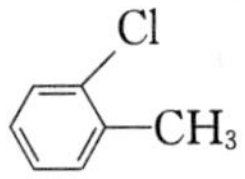 邻氯甲苯（苯环上 Cl 与 CH_3 邻位）　　B. 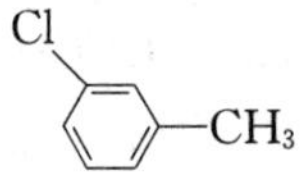 间氯甲苯（苯环上 Cl 与 CH_3 间位）　　C. 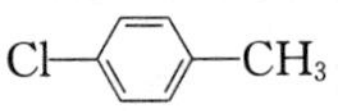 Cl—苯环—CH_3（对位）

3. 比较下列化合物在水中溶解度大小。

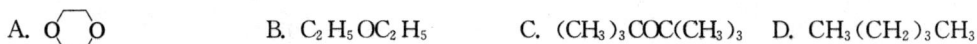

A. 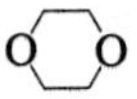 O〈 〉O（二氧六环）　B. $C_2H_5OC_2H_5$　C. $(CH_3)_3COC(CH_3)_3$　D. $CH_3(CH_2)_3CH_3$

4. 比较下列化合物沸点高低。

A. 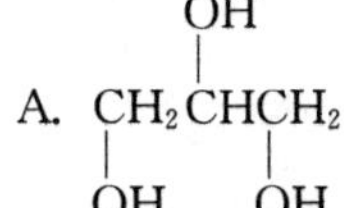

B. 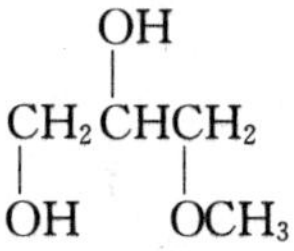 $HOCH_2CH(OH)CH_2OCH_3$　C. 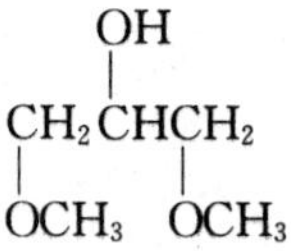 $CH_3OCH_2CH(OH)CH_2OCH_3$　D. 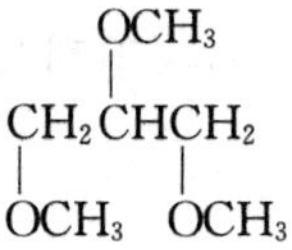 $CH_3OCH_2CH(OCH_3)CH_2OCH_3$

5. 分别比较下列两组化合物燃烧热的大小。

(1) A. 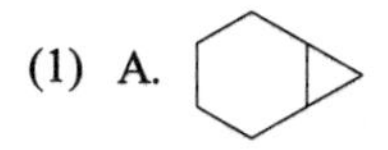　B. 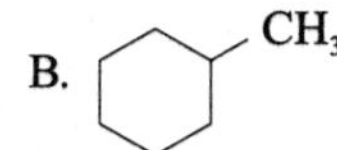

(2) A. 　B.

6. 指出下列化合物哪些具有芳香性。

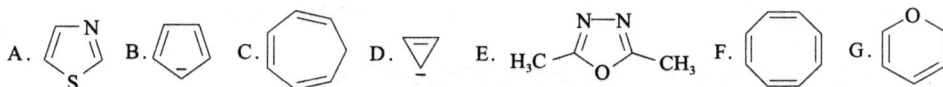

A.（N、S）　B. 　C. 　D.　E. 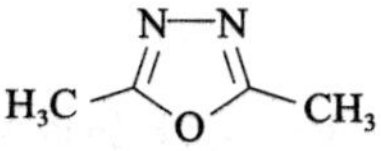 H_3C（N—N、O）CH_3　F.　G.（O）

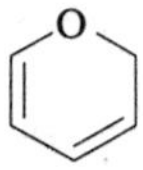

7. 比较下列碳负离子的稳定性。

A. $PhCO\bar{C}HCOCF_3$　B. $PhCO\bar{C}HCOCH_3$

C. $CH_3CO\bar{C}HCOCH_3$　D. $C_2H_5CO\bar{C}HCOC_2H_5$

8. 比较下列碳正离子的稳定性。

A. 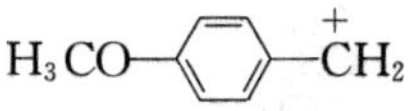 $H_3CO-C_6H_4-\overset{+}{C}H_2$　B. $C_6H_5-\overset{+}{C}H_2$

C. $H_3C-C_6H_4-\overset{+}{C}H_2$　D. 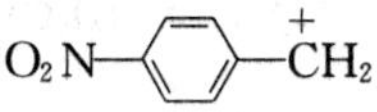 $O_2N-C_6H_4-\overset{+}{C}H_2$

9. 比较下列碳负离子的稳定性。

A. 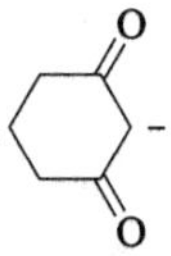　B.

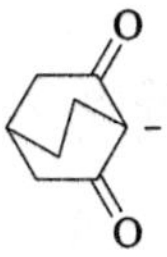

10. 比较下列碳正离子的稳定性。

A. 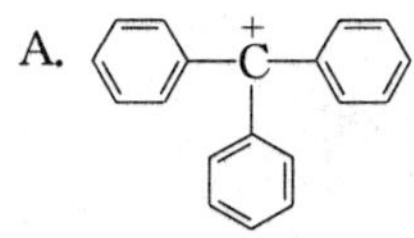

B. 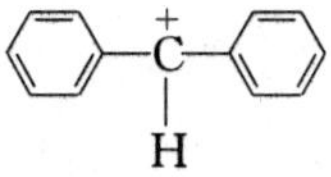 $(C_6H_5)_2\overset{+}{C}H$

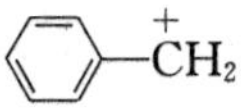

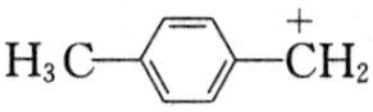

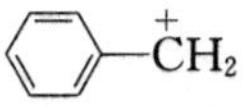

C. $C_6H_5\overset{+}{C}H_2$　D. $\overset{+}{C}H_3$

11. 比较环戊二烯和环庚三烯的酸性强弱。

12. 比较下列化合物酸性强弱。

A. $H_3C-C_6H_4-OH$　　B. $O_2N-C_6H_4-OH$

C. $Cl-C_6H_4-OH$　　D. C_6H_5-OH

13. 比较下列化合物酸性强弱。

A.　B.　C.　D.

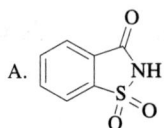

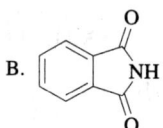

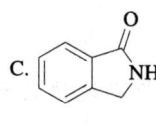

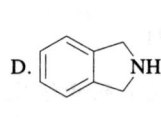

14. 将下列化合物按 pK_a 值大小排列。

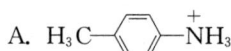

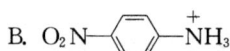

A. $H_3C-C_6H_4-\overset{+}{N}H_3$　　B. $O_2N-C_6H_4-\overset{+}{N}H_3$

C. $Cl-C_6H_4-\overset{+}{N}H_3$　　D. $C_6H_5-\overset{+}{N}H_3$

15. 比较下列化合物与 Br_2 发生加成反应的活性大小。

A. $H_2C=CHCH_2Cl$　　B. $H_2C=CHCHCl_2$　　C. $H_2C=CHCCl_3$

16. 比较下列化合物与 $AgNO_3$/醇溶液反应时的速度快慢。

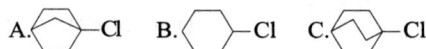

A.—Cl　B.—Cl　C.—Cl

17. 比较下列化合物进行 S_N2 反应的活性大小。

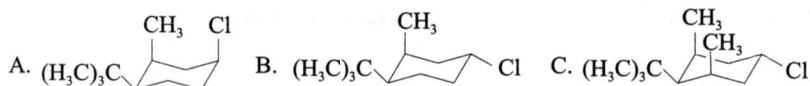

A. $(H_3C)_3C$，CH_3，Cl　B. $(H_3C)_3C$，CH_3，Cl　C. $(H_3C)_3C$，CH_3，CH_3，Cl

18. 比较下列化合物进行亲电取代反应的活性。

A. C_6H_6　　B. $C_6H_5-CH_3$　　C. $C_6H_5-NO_2$　　D. C_6H_5-Cl

19. 比较下列化合物碱性水解的活性大小。

A. $O_2N-C_6H_4-COOC_2H_5$　　B. $C_6H_5-COOC_2H_5$

C. $Cl-C_6H_4-COOC_2H_5$　　D. $H_3CO-C_6H_4-COOC_2H_5$

第 21 章　完成反应式

在学习有机化学的过程中，通过完成反应式的练习，可以帮助我们掌握有机化学的基本知识。完成反应式是一类覆盖面宽、考核点多样化的习题。在这类习题中，大体有 3 种情况：

(1) 给出反应物、试剂和反应条件，写出反应生成物(或主要产物)。

(2) 由生成物和反应条件，推出反应物。

(3) 当反应物和生成物都已确定时，找出反应时所需要的试剂(或反应条件)。

解答完成反应式习题的关键是理解并掌握有机化合物的基本反应，通常我们可以从以下几个方面入手：

① 确定反应类型。有机反应的类型与有机化合物结构密切相关，结构决定性质，性质取决于结构，结构既包含分子中有什么样的官能团，又涉及化合物分子本身的构造、构型及构象。若一个化合物中有多种官能团的存在，它们彼此之间也会发生相互影响。因此，牢牢掌握有机化合物结构和性质的关系，是解答这类习题的关键。

② 考虑反应发生的条件和范围。有机化学反应往往都是在一定条件下进行的，有些反应，没有一定的条件反应难以进行，即便是同一化合物与同一试剂的反应，也因反应条件不同而导致不同结果。因此，反应条件对反应能否进行和进行的方向起着决定性的作用。

③ 考虑反应的立体化学问题。立体化学是完成反应式时遇到的一个难点，掌握构型和构象的基本概念，熟悉投影式和透视式的书写方法和它们之间的相互转变，是解决这一问题的基础。

由此可见，掌握各类官能团化合物的反应及反应的必要条件，这是最基本的内容，但仅此还不够，还应掌握重要反应的区域选择性、化学选择性和立体选择性等特点。本章通过例题和习题对基本反应进行专门训练，进而达到掌握各类有机化合物的典型反应的目的。由于官能团化合物的反应是由其结构决定的，而反应的必要条件和选择性可以从反应机理和取代基效应得以解释，因此本章讨论每一类化合物时都是从官能团的结构开始的。另外，也讨论了一些重要反应的反应机理，在例题解析中分析了考点并介绍了解题思路。

【例 1】 完成下列反应：

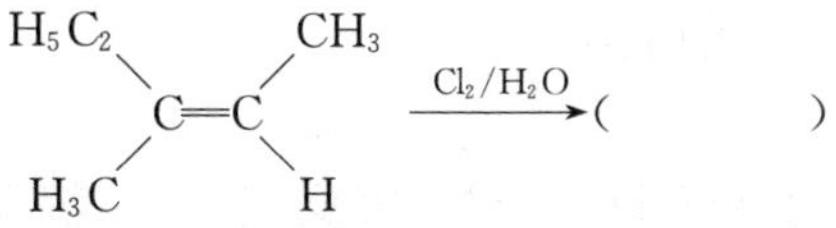

$$\underset{H_3C}{\overset{H_5C_2}{}}\!\!>C=C<\!\!\underset{H}{\overset{CH_3}{}} \xrightarrow{Cl_2/H_2O} (\qquad)$$

解：该题考查点为烯烃与 X_2/H_2O 加成的区域选择性和反应的立体化学问题。所得产物为卤原子加在含氢较多的双键碳原子上，同时要注意是反式加成产物，因此得到的是一对外消旋体。

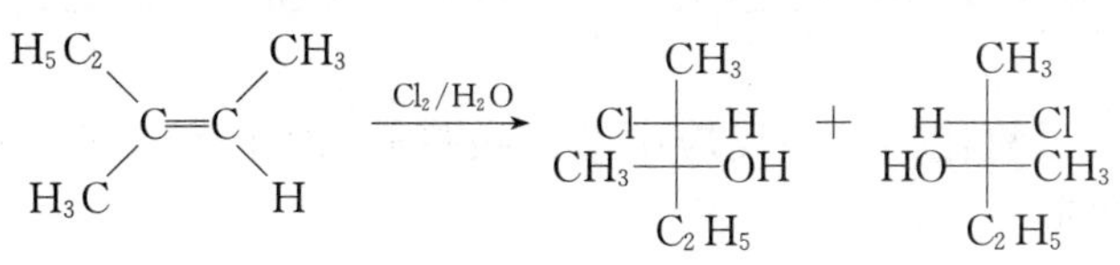

$$\underset{H_3C}{\overset{H_5C_2}{}}\!\!>C=C<\!\!\underset{H}{\overset{CH_3}{}} \xrightarrow{Cl_2/H_2O} \begin{array}{c} CH_3 \\ Cl-\!\!\!+\!\!\!-H \\ CH_3-\!\!\!+\!\!\!-OH \\ C_2H_5 \end{array} + \begin{array}{c} CH_3 \\ H-\!\!\!+\!\!\!-Cl \\ HO-\!\!\!+\!\!\!-CH_3 \\ C_2H_5 \end{array}$$

【例2】 写出下列反应的产物，并说明理由。

$$CH_2{=}CHCH_2C{\equiv}CCH_3 \xrightarrow[BaSO_4/喹啉]{H_2/Pd} (\quad\quad)$$

解:在烯烃和炔烃加氢时，没有催化剂，反应不能进行；若使用 Ni、Pt 或 Pd 催化时，—C═C—和—C≡C—都被还原，生成饱和烃；若将催化剂改为 Lindlar 试剂，仅—C≡C—被还原，且得顺式加氢的产物：

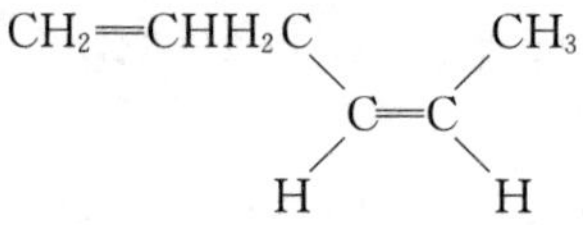

$$\begin{matrix} CH_2{=}CHH_2C & & CH_3 \\ & C{=}C & \\ H & & H \end{matrix}$$

【例3】 写出下列反应的产物，并说明理由。

(1) $\xleftarrow{CH_3COCl}$ 苯酚(OH) $\xrightarrow[AlCl_3,\triangle]{CH_3COCl}$ (2)

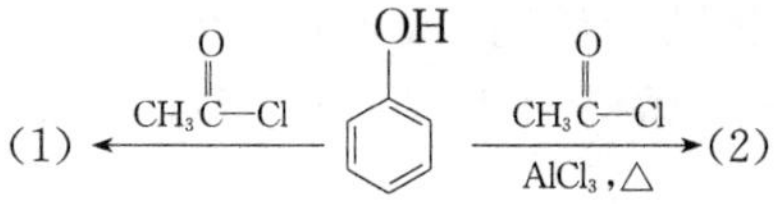

解:无催化剂存在时，苯酚与酰卤反应生成羧酸酯，故产物(1)为 C_6H_5—$OCOCH_3$。一旦在反应体系中加入 Lewis 酸，加热时就发生傅瑞斯重排，得重排产物。故产物(2)为：

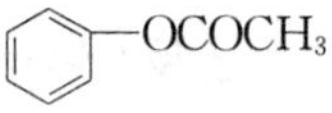

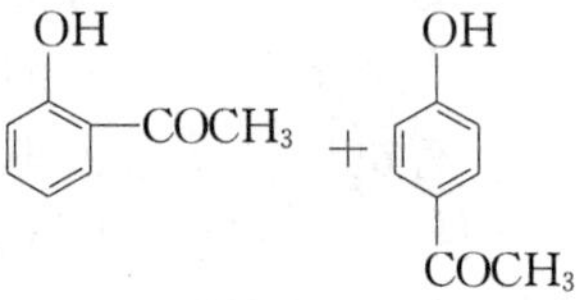

邻羟基苯乙酮（OH 与 $COCH_3$ 邻位） + 对羟基苯乙酮（OH 与 $COCH_3$ 对位）

【例4】 写出下列反应所需试剂。

(1) 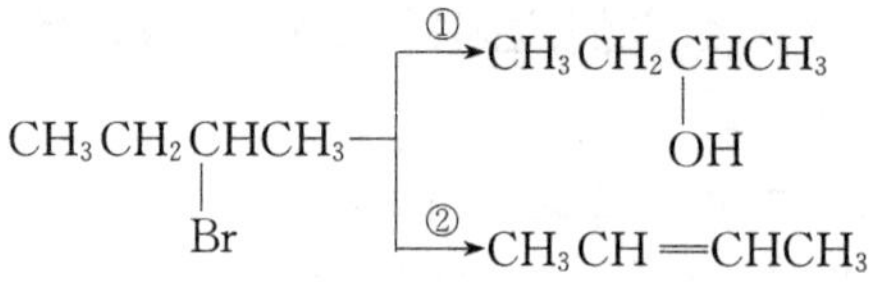 $CH_3CH_2CHCH_3$（Br 在 C-2）—①→ $CH_3CH_2CHCH_3$（OH 在 C-2）；—②→ $CH_3CH{=}CHCH_3$

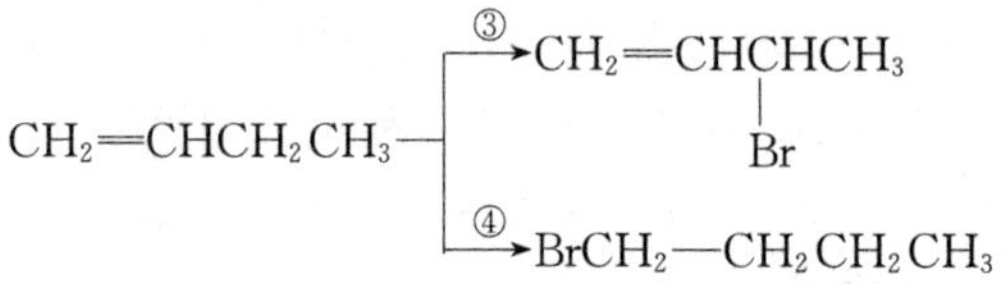

(2) $CH_2{=}CHCH_2CH_3$ —③→ $CH_2{=}CHCHCH_3$（Br 在 C-3）；—④→ $BrCH_2—CH_2CH_2CH_3$

(3) 环己烯基—CHO —⑤→ 环己烯基—COOH；—⑥→ 环己烯基—CH_2OH

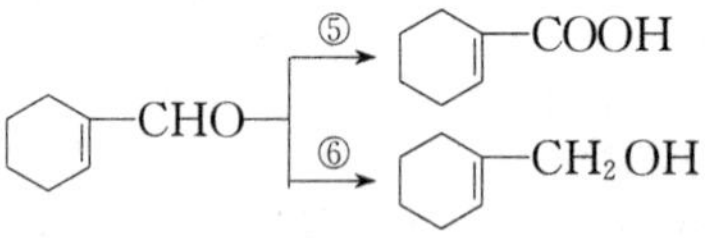

解:第(1)题中，试剂①为 NaOH/H_2O。因反应产物是醇，伯、仲卤代烷在碱性水溶液中进行亲核取代反应，生成醇。

试剂②为 NaOH/醇液，因为产物是烯，卤代烷在碱性醇溶液中发生消除反应，可得烯。

第(2)题，试剂③为 NBS/过氧化物。该反应中，反应物中的烯键仍保留，烯键 α 位的氢被溴化。

试剂④为 HBr/ 过氧化物。该反应中双键被打开，加了 1 分子溴化氢，且为反马氏加成，故应采用上述试剂。

第(3)题。试剂⑤为 $AgNO_3/NH_3 \cdot H_2O$,该反应中醛基被氧化成羧基,而反应物中的双键仍保留,因此,要用温和的氧化剂。

试剂⑥为(1) $LiAlH_4$;(2) H_3O^+。该反应中,双键未被还原,故只能用上述试剂,若用 H_2/Ni,则双键也被还原。

【例 5】 写出下列反应的主要产物,并简要说明理由。

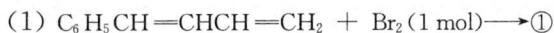

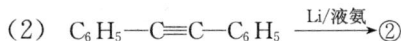

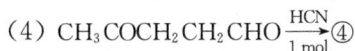

(1) $C_6H_5CH{=}CHCH{=}CH_2 + Br_2(1\ mol) \longrightarrow$ ①

(2) $C_6H_5—C{\equiv}C—C_6H_5 \xrightarrow{Li/液氨}$ ②

(3) 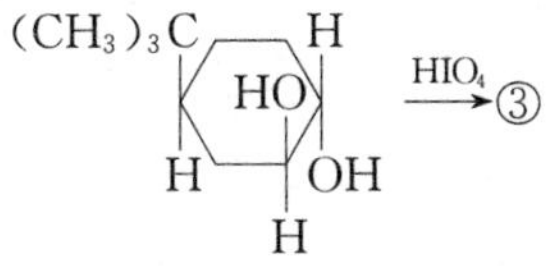 (环己烷-1,2-二醇,取代基 $(CH_3)_3C$、H、HO、OH、H、H) $\xrightarrow{HIO_4}$ ③

(4) $CH_3COCH_2CH_2CHO \xrightarrow[1\ mol]{HCN}$ ④

(5) $C_6H_5CHO + CH_3CH_2COCH_3$ —— $\xrightarrow[EtOH,\triangle]{NaOH}$ ⑤;—— $\xrightarrow[H^+\ \ \triangle]{}$ ⑥

解:第(1)题,①为 $C_6H_5CH{=}CHCH(Br)CH_2Br$(主要形成具有较大共轭体系的产物,此种产物较稳定)。

第(2)题,②为 (反式 H_5C_6、H/H、C_6H_5 烯烃)(炔烃在此条件下得反式产物)。

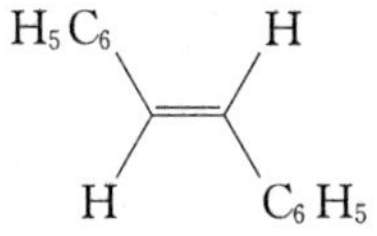

第(3)题,③为 (CHO、CHO、$(CH_3)_3C$ (R))(该化合物的构象为 $(CH_3)_3C$—环己烷椅式—OH、OH,可被高碘酸氧化)。

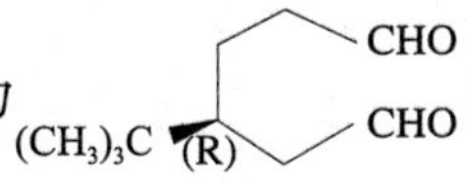

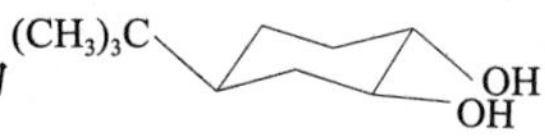

第(4)题,④为 $CH_3COCH_2CH_2CH(CN)OH$(醛的活性高于酮,氰基优先与醛基加成)。

第(5)题,⑤为 $C_6H_5CH{=}CHCOCH_2CH_3$(在碱性条件下,碱优先夺得位阻较小的 α-H,生成相应的碳负离子后,再与苯甲醛发生羟醛缩合反应)。

⑥为 $C_6H_5CH{=}C(CH_3)COCH_3$(在酸性条件下,酮首先异构为较稳定的烯醇,再与苯甲醛发生羟醛缩合反应,由于双键上取代基越多的烯醇越稳定,故反应的方向与碱性条件不同)。

【例 6】 写出下列反应产物的稳定构象。

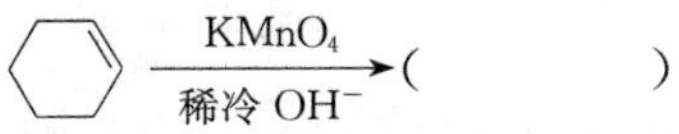

$$环己烯 \xrightarrow[稀冷\ OH^-]{KMnO_4} (\qquad\qquad)$$

解:这是环烯烃的氧化反应,应得到顺式邻二醇,因 2 个羟基位于环的同侧,所以产物的稳定构象必然是一个羟基处于平伏键(e 键),另 1 个位于直立键(a 键),即 (椅式环己烷,OH、OH)。

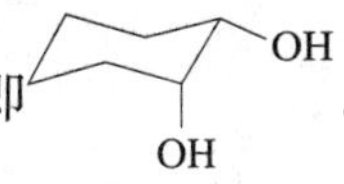

【例 7】 给出下列反应产物的构型式。

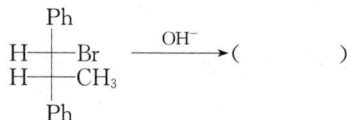

(Fischer projection: top Ph; H—C—Br; H—C—CH_3; bottom Ph) $\xrightarrow{OH^-}$ (　　)

解:该反应是双分子消除(E2)反应,E2 消除反应要求被消除的 2 个原子或原子团处于反式共平面。可先将费歇尔投影式改写成纽曼式或锯架式,并使溴与邻位碳上的氢处于反式共平面位置。经消除后得产物 (Ph)(H_3C)C=C(Ph)(H)。

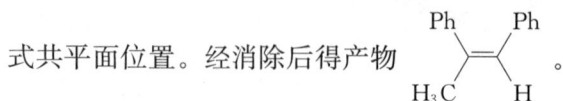

习　题

写出以下反应的主要产物或试剂或条件。

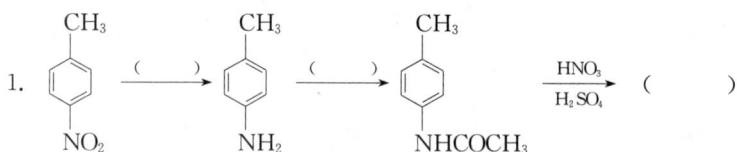

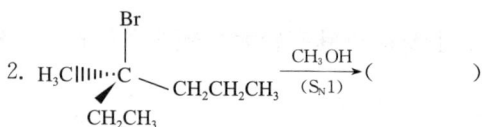

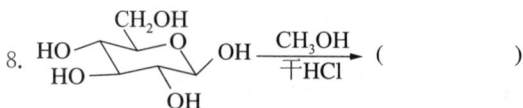

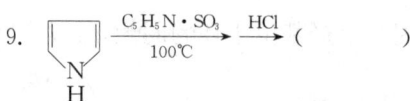

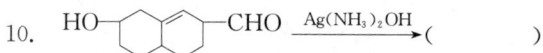

1. 对硝基甲苯(CH_3, NO_2) $\xrightarrow{(\quad)}$ 对甲苯胺(CH_3, NH_2) $\xrightarrow{(\quad)}$ (CH_3, $NHCOCH_3$) $\xrightarrow[H_2SO_4]{HNO_3}$ (　　)

2. H_3C(wedge-hash)C(Br)(CH_2CH_3)—$CH_2CH_2CH_3$ $\xrightarrow[(S_N1)]{CH_3OH}$ (　　)

3. $CH_2{=}CHCH(CH_3)_2 \xrightarrow[500℃]{Cl_2}$ (　　) $\xrightarrow[ROH]{KOH}$ (　　)

$\xrightarrow[\triangle]{CH_2{=}CHCN}$ (　　) $\xrightarrow[Ni\ \triangle]{H_2}$ (　　)

4. C_6H_5—NH_2 + C_6H_5—CH_2Cl $\xrightarrow[H_2O\ \triangle]{NaHCO_3}$ (　　)

5. $(CH_3)_2NCH_2CH_2CH_2CH_2Br \xrightarrow{DMF}$ (　　)

6. $CH_3CH{=}CHCH_2CH_2CH{=}CHCF_3 \xrightarrow{1mol\ Br_2}$ (　　)

7. $CH_2{=}CH{-}C(CH_3){=}CH_2 \xrightarrow{HBr}$ (　　)+(　　)

8. (β-吡喃葡萄糖: CH_2OH, HO, HO, OH, OH) $\xrightarrow[干HCl]{CH_3OH}$ (　　)

9. (吡咯, N—H) $\xrightarrow[100℃]{C_5H_5N\cdot SO_3}$ $\xrightarrow{HCl}$ (　　)

10. HO—(双环)—CHO $\xrightarrow{Ag(NH_3)_2OH}$ (　　)

11. H_3C OH CH_3（苯环） $\xrightarrow{(\quad)}$ H_3C ONa CH_3（苯环） $\xrightarrow{BrCH_2CH{=}CHCH_3}$ (　　) $\xrightarrow{\triangle}$ (　　)

12. OH（苯环）CH_2OH $\xrightarrow[H_2O]{NaOH}$ (　　)

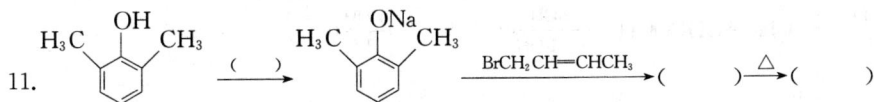

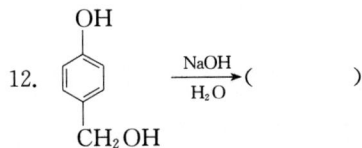

13. $C_6H_5CH{=}P(C_6H_5)_3$ + （环戊酮）=O $\longrightarrow$ (　　)

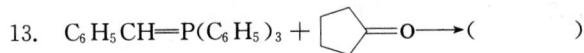

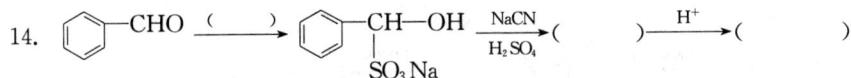

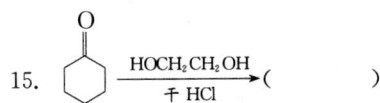

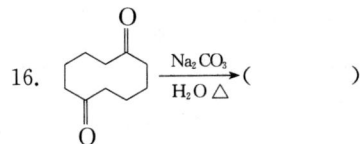

14. （苯环）—CHO $\xrightarrow{(\quad)}$ （苯环）—CH—OH（SO_3Na） $\xrightarrow[H_2SO_4]{NaCN}$ (　　) $\xrightarrow{H^+}$ (　　)

15. O（环己酮） $\xrightarrow[干\ HCl]{HOCH_2CH_2OH}$ (　　)

16. O O（环癸二酮） $\xrightarrow[H_2O\ \triangle]{Na_2CO_3}$ (　　)

17. CHO（降冰片烯） $\xrightarrow{(\quad)}$ OH（降冰片烯衍生物）

18. H_3C CH_3 H_3C—（环戊烷）— OH $\xrightarrow[\triangle]{H_2SO_4}$ (　　) $\xrightarrow[②\ Zn/H_2O]{①\ O_3}$ (　　)

19. H_3C H_3C（环丙烷）—$CH{=}C(CH_3)_2$ $\xrightarrow[H^+]{KMnO_4}$ (　　) + (　　)

20. （苯环）—CH_2CH—$N^+(CH_3)_3\ OH^-$（CH_3） $\xrightarrow{\triangle}$ (　　)

21. （环己烷）$={CH_2}$ $\xrightarrow{HBr}$ (　　)；$\xrightarrow[过氧化物]{HBr}$ (　　)

22. （苯环）—$CH(CH_3)COOH$，—OH $\xrightarrow{\triangle}$ (　　)

23. H_3C—（苯环）—CH_2—CH（O，O 环） $\xrightarrow{H^+}$ (　　)

24. H_3C—C(=O)—$CH_2CH_2CH_2$—C(=O)—CH_3 $\xrightarrow[H_2O]{KOH}$ (　　)

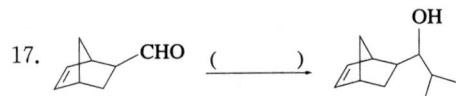

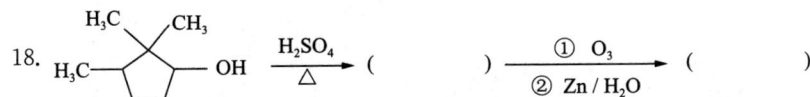

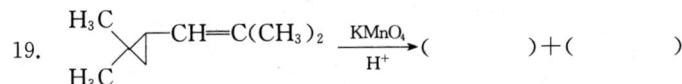

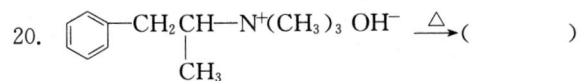

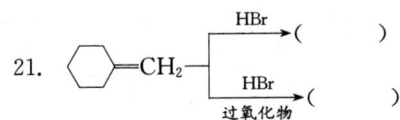

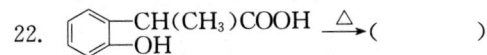

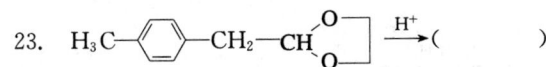

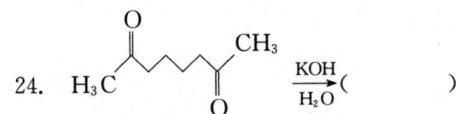

25. 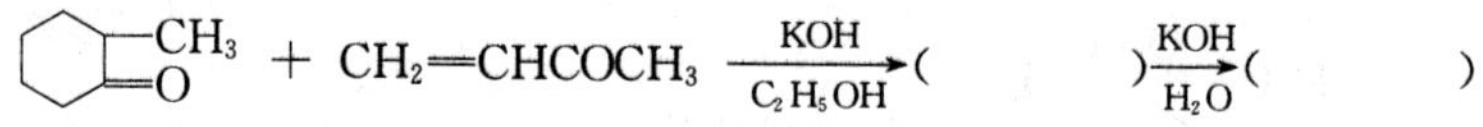 (2-methylcyclohexanone) + CH_2=$CHCOCH_3$ $\xrightarrow[C_2H_5OH]{KOH}$ (　　) $\xrightarrow[H_2O]{KOH}$ (　　)

26. 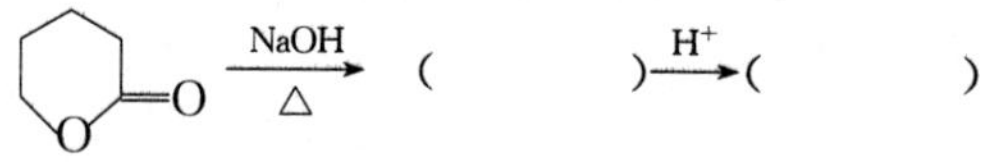 (δ-valerolactone) $\xrightarrow[\triangle]{NaOH}$ (　　) $\xrightarrow{H^+}$ (　　)

27. $C_6H_5COOC_2H_5$ $\xrightarrow{C_6H_5MgBr}$ $\xrightarrow{H^+}$ (　　) $\xrightarrow{SOCl_2}$ (　　)

28. 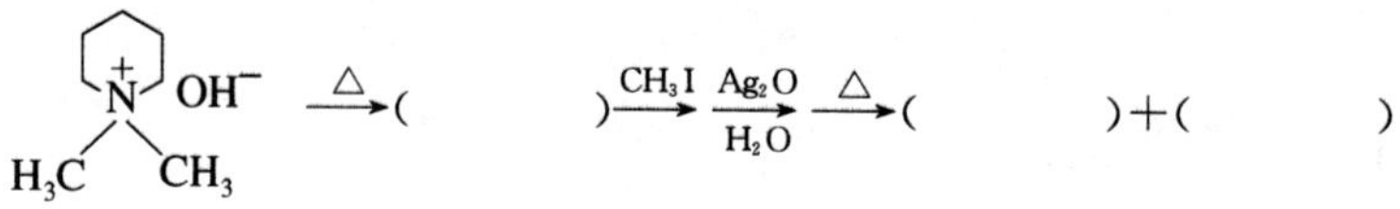 (N,N-dimethylpiperidinium hydroxide, H_3C, CH_3, OH^-) $\xrightarrow{\triangle}$ (　　) $\xrightarrow{CH_3I}$ $\xrightarrow[H_2O]{Ag_2O}$ $\xrightarrow{\triangle}$ (　　) + (　　)

29. 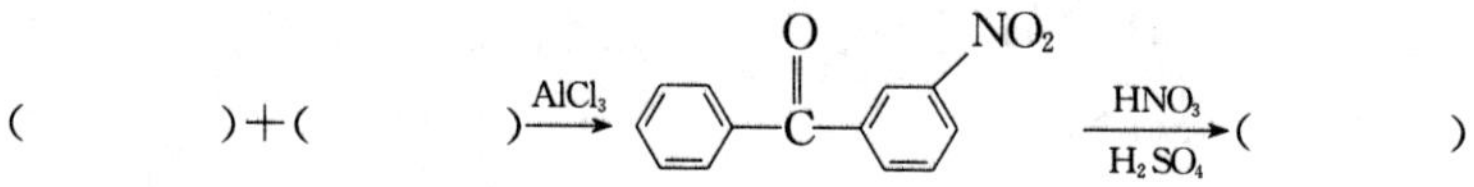 (　　) + (　　) $\xrightarrow{AlCl_3}$ C_6H_5–C(=O)–C_6H_4–NO_2(m) $\xrightarrow[H_2SO_4]{HNO_3}$ (　　)

30. 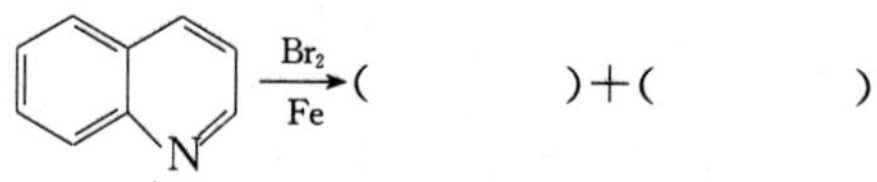 (quinoline) $\xrightarrow[Fe]{Br_2}$ (　　) + (　　)

31. 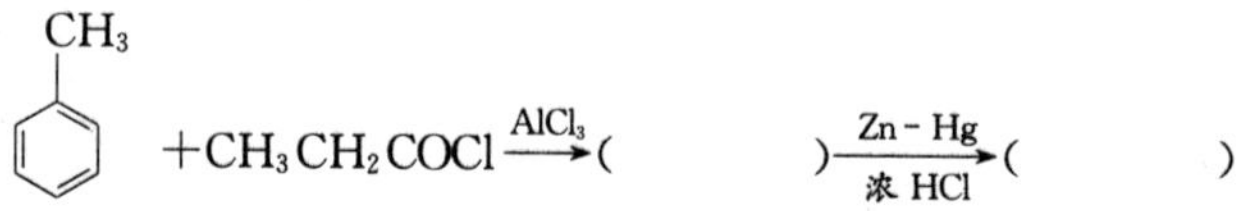 (toluene, CH_3) + CH_3CH_2COCl $\xrightarrow{AlCl_3}$ (　　) $\xrightarrow[浓 HCl]{Zn-Hg}$ (　　)

32. 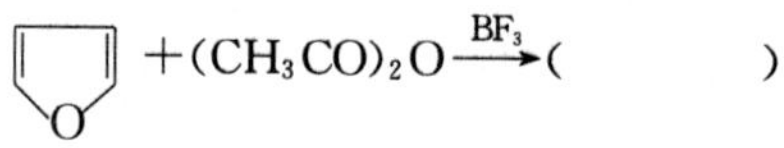 (furan) + $(CH_3CO)_2O$ $\xrightarrow{BF_3}$ (　　)

33. 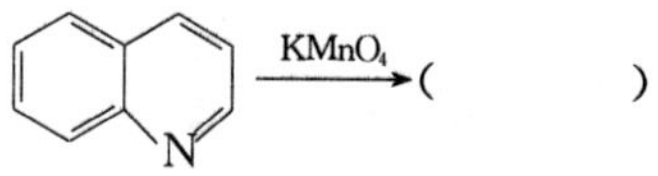 (quinoline) $\xrightarrow{KMnO_4}$ (　　)

34.  H_3C–C_6H_4–NH_2 $\xrightarrow[HCl]{NaNO_2}$ (　　) $\xrightarrow[NaOH]{C_6H_5OH}$ (　　)

35. 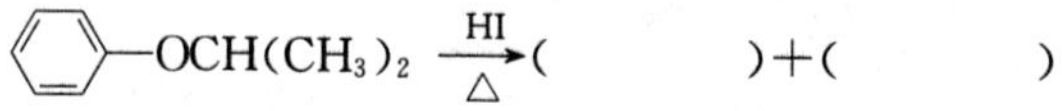 C_6H_5–$OCH(CH_3)_2$ $\xrightarrow[\triangle]{HI}$ (　　) + (　　)

36. $CH_3COOC(CH_3)$=CH_2 $\xrightarrow{C_2H_5OH}$ (　　) + (　　)

37. 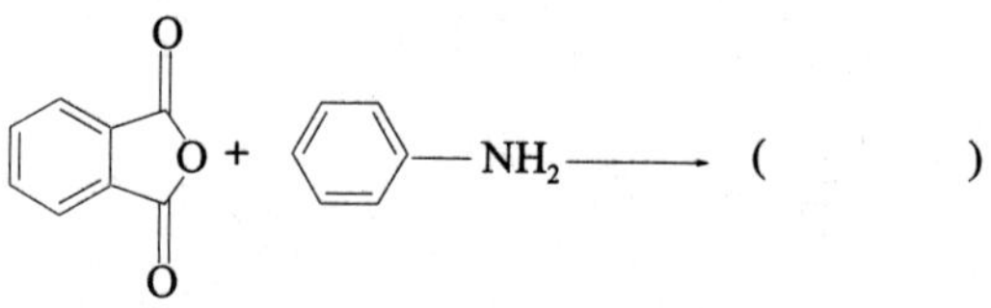 (phthalic anhydride) + C_6H_5–NH_2 ⟶ (　　)

38. 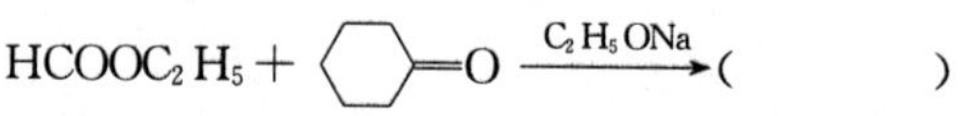 $HCOOC_2H_5$ + (cyclohexanone) $\xrightarrow{C_2H_5ONa}$ (　　)

39. 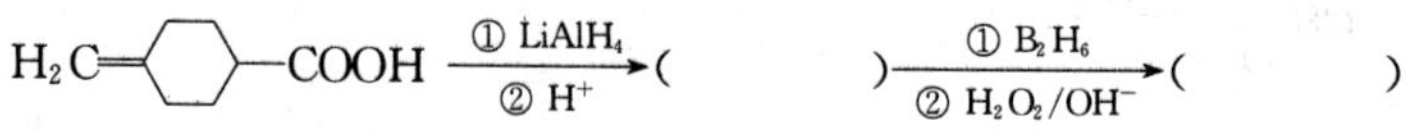 H_2C=(cyclohexylidene)–COOH $\xrightarrow[② H^+]{① LiAlH_4}$ (　　) $\xrightarrow[② H_2O_2/OH^-]{① B_2H_6}$ (　　)

40. 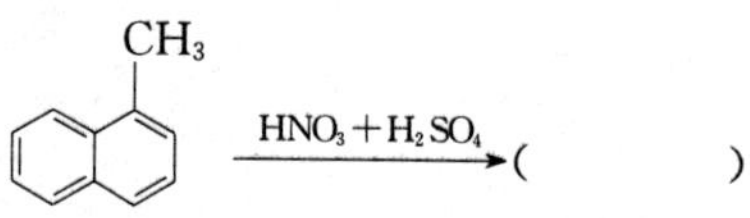 (1-methylnaphthalene, CH_3) $\xrightarrow{HNO_3+H_2SO_4}$ (　　)

41. $C_6H_5-CH=CHCH_2OH \xrightarrow{\text{活性 } MnO_2}$ (　　　)

42. 1-甲基环己烯 $\xrightarrow[\text{稀冷 } OH^-]{KMnO_4,}$ (　　　)+(　　　)

43. 环氧环己烷 $\xrightarrow[\text{② } H^+]{\text{① } CH_3MgBr/\text{无水乙醚}}$ (　　　)

44. CH_3CH_2COCl+ 环己基$-OH \longrightarrow$ (　　　)

45. 1,4-二氢萘 $\xrightarrow[\text{② } Zn/H_2O]{\text{① } O_3}$ (　　　) $\xrightarrow{\text{稀 } OH^-}$ (　　　)

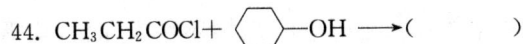

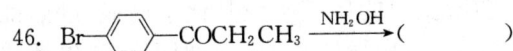

46. $Br-C_6H_4-COCH_2CH_3 \xrightarrow{NH_2OH}$ (　　　)

47. 邻苯二甲酸酐 $\xrightarrow[\text{温度,压力}]{NH_3}$ (　　　) $\xrightarrow{KOH}$ (　　　)

$\xrightarrow{CH_3CH_2Cl}$ (　　　) $\xrightarrow{(\quad)}$ $CH_3CH_2NH_2$

48. $C_6H_5-C\equiv CH \xrightarrow{(\quad)} C_6H_5-COCH_3 \xrightarrow{(\quad)} C_6H_5-COCH_2Br$

49. $C_6H_5-COOH \xrightarrow{SOCl_2}$ (　　　) $\xrightarrow{NH_3}$ (　　　) $\xrightarrow[NaOH]{Br_2}$ (　　　)

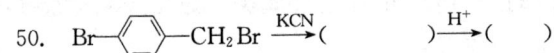

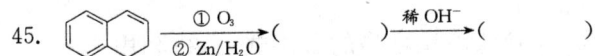

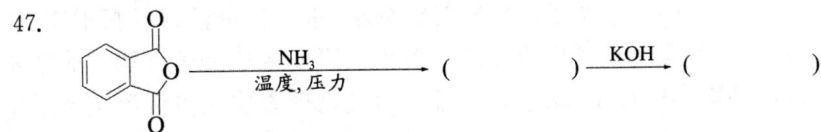

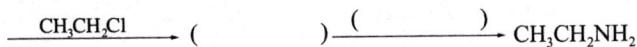

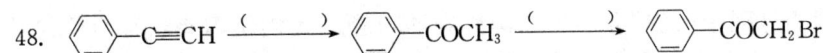

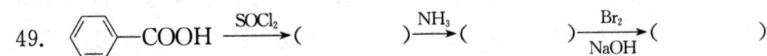

50. $Br-C_6H_4-CH_2Br \xrightarrow{KCN}$ (　　　) $\xrightarrow{H^+}$ (　　)

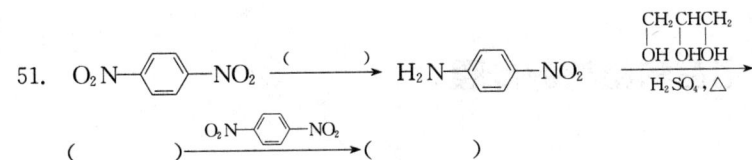

51. $O_2N-C_6H_4-NO_2 \xrightarrow{(\quad)} H_2N-C_6H_4-NO_2 \xrightarrow[H_2SO_4,\triangle]{CH_2(OH)CH(OH)CH_2OH}$

(　　　) $\xrightarrow{O_2N-C_6H_4-NO_2}$ (　　　)

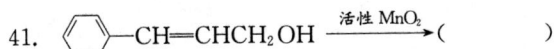

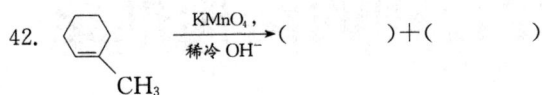

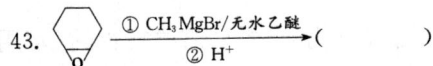

第 22 章　有机化合物的结构推导

无论是人工合成的、还是从天然产物中分离得到的有机化合物，都需要在提纯（常用重结晶、蒸馏、分馏等方法）后再进行结构测定。

确定分子结构是有机化合物研究的重要内容之一。无论是已知物还是未知物，均需了解其结构后才能合成它，然后更好地加以利用。

测定有机化合物结构的一般方法为：在确认该化合物的分子式后，再利用化学方法和物理方法来推测其结构。化学方法是利用化合物所发生的反应研究其化学性能，进而推测出可能的结构。利用化学方法测定复杂化合物的结构是很费时的。物理方法常包括波谱方法（红外光谱、核磁共振谱、紫外光谱及质谱）、X 射线分析、电子衍射法以及折射率、偶极矩和旋光度的测定等方法，其中波谱学是目前被广泛采用的研究有机分子结构的非常重要的手段。物理方法的特点是样品用量少、测定时间短。通过物理方法还可以测定分子中原子的距离、键角、键的本质和分子的立体形象等，而这些往往是化学方法办不到的。但是，化学方法并非可有可无，在很多情况下，化学方法和物理方法应配合使用，两者相辅相成。

在学习有机化学的过程中，经常会遇到结构推导的习题。我们学习有机化合物结构推导的目的，一方面是学习确定有机化合物结构的思路和方法；另一方面，通过与教材和教学过程相结合，复习巩固已学过的有机化学知识，如物理和化学性质、合成方法和波谱学性质等，以达到熟练掌握有机化学基本知识的目的。另外，亦可通过此类习题的学习、练习，拓宽有机化学知识面，培养分析问题和解决问题的能力。

22.1　推导有机化合物结构的步骤

解析结构推导题一般可分 3 个步骤：整理信息、寻找突破、验证结构。

1. 整理各种信息

在结构推导时，首先要将题中所提供的各种信息进行整理。一种化合物结构和理化性质的信息来源大致有以下 4 个方面：

（1）波谱信息

紫外可见光谱、红外光谱、核磁共振波谱及质谱这 4 种谱提供的信息，对确定分子结构是极其重要和有效的。在 4 种谱中，我们要重点掌握核磁共振氢谱（^1H-NMR）及红外吸收光谱（IR）的解析方法。

在 ^1H-NMR 中，应掌握常见 ^1H 的化学位移及影响化学位移的因素，自旋偶合、自旋裂分及偶合常数等概念，应会使用积分曲线；在 IR 中，应掌握各类键的特征吸收峰，特别是 C—H、O—H、N—H、C═C、C═O、C≡C、C≡N伸缩振动吸收峰的位置；在紫外吸收光谱（UV）中应能得出分子中是否存在共轭体系的信息；质谱（MS）则提供了化合物相对分子质量的信息。

(2) 化合物特征常数的信息

推导结构的题目中常提供化合物的相对分子质量、化学反应中的定量关系以及分子组成或分子式等方面的信息，根据所提供的分子式可计算化合物的不饱和度。计算不饱和度的公式为：

$$\text{不饱和度}=\text{C 原子数}+1-\frac{\text{H 原子数}}{2}-\frac{\text{卤原子数}}{2}+\frac{\text{三价氮原子数}}{2}$$

一般C═C及 1 个脂环各占用 1 个不饱和度，C≡C占用 2 个不饱和度，苯环占用 4 个不饱和度。

(3) 化学性质的信息

化合物化学性质的信息来源主要包括各类化合物的化学鉴定方法及化合物的结构简化给出的信息。所谓化合物的结构简化是指化合物经过水解、氧化、还原、彻底甲基化等反应转变为较简单的产物，由此入手，可推测未知物的结构。限于篇幅，在此主要讨论常见的各类有机官能团的化学鉴定方法。

① 双键和叁键化合物

含双、叁键结构的化合物可使高锰酸钾溶液或溴的四氯化碳溶液褪色，如：

$$R_2C{=}CHR \xrightarrow[\triangle]{KMnO_4} \underset{\text{酮}}{R_2C{=}O} + \underset{\text{醛}}{O{=}CHR}$$

$$O{=}CHR \xrightarrow{\text{进一步被氧化}} \underset{\text{酸}}{R{-}\overset{O}{\overset{\|}{C}}{-}OH}$$

② 含炔氢的化合物

含炔氢的化合物可与银氨或铜氨溶液反应，分别得白色或棕红色沉淀。

$$HC{\equiv}CH + Ag(NH_3)_2^+ \longrightarrow \underset{\text{白色}}{AgC{\equiv}CAg} \downarrow$$

$$HC{\equiv}CH + Cu(NH_3)_2^+ \longrightarrow \underset{\text{棕红色}}{CuC{\equiv}CCu} \downarrow$$

③ 卤代烃

卤代烃与 $AgNO_3$ 醇溶液作用生成卤化银沉淀，不同结构的卤代烃与 $AgNO_3$ 反应的速度有明显差异：烯丙型卤烃、苄基型卤烃、3°卤烃和通常的碘代烷在室温下即可与 $AgNO_3$ 反应生成 AgX 沉淀，1°和 2°氯代烃和溴代烃在加热条件下才可起反应，乙烯型及卤代苯型卤烃加热也不发生反应。

④ 醇类化合物

醇与卢卡斯试剂(浓盐酸与无水氯化锌)反应得氯代烷，根据反应时间的长短可区别少于 6 个碳原子的伯、仲、叔醇。3 种醇与卢卡斯试剂的反应速度为：

叔醇>仲醇>伯醇

醇与金属钠作用可放出氢气。

⑤ 酚类化合物

苯酚与溴水作用可得到白色沉淀，该反应常用于苯酚的鉴别。

含烯醇式结构的化合物与三氯化铁有显色反应，可用作酚类及具有烯醇式结构的化合物的鉴别。例如苯酚遇三氯化铁显蓝紫色。

$$6C_6H_5OH + FeCl_3 \longrightarrow \underset{\text{蓝紫色}}{H_3[Fe(C_6H_5O)_6]} + 3HCl$$

⑥ 羰基化合物

醛可被杜伦试剂氧化得银的沉淀(称银镜反应),脂肪醛可被斐林试剂氧化得砖红色沉淀(氧化亚铜)。杜伦试剂或斐林试剂均不能使酮氧化,故可用上述试剂区别醛和酮、脂肪醛和芳香醛。

$$RCHO + 2Ag(NH_3)_2^+OH^- \xrightarrow{\triangle} RCOONH_4 + 2Ag\downarrow + 3NH_3 + H_2O$$

$$RCHO + 2Cu(OH)_2 + NaOH \xrightarrow{\triangle} RCOONa + \underset{\text{砖红色}}{Cu_2O}\downarrow + 3H_2O$$

氨的衍生物(羰基试剂)与醛、酮反应后的产物肟、腙、苯腙、缩氨脲等都是很好的结晶,并具有一定的熔点。因此可用于鉴别醛、酮。如:

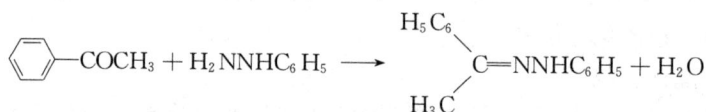

$$C_6H_5COCH_3 + H_2NNHC_6H_5 \longrightarrow (H_5C_6)(H_3C)C{=}NNHC_6H_5 + H_2O$$

醛类、脂肪族甲基酮类及 8 个碳以下的环酮类可与饱和 $NaHSO_3$ 反应生成白色沉淀物,可用于醛酮的鉴别及分离提纯。

$$RR'C{=}O + NaHSO_3 \rightleftharpoons RR'C(SO_3Na)(OH)\downarrow$$

甲基醛、酮在氢氧化钠溶液中与 I_2 作用得到黄色的碘仿(碘仿反应),可利用该反应鉴别甲基醛、酮及具有—$CHOHCH_3$ 结构的醇。如:

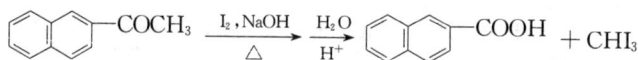

$$C_{10}H_7COCH_3 \xrightarrow[\triangle]{I_2,NaOH} \xrightarrow[H^+]{H_2O} C_{10}H_7COOH + CHI_3$$

⑦ 羧酸衍生物

羧酸衍生物(酰卤、酸酐、酯、$RCONH_2$)可与羟胺作用生成异羟肟酸,异羟肟酸遇三氯化铁生成酒红色的异羟肟酸铁,可利用该反应鉴别羧酸衍生物。如:

$$CH_3COOC_2H_5 + H_2NOH \longrightarrow CH_3CONHOH + C_2H_5OH$$

$$3CH_3CONHOH + FeCl_3 \longrightarrow (CH_3CONHO)_3Fe + HCl$$

⑧ 胺类化合物

可通过兴斯堡反应鉴定伯、仲、叔 3 种胺。伯胺磺酰化后生成的磺酰胺的氮上有 1 个氢原子,因受磺酰基影响,该氢原子具有弱酸性,可与氢氧化钠作用形成盐而溶于水;仲胺形成的磺酰胺因氮上无氢原子,不能溶于碱;叔胺则不能被酰化。

$$\begin{array}{l} RNH_2 \\ R_2NH \\ R_3N \end{array} + H_3C\text{—}C_6H_4\text{—}SO_2Cl \longrightarrow \begin{cases} H_3C\text{—}C_6H_4\text{—}SO_2NHR\downarrow \xrightarrow{NaOH} \text{溶} \\ H_3C\text{—}C_6H_4\text{—}SO_2NR_2\downarrow \xrightarrow{NaOH} \times \\ \times \end{cases}$$

芳香重氮盐与 β-萘酚反应,所得到的偶氮化合物具有不同颜色,可用于鉴别芳香伯胺。

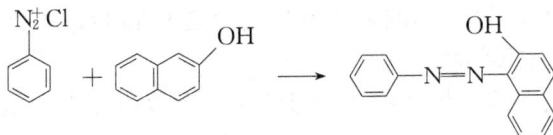

(4) 立体化学的信息

立体化学的信息主要来源有顺、反异构及对映异构，即化合物是否有异构体，是否为手性分子，分子中是否含手性碳等，这些信息在许多推测结构的题中出现(见例 1)。

2. 寻找突破口

在整理出各种信息后，需要寻找解题的突破口，由突破口开始，确证或排除某种可能的结构或结构片段，逐个确定 2 个相邻化合物性质和结构的关系，进而逐步推断各个化合物的结构。

寻找突破口的常见思路有：

(1) 选择较容易判断出化合物类型的信息为突破口。这类信息通常包括化合物官能团的红外特征吸收峰数据或化合物明显的化学特征，这些信息相对来说比较简单明了。

(2) 寻找题中给出较多信息的化合物为突破口。由于该化合物给出的信息多，将这些信息加以综合，往往可直接构建化合物的结构。

(3) 选择化合物通过水解、氧化、还原、彻底甲基化等反应使之转变为较简单的产物的结构为突破口，再由该化合物的结构逐步推断其他各个化合物的结构。

3. 验证所推测的化合物结构

为了考查所推测的化合物构造式是否正确，在给出初步答案后应重新根据题意进行核对、验证。若完全符合题意，则证明所推导的结构是正确的；否则需重新进行推导，直至完全符合题意为止。

最后，我们应注意审题，大多数结构推导题只要求给出结构即可。此时，我们不要画蛇添足。但有时，题中还会给出其他要求(如写出反应式)，此时，我们在给出结构后还需完成题目要求的其他内容。

22.2 例题解析

在以下例题解析的前 2 例中，通过列举结构推导的 3 个步骤说明推导结构的方法。限于篇幅，在后面几例中将推导过程进行简化处理。

【例 1】 化合物 A(C_8H_{12})有光学活性，在铂催化下氢化 A 得 B(C_8H_{18})，B 无光学活性。如果用林德拉催化剂小心氢化 A 得 C(C_8H_{14})，C 有光学活性。A 在钠和液氨中反应得D(C_8H_{14})，D 无光学活性。试推测 A、B、C 和 D 的结构。

解：(1) 整理信息

B(C_8H_{18}) 无手性 $\xleftarrow{H_2/Pt}$ A(C_8H_{12}) 有手性

A $\xrightarrow[\text{Lindlar 试剂}]{H_2}$ C(C_8H_{14}) 有手性

A $\xrightarrow{Na/NH_3}$ D(C_8H_{14}) 无手性

化合物 A 分子式为 C_8H_{12},不饱和度为 3;化合物 C 和 D 的不饱和度均为 2。

(2) 寻找突破口及推导结构

本题中给出信息较多的是化合物 A,因此可以它作为突破口。化合物 A 不饱和度为 3,因此,A 的结构中可能含 3 个C═C ,或 1 个C═C 、1 个C≡C ,或 1 个C≡C 、1 个环等。催化氢化 A 得 B,B 分子式为 C_8H_{18},B 为饱和化合物。A 可用林德拉催化剂或 Na/液 NH_3 还原,说明 A 结构中含 1 个C≡C ,因此,A 的最可能结构是含 1 个C═C 和 1 个C≡C 。A 用林德拉催化剂催化氢化得到的 C 及用 Na/液 NH_3 还原得到的 D 分子式均为 C_8H_{14},其不饱和度为 2。因此,C 和 D 分子结构中应分别含有 2 个C═C 。

在此需特别注意的是,通过上述两种还原方法将炔烃还原为烯烃的反应为立体选择性反应,如果还原产物烯烃存在顺、反异构,则用林德拉催化剂催化氢化所得的烯烃为顺式,用 Na/液 NH_3 还原所得的烯烃为反式。如果还原前结构中存在顺、反异构且分子结构中存在手性碳时,则两种还原方法可能伴随光学活性的变化。

化合物 A 有光学活性,最大的可能是分子中含有手性碳,该手性碳上连有的基团中一个含C═C,另一个含C≡C。如果含C═C的基团存在顺反异构,则这一基团至少含 3 个碳原子,相对应地,含C≡C的基团经还原,所得产物 C 有光学活性,D 无光学活性,说明含C≡C的一端亦应含有 3 个碳原子。那么,手性碳上所连的另 2 个原子(基团)只能为 H 和 CH_3。因此,A 的结构为:

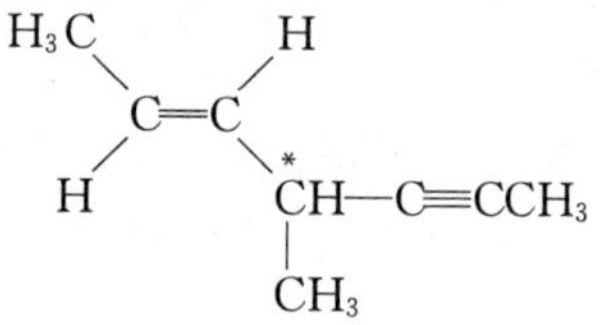

$$\underset{H}{\overset{H_3C}{}}\!\!>C{=}C\!<\!\!\underset{\overset{*}{C}H(CH_3)-C\equiv CCH_3}{\overset{H}{}}$$

B、C、D 的结构式分别为:

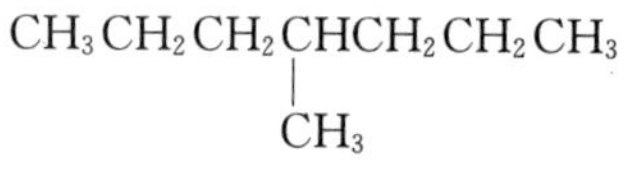

$$CH_3CH_2CH_2\underset{|}{C}HCH_2CH_2CH_3\ (\text{B: 4-位 }CH_3)$$

B: $CH_3CH_2CH_2CH(CH_3)CH_2CH_2CH_3$

C: (H₃C)(H)C═C(H)–$\overset{*}{C}$H(CH_3)–C(H)═C(H)(CH_3)

D: (H₃C)(H)C═C(H)–CH(CH_3)–C(H)═C(H)(CH_3)

化合物 C 中心碳上所连的 4 个原子或基团为 H、CH_3、(H₃C)(H)C═C(H)– 、 (H)(CH₃)C═C(H)– ,由于 2 个丙烯基构型不同,故分子有手性,而化合物 D 中心碳上连有 2 个构造及构型均相同的基团,故分子没有手性。

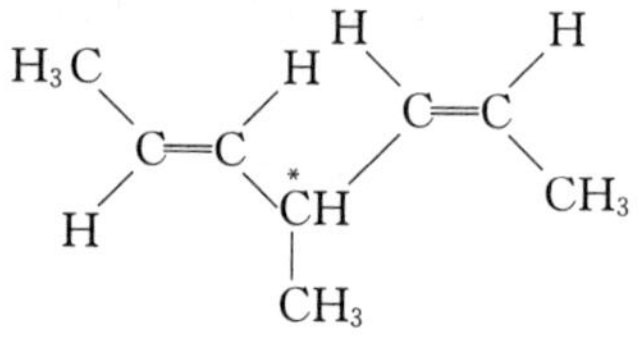

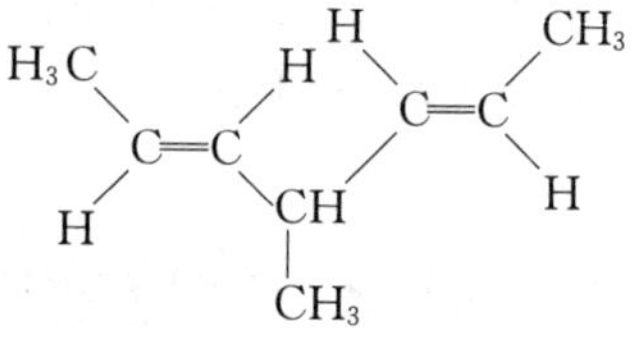

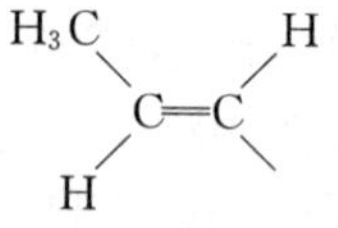

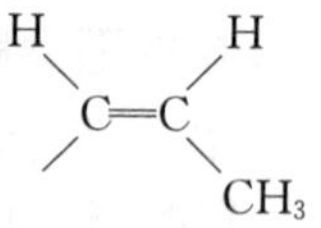

(3) 验证:略。

【例 2】 化合物 A 为具有手性的仲醇,A 与浓硫酸作用得 B(C_7H_{12}),B 经臭氧分解得 C($C_7H_{12}O_2$),C 与 I_2/NaOH 作用生成戊二酸钠及 CHI_3。试推测 A、B、C 的结构。

解:(1) 整理信息,列出各化合物的相互关系

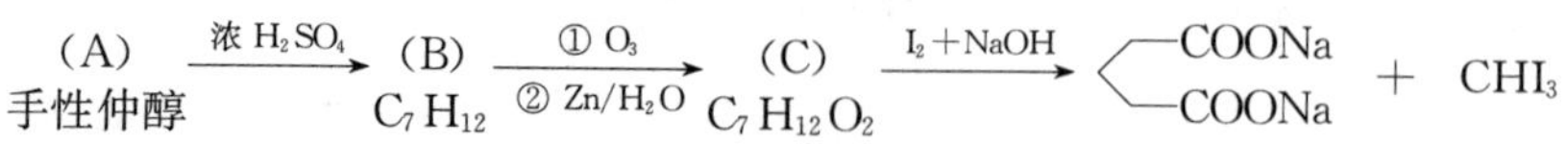

$$\underset{\text{手性仲醇}}{(A)} \xrightarrow{\text{浓}H_2SO_4} \underset{C_7H_{12}}{(B)} \xrightarrow[\text{② }Zn/H_2O]{\text{① }O_3} \underset{C_7H_{12}O_2}{(C)} \xrightarrow{I_2+NaOH} \begin{cases}COONa\\COONa\end{cases} + CHI_3$$

不饱和度：B 和 C 均为 2。

(2) 寻找突破口及推断结构

本题突破口在于化合物 C，因为 C 与 I_2/NaOH 作用生成戊二酸钠及 CHI_3，这里发生了碘仿反应，而戊二酸钠和 CHI_3 就是 C 的骨架片段，因此可推知 C 的结构为：

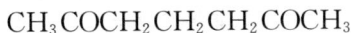

$$CH_3COCH_2CH_2CH_2COCH_3$$

(C)

由于 C 是由 B 经臭氧化、水解而得，可知 B 是烯烃，又由于 B 和 C 的碳原子数相等，可推知 B 的结构为：(B)。

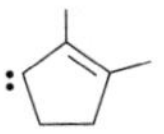

A 为醇，A 与浓硫酸作用得 B，显然这里发生的是醇脱水得烯的反应。由于 A 为具有手性的仲醇，据此推断，A 的结构可能为 (±) —OH。A 在酸性条件下脱水时发生了重排，这是该结构推导题的一个难点。

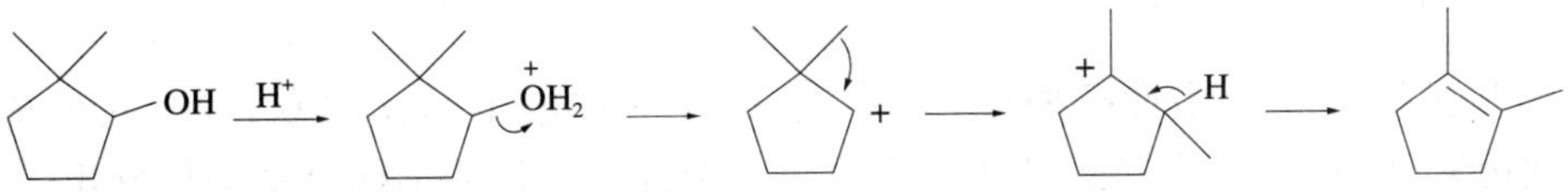

OH $\xrightarrow{H^+}$ $\overset{+}{O}H_2$ ⟶ + ⟶ H ⟶

(3) 验证：略。

【例 3】 化合物 A、B 和 C 分子式均为 C_6H_{12}，三者均可使 $KMnO_4$ 溶液褪色。催化氢化时，它们都可吸收 1 mol 氢气，生成 3-甲基戊烷。A 有顺、反异构现象，B 和 C 不存在顺反异构现象。A 和 B 分别与 HBr 加成，主要产物都为 D，D 是非手性分子，而 C 与 HBr 加成得外消旋混合物 E。试推测 A～E 的结构。

解：A、B 和 C 3 个化合物的分子式为 C_6H_{12}，不饱和度为 1，故该化合物可能是烯烃或环烷烃。题中多次出现立体化学的信息，如：A 有顺、反异构体，B 和 C 不存在顺、反异构体，D 是非手性分子等。由于 A、B、C 均可使 $KMnO_4$ 溶液褪色，而环烷烃一般不能使 $KMnO_4$ 溶液褪色，故三者应是烯烃。因 A、B 和 C 催化氢化都吸收 1 mol 氢气，生成 3-甲基戊烷，不仅进一步证明其分子中含有 1 个C═C键，而且表明这 3 个化合物的碳骨架均为

C—C—C—C—C（中间碳上连有 —C）。A 有顺、反异构体，表明分子中的每一个双键碳原子上各自连有的 2 个原子或基团不相同，又因该分子具有上述碳骨架，所以 A 的构造式为：

$$CH_3—CH_2—\underset{\displaystyle CH_3}{\underset{|}{C}}═CH—CH_3$$

B 和 C 不存在顺反异构体，表明其分子中至少有 1 个双键碳原子连有 2 个相同的原子或基团，同样由于具有上述碳骨架，因此，B 和 C 必然是：

$$CH_3—CH_2—\underset{\displaystyle CH_3}{\underset{|}{CH}}—CH═CH_2 \quad 和 \quad CH_3—CH_2—\underset{\displaystyle CH_2}{\underset{\|}{C}}—CH_2—CH_3$$

但尚不能确定哪一个为 B，哪一个为 C。

由于 A 和 B 与 HBr 加成主要得同一化合物 D，又因 A 的结构已知，因此，可由 A 推导

出 D 和 B 的结构：

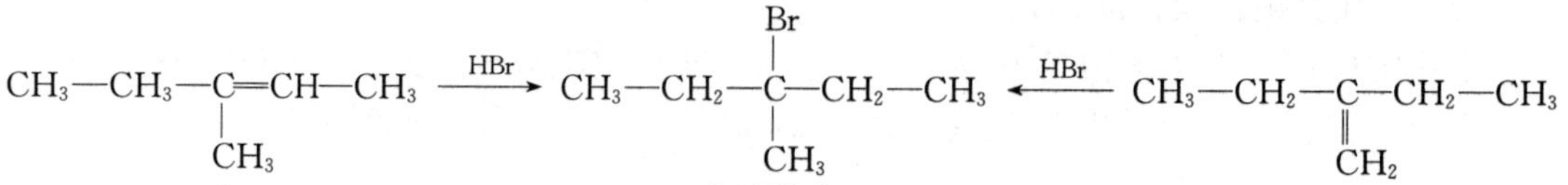

$$\begin{array}{ccc}
\begin{array}{c} CH_3-CH_3-\underset{\underset{\displaystyle CH_3}{|}}{C}=CH-CH_3 \\ \text{A} \end{array}
& \xrightarrow{HBr}
\begin{array}{c} CH_3-CH_2-\overset{\overset{\displaystyle Br}{|}}{\underset{\underset{\displaystyle CH_3}{|}}{C}}-CH_2-CH_3 \\ \text{D(非手性分子)} \end{array}
\xleftarrow{HBr}
& \begin{array}{c} CH_3-CH_2-\underset{\underset{\displaystyle CH_2}{\|}}{C}-CH_2-CH_3 \\ \text{B} \end{array}
\end{array}$$

至此 A 和 B 的构造式已经确定，故 C 的构造式只能是：

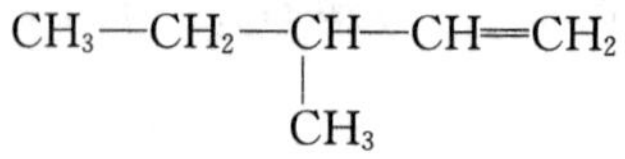

$$CH_3-CH_2-\underset{\underset{\displaystyle CH_3}{|}}{CH}-CH=CH_2$$

C 与 HBr 加成得到外消旋混合物 E：

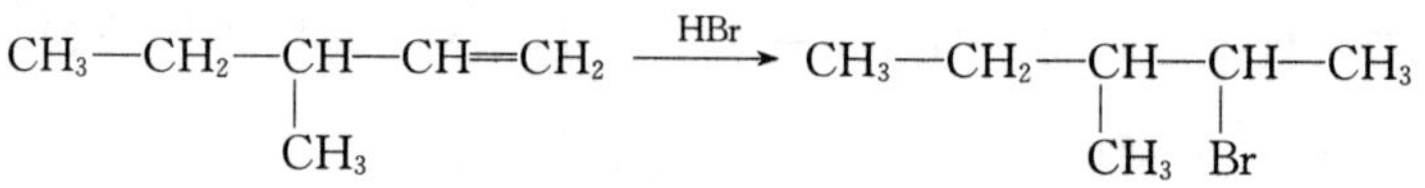

$$\begin{array}{c} CH_3-CH_2-\underset{\underset{\displaystyle CH_3}{|}}{CH}-CH=CH_2 \\ \text{C} \end{array} \xrightarrow{HBr} \begin{array}{c} CH_3-CH_2-\underset{\underset{\displaystyle CH_3}{|}}{CH}-\underset{\underset{\displaystyle Br}{|}}{CH}-CH_3 \\ \text{E} \end{array}$$

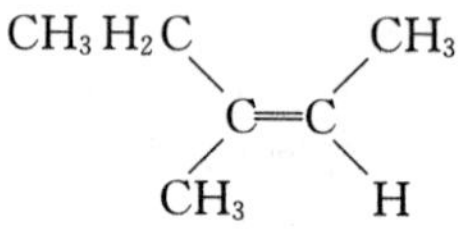

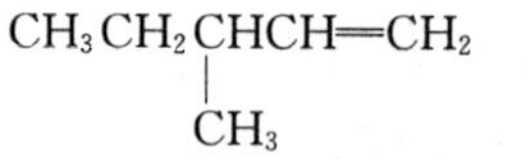

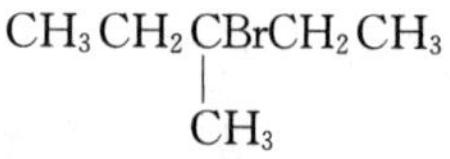

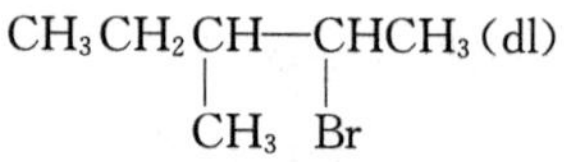

分子 E 虽增加 1 个手性碳原子，但 C 与 HBr 的加成不是立体专一的，故生成外消旋体。由此可知，C 和 E 的构造式确如上式所示。至此 A～E 的结构已全部推导出。

即 A 为

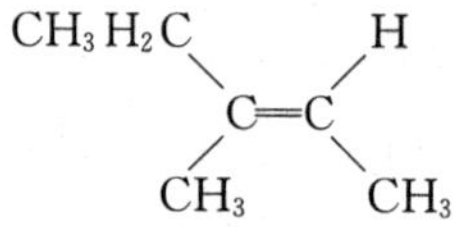

$$\begin{array}{c} \begin{array}{ccc} CH_3H_2C & & H \\ & C=C & \\ CH_3 & & CH_3 \end{array} \\ \text{顺} \end{array} \quad \text{或} \quad \begin{array}{c} \begin{array}{ccc} CH_3H_2C & & CH_3 \\ & C=C & \\ CH_3 & & H \end{array} \\ \text{反} \end{array}$$

B 至 E 分别为：

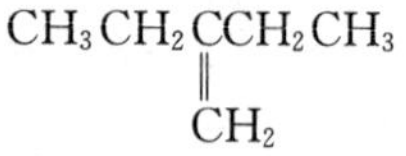

$$\begin{array}{cc}
\begin{array}{c} CH_3CH_2\underset{\underset{\displaystyle CH_2}{\|}}{C}CH_2CH_3 \\ \text{B} \end{array} &
\begin{array}{c} CH_3CH_2\underset{\underset{\displaystyle CH_3}{|}}{CH}CH=CH_2 \\ \text{C} \end{array} \\
\begin{array}{c} CH_3CH_2\underset{\underset{\displaystyle CH_3}{|}}{C}BrCH_2CH_3 \\ \text{D} \end{array} &
\begin{array}{c} CH_3CH_2\underset{\underset{\displaystyle CH_3}{|}}{CH}-\underset{\underset{\displaystyle Br}{|}}{CH}CH_3\text{(dl)} \\ \text{E} \end{array}
\end{array}$$

【例 4】 化合物 A ($C_{10}H_{22}O_2$) 与碱不起作用，但可被稀酸水解成 B(C_4H_8O) 和 C(C_3H_8O)。C 与金属钠作用有气体逸出，并能与次碘酸钠反应。B 能进行银镜反应，B 与 $K_2Cr_2O_7$ 和 H_2SO_4 作用生成 D。D 与氯和红磷作用后，再水解可得到 E。E 与稀 H_2SO_4 共沸得 F，F 的分子式为 C_3H_6O，F 的同分异构体可由 C 氧化得到。写出 A～F 的构造式。

解：此题由化合物 A 的分子式开始推导困难较大，因 $C_{10}H_{22}O_2$ 不符合简单通式，故可根据题意由化合物的结构简化产物开始推导，即由 A 的水解产物 C 及 E 的脱水产物 F 作为突破口，再推导 A 及其他化合物的结构。

化合物 C 的分子式为 C_3H_8O，为饱和化合物，可能是醇或醚，因其能与金属钠反应放出气体，表明是醇。由于只有 3 个碳原子，故可能是伯醇 $CH_3CH_2CH_2OH$ 或仲醇 $(CH_3)_2CHOH$，又因能与次碘酸钠作用，故 C 是异丙醇。

化合物 B 的分子式为 C_4H_8O，不饱和度为 1，可能是醛、酮或烯醇(烯醚)，因其能进行银镜反应，故应是醛 $CH_3CH_2CH_2CHO$ 或 $(CH_3)_2CHCHO$。B 被 $K_2Cr_2O_7$ 和 H_2SO_4 氧化

得 D(羧酸),D 与氯和红磷作用,应得 α-氯代酸,水解后得 α-羟基酸(E)。上述反应均为常见反应。E 与稀 H_2SO_4 共沸得 F,α-羟基酸与稀 H_2SO_4 共热发生的是脱羧反应,得到的是少 1 个碳的醛,该反应不常见,但可由下面的叙述推导得到。F 的分子式为 C_3H_6O,为醛或酮结构,又由 F 的同分异构体可由 C 氧化得到(C 为异丙醇),故 F 应为丙醛。

由于 F 是丙醛,再根据题意和上述分析,由 F 往前推导,E 应为 α-羟基丁酸,D 为正丁酸,B 为正丁醛。

至此,经上述分析和推导,B、C、D、E 和 F 的构造式均已推导出来。但 A 的构造式仍需根据 B 和 C 推测。

由于 A 可被稀酸水解为 B 和 C,即 A 水解后得到异丙醇和正丁醛。若由异丙醇和正丁醛组成化合物 A,仅就碳原子数而言,需要 1 分子正丁醛和 2 分子异丙醇。由 A 的分子式 $C_{10}H_{22}O_2$ 可知,由 1 分子正丁醛和 2 分子异丙醇组成 A 需去掉 1 分子水,又根据题意,A 与碱不起作用,但可被稀酸水解,则 A 应为缩醛,其构造式为 $CH_3CH_2CH_2CH[OCH(CH_3)_2]_2$。

综上所述,A、B、C、D、E 和 F 的构造式分别为:

A: $CH_3CH_2CH_2CH(OCH(CH_3)_2)—OCH(CH_3)_2$

B: $CH_3CH_2CH_2CHO$

C: $(CH_3)_2CHOH$

D: $CH_3CH_2CH_2COOH$

E: $CH_3CH_2CH(OH)COOH$

F: CH_3CH_2CHO

【例 5】 化合物 A 在稀碱存在下与丙酮反应生成 B($C_{12}H_{14}O_2$),B 通过碘仿反应生成 C($C_{11}H_{12}O_3$),C 经催化氢化生成羧酸 D,化合物 C 和 D 氧化后均生成化合物 E($C_9H_{10}O_3$),用 HI 处理 E 得到水杨酸。试推测 A～E 的结构。

解:本题未给出化合物 A 的分子式,题目最后给出“用 HI 处理 E 得到水杨酸”,且 E 的分子式已给出,故本题可以将 E 作为突破口。

水杨酸为邻羟基苯甲酸,这一结构必须牢记,否则推导本题将无从下手。HI 可用来断裂醚键,用 HI 处理 E 得水杨酸,且 E 的分子式为 $C_9H_{10}O_3$,由此可推导出 E 的结构为邻乙氧基苯甲酸。

E 由 C 或 D 氧化得到,因结构中 C_2H_5O 片段难以被氧化,故 C 及 D 也应含有乙氧基,E 中羧基由 C 及 D 乙氧基的邻位侧链(含 α-H)氧化得到。D 为羧酸,由 C 经催化氢化得到,因在反应条件下羧基无法还原,故 C 也为羧酸。C 的分子式为 $C_{11}H_{12}O_3$,从上面的推断已经知道,C 的结构中存在苯环、乙氧基及羧基,因此 C 中未知部分为 C_2H_2,故其结构式应为 o-$C_6H_4(OC_2H_5)CH{=}CHCOOH$(苯环邻位分别连 $CH{=}CHCOOH$ 和 OC_2H_5)。C 由 B 通过碘仿反应得到,说明 B 分子中具有 $CH_3C(=O)—$ 或 $CH_3CH(OH)—$ 的结构。由 B 的分子式 $C_{12}H_{14}O_2$,推导 B 的结构为 o-$C_6H_4(OC_2H_5)CH{=}CHCOCH_3$(苯环邻位分别连 $CH{=}CHCOCH_3$ 和 OC_2H_5),而这一结构是由 A 与丙酮在稀碱存在下通过羟醛缩合反应得到的,因此,A 的结构为 o-$C_6H_4(OC_2H_5)CHO$(苯环邻位分别连 CHO 和 OC_2H_5)。

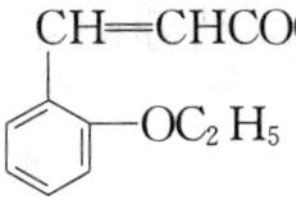

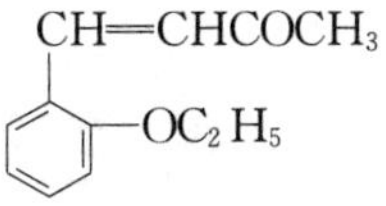

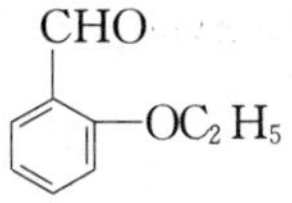

综上所述,由 A 到 E 的结构为:

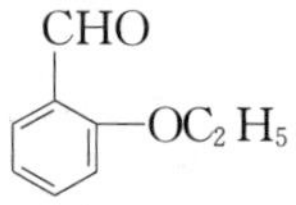

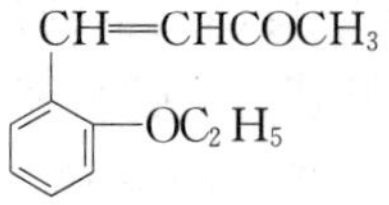

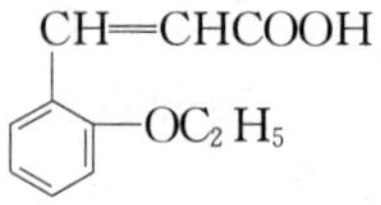

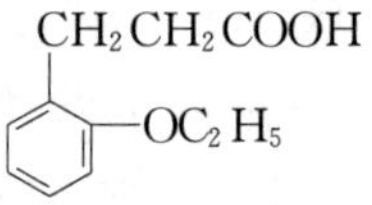

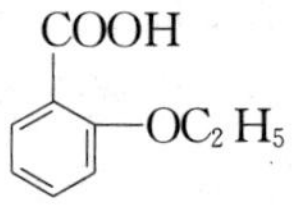

A: CHO, $-OC_2H_5$(邻位) B: $CH{=}CHCOCH_3$, $-OC_2H_5$(邻位) C: $CH{=}CHCOOH$, $-OC_2H_5$(邻位) D: CH_2CH_2COOH, $-OC_2H_5$(邻位) E: $COOH$, $-OC_2H_5$(邻位)

A　B　C　D　E

【例 6】 分子式为 C_8H_9BrO 的 3 个化合物 A、B 和 C,它们均不溶于水,但都溶于冷的浓 H_2SO_4。当用 $AgNO_3$ 处理时,B 是 3 个化合物中唯一能产生沉淀的。这 3 个化合物不与 Br_2/CCl_4 溶液作用。用热的 $KMnO_4$ 氧化 3 个化合物,A 得到酸 D($C_8H_7BrO_3$),B 得到酸 E($C_8H_8O_3$),C 无反应。用热的浓 HBr 处理 A、B、C 和 E,A 得到 F,B 得到 G(F 和 G 的分子式均为 C_7H_7BrO),C 得到邻溴苯酚,E 得到邻羟基苯甲酸。而 D 可由下列反应得到:对羟基苯甲酸 $\xrightarrow{(CH_3)_2SO_4/NaOH}$ $\xrightarrow{H_3O^+}$ $\xrightarrow{Br_2/Fe}$ D。试推测 A～G 的结构。

解:本题难度不大,但涉及的常见有机反应类型较多。由于化合物 D 可由对羟基苯甲酸反应得到,因此,可将 D 作为突破口。

A、B 和 C 的分子式为 C_8H_9BrO,不饱和度为 4,故可能是含有 1 个苯环的酚、芳醇或醚。因其不溶于水而溶于冷的浓 H_2SO_4,故 A、B、C 均应是醚。A、B、C 分子结构中含 Br,但只有 B 能与 $AgNO_3$ 作用产生沉淀,说明 A 和 C 中 Br 直接连于苯环而 B 中 Br 较活泼(因 B 为醚,且含 8 个碳,故 Br 处于苄基位)。3 个化合物不与 Br_2/CCl_4 溶液作用,进一步说明分子结构中不饱和度来自苯环。

由于 D 可由对羟基苯甲酸甲基化后再溴代得到,因此,D 应为 3-溴-4-甲氧基苯甲酸:

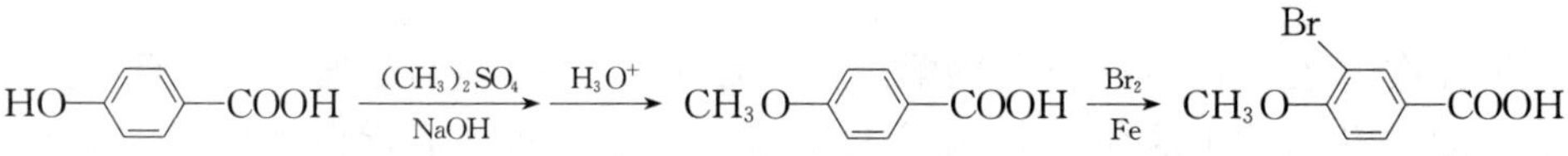

$$HO-C_6H_4-COOH \xrightarrow[NaOH]{(CH_3)_2SO_4} \xrightarrow{H_3O^+} CH_3O-C_6H_4-COOH \xrightarrow[Fe]{Br_2} CH_3O-C_6H_3(Br)-COOH$$

D

D 可由 A 用 $KMnO_4$ 氧化得到,A 的分子式为 C_8H_9BrO,因此,A 应为 2-溴-1-甲氧基-4-甲基苯。

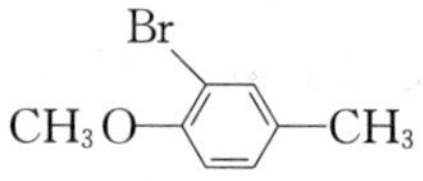

$$CH_3O-C_6H_3(Br)-CH_3 \quad (A)$$

B 被热的 $KMnO_4$ 氧化后得到 E($C_8H_8O_3$),不饱和度为 5,分子中 Br 消失,说明 B 中可能有 1 个 CH_2Br 与苯环相连(上述 B 可与 $AgNO_3$ 作用产生沉淀亦说明这一点)。由于 E 用热的浓 HBr 处理得到邻羟基苯甲酸,根据 E 的分子式判断,E 应为邻甲氧基苯甲酸,又因 E 可由 B 氧化得到,综合上述推断,B 应为 1-溴甲基-2-甲氧基苯。

C 不被 $KMnO_4$ 氧化,说明无烃基连在苯环上。用热的浓 HBr 处理 C 得到邻溴苯酚,说明 C 为 1-溴-2-乙氧基苯。

综上所述,A、B、C、D、E、F 和 G 的构造式分别为:

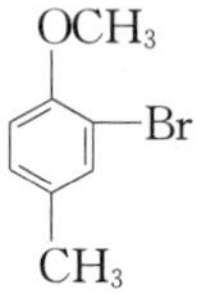

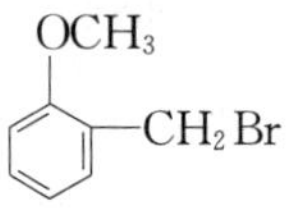

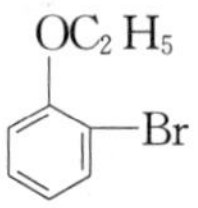

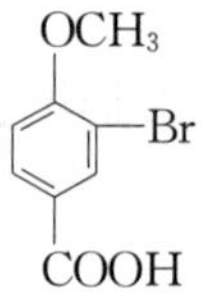

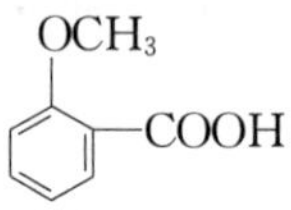

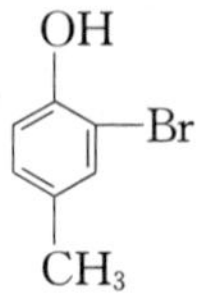

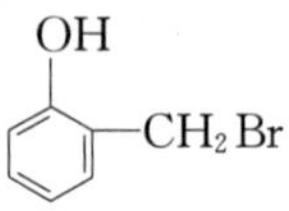

A: OCH_3, Br, CH_3 B: OCH_3, CH_2Br C: OC_2H_5, Br D: OCH_3, Br, $COOH$ E: OCH_3, $COOH$ F: OH, Br, CH_3 G: OH, CH_2Br

A　B　C　D　E　F　G

【例 7】 化合物 A 和 B 分子式均为 $C_5H_{11}N$，它们均能分别与 2 mol 碘甲烷作用，再与湿的氧化银反应后热解，分别得到 C 和 D，分子式均为 $C_7H_{15}N$。C 和 D 均能分别再与 1 mol 碘甲烷反应，再与湿的氧化银反应后热解，得到 E 和 F。E 臭氧化后在 Zn 存在下水解得 2 分子甲醛和 1 分子丙二醛，F 在同样条件下得 2 分子甲醛和 1 分子 CH_3COCHO。试推测 A～F 的可能结构式。

解：本题可将化合物的结构简化产物 E 和 F 作为突破口开始推导。

题中已经给出 E 和 F 的臭氧化水解产物，故可据此直接推导出 E 为戊-1，4-二烯。

$$\text{HCHO}+\text{OHC—CH}_2\text{CHO}+\text{HCHO} \xleftarrow[\text{2) Zn/H}_2\text{O}]{\text{1) O}_3} \underset{\text{E}}{\text{CH}_2\text{=CHCH}_2\text{CH=CH}_2}$$

同理，F 应为 2-甲基丁-1，3-二烯（异戊二烯）。

$$\text{HCHO}+\text{O=}\overset{\text{CH}_3}{\overset{|}{\text{C}}}\text{—CHO}+\text{HCHO} \xleftarrow[\text{2) Zn/H}_2\text{O}]{\text{1) O}_3} \underset{\text{F}}{\text{CH}_2\text{=}\overset{\text{CH}_3}{\overset{|}{\text{C}}}\text{—CH=CH}_2}$$

由于 A 和 B 均能分别与 2 mol 碘甲烷反应，故二者均应为 2°胺。另外，由题意 A 和 B 的不饱和度为 1，且 A 和 B 均能经过 2 次甲基化并进行霍夫曼消除，因此，A 和 B 应为环状 2°胺。由于 A 和 B 分子含 5 个碳，因此可构成 5 元或 6 元环状化合物，具体结构则要再进行推断。

由于 C 和 D 能分别再与 1 mol 碘甲烷反应，故 C 和 D 均为 3°胺，C 的最终消除产物 E 为戊-1，4-二烯，由此可推断 C 的结构应为 $N(CH_3)_2$，D 的甲基化、消除产物为异戊二烯，

可推断 D 的结构应为 $N(CH_3)_2$ 或 $(H_3C)_2N$。

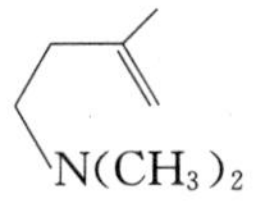

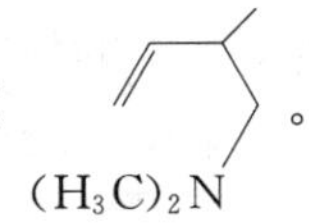

由于 C 和 D 分别是 A 和 B 与 2 mol CH_3I 反应后转变为季铵碱再消除得到的，故 A 和 B 的结构应为：

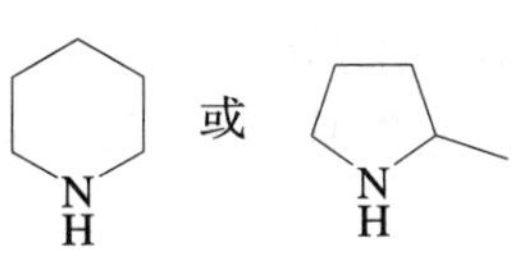

N H 或 N H　　　N H

A 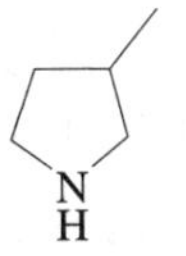　　　B

综上所述，A～F 的结构为：

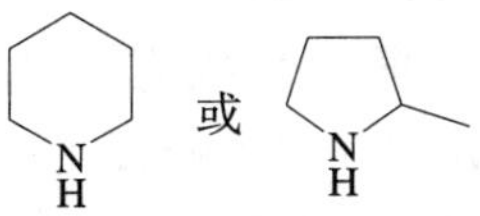

N H 或 N H　　N H　　H_3C N CH_3　　H_3C N CH_3 或 H_3C N CH_3

A 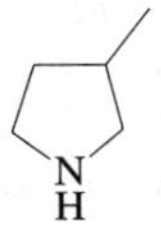　　B 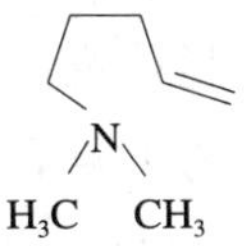　　C 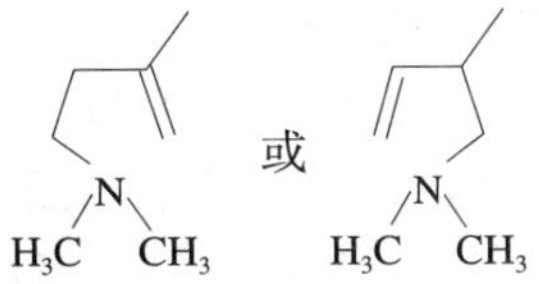　　D

$$\underset{\text{E}}{\text{H}_2\text{C=CHCH}_2\text{CH=CH}_2} \qquad \underset{\text{F}}{\text{H}_2\text{C=}\overset{\text{CH}_3}{\overset{|}{\text{C}}}\text{—CH=CH}_2}$$

【例 8】 化合物 A 和 B 分子式均为 $C_{10}H_{12}O$,它们的红外光谱都在接近 1 710 cm^{-1} 处有强吸收带,A 和 B 的核磁共振谱分别如图 22-1 和图 22-2 所示,确定 A 和 B 的结构。

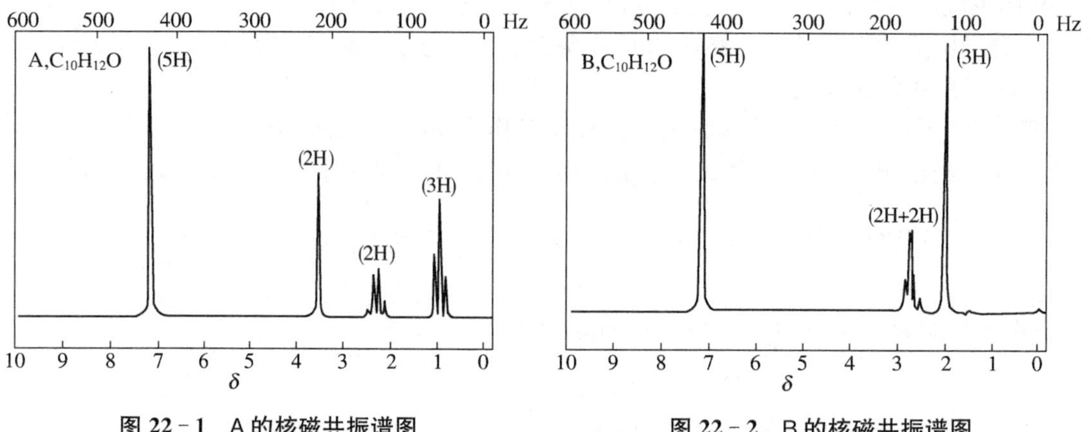

图 22-1 A 的核磁共振谱图

图 22-2 B 的核磁共振谱图

解:本题仅给出分子式及波谱信息。A 和 B 的分子式为 $C_{10}H_{12}O$,不饱和度为 5,说明分子中可能含有 1 个苯环,由于其红外光谱在 1 710 cm^{-1} 处有强吸收带,说明它们是含有羰基的化合物。

A 的 ^1H-NMR 谱图(图 22-1)中,δ7.2 处的吸收峰(5H)为苯环上 5 个质子的吸收峰。由于羰基具有吸电子作用,故与之相邻的碳原子上的质子化学位移移向低场,与C═O 相距较远的质子化学位移相比之下处于高场。由图 22-1 可看出,δ 值在 0~4 之间有三类不同质子,δ3.7(2H)处的单峰应是同时与苯环及羰基相连的亚甲基上的质子峰;δ 2.4(2H,四重峰)应为与羰基和甲基直接相连的亚甲基上的质子峰;δ 值约等于 1 的三重峰(3H)应为与亚甲基直接相连的甲基上的质子峰。综上所述,A 的构造式为:

$$-CH_2COCH_2-CH_3$$

与确定 A 的结构相似,根据 B 的核磁共振谱(图 22-2)可知:δ 值约等于 7.1 处的尖锐单峰(5H)为苯环上的质子峰;δ 值处于 2.5~2.8 的多重峰(2H+2H)为两个直接相连的亚甲基的吸收峰,两者自旋偶合裂分成多重峰;δ 值约等于 2 的单峰(3H),其化学位移虽处于低场,但与其他质子峰相比处于高场,说明它与羰基相连,另外它是单峰,说明它未与烷基相连。综上所述,化合物 B 的构造式为:

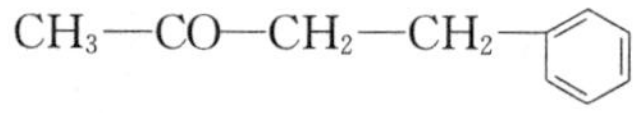

$$CH_3-CO-CH_2-CH_2-$$

【例 9】 化合物 A 分子式为 $C_7H_{12}O_3$,用 I_2/NaOH 处理 A 或使 A 与 2,4-二硝基苯肼反应均得到黄色沉淀。A 与 $FeCl_3$ 溶液显蓝色。用稀 NaOH 处理 A 后酸化热解,放出 CO_2 并得到化合物 B 及 1 分子乙醇。B 的红外光谱在 1 720 cm^{-1} 处有强吸收峰,B 的 ^1H-NMR 数据为 δ2.1(s,3H),2.5(q,2H),1.1(t,3H)。试推断 A 和 B 的结构。

解:本题给出了化合物 A 的化学反应现象及 B 的光谱数据,且 B 的光谱数据较为详尽,可以此作为突破口推导出 B 的结构。

B 的 IR 在 1 720 cm^{-1} 处有强吸收,说明 B 中存在—CO—结构,B 的 ^1H-NMR 谱中,δ2.1 处有一单峰(s),包含 3 个 H,这是 1 个 CH_3,且与羰基相连,δ2.5 处有 1 个四重峰(q),

包含 2 个 H，应与羰基相连，δ1.1 处有 1 个三重峰，包含 3 个 H，该峰与吸电子基团相距较远，综合 δ2.5 及 δ1.1 两处峰的 δ 值及裂分情况，可看出这是一个典型的 CH_3CH_2 的两处吸收峰，且乙基与羰基相连。因此，B 具有以下结构：

$$\underset{\substack{\delta 2.1\\(s,3H)}}{CH_3}-\overset{\text{IR}1\,720\ \text{cm}^{-1}}{CO}-\underset{\substack{\delta 2.5\\(q,2H)}}{CH_2}-\underset{\substack{\delta 1.1\\(t,3H)}}{CH_3}$$

化合物 A 的分子式为 $C_7H_{12}O_3$，不饱和度为 2。用 I_2/NaOH 处理 A 得到黄色沉淀 CHI_3，说明 A 分子中存在 $CH_3\overset{O}{\overset{\|}{C}}-$ 或 $CH_3\overset{OH}{\overset{|}{C}}H-$ 结构，A 与 2，4-二硝基苯肼反应析出黄色沉淀腙，说明分子中含 CH_3CO- 结构。A 能与 $FeCl_3$ 显蓝色，说明分子中存在烯醇结构或存在酮式-烯醇式互变异构现象。A 水解得乙醇及 B，说明 A 为酯。

B 为 A 在碱性条件下水解并酸化脱掉 CO_2 所得，因为 α 位连有吸电子基团的羧酸易脱羧，而羰基为吸电子基团，因此，B 在脱羧前的结构可能为 $CH_3CH_2COCH_2COOH$ 或 $CH_3COCH(CH_3)COOH$，结合 A 在水解时脱掉 1 分子乙醇的现象及 A 能与 I_2/NaOH 作用，A 的结构应为 $CH_3COCH(CH_3)COOC_2H_5$。

习　题

1. 某化合物 A(C_5H_8)在液氨中与氨基钠作用后再与 1-溴丙烷作用，生成 B(C_8H_{14})，用 $KMnO_4$ 氧化 B 得到分子式为 $C_4H_8O_2$ 的 2 种不同酸 C 和 D。A 在 $HgSO_4$ 存在下与稀 H_2SO_4 作用，可得到酮 E($C_5H_{10}O$)，试推测 A～E 的结构。

2. *S* 型的化合物 A(C_4H_9Cl)，再次进行一氯代时，得化合物 B、C、D、E、F，其中 B、C、D 有手性。E 和 F 没有手性，推测出 A～F 的结构。

3. 2 种分子式为 C_6H_{12} 的化合物 A 和 B，用酸性 $KMnO_4$ 氧化后，A 只生成酮，B 的产物中一个是羧酸，另一个是酮，试写出 A 和 B 的可能结构式。

4. 相对分子质量为 88 的化合物(A)，其 C、H、O 含量分别为68.18%、13.63%和 18.18%。A 的碘仿反应呈阳性；A 被 $KMnO_4$ 氧化生成分子式为 $C_5H_{10}O$ 的化合物 B；B 与苯肼反应生成腙。A 与硫酸共热则生成分子式为 C_5H_{10} 的化合物 C，C 的臭氧化还原水解产物中有丙酮。试推测 A、B、C 的结构式。

5. 化合物 A 与 Br_2/CCl_4 作用生成 1 个三溴化合物 B，A 很容易与 NaOH 水溶液作用，生成 2 种构造异构的醇 C 和 D，A 与 KOH/C_2H_5OH 作用生成 1 种共轭二烯烃 E。将 E 臭氧化、锌粉水解后生成 OHC—CHO 及 $CH_3COCH_2CH_2CHO$，试推导 A～E 的构造式。

6. 分子式为 C_6H_8 的链烃 A，能与 $AgNO_3$ 氨溶液反应生成白色沉淀，A 在 Pd/$BaSO_4$ 存在下吸收与自身同物质的量的氢气生成化合物 B。B 与顺丁烯二酸酐反应可生成化合物 C，B 经臭氧化还原水解，则生成 2-氧亚基丁醛和甲醛。试写出 A、B、C 的结构式。

7. 有一烃 A(C_9H_{12})，能吸收 3 mol 溴，与 $Cu(NH_3)_2Cl$ 溶液能生成红色沉淀。A 在稀 $H_2SO_4/HgSO_4$ 存在下反应生成 B($C_9H_{14}O$)。B 与过量的饱和 $NaHSO_3$ 溶液反应生成白色沉淀，还能与 NaOI 作用生成 1 个黄色沉淀和 1 个酸 C($C_8H_{12}O_2$)，C 能使 Br_2/CCl_4 褪色。臭氧氧化 C 然后还原水解，得到 D($C_7H_{10}O_3$)。D 能与 $Ag(NH_3)_2OH$ 溶液发生银镜反应，生成 1 个无 α-H 的二元酸。确定 A、B、C 和 D 的构造。

8. 化合物A和B的分子式都是C_6H_8,它们都能使Br_2/CCl_4溶液褪色。用酸性$KMnO_4$氧化后都能得到产物CH_3COCH_2COOH。A能与$AgNO_3$氨溶液生成白色沉淀而B却不能。试推测A和B的结构。

9. 分子式为$C_4H_{10}O$的化合物A,与CrO_3/H_2SO_4反应得产物B,A经脱水只得到1种烯烃C,C与$KMnO_4$稀溶液在冷却条件下反应得产物D,D与HIO_4反应则生成1种醛E和1种酮F。试写出A至F的结构式。

10. 有一旋光性化合物A,分子式为C_6H_{10},能与$AgNO_3$的氨溶液作用生成白色沉淀B(C_6H_9Ag)。将A催化加氢生成C,分子式为C_6H_{14},没有旋光性。试写出A、B和C的结构式。

11. 化合物A分子式为$C_{16}H_{16}$,能使Br_2/CCl_4和冷稀$KMnO_4$褪色。A能与1 mol H_2加成得到B。用热的$KMnO_4$氧化A,生成二元酸C($C_8H_6O_4$),C只能生成1种单溴代产物。推出A、B和C的结构。

12. 化合物茚(C_9H_8)存在于煤焦油中,能迅速使Br_2/CCl_4溶液褪色。它只能吸收1 mol氢而生成茚满(C_9H_{10})。较剧烈氢化茚生成分子式为C_9H_{16}的化合物,剧烈氧化茚则生成邻苯二甲酸。试写出茚及茚满的结构。

13. 某烃A(C_4H_8)在较低温度下与氯气作用生成B($C_4H_8Cl_2$),在较高温度下与氯气作用则生成C(C_4H_7Cl)。C与NaOH水溶液作用生成D,分子式为C_4H_8O,C与NaOH醇溶液作用生成E(C_4H_6)。E能与顺丁烯二酸酐反应,生成F,分子式为$C_8H_8O_3$。试推导A~F的构造。

14. 化合物A分子组成为C_5H_9Br,A与1 mol溴作用生成B,其组成为$C_5H_9Br_3$。A很容易与NaOH水溶液作用,得到互为异构体的2种醇C和D。C加氢后的产物可以被氧化成E。A与KOH/C_2H_5OH作用,得到分子组成为C_5H_8的化合物F。F经$KMnO_4$氧化得到2-氧亚基丙酸。试推导A~F的构造。

15. 溴代烷A、B、C分子式均为C_4H_9Br。A与NaOH水溶液作用生成分子式为$C_4H_{10}O$的醇,B与NaOH水溶液作用生成分子式为C_4H_8的烯烃,C与NaOH水溶液作用生成分子式为$C_4H_{10}O$和C_4H_8的混合物。试写出A、B、C的可能结构式。

16. 化合物A($C_8H_{17}Cl$)无旋光性。A用NaOH/EtOH处理得到化合物B(C_8H_{16}),B在过氧化物存在下与HBr反应得到C,C可拆分为4种有旋光性的化合物。B经臭氧化、还原水解得到丙醛和1分子酮D。写出A、B、D的构造式及C的4种Fischer投影式。

17. 醇A的分子式为$C_6H_{12}O$,有旋光性,催化氢化时吸收1 mol氢气生成醇B,B没有旋光性。写出A和B的可能结构式。

18. 中性化合物A($C_8H_{16}O_2$)与金属钠作用放出氢气,与PBr_3作用生成相应化合物B($C_8H_{14}Br_2$)。A被$KMnO_4$氧化生成C($C_8H_{12}O_2$)。A与浓H_2SO_4一起共热脱水生成D(C_8H_{12}),D可使溴水褪色,在低温下D与H_2SO_4作用再加热水解,则生成A的同分异构体E,E与浓硫酸一起共热也生成D,但E不能被$KMnO_4$氧化。氧化D生成己-2,5-二酮及乙二酸。试写出A~E的构造式。

19. 某化合物A($C_7H_{12}O$)可加1 mol溴,也能与2,4-二硝基苯肼作用。A经碘仿反应并酸化生成碘仿和1个酸B,B也能加1 mol溴。氧化B生成1个二元酸C和1个中性化合物D,C受热生成乙酸和CO_2。D能与饱和$NaHSO_3$作用,生成白色沉淀,D也能发生碘仿反应,生成黄色沉淀和乙酸盐。写出A~D的构造式。

20. 某化合物 A($C_5H_{12}O$)经 $K_2Cr_2O_7/H_2SO_4$ 氧化后生成化合物 B($C_5H_{10}O$)。B 不能起碘仿反应，亦不能发生银镜反应。B 与金属镁作用生成化合物 C($C_{10}H_{22}O_2$)，C 与 HIO_4 作用又生成 B。C 与浓 H_2SO_4 作用生成化合物 D($C_{10}H_{20}O$)，D 能与 $NH_2NHCONH_2$ 作用生成结晶，但不能发生银镜反应。试推导 A～D 的构造式。

21. 化合物 A($C_6H_{12}O$)氧化得 B，B 可溶于 NaOH 水溶液。B 与乙醇酯化后可发生缩合，生成环状化合物 C，C 碱性水解后酸化、脱羧生成 D，D 可以和羟胺反应生成肟。用 Clemmensen 还原法还原 D 生成 E(C_5H_{10})。试写出 A～E 的构造式。

22. 化合物 A(C_7H_{12})催化氢化得 B(C_7H_{14})。A 臭氧化后还原水解得化合物 C($C_7H_{12}O_2$)，C 氧化后得 D($C_7H_{12}O_3$)。D 与 I_2/NaOH 反应得黄色沉淀及化合物 E($C_6H_{10}O_4$)，E 加热后得 F($C_6H_8O_3$)，F 水解后又得 E。D 用 Clemmensen 法还原得 3-甲基己酸。写出 A～E 的构造式。

23. 化合物 A($C_6H_{10}O_2$)能发生碘仿反应，与 Tollens 试剂发生反应得 B($C_6H_{10}O_3$)，B 经 Clemmensen 还原可得 α-甲基戊酸。B 发生碘仿反应的产物经酸化后得 C($C_5H_8O_4$)，C 经加热可得 D($C_5H_6O_3$)，D 与 1 mol 乙醇作用得异构体 E 和 F，E 和 F 的分子式为 $C_7H_{12}O_4$。试推导 A～F 构造式。

24. 酯 A($C_5H_{10}O_2$)用乙醇钠的乙醇溶液处理，转变为酯 B($C_8H_{14}O_3$)，B 可使溴水褪色。B 用乙醇钠的乙醇溶液处理，并随之与碘乙烷反应，能转变为酯 C($C_{10}H_{18}O_3$)，C 对溴水无反应。用稀碱水解 C 然后酸化加热，生成不能发生碘仿反应的酮 D($C_7H_{14}O$)，D 进行 Clemmensen 还原生成 3-甲基己烷。试推测 A～D 的构造式。

25. 化合物 A($C_9H_{10}O_2$)能溶于 NaOH 水溶液，可以和羟胺反应，但不和 Tollens 试剂作用。A 经 $NaBH_4$ 还原生成 B($C_9H_{12}O_2$)。A 和 B 均能发生碘仿反应。A 用 Zn-Hg/浓 HCl 还原生成 C($C_9H_{12}O$)，C 在碱性条件下与 CH_3I 反应得 D($C_{10}H_{14}O$)，用 $KMnO_4$ 氧化 D 得对甲氧基苯甲酸。写出 A～D 的构造式。

26. 化合物 A(C_9H_8)与 CH_3MgBr 作用有气泡产生。A 催化氢化生成化合物 B(C_9H_{12})，用铬酸氧化 B 生成酸性化合物 C($C_8H_6O_4$)，C 加热得 D($C_8H_4O_3$)。A 能与丁-1,3-二烯在加热的条件下发生反应生成化合物 E($C_{13}H_{14}$)，E 脱氢得到 2-甲基-1,1′-联苯。试推测A～E的构造式。

27. 两个中性化合物 A 和 B，分子式均为 $C_{10}H_{12}O_2$，A 和 B 均不与 Na_2CO_3 溶液起反应，也不与冷的 NaOH 溶液作用，但与 NaOH 溶液共热则可反应。由 A 和 B 与 NaOH 的反应液中馏出的液体 C 和 D 均能发生碘仿反应。$KMnO_4$ 氧化 A 成苯甲酸，而 B 却不能被氧化。试推测 A～D 的构造式。

28. 有一化合物 A，含 C、H、O、N、Cl，A 与水在酸性条件下加热反应，得到乙酸及化合物 B。B 经还原生成 2-氯苯-1,4-二胺。B 与亚硝酸作用后生成的产物与 CuCl 反应生成 C，C 与热的 NaOH 溶液作用，可生成 1 种氯代硝基酚 D。试推断 A～D 的结构。

29. 分子式为 $C_{14}H_{12}N_2O_3$ 的化合物 A 不溶于水和稀酸，A 水解生成羧酸 B 及化合物 C，C 与对甲苯磺酰氯反应，生成不溶于 NaOH 溶液的固体。用 Fe/HCl 还原 B，得到化合物 D，D 在低温下与 $NaNO_2$/HCl 反应生成 E，E 和 C 在弱酸介质中反应，生成 HOOC—⟨苯环⟩—N═N—⟨苯环⟩—$NHCH_3$。写出 A～E 的构造式。

30. 化合物 A(C_6H_7N)在氯化锌存在下与苯甲醛作用，脱去 1 分子水生成 B($C_{13}H_{11}N$)，

B经臭氧化还原水解得C(C_6H_5NO)及苯甲醛,C在浓NaOH作用下得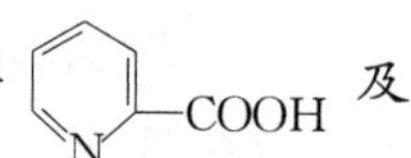及

CH_2OH(2-吡啶甲醇结构)。推测A、B和C的构造式。

31. 碱性化合物A($C_7H_{17}N$)具有旋光性,与等物质的量的碘甲烷反应生成水溶性化合物B($C_8H_{20}NI$),B与湿的氧化银作用后受热生成三甲胺和唯一的烯烃C(C_5H_{10}),C没有旋光性,C与等物质的量的氢气加成生成2-甲基丁烷,试写出A、B和C的结构式。

32. 根据以下结构推测A、B和C的构造:

$$\underset{(A)}{C_4H_8Cl_2} \begin{cases} \xrightarrow{\text{水解}} C_4H_8O(B) \\ \xrightarrow[C_2H_5OH]{KOH} C_4H_6 \xrightarrow[HgSO_4]{\text{稀}H_2SO_4} (B) \xrightarrow{H_2/N_i} C_4H_{10}O(C) \end{cases}$$

B能发生碘仿反应,其红外光谱图在1 715 cm^{-1}有强吸收峰。A的^1H-NMR谱图有下列3种峰:3H(s),2H(q),3H(t)。

33. 某化合物A(C_8H_{16})被酸性$KMnO_4$氧化得化合物B($C_5H_{10}O$)及化合物C。用2,4-二硝基苯肼处理B和C,都可以得到沉淀。B的^1H-NMR谱数据为δ0.92(3H,t),1.6(2H,m),2.18(3H,s),2.45(2H,t);化合物C的^1H-NMR谱图中只出现1个单峰。写出A、B和C的构造式。

34. 化合物A和B分子式均为$C_9H_{10}O_2$,A的IR谱在1 742 cm^{-1}、1 232 cm^{-1}、1 028 cm^{-1}、764 cm^{-1}和690 cm^{-1}处有特征吸收;A的^1H-NMR数据为2.02(s,3H),5.03(s,2H),7.26(s,5H);B的^1H-NMR数据为2.7~3.2(m,4H),7.38(s,5H),10.9(s,1H)。写出A和B的构造式。

35. 毒芹碱($C_8H_{17}N$)是毒芹的有毒成分。毒芹碱的核磁共振谱图上没有双重峰,它与2 mol CH_3I反应,再与湿的氧化银作用后热解,产生中间体$C_{10}H_{21}N$。后者进一步甲基化转变为氢氧化物,再热解生成三甲胺、辛-1,5-二烯和辛-1,4-二烯。试推断毒芹碱和中间体的构造。

第 23 章 有机反应机理

学好有机化学，除了要熟记众多的有机反应，还要求对反应机理有一个基本的认识和了解。

反应机理又称反应历程，是对一个反应过程的详细描述，是人们根据大量实验事实对反应发生的过程所作出的理论推导。学习有机反应机理，有利于认识反应的本质，理解和记忆反应，从而避免死记硬背大量的有机反应式；学习反应机理，有助于设计合理的合成路线，少走弯路，以达到预期合成的目的；学习反应机理，通过不断的分析、归纳和总结，将有助于提高分析问题、解决问题的能力。

解答有机反应机理需要想象力，但想象要建立在符合事实的基础上。为此，对于一个指定的反应，首先要判断其共价键的断裂方式——均裂或异裂，再区别其反应的活性中间体——自由基、碳正离子或碳负离子，进一步确定反应属于哪一类型，最后写出合理的反应机理。

23.1 共价键的断裂方式

1. 均裂

均裂指共价键断裂时，成键的一对电子平均分配给 2 个原子或基团。

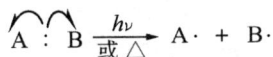

$$\mathrm{A:B} \xrightarrow[\text{或}\triangle]{h\nu} \mathrm{A\cdot} + \mathrm{B\cdot}$$

均裂时产生带一个孤单电子的原子或基团，称自由基或游离基。反应中间体涉及自由基参与的反应称自由基型反应。

2. 异裂

异裂指共价键断裂时，成键的一对电子被一个原子或基团占有，产生正、负离子。

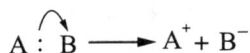

$$\mathrm{A:B} \longrightarrow \mathrm{A^{+}} + \mathrm{B^{-}}$$

反应中间体涉及正、负离子参与的反应称为离子型反应。

23.2 有机反应类型及机理

虽然有机反应和机理数目庞大，但它们都符合一些规律。根据共价键的断裂方式可将有机反应分为自由基反应、离子反应及周环反应，也可根据反应物和产物之间的关系进行分类，具体包括取代反应、加成反应、消除反应及重排反应等。

1. 取代反应

取代反应主要可分为自由基卤代反应、饱和碳原子上的亲核取代反应、芳环上的亲电取代反应、芳环上的亲核取代反应以及醛、酮 α－H 的卤代反应等。

(1) 烷烃的卤代　烷烃的卤代反应为自由基链反应，包括链引发、链增长和链终止 3 个

阶段:

$$\text{链引发}\quad X-X \xrightarrow[\text{或}\triangle]{h\nu} X\cdot + X\cdot$$

$$\text{链增长}\quad R-H + X\cdot \longrightarrow R\cdot + HX$$

$$R\cdot + X-X \longrightarrow R-X + X\cdot$$

$$\text{链终止}\quad X\cdot + X\cdot \longrightarrow X_2$$

$$R\cdot + R\cdot \longrightarrow R-R$$

$$R\cdot + X\cdot \longrightarrow R-X$$

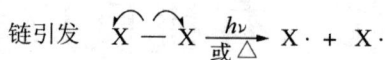

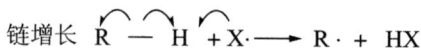

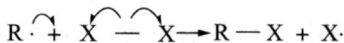

反应可以在光照或加热下引发,也可在过氧化物及自由基引发剂的存在下引发。烯烃 α-H 的卤代反应也经历类似的 3 个阶段。

(2) 饱和碳原子上的亲核取代反应　脂肪族卤代烃、醇等在一定条件下均可发生亲核取代反应,主要有 S_N1、S_N2 2 种机制:

$$S_N1:\ R-X \underset{}{\overset{\text{慢}}{\rightleftharpoons}} R^+ + X^-$$

$$R^+ + Nu^- \xrightarrow{\text{快}} R-Nu$$

$$S_N2:\ Nu^- + RX \longrightarrow [\overset{\delta^-}{Nu}\cdots\cdots R\cdots\cdots \overset{\delta^-}{X}]^{\neq} \longrightarrow R-Nu + X^-$$

芳环上碳原子的亲核取代反应机理不同于 S_N1、S_N2。

(3) 芳环上的亲电取代反应　芳环上的亲电取代反应包括卤代、硝化、磺化、傅-克烷基化和傅-克酰基化反应。

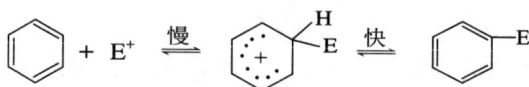

$$C_6H_6 + E^+ \overset{\text{慢}}{\rightleftharpoons} [C_6H_6E]^+ \overset{\text{快}}{\rightleftharpoons} C_6H_5E$$

(4) 芳环上的亲核取代反应　大多数芳环上的亲核取代反应是按照加成-消除机理进行的。

$$p\text{-}X\text{-}C_6H_4\text{-}NO_2 + Nu^- \xrightarrow[\text{加成}]{\text{慢}} [\text{X, Nu-环己二烯负离子-}NO_2]^- \xrightarrow[\text{[消除]}]{\text{快}} p\text{-}Nu\text{-}C_6H_4\text{-}NO_2 + X^-$$

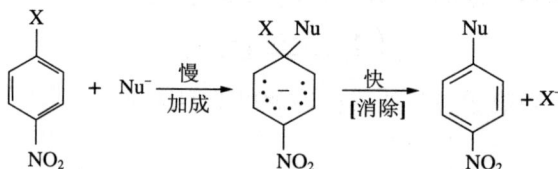

直接连在芳环上的卤原子不活泼,当 X 的邻、对位上连有吸电子基团(如 $-NO_2$)时反应容易发生。

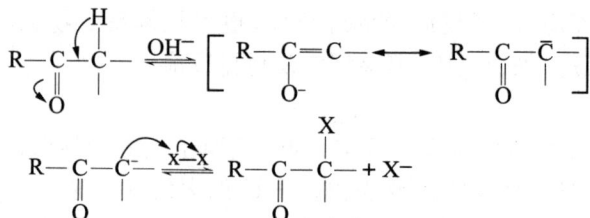

(5) 醛、酮 α-H 的卤代反应　醛、酮 α-H 的卤代反应可在酸或碱的催化下进行。

$$R-\overset{O}{\overset{\|}{C}}-\overset{H}{\overset{|}{C}}- \overset{OH^-}{\rightleftharpoons} \left[R-\underset{O^-}{\underset{|}{C}}=C- \longleftrightarrow R-\underset{O}{\underset{\|}{C}}-\bar{C}- \right]$$

$$R-\underset{O}{\underset{\|}{C}}-\bar{C}- \overset{X-X}{\rightleftharpoons} R-\underset{O}{\underset{\|}{C}}-\overset{X}{\overset{|}{C}}- + X^-$$

在P或PX_3的催化下，羧酸分子中的α－H也可以被卤素取代，但反应历程有别于醛、酮。

2．加成反应

加成反应主要包括亲电加成反应、亲核加成反应、自由基加成反应及催化加氢等。

（1）亲电加成反应　烯烃与HX、H_2O、HOX、H_2SO_4等的亲电加成产生碳正离子中间体。

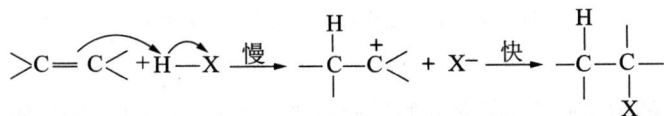

$$>C=C< + H-X \xrightarrow{\text{慢}} -\overset{H}{\underset{|}{\overset{|}{C}}}-\overset{+}{C}< + X^- \xrightarrow{\text{快}} -\overset{H}{\overset{|}{\underset{|}{C}}}-\overset{|}{\underset{X}{\underset{|}{C}}}-$$

烯烃与卤素（Br_2）的加成经过溴鎓离子中间体：

$$\overset{Br^+}{C-C}$$

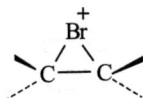

（2）亲核加成反应　亲核加成反应种类很多，如醛、酮羰基与HCN、$NaHSO_3$、RMgX、H_2O及胺的衍生物的反应，羧酸衍生物的水解、醇解及氨解反应，涉及碳负离子的亲核加成反应如羟醛缩合、克莱森酯缩合、麦克尔加成等。

例如，醛、酮羰基的亲核加成：

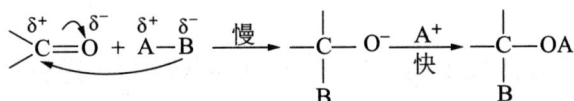

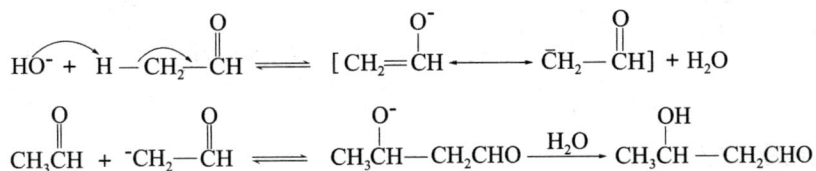

$$\overset{\delta^+}{>C}=\overset{\delta^-}{O} + \overset{\delta^+}{A}-\overset{\delta^-}{B} \xrightarrow{\text{慢}} -\underset{B}{\underset{|}{\overset{|}{C}}}-O^- \xrightarrow[\text{快}]{A^+} -\underset{B}{\underset{|}{\overset{|}{C}}}-OA$$

又如羟醛缩合反应（以乙醛为例）：

$$HO^- + H-CH_2-\overset{O}{\overset{\|}{C}}H \rightleftharpoons [CH_2=\overset{O^-}{\overset{|}{C}}H \longleftrightarrow \bar{C}H_2-\overset{O}{\overset{\|}{C}}H] + H_2O$$

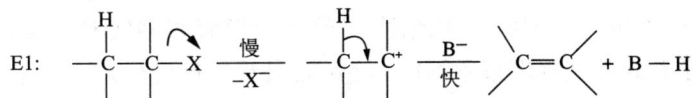

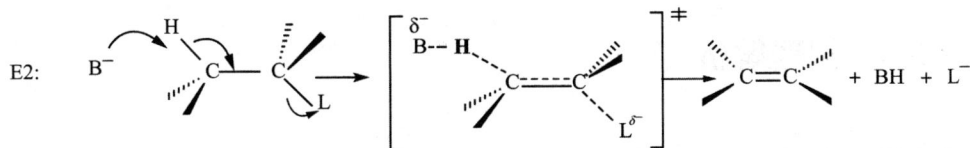

$$CH_3\overset{O}{\overset{\|}{C}}H + {}^-CH_2-\overset{O}{\overset{\|}{C}}H \rightleftharpoons CH_3\overset{O^-}{\overset{|}{C}}H-CH_2CHO \xrightarrow{H_2O} CH_3\overset{OH}{\overset{|}{C}}H-CH_2CHO$$

3．消除反应

消除反应的机理主要有E1、E2机理等。

$$\text{E1:}\quad -\overset{H}{\underset{|}{\overset{|}{C}}}-\underset{|}{\overset{|}{C}}-X \xrightarrow[-X^-]{\text{慢}} -\overset{H}{\underset{|}{\overset{|}{C}}}-\underset{|}{\overset{|}{C^+}} \xrightarrow[\text{快}]{B^-} >C=C< + B-H$$

$$\text{E2:}\quad B^- + H-C-C-L \longrightarrow \left[\overset{\delta^-}{B}\cdots H\cdots C\overset{\cdots}{=}C\cdots L^{\delta^-}\right]^{\ddagger} \longrightarrow >C=C< + BH + L^-$$

在大多数情况下,E2 机理要求被消除的原子或基团与氢原子处于反式共平面:

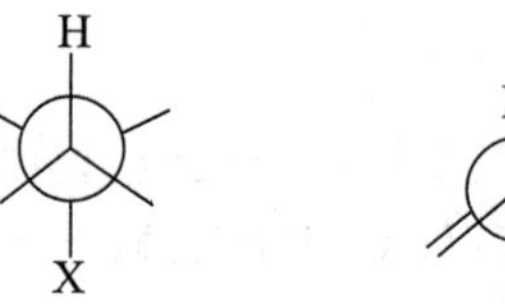

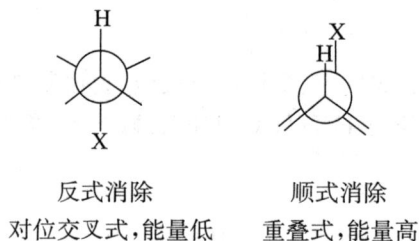

反式消除　　　　顺式消除
对位交叉式,能量低　　重叠式,能量高

4. 重排反应

引起重排反应的因素较多,最常见的是通过碳正离子进行的重排,如烯烃的亲电加成、S_N1 反应、E1 反应、频哪醇重排等,这些反应的中间体均为碳正离子。此外,还有通过缺电子氮进行的重排,如霍夫曼重排等。频哪醇重排机理如下:

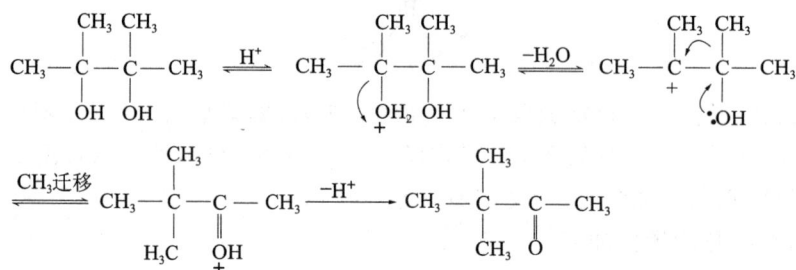

$$CH_3-C(CH_3)(OH)-C(CH_3)(OH)-CH_3 \overset{H^+}{\rightleftharpoons} CH_3-C(CH_3)(\overset{+}{O}H_2)-C(CH_3)(OH)-CH_3 \overset{-H_2O}{\rightleftharpoons} CH_3-\overset{+}{C}(CH_3)-C(CH_3)(\ddot{O}H)-CH_3$$

$$\overset{CH_3\text{迁移}}{\rightleftharpoons} CH_3-C(CH_3)(H_3C)-C(=\overset{+}{O}H)-CH_3 \xrightarrow{-H^+} CH_3-C(CH_3)(CH_3)-C(=O)-CH_3$$

5. 周环反应

周环反应过程中没有活性中间体生成,通过环状过渡态进行反应。如 Claisen 重排反应。

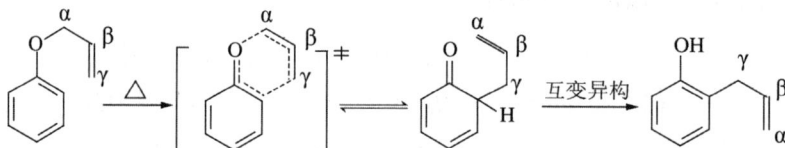

$$\text{PhO-CH}_2^{\alpha}\text{-CH}^{\beta}\text{=CH}_2^{\gamma} \xrightarrow{\triangle} [\text{环状过渡态}]^{\ddagger} \rightleftharpoons \text{2-烯丙基环己-3,5-二烯酮} \xrightarrow{\text{互变异构}} \text{邻烯丙基苯酚}$$

6. 氧化还原反应

有机氧化还原反应是有机氧化反应和有机还原反应的统称。在很多有机氧化还原反应中,实际上并不发生电子转移,有别于电化学中的概念,在此对其机理不予讨论。

在表述反应机理时,用箭头“⌒➘”表示一对电子的转移,用鱼钩箭头“⌒”表示单电子的转移。需要注意的是,反应机理也有一定的适用范围,虽然可以解释很多实验事实,但是当发现新的实验事实无法用原有的反应机理来解释时,就要提出新的反应机理。反应机理已成为有机结构理论重要的组成部分之一。

23.3　例题解析

【例 1】 判断下列氯化反应能否发生,并予以解释。

(1) 将氯气光照后,立即在黑暗中与甲烷混合;

(2) 将氯气先用光照,在黑暗中放置一段时间后,再与甲烷混合;

(3) 将甲烷先用光照,立即在黑暗中与氯气混合。

解:甲烷与氯气在光照下的反应是自由基链反应,首先氯气在光照下发生均裂生成氯自由基,此阶段称为链引发阶段,继而进行链增长、链终止反应阶段。

$$Cl—Cl \xrightarrow{h\nu} Cl\cdot + Cl\cdot$$

(1) 能。氯气在光照下生成自由基,反应一经引发,即可与甲烷发生反应。

(2) 不能。氯气在光照下引发,产生的自由基在黑暗中放置一段时间后,自由基重新结合成氯分子,氯分子在黑暗中没有引发的动力,因此不能与甲烷发生反应。

$$Cl\cdot + Cl\cdot \longrightarrow Cl_2$$

(3) 不能。甲烷中 C—H 的键解离能较高,光照下不能发生均裂,反应没有引发,因此不能进行反应。

【例 2】 解释下列反应,提出反应机理。

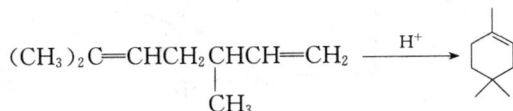

$$(CH_3)_2C{=}CHCH_2CH(CH_3)CH{=}CH_2 \xrightarrow{H^+}$$

解:分析反应物、产物及反应条件,得出该反应是烯烃的亲电加成反应,中间体是碳正离子。H^+ 优先与 5 位双键反应,形成的碳正离子再与 1 位双键反应,最后脱质子生成产物。

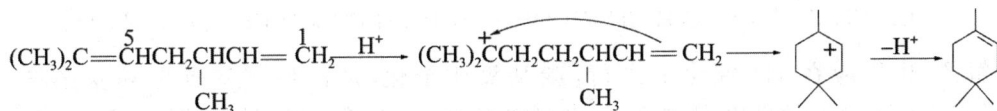

$$(CH_3)_2C{=}\overset{5}{C}HCH_2CH(CH_3)CH{=}\overset{1}{C}H_2 \xrightarrow{H^+} (CH_3)_2\overset{+}{C}CH_2CH_2CH(CH_3)CH{=}CH_2 \longrightarrow \xrightarrow{-H^+}$$

【例 3】 解释下列反应过程。

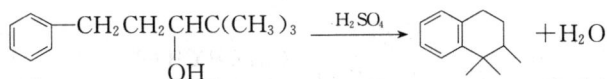

$$C_6H_5—CH_2CH_2CH(OH)C(CH_3)_3 \xrightarrow{H_2SO_4} \quad + H_2O$$

解:该反应为分子内的傅-克烷基化反应。侧链醇羟基在酸的作用下经质子化、脱水生成碳正离子(Ⅰ),(Ⅰ)重排后形成新的碳正离子(Ⅱ),并以其作为烷基化试剂进攻芳环,发生傅-克烷基化反应。

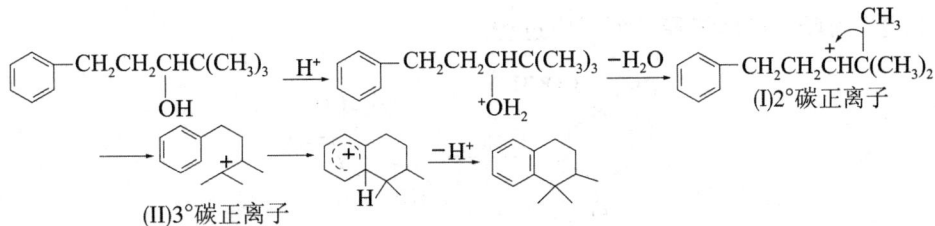

$$C_6H_5—CH_2CH_2CH(OH)C(CH_3)_3 \xrightarrow{H^+} C_6H_5—CH_2CH_2CH(\overset{+}{O}H_2)C(CH_3)_3 \xrightarrow{-H_2O} C_6H_5—CH_2CH_2\overset{+}{C}HC(CH_3)_2(CH_3)$$

(I)2°碳正离子

$$\longrightarrow \longrightarrow \xrightarrow{-H^+}$$

(II)3°碳正离子

反应中,二级碳正离子重排成了更稳定的三级碳正离子,这是重排发生的动力,碳正离子重排是碳正离子的一个典型特征。

【例 4】 解释顺己-3-烯与溴的 CCl_4 溶液反应的产物为 1 对对映体。

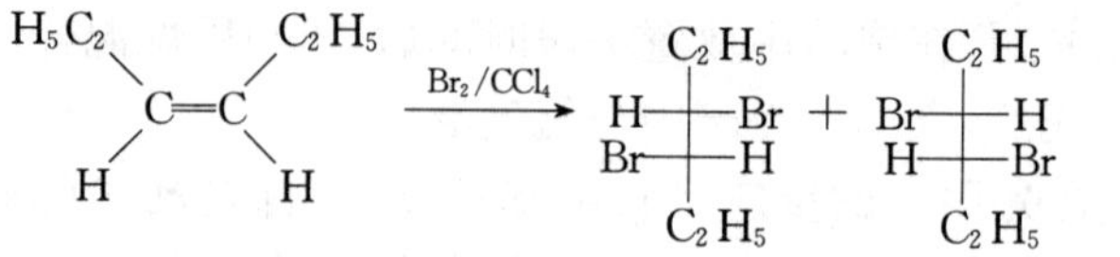

$$\underset{H}{\overset{H_5C_2}{}}C{=}C\underset{H}{\overset{C_2H_5}{}} \xrightarrow{Br_2/CCl_4} \text{(H—Br, Br—H; Fischer projection)} + \text{(Br—H, H—Br; Fischer projection)}$$

解:反应首先生成溴鎓离子中间体,接着 Br^- 从溴鎓离子的背面分别进攻两个碳原子,反式开环,因此得到一对对映体。

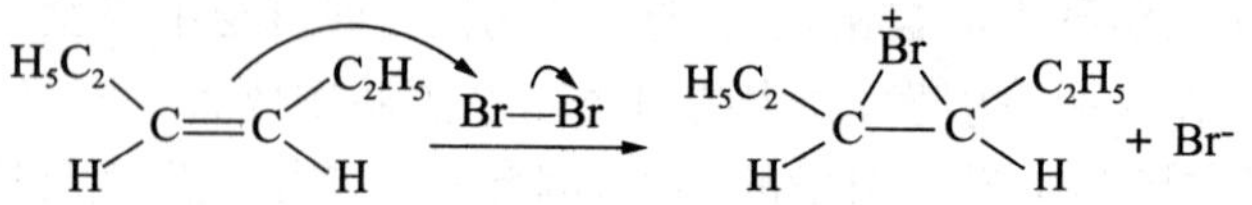

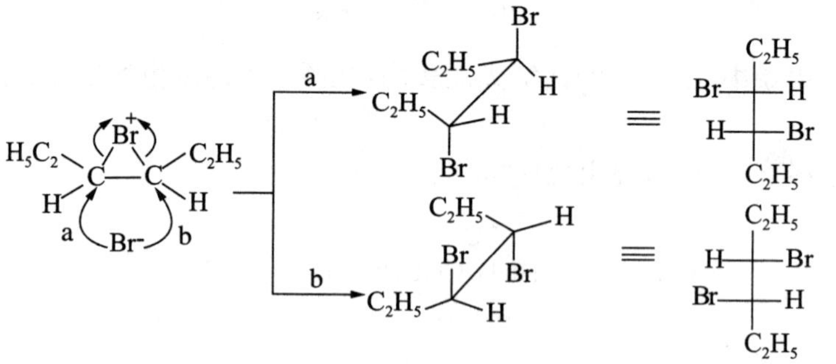

【例 5】 解释下列反应过程,说明酯化产物中为什么没有^{18}O。

$$CH_3CH_2\overset{O}{\overset{\|}{C}}—^{18}OH + C_6H_5CH_2CH_2OH \xrightarrow{H^+} CH_3CH_2COOCH_2CH_2C_6H_5 + H_2{}^{18}O$$

解:酯化反应在 H^+ 催化下进行,羰基氧质子化,从而使羰基碳更易受亲核试剂($C_6H_5CH_2CH_2OH$)的进攻,形成四面体加成产物,经质子转移、脱水、脱质子后而得到产物。此机理属加成-消除机理,反应发生的是酰氧断裂,因此酯化产物中没有^{18}O。

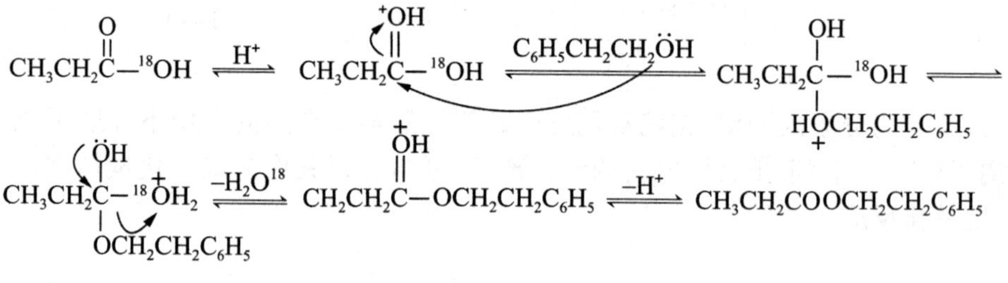

$$CH_3CH_2\overset{O}{\overset{\|}{C}}—^{18}OH \overset{H^+}{\rightleftharpoons} CH_3CH_2\overset{^+OH}{\overset{\|}{C}}—^{18}OH \overset{C_6H_5CH_2CH_2\ddot{O}H}{\rightleftharpoons} CH_3CH_2\underset{H\overset{+}{O}CH_2CH_2C_6H_5}{\overset{OH}{C}}—^{18}OH \rightleftharpoons$$

$$CH_3CH_2\underset{OCH_2CH_2C_6H_5}{\overset{\ddot{O}H}{C}}—^{18}\overset{+}{O}H_2 \overset{-H_2O^{18}}{\rightleftharpoons} CH_2CH_2\overset{\overset{+}{O}H}{\overset{\|}{C}}—OCH_2CH_2C_6H_5 \overset{-H^+}{\rightleftharpoons} CH_3CH_2COOCH_2CH_2C_6H_5$$

【例 6】 用反应机理解释下列反应过程。

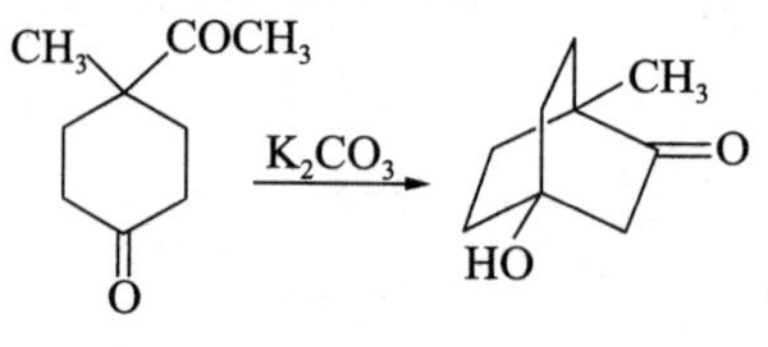

$$\text{4-acetyl-4-methylcyclohexanone (CH}_3\text{, COCH}_3\text{, O)} \xrightarrow{K_2CO_3} \text{bicyclic product (CH}_3\text{, =O, HO)}$$

解:本反应是在碱催化下的分子内羟醛缩合反应。在碱性条件下,α-H 原子失去 H 原子生成中间体碳负离子,碳负离子对分子内另一羰基进行亲核加成生成氧负离子,氧负离子从溶剂中得到一个氢原子,产物为 β-羟基醛或酮。

$$\text{(4-乙酰基-4-甲基环己酮)} \xrightleftharpoons{K_2CO_3} \text{(烯醇负离子，}CH_2^-\text{ 进攻环羰基)} \rightleftharpoons \text{(双环氧负离子，}O^-\text{)} \xrightleftharpoons{H_2O} \text{(双环醇酮，}HO\text{)}$$

【例 7】 试描述克莱森酯缩合反应机理。

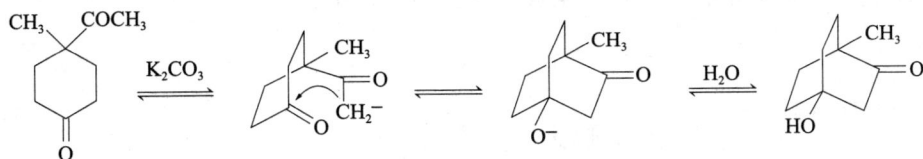

$$2CH_3CH_2COOC_2H_5 \xrightarrow[(2)H^+]{(1)NaOC_2H_5} CH_3CH_2COCH(CH_3)COOC_2H_5 + H_2O$$

解：首先一分子的 $CH_3CH_2COOC_2H_5$ 在醇钠的作用下，失去一个 α-H 原子生成碳负离子，碳负离子对另一分子的 $CH_3CH_2COOC_2H_5$ 进行亲核加成，生成中间体氧负离子，氧负离子不稳定，脱去乙氧负离子生成产物。产物在醇钠的作用下，易失去 α-H 原子，形成钠盐，进一步酸化得到游离的产物。

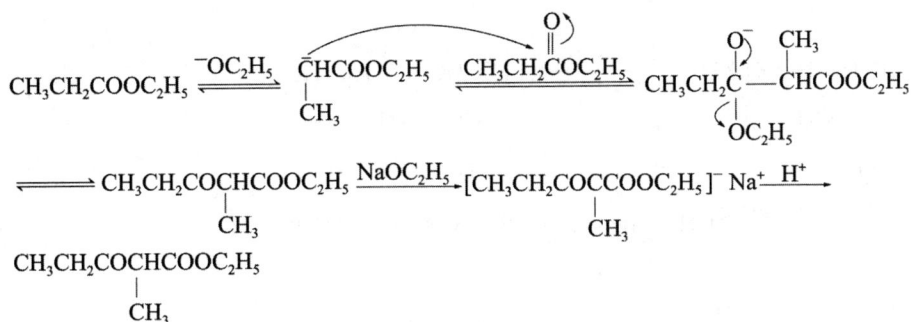

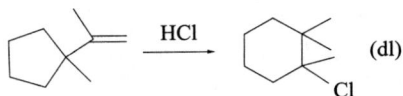

$$CH_3CH_2COOC_2H_5 \xrightleftharpoons{^-OC_2H_5} \bar{C}H(CH_3)COOC_2H_5 \xrightleftharpoons{CH_3CH_2COC_2H_5 (C=O)} CH_3CH_2C(O^-)(OC_2H_5)—CH(CH_3)COOC_2H_5$$

$$\rightleftharpoons CH_3CH_2COCH(CH_3)COOC_2H_5 \xrightarrow{NaOC_2H_5} [CH_3CH_2CO\bar{C}(CH_3)COOC_2H_5]^- Na^+ \xrightarrow{H^+}$$

$$CH_3CH_2COCH(CH_3)COOC_2H_5$$

习 题

1. 写出下列反应机理。

(1) $\text{环戊基}—C(C_2H_5)_2(OH) \xrightarrow{H^+} \text{1,2-二乙基环己烯}$

(2) $\text{(Fischer 投影式：上 }C_6H_5\text{；H—C—Br；H—C—}CH_3\text{；下 }C_6H_5\text{)} \xrightarrow{C_2H_5ONa/醇} (C_6H_5)(CH_3)C=C(C_6H_5)(H)$

(3) $\text{环癸-1,6-二酮} \xrightarrow[\triangle]{OH^-} \text{双环烯酮}$

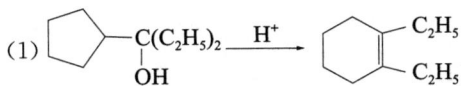

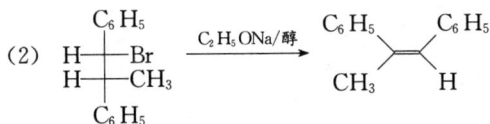

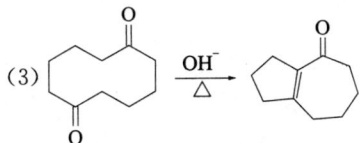

2. 解释下列反应，说明为何得到外消旋体。

$\text{1-甲基-1-异丙烯基环戊烷} \xrightarrow{HCl} \text{1-氯-1,2,2-三甲基环己烷}$ (dl)

3. 推测乙烯基苯在酸性条件下生成以下产物的机理。

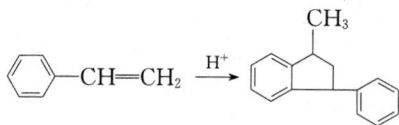

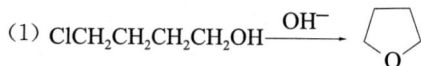

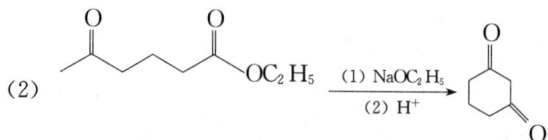

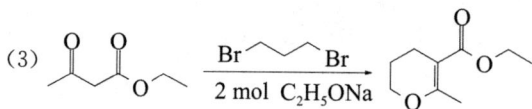

$C_6H_5-CH=CH_2 \xrightarrow{H^+}$ (1-甲基-3-苯基茚满，结构式)

4. 写出反应产物，推测反应机理。

（Fischer投影式：上 $CH_2C(CH_3)_2Br$，左 CH_3，右 H，下 $CH_2CH_2CH_3$）$\xrightarrow{H_2O-丙酮}$?

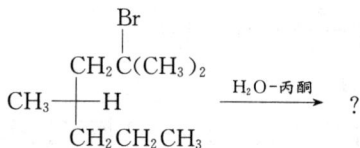

(1) 反应机理属哪种类型?

(2) 判断反应物和产物的构型。

5. 下列反应是否正确? 试从反应机理的角度予以解释。

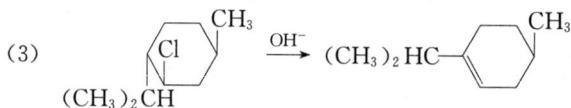

(1) $2C_6H_5CH(CH_3)COOC_2H_5 \xrightarrow[(2)\ H^+]{(1)\ NaOC_2H_5} C_6H_5CH(CH_3)COC(C_6H_5)(CH_3)COOC_2H_5$

(2) $CH_3CO(CH_2)_4CHO \xrightarrow{HCN(1\ mol)} CH_3C(OH)(CN)(CH_2)_4CHO$

(3) (环己烷：Cl，CH$_3$，(CH$_3$)$_2$CH) $\xrightarrow{OH^-}$ $(CH_3)_2HC-$(4-甲基环己烯)

6. 解释下列反应，说明生成2种产物的原因。

(1-羟基环戊基)$-C(CH_3)_2OH \xrightarrow{H^+}$ (1-甲基环戊基)$-COCH_3$ + 2,2-二甲基环己酮

7. 解释下列反应机理。

(1) $ClCH_2CH_2CH_2CH_2OH \xrightarrow{OH^-}$ 四氢呋喃

(2) $CH_3CO(CH_2)_3COOC_2H_5 \xrightarrow[(2)\ H^+]{(1)\ NaOC_2H_5}$ 1,3-环己二酮

(3) $CH_3COCH_2COOC_2H_5 \xrightarrow[2\ mol\ C_2H_5ONa]{BrCH_2CH_2CH_2Br}$ 6-甲基-3,4-二氢-2H-吡喃-5-甲酸乙酯

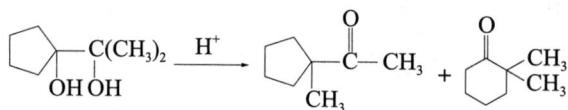

第 24 章　有机合成

有机合成是利用各种有机化学反应将简单有机物转化为复杂且有应用价值的有机物的过程，有机合成是有机化学的重要组成部分。有机合成是对有机理论的验证过程，是综合应用所学知识进行逻辑推理，提高分析和解决问题能力的重要方法之一。在前面各章中已经讨论过许多有机化学反应，它们是有机合成的重要基础。因此，必须熟悉和掌握各类有机化合物的化学性质和各类有机反应的原理和应用。现简要介绍有机合成路线的设计。

24.1　有机合成路线设计的一般原则

一般有机化合物往往可能有几条不同的合成路线，通过不同原料及途径合成得到同一种化合物，所得产物的产率和纯度会有差异。一般遵循的原则为：① 合成路线应尽可能短。因为反应步骤的多少直接关系到全过程的总收率，步骤越多，总收率越低。② 尽可能采用收率高、副反应少、主副产物易分离的合成路线，以提高产品的纯度及收率。③ 原料易得，价格便宜，通常采用 4 个碳以下的单官能团化合物及单取代苯等。④ 路线符合环保要求。

24.2　合成设计的相关因素

24.2.1　碳架的形成

目的化合物都有其特定的碳架，若起始原料不能满足目的化合物分子碳架的要求，在设计合成路线时首先要通过形成新的碳碳键来建立目的化合物的碳架。现将形成碳碳键的有关反应归纳如下：

1. 增长碳链的方法

（1）伯卤代烃与氰化物、炔化物的反应。

$$RCH_2X + CN^- \longrightarrow RCH_2CN \qquad RCH_2X + R'C{\equiv}CNa \longrightarrow RCH_2C{\equiv}CR'$$

（2）格氏试剂与 CO_2、环氧乙烷、醛、酮、酯的反应。

$$RMgX \xrightarrow[\text{无水乙醚}]{CO_2} \xrightarrow{H_3O^+} RCOOH$$

$$RMgX \begin{cases} \xrightarrow{\text{环氧乙烷}} \xrightarrow{H_3O^+} RCH_2CH_2OH \\ \xrightarrow{HCHO} \xrightarrow{H_3O^+} RCH_2OH \\ \xrightarrow{R'CHO} \xrightarrow{H_3O^+} RCH(OH)R' \\ \xrightarrow{R'COR''} \xrightarrow{H_3O^+} R-\overset{OH}{\underset{R'}{C}}-R'' \\ \xrightarrow{2R'COOR''} \xrightarrow{H_3O^+} R-\overset{OH}{\underset{R'}{C}}-R \end{cases}$$

(3) 醛、酮与 HCN、炔负离子的加成

$$R-\overset{OH}{\underset{H(R')}{C}}-C\equiv CR'' \xleftarrow{R''C\equiv CNa} R-\overset{O}{\overset{\|}{C}}-H(R') \xrightarrow{HCN} R-\overset{OH}{\underset{H(R')}{C}}-CN$$

(4) 活泼亚甲基的烃基化及酰基化

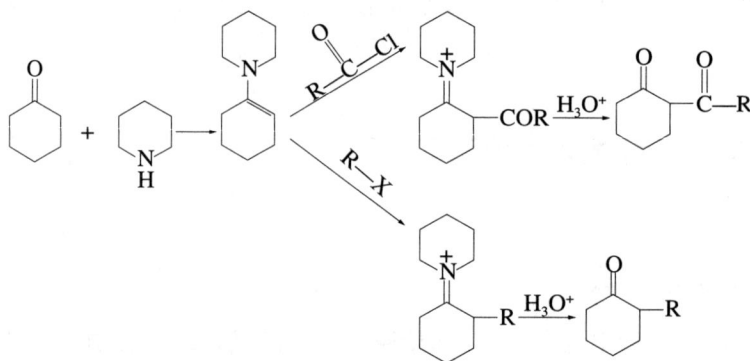

$$R_2CHCOR' \xrightarrow[\text{② } R''CH_2X]{\text{① 碱}} R_2\underset{CH_2R''}{C}COR'$$

$$\text{环己酮} + \text{哌啶} \longrightarrow \text{1-哌啶基环己烯} \begin{cases} \xrightarrow{R-\overset{O}{\overset{\|}{C}}-Cl} \text{亚胺盐}(N^+)\text{—COR} \xrightarrow{H_3O^+} \text{2-酰基环己酮}\ (-\overset{O}{\overset{\|}{C}}-R) \\ \xrightarrow{R-X} \text{亚胺盐}(N^+)\text{—R} \xrightarrow{H_3O^+} \text{2-R-环己酮} \end{cases}$$

$$CH_3COCH_2COOC_2H_5 \xrightarrow[C_2H_5OH]{C_2H_5ONa} \xrightarrow{RX} CH_3CO\underset{R}{C}HCOOC_2H_5 \xrightarrow{OH^-} \xrightarrow[\triangle]{H^+} CH_3COCH_2R$$

$$CH_3COCH_2COOC_2H_5 \xrightarrow{NaH} \xrightarrow{RCOCl} CH_3CO\underset{COR}{C}HCO_2C_2H_5 \xrightarrow{OH^-} \xrightarrow[\triangle]{H^+} CH_3COCH_2COR$$

$$CH_2(COOC_2H_5)_2 \xrightarrow[C_2H_5OH]{C_2H_5ONa} \xrightarrow{RX} RCH(COOC_2H_5)_2 \xrightarrow{OH^-} \xrightarrow[\triangle]{H^+} RCH_2COOH$$

(5) 羟醛缩合反应

$$2RCH_2CHO \xrightarrow{\text{稀 } OH^-} RCH_2\overset{OH}{C}H-\overset{R}{C}HCHO \xrightarrow[-H_2O]{\triangle} RCH_2CH=\overset{R}{C}CHO$$

$$ArCHO + RCH_2CHO \xrightarrow{\text{稀 } OH^-} ArCH{=}\underset{\large R}{\underset{|}{C}}{-}CHO$$

(6) 魏悌希反应、贝金反应、克脑文格尔反应等

$$\begin{matrix} R \\ \diagdown \\ C{=}O \\ \diagup \\ (R')H \end{matrix} + Ph_3P{=}CHR'' \longrightarrow \begin{matrix} R \\ \diagdown \\ C{=}CHR'' \\ \diagup \\ (R')H \end{matrix}$$

$$ArCHO + (RCH_2CO)_2O \xrightarrow{RCH_2COONa} ArCH{=}\underset{\large R}{\underset{|}{C}}{-}COOH$$

$$ArCHO + CH_2\begin{matrix} \diagup Y \\ \diagdown Y \end{matrix} \xrightarrow{\text{碱}} ArCH{=}C\begin{matrix} \diagup Y \\ \diagdown Y \end{matrix}$$

($Y{=}CN$、NO_2、酯、酸、醛、酮等吸电子基)

(7) 共轭加成(麦克尔加成)

$$CH_3{-}\overset{O}{\overset{\|}{C}}{-}CH{=}C\begin{matrix} \diagup \\ \diagdown \end{matrix} \xrightarrow{^-CH(COOR)_2 \text{ 或 } ^-CN, RMgX} CH_3{-}\overset{O}{\overset{\|}{C}}{-}CH_2{-}\underset{|}{\overset{|}{C}}{-}CH(COOR)_2 \; (-CN, R)$$

2. 缩短碳链的方法

(1) 烯烃的氧化

$$RCH{=}CH_2 \xrightarrow{[O]} RCOOH + CO_2 + H_2O \qquad RCH{=}CHR \xrightarrow{[O]} RCOOH$$

(2) 卤仿反应

$$RCOCH_3 \xrightarrow{X_2 + NaOH} RCOONa + CHX_3$$

(3) 霍夫曼降解反应

$$RCONH_2 \xrightarrow{Br_2 + NaOH} RNH_2$$

(4) α-羟基酸的氧化

$$R{-}\underset{\large OH}{\underset{|}{C}}HCOOH \xrightarrow{KMnO_4} RCOOH + CO_2 + H_2O$$

3. 成环的方法

(1) 狄尔斯-阿尔特反应

$$CH_2{=}CH{-}CH{=}CH_2 + CH_2{=}CH{-}CHO \xrightarrow{\triangle} \text{(3-环己烯甲醛)}{-}CHO$$

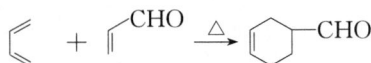

(2) 双键与卡宾的反应

$$>C=C< + >C: \longrightarrow \text{环丙烷衍生物}$$

(3) 狄克曼缩合

$$\begin{array}{l} CH_2CH_2COOEt \\ | \\ CH_2CH_2COOEt \end{array} \longrightarrow \text{2-氧代环戊烷甲酸乙酯 (COOEt)}$$

(4) 丙二酸二乙酯与二卤代烃的反应

$$CH_2(COOEt)_2 \xrightarrow{2C_2H_5O^-} \xrightarrow{XCH_2CH_2CH_2X} \text{环丁烷-1,1-(COOEt)}_2$$

(5) 罗宾逊增环反应

$$\text{1,3-环己二酮} + CH_2{=}CH\overset{O}{\overset{\|}{C}}CH_3 \xrightarrow{KOH} \text{双环烯二酮}$$

(6) 傅-克反应

$$\text{苯} + \text{丁二酸酐} \xrightarrow{AlCl_3} C_6H_5COCH_2CH_2COOH \xrightarrow[HCl]{Zn-Hg} C_6H_5CH_2CH_2CH_2COOH \xrightarrow{H_2SO_4} \text{α-四氢萘酮}$$

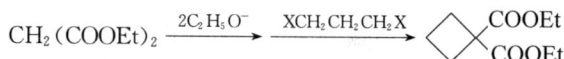

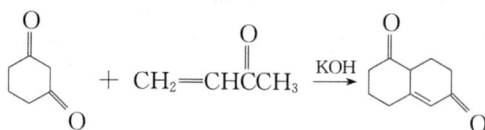

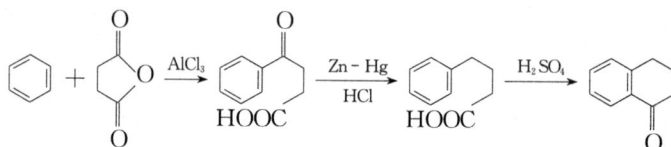

24.2.2 官能团的转化

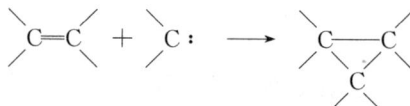

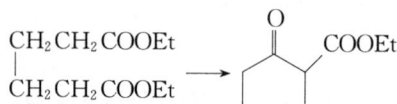

碳架建立以后,可选用适当的化学反应,在需要的部位改造目的化合物所需要的官能团。方法有:

① 引入官能团。例如:

$$C_6H_5CH_3 + Cl_2 \xrightarrow{h\nu} C_6H_5CH_2Cl \qquad CH_2{=}CHCH_3 \xrightarrow[\text{过氧化物}]{NBS} CH_2{=}CHCH_2Br$$

② 除去官能团。例如:

$$-\overset{H}{\overset{|}{C}}-\overset{OH}{\overset{|}{C}}- \xrightarrow{H^+} >C=C< \xrightarrow{H_2/Pd} -\underset{H}{\underset{|}{C}}-\underset{H}{\underset{|}{C}}- \qquad RCOR' \xrightarrow[\text{浓 }HCl]{Zn-Hg} RCH_2R'$$

$$C_6H_5NH_2 \xrightarrow[0℃\text{以下}]{NaNO_2、HCl} C_6H_5\overset{+}{N_2}Cl^- \xrightarrow{H_3PO_2} C_6H_6$$

③ 转换官能团。例如:

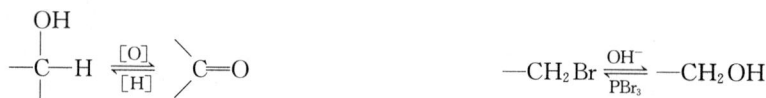

$$-\overset{OH}{\overset{|}{C}}-H \underset{[H]}{\overset{[O]}{\rightleftharpoons}} >C=O \qquad -CH_2Br \underset{PBr_3}{\overset{OH^-}{\rightleftharpoons}} -CH_2OH$$

$$-\overset{|}{\underset{|}{C}}-OH \underset{OH^-, H_2O}{\overset{RCOCl}{\rightleftharpoons}} -\overset{|}{\underset{|}{C}}-OCOR \qquad ArNH_2 \underset{H^+, H_2O}{\overset{RCOCl}{\rightleftharpoons}} ArNHCOR$$

24.2.3　官能团的保护

官能团的保护是有机合成中常用的方法。选择保护基团需要符合以下条件：① 易于与被保护基团反应，收率高，且容易除去。② 保护基在保护阶段必须经受得住其他相应的反应条件。常用的官能团的保护方法有：

（1）醇羟基的保护

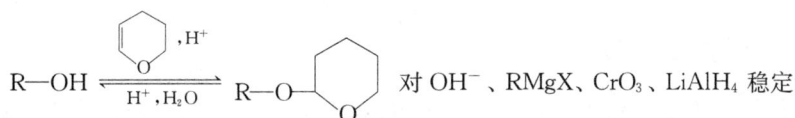

$$R-OH \underset{H_2-Pd}{\overset{C_6H_5CH_2Cl}{\rightleftharpoons}} R-OCH_2C_6H_5 \quad \text{对 } OH^-、RMgX、CrO_3、LiAlH_4 \text{ 稳定}$$

$$R-OH \underset{H^+, H_2O}{\overset{\text{二氢吡喃}, H^+}{\rightleftharpoons}} R-O-\text{(四氢吡喃-2-基)} \quad \text{对 } OH^-、RMgX、CrO_3、LiAlH_4 \text{ 稳定}$$

$$R-OH \underset{H_2O}{\overset{CH_3-C_6H_4-SO_2Cl}{\rightleftharpoons}} R-OSO_2-C_6H_4-CH_3 \quad \text{对 } CrO_3、H^+ \text{ 稳定}$$

（2）酚羟基的保护

$$Ar-OH \underset{HI}{\overset{CH_3I\text{ 或 }(CH_3)_2SO_4, NaOH}{\rightleftharpoons}} ArOCH_3 \quad \text{对 } OH^-、RMgX、CrO_3 \text{ 稳定}$$

（3）醛、酮羰基的保护

$$R-CHO \underset{H_3O^+}{\overset{R'OH, \text{干 } HCl}{\rightleftharpoons}} R-CH(OR')_2 \quad \text{对还原剂、碱、RMgX 稳定}$$

$$R_2C{=}O \underset{H_3O^+}{\overset{HOCH_2CH_2OH/\text{干 } HCl}{\rightleftharpoons}} R_2C\langle\begin{smallmatrix}O-\\O-\end{smallmatrix}\rangle(CH_2CH_2)$$

（4）氨基的保护

$$R-NH_2 \underset{H_2O, H^+\text{ 或 }OH^-}{\overset{CH_3COCl}{\rightleftharpoons}} R-NHCOCH_3 \quad \text{对氧化剂、烷基化试剂稳定}$$

24.2.4　立体构型控制

当一个反应可能产生几种立体异构体时，合成设计就应选择只生成（或主要生成）某一所需立体异构体的反应。例如：

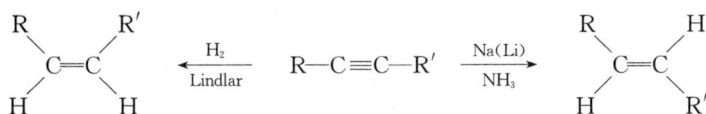

$$\underset{(R, R' \text{ 同侧, H, H 同侧})}{\text{RHC=CHR'}} \xleftarrow[\text{Lindlar}]{H_2} R-C\equiv C-R' \xrightarrow[NH_3]{Na(Li)} \underset{(R, R' \text{ 异侧})}{\text{RHC=CHR'}}$$

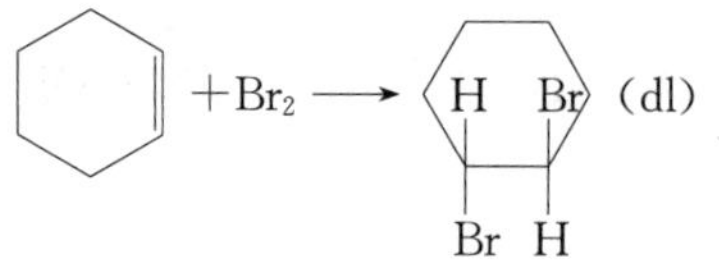

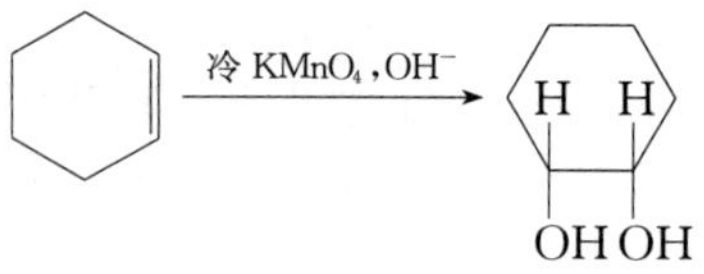

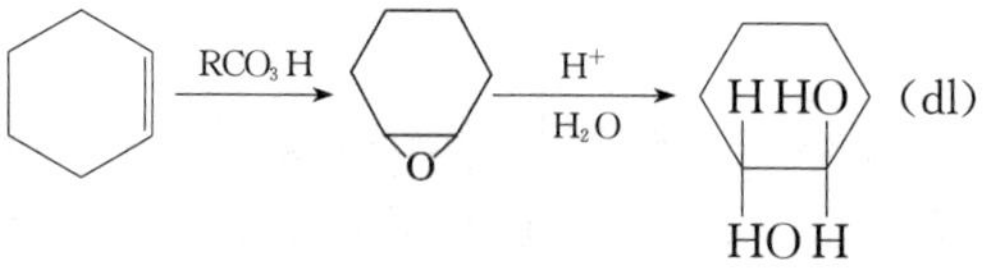

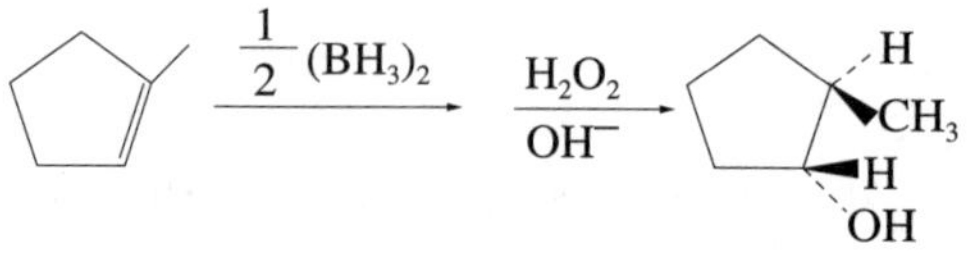

$$\text{环己烯} + Br_2 \longrightarrow \text{反-1,2-二溴环己烷 (dl)}$$

$$\text{环己烯} \xrightarrow{\text{冷 } KMnO_4, OH^-} \text{顺-1,2-环己二醇}$$

$$\text{环己烯} \xrightarrow{RCO_3H} \text{环氧环己烷} \xrightarrow[H_2O]{H^+} \text{反-1,2-环己二醇 (dl)}$$

$$\text{1-甲基环戊烯} \xrightarrow{\frac{1}{2}(BH_3)_2} \xrightarrow[OH^-]{H_2O_2} \text{反-2-甲基环戊醇}$$

24.2.5 逆合成原理

在认真辨别目的化合物中的所有官能团的基础上,利用逆合成原理对目的化合物进行剖析。一般是用已知的、可靠的化学反应在目的化合物的官能团或官能团的附近进行切断,逆推目标化合物的前体,再用同样的方法,逆推出该前体的前体,直到推出的前体恰好是指定的原料化合物为止。

现将常见的几种切断方法介绍如下:

1. 单官能团的切断

有机合成的基础是各种官能团之间的反应,因此切断也是围绕官能团进行的。单官能团化合物一般切断 C—X 键或官能团附近的 C—C 键。

(1) 简单烯烃的切断

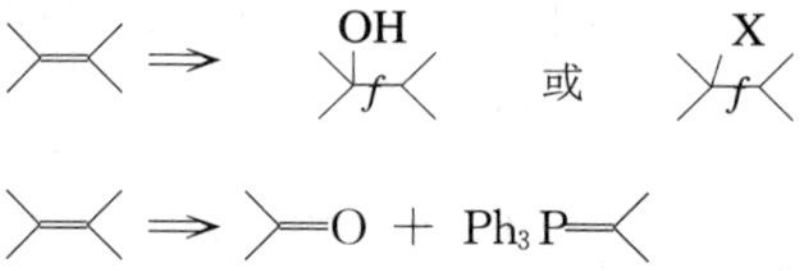

$$>C{=}C< \;\Rightarrow\; \text{(OH)}>C{-}{\nmid}{-}C< \quad \text{或} \quad \text{(X)}>C{-}{\nmid}{-}C<$$

$$>C{=}C< \;\Rightarrow\; >C{=}O + Ph_3P{=}C<$$

(2) 醇类化合物

$$RCH_2OH \Rightarrow RMgX + HCHO \qquad RCH_2CH_2OH \Rightarrow RMgX + \text{环氧乙烷}$$

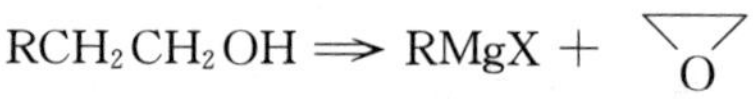

$$R{-}CH(OH){-}R' \Rightarrow RMgX + R'CHO$$

$$R{-}C(OH)(R''){-}R' \Rightarrow RMgX + R'{-}CO{-}R'' \qquad R{-}C(OH)(R'){-}R \Rightarrow 2RMgX + R'COOR''$$

(3) 简单酮的切断

$$R{-}CO{-}R' \Rightarrow R{-}CH(OH){\nmid}R'$$

(4) 芳香酮的切断

$$\text{PhCOCH}_3 \Rightarrow \text{C}_6\text{H}_6 + \text{ClCOCH}_3$$

(5) 羧酸和羧酸衍生物的切断

$$R \nmid COOH \Rightarrow RMgX + CO_2$$

$$R \nmid CH_2COOH \Rightarrow RBr + CH_2(COOC_2H_5)_2$$

$$R-\overset{O}{\overset{\|}{C}} \nmid OR' \Rightarrow R-\overset{O}{\overset{\|}{C}}-L + R'OH$$

$$L = -OH, -Cl, -OCOCH_3, -OEt$$

2. 多官能团的切断

多官能团化合物是在官能团之间或与官能团相近的适当位置处切断，根据官能团之间的相对位置可将其分为 1,1 -二官能团切断、1,2 -二官能团切断等。具体方法如下：

(1) 1,1 -二官能团的切断

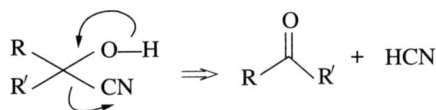

$$RR'C(OH)CN \Rightarrow RCOR' + HCN$$

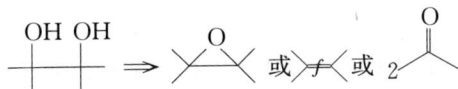

(2) 1,2 -二官能团的切断

$$(CH_3)_2C(OH)C(OH)(CH_3)_2 \Rightarrow \text{环氧化物} \text{ 或 } (CH_3)_2C\nmid=C(CH_3)_2 \text{ 或 } 2\,CH_3COCH_3$$

(3) 1,3 -二官能团的切断

$$RCH(OH)CH_2COR'(H) \Rightarrow R-\overset{O}{\overset{\|}{C}}-H + CH_3\overset{O}{\overset{\|}{C}}R'(H)$$

$$RCOCH_2COR' \Rightarrow R-\overset{O}{\overset{\|}{C}}OEt + CH_3\overset{O}{\overset{\|}{C}}-R'$$

$$RCH=CHCOOH \Rightarrow R-\overset{O}{\overset{\|}{C}}-H + CH_2(COOC_2H_5)_2$$

$$RCOCH_2COOR' \Rightarrow R-\overset{O}{\overset{\|}{C}}OEt + CH_3\overset{O}{\overset{\|}{C}}-OR'$$

(4) 1,4-二官能团的切断

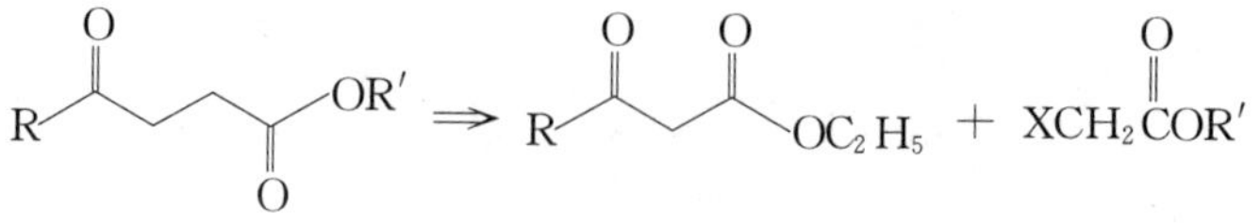

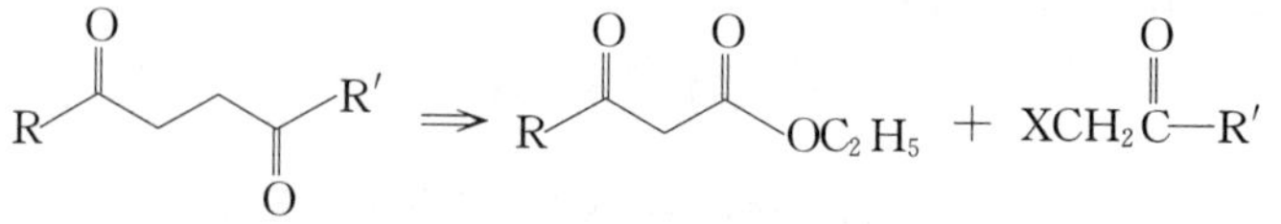

$$RCOCH_2CH_2COOR' \Rightarrow RCOCH_2COOC_2H_5 + XCH_2COOR'$$

$$RCOCH_2CH_2COR' \Rightarrow RCOCH_2COOC_2H_5 + XCH_2COR'$$

(5) 1,5-二羰基化合物

$$RCOCH_2CH_2CH_2COR' \Rightarrow \begin{cases} RCOCH_3 + CH_2{=}CHCOR' \\ RCOCH{=}CH_2 + CH_3COR' \end{cases}$$

(6) 六元环状化合物

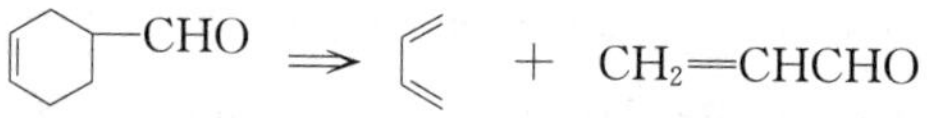

$$\text{3-环己烯甲醛} \Rightarrow CH_2{=}CH{-}CH{=}CH_2 + CH_2{=}CHCHO$$

24.3 例题解析

【例 1】 用不超过 3 个碳的有机物合成 (E)-$CH_3CH_2CH_2CH{=}CHCH_2CH_2CH_3$(反式,两个 H 位于双键两侧)。

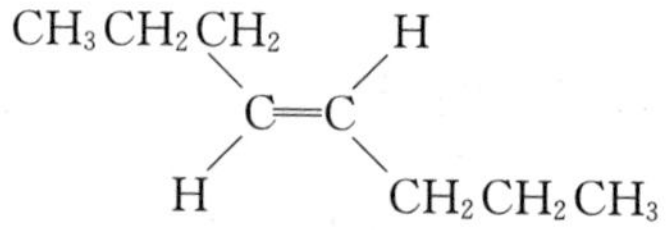

解: 反式烯烃可由相应的炔烃用 Na/NH_3 还原制得。现剖析如下:

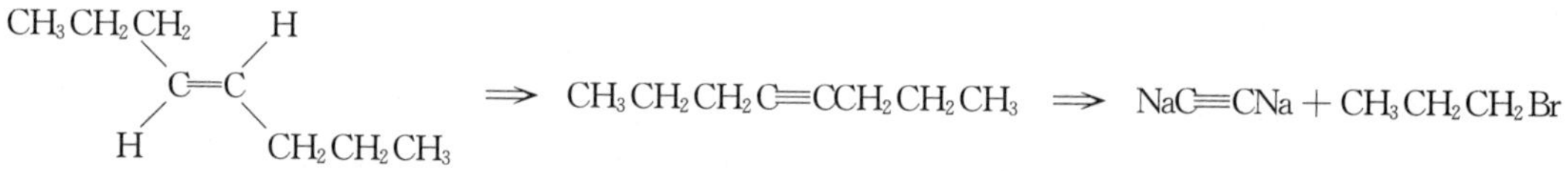

$$(E)\text{-}CH_3CH_2CH_2CH{=}CHCH_2CH_2CH_3 \Rightarrow CH_3CH_2CH_2C{\equiv}CCH_2CH_2CH_3 \Rightarrow NaC{\equiv}CNa + CH_3CH_2CH_2Br$$

合成路线如下:

$$HC{\equiv}CH \xrightarrow{2NaNH_2} NaC{\equiv}CNa \xrightarrow{2CH_3CH_2CH_2Br} CH_3CH_2CH_2C{\equiv}CCH_2CH_2CH_3$$

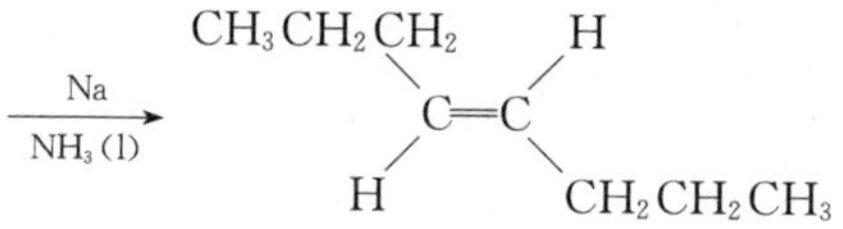

$$\xrightarrow[NH_3(l)]{Na} (E)\text{-}CH_3CH_2CH_2CH{=}CHCH_2CH_2CH_3$$

【例 2】 由苯酚及其他试剂合成 $o\text{-}CH_3OC_6H_4C(CH_3){=}CH_2$。

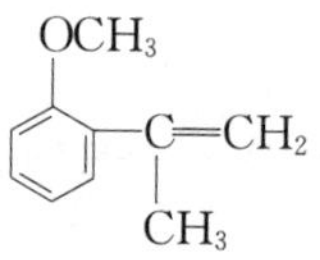

解: 碳碳双键可通过魏悌希反应完成。现剖析如下:

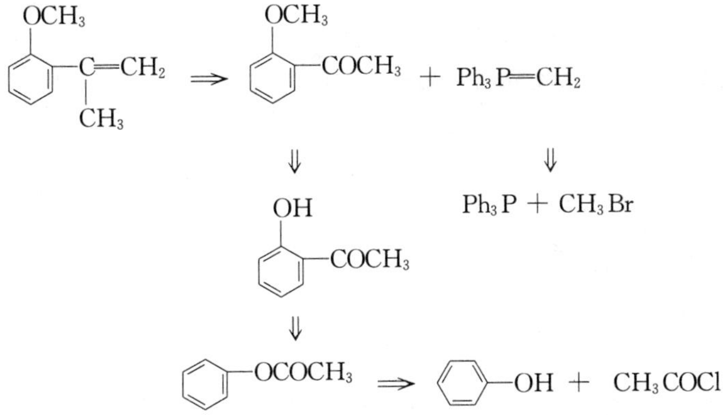

(2-甲氧基苯基)C(CH$_3$)=CH$_2$ ⇒ 2-甲氧基苯乙酮(COCH$_3$) + $Ph_3P{=}CH_2$

⇓　　　　⇓

OH / COCH$_3$（邻羟基苯乙酮）　　$Ph_3P + CH_3Br$

⇓

苯-OCOCH$_3$ ⇒ 苯-OH + CH_3COCl

其合成路线可设计为：

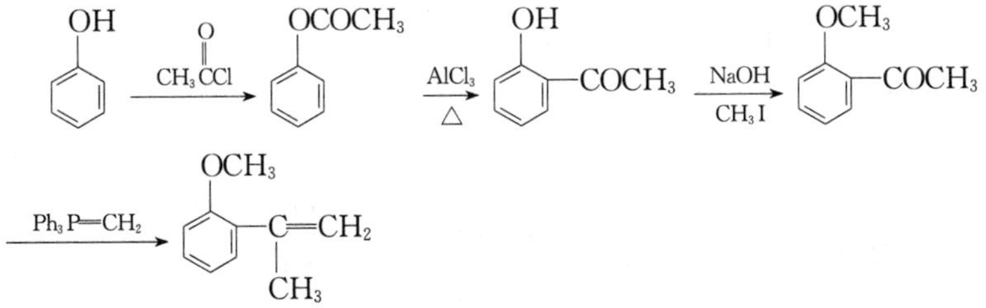

苯酚 $\xrightarrow{CH_3\overset{O}{\overset{\|}{C}}Cl}$ 苯-OCOCH$_3$ $\xrightarrow[\triangle]{AlCl_3}$ 邻羟基苯乙酮(OH, COCH$_3$) $\xrightarrow[CH_3I]{NaOH}$ 邻甲氧基苯乙酮(OCH$_3$, COCH$_3$)

$\xrightarrow{Ph_3P=CH_2}$ (OCH$_3$)苯-C(CH$_3$)=CH$_2$

$$Ph_3P + CH_3Br \longrightarrow Ph_3P^+—CH_3Br^- \xrightarrow{n-C_4H_9Li} Ph_3P{=}CH_2$$

【例 3】 由间二甲苯合成（2,4-二甲基苯基）CH(CH$_3$)CH(CH$_3$)$_2$。

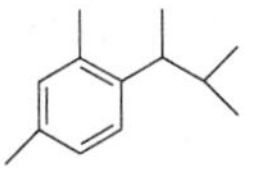

解:分析得,芳环上用傅-克反应直接引入一个较大的烷基是不合适的。可以先在间二甲苯芳环上引入乙酰基,得 1 个芳酮;再由该芳酮与相应的格氏试剂反应,构建产物分子。现剖析如下：

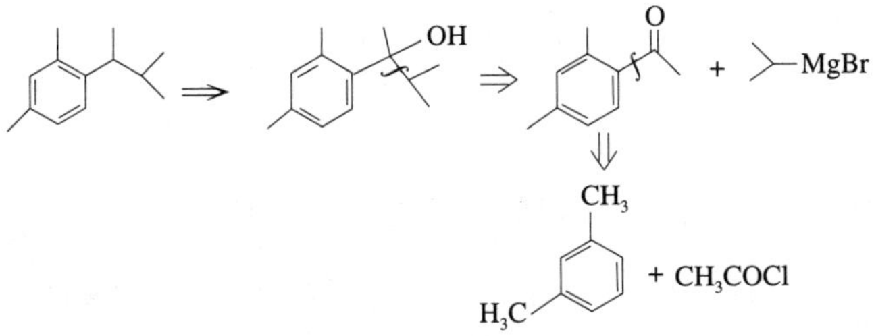

目标分子 ⇒ 叔醇(OH) ⇒ 芳酮(C=O) + (CH$_3$)$_2$CH-MgBr

⇓

间二甲苯(CH$_3$, H$_3$C) + CH_3COCl

合成路线如下：

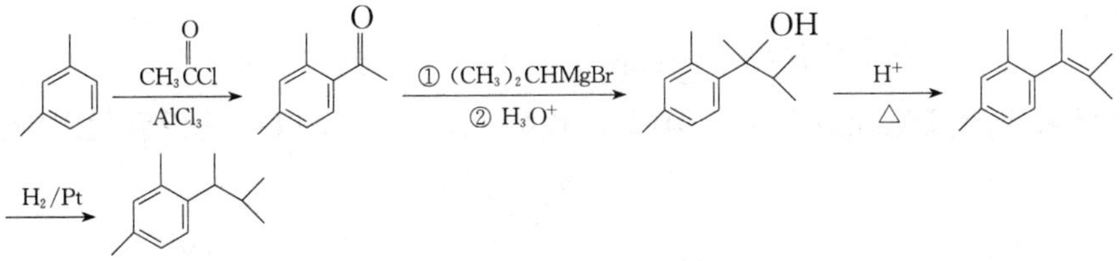

间二甲苯 $\xrightarrow[AlCl_3]{CH_3\overset{O}{\overset{\|}{C}}Cl}$ 2,4-二甲基苯乙酮 $\xrightarrow[② H_3O^+]{① (CH_3)_2CHMgBr}$ 叔醇(OH) $\xrightarrow[\triangle]{H^+}$ 烯烃

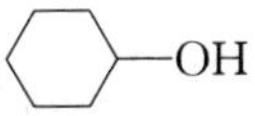

$\xrightarrow{H_2/Pt}$ 目标产物

【例 4】 由 环己醇(—OH) 合成 环戊烯(—COCH$_3$, —CH$_3$)。

解：五元环状化合物可通过 1，6 -二羰基化合物的羟醛反应合成。现剖析如下：

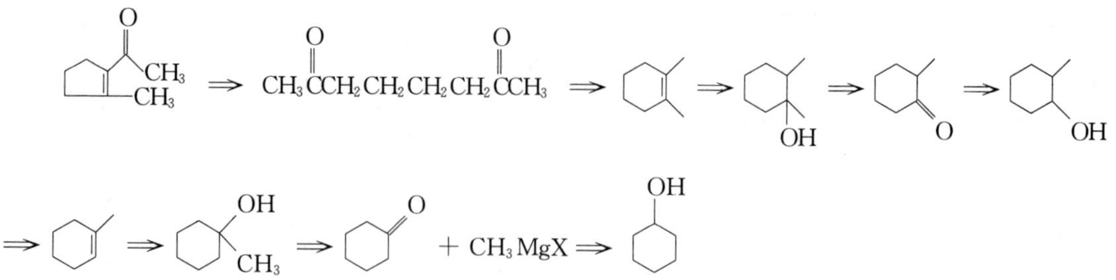

合成路线如下：

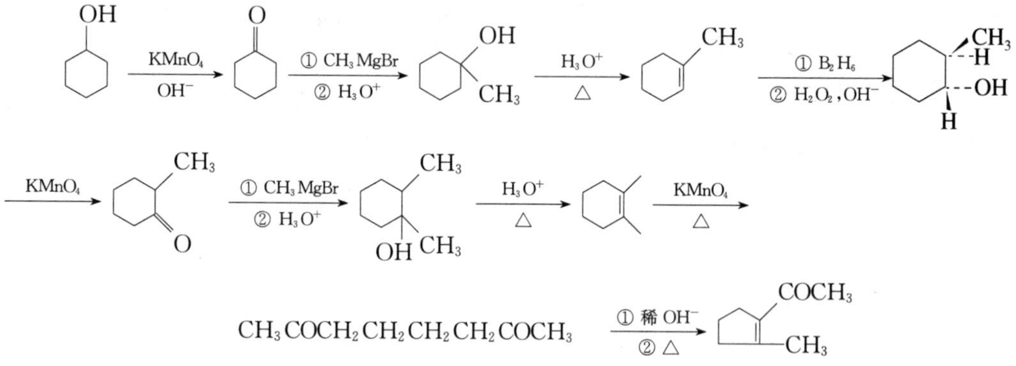

$CH_3COCH_2CH_2CH_2CH_2COCH_3 \xrightarrow[\text{② △}]{\text{① 稀 }OH^-}$

【例 5】 用 4 个碳以下的有机物合成 $\text{—}CH_2CH_2COOH$。

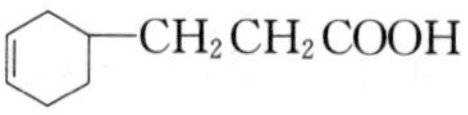

解：目的化合物可看作是取代的乙酸，因而可用丙二酸二乙酯法制备，其六元环可通过 Diels-Alder 反应完成。现剖析如下：

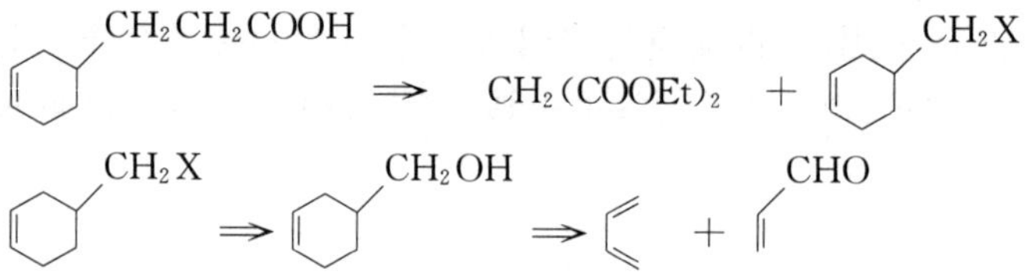

$\Rightarrow CH_2(COOEt)_2 + $ CH_2X

$CH_2X \Rightarrow CH_2OH \Rightarrow$ + CHO

合成路线如下：

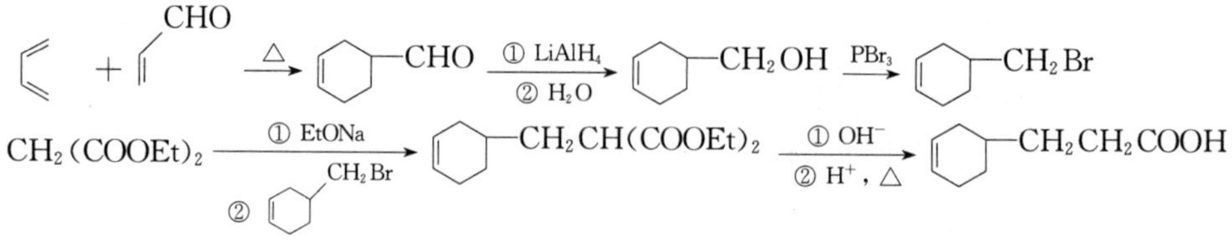

CHO + $\xrightarrow{\triangle}$ —CHO $\xrightarrow[\text{② }H_2O]{\text{① }LiAlH_4}$ —CH_2OH $\xrightarrow{PBr_3}$ —CH_2Br

$CH_2(COOEt)_2 \xrightarrow[\text{② }CH_2Br]{\text{① EtONa}}$ —$CH_2CH(COOEt)_2$ $\xrightarrow[\text{② }H^+,\triangle]{\text{① }OH^-}$ —CH_2CH_2COOH

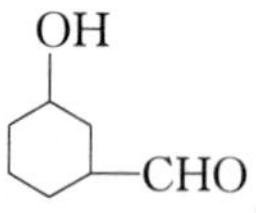

【例 6】 以 OH —CHO 为原料合成 O —CHO。

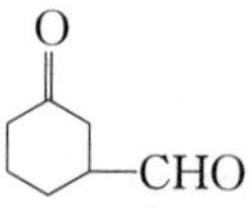

解：该合成只需将醇氧化到酮即可。但醛基比醇更易氧化，所以在进行氧化以前必须将醛基保护起来。

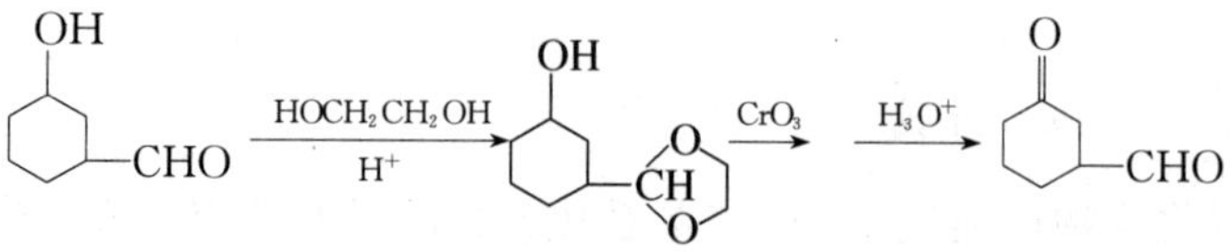

OH —CHO $\xrightarrow[H^+]{HOCH_2CH_2OH}$ OH —CH(O)(O) $\xrightarrow{CrO_3}$ $\xrightarrow{H_3O^+}$ O —CHO

【例 7】 由环己酮合成（双环烯酮结构式）。

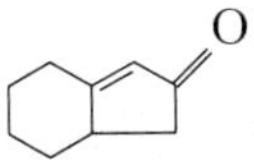

解：分析得，α，β-不饱和酮按 1，3-二官能团切断，

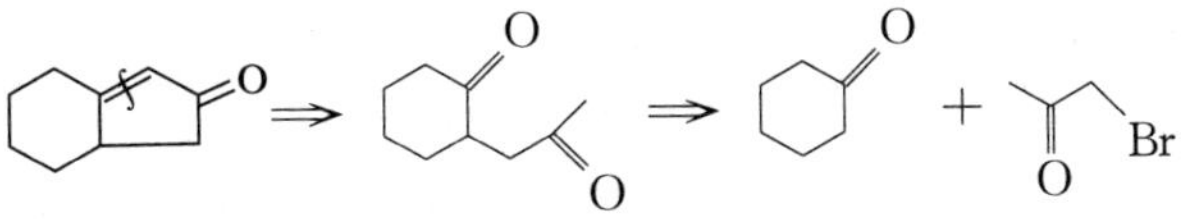

（逆合成分析结构式：双环烯酮 ⇒ 2-(2-氧代丙基)环己酮 ⇒ 环己酮 + 一溴丙酮 CH_3COCH_2Br）

环己酮在碱的作用下与一溴丙酮反应，副产物多，故应将环己酮转变为它的烯胺以活化反应位置，再与一溴代丙酮反应。合成路线如下：

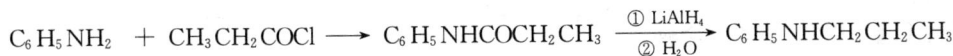

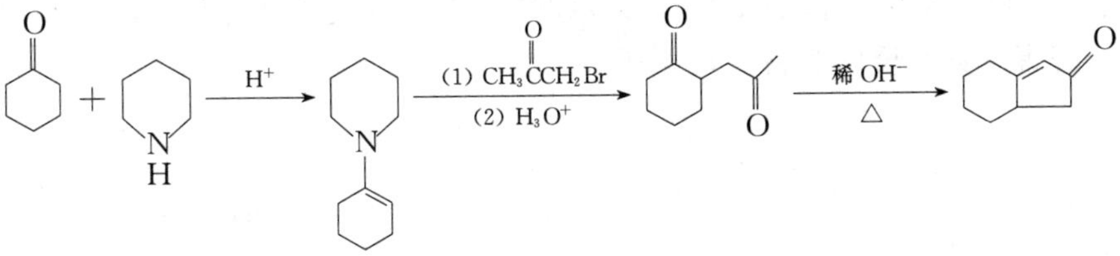

（合成路线结构式：环己酮 + 哌啶 $\xrightarrow{H^+}$ 烯胺 $\xrightarrow[(2)\ H_3O^+]{(1)\ CH_3COCH_2Br}$ 2-(2-氧代丙基)环己酮 $\xrightarrow[\triangle]{稀\ OH^-}$ 双环烯酮）

【例 8】 以适当原料合成 $C_6H_5NHCH_2CH_2CH_3$。

解：

$$C_6H_5NHCH_2CH_2CH_3 \Rightarrow C_6H_5NH_2 + CH_3CH_2CH_2X$$

利用卤代烷与胺反应制备高级胺，易得多烷基化产物，通常为难以分离的混合物。解决的办法是在分子中先引入酰基，然后通过酰胺的还原来制备目的化合物。

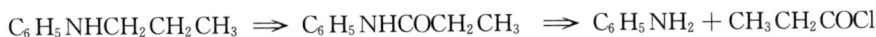

$$C_6H_5NHCH_2CH_2CH_3 \Rightarrow C_6H_5NHCOCH_2CH_3 \Rightarrow C_6H_5NH_2 + CH_3CH_2COCl$$

合成路线如下：

$$C_6H_5NH_2 + CH_3CH_2COCl \longrightarrow C_6H_5NHCOCH_2CH_3 \xrightarrow[②\ H_2O]{①\ LiAlH_4} C_6H_5NHCH_2CH_2CH_3$$

【例 9】 用（甲苯）合成（2-甲基-4-硝基苯甲腈：CH_3、$-CN$、O_2N-）。

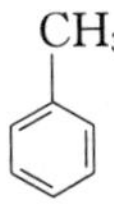

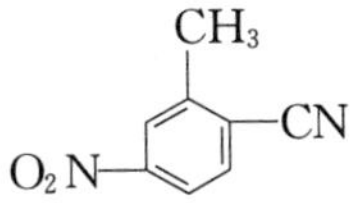

解：从原料到产物，需要在芳环上增加 NO_2 和 CN，CN 一般不能直接引入苯环，需要用其他基团转换过来，NO_2 虽然可通过硝化反应直接进入苯环，但它处于 CH_3 的间位，不符合定位规律。因此本题的思路是应该在甲基的邻位引入 1 个比甲基定位作用强的邻对位基团，然后再硝化。最后将引入的基团转变为 CN。现剖析如下：

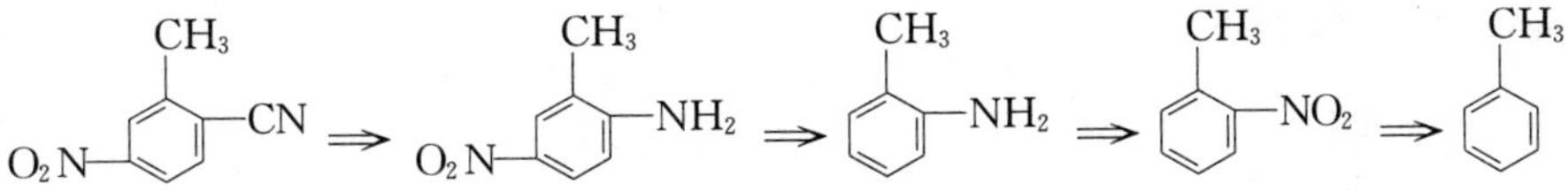

（逆合成分析结构式：2-甲基-4-硝基苯甲腈 ⇒ 2-甲基-4-硝基苯胺 ⇒ 邻甲苯胺（$-NH_2$） ⇒ 邻硝基甲苯（$-NO_2$） ⇒ 甲苯）

合成路线如下：

（合成路线结构式：甲苯 $\xrightarrow{浓\ H_2SO_4}$ 对甲苯磺酸（SO_3H） $\xrightarrow[浓\ H_2SO_4]{浓\ HNO_3}$ 2-硝基-4-甲基苯磺酸（NO_2，SO_3H） $\xrightarrow{H_3O^+}$ 邻硝基甲苯 $\xrightarrow{Fe+HCl}$ 邻甲苯胺（NH_2））

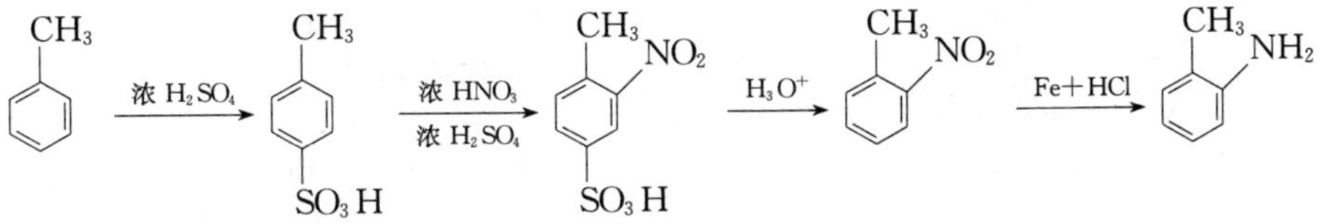

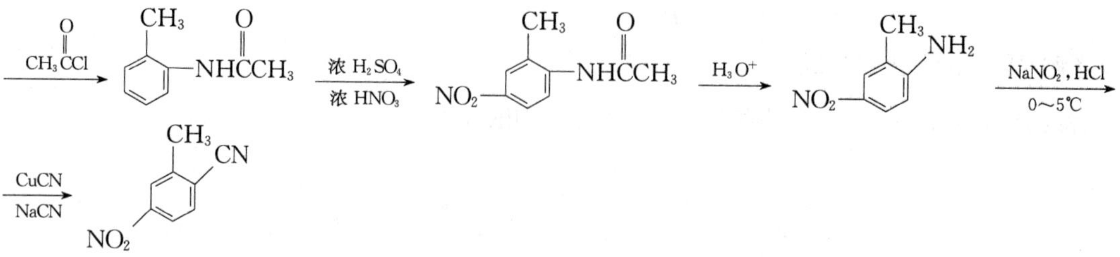

$\xrightarrow{CH_3\overset{O}{\overset{\|}{C}}Cl}$ (邻甲基乙酰苯胺，$NHCOCH_3$) $\xrightarrow[浓 HNO_3]{浓 H_2SO_4}$ NO_2—(2-甲基-4-硝基乙酰苯胺) $\xrightarrow{H_3O^+}$ NO_2—(2-甲基-4-硝基苯胺) $\xrightarrow[0\sim5℃]{NaNO_2, HCl}$

$\xrightarrow[NaCN]{CuCN}$ (2-甲基-4-硝基苯甲腈，CH_3、CN、NO_2)

【例 10】 以苯甲醛、甲醛、乙醛为原料合成 (季戊四醇二苯亚甲基缩醛)。

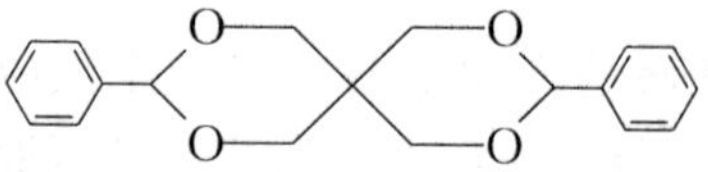

解：目标化合物可经苯甲醛和季戊四醇形成缩醛而得。季戊四醇可利用乙醛和甲醛经羟醛缩合及交叉的康尼查罗反应制备。现剖析如下：

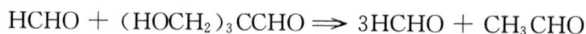

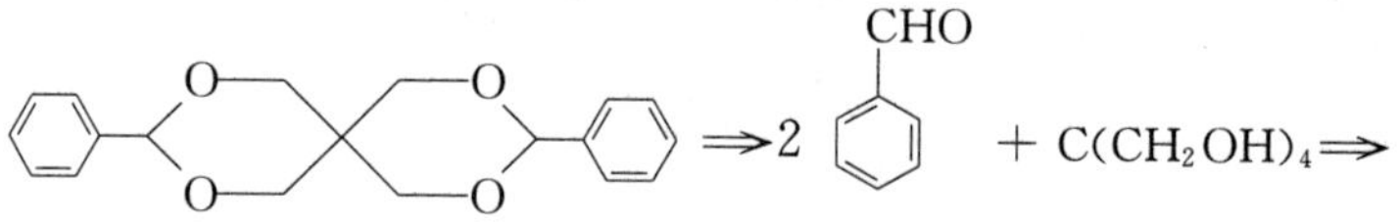

$$(目标缩醛) \Rightarrow 2\ C_6H_5CHO + C(CH_2OH)_4 \Rightarrow$$

$$HCHO + (HOCH_2)_3CCHO \Rightarrow 3HCHO + CH_3CHO$$

合成路线如下：

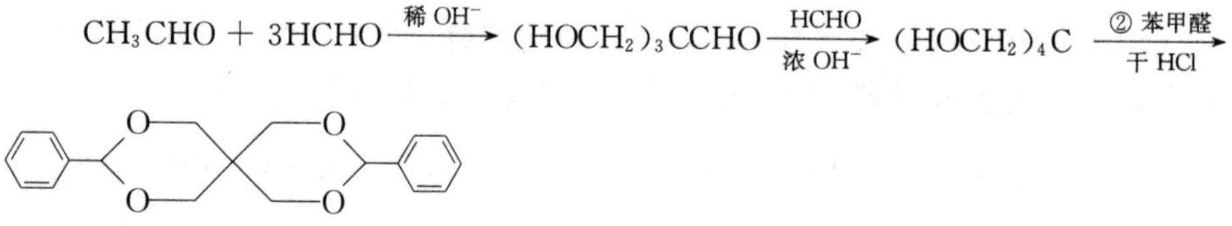

$$CH_3CHO + 3HCHO \xrightarrow{稀 OH^-} (HOCH_2)_3CCHO \xrightarrow[浓 OH^-]{HCHO} (HOCH_2)_4C \xrightarrow[干 HCl]{② 苯甲醛}$$

(目标缩醛)

【例 11】 以苯为原料合成 (3,3',5,5'-四溴联苯)。

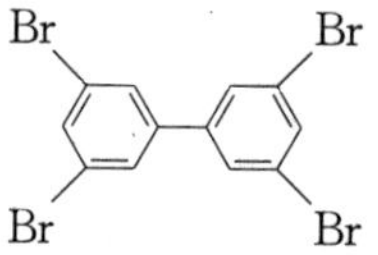

解：剖析：

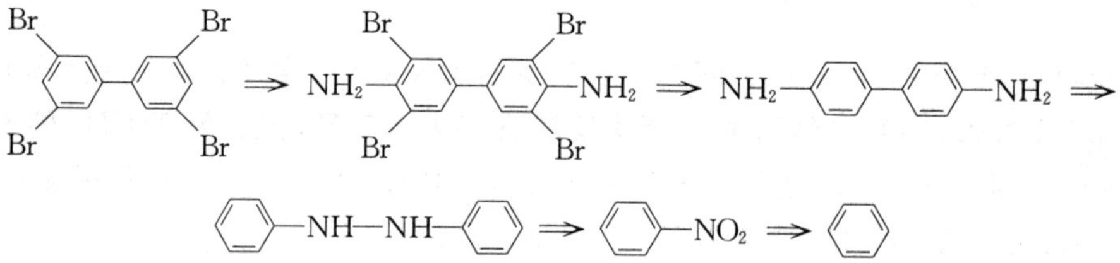

(3,3',5,5'-四溴联苯) $\Rightarrow$ NH_2—(3,3',5,5'-四溴联苯胺)—NH_2 $\Rightarrow$ NH_2—C_6H_4—C_6H_4—NH_2 $\Rightarrow$

C_6H_5—NH—NH—C_6H_5 $\Rightarrow$ C_6H_5—NO_2 $\Rightarrow$ C_6H_6

设计的合成路线如下：

C_6H_6 $\xrightarrow[H_2SO_4]{HNO_3}$ $C_6H_5NO_2$ $\xrightarrow{Zn+NaOH}$ C_6H_5—NHNH—C_6H_5 $\xrightarrow{H_2SO_4}$ H_2N—C_6H_4—C_6H_4—NH_2

$\xrightarrow{Br_2/H_2O}$ H_2N—(3,3',5,5'-四溴联苯)—NH_2 $\xrightarrow[0℃以下]{NaNO_2+HCl}$ $\xrightarrow{H_3PO_2}$ (3,3',5,5'-四溴联苯，Br、Br、Br、Br)

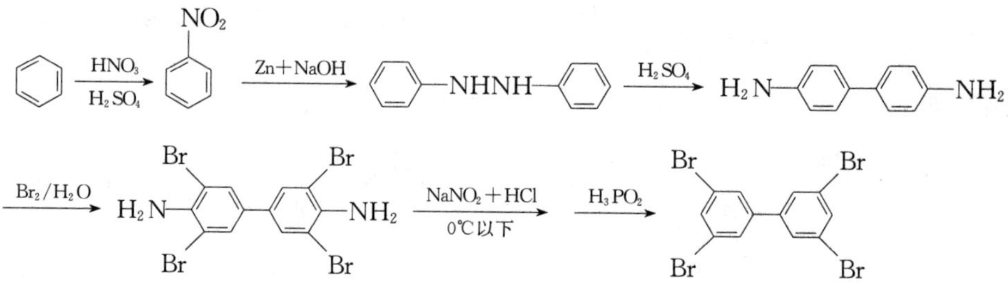

习 题

1. 以3个碳以下的有机物为原料合成下列有机化合物。

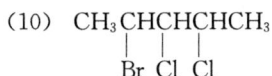

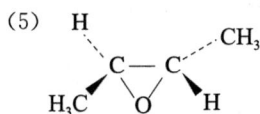

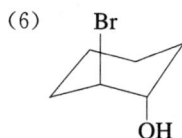

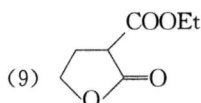

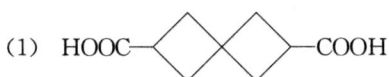

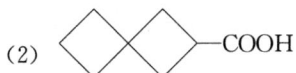

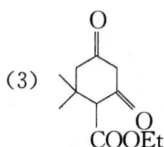

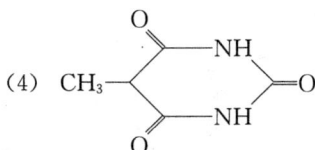

(1) $OHCCH_2CH_2CH(COOH)CH_2CHO$

(2) $CH_3CH_2CH_2CH_2CH_2OH$

(3) $CH_3COCH_2CH_2COCH_3$

(4) $CH_3CH_2CH_2CH_2NH_2$

(5) H, CH_3, C—C, H_3C, O, H

(6) Br, OH

(7) $(CH_3)_2C{=}C(C_2H_5)_2$

(8) $CH_2{=}CHCH_2O{-}C(CH_3)_2{-}CH_2CH_2CH_3$

(9) COOEt, O, =O

(10) $CH_3CH(Br)CH(Cl)CH(Cl)CH_3$

2. 以苯或甲苯为原料合成下列化合物，其他原料任选。

(1) COOH, NO_2

(2) CH_2, CH_3, O

(3) CH_3, Cl

(4) CH_3, C—CH_2, OHOH

(5) N, N

(6) CH_3, N=N, CH_3, OH

3. 以丙二酸二乙酯为原料合成下列化合物，其他试剂任选。

(1) HOOC—, —COOH

(2) —COOH

(3) O, O, COOEt

(4) O, NH, CH_3—, =O, NH, O

4. 试由简单原料合成下列化合物。

(1) O=, =O

(2) $CH_3CH(OCH_2CH{=}CH_2)CH_2CH{=}CH_2$

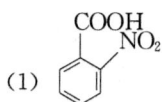

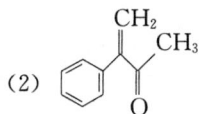

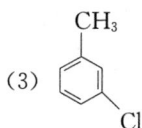

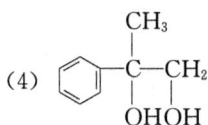

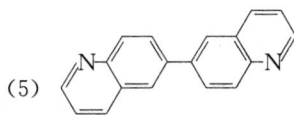

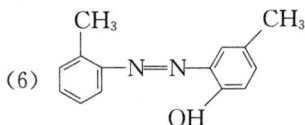

(3) 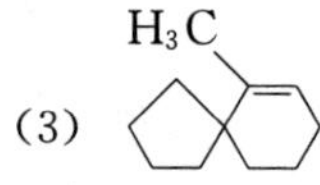

(4) O CO_2Me

(5) O Ph

(6) CH_3 Br F

(7) Ph

(8) Cl OH OH

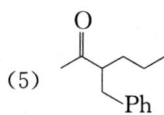

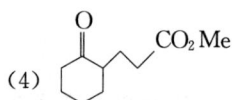

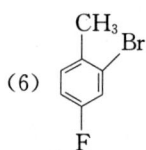

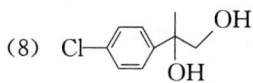

复习与测试

阶段复习测试题一（1～5 章）

一、命名下列化合物（带 * 者需标明构型）（14 分）

1. 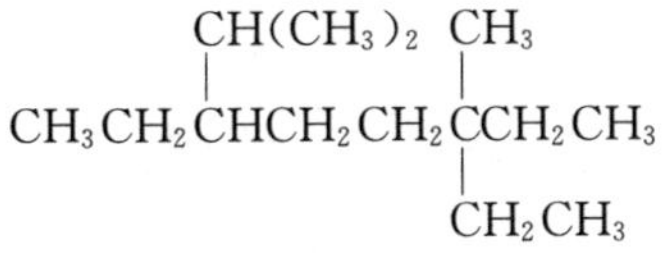 $CH_3CH_2CH(CH(CH_3)_2)CH_2CH_2C(CH_3)(CH_2CH_3)CH_2CH_3$

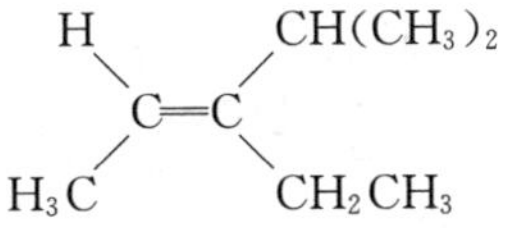

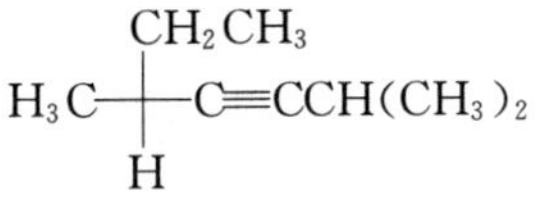

2*. $(H)(H_3C)C=C(CH(CH_3)_2)(CH_2CH_3)$

3. （螺环结构：环戊烷与环丁烷螺接，环丁烷上有 CH_3）

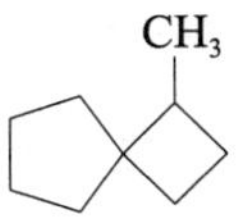

4. 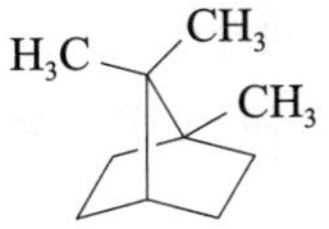 （桥环结构，含 H_3C、CH_3、CH_3）

5*. $H_3C—C(CH_2CH_3)(H)—C≡CCH(CH_3)_2$

6*. （环己烷，取代基 CH_3（楔形键）、Cl（虚楔键））

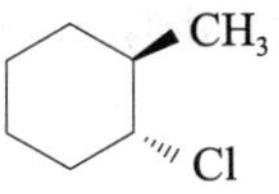

7. 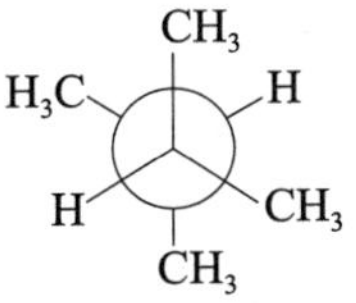 （纽曼投影式：CH_3、H_3C、H、H、CH_3、CH_3）

8*. $(H_3C)(H)C=C(H)—C(H)=C(CH_3)(CH_2CH_3)$

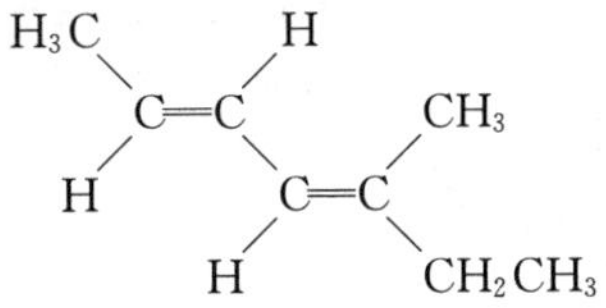

二、用结构式或反应式表示下列名词术语（10 分）

1. 亲电加成反应
2. 叔丁基碳正离子
3. THF
4. 烯丙基自由基
5. 手性碳原子
6. NBS
7. 内消旋体
8. π－π 共轭
9. D－A 反应
10. 顺－1－异丙基－4－甲基环己烷的优势构象

三、单项选择题（20 分）

1. 下列化合物熔点由高到低的顺序是 （　　）

① $CH_3CH_2CH_2CH_3$　　② $(CH_3)_2CHCH_3$

③ $C(CH_3)_4$　　④ $CH_3CH_2CH_2CH_2CH_3$

A. ①>②>③>④　　B. ③>④>①>②

C. ④>③>②>①　　D. ②>①>④>③

2. 下列化合物中没有顺反异构的是 （　　）

A. 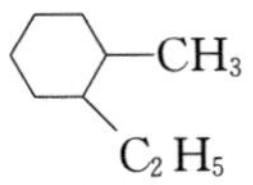 （环己烷，1-位 CH_3，2-位 C_2H_5）

B. 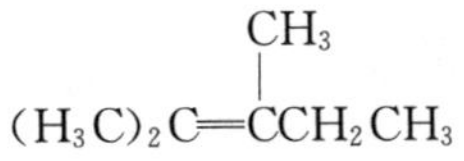 $(H_3C)_2C=C(CH_3)CH_2CH_3$

C. 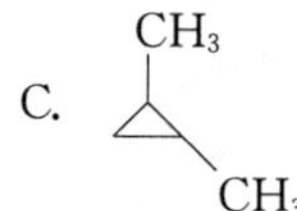

D.

3. 烯烃分子中双键碳原子是 (　　)

A. sp^3 杂化　　B. sp^2 杂化　　C. sp 杂化　　D. 无杂化

4. 下列碳正离子的稳定性次序是 (　　)

① $CH_3CH_2\overset{+}{C}H_2$　② $CH_3\overset{+}{C}HCH_3$　③ $(CH_3)_3C^+$　④ $\overset{+}{C}H_3$

A. ①>②>③>④　　B. ③>④>①>②

C. ④>③>②>①　　D. ③>②>①>④

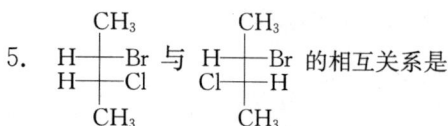

5. Fischer 投影式（上 CH_3，H—Br，H—Cl，下 CH_3）与 Fischer 投影式（上 CH_3，H—Br，Cl—H，下 CH_3）的相互关系是 (　　)

A. 对映异构　　B. 非对映异构　　C. 同一化合物　　D. 构造异构

6. 从庚烷、庚-1-烯、庚-1-炔及庚-1,3-二烯中区别出庚-1-炔最简单的方法是 (　　)

A. Br_2/CCl_4　　B. H_2/Pd

C. $Ag(NH_3)_2^+$　　D. $KMnO_4/H^+$

7. 含有 2 个相同手性碳原子的化合物的立体异构体数目是 (　　)

A. 2 个　　B. 3 个　　C. 4 个　　D. 5 个

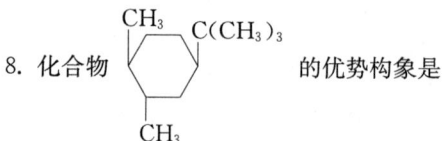

8. 化合物（环己烷上连有 CH_3、$C(CH_3)_3$、CH_3）的优势构象是 (　　)

A. H_3C、H_3C、$C(CH_3)_3$　　B. H_3C、H_3C、$C(CH_3)_3$

C. CH_3、CH_3、$C(CH_3)_3$　　D. CH_3、H_3C、$C(CH_3)_3$

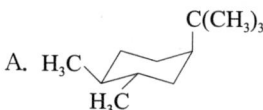

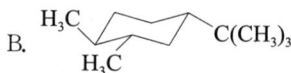

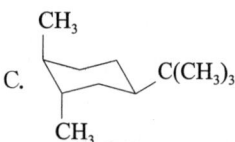

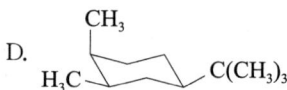

9. 正丁烷的优势构象是 (　　)

A. 邻位交叉式　　B. 对位交叉式　　C. 完全重叠式　　D. 部分重叠式

10. 下列说法中错误的是 (　　)

A. 含 1 个手性碳的化合物，如果手性碳构型为 *R*，则其必是右旋的

B. 含 1 个手性碳的化合物，如果手性碳构型为 *R* 的异构体是右旋的，则其 *S* 构型的异构体必是左旋的

C. 含 1 个手性碳的化合物的一对对映体的熔点相同

D. 水溶性的含一个手性碳的化合物的一对对映体在水中的溶解度相同。

四、完成反应式(30 分)

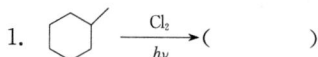

1. 甲基环己烷 $\xrightarrow[h\nu]{Cl_2}$ (　　　　)

2.  (cyclohexyl-cyclohexene) $\xrightarrow[\text{过氧化物}]{\text{NBS}}$ (　　　)

3. $HC\equiv CC_2H_5 \xrightarrow[NH_3(l)]{NaNH_2}$ (　　　) $\xrightarrow{(\quad)}$ $C_2H_5C\equiv CC_2H_5$

4. 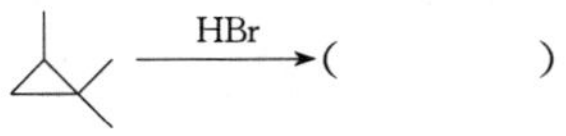 (trimethylcyclopropane) $\xrightarrow{HBr}$ (　　　)

5. $C_2H_5C\equiv CC_2H_5$ $\xrightarrow[NH_3(l)]{Na}$ (　　　)

$\xrightarrow[\text{Lindlar}]{H_2}$ (　　　)

$\xrightarrow[\text{稀 } H_2SO_4]{HgSO_4}$ (　　　)

6. 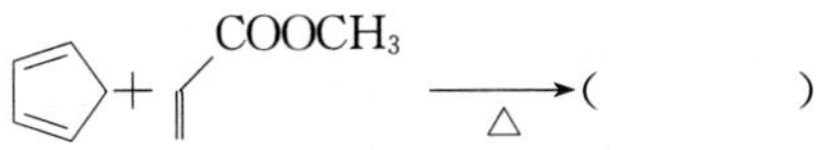 (cyclopentadiene) + (methyl acrylate, $COOCH_3$) $\xrightarrow{\triangle}$ (　　　)

7. $H_2C{=}CH{-}CH{=}CH_2 \xrightarrow{Br_2}$ (　　　) + (　　　)

8. 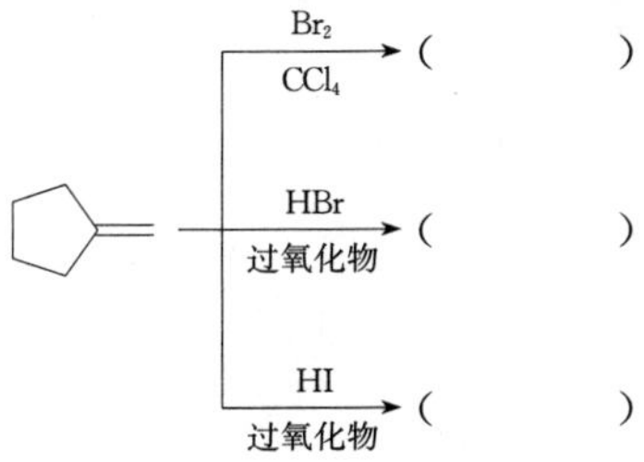 (methylenecyclopentane) $\xrightarrow[CCl_4]{Br_2}$ (　　　)

$\xrightarrow[\text{过氧化物}]{HBr}$ (　　　)

$\xrightarrow[\text{过氧化物}]{HI}$ (　　　)

9. $H_2C{=}CHCF_3 \xrightarrow{HBr}$ (　　　)

10. 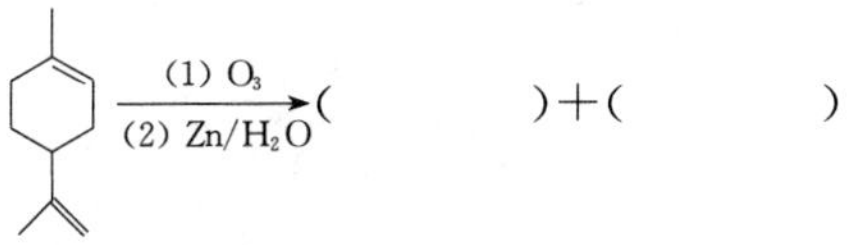 (limonene) $\xrightarrow[(2)\ Zn/H_2O]{(1)\ O_3}$ (　　　) + (　　　)

11. 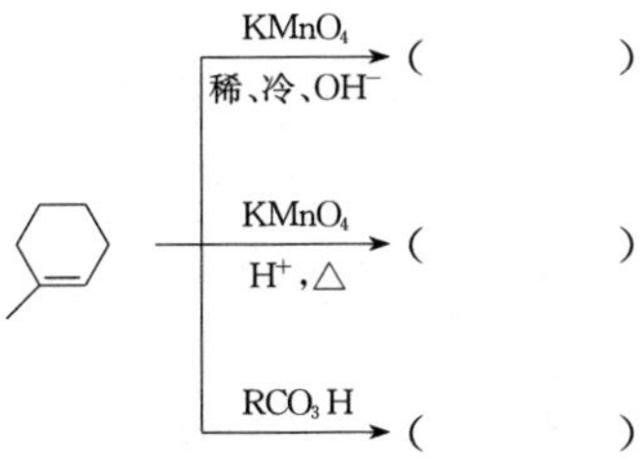 (1-methylcyclohexene) $\xrightarrow[\text{稀、冷、}OH^-]{KMnO_4}$ (　　　)

$\xrightarrow[H^+,\triangle]{KMnO_4}$ (　　　)

$\xrightarrow{RCO_3H}$ (　　　)

12. $H_2C{=}CHCH(CH_3)CH_2CH_3 \xrightarrow{HBr}$ (　　　)

13. $H_2C{=}CHCH_2CH_3 \xrightarrow{(\quad)} CH_3CH(OSO_3H)CH_2CH_3 \xrightarrow{H_2O}$ (　　　)

14. 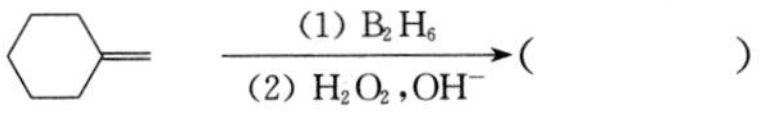 (methylenecyclohexane) $\xrightarrow[(2)\ H_2O_2,OH^-]{(1)\ B_2H_6}$ (　　　)

15. $CH_2{=}CH{-}\underset{\underset{CH_3}{|}}{C}{=}CH_2 \xrightarrow{HBr}$ (　　　) + (　　　)

16. $HC{\equiv}C{-}CH_2CH{=}CH_2 \xrightarrow[1\ mol]{Br_2}$ (　　　)

17. $\xrightarrow[H_2O]{Br_2}$ (　　　) + (　　　)

18. $\xrightarrow{Br_2}$ (　　　)

五、写出下列反应的机理(4分)

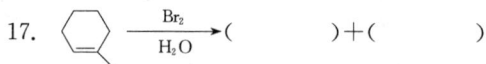

$$\xrightarrow{HBr} \quad Br$$

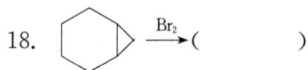

六、推测结构(10分)

1. 化合物 A(C_5H_{12}),其二氯代产物只有2种,试写出A及2种二氯代产物的结构。

2. 化合物 A(C_7H_{14}),催化强化吸收1 mol 氢得B,B在通常情况下与溴不发生反应。A经酸性高锰酸钾氧化与臭氧化再经锌水解处理所得产物相同,试写出A和B的结构。

七、合成题(无机试剂任选)(12分)

1. 以乙炔为主要原料合成己-3-酮($CH_3CH_2CH_2COCH_2CH_3$)。

2. 以丙烯为主要原料合成$CH_2Br\underset{\underset{Br}{|}}{C}HCH_2Cl$。

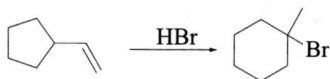

3. 以环己烷为原料合成 —Cl 。

阶段复习测试题二(6～10章)

一、命名下列化合物(带＊者需标明构型)(12分)

1. $(H_3C)_3C$—⟨苯环⟩—CH_3

2. （萘环，1位 NO_2，8位 CH_3）

3. $(H_3C)_2HC$—⟨苯环⟩—Br（Cl）

4＊. HO—C(H)(CH_2CH_3)($CH{=}CH_2$)

5. ⟨苯环⟩—CH_2—O—CH_2—$CH{=}CH_2$

6. CH_3O—⟨苯环⟩—OH（Br）

7. ⟨苯环⟩—$\underset{\displaystyle CH_3}{CH}CH_2\underset{\displaystyle OH}{CH}CH_3$

8＊. H_3C(H)C=C(H)$CH_2\underset{\displaystyle OH}{CH}CH(CH_3)_2$

9. H_3C—⟨苯环⟩—COOH（HO）

10. （3-甲基环己烯环）—OH

二、用结构式或反应式表示下列名词术语(10分)

1. 亲核取代反应
2. 傅瑞斯(Fries)重排
3. 威廉姆逊(Williamson)醚合成法
4. 硫酸二甲酯
5. 苦味酸
6. 频哪醇
7. 琼斯(Jones)试剂
8. p－π共轭
9. 查依采夫(Saytzeff)规则
10. 苄基自由基

三、单项选择题(20分)

1. 下列化合物中具有芳香性的是 （　　）

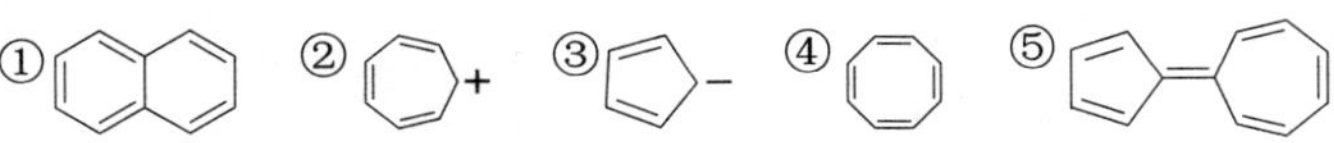

A. ①②③④⑤　　B. ①②③④　　C. ②③④　　D. ①②③⑤

2. 下列化合物中能发生傅-克反应的是 （　　）

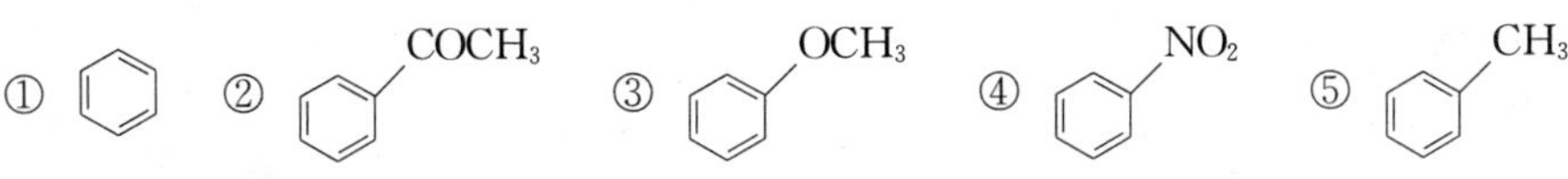

A. ①②③④⑤　　B. ①②③④　　C. ②③④　　D. ①③⑤

3. 下列化合物沸点由高到低的次序是 （　　）

① $CH_3CH_2CH_2CH_3$　　② $CH_3CH_2CH_2OH$

③ $HOCH_2CH_2CH_2OH$　　④ $HOCH_2CH_2CH(OH)CH_2OH$

A. ①>②>③>④　　B. ③>④>①>②

C. ④>③>②>①　　D. ③>②>①>④

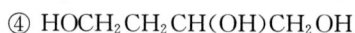

4. 下列化合物与 $AgNO_3$ 的醇溶液反应的快慢次序是　( )

① $CH_3CH{=}C(Cl)CH_2CH_3$　② $CH_3CH{=}CHCH(Cl)CH_3$　③ $CH_3CH{=}CHCH_2CH_2Cl$

A. ①>②>③　B. ③>②>①　C. ③>①>②　D. ②>③>①

5. 下列化合物发生 E1 反应的快慢次序是　( )

① 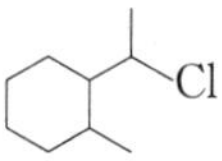　② 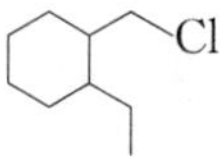　③

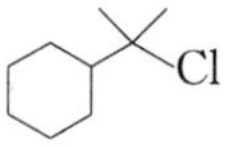

A. ①>②>③　B. ③>②>①　C. ③>①>②　D. ②>③>①

6. 化合物 C_2H_5SH 的名称是　( )

A. 乙硫醇　B. 硫代乙醇　C. 巯基乙烷　D. 乙醇硫

7. 分子式为 C_9H_{12} 的芳烃,氧化时,生成三元羧酸,硝化时只有 1 种一元硝化物,则该化合物的构造式应为　( )

A. 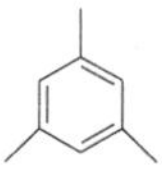　B. 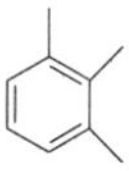　C. 　D.

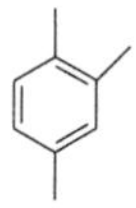

8. 下列化合物进行亲电性氯代反应的活性大小次序是　( )

① 　② $COCH_3$　③ 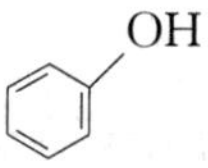 OH　④ NO_2

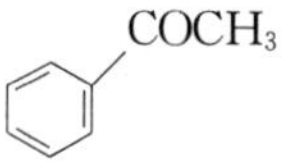

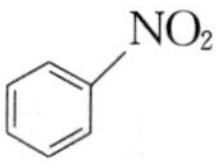

A. ①>②>③>④　　B. ③>①>②>④

C. ④>③>②>①　　D. ③>②>①>④

9. 下列化合物的碱性由大到小的次序为　( )

① $C_6H_5O^-$　② $CH_3CH_2CH_2CH_2O^-$　③ $(CH_3)_3CO^-$　④ HCO_3^-

A. ①>②>③>④　　B. ②>④>①>③

C. ④>③>②>①　　D. ③>②>④>①

10. 下列化合物酸性强弱次序是　( )

① C_6H_5—OH　② O_2N—C_6H_4—OH　③ H_3C—C_6H_4—OH　④ Cl—C_6H_4—OH

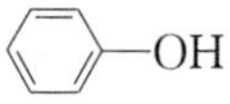

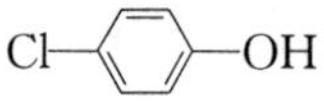

A. ①>②>③>④　　B. ②>④>①>③

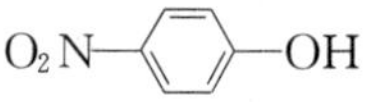

C. ④>③>②>①　　D. ③>②>①>④

四、完成反应式(30 分)

1. 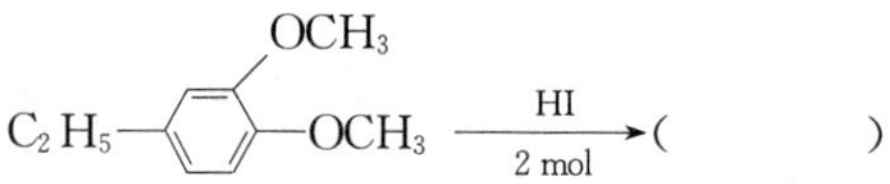 C_2H_5—$C_6H_3(OCH_3)_2$ $\xrightarrow[2\ mol]{HI}$ (　　　)

2. $CH_3CH_2CH(Cl)CH_3$ $\xrightarrow[H_2O]{NaOCH_2CH_3}$ (　　　)

3. (1-nitronaphthalene) $\xrightarrow[FeBr_3]{Br_2}$ (　　　)

4. (epoxide) $\xrightarrow[C_2H_5OH]{C_2H_5ONa}$ (　　　)

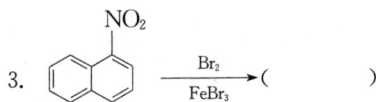

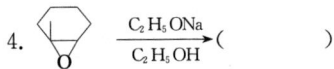

5. $CH_3CH_2CH_2Br \xrightarrow[无水乙醚]{Mg}$ (　　　) $\xrightarrow[无水乙醚]{HC\equiv CCH_2CH_3}$ (　　　)

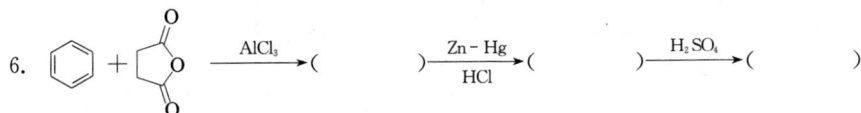

6. (benzene) + (succinic anhydride) $\xrightarrow{AlCl_3}$ (　　　) $\xrightarrow[HCl]{Zn-Hg}$ (　　　) $\xrightarrow{H_2SO_4}$ (　　　)

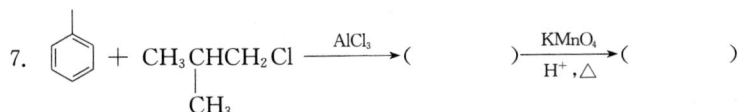

7. (toluene) + $CH_3\underset{CH_3}{\underset{|}{C}}HCH_2Cl \xrightarrow{AlCl_3}$ (　　　) $\xrightarrow[H^+,\triangle]{KMnO_4}$ (　　　)

8. (3-hydroxybenzoic acid: OH, COOH) $\xrightarrow[H_2O]{Br_2}$ (　　　)

9. $H_3C-C_6H_4-OCH_3 \xrightarrow[H_2SO_4]{HNO_3}$ (　　　)

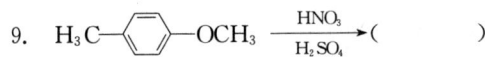

10. $H_2C{=}CHCH_2CH_3 \xrightarrow[h\nu]{Cl_2}$ (　　　) $\xrightarrow{NaCN}$ (　　　)

11. $C_6H_5-OH \xrightarrow[NaOH]{H_2C=CHCHCH_3 (Cl)}$ (　　　) $\xrightarrow[\triangle]{KMnO_4}$ (　　　)

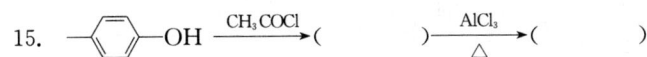

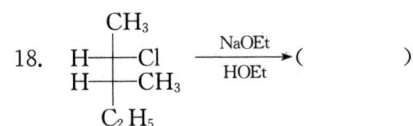

12. $C_6H_5-CH_2\underset{Br}{\underset{|}{C}}HCH_2CH_3 \xrightarrow[HOEt]{NaOEt}$ (　　　)

13. $CH_3-C_6H_4-OH \xrightarrow{CH_3COCl}$ (　　　) $\xrightarrow[\triangle]{AlCl_3}$ (　　　)

14. (1-nitronaphthalene) $\xrightarrow[Fe]{Br_2}$ (　　　) + (　　　)

15. $CH_3-C_6H_4-OH \xrightarrow{CH_3COCl}$ (　　　) $\xrightarrow[\triangle]{AlCl_3}$ (　　　)

16. (cyclopent-2-en-1-ol) —OH $\xrightarrow{(\qquad)}$ (cyclopent-2-en-1-one) =O

17. H_3C-(epoxide, O) $\xrightarrow{EtOH,H^+}$ (　　　)

18. (Fischer projection: CH_3; H—C—Cl; H—C—CH_3; C_2H_5) $\xrightarrow[HOEt]{NaOEt}$ (　　　)

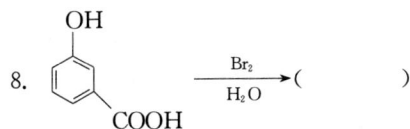

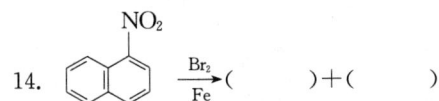

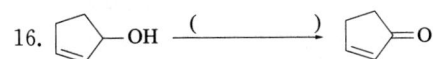

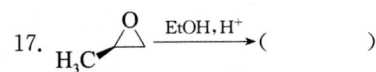

19. 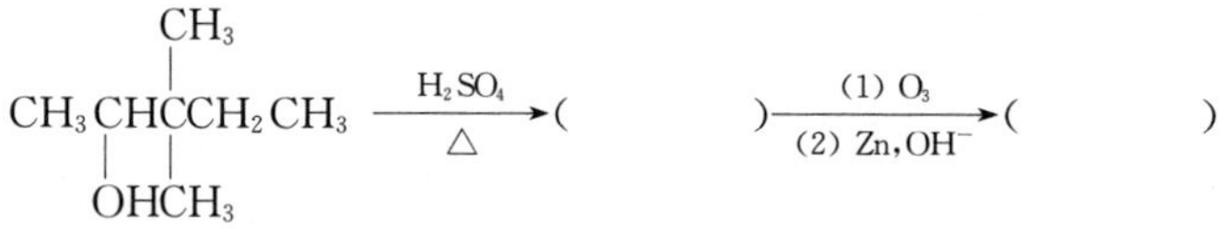 $CH_3CH(OH)C(CH_3)(OCH_3)CH_2CH_3$ $\xrightarrow[\triangle]{H_2SO_4}$ (　　　) $\xrightarrow[(2)\ Zn,OH^-]{(1)\ O_3}$ (　　　)

20. 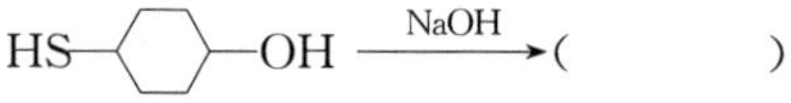 HS—(环己基)—OH $\xrightarrow{NaOH}$ (　　　)

21. 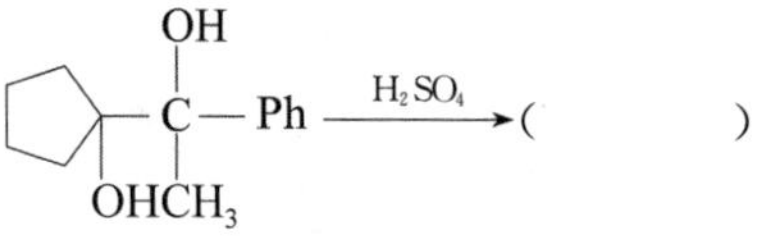 (环戊基, 1-OCH₃)—C(OH)—Ph $\xrightarrow{H_2SO_4}$ (　　　)

22. 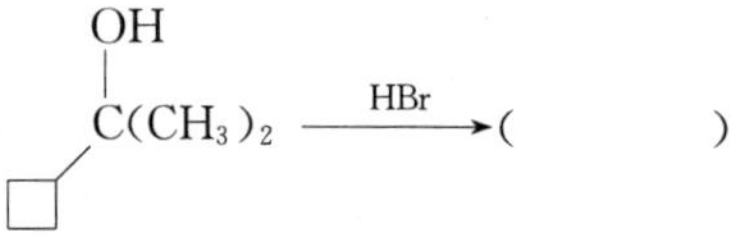 (环丁基)—C(OH)$(CH_3)_2$ $\xrightarrow{HBr}$ (　　　)

23. 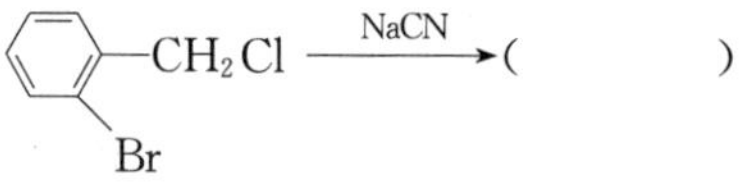 (2-溴苯基)—CH_2Cl $\xrightarrow{NaCN}$ (　　　)

五、写出下列反应的机理(4分)

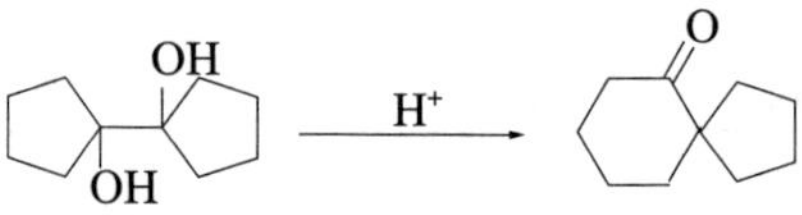

(1,1'-二羟基联环戊烷) $\xrightarrow{H^+}$ (螺[4.5]癸-6-酮)

六、推测结构(10分)

1. 某化合物 A($C_6H_{13}Br$)在无水乙醚中与镁作用后生成 B($C_6H_{13}MgBr$),B 与丙酮反应后生成 3-乙基-2,4-二甲基戊-2-醇。A 脱溴化氢得到分子式为 C_6H_{12} 的烯烃的混合物,这个混合物的主要组分 C 经稀、冷 $KMnO_4$ 处理得到 D,D 再用高碘酸处理得到醛 E 和酮 F 的混合物。试推测 A~F 的结构。

2. 中性化合物 A($C_8H_{16}O_2$)与 Na 作用放出 H_2,与 PBr_3 作用生成相应的化合物 $C_8H_{14}Br_2$;A 被 $KMnO_4$ 氧化生成 $C_8H_{12}O_2$;A 与浓 H_2SO_4 一起共热脱水生成 B(C_8H_{12})。B 可使溴水和碱性 $KMnO_4$ 溶液褪色;B 在低温下与 H_2SO_4 作用再水解,则生成 A 的同分异构体 C,C 与浓 H_2SO_4 一起共热也生成 B,但 C 不能被 $KMnO_4$ 氧化,B 氧化生成己-2,5-二酮和乙二酸。试写出 A、B 和 C 的构造式。

七、合成题(无机试剂任选)(14分)

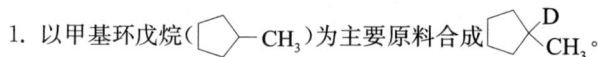

1. 以甲基环戊烷(环戊基—CH_3)为主要原料合成 1-D-1-CH_3-环戊烷。

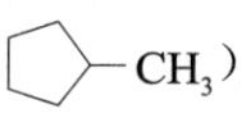

2. 以苯为主要原料合成间溴苯甲酸(3-溴苯基—COOH)。

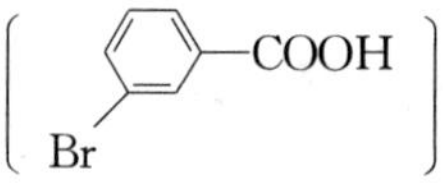

3. 以乙醇为原料合成丁-1-醇。

阶段复习测试题三（11～13 章）

一、命名下列化合物（带 * 者需标明构型）（14 分）

1. 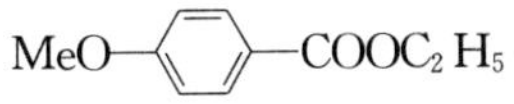 MeO—(对位苯环)—$COOC_2H_5$

2 *. Fischer 投影式：上 CHO，左 Ph，右 H，下 CH_3

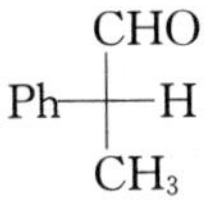

3. $CH_3CH_2COCH_2CHCHO$（CH 上连 CH_2CH_3）

4 *. $(H)(H_3C)C{=}C(CH_3)(CH_2COCH(CH_3)_2)$

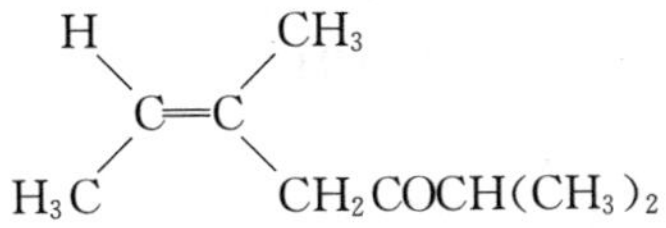

5. $H_3CCH{=}CHCHCH_2COOH$（CH 上连 CH_3）

6. H_3C—环己酮（C=O 旁碳上连 OH）

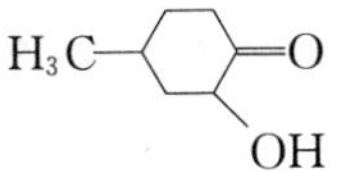

7. $CH_3CH_2CHCON(CH_3)_2$（CH 上连 CH_3）

8 *. 环己烷：一个碳上连 CH_3 和 H，相邻碳上连 COOH 和 H

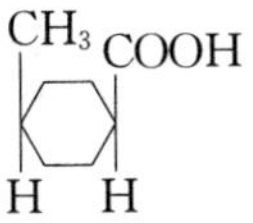

9. 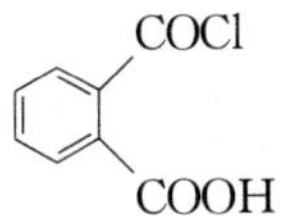 苯环邻位连 COCl 和 COOH

10 *. H_3C（楔形键）取代的六元环内酯（环中 O，羰基 =O）

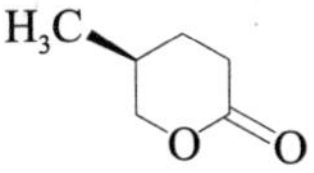

二、用结构式或反应式表示下列名词术语（10 分）

1. 交酯
2. 阿司匹林
3. 内盐
4. DMF
5. 狄克曼（Dieckmann）酯缩合
6. 光气
7. 对苯醌
8. 丙酮肟
9. α-氨基酸
10. 迈克尔（Michael）加成

三、单项选择题（20 分）

1. $CH_3\overset{O}{\overset{\|}{C}}CH_3$ 和 $H_2C{=}\overset{OH}{\overset{|}{C}}CH_3$ 属于 （　　）

A. 碳架异构　B. 官能团位置异构　C. 官能团异构　D. 互变异构

2. 下列化合物中不能发生碘仿反应的是 （　　）

① $CH_3CH(CH_3)CH(OH)CH_2CH_3$　② CH_3COCH_3　③ 2-甲基环己酮　④ CH_3CH_2OH

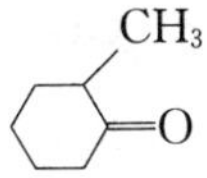

⑤ $CH_3CH(CH_3)CH_2CH(OH)CH_3$

A. ①②③④⑤　B. ①②③④　C. ①③　D. ①③⑤

3. 下面反应属于什么反应类型 (　　)

$$C_6H_5-CHO + HCN \longrightarrow C_6H_5-CH(OH)CN$$

A. 亲核加成反应　　B. 亲电加成反应

C. 亲核取代反应　　D. 亲电取代反应

4. 下列化合物的酸性强弱次序是 (　　)

① $O_2N-C_6H_4-COOH$（对位）　　② C_6H_5-COOH

③ $H_3CO-C_6H_4-COOH$（对位）　　④ $H_3CO-C_6H_4-COOH$（间位）

A. ①>④>②>③　　B. ③>①>②>④

C. ④>③>②>①　　D. ①>②>③>④

5. 下列化合物碱性水解反应的快慢次序是 (　　)

① $CH_3COOC_2H_5$　　② $CH_3CH_2COOC_2H_5$

③ $(CH_3)_2CHCOOC_2H_5$　　④ $(CH_3)_3CCOOC_2H_5$

A. ①>②>③>④　　B. ③>①>②>④

C. ④>③>②>①　　D. ①>④>②>③

6. 下列化合物水解反应速度大小次序是 (　　)

① $C_6H_5-COOC_2H_5$　　② $C_6H_5-CONH_2$

③ C_6H_5-COCl　　④ $C_6H_5-C(=O)-O-C(=O)-C_6H_5$

A. ③>④>①>②　　B. ③>①>②>④

C. ④>③>②>①　　D. ①>④>②>③

7. 下列反应的名称是 (　　)

HO-(十氢萘烯醇) $\xrightarrow[CH_3COCH_3]{Al[OCH(CH_3)_2]_3}$ O=(酮)

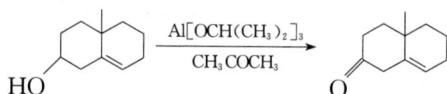

A. 黄鸣龙还原　　B. 欧芬脑尔(Oppenauer)氧化

C. 康尼扎罗(Cannizzaro)反应　　D. 迈尔外因-彭杜尔夫(Meerwein-Ponndorf)还原

8. 实现下列转变应选择什么试剂? (　　)

$$CH_2=CHCH_2OH \longrightarrow CH_2=CHCHO$$

A. $KMnO_4/OH^-$　　B. HIO_4

C. $NaBH_4$　　D. 活性 MnO_2

9. 在稀碱作用下,下列哪组不能进行羟醛缩合反应? (　　)

A. $HCHO + CH_3CHO$　　B. $CH_3CH_2CHO + ArCHO$

C. $HCHO + (CH_3)_3CCHO$　　D. $ArCH_2CHO + (CH_3)_3CCHO$

10. 下列 4 个化合物，不能发生歧化反应的是 （　）

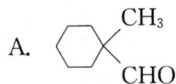

A. 1-甲基环己烷甲醛（环己烷同一碳上连 CH_3 和 CHO）　　B. C_6H_5—CHO

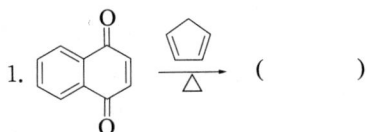

C. $(CH_3)_3CCHO$　　D. $(CH_3)_3CCOCH_3$

四、完成反应式(30 分)

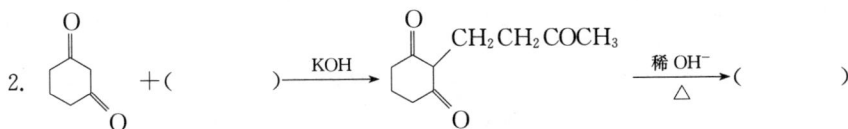

1. 1,4-萘醌 $\xrightarrow[\triangle]{\text{环戊二烯}}$ （　　）

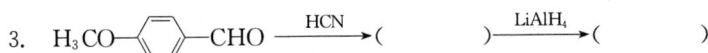

2. 1,3-环己二酮 ＋（　　）$\xrightarrow{KOH}$ 2-($CH_2CH_2COCH_3$)-1,3-环己二酮 $\xrightarrow[\triangle]{\text{稀 } OH^-}$ （　　）

3. H_3CO—C_6H_4—CHO $\xrightarrow{HCN}$ （　　）$\xrightarrow{LiAlH_4}$ （　　）

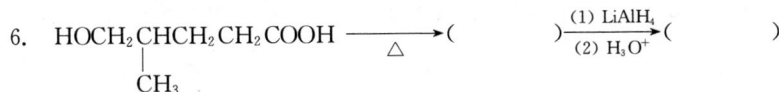

4. 环己基—MgBr $\xrightarrow[\text{无水乙醚}]{CO_2}$ （　　）$\xrightarrow{H_3O^+}$ （　　）$\xrightarrow{SOCl_2}$ （　　）$\xrightarrow{\text{哌啶（NH）}}$ （　　）

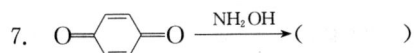

5. 邻苯二甲酸（$C_6H_4(COOH)_2$）$\xrightarrow[\triangle]{}$ （　　）$\xrightarrow{NH_3}$ （　　）$\xrightarrow[NaOH]{Br_2}$ （　　）

6. $HOCH_2CH(CH_3)CH_2CH_2COOH$ $\xrightarrow[\triangle]{}$ （　　）$\xrightarrow[(2)\ H_3O^+]{(1)\ LiAlH_4}$ （　　）

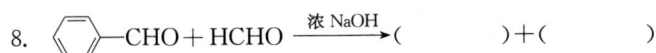

7. O=C_6H_4=O（对苯醌）$\xrightarrow{NH_2OH}$ （　　）

8. C_6H_5—CHO ＋ HCHO $\xrightarrow{\text{浓 } NaOH}$ （　　）＋（　　）

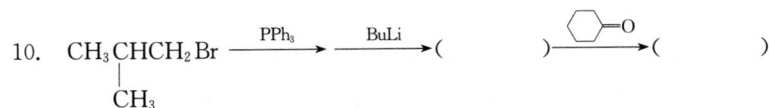

9. 环己酮 $\xrightarrow{HNO_3}$ （　　）$\xrightarrow[H^+]{EtOH}$ （　　）$\xrightarrow[EtOH]{EtONa}$ （　　）

10. $CH_3CH(CH_3)CH_2Br$ $\xrightarrow{PPh_3}$ $\xrightarrow{BuLi}$ （　　）$\xrightarrow{\text{环己酮}}$ （　　）

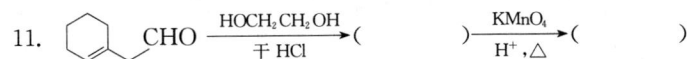

11. 环己烯基—CH_2CHO $\xrightarrow[\text{干 } HCl]{HOCH_2CH_2OH}$ （　　）$\xrightarrow[H^+,\triangle]{KMnO_4}$ （　　）

12. $2CH_3CH(NH_2)COOH$ $\xrightarrow[\triangle]{}$ （　　）

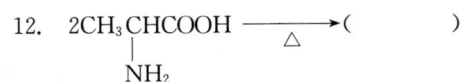

13. $CH_3CO(CH_2)_3CHO$ $\xrightarrow{NaOH}$ （　　）

14. 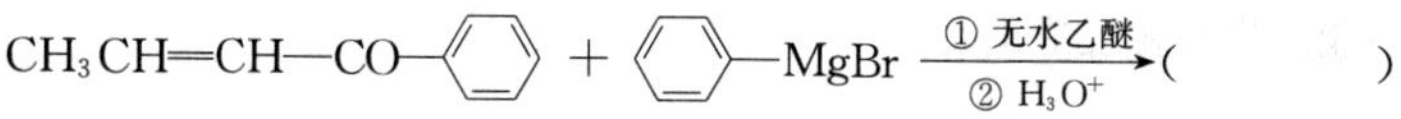 $CH_3CH{=}CH{-}CO{-}C_6H_5 + C_6H_5{-}MgBr \xrightarrow[\text{② } H_3O^+]{\text{① 无水乙醚}}$ (　　　)

15. 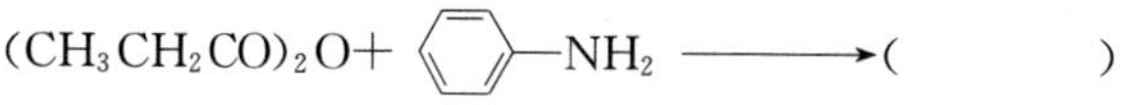 $(CH_3CH_2CO)_2O + C_6H_5{-}NH_2 \longrightarrow$ (　　　)

16. $CH_3CH_2CH_2\overset{O}{\overset{\|}{C}}{-}^{18}OC(CH_3)_3 + H_3O^+ \xrightarrow{\triangle}$ (　　　)

17. 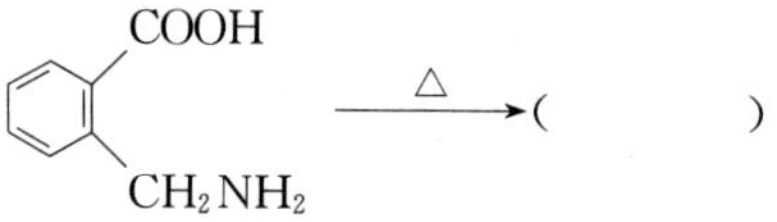 邻-(CH_2NH_2)苯甲酸（苯环上 COOH 与 CH_2NH_2 处于邻位）$\xrightarrow{\triangle}$ (　　　)

五、写出下列反应的机理(4分)

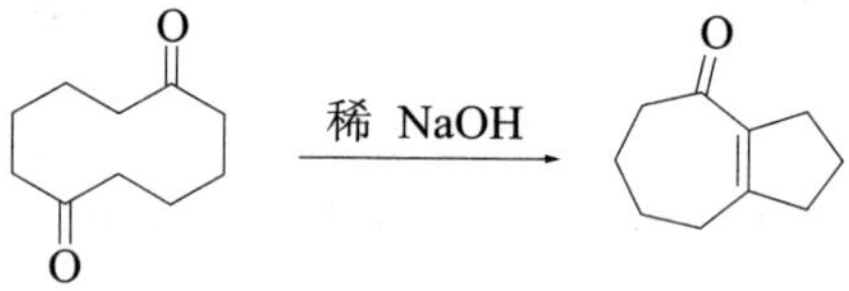

环癸-1,6-二酮 $\xrightarrow{\text{稀 NaOH}}$ 双环烯酮（七元环酮与五元环稠合，C=C 位于环稠合处）

六、推测结构(10分)

1. 某化合物 A(C_8H_8O)不溶于 NaOH 水溶液，能与苯肼及 NaOI 反应，但与杜伦试剂不反应。A 用 $H_2NNH_2/NaOH/(HOCH_2CH_2)_2$ 加热处理，生成 B，B 用 $KMnO_4/H^+$ 氧化，生成苯甲酸。试推测 A、B 的结构。

2. 某化合物 A 能溶于水，但不溶于乙醚。A 含有 C、H、N、O 元素。A 加热后得化合物 B；B 和 NaOH 溶液煮沸放出一种有气味的气体，残余物经酸化后得一不含氮的物质 C；C 与 $LiAlH_4$ 反应后的物质用浓硫酸处理，得一气体烯烃 D，该烯烃相对分子质量为 56，D 臭氧化并还原水解后得 1 个醛和 1 个酮。试推测 A～D 的结构。

七、合成题(无机试剂任选)(12分)

1. 以丙二酸二乙酯为原料合成 2-甲基丁酸($CH_3CH_2CH(CH_3)COOH$)。

2. 以苯和不超过 3 个碳的有机物为原料合成 2-苯基丙-2-醇($CH_3C(OH)(Ph)CH_3$)。

3. 以甲醛、乙醛为原料合成 2-羟甲基丁醛($CH_3CH_2CH(CH_2OH)CHO$)。

阶段复习测试题四(14～18 章)

一、命名下列化合物(带 * 者需标明构型)(14 分)

1. $CH_3CH_2NHCH(CH_3)_2$

2. 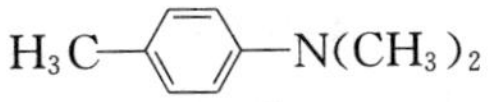 $H_3C-C_6H_4-N(CH_3)_2$

3. OH N

4. H_3C O CHO

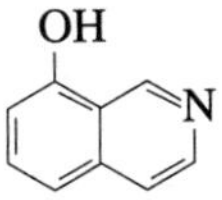

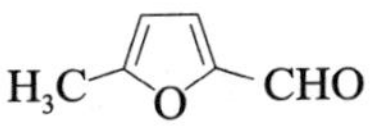

5. $H_3C-\overset{CH_3}{\underset{CH_3}{N^+}}-CH_2PhOH^-$

6. 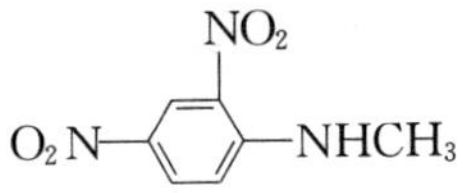 NO_2 O_2N $NHCH_3$

7. 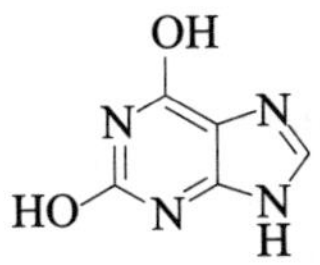 OH N N HO N N H

8. 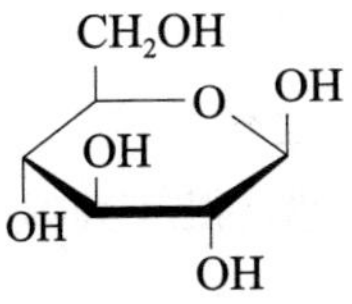 CH_2OH O OH OH OH OH

9. 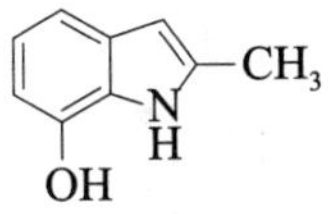 CH_3 N H OH

10. 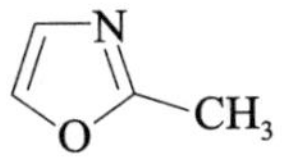 N O CH_3

11 *. CH_3 H NH_2 CH_2CH_3

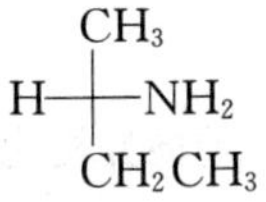

二、用结构式或反应式表示下列名词术语(10 分)

1. 交酰胺
2. 糠醛
3. 糖脎
4. 席曼(Shiemann)反应
5. 偶氮化合物
6. 重氮化合物
7. 卡宾
8. 樟脑
9. 季铵碱
10. 雄甾烷

三、单项选择题(20 分)

1. 下列化合物中碱性强弱次序是 (　　)

① 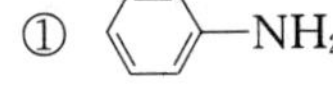

② $C_6H_{11}-NH_2$

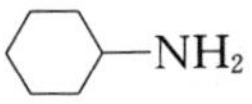

③ 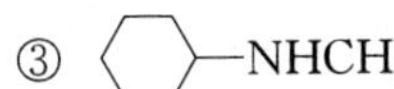

④ $H_3CO-C_6H_4-NH_2$

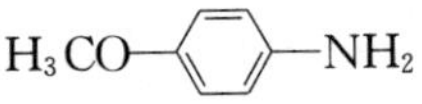

A. ①>②>③>④
B. ③>④>①>②
C. ④>③>②>①
D. ③>②>④>①

2. 下列化合物发生亲电取代反应的活性强弱顺序是 (　　)

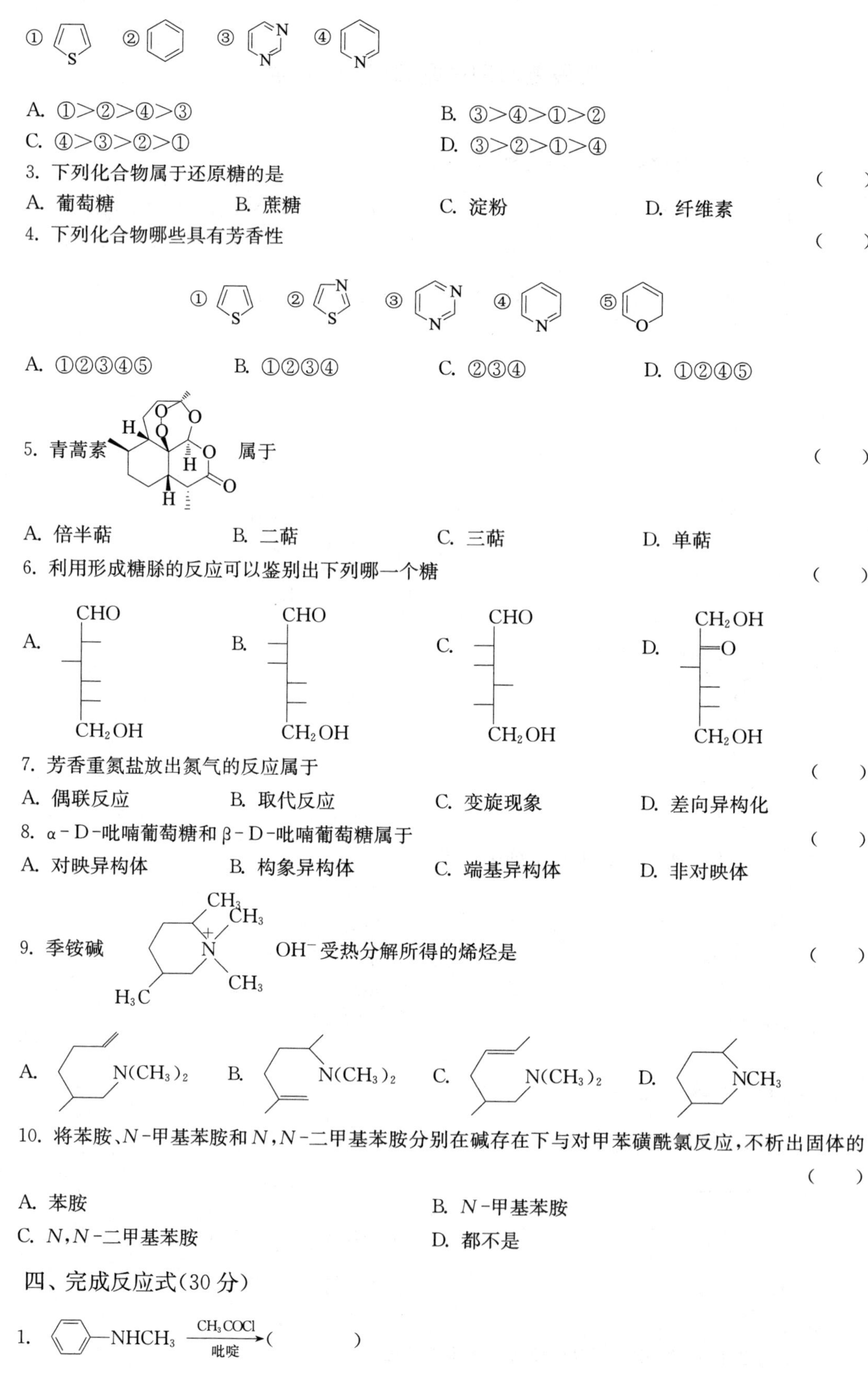

① ② ③ ④

A. ①>②>④>③
B. ③>④>①>②
C. ④>③>②>①
D. ③>②>①>④

3. 下列化合物属于还原糖的是 ( )

A. 葡萄糖 B. 蔗糖 C. 淀粉 D. 纤维素

4. 下列化合物哪些具有芳香性 ( )

① ② ③ ④ ⑤

A. ①②③④⑤ B. ①②③④ C. ②③④ D. ①②④⑤

5. 青蒿素 属于 ( )

A. 倍半萜 B. 二萜 C. 三萜 D. 单萜

6. 利用形成糖脎的反应可以鉴别出下列哪一个糖 ( )

A. B. C. D.

7. 芳香重氮盐放出氮气的反应属于 ( )

A. 偶联反应 B. 取代反应 C. 变旋现象 D. 差向异构化

8. α-D-吡喃葡萄糖和β-D-吡喃葡萄糖属于 ( )

A. 对映异构体 B. 构象异构体 C. 端基异构体 D. 非对映体

9. 季铵碱 OH^-受热分解所得的烯烃是 ( )

A. B. C. D.

10. 将苯胺、N-甲基苯胺和N,N-二甲基苯胺分别在碱存在下与对甲苯磺酰氯反应,不析出固体的是 ( )

A. 苯胺
B. N-甲基苯胺
C. N,N-二甲基苯胺
D. 都不是

四、完成反应式(30分)

1. $\xrightarrow[\text{吡啶}]{CH_3COCl}$ (　　　)

2. O_2N–C_6H_4–NO_2（间二硝基苯） $\xrightarrow{NaHS}$ (　　　　)

3. 吡啶 $\xrightarrow[H_2SO_4]{HNO_3}$ (　　　　)

4. 苯 $\xrightarrow[H_2SO_4]{HNO_3}$ (　　　　) $\xrightarrow[HCl]{Fe}$ (　　　　)

5. 喹啉 $\xrightarrow[H_2SO_4]{HNO_3}$ (　　　　) + (　　　　)

6. O_2N–$C_6H_3Cl_2$（3,4-二氯硝基苯） $\xrightarrow{NH_3}$ (　　　　)

7. 邻苯二甲酰亚胺 $\xrightarrow{KOH}$ (　　　　) $\xrightarrow{PhCH_2Cl}$ (　　　　)

$\xrightarrow{H_2NNH_2}$ (　　　　) + (　　　　)

8. 2-苯基吡啶 $\xrightarrow{KMnO_4, H^+}$ (　　　　)

9. 吡啶 $\xrightarrow{(\quad\quad)}$ 吡啶-N-氧化物（$\overset{+}{N}$–O^-） $\xrightarrow[H_2SO_4]{HNO_3}$ (　　　　) $\xrightarrow{PCl_3}$ (　　　　)

10. 糠醛（呋喃–CHO） $\xrightarrow{Ag(NH_3)_2^+}$ (　　　　)

　　　$\xrightarrow{浓\ NaOH}$ (　　　　) + (　　　　)

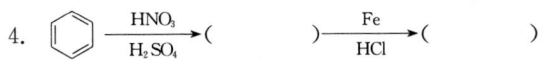

11. 呋喃 + 顺丁烯二酸酐 $\xrightarrow{\triangle}$ (　　　　)

12. 吡咯 $\xrightarrow{C_6H_5N_2^+Cl^-}$ (　　　　)

　　吡咯 $\xrightarrow{(\quad\quad)}$ 2-硝基吡咯（NO_2）

13. $C_6H_5NHCH_3$ $\xrightarrow{HNO_2}$ (　　　　)

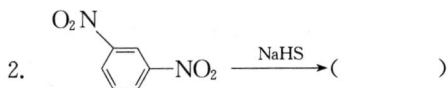

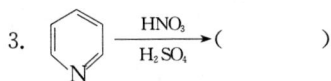

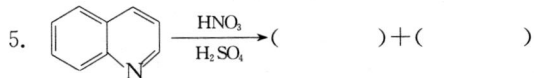

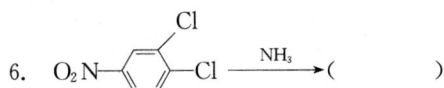

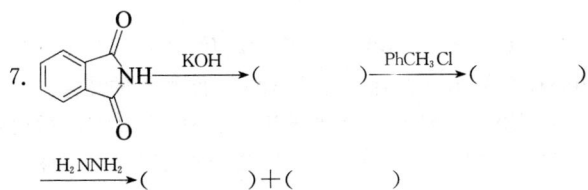

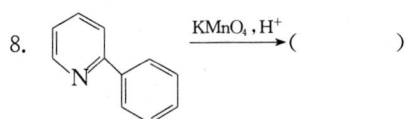

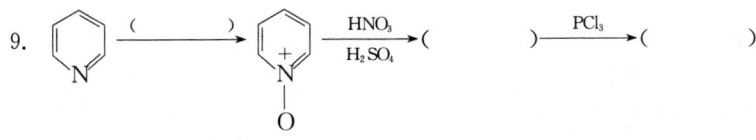

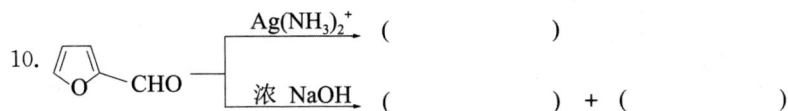

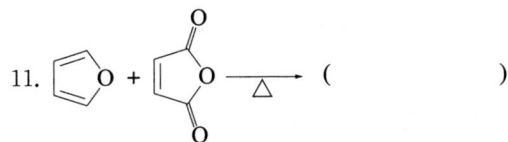

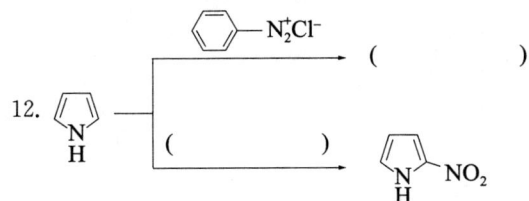

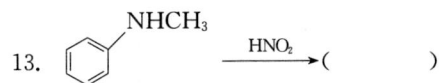

14. 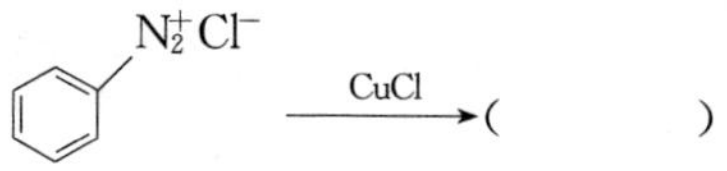 (苯重氮盐 $N_2^+Cl^-$) $\xrightarrow{CuCl}$ (　　　)

15. 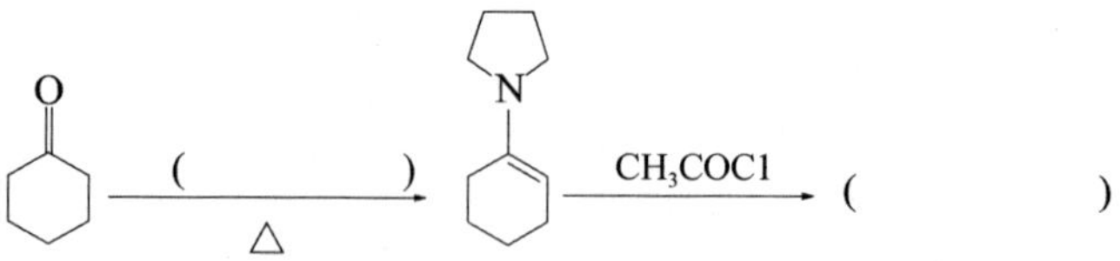 (环己酮) $\xrightarrow[\triangle]{(\qquad)}$ (1-吡咯烷基环己烯) $\xrightarrow{CH_3COCl}$ (　　　)

16. 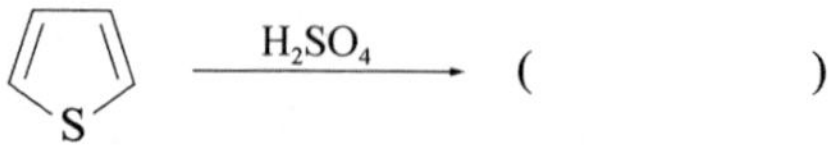 (噻吩) $\xrightarrow{H_2SO_4}$ (　　　)

17. 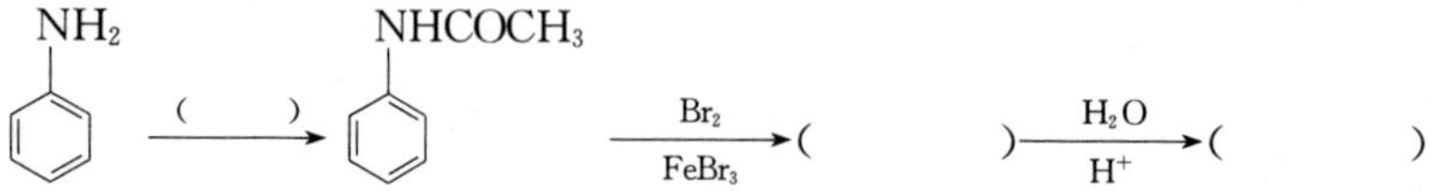 (苯胺 NH_2) $\xrightarrow{(\quad)}$ (乙酰苯胺 $NHCOCH_3$) $\xrightarrow[FeBr_3]{Br_2}$ (　　　) $\xrightarrow[H^+]{H_2O}$ (　　　)

五、推测结构(10 分)

1. 化合物 A($C_5H_{10}O_4$),用溴水氧化得酸 $C_5H_{10}O_5$,这个酸很容易形成内酯,化合物 A 与 CH_3COCl 反应生成三乙酸酯,与 $PhNHNH_2$ 反应生成脎,用 HIO_4 氧化 A 消耗 1 分子 HIO_4。推测 A 的结构。

2. 化合物 A(C_4H_9NO)与过量碘甲烷反应,再用 AgOH 处理得到 B($C_6H_{15}NO_2$),B 加热后得到 C($C_6H_{13}NO$),C 再用碘甲烷和 AgOH 依次处理得化合物 D($C_7H_{17}NO_2$),D 加热分解后得到二乙烯基醚和三甲胺。试推测 A～D 的结构。

六、合成题(无机试剂任选)(16 分)

1. 以苯为主要原料合成 (1,3,5-三溴苯)。

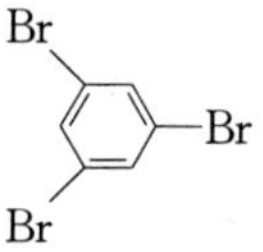

2. 以苯和丙烯醛为原料合成 (8-溴喹啉)。

3. 以苯和萘为原料合成 (1-苯基偶氮-2-萘酚)。

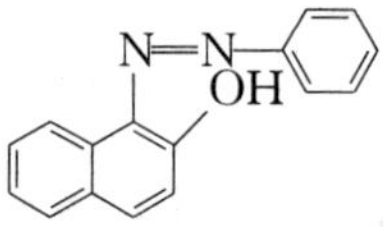

总复习测试题(一)

一、命名下列化合物(带 * 每题 2 分,其他每题 1 分,共 10 分)

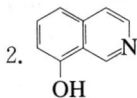

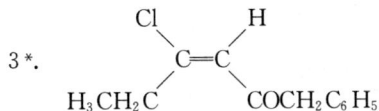

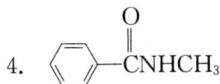

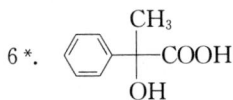

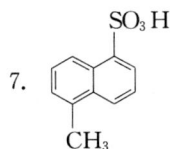

1. 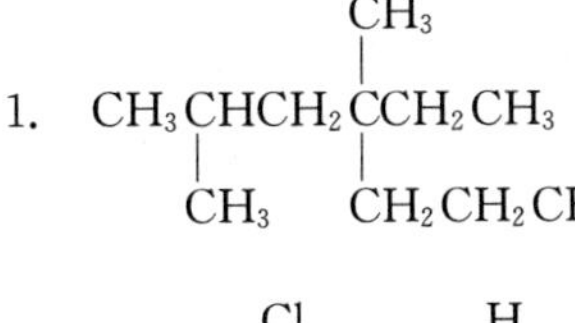

2. (isoquinoline with OH) OH N

3*. Cl H C=C H_3CH_2C $COCH_2C_6H_5$

4. C_6H_5—$\overset{O}{\parallel}$ $CNHCH_3$

5. $C_2H_5\overset{O}{\overset{\parallel}{C}}—O—\overset{O}{\overset{\parallel}{C}}—C_6H_5$

6*. CH_3 —COOH OH

7. SO_3H CH_3

8. C_6H_5—$CH_2OCH_2CH_3$

二、用结构式或反应式表示下列名词术语(10 分)

1. 傅瑞斯(Fries)重排
2. p-π 共轭
3. 克莱森(Claisen)重排
4. 乙烯酮
5. 克莱门森(Clemmensen)还原
6. 水杨酸
7. 氯化亚砜
8. 重氮甲烷
9. 霍夫曼重排(Hofmann rearrangement)
10. 偶氮苯

三、单项选择题(20 分)

1. $LiAlH_4$ 可以还原酰氯(Ⅰ)、酸酐(Ⅱ)、酯(Ⅲ)、酰胺(Ⅳ)中哪些羧酸衍生物? (　　)

A. Ⅰ　　B. Ⅰ、Ⅱ　　C. Ⅰ、Ⅱ、Ⅲ　　D. 全都可以

2. 取代羧酸 FCH_2COOH(Ⅰ)、$ClCH_2COOH$(Ⅱ)、$BrCH_2COOH$(Ⅲ)、ICH_2COOH(Ⅳ)的酸性强弱顺序是 (　　)

A. Ⅰ>Ⅱ>Ⅲ>Ⅳ　　B. Ⅳ>Ⅲ>Ⅱ>Ⅰ

C. Ⅱ>Ⅲ>Ⅳ>Ⅰ　　D. Ⅳ>Ⅰ>Ⅱ>Ⅲ

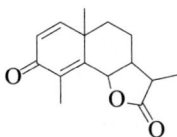

3. 山道年具有下面的结构式,它是 (　　)

O O O

A. 单萜　　B. 倍半萜　　C. 双萜　　D. 三萜

4. 下列各化合物中,碱性最弱的一个是 (　　)

A. $CH_3\overset{O}{\overset{\|}{C}}NHCH_3$　B. $PhNH_2$　C. $CH_3\overset{O}{\overset{\|}{C}}NH_2$　D. 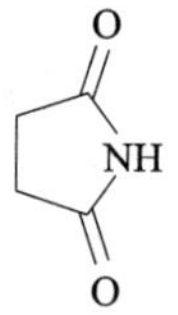 (琥珀酰亚胺结构，环中含 NH，两个 C=O)

5. 下列化合物在水中的溶解度大小顺序是　(　　)

① 环己烷　② 甲基乙基醚　③ 甘油　④ 正丁醇

A. ①>②>③>④　B. ③>①>②>④

C. ③>④>②>①　D. ①>④>②>③

6. 下列化合物的酸性的强弱顺序是　(　　)

① 间硝基苯酚（O_2N 位于 OH 间位）　② $Br-C_6H_4-OH$（对位）

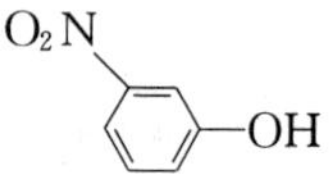

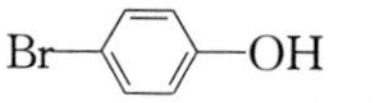

③ $O_2N-C_6H_4-OH$（对位）　④ $H_3C-C_6H_4-OH$（对位）

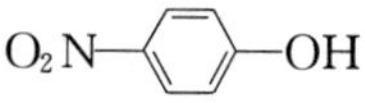

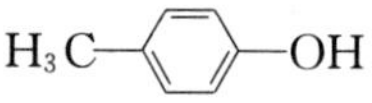

A. ③>②>④>①　B. ③>①>②>④

C. ④>②>①>③　D. ①>④>②>③

7. 下列反应需何种试剂　(　　)

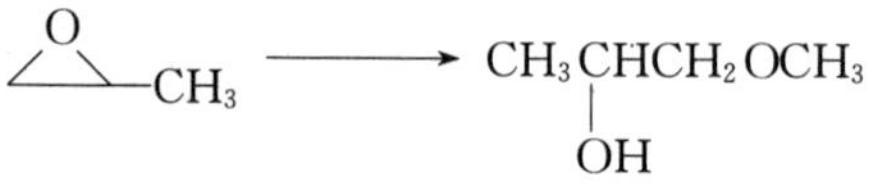

$$\text{(环氧丙烷)}-CH_3 \longrightarrow CH_3\underset{OH}{\underset{|}{C}}HCH_2OCH_3$$

A. CH_3OH/CH_3ONa　B. CH_3OH/H^+

C. CH_3OH/H_2O　D. CH_3OCH_3

8. 下面化合物的 Z、E 及顺反名称是　(　　)

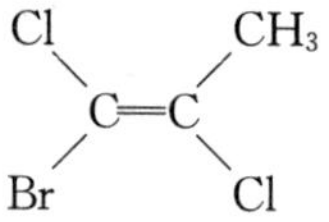

$$\begin{matrix} Cl & & CH_3 \\ & C{=}C & \\ Br & & Cl \end{matrix}$$

A. Z 或顺　B. E 或顺　C. Z 或反　D. E 或反

9. 从丁烷、丁-1-烯、丁-1-炔中区别出丁-1-炔的最简单的方法用的试剂是　(　　)

A. Br_2+CCl_4　B. $Pd+H_2$

C. $KMnO_4+H^+$　D. $Ag(NH_3)_2{}^+$

10. 下列碳正离子的稳定性顺序是　(　　)

① $CH_3\overset{+}{C}HCH_3$　② $CH_3\overset{+}{C}(CH_3)_2$　③ $CH_3\overset{+}{C}H_2$　④ $\overset{+}{C}H_3$

A. ③>②>④>①　B. ②>①>③>④

C. ④>③>②>①　D. ①>④>②>③

四、完成反应式(30分)

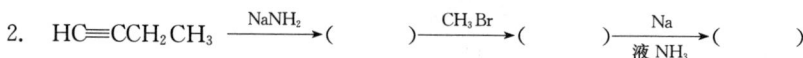

1. 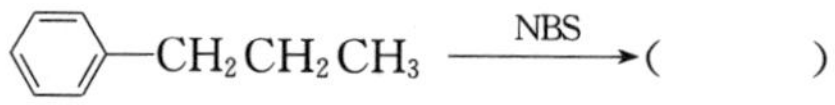 $C_6H_5-CH_2CH_2CH_3 \xrightarrow{NBS} (\quad\quad)$

2. $HC{\equiv}CCH_2CH_3 \xrightarrow{NaNH_2} (\quad\quad) \xrightarrow{CH_3Br} (\quad\quad) \xrightarrow[\text{液 } NH_3]{Na} (\quad\quad)$

3. 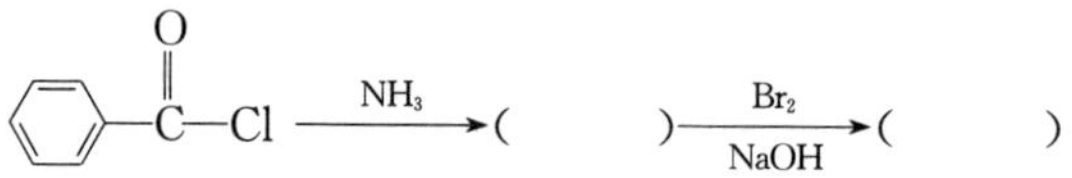 $C_6H_5-\overset{O}{\overset{\|}{C}}-Cl \xrightarrow{NH_3} (\quad\quad) \xrightarrow[NaOH]{Br_2} (\quad\quad)$

4. $C_6H_5-\overset{O}{\overset{\|}{C}}-O-C_6H_5 \xrightarrow[H_2SO_4]{HNO_3}$ (　　)

5. (　　)+ $H_2C=CH-CHO \xrightarrow{\triangle}$ (bicyclo[2.2.1]hept-5-ene-2-carbaldehyde, CHO)

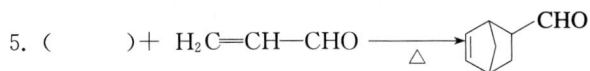

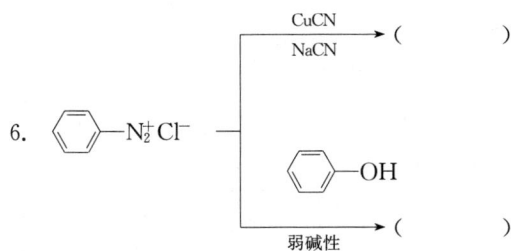

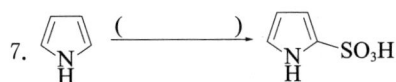

6. $C_6H_5-N_2^+Cl^-$ $\xrightarrow[NaCN]{CuCN}$ (　　)

$C_6H_5-N_2^+Cl^-$ + C_6H_5-OH $\xrightarrow[弱碱性]{}$ (　　)

7. 吡咯 (N-H) $\xrightarrow{(\qquad)}$ 2-吡咯磺酸 (SO_3H)

8. $H_3C-\underset{OH}{\overset{H_3C}{C}}-\underset{OH}{\overset{CH_3}{C}}-CH_3 \xrightarrow{H^+}$ (　　)

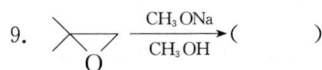

9. 2,2-二甲基环氧乙烷 $\xrightarrow[CH_3OH]{CH_3ONa}$ (　　)

10. $CH_3CH_2MgCl+C_6H_5CHO \xrightarrow[(2)\ H_3O^+]{(1)\ 无水乙醚}$ (　　)

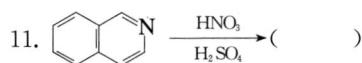

11. 异喹啉 $\xrightarrow[H_2SO_4]{HNO_3}$ (　　)

12. $C_6H_5Br \xrightarrow[无水\ THF]{Mg}$ (　　) $\xrightarrow{CH_3C\equiv CH}$ (　　)

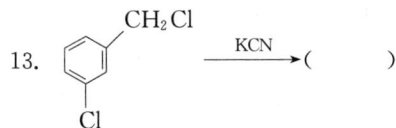

13. 间氯苄氯 (CH_2Cl, Cl) $\xrightarrow{KCN}$ (　　)

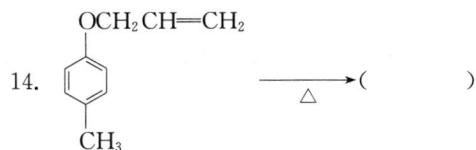

14. 对甲基苯基烯丙基醚 ($OCH_2CH=CH_2$, CH_3) $\xrightarrow{\triangle}$ (　　)

15. $C_6H_5CHO \xrightarrow[HCl(干)]{CH_3OH}$ (　　)

16. 环己基$-CH_2OH \xrightarrow{CrO_3 \cdot 2C_5H_5N}$ (　　)

17. 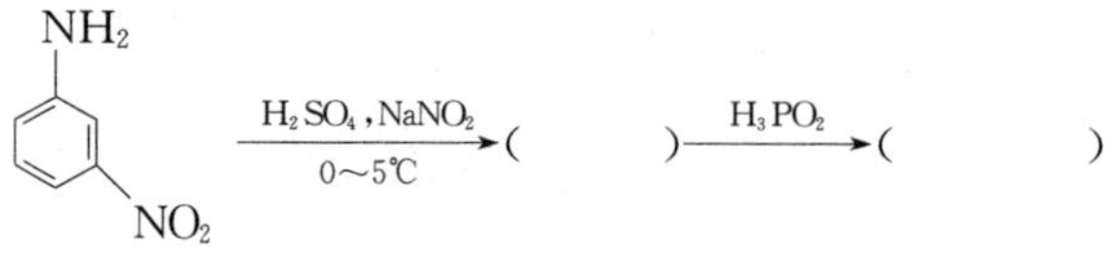 (间硝基苯胺) $\xrightarrow[0\sim5℃]{H_2SO_4,NaNO_2}$ (　　) $\xrightarrow{H_3PO_2}$ (　　)

18.  (环己烯) $\xrightarrow{(\quad)}$ (3-溴环己烯) $\xrightarrow[\triangle]{KOH}$ (　　)

19. 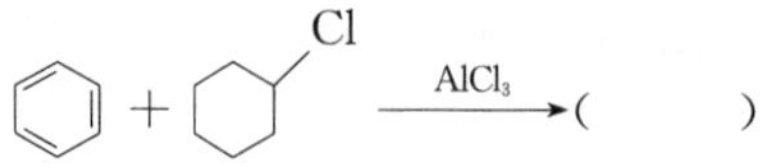 (苯) + (氯代环己烷) $\xrightarrow{AlCl_3}$ (　　)

20. 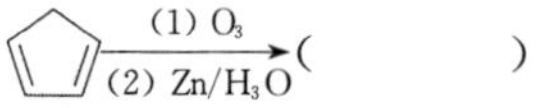 (环戊烯) $\xrightarrow[(2)\ Zn/H_3O]{(1)\ O_3}$ (　　)

21. $H_2C=CH-CH=CH_2 \xrightarrow[1\ mol]{Br_2}$ (　　)+(　　)

22. 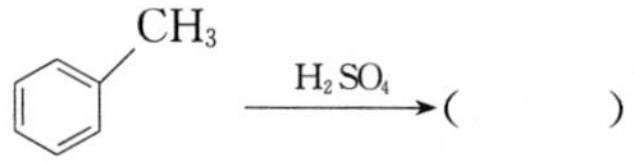 (甲苯) $\xrightarrow{H_2SO_4}$ (　　)

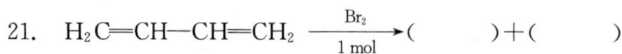

五、写出下列反应的机理(4分)

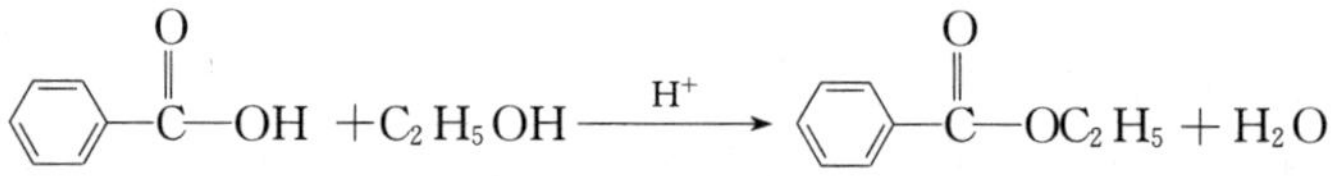

$$C_6H_5-\overset{O}{\overset{\|}{C}}-OH + C_2H_5OH \xrightarrow{H^+} C_6H_5-\overset{O}{\overset{\|}{C}}-OC_2H_5 + H_2O$$

六、推测结构(14分)

1. 某化合物A($C_9H_{10}O_2$)能溶于NaOH水溶液,能使溴水褪色,可与羟胺反应,能发生碘仿反应生成B($C_8H_8O_3$),但是不能发生银镜反应。A用$LiAlH_4$还原得C($C_9H_{12}O_2$),C也能发生碘仿反应得B。A用锌汞齐浓盐酸还原生成D($C_9H_{12}O$),C在碱性条件下与碘甲烷反应生成E($C_{10}H_{14}O_2$),E用$KMnO_4$溶液氧化后生成对甲氧基苯甲酸。试推测A~E的结构。

2. 某旋光性化合物A(C_6H_{12})能被$KMnO_4$氧化,也能被催化氢化得B(C_6H_{14}),B无旋光性,试推测A、B的结构。

七、合成题(无机试剂任选)(12分)

1. 以不超过2个碳的有机物为主要原料合成顺己-2-烯($H_5C_2(H)C=C(H)C_2H_5$)。

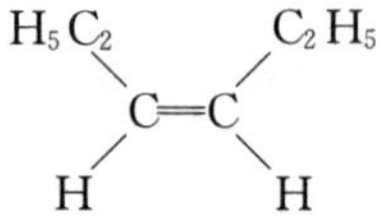

2. 以丙二酸二乙酯为主要原料合成 (环丁基)—COOH 。

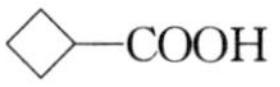

3. 以苯为主要原料合成3-溴苯胺((间溴苯基)—NH_2)。

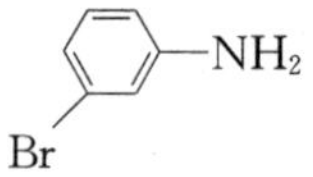

总复习测试题(二)

一、命名下列化合物(带 * 每题 2 分,其他每题 1 分,共 10 分)

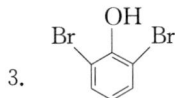

1\.

2*. H_5C_2、H 与 $C(CH_3)_3$、CH_2CH_3 分别连于 C=C 两端

$$\begin{array}{ccc} H_5C_2 & & C(CH_3)_3 \\ & C{=}C & \\ H & & CH_2CH_3 \end{array}$$

3\. (OH、Br、Br 取代的苯环)

4*.

$$\begin{array}{c} CH_2CH_3 \\ H-\!\!\!-\!\!\!-OH \\ H-\!\!\!-\!\!\!-Cl \\ CH_2CH_3 \end{array}$$

5\. (N、S 五元环)$-CH_3$

6\. $CH_3CH_2OCH_2Ph$

7\. $PhCH_2\overset{O}{\overset{\|}{C}}CH_2\underset{CH_3}{\underset{|}{C}}HCHO$

8\. $H_3CO-\langle\bigcirc\rangle-COOH$

二、用结构式或反应式表示下列名词术语(10 分)

1\. 内消旋体

2\. 苄基氯

3\. 狄克曼(Dieckmann)酯缩合

4\. 糠醛

5\. 脲

6\. 异丙基自由基

7\. 马氏规则

8\. 肟

9\. 对苯醌

10\. 亲核试剂

三、单项选择题(20 分)

1\. 环已烷各种构象异构体中,优势构象是 ( )

A. 椅式构象　B. 船式构象　C. 半椅式构象　D. 扭船式构象

2\. 下列化合物进行 S_N2 反应的活性强弱顺序是 ( )

① CH_3Br　② $(CH_3)_2CHBr$　③ CH_3CH_2Br　④ $(CH_3)_3CBr$

A. ①>③>②>④

B. ③>①>②>④

C. ③>④>②>①

D. ①>④>②>③

3\. 孕甾烷的结构是 ( )

A. 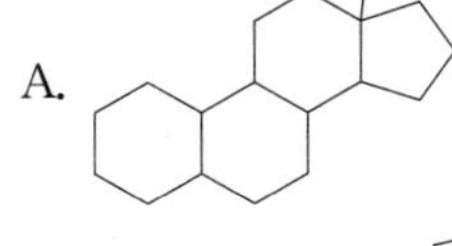

B. 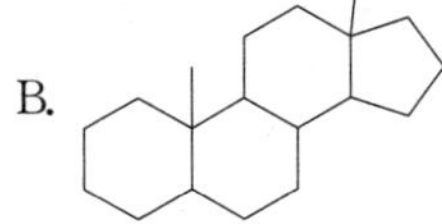

C. 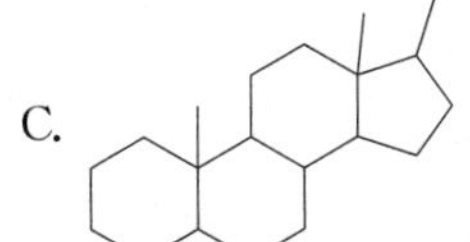

D.

4\. 下列各化合物具有芳香性的是 ( )

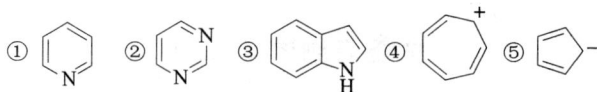

① ② ③ ④ ⑤

A. ①②③④⑤　　B. ①②③④

C. ②③④　　D. ①②③

5. 下列化合物在水中的碱性强弱次序是　（　　）

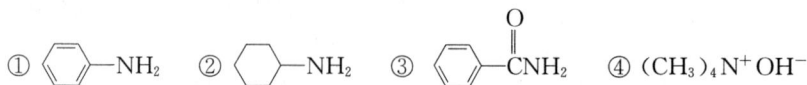

① $C_6H_5-NH_2$　② $C_6H_{11}-NH_2$　③ $C_6H_5-CONH_2$　④ $(CH_3)_4N^+OH^-$

A. ①>②>③>④　　B. ③>①>②>④

C. ③>④>②>①　　D. ④>②>①>③

6. 下列化合物碱性水解速度快慢次序是　（　　）

① CH_3COOEt　② $CH_3COOCH(CH_3)_2$　③ $CH_2COOC(CH_3)_3$　④ CH_3COOCH_3

A. ③>②>④>①　　B. ③>①>②>④

C. ④>③>②>①　　D. ④>①>②>③

7. 下列能与饱和 $NaHSO_3$ 反应的是　（　　）

① CH_3COCH_3　② $CH_3CH_2COCH_2CH_3$　③ $C_6H_5COCH_3$　④ 环己酮

A. ①②③④　　B. ①②③　　C. ②③④　　D. ①④

8. 二肽含有的肽键个数是　（　　）

A. 1　　B. 2　　C. 3　　D. 4

9. 下列化合物属于单糖的是　（　　）

① 葡萄糖　② 蔗糖　③ 果糖　④ 甘露糖　⑤ 淀粉　⑥ 乳糖

A. ①②③④⑤⑥　　B. ①②③④

C. ①③④　　D. ②③④⑥

10. 下列化合物酸性强弱顺序是　（　　）

① $CH_3CH_2CH_2COOH$　② $CH_3CH_2CHFCOOH$

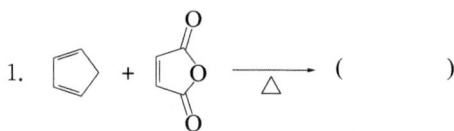

③ $CH_3CH_2CHClCOOH$　④ $CH_3CH_2CHBrCOOH$

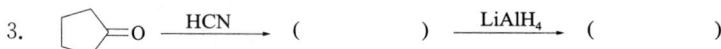

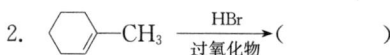

A. ③>②>④>①　　B. ②>①>③>④

C. ④>③>②>①　　D. ②>③>④>①

四、完成反应式(30 分)

1. 环戊二烯 + 顺丁烯二酸酐 $\xrightarrow{\triangle}$ (　　　)

2. 1-甲基环己烯 $\xrightarrow[\text{过氧化物}]{HBr}$ (　　　)

3. 环戊酮 $\xrightarrow{HCN}$ (　　　) $\xrightarrow{LiAlH_4}$ (　　　)

4. $C_6H_5-CH_3$ $\xrightarrow{(\quad)}$ $C_6H_5-CH_2Br$ $\xrightarrow[\text{无水乙醚}]{Mg}$ (　　　) $\xrightarrow{NaCN}$ (　　　)

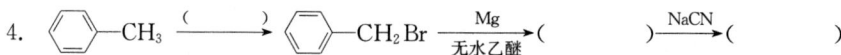

5. (benzene) $\xrightarrow[AlCl_3]{\text{cyclopentyl chloride}}$ (　　　) $\xrightarrow[H^+, \triangle]{KMnO_4}$ (　　　)

6. $C_6H_5-CHO + HCHO \xrightarrow{浓\ NaOH}$ (　　　) + (　　　)

7. $C_6H_5-NH_2 + C_6H_5-SO_2Cl \longrightarrow$ (　　　) $\xrightarrow{NaOH}$ (　　　)

8. 3-methylpyridine (CH_3, N) $\xrightarrow[CH_3COOH]{H_2O_2}$ (　　　)

9. $C_6H_5-COOH + CH_3CH_2^{18}OH \xrightarrow{H^+}$ (　　　)

10. 1,1'-bi(cyclopentyl)-1,1'-diol (OH, HO) $\xrightarrow{H^+}$ (　　　)

11. cyclohexyl$-C\equiv CH \xrightarrow[H_2SO_4]{HgSO_4}$ (　　　)

12. $(H_3C)_2C=CH_2 \xrightarrow[(2)\ Zn, H_2O]{(1)\ O_3}$ (　　　)

13. 2,6-dimethylphenol (H_3C, OH, CH_3) $\xrightarrow[OH^-]{CH_2=CHCH_2Cl}$ (　　　) $\xrightarrow{\triangle}$ (　　　)

14. $CH_3CH_2C(CH_3)(OH)CH_3 \xrightarrow[\triangle]{H_2SO_4}$ (　　　)

15. $CH_3CH=CH_2 \xrightarrow{(\quad)} CH_3CH-CH_2$ (epoxide, O) $\xrightarrow[H^+]{CH_3OH}$ (　　　)

16. $C_6H_5-\overset{O}{\overset{\|}{C}}CH(CH_3)_2 \xrightarrow{(\quad)} C_6H_5-CH_2CH(CH_3)_2$

17. $2CH_3CH_2CHO \xrightarrow{NaOH}$ (　　　)

18. $CH_2(COOEt)_2 \xrightarrow[(2)\ EtBr]{(1)\ NaOEt}$ (　　　) $\xrightarrow[(2)\ H_3O^+, \triangle]{(1)\ NaOH, H_2O}$ (　　　)

19. cyclopentyl$-OH \xrightarrow{SOCl_2}$ (　　　)

20. $C_6H_5-\overset{O}{\overset{\|}{C}}NH_2 \xrightarrow[H_2O, \triangle]{NaOH}$ (　　　)

五、写出下列反应的机理(5分)

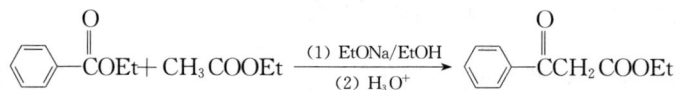

$$\text{PhCOOEt} + CH_3COOEt \xrightarrow[(2)\ H_3O^+]{(1)\ EtONa/EtOH} \text{PhCOCH}_2COOEt$$

六、推测结构(10分)

1. 某化合物 A($C_9H_{17}N$)在铂催化下不吸收氢,A 与过量 CH_3I 作用后,用湿的 Ag_2O 处理并加热,得化合物 B($C_{10}H_{19}N$),B 再用上述方法处理得 C($C_{11}H_{21}N$),C 再如上处理得 D(C_9H_{14}),D 不含甲基,不含共轭双键,双键碳上有 8 个氢。试推测 A~D 的结构。

2. 化合物 A($C_8H_{10}O$)与 Na 不反应,遇 $FeCl_3$ 也不显色。A 用 HI 处理,生成化合物 B 和 C,B 遇溴水立即生成白色沉淀,C 经 NaOH 水解后,再用 $CrO_3 \cdot H_2SO_4$(稀)处理生成醛 D,试推测 A~D 的结构。

七、合成题(无机试剂任选)(15分)

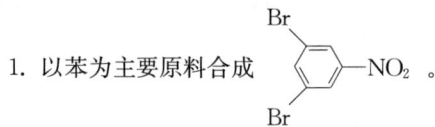

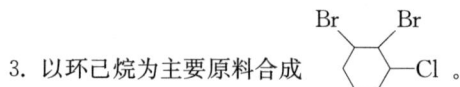

1. 以苯为主要原料合成 3,5-二溴硝基苯(苯环上 1-NO_2,3,5-Br)。

2. 以甲苯、乙酰乙酸乙酯及不超过 2 个碳的有机物合成 $CH_3COCH(CH_2Ph)CH_2CH_3$。

3. 以环己烷为主要原料合成 1,2-二溴-3-氯环己烷。

习题参考答案

第1章

1. 略

2. (1) CH_3—Br>CH_3—H (2) CH_3—Cl >CH_3—I (3) CH_3CH_2—OH> CH_3CH_2—NH_2

3. (1)(3) 无极性，其余有极性，电偶极矩方向略

4. (1) CH_3CHCl_2；$C_2H_4Cl_2$ (2) $CH_3CH_2OCH_2CH_3$，$C_4H_{10}O$

(3) CH_2 ═CH_2，C_2H_4 (4) CH_3C≡CH，C_3H_4

(5) $CH_3CH(OH)CH_3$，C_3H_8O (6) $BrCH_2C(=O)CH_2Br$，$C_3H_4Br_2O$

5. (1)、(5)为酮，羰基 (2) 醚，醚键 (3) 硝基化合物，硝基 (4) 醛，羰基 (6) 炔，叁键 (7) 胺，氨基 (8) 醇，羟基 (9) 卤烃，卤素 (10) 磺酸，磺酸基 (11) 酚，羟基 (12) 腈，氰基

6. (1)与(5)，(2)与(8)，(3)与(7)，(4)与(6)

7. (1)与(8)，(2)与(5)，(3)与(6)，(4)与(7)

8. 略

9. 略

第2章

1. 前者具有较高的熔点，后者具有较高的沸点　　2. 略

3. $(CH_3)_3C$—$C(CH_3)_3$

4. (1) 正丙基(*n*-Pr-) (2) 异丙基(iPr-)
 (3) 异丁基(iBu-) (4) 叔丁基(*t*-Bu-)
 (5) 甲基(Me-) (6) 乙基(Et-)

5. (1) $(CH_3)_2CH$—$CH(CH_3)_2$ (2) $(CH_3)_3CCH_2CH_3$
 (3) $(CH_3)_2CHCH_2CH_2CH_3$ 和$(CH_3CH_2)_2CHCH_3$

6. (1) 2,4,6-三甲基辛烷
 (2) 3,6,6-三甲基壬烷
 (3) 4-异丙基-2,3,6-三甲基庚烷
 (4) 3-乙基-3-甲基戊烷
 (5) 5,5-二乙基-2,3,7,9-四甲基癸烷
 (6) 5-(丁-2-基)-5-异丙基-2-甲基壬烷

7. (1)

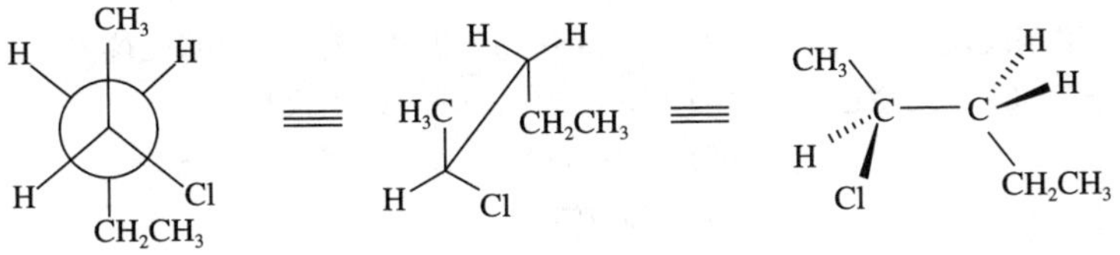

(2)

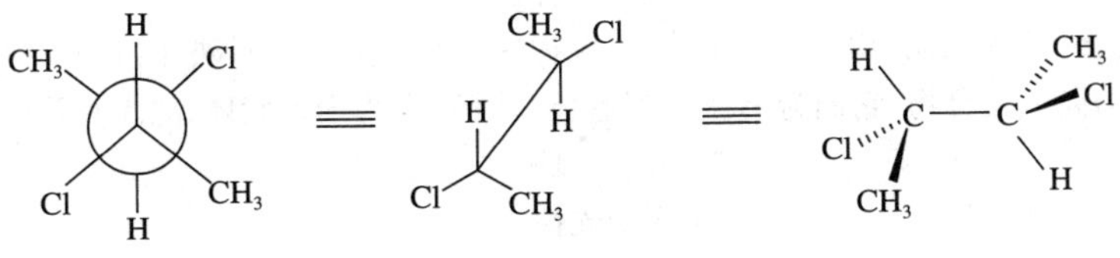

(3) 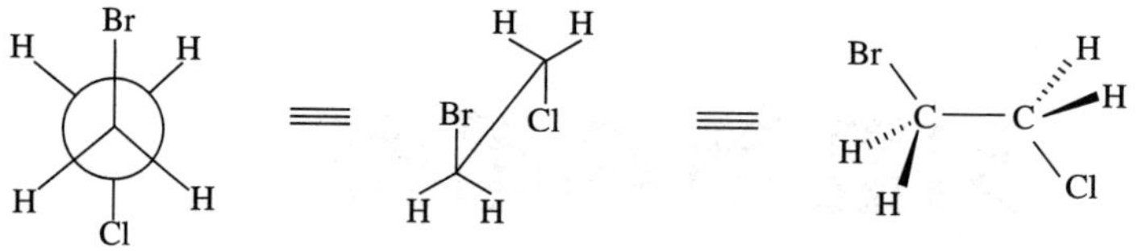 Newman 投影式：前 H、H、Br；后 H、H、Cl ≡ Br、Cl、H H、H H ≡ Br、H、H—C—C—H、H、Cl

8. (1)>(3)>(2)

9. 略 10. 略

11. $M(C_nH_{2n+2})=86$， $n=6$，一氯代后只得2种一氯代物的异构体结构为$(CH_3)_2CH—CH(CH_3)_2$，异构体略

第3章

1. 略

2. (3)>(6) >(5) >(4) >(1) >(8) >(2) >(7)

3. (1) 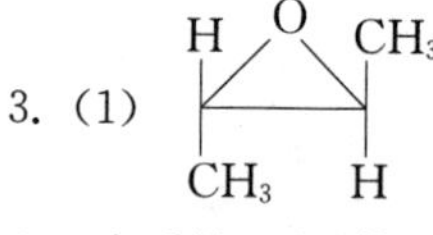 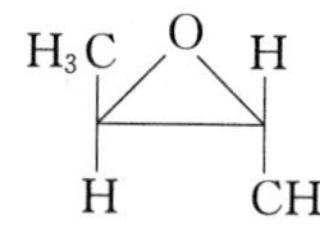 (2) 无手性，有对称中心

(3) 有手性，对映体略

(4) 无手性，有对称面

(5) 无手性，有对称面

(6) 有手性，对映体略

4. (1) *S*

(2) 2*R*,3*S*

(3) *R*,*R*

(4) *R*,*R*

(5) *R*

(6) 1*R*,2*S*,5*R*

5. (1) 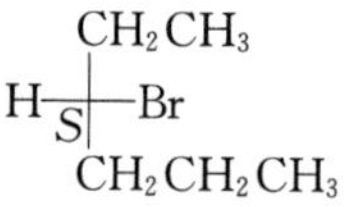 上 CH_2CH_3；H—(*S*)—Br；下 $CH_2CH_2CH_3$

(2) 上 CH_3；H—(*S*)—Br；H—(*R*)—Br；下 CH_2CH_3

(3) $CH_3CH_2CCH_2CH_3$（C 上连 CH_3 和 Br）

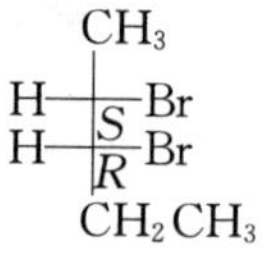

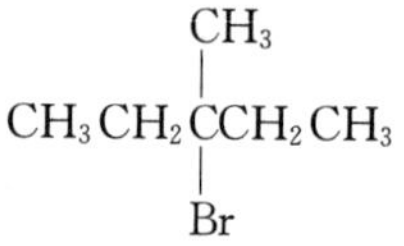

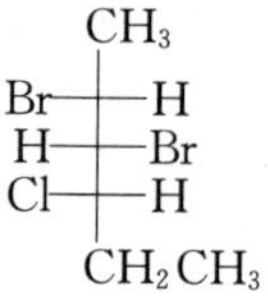

(4) 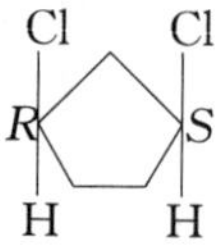 环戊烷，Cl、Cl；*R*、*S*；H、H

6. (1) 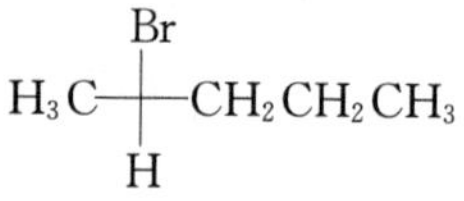 上 Br；H_3C—C—$CH_2CH_2CH_3$；下 H

(2) 上 CH_3；Br—H；H—Br；Cl—H；下 CH_2CH_3

(3) 上 CH_3；$C_6H_5CH_2$—C—CH_2CH_3；下 H

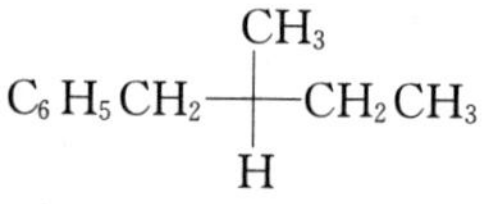

(4) 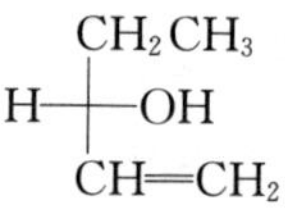 上 CH_2CH_3；H—OH；下 CH═CH_2

7. (1) *R*-2,2,3-三甲基戊烷

(2) (2*S*,3*S*)-3-溴-1-氯-2-甲基戊烷

(3) (2*S*,3*S*,4*R*)-2-溴-3,4-二氯己烷

(4) (2*R*,3*R*)-2-溴-3-氯戊烷

8. (1) 对映体

(2) 对映体

(3) 非对映体

(4) 对映体

(5) 构造异构体

(6) 同一化合物

9. 化合物(2)、(4)、(8)与A相同，均为内消旋体；化合物(1)和(5)为一对对映体，它们的构造与A不同；化合物(3)、(6)、(7)为同一化合物，它们为A的非对映体。因为A为内消旋体，故无对映体存在。

10. (1) 有旋光性

(2) 有旋光性

(3) 无旋光性

(4) 无旋光性

11. (1) 一氯代馏分为：

(a) $CH_3CH_2-C(H)(CH_3)-CH_2Cl$ 及 $CH_3CH_2-C(CH_3)(H)-CH_2Cl$ (b) $CH_3CH_2CCl(CH_3)_2$

(c) $H_3C-C(H)(Cl)-CH(CH_3)_2$ 及 $(CH_3)_2CH-C(H)(Cl)-CH_3$ (d) $ClCH_2CH_2CH(CH_3)_2$

(2) 没有有光学活性的馏分。

(3) 馏分(b)及(d)无手性碳，馏分(a)及(c)为外消旋体。

第4章

1. 略

2. (1)、(3)无，(2)、(4)、(5)、(6)有，异构体略

3. (1) 2-甲基丁-1-烯>戊-1-烯 (2) 反戊-2-烯>顺戊-2-烯

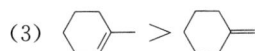

(3) 1-甲基环己烯 > 亚甲基环己烷

4. (1) $CH_2{=}CH-$ (2) $CH_2{=}CH-CH_2-$

(3) $CH_3CH{=}CH-$ (4) $CH_2{=}C(CH_3)-$

5. 略

6. (1) $CH_3C(CH_3){=}CHCl$ (2) $CH_3CH{=}C(CH_2CH_3)CH_2CH_3$

(3) 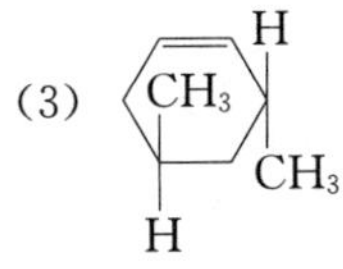 (4)

(5) $(CH_3CH_2)(CH_3)C{=}C(CH_2CH_2CH_3)(CH(CH_3)_2)$ (6)

(7) 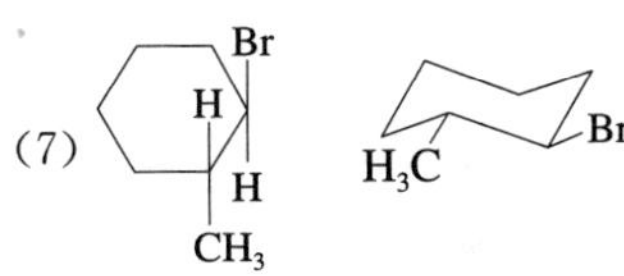 (8)

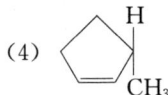

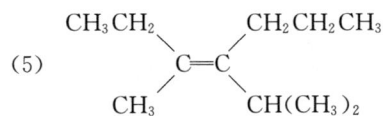

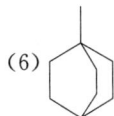

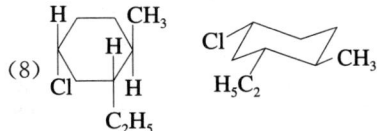

7. (1) 2-甲基-3-甲亚基戊烷 (2) (*E*)-4-异丁基-3-甲基辛-3-烯

(3) (*E*)-1,3-二氯丙烯 (4) (2*E*,4*Z*)-3-甲基庚-2,4-二烯

(5) 1,4-二甲基环戊-1-烯 (6) (*S*)-3-氯戊-1-烯

(7) (1*R*,3*R*)-1,3-二溴-1-甲基环戊烷

(8) (*E*)-戊-2-烯-1-基环己烷 (9) 5-甲基螺[3.4]辛烷

(10) 1,7,7-三甲基二环[2.2.1]庚烷

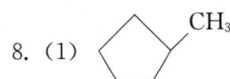

8. (1) 甲基环戊烷 (2) 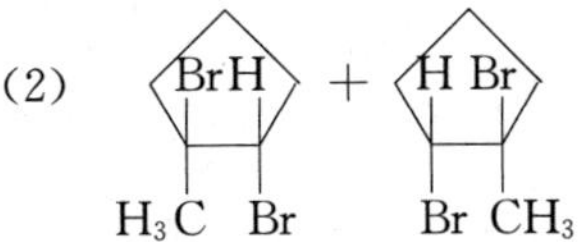

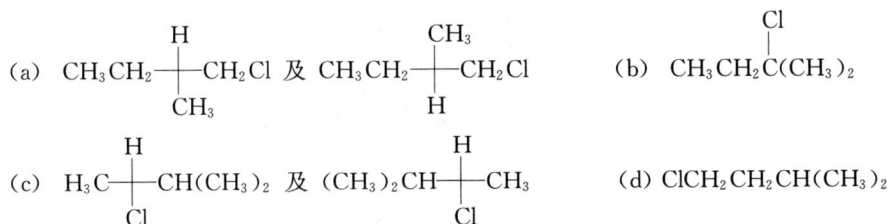

(3) 1-甲基环戊醇（环戊烷环上同一碳原子连 OH 和 CH_3）

(4) 两种环戊二醇立体异构体之和：OH OH / CH_3 H + CH_3 H / OH OH

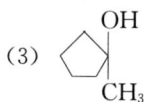

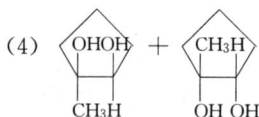

(5) $CH_3COCH_2CH_2CH_2COOH$

(6) $CH_3COCH_2CH_2CH_2CHO$

(7) 1-溴-1-甲基环戊烷（环戊烷环上同一碳原子连 Br 和 CH_3）

(8) 两种立体异构体之和：H OH / CH_3 H + OH H / H CH_3

9. (1) $KMnO_4/H^+$

(2) $CH_3COCH_2CH_2CH(CH_3)CH_2COOH$

(3) $CH_3CH_2CCl(CH_3)CHICH_3$

(4) $(CH_3)_2CICH_3$

(5) 2-溴-1-亚甲基环己烷

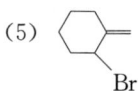

(6) Br_2/H_2O(大量)

(7) $F_3CCH_2—CHClCH_3$

(8) $(CH_3)_2CBrCH_2CH_2CH=CH_2$

(9) $CH_3CH_2CH_3$

(10) 溴代环戊烷

(11) $(CH_3)_2CBrCH_2CH_3$

(12) 桥环二溴化合物（两个桥头碳各连一个 Br）

10. (1) 1-异丙基环己烯 $\xrightarrow{H^+}$ 1-异丙基环己基碳正离子（环上碳带正电，相邻异丙基上的 H 发生迁移，箭头标出） → 2-环己基-2-丙基碳正离子 $\xrightarrow{Cl^-}$ 2-氯-2-环己基丙烷

1-异丙基环己基碳正离子 $\xrightarrow{Cl^-}$ 1-氯-1-异丙基环己烷

(2)

$$CH_3C(CH_3)=CH_2 \xrightarrow{H^+} H_3C-\overset{+}{C}(CH_3)-CH_3 \xrightarrow{CH_3OH} H_3C-C(\overset{+}{H}OCH_3)(CH_3)-CH_3 \xrightarrow{-H^+} H_3C-C(OMe)(CH_3)-CH_3$$

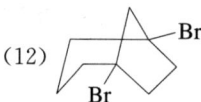

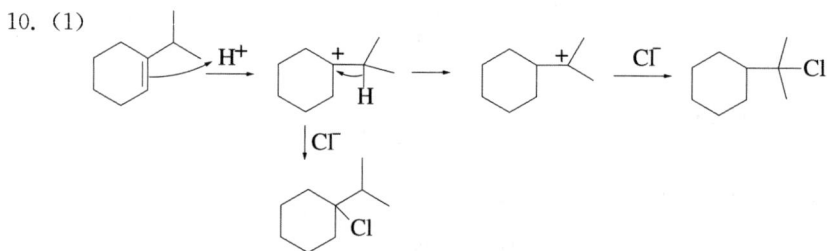

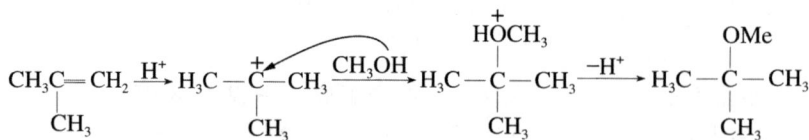

11. (1) $CH_3CH_2CH=CH_2$

(2) $(CH_3)_2C=CHCH_3$

(3) $CH_3CH_2CH=CHCH_2CH_3$

(4) 环己烯

(5) 1,2-二甲基环戊烯

(6) $CH_3CH=CH—CH_2CH=CHCH_3$

12. (1) 环戊烯

(2) $(CH_3)_2CHCH=CHCH_3$

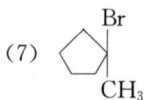

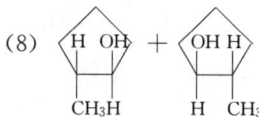

(3) $(CH_3)_2C{=}C(CH_3)_2$　　(4) 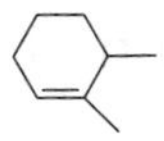 [结构式]

13. A [结构式]　　B [结构式，含 Br]

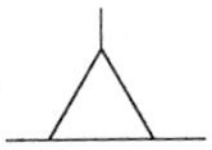

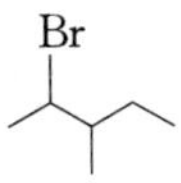

第 5 章

1. 略

2. (1) $HC{\equiv}CCH(CH_3)CH_2CH(CH_3)CH_2CH_3$　　(2) 丁-1,3-二烯-1-基环己烷

(3) $CH_2{=}CHC{\equiv}CCH{=}CH_2$　　(4) 4-甲基庚-1,5-二炔

(5) 1-甲基环己-1,3-二烯　　(6) 4-乙基-6,7-二甲基辛-4-烯-2-炔

(7) 4-溴戊-2-炔　　(8) (2*E*,4*E*)-3-甲基庚-2,4-二烯

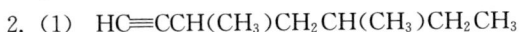

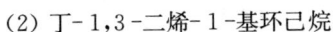

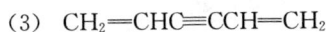

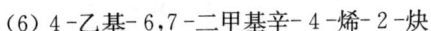

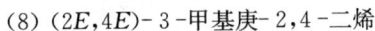

3. (2)及(4)为共轭化合物,(1)、(3)、(4)有顺、反异构体,构型及命名略。

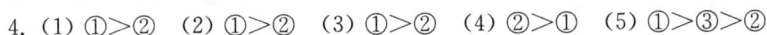

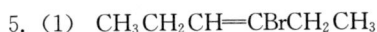

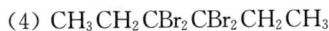

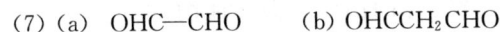

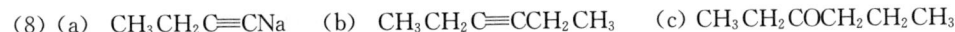

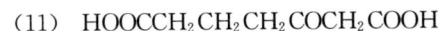

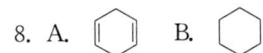

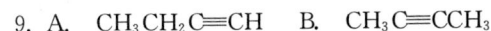

4. (1) ①>②　(2) ①>②　(3) ①>②　(4) ②>①　(5) ①>③>②

5. (1) $CH_3CH_2CH{=}CBrCH_2CH_3$　　(2) 顺己-3-烯

(3) $2CH_3CH_2COOH$　　(4) $CH_3CH_2CBr_2CBr_2CH_2CH_3$

6. (1) $CH_3CH_2CH_2CBr_2CH_3$　　(2) $BrCH_2CHBrCH_2C{\equiv}CCH_3$

(3) 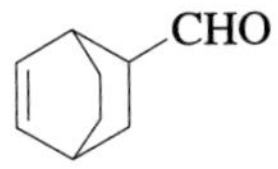 [结构式，含 CHO]　　(4) 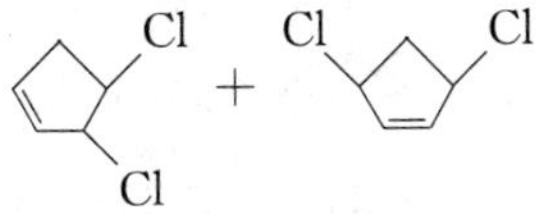 [结构式，含 Cl、Cl] + [结构式，含 Cl、Cl]

(5) (a) $CH_3CH_2CH(CH_3)CH{=}CHBr$　　(b) $CH_3CH_2CH(CH_3)C{\equiv}CAg$

(6) (a) $CH_3CBr(CH_3)CH{=}CH_2$ 及 $CH_3C(CH_3){=}CHCH_2Br$　　(b) $ClCH_2C(OH)(CH_3){-}CH{=}CH_2$

(c) $ClCH_2C(CH_3){=}CHCH_2OH$

(7) (a) $OHC{-}CHO$　　(b) $OHCCH_2CHO$

(8) (a) $CH_3CH_2C{\equiv}CNa$　　(b) $CH_3CH_2C{\equiv}CCH_2CH_3$　　(c) $CH_3CH_2COCH_2CH_2CH_3$

(9) (a) 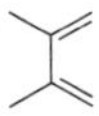 [结构式]　　(b) 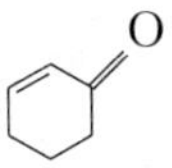 [结构式，含 O]　　(10) Li/液 NH_3

(11) $HOOCCH_2CH_2CH_2COCH_2COOH$　　(12) $CH_3CHBrCH_2CHBrCH_3$

7. (1) $CH_3CH_2CH_2C{\equiv}CH$　　(2) $HC{\equiv}CCH_2CH_2C{\equiv}CH$

(3) $CH_3CH_2C{\equiv}CCH_2CH_3$　　(4) 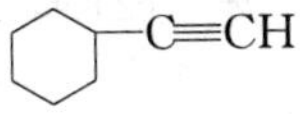 [结构式]$-C{\equiv}CH$

8. A.  [结构式]　　B.  [结构式]

9. A. $CH_3CH_2C{\equiv}CH$　　B. $CH_3C{\equiv}CCH_3$

10. A. $CH_3CH{=}C(CH_2CH_3){-}C{\equiv}CH$　　B. $CH_3CH{=}C(CH_2CH_3){-}CH{=}CH_2$　　C. 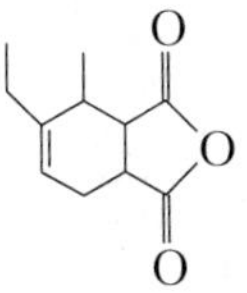 [结构式，含 O、O、O]

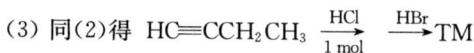

11. (1) $CH_3C\equiv CH \xrightarrow[\text{Lindlar 催化剂}]{H_2} CH_3CH=CH_2 \xrightarrow[\text{过氧化物}]{NBS} BrCH_2CH=CH_2 \xrightarrow{Br_2} CH_2BrCHBrCH_2Br$

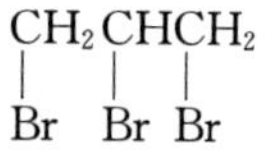

(2) $CH_3C\equiv CH \xrightarrow[\text{Lindlar 催化剂}]{H_2} CH_3CH=CH_2 \xrightarrow[\text{过氧化物}]{HBr} CH_3CH_2CH_2Br$

$CH_3C\equiv CH \xrightarrow{NaNH_2} CH_3C\equiv CNa \xrightarrow{CH_3CH_2CH_2Br} CH_3C\equiv CCH_2CH_2CH_3 \xrightarrow{Li/NH_3}$ (H)(H_3C)C=C(CH_2CH_2CH_3)(H)

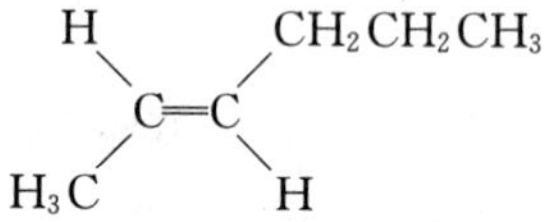

12. (1) $HC\equiv CH \xrightarrow[\text{Lindlar 催化剂}]{H_2} H_2C=CH_2 \xrightarrow{HBr} CH_3CH_2Br$

$HC\equiv CH \xrightarrow{NaNH_2} NaC\equiv CNa \xrightarrow{2CH_3CH_2Br} CH_3CH_2C\equiv CCH_2CH_3$

$\xrightarrow[\text{Lindlar 催化剂}]{H_2}$ (H_3CH_2C)(H)C=C(CH_2CH_3)(H)

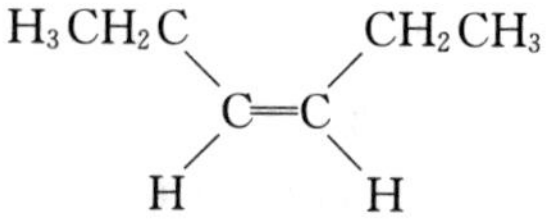

(2) $HC\equiv CH \xrightarrow[\text{Lindlar 催化剂}]{H_2} H_2C=CH_2 \xrightarrow{HBr} CH_3CH_2Br$

$HC\equiv CH \xrightarrow{NaNH_2} HC\equiv CNa \xrightarrow{CH_3CH_2Br} CH_3CH_2C\equiv CH$

$\xrightarrow[\text{Lindlar 催化剂}]{H_2} CH_3CH_2CH=CH_2 \xrightarrow[\text{过氧化物}]{HBr} CH_3CH_2CH_2CH_2Br$

$\xrightarrow{HC\equiv CNa} HC\equiv CCH_2CH_2CH_2CH_3 \xrightarrow[HgSO_4]{H_2O/H^+} CH_3COCH_2CH_2CH_2CH_3$

(3) 同(2)得 $HC\equiv CCH_2CH_3 \xrightarrow[1\ mol]{HCl} \xrightarrow{HBr} TM$

第 6 章

1. (1) 间二硝基苯(苯环上 1,3-位 NO_2)　(2) 1,3,5-三乙基苯(H_3CH_2C—苯环—CH_2CH_3,另一 CH_2CH_3)

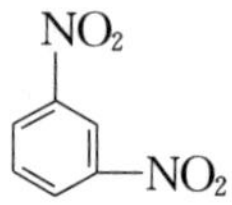

(3) $HO-C_6H_4-COOH$(对位)　(4) 苯环上 SO_3H,3,5-位 O_2N、NO_2

(5) 2-萘胺(NH_2)　(6) 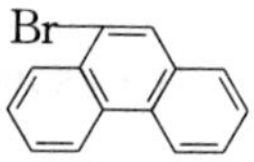 9-溴菲(Br)

2. (1) 1-乙基-4-硝基苯　(2) 叔丁苯　(3) 2,4-二硝基苯甲酸　(4) 4-硝基萘-1-磺酸

3. (1) 苯环上 $NHCOCH_3$,箭头指向邻位和对位　(2) 苯环上 COOH、OH,箭头指向两个位置

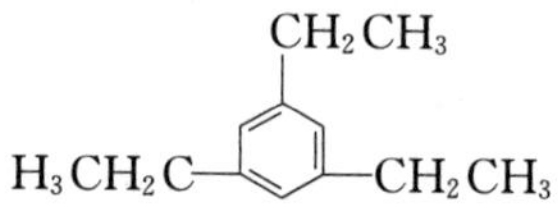

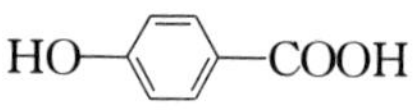

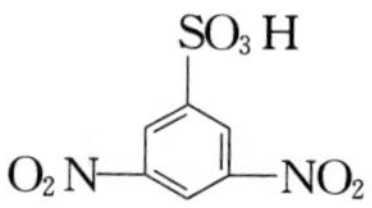

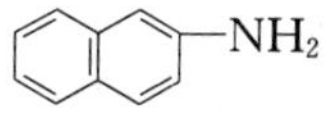

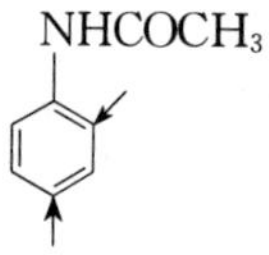

(3) 苯环上 CH_3(上)、OH(下),箭头指向 OH 的邻位　(4) 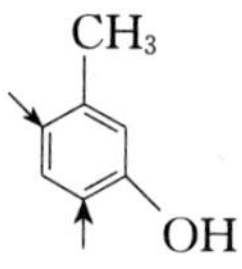 苯环上 CH_3、OH(间位),箭头指向两个位置

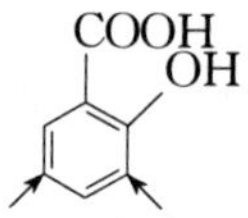

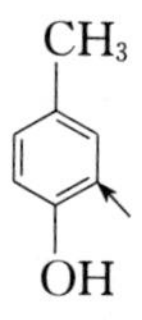

(5) 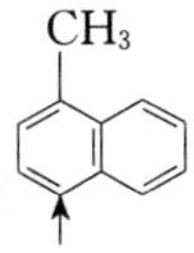 1-甲基萘（结构式，箭头指向 4 位）　　(6) 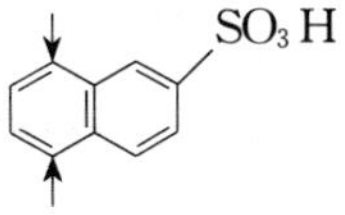 2-萘磺酸（结构式，箭头指向 5、8 位）

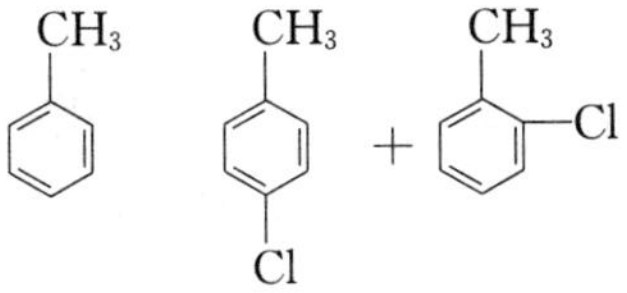

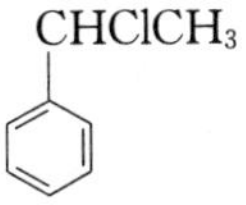

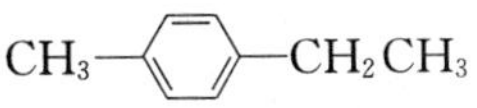

(7) 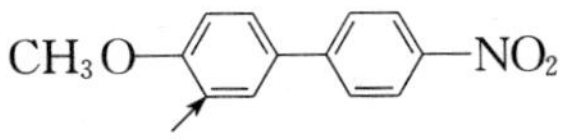 CH_3O—C₆H₄—C₆H₄—NO_2（结构式，箭头指向甲氧基邻位）

4. (1) 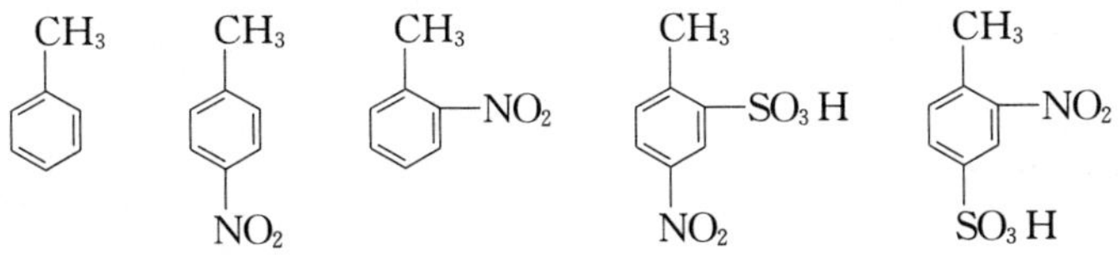 甲苯、对硝基甲苯、邻硝基甲苯（NO_2）、2-甲基-5-硝基苯磺酸（SO_3H, NO_2）、2-硝基-4-磺酸基甲苯（NO_2, SO_3H）（结构式）

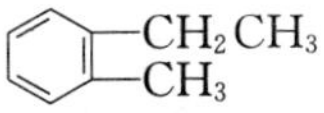

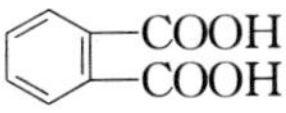

(2) 甲苯、对氯甲苯 + 邻氯甲苯（结构式）　　(3) $C_6H_5CHClCH_3$（结构式）

(4) CH_3—C₆H₄—CH_2CH_3　　(5) HOOC—C₆H₄—COOH

5. (1)、(3)、(4)、(7)具有芳香性。

6. 1,2,4-三溴苯、1,2,3-三溴苯、1,3,5-三溴苯

7. 1,2-二苄基乙烯

8. A. 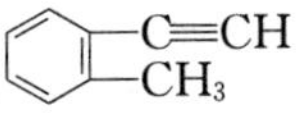 邻甲基苯乙炔（C≡CH, CH_3）　B. 邻甲基乙苯（CH_2CH_3, CH_3）　C. 邻苯二甲酸（COOH, COOH）　D. 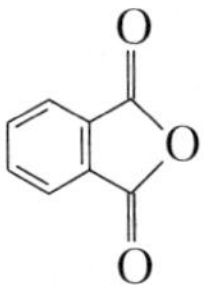 邻苯二甲酸酐　反应式略

第 7 章

1. (1) UV　(2) IR　(3) UV　(4) IR

2. (1) c>b>a　(2) b>a>c

3. (1) $CH_3CBr_2CH_2Br$　(2) CH_3SCH_2Cl

(3) $CH_3OCH_2OCH_3$　(4) CH_3COOCH_3

(5) $(CH_3)_3CCHBr_2$

4. 异丙苯

5. 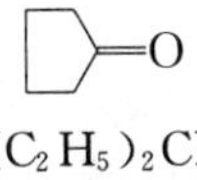 环戊酮（结构式，=O）

6. $(C_2H_5)_2CHOH$

7. $CH_3COOC(CH_3)_3$　说明略

8.  $C_6H_5COCH_2Cl$

9. 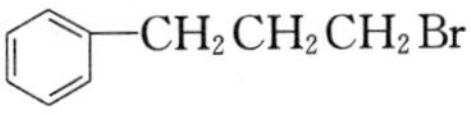 $C_6H_5CH_2CH_2CH_2Br$

10. (1) $CH_3CHOHCH_3$　(2) $C_6H_5COCH_2CH_3$　(3) $C_6H_5COCH_2CH_2CH_3$

11. A 1,4-环己二烯（结构式）　B 1,3-环己二烯（结构式）

12. $CH_3CH_2COCH_2CH_3$

IR 在 1 710 cm^{-1} 处有吸收，表明有羰基；^1H-NMR 在 δ9～10 处无信号，表明不是醛；MS 中酮的裂解途径为：

$$R-\overset{\overset{+\cdot}{O}}{\overset{\|}{C}}-R' \longrightarrow RC\equiv\overset{+}{O} + R'\cdot \text{ 或 } R'C\equiv\overset{+}{O} + R\cdot$$

因此，R 为 CH_3CH_2，即 $CH_3CH_2C\equiv O^+$（m/z 57）。

13. A. 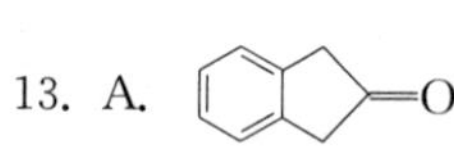　　B.

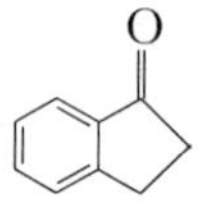

14. $(CH_3)_2CHCN$

15. $(CH_3)_2CHCOCH(CH_3)_2$

16. 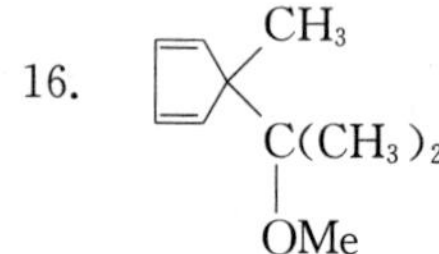

第 8 章

1. (1) 2-溴-3-乙基-5-甲基辛烷　(2) (*R*)-3-溴-3-甲基戊-1-烯
(3) (*S*)-3-氯环己-1-烯　(4) 3,4-二溴乙苯
(5) (1*R*,3*R*)-1-氯-3-甲基环己烷　(6) (*Z*)-2,5 二氯-3-乙基戊-2-烯
(7) 4-碘-4-甲基戊-1-炔　(8) (1-溴-3-乙基戊-2-烯-1-基)苯
(9) (2*R*,3*R*)-2-溴-3-氯戊烷　(10) (3*R*,4*S*)-3-溴-4-氯戊-1-烯

2. 略

3. (1) ②>③>①　(2) ③>②>①
(3) ②>①>③>④　(4) ③>①>②
(5) ①>③>②　(6) ⑤>④>③>②>①>⑥
(7) ②>①　(8) ②>①

4. (1) $CH_3CH_2CH_2CH_2OH$　(2) $CH_3CH_2CH{=}CH_2$
(3) $CH_3CH_2CH_2CH_2MgBr$　(4) $CH_3CH_2CH_2CH_2D$
(5) $CH_3CH_2CH_2CH_2C\equiv CCH_3$　(6) $CH_3CH_2CH_2CH_2NHCH_3$
(7) $CH_3CH_2CH_2CH_2CN$　(8) $CH_3CH_2CH_2CH_2ONO_2+AgBr$

5. (1) $CH_3CH_2CH_2CH_2CH{=}CH_2$　(2) $CH_3CH{=}CHCH(CH_3)CH_2CH_3$
(3) $(CH_3)_2C{=}CHCH_2CH_3$　(4) $CH_3CH{=}CHCH(CH_3)_2$
(5) $CH_2{=}CHCH_2CH(CH_3)_2$　(6) $(CH_3)_2C{=}C(CH_3)CH_2CH_3$

6. (1) 第 2 步错，由于有 —OH 存在，不能形成格氏试剂。 (2) 错，以消除产物为主。 (3) 错，直接与苯环相连的 Cl 在反应条件下不能水解。 (4) 错，Cl 也被还原。 (5) 错，与 C═C 相连的 Br 不能被取代。 (6) 错，E2 消除要求反式共平面，产物应为 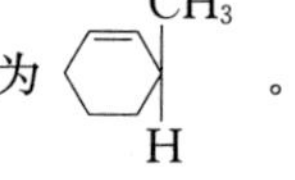 。

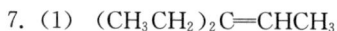

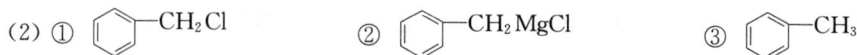

7. (1) $(CH_3CH_2)_2C{=}CHCH_3$
(2) ① $C_6H_5CH_2Cl$　② $C_6H_5CH_2MgCl$　③ $C_6H_5CH_3$ 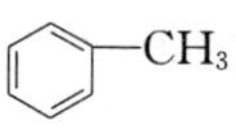
(3) ① HBr/过氧化物　② 环己基—$CH_2CH_2C\equiv CCH_3$
③ 环己基—$CH_2CH_2CH{=}CHCH_3$（H、H 与 CH_2CH_2、CH_3 反式）　(4) ① 3-溴环己烯

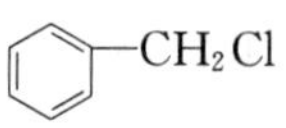

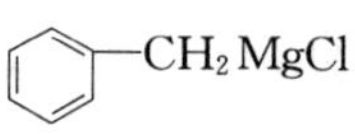

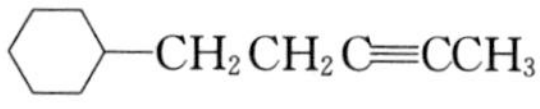

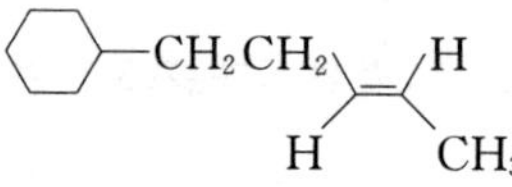

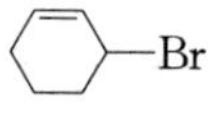

② 环己烯-OH (5) 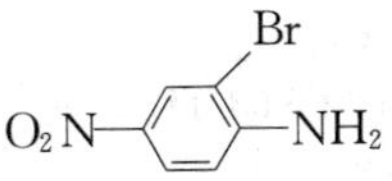 O_2N-C₆H₃(Br)-NH_2

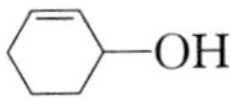

(6) 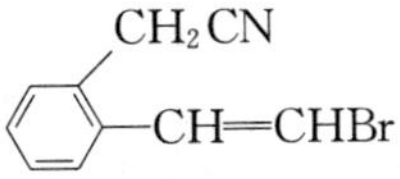 C₆H₄(CH_2CN)-CH=CHBr (7) $CH_3CH_2CH=CHCH=CH_2$

(8) 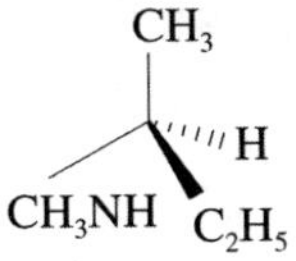 CH_3, H, CH_3NH, C_2H_5 (9) 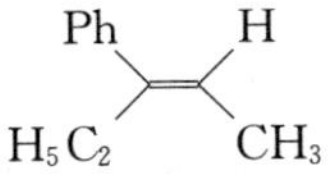 Ph, H, H_5C_2, CH_3

(10) 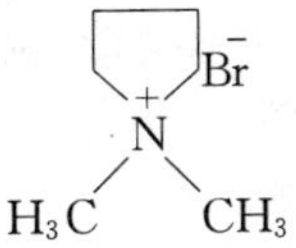 环状季铵盐 $N^+(CH_3)_2$ Br^- (11) $CH_3COOCH_2CH_2CH(CH_3)_2$

8.(1) 反应物若要发生 S_N1 反应，必须先离解成$(CF_3)_3C^+$，因F的强吸电子作用使得该碳正离子很不稳定；若要发生 S_N2 反应，因相对较易离去的Br的α-碳上连有3个CF_3，空间位阻较大，不利于Nu^-进攻，故该化合物无论进行 S_N1 反应还是进行 S_N2 反应均较困难。 (2) 含有^{18}O的(*R*)-丁-2-醇与CH_3SO_2Cl反应构型不变，水解后得到^{16}O的丁-2-醇，意味着发生了 S_N2 反应，产物构型为*S*型。

(3) 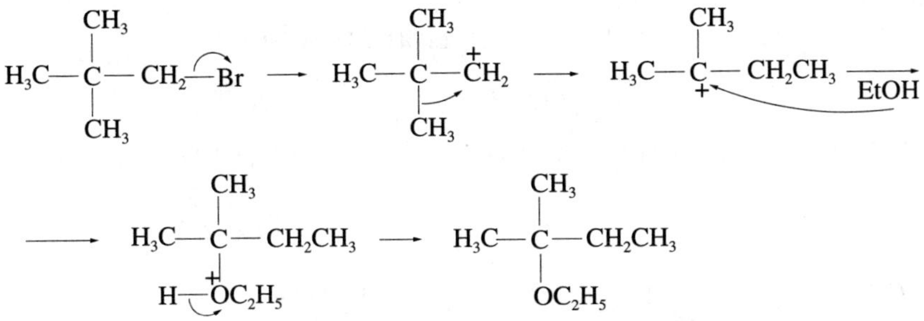 $H_3C-C(CH_3)_2-CH_2-Br \longrightarrow H_3C-C(CH_3)_2-\overset{+}{C}H_2 \longrightarrow H_3C-\overset{+}{C}(CH_3)-CH_2CH_3 \xrightarrow{EtOH}$

$\longrightarrow H_3C-C(CH_3)(\overset{+}{O}HC_2H_5)-CH_2CH_3 \longrightarrow H_3C-C(CH_3)(OC_2H_5)-CH_2CH_3$

9. A. 对二甲苯 B. 2-溴-1,4-二甲基苯 C. 2-溴-1-氯甲基-4-甲基苯 D. 2-溴-4-氯甲基-1-甲基苯

10. $(CH_3)_3CCH_2CH_2Br$

11. A. 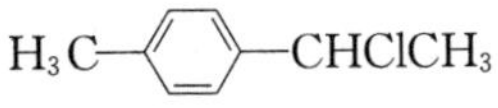 H_3C-C₆H₄-$CHClCH_3$ B. 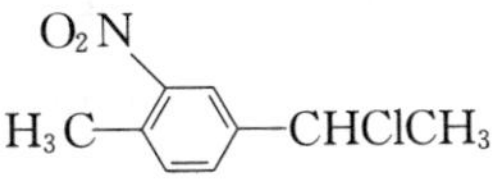 H_3C-C₆H₃(NO_2)-$CHClCH_3$（NO_2 位于 CH_3 邻位）

C. 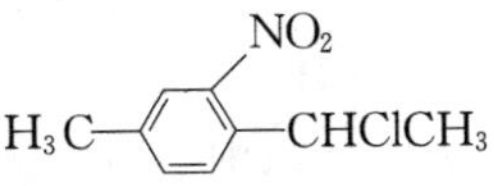 H_3C-C₆H₃(NO_2)-$CHClCH_3$（NO_2 位于 $CHClCH_3$ 邻位） D. 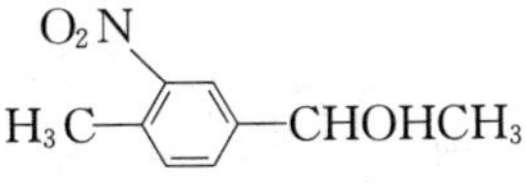 H_3C-C₆H₃(NO_2)-$CHOHCH_3$（NO_2 位于 CH_3 邻位）

E. 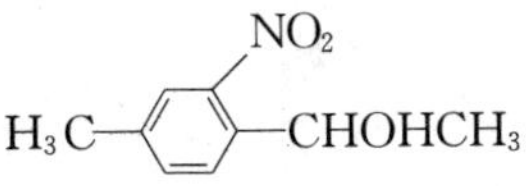 H_3C-C₆H₃(NO_2)-$CHOHCH_3$（NO_2 位于 $CHOHCH_3$ 邻位） F. 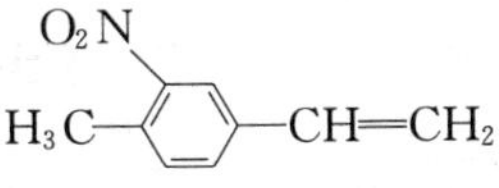 H_3C-C₆H₃(NO_2)-$CH=CH_2$（NO_2 位于 CH_3 邻位）

G. H_3C-C₆H₃(NO_2)-$CH=CH_2$（NO_2 位于 $CH=CH_2$ 邻位） H. HOOC-C₆H₃(NO_2)-COOH

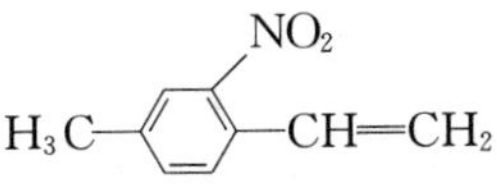

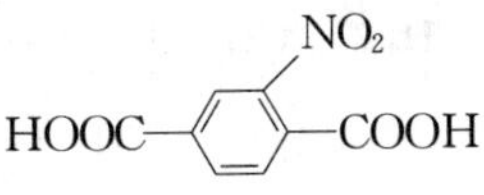

12. (1) $CH_3CHBrCH_3 \xrightarrow[\text{醇}]{OH^-} CH_3CH=CH_2 \xrightarrow[\text{过氧化物}]{HBr} CH_3CH_2CH_2Br$

(2) $CH_3CH_2CH_2Br \xrightarrow[\text{醇}]{OH^-} CH_3CH=CH_2 \xrightarrow{NBS} BrCH_2CH=CH_2 \xrightarrow{Cl_2} TM$

(3) $CH_3C\equiv CH \xrightarrow{NaNH_2} CH_3C\equiv CNa$

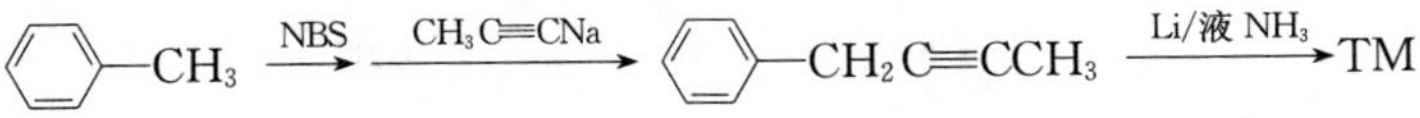

C₆H₅-$CH_3 \xrightarrow{NBS} \xrightarrow{CH_3C\equiv CNa}$ C₆H₅-$CH_2C\equiv CCH_3 \xrightarrow{Li/\text{液}NH_3} TM$

(4) $H_3C-CH(OH)-CH_2CH_3 \xrightarrow[\text{乙醚}]{SOCl_2} H_3C-CHCl-CH_2CH_3 \xrightarrow[S_N2]{NaI/丙酮} H_3C-CHI-CH_2CH_3$

(5) 环己基氯 $\xrightarrow[\text{醇}]{OH^-}$ 环己烯 $\xrightarrow{NBS}$ 3-溴环己烯 $\xrightarrow[H_2O]{OH^-}$ 环己-2-烯醇（—OH）

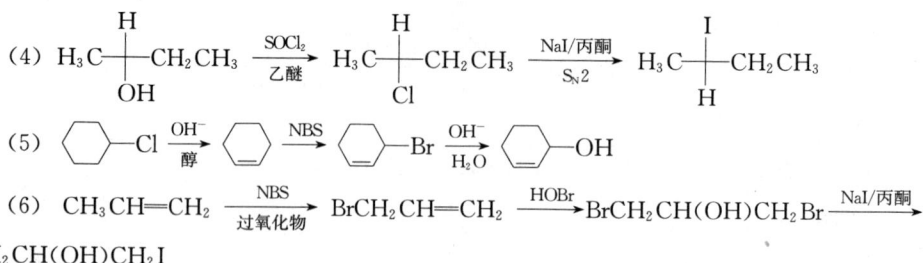

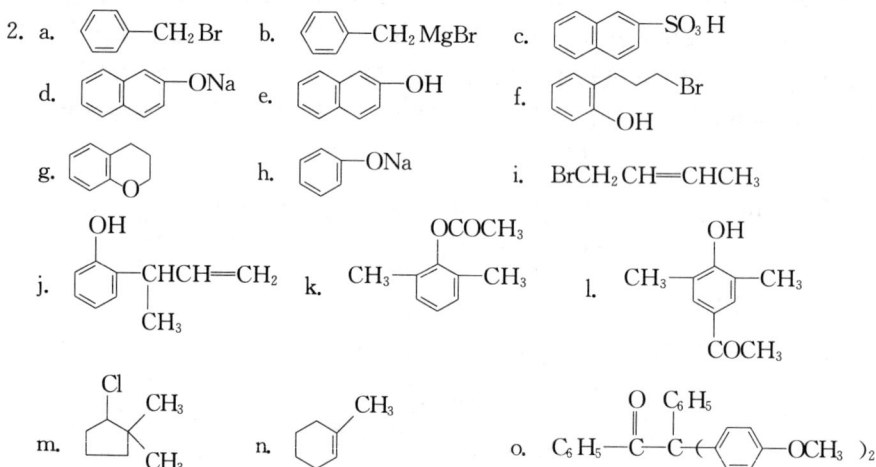

(6) $CH_3CH{=}CH_2 \xrightarrow[\text{过氧化物}]{NBS} BrCH_2CH{=}CH_2 \xrightarrow{HOBr} BrCH_2CH(OH)CH_2Br \xrightarrow{NaI/丙酮}$

$ICH_2CH(OH)CH_2I$

第9章

1. (1) 2-乙基戊-1-醇
   (2) (*E*)-4-溴-2,3-二甲基戊-2-烯-1-醇
   (3) (2*R*,3*R*)-3-甲基戊-4-烯-2-醇
   (4) 2-溴-3-氯丁-1-醇
   (5) 2-甲基苯-1,4-二酚
   (6) 7-溴-5-氯萘-1-酚
   (7) 3-巯基丙-1-醇

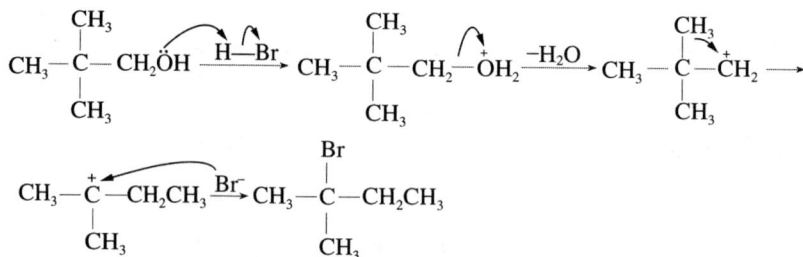

2. a. $C_6H_5-CH_2Br$　b. $C_6H_5-CH_2MgBr$　c. 2-萘磺酸（$-SO_3H$）

   d. 2-萘酚钠（$-ONa$）　e. 2-萘酚（$-OH$）　f. 邻-(3-溴丙基)苯酚（$-CH_2CH_2CH_2Br$，$-OH$）

   g. 色满（苯并二氢吡喃）　h. C_6H_5-ONa　i. $BrCH_2CH{=}CHCH_3$

   j. 邻-(1-甲基烯丙基)苯酚（OH，$-CHCH{=}CH_2$，CH_3）　k. 2,6-二甲基苯基乙酸酯（$OCOCH_3$，CH_3，CH_3）　l. 4-羟基-3,5-二甲基苯乙酮（OH，CH_3，CH_3，$COCH_3$）

   m. 2-氯-1,1-二甲基环戊烷（Cl，CH_3，CH_3）　n. 1-甲基环己烯（CH_3）　o. $C_6H_5-C(=O)-C(C_6H_5)(-C_6H_4-OCH_3)_2$

3. $CH_3-C(CH_3)_2-CH_2OH + HBr \longrightarrow CH_3-CBr(CH_3)-CH_2CH_3$

反应机理：

$CH_3-C(CH_3)_2-CH_2\ddot{O}H \xrightarrow{H-Br} CH_3-C(CH_3)_2-CH_2-\overset{+}{O}H_2 \xrightarrow{-H_2O} CH_3-C(CH_3)_2-\overset{+}{C}H_2 \longrightarrow$

$CH_3-\overset{+}{C}(CH_3)-CH_2CH_3 \xrightarrow{Br^-} CH_3-CBr(CH_3)-CH_2CH_3$

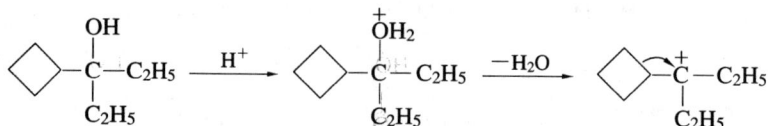

4. (5) >(4)>(1)>(3)>(2)
5. (1)>(2)>(3)>(4)
6. (1)

环丁基$-C(OH)(C_2H_5)-C_2H_5 \xrightarrow{H^+}$ 环丁基$-C(\overset{+}{O}H_2)(C_2H_5)-C_2H_5 \xrightarrow{-H_2O}$ 环丁基$-\overset{+}{C}(C_2H_5)-C_2H_5$

(2)

(3)

7. (1) 苯 $\xrightarrow[\text{加压,Pt}]{3H_2}$ 环己烷 $\xrightarrow[h\nu]{Cl_2}$ 环己基-Cl $\xrightarrow{NaOH}$ 环己基-OH $\xrightarrow[H^+]{K_2Cr_2O_7}$ 环己酮=O

苯 $\xrightarrow[Fe]{Br_2}$ 苯-Br $\xrightarrow[\text{无水醚}]{Mg}$ 苯-MgBr $\xrightarrow[\text{无水醚}]{\text{环己酮}}$ $\xrightarrow[H^+]{H_2O}$ $\xrightarrow[\triangle]{H^+}$ TM

(2) 苯 $\xrightarrow[AlCl_3]{CH_3COCl}$ 苯-$COCH_3$ $\xrightarrow[\text{无水乙醚}]{CH_3CH_2MgBr}$ $\xrightarrow[H^+]{H_2O}$ TM

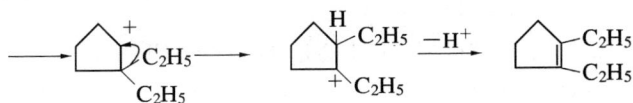

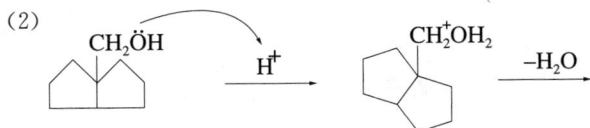

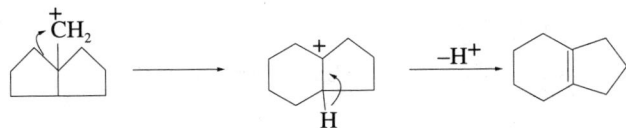

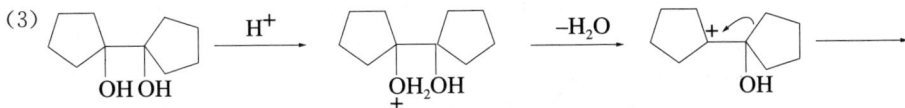

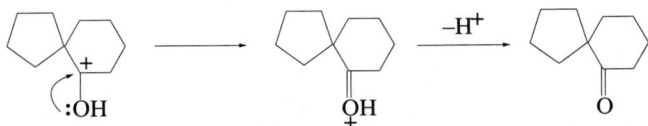

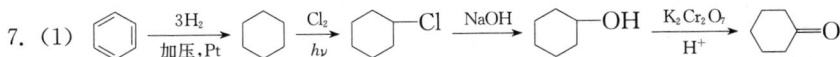

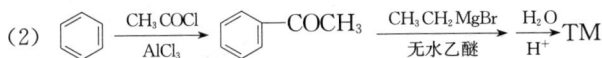

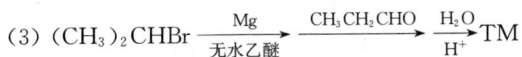

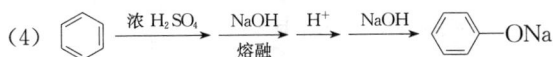

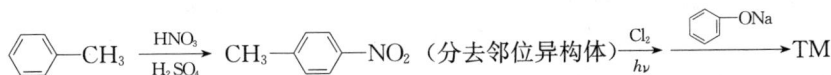

(3) $(CH_3)_2CHBr \xrightarrow[\text{无水乙醚}]{Mg} \xrightarrow{CH_3CH_2CHO} \xrightarrow[H^+]{H_2O}$ TM

(4) 苯 $\xrightarrow{\text{浓 } H_2SO_4}$ $\xrightarrow[\text{熔融}]{NaOH}$ $\xrightarrow{H^+}$ $\xrightarrow{NaOH}$ 苯-ONa

苯-CH_3 $\xrightarrow[H_2SO_4]{HNO_3}$ CH_3-苯-NO_2（分去邻位异构体）$\xrightarrow[h\nu]{Cl_2}$ $\xrightarrow{\text{苯-ONa}}$ TM

8. A: $HOCH_2$-苯-CH_3

9. A: $(CH_3)_3CCH_2OH$　　B: $(CH_3)_2C{=}CHCH_3$

第 10 章

1. (1) 烯丙基丙基醚　　(2) 5-甲基-1，3-环氧己烷

(3) 6-乙基-7-甲基-5-甲氧基辛-2-烯　(4) 二苯硫醚　(5) 甲基苯基醚

(6) 3,4-二甲氧基苯磺酸

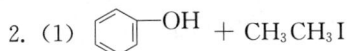

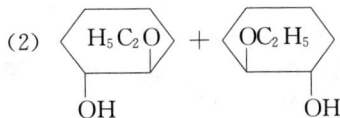

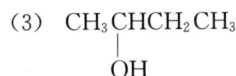

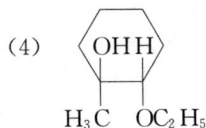

2. (1) 苯-OH + CH_3CH_2I　　(2) H_5C_2O, OH（环）+ OC_2H_5, OH（环）

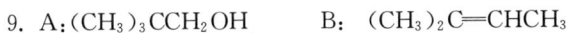

(3) $CH_3CHCH_2CH_3$（OH）　　(4) OH H, H_3C OC_2H_5（环）

(5) 环己烷骨架,一个碳上连 OC_2H_5 和 CH_3,相邻碳上连 OH   (6) $CH_3CH_2CH_2CH_2OH + CH_3I$

3. $CH_3-C(CH_2CH_3)(-O-)CH_2$ (A) $\xrightarrow{H_2O}$ $CH_3-C(OH)(CH_2CH_3)-CH_2OH$ (B) $\xrightarrow{HIO_4}$ $CH_3\overset{O}{\overset{\|}{C}}CH_2CH_3 + HCHO$

4. $CH_3-CH\overset{O}{—}CPh_2 \overset{H^+}{\rightleftharpoons} CH_3-CH\overset{\overset{+}{O}H}{—}CPh_2 \rightleftharpoons CH_3-\underset{OH}{CH}-\overset{+}{C}Ph_2$

$\xrightarrow{重排} CH_3-\underset{:OH}{\overset{+}{C}}-CHPh_2 \xrightarrow{-H^+} CH_3-\overset{O}{\overset{\|}{C}}-CHPh_2$

5. (1) $(CH_3)_2C{=}CH_2 \xrightarrow[H^+]{H_2O} (CH_3)_3C-OH \xrightarrow{Na} (CH_3)_3C-ONa$

$(CH_3)_2C{=}CH_2 \xrightarrow[过氧化物]{HBr} (CH_3)_2CHCH_2Br \xrightarrow{(CH_3)_3CONa} (CH_3)_3C-O-CH_2CH(CH_3)_2$

(2) $CH{\equiv}CH \xrightarrow[Lindlar]{H_2} CH_2{=}CH_2 \xrightarrow{HBr} CH_3CH_2Br$

$HC{\equiv}CH \xrightarrow[NH_3(l)]{NaNH_2} NaC{\equiv}CNa \xrightarrow{2CH_3CH_2Br} CH_3CH_2C{\equiv}CCH_2CH_3$

$\xrightarrow[NH_3(l)]{Li}$ 反式 $CH_3CH_2(H)C{=}C(H)CH_2CH_3$ $\xrightarrow{RCO_3H}$ 反式环氧化物(H、CH_3CH_2 / CH_2CH_3、H)

(3) $CH_2{=}CH_2 \xrightarrow[Ag,250℃]{O_2}$ 环氧乙烷

$CH_2{=}CH_2 \xrightarrow{HBr} CH_3CH_2Br \xrightarrow[无水乙醚]{Mg} CH_3CH_2MgBr \xrightarrow[② H_3O^+]{① 环氧乙烷} CH_3CH_2CH_2CH_2OH$

(4) 甲苯 $\xrightarrow[h\nu]{Cl_2}$ 苄氯($C_6H_5CH_2Cl$)

甲苯 $\xrightarrow[100 ℃]{H_2SO_4} CH_3-C_6H_4-SO_3H \xrightarrow[熔融]{NaOH} CH_3-C_6H_4-ONa$

二者 → $CH_3-C_6H_4-OCH_2-C_6H_5$

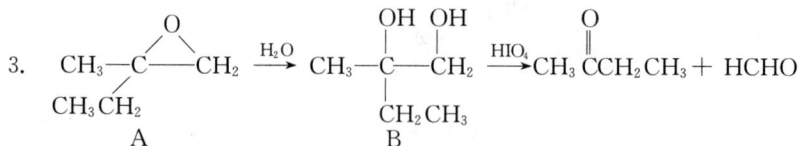

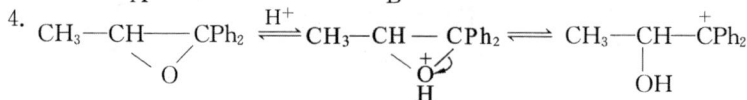

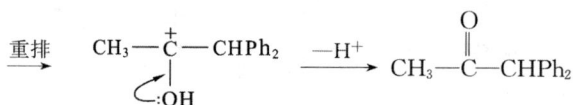

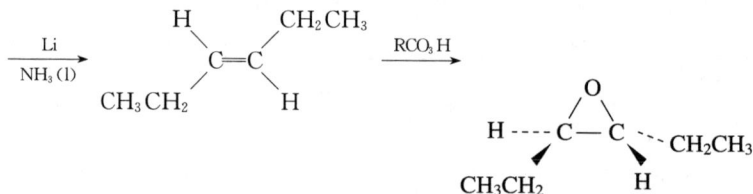

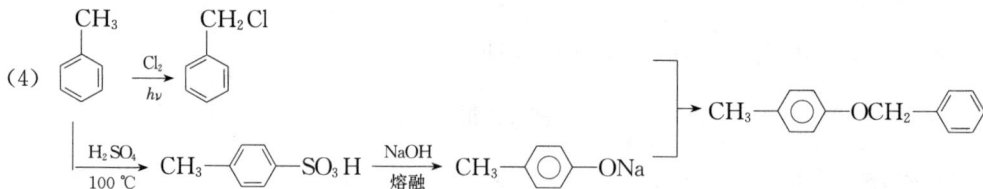

第 11 章

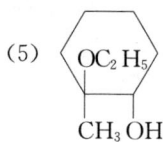

1. (1) 5-甲基己-3-酮 (2) 2,5-二甲基环己-2-烯-1-酮 (3) 己-2,4-二烯醛 (4) 4-羟基-3-甲氧基苯甲醛 (5) 4-乙基苯乙酮 (6) 环己-1,4-二酮

2. $CH_3CH_2CH_2CH_2CHO$ 正戊醛

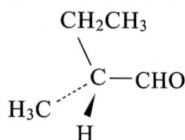

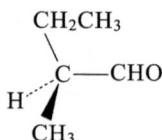

C 连 CH_2CH_3、CHO、H_3C(虚线)、H(楔形) (*R*)-2-甲基丁醛   C 连 CH_2CH_3、CHO、H(虚线)、CH_3(楔形) (*S*)-2-甲基丁醛

$CH_3CH(CH_3)CH_2CHO$ 异戊醛　　$CH_3C(CH_3)_2CHO$ 2，2-二甲基丙醛

$CH_3CH_2CH_2COCH_3$ 戊-2-酮　　$CH_3CH_2COCH_2CH_3$ 戊-3-酮

$CH_3CH(CH_3)—COCH_3$ 3-甲基丁-2-酮

3.（1）$CH_3CH_2CH_2CH(OC_2H_5)_2$　　（2）$CH_3CH_2CH_2CH{=}NNH—C_6H_5$

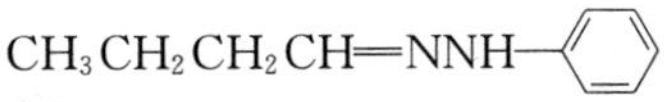

（3）$CH_3CH_2CH_2CH_2OH$　　（4）$CH_3CH_2CH_2CH(OH)—SO_3Na$

（5）$CH_3CH_2CH_2COOH$　　（6）$CH_3CH_2CH_2CH(OH)C_2H_5$

（7）$CH_3CH_2CH_2CH{=}CH_2$　　（8）$CH_3CH_2CH_2CH_3$

（9）$CH_3CH_2CH_2CH{=}NOH$　　（10）$CH_3CH_2CH_2CH_2OH$

4.（1）$C_6H_5C(CH_3)(OC_2H_5)_2$（除水）　　（2）$C_6H_5C(CH_3){=}NNH—C_6H_5$

（3）$C_6H_5CH(OH)CH_3$　　（4）无反应

（5）无反应　　（6）$C_6H_5C(OH)(CH_3)C_2H_5$

（7）$C_6H_5—C(CH_3){=}CH_2$　　（8）$C_6H_5CH_2CH_3$

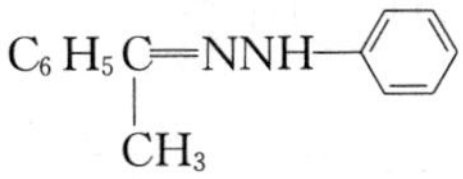

（9）$C_6H_5C(CH_3){=}NOH$　　（10）$C_6H_5CH(OH)CH_3$

5.（1）$HOCH_2CH_2CH_2CH_2CHO$

（2）A：十氢萘-4a,8a-二醇（两桥头碳各连 OH）　B：环癸烷-1,6-二酮　C：五元环与七元环稠合的环烯酮（C=C 位于稠合处，七元环上 C=O）

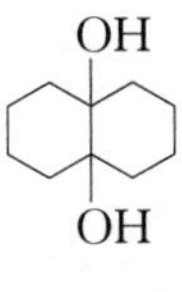

（3）$CH_3CH(CN)CH_2—CO—C_6H_5$

（4）A：$C_6H_{11}—COCH_3$（环己基甲基酮）　　B：$C_6H_{11}—COONa+CHBr_3$

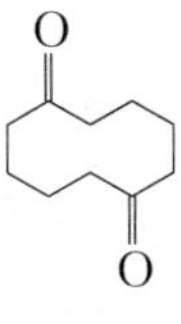

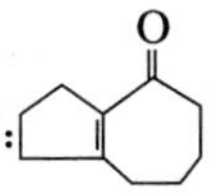

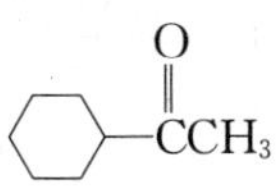

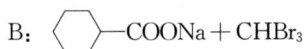

(5) A: —CHO　　B: —CH_2OH

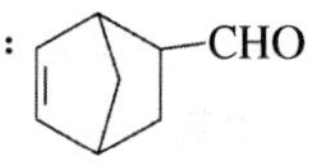

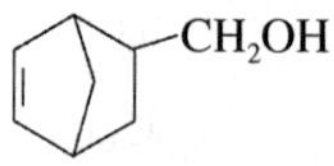

(6) A: $(HOCH_2)_3CCHO$　B: $C(CH_2OH)_4$　C: HCOONa

(7) A: OH OH　　B: O

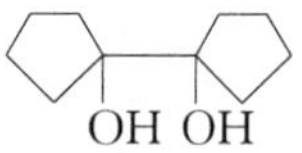

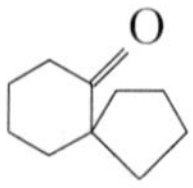

(8) 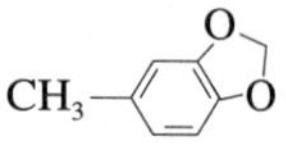 CH_3—　　(9) 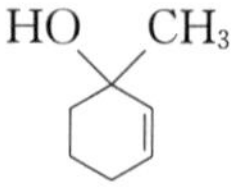 HO CH_3

(10) A: O O　　B: $COCH_3$ CH_3

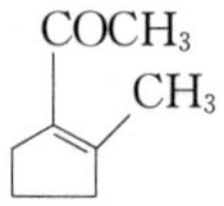

(11) 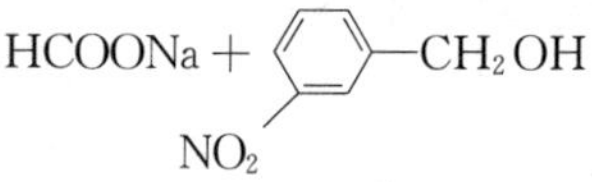 HCOONa + —CH_2OH NO_2

6. (2)>(1)>(3)>(4)>(5)　　7. (1), (3), (5), (6)

8. (1) $CH_3\overset{O}{\overset{\|}{C}}CCl_3$ > $C_2H_5\overset{O}{\overset{\|}{C}}CH_3$　　(2) 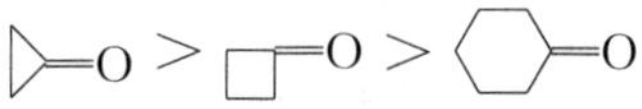 =O > =O > =O

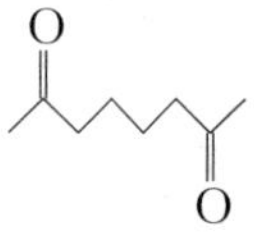

9. (1) $ClCH_2CH_2CHO \xrightarrow[HCl]{C_2H_5OH} \xrightarrow[\text{无水乙醚}]{Mg} \xrightarrow[②H_3O^+]{① CH_3CHO}$ TM

(2) 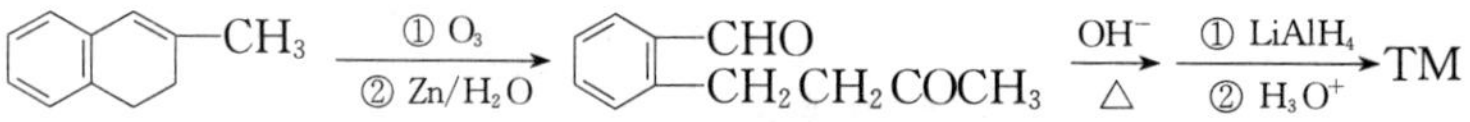 —CH_3 $\xrightarrow[② Zn/H_2O]{① O_3}$ —CHO —$CH_2CH_2COCH_3$ $\xrightarrow[\triangle]{OH^-} \xrightarrow[② H_3O^+]{① LiAlH_4}$ TM

(3) $CH_3\overset{O}{\overset{\|}{C}}CH_2Br \xrightarrow[H^+]{OHOH} \xrightarrow[\text{无水乙醚}]{Mg} \xrightarrow{O} \xrightarrow[H^+]{H_2O}$ TM

(4) —CH_3 $\xrightarrow{MnO_2/H_2SO_4}$ —CHO

+ $CH_3\overset{O}{\overset{\|}{C}}Cl \xrightarrow{AlCl_3}$ —$\overset{O}{\overset{\|}{C}}$—$CH_3$　$\xrightarrow{\text{稀 } OH^-}$ TM

10. A: CH_3O——$CH_2\overset{O}{\overset{\|}{C}}CH_3$　B: CH_3O——$CH_2\overset{OH}{\overset{|}{C}}HCH_3$

C: HO——$CH_2\overset{O}{\overset{\|}{C}}CH_3$　D: HO——$CH_2CH_2CH_3$

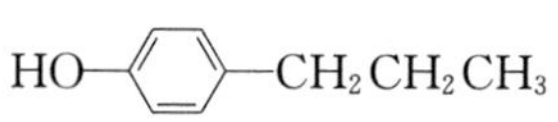

11. A: $(CH_3)_3CCHO$　B: $(CH_3)_2CHCOCH_3$

12. (1)

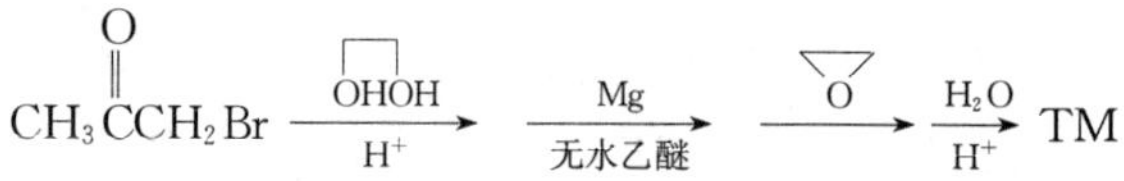

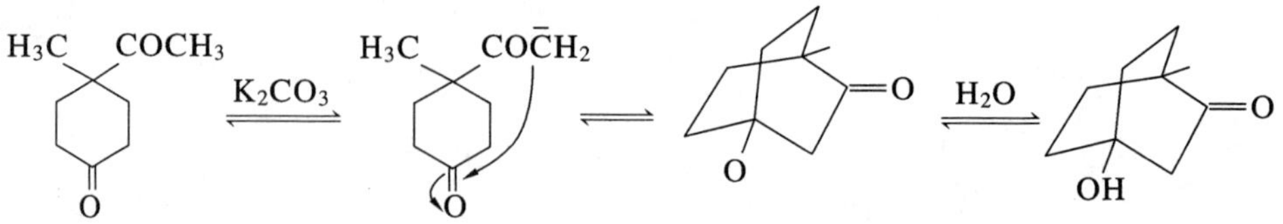

H_3C $COCH_3$ O $\underset{}{\overset{K_2CO_3}{\rightleftharpoons}}$ H_3C $CO\bar{C}H_2$ O $\rightleftharpoons$ =O O $\overset{H_2O}{\rightleftharpoons}$ =O OH

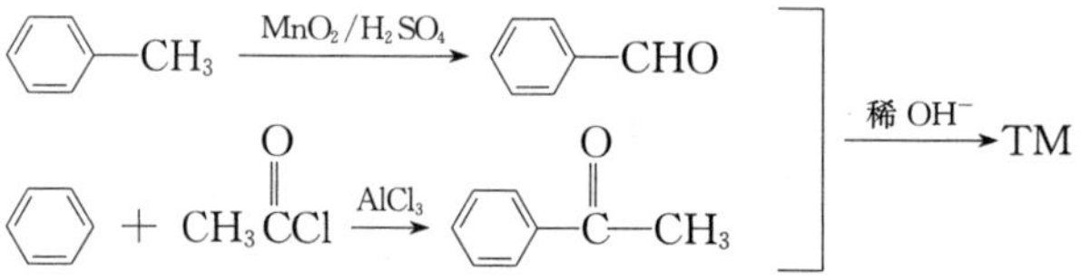

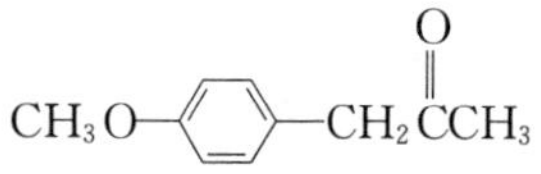

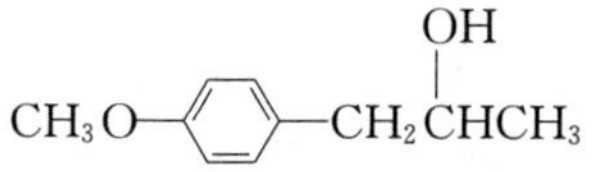

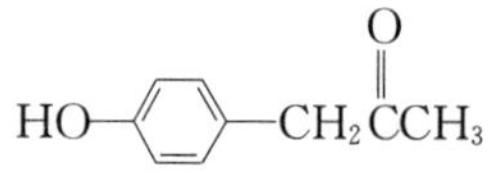

(2) CH_2CH_2CHO | CH_2CHCHO | CH_3 $\overset{OH^-}{\rightleftharpoons}$ $CH_2\bar{C}HCHO$ | CH_2CHC=O H_3C H $\rightleftharpoons$ CHO O^- H CH_3 $\overset{H_2O}{\rightleftharpoons}$ CHO OH CH_3 $\xrightarrow{-H_2O}$ CHO CH_3

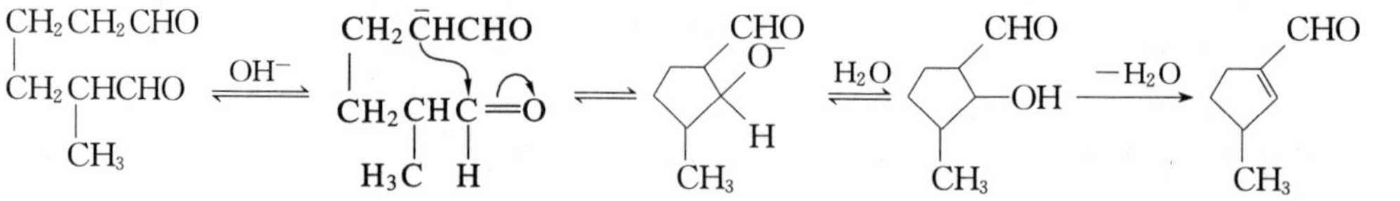

第12章

1. (1) 3,4-二甲基戊酸　(2) 2,4-二甲基戊二酸

(3) (*E*)-4-苯基丁-3-烯酸　(4) (*R*)-3-甲氧基丁酸

(5) 顺-环己烷-1,2-二甲酸　(6) 3-(4-氯苯基)丁酸　(7) 2-甲基-5-氧亚基己酸　(8) 3-羟基丙酸

2. $CH_3CH_2CH_2CH_2COOH$　戊酸

$CH_3CH_2CH(CH_3)COOH$　2-甲基丁酸

$CH_3CH(CH_3)CH_2COOH$　3-甲基丁酸

3. (1) $HOCH_2CH_2CH_2CH_2OH$　(2) $C_6H_5COOCH_2C_6H_5$

(3) $CH_3CH_2CHBrCOOH$　(4) 环己基—COOH

(5) 环己基—$COOC_2H_5$　(6) 环己基—COCl

(7) $HOCH_2CH_2CH_2COOH$　γ-丁内酯

(8) $CH_3CH_2CH{=}C(CH_3)—CHO$　$CH_3CH_2CH{=}C(CH_3)—COOH$

4. (1) (a)>(b)>(c)>(d)　(2) (a)>(c)>(b)

(3) (a)>(d)>(c)>(b)　(4) (a)>(c)>(b)

(5) (g)>(e)>(d)>(c)>(b)>(f)>(a)

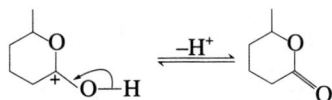

5. 四种费歇尔投影式（COOH在上，CH₃在下）：(H—Br, H—Br) + (Br—H, H—Br) + (Br—H, Br—H) + (H—Br, Br—H)

6. 5-羟基己酸 $\overset{H^+}{\rightleftharpoons}$ 羰基质子化 ⇌ 环状半缩酮（OH, OH） ⇌ OH_2^+ 中间体 $\overset{-H_2O}{\rightleftharpoons}$ 氧鎓正离子 $\overset{-H^+}{\rightleftharpoons}$ 6-甲基-δ-戊内酯

7. (A) 环己醇　(B) $HOOC(CH_2)_4COOH$　(C) 环戊酮　(D) 环戊烷

8. $CH_3CH_2OCH_2COOH$

9. (1) $CH_3CHO \xrightarrow[\triangle]{稀 OH^-} CH_3CH{=}CHCHO \xrightarrow[Ni]{H_2} CH_3CH_2CH_2CH_2OH$

$\xrightarrow{SOCl_2} \xrightarrow{NaCN} CH_3CH_2CH_2CH_2CN \xrightarrow[② H^+]{① OH^-/NaOH} CH_3CH_2CH_2CH_2COOH$

(2) $CH_3-C_6H_5 \xrightarrow[Br_2]{Fe} CH_3-C_6H_4-Br \xrightarrow[h\nu]{Cl_2} ClCH_2-C_6H_4-Br \xrightarrow{NaCN} NCCH_2-C_6H_4-Br$

$\xrightarrow{H_3^+O}$ Br—⟨苯环⟩—CH_2COOH $\xrightarrow[\text{② } NH_3]{\text{① } Br_2/P}$ Br—⟨苯环⟩—$CH(NH_2)COOH$

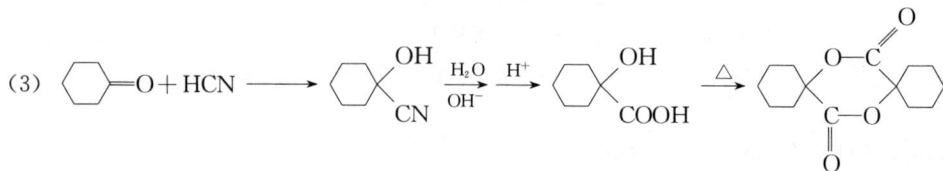

(3) 环己酮 + HCN ⟶ 1-羟基环己甲腈(OH, CN) $\xrightarrow[OH^-]{H_2O}$ $\xrightarrow{H^+}$ 1-羟基环己甲酸(OH, COOH) $\xrightarrow{\triangle}$ 双螺环交酯(O—C(=O), C(=O)—O)

第13章

1. (1) 对乙酰基苯甲酸甲酯 (2) 3-溴丁酰氯 (3) 乙丙酐 (4) 丁二酰亚胺
(5) $N,N,4$-三甲基苯甲酰胺 (6) 3-甲基丁腈 (7) 3-甲基丁酰胺 (8) 己二酸单乙酯

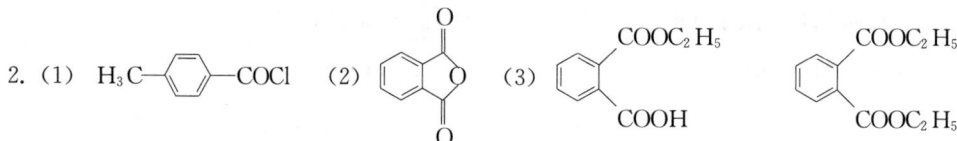

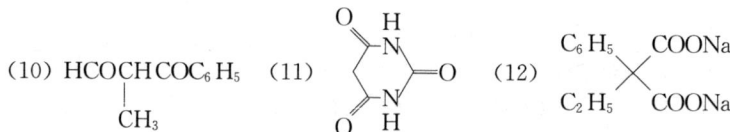

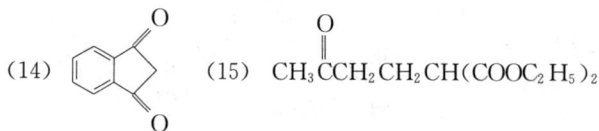

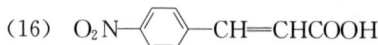

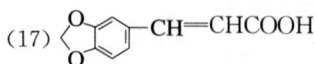

2. (1) H_3C—⟨苯环⟩—COCl (2) 邻苯二甲酸酐 (3) 邻-$COOC_2H_5$/COOH 苯；邻-$COOC_2H_5$/$COOC_2H_5$ 苯

(4) $HOCH_2CH_2CH_2COOC_2H_5$；$HOCH_2CH_2CH_2CON(CH_3)_2$ (5) ⟨苯环⟩—CH_2CN；⟨苯环⟩—$CH_2CH_2NH_2$

(6) 邻-CH_2OH/CH_2OH 苯 (7) $CH_3CH_2OCONH_2$ (8) ⟨苯环⟩—$CH_2C{\equiv}N$ (9) $CH_3CH_2CH_2COONa$

(10) $HCOCH(CH_3)COC_6H_5$ (11) 嘧啶三酮(巴比妥酸，两个N—H, 三个C=O) (12) $(C_6H_5)(C_2H_5)C(COONa)_2$

(13) $C_6H_5CH_2CH(OH)CH(CH_3)COOC_2H_5$

(14) 1,3-茚二酮 (15) $CH_3COCH_2CH_2CH(COOC_2H_5)_2$

(16) O_2N—⟨苯环⟩—CH=CHCOOH

(17) 3,4-亚甲二氧基苯—CH=CHCOOH

3. (1) A>B>C>D (2) A>B>C>D>E (3) D>C>B>A (4) D>B>A>C

4. (1) a. $H_2C{=}CHCH_3 \xrightarrow[h\nu]{Cl_2} H_2C{=}CHCH_2Cl$ $H_2C{=}CHCH_3 \xrightarrow[\text{过氧化物}]{HBr} CH_3CH_2CH_2Br$

$CH_2(COOC_2H_5)_2 \xrightarrow[C_2H_5OH]{C_2H_5ONa} \xrightarrow{CH_3CH_2CH_2Br} \xrightarrow[C_2H_5OH]{C_2H_5ONa} \xrightarrow{H_2C=CHCH_2Cl} \xrightarrow[(2)\ H_3O^+,\triangle]{(1)\ OH^-,H_2O}$ TM

b. $CH_2(COOC_2H_5)_2 \xrightarrow[C_2H_5OH]{C_2H_5ONa} \xrightarrow{CH_2ClCH_2CH_2Cl}$ 1,1-环丁烷二甲酸二乙酯($COOC_2H_5$, $COOC_2H_5$) $\xrightarrow{LiAlH_4} \xrightarrow{H_3O^+}$ 1,1-环丁烷二甲醇(CH_2OH, CH_2OH) $\xrightarrow{SOCl_2}$

$\xrightarrow[C_2H_5ONa]{CH_2(COOC_2H_5)_2} \xrightarrow[(2)\ H_3O^+,\triangle]{(1)\ OH^-,H_2O}$ TM

c. 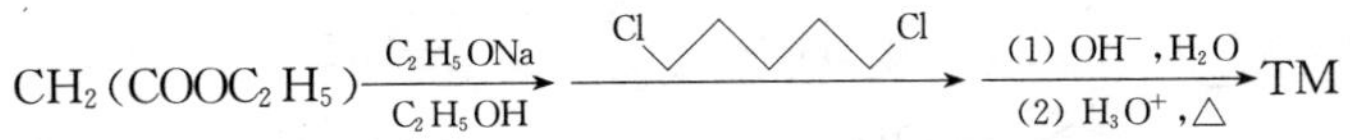 $CH_2(COOC_2H_5)_2 \xrightarrow[C_2H_5OH]{C_2H_5ONa} \xrightarrow{Cl(CH_2)_5Cl} \xrightarrow[(2)\ H_3O^+,\triangle]{(1)\ OH^-,H_2O} TM$

(2) a. $CH_3COCH_2COOC_2H_5 \xrightarrow[C_2H_5OH]{C_2H_5ONa} \xrightarrow{PhCH_2Cl} \xrightarrow[C_2H_5OH]{C_2H_5ONa} \xrightarrow{CH_3I} \xrightarrow[(2)\ H_3O^+,\triangle]{(1)\ OH^-,H_2O} TM$

b. $2CH_3COCH_2COOC_2H_5 \xrightarrow[C_2H_5OH]{C_2H_5ONa} \xrightarrow{CH_2Cl_2} \xrightarrow[C_2H_5OH]{2C_2H_5ONa} \xrightarrow{2CH_3Br} \xrightarrow[(2)\ H_3O^+,\triangle]{(1)\ OH^-,H_2O} TM$

c. 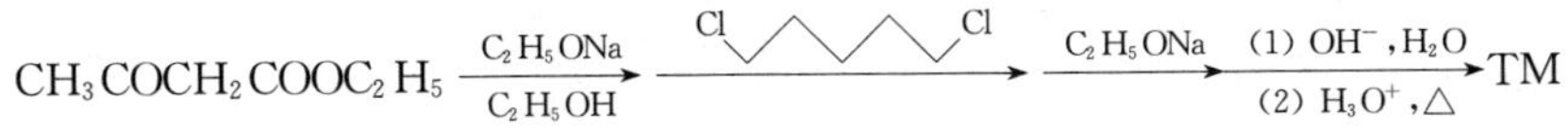 $CH_3COCH_2COOC_2H_5 \xrightarrow[C_2H_5OH]{C_2H_5ONa} \xrightarrow{Cl(CH_2)_6Cl} \xrightarrow{C_2H_5ONa} \xrightarrow[(2)\ H_3O^+,\triangle]{(1)\ OH^-,H_2O} TM$

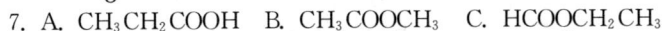

5. A. 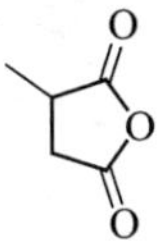 (methylsuccinic anhydride structure) B. 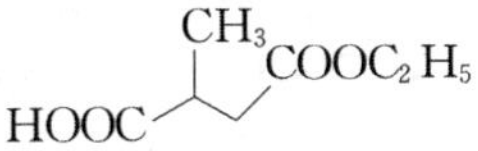 $HOOC-CH(CH_3)-CH_2-COOC_2H_5$ C. 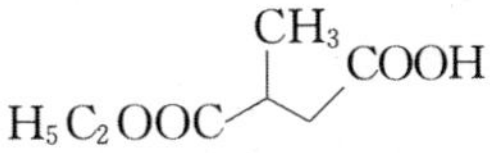 $H_5C_2OOC-CH(CH_3)-CH_2-COOH$

D. 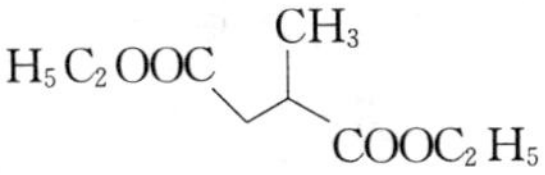 $H_5C_2OOC-CH_2-CH(CH_3)-COOC_2H_5$

6. A. 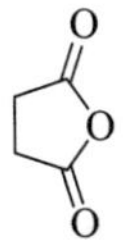 (succinic anhydride structure) B. $C_6H_5CH_2CH_2CH_2COOH$ C. $C_6H_5CH_2CH_2CH_2COCl$ D. 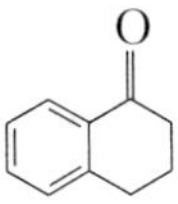 (α-tetralone structure) E. 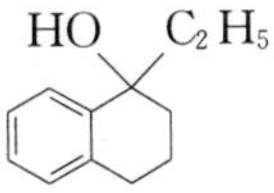 (1-ethyl-1,2,3,4-tetrahydronaphthalen-1-ol structure, HO, C_2H_5)

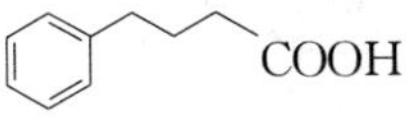

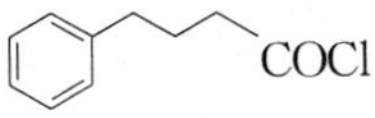

7. A. CH_3CH_2COOH B. CH_3COOCH_3 C. $HCOOCH_2CH_3$

8. A. $CH_3\overset{O}{\overset{\|}{C}}-O-CH=CH_2$ B. $H_2C=CH-\overset{O}{\overset{\|}{C}}OCH_3$

第 14 章

1. (1) 3-甲基丁胺 (2) 2-氯萘-1-胺
   (3) 丁-1,4-二胺 (4) *N*-苯基苯-1,4-二胺或 4-氨基二苯胺
   (5) 4-甲基戊-2-胺 (6) 氯化苄基三乙基铵
   (7) *N*,*N*,4-三甲基苯胺 (8) 2,4-二甲基戊-2,3-二胺
2. (1) ⑤>①>③>②>④ (2) ②>①>③>④
   (3) ①>③>②>④

3. (1) 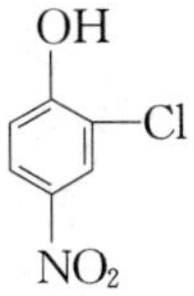 (benzene ring: OH, Cl ortho, NO_2 para to OH) (2) (benzene ring: NH_2, Cl, NO_2, Cl) (3) 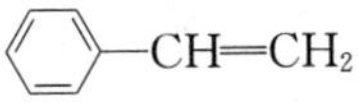 $C_6H_5-CH=CH_2$

(4) 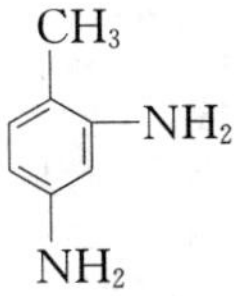 (benzene ring: CH_3, NH_2 ortho, NH_2 para to CH_3)

(5) ① $C_6H_5CH_2CH_2NH_2$ ② $C_6H_5CH_2CH_2NHCOCH_3$ ③ $C_6H_5CH_2CH_2NHCH_2CH_3$

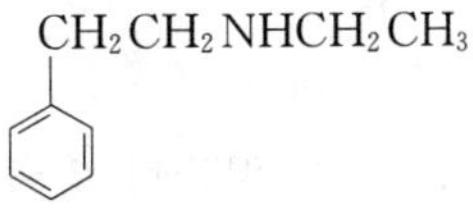

(6) ① (N,N-dimethyl-3-methylpyrrolidinium) I^- ② (N,N-dimethyl-3-methylpyrrolidinium) OH^- ③ (ring-opened alkene amine with CH_3, N, H_3C, CH_3)

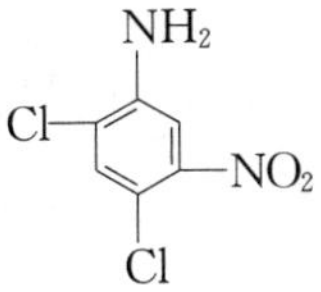

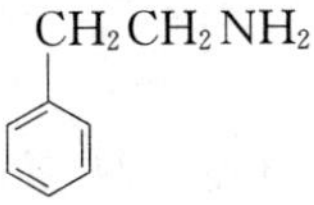

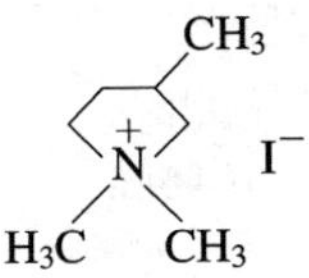

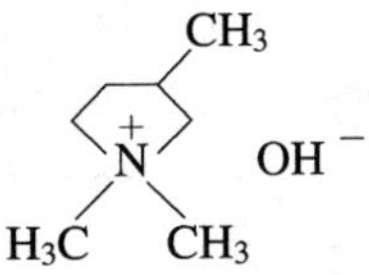

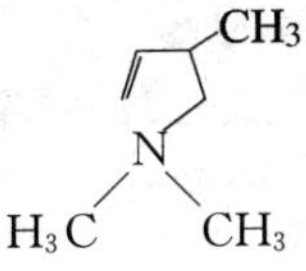

(7) ① $C_6H_5-NH-NH-C_6H_5$　② $H_2N-C_6H_4-C_6H_4-NH_2$

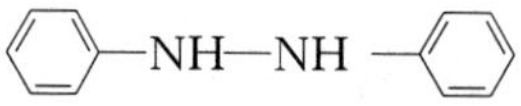

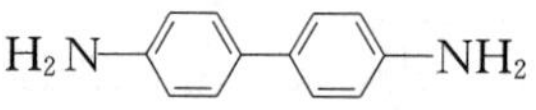

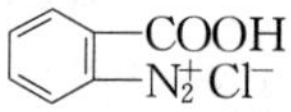

(8) ① $C_6H_4(COO^-)(NH_2)$　② $C_6H_4(COOH)(N_2^+Cl^-)$　③ $C_6H_4(COOH)(I)$

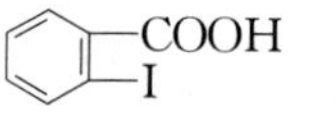

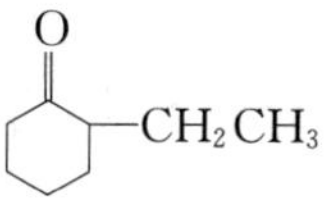

(9) 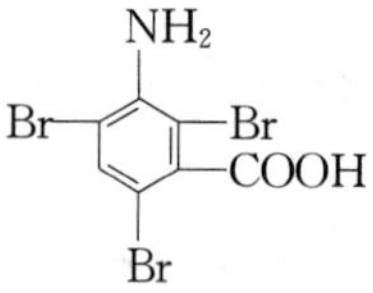 NH_2, Br, Br, COOH, Br 取代苯　(10) ① 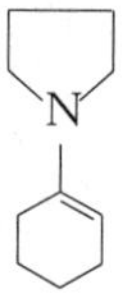　② 2-CH_2CH_3 环己酮

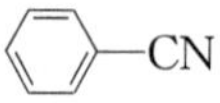

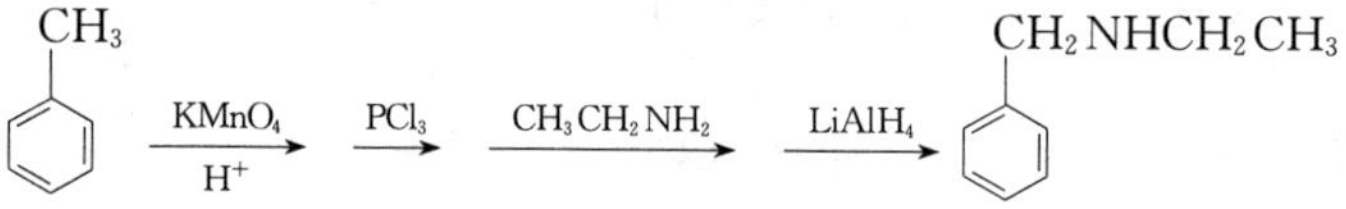

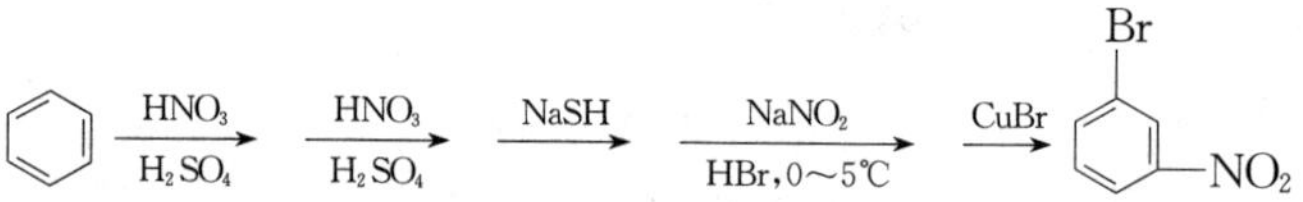

(11) ① C_6H_5-CN　② $C_6H_5-N=N-C_6H_4-N(CH_3)_2$

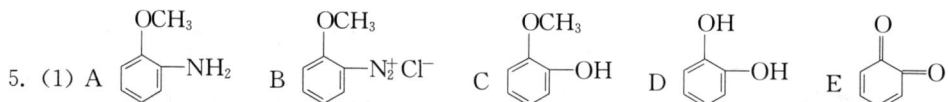

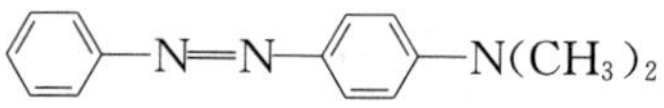

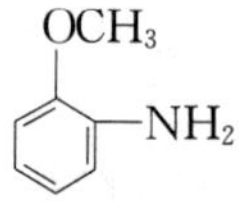

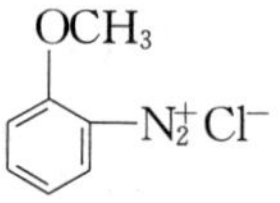

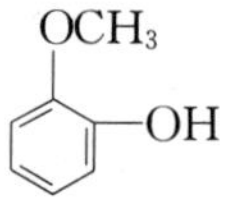

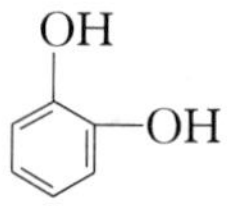

4. (1) 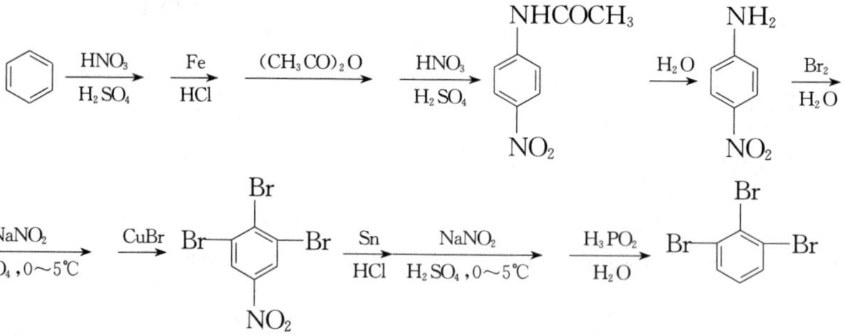 苯 $\xrightarrow[H_2SO_4]{HNO_3}$ $\xrightarrow[HCl]{Fe}$ $\xrightarrow{(CH_3CO)_2O}$ $\xrightarrow[H_2SO_4]{HNO_3}$ ($NHCOCH_3$, NO_2) $\xrightarrow{H_2O}$ (NH_2, NO_2) $\xrightarrow[H_2O]{Br_2}$ $\xrightarrow[H_2SO_4,0\sim5℃]{NaNO_2}$ $\xrightarrow{CuBr}$ (Br, Br, Br, NO_2) $\xrightarrow[HCl]{Sn}$ $\xrightarrow[H_2SO_4,0\sim5℃]{NaNO_2}$ $\xrightarrow[H_2O]{H_3PO_2}$ (Br, Br, Br)

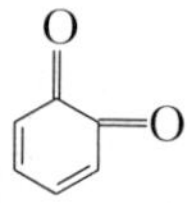

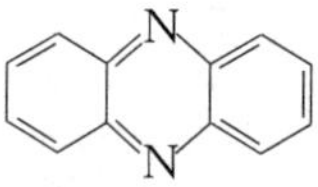

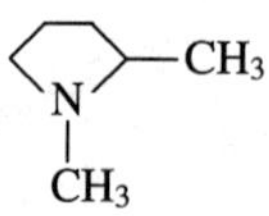

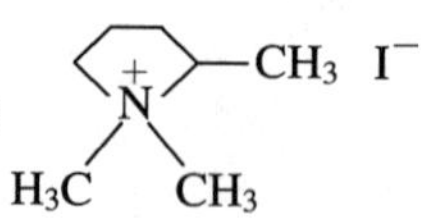

(2) (CH_3) $\xrightarrow[H^+]{KMnO_4}$ $\xrightarrow{PCl_3}$ $\xrightarrow{CH_3CH_2NH_2}$ $\xrightarrow{LiAlH_4}$ ($CH_2NHCH_2CH_3$)

(3) 苯 $\xrightarrow[H_2SO_4]{HNO_3}$ $\xrightarrow[H_2SO_4]{HNO_3}$ $\xrightarrow{NaSH}$ $\xrightarrow[HBr,0\sim5℃]{NaNO_2}$ $\xrightarrow{CuBr}$ (Br, NO_2)

(4) (CH_3) $\xrightarrow[H_2SO_4]{HNO_3}$ $\xrightarrow{Fe/HCl}$ $\xrightarrow{(CH_3CO)_2O}$ $\xrightarrow[Fe]{Br_2}$ $\xrightarrow{稀\ HCl}$ (CH_3, Br, NH_2)

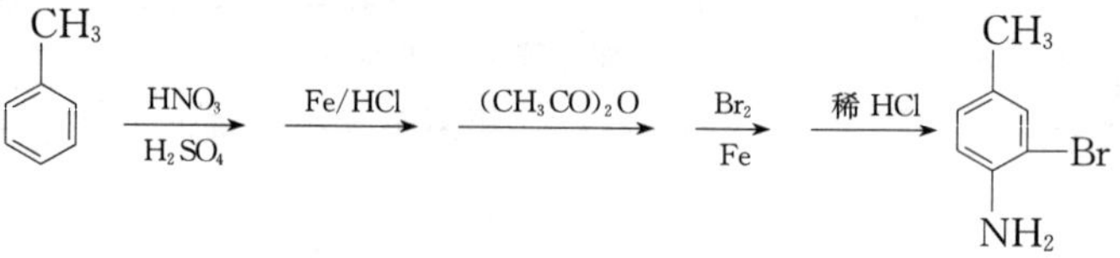

5. (1) A (OCH_3, NH_2)　B (OCH_3, $N_2^+Cl^-$)　C (OCH_3, OH)　D (OH, OH)　E (O, O)

F (N, N)

(2) A (N-CH_3, CH_3)　B ($\overset{+}{N}$, CH_3, I^-, H_3C, CH_3)　C ($=CH_2$, N, H_3C, CH_3)　D

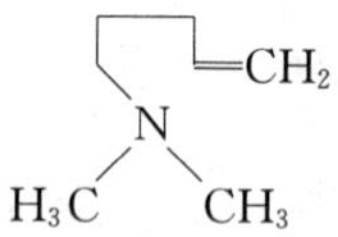

第 15 章

1. (1) 5-溴呋喃-2-甲酸　(2) 4-硝基-1-苯基-1*H*-咪唑

(3) 4,5-二甲基哒嗪　(4) 5-乙基异噁唑

(5) 2-(5,6-二氯-1*H*-吲哚-3-基)乙酸　(6) 4, 8-二硝基异喹啉

(7) 9*H*-嘌呤-6-硫醇　(8) 咪唑并[4, 5-*d*]噁唑

2. 略

3. (2) (3) (4)

4. (1) d>a>b>c (2) b>a>c

5. (1) 用稀盐酸洗涤,分出下层即可除去吡啶

(2) 用对甲苯磺酰氯处理,滤除生成的固体即可除去六氢吡啶

(3) 在室温下用浓 H_2SO_4 处理,分出酸层即可除去噻吩

6. (1) 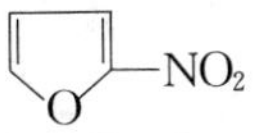 O —NO_2 (2) N H —SO_3H (3) 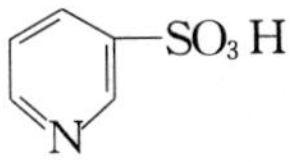 N —SO_3H (4) 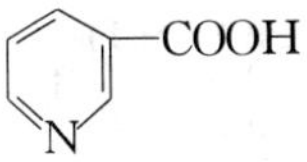 N —COOH

(5) 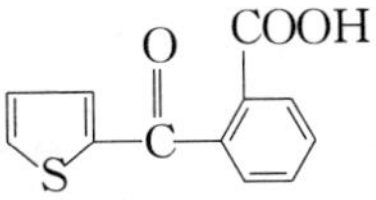 S —C(=O)— COOH (6) 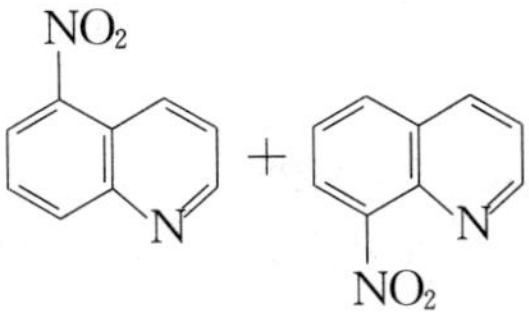 NO_2 N + N NO_2

(7) ① O —CH_2OH ② O —COO^- ③ O —CH═CCHO CH_3

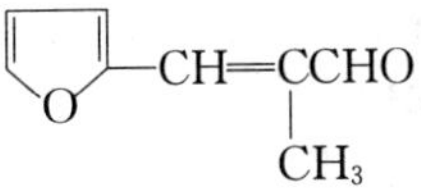

(8) 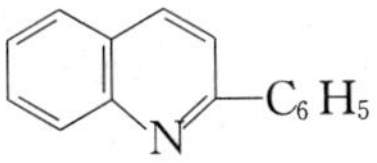 N —C_6H_5 (9) 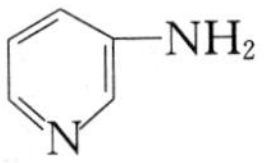 N —NH_2

7. 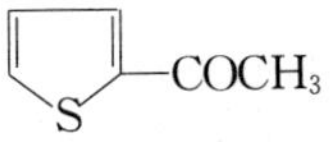 S —$COCH_3$

8. (A) 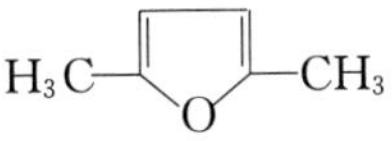 H_3C— O —CH_3 (B) $CH_3COCH_2CH_2COCH_3$

9. (1) 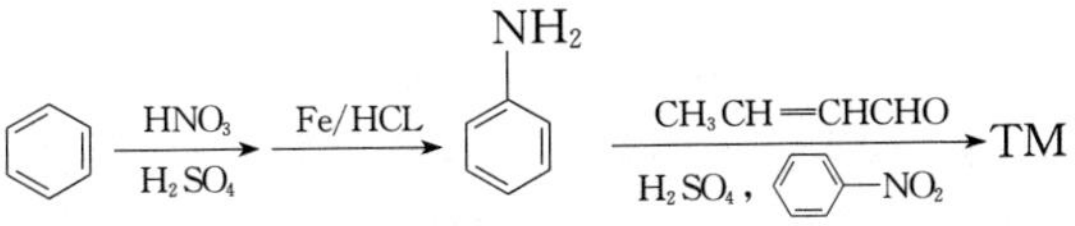 $\xrightarrow[H_2SO_4]{HNO_3}$ $\xrightarrow{Fe/HCL}$ NH_2 $\xrightarrow[H_2SO_4,\ \text{C}_6\text{H}_5NO_2]{CH_3CH═CHCHO}$ TM

(2) CH_3 $\xrightarrow[H_2SO_4]{HNO_3}$ CH_3 —NO_2 + CH_3 NO_2 分离

CH_3 —NO_2 $\xrightarrow{Fe/HCl}$ CH_3 —NH_2 $\xrightarrow[H_2SO_4,\ CH_3\text{—}NO_2]{CH_2═CHC(=O)CH_3}$ TM

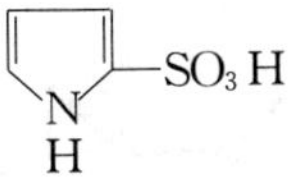

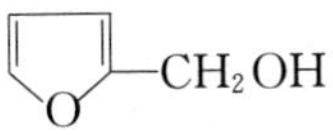

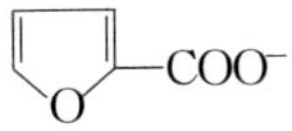

(3) → → NH_2 $\xrightarrow{(CH_3C(=O))_2O}$ $NHCOCH_3$ $\xrightarrow{Br_2}$ $NHCOCH_3$ Br $\xrightarrow{H_3O^+}$ NH_2 Br

$\xrightarrow[H_2SO_4,\ Br\text{—}\text{C}_6\text{H}_4\text{—}NO_2]{CH_2═CHCHO}$ TM

(4) → → NH_2 $\xrightarrow[H_2SO_4,\ \text{C}_6\text{H}_5NO_2]{CH_2═CHC(=O)Ph}$ TM

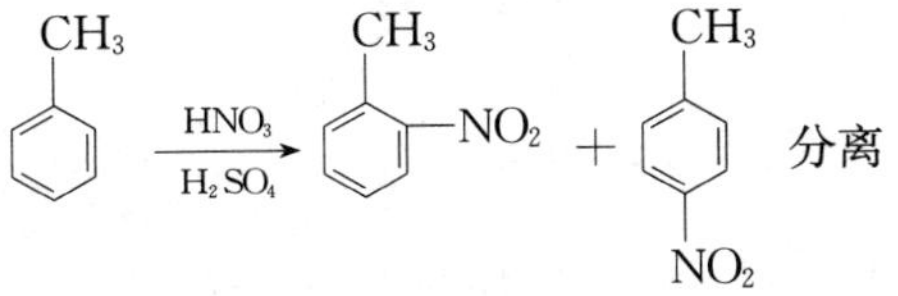

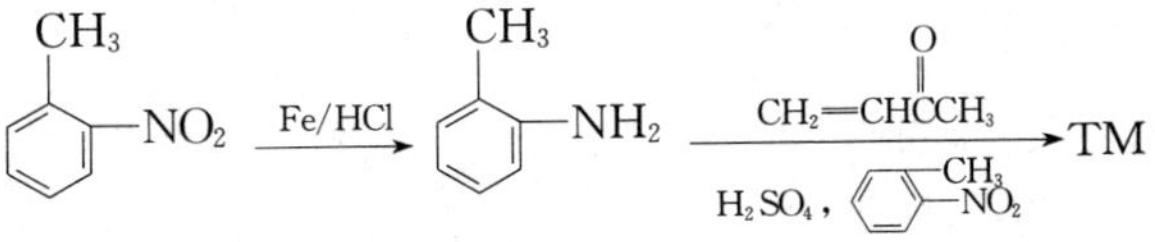

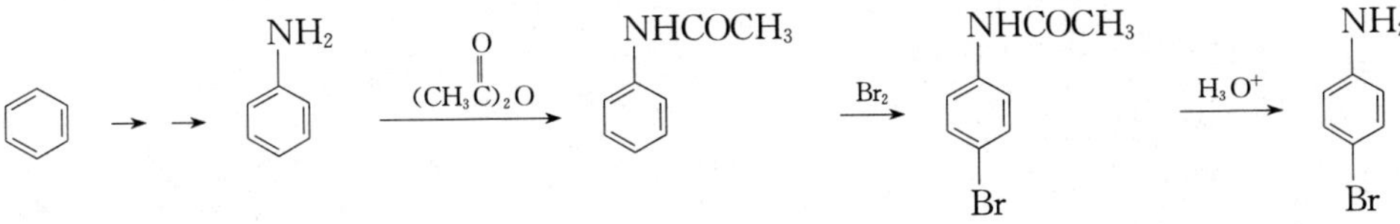

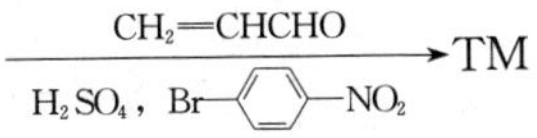

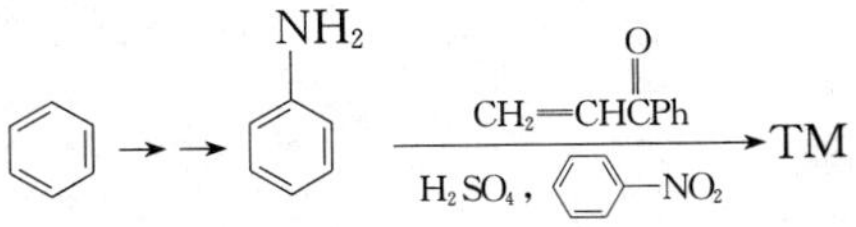

第 16 章

1. 略

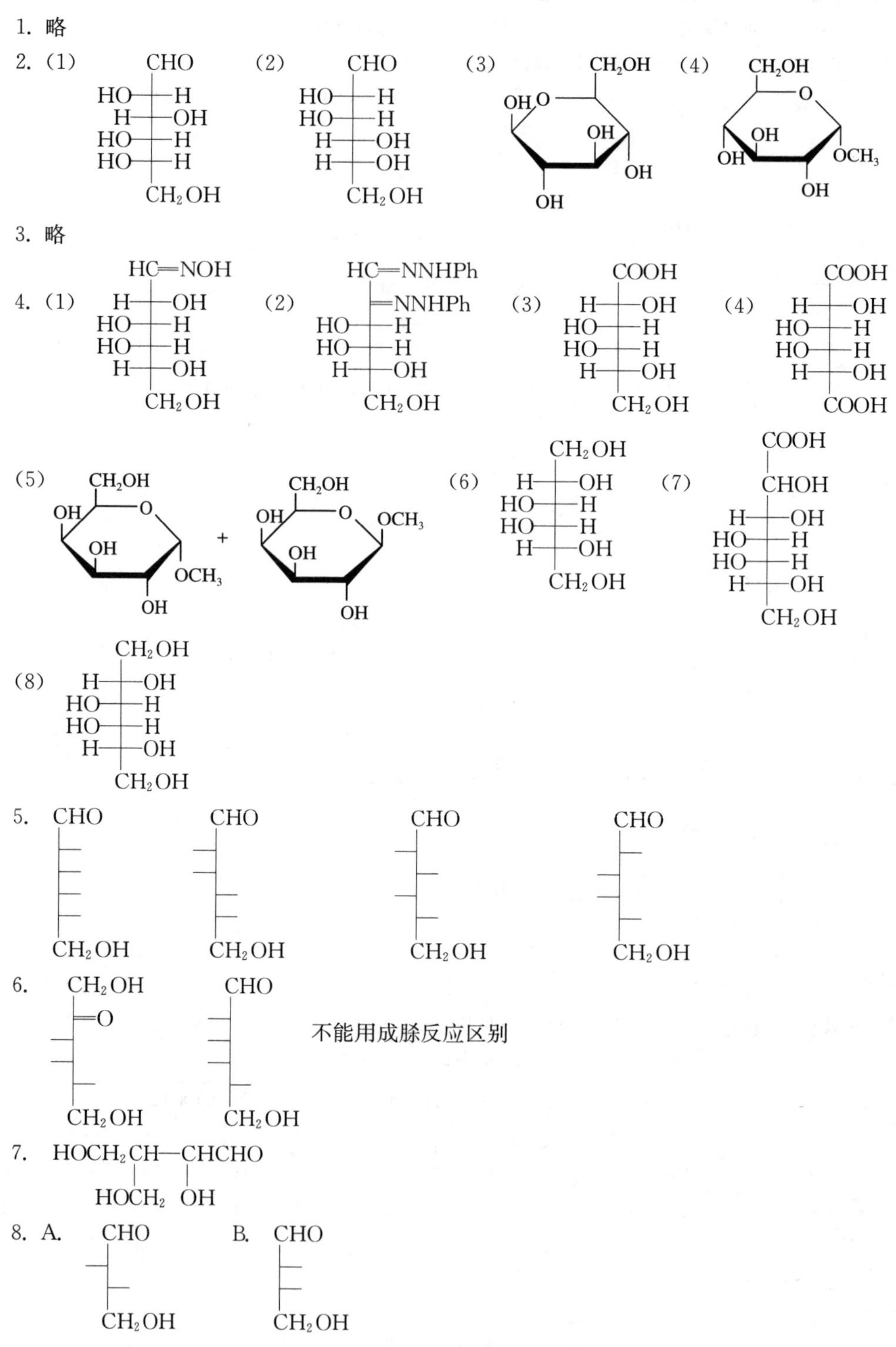

2. (1) 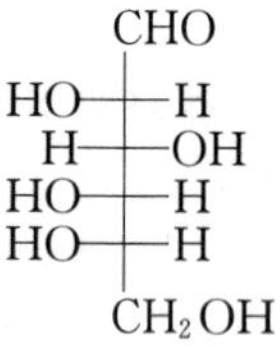 (2) 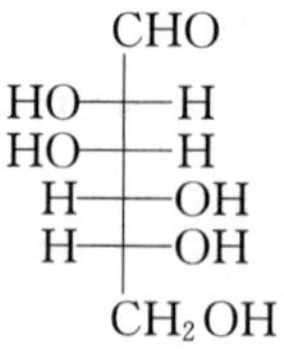 (3) 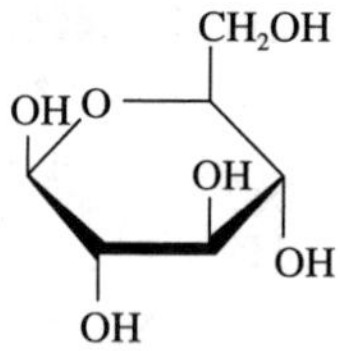 (4) 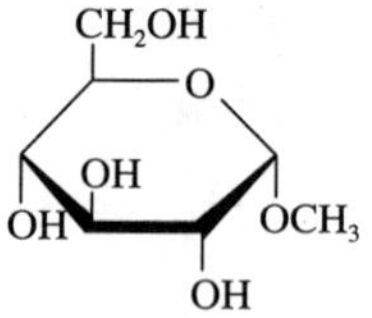

3. 略

4. (1) 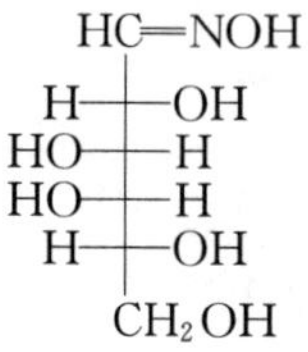 (2) 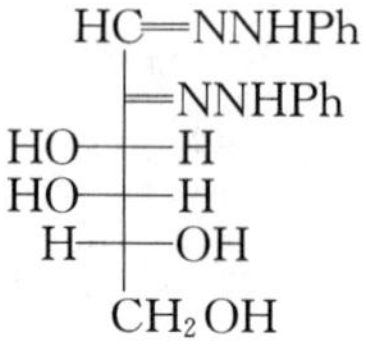 (3) 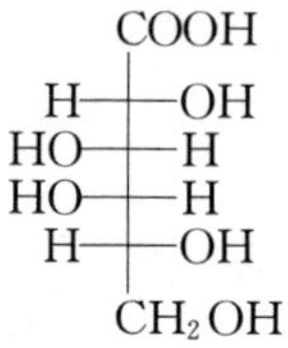 (4) 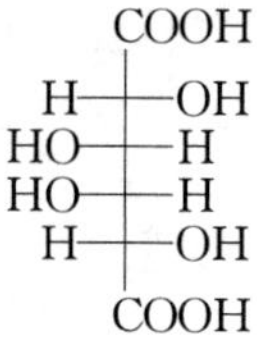

(5) 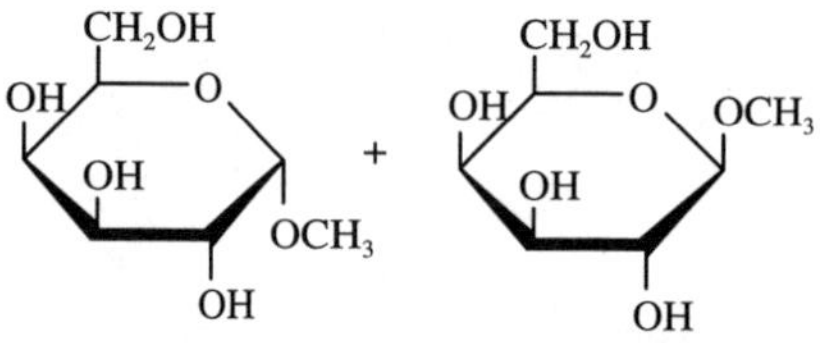 (6) 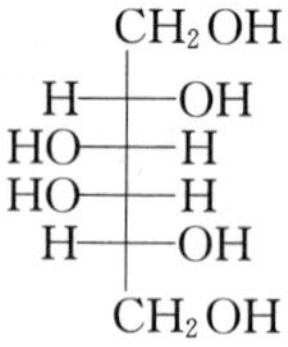 (7) 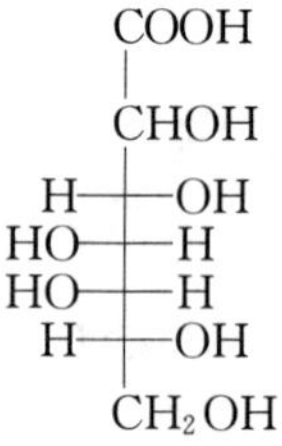

(8) 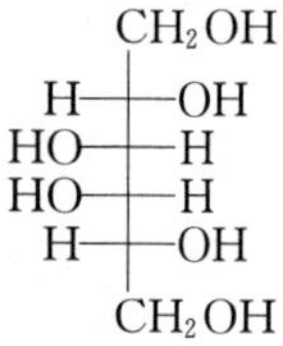

5. 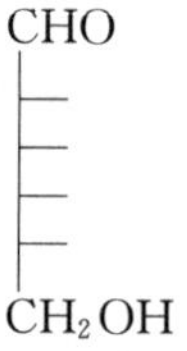 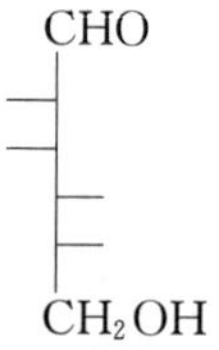 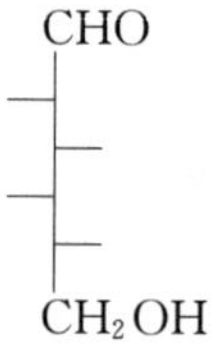 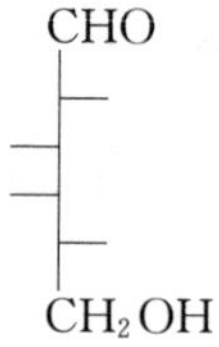

6. 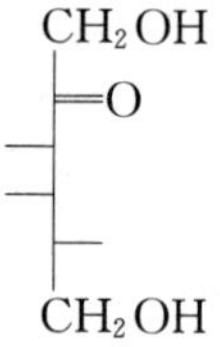 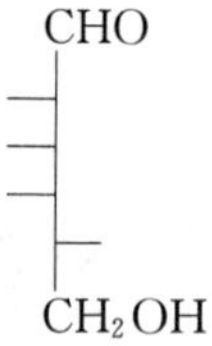 不能用成脎反应区别

7. 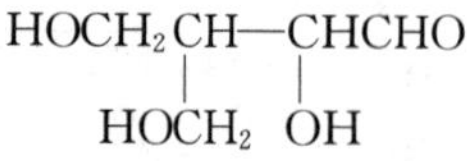

8. A. 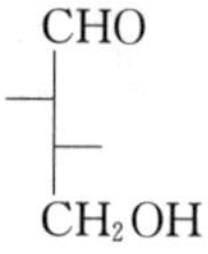 B. 

第 17 章

1、2. 略

3. (1) 17α-乙炔基-17β-羟基雄甾-4-烯-3-酮 (2) 11β,17α,21-三羟基孕甾-4-烯-3,20-二酮

4. 略

5. 薄荷醇：3 个手性碳原子，8 个光学异构体； 樟脑：2 个手性碳原子，实际上只有 2 个光学异构体

6.（1） 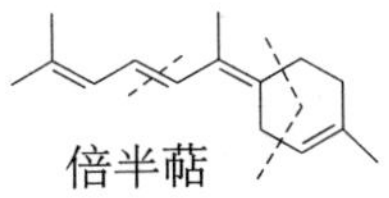 倍半萜 （2） 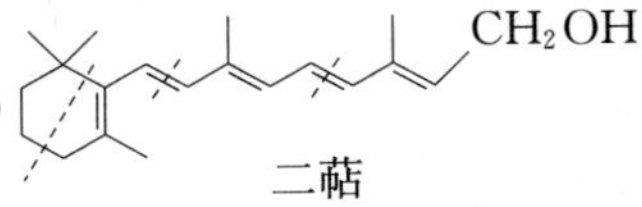 CH_2OH 二萜

（3） 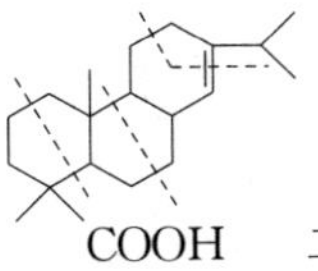 COOH 二萜 （4） 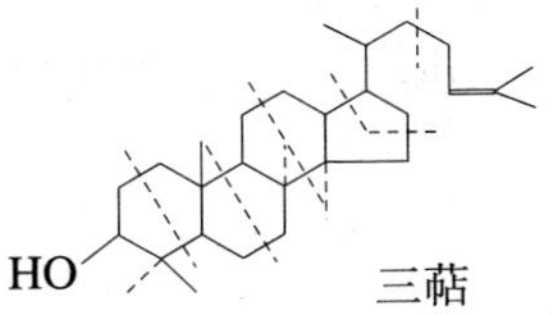 HO 三萜

7.（1）3 个—OH 均为 α-构型。 （2）正系。 （3）胆汁酸中甾环部分为疏水性，C_{17} 侧链为亲水性，为两性物质，可起乳化剂作用。

8. 提示：脱氢时脱去一个甲基

A 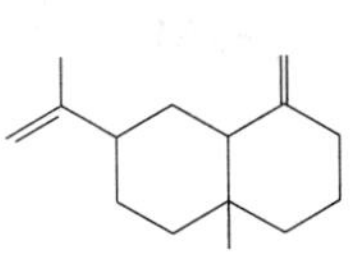 B O O

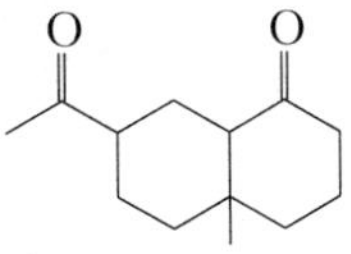

第 18 章

1. 略

2.（1）缬氨酸（2-氨基-3-甲基丁酸） （2）酪氨酸[2-氨基-3-(4-羟基苯基)丙酸] （3）赖氨酸（2，6-二氨基己酸） （4）苯丙氨酰甘氨酸

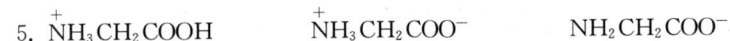

3.（1） $(CH_3)_2CH$ H N O O N H $CH(CH_3)_2$ （2） $CH_3CH_2CH{=}CHCOOH$ （3） 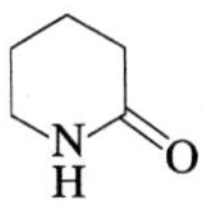 N H O

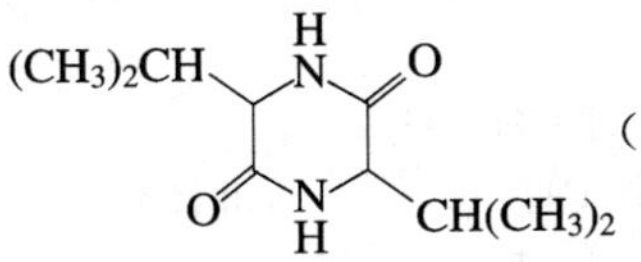

4. 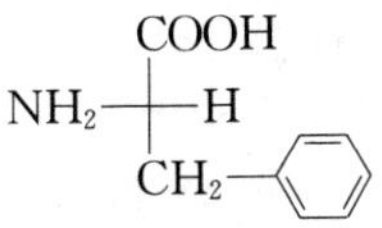 COOH NH_2—H CH_2— L-苯丙氨酸 COOH NH_2—H CH_2 N H L-色氨酸 COOH NH_2—H CH_2OH L-丝氨酸

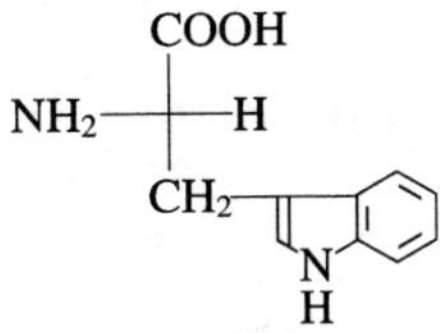

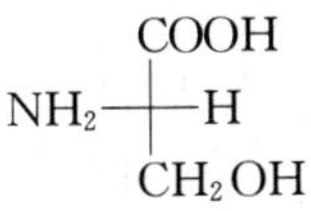

5. $\overset{+}{N}H_3CH_2COOH$ $\overset{+}{N}H_3CH_2COO^-$ $NH_2CH_2COO^-$

6. 略

第 19 章

1.（1）$h\nu$ （2）$h\nu$ （3）$h\nu$ （4）△

2.（1）$\xrightarrow[\text{顺旋}]{\triangle}$ CH_3 H CH_3 H $\xrightarrow[\text{对旋}]{h\nu}$ CH_3 H H CH_3

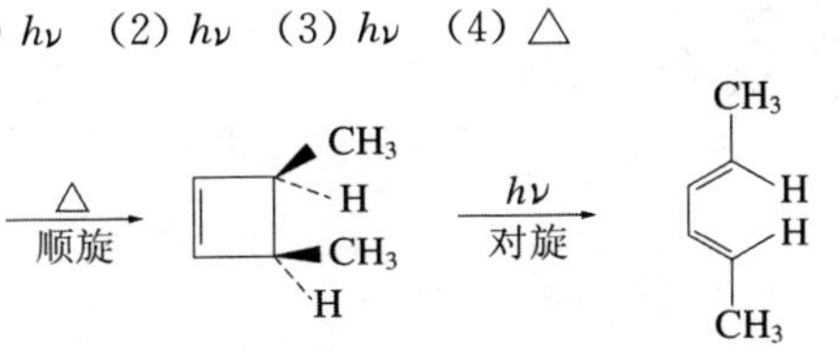

（2）$\xrightarrow[\text{顺旋}]{h\nu}$ $\xrightarrow[\text{对旋}]{\triangle}$ H H

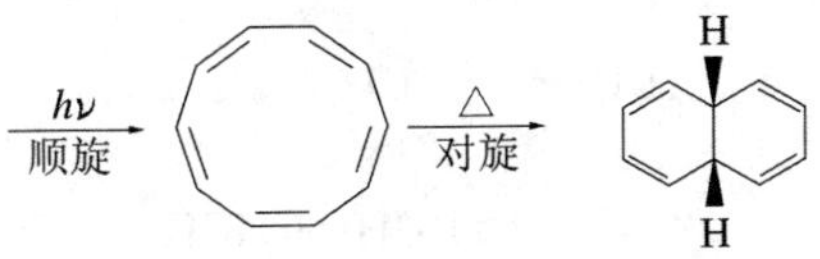

3. (1) 环丁烷　(2) 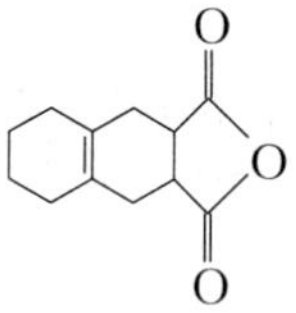 [结构式]　(3) 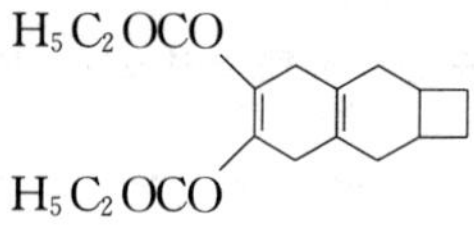 [结构式，含 H_5C_2OCO、H_5C_2OCO]

4. (1) $HC{\equiv}CH + HCN \xrightarrow{NH_4Cl, Cu_2Cl_2} CH_2{=}CH{-}CN$

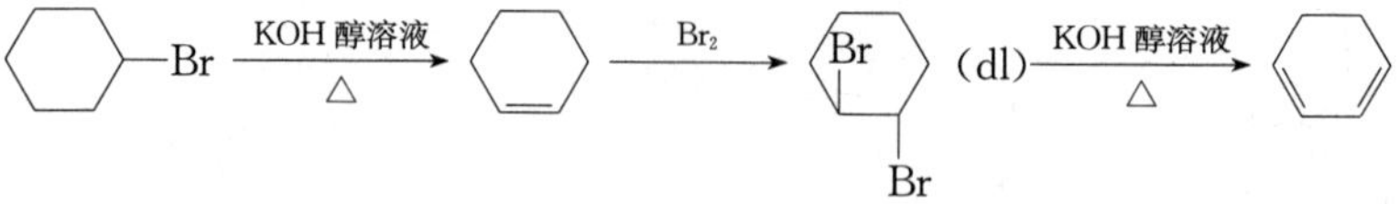

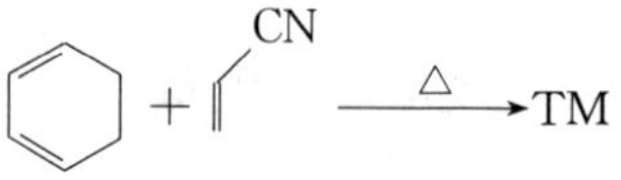

溴代环己烷 $\xrightarrow[\triangle]{KOH\ 醇溶液}$ 环己烯 $\xrightarrow{Br_2}$ 1,2-二溴环己烷 (dl) $\xrightarrow[\triangle]{KOH\ 醇溶液}$ 1,3-环己二烯

1,3-环己二烯 + $CH_2{=}CHCN$ $\xrightarrow{\triangle}$ TM

(2) 苯酚 + $C_6H_5CH{=}CHCH_2Cl \xrightarrow{NaOH}$ $C_6H_5OCH_2CH{=}CH{-}C_6H_5$ $\xrightarrow{\triangle}$ TM

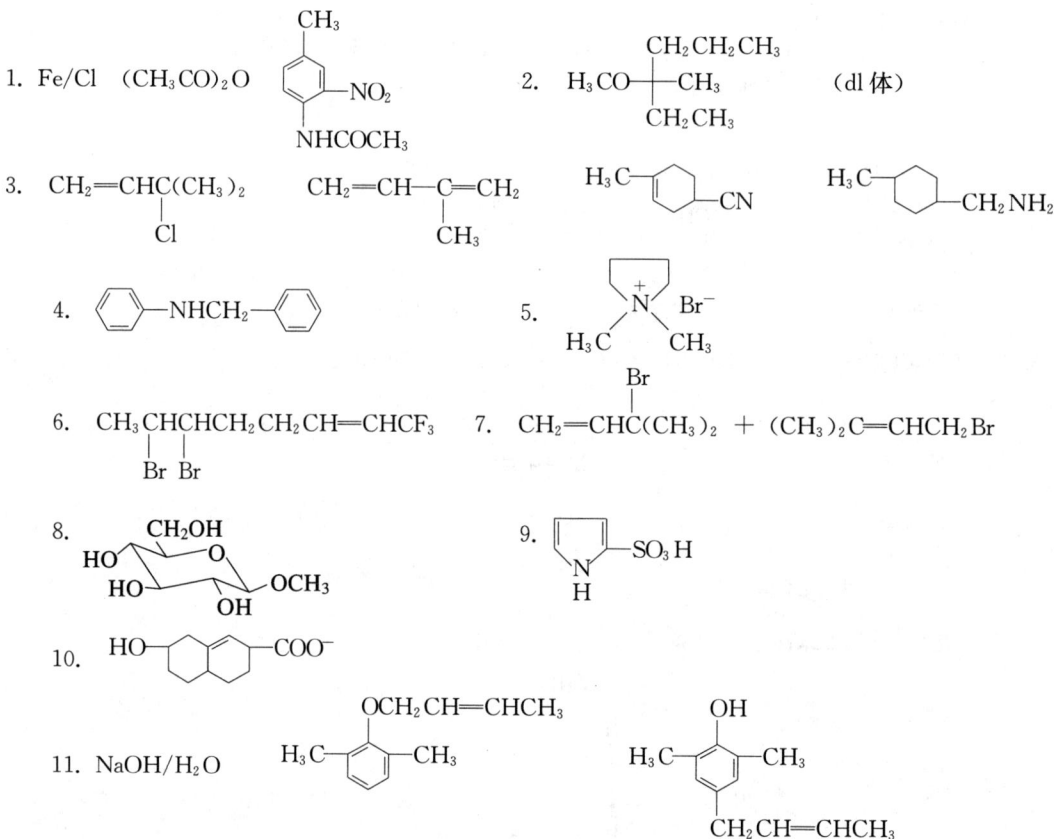

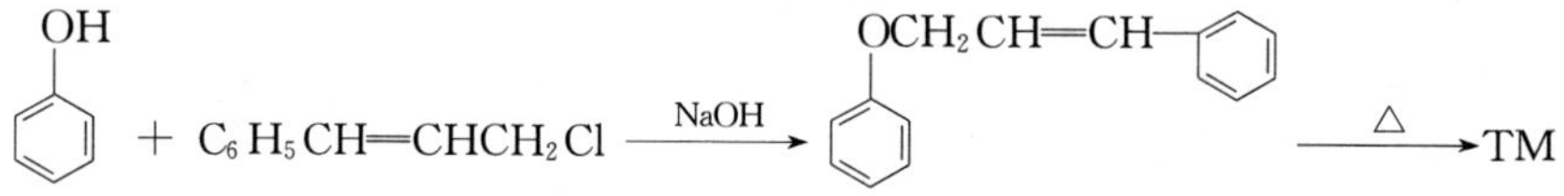

第20章

1. C>B>A　2. C>B>A　3. A>B>C>D　4. A>B>C>D　5. (1) A>B　(2) A>B
6. ABE　7. A>B>C>D　8. A>C>B>D　9. A>B　10. A>B>C>D　11. 环戊二烯>环庚三烯
12. B>C>D>A　13. A>B>C>D　14. B>C>D>A　15. A>B>C　16. B>C>A　17. A>B>C
18. B>A>D>C　19. A>C>B>D

第21章

1. Fe/Cl　$(CH_3CO)_2O$　[结构式：苯环上含 CH_3、NO_2、$NHCOCH_3$]　　2. H_3CO—C($CH_2CH_2CH_3$)(CH_3)(CH_2CH_3)　(dl 体)

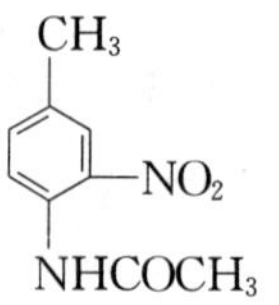

3. 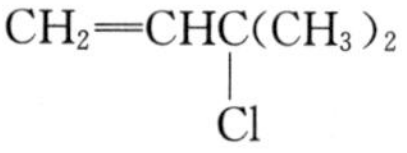 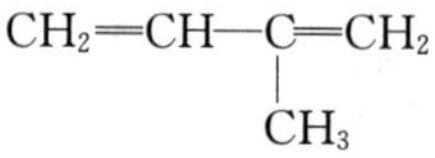 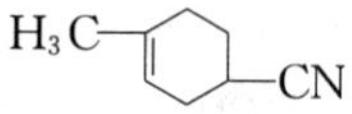 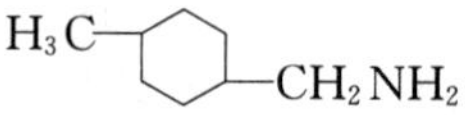 $CH_2{=}CHC(CH_3)_2$（Cl）　$CH_2{=}CH{-}C(CH_3){=}CH_2$　[结构式：H_3C—环己烯—CN]　[结构式：H_3C—环己烷—CH_2NH_2]

4.  $C_6H_5{-}NHCH_2{-}C_6H_5$　　5. [结构式：N,N-二甲基吡咯烷鎓，H_3C、CH_3，Br^-]

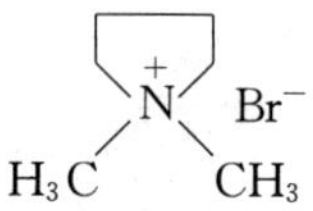

6. 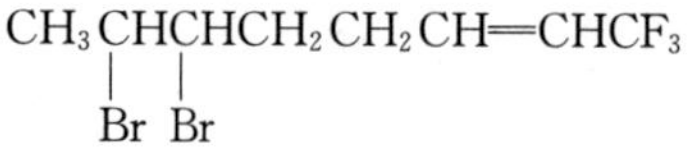 $CH_3CHCHCH_2CH_2CH{=}CHCF_3$（Br Br）　7. 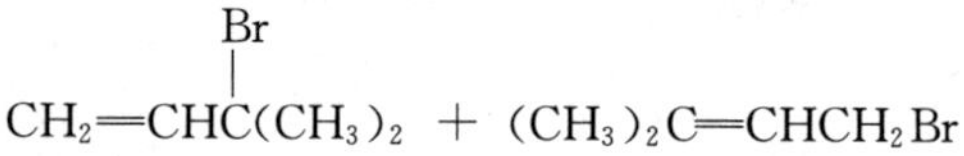 $CH_2{=}CHC(CH_3)_2$（Br） + $(CH_3)_2C{=}CHCH_2Br$

8. 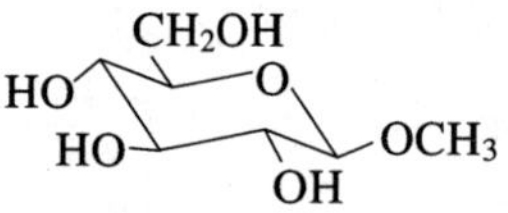 [结构式：吡喃糖，CH_2OH、HO、HO、OH、O、OCH_3]　　9. 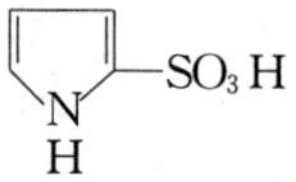 [结构式：吡咯-2-磺酸，SO_3H，N-H]

10. 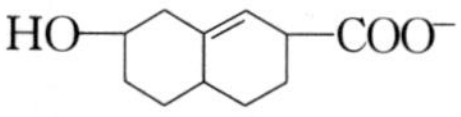 [结构式：HO—双环—COO^-]

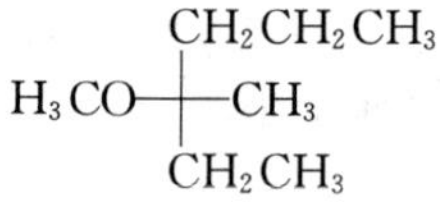

11. NaOH/H_2O　[结构式：H_3C、CH_3，$OCH_2CH{=}CHCH_3$ 取代苯]　[结构式：OH、H_3C、CH_3、$CH_2CH{=}CHCH_3$ 取代苯]

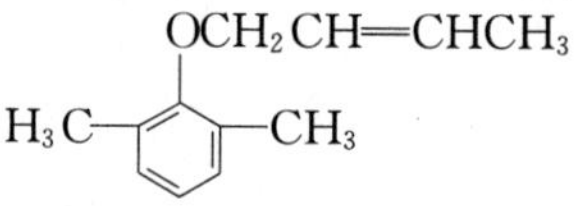

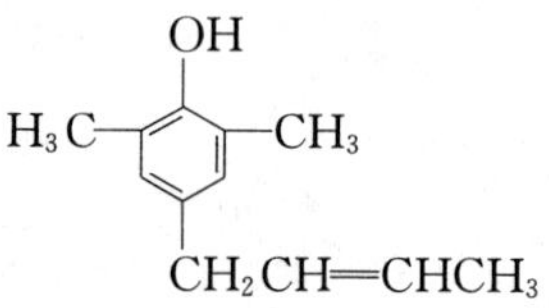

12. 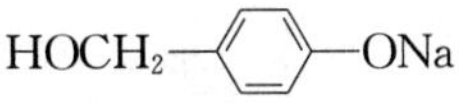 $HOCH_2-C_6H_4-ONa$

13. 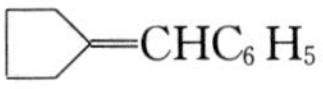 环戊亚基$=CHC_6H_5$

14. 饱和 $NaHSO_3$ $C_6H_5-CH(OH)CN$ $C_6H_5-CH(OH)COOH$

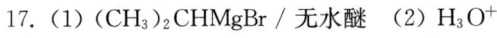

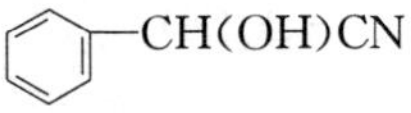

15.

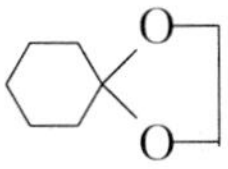

16.

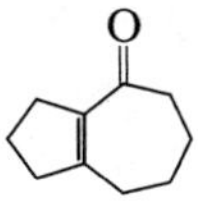

17. (1) $(CH_3)_2CHMgBr$ / 无水醚 (2) H_3O^+

18. 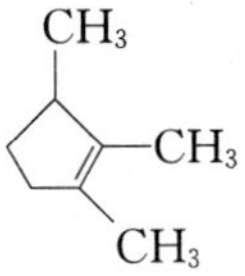 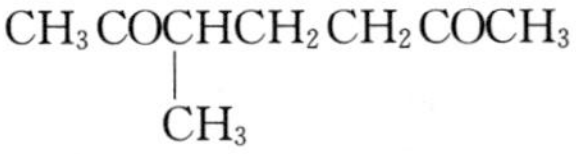 CH_3 CH_3 CH_3 $CH_3COCHCH_2CH_2COCH_3$ CH_3

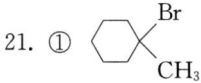

19. 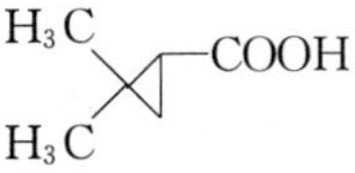 H_3C H_3C $COOH$ CH_3COCH_3

20. 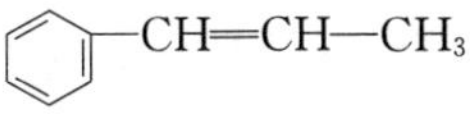 $C_6H_5-CH=CH-CH_3$

21. ① Br CH_3 ② $-CH_2Br$

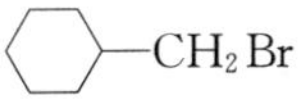

22. 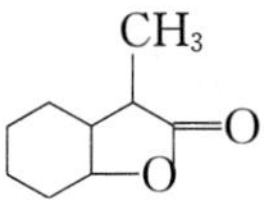 CH_3 O O

23. 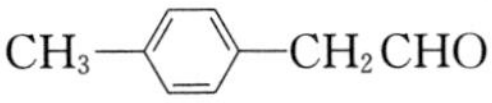 $CH_3-C_6H_4-CH_2CHO$

24.  CH_3 $COCH_3$

25. 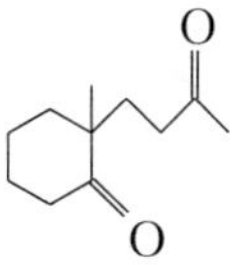 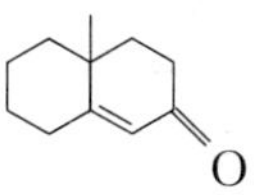 O O O

26. 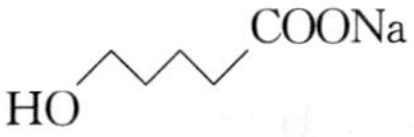 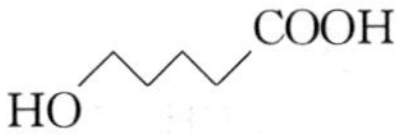 HO COONa HO COOH

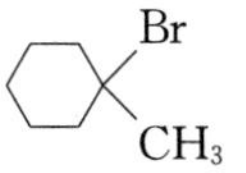

27. 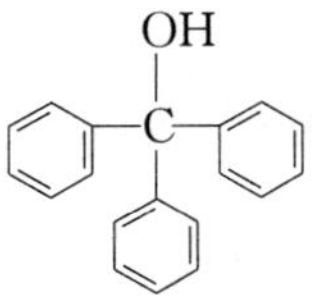 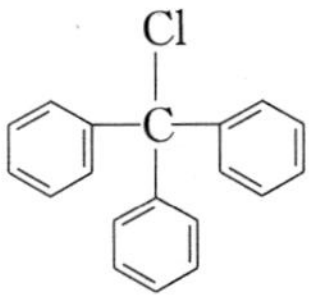 OH C Cl C

28. 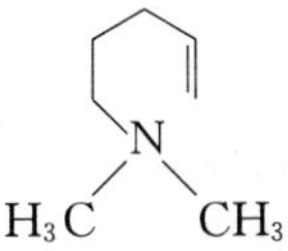 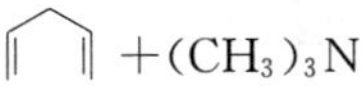 N H_3C CH_3 $+(CH_3)_3N$

29. 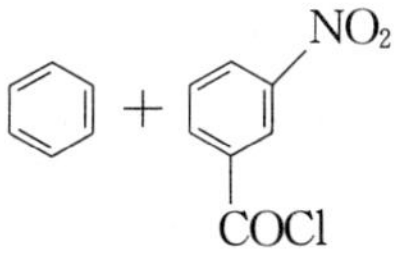 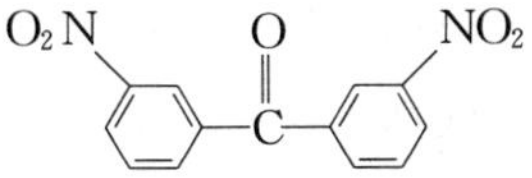 NO_2 COCl + O_2N O C NO_2

30. 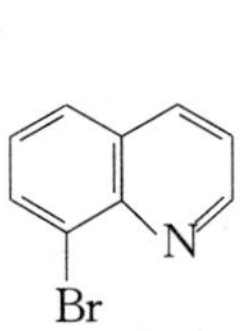 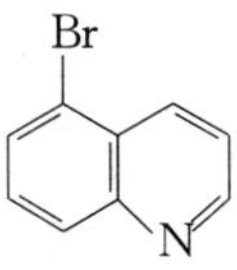 Br N Br N

31. 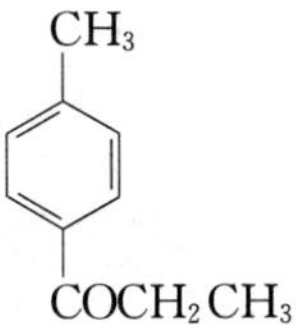 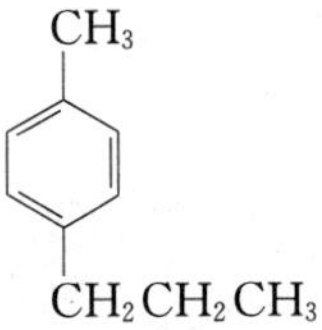 CH_3 $COCH_2CH_3$ CH_3 $CH_2CH_2CH_3$

32. 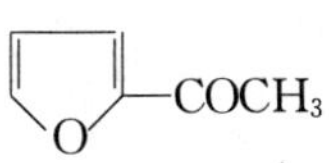 O $-COCH_3$

33. 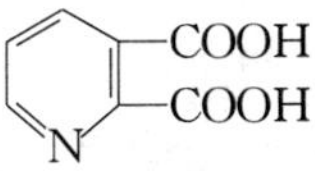 N $COOH$ $COOH$

34. 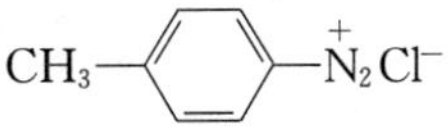 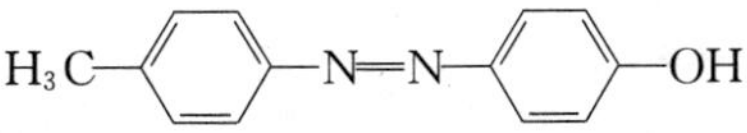 $CH_3-C_6H_4-\overset{+}{N_2}Cl^-$ $H_3C-C_6H_4-N=N-C_6H_4-OH$

35. 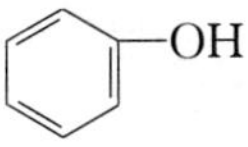 C_6H_5-OH $+CH_3CHICH_3$

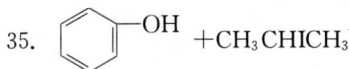

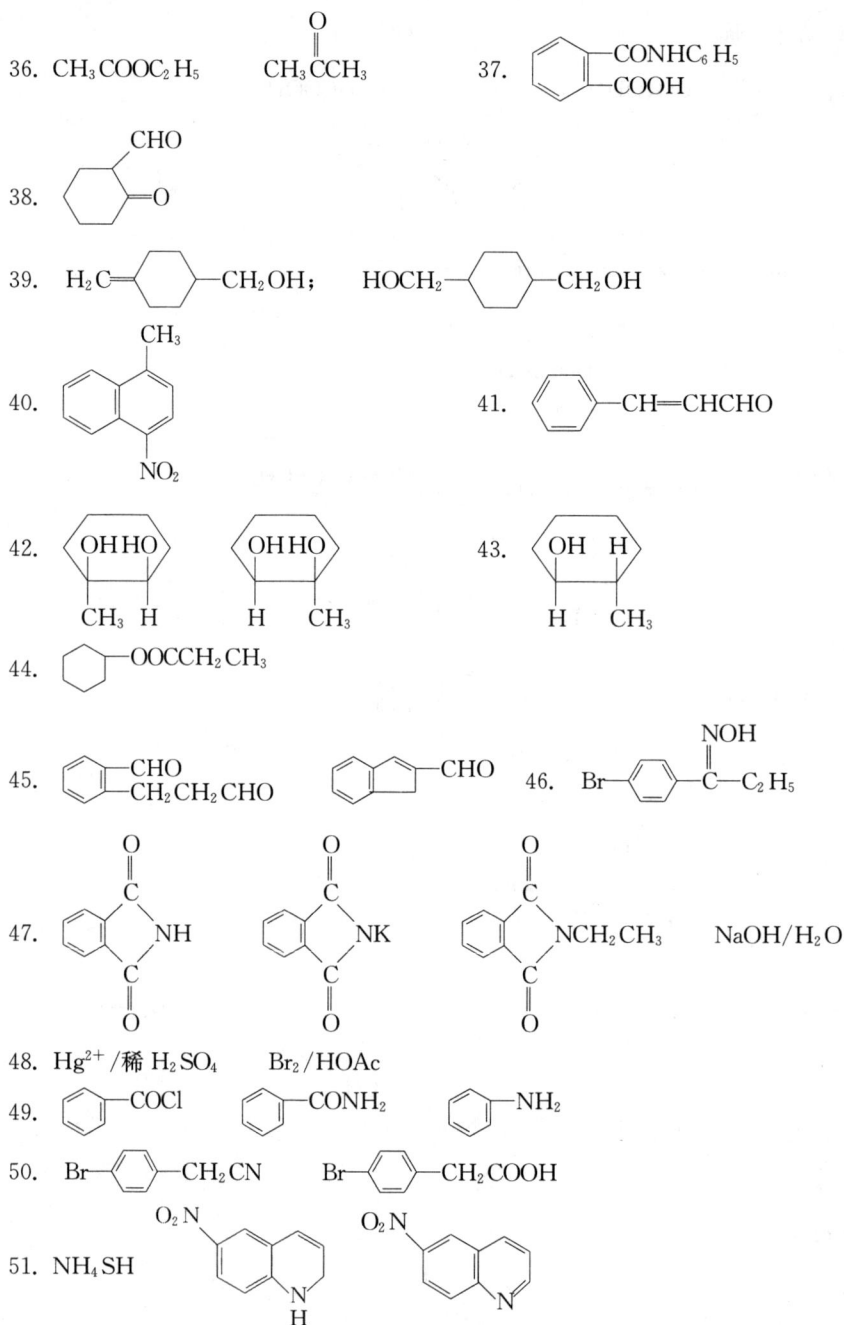

36. $CH_3COOC_2H_5$　　$CH_3\overset{O}{\overset{\|}{C}}CH_3$

37.  $C_6H_4(CONHC_6H_5)(COOH)$ (邻位)

38. 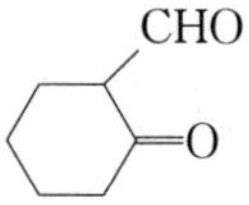 2-甲酰基环己酮（环己酮环上 CHO、=O）

39. 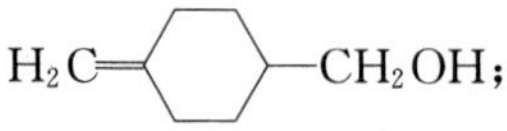 $H_2C=$〈环己烷〉$-CH_2OH$；　$HOCH_2-$〈环己烷〉$-CH_2OH$

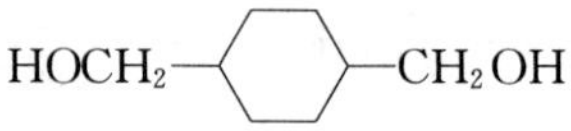

40. 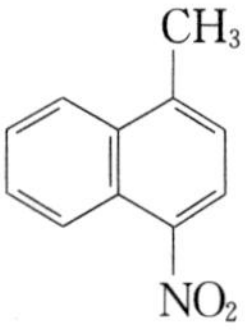 1-甲基-4-硝基萘（CH_3、NO_2）

41. 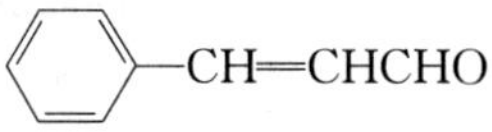 $C_6H_5-CH=CHCHO$

42. 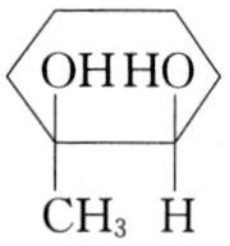 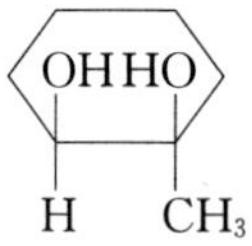 环己烷衍生物（OH HO；CH_3 H）　（OH HO；H CH_3）

43. 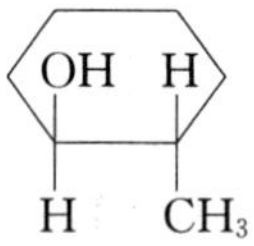 环己烷衍生物（OH H；H CH_3）

44.  〈环己基〉$-OOCCH_2CH_3$

45.  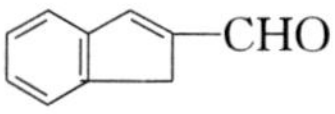 $C_6H_4(CHO)(CH_2CH_2CHO)$　　茚-2-甲醛（$-CHO$）

46. 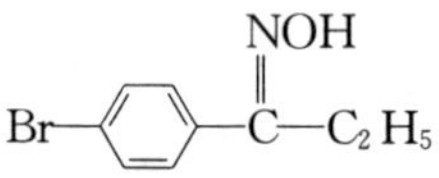 $Br-C_6H_4-\overset{NOH}{\overset{\|}{C}}-C_2H_5$

47. 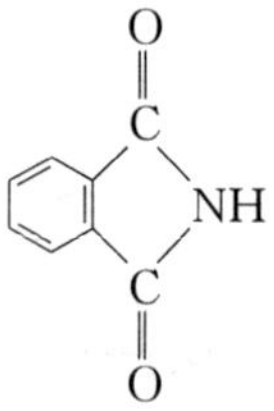 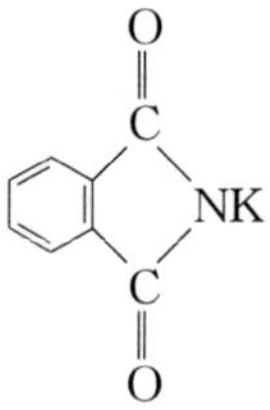 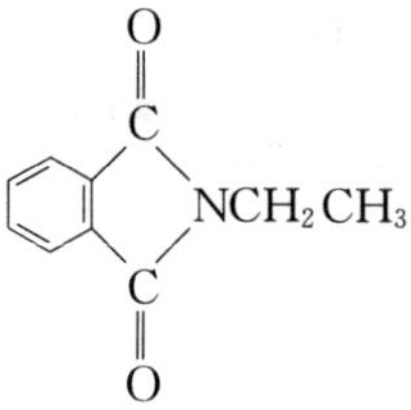 邻苯二甲酰亚胺（NH）　邻苯二甲酰亚胺钾（NK）　N-乙基邻苯二甲酰亚胺（NCH_2CH_3）　$NaOH/H_2O$

48. Hg^{2+}/稀 H_2SO_4　　$Br_2/HOAc$

49. 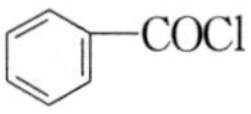 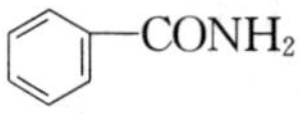 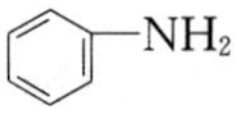 C_6H_5COCl　　$C_6H_5CONH_2$　　$C_6H_5NH_2$

50. 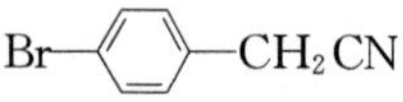 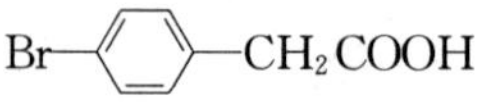 $Br-C_6H_4-CH_2CN$　　$Br-C_6H_4-CH_2COOH$

51. NH_4SH　　6-硝基-1,2-二氢喹啉（O_2N，N—H）　　6-硝基喹啉（O_2N，N）

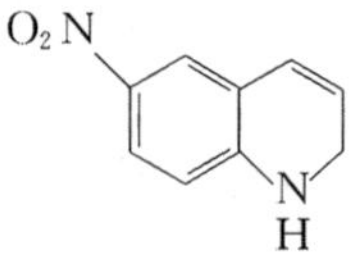

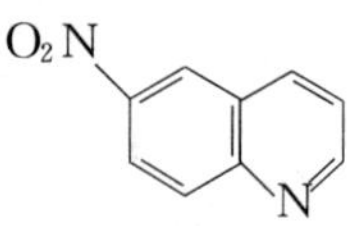

第22章

1. A. $CH_3\underset{CH_3}{\underset{|}{C}}HC\equiv CH$　　B. $CH_3\underset{CH_3}{\underset{|}{C}}HC\equiv CCH_2CH_2CH_3$

C. $CH_3\underset{CH_3}{\underset{|}{C}}HCOOH$　　D. $CH_3CH_2CH_2COOH$

E. $CH_3\underset{CH_3}{\underset{|}{C}}HCOCH_3$

2. A. 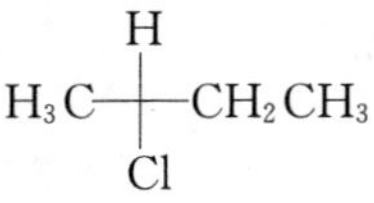 H_3C—C(H)(Cl)—CH_2CH_3（H 在上，Cl 在下）

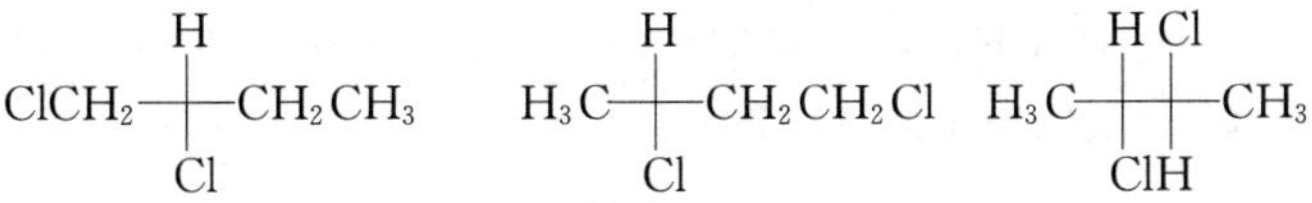

B、C、D：$ClCH_2$—C(H)(Cl)—CH_2CH_3　　H_3C—C(H)(Cl)—CH_2CH_2Cl　　H_3C—C(H)(Cl)—C(Cl)(H)—CH_3

E、F：H_3C—C(H)(Cl)—C(H)(Cl)—CH_3　　H_3C—C(Cl)(Cl)—CH_2CH_3

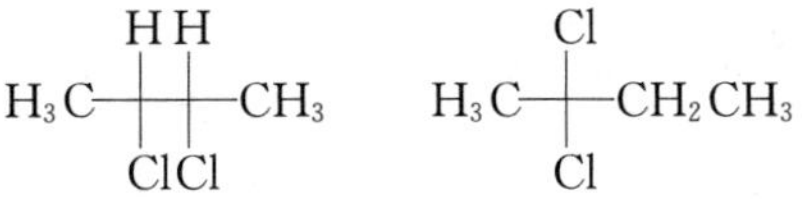

3. A. $(CH_3)_2C{=}C(CH_3)_2$

B. $(CH_3)_2C{=}CHCH_2CH_3$ 或 $(H_5C_2)(H_3C)C{=}CH(CH_3)$（$H_5C_2$ 与 H 同侧）或 $(H_5C_2)(H_3C)C{=}CH(CH_3)$（$H_5C_2$ 与 CH_3 同侧）

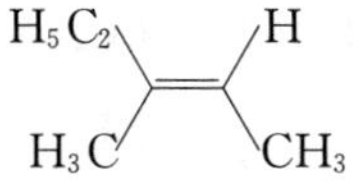

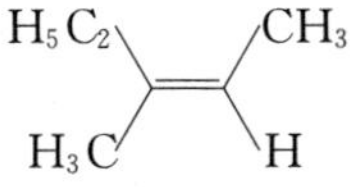

4. A. $(CH_3)_2CHCHOHCH_3$　　B. $(CH_3)_2CHCOCH_3$

C. $(CH_3)_2C{=}CHCH_3$

5. 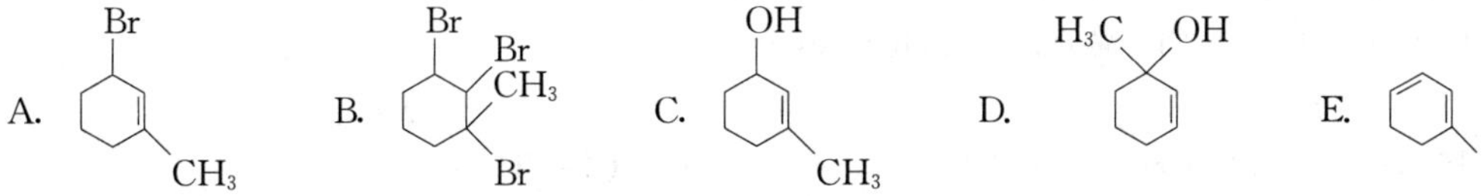 A. 3-溴-1-甲基环己烯（Br、CH_3）　B. 1,2-二溴-1-甲基-2-溴环己烷结构（Br、Br、CH_3、Br）　C. 3-甲基环己-2-烯-1-醇（OH、CH_3）　D. 1-甲基环己-2-烯-1-醇（H_3C、OH）　E. 1-甲基-1,3-环己二烯

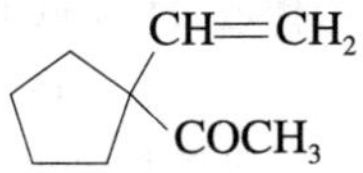

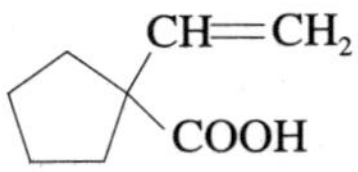

6. A. $CH_3CH_2C(=CH_2)C{\equiv}CH$　　B. $CH_3CH_2C(=CH_2)CH{=}CH_2$

C. 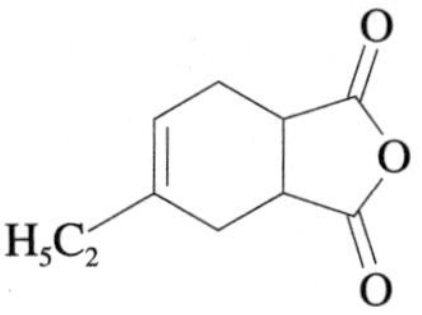 （乙基取代的四氢邻苯二甲酸酐，H_5C_2、O、O、O）

7. A. 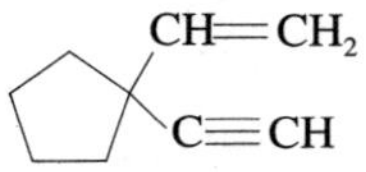 1-乙烯基-1-乙炔基环戊烷（$CH{=}CH_2$，$C{\equiv}CH$）　B. 环戊烷（$CH{=}CH_2$，$COCH_3$）

C. 环戊烷（$CH{=}CH_2$，COOH）　D. 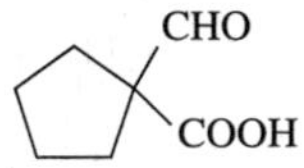 环戊烷（CHO，COOH）

8. A. $H_2C{=}C(CH_3)CH_2C{\equiv}CH$　　B. 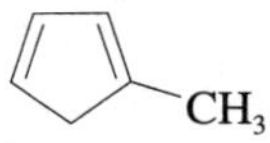 甲基环戊二烯（CH_3）

9. A. $(CH_3)_2CHCH_2OH$　B. $(CH_3)_2CHCHO$　C. $(CH_3)_2C{=}CH_2$　D. $(CH_3)_2C(OH)—CH_2OH$

E. HCHO　F. CH_3COCH_3

10. A. 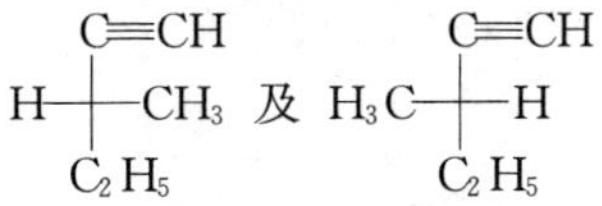 H—C($C{\equiv}CH$)(C_2H_5)—CH_3 及 H_3C—C($C{\equiv}CH$)(C_2H_5)—H　B. $CH_3CH_2CH(CH_3)C{\equiv}CAg$　C. $CH_3CH_2CH(CH_3)CH_2CH_3$

11. A. 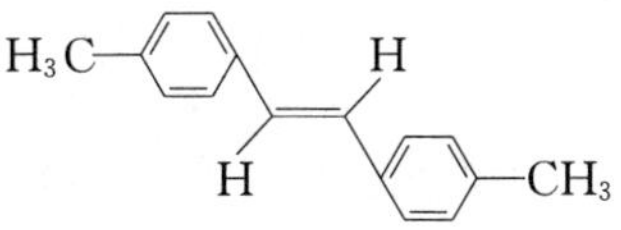 $H_3C-C_6H_4-CH{=}CH-C_6H_4-CH_3$（反式）或 $H_3C-C_6H_4-CH{=}CH-C_6H_4-CH_3$（顺式）

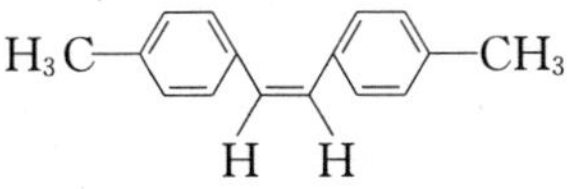

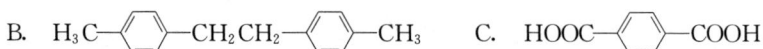

B. $H_3C-C_6H_4-CH_2CH_2-C_6H_4-CH_3$　　C. $HOOC-C_6H_4-COOH$

12. 茚　　茚满

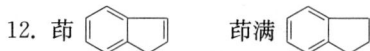

13. A. $CH_3CH_2CH{=}CH_2$　B. $CH_3CH_2CHClCH_2Cl$　C. $CH_3CHClCH{=}CH_2$

D. $CH_3CHOHCH{=}CH_2$ 或 $CH_3CH{=}CHCH_2OH$

E. $H_2C{=}CHCH{=}CH_2$　F.

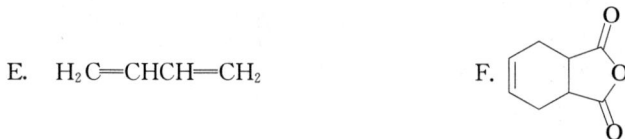

14. A. $(CH_3)_2CBrCH{=}CH_2$　B. $(CH_3)_2CBrCHBrCH_2Br$

C. $(CH_3)_2C{=}CHCH_2OH$　D. $(CH_3)_2C(OH)CH{=}CH_2$

E. $(CH_3)_2CHCH_2COOH$　F. $H_2C{=}C(CH_3)CH{=}CH_2$

15. A. $CH_3CH_2CH_2CH_2Br$　B. $(CH_3)_3CBr$

C. $CH_3CH_2CHBrCH_3$ 或 $(CH_3)_2CHCH_2Br$

16. A. $CH_3CH_2CH_2CCl(CH_3)CH_2CH_2CH_3$　B. $CH_3CH_2CH{=}C(CH_3)CH_2CH_2CH_3$

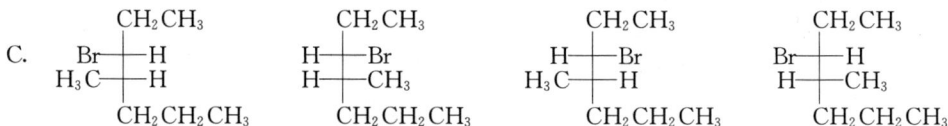

C. (Fischer projections, top CH_2CH_3, bottom $CH_2CH_2CH_3$):
Br—H / H_3C—H；H—Br / H—CH_3；H—Br / H_3C—H；Br—H / H—CH_3

D. $CH_3COCH_2CH_2CH_3$

17. A. (Fischer projection: top $CH{=}CH_2$, H_3C—OH, bottom C_2H_5) 及对映体或 (Fischer projection: top $CH{=}CH_2$, H—CH_2OH, bottom C_2H_5) 及对映体

B. $CH_3CH_2C(OH)(CH_3)CH_2CH_3$ 或 $CH_3CH_2CH(CH_2CH_3)CH_2OH$

18. A. (2,6-dimethylcyclohexane-1,3... with CH_3, OH, OH, CH_3)　B. (CH_3, Br, Br, CH_3)　C. (CH_3, O, O, CH_3)　D. (CH_3, CH_3)　E. (HO, CH_3, HO, CH_3)

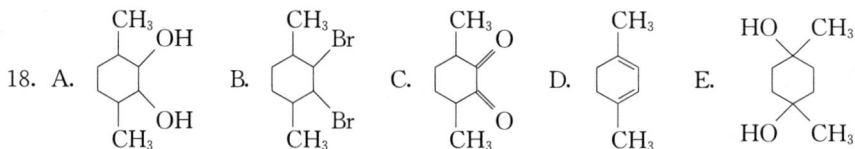

19. A. $(CH_3)_2C{=}CHCH_2COCH_3$　B. $(CH_3)_2C{=}CHCH_2COOH$

C. $CH_2(COOH)_2$　D. CH_3COCH_3

20. A. $(CH_3CH_2)_2CHOH$　B. $(CH_3CH_2)_2C{=}O$

C. $(CH_3CH_2)_2C(OH)-C(OH)(CH_2CH_3)_2$　D. $(CH_3CH_2)_3CCOCH_2CH_3$

21. A. (cyclohexyl)—OH　B. $HOOC(CH_2)_4COOH$

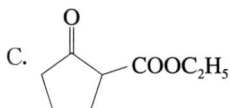

C. (2-oxocyclopentyl)—$COOC_2H_5$　D. (cyclopentanone)

E. 

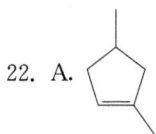

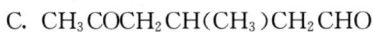

22\. A.　　B.

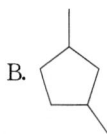

C. $CH_3COCH_2CH(CH_3)CH_2CHO$　　D. $CH_3COCH_2CH(CH_3)CH_2COOH$

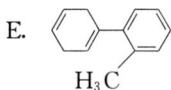

E. $CH_3CH(CH_2COOH)_2$　　F. 3-甲基戊二酸酐

23\. A. $CH_3COCH_2CH(CH_3)CHO$　　B. $CH_3COCH_2CH(CH_3)COOH$

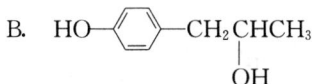

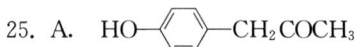

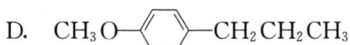

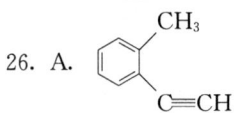

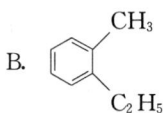

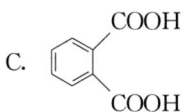

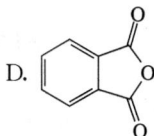

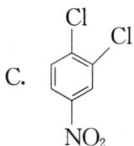

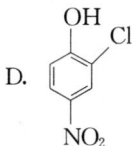

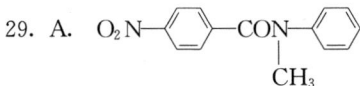

C. $HOOCCH_2CH(CH_3)COOH$　　D. 2-甲基丁二酸酐

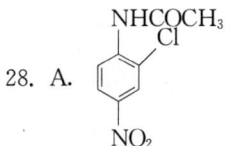

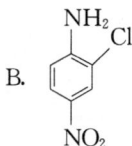

E. $CH_3CH(CH_2COOH)COOC_2H_5$　　F. $CH_3CH(CH_2COOC_2H_5)COOH$

24\. A. $CH_3CH_2COOC_2H_5$　　B. $CH_3CH_2COCH(CH_3)COOC_2H_5$

C. $CH_3CH_2COC(CH_3)_2COOC_2H_5$　　D. $CH_3CH_2COCH(CH_3)CH_2CH_3$

25\. A. HO— —CH_2COCH_3　　B. HO— —$CH_2CH(OH)CH_3$

C. HO— —$CH_2CH_2CH_3$　　D. CH_3O— —$CH_2CH_2CH_3$

26\. A. CH_3, $C\equiv CH$　　B. CH_3, C_2H_5

C. COOH, COOH　　D. O, O, O

E. H_3C

27\. A. —$CH_2COOC_2H_5$　　B. —$COOCH(CH_3)_2$

C. C_2H_5OH　　D. $(CH_3)_2CHOH$

28\. A. $NHCOCH_3$, Cl, NO_2　　B. NH_2, Cl, NO_2

C. Cl, Cl, NO_2　　D. OH, Cl, NO_2

29\. A. O_2N— —CON(CH_3)—　　B. O_2N— —COOH

C. 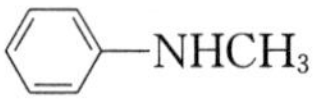 C_6H_5—$NHCH_3$ D. 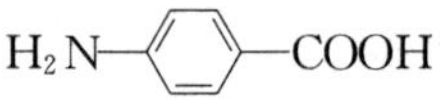 H_2N—C_6H_4—COOH

E. 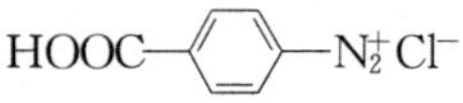 HOOC—C_6H_4—$N_2^+Cl^-$

30. A. 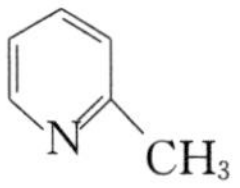 2-甲基吡啶（CH_3） B. 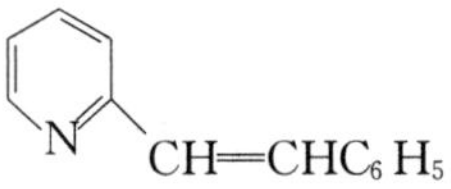 2-吡啶基—$CH{=}CHC_6H_5$ C. 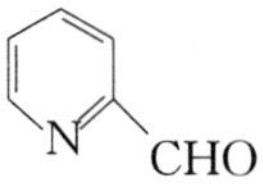 2-吡啶基—CHO

31. A. 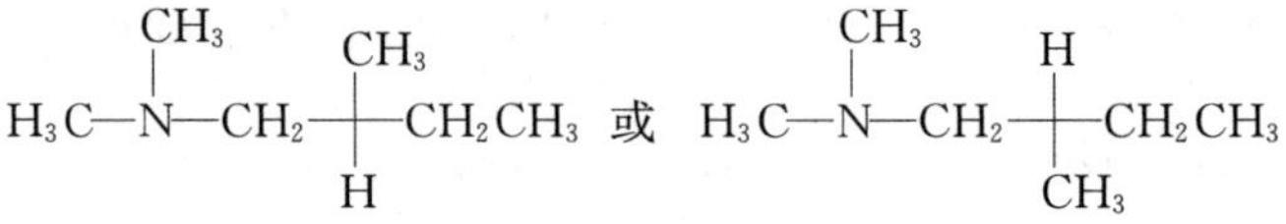 $H_3C—N(CH_3)—CH_2—CH(CH_3)—CH_2CH_3$ 或 $H_3C—N(CH_3)—CH_2—CH(CH_3)—CH_2CH_3$

B. 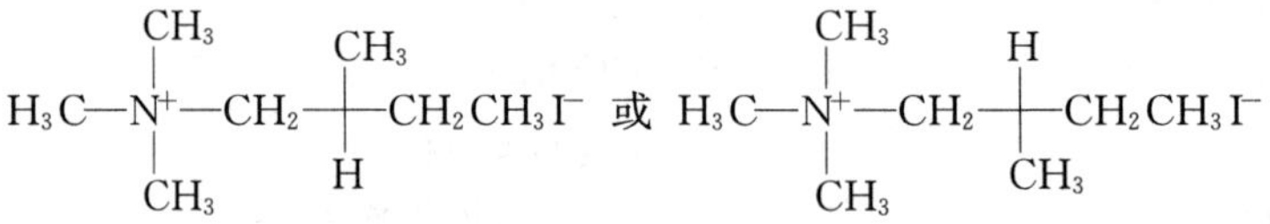 $H_3C—N^+(CH_3)_2—CH_2—CH(CH_3)—CH_2CH_3\ I^-$ 或 $H_3C—N^+(CH_3)_2—CH_2—CH(CH_3)—CH_2CH_3\ I^-$

C. $CH_3CH_2C(CH_3){=}CH_2$

32. A. $CH_3CH_2CCl_2CH_3$ B. $CH_3CH_2COCH_3$

C. $CH_3CH_2CHOHCH_3$

33. A. $(CH_3)_2C{=}C(CH_3)CH_2CH_2CH_3$ B. $CH_3COCH_2CH_2CH_3$

C. CH_3COCH_3

34. A.  $C_6H_5CH_2COOCH_3$ B. 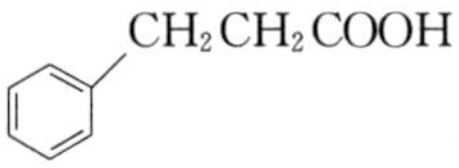 $C_6H_5CH_2CH_2COOH$

35. 毒芹碱（2-丙基哌啶，N—H，$CH_2CH_2CH_3$） 中间体（$CH_2{=}CHCH_2CH_2CH(CH_2CH_2CH_3)N(CH_3)_2$）

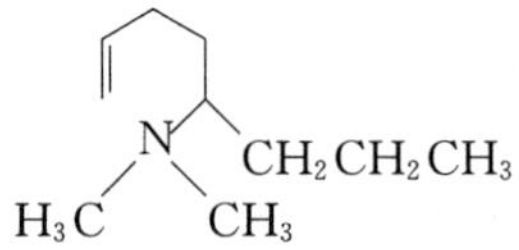

第23章

1. (1) 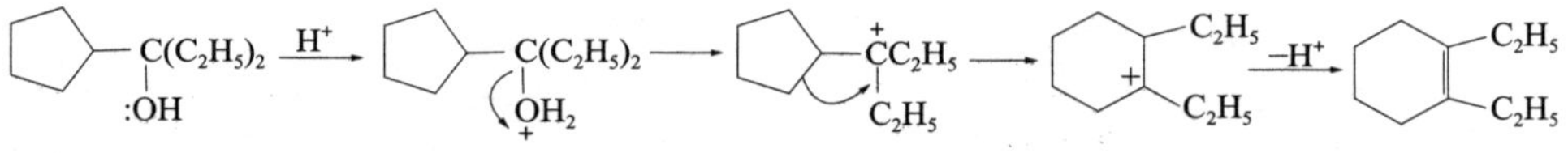 环戊基—$C(C_2H_5)_2$(:OH) $\xrightarrow{H^+}$ 环戊基—$C(C_2H_5)_2$($\overset{+}{O}H_2$) ⟶ 环戊基—$\overset{+}{C}C_2H_5$(C_2H_5) ⟶ 1,2-二乙基环己基正离子（+） $\xrightarrow{-H^+}$ 1,2-二乙基环己烯（C_2H_5, C_2H_5）

(2) Fischer投影式（C_6H_5；H—Br；H—CH_3；C_6H_5） ≡ 纽曼投影式（H, H, CH_3, Br, H_5C_6, C_6H_5） ⟶ 纽曼投影式（H, CH_3, C_6H_5, Br, C_6H_5, H） ≡ $CH_3CH_2O^-$ 进攻 H，Br 离去（H, C_6H_5, Br, CH_3, C_6H_5） ⟶ $C_6H_5(CH_3)C{=}C(C_6H_5)H$

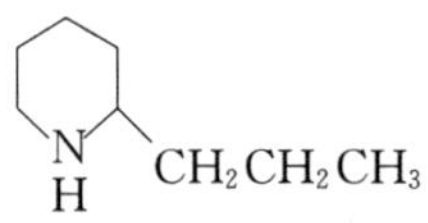

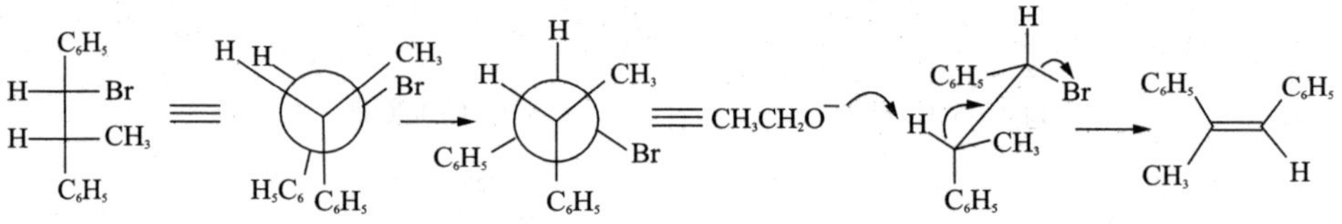

(3) 环癸-1,6-二酮 $\xrightarrow{OH^-}$ 烯醇负离子（−） ⟶ 双环烷氧负离子（O^-） $\xrightarrow{H_2O}$ 双环醇（OH） $\xrightarrow{\triangle}$ 双环烯酮（O）

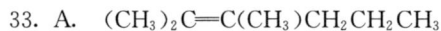

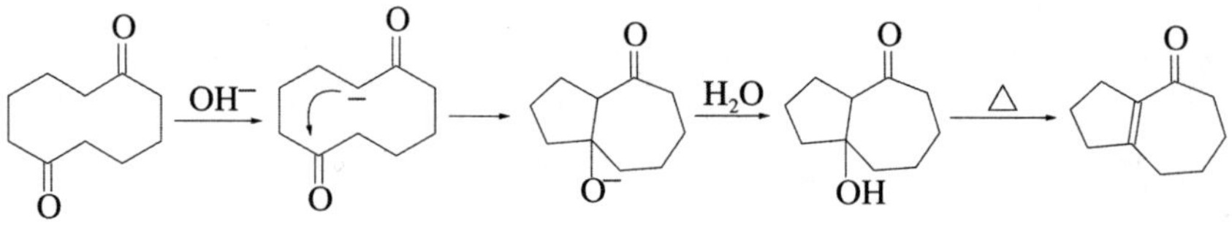

2. 该反应是烯烃的亲电加成反应，中间体是碳正离子。反应物到产物发生了扩环，提示碳正离子经历了重排。

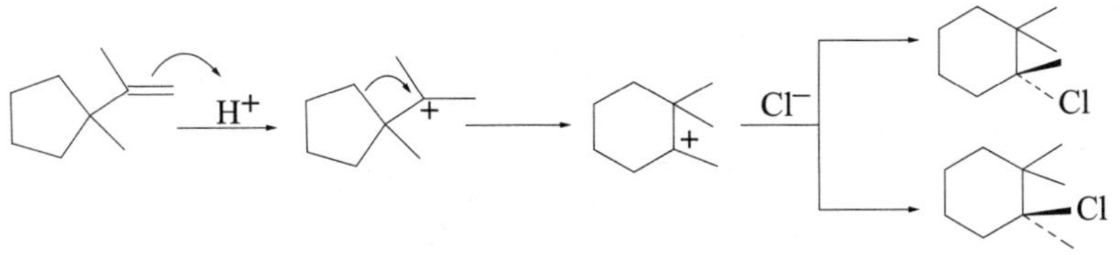

由于碳正离子是平面结构，Cl^- 可从环平面的两侧进攻碳正离子，因此产物为外消旋体。

3.

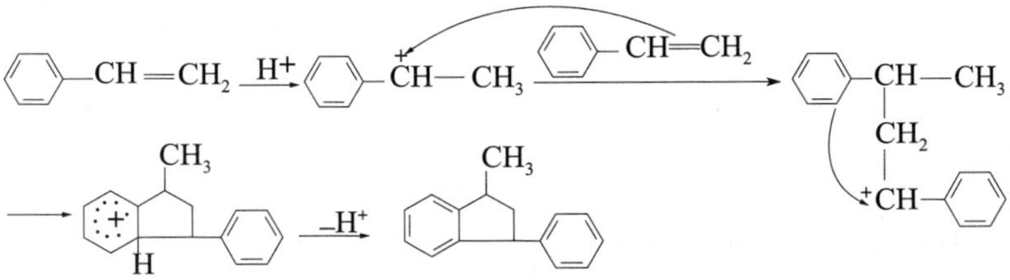

4.（1）属 S_N1 机理 （2）反应物和产物的构型均为 S-构型

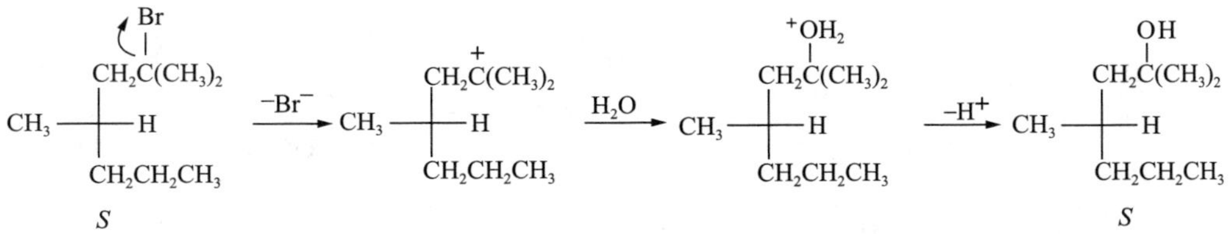

5.（1）反应不能进行。因为在 C_2H_5ONa 的条件下，克莱森酯缩合反应的动力是产物形成盐。产物中无 α-H，在 C_2H_5ONa 的条件下，不能形成稳定的盐，即反应缺乏完成的动力。要使反应顺利进行，必须使用更强的碱如三苯甲基钠作为催化剂，使平衡在第一步就偏向右。

$$C_6H_5\underset{\displaystyle CH_3}{\underset{|}{C}H}COOC_2H_5 \xrightarrow{(C_6H_5)_3CNa} C_6H_5\underset{\displaystyle CH_3}{\underset{|}{\overset{-}{C}}}COOC_2H_5 + (C_6H_5)_3C—H$$

（2）错误，正确的产物是

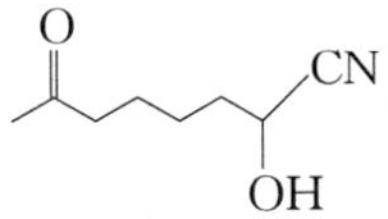

亲核加成反应中，亲核试剂优先与反应活性高的羰基加成。由于电子效应和空间效应的影响，酮羰基的活性较醛羰基小，因此得到氢氰酸与醛羰基的加成产物。

（3）错误，正确的产物是

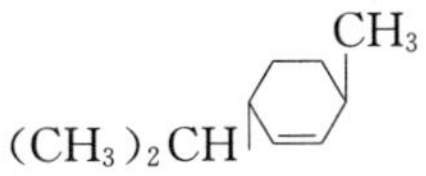

这是一个典型的 E2 消除，消除产物受构象的限制：

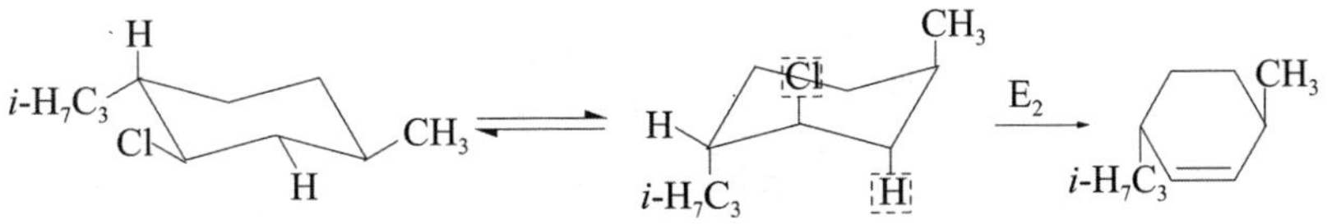

6. 反应为频哪醇重排。在 H^+ 的作用下，两个羟基均可质子化，经脱水后分别得到碳正离子中间体（Ⅰ）和（Ⅱ），（Ⅰ）和（Ⅱ）的稳定性差不多，各自发生重排、脱质子，因此得到两种产物。

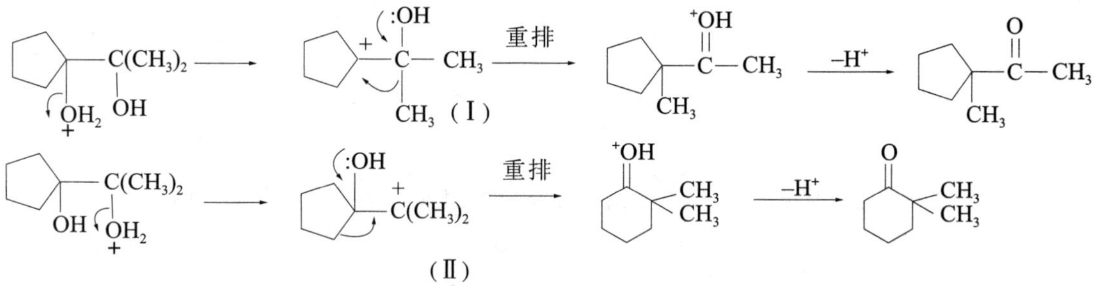

重排

重排

(Ⅰ)

(Ⅱ)

7. (1) 分子内的 S_N2 反应

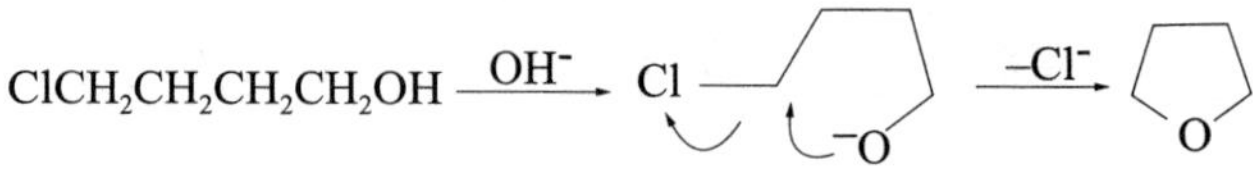

$$ClCH_2CH_2CH_2CH_2OH \xrightarrow{OH^-} \xrightarrow{-Cl^-}$$

(2) 酮酯缩合

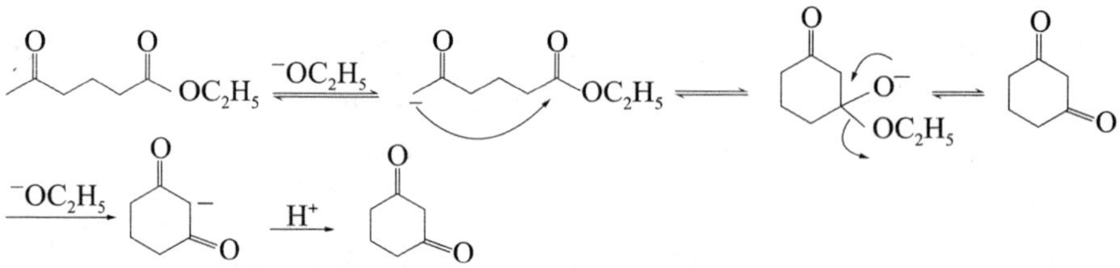

(3) 涉及碳负离子的反应

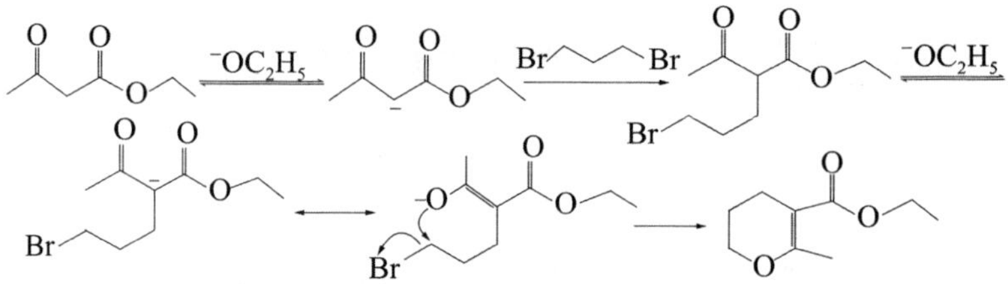

第24章

1. (1) $2HC{\equiv}CH \xrightarrow[NH_4Cl]{Cu_2Cl_2} CH_2{=}CH{-}C{\equiv}CH \xrightarrow{H_2/Lindlar} CH_2{=}CH{-}CH{=}CH_2$

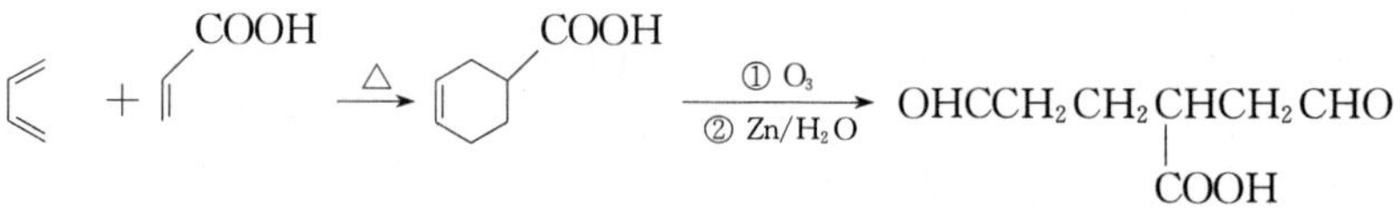

$\xrightarrow{\triangle}$ $\xrightarrow[\text{② } Zn/H_2O]{\text{① } O_3}$ $OHCCH_2CH_2CH(COOH)CH_2CHO$

(2) $CH_3CH_2CH_2MgBr \longrightarrow \xrightarrow{H_3O^+} CH_3CH_2CH_2CH_2CH_2OH$

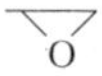

(3) $HC{\equiv}CH \xrightarrow[NH_3(l)]{NaNH_2} NaC{\equiv}CH \xrightarrow{ClCH_2CH_2Cl} \xrightarrow[H_2SO_4(\text{稀})]{HgSO_4} TM$

(4) $CH_3CH_2CH_2Br \xrightarrow{NaCN} \xrightarrow{H_2/Pt} TM$

(5) $HC{\equiv}CH \xrightarrow{NaNH_2} NaC{\equiv}CNa \xrightarrow{2CH_3Br} \xrightarrow[NH_3(l)]{Na} \xrightarrow{C_6H_5COOOH} TM$

(6) 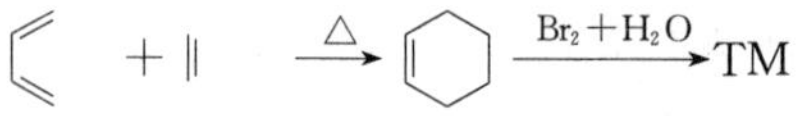 $\xrightarrow{\triangle} \xrightarrow{Br_2+H_2O} TM$

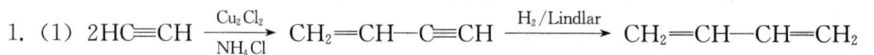

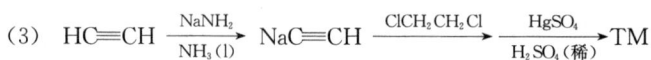

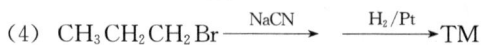

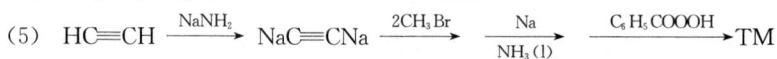

(7) $CH_3CH_2COOH \xrightarrow[C_2H_5OH]{H^+} \xrightarrow[②\ CH_3COOH]{①\ C_2H_5ONa} \xrightarrow[②\ H^+]{①\ 稀\ OH^-} \xrightarrow{\triangle} CH_3CH_2COCH_2CH_3$

$(CH_3)_2CHCl \xrightarrow[②\ PhLi]{①\ Ph_3P} (CH_3)_2C{=}PPh_3 \xrightarrow{CH_3CH_2COCH_2CH_3} TM$

(8) 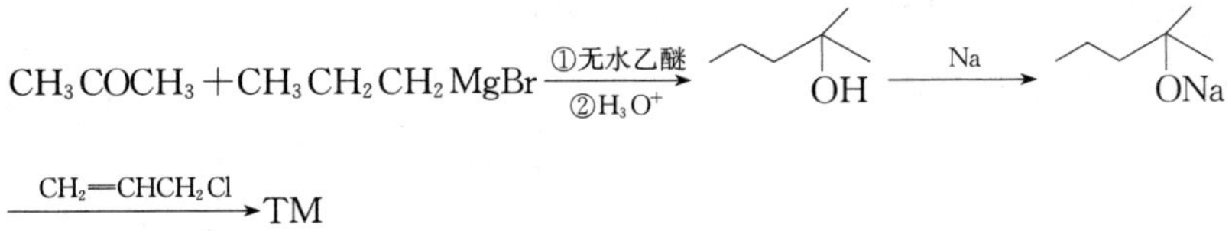 $CH_3COCH_3 + CH_3CH_2CH_2MgBr \xrightarrow[②H_3O^+]{①无水乙醚}$ (OH) $\xrightarrow{Na}$ (ONa)

$\xrightarrow{CH_2{=}CHCH_2Cl} TM$

(9) 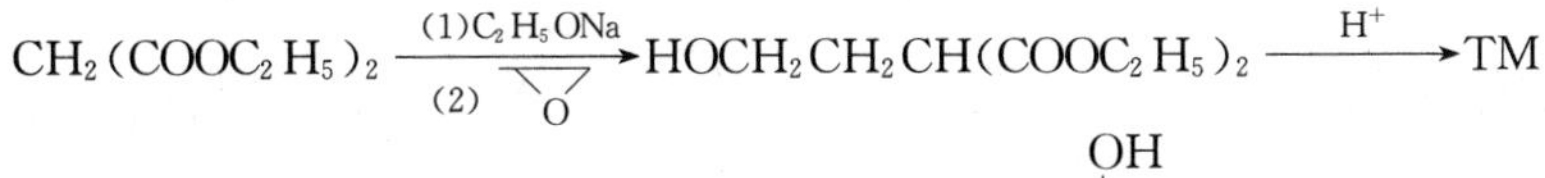 $CH_2(COOC_2H_5)_2 \xrightarrow[(2)\ 环氧乙烷]{(1)C_2H_5ONa} HOCH_2CH_2CH(COOC_2H_5)_2 \xrightarrow{H^+} TM$

(10) $CH_3CH_2CHO + CH_3CH_2MgBr \xrightarrow[②\ H_3O^+]{①\ 无水乙醚} CH_3CH_2CH(OH)CH_2CH_3 \xrightarrow[\triangle]{H^+}$

$CH_3CH_2CH{=}CHCH_3 \xrightarrow[过氧化物]{NBS} CH_3CHBrCH{=}CHCH_3 \xrightarrow{Cl_2} TM$

2. (1) 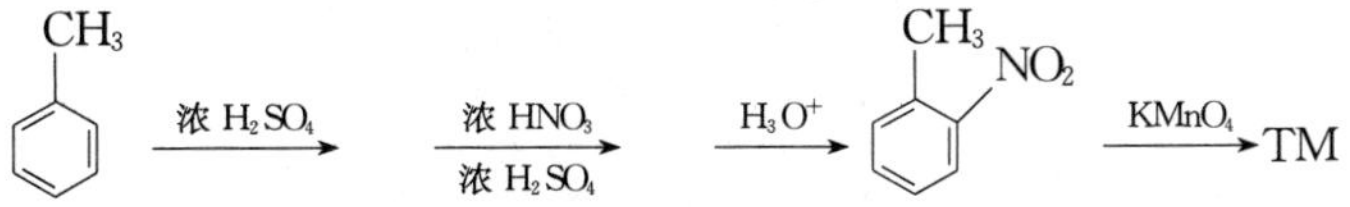 甲苯 $\xrightarrow{浓\ H_2SO_4} \xrightarrow[浓\ H_2SO_4]{浓\ HNO_3} \xrightarrow{H_3O^+}$ 邻硝基甲苯 $\xrightarrow{KMnO_4} TM$

(2) 苯 $\xrightarrow[AlCl_3]{CH_3COCl} \xrightarrow{NaC{\equiv}CH} \xrightarrow[\triangle]{H_3O^+} \xrightarrow[H_2SO_4/H_2O]{HgSO_4} TM$

(3) 甲苯 $\xrightarrow[浓\ HNO_3]{浓\ H_2SO_4} \xrightarrow{Fe/HCl} \xrightarrow{(CH_3CO)_2O} \xrightarrow{Cl_2/Fe} \xrightarrow[\triangle]{H_3O^+} \xrightarrow[②\ H_3PO_2]{①\ NaNO_2+HCl} TM$

(4) 苯 $+ CH_3CH{=}CH_2 \xrightarrow{HF} \xrightarrow[过氧化物]{NBS} \xrightarrow[醇,\triangle]{KOH} \xrightarrow[OH^-]{冷\ KMnO_4} TM$

(5) 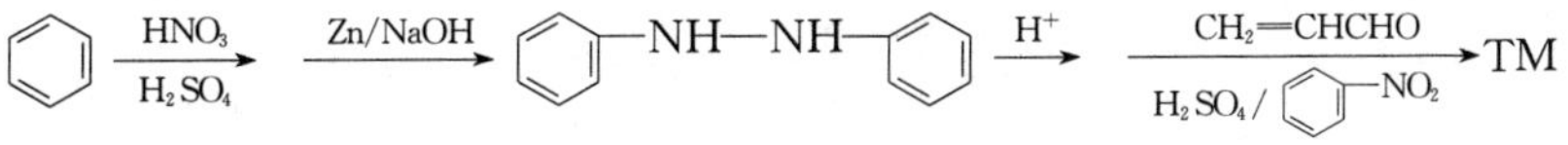 苯 $\xrightarrow[H_2SO_4]{HNO_3} \xrightarrow{Zn/NaOH} C_6H_5{-}NH{-}NH{-}C_6H_5 \xrightarrow{H^+} \xrightarrow[H_2SO_4/\ C_6H_5NO_2]{CH_2{=}CHCHO} TM$

(6) 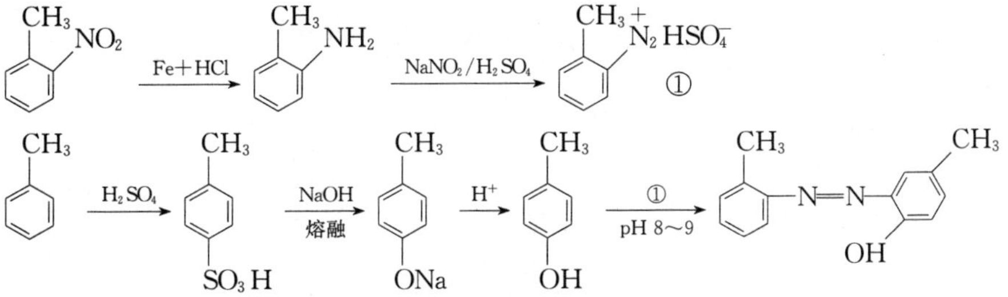 邻硝基甲苯 $\xrightarrow{Fe+HCl}$ 邻甲基苯胺 $\xrightarrow{NaNO_2/H_2SO_4}$ 邻甲基苯重氮硫酸氢盐 ($\overset{+}{N_2}HSO_4^-$) ①

甲苯 $\xrightarrow{H_2SO_4}$ 对甲苯磺酸 (SO_3H) $\xrightarrow[熔融]{NaOH}$ 对甲苯酚钠 (ONa) $\xrightarrow{H^+}$ 对甲苯酚 (OH) $\xrightarrow[pH\ 8\sim9]{①}$ 2-甲基苯基-N=N-(2-羟基-5-甲基苯基)

3. (1) $2CH_2(COOEt)_2 \xrightarrow[②\ C(CH_2Br)_4]{①\ 2C_2H_5ONa} \xrightarrow{OH^-} \xrightarrow[\triangle]{H^+} TM$

(2) 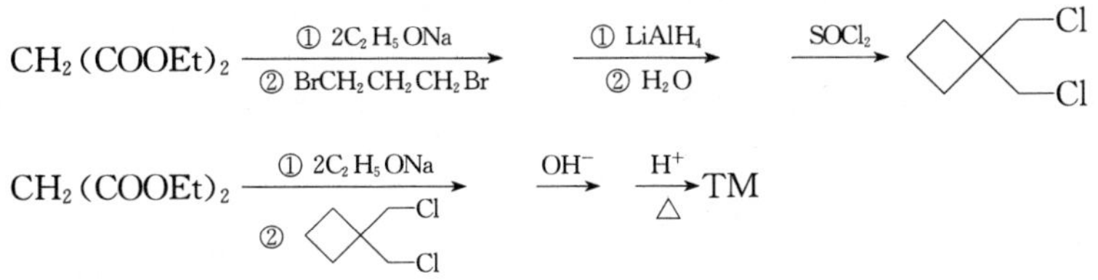 $CH_2(COOEt)_2 \xrightarrow[②\ BrCH_2CH_2CH_2Br]{①\ 2C_2H_5ONa} \xrightarrow[②\ H_2O]{①\ LiAlH_4} \xrightarrow{SOCl_2}$ 1,1-二(氯甲基)环丁烷

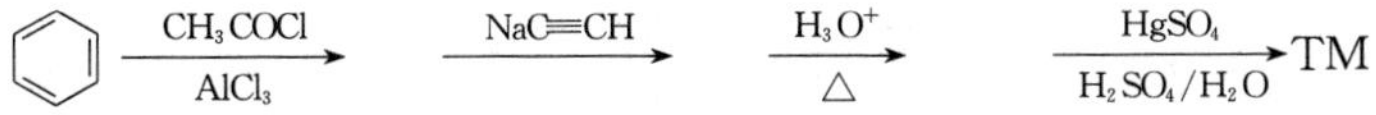

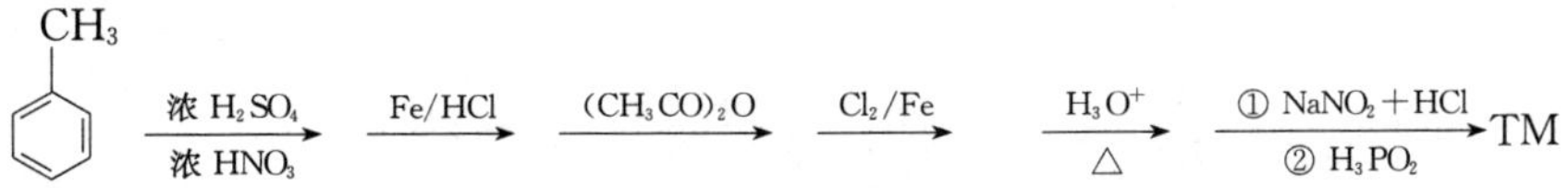

$CH_2(COOEt)_2 \xrightarrow[②\ 1,1-二(氯甲基)环丁烷]{①\ 2C_2H_5ONa} \xrightarrow{OH^-} \xrightarrow[\triangle]{H^+} TM$

(3) 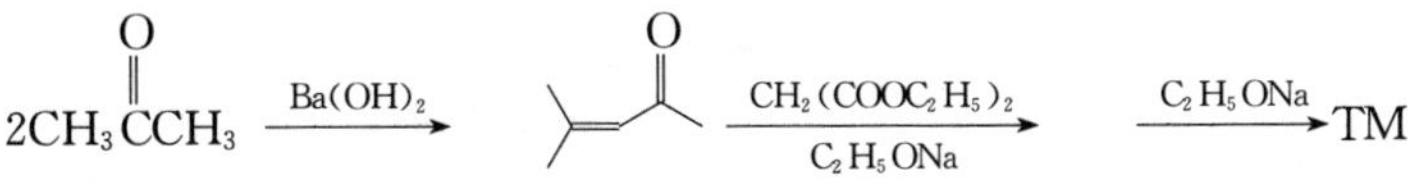 $2CH_3COCH_3 \xrightarrow{Ba(OH)_2} (CH_3)_2C{=}CHCOCH_3 \xrightarrow[C_2H_5ONa]{CH_2(COOC_2H_5)_2} \xrightarrow{C_2H_5ONa} TM$

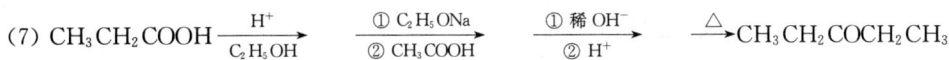

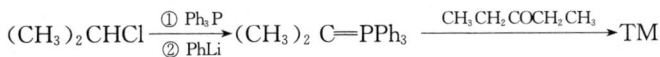

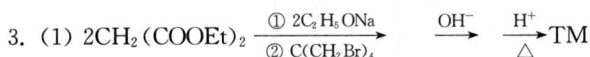

(4) $CH_2(COOC_2H_5)_2 \xrightarrow[\text{② } CH_3I]{\text{① } Na_2CO_3} \xrightarrow[C_2H_5ONa]{H_2NCONH_2} TM$

4. (1) $BrCH_2CH_2Br \xrightarrow{NaCN} NCCH_2CH_2CN \xrightarrow[\text{② } C_2H_5OH/H^+]{\text{① } H_3O^+} C_2H_5OCCH_2CH_2COC_2H_5$ (两个 C=O) $\xrightarrow{C_2H_5ONa}$ 2,5-二氧代环己烷-1,4-二甲酸二乙酯（$COOC_2H_5$、H_5C_2OOC）$\xrightarrow{OH^-} \xrightarrow[\triangle]{H^+} TM$

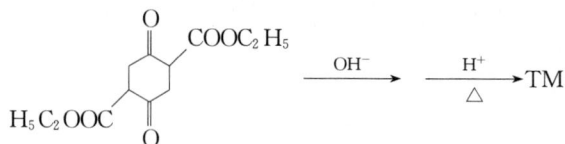

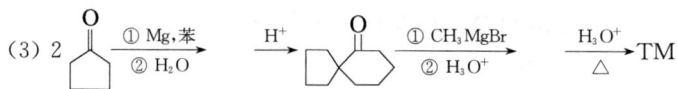

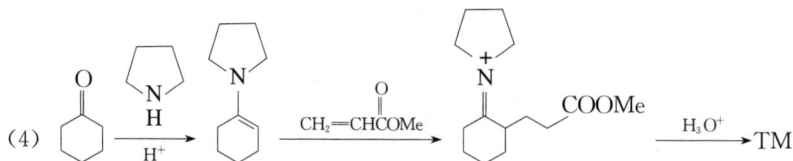

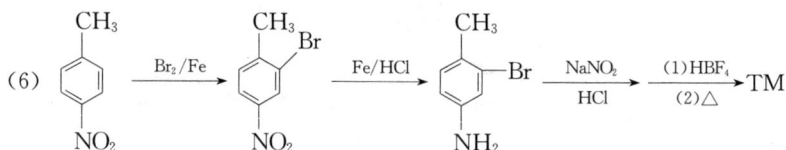

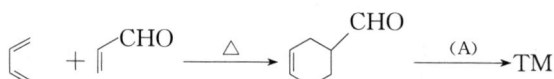

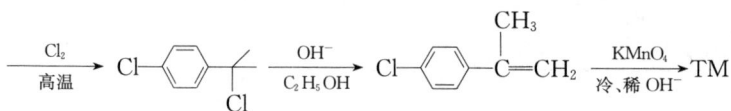

(2) $CH_2{=}CH_2 \xrightarrow[H^+]{H_2O} \xrightarrow[\triangle]{Cu} CH_3CHO$　$CH_3CH{=}CH_2 \xrightarrow[500℃]{Cl_2} \xrightarrow[\text{无水醚}]{Mg} CH_2{=}CHCH_2MgCl$

$\xrightarrow[\text{② } H_3O^+]{\text{① } CH_3CHO} \xrightarrow{Na} \xrightarrow{CH_2=CHCH_2Cl} TM$

(3) 2 环戊酮 $\xrightarrow[\text{② } H_2O]{\text{① Mg,苯}} \xrightarrow{H^+}$ 螺[4.5]癸-6-酮 $\xrightarrow[\text{② } H_3O^+]{\text{① } CH_3MgBr} \xrightarrow[\triangle]{H_3O^+} TM$

(4) 环己酮 $\xrightarrow[H^+]{\text{四氢吡咯(NH)}}$ 1-(1-环己烯基)四氢吡咯 $\xrightarrow{CH_2=CHCOMe\ (C=O)}$ 亚胺鎓盐（N^+，侧链 CH_2CH_2COOMe） $\xrightarrow{H_3O^+} TM$

(5) CH_3CCH_2COEt（两个 C=O） $\xrightarrow[(2)\ CH_3CH_2CH_2Br]{(1)\ C_2H_5ONa} \xrightarrow[(2)\ C_6H_5CH_2Br]{(1)\ C_2H_5ONa} \xrightarrow[(2)\ H^+/\triangle]{(1)\ OH^-} TM$

(6) 对硝基甲苯（CH_3、NO_2） $\xrightarrow{Br_2/Fe}$ 2-溴-4-硝基甲苯（CH_3、Br、NO_2） $\xrightarrow{Fe/HCl}$ 3-溴-4-甲基苯胺（CH_3、Br、NH_2） $\xrightarrow[HCl]{NaNO_2} \xrightarrow[(2)\triangle]{(1) HBF_4} TM$

(7) $C_6H_5CH_2CH_2OH \xrightarrow[(2)\ Ph_3P]{(1)\ HBr} \xrightarrow{BuLi} C_6H_5CH_2CH{=}PPh_3$ (A)

丁二烯 + $CH_2{=}CHCHO \xrightarrow{\triangle}$ 3-环己烯甲醛（CHO） $\xrightarrow{(A)} TM$

(8) 苯 + $CH_3CH{=}CH_2 \xrightarrow{HF} C_6H_5CH(CH_3)_2 \xrightarrow[Fe]{Cl_2} Cl{-}C_6H_4{-}CH(CH_3)_2$

$\xrightarrow[\text{高温}]{Cl_2} Cl{-}C_6H_4{-}C(CH_3)_2Cl \xrightarrow[C_2H_5OH]{OH^-} Cl{-}C_6H_4{-}C(CH_3){=}CH_2 \xrightarrow[\text{冷、稀 } OH^-]{KMnO_4} TM$

附录Ⅰ　名词索引

A

B

C

D

E

F

G

H

J

K

L

W

X

Y

Z

附录Ⅱ　教学日历

中国药科大学《有机化学》教学日历

周次	内容	要　求	学时
1	第1章 绪论	1. **掌握**：有机化学及有机化合物的含义，有机化合物的特性，有机化合物结构表达方式，共价键的几个重要参数，碳原子的3种杂化方式，均裂、异裂、诱导效应的概念。 2. **熟悉**：价键理论、分子轨道理论的有关概念。 3. **了解**：有机化合物的分类	2
1～2	第2章 烷烃	1. **掌握**：烷烃的通式及构造异构，几种常见的烷基及其名称，烷烃的命名，烷烃的结构(包括碳的四面体结构、sp^3杂化，σ键的形成和特点等)，乙烷和正丁烷的典型构象、优势构象，纽曼投影式、锯架式的写法。烷烃的卤代反应(包括3种氢原子的反应活性、烷基自由基的结构及相对稳定性)。 2. **熟悉**：烷烃的物理性质，卤代反应机理。 3. **了解**：卤代反应中位能的变化及过渡态的概念，烷烃的氧化反应	6
3～4	第3章 立体化学 基础	1. **掌握**：同分异构的类型，旋光性、左旋体、右旋体、旋光度、比旋光度、手性、手性分子、手性碳、内消旋体、外消旋体、对映异构体及非对映体等概念，对映异构体的表示方法(Fischer投影式)，次序规则及对映异构体的R、S标记法，对映体及非对映体物理性质的区别，含1个及2个手性碳原子化合物的对映异构，引起分子手性的原因(分子的不对称性)及对称因素(对称面、对称中心)。 2. **熟悉**：D、L构型标记法及苏型、赤型的概念，联苯型化合物的对映异构，反应过程中的立体化学(主要为烷烃卤代反应)。 3. **了解**：外消旋体的拆分	5
4～6	第4章 烯烃 和环烷烃	1. **掌握**：烯烃及环烷烃的命名、结构(sp^2杂化及C═C的组成)，π键的特点，顺、反异构及构型标记法，烯烃的加成反应、被$KMnO_4$氧化及臭氧化反应，α-氢的卤代反应，马氏规则，亲电性加成反应机理，碳正离子的稳定性次序，过氧化物效应，自由基的稳定性次序。脂环化合物的立体异构，单环环烷烃的化学反应，a键和e键的概念，环己烷及取代环己烷的构象。 2. **熟悉**：烯烃及环烷烃的物理性质，碳正离子重排，立体选择性反应，角张力的概念，螺环和桥环化合物的命名，取代环丙烷的反应。 3. **了解**：超共轭作用，环丁烷及环戊烷的构象，烯烃的聚合	9

续 表

周次	内容	要 求	学时
6~7	第5章 炔烃 和二烯烃	1. **掌握**：炔烃的结构(sp杂化及C≡C的组成)，炔烃的同分异构和命名；炔烃的催化氢化及还原为烯烃的反应，炔烃的亲电加成反应，炔烃的氧化反应及炔氢的反应；C=C及C≡C分别与卤素和水加成的活性差异；二烯烃的分类和命名，共轭二烯烃的结构(包括共轭二烯烃的稳定性及共轭作用，电子的定域及离域，π-π共轭及p-π共轭等概念)；共轭二烯烃的反应(共轭加成及狄尔斯-阿尔特反应)；烯丙基碳正离子及烯丙基自由基的结构及稳定性。 2. **熟悉**：炔烃的物理性质，狄尔斯-阿尔特反应的立体专一性，热力学控制与动力学控制，取代丙二烯的对映异构。 3. **了解**：炔烃与卤素及卤化氢加成的立体选择性，炔烃与醇钠的加成，炔烃的聚合反应，分子轨道理论对共轭二烯烃结构的描述；共振论	4
7~9	第6章 芳烃	1. **掌握**：苯、萘及其同系物的结构、同分异构和命名，苯的亲电取代反应，烷基苯侧链的反应，苯环上亲电取代反应的定位效应，两类定位基及定位能力，萘的亲电取代反应，休克尔规则及芳香性。 2. **熟悉**：苯环的亲电取代反应机理，苯的加成、氧化反应，一取代萘的亲电取代反应；蒽和菲的命名；联苯的立体化学。 3. **了解**：萘的加成、氧化反应，苯环上亲电取代反应定位效应的解释	8
9~10	第7章 波谱 基础知识	自 学	5
10~12	第8章 卤代烃	1. **掌握**：卤烃的分类命名；卤烃的亲核取代反应、消除反应及与金属镁的反应；亲核取代反应和消除反应的机理，S_N1、S_N2、E1和E2反应的特点；影响亲核取代反应的因素(主要是烃基结构、离去基团及亲核试剂对反应活性的影响)，影响消除反应的因素(主要是烃基结构、卤素种类及碱试剂对反应活性的影响)；亲核取代反应与消除反应的竞争；不同结构中卤原子的活泼性；卤烃的制备；亲核试剂、亲核反应、消除反应、溶剂解、威廉姆森合成、瓦尔登转化、查依采夫规则、消除反应的区域选择性及立体选择性等术语或规则。 2. **熟悉**：卤烃的物理性质，查依采夫规则的解释，E2反应的立体化学。 3. **了解**：卤烃的还原反应	7
12~14	第9章 醇和酚	1. **掌握**：醇的分类，醇、酚及硫醇的命名，醇与金属的反应，醇与HX的反应、成酯反应、脱水反应、氧化反应，选择性氧化剂，邻二醇被高碘酸的氧化反应，频哪醇重排，硫醇的酸性，酚的酸性，酚醚的形成及克莱森重排，酚酯的形成及傅瑞斯重排，芳环上的卤代、硝化、磺化反应，醇、酚的制备方法。 2. **熟悉**：醇、酚的物理性质，氢键的概念，硫醇的氧化，酚的氧化反应。 3. **了解**：醇的脱氢反应	9

续　表

周次	内容	要　求	学时
14～15	第 10 章 醚和环氧化合物	1. **掌握**：醚的分类，醚、硫醚的命名，醚的化学性质，环氧化合物的开环反应、酸碱条件下的开环方向及反应的立体化学，醚的制备方法。 2. **熟悉**：醚的物理性质，相转移催化的概念，硫醚的性质。 3. **了解**：冠醚的命名	3
15～17	第 11 章 醛和酮	1. **掌握**：醛、酮的命名和结构；醛、酮的亲核加成反应，α-氢的反应以及氧化、还原反应；醛、酮的亲核加成反应及羟醛缩合反应的反应机理；α,β-不饱和醛、酮的 1,2-加成和 1,4-加成反应；醛、酮的制备。 2. **熟悉**：醛、酮的物理性质，乙烯酮的结构及反应，醌的化学性质(与氨的衍生物的加成、碳碳双键的加成反应、醌的 1,4-加成)，魏悌希反应。 3. **了解**：醌的 1,6-加成，醛的显色反应	9
17～18	第 12 章 羧酸和 取代羧酸	1. **掌握**：羧酸、取代羧酸的分类和命名，羧酸的结构，羧酸的酸性及羧酸衍生物的形成，羧酸的还原及卤代，羧酸的脱羧反应，二元酸受热后的变化，羧酸的酯化反应机理，羧酸的制备；卤代酸与碱的反应，羟基酸的脱水反应。 2. **熟悉**：羧酸的物理性质，柯尔伯-施密特反应。 3. **了解**：一些羧酸的俗名	5
19～20	第 13 章 羧酸衍生物	1. **掌握**：羧酸衍生物的命名、结构，羧酸衍生物水解、醇解、氨解反应及反应活性，羧酸衍生物的还原反应，酯与格氏试剂的反应，克莱森酯缩合反应，酰胺的酸碱性及霍夫曼降解反应，麦克尔加成反应，乙酰乙酸乙酯、丙二酸二乙酯的制备及其在合成上的应用，羧酸衍生物水解反应及克莱森酯缩合反应的机理。 2. **熟悉**：羧酸衍生物的物理性质，其他涉及 α-H 的反应如克脑文格尔反应、达参反应、瑞福尔马斯基反应及普尔金反应，碳酸衍生物的结构及名称，光气的性质。 3. **了解**：脲和胍的性质，油脂及原酸酯的结构，霍夫曼降解反应机理	8
21～22	第 14 章 有机含氮化合物	1. **掌握**：硝基化合物及胺的分类、命名和结构，硝基化合物的还原反应，芳香硝基化合物的亲电及亲核取代反应，硝基对芳环上取代基的影响；胺的化学性质(碱性、烃基化反应、酰化和磺酰化反应、与亚硝酸的反应及芳环上的取代反应)，季铵碱的形成和性质(霍夫曼规则)，霍夫曼彻底甲基化反应及在测定胺结构中的应用，重氮化反应，重氮盐的取代反应及在合成中的应用，重氮盐的偶合反应，胺的制备(包括盖布瑞尔合成法)。 2. **熟悉**：硝基化合物及胺类的物理性质，胺的氧化反应，联苯胺重排，芳香硝基化合物的亲核取代反应机理，烯胺的生成及在合成中的应用。 3. **了解**：重氮甲烷的各类反应，卡宾	8

续 表

周次	内容	要 求	学时
23～24	第15章 杂环化合物	1. **掌握**：杂环化合物的分类，常见基本杂环母核的名称、编号及有特定母核名称的杂环化合物的命名，无特定名称稠杂环的母核命名，常见杂环化合物的电子结构及芳香性，常见杂环化合物如吡咯、吡啶以及唑类化合物的酸碱性，吡咯、呋喃、噻吩的亲电取代反应及反应的特殊性，吡啶的亲电取代反应、亲核取代反应及氧化反应，喹啉的化学反应，喹啉及其衍生物的制备。 2. **熟悉**：吡唑、咪唑、嘌呤的互变异构，吡啶 N-氧化物的性质，唑类的化学反应，吡喃衍生物的性质。 3. **了解**：含2个杂原子的六元杂环化合物的化学性质，嘧啶类化合物的合成	6
24～25	第16章 糖类化合物	1. **掌握**：单糖(主要为葡萄糖)的结构(包括其开链结构、环状结构、呋喃型及吡喃型糖)；糖的环状结构中 α-异构体和 β-异构体；从结构上理解糖的变旋现象及吡喃型糖的稳定构象，糖的构型标记方法；单糖的化学性质包括糖的氧化反应，从结构上理解还原性糖；单糖的差向异构化，成脎反应及糖苷。 2. **熟悉**：双糖的概念及其结构，一些重要的双糖如麦芽糖、纤维二糖及蔗糖。 3. **了解**：以淀粉和纤维素为例了解多糖的结构	3
25	第17章 萜类和甾体化合物	1. **掌握**：萜类化合物的定义、分类，异戊二烯单元的划分，单萜类化合物的代表如薄荷醇、樟脑的结构；甾体化合物的基本碳架及编号，常见6个甾体母核的名称，甾体化合物的命名以及甾体化合物的构型。 2. **熟悉**：甾体化合物的构象。 3. **了解**：一些常见的其他萜类化合物及甾体药物	3
26	第18章 氨基酸、多肽、蛋白质和核酸	1. **掌握**：氨基酸的分类、命名，肽键及多肽的概念，氨基酸的两性及等电点，氨基酸的化学性质。 2. **熟悉**：多肽的结构和命名。 3. **了解**：蛋白质的四级结构，单核苷酸的组成和结构，DNA、RNA和基因等概念	2
26	第19章 周环反应	自 学	2
27	复习答疑		2
27	考试		2